15章 综合实例——产品包装设计
制作化妆品包装
视频位置：光盘/教学视频/第15章

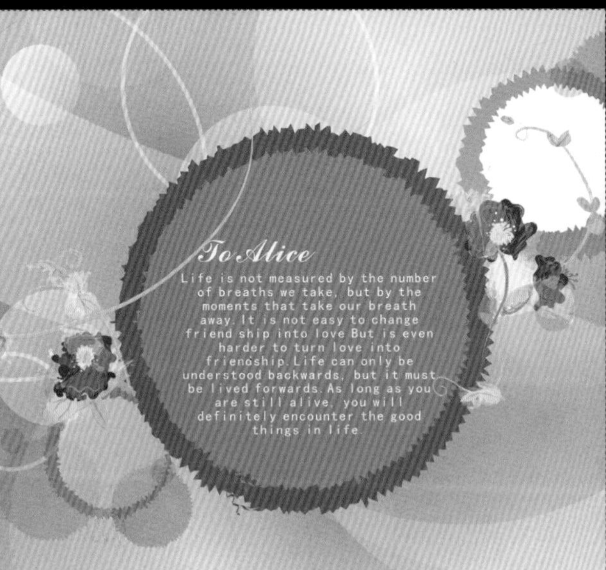

07章 特殊效果的编辑
利用底纹透明功能制作唯美卡片
视频位置：光盘/教学视频/第07章

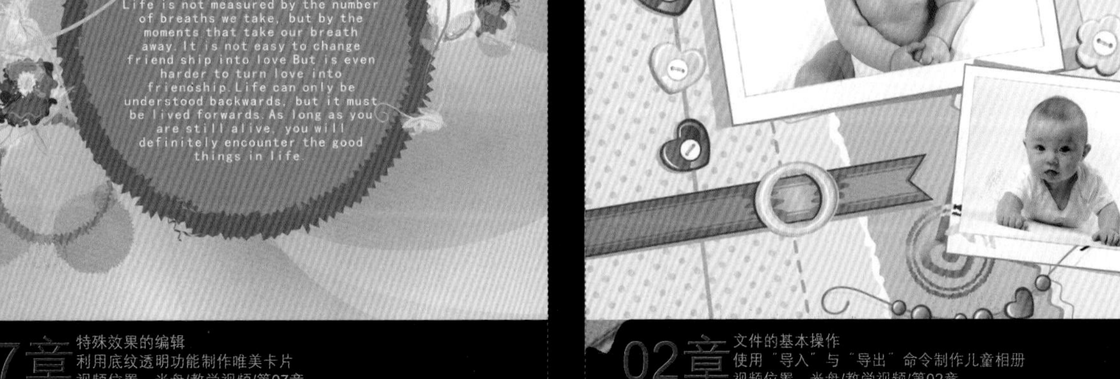

02章 文件的基本操作
使用"导入"与"导出"命令制作儿童相册
视频位置：光盘/教学视频/第02章

QUIET
SUMMER
07章
特殊效果的编辑
使用立体化工具与阴影工具制作草地字
视频位置：光盘/教学视频/第07章
中
shu'ru'fa
1.输入法 2.输入法
05章
对象的管理
制作输入法皮肤
视频位置：光盘/教学视频/第05章

14章 综合实例——画册书籍设计
东南亚风情菜馆三折页菜单
视频位置：光盘/教学视频/第14章

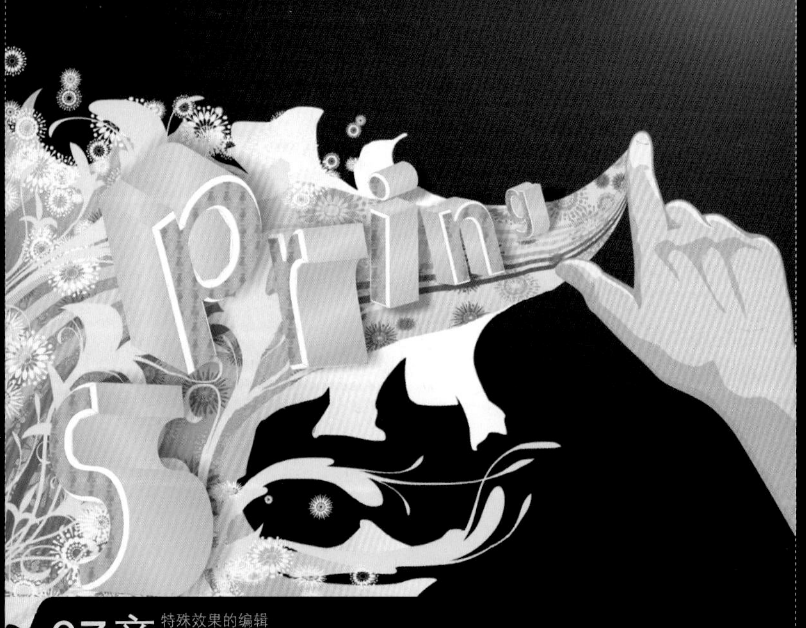

07章 特殊效果的编辑
制作多彩3D文字海报
视频位置：光盘/教学视频/第07章

目　　录

08章 文本
使用制表位制作目录
视频位置：光盘/教学视频/第08章

本书精彩案例欣赏

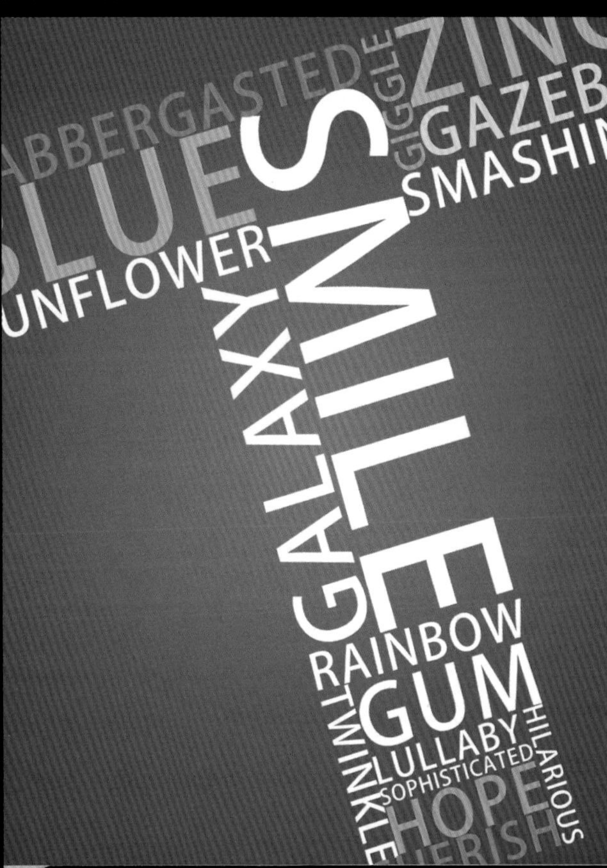

08章 文本
制作文字海报
视频位置：光盘/教学视频/第08章

03章 常用的绘图工具
使用星形绘制花朵
视频位置：光盘/教学视频/第03章

08章 文本
制作积雪文字
视频位置：光盘/教学视频/第08章

Lavender essential oil is extracted from lavender, can detoxify, cleanse the skin, control oil, whitening, wrinkle rejuvenation, get rid of bags under the eyes dark circles, but also promote regeneration of damaged tissue such as skin care to restore function.

It can purify, calm the mind, reducing anger and feeling of exhaustion, people can face life calmly. Has a calming effect on the heart, can reduce high blood pressure, calm palpitations, helpful for insomnia. It is one of the best pain relief essential oils,

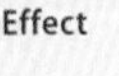

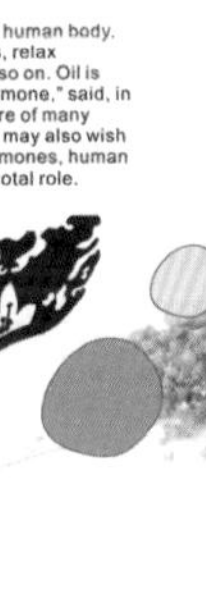

Effect　Alias

Lavender essential oil can detoxify, cleanse the skin, control oil, whitening, wrinkle rejuvenation, eliminate bags under the eyes dark circles, but also promote regeneration of damaged tissue such as skin care to restore function.

Extraction

Beauty of the human body, relieve stress, relax muscles and so on. Oil is "the plant hormone," said, in fact, the nature of many essential oils may also wish to human hormones, human skin has a pivotal role.

Color　Planet

Beauty of the human body, relieve stress, relax muscles and so on. Oil is "the plant hormone," said, in fact, the nature of many essential oils may also wish to human hormones, human skin has a pivotal role.

Volatility

Property　Place of origin

According to legend, when the very old, full of local flowers and herbs, there is a beautiful goddess living there, bathing in natural spring water to the early morning nectar to.

14章 综合实例——画册书籍设计
香薰产品画册内页
视频位置：光盘/教学视频/第14章

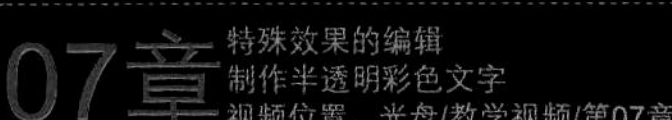

07章 特殊效果的编辑
制作半透明彩色文字
视频位置：光盘/教学视频/第07章

03章
常用的绘图工具
使用粗糙笔刷工具制作桃花
视频位置：光盘/教学视频/第03章

本书精彩案例欣赏

MAX milk

LOOK INTO MY EYES YOU WILL SEE WHAT YOU MEAN TO ME.

15章 综合实例——产品包装设计
盒装牛奶饮料包装设计
视频位置：光盘/教学视频/第15章

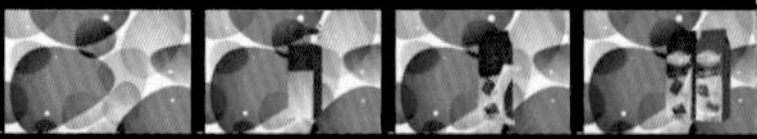

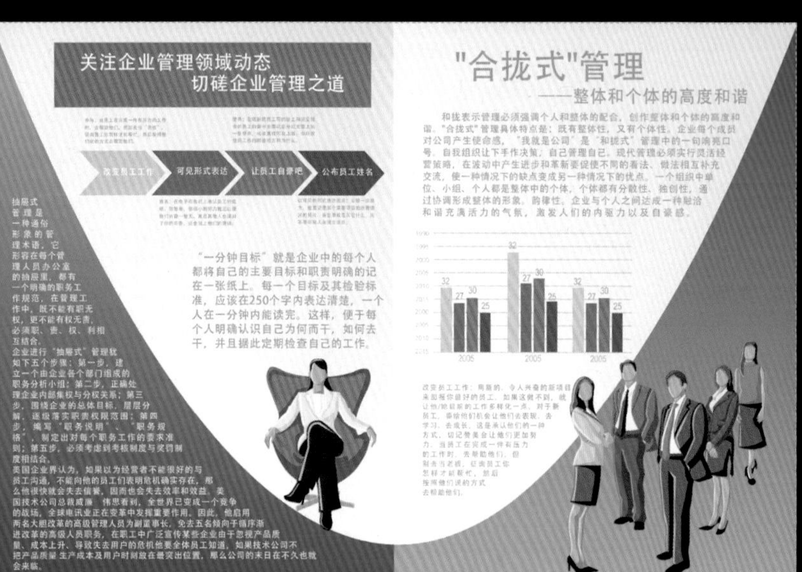

08章 文本
使用段落文本制作画册内页
视频位置：光盘/教学视频/第08章

11章 滤镜的应用
使用透视滤镜制作三维空间
视频位置：光盘/教学视频/第11章

15章 综合实例——产品包装设计
糖果包装设计
视频位置：光盘/教学视频/第15章

02章
文件的基本操作
使用"导入"命令制作贺卡
视频位置：光盘/教学视频/第02章

07章
特殊效果的编辑
使用变形工具快速制作光斑
视频位置：光盘/教学视频/第07章

本书精彩案例欣赏

07章 特殊效果的编辑
使用阴影工具制作青花瓷盘
视频位置：光盘/教学视频/第07章

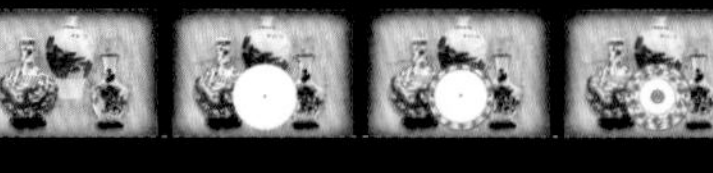

15章
综合实例——产品包装设计
月饼礼盒包装设计
视频位置：光盘/教学视频/第15章

11章 滤镜的应用
卷页滤镜的应用
视频位置：光盘/教学视频/第11章

绿色风景，都市生活

家，是身体与灵魂的双重港湾
站在家里，绿地就美景 站在绿地，家就是美景
城市中心，凌驾尊贵黄金地段
坐享人生繁华

新城市主义
New center in the Urbanism

巅峰 空中花园
繁华 城市颠峰领地
巅峰集团 DianFengGroup
8888—8888/9999

巅峰商圈的原动力，缔造西部财富新领地；
繁华、不落幕的居家风景。

幸福指南

繁华与宁静共存，阔绰身份不显自露；占据最佳景观位置，用高度提炼生活，完美演绎自然精髓，谱写古城新篇章；创新房型推陈出新，阔气空间彰显不凡；极至的资源整合 丰富住家的生活内涵；苛求的建造细节 提升住家的生活品质；地段优势，就是永恒价值优势；设计优势，就是生活质量优势；景观优势，就是生命健康优势；管理优势，就是生活品味优势；享受，没有不可逾越的极限。

12章 综合实例——招贴海报设计
清新风格房地产招贴
视频位置：光盘/教学视频/第12章

04章 对象的高级编辑
使用移除前面对象功能制作彩虹
视频位置：光盘/教学视频/第04章

07章 特殊效果的编辑
使用阴影工具增强立体感
视频位置：光盘/教学视频/第07章

07章 特殊效果的编辑
利用透明度工具制作气泡
视频位置：光盘/教学视频/第07章

04章 对象的高级编辑
制作七彩伞
视频位置：光盘/教学视频/第04章

03章 常用的绘图工具
绘制卡通海星招贴
视频位置：光盘/教学视频/第03章

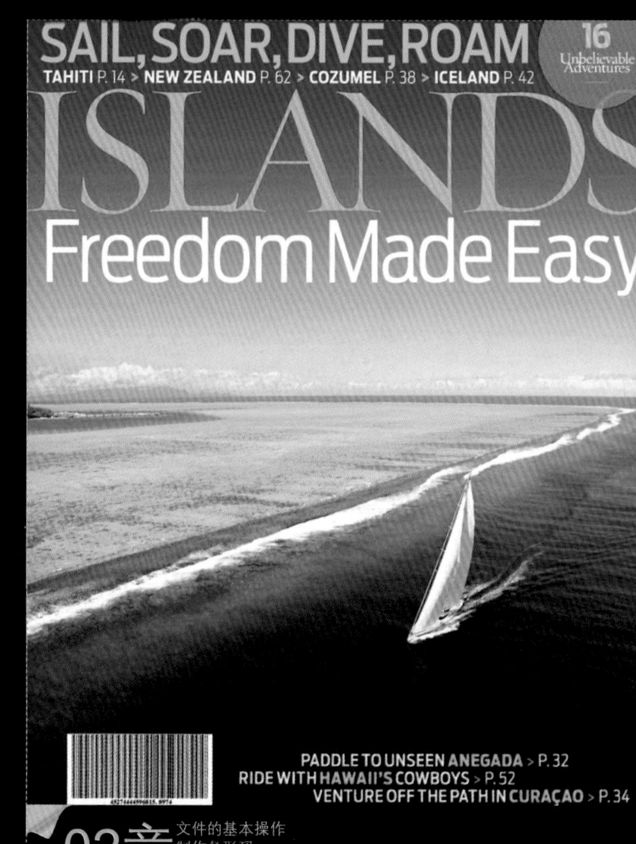

02章 文件的基本操作
制作条形码
视频位置：光盘/教学视频/第02章

10章 位图的编辑处理
制作冰爽广告字
视频位置：光盘/教学视频/第10章

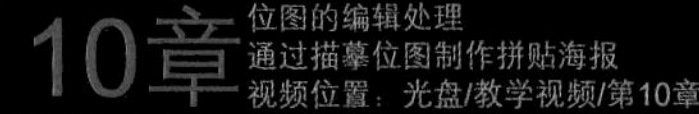

10章 位图的编辑处理
通过描摹位图制作拼贴海报
视频位置：光盘/教学视频/第10章

13章 综合实例——创意广告设计
缤纷红酒创意招贴
视频位置：光盘/教学视频/第13章

06章 填充与轮廓线
现代风格海报
视频位置：光盘/教学视频/第06章

03章 常用的绘图工具
使用矩形制作LOGO
视频位置：光盘/教学视频/第03章

本书精彩案例欣赏

03章 常用的绘图工具
使用矩形制作中国结
视频位置：光盘/教学视频/第03章

12章 综合实例——招贴海报设计
欧式风格房地产广告
视频位置：光盘/教学视频/第12章

08章 文本
通过将文本转换为曲线制作咖啡招贴
视频位置：光盘/教学视频/第08章

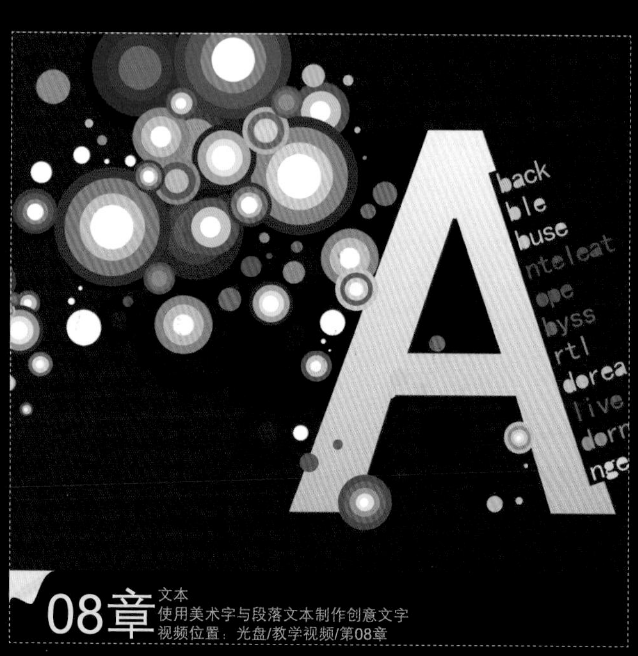

08章 文本
使用美术字与段落文本制作创意文字
视频位置：光盘/教学视频/第08章

本书精彩案例欣赏

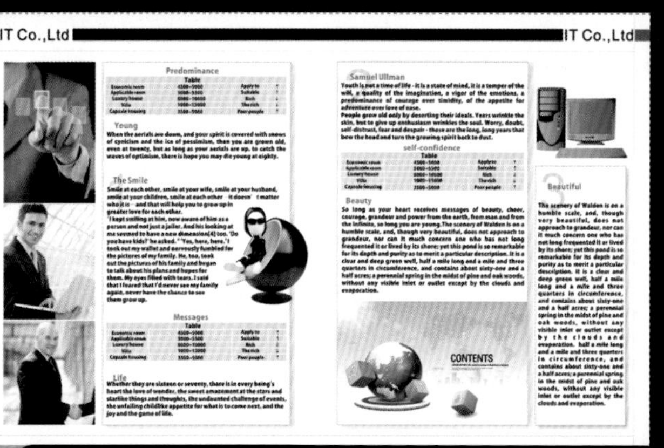

09章 表格的制作
使用表格工具制作商务画册
视频位置：光盘/教学视频/第09章

08章 文本
使用首字下沉制作家居杂志版式
视频位置：光盘/教学视频/第08章

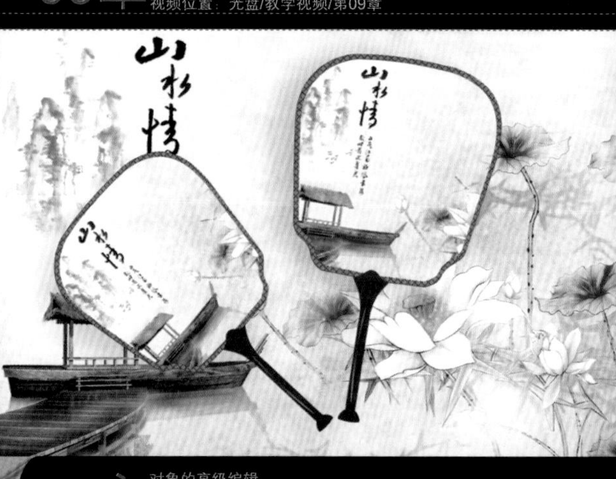

04章 对象的高级编辑
精确裁剪制作古典纸扇
视频位置：光盘/教学视频/第04章

订餐卡

电话：010-8888 8888
传真：010-8888 9999
邮箱：order@qiaozi.com
网站：www.qiaozi.com

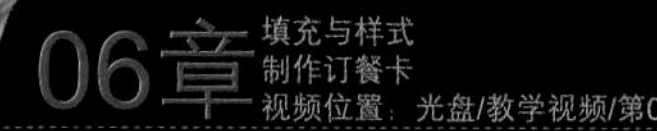

06章 填充与样式
制作订餐卡
视频位置：光盘/教学视频/第06章

10章 位图的编辑处理
导入并裁剪图像
视频位置：光盘/教学视频/第10章

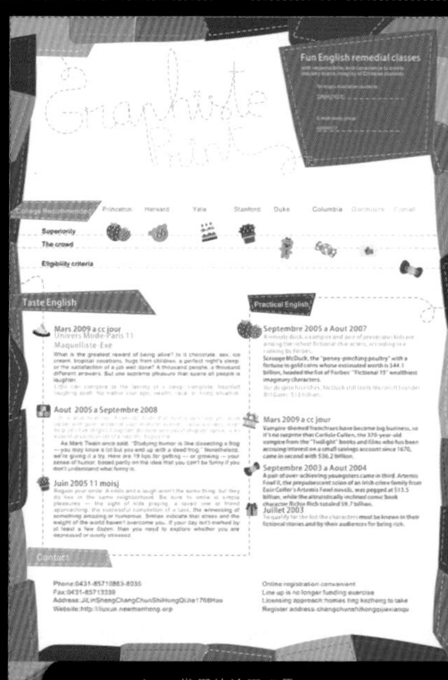

03章 常用的绘图工具
卡通风格儿童教育传单
视频位置：光盘/教学视频/第03章

Naturetime

150 THINGS WE DIDN'T KNOW

109

08章 文本
使用分栏与首字下沉制作杂志版式
视频位置：光盘/教学视频/第08章

本书精彩案例欣赏

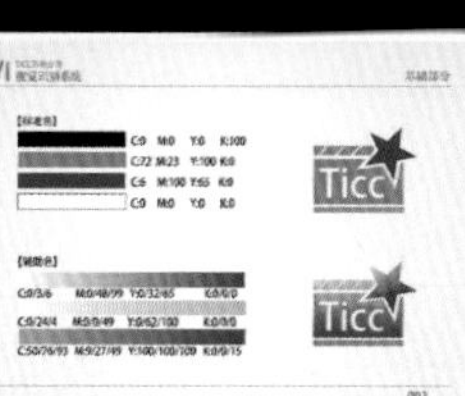

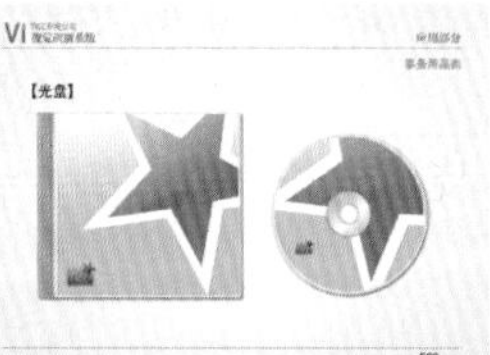

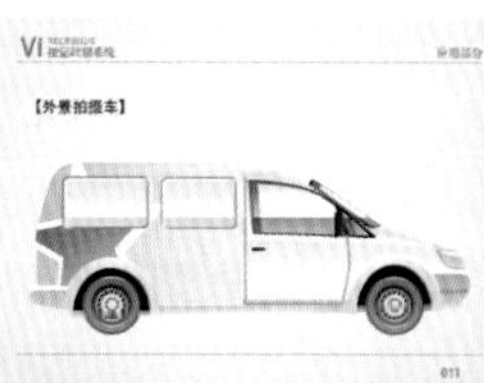

16章 综合实例——企业VI设计
制作影视公司VI画册
视频位置：光盘/教学视频/第16章

07章 特殊效果的编辑
使用调和功能制作明信片
视频位置：光盘/教学视频/第07章

04章 对象的高级编辑
使用裁剪工具制作多彩星形海报
视频位置：光盘/教学视频/第04章

本书精彩案例欣赏

07章 特殊效果的编辑
使用调和功能制作梦幻线条
视频位置：光盘/教学视频/第07章

07章 特殊效果的编辑
使用扭曲变形工具制作旋转的背景
视频位置：光盘/教学视频/第07章

11章 滤镜的应用
使用三维旋转滤镜制作包装袋
视频位置：光盘/教学视频/第11章

07章 特殊效果的编辑
使用调和功能制作珍珠项链
视频位置：光盘/教学视频/第07章

04章 对象的高级编辑
使用调和制作多彩星形
视频位置：光盘/教学视频/第04章

12章 综合实例——招贴海报设计
饮品店传单
视频位置：光盘/教学视频/第12章

本书精彩案例欣赏

07章 选区工具的使用
使用透镜工具制作炫彩效果
视频位置：光盘/教学视频/第07章

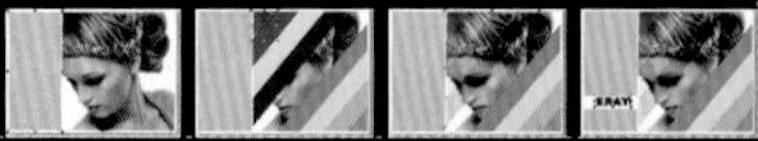

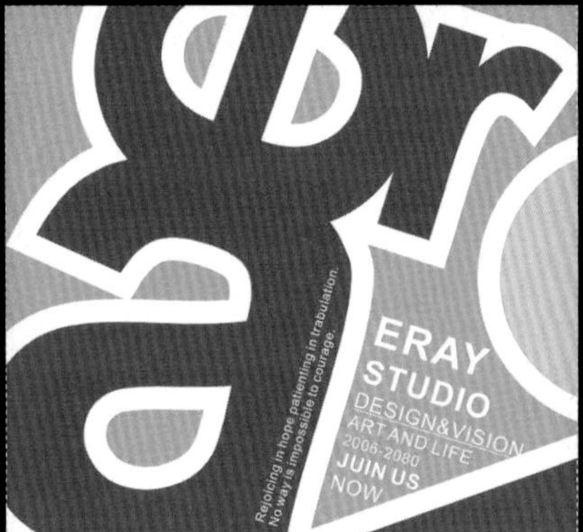

04章 对象的高级编辑
使用焊接功能制作创意字体海报
视频位置：光盘/教学视频/第04章

08章 文本
文字花朵
视频位置：光盘/教学视频/第08章

07章 特殊效果的编辑
使用鱼眼透镜制作足球
视频位置：光盘/教学视频/第07章

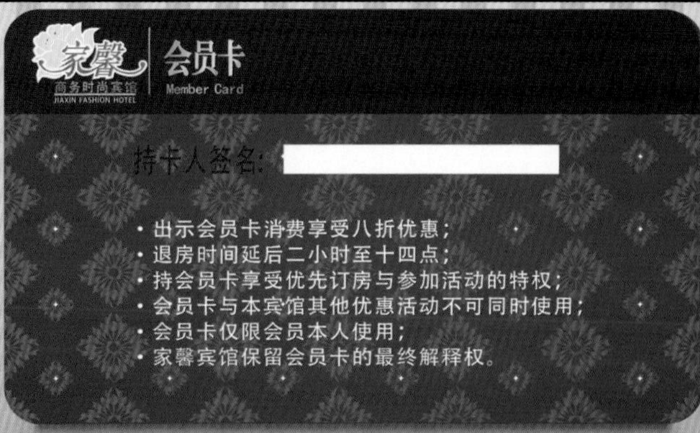

05章 对象的管理
制作会员卡
视频位置：光盘/教学视频/第05章

04章 对象的高级编辑
使用透视功能制作可爱的宣传页
视频位置：光盘/教学视频/第04章

12章 综合实例——招贴海报设计
甜美风格商场促销广告
视频位置：光盘/教学视频/第12章

13章 综合实例——创意广告设计
韩国插画风格时装画
视频位置：光盘/教学视频/第13章

07章 特殊效果的编辑
使用扭曲变形工具制作抽象花朵
视频位置：光盘/教学视频/第07章

10章 位图的编辑处理
通过颜色模式的转换制作欧美海报
视频位置：光盘/教学视频/第10章

本书精彩案例欣赏

ERAY STUDIO

Eray Art Design Studio
Phone:012-345 6789
www.eraystudio.com

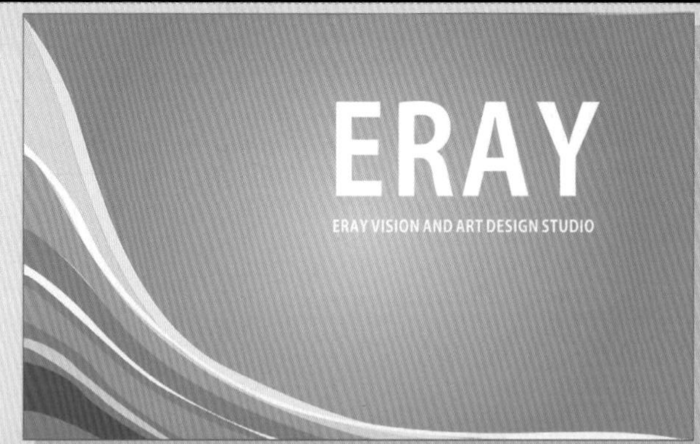

03章 常用的绘图工具
使用钢笔工具制作简约名片
视频位置：光盘/教学视频/第03章

08章 文本
打造炫彩立体文字
视频位置：光盘/教学视频/第08章

07章 特殊效果的编辑
花纹立体字
视频位置：光盘/教学视频/第07章

06章 填充与轮廓线
时尚宣传海报
视频位置：光盘/教学视频/第06章

逃學書童
神算必买
《逃学书童之神算必买》不笑不要钱
重锤出击
搞笑不需要联系，更不需要经过大脑思考

14章 综合实例——画册书籍设计
卡通风格书籍封面设计
视频位置：光盘/教学视频/第14章

前 言

CorelDRAW是Corel公司开发的图形图像软件，广泛应用于商标设计、标志制作、模型绘制、插图描画、排版及分色输出等诸多领域。

本书详细介绍了CorelDRAW X5的基础知识和使用技巧，主要内容包括CorelDRAW X5基础、文件的基本操作、常用的绘图工具、对象的高级编辑、对象的管理、填充与轮廓线、特殊效果的编辑、文本、表格的制作、位图的编辑处理和滤镜的应用等知识，最后5个章节通过20个平面设计的综合案例分别介绍CorelDRAW在招贴海报、创意广告、画册书籍、产品包装和企业VI设计中的应用。在具体介绍过程中均穿插技巧提示和答疑解惑等，帮助读者更好地理解知识点，使这些案例成为读者在以后实际学习工作的提前“练兵”。

本书内容编写特点

1. 零起点、入门快

本书以入门者为主要读者对象，通过对基础知识细致入微的介绍，辅以对比图示效果，结合中小实例，对常用工具、命令、参数，做了详细的介绍，同时给出了技巧提示，确保读者零起点、轻松快速入门。

2. 内容细致、全面

本书内容涵盖了CorelDRAW X5几乎全部工具、命令的相关功能，是市场上内容最为全面的图书之一，可以说是入门者的百科全书，有基础者的参考手册。

3. 实例精美、实用

本书的实例均经过精心挑选，确保例子实用的基础上精美、漂亮，一方面熏陶读者朋友的美感，一方面让读者在学习中享受美的世界。

4. 编写思路符合学习规律

本书在讲解过程中采用了“知识点+理论实践+实例练习+综合实例+技术拓展+技巧提示”的模式，符合轻松易学的学习规律。

本书显著特色

1. 同步视频讲解，让学习更轻松更高效

104节大型高清同步自学视频，涵盖全书几乎所有实例，让学习更轻松、更高效！

2. 资深讲师编著，让图书质量更有保障

作者系经验丰富的专业设计师和资深讲师，确保图书“实用”和“好学”。

3. 大量中小实例，通过多动手加深理解

讲解极为详细，中小实例达到92个，为的是能让读者深入理解、灵活应用！

4. 多种商业案例，让实战成为终极目的

书后边给出不同类型的综合商业案例，以便积累实战经验，为工作就业搭桥。

5. 超值学习套餐，让学习更方便更快捷

21类经常用到的设计素材，总计1106个。《色彩设计搭配手册》和常用颜色色谱表，平面设计色彩搭配不再烦恼。104集Photoshop CS6视频精讲课堂，囊括Photoshop基础操作所有知识。

本书光盘

本书附带一张DVD教学光盘，内容包括：

（1）本书中实例的视频教学录像、源文件、素材文件，读者可看视频，调用光盘中的素材，完全按照书中操作步骤进行操作。

（2）平面设计中经常用到的21类设计素材总计1106个，方便读者使用。

（3）104集Photoshop CS6视频精讲课堂，囊括Photoshop CS6基础操作所有知识，让读者在Photoshop CS5和Photoshop CS6之间无缝衔接。

（4）附赠《色彩设计搭配手册》和常用颜色色谱表，平面设计色彩搭配不再烦恼。

本书服务

1.CorelDRAW X5软件获取方式

本书提供的光盘文件包括教学视频和素材等，没有可以进行图形绘制与设计的CorelDRAW X5软件，读者朋友需获取CorelDRAW X5软件并安装后，才可以进行图形设计等，可通过如下方式获取CorelDRAW X5简体中文版：

（1）购买正版或下载试用版：登录http://www.corel.com/corel/。

（2）可到当地电脑城咨询，一般软件专卖店有售。

（3）可到网上咨询、搜索购买方式。

2.交流答疑QQ群

为了方便解答读者提出的问题，我们特意建立了如下QQ群：

平面设计 技术交流QQ群：206907739。（如果群满，我们将会建其他群，请留意加群时的提示）

3.YY语音频道教学

为了方便与读者进行语音交流，我们特意建立了亿瑞YY语音教学频道：62327506。（YY语音是一款可以实现即时在线交流的聊天软件）

4.留言或关注最新动态

为了方便读者，我们会及时发布与本书有关的信息，包括读者答疑、勘误信息，读者朋友可登录亿瑞设计官方网站：www.eraybook.com。

关于作者

本书由亿瑞设计工作室组织编写，瞿颖健和曹茂鹏参与了本书的主要编写工作。在编写的过程中，得到了吉林艺术学院副院长郭春方教授的悉心指导，得到了吉林艺术学院设计学院院长宋飞教授的大力支持，在此向他们表示诚挚的感谢。

另外，由于本书工作量巨大，以下人员也参与了本书的编写及资料整理工作，他们是：杨建超、马啸、李路、孙芳、李化、葛妍、丁仁雯、高歌、韩雷、瞿吉业、杨力、张建霞、瞿学严、杨宗香、董辅川、杨春明、马扬、王萍、曹诗雅、朱于振、于燕香、曹子龙、孙雅娜、曹爱德、曹玮、张效晨、孙丹、李进、曹元钢、张玉华、鞠闯、艾飞、瞿学统、李芳、陶恒斌、曹明、张越、瞿云芳、解桐林、张琼丹、解文耀、孙晓军、瞿江业、王爱花、樊清英等，在此一并表示感谢。

由于时间仓促，加之水平有限，书中难免存在错误和不妥之处，敬请广大读者批评和指正。

编　者

104节大型高清同步视频讲解

GUHL
GUHL

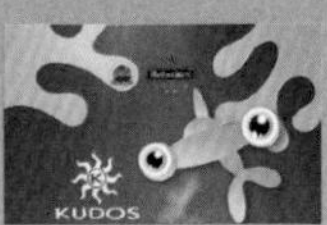
KUDOS

Sunshine

QUIET
SUMMER
潮人百搭
Show

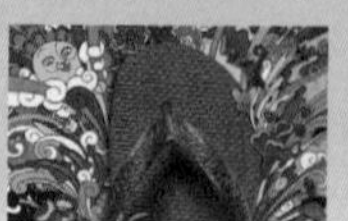

MAX milk
MAX
MAX

CorelDRAW X5基础

CorelDRAW是由加拿大Corel公司开发的一款图形图像软件，拥有非凡的设计能力、友好的交互界面，广泛应用于商标设计、标志制作、模型绘制、插图描画、排版及分色输出等诸多领域。其受欢迎程度可用事实来说明，用于商业设计和美术设计的PC上几乎都安装了CorelDRAW。

本章学习要点：

- 了解CorelDRAW的应用领域
- 掌握CorelDRAW X5的安装与卸载方法
- 熟悉CorelDRAW X5的工作界面
- 了解图形与色彩的相关知识

1.1 进入CorelDRAW X5的世界

1.1.1 CorelDRAW X5简介

CorelDRAW是由加拿大Corel公司开发的一款图形图像软件，拥有非凡的设计能力、友好的交互界面，广泛应用于商标设计、标志制作、模型绘制、插图描画、排版及分色输出等诸多领域。其受欢迎程度可用事实来说明，用于商业设计和美术设计的PC上几乎都安装了CorelDRAW。

随着相关技术的快速发展，其功能不断增强，版本更新频繁。2008年发布的版本是CorelDRAW X5，如图1-1所示。

作为一款套装软件，CorelDRAW中包含两个绘图应用程序：一个用于矢量图及页面设计，一个用于图像编辑，如图1-2所示。这套绘图软件组合最大的特点便是其强大的交互式工具，用户可以轻松、快捷地创作出多种富于动感的特殊效果及点阵图像即时效果。通过其提供的智能型绘图工具以及新的动态向导，使操控难度得以大幅降低，用户可以更加容易、精确地创建物体的尺寸和位置，减少操作步骤，节省设计时间。

图1－1

图1－2

1.1.2 CorelDRAW的应用范围

作为一款优秀的矢量软件，CorelDRAW在平面设计中的应用非常广泛，覆盖标志设计、VI设计、招贴设计、画册/样本设计、版式设计、书籍装帧设计、包装设计、界面设计、数字绘画等诸多领域。

- 标志设计：标志是表明事物特征的记号，具有象征和识别功能，是企业形象、特征、信誉和文化的浓缩。标志设计示例如图1-3所示。
- VI设计：VI的全称为Visual Identity，即视觉识别，是企业形象设计的重要组成部分。VI设计示例如图1-4所示。

图1－3

图1－4

- 招贴设计：所谓招贴，又称“海报”或“宣传画”，属于户外广告，是广告艺术中比较大众化的一种体裁，用来完成一定的宣传、鼓动任务，主要为报导、广告、劝喻和教育服务。招贴设计示例如图1-5所示。

图1－5

- 画册/样本设计：在企业公关交往中，经常会用到“画册（或称样本）”这一广告媒体，以配合其市场营销活动。研究画册/样本设计的规律和技巧，具有重要的现实意义。画册按照用途和作用可分为形象画册、产品画册、宣传画册、年报画册和折页画册。画册/样本设计示例如图1-6所示。
- 版式设计：版式即版面格式，具体指的是开本、版心和周围空白的尺寸，正文的字体、字号、排版形式、字数、排列地位，还有目录和标题、注释、表格、图名、图注、标点符号、书眉、页码以及版面装饰等项的排法。版式设计示例如图1-7所示。

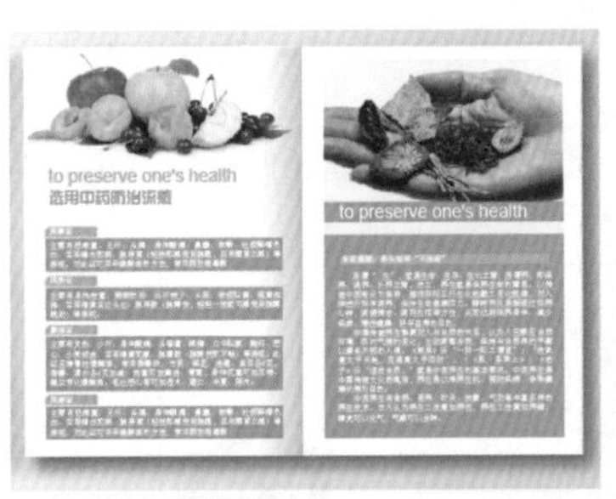

图1-6

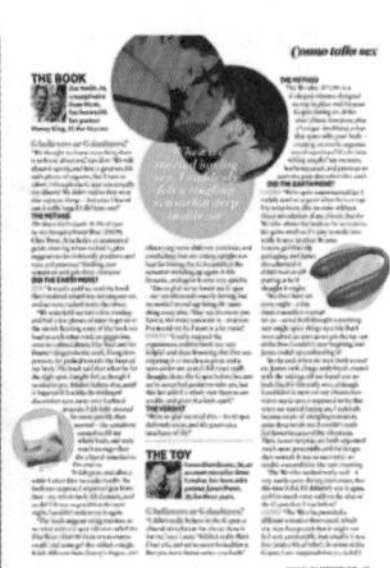

图1-7

- 书籍装帧设计：书籍装帧是书籍存在和视觉传递的重要形式，书籍装帧设计是指通过特有的形式、图像、文字色彩向读者传递书籍的思想、气质和精神的一门艺术。优秀的装帧设计都是充分发挥其各要素之间的关系，达到一种由表及里的完美。书籍装帧设计示例如图1-8所示。

图1-8

- 包装设计：包装设计是指选用合适的包装材料，运用巧妙的工艺手段，对商品进行的容器结构造型和包装的美化装饰设计，从而达到在竞争激烈的市场上提高产品附加值、促进销售、扩大产品影响力等目的。包装设计示例如图1-9所示。

图1-9

- 界面设计：界面设计也就是通常所说的UI（User Interface（用户界面）的简称）。界面设计虽然是设计中的新兴领域，但发展极为迅猛，越来越受到重视。使用CorelDRAW进行界面设计是非常好的选择。界面设计示例如图1-10所示。
- 数字绘画：CorelDRAW不仅可以针对已有图像进行处理，还可以帮助艺术家创造新的图像。CorelDRAW提供了众多优秀的绘画工具，可以绘制各种风格的数字绘画，如图1-11所示。

图1-10

图1-11

1.2 CorelDRAW X5的安装与卸载

想要学习和使用CorelDRAW X5，首先需要正确安装该软件。CorelDRAW X5的安装与卸载并不复杂，与其他应用软件大致相同。由于CorelDRAW X5是制图类设计软件，所以对硬件设备会有一定的配置要求。

1.2.1 CorelDRAW X5的安装

步骤01 CorelDRAW X5的安装方法与其他应用软件大同小异。双击打开CorelDRAW X5的安装文件（如图1-12所示），开始运行安装程序，如图1-13所示。

图1—12　图1—13

步骤02 运行后，在桌面上将显示安装前的运行程序，程序自动运行结束。在弹出的许可证协议对话框中，选中“我接受该许可证协议中的条款”复选框，单击“下一步”按钮，如图1-14所示。

步骤03 在弹出的输入信息对话框中输入序列号，单击“下一步”按钮，如图1-15所示。

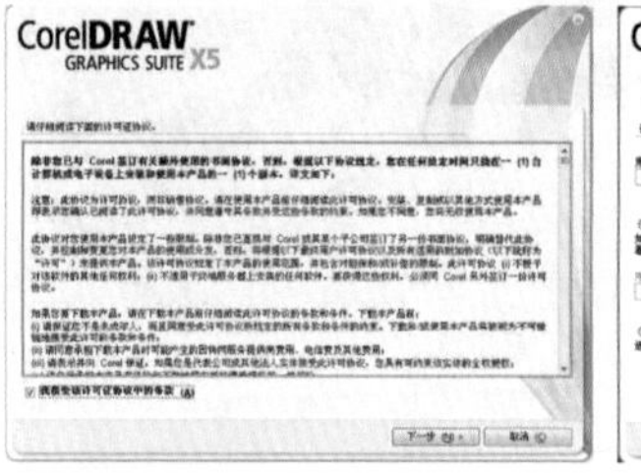

图1—14　图1—15

步骤04 在弹出的选择安装选项对话框中，选择“典型安装”选项，如图1-16所示。

步骤05 进入安装状态，此时不需要进行任何操作，稍后即可完成安装，如图1-17所示。

图1—16

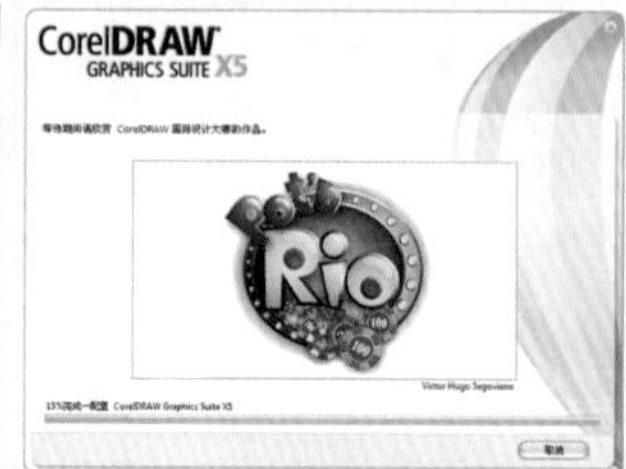

图1—17

步骤06 在弹出的设置成功对话框中单击CorelDRAW X5图标，即可打开该软件；或者单击“完成”按钮，结束CorelDRAW X5的安装程序，如图1-18所示。

图1—18

1.2.2 CorelDRAW X5的卸载

执行“开始>设置>控制面板”命令，打开“控制面板”窗口，如图1-19所示。双击“添加或删除程序”图标，在弹出的“添加或删除程序”窗口中选择CorelDRAW X5，然后单击“更改／删除”按钮，即将其卸载。如图1-20所示。

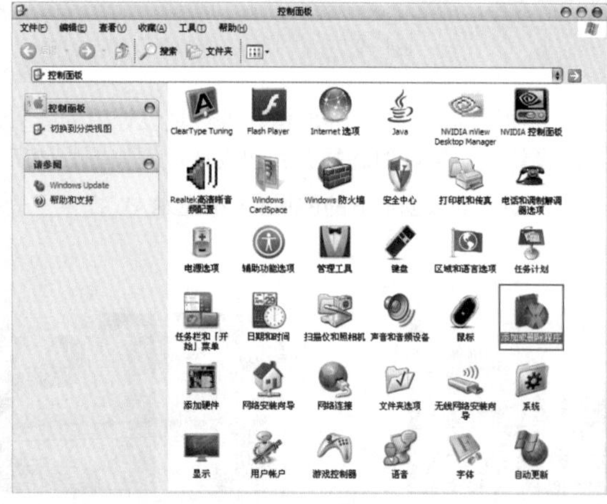

图1—19

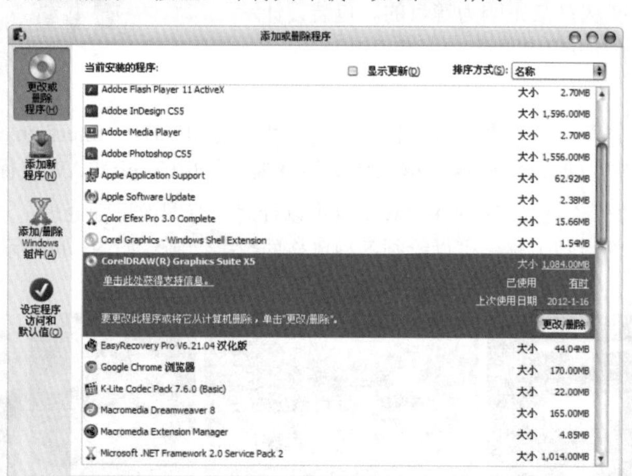

图1—20

1.3 熟悉CorelDRAW X5的工作界面

随着版本的不断升级，CorelDRAW X5的工作界面布局也更加合理、更加人性化。启动CorelDRAW X5，进入其工作界面。该界面主要由标题栏、菜单栏、标准工具栏、属性栏、工具箱、标尺、工作区、页面控制栏、泊坞窗、调色板以及状态栏等组成，如图1-21所示。

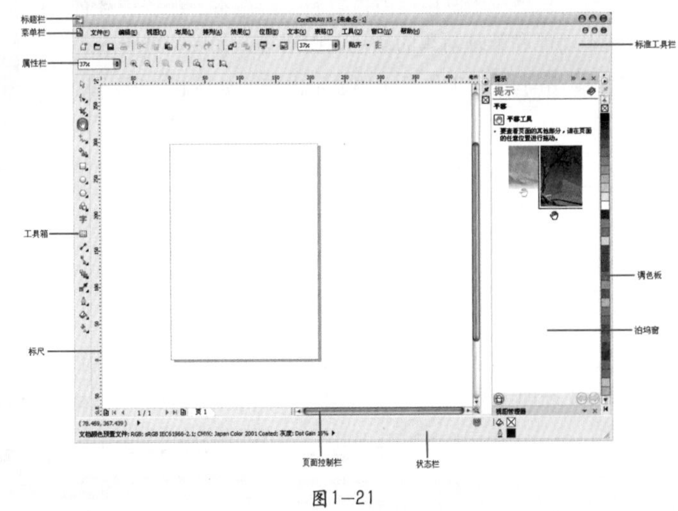

图1—21

1.3.1 标题栏

在工作界面的顶部是CorelDRAW X5的标题栏。单击左侧的标题栏按钮，可以控制程序窗口的显示状态；中间部分显示的是软件名称和当前所处理的文件名称；右侧的3个按钮分别用于最小化、最大化（或还原）及关闭窗口。

1.3.2 菜单栏

菜单栏由“文件”、“编辑”、“视图”、“布局”等12个菜单项组成，用于控制并管理整个界面的状态和图像的具体处理。在菜单栏中单击任一菜单，均会弹出下拉菜单。从中选择任一命令，即可执行相应的操作。菜单中有的命令后面带有▸标志，把光标移至该命令上，即可弹出其子菜单。

- 文件：由一些最基本的操作命令集合而成，用于管理与文件相关的基本设置、文件信息后期处理等，如图1-22所示。
- 编辑：此菜单中的命令主要用于控制图像部分属性和基本编辑，如图1-23所示。
- 视图：用于控制工作界面中部分版面的视图显示，方便用户根据自己的工作习惯进行操作，如图1-24所示。
- 布局：用于管理文件的页面，如组织打印多页文档，设置页面格式等，如图1-25所示。
- 排列：用于排列和组织对象，可同时控制一个或多个对象，如图1-26所示。
- 效果：用于为对象添加特殊的效果，将矢量绘图丰富的功能进行完善。利用这些特殊的功能，可以针对矢量对象进行调节和设定，如图1-27所示。
- 位图：用于对位图图像进行编辑。在将矢量图转换为位图后，可应用该菜单中大部分的命令，如图1-28所示。
- 文本：用于排版、编辑文本，允许用户对文本同时进行复杂的文字处理和特殊艺术效果的转换，并可结合图形对象制作形态丰富的文本效果，如图1-29所示。

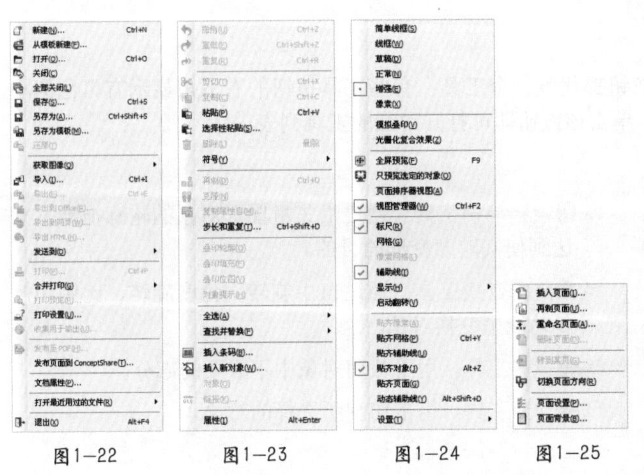

图1—22　图1—23　图1—24　图1—25

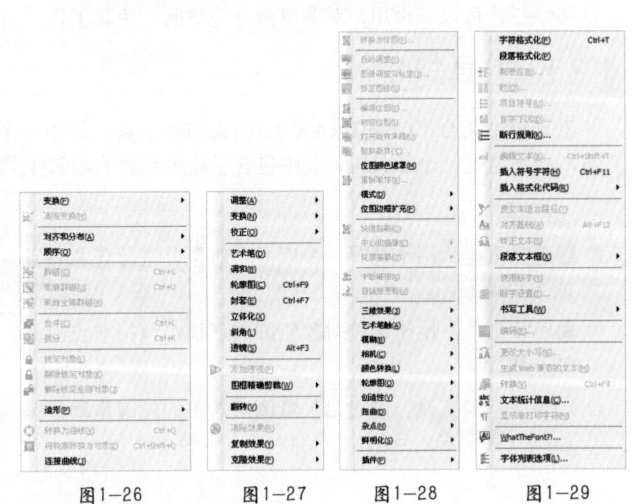

图1—26　图1—27　图1—28　图1—29

- 表格：用于绘制并编辑表格，同时也可以完成表格和文字间的相互转换，如图1-30所示。
- 工具：为简化实际操作而设置的一些命令，如设置软件基本功能和管理对象的颜色、图层等，如图1-31所示。
- 窗口：用于管理工作界面的显示内容，如图1-32所示。
- 帮助：针对用户的疑问集合了一些答疑解惑的功能，用户从中可以了解CorelDRAW X5的相关信息，如图1-33所示。

图1—30　图1—31　图1—32　图1—33

1.3.3 标准工具栏

标准工具栏通常位于菜单栏的下方，集中了一些常用的命令按钮，如图1-34所示。在标准工具栏上拖动鼠标，可以将其拖动到工作界面中的任意位置。通过使用标准工具栏中的快捷按钮，可以简化用户的操作步骤，提高工作效率。

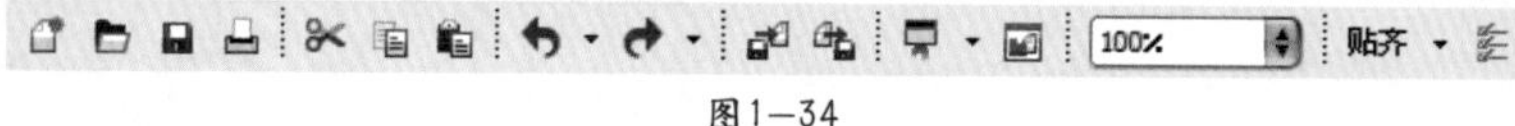

图1—34

- 新建：新建一个文档。
- 打开：打开一个已经存在的CorelDRAW绘图文件。
- 保存：将当前编辑的绘图文件进行保存。
- 打印：打印绘图文件。
- 剪切：将选定的内容剪切到剪贴板中。
- 复制：将选定的内容复制到剪贴板中。
- 粘贴：将剪切或复制到剪贴板中的内容粘贴到页面中。
- 撤销：撤销上一步的操作命令。
- 重做：恢复上一步撤销的操作命令。
- 导入：可以导入非CorelDRAW X5默认的文件格式，如BMP、GIF、TIF、HTM等多种格式。
- 导出：将制作完成的文件导出为其他格式。
- 应用程序启动器：打开CorelDRAW X5的套装软件，包括Corel Photo-Paint等。
- 欢迎屏幕：快速启动欢迎屏幕。
- 100% 缩放级别：设置当前视图的缩放比例。
- 贴齐 贴齐：将绘制窗口贴齐网格、辅助线、对象、动态导向。
- 选项：快速打开“选项”对话框。

1.3.4 属性栏

属性栏中列出了与用户当前所用工具或所选择对象相关的功能选项，具体内容根据所选择的工具或对象的不同而不同。通过属性栏，可以减少用户对菜单命令的访问，使其工作更有针对性。

1.3.5 工具箱

工具箱中集合了CorelDRAW X5的大部分工具。其中每个按钮都代表一个工具；有些工具按钮的右下角显示有黑色的小三角，表示这是一个工具组，其中包含了相关系列的隐藏工具，单击该按钮即可打开隐藏的工具列表。

- 选择工具：用于选择一个或多个对象并进行任意移动或大小调整。
- 形状工具：用于调整对象轮廓的形状，包括节点的添加、删除等。
- 涂抹笔刷工具：通过沿矢量图形对象的轮廓拖动，来达到使其变形的目的。
- 粗糙笔刷工具：通过沿矢量图形对象的轮廓拖动，来达到使其轮廓变形的目的。
- 自由变换工具：通过自由旋转、角度旋转、比例和倾斜功能来变换对象。
- 裁剪工具：用于裁剪对象中不需要的部分。
- 刻刀工具：用于切割所选择的对象。

- 橡皮擦工具：用于移除绘图不需要的区域。
- 虚拟段删除工具：用于删除图像中不需要的线段。
- 缩放工具：用于放大或缩小页面中的图像。
- 平移工具：不更改缩放级别，将绘图的隐藏区域拖动到视图。
- 手绘工具：方便地绘制自己所需要的图形。
- 2点线工具：通过起始点和结束点来绘制曲线。
- 贝塞尔工具：允许每次绘制一段曲线或直线。
- 艺术笔工具：其中包含预设、笔刷、喷涂、书法和压力笔触等多种类型的艺术笔工具。
- 钢笔工具：用于绘制合适的曲线。
- B-Spline工具：通过对绘制点的调整绘制理想的图形。
- 折线工具：随意绘制自己需要的图形。

技巧提示

折线工具可与使用手绘工具一样绘制自由曲线，但与手绘工具绘制出的路径不同的是，释放鼠标后，路径并没有成为单独的对象，再拖动鼠标还可以继续路径的绘制。

- 3点曲线工具：通过起始点、结束点和中心点来绘制曲线。
- 智能填充工具：可对包括位图图像在内的任何封闭的对象进行填充。
- 智能绘图工具：可将绘制的图形自动调整得更为规范。
- 矩形工具：绘制矩形。
- 3点矩形工具：创建矩形基线，通过定义高度绘制矩形。
- 椭圆形工具：绘制椭圆形。
- 3点椭圆形工具：创建椭圆基线，通过定义高度绘制椭圆形。
- 多边形工具：绘制多边形。
- 星形工具：绘制带状和星形对象。
- 复杂星形工具：绘制爆炸形状。
- 图纸工具：可以绘制出与图纸上类似的网格线。
- 螺纹工具：绘制对称式与对数式螺纹。
- 基本形状工具：可以选择各种形状进行直接绘制。
- 箭头形状工具：绘制各种形状、方向和多个箭尖的箭头。
- 流程图形状工具：绘制流程图符号。
- 标题形状工具：绘制标题形状图形。
- 标注形状工具：绘制标注和标签。
- 文本工具：在页面中单击鼠标左键，可输入美术字；拖动鼠标创建文本框后，在其中可输入段落文本。
- 表格工具：用于绘制任意行、列数的表格。
- 平行度量工具：用于度量对象的尺寸或角度。
- 水平或垂直度量工具：度量对象水平或垂直的尺寸。
- 角度度量工具：用于度量对象的角度。
- 线段度量工具：用于测量任意线段的尺寸。
- 3点标注工具：绘制标注线。
- 直线连接器工具：用于连接对象的锚点。
- 直角连接器工具：用于对直角进行连接。
- 直角圆形连接器工具：用于绘制直角圆形连线。
- 编辑锚点工具：可以在选择的对象上添加锚点。
- 调和工具：主要作用是处理艺术效果。
- 轮廓工具：用于将轮廓应用于对象。
- 变形工具：将拖拉变形、拉链变形或扭曲变形应用于对象上。
- 阴影工具：用于将阴影应用于选择的对象上。
- 封套工具：拖动封套上的节点使对象变形。
- 立体化工具：用于让对象产生纵深感。
- 透明度工具：用于将透明效果应用于对象。
- 颜色滴管工具：用于取样对象的颜色，将其赋予新的对象。
- 属性滴管工具：用于取样对象的属性，将其赋予新的对象。
- 轮廓笔工具：利用它可以更改外框属性，如颜色和宽度等。
- 填充工具：对所选定的图形进行填充处理，其中包括多种填充工具。
- 交互式填充工具：提供了更为艺术化的填充效果。
- 网状工具：用于将网格应用于对象。

1.3.6 工作区

工作区是用户操作的主要区域，从中可对图像进行创建和编辑。

1.3.7 泊坞窗

泊坞窗一般位于工作界面的右侧，其中集合了编辑、调整对象时所用到的一些功能选项。执行“窗口>泊坞窗”命令，即可打开泊坞窗。此外，也可将其最小化，只以标题的形式显示出来，以方便对页面的编辑。

1.3.8 调色板

CorelDRAW X5默认的调色板是根据四色印刷模式的色彩比例设定的，用户可以直接将调色板中的颜色用于对象的轮廓或填充。单击▣按钮，可以选择更多颜色；单击▲或▼按钮，可以上下滚动调色板以查询更多的颜色。

1.3.9 状态栏

状态栏位于工作界面的底部，其中显示了用户所选对象的相关信息，如对象的轮廓线色、填充色、对象所在图层等。

1.4 图形与色彩的基础知识

在光照条件下，物体反射出不同波长形成色彩，各种不同波长的光一同进入人眼，视觉会对其进行混合处理，进而形成彩色。了解图像的色彩模式对于后面合成工作的学习有着非常重要的作用，对于计算机图形图像设计人员来说，熟练掌握色彩是做好工作的前提。

1.4.1 认识矢量图与位图

1. 位图

如果将一幅位图图像放大到原来的8倍，可以发现它会发虚，而放大到若干倍时，就可以清晰地观察到图像中有很多小方块，这些小方块就是构成图像的像素，这就是位图最显著的特征，如图1-35所示。

位图图像在技术上被称为栅格图像，也就是通常所说的“点阵图像”或“绘制图像”。位图图像由像素组成，每个像素都会被分配一个特定位置和颜色值。相对于矢量图，在处理位图图像时所编辑的对象是像素而不是形状。

位图图像是连续色调图像，最常见的有数码照片和数字绘画。与矢量图相比，位图图像可以更有效地表现阴影和颜色的细节层次。如图1-36所示分别为位图，矢量图与矢量图的形状显示方式，可以发现位图图像表现出的效果非常细腻、真实，而矢量图相对于位图的过渡则显得有些生硬。

1:1

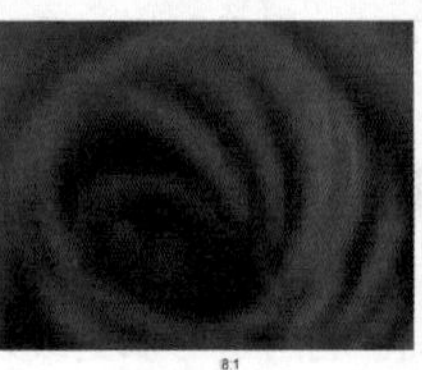

8:1

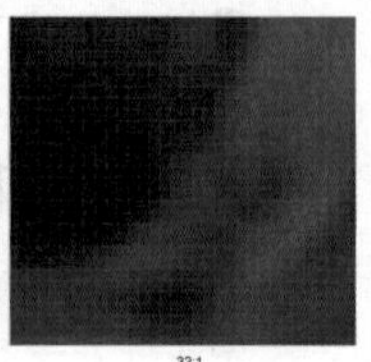

32:1

图1—35

图1—36

技巧提示

位图图像与分辨率有关，也就是说，位图包含了固定数量的像素。缩放位图尺寸会使原图变形，因为这是通过减少像素来使整个图像变小或变大的。因此，如果在屏幕上以高缩放比率对位图进行缩放或以低于创建时的分辨率来打印位图，则会丢失其中的细节，并且会出现锯齿现象。

2. 矢量图

矢量图也称为矢量形状或矢量对象，在数学上定义为一系列由线连接的点。比较有代表性的矢量软件有Adobe Illustrator、CorelDRAW、CAD等。如图1-37所示为矢量作品。

与位图图像不同，矢量图中的元素称为对象。每个对象都是一个自成一体的实体，具有颜色、形状、轮廓、大小和屏幕位置等属性。因此，矢量图与分辨率无关，任意移动或修改都不会丢失细节或影响其清晰度。当调整矢量图的大小、将矢量图打印到任何尺寸的介质上、在PDF文件中保存矢量图或将矢量图导入到基于矢量的图形应用程序中时，都将保持清晰的边缘。如图1-38所示是将矢量图放大5倍以后的效果，可以发现它仍然保持清晰的颜色和锐利的边缘。

图1—37

图1—38

答疑解惑——矢量图主要应用在哪些领域？

矢量图在设计中应用得比较广泛。例如，在常见的室外大型喷绘中，为了保证放大数倍后的喷绘质量，又要在设备能够承受的尺寸内进行制作，使用矢量软件就比较合适。另一种是网络中比较常见的Flash动画，因其独特的视觉效果以及较小的空间占用量而广受欢迎。

1.4.2 什么是分辨率

这里所说的分辨率是指图像分辨率，用于控制位图图像中的细节精细度。其测量单位是像素/英寸（PPI），每英寸的像素越多，分辨率越高。一般来说，图像的分辨率越高，印刷出来的质量就越好。如图1-39所示就是两幅尺寸相同、内容相同的图像，左图的分辨率为300ppi，右图的分辨率为72ppi，可以观察到两者的清晰度有着明显的差异，即左图的清晰度明显要高于右图。

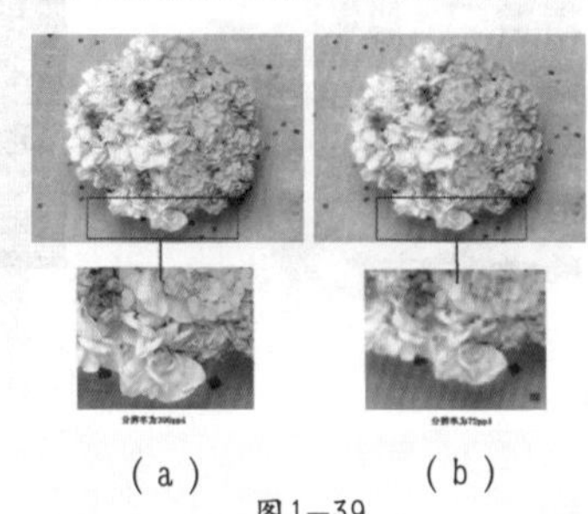

（a）　　（b）

图1—39

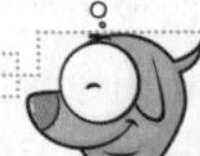

技术拓展：“分辨率”的相关知识

其他行业里也经常会用到“分辨率”这一概念，它是衡量图像品质的一个重要指标，具有多种定义和单位。

- 图像分辨率：指的是一幅具体作品的品质高低，通常都用像素点（Pixel）多少来加以区分。在图像内容相同的情况下，像素点越多，品质就越高，但相应的记录信息量也呈正比增加。
- 显示分辨率：表示显示器清晰程度的指标，通常是以显示器的扫描点（Pixel）多少来加以区分，如 800×600、1024×768、1280×1024、1920×1200等，与屏幕尺寸无关。
- 扫描分辨率：指的是扫描仪的采样精度或采样频率，一般用PPI或 DPI来表示。PPI 值越高，图像的清晰度就越高。扫描仪通常有光学分辨率和插值分辨率两个指标，光学分辨率是指扫描仪感光器件固有的物理精度；而插值分辨率仅表示扫描仪对原稿的放大能力。
- 打印分辨率：指的是打印机在单位距离上所能记录的点数，因此一般也用 PPI 来表示分辨率的高低。

1.4.3 图像的颜色模式

使用计算机处理数码照片时经常涉及“颜色模式”这一概念。图像的颜色模式是指将某种颜色表现为数字形式的模型，或者说是一种记录图像颜色的方式。在CorelDRAW X5中，执行“位图>模式”命令，在弹出的子菜单中列出了“黑白”、“灰度”、“双色”、“调色板色”、“RGB颜色”、“Lab色”和“CMYK色”7种颜色模式，其对比效果如图1-40所示。

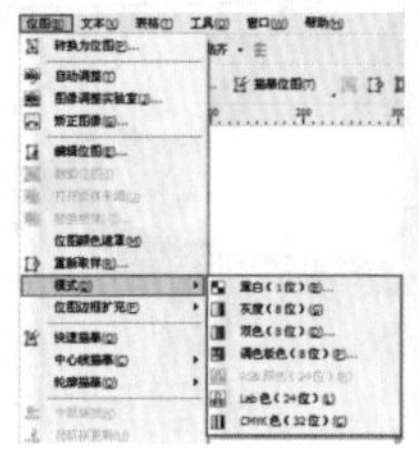

图1—40

1. 黑白

在黑白模式下，使用黑色、白色两种颜色值中的一个来表示图像中的像素。将图像转换为黑白模式会使图像减少到两种颜色，从而大大简化图像中的颜色信息，同时也减小文件的大小，如图1-41所示。

图1—41

2. 灰度

灰度模式是用单一色调来表现图像。在图像中可以使用不同的灰度级，如图1-42所示。在8位图像中，最多有256级灰度，其每个像素都有一个0（黑色）~255（白色）之间的亮度值；在16位和32位图像中，灰度级数比8位图像要多出许多。

图1—42

3、双色

在CorelDRAW X5中，双色调模式并不是指由两种颜色构成图像，而是通过1~4种自定油墨创建的单色调、双色调、三色调和四色调的灰度图像。单色调是用非黑色的单一油墨打印出灰度图像，双色调、三色调和四色调分别是用2种、3种和4种油墨打印出灰度图像，如图1-43所示。

图1—43

4. 调色板色

调色板色是位图图像的一种编码方法，需要基于RGB、CMYK等更基本的颜色编码方法。可以通过限制图像中的颜色总数来实现有损压缩，如图1-44所示。如果要将图像转换为调色板色模式，那么该图像必须是8位通道的图像、灰度图像或是RGB颜色模式的图像。

图1—44

5. RGB颜色

RGB颜色模式是进行图像处理时最常用的一种模式。RGB模式是一种发光模式（也叫“加光”模式），其中的R、G、B分别代表Red（红色）、Green（绿色）、Blue（蓝），如图1-45所示。RGB颜色模式下的图像只有在发光体上才能显示出来，如显示器、电视等。该模式所包含的颜色信息（色域）有1670多万种，是一种真彩色颜色模式。

6. Lab颜色

Lab颜色模式是由和有关色彩的L、a、b这3个要素组成，如图1-46所示。其中，L表示Luminosity（照度），相当于亮度；a表示从红色到绿色的范围；b表示从黄色到蓝色的范围。在Lab颜色模式下，亮度分量（L）取值范围是0 ~100；在 Adobe拾色器和“颜色”面板中，a分量（绿色-红色轴）和b分量（蓝色-黄色轴）的取值范围是+127 ~ - 128。

技巧提示

Lab是最接近真实世界颜色的一种色彩模式，它同时包括RGB颜色模式和CMYK颜色模式中的所有颜色信息。因此，在将RGB颜色模式转换成CMYK颜色模式之前，要先将RGB颜色模式转换成Lab颜色模式，再将Lab颜色模式转换成CMYK颜色模式，这样才不会丢失颜色信息。

7. CMYK颜色

CMYK颜色模式是一种印刷模式。CMY是3种印刷油墨名称的首字母（其中，C代表Cyan（青色）；M代表Magenta（洋红）；Y代表Yellow（黄色）），而K代表Black（黑色）。CMYK模式也叫“减光”模式，该模式下的图像只有在印刷体上才可以观察到，如纸张。CMYK颜色模式包含的颜色总数比RGB模式少很多，所以在显示器上观察到的图像要比印刷出来的图像亮丽一些，如图1-47所示。在“通道”调板中可以查看到4种颜色通道的状态信息。

图1-45

图1-46

图1-47

技巧提示

在制作需要印刷的图像时，就要用到CMYK颜色模式。将RGB图像转换为CMYK图像会产生分色。如果原始图像是RGB图像，那么最好先在RGB颜色模式下进行编辑，待编辑结束后再转换为CMYK颜色模式。

读书笔记

文件的基本操作

使用CorelDRAW初次进行绘图前，首先要新建一个绘图文件，然后在新建的文件页面中进行对象的绘制及编辑。如果需要对已有的文件进行编辑，就要先将其打开。

本章学习要点：

- 掌握新建与保存文件的方法
- 掌握文档的导入/导出及页面操作
- 掌握工作区的基本设置
- 了解打印输出的相关设置

2.1 打开与新建文件

使用CorelDRAW初次进行绘图前，首先要新建一个绘图文件，然后在新建的文件页面中进行对象的绘制及编辑。如果需要对已有的文件进行编辑，就要先将其打开。CorelDRAW文件示例如图2-1所示。

启动CorelDRAW时，默认情况下会弹出欢迎界面，在“快速入门”界面（也可称为欢迎界面）。其中包含两部分，左侧界面用于打开文件，右侧界面用于新建文件，如图2-2所示。

图2—1

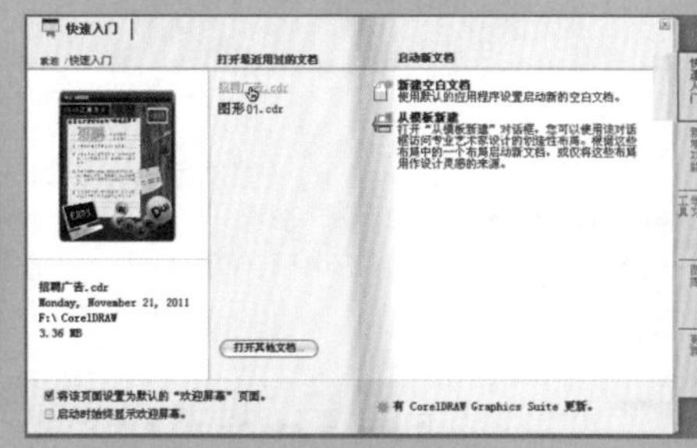

图 2—2

技术拓展：“欢迎屏幕”界面详解

“欢迎屏幕”界面中包括5个选项卡：其中“快速入门”界面是默认选择，比较适用于入门级别的“新手”使用。

“新增功能”选项卡：主要介绍在CorelDRAW X5版本中新增的一些功能。单击某一项，即可打开次级界面进行详细学习，如图2—3所示。

“学习工具”选项卡：提供包括视频教学、文字教学等多种便捷、直观的学习方式，如图2—4所示。

“图库”选项卡：单击图像下方的“浏览上一张”按钮◀或“浏览下一张”按钮▶，可以浏览CorelDRAW X5内置的一些矢量作品，如图2—5所示。

“更新”选项卡：其中显示了当前CorelDRAW版本的更新情况以及产品最新消息，如图2—6所示。

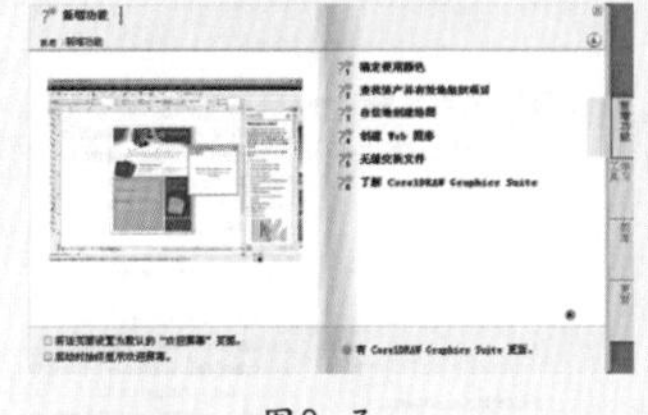

图2—3

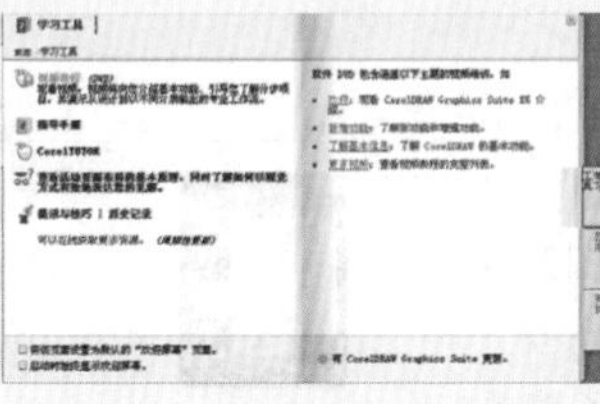

图2—4

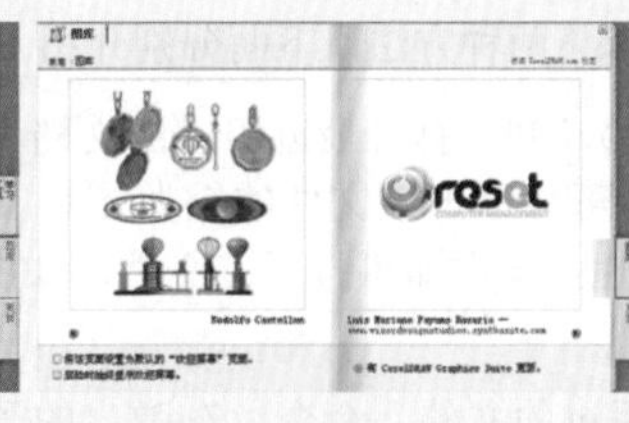

图2—5

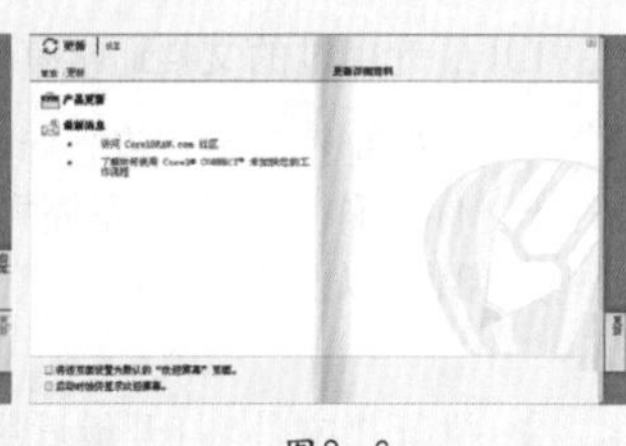

图2—6

2.1.1 打开文档

在CorelDRAW中打开文档通常有以下几种方法。

方法01 在欢迎界面中，单击底部的 打开其他文档 按钮，在弹出的“打开绘图”对话框中选择要打开的文件，然后单击“打开”按钮即可，如图2-7所示。

技巧提示

在选择文件时，按住Shift键可选择连续的多个文件；按住Ctrl键则可以进行不连续的加选。

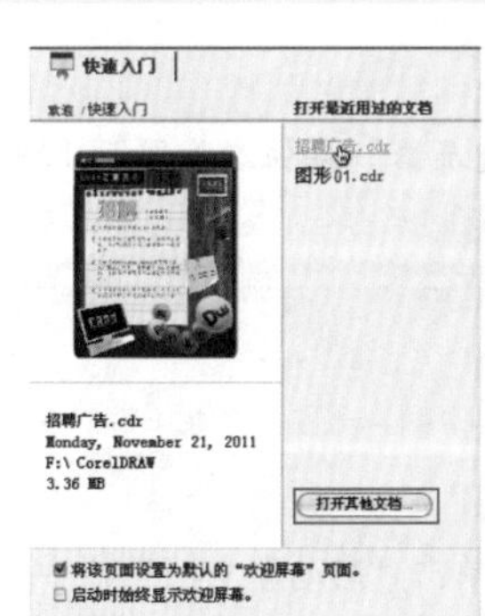

图2—7

第2章 文件的基本操作

方法02 在启动CorelDRAW后，执行“文件>打开”命令，或按Ctrl+O键，也可打开文件，如图2-8所示。

方法03 在标准工具栏中单击“打开”按钮（如图2-9所示）。

方法04 在弹出的“打开绘图”对话框中选择文件所在位置后，再选择所要打开的文件（选中“预览”复选框，可以通过缩略图来预览文件效果），然后单击“打开”按钮，同样可以打开文件，如图2-10所示。

图2-8　图2-9

图2-10

技巧提示

在安装了CorelDRAW X5之后，计算机中的所有CorelDRAW文件都将自动默认为使用CorelDRAW X5打开，因此只需打开文件所在文件夹，并在CDR格式的文件上双击，即可使用CorelDRAW将其打开。

另外，也可以选择所要打开的文件，按住鼠标左键，将其拖曳到任务栏的CorelDRAW窗口按钮处，系统切换至CorelDRAW界面后，将文件移至灰色区域，然后释放鼠标即可将其打开。

2.1.2 打开最近用过的文档

打开最近用过的文档通常有以下两种方法，下面分别介绍。

方法01 在欢迎界面中，将光标移动到“打开最近用过的文档”栏中的某一文件名称上，在其左侧即可显示出该文件的缩览图、文件名称、存储路径以及文件大小等属性；单击即可打开该文件，如图2-11所示。

方法02 执行“文件>打开最近用过的文件”命令，在弹出的子菜单中选择要打开的文件即可，如图2-12所示。

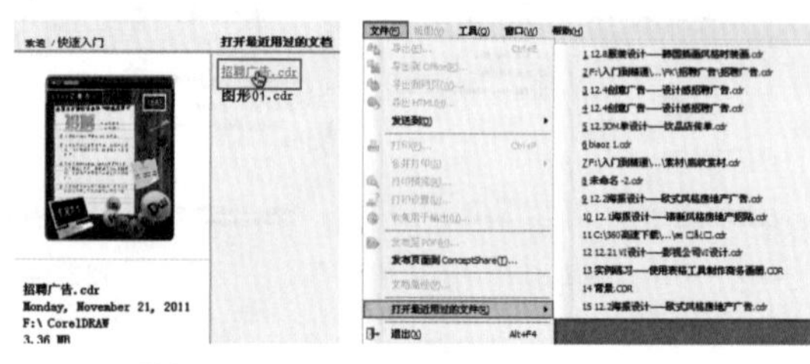

图2-11　图2-12

技巧提示

在标准工具栏中单击“欢迎屏幕”按钮（如图2-13所示），可以在已经打开的文件中调出欢迎界面。

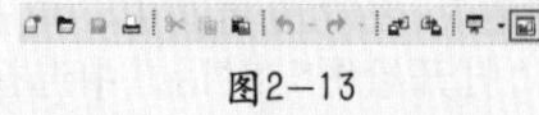

图2-13

2.1.3 新建文档

新建文档主要有以下两种方法。

方法01 在“快速入门”界面中，单击“启动新文档”栏中的“新建空白文档”文字链接，在弹出的“创建新文档”对话框中进行相应设置后，单击“确定”按钮，即可完成空白文件的新建，如图2-14所示。

方法02 如果在启动CorelDRAW X5时跳过了欢迎界面，可以通过执行“文件>新建”命令，或按Ctrl+N键（如图2-15所示），在弹出的“创建新文档”对话框中对文件名称、尺寸、方向、原色模式、分辨率等多项参数进行相应设置后，单击“确定”按钮，即可创建一个空白的新文档，如图2-16所示。

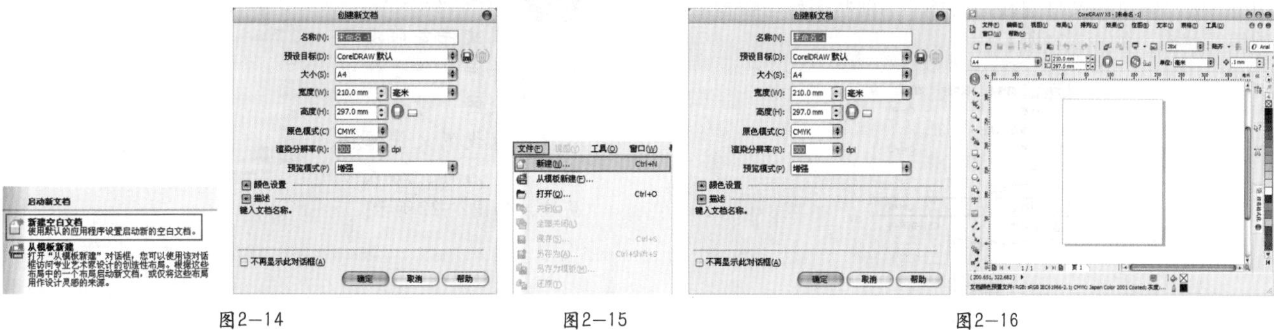

图2—14　　图2—15　　图2—16

技巧提示

单击标准工具栏中的“新建”按钮，可以快速地新建文件。

2.1.4 从模板新建文档

CorelDRAW X5提供了多种可供调用的内置模板，执行从模板新建文件命令可为“新手”在文档的创建制作中提供思路。

方法01 在欢迎界面中单击“从模板新建”文字链接，在弹出的“从模板新建”对话框中选择一种合适的模板，然后单击“打开”按钮即可，如图2-17所示。

方法02 也可以执行“文件>从模板新建”命令，在弹出的“从模板新建”对话框中选择一种合适的模板（如图2-18所示），然后单击“打开”按钮即可，如图2-19所示。

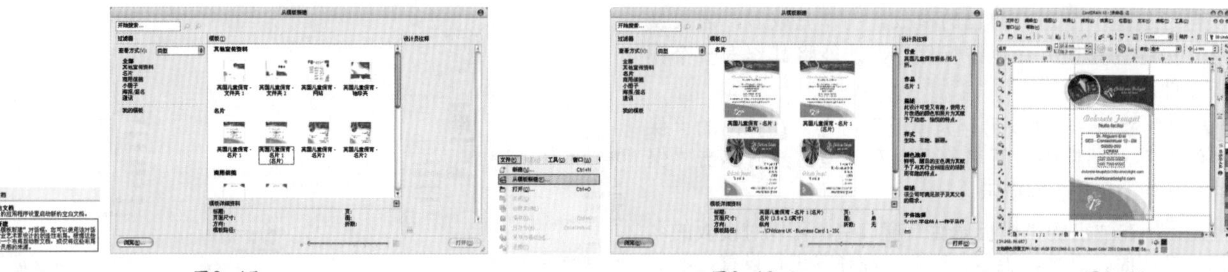

图2—17　　图2—18　　图2—19

技巧提示

在熟练掌握CorelDRAW后可能不再需要欢迎界面，此时只要在该界面底部取消选中“启动时始终显示欢迎屏幕”复选框即可，如图2—20所示。

启动时始终显示欢迎屏幕。

图2—20

2.2 保存、输出与关闭文件

在使用CorelDRAW制作图像时，为了避免文件的丢失，及时对其进行保存是非常必要的。在CorelDRAW中，可以通过多种方式保存文件，便于以后的编辑或修改。

2.2.1 使用保存命令

选择所要保存的文档，执行“文件>保存”命令，或按Ctrl+S键，即可将文件保存，文件的当前状态自动覆盖之前的编辑状态，如图2-21所示。

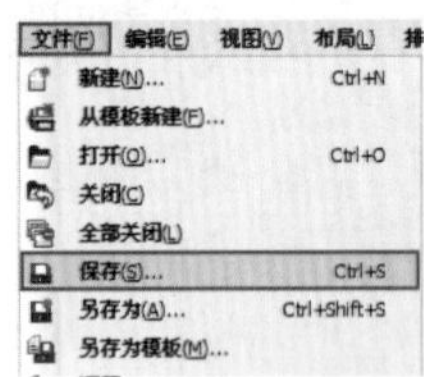

图2—21

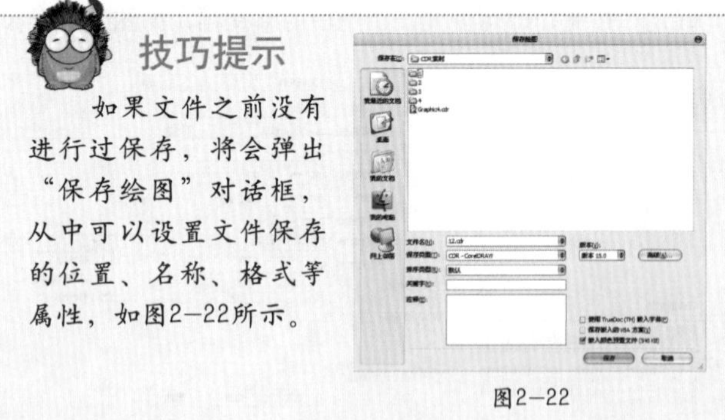

技巧提示

如果文件之前没有进行过保存，将会弹出“保存绘图”对话框，从中可以设置文件保存的位置、名称、格式等属性，如图2—22所示。

图2—22

2.2.2 使用“另存为”命令

“另存为”命令主要用于对文件进行备份而不破坏原文件。其使用方法非常简单，选择要另存为的文档，执行“文件>另存为”命令，或按Ctrl+Shift+S键，在弹出的“保存绘图”对话框中设置文件保存位置及名称，然后单击“保存”按钮，即可将其另存，如图2-23所示。

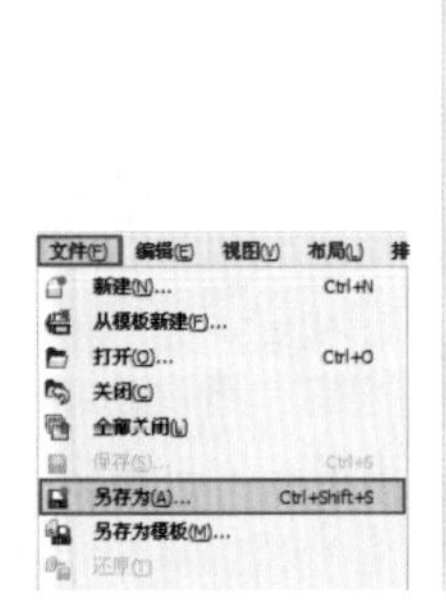

图2—23

2.2.3 另存为模板

在CorelDRAW中，用户可以从模板新建文件，也可以自行创建一个适合自己的模板。制作完成后，需要使用“另存为模板”命令进行保存，才能将其作为一个模板文件。

步骤01 执行“文件>另存为模板”命令，在弹出的“保存绘图”对话框中设置名称及保存类型，然后单击“保存”按钮，如图2-24所示。

步骤02 在弹出的“模板属性”窗口中，可以对模板的名称、打印面、折叠、类型、行业、注释等进行设置，然后单击“确定”按钮完成操作，如图2-25所示。

图2—24　图2—25

2.2.4 发布至PDF

发布到PDF，就是将CorelDRAW的矢量文件转换为便于预览和印刷的PDF格式文件。

步骤01 执行“文件>发布至PDF”命令，在弹出的“发布至PDF”对话框中可以对文档的保存位置、名称、保存类型、PDF预设等参数进行设置，最后单击“保存”按钮结束操作，如图2-26所示。

步骤02 在“发布至PDF”对话框中单击“设置”按钮，在弹出的“PDF设置”对话框中可以进行更多参数的设置，如图2-27所示。

图2—26

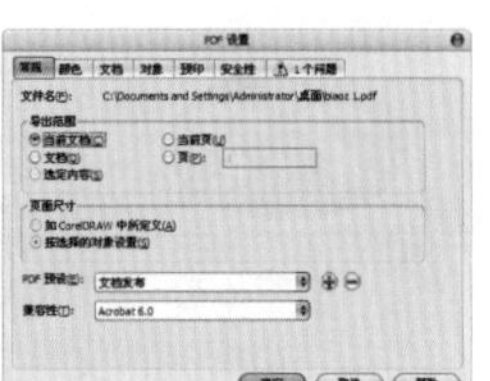

图2—27

2.2.5 关闭文件

关闭文件是指在不退出CorelDRAW应用程序的情况下，结束当前的工作文件。在CorelDRAW中有多种关闭文件的方法，下面分别介绍。

方法01 执行“文件>关闭”命令，可以将当前文件关闭，如图2-28所示。

方法02 在CorelDRAW工作界面中单击左上角的按钮，在弹出的下拉菜单中选择“关闭”命令，或按Ctrl+F4键，也可将当前文件关闭，如图2-29所示。

方法03 单击文档窗口右上角的“关闭”按钮，同样可以将当前文件关闭，如图2-30所示。

方法04 执行“文件>全部关闭”命令，可以快速地关闭CorelDRAW中的全部文件，如图2-31所示。

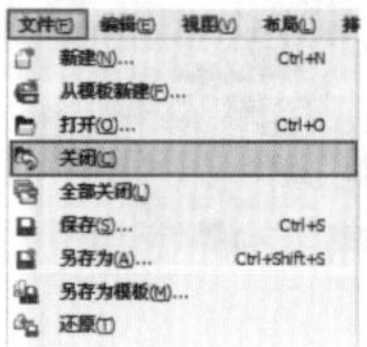

图2-28

图2-29

图2-30

图2-31

2.2.6 退出软件

退出CorelDRAW的方法有以下几种。

方法01 在CorelDRAW中完成全部操作后，执行“文件>退出”命令，或按Alt+F4键，即可退出该软件，如图2-32所示。

方法02 在桌面底部的任务栏中右击CorelDRAW窗口按钮，在弹出的快捷菜单中选择“关闭”命令，同样可以退出该软件，如图2-33所示。

方法03 单击工作界面右上角的“关闭”按钮，同样可以退出该软件，如图2-34所示。

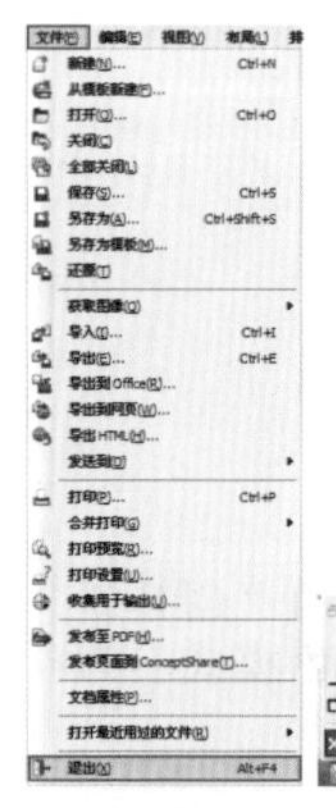

图2-32

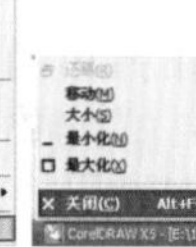

图2-33

图2-34

2.3 导入与导出文件

不同的软件都有其不同的文件格式。在使用CorelDRAW进行绘图的过程中，有时需要导入非CorelDRAW格式的图像素材，或者将CorelDRAW格式文件导出为其他便于传输的格式，这时就需要用到CorelDRAW中的“导入”与“导出”命令。

2.3.1 导入文件

导入文件有以下几种方法。

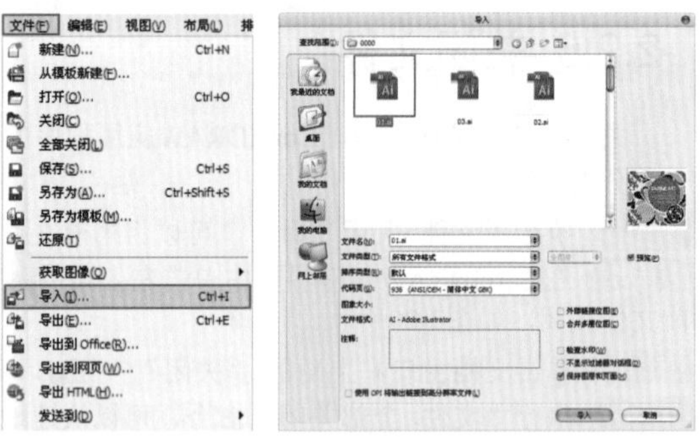

图2—35

图2—36

方法01 通过“导入”命令可以导入其他矢量软件的文件（如此处导入的利用Adobe Illustrator制作的.ai格式的文件）或者位图文件。执行“文件>导入”命令，或按Ctrl+I键，在弹出的“导入”对话框中选择所要导入的文件，然后单击“导入”按钮结束操作，如图2-35所示。

方法02 也可以单击标准工具栏中的“导入”按钮，如图2-36所示，在弹出的“导入”对话框中选择所要导入的文件，然后单击“导入”按钮结束操作。

方法03 在工作区内单击鼠标右键，在弹出的快捷菜单中选择“导入”命令，同样可以导入所需图像，如图2-37所示。

导入的矢量图形可能将作为一个矢量群组对象出现在CorelDRAW界面中，选中该对象，单击鼠标右键，在弹出的快捷菜单中选择“取消群组”命令即可对矢量图形的每一部分进行编辑，如图2-38所示。

如果要导入一个.jpg格式的位图文件，则需要在“导入”对话框中选中相应文件，单击“导入”按钮；回到工作区中后，当光标变为形状时，在画面中单击并拖动鼠标，确定导入图像的位置及大小，如图2-39所示。

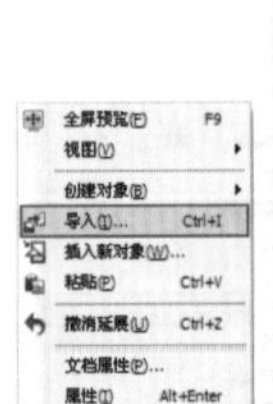

图2—37

图2—38

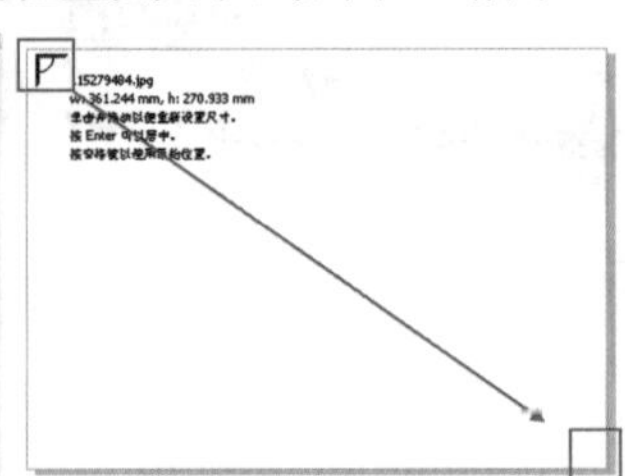

图2—39

实例练习——使用“导入”命令制作贺卡

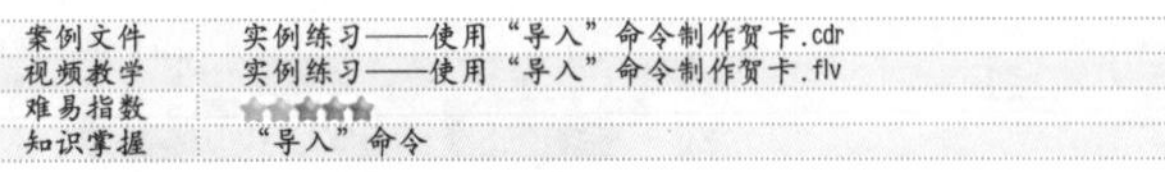

案例文件	实例练习——使用“导入”命令制作贺卡.cdr
视频教学	实例练习——使用“导入”命令制作贺卡.flv
难易指数	★★★★★
知识掌握	“导入”命令

案例效果

本例最终效果如图2-40所示。

图2—40

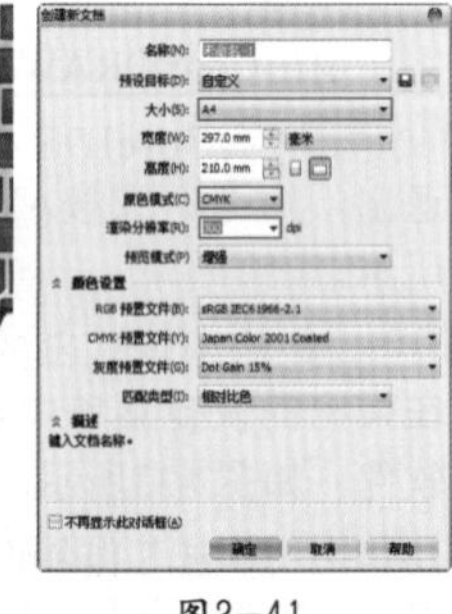

图2—41

操作步骤

步骤01 执行“文件>新建”命令，在弹出的“创建新文档”对话框中设置“大小”为A4，“原色模式”为CMYK，“渲染分辨率”为300，如图2-41所示。

步骤02 执行“文件>导入”命令，或按Ctrl+I键，在弹出的“导入”对话框中选择要导入的背景素材图像，然后单击“导入”按钮，如图2-42所示。

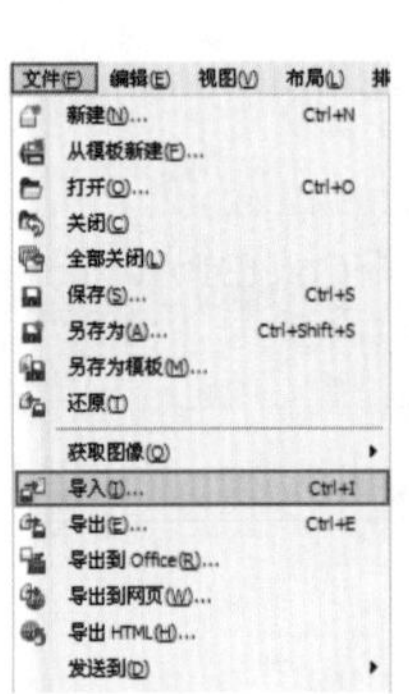

图2—42

技巧提示

位图素材可以直接拖曳到新建文档中进行快速导入；但是矢量格式的素材通过这种方式快捷导入后会导致其变为位图。

步骤03 执行“文件>导入”命令，在弹出的“导入”对话框中选择花纹素材图像，单击“导入”按钮，如图2-43所示。

图2-43

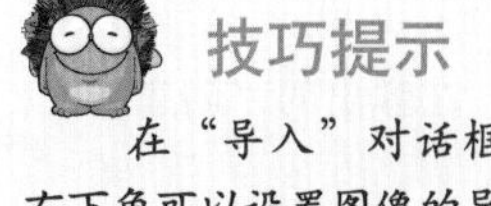

技巧提示

在“导入”对话框右下角可以设置图像的导入方式，如图2-44所示。

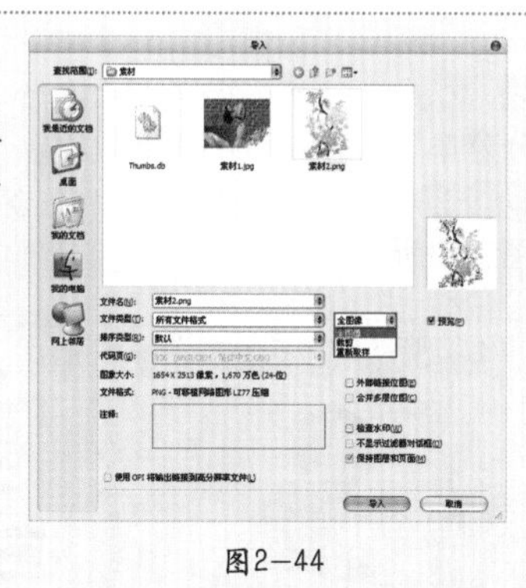

图2-44

步骤04 单击选中花纹素材，将鼠标移至其4个角的控制点上，按住鼠标左键拖动，将其进行等比例缩放，并移动到合适位置，最终效果如图2-45所示。

图2-45

2.3.2 导出文件

导出命令主要是用于文件在不同软件中的交互编辑以及在不同平台下使用（如实时预览、打印等）。执行“文件>导出”命令，或按Ctrl+E键，在弹出的“导出”对话框中选择要导出的文件，在“保存类型”下拉列表中选择要导出的文件类型，然后单击“导出”按钮，即可将其导出为其他格式，如图2-46所示。

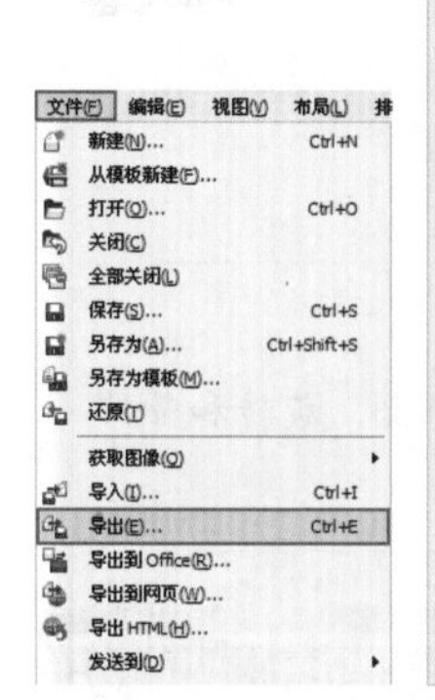

图2-46

技巧提示

单击标准工具栏中的“导出”按钮也可以快速地导出文件，如图2-47所示。

图2-47

实例练习——使用“导入”与“导出”命令制作儿童相册

案例文件	实例练习——使用“导入”与“导出”命令制作儿童相册.cdr
视频教学	实例练习——使用“导入”与“导出”命令制作儿童相册.flv
难易指数	★★★★★
知识掌握	“导入”命令、“导出”命令

案例效果

本例最终效果如图2-48所示。

操作步骤

步骤01 执行“文件>新建”命令，在弹出的“创建新文档”对话框中设置“大小”为A4，“原色模式”为CMYK，“渲染分辨率”为300，如图2-49所示。

步骤02 执行“文件>导入”命令，或按Ctrl+I键，在弹出的“导入”对话框中选择背景素材图像，单击“导入”按钮，如图2-50所示。

图2—48

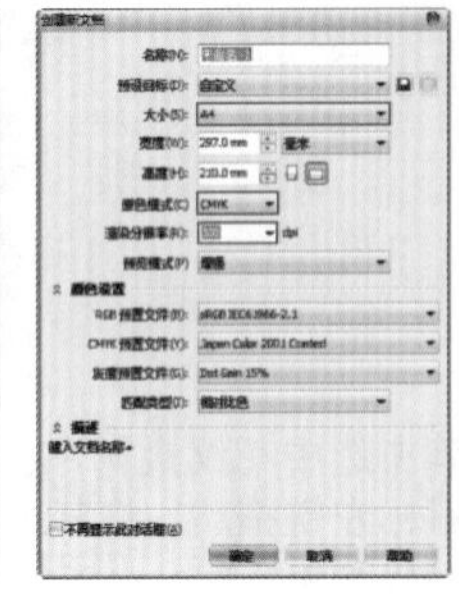

图2—49

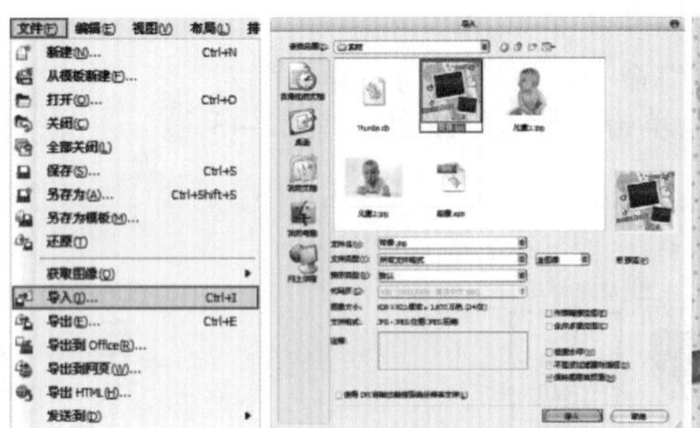

图2—50

步骤03 执行“文件>导入”命令，在弹出的“导入”对话框中选择儿童照片素材，单击“导入”按钮；然后将其等比例缩放，并调整为合适的角度及大小，如图2-51所示。

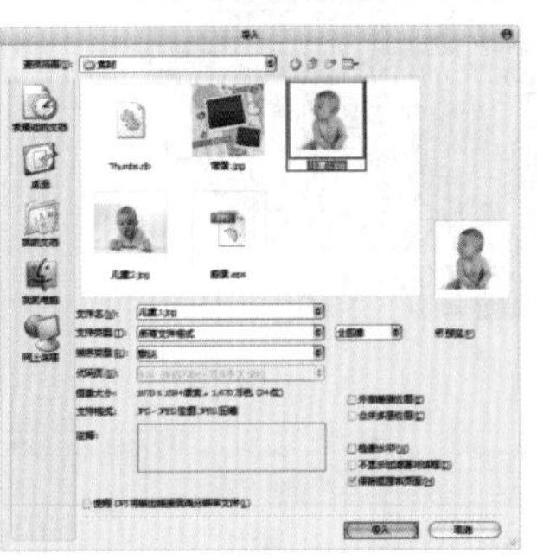

图2—51

技巧提示

本例中主要讲解文件的导入与导出，旋转和等比例缩放功能将在后文中详细介绍。

步骤04 以同样方法导入另一幅儿童照片素材，并调整为合适的位置及大小，如图2-52所示。

图2—52

步骤05 再次执行“文件>导入”命令，在弹出的“导入”对话框中选择“前景.eps”文件，单击“导入”按钮，在弹出的“导入EPS”对话框中选中“导入为可编辑”单选按钮，设置“导入文本类型为”为“曲线”，单击“确定”按钮，如图2-53所示。

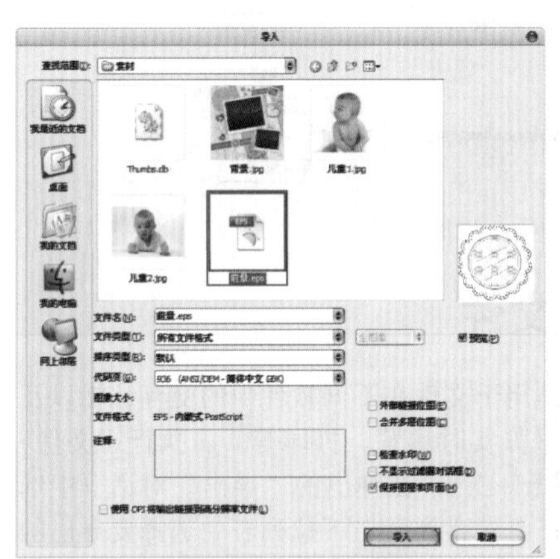

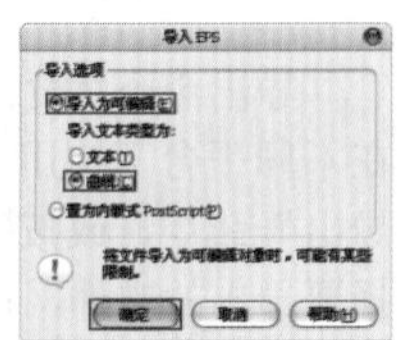

图2—53

步骤06 在背景图像左上角按住鼠标左键拖动到合适位置，释放鼠标后即可完成花纹素材的导入，如图2-54所示。

图2—54

技巧提示

导入的EPS格式的花纹经过解组后还可以进行编辑，在后面的章节中将进行详细的讲解。

步骤07 至此，儿童相册制作完成。为了便于后期的印刷及发布，在此还需要将CorelDRAW的文件导出为便于传输和预览的JPEG格式图像文件。执行“文件>导出”命令，或按Ctrl+E键，在弹出的“导出”对话框中选择要导出的文件位置，将“文件名”设置为“导出文件.jpg”，“保存类型”设置为“JPG-JPEG位图”，单击“导出”按钮，如图2-55所示。

步骤08 在弹出的“导出到JPEG”窗口中设置“颜色模式”为“RGB色（24位）”，“质量”为“高”、“80%”，单击“确定”按钮完成导出，最终效果如图2-56所示。

图2—55

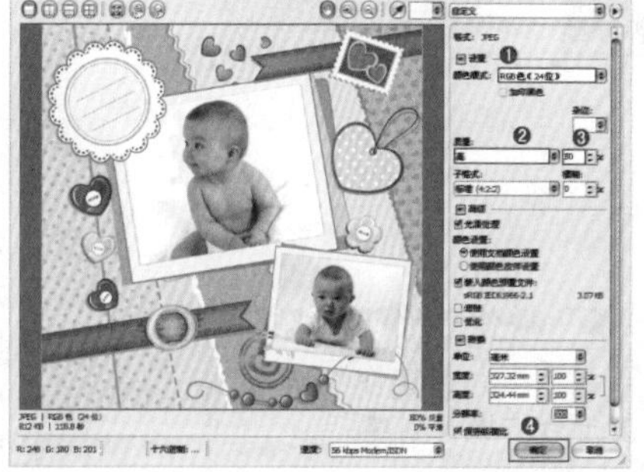

图2—56

2.3.3 导出到Office

使用“导出到Office”命令可以将CorelDRAW文件导出到Microsoft Office或Word Perfect Office中。执行“文件>导出到Offce”命令，在弹出的“导出到Offce”对话框中进行相应的设置，然后单击“确定”按钮即可，如图2-57所示。

- 在“导出到”下拉列表框中选择Microsoft Office，可以进行相应的设置以满足Microsoft Office应用程序的不同输出需求。

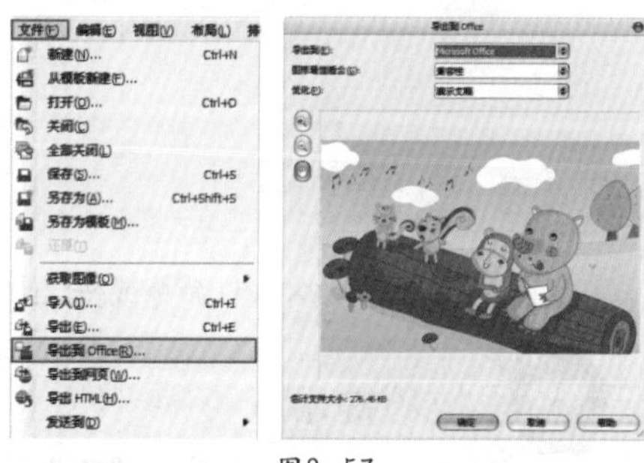

图2—57

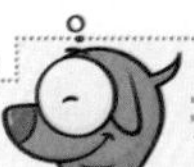

技术拓展：Microsoft Office类型设置详解

在“导出到”下拉列表框中选择Microsoft Office时，在“图形最佳适合”下拉列表框中将提供两个选项：选择“兼容性”，可以将绘图另存为PNG格式的位图，将绘图导入办公应用程序时可以保留绘图的外观；选择“编辑”，可以在Extended Metafile Format（EMF）中保存绘图，在矢量绘图中将保留大多数可编辑元素。

在“优化”下拉列表框中包含3个选项：选择“演示文稿”，可以优化输出文件，如幻灯片或在线文档（96dpi）；选择桌面打印，可以保持良好的图像打印质量（150dpi）；选择“商业印刷”，可以优化文件以适用高质量打印（300dpi）。

- 选择Word Perfect Office，则可以通过将Corel Word Perfect Office图像转换为Word Perfect图形文件（WPG）来优化图像。

2.4 撤销与重做

在传统的绘画过程中，出现错误的操作时只能选择擦除或覆盖；而在CorelDRAW中进行数字化编辑时，如果出现错误操作则可以撤销所做的步骤，然后重新编辑图形，这也是数字化编辑的优势之一。

2.4.1 撤销操作

执行撤销操作通常有以下两种方法。

方法01 执行“编辑>撤销××”命令或按Ctrl+Z键，可以撤销最近的一次操作，将其还原到上一步操作状态，如图2-58所示。

图2—58

技巧提示

由于上一步进行的是“延展”操作，所以这里显示的菜单命令是“撤销延展”；如果上一步操作为创建图形，那么这里的菜单命令会显示为“撤销创建”。

方法02 单击标准工具栏中的“撤销”按钮，也可以快捷地进行撤销；单击该按钮左侧的下拉按钮，在弹出的面板中可以选择需要撤销到的步骤，如图2-59所示。

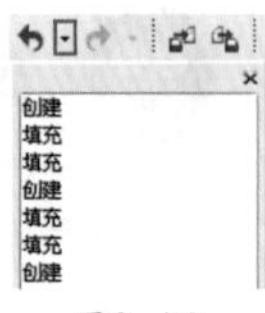

图2—59

技术拓展：撤销的设置

执行“工具>选项”命令，打开“选项”对话框，在左侧的树形列表中选择“工作区>常规”选项，在右侧显示的“常规”界面中可以对“撤销级别”进行设置，其中普通参数用于指定在针对矢量对象使用撤销命令时可以撤销的操作数；“位图效果”参数用于指定在使用位图效果时可以撤销的操作数，如图2—60所示。

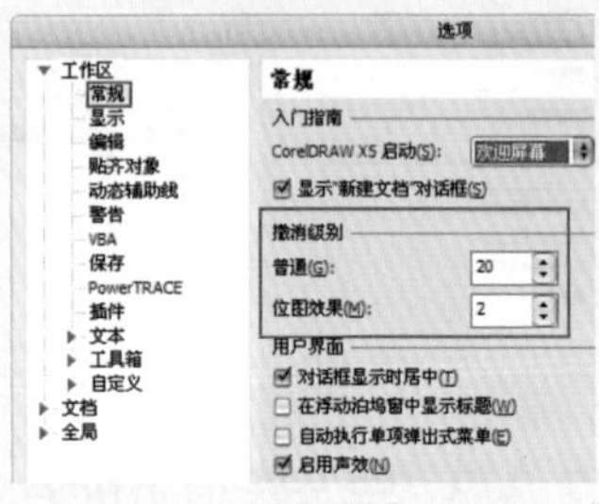

图2—60

2.4.2 重做

执行“编辑>重做××”命令或按Ctrl+Shift+Z键，可以将撤销的步骤进行恢复，如图2-61所示。

技巧提示

由于上一步撤销的操作为“延展”，所以这里显示的菜单命令是“重做延展”；如果上一步撤销的操作为创建图形，那么这里的菜单命令会显示为“重做创建”。

2.4.3 重复

使用“重复”命令，可以再次对所选对象进行上一次的操作。例如，将一个图形进行适当延展，那么执行“编辑>重复延展”命令即可使图形再次以其延展比例进行放大，如图2-62所示。

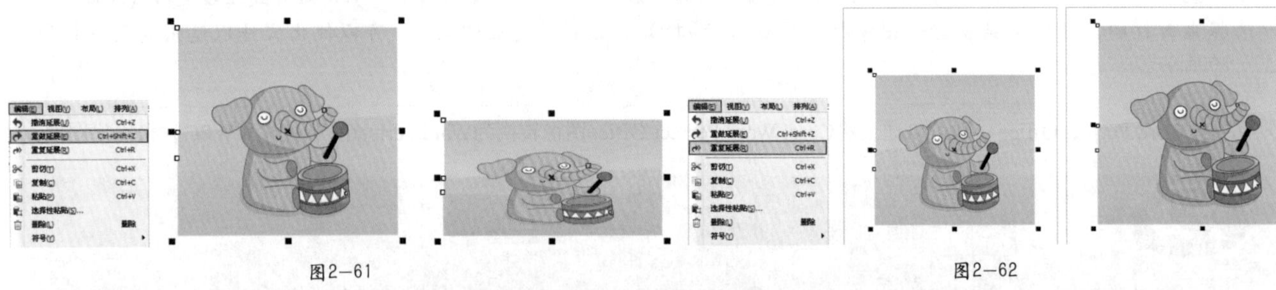

图2—61

图2—62

2.5 页面的基本操作

CorelDRAW中的页面指的是工作区（也可称为绘图区）。一般在绘图前需要对页面进行各种设置，以便于文件的保存及打印等。

2.5.1 在属性栏中快速更改页面

在使用“选择工具”未选择任何对象的状态下，在属性栏中可以对页面尺寸和方向等进行简单的设置，如图2-63所示。

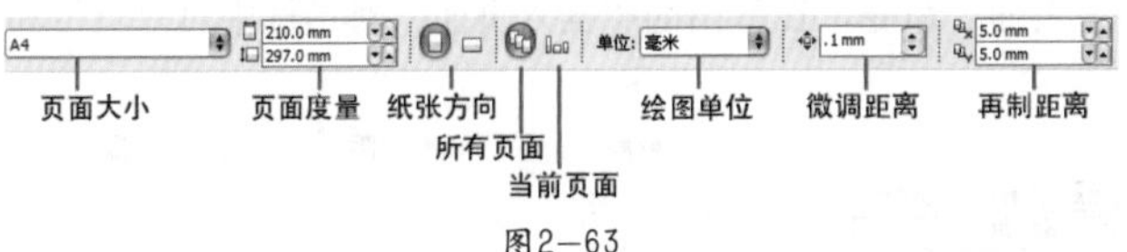

图2—63

理论实践——快速更换纸张类型

若要快速更换纸张类型，可以在属性栏中打开“页面大小”下拉列表框，从中进行选择。完成选择后，在其右侧的“页面度量”数值框中将显示当前所选纸张的尺寸，而画面中的纸张大小也会发生相应的变化，如图2-64所示。

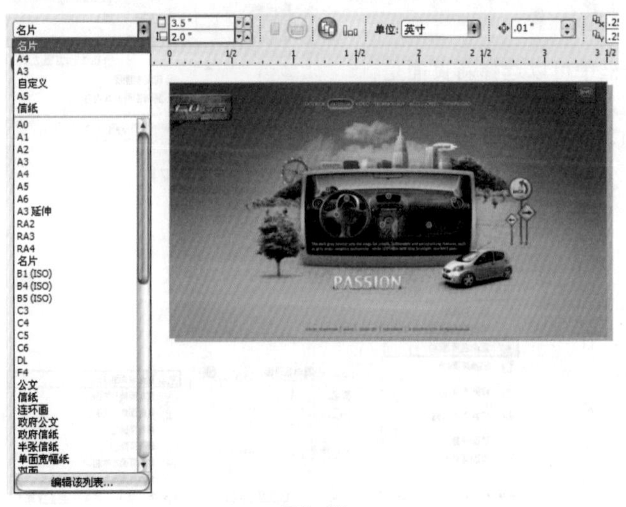

图2—64

> **技巧提示**
>
> 当文件中包含多个页面时，若在属性栏中单击“所有页面”按钮，修改当前页面的属性时，其他页面的属性也会发生同样的变化。若单击“当前页面”按钮，修改当前页面的属性时，其他页面的属性则不会受到影响。

理论实践——快速自定义纸张大小

如果直接在“页面度量”数值框中输入1000px，那么当前的页面大小将变为“自定义”，画面中出现一个正方形的纸张，如图2-65所示。

理论实践——切换页面方向

在页面中可以将纸张方向进行切换。在工具栏中执行“布局>切换页面方向”命令，即可将页面的方向进行切换，如图2-66所示。在单击工具箱中的“选择工具”按钮，但没有选择任何对象的状态下，在属性栏中单击切换纸张方向按钮，也可快速切换纸张方向。

图2—65

图2—66

2.5.2 页面设置

当需要对页面进行更多的设置时，可执行“布局>页面设置”命令，在弹出的“选项”对话框中进行相应的设置，如图2-67所示。

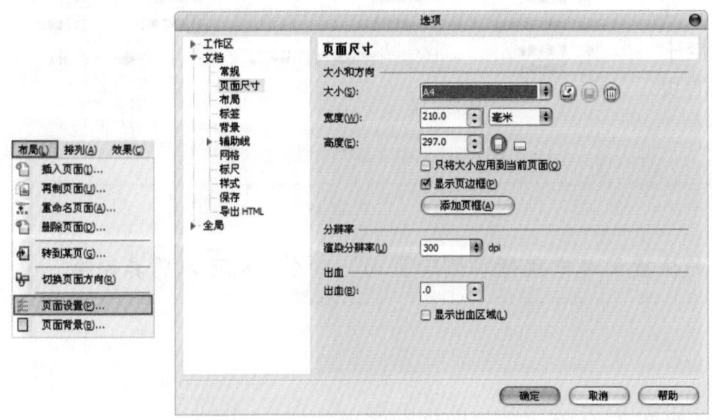

图2—67

- 大小：在该下拉列表框中可以选择预设纸张类型。
- “打印机获取页面尺寸”按钮：单击该按钮，可以使页面尺寸、方向与打印机设置相匹配。
- 宽度、高度：在这两个数值框输入数值，可以自定义页面尺寸。
- “横向”或“纵向”按钮：设置页面方向。
- 只将大小应用到当前页面：选中该复选框，当前页面设置将只应用于当前页面。
- 显示页边框：选中该复选框，将启用显示页边框。
- “添加页框”按钮：单击该按钮，将在页面周围添加边框。

● 渲染分辨率：在该下拉列表框中可以选择文档的分辨率。该项仅在将测量单位设置为像素时才可用。

● 出血：选中“显示出血区域”复选框，然后在“出血”数值框中输入数值，可以对出血进行限制。

2.5.3 插入页面

方法01 想要在当前打开的图形文件中插入页面，执行“布局>插入页面”命令，在弹出的“插入页面”对话框中对“页”和“页面尺寸”等进行设置，然后单击“确定”按钮即可，如图2-68所示。

方法02 单击页面控制栏中的“添加页面”按钮，可以快速地在当前页面前后添加页面。单击前面的按钮，可以在当前页面的前方添加新页面；单击右面的按钮，则可在当前页面的后方添加新页面，如图2-69所示。

方法03 在页面控制栏中的页面名称上单击鼠标右键，在弹出的快捷菜单中执行“在后面插入页面”或“在前面插入页面”命令，也可以达到同样的效果，如图2-70所示。

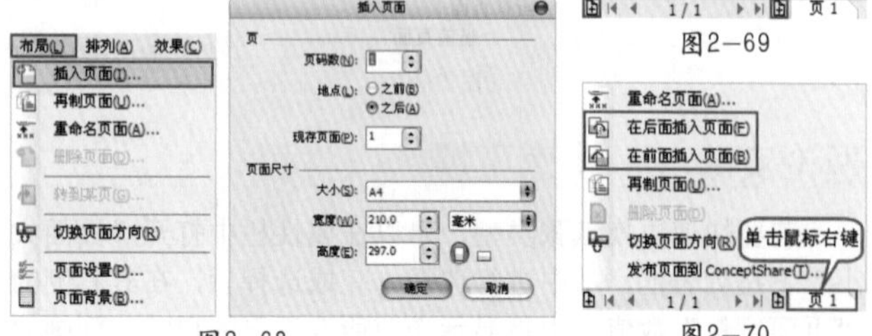

图2-68 图2-69 图2-70

2.5.4 再制页面

执行“布局>再制页面”命令，在弹出的“再制页面”对话框中可以选择新页面是插入到当前页面的前方还是后方；选中“仅复制图层”单选按钮，可以再制图层结构而不复制图层的内容；选中“复制图层及其内容” 单选按钮，则可再制图层及其内容，如图2-71所示。

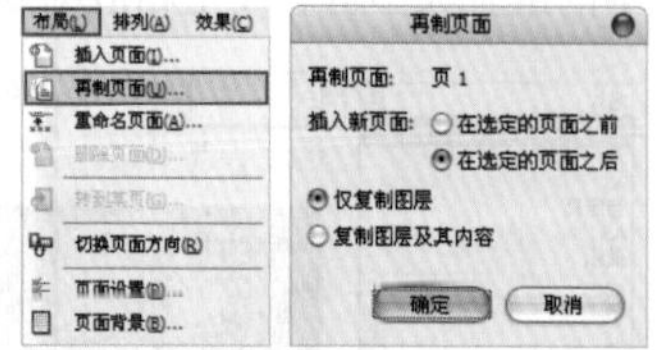
图2-71

2.5.5 重命名页面

如果当前文件包含多个页面，为了便于管理，可以重命名页面。

方法01 选择要更改名称的页面，执行“布局>重命名页面”命令，在弹出的“重命名页面”对话框中输入新的页名即可，如图2-72所示。

方法02 在页面控制栏中需要更改名称的页面上单击鼠标右键，在弹出的快捷菜单中执行“重命名页面”命令，也可重命名页面，如图2-73所示。

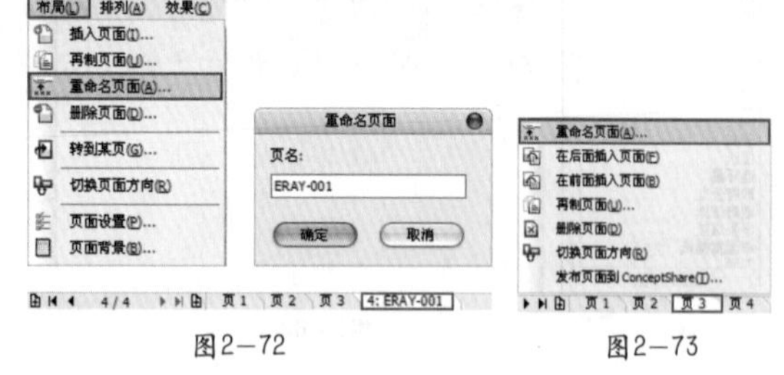
图2-72 图2-73

2.5.6 删除页面

执行“布局>删除页面”命令，在弹出的对话框中输入“删除页面”的编号，单击“确定”按钮即可，如图2-74所示。删除页面的同时，页面上的内容也会被删除。

如果要删除多个页面，则可以选中“通到页面”复选框，然后在“删除页面”数值框中输入起始页面编号，在“通到页面”数值框中输入结束页面编号，单击“确定”按钮，即可删除所设页码之间的页面，如图2-75所示。

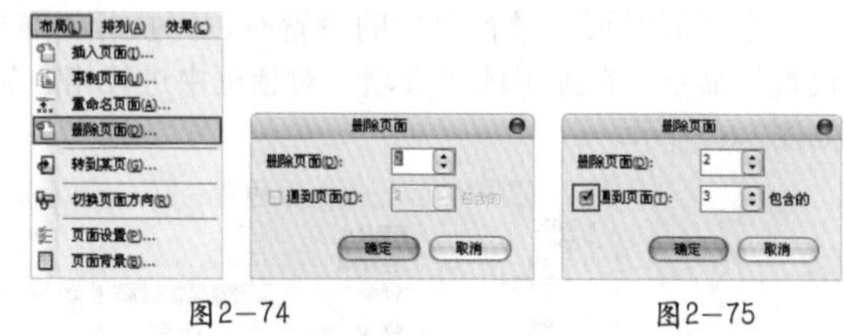
图2-74 图2-75

技巧提示

在页面控制栏中需要删除的页面上单击鼠标右键，在弹出的快捷菜单中执行“删除页面”命令，也可以将其删除。

2.5.7 转到页面

在CorelDRAW中，想要切换页面时，在页面控制栏中单击相应的页面名称，即可切换到所选页面，如图2-76所示。

在页面控制栏中单击“前一页”按钮◂或“后一页”按钮▸，可以跳转页面。单击“第一页”按钮⏮或“最后一页”按钮⏭，可以快速跳转到第一页或最后一页。当文档中包含多个页面时，要从某一页面转换到所需的页面，可以在页面控制栏左侧单击页码，在弹出的“转到某页”对话框中设置需要转换到的页面编号，然后单击“确定”按钮即可，如图2-77所示。

图2-76　　图2-77

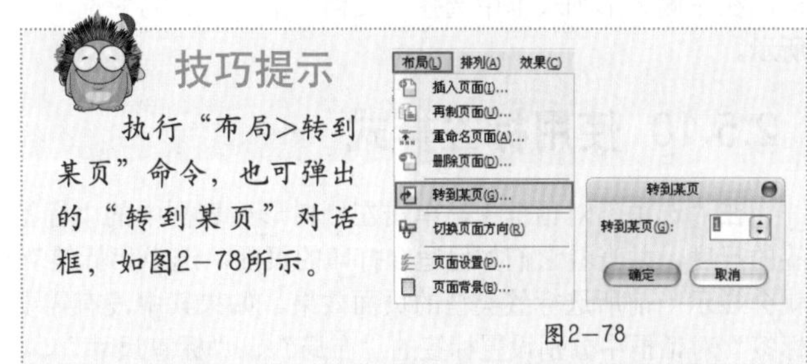

技巧提示

执行“布局>转到某页”命令，也可弹出的“转到某页”对话框，如图2-78所示。

图2-78

2.5.8 页面背景设置

在CorelDRAW中，可以为页面添加背景。执行“布局>页面背景”命令，在弹出的“选项”对话框中可以选择“无背景”、“纯色”和“位图”3种背景类型，如图2-79所示。

- 选中“无背景”单选按钮，表示取消页面背景，如图2-80所示。

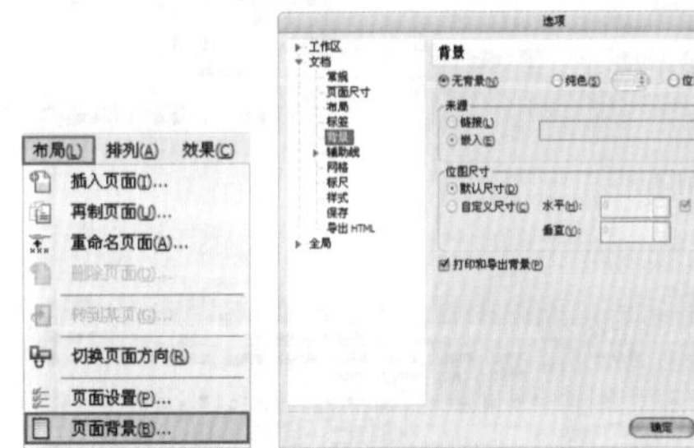

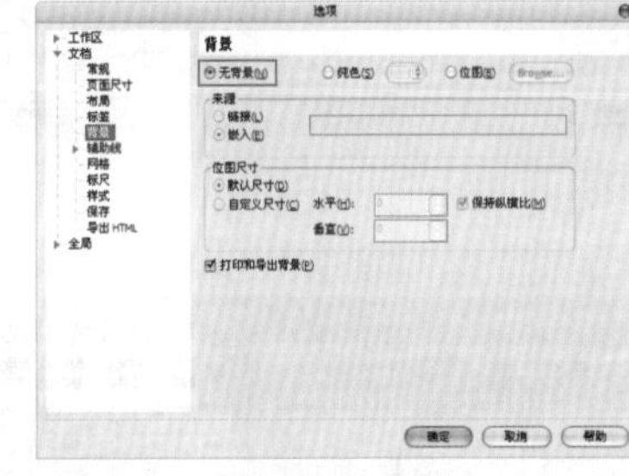

图2-79　　图2-80

- 选中“纯色”单选按钮，单击其右侧的下拉按钮，在弹出的颜色列表中可选择一种颜色作为页面背景，如图2-81所示。
- 如果需要更复杂的背景或者动态背景，可以选中“位图”单选按钮，然后单击Browse...按钮，在弹出的“导入”对话框中选择作为背景的位图，单击“导入”按钮（也可在“来源”选项组中的路径文本框内输入链接地址），如图2-82所示。

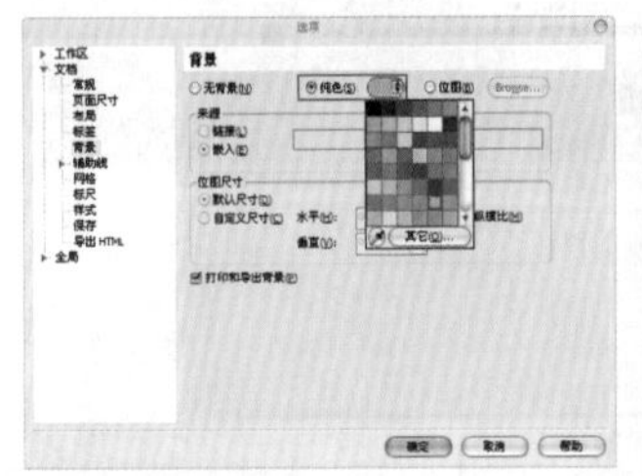

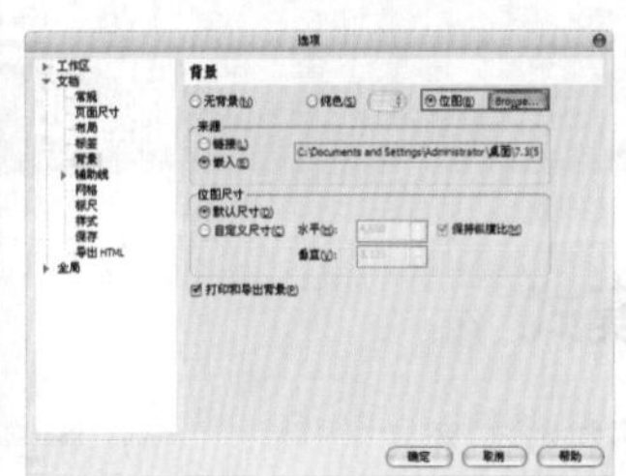

图2-81　　图2-82

技巧提示

选择位图作为背景时，默认情况下位图将以“嵌入”的形式嵌入到文件中。为了避免出现嵌入的位图过多而使文件过大的情况，也可以选择“链接”方式。这样在以后编辑原图像时，所做的修改会自动反映在绘图中。需要注意的是，如果原位图文件丢失或者位置更改，那么文件中的位图将会发生显示错误的问题。

2.5.9 布局设置

布局设置主要包括对图像文件的页面布局尺寸和开页状态进行设置。执行“布局>页面设置”命令，打开“选项”对话框。在左侧树形列表框中选择“文档”下的“布局”选项，在右侧显示的“布局”界面中可以选择系统预设布局，如图2-83所示。

2.5.10 使用标签样式

在“选项”对话框中，单击左侧树形列表框中的“标签”选项，在右侧显示的“标签”界面中可以预览800多种预设标签的尺度，并查看它们如何适合打印的页面。选中“标签”单选按钮，在“标签类型”中设置标签形态，右侧的预览窗口中就会显示当前所选标签类型的页面效果。如果其中没有需要的标签样式，则可以单击“自定义标签(U)...”按钮，在弹出的“自定义标签”对话框中分别设置标签的“布局”、“标签尺寸”、“页边距”和“栏间距”等相关参数，如图2-84所示。

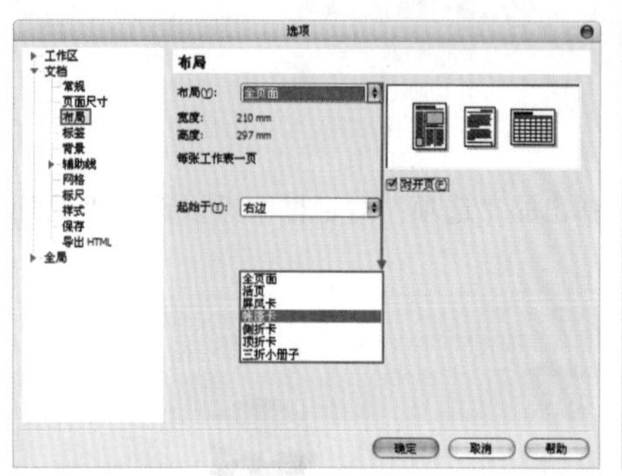

图2—83

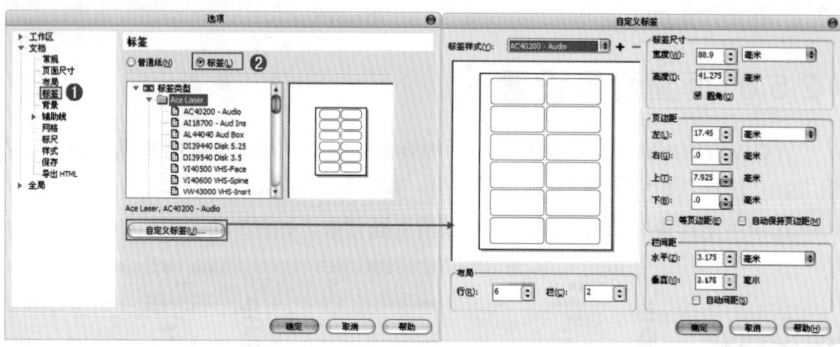

图2—84

2.6 视图及文档显示方式

在CorelDRAW中可以根据不同的需求对文档设置不同的显示模式，也可以对视图进行缩放、预览和平移等操作，以便观察画面的细节或全貌，如图2-85所示。

图2—85

2.6.1 对象的显示模式

在CorelDRAW中可以使用多种模式来显示图形文件。打开“视图”菜单，可以看到6种显示模式，即简单线框、线框、草稿、正常、增强和像素。从中选择任一显示模式，图像即会出现相应变化；执行“布局>页面设置”命令，打开“选项”对话框，在左侧树形列表中选择“文档>常规”选项，在右侧显示的“常规”界面中也可以对“视图模式”进行相应的设置，如图2-86所示。

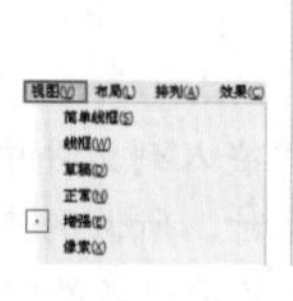

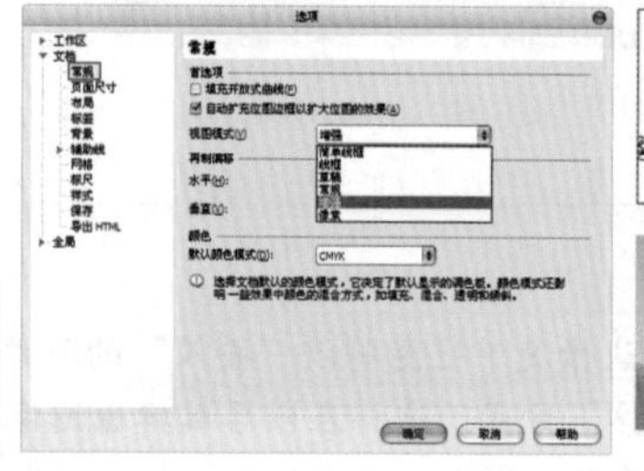

图2—86

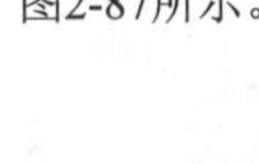

2.6.2 预览模式

在CorelDRAW 中提供了3种预览模式，即全屏预览、只预览选定的对象和页面排序器视图（位于“视图”菜单下），如图2-87所示。

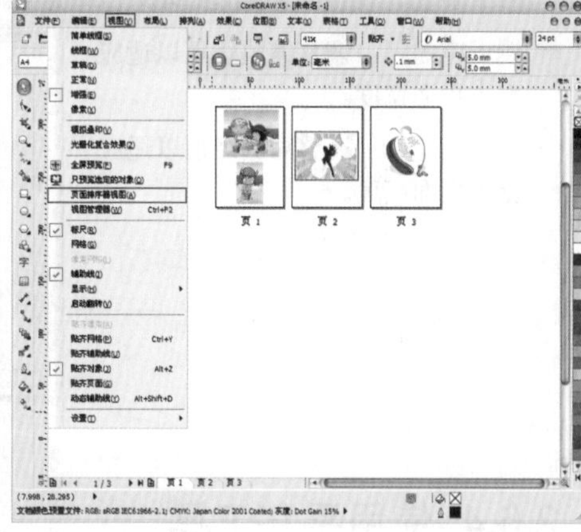

图2—87

技巧提示

如果启用了“只预览选定的对象”模式，但没有选定对象，则全屏预览将显示空白屏幕。

2.6.3 使用缩放工具

使用缩放工具可以方便地查看图像的细节或整体效果。单击工具箱中的“缩放工具”按钮，或按Z键，当光标变为形状时，在画面中单击即可放大图像。需要注意的是，这里放大或缩小的只是显示比例，而不是图像实际大小，如图2-88所示。

按住Shift键可以快速切换为缩小工具，光标变为形状，此时在画面中单击即可缩小图像，如图2-89所示。

在缩放工具的属性栏中提供了放大、缩小、缩放选定对象、缩放全部对象、显示页面、按页宽显示、按页高显示等多种功能，如图2-90所示。

图2—88

图2—89

- 放大/缩小：在属性栏中单击“放大”按钮，可以放大图像；单击“缩小”按钮，将缩小图像，如图2-91所示。
- 显示比例：在“缩放级别”下拉列表中可以调整画面的显示比例，如图2-92所示。

图2—90

图2—91

- 缩放选定对象：选中某一对象后，单击该按钮只缩放所选对象。快捷键为Shift+F2。
- 缩放全部对象：调整缩放级别以包含所有对象，快捷键为F4。
- 显示页面：调整缩放级别以适应整个页面，快捷键为Shift+F4。
- 按页宽显示：调整缩放级别以适应整个页面宽度。
- 按页高显示：调整缩放级别以适应整个页面高度。

图2-92

2.6.4 使用平移工具

当画面不能完全显示时，单击工具箱中的“平移工具”按钮，或按H键，在工作区内拖动鼠标，到另一位置后释放鼠标，即可平移画面。如图2-93所示为完整画面、平移前与平移后的效果对比。

图2-93

2.6.5 使用“视图管理器”显示对象

执行“视图>视图管理器”命令或按Ctrl+F2键，打开“视图管理器”泊坞窗，从中可以进行添加、删除、重命名等视图操作。单击“添加当前视图”按钮，可以保存当前视图。保存之后，可以对列表中的视图进行调用，如图2-94所示。

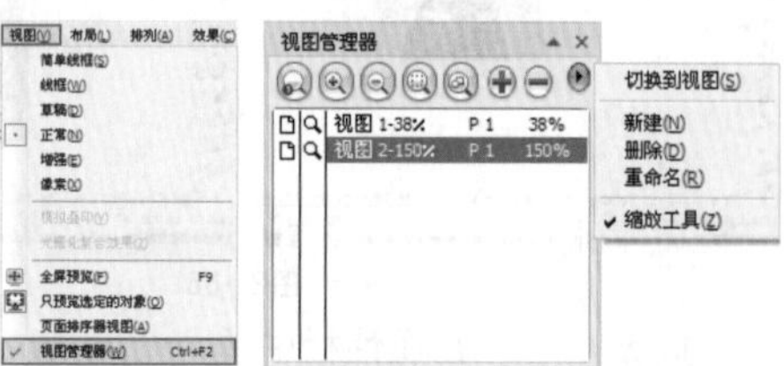

图2-94

2.6.6 新建窗口

执行“窗口>新建窗口”命令，CorelDRAW 将自动复制出一个相同的文档，并且在对其中一个文档操作时，另外一个文档也会发生相同的变化，如图2-95所示。

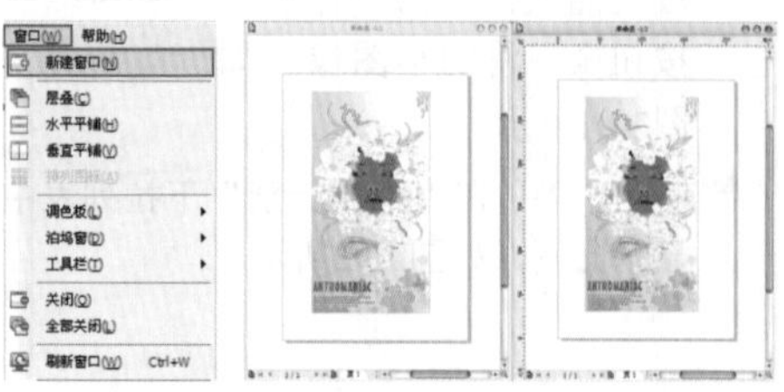

图2-95

2.6.7 更改文档排列方式

在CorelDRAW中同时操作多个文档时，需要将窗口按照一定的方式进行排列。

步骤01 执行“窗口>层叠”命令，可以将窗口进行层叠排列，如图2-96所示。

步骤02 执行“窗口>水平平铺”命令，可将窗口进行水平排列，方便用户对比观察，如图2-97所示。

步骤03 执行“窗口>垂直平铺”命令，可将窗口进行垂直排列，方便用户对比观察，如图2-98所示。

图2—96

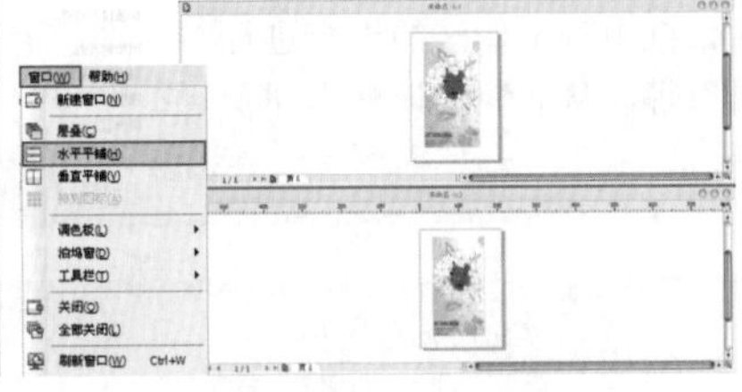

图2—97

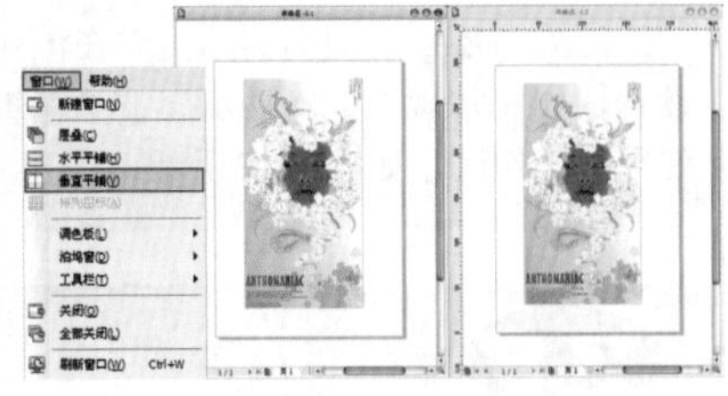

图2—98

2.6.8 工作区显示设置

在CorelDRAW中制作需要打印的文档时，页面的大小以及出血区域的预留是很关键的。因此，在进行绘图时就需要对页边框、出血以及可打印区域等进行设置，这些内容在图像的输出与印刷中是不可见的，如图2-99所示。

图2—99

理论实践——设置页边框

使用页边框可以让用户更加方便地观察页面大小。执行“视图>显示>页边框”命令，可以切换页边框的显示与隐藏，如图2-100所示。

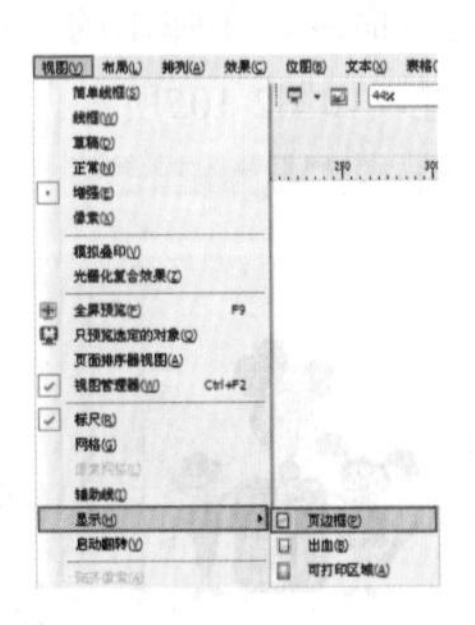

图2—100

理论实践——设置出血

“出血”是印刷术语，其作用主要是保护成品裁切时，有色彩的地方在非故意的情况下，做到色彩完全覆盖到要表达的地方。执行“视图>显示>出血”命令，即可使工作区显示出血线，如图2-101所示。

理论实践——设置可打印区域

执行“视图>显示>可打印区域”命令，可在打印区域内绘制图形，避免在打印时产生差错，如图2-102所示。

图2—101

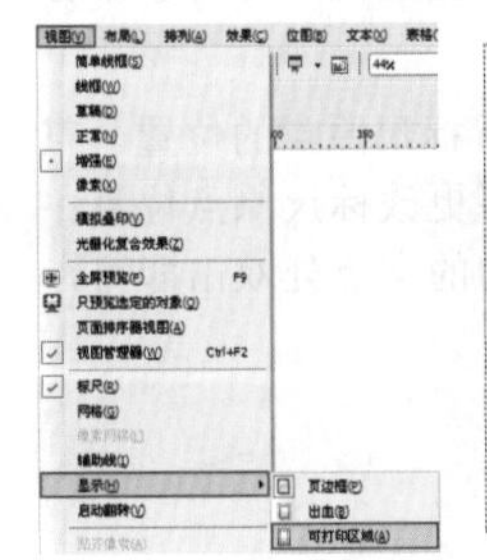

图2—102

2.7 工作区设置

执行“工具>选项”命令或按Ctrl+J键，打开“选项”对话框。在该对话框中，用户可以依照个人喜好选择Adobe Illustrator工作区或“X5默认工作区”，并且可以新建或删除自定义工作区，以及导入或导出工作区。

此外，还可以根据实际需要在该对话框中对工作区的细节进行设置，如“常规”、“显示”、“编辑”等，从而快速调整出便于使用的工作区，如图2-103所示。

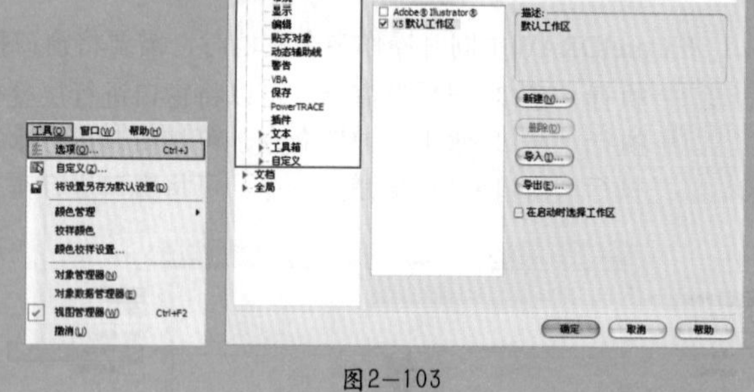

图2-103

2.8 辅助工具的使用

CorelDRAW中的辅助工具主要包括标尺、网格、辅助线、对齐等，用于帮助用户更加便捷地制作出规整的图形。

2.8.1 标尺

使用标尺可以更精确地绘制、缩放和对齐对象。在CorelDRAW 中，用户可以根据需要来自定义标尺的原点，选择测量单位，以及指定每个完整单位标记之间显示标记或记号的数目。标尺有水平和垂直两种，分别用于度量横向和纵向的尺寸。执行“视图>标尺”命令，即可切换标尺的显示与隐藏状态，如图2-104所示。

执行“视图>设置>网格和标尺设置”命令，在弹出的“选项”对话框中选择左侧树形列表中的“辅助线>标尺”选项，在左侧界面中可以对标尺的参数进行设置，如图2-105所示。

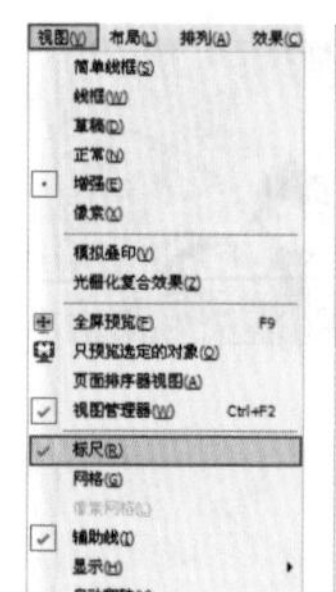

图2-104

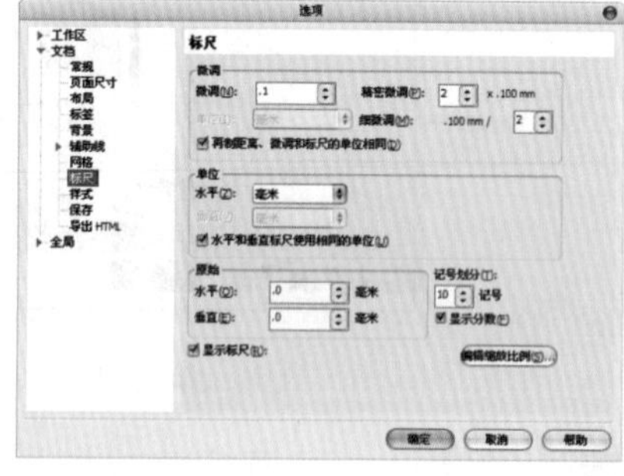

图2-105

- 在“微调”选项组中，可以分别设置“微调”、“精密微调”和“细微调”等参数。
- 在“单位” 选项组中，可以设置标尺的单位。默认情况下水平标尺与垂直标尺的单位相同；取消选中“水平和垂直标尺使用相同的单位”复选框，可对水平标尺和垂直标尺设置不同的单位。
- 在“原始” 选项组中，可以设置标尺原点的位置。直接在画面中拖动标尺原点，也可更改标尺原点位置；如需复原，只需要在标尺左上角的交点处双击即可，如图2-106所示。

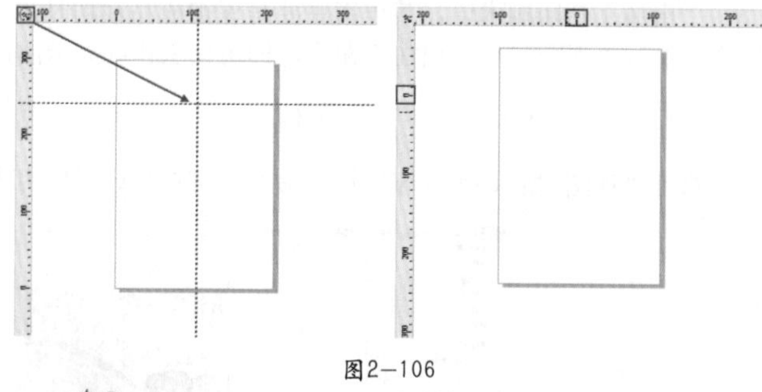

图2-106

技巧提示

在标尺上双击，可以快速地打开“选项”对话框，对其进行相应的设置。

2.8.2 网格

网格是一组显示在绘图窗口的交叉线条，可以提高绘图的精确度，但是在输出或印刷时无法显示。执行“视图>网格”命令，即可显示出网格，如图2-107所示。

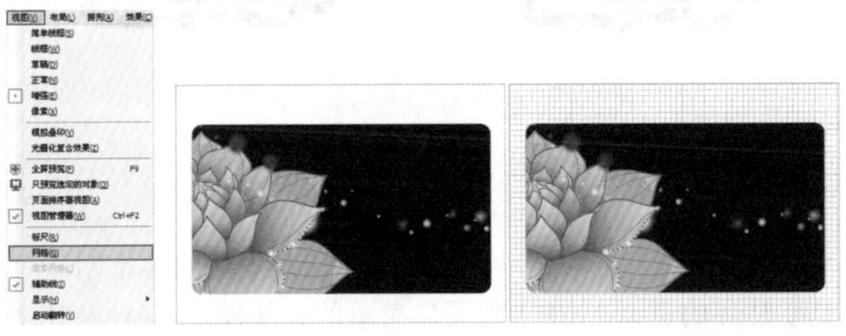

图2—107

为了便于在不同情况下进行观察，还可以通过更改网格显示和网格间距来自定义网格外观。执行“视图>设置>网格和标尺设置”命令，在弹出的“选项”对话框中可以对网格的大小、显示方式、颜色、透明度等参数进行设置，如图2-108所示。

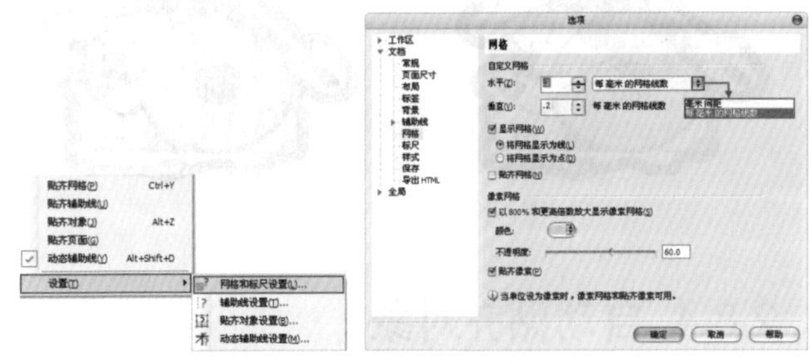

图2—108

- 自定义网格有两种方式，设置为“毫米间距”时输入的参数值表示网格的间距；设置为“每毫米的网格线数”时输入的参数值表示网格的数量。
- 如果标尺的测量单位设置为像素或启用了像素预览，则可以指定像素网格的颜色和不透明度。
- 选中“贴齐像素”复选框可以使对象与网格或像素网格贴齐，这样在移动对象时，对象就会在网格线之间跳动。

2.8.3 辅助线

添加辅助线后，可以帮助用户更加精确地绘图。辅助线不会在印刷中显示出来，但是能够在保存文件时被保留下来。执行“视图>辅助线”命令，即可切换辅助线的显示与隐藏。执行“视图>设置>辅助线设置”命令，在弹出的“选项”对话框中可以对辅助线的显示、贴齐以及颜色等进行设置，如图2-109所示。

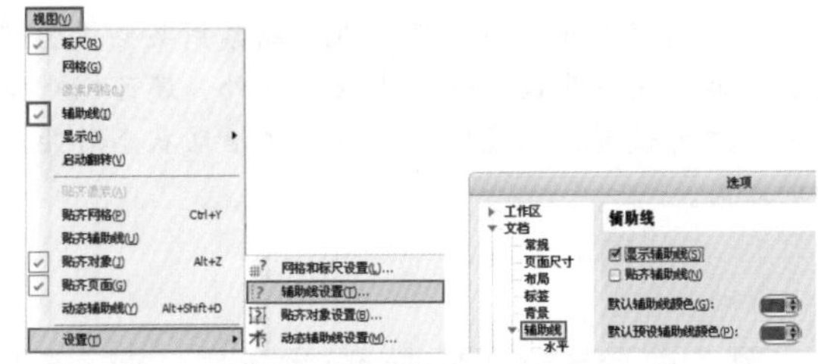

图2—109

步骤01 当辅助线处于显示状态时，从标尺并向画面中拖动，松开鼠标之后就会出现辅助线，从水平标尺拖拽出的辅助线为水平辅助线，从垂直标尺拖拽出的辅助线为垂直辅助线，如图2-110所示。

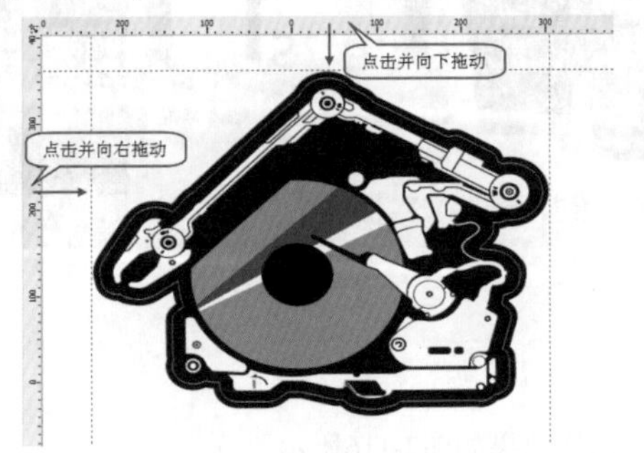

图2—110

技巧提示

默认情况下，被选中的辅助线为红色。

步骤02 执行“视图>贴齐辅助线”命令（使该命令处于选中状态），绘制或者移动对象时会自动捕获到最近的辅助线上，如图2-111所示。

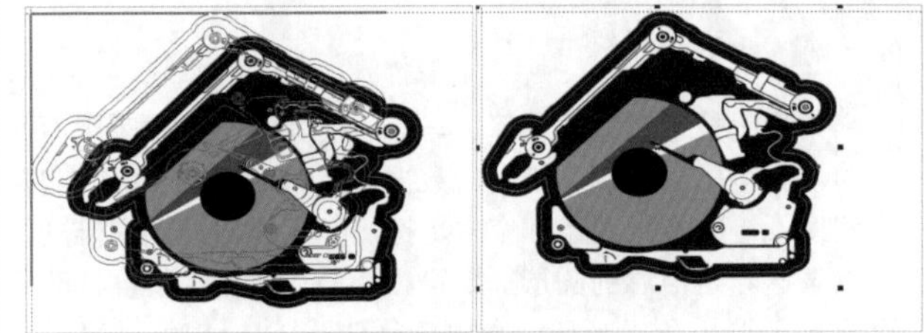

图2—111

步骤03 选中其中一条辅助线，当其变为红色时单击，线的两侧会出现旋转控制点，按住鼠标左键可以将其进行旋转，如图2-112所示。

步骤04 如果需要删除某一条辅助线，只需单击该辅助线，当其变为红色时，按Delete键即可删除，如图2-113所示。

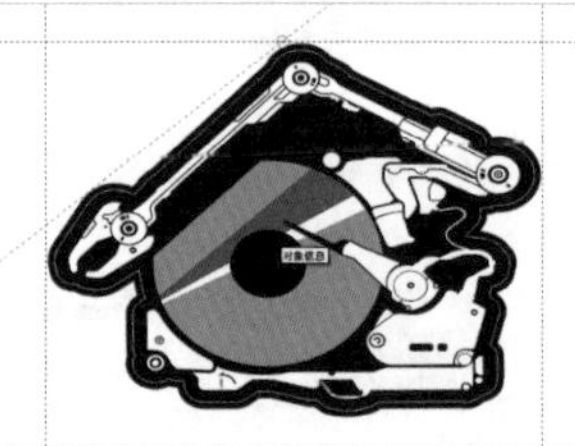

图2—112

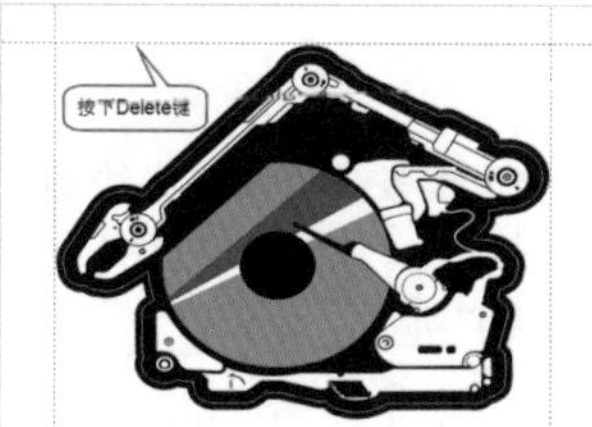

图2—113

2.8.4 自动贴齐对象

移动或绘制对象时，使用贴齐功能可以将它与绘图中的另一个对象贴齐，或者将一个对象与目标对象中的多个贴齐点贴齐。当移动光标接近贴齐点时，贴齐点将突出显示，表示该点是要贴齐的目标。 在“视图”菜单的底部提供了6种贴齐功能，即 “贴齐像素”、“贴齐网格”、“贴齐辅助线”、“贴齐对象”、“贴齐页面”、“动态辅助线”。从中执行任一命令即可切换其启用与关闭状态，如果其前面出现☑符号，即代表该项被启用。执行“视图>设置>贴齐对象设置”命令，还可对贴齐对象的相关参数进行设置，如图2-114所示。

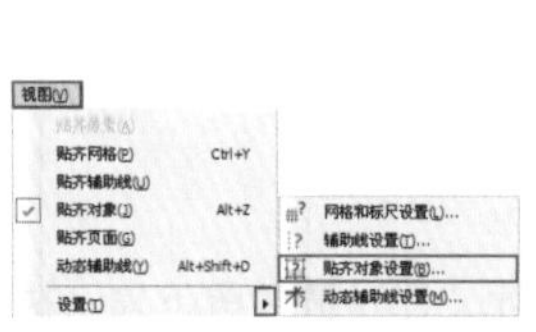

图2—114

- □点：用于与对象上的节点贴齐。
- ◇交叉点：用于与对象的几何交叉点贴齐。
- △中点：用于与线段中点贴齐。
- ○象限：允许与圆形、椭圆或弧形上位于0°、90°、180° 和 270° 的点对齐。
- σ切线：用于与弧形、圆或椭圆外边缘上的某个切点贴齐。
- ⊾垂直：用于与线段外边缘上的某个垂点贴齐。
- ✧边缘：用于与对象边缘接触的点贴齐。
- ⊕中心：用于与最近对象的中心贴齐。
- ◆文本基线：用于与美术字或段落文本基线上的点贴齐。

技巧提示

可以选择多个贴齐功能，也可以禁用某些或全部贴齐功能以使程序运行速度更快。此外，还可以对贴齐阈值进行设置，指定贴齐点在变成活动状态时距光标的距离。

2.9 创建与使用标准条形码

条形码技术是随着计算机与信息技术的发展和应用而诞生的，集编码、印刷、识别、数据采集和处理于一身。它是将宽度不等的多个黑条和空白，按照一定的编码规则排列，用以表达一组信息的图形标识符。在进行产品包装设计时不可避免地要用到条形码，此时使用CorelDRAW可以轻松、快捷地完成，如图2-115所示。

图2—115

实例练习——制作条形码

案例文件	实例练习——制作条形码.cdr
视频教学	实例练习——制作条形码.flv
难易指数	★★★★★
知识掌握	插入条形码

案例效果

本例最终效果如图2-116所示。

操作步骤

步骤01 执行“文件>新建”命令，在弹出的“创建新文档”对话框中设置“大小”为A4，“原色模式”为CMYK，“渲染分辨率”为300，单击“确定”按钮，如图2-117所示。

步骤02 打开配书光盘中的素材文件“jpg”，适当调整大小及位置，如图2-118所示。

步骤03 执行“编辑>插入条码”命令，弹出“条码向导”对话框，在最多输入 30 个数字，包括 -.$:/+: 文本框中输入数字，然后单击“下一步”按钮，如图2-119所示。

图2－116

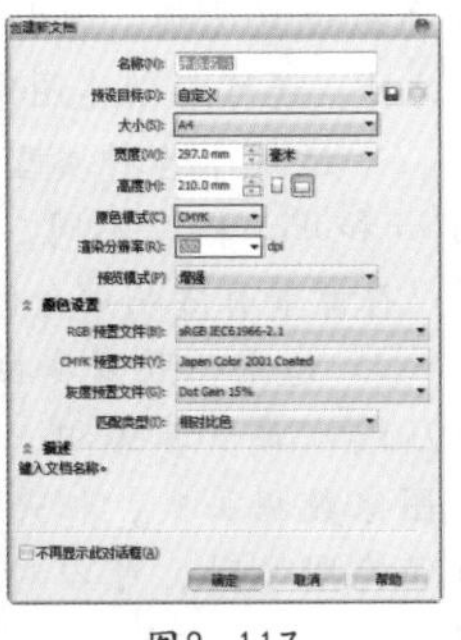
图2－117

图2－118

图2－119

步骤04 在弹出的对话框中设置条形码的大小，然后单击“下一步”按钮。在弹出的对话框中设置合适字体，然后单击“完成”按钮结束操作。如图2-120所示。

步骤05 单击工具箱中的“选择工具”按钮，将光标移至条码的中心，按住鼠标左键向左下角拖拽，最终效果如图2-121所示。

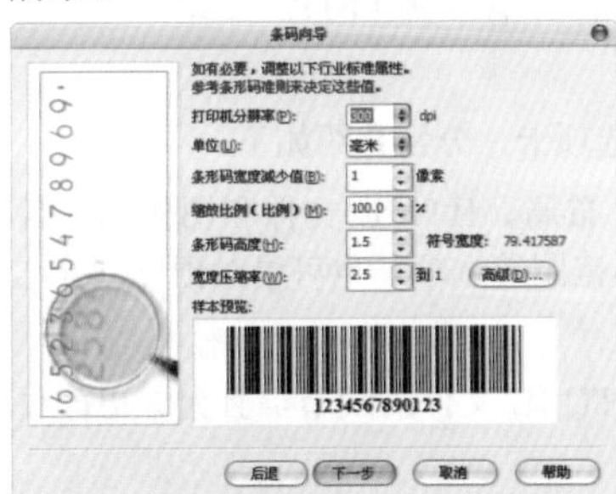

图2－120

图2－121

2.10 网络发布

使用CorelDRAW设计的经常要上传到互联网上，以供更多的人浏览、鉴赏。如果直接将.cdr格式的文件进行上传，那么网页将无法正常显示，所以需要将绘制的图形导出为适合网页使用的图像格式。

2.10.1 导出到网页

完成制作后，可以将当前图像进行优化并导出为与Web兼容的GIF、PNG或JPEG格式。执行“文件>导出到网页”命令，在弹出的“导出到网页”窗口中可以直接使用系统预设（即默认设置）进行导出，也可以自定义以得到特定结果，如图2-122所示。

- 预览窗口：显示文档的预览效果。
- 预览模式：在单个窗口或拆分的窗口中预览所做的调整。

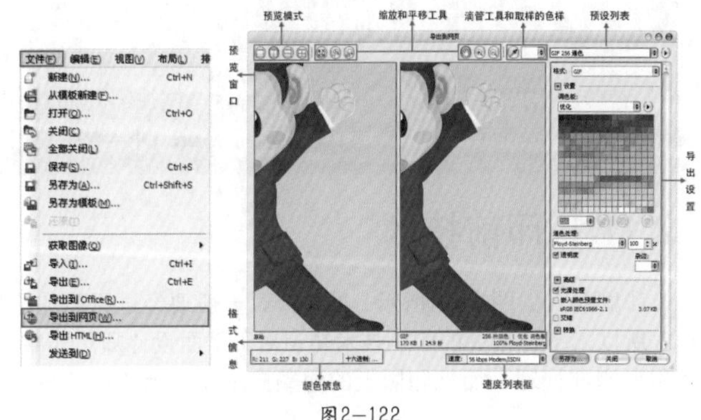

图2－122

- 缩放和平移工具：利用缩放工具按钮，可以将显示在预览窗口中的文档放大和缩小；平移工具按钮用于将显示在高于100%的缩放级上的图像平移，使其适合预览窗口。
- 滴管工具和取样的色样：滴管工具按钮用于对颜色进行取样；其右侧的下拉列表框用于选择取样的颜色。
- 预设下拉列表框：选择文件格式的设置。
- 导出设置：自定义导出设置，如颜色、显示选项和大小。
- 格式信息：查看文件格式信息，在每一个预览窗口中都可以查看。
- 颜色信息：显示所选颜色的颜色值。
- 速度列表框：选择保存文件的因特网速度。

技术拓展：Web 兼容的文件格式详解

GIF：适用于线条、文本、颜色很少的图像或具有锐利边缘的图像，如扫描的黑白图像或徽标。GIF提供了多种高级设置选项，包括透明背景、隔行图像和动画等。此外，还可以创建图像的自定义调色板。

PNG：适用于各种类型的图像，包括照片和线条画。与GIF和JPEG格式不同，该格式支持Alpha通道，也就是可以存储带有透明部分的图像。

JPEG：适用于照片和扫描的图像。该格式会对文件进行压缩以减少其体积，方便图像的传输。这会造成一些图像数据丢失，但是不会影响大多数照片的质量。在保存图像时，可以对图像质量进行设置。图像质量越高，文件体积越大。

2.10.2 导出HTML

将文档或选定内容发布到互联网时，可以对图像格式、HTML布局、导出范围以及文件传输协议（FTP）、站点等参数进行设置。执行“文件>导出HTML”命令，打开“导出HTML”对话框，如图2-123所示。

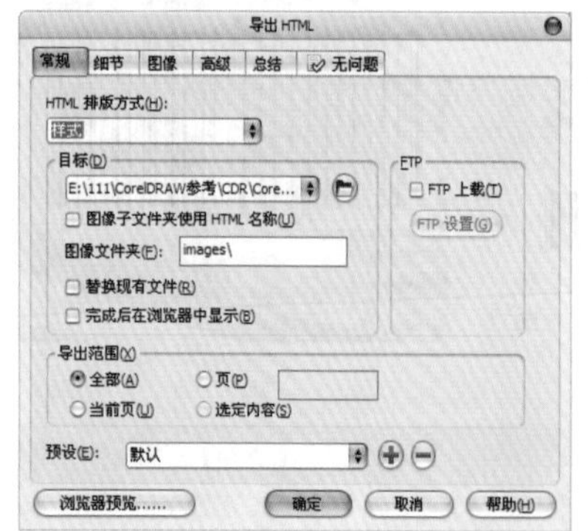

图2-123

该对话框中包含6个选项卡，分别介绍如下。

- 常规：包含 HTML 布局、HTML 文件和图像的文件夹、FTP 站点和导出范围等选项，也可以对预设进行选择、添加或移除。
- 细节：包含生成的 HTML 文件的细节，且允许更改页面名和文件名。
- 图像：列出当前 HTML 导出的所有图像。可将单个对象设置为 JPEG、GIF 和 PNG 格式。在相应选项中，可以选择每种类型的图像预设。
- 高级：提供生成翻转和层叠样式表的 JavaScript，维护到外部文件的链接。
- 总结：根据不同的下载速度显示文件统计信息。
- 问题：显示潜在问题的列表，包括解释、建议和提示。

2.11 打印输出

在CorelDRAW中设计、制作好作品后，往往需要通过打印机进行打印，或送到印刷厂进行大批量的印刷输出为纸质产品。为了达到满意的输出效果，就需要在CorelDRAW中进行一系列的相关设置。

2.11.1 印前技术

印刷品（如图2-124所示）的生产，一般要经过原稿的选择或设计、原版制作、印版晒制、印刷、印后加工等5个工艺过程。所以，了解相关的印刷技术知识对于平面设计师是非常有必要的。现在，人们常常把原稿的设计、图文信息处理、制版统称为印前处理；而把印版上的油墨向承印物上转移的过程叫做印刷；印刷后期的工作一般是指印刷品的后加工，包括裁切、覆膜、模切、装订、装裱等，多用于宣传类和包装类印刷品。这样，一件印刷品的完成也就需要经过印前处理、印刷、印后加工等过程。

图2—124

1．什么是四色印刷

之所以把“四色印刷”这个概念放在前面讲，是因为印刷品中的颜色都是由C、M、Y、K4种颜色所构成的，成千上万种不同的色彩都是由这几种色彩根据不同的比例叠加、调配而成的。通常我们所接触的印刷品，如书籍、杂志、宣传画等，都是按照四色叠印而成的。也就是说，在印刷过程中，承印物（纸张）经历了4次印刷，分别印刷一次黑色、一次洋红色、一次青色、一次黄色。完成后4种颜色叠合在一起，就构成了画面上的各种颜色，如图2-125所示。

2．什么是印刷色

印刷色就是由C（青）、M（洋红）、Y（黄）和K（黑）4种颜色以不同的百分比组成的颜色。C、M、Y、K就是通常采用的印刷四原色。C、M、Y可以合成几乎所有颜色，但其生成的黑色不纯，因此在印刷时需要更纯的黑色K。在印刷时这4种颜色都有自己的色板，其中记录了这种颜色的网点，把4种色版合到一起就形成了所定义的原色。事实上，纸张上的4种印刷颜色网点并不是完全重合，只是距离很近，在人眼中呈现出各种颜色的混合效果，于是产生了各种不同的原色，如图2-126所示。

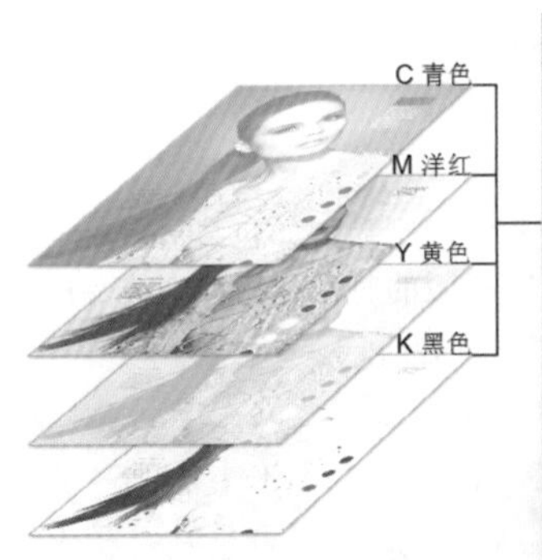

图2—125

图2—126

3．什么是分色

印刷所用的电子文件必须是四色文件（即C、M、Y、K），其他颜色模式的文件不能用于印刷输出。这就需要对图像进行分色。分色是一个印刷专业名词，指的就是将原稿上的各种颜色分解为青、洋红、黄、黑4种原色；在电脑印刷设计或平面设计类软件中，分色工作就是将扫描的图像或其他来源的图像的色彩模式转换为CMYK模式。例如，在Photoshop中，只需要把图像色彩模式从RGB模式转换为CMYK模式即可，如图2-127所示。

图2—127

这样该图像的色彩就是由色料（油墨）来表示了，具有4个颜色的通道。图像在输出菲林时就会按颜色的通道数据生成网点，并分成青、洋红、黄、黑4张分色菲林片。如图2-128所示分别为青色、洋红、黄色、黑色通道效果。

在图像由RGB色彩模式转换为CMYK色彩模式时，图像上一些鲜艳的颜色会产生明显的变化，变得较暗。这是因为RGB的色域比CMYK的色域大；也就是说，有些在RGB色彩模式下能够表示的颜色在转换为CMYK色彩模式后，就超出了CMYK所能表达的颜色范围，因此只能用相近的颜色来替代，从而产生了较为明显的变化。在制作用于印刷的电子文件时，建议最初的文件设置即为CMYK模式，避免使用RGB颜色模式，以免在分色转换时造成颜色偏差。如图2-129所示为RGB模式与CMYK模式的对比效果。

图2—128

图2—129

4．什么是专色印刷

专色是指在印刷时，不是通过印刷C、M、Y、K四色合成这种颜色，而是专门用一种特定的油墨来印刷该颜色。专色油墨是由印刷厂预先混合好或油墨厂生产的。对于印刷品的每一种专色，在印刷时都有专门的一个色板与之相对应。使用专色可使颜色更准确。尽管在计算机上不能准确地表示颜色，但通过标准颜色匹配系统的预印色样（如Pantone彩色匹配系统就创建了很详细的色样）卡，便能看到该颜色在纸张上的准确的颜色。

例如，在印刷时金色和银色是按专色来处理的，即用金墨和银墨来印刷，故其菲林也应是专色菲林，单独出一张菲林片，并单独晒版印刷，如图2-130所示。

图2—130

5．套印、压印、叠印、陷印

- 套印：指多色印刷时要求各色版图案印刷时重叠套准。
- “压印”和“叠印”：这两个词是一个意思，即一个色块叠印在另一个色块上。不过，印刷时特别要注意黑色文字在彩色图像上的叠印，不要将黑色文字底下的图案镂空，不然印刷套印不准时黑色文字会露出白边。
- 陷印：也叫补漏白，又称扩缩，主要是为了弥补因印刷套印不准而造成两个相邻的不同颜色之间的漏白，如图2-131所示。

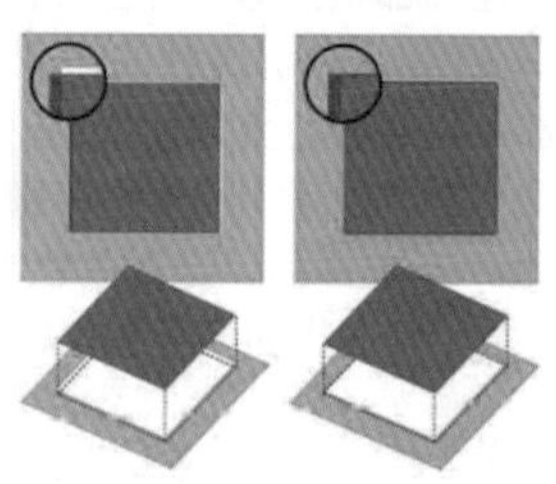

图2—131

6．拼版与合开

对于那些并不是正规开数的印刷品，如包装盒、小卡片等，为了节约成本，就需要在拼版的时候尽可能把成品放在合适的纸张开度范围内，如图2-132所示。

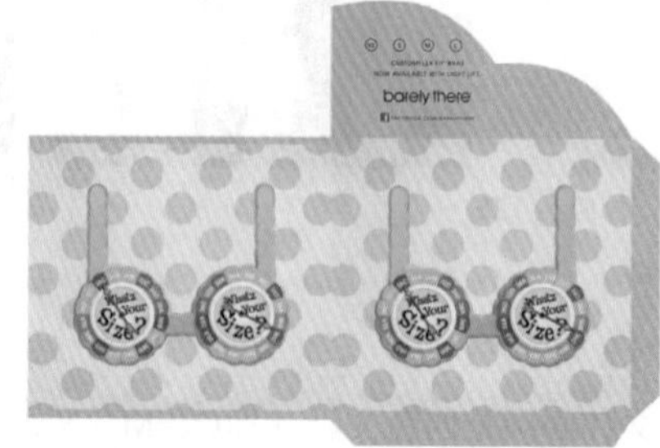

图2—132

7．纸张的基础知识

（1）纸张的构成

印刷用纸张由纤维、填料、胶料、色料4种主要原料混合制浆、抄造而成。印刷使用的纸张按形式可分为平板纸和卷筒纸两大类，平板纸适用于一般印刷机，卷筒纸一般用于高速轮转印刷机。

（2）印刷常用纸张

纸张根据用处的不同，可以分为工业用纸、包装用纸、生活用纸、文化用纸等几类。在印刷用纸中，根据纸张的性能和特点分为新闻纸、凸版印刷纸、胶版印刷涂料纸、字典纸、地图及海图纸、凹版印刷纸、画报纸、周报纸、白板纸、书面纸等，如图2-133所示。

图2－133

（3）纸张的规格

生成纸张时，其大小一般都要遵循国家制定的相关标准。印刷、书写及绘图类用纸的原纸尺寸如下。

- 卷筒纸：按宽度分为1575mm、1092mm、880mm、787mm等4种。
- 平板纸：按大小分为880mm×1230mm、850mm×1168mm、880mm×1092mm、787mm×1092mm、787mm×960mm、690mm×960mm等6种。

（4）纸张的重量、令数换算

纸张的重量可用定量或令重来表示。一般是以定量来表示，即日常俗称的“克重”。定量是指纸张单位面积的质量关系，用g/m2表示。例如，150g的纸是指该种纸每平方米的单张重量为150g。重量在200g/m2以下（含200g/m2）的纸张称为“纸”，超过200g/m2重量的纸则称为“纸板”。

2.11.2 打印设置

在进行打印输出之前，需要进行一定的设置。具体步骤如下：

步骤01 执行“文件>打印设置”命令，在弹出的“打印设置”对话框中选择合适的打印机，并对页面的方向进行设置，如图2-134所示。

步骤02 单击[首选项(P)...]按钮，在弹出的所选打印机“属性”对话框中对打印质量、打印数量、纸张类型、页面版式等参数进行设置，然后单击“确定”按钮，如图2-135所示。

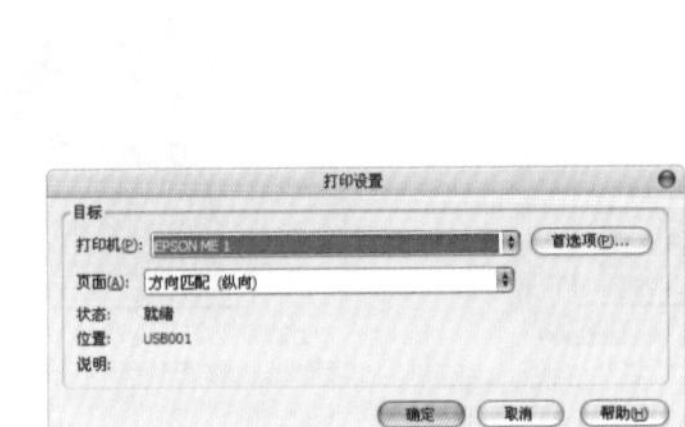

图2－134

图2－135

2.11.3 打印预览

在正式打印前通常要预览一下，查看并确认打印总体效果。

执行“文件>打开预览”命令，打开“打印预览窗口”，如图2-136所示。

其中主要选项介绍如下。

- 打印样式：在该下拉列表框中可以选择自定义打印样式，或者导入预设文件。
- 打印样式另存为：单击该按钮，将当前打印样式存储为预设。
- 删除打印样式：单击该按钮，删除当前选择的打印预设。
- 打印选项：单击该按钮，在弹出的对话框中可以对常规打印配置、颜色、复合、布局、预印以及印前检查等进行设置。
- 缩放：在该下拉列表框中可以选择预览的缩放级别。
- 全屏：单击该按钮，可全屏预览；按Esc键，则退出全屏模式。
- 启用分色：分色是一个印刷专业名词，指的就是将原稿上的各种颜色分解为

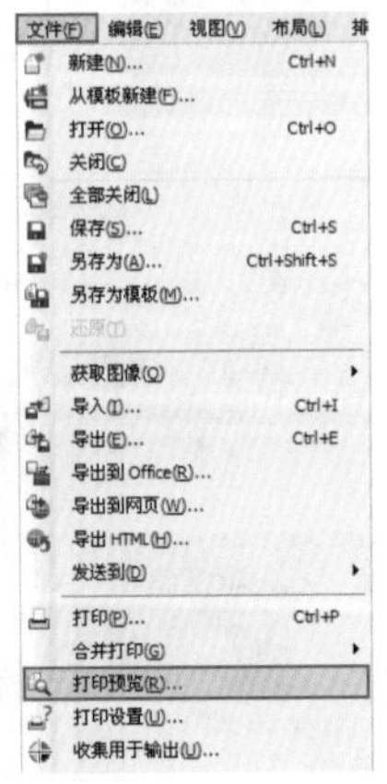

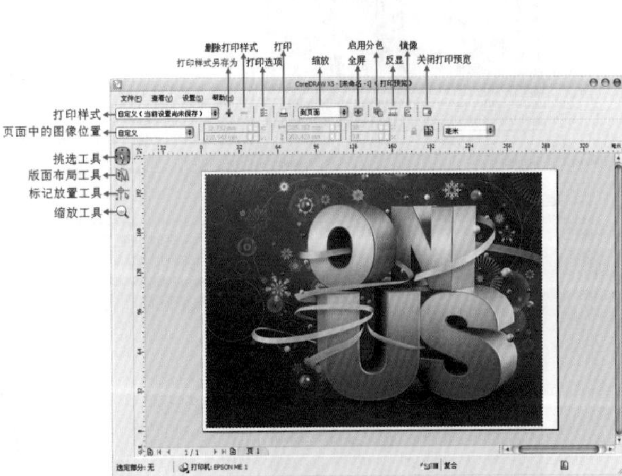

图2－136

黄、洋红、青、黑4种原色。单击该按钮后，彩色图像将会以分色的形式呈现出多个颜色通道，在预览窗口的底部可以切换浏览不同的分色效果，如图2-137所示。

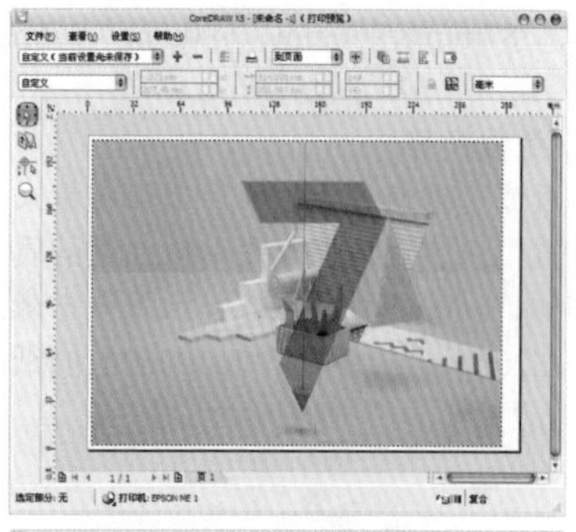

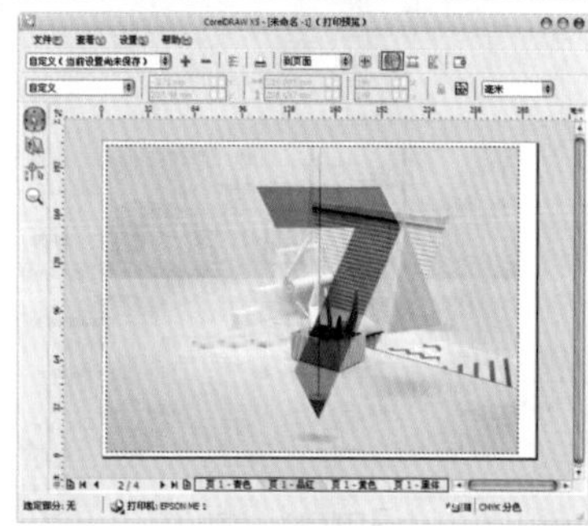

图2－137

- 反显：单击该按钮，可以查看当前图像颜色反向的效果，如图2-138所示。

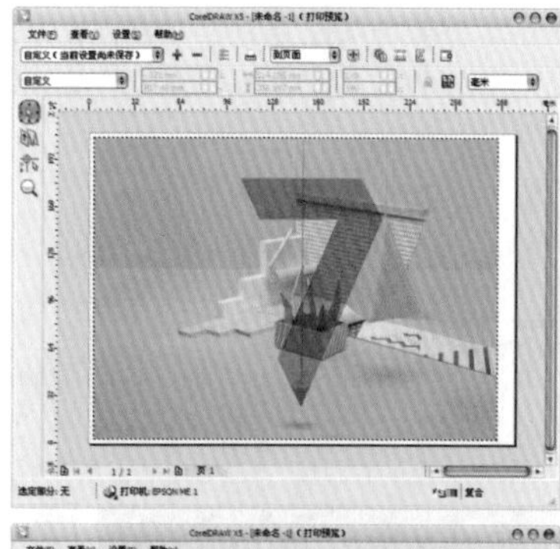

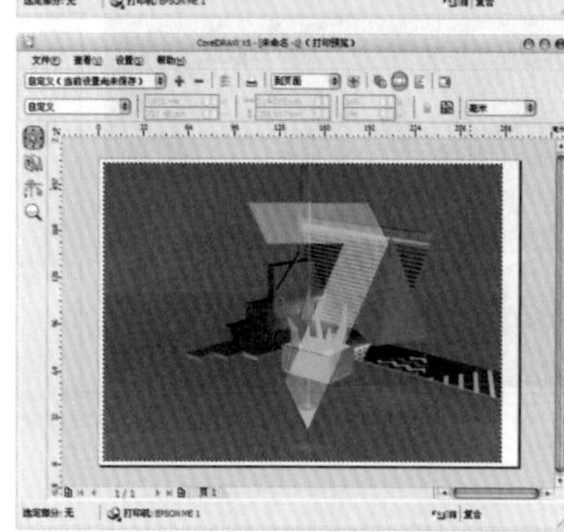

图2－138

- 镜像：单击该按钮，可以查看到当前图像的水平镜像效果，如图2-139所示。
- 关闭打印预览：单击该按钮，将关闭当前预览窗口。

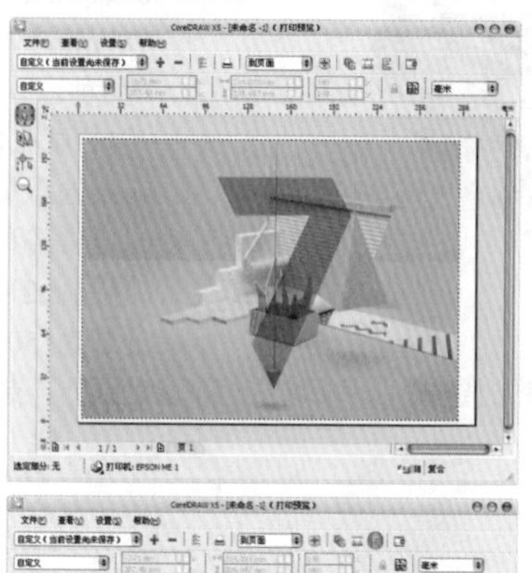

图2－139

- 页面中的图像位置：在该下拉列表框中选择图像在印刷页面中所处位置，如图2-140所示分别为页面中心和右下角。

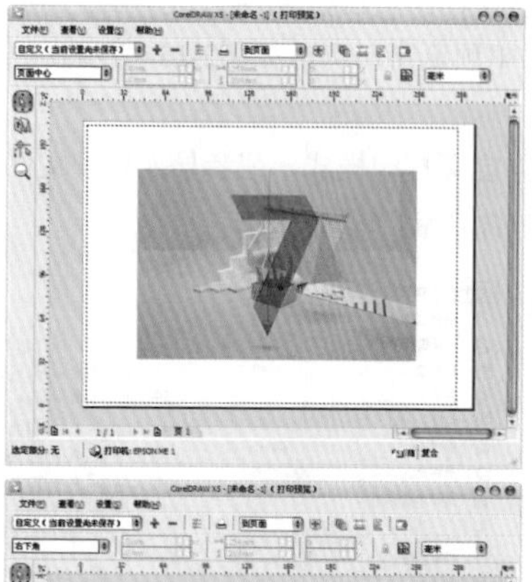

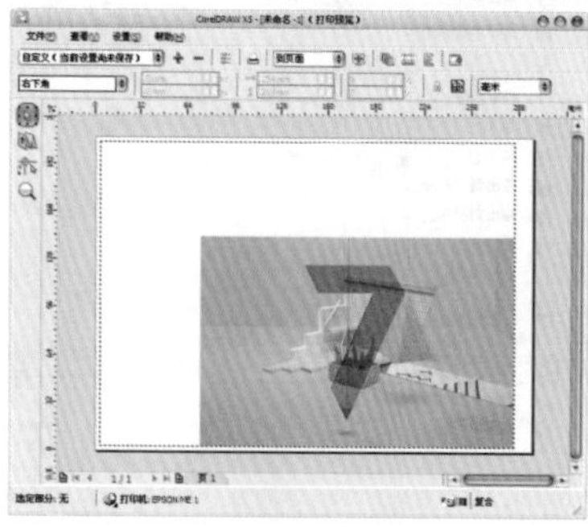

图2－140

- 挑选工具：使用挑选工具可以选择画面中的对象，选中的对象可以进行移动、缩放等操作，如图2-141所示。

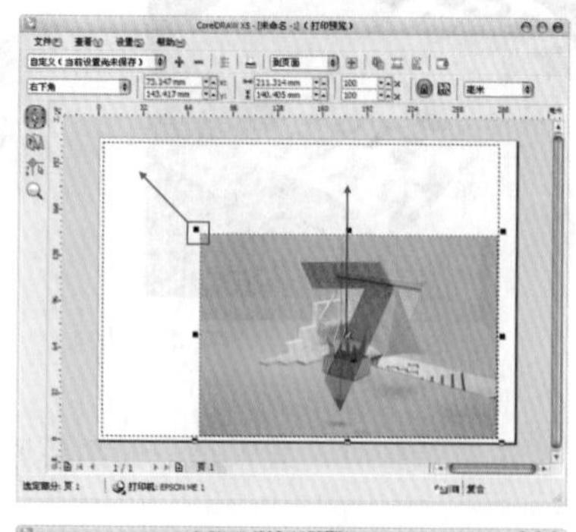

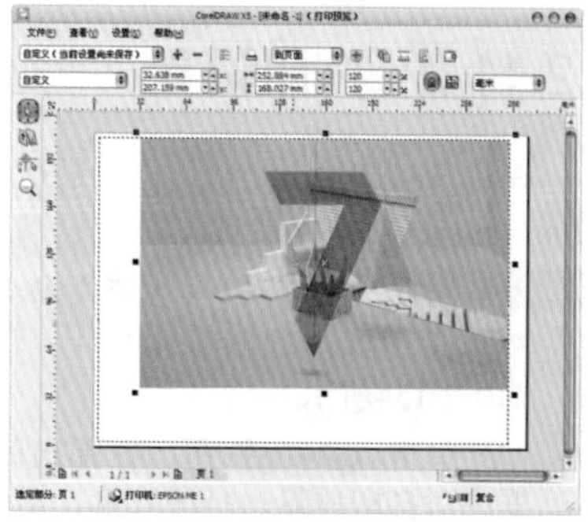

图2－141

- 版面布局工具：单击该按钮，可以查看当前图像预览模式，将工作区中所显示的大阿拉伯数字进行垂直翻转，单击挑选工具回到图像预览状态后可以看到图像也会发生相应变换，如图2-142所示。
- 标记放置工具：用于定位打印机标记。
- 缩放工具：调整预览画面的显示比例。

图2－142

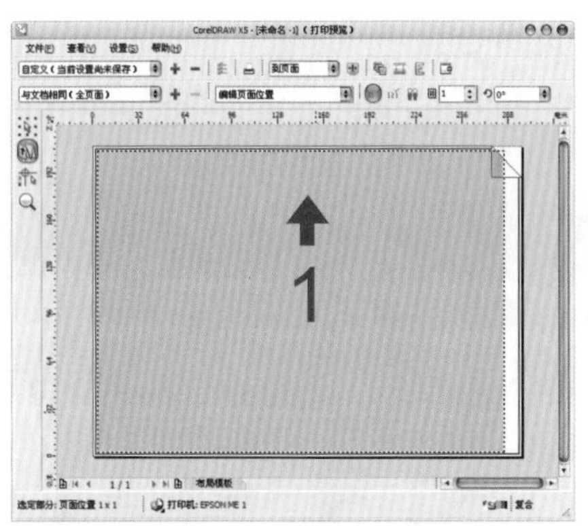
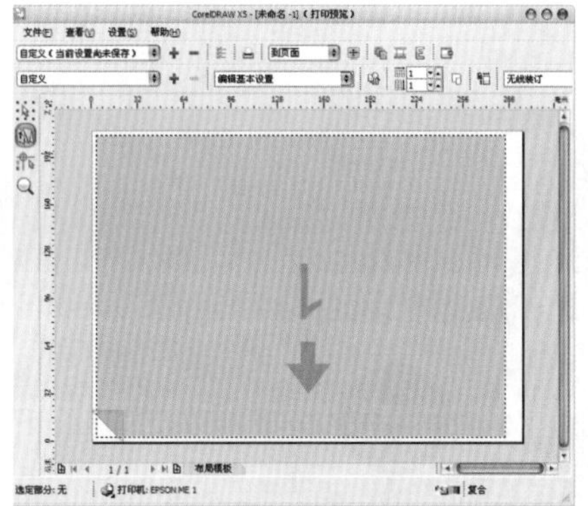
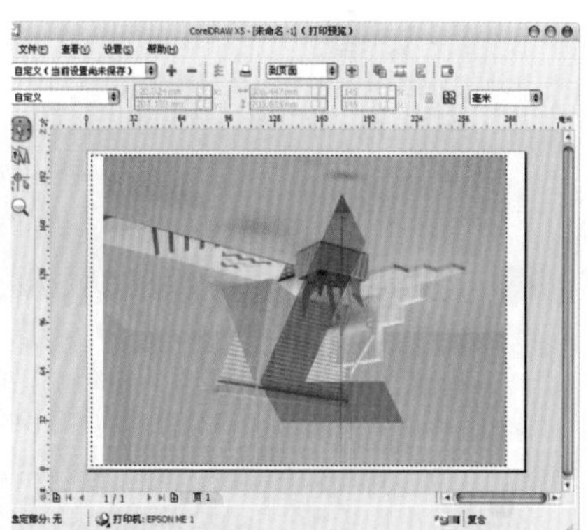

图2—142

2.11.4 收集用于输出的信息

在使用CorelDRAW进行设计时，经常要链接位图素材或者使用本地的字体文件。如果单独将CDR格式的工程文件转移到其他设备上，打开后可能会出现图像或文字显示不正确的情况。在CorelDRAW X5中，使用“收集用于输出”命令可以快捷地将链接的位图素材、字体素材等信息进行提取、整理。

步骤01 执行“文件>收集用于输出”命令，在弹出的“收集用于输出”对话框中选中“自动收集所有与文档相关的文件”单选按钮，然后单击“下一步”按钮，如图2-143所示。

图2—143

步骤02 在弹出的对话框中选择文档的输出文件格式选中“包括PDF”复选框，可以在“PDF预设”下拉列表框中选择适合的预设；选中“包括CDR”复选框，可以在“另存为版本”下拉列表框中选择工程文件存储的版本，然后单击“下一步”按钮，如图2-144所示。

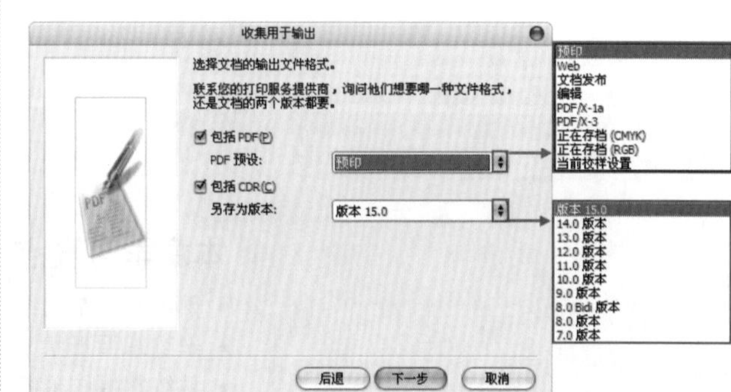

图2—144

步骤03 在弹出的对话框中可以选择是否包括要输出的颜色预置文件，在此选中“包含颜色预置文件”单选按钮，然后单击“下一步”按钮，如图2-145所示。

步骤04 在弹出的对话框单击“浏览”按钮，可以设置输出文件的存储路径；选中“放入压缩（Zipped）文件夹中”复选框，则可以压缩文件的形式进行存储，以便于传输。完成设置后，单击“下一步”按钮，如图2-146所示。

步骤05 系统开始收集用于输出的信息，稍后在弹出的对话框中单击“完成”按钮即可，如图2-147所示。

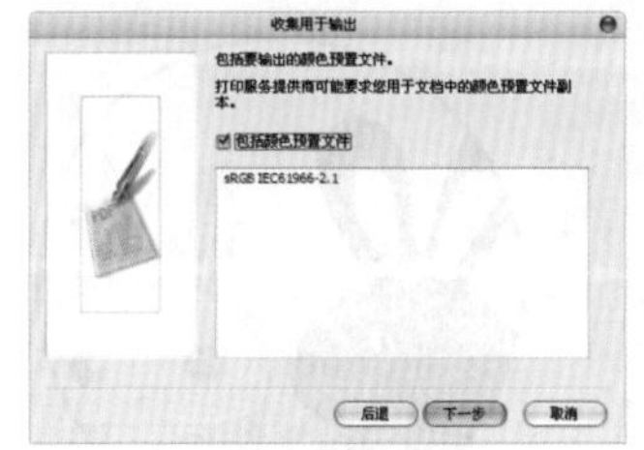

图2—145

图2—146

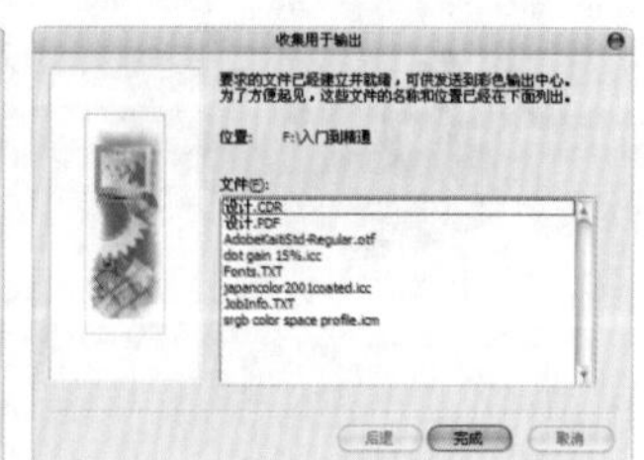

图2—147

常用的绘图工具

CorelDRAW提供了大量的绘图工具，基本上可以分为三大类，即用于创建内置规则几何图形的形状类工具、用于绘制不规则对象的直线/曲线类工具，以及用于更改所绘图形的形状编辑类工具。每一类别下包含多种工具，使用这些工具可以创建出各种各样的形状。

本章学习要点：

- 熟练掌握常用绘图工具的使用
- 熟练掌握形状工具的使用
- 熟练掌握图形编辑工具的使用
- 熟练掌握绘制各种形状的方法和思路

3.1 绘制直线及曲线

CorelDRAW提供了大量的绘图工具，基本上可以分为三大类，即用于创建内置规则几何图形的形状类工具、用于绘制不规则对象的直线/曲线类工具，以及用于更改所绘图形的形状编辑类工具。每一类别下包含多种工具，使用这些工具可以创建出各种各样的形状。如图3-1所示为使用绘图工具制作的作品。

图3—1

3.1.1 手绘工具

手绘是一种最直接的绘图方法。手绘工具的使用方法十分简单，用户可以通过它在工作区内自由绘制一些不规则的形状或线条等，常用于制作绘画感强烈的设计作品，如图3-2所示。

图3—2

步骤01 单击工具箱中的“手绘工具”按钮，在工作区中按下鼠标左键并拖动，在绘制出理想的形状后释放鼠标，线条的终点和起点会显示在状态栏中，如图3-3所示。

步骤02 单击起点，光标变为形状，再次单击终点，可以绘制直线，如图3-4所示。

图3—3

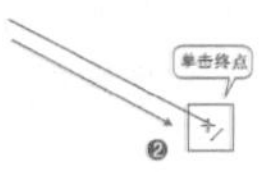

图3—4

步骤03 单击起点，光标变为形状，按住Ctrl键并拖动鼠标，可以绘制出15°增减的直线，如图3-5所示。

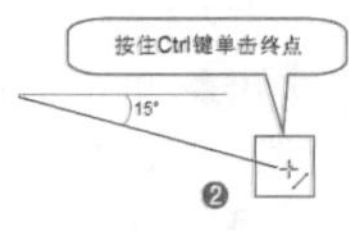

图3—5

技巧提示

执行“工具>选项”命令，打开“选项”对话框，在左侧树形列表框选择“工作区>编辑”选项，在右侧显示的“编辑”界面中可以对“限制角度”进行设置，如图3-6所示。

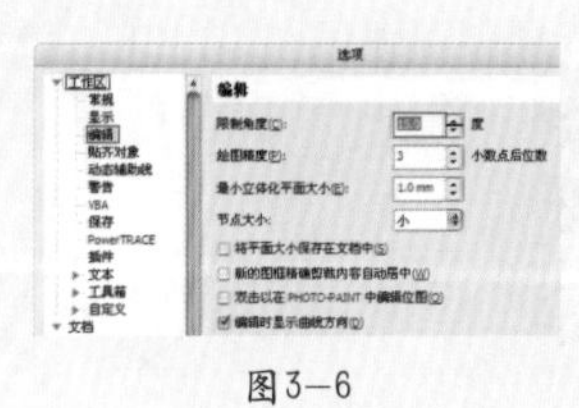

图3—6

步骤04 单击起点，光标变为+⁄形状，在折点处双击，然后拖动直线，即可绘制出折线或者多边形；如果曲线的起点和终点重合，即完成封闭曲线的绘制，如图3-7所示。

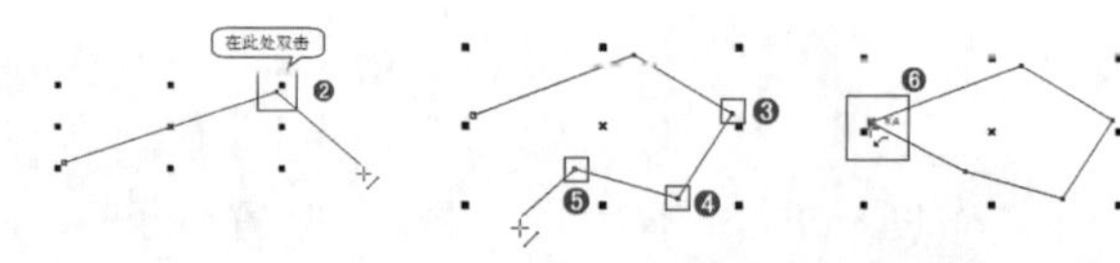

图3-7

3.1.2 2点线工具

使用“2点线”工具可以方便、快捷地绘制出直线段，在绘图中非常常用。在如图3-8作品中，使用到了该工具。

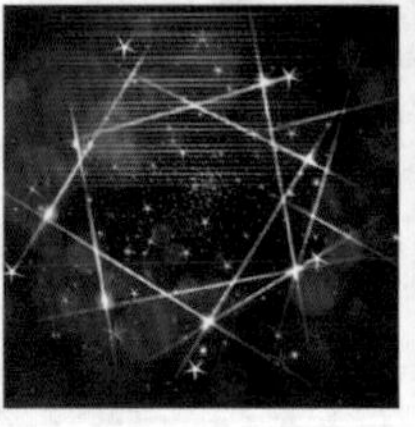

图3-8

理论实践——使用2点线工具绘制直线

单击工具箱中的“2点线工具”按钮，在工作区中按住鼠标左键并拖动至合适角度及位置后释放鼠标即可，线段的终点和起点会显示在状态栏中，如图3-9所示。

- 在绘制时按住 Ctrl 键拖动，可将线条限制在最接近的角度。
- 在绘制时按住 Shift 键拖动，可将线条限制在原始角度。

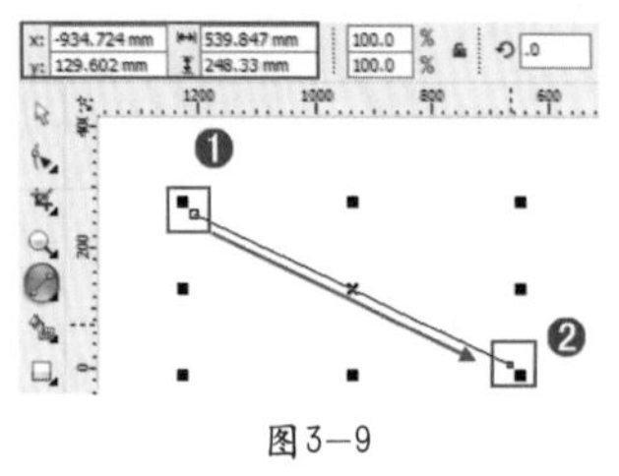

图3-9

理论实践——使用2点线工具绘制垂直线

步骤01 单击工具箱中的“2点线工具”按钮，绘制一条直线，如图3-10所示。

步骤02 在属性栏中单击“垂直2点线”按钮，继续绘制另外一条线。将光标移到之前绘制的直线上，按下鼠标左键并向外拖动，此时可以看到绘制出的线段与之前的直线相垂直。拖动到要结束线条的地方释放鼠标，如图3-11所示。

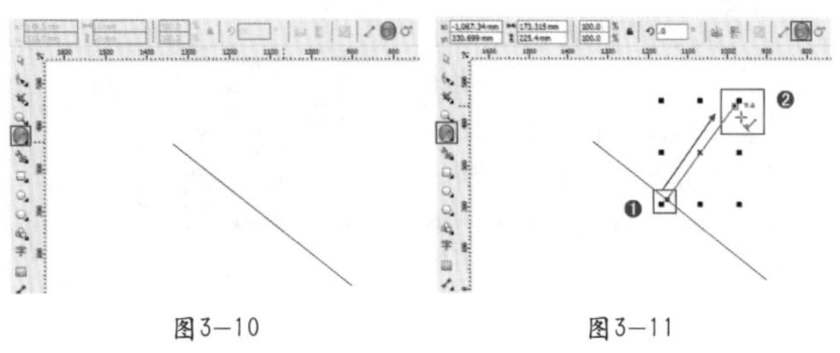

图3-10　　图3-11

理论实践——使用2点线工具绘制切线

步骤01 使用椭圆形工具在画面中绘制一个椭圆，如图3-12所示。

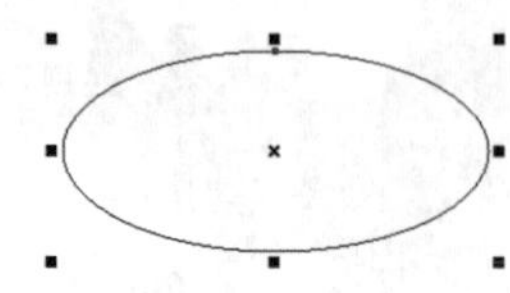

图3-12

步骤02 单击工具箱中的“2点线工具”按钮，在属性栏中单击“相切的2点线”按钮，单击椭圆的边缘，然后拖动到要结束切线的位置，如图3-13所示。

步骤03 继续在另外一侧的椭圆上向下拖动鼠标，使其与上一条切线相接，如图3-14所示。

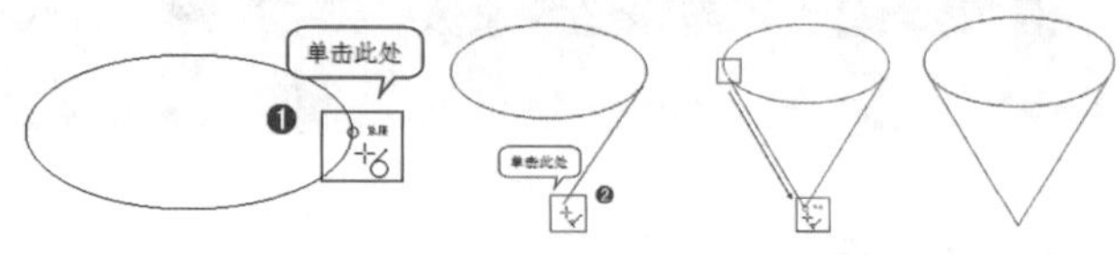

图3-13　　图3-14

步骤04 想要绘制与两个对象相切的线条，可单击“相切的2点线”按钮，然后在第一个对象的边缘单击，按住鼠标左键拖动到第二个对象的边缘，当切线贴齐点出现时释放鼠标即可，如图3-15所示。当象限贴齐点与切线贴齐点一致时，象限贴齐点就会出现。

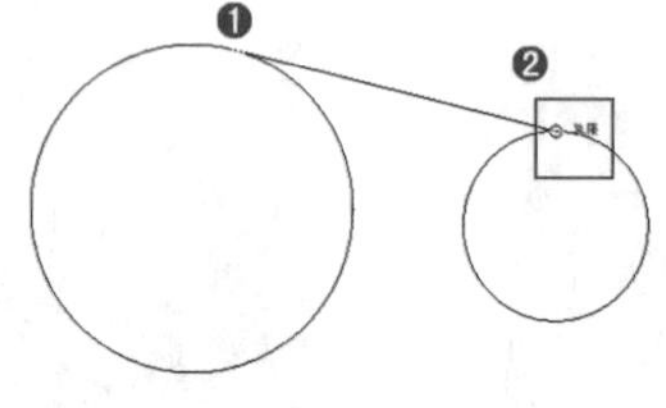

图3-15

步骤05 要将切线扩展出第二个对象以外，可在切线贴齐点出现时按住Ctrl键并拖动鼠标，到结束位置后释放鼠标即可，如图3-16所示。

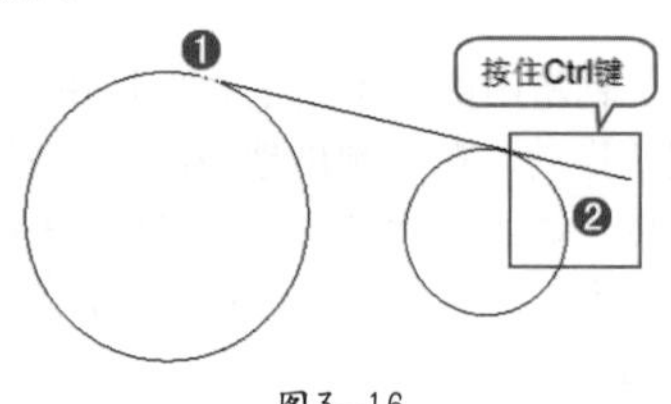

图3-16

3.1.3 贝塞尔工具

贝塞尔工具用于绘制平滑、精确的曲线，在绘图中应用很广。使用该工具绘制的曲线灵活性较强，它会依照前后的节点发生变化，所以绘制过程中的关键在于确定曲线的关键节点。指定曲线的节点后，系统会自动用直线或曲线连接节点。在如图3-17所示作品中使用到了贝塞尔工具。

理论实践——使用贝塞尔工具绘制直线

步骤01 单击工具箱中的“贝塞尔工具”按钮，在工作区中单击一点作为起点；然后将光标移到合适位置，再次单击定位另一个点；最后按下Enter键，完成当前线段的绘制，如图3-18所示。

步骤02 重复上述操作，最后回到起始点处单击，可以绘制出闭合多边形，如图3-19所示。

理论实践——使用贝塞尔工具绘制曲线

步骤01 单击工具箱中的“贝塞尔工具”按钮，在工作区中单击一点作为起点；将光标移至合适位置后，再次单击创建第二个点，此时不要释放鼠标，顺势拖曳到理想角度，这样就会产生不同的曲线变化，如图3-20所示。

步骤02 绘制完成后，单击工具箱中的“选择工具”按钮，调整点的角度及位置，以达到理想的形状，如图3-21所示。

图3—17

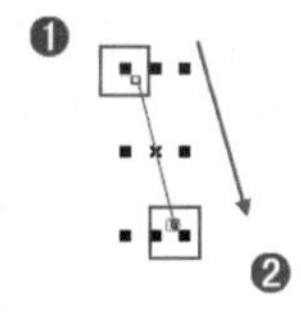

图3—18

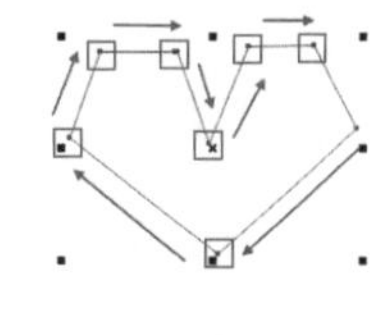

图3—19

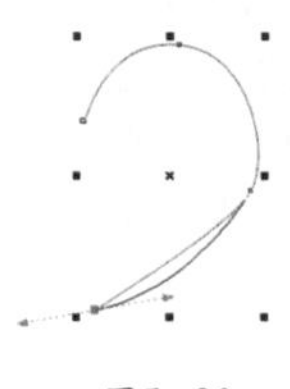

图3—20

图3—21

实例练习——绘制卡通兔子

案例文件	实例练习——卡通兔子.psd
视频教学	实例练习——卡通兔子.flv
难易指数	★★★★★
技术要点	贝塞尔工具

案例效果

本例最终效果如图3-22所示。

图3—22

操作步骤

步骤01 执行“文件>新建”命令，在弹出的“创建新文档”对话框中设置“大小”为A4，“原色模式”为CMYK，“渲染分辨率”为300，如图3-23所示。

步骤02 单击工具箱中的“贝赛尔工具”按钮，在工作区中单击一点作为兔子耳朵部分的起点，然后在上方拖动鼠标创建出弧度圆滑的曲线，再向右侧拖动鼠标创建出另外两个点，此时画面中出现了兔子耳朵的形状，如图3-24所示。

图3—23

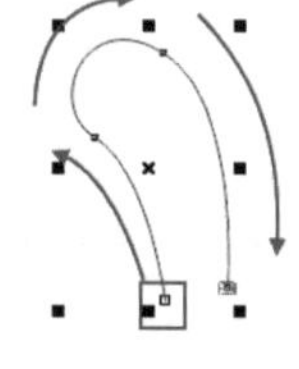

图3—24

步骤03 以同样的方法绘制另外一只耳朵，然后继续向下延展绘制出兔子脸部的轮廓，最后回到起点处单击，闭合曲线（绘制时注意曲线的弧度和平滑感），如图3-25所示。

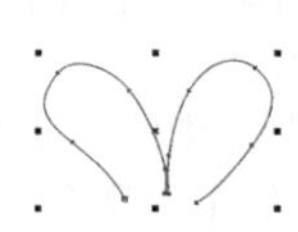

图3—25

步骤04 继续使用同样的方法绘制出兔子身体的轮廓，然后单击工具箱中的“形状工具”按钮，通过对节点的调整使曲线更加圆滑，如图3-26所示。

步骤05 选择兔子头部，然后在工具箱中单击填充工具组中的“均匀填充”按钮，在弹出的“均匀填充”对话框中选择白色，单击“确定”按钮，为其填充白色，如图3-27所示。

图3-26　　图3-27

步骤06 使用贝赛尔工具绘制兔子耳朵及肚子部分的闭合曲线，并为其填充粉色，然后设置耳朵部分的轮廓线“宽度”为“无”，效果如图3-28所示。

图3-28

步骤07 单击工具箱中的“基本形状工具”按钮，在其属性栏中单击“完美形状”按钮，在弹出的下拉列表中选择心形，然后在小兔子手部按下鼠标左键并拖动，绘制心形图像，并为其填充粉色（C0，M100，Y0，K0），如图3-29所示。

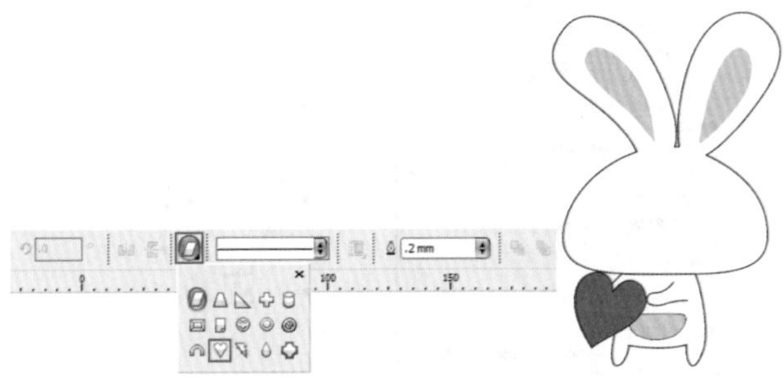

图3-29

步骤08 单击工具箱中的“椭圆形工具”按钮，按住Ctrl键在兔子的面部绘制一个正圆，并填充为红色，作为眼球；在眼球上绘制一个较小的正圆，并填充为白色，作为眼睛的高光，如图3-30所示。

步骤09 单击工具箱中的“贝塞尔工具”按钮，在眼睛左侧绘制一个三角形作为睫毛，填充为黑色后复制出另外两个，如图3-31所示。

图3-30

步骤10 框选眼睛部分，单击鼠标右键，在弹出的快捷菜单中执行“群组”命令或按Ctrl+G键。选择眼睛部分，执行“编辑>复制”和“编辑>粘贴”命令，并移动到右侧，制作出另外一只眼睛，如图3-32所示。

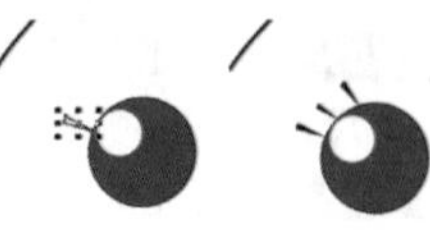

图3-31

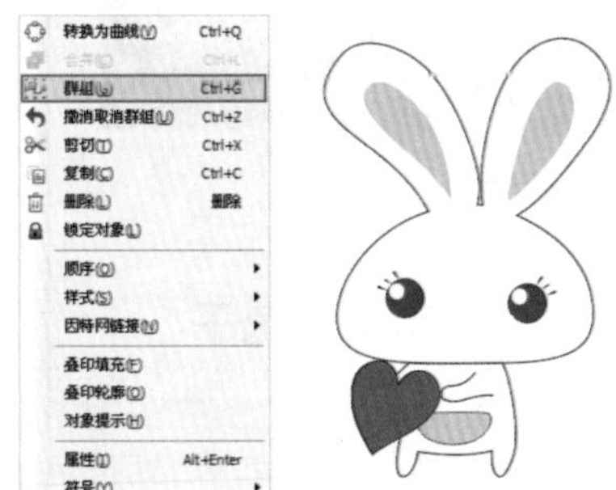

图3-32

步骤11 使用椭圆形工具绘制嘴巴和腮红，并分别填充为粉色系的颜色，如图3-33所示。

步骤12 使用贝赛尔工具绘制另外一只兔子轮廓，如图3-34所示。

图3-33　　图3-34

步骤13 在工具箱中单击填充工具组中的“渐变填充”按钮，在弹出的“渐变填充”对话框中设置“类型”为“线性”，选中“自定义”单选按钮，设置为一种灰黑色的渐变，然后单击“确定”按钮，再设置轮廓线“宽度”为“无”，如图3-35所示。

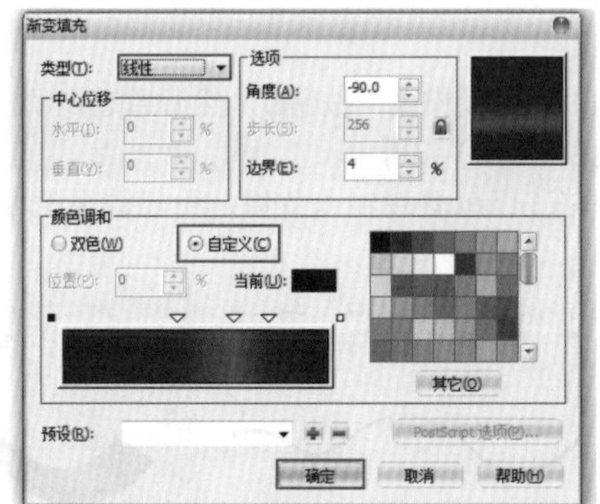

图3—35

步骤14 使用贝赛尔工具绘制黑兔子的耳朵部分，并填充为粉色，如图3-36所示。

步骤15 使用贝赛尔工具绘制黑兔子的腰带部分。在工具箱中单击填充工具组中的“渐变填充”按钮，在弹出的“渐变填充”对话框中设置“类型”为“辐射”，选中“自定义”选项，将颜色设置为从粉色到白色的渐变，然后单击“确定”按钮，如图3-37所示。

图3—36

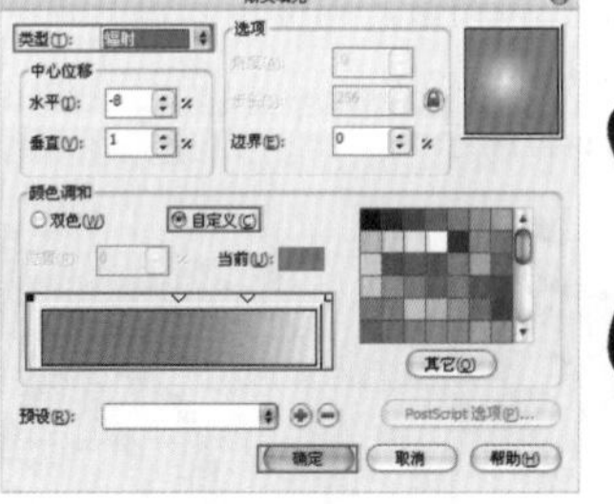

图3—37

步骤16 使用与第一只兔子的五官相同的绘制方法，利用椭圆形工具在兔子的面部绘制眼睛和脸蛋部分的椭圆，然后分别填充颜色，完成兔子面部的细节部分，如图3-38所示。

步骤17 选择制作好的黑兔子，单击鼠标右键，在弹出的快捷菜单中执行“群组”命令，然后将其摆放在白兔子的左侧，如图3-39所示。

图3—38

图3—39

步骤18 执行“文件>导入”命令，导入背景素材文件；然后单击鼠标右键，在弹出的快捷菜单中执行“顺序>到图层后面”命令，将背景素材放置在兔子后，最终效果如图3-40所示。

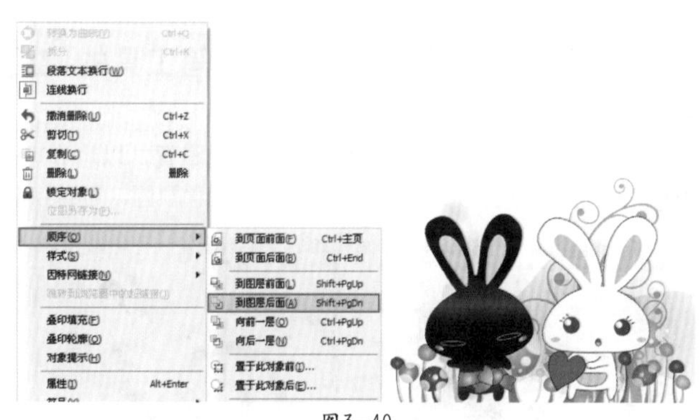

图3—40

3.1.4 使用艺术笔工具

使用艺术笔工具绘制路径，可以产生较为独特的艺术效果，如图3-41所示。与普通的路径绘制工具相比，艺术笔工具有着很大的不同——其路径不是以单独的线条来表示，而是根据用户所选择的笔触样式来创建由预设图形围绕的路径效果。在其属性栏中，可以选择“预设”、“笔刷”、“喷涂”、“书法”和“压力”5种笔触样式，如图3-42所示。

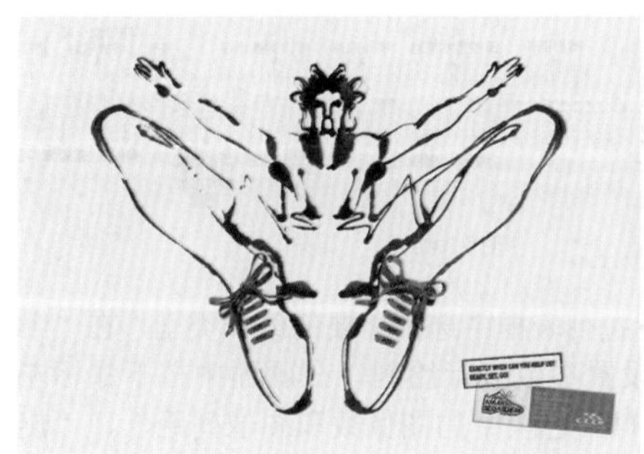

图3—41

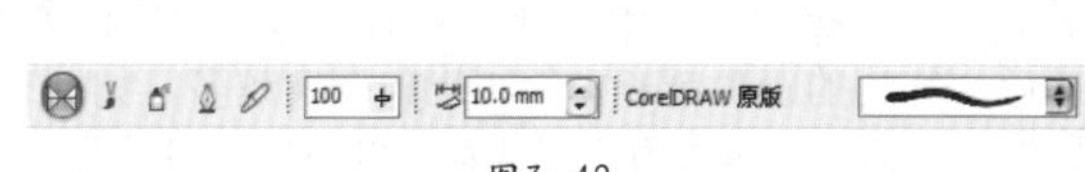

图3—42

理论实践——“预设模式”艺术笔工具的应用

预设模式提供了多种线条类型供用户选择，可以对笔触在开始和末端的粗细变化进行模拟，从而绘制出像使用毛笔涂抹一样的效果。

步骤01 单击工具箱中的“艺术笔工具”按钮，在其属性栏中单击“预设模式”按钮，然后通过拖动滑块或在文件框中输入数值来设置“手绘平滑”参数值，可以改变绘制线条的平滑程度，如图3-43所示。

步骤02 单击属性栏中的“笔触宽度”按钮，然后单击上下微调按钮或直接输入数值，可以改变笔触的宽度，如图3-44所示。

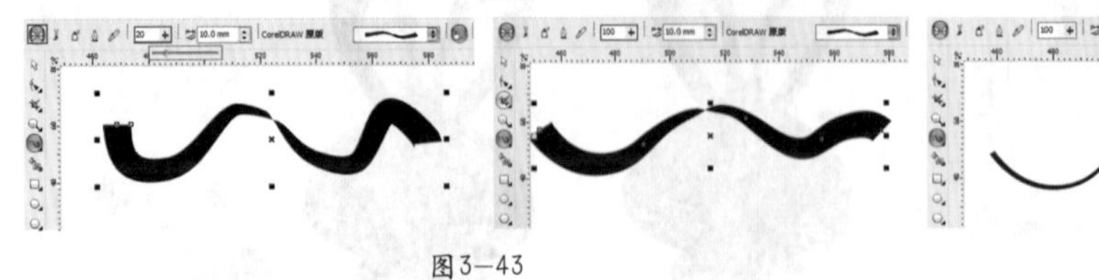

图3—43

图3—44

步骤03 在属性栏中，打开“预设笔触”下拉列表框，从中选择所需笔触，在画面中绘制，如图3-45所示。

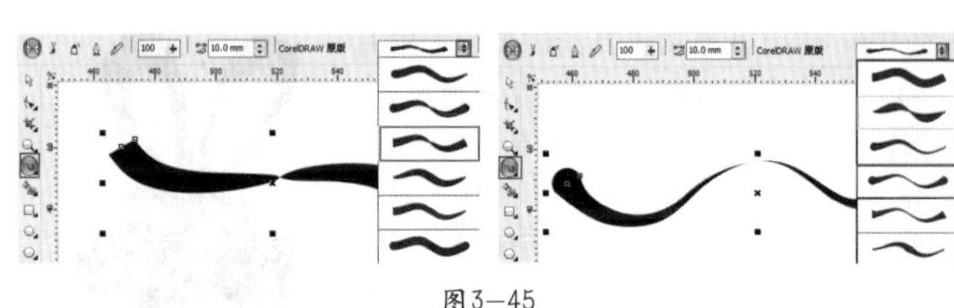

图3—45

理论实践——“笔刷模式”艺术笔工具的应用

步骤01 笔刷模式的艺术笔等工具主要用于模拟笔刷绘制的效果。单击“笔刷”按钮，同样可以对其“手绘平滑”、“笔触宽度”和“笔刷笔触”等参数进行一定的设置，以达到理想的效果，如图3-46所示。

步骤02 选中所绘图形，在调色板中选择任意颜色，可替换其当前色彩，如图3-47所示。

图3—46

图3—47

理论实践——“喷涂模式”艺术笔工具的应用

喷涂模式提供了丰富的图样，用户可以充分发挥想象力，勾画出喷涂的路径，CorelDRAW会以当前设置为绘制的路径描边。此外，在其属性栏中还可以对图形组中的单个对象进行细致的编辑，如图3-48所示。

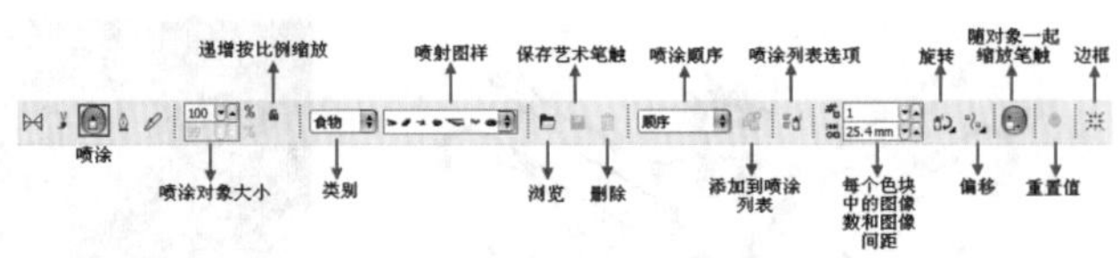

图3—48

步骤01 单击属性栏中的“喷涂”按钮，设置合适的喷涂对象大小，在“类别”下拉列表框中选择需要的纹样类别，在“喷射图样”下拉列表框中选择笔触的形状，然后在页面中拖动鼠标，即可按照所设置参数进行绘制。在画面中按下鼠标左键后，拖动的距离越长，绘制出的图案越多，如图3-49所示。此外，可以针对“每个色块中的图像数和图像间距”、“旋转”、“偏移”等参数进行调整，以满足不同需求。

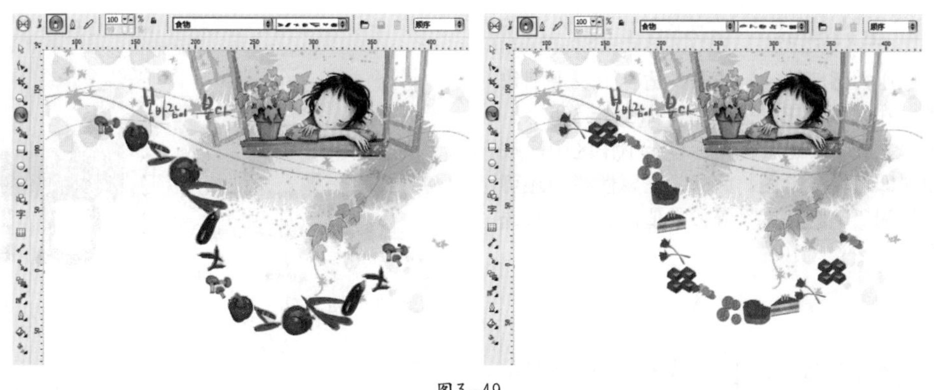

图3-49

技术拓展：拆分艺术笔群组

使用艺术笔工具绘制出的图案其实是一个包含“隐藏的路径”和“图案描边”的群组，执行“排列>拆分艺术笔群组”命令，拆分后路径即被显示出来，并且路径和图案可以分开进行移动，如图3-50所示。

选中图案描边的群组，单击鼠标右键，在弹出的快捷菜单中执行“取消群组”命令，则图案中的各个部分可以分别进行移动和编辑，如图3-51所示。

图3-50　　图3-51

步骤02 喷涂艺术笔的笔触是按照一定的顺序排列起来的图案组，用户可以根据实际需要改变图案的顺序。单击属性栏中的“喷涂列表选项”按钮，在弹出的“创建播放列表”对话框中可以对图案排列的顺序以及类型进行调整，如图3-52所示。

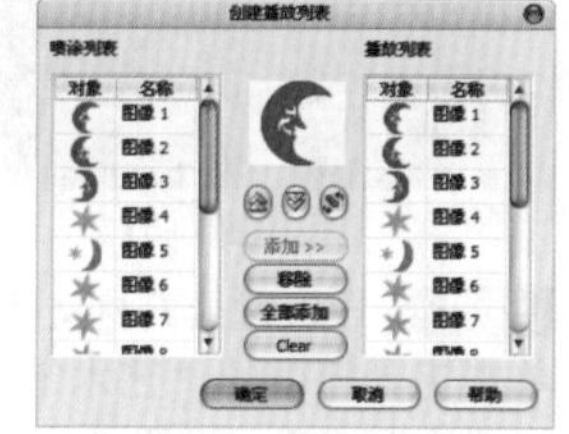

图3-52

理论实践——“书法模式”艺术笔工具的应用

书法模式的艺术笔工具可以绘制根据曲线的方向和笔头的角度改变粗细的曲线，模拟出类似于使用书法笔绘画的效果。在艺术笔工具属性栏（如图3-53所示）中单击“书法模式”按钮，然后将光标移至工作区中，按住鼠标左键并拖动，即可开始绘制。此外，在属性栏中还可以分别调整“手绘平滑”、“笔触宽度”和“书法角度”等参数值，以达到理想的效果，如图3-54所示。

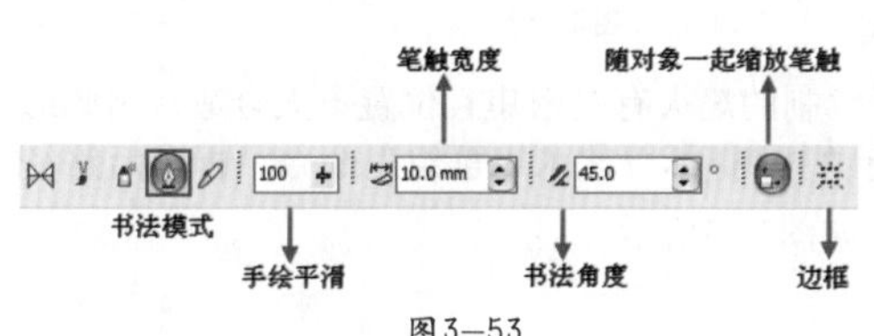

图3-53

图3-54

理论实践——“压力模式”艺术笔工具的应用

压力模式是模拟压力感应笔绘制线条，适合于表现细致且变化丰富的线条。在艺术笔工具属性栏（如图3-55所示）中单击“压力模式”按钮，然后将光标移至工作区中，按住鼠标左键并拖动，即可完成绘图。此外，在属性栏中还可以修改“手绘平滑”和“笔触宽度”等参数值，来调整所选图形，如图3-56所示。

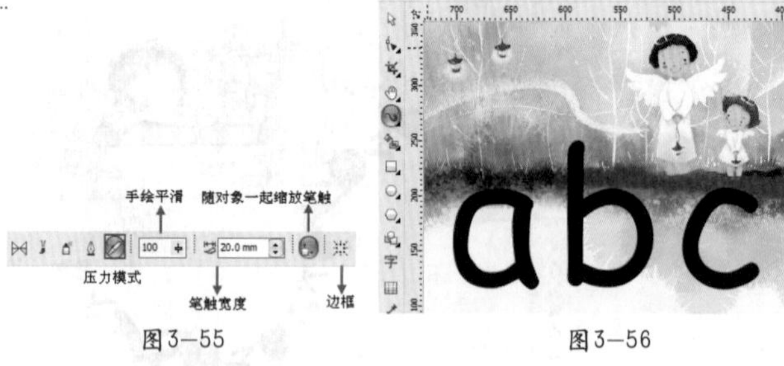

图3-55　　图3-56

实例练习——使用艺术笔工具为卡通画增色

案例文件	实例练习——使用艺术笔工具为卡通画增色.cdr
视频教学	实例练习——使用艺术笔工具为卡通画增色.flv
难易指数	★★★★★
知识掌握	艺术笔工具、拆分艺术笔群组

案例效果

本例最终效果如图3-57所示。

操作步骤

步骤01 执行“文件>新建”命令，在弹出的“创建新文档”对话框中设置“大小”为A4，“原色模式”为CMYK，“渲染分辨率”为300，如图3-58所示。

图3-57

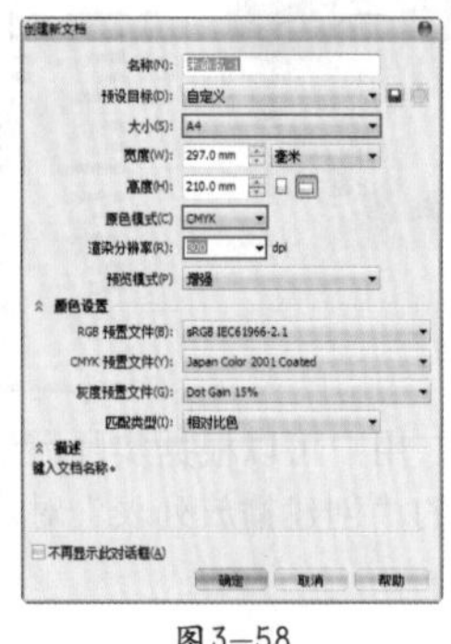

图3-58

步骤02 导入背景素材文件，并调整为合适的大小及位置。单击工具箱中的“艺术笔工具”按钮，在其属性栏中单击“喷涂”按钮，设置“喷涂对象大小”为60%，在“类别”下拉列表框中选择“植物”，在“喷射图样”下拉列表框中选择蘑菇状笔触，将“每个色块中的图像数和图像间距”设置为15mm，然后在页面中拖动鼠标，如图3-59所示。

图3-59

步骤03 释放鼠标后，该区域出现多个形状各异的蘑菇，如图3-60所示。

步骤04 继续在右侧地面涂抹，绘制出更多的蘑菇，如图3-61所示。

图3-60

图3-61

步骤05 在未选择任何绘制对象时，在属性栏中设置“喷涂对象大小”为100%，在“类别”下拉列表中选择“其它”，在“喷射图样”下拉列表框中选择焰火状笔触，然后在天空部分拖动鼠标，绘制出一连串焰火，如图3-62所示。

图3-62

步骤06 由于绘制的焰火有些密集且位置不太合适，因此选择焰火，执行“排列>拆分艺术笔群组”命令，拆分后路径被显示出来，如图3-63所示。

步骤07 选中路径，按Delete键将其删除。下面需要对每个焰火分别进行调整，但是此时焰火处于群组状态，无法单独选中。此时可选中焰火组，单击鼠标右键，在弹出的快捷菜单中执行“取消群组”命令，即可使图案中的各个部分分开，可以进行独立的移动和编辑，如图3-64所示。

步骤08 选中顶部的两簇焰火，按Delete键将其删除，如图3-65所示。

步骤09 最后分别选择单个的焰火，移动到合适位置，最终效果如图3-66所示。

图3—63

图3—64

图3—65

图3—66

3.1.5 钢笔工具

钢笔工具是一种非常适合绘制精确图形的工具，通过它可以绘制闭合图形，也可以绘制曲线，按下空格键即可在未形成闭合图形时完成绘制，如图3-67所示。

使用钢笔工具绘图时，用户可以像使用贝塞尔工具一样，通过调整点的角度及位置来达到理想的形状。此外，在属性栏中还可以对曲线的样式、宽度进行设置，如图3-68所示。

图3—67

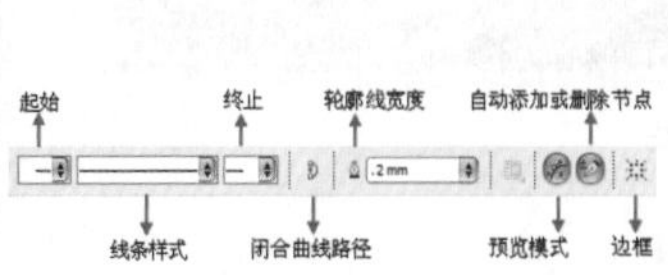

图3—68

- 在“起始”、“线条样式”、“终止”下拉列表框中进行选择，可以改变线条的样式，如图3-69所示。

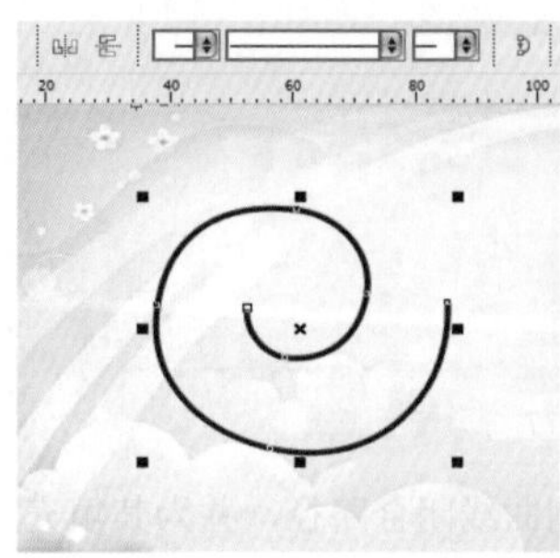
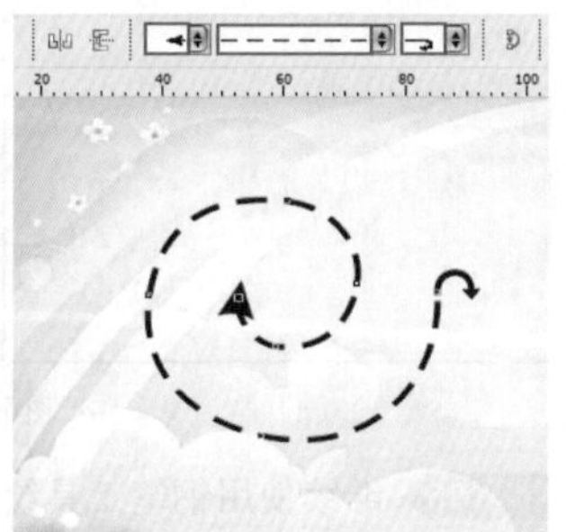

图3—69

- 对于“轮廓线宽度”，既可以在下拉列表框中进行选择，也可以直接输入所需数值，如图3-70所示。

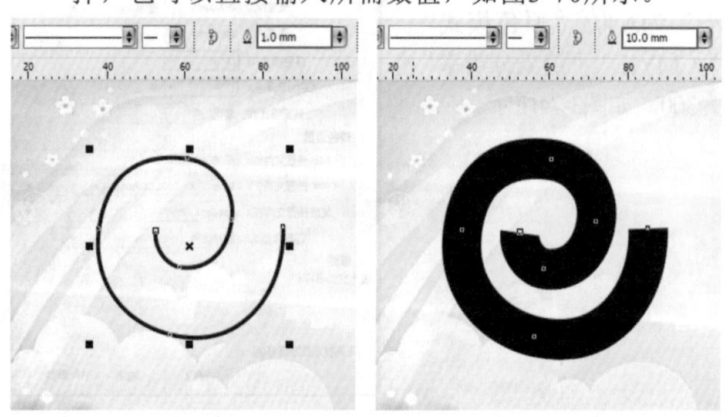

图3—70

- 启用属性栏中的“预览模式”按钮，在页面中单击创建一个节点，移动鼠标后可以预览到即将形成的路径。如图3-71所示为未启用预览模式和启用预览模式的对比效果。
- 启用“自动添加/删除”按钮，将光标移到路径上，它会自动切换为添加节点或删除节点的形式。如果取消其启用状态，将光标移动到路径上，则可以创建新路径，如图3-72所示。

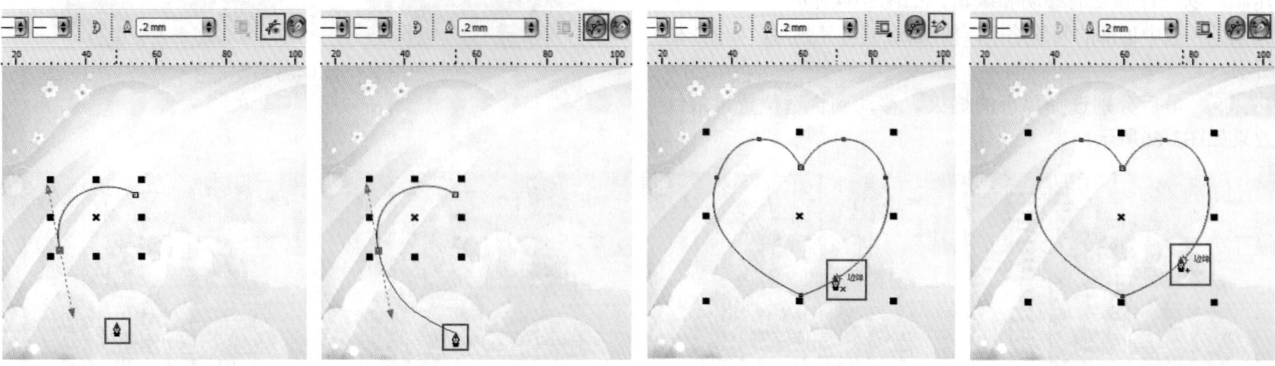

图3—71　　图3—72

实例练习——使用钢笔工具制作简约名片

案例文件	实例练习——使用钢笔工具制作简约名片.psd
视频教学	实例练习——使用钢笔工具制作简约名片.flv
难易指数	★★★★★
技术要点	矩形工具、钢笔工具、填充工具

案例效果

本例最终效果如图3-73所示。

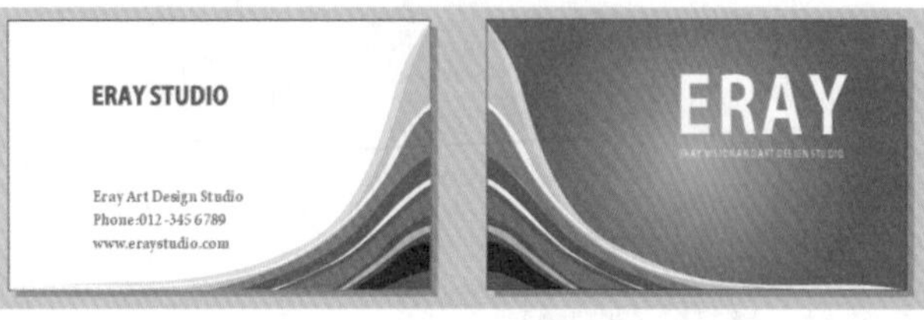

图3—73

操作步骤

步骤01 执行“文件>新建”命令，在弹出的“创建新文档”对话框中设置“大小”为A4，“原色模式”为CMYK，“渲染分辨率”为300，如图3-74所示。

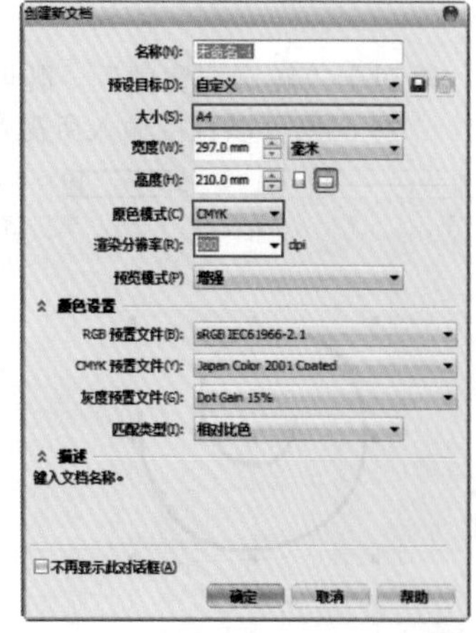

图3—74

步骤02 为了使标志清晰呈现，单击工具箱中的“矩形工具”按钮，在工作区中绘制一个合适大小的矩形。在工具箱中单击填充工具组中的“均匀填充”按钮，在弹出的“均匀填充”对话框中选择灰色，为背景填充灰色，然后将轮廓线宽度为“无”，效果如图3-75所示。

步骤03 使用矩形工具绘制一个较小的矩形作为名片的正面，然后填充为白色，并设置轮廓线为黑色，如图3-76所示。

图3—75　　图3—76

步骤04 单击工具箱中的“钢笔工具”按钮，绘制一条闭合路径，然后将右下方的图形填充为淡绿色，设置轮廓线宽度为“无”，如图3-77所示。

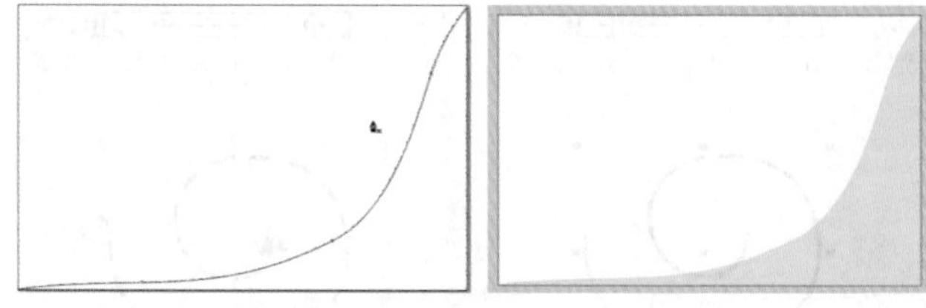

图3—77

步骤05 继续使用钢笔工具绘制曲线闭合路径，并为其填充蓝色，然后设置轮廓线宽度为“无”，如图3-78所示。

步骤06 以同样方法绘制出多个不同形状的图形并填充蓝白色系的颜色，将轮廓线宽度全部设置为“无”，如图3-79所示。

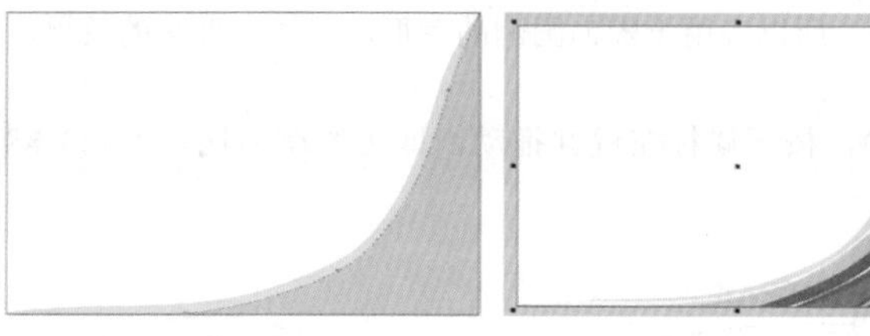

图3—78　　图3—79

步骤07 框选名片正面部分，单击鼠标右键，在弹出的快捷菜单中执行“群组”命令；按Ctrl+C键进行复制，然后按Ctrl+V键进行粘贴。选择粘贴出的图形，单击属性栏中的“水平镜像”按钮，然后将镜像得到的图形向右移动用做名片背面，如图3-80所示。

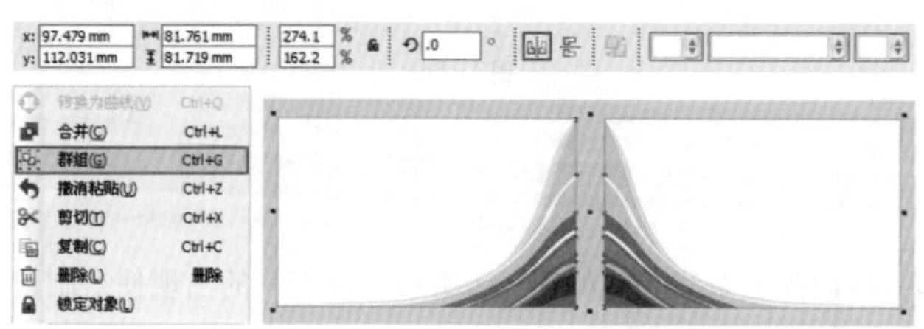

图3—80

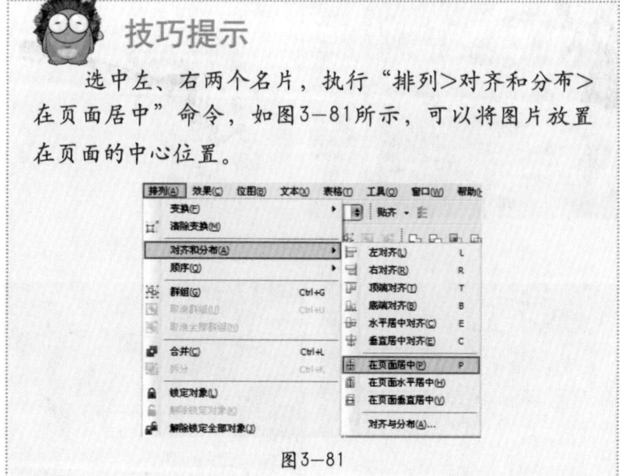

技巧提示

选中左、右两个名片，执行“排列>对齐和分布>在页面居中”命令，如图3—81所示，可以将图片放置在页面的中心位置。

图3—81

步骤08 单击工具箱中的“文本工具”按钮，在左侧底图上单击并输入相应文字，然后设置为合适的字体及大小，如图3-82所示。

图3—82

步骤09 选择名片背面的群组，单击鼠标右键，在弹出的快捷菜单中执行“取消群组”命令；选择白色矩形底色，在工具箱中单击工具填充组中的“渐变填充”按钮，在弹出的“渐变填充”对话框中设置“类型”为“辐射”，颜色为从蓝到浅蓝，然后单击“确定”按钮，如图3-83所示。

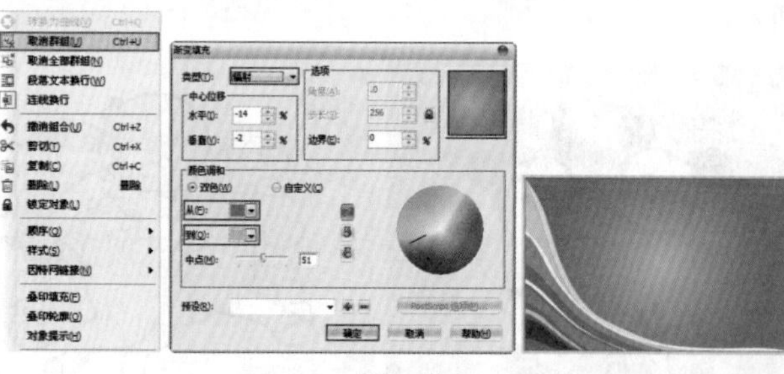

图3—83

步骤10 单击工具箱中的“文本工具”按钮，在名片背面单击并输入两行文字，然后设置文字颜色为白色，调整文字大小及位置，如图3-84所示。

步骤11 为了使名片看起来更富立体感，可以使用矩形工具在名片上方绘制一个大小接近的矩形，并将其填充为深灰色；适当向右下移动，然后单击鼠标右键，多次执行“顺序>向后一层”命令，将其放置在名片后，制作出阴影效果，如图3-85所示。

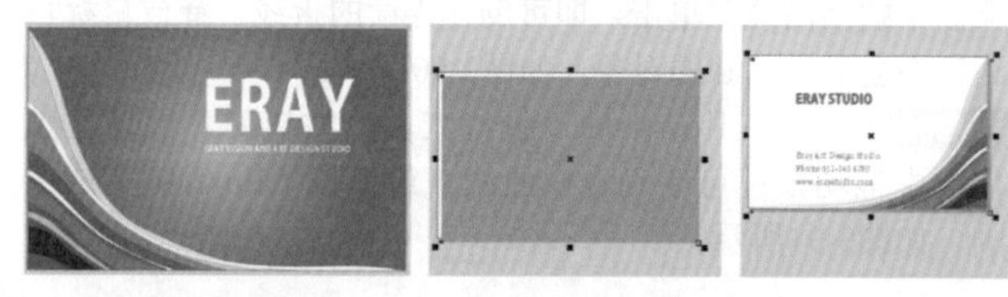

图3—84　　图3—85

步骤12 以同样方法制作右侧阴影部分，最终效果如图3-86所示。

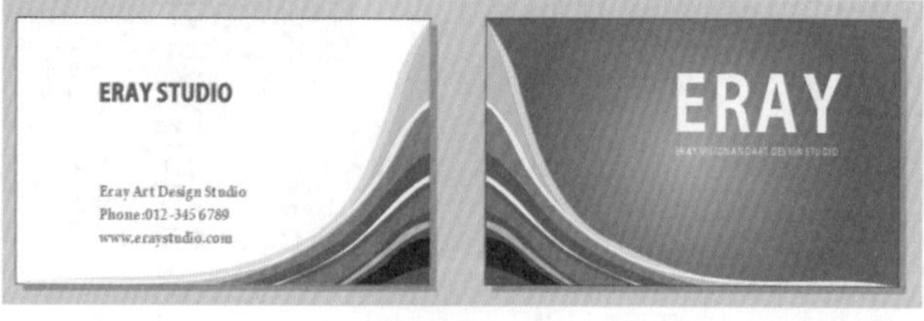

图3—86

3.1.6 B-Spline工具

B-Spline工具能够通过来绘制曲线，而不需要分成若干线段来绘制，所以多用于较为圆润的图形，以达到理想的效果，如图3-87所示。

单击工具箱中的“B-Spline工具”按钮，将光标移至工作区中，按下鼠标左键并拖动，即可绘制曲线，如图3-88所示。

图3—87

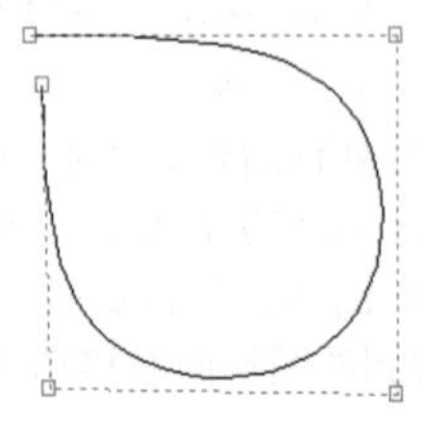
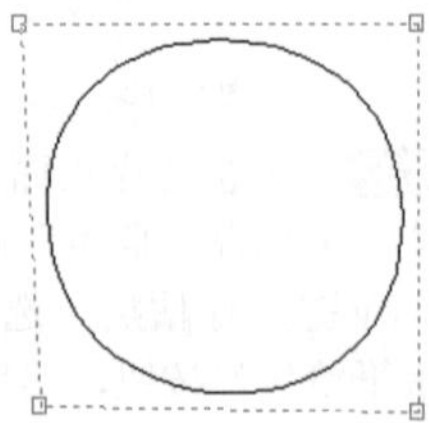

图3—88

3.1.7 使用折线工具

折线工具使用起来很方便，可以快速绘制包含交替曲线段和直线段的复杂线条，如图3-89所示。该工具的出现使绘制自由路径的操作更加随意，并能够在预览模式下进行绘制。

步骤01 与手绘工具绘制出的路径不同的是，使用该工具在页面中的不同位置单击，即可创建连续的折线，释放鼠标后路径不会成为单独的对象，如图3-90所示。

步骤02 单击工具箱中的“折线工具”按钮，然后在工作区中拖动鼠标可绘制自由曲线，最后按下Enter键完成绘制，如图3-91所示。

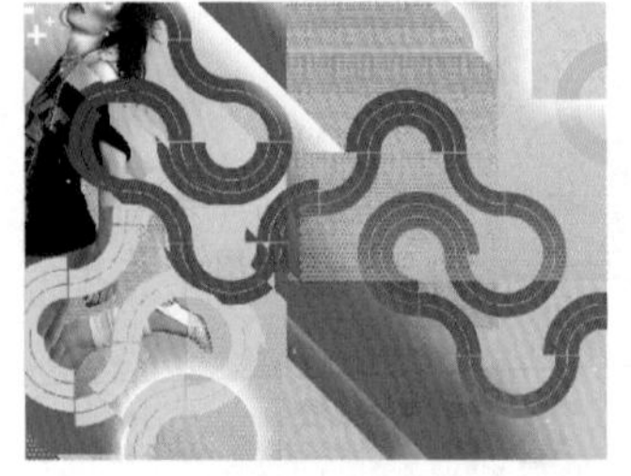

图3—89

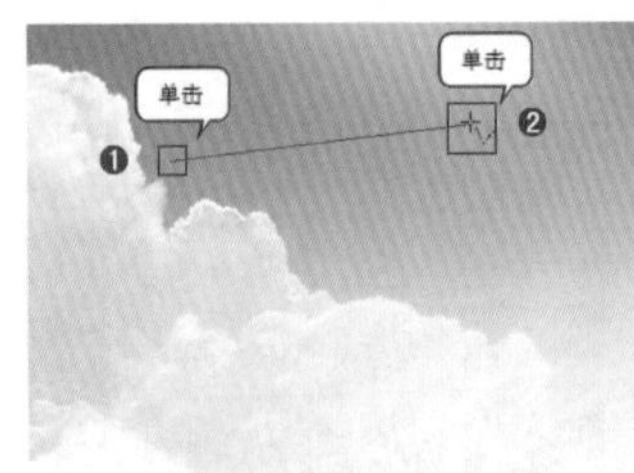

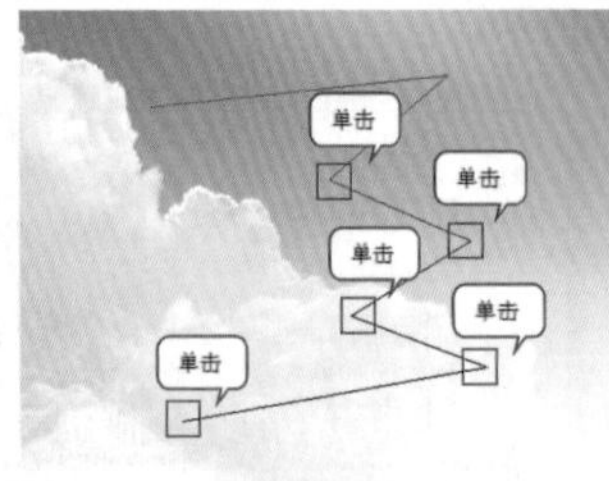

图3—90

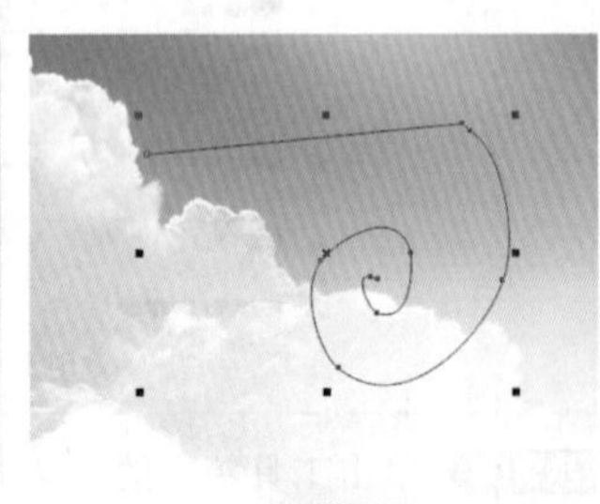

图3—91

技术拓展：“折线工具”的平滑效果

在使用折线工具绘制曲线时，同样受到“手绘平滑”参数的影响，如图3—92所示。

图3—92

如果需要使绘制的曲线与手绘路径更好地吻合，可以将“手绘平滑”参数设置为0，使绘制的曲线不产生平滑效果。如果要绘制平滑的曲线，则需要设置较大的数值。如图3—93所示分别是数值为0、50、100时的对比效果。

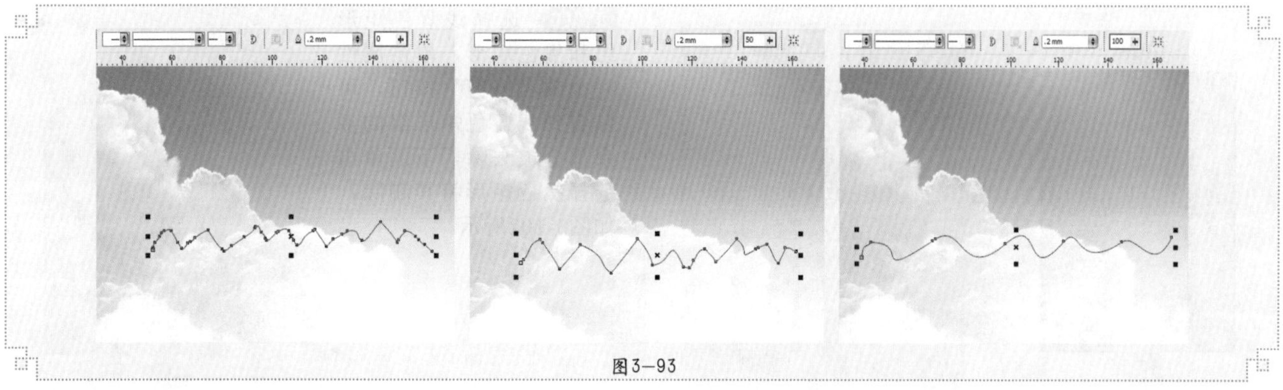

图3—93

3.1.8 3点曲线工具

3点曲线工具是通过3个点来构筑图形，能够通过指定曲线的长度和弧度来绘制简单的曲线。可以使用此工具快速地创建弧形，而无须控制节点。单击工具箱中的“3点曲线工具”按钮，在工作区中单击两次确定所需长度，然后移动鼠标确定曲线的弧度，完成后单击鼠标左键或按下空格键即可创建曲线路径，如图3-94所示。

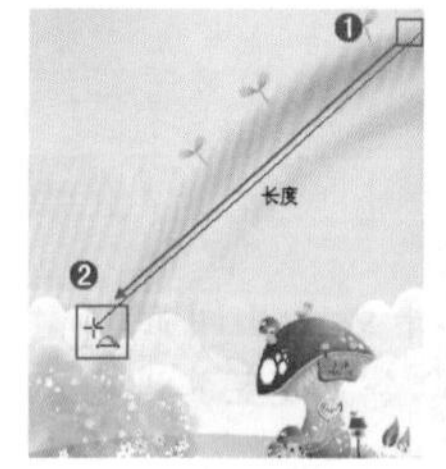

图3—94

技巧提示

使用3点曲线工具绘制曲线时，创建起始点后按住Shift键拖动鼠标，可以以5°角为倍数调整两点之间的角度。

实例练习——绘制卡通海星招贴

案例文件	实例练习——绘制卡通海星招贴.psd
视频教学	实例练习——绘制卡通海星招贴.flv
难易指数	★★★★★
技术要点	矩形工具、钢笔工具、填充工具、文本工具

案例效果

本例最终效果如图3-95所示。

操作步骤

步骤01 执行“文件>新建”命令，在弹出的“创建新文档”对话框中设置“大小”为A4，“原色模式”为CMYK，“渲染分辨率”为300，如图3-96所示。

图3—95

图3—96

步骤02 单击工具箱中的“矩形工具”按钮，绘制与页面大小相同的矩形，并在属性栏中设置轮廓线宽度为“无”；在工具箱中单击填充工具组中的“均匀填充”按钮，在弹出的“均匀填充”对话框中设置填充颜色为粉蓝色（C：57，M：5，Y：18，K：0），如图3-97所示。

图3—97

步骤03 再次使用矩形工具创建较细的矩形，并填充为浅蓝色（C：39，M：1，Y：13，K：0）。选中所绘制的浅蓝色矩形，通过Ctrl+C键、Ctrl+V键复制、粘贴出多个，依次在页面上均匀排开，如图3-98所示。

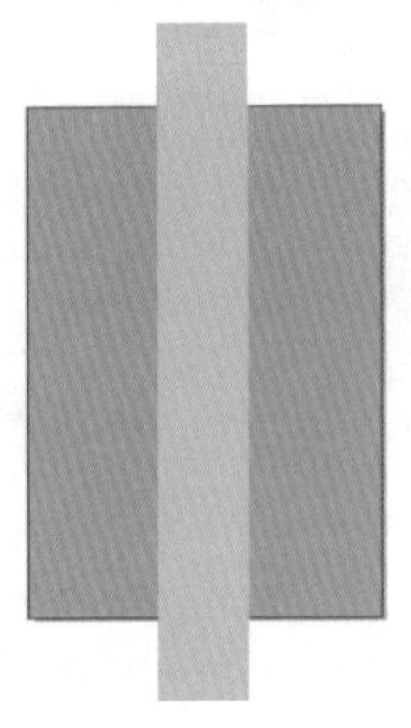
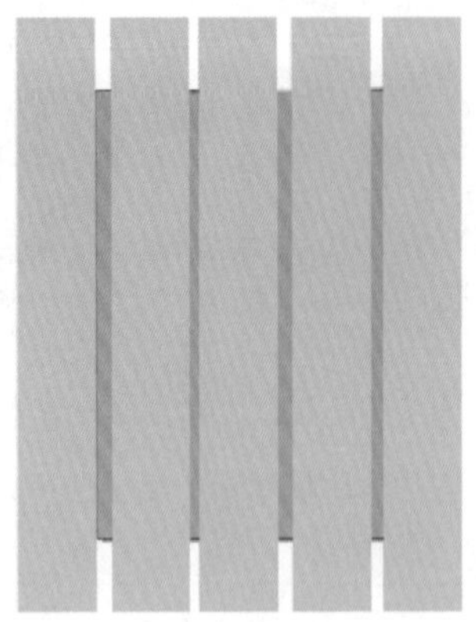

图3—98

技巧提示

为了使复制出的矩形在同一水平线上且间距相等，可以执行“排列>对齐和分布”命令，设置其沿底边对齐，并且水平均匀分布。

步骤04 按住Shift键选中所有的粉蓝色矩形，然后单击鼠标右键，在弹出的快捷菜单中执行“群组”命令，或按Ctrl+G键。双击选中群组后的图形，将光标移至四边的控制点上，按住鼠标左键并拖动旋转，效果如图3-99所示。

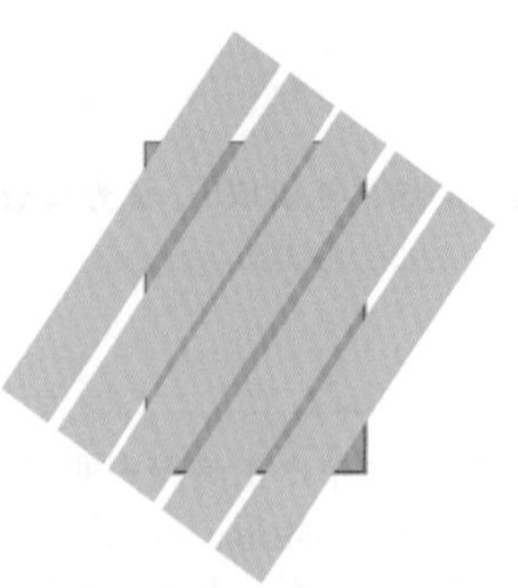

图3—99

技巧提示

选中图形，在属性栏的“角度”文本框中输入数值，可以将图形进行精确旋转，如图3—100所示。

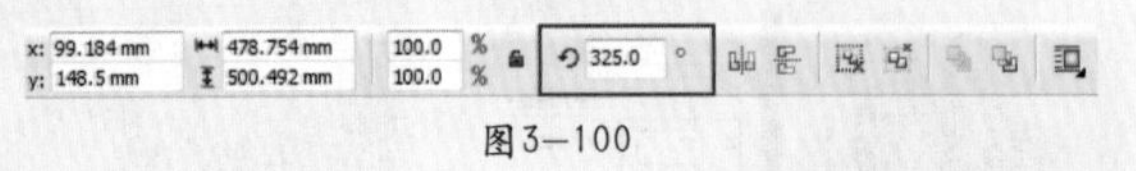

图3—100

步骤05 下面将超出页面的图形清除。选择矩形工具，在右侧绘制一个合适大小的矩形，并填充为黑色，如图3-101所示。

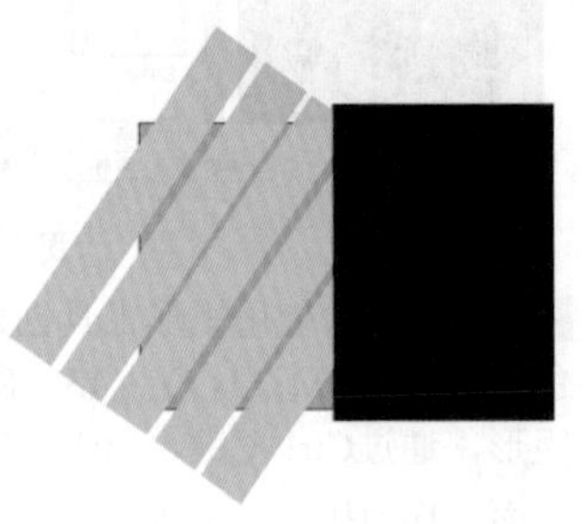

图3—101

步骤06 选择浅蓝色矩形组和黑色矩形，单击属性栏上的“修剪”按钮，可以看到浅蓝色矩形组的多余部分被去除，下面单击选择黑色矩形将其删除，如图3-102所示。

图3—102

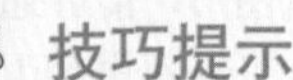

技巧提示

执行“窗口>泊坞窗>造形”命令，在弹出的“造形”泊坞窗中设置类型为“修剪”，也可以将多余部分去除，如图3—103所示。

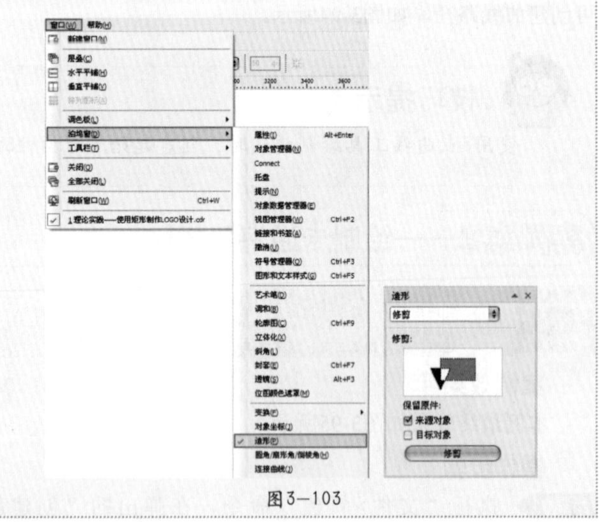

图3—103

步骤07 以同样方法，依次把页面中其他多余的部分修剪掉，如图3-104所示。

步骤08 单击工具箱中的“钢笔工具”按钮，在页面右侧绘制出圆润的五角星轮廓图。单击工具箱中的“形状工具”按钮，通过对节点的调整使图形更加完美，如图3-105所示。

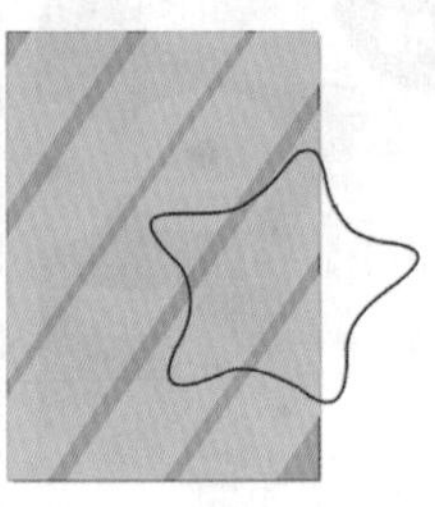

图3—104　　图3—105

步骤09 在调色板中设置其填充颜色为橙黄色（C1，M50，Y84，K0），设置轮廓线宽度为“无”，效果如图3-106所示。

步骤10 单击工具箱中的“刻刀工具”按钮，将星形分为两部分，如图3-107所示。

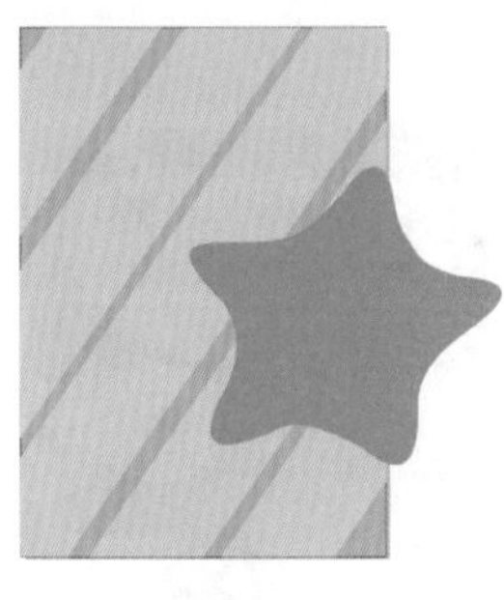

图3—106

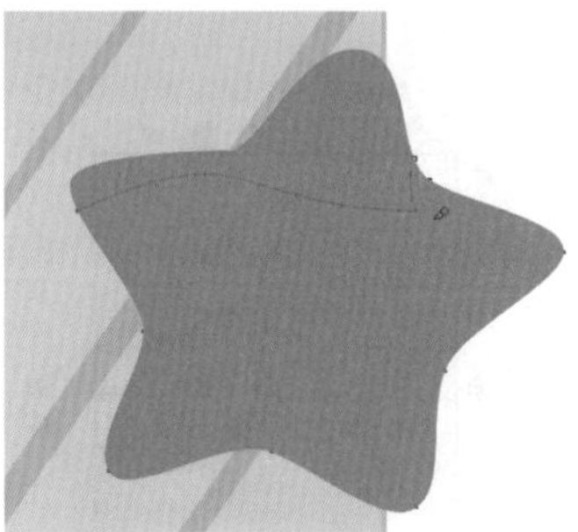

图3—107

步骤11 选择其中一部分，在工具箱中单击填充工具组中的“渐变填充”按钮，在弹出的“渐变填充”对话框中设置“颜色调和”为“双色”，从橙色到黄色，“中点”为88，如图3-108所示。

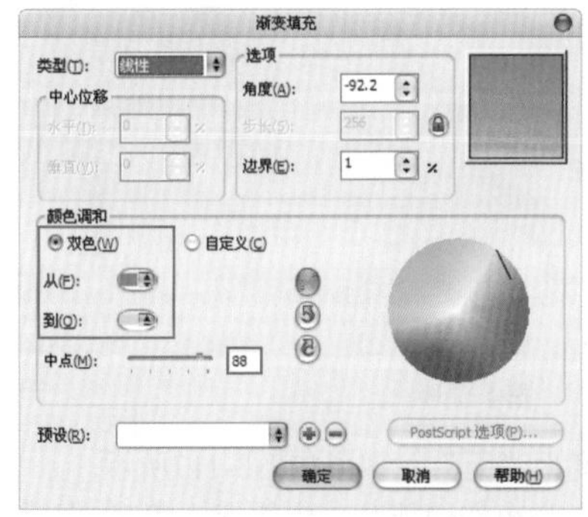

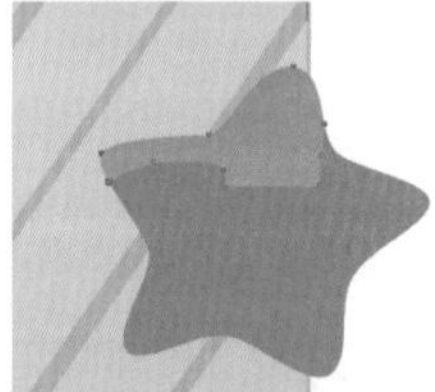

图3—108

步骤12 使用刻刀工具将星形分割为更多部分，同样填充黄橙色系渐变，如图3-109所示。

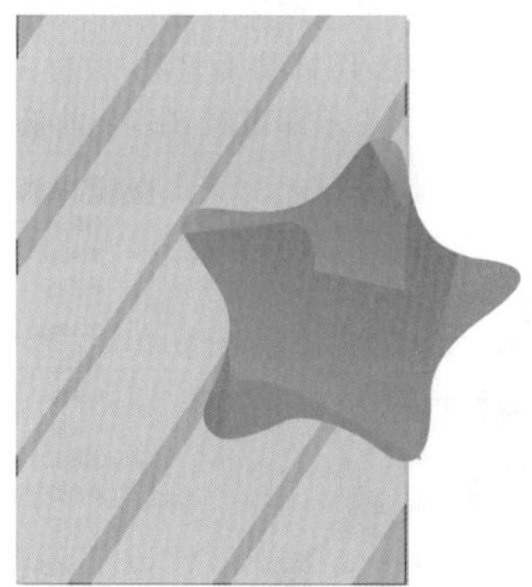

图3—109

步骤13 单击工具箱中的“椭圆形工具”按钮，在黄色海星上绘制多个重叠的圆形，设置轮廓线宽度为“无”，并填充颜色作为眼睛以及身上的斑点，如图3-110所示。

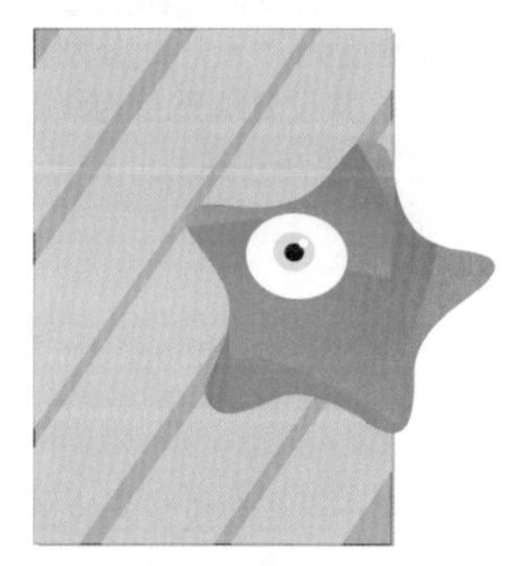

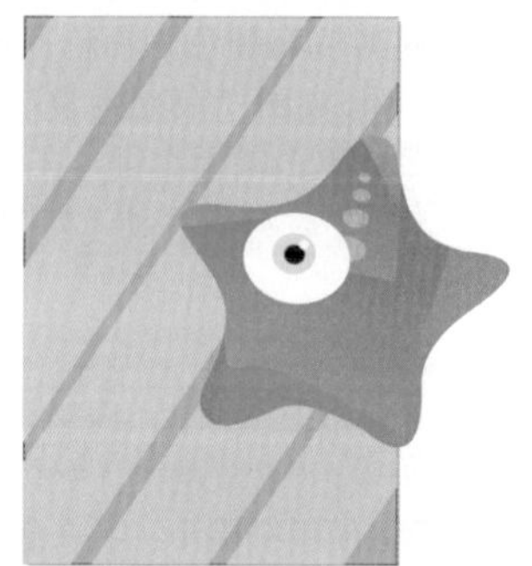

图3—110

步骤14 选中眼睛部分，分别按Ctrl+C键和Ctrl+V键，复制并粘贴出另外一只眼睛，并摆放在右侧。以同样方法复制斑点，摆放在另外4个角上，并填充为不同的颜色，从而体现出海星的立体感，如图3-111所示。

步骤15 单击工具箱中的“钢笔工具”按钮，在海星上绘制嘴部，并填充为白色。接下来，绘制嘴里的细节，并依次填充适当颜色。框选绘制的海星所有部分，单击鼠标右键，在弹出的快捷菜单中执行“群组”命令，如图3-112所示。

步骤16 选择群组的海星，按Ctrl+C键进行复制，然后多次按Ctrl+V键粘贴出多个海星，等比例调整大小后旋转到不同角度并放置在页面不同的位置，如图3-113所示。

图3—111

图3—112

图3—113

步骤17 为了制作出丰富的画面效果，需要将另外几个海星的颜色进行更改。选择单个的海星群组，单击鼠标右键，在弹出的快捷菜单中执行“取消群组”命令。使用选择工具选取海星的每一部分并依次更改填充颜色，如图3-114所示。

步骤18 此时画面以外的区域还有图形。单击工具箱中的“矩形工具”按钮，绘制一个同背景一样大小的矩形。选中绘制的所有海星，执行“效果>图框精确剪裁>放置在容器中”命令，当光标变为黑色箭头时，单击矩形框，将海星置入矩形框内。设置轮廓线宽度为“无”，即可看到多余的部分被隐藏了，如图3-115所示。

图3—114

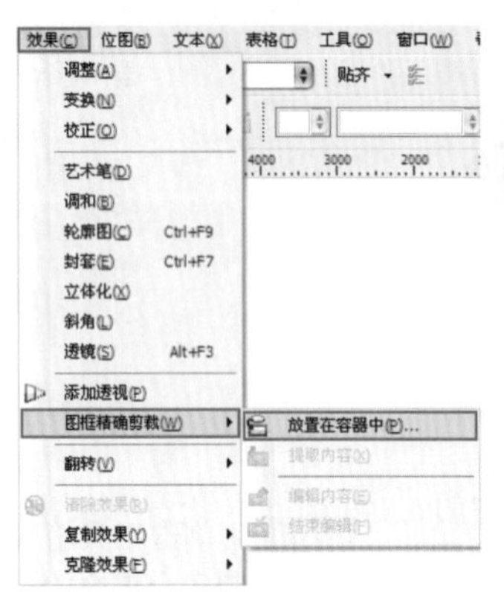

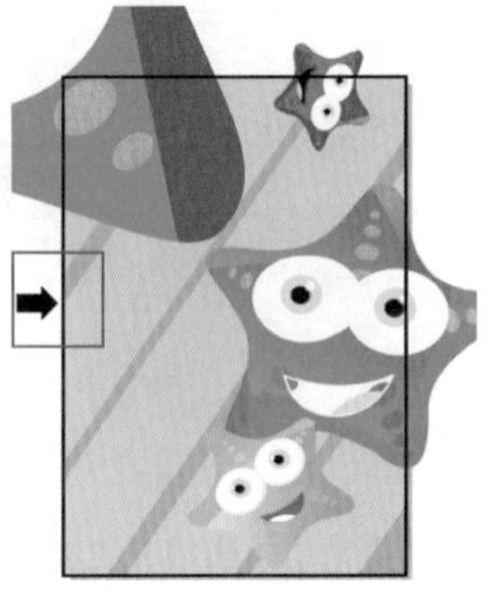

图3—115

步骤19 使用钢笔工具在左下角绘制珊瑚形状，在调色板中设置其填充颜色为白色，轮廓线宽度为“无”；分别按Ctrl+C键、Ctrl+V键进行复制和粘贴，并设置填充色为淡黄色；然后单击鼠标右键，在弹出的快捷菜单中执行“顺序>向后一层”，向右移动，如图3-116所示。

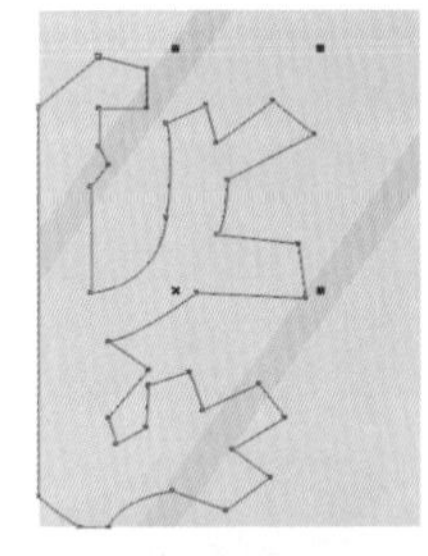

图3—116

步骤20 使用椭圆形工具在底部绘制多个白色和淡黄色的圆形作为气泡，设置轮廓线宽度为“无”，效果如图3-117所示。

步骤21 复制、粘贴步骤19、20所制作的珊瑚和气泡，放在页面右侧。单击鼠标右键，在弹出的快捷菜单中执行“顺序>向后一层”命令，或按Ctrl+PageDown键，将其放置在海星图层后，如图3-118所示。

步骤22 单击工具箱中的“文本工具”按钮字，在页面左侧单击并输入文字，然后分别设置为合适的字体及大小，最终效果如图3-119所示。

图3—117

图3—118

图3—119

技巧提示

关于文字的输入与修改，将会在后文中进行详细的讲解。

3.2 绘制几何图形

CorelDRAW X5提供了多种用于绘制内置图形的工具，如矩形工具、圆形工具、多边形工具和图纸工具等。通过这些工具，可以轻松地绘制各种常见的几何图形，大大节省了创作时间，如图3-120所示。

与使用钢笔工具、贝塞尔工具等线性绘制工具不同，使用形状工具绘制出的形状不是曲线，不能直接进行节点的调整，需要转换为曲线后再进行操作，形状工具的属性栏中包含很多相同的选项设置，如对象位置、大小、缩放、角度、排列顺序等；此外还可以通过属性栏对图形进行快速镜像、转换为曲线以及设置轮廓宽度等操作，如图3-121所示。

图3-120

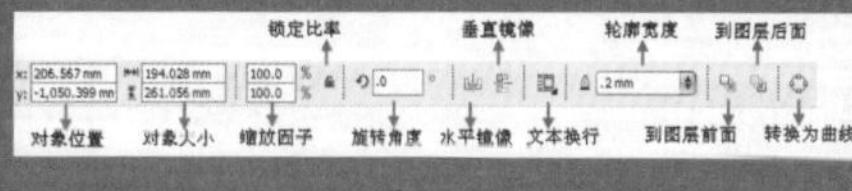

图3-121

技巧提示

单击属性栏中的"转换为曲线"按钮，即可将几何图形转换为曲线。转换为曲线后，就不能再对原始形状的特定属性进行调整了，但是可以进行节点的调整。

3.2.1 绘制矩形

CorelDRAW提供了两种可以用于绘制矩形的工具，即矩形工具和3点矩形工具。使用矩形工具可以绘制长方形及正方形；使用3点矩形工具也可以绘制矩形，不过它是通过3个点的位置绘制出不同角度的矩形。另外，绘制出的矩形还可以通过边角的设置制作出圆角矩形、扇形角矩形以及倒菱形角矩形。如图3-122所示为使用矩形绘制的作品。

图3-122

理论实践——矩形工具的应用

步骤01 单击工具箱中的"矩形工具"按钮，在工作区单击一点作为起点，然后按住鼠标左键向右下角拖动，至合适大小及位置后释放鼠标，即可绘制一个矩形，如图3-123所示。

步骤02 单击工具箱中的"矩形工具"按钮，按住Shift键的同时拖动鼠标，确定一定大小后释放鼠标，可以绘制出以中心点为基准的矩形，如图3-124所示。

步骤03 在使用矩形工具时，按住Ctrl键的同时拖动鼠标，可以绘制出正方形，如图3-125所示。

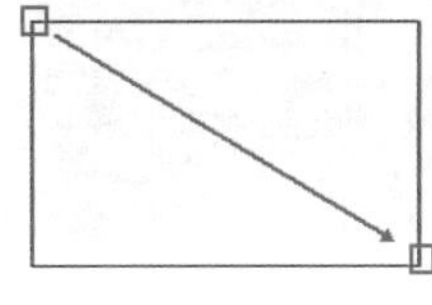

图3-123

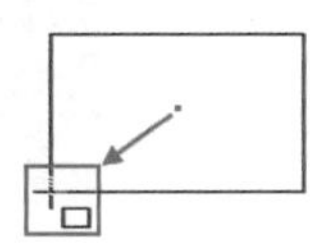

图3-124

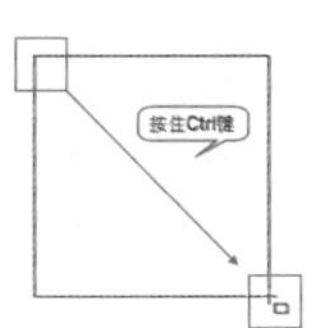

图3-125

技巧提示

在使用矩形工具时，按住Ctrl+Shift键的同时拖动鼠标，可以绘制出以中心点为基准的正方形。

理论实践——绘制圆角矩形

步骤01 选中绘制的矩形，单击属性栏中的“圆角”按钮，然后使用形状工具在任意角的节点上按下鼠标左键并拖动，此时可以看到4个角都变成了圆角，如图3-126所示。

步骤02 单击属性栏中的“扇形角”按钮或“倒菱角”按钮，即可看到角的形状发生了变化，如图3-127所示。

步骤03 在属性栏的“圆角半径”数值框中输入数值，也可以改变角的形状，如图3-128所示。

步骤04 在属性栏中单击“同时编辑所有角”按钮，使之处于未启用状态。选定矩形，单击某个角的节点，然后在该节点上按下鼠标左键并拖动，此时可以看到只有所选角发生了变化；单击“相对的角缩放”按钮，则可以按相对于矩形大小来缩放其大小，如图3-129所示。

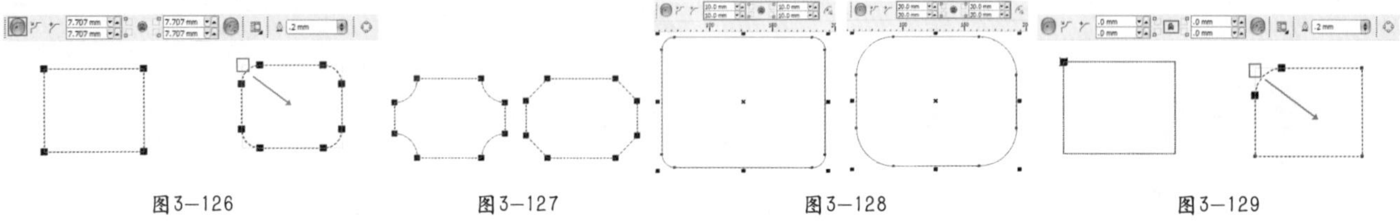

图3—126　图3—127　图3—128　图3—129

实例练习——使用矩形制作中国结

案例文件	实例练习——使用矩形制作中国结.cdr
视频教学	实例练习——使用矩形制作中国结.flv
难易指数	★★★★★
知识掌握	矩形工具、手绘工具

案例效果

本例最终效果如图3-130所示。

图3—130

操作步骤

步骤01 执行“文件>新建”命令，在弹出的“创建新文档”对话框中设置“大小”为A4，“原色模式”为CMYK，“渲染分辨率”为300，如图3-131所示。

步骤02 执行“文件>导入”命令，导入背景素材图像，并调整为合适的大小及位置，如图3-132所示。

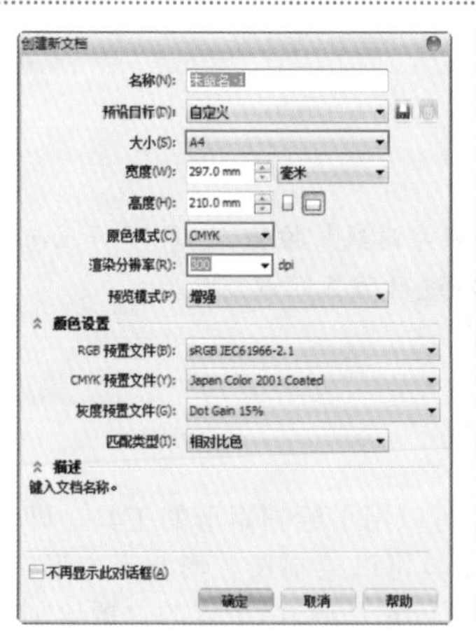

图3—131

图3—132

步骤03 单击工具箱中的“矩形工具”按钮，按住Ctrl键，在工作区内绘制一个正方形。单击CorelDRAW工作界面右下角的“轮廓笔”按钮，在弹出的“轮廓笔”对话框中设置“宽度”为2.5mm，“颜色”为黄色，然后单击“确定”按钮，如图3-133所示。

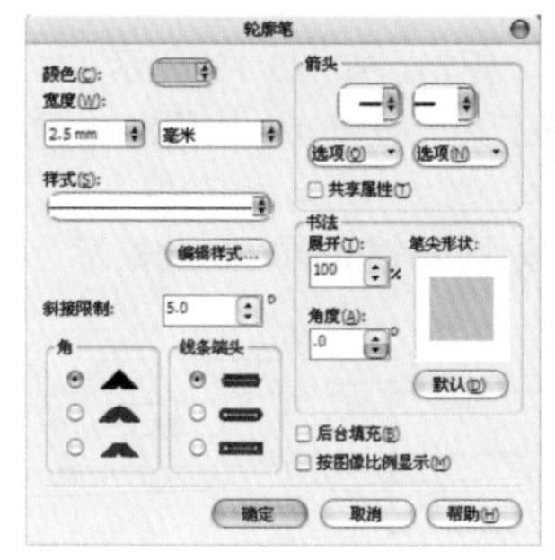

图3—133

步骤04 单击选中矩形（正方形属于矩形的范畴），在属性栏的“旋转角度”数值框内输入“45”，对其进行相应的旋转，如图3-134所示。

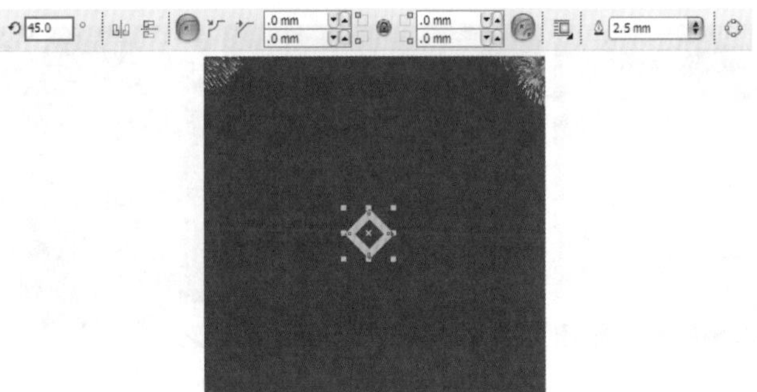

图3-134

步骤05 选择绘制的矩形，单击鼠标右键，在弹出的快捷菜单中选择“复制”命令，或按Ctrl+C键；然后执行“编辑>粘贴”命令，或按Ctrl+V键进行粘贴，并向右移动，如图3-135所示。

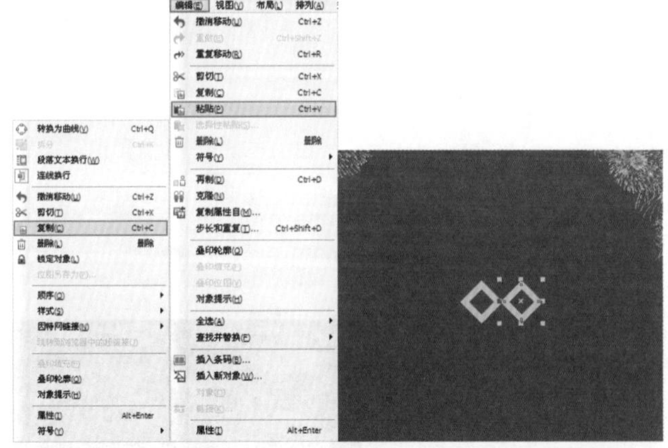

图3-135

步骤06 以同样的方法将矩形多次进行复制、粘贴，并将复制出的矩形移动到合适的位置，制作出中国结主体部分，如图3-136所示。

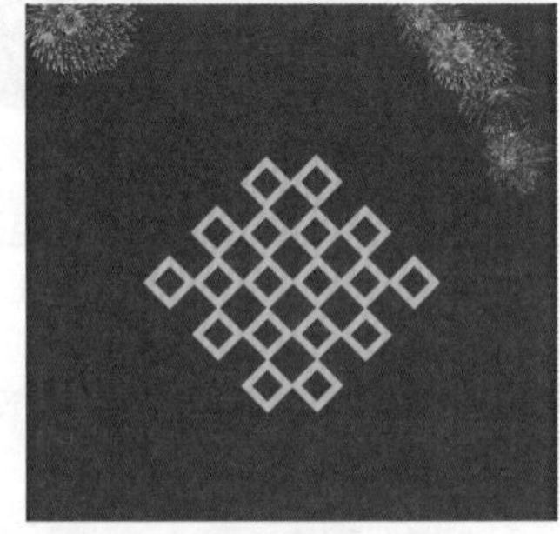

图3-136

步骤07 由于中国结的四周都应该是圆滑的线圈，所以需要对正方形的角进行处理。单击选中左上角的矩形，在属性栏中单击“圆角”按钮，然后单击“同时编辑所有角”按钮，使之处于未启用状态，接着在左上角和左下角的“圆角半径”数值框内输入“90mm”，按Enter键结束操作，如图3-137所示。

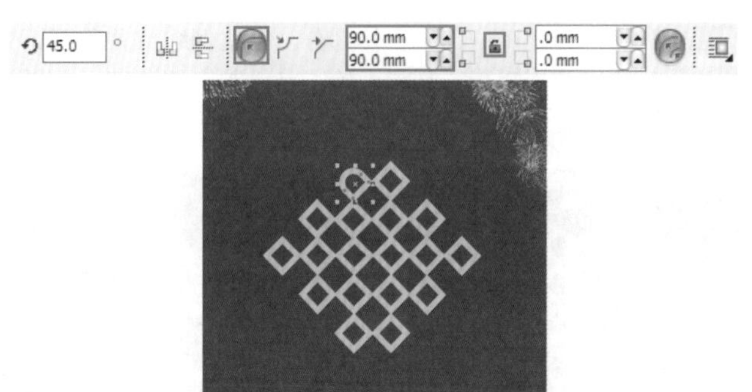

图3-137

步骤08 单击选中右侧矩形，再次单击属性栏中的“圆角”按钮，然后在左上角和右上角的“圆角半径”数值框内输入“90mm”，按Enter键结束操作，如图3-138所示。

步骤09 以同样方法修改其他矩形的角，效果如图3-139所示。

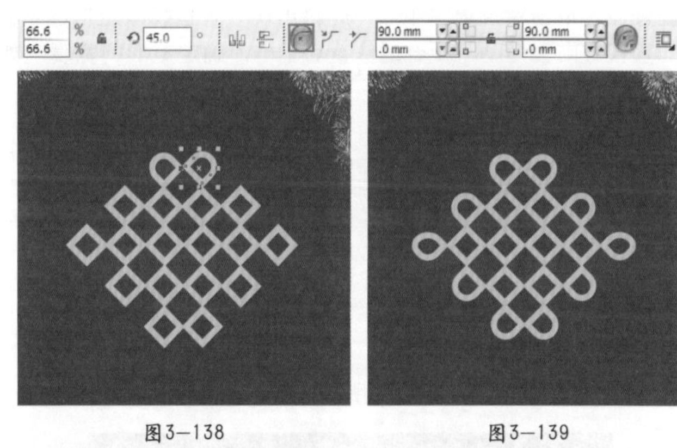

图3-138 图3-139

步骤10 选择左侧的圆角矩形，复制、粘贴并等比例放大，再次粘贴并等比例放大，制作出中国结左侧效果，如图3-140所示。

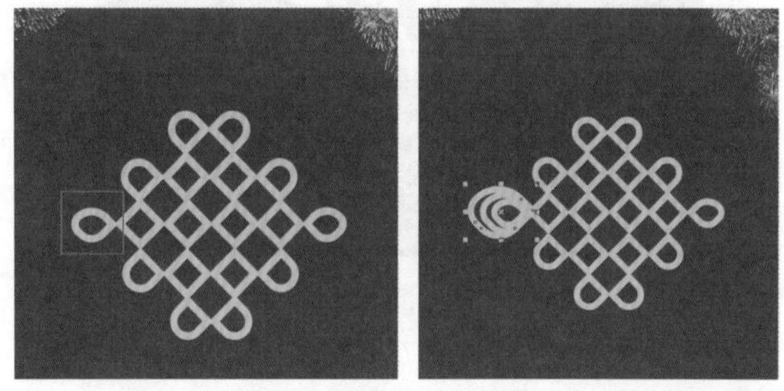

图3-140

步骤11 以同样方法制作出右侧效果，然后继续使用矩形工具在顶部和底部绘制矩形，并将填充颜色设置为黄色，如图3-141所示。

步骤12 选中并复制中国结主体部分，等比例缩放并移至下方，如图3-142所示。

步骤13 继续使用矩形工具和手绘工具绘制底部流苏，如图3-143所示。

步骤14 再次复制中国结的主体部分，等比例缩放并放在顶部，最终效果如图3-144所示。

图3-141

图3-142

图3-143

图3-143

图3-144

理论实践——3点矩形工具的应用

单击工具箱中的“3点矩形工具”按钮，在工作区中单击定位第一个点；拖动鼠标至合适位置后，单击定位第二个点，此时出现一条直线即矩形的一条边；再次按住鼠标左键，向这条边的垂直方向上拖动，至合适位置后单击，确定矩形的宽度，如图3-145所示。

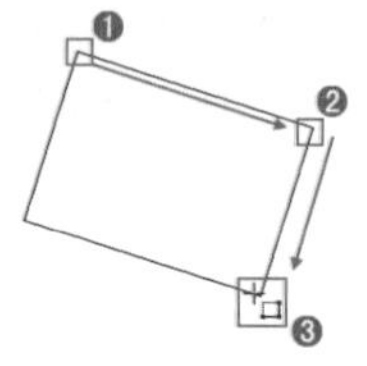

图3-145

理论实践——使用矩形制作LOGO

案例文件	理论实践——使用矩形制作LOGO.psd
视频教学	理论实践——使用矩形制作LOGO.flv
难易指数	☆☆☆☆☆
技术要点	矩形工具、“造形”命令、填充工具

案例效果

本例最终效果如图3-146所示。

图3-146

操作步骤

步骤01 执行“文件>新建”命令，在弹出的“创建新文档”对话框中设置“大小”为A4，“原色模式”为CMYK，“渲染分辨率”为300，如图3-147所示。

步骤02 为了使标志清晰呈现，首先单击工具箱中的“矩形工具”按钮，绘制一个与画面大小相同的矩形；然后单击工具箱中的“填充工具”按钮，为矩形填充黑色，如图3-148所示。

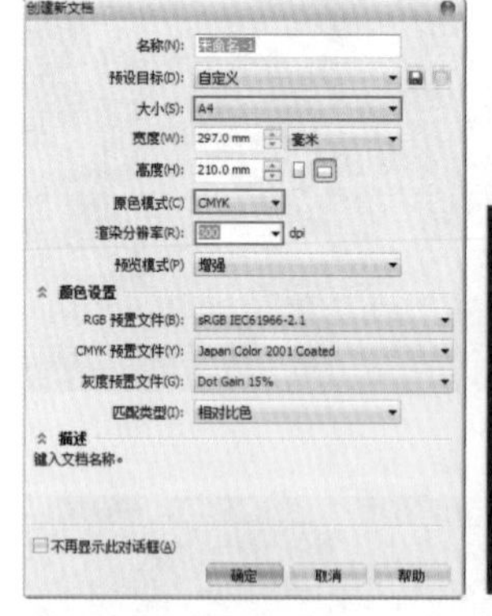

图3-147

图3-148

步骤03 单击工具箱中的“矩形工具”按钮，在画面中心绘制一个矩形；然后在属性栏中将宽度设置为170mm，高度设置为110mm；单击“圆角”按钮，设置圆角半径为3mm；再将其填充为红色，并设置轮廓线宽度为“无”，如图3-149所示。

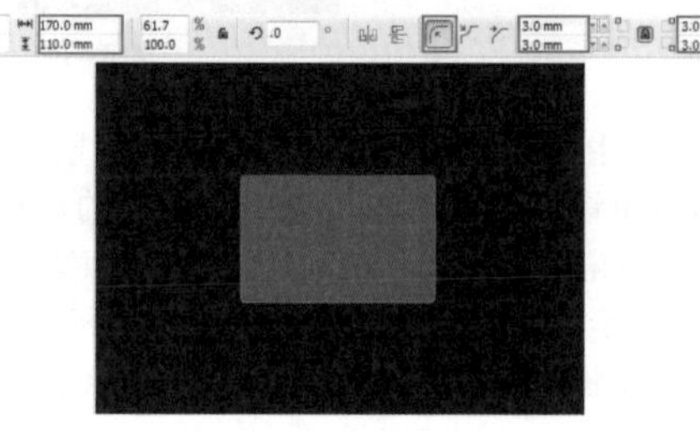
图3-149

技巧提示

选取图形，执行“排列>对齐和分布>在页面居中”命令，即可使图形在页面中居中。

步骤04 复制红色圆角矩形，按住四角控制点进行等比例扩大，然后单击鼠标右键，在弹出的快捷菜单中执行“顺序>向后一层”命令，将白色圆角矩形放置在红色圆角矩形后作为边框，如图3-150所示。

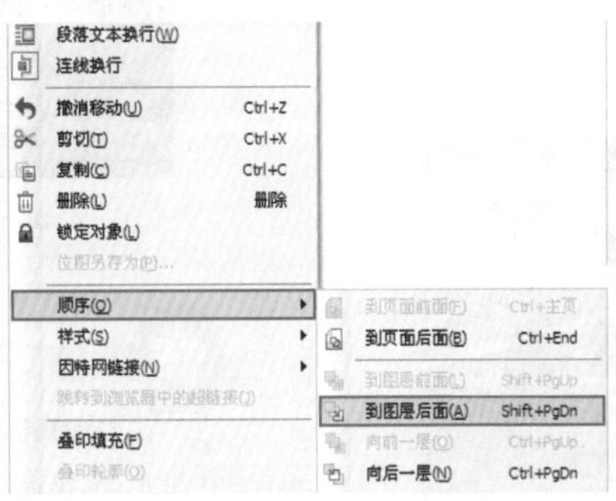

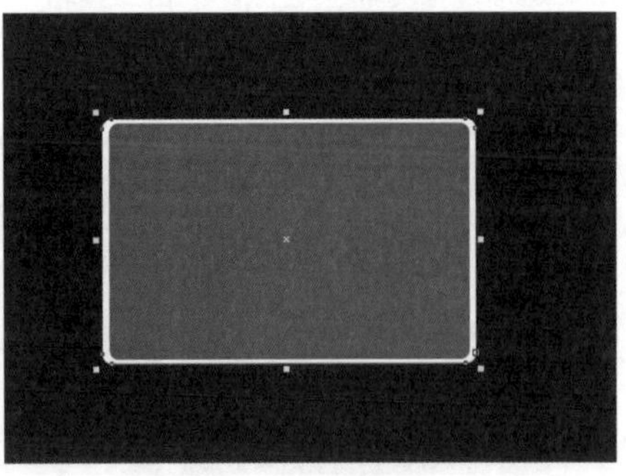

图3—150

步骤05 按住Shift键，将红色矩形和白色矩形同时选中。单击属性栏中的“修剪”按钮，可以将白色矩形制作为边框。同时选中两个矩形，然后单击鼠标右键，在弹出的快捷菜单中执行“群组”命令，如图3-151所示。

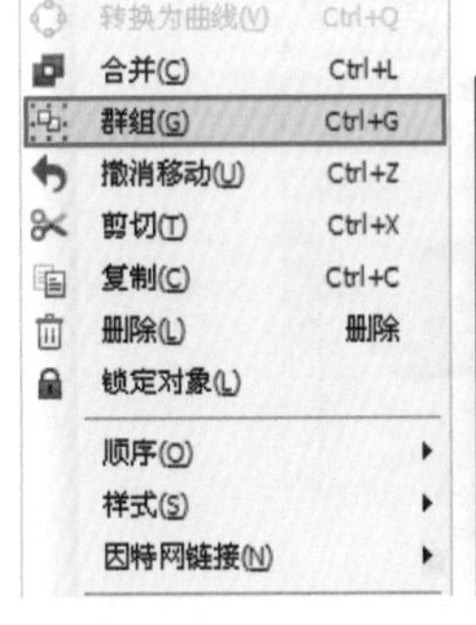

图3—151

步骤06 选中图形，通过按Ctrl+C键、Ctrl+V键，复制并粘贴出一个新图形。双击复制出的图形，将光标移至四角控制点上，按住鼠标左键将其旋转适当角度，如图3-152所示。

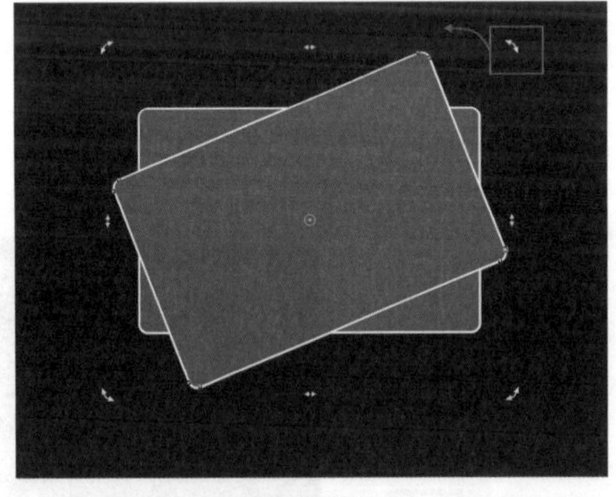

图3—152

步骤07 以同样方法多次复制并将其旋转，制作圆角矩形重叠的效果。选中最初的圆角矩形，单击鼠标右键，在弹出的快捷菜单中执行“顺序>到图层前面”命令，如图3-153所示。

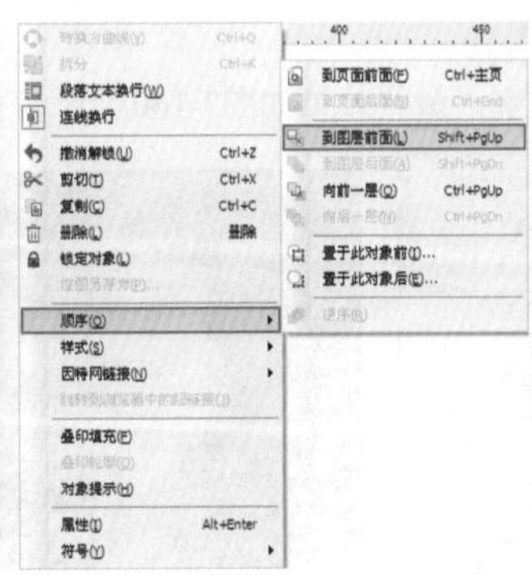

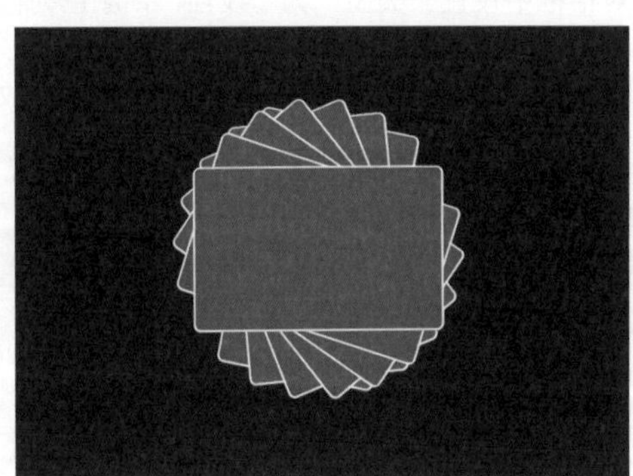

图3—153

技巧提示

也可以执行“排列>顺序>到图层前面”命令将选中的图形移到最前方。

步骤08 由于在矩形旋转的过程中会出现多余的角，下面使用“造形”命令将其去除。单击工具箱中的“钢笔工具”按钮，绘制出多余边角的形状，将多余的角覆盖，如图3-154所示。

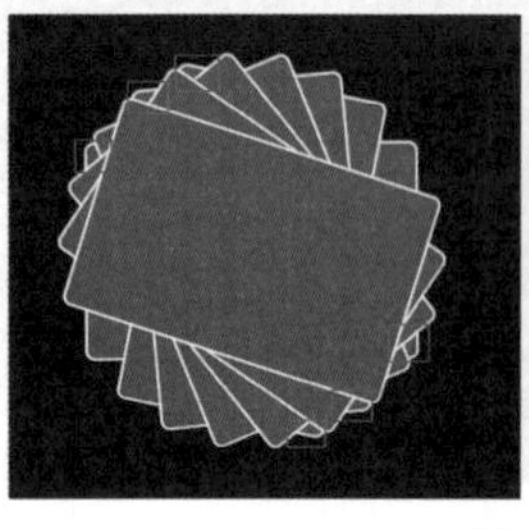

图3—154

步骤09 按住shift键选中新绘制的图形以及多余的角所在的图形，执行“窗口>泊坞窗>造形”命令，弹出“造型”泊坞窗。在上方的下拉列表框中选择“移除前面对象”，单击“应用”按钮，多余的角即被去除，如图3-155所示。

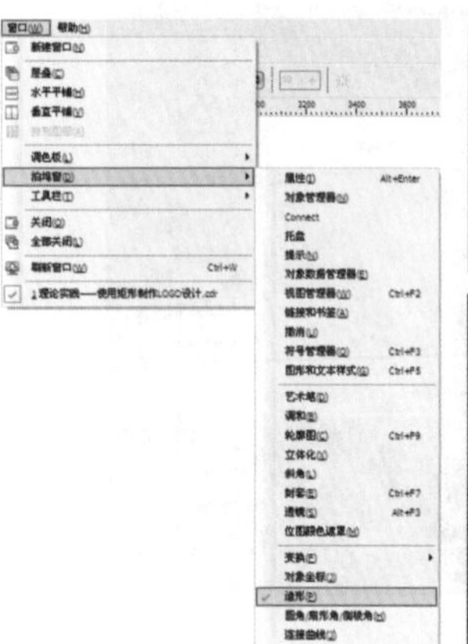

图3—155

步骤10 以同样的方法将其他多余的部分去除，如图3-156所示。

步骤11 依次选择后面的圆角矩形，并在调色板中设置不同的填充颜色，如图3-157所示。

图3—156

图3—157

技巧提示

在CorelDRAW工作界面的右侧有默认调色板，在选中图形的状态下单击某一颜色即可快速地为当前形状设置填充色，使用鼠标右键单击某一颜色即可快速地为当前形状设置轮廓色；同理，使用鼠标左键单击调色板顶部的☒按钮可以去除填充色，使用鼠标右键单击则可以去除图形轮廓；单击底部的按钮可以展开调色板，如图3—158所示。

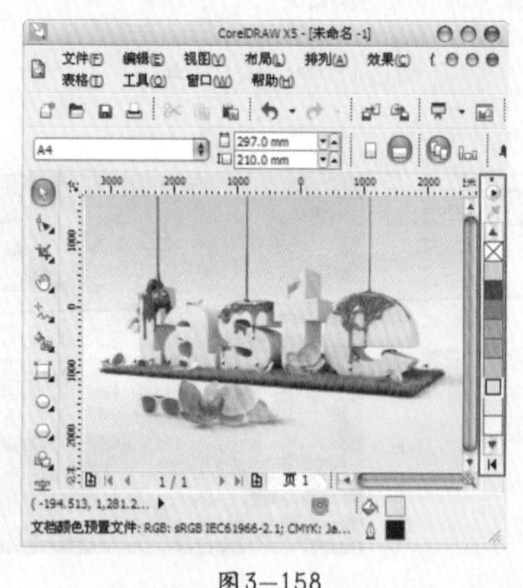

图3—158

步骤12 使用钢笔工具绘制出高光形状；然后在工具箱中单击填充工具组中的“渐变填充”按钮，在弹出的“渐变填充”对话框中设置“类型”为“线性”，颜色为橙黄色渐变，单击“确定”按钮；再设置轮廓线宽度为“无”，效果如图3-159所示。

步骤13 最后使用文本工具在矩形中心添加文字，最终效果如图3-160所示。

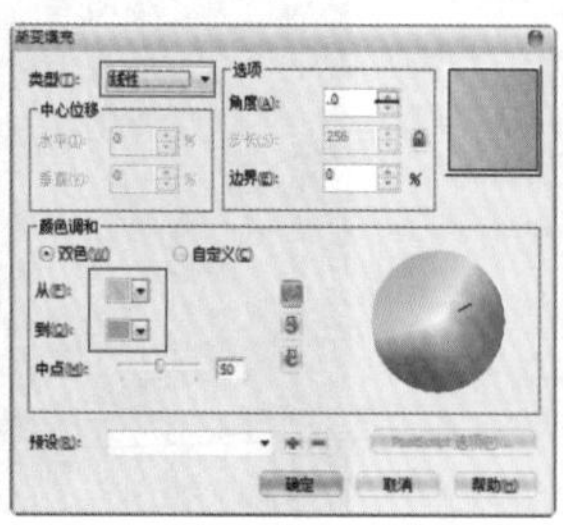

图3—159

图3—160

3.2.2 绘制圆形

在设计过程中，椭圆和正圆是经常要用到的两种基本图形。在CorelDRAW X5中，使用椭圆形工具不仅可以绘制圆形，还可以完成饼形和弧形的制作。如图3-161所示为使用椭圆形工具绘制的作品。

图3—161

理论实践——椭圆形工具的应用

方法01 单击工具箱中的“椭圆形工具”按钮，在工作区向右下角拖动鼠标，达到合适大小后释放鼠标，即可绘制一个椭圆形，如图3-162所示。

方法02 单击工具箱中的“椭圆形工具”按钮，按住Shift键的同时拖动鼠标，达到一定大小后释放鼠标，可以绘制出以中心点为基准的椭圆形，如图3-163所示。

方法03 在使用椭圆形工具绘制圆形时，按住Ctrl键的同时拖动鼠标，可以绘制出正圆形，如图3-164所示。

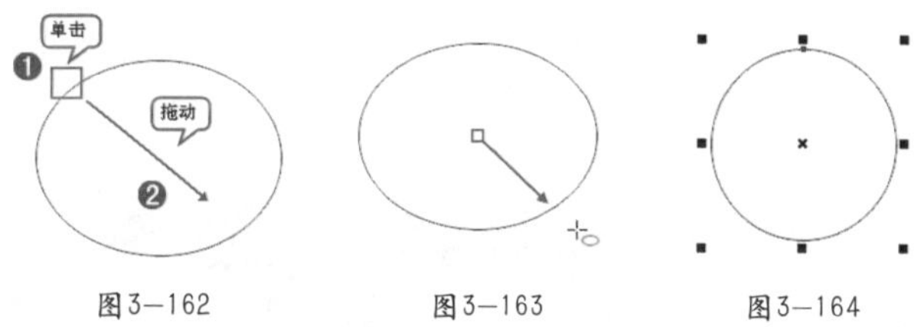

图3—162　图3—163　图3—164

实例练习——绘制可爱的卡通插画

案例文件	实例练习——绘制可爱的卡通插画.psd
视频教学	实例练习——绘制可爱的卡通插画.flv
难易指数	★★★★★
技术要点	贝塞尔工具、椭圆形工具

案例效果

本例最终效果如图3-165所示。

图3—165

操作步骤

步骤01 执行“文件>新建”命令，在弹出的“创建新文档”对话框中设置“大小”为A4，“原色模式”为CMYK，“渲染分辨率”为300，如图3-166所示。

步骤02 单击工具箱中的“贝赛尔工具”按钮，绘制小女孩头部闭合曲线的轮廓图，如图3-167所示。

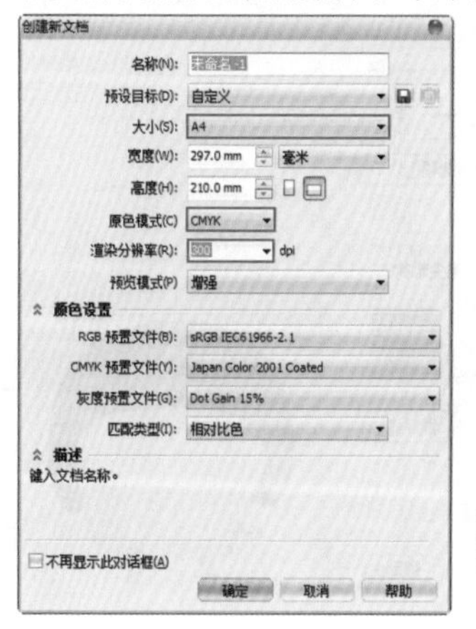

图3—166

图3—167

步骤03 选中头发部分，在工具箱中单击填充工具组中的“均匀填充”按钮，在弹出的“均匀填充”对话框中设置颜色，然后单击“确定”按钮；单击工具箱中的“轮廓笔”按钮，在弹出的“轮廓笔”对话框中设置“颜色”为棕红色，“宽度”为1mm，如图3-168所示。

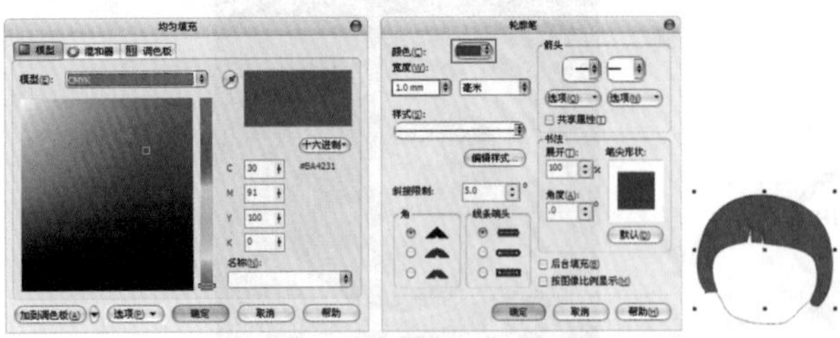

图3—168

步骤04 以同样的方法为面部填充淡黄色，设置橘色的轮廓线，如图3-169所示。

图3—169

步骤05 使用贝赛尔工具绘制小女孩的上半身底色，设置填充颜色为浅粉色；然后在衣袖下方和服装右侧绘制3个区域，设置填充色为粉色；最后在衣服两侧绘制两个区域，设置填充色为粉红色，如图3-170所示。

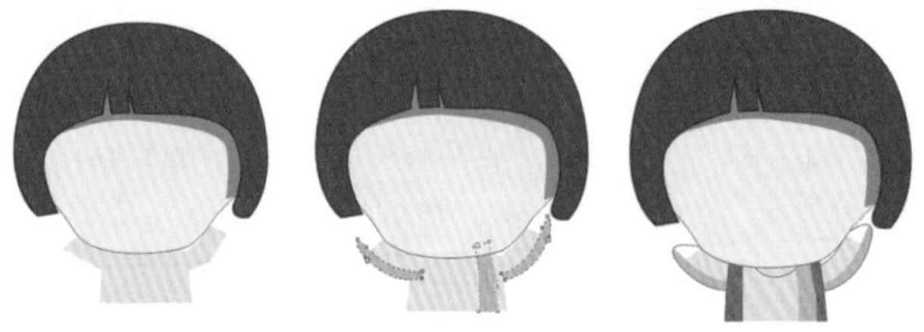

图3—170

步骤06 使用贝赛尔工具在面部上半部分绘制两条较短的弧线，然后单击工具箱中的“轮廓笔”按钮，在弹出的“轮廓笔”对话框中设置“颜色”为棕红色，“宽度”为0.353mm，如图3-171所示。

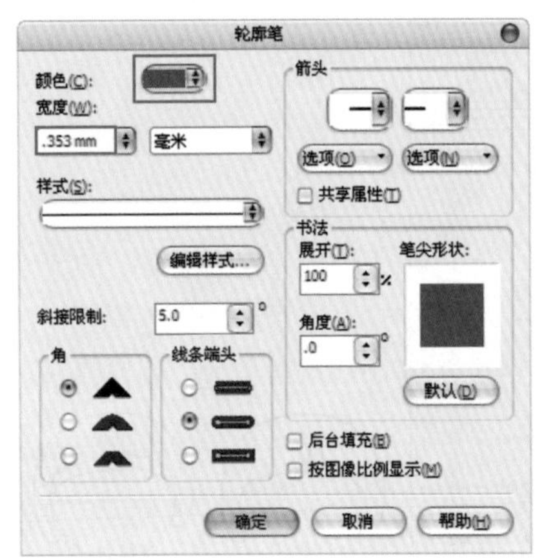

图3—171

步骤07 在面部的中间位置绘制一条弧线，设置较粗的轮廓笔宽度，填充肉色作为鼻子。接下来，继续绘制嘴巴和手部。需要注意的是，本例绘制的卡通人物是由暗部、中间调、亮部、高光这几个区域表达出立体感，所以在色彩上应尽量使用同色调、不同明度的颜色，并且轮廓线的颜色也尽量统一，如图3-172所示。

图3—172

步骤08 下面开始绘制眼睛和发髻部分，这两部分都是使用椭圆形工具来绘制。首先制作眼睛，单击工具箱中的“椭圆形工具”按钮，拖动鼠标绘制出一个椭圆形。在调色板中使用鼠标左键单击棕色，设置填充色为棕色；使用鼠标右键单击☒按钮，轮廓为“无”，效果如图3-173所示。

步骤09 使用椭圆形工具在眼睛上绘制出3个圆形，然后依次填充为棕红色、白色和土黄色，作为眼睛上的亮部、高光和反光色，如图3-174所示。

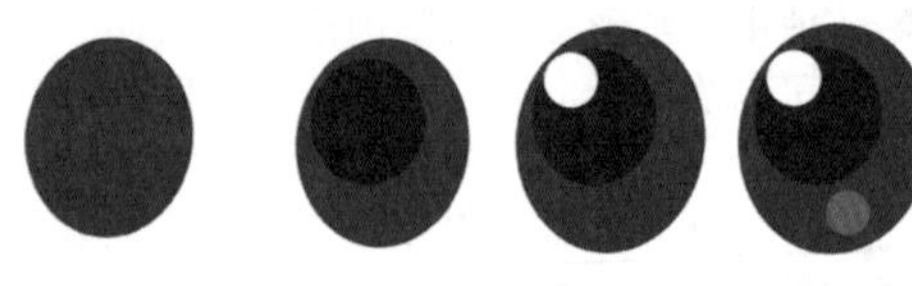

图3—173　　图3—174

步骤10 以同样的方法绘制发髻部分。由于发髻是圆形球体效果，因此可以绘制一个椭圆形，然后多次复制并等比缩放，填充为同色系的渐变颜色，即可表现出立体效果，如图3-175所示。

图3—175

技巧提示

选中绘制完成的发髻部分，单击鼠标右键，在弹出的快捷菜单中执行“群组”命令；然后单击鼠标右键，在弹出的快捷菜单中执行“顺序>到页面后面”命令，可以模拟出发髻在头部后面的效果。

步骤11 复制头发和眼睛部分，摆放在右侧相应位置，如图3-176所示。

步骤12 使用矩形工具与椭圆形工具绘制小女孩身上的扣子，设置填充色为红色，如图3-177所示。

图3—176

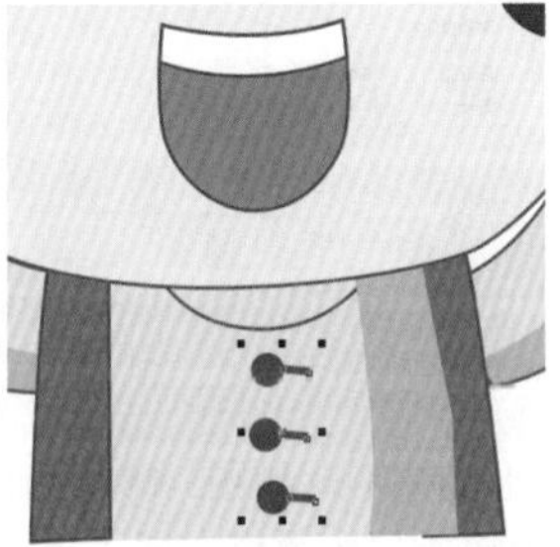

图3—177

步骤13 使用贝赛尔工具绘制小女孩头发上的亮部和高光区域，并将其填充为不同的颜色，然后设置“轮廓线宽度”为“无”，使头发部分呈现出立体感，如图3-178所示。

图3—178

步骤14 使用贝塞尔工具继续绘制人物身边装饰的心形，并设置为合适的填充颜色和轮廓颜色，然后框选绘制的心形，单击鼠标右键，在弹出的快捷菜单中执行“群组”命令，如图3-179所示。

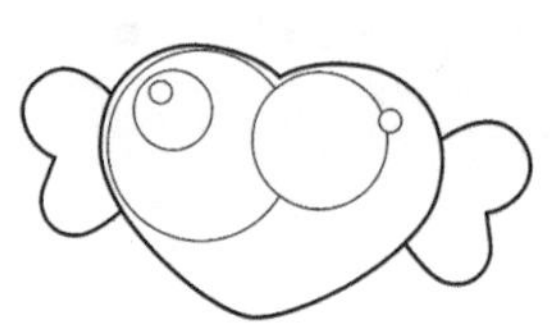

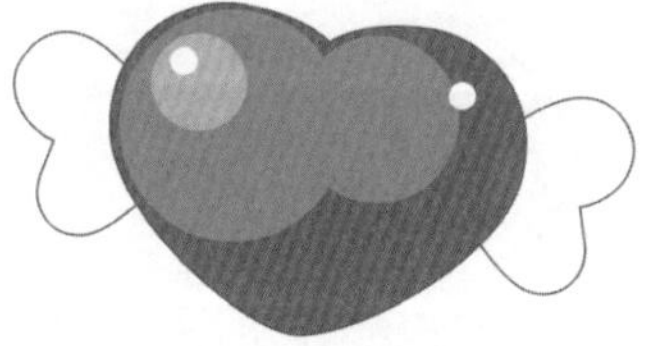

图3—179

步骤15 单击工具箱中的“星形工具”按钮，在画面中绘制一个星形，然后在属性栏中设置点数为5，锐度为45，如图3-180所示。

步骤16 适当旋转后，设置填充颜色为深黄色，轮廓线为橙色，如图3-181所示。

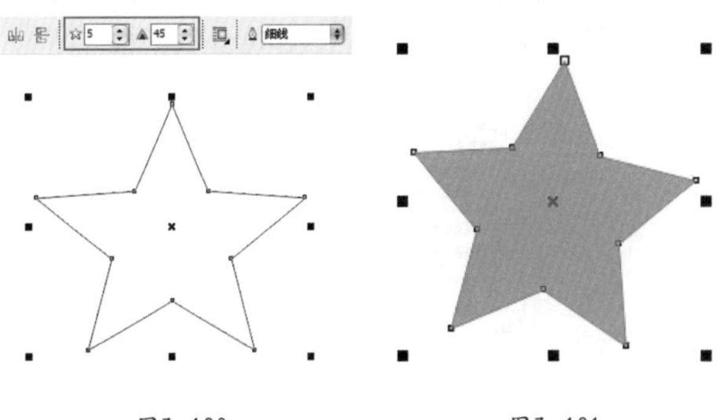

图3—180　　图3—181

步骤17 通过Ctrl+C键、Ctrl+V键复制并粘贴出另外3个星形；然后依次等比缩放并填充颜色；最后使用椭圆形工具，在按住Ctrl键的同时在星形的每个角上绘制出正圆，如图3-182所示。

图3—182

步骤18 执行“文件>导入”命令，导入前景卡通素材，并调整为合适的大小及位置，如图3-183所示。

步骤19 双击人物，将光标移至4个角的控制点上，按住鼠标左键并拖动，将其旋转至合适位置，如图3-184所示。

图3—183　　图3—184

答疑解惑——矢量图能否转换成为位图？

矢量图可以转换成位图。使用选择工具选定对象，执行“位图>转换为位图”命令，在弹出的“转换为位图”对话框中进行相应的设置，单击“确定”按钮，即可将矢量图转换为位图，如图3—185所示。

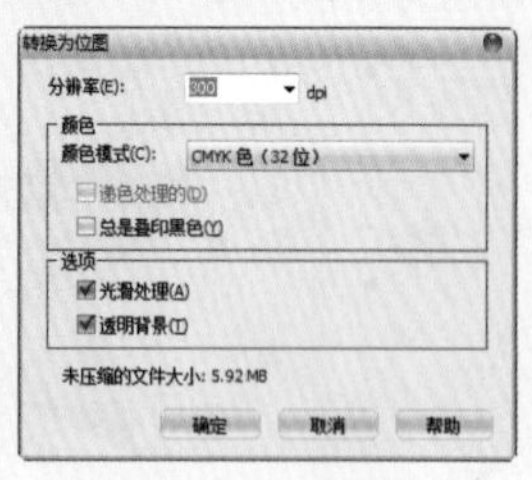

图3—185

步骤20 执行“文件>导入”命令，导入背景花纹素材，然后单击鼠标右键，在弹出的快捷菜单中执行“顺序>到图层后面”命令，最终效果如图3-186所示。

图3—186

理论实践——绘制饼形和弧形

步骤01 选中绘制的圆形，单击属性栏中的“饼图”按钮，可以形成饼形，如图3-187所示。

步骤02 在属性栏的“起始大小”数值框和“结束大小”数值框中输入相应数值，即可更改饼形大小。使用形状工具单击饼形的节点并沿圆形边缘拖动，可以随意调整饼形豁口的大小，如图3-188所示。

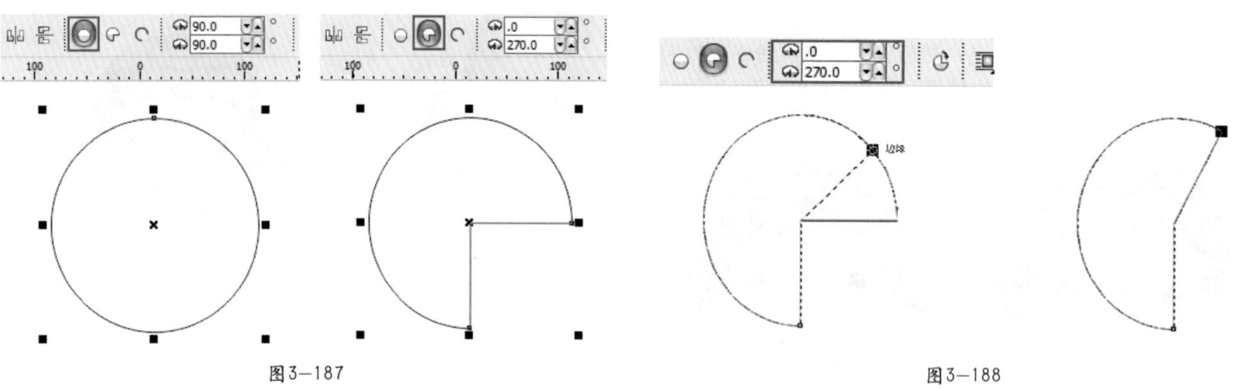

图3—187　图3—188

步骤03 单击属性栏中的“更改方向”按钮，即可在顺时针和逆时针之间切换弧形或饼形的方向，如图3-189所示。

步骤04 单击属性栏中的“弧工具”按钮，可以形成一定的弧形。使用形状工具单击弧形的节点并沿圆形边缘拖动，可以随意调整弧形的大小，如图3-190所示。

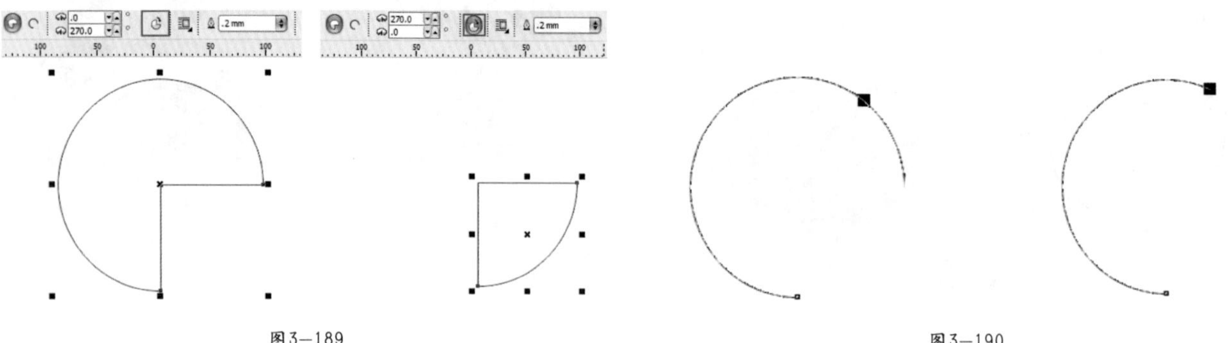

图3—189　图3—190

实例练习——使用圆形制作吃豆人

案例文件	实例练习——使用圆形制作吃豆人.psd
视频教学	实例练习——使用圆形制作吃豆人.flv
难易指数	★★★★★
技术要点	椭圆形工具

案例效果

本例最终效果如图3-191所示。

图3—191

操作步骤

步骤01 执行“文件>新建”命令，在弹出的“创建新文档”对话框中设置“大小”为A4，“原色模式”为CMYK，“渲染分辨率”为300，如图3-192所示。

步骤02 执行“文件>导入”命令，导入背景素材文件，放在画面中，如图3-193所示。

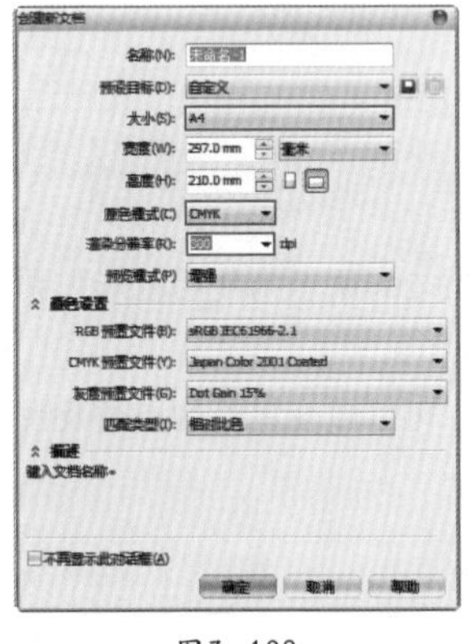

图3—192

图3—193

步骤03 单击工具箱中的“椭圆形工具”按钮，在工作区中单击一点，然后在按住Alt键的同时向右下角拖动鼠标，达到合适大小后释放鼠标，即可绘制出正圆，如图3-194所示。

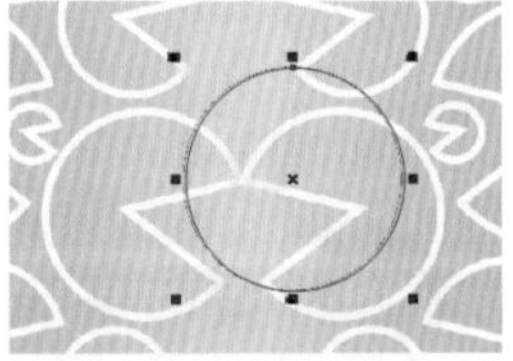

图3—194

步骤04 在属性栏中单击“饼图工具”按钮，在“起始大小”和“结束大小”数值框中分别输入“220”和“150”，再将轮廓线宽度设置为3mm，此时圆形变成了饼形，如图3-195所示。

步骤05 使用鼠标左键单击调色板中的黄色，将饼图填充色为黄色，如图3-196所示。

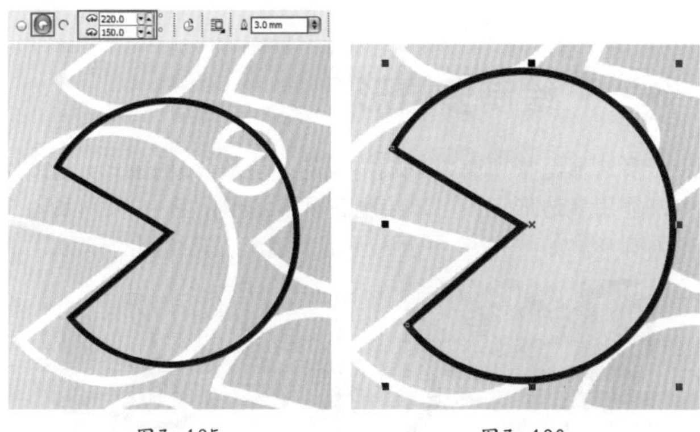

图3—195　　图3—196

步骤06 继续使用“椭圆形工具”按钮，按住Alt键绘制一个正圆，设置填充色为白色，轮廓色为黑色，轮廓线宽度为2mm，作为吃豆人的眼睛，以同样的方法在白色圆形中绘制一个黑色的圆形，如图3-197所示。

图3—197

步骤07 单击工具箱中的“钢笔工具”按钮，在吃豆人右半部分绘制光泽区域，在调色板中设置其填充颜色为淡黄色，轮廓线宽度为“无”，如图3-198所示。

步骤08 最后使用钢笔工具绘制出心形，最终效果如图3-199所示。

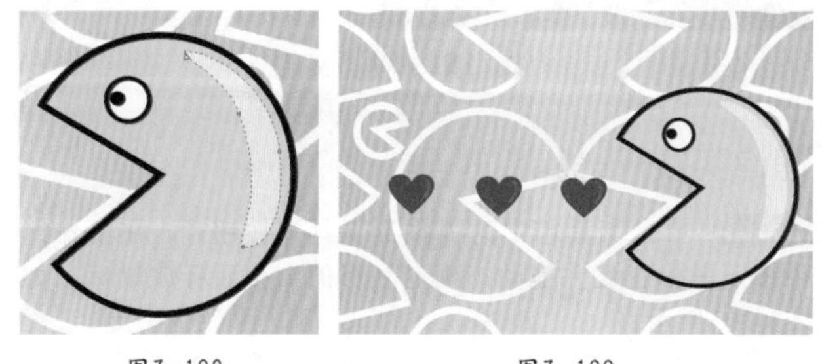

图3—198　　图3—199

理论实践——3点椭圆形工具的应用

与3点矩形工具的使用方法相似，单击工具箱中的“3点椭圆形工具”按钮，在工作区中单击一点，然后按一定角度拖动鼠标，至第二点释放鼠标，再继续拖动鼠标以确定圆形的大小，如图3-200所示。

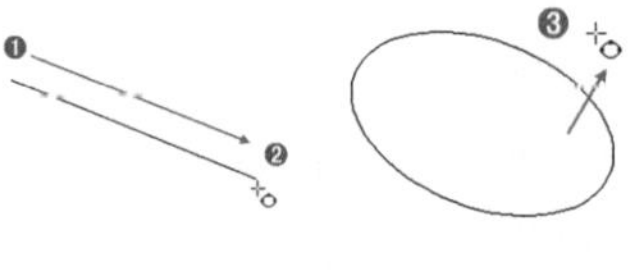

图3—200

3.2.3 绘制多边形

多边形泛指所有以直线构成的、边数≥3的图形，比如常见的三角形、菱形、星形、五边形和六边形等。在CorelDRAW中，使用多边形工具可以绘制各种多边形，其中3≤边数≤500。当边数=3时为等边三角形；当边数达到一定程度时多边形将变为圆形。如图3-201所示为使用多边形工具绘制的作品。

图3—201

技巧提示

在使用多边形工具绘制多边形时，按住Ctrl键并拖动鼠标，可以绘制出正多边形。

步骤01 单击工具箱中的“多边形工具”按钮，在工作区中拖动鼠标，即可绘制出默认设置的五边形，如图3-202所示。

步骤02 选中该形状，在属性栏的“点数或边数”数值框中输入所需的边数“6”，按Enter键结束操作，如图3-203所示。

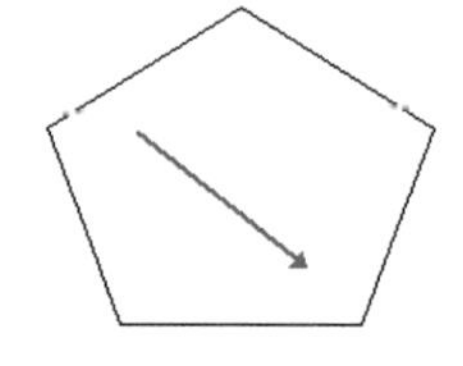

图3—202

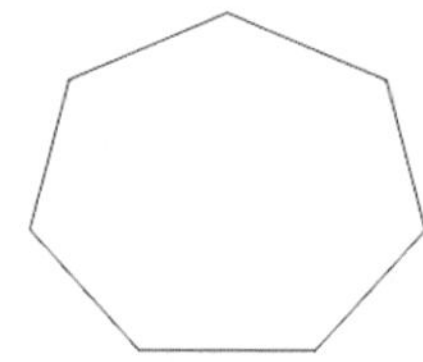

图3—203

3.2.4 绘制星形和复杂星形

在CorelDAW中，可以通过点数和锐度的改变，将星形和复杂星形改变为更理想的形状。如图3-204所示为使用星形工具绘制的作品。

图3—204

理论实践——绘制星形

步骤01 单击工具箱中的“星形工具”按钮，在工作区中按下鼠标左键并拖动，确定星形的大小后释放鼠标，如图3-205所示。

步骤02 选择星形，单击属性栏中的“点数或边数工具”和“锐度工具”按钮，修改其数值，可以改变星形的点数及锐度，如图3-206所示。

图3—205　　图3—206

技巧提示

与绘制其他形状相同，按住Shift键进行绘制可以以中心点为基准；按住Ctrl键可以绘制标准的正星形。

理论实践——绘制复杂星形

步骤01 单击工具箱中的“复杂星形工具”按钮，在工作区按下鼠标左键并拖动，确定星形大小后释放鼠标，如图3-207所示。

步骤02 选择复杂星形，单击属性栏中的“点数或边数工具”和“锐度工具”按钮，修改其数值，可以改变复杂星形的点数及锐度，如图3-208所示。

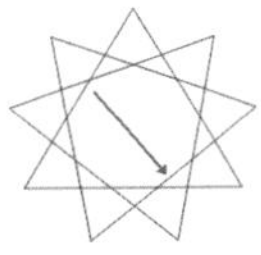

图3-207

图3-208

技巧提示

在使用星形工具和复杂星形工具绘制星形时，按住Ctrl键并拖动鼠标，可以绘制出正星形。

实例练习——使用星形绘制花朵

案例文件	实例练习——使用星形绘制花朵.cdr
视频教学	实例练习——使用星形绘制花朵.flv
难易指数	★★★★★
知识掌握	星形工具、扭曲工具、钢笔工具

案例效果

本例最终效果如图3-209所示。

操作步骤

步骤01 执行“文件>新建”命令，在弹出的“创建新文档”对话框中设置“大小”为A4，“原色模式”为CMYK，“渲染分辨率”为300，如图3-210所示。

图3-209

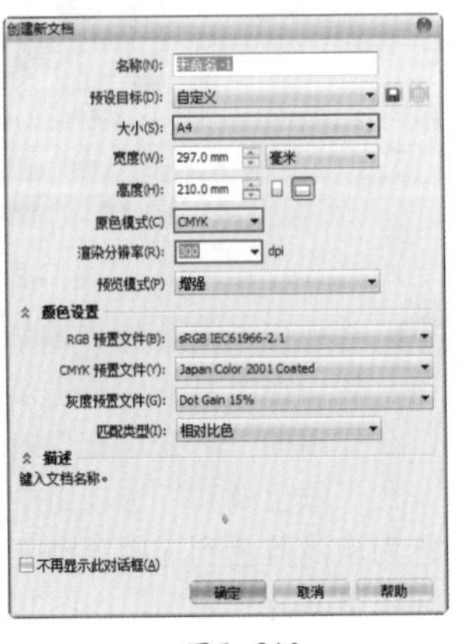

图3-210

步骤02 单击工具箱中的“矩形工具”按钮，在工作区内拖动鼠标绘制一个合适大小的矩形。单击工具箱中的“填充工具”按钮并稍作停留，在随后弹出的下拉列表中单击“渐变填充”按钮，打开“渐变填充”对话框。在其中设置“类型”为“线性”，“角度”为-96，在“颜色调和”选项组中选中“自定义”单选按钮，将颜色设置为蓝色系渐变，然后单击“确定”按钮，如图3-211所示。

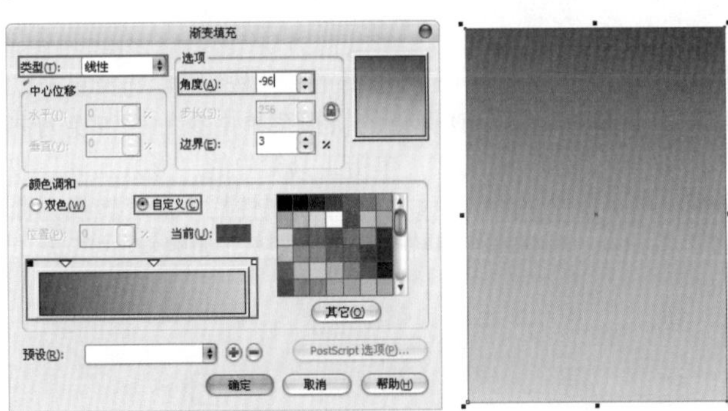

图3-211

步骤03 CorelDRAW工作界面中单击右下角的“轮廓笔”按钮，在弹出的“轮廓线”对话框中设置“宽度”为“无”，单击“确定”按钮，如图3-212所示。

步骤04 单击工具箱中的“矩形工具”按钮，绘制一个较长的矩形。在工具箱中单击填充工具组中的“渐变填充”按钮，在弹出的“渐变填充”对话框中设置“类型”为“线性”，“角度”为-98，在“颜色调和”选项组中选中“自定义”单选按钮，设置颜色为蓝色系渐变，单击“确定”按钮，如图3-213所示。

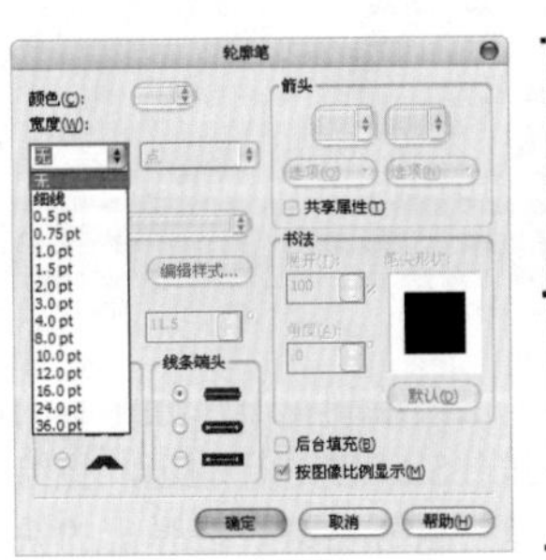

图3-212

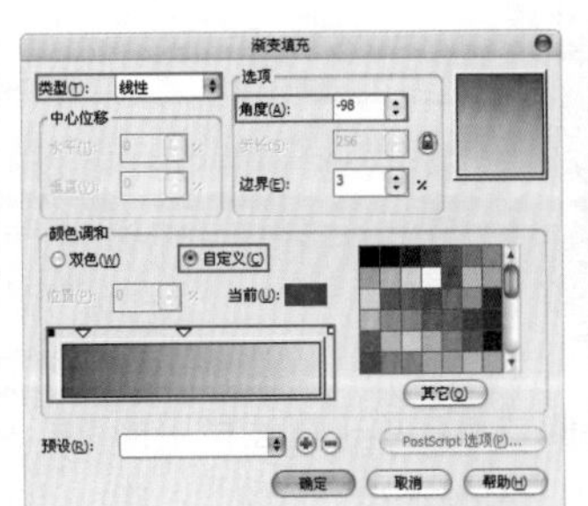

图3-213

步骤05 按Ctrl+C键复制，然后多次按Ctrl+V键粘贴，得到多个长矩形，然后将其依次摆放在背景中。单击工具箱中的“星形工具”按钮，按住Ctrl键的同时在背景图上按下鼠标左键并拖动，释放鼠标后即可绘制正星形。在属性栏中设置“点数或边数”为20，“锐度”为64，效果如图3-214所示。

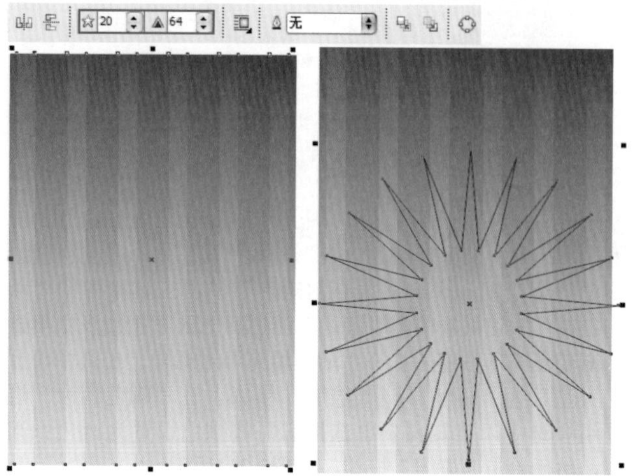

图3—214

步骤06 单击工具箱中的“选择工具”按钮，选择星形，然后单击鼠标右键，在弹出的快捷菜单中执行“转换为曲线”命令，或按Ctrl+Q键；单击工具箱中的“形状工具”按钮，框选星形内侧节点，接着单击属性栏中的“转换为曲线”按钮，再单击“对称节点”按钮，如图3-215所示。

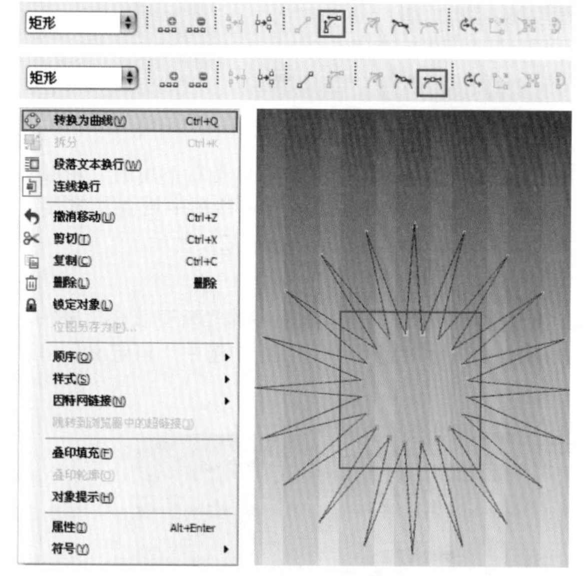

图3—215

步骤07 按住Shift键选择星形外侧节点，单击属性栏中的“转换为曲线”按钮，然后单击“对称节点”按钮，此时星形变为花朵形状，如图3-216所示。

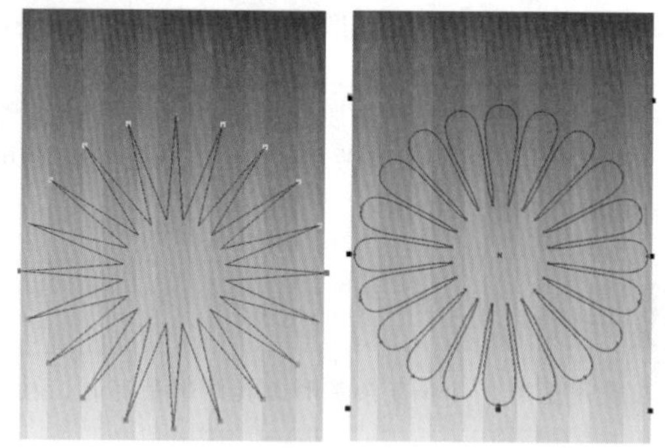

图3—216

步骤08 单击工具箱中的“填充工具”按钮并稍作停留，在弹出的下拉列表中单击 “渐变填充”按钮，在弹出的“渐变填充”对话框中设置“类型”为“辐射”，在“颜色调和”选项组中选中“自定义”单选按钮，设置颜色为蓝色系渐变，单击“确定”按钮；再设置轮廓线宽度为“无”，如图3-217所示。

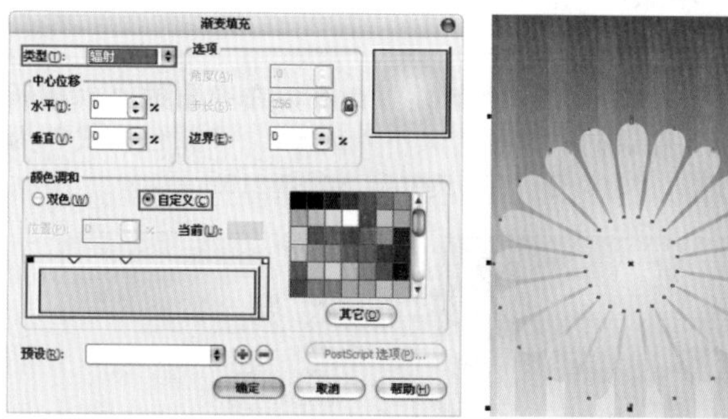

图3—217

步骤09 单击工具箱中的“钢笔工具”按钮，在花瓣上绘制纹路，然后在工具箱中单击填充工具组中的“渐变填充”按钮，在弹出的“渐变填充”对话框中设置“类型”为“辐射”，在“颜色调和”选项组中选中“双色”单选按钮，设置颜色为从浅蓝色到深蓝色渐变，单击“确定”按钮；再设置轮廓线宽度为“无”，如图3-218所示。

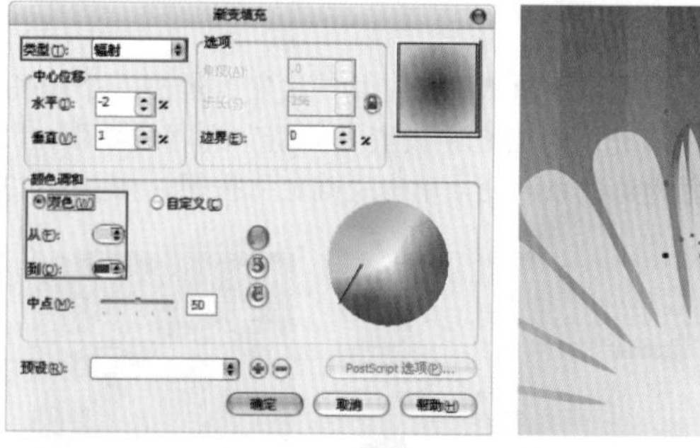

图3—218

步骤10 再次使用钢笔工具绘制花瓣靠近花心的内侧纹路，同样填充蓝色渐变。按住Shift键进行加选，将绘制的两部分花瓣纹路同时选中，单击鼠标右键，在弹出的快捷菜单中执行“群组”命令，如图3-219所示。

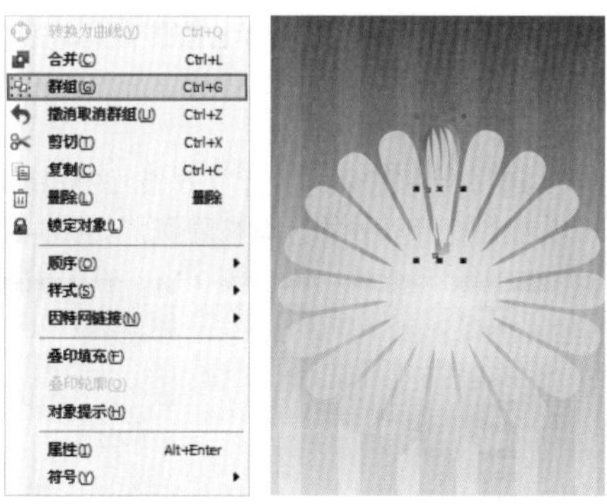

图3—219

步骤11 按Ctrl+C键复制，再按Ctrl+V键粘贴；然后框选两个花瓣纹路，执行“窗口＞泊坞窗＞调和”命令，在弹出的“混合”泊坞窗中单击“调和步长”按钮，设置“步长”为20，“旋转”为360，单击“应用”按钮，如图3-220所示。

图3—220

步骤12 单击工具箱中的“椭圆形工具”按钮，按住Ctrl键的同时在花中间部分按住鼠标左键拖动，绘制出一个正圆。在工具箱中单击填充工具组中的“渐变填充”按钮，在弹出的“渐变填充”对话框中设置“类型”为“辐射”，在“颜色调和”选项组中选中“自定义”单选按钮，设置颜色为蓝色系渐变，单击“确定”按钮；再设置轮廓线宽度为“无”，如图3-221所示。

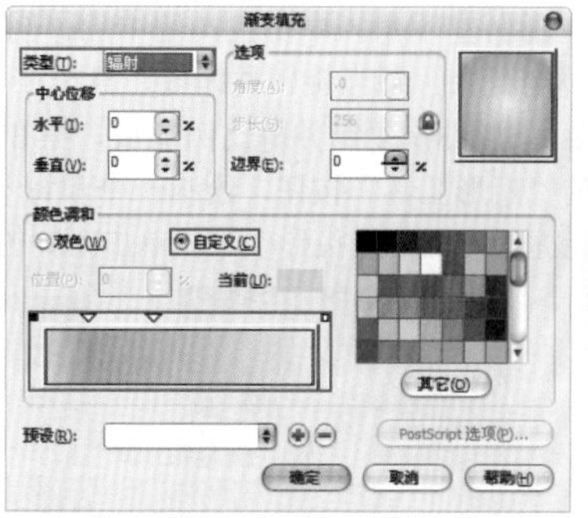

图3—221

步骤13 单击工具箱中的“手绘工具”按钮，绘制花中心的花蕊部分，然后通过调色板将其填充为青色，设置轮廓线宽度为“无”，如图3-222所示。

图3—222

步骤14 选择绘制的所有花形，按住4个角的控制点进行等比例放大并将其放置在合适位置。单击工具箱中的“透明度工具”按钮，在属性栏中设置“透明度类型”为“标准”，如图3-223所示。

图3—223

步骤15 导入卡通人物素材文件，调整为合适的大小及位置，如图3-224所示。

图3—224

步骤16 复制花朵，放在画面左下角，单击工具箱中的“阴影工具”按钮，在绘制的浅色花轮廓上按住鼠标左键拖动，为其添加阴影效果；再次复制花朵，适当旋转并缩放，摆放在上面，如图3-225所示。

步骤17 框选两部分花朵，进行3次复制并等比例缩放，摆在卡通人物的裙子底部，如图3-226所示。

步骤18 单击工具箱中的“矩形工具”按钮，绘制一个和背景一样大小的矩形；选择所有花朵，执行“效果>图框精确剪裁>放置在容器中”命令，当光标变为黑色箭头形状时，单击绘制的矩形框，此时可以看到矩形以外的区域被隐藏，如图3-227所示。

图3—225　　图3—226　　图3—227

步骤19 选中矩形框，设置轮廓线宽度为“无”；导入花纹素材，摆放在左上角及右下角，最终效果如图3-228所示。

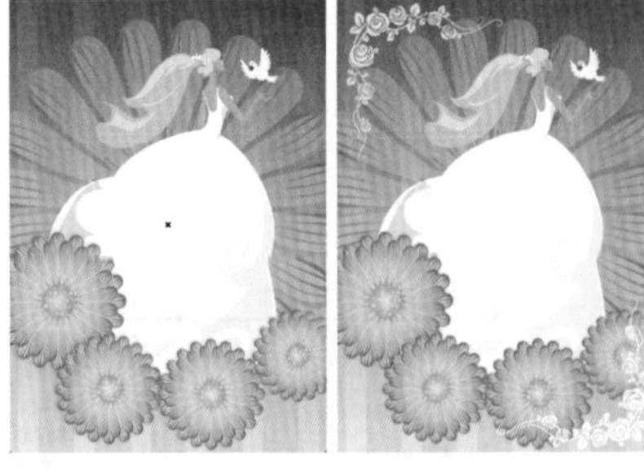

图3—228

3.2.5 绘制图纸

利用图纸工具可以快捷地创建网格图，并且可以在属性栏中通过调整网格的行数和列数更改网格效果。如图3-229所示为使用图纸工具绘制的作品。

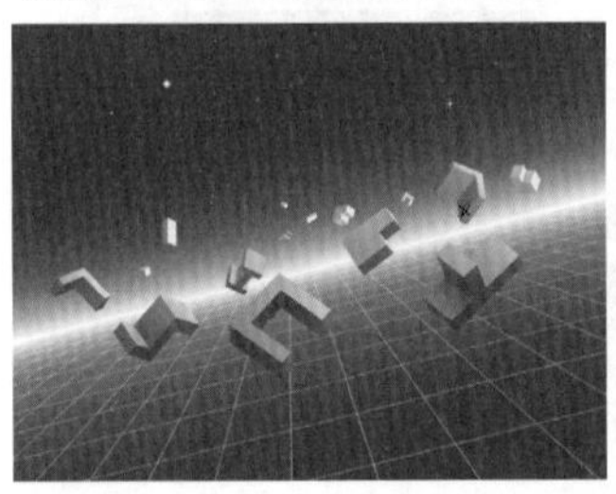

图3—229

步骤01 单击工具箱中的“图纸工具”按钮，在属性栏中的“行数”和“列数”数值框中输入数值，设置图纸的行数和列数，如图3-230所示。

步骤02 在工作区中按住鼠标左键拖动，绘制网格图，如图3-231所示。

步骤03 在图纸对象（是由多个矩形组成的群组对象）上单击鼠标右键，在弹出的快捷菜单中执行“取消群组”命令，然后即可使用选择工具选取其中某一个矩形并进行移动或调整，如图3-232所示。

图3—230

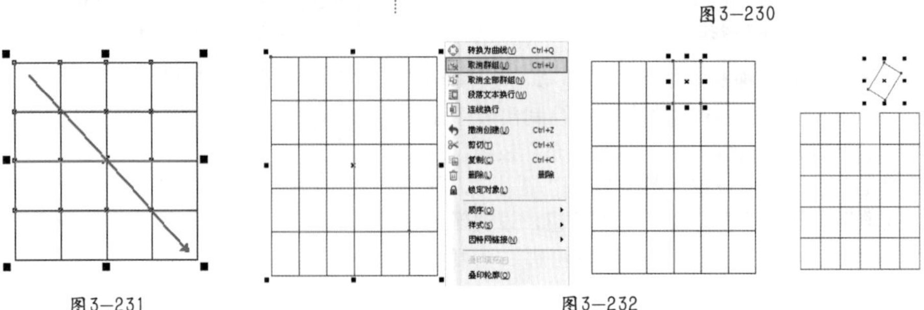

图3—231　　图3—232

3.2.6 绘制螺纹

利用螺纹工具可绘制螺纹状图形。螺纹分为对称式和对数式，通过属性栏中参数的调整，可以改变螺纹形态以及圈数。如图3-233所示为使用螺纹工具绘制的作品。

图3-233

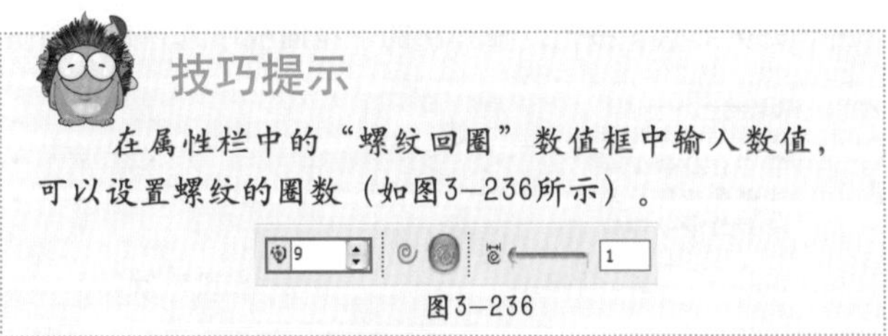

技巧提示

在属性栏中的“螺纹回圈”数值框中输入数值，可以设置螺纹的圈数（如图3-236所示）。

图3-236

理论实践——对称式螺纹

对称式螺纹是由许多间距相同的曲线环绕而成的。单击工具箱中的“螺纹工具”按钮，在属性栏中单击“对称式螺纹”按钮，在工作区中按住鼠标左键拖动，即可绘制对称式螺纹状图形，如图3-234所示。

理论实践——对数式螺纹

对数式螺纹与对称式螺纹不同的是，曲线间距可以等量增加。单击工具箱中的“螺纹工具”按钮，在属性栏中单击“对数式螺纹”按钮，在工作区中按住鼠标左键拖动，即可绘制对数式螺纹状图形，如图3-235所示。

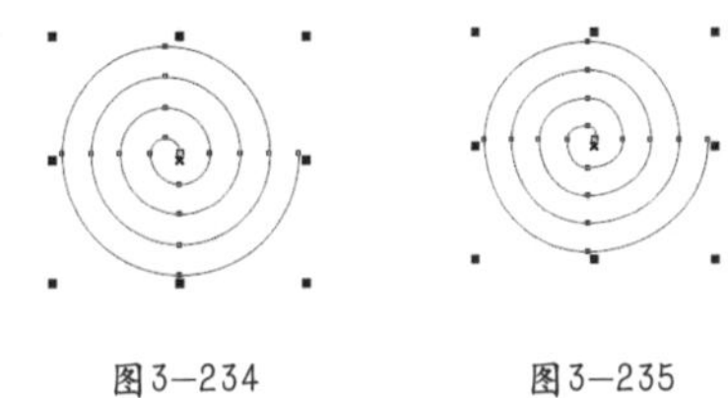

图3-234　　图3-235

3.2.7 绘制基本形状

基本形状工具组中提供了基本形状、箭头形状、流程图形状、标题形状和标注形状等多种形状预设工具，可以通过它们快捷地绘制作品中的对象，也可以以绘制的形状作基础进行进一步的编辑。如图3-237所示为使用基本形状工具组绘制的作品。

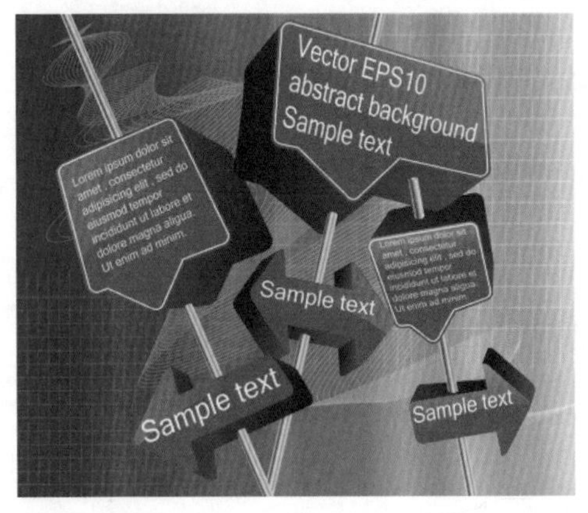

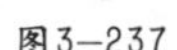

图3-237

理论实践——基本形状工具

步骤01 单击工具箱中的“基本形状工具”按钮，在属性栏中单击“完美形状”按钮，在弹出的下拉面板中选择适当图形，然后在工作区内按住鼠标左键拖动，即可绘制所选的图形，如图3-238所示。

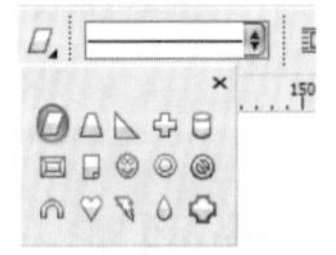

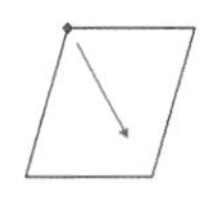

图3-238

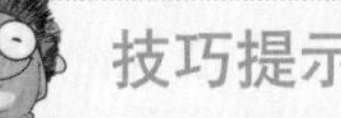

技巧提示

使用基本形状工具组中的工具时，按住Shift键可以以中心点为基准绘制图形；按住Ctrl键可以绘制标准的正图形。

步骤02 使用基本形状工具绘制的图形通常带有一个红色的控制点，使用当前形状工具拖动控制点，即可调整图形样式。例如，选择平行四边形上的红色控制点并按住鼠标左键拖动，可以调整平行四边形的斜度，如图3-239所示；移动“笑脸”图形上的红色控制点的位置，即可调整“嘴部”的表情，如图3-240所示。

步骤03 在属性栏中可以更改线条样式以及轮廓宽度，如图3-241所示。

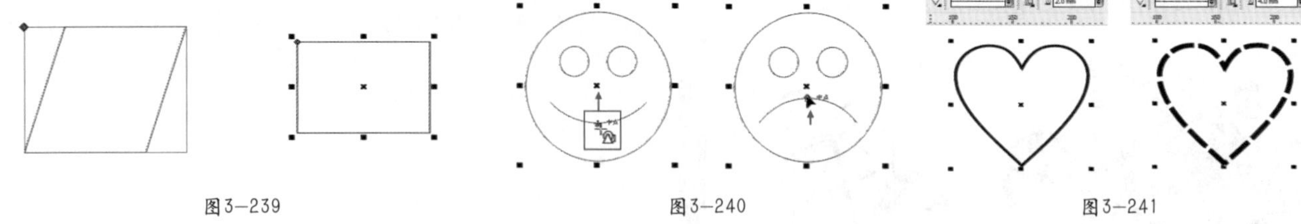

图3-239　　图3-240　　图3-241

理论实践——箭头形状工具

通过箭头形状工具可以快捷地使用预设的箭头类型绘制出各种不同的箭头。

步骤01 单击工具箱中的“箭头形状工具”按钮，在属性栏中单击“完美形状”按钮，在弹出的下拉面板中选择适当箭头形状，然后在工作区内按住鼠标左键拖动，即可绘制所选形状的箭头，如图3-242所示。

步骤02 选择红色控制点，在工作区内按住鼠标左键拖动，可以调整箭头的大小及形状，如图3-243所示。

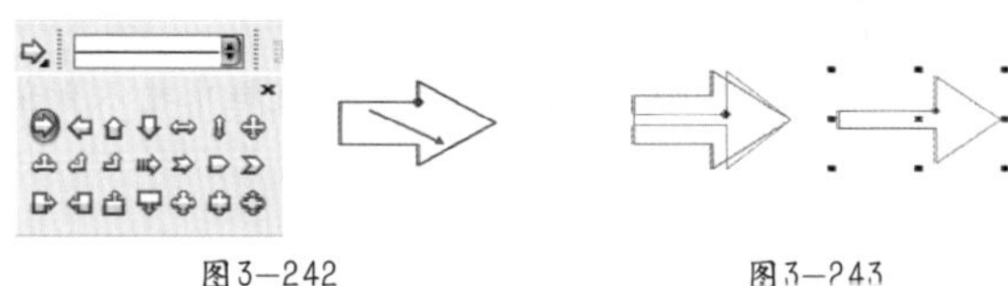

图3-242　　图3-243

理论实践——流程图形状工具

单击工具箱中的“流程图形状工具”按钮，在属性栏中单击“完美形状”按钮，在弹出的下拉面板中选择适当形状，然后在工作区内按住鼠标左键拖动，即可绘制流程图形状，如图3-244所示。

理论实践——标题形状工具

步骤01 单击工具箱中的“标题形状工具”按钮，在属性栏中单击“完美形状”按钮，在他弹出的下拉面板中选择适当形状，然后在工作区内按住鼠标左键拖动，即可绘制标题形状，如图3-245所示。

步骤02 选择红色控制点，在工作区内按住鼠标左键拖动，可以调其大小及形状，如图3-246所示。

理论实践——标注形状工具

使用标注形状工具可以快速地绘制用于放置解释、说明文字的文本框。

步骤01 单击工具箱中的“标注形状工具”按钮，在属性栏中单击“完美形状”按钮，在弹出的下拉面板中选择适当形状，然后在工作区内按住鼠标左键拖动，即可绘制文本框，如图3-247所示。

步骤02 选择红色控制点，在工作区内按住鼠标左键拖动，可以调整其大小及形状，如图3-248所示。

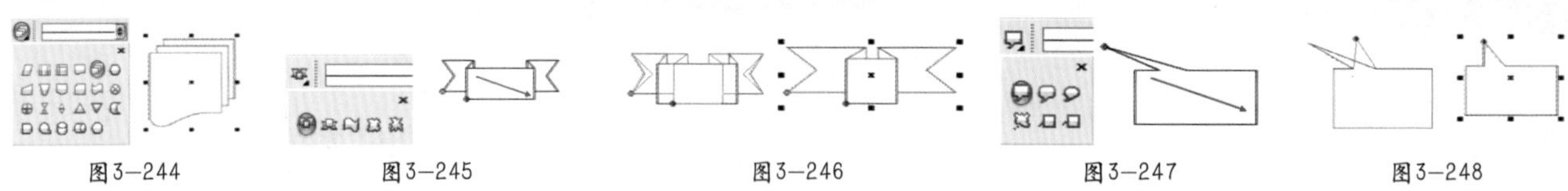

图3-244　　图3-245　　图3-246　　图3-247　　图3-248

3.2.8 智能绘图工具

使用智能绘图工具绘制路径时，只能将其转化为轮廓平滑度较高的图形。

步骤01 要使用形状识别功能绘制形状或线条，首先需要单击工具箱中的“智能绘图工具”按钮，根据需求在属性栏中分别设置“形状识别等级”、“智能平滑等级”和“轮廓线宽度”，然后按住鼠标左键在工作区内绘制图形（如图3-249所示）。

步骤02 绘制完成后释放鼠标，系统会自动将其转换为基本形状或平滑曲线，如图3-250所示。

> **技巧提示**
>
> 要在绘制过程中擦除线条，在按住Shift键的同时按住鼠标左键向反方向拖动，即可将其擦除。

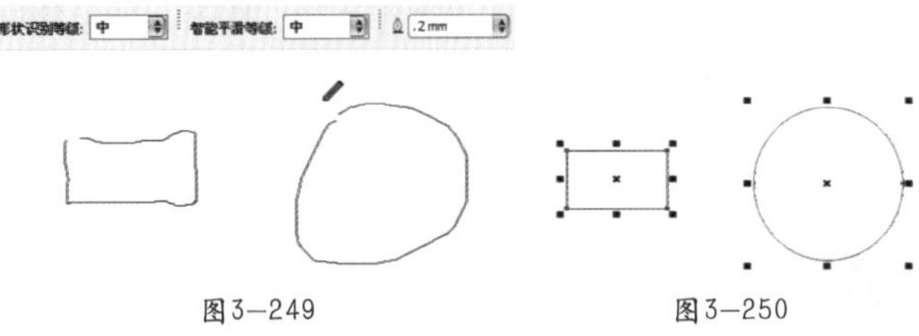

图3—249　　图3—250

3.3 形状编辑工具

CorelDRAW中的对象都是由路径和填充颜色构成的，而节点（也被称为控制点）则是改变对象造型的关键。使用形状工具组中的工具能够对节点进行调整，从而改变对象的造型，绘制出多种多样的图形，如图3-251所示。

图3—251

3.3.1 将图形转换为曲线

CorelDRAW虽然提供了大量的内置图形，但是在实际的设计工作中并不总是只用到这些基本图形，而是经常会将这些基本图形进行一定的编辑以达到改变或重组成所需图形的目的。如图3-252所示就是对基本图形进行编辑后制作出的设计作品。

在CorelDRAW中，对于普通的曲线可以直接编辑其节点，但是矩形、圆形等图形以及文字需要经过转换为曲线操作后才能进行编辑。选择需要转换的图形或文字对象，执行“编辑>转换为曲线”按钮，或按Ctrl+Q键，即可将其转换为曲线，然后使用形状工具即可对转换后的曲线进行调节，如图3-253所示。

图3—252

图3—253

3.3.2 形状工具

在CorelDRAW中绘图时，如果不能一次达到要求，可以使用形状工具对线条进行调整。在其属性栏提供了多种功能按钮，通过这些按钮可以对节点进行添加、删除、转换等操作，如图3-254所示。

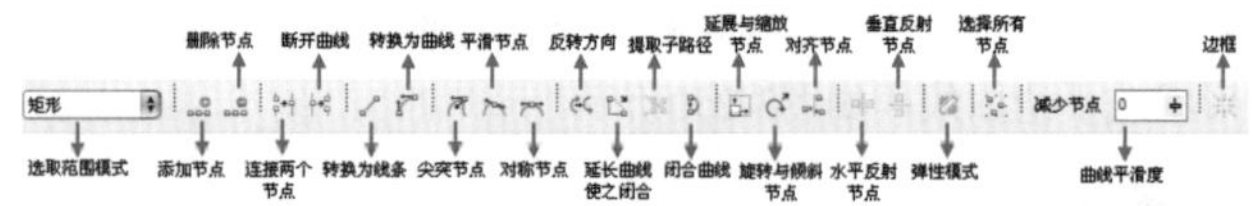

图3—254

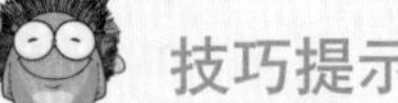

技巧提示

使用手绘工具、2点线工具、贝塞尔工具等绘图工具绘制的曲线对象都可以直接使用形状工具进行编辑，但是使用矩形工具、椭圆形工具等绘制出的形状是不能直接进行编辑的，需要将其转换为曲线之后才可以进行正常的编辑，否则在使用形状工具改变其中一个节点时，另外一个节点也会发生相应的变化，如图3-255所示。

图3—255

理论实践——使用形状工具选择节点

步骤01 使用贝塞尔工具在画面中创建一条曲线，如图3-256所示。

步骤02 单击工具箱中的“形状工具”按钮，在曲线上单击，此时可以看到曲线上出现节点，如图3-257所示。

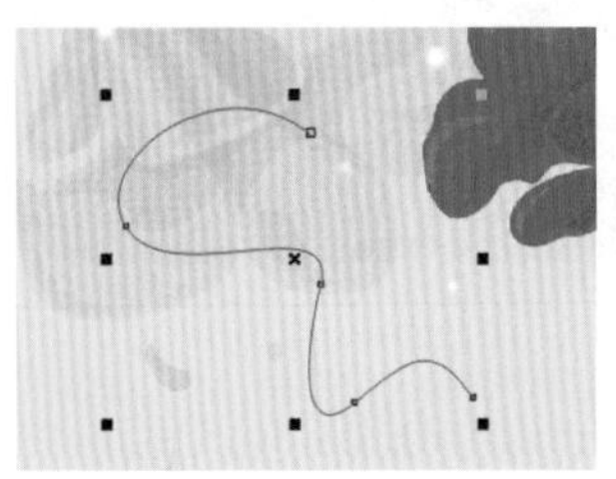

图3—256

图3—257

步骤03 在其中某个节点上单击即可选中该节点（被选中的节点两侧会同时显示控制手柄），如图3-258所示。

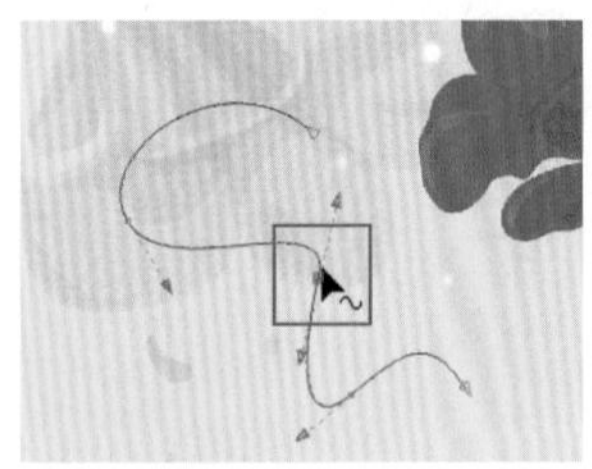

图3—258

技巧提示

按住Home键单击路径，可以快速选择路径上的第一个节点；按住End键单击路径，可以快速选择路径的最后一个节点。

步骤04 单击工具箱中的“形状工具”按钮，然后在路径附近拖动鼠标绘制一个区域后，可以选择该区域内的所有节点，如图3-259所示。

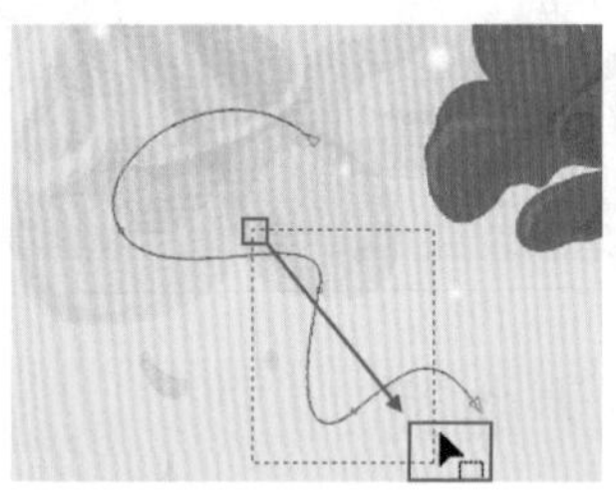

图3—259

步骤05 如果要选择多个节点，可以在按住Shift键的同时单击路径中的节点，如图3-260所示。

步骤06 如果想快速选中所有节点，可以单击属性栏中的“选择所有节点”按钮，如图3-261所示。

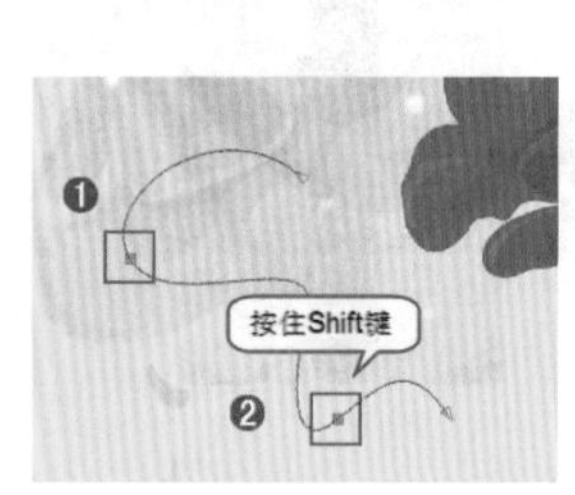

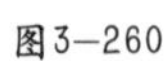

图3—260

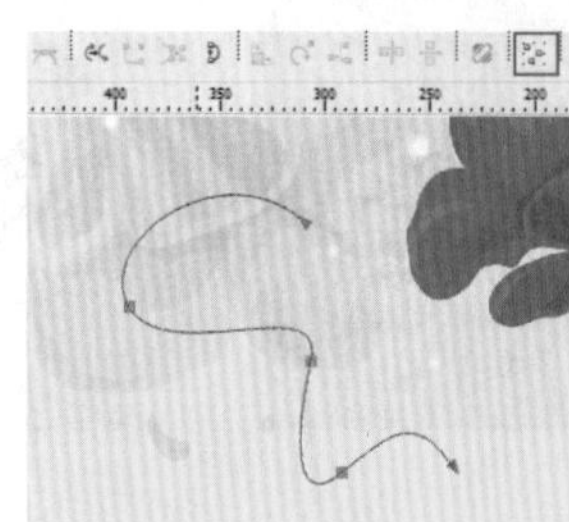

图3—261

技术拓展：“选取范围模式”详解

在属性栏中打开“选取范围模式”下拉列表框，可以看到其中包含“矩形”和“手绘”两种选择方式，如图3-262所示。

- 矩形：选择该项，然后围绕要选择的节点进行拖动可出现矩形选区，选区以内的节点将被选中，如图3-263所示。
- 手绘：选择该项，然后围绕要选择的节点进行拖动可出现不规则的手绘选区，选区以内的节点将被选中，如图3-264所示。

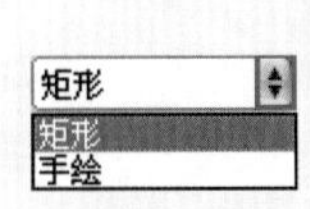

图3-262

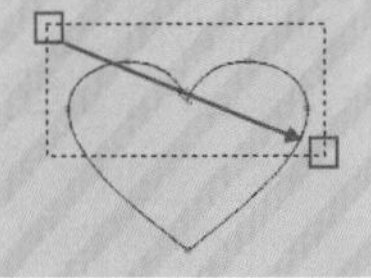
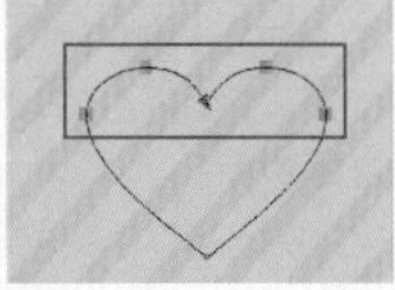

图3-263

图3-264

理论实践——在曲线上添加或删除节点

在调整对象形状时经常会遇到因为节点太少而难以塑造复杂形态的问题，这时就可以使用形状工具在曲线上添加节点；如果出现多余的节点，则可以使用形状工具将其删除。

步骤01 在需要添加节点的位置单击，当路径上出现黑色实心圆点时，单击属性栏中的“添加节点”按钮，即可完成节点的添加；也可以通过在需要添加节点的位置双击来添加节点，如图3-265所示。

步骤02 如果要删除节点，可以选定该节点，然后单击属性栏中的“删除节点”按钮将其删除；也可以选中多余节点，按Delete键将其删除，如图3-266所示。

图3-265

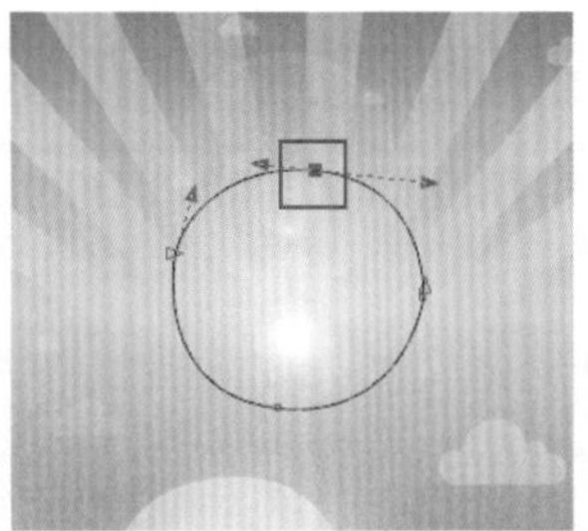

图3-266

理论实践——改变节点位置

步骤01 绘制一段路径，然后单击工具箱中的“形状工具”按钮，再单击该路径，使其显示出节点，如图3-267所示。

步骤02 按住鼠标左键将其拖至其他位置，如图3-268所示。

步骤03 释放鼠标后可以看到，图形的形状会随着节点位置的变化而变化，如图3-269所示。

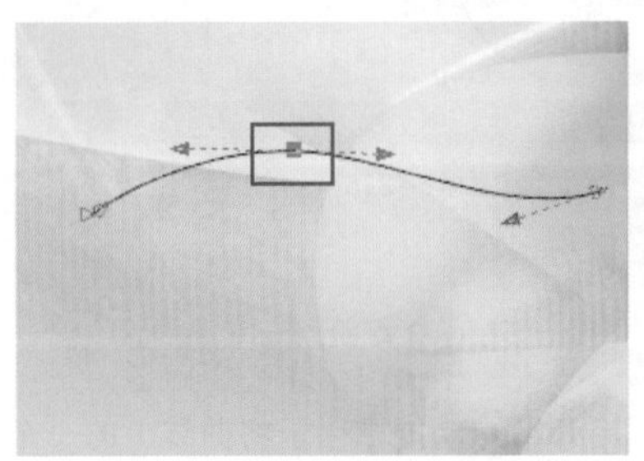

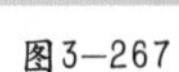

图3-267

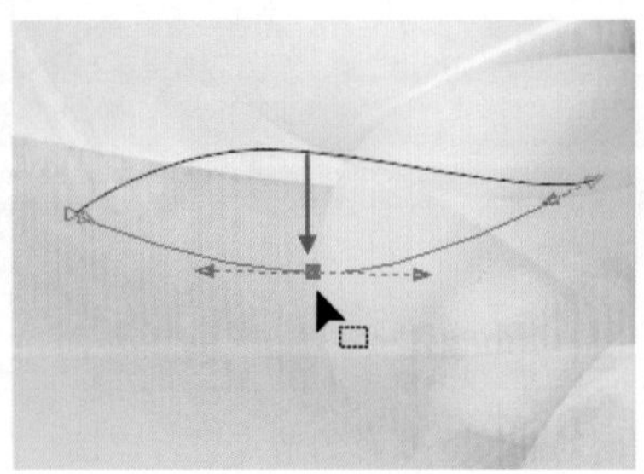

图3-268

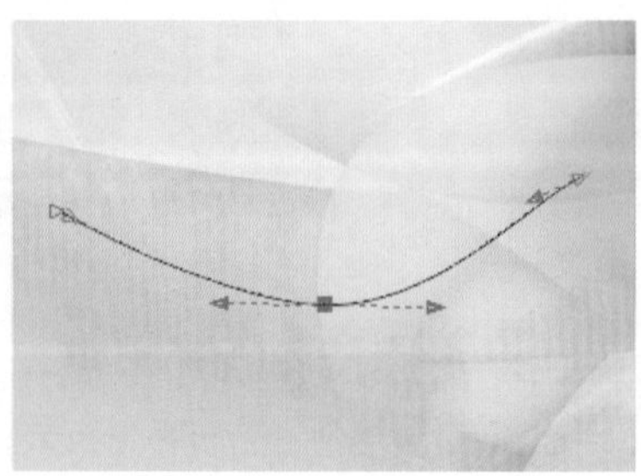

图3-269

步骤04 在属性栏中单击“弹性模式”按钮后，调整其中一个节点时，附近节点的控制柄也会发生变化。如图3-270所示为原始状态、未使用弹性模式和使用弹性模式的对比效果。

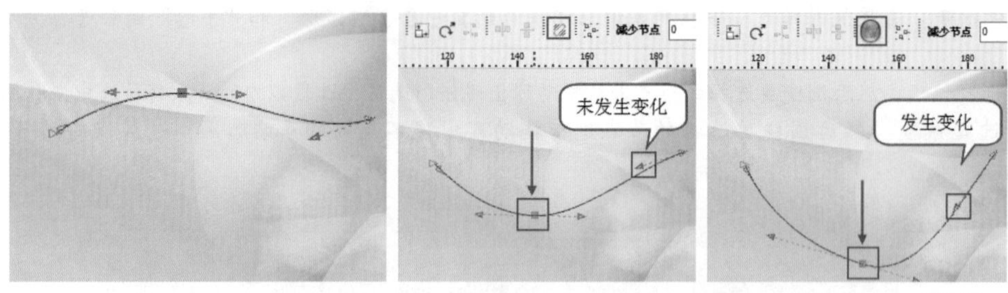

图3-270

理论实践——节点的快速调节

步骤01 将曲线转换为直线：在曲线段上单击，出现一个黑色实心圆点后，单击属性栏中的“转换为线条”按钮，即可完成转换，如图3-271所示。

步骤02 将直线转换为曲线：在直线段上单击，出现一个黑色实心圆点后，单击属性栏中的“转换为曲线”按钮，即可完成转换，如图3-272所示。

步骤03 使节点尖锐突出：在曲线上选定节点，单击属性栏中的“尖突节点”按钮，在画面中拖动鼠标形成尖角，如图3-273所示。

图3-271

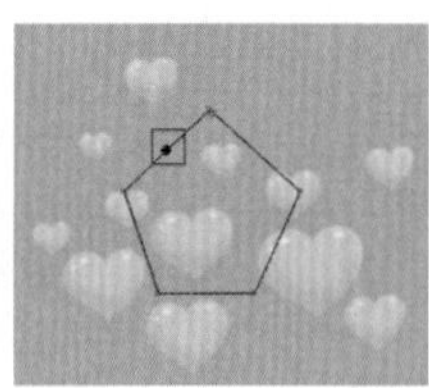

图3-272

图3-273

步骤04 生成平滑节点：在尖角上选定节点，单击属性栏中的“平滑节点”按钮，并自动形成平滑节点（可根据需求调节节点方向等），如图3-274所示。

步骤05 生成对称节点：选定其中一个节点，单击属性栏中的“对称节点”按钮，即可使节点两边的线条具有相同的弧度，从而产生对称的感觉，如图3-275所示。

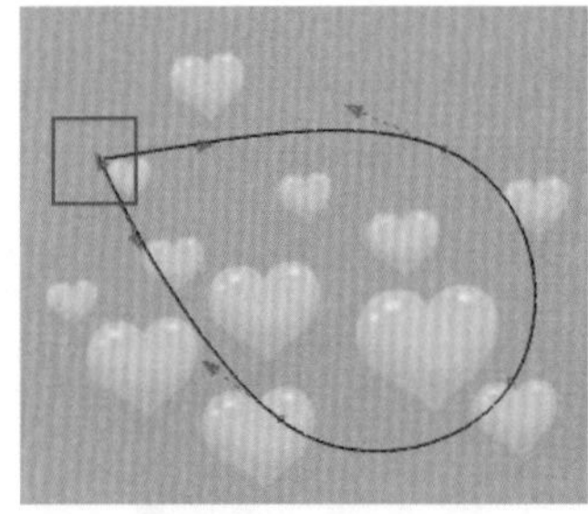
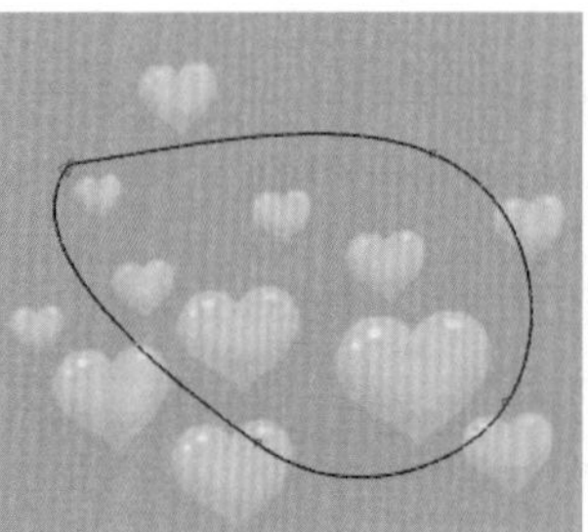

图3-274

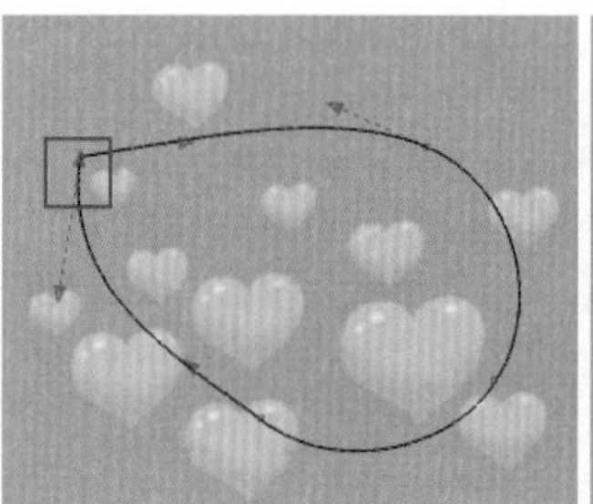
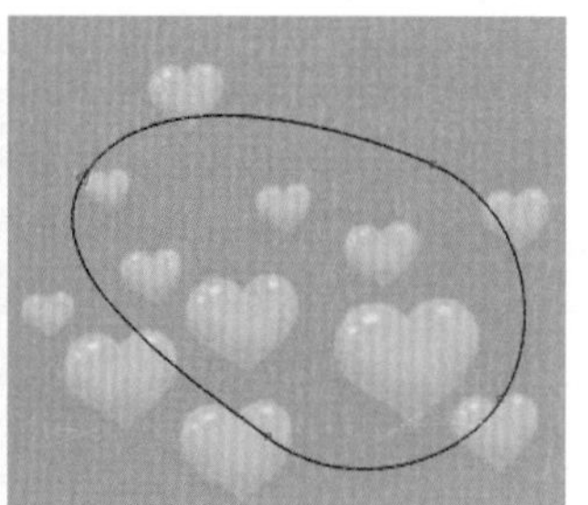

图3-275

理论实践——连接和断开节点

利用连接两个节点功能可以快速将不封闭的曲线上断开的节点进行连接，而断开节点功能则用于将曲线上的一个节点断开为两个不相连的节点。

步骤01 选中两个未封闭的节点，然后单击属性栏中的“连接两个节点”按钮，即可使其自动向中间的位置移动并进行闭合，如图3-276所示。

步骤02 选择路径上一个闭合的节点，单击属性栏中的“断开节点”按钮，即可将路径断开，该节点变为两个重合的节点，可将两个节点分别向外移动，如图3-277所示。

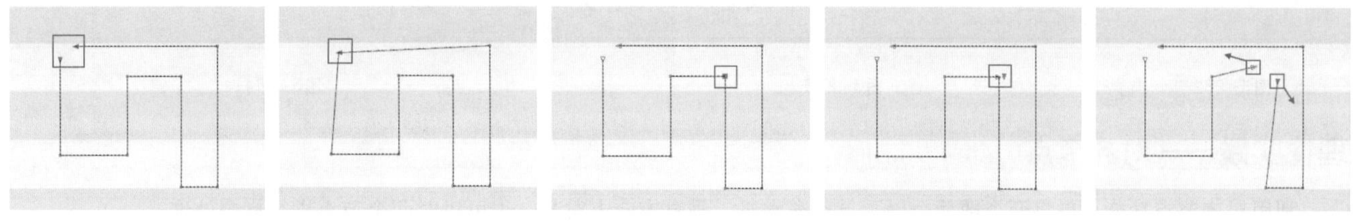

图3-276　　图3-277

理论实践——闭合曲线

步骤01 如果绘制了未闭合的曲线图形，可以选中曲线上未闭合的两个节点，然后单击属性栏中的“延长曲线使之闭合”按钮，使曲线闭合，如图3-278所示。

步骤02 选择未闭合的曲线，单击属性栏中的“闭合曲线”功能，能够快速在未闭合曲线上的起点和终点之间生成一段路径，使曲线闭合，如图3-279所示。

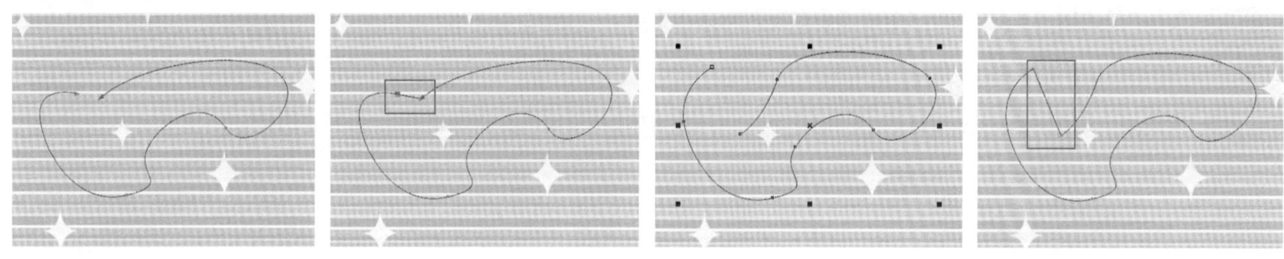

图3-278　　图3-279

理论实践——延展与缩放节点

步骤01 在曲线上使用形状工具选中3个节点，然后单击属性栏中的“延展与缩放节点”按钮，此时在节点周围出现控制点，如图3-280所示。

步骤02 选择顶部的控制点并向上拖动，可以观察到节点按比例进行了缩放，如图3-281所示。

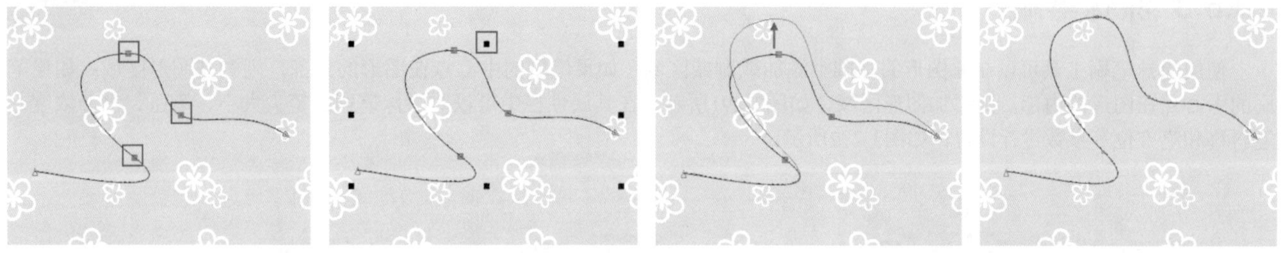

图3-280　　图3-281

理论实践——旋转和倾斜节点

除了可以对节点进行延展与缩放，还可以对其进行旋转与倾斜操作。

步骤01 选中其中一个节点，单击属性栏中的“旋转与倾斜节点”按钮，此时节点四周出现用于旋转和倾斜的控制点，如图3-282所示。

步骤02 单击右上角的旋转控制点并向左侧拖动，可以看到该点进行了旋转，如图3-283所示。

步骤03 如果将光标移动到上方的倾斜控制点上，拖动鼠标可以产生倾斜的效果，如图3-284所示。

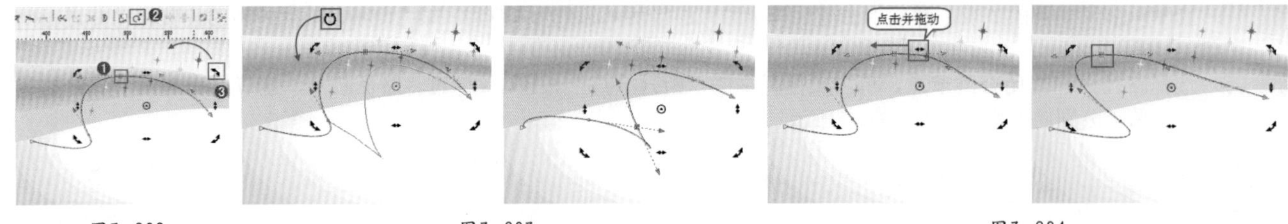

图3-282　　图3-283　　图3-284

理论实践——对齐节点

利用对齐节点功能可以将两个或两个以上节点在水平、垂直方向上对齐，也可以对两个节点进行重叠处理。

步骤01 首先在画面中绘制一段路径，然后使用框选或者按住Shift键进行加选的方式选择多个节点，如图3-285所示。

步骤02 单击属性栏中的"对齐节点"按钮，弹出"节点对齐"对话框，如图3-286所示。

步骤03 选中"水平对齐"复选框，3个锚点将对齐在一条水平线上，如图3-287所示。

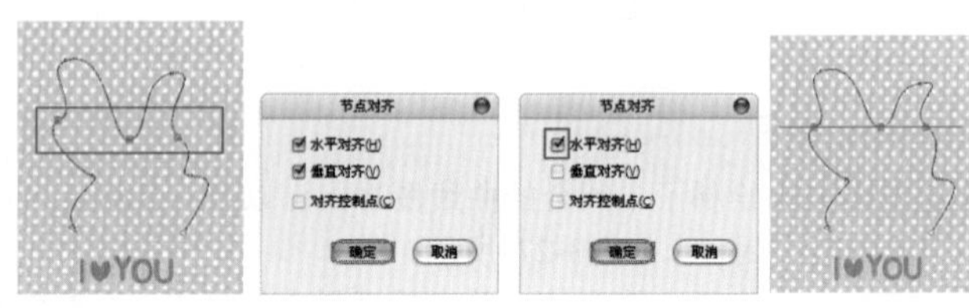

图3-285　　图3-286　　图3-287

步骤04 选中"垂直对齐"复选框，3个锚点将对齐在一条垂直线上，如图3-288所示。

步骤05 同时选中"水平对齐"与"垂直对齐"复选框，3个节点将在水平和垂直两个方向进行对齐，也就是重合，如图3-289所示。

步骤06 当曲线上有两个节点处于被选中的状态时，"对齐控制点"复选框将被激活。选中复选框，两个节点可以重叠对齐，如图3-290所示。

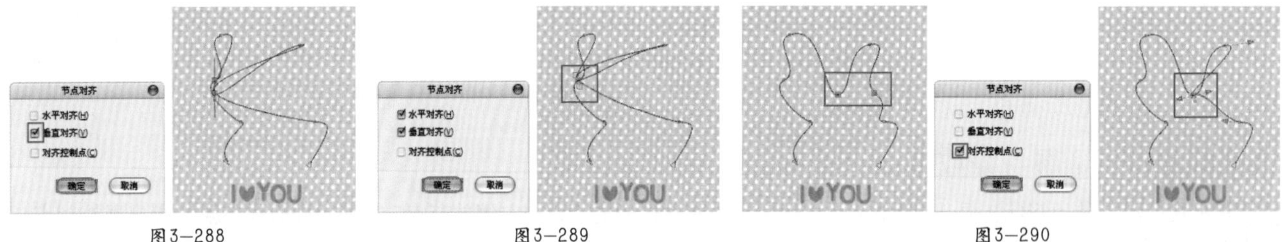

图3-288　　图3-289　　图3-290

3.3.3 涂抹笔刷

使用涂抹笔刷工具可以在原图形的基础上添加或删减区域；如果笔刷的中心点在图形的外部，则删减图形区域；如果笔刷的中心点在图形的内部，则添加图形区域，如图3-291所示。在其属性栏中可以对涂抹笔刷的笔尖大小、笔压、水分浓度、笔斜移和笔方位等参数进行设置，如图3-292所示。

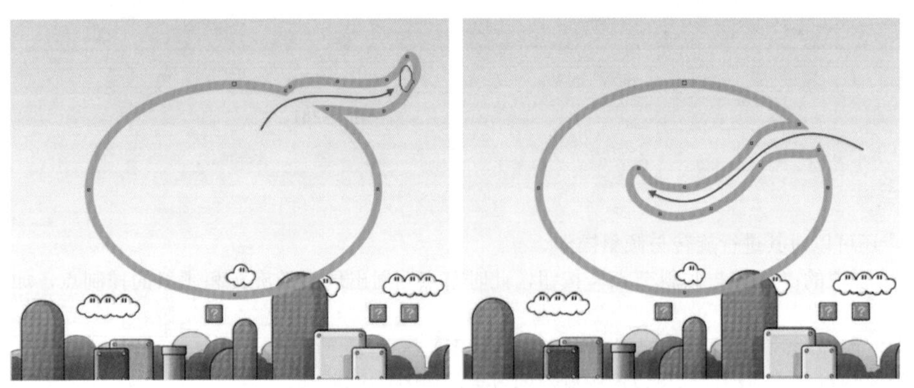

图3-291

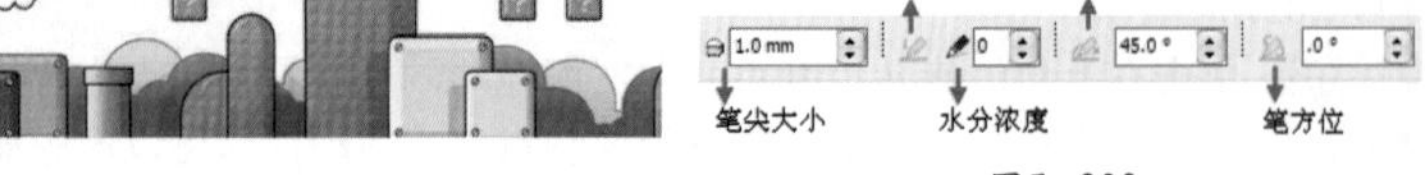

图3-292

技巧提示

涂抹笔刷工具只能使曲线对象变形，不能对矢量图形、段落文本及位图等其他对象进行变形操作。

理论实践——设置涂抹笔刷的笔尖大小

在涂抹笔刷工具的属性栏中单击“笔尖大小”上下调节按钮，或直接在数值框中输入数值，可以设置涂抹笔刷的笔尖大小。值越大，笔刷越长；该值越小，笔刷长度越短，如图3-293所示。

理论实践——设置涂抹笔刷水分浓度

在涂抹笔刷工具的属性栏中单击“水分浓度”上下调节按钮，或直接在数值框中输入数值，可以设置涂抹笔刷的水分浓度。该值越大，笔刷的绘制越尖锐；该值越小，笔刷的绘制越圆润。例如，在矩形上进行涂抹，效果如图3-294所示。

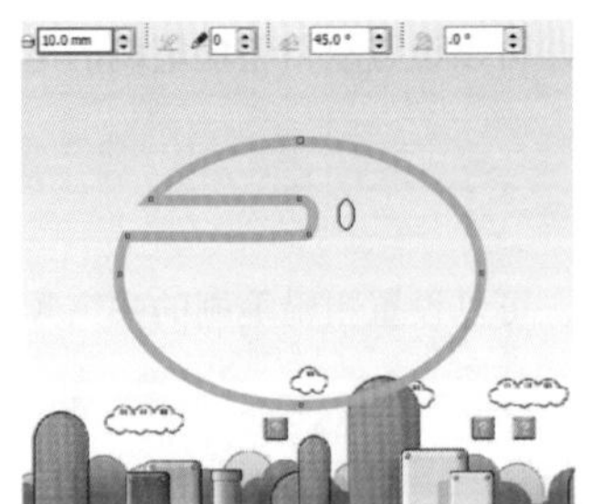

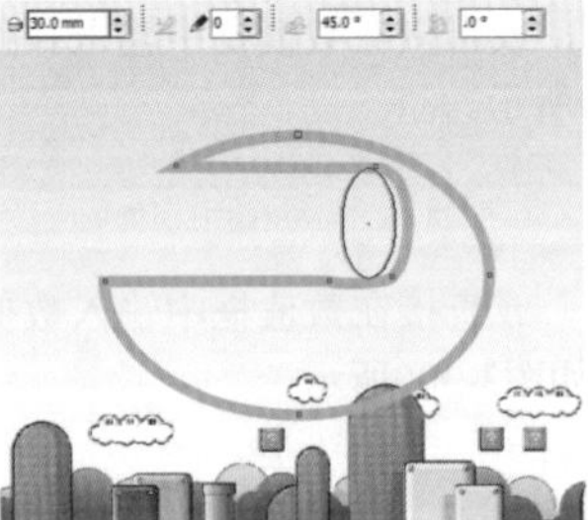

图3—293

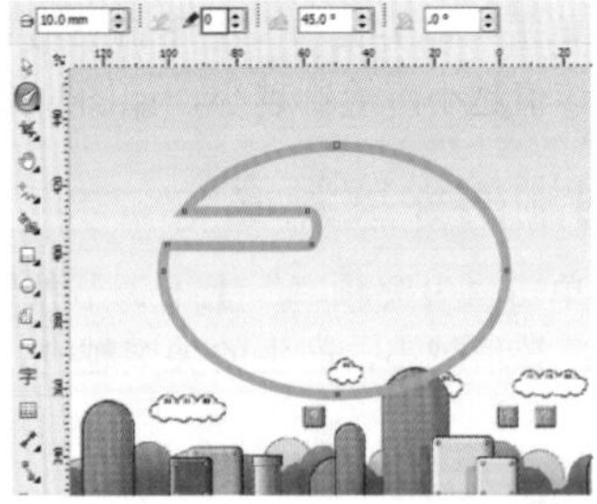

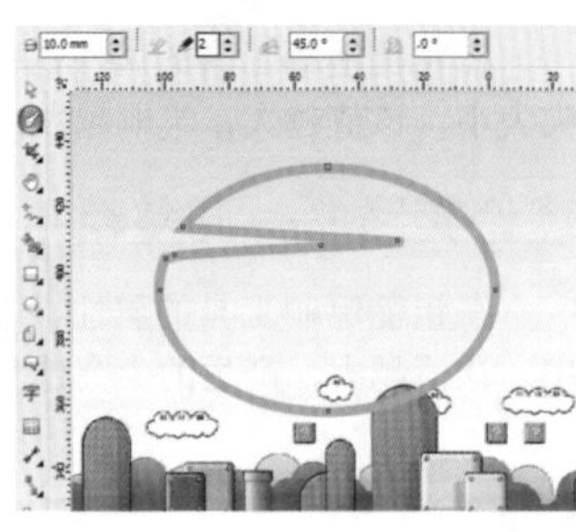

图3—294

理论实践——设置涂抹笔刷的笔斜移

在涂抹笔刷工具的属性栏中单击“笔斜移”上下调节按钮，或直接在数值框中输入数值，可以设置涂抹笔刷的斜移。该值越小，笔刷的宽度越小；相反，该值越大，笔刷的宽度也就越大，如图3-295所示。

理论实践——设置涂抹笔刷的笔方位

在涂抹笔刷工具的属性栏中单击“笔方位”上下调节按钮，或直接在数值框中输入数值，可以调节笔刷的倾斜度，如图3-296所示。

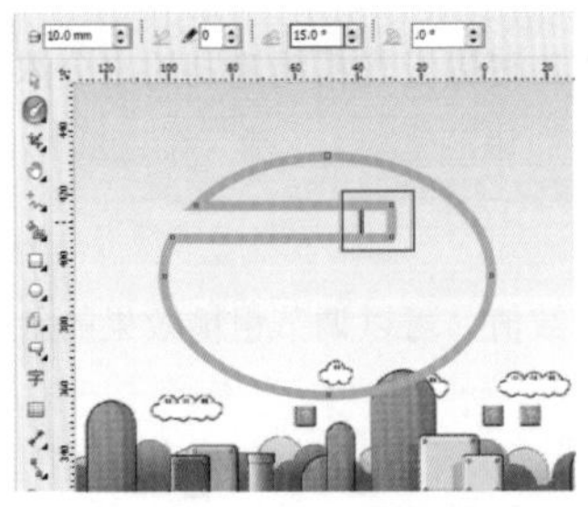

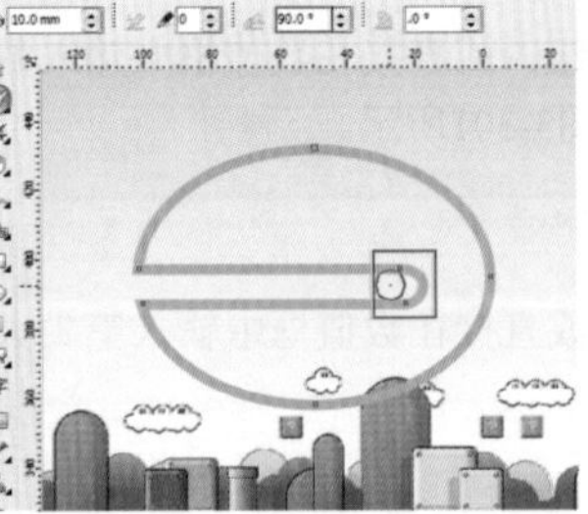

图3—295

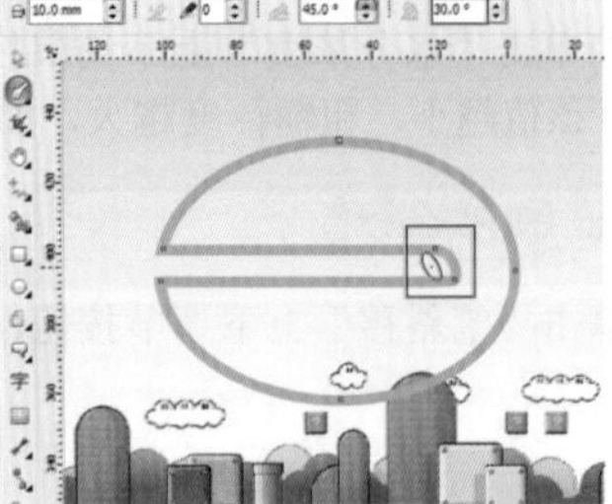

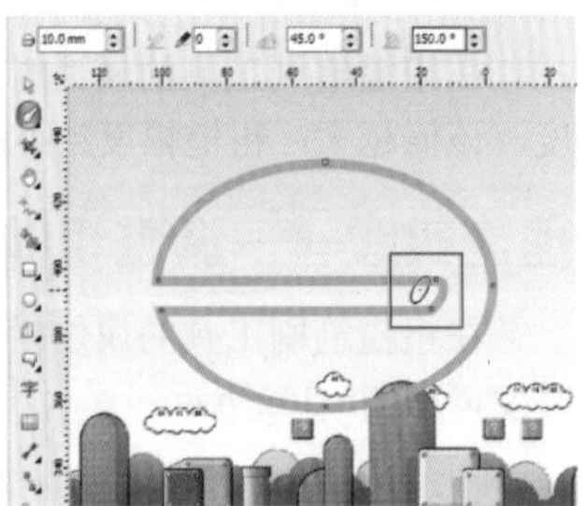

图3—296

3.3.4 粗糙笔刷

利用粗糙笔刷工具可以使平滑的线条变得粗糙。单击工具箱中的“粗糙笔刷工具”按钮，按住鼠标左键在图形上进行拖动，即可更改曲线形状。例如，图3-297中长颈鹿的鬃毛以及花环的外边缘都可以使用粗糙笔刷工具进行制作。

该工具的属性栏如图3-298所示。

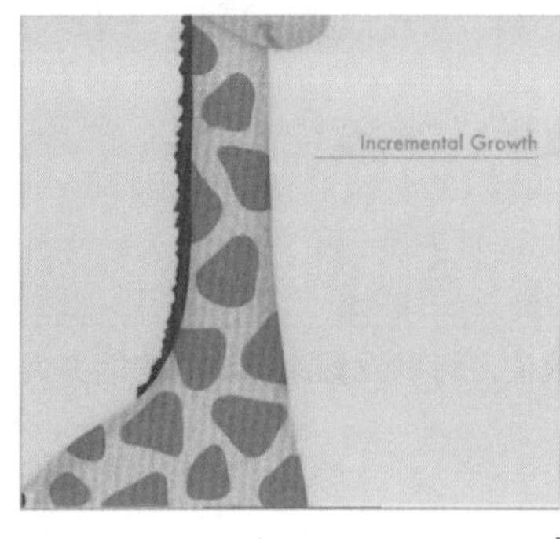

图3—297

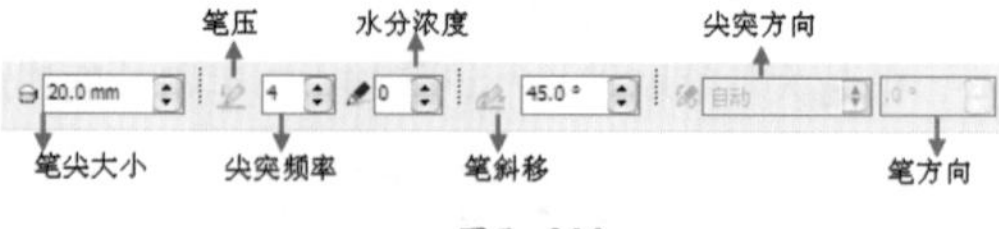

图3—298

理论实践——调整粗糙笔刷的笔尖大小

在粗糙笔刷工具的属性栏中单击“笔尖大小”上下调节按钮，或直接在数值框中输入数值，可以设置粗俗粗糙笔刷的笔尖大小。该值越大，笔刷越大；该值越小，笔刷越小，如图3-299所示。

理论实践——调整粗糙笔刷的尖突频率

在粗糙笔刷工具的属性栏中单击“尖突频率”上下调节按钮，或直接在数值框中输入数值，可以设置粗糙笔刷的尖突频率。该值越大，产生的尖突越多；该值越小，产生的尖突越少，如图3-300所示。

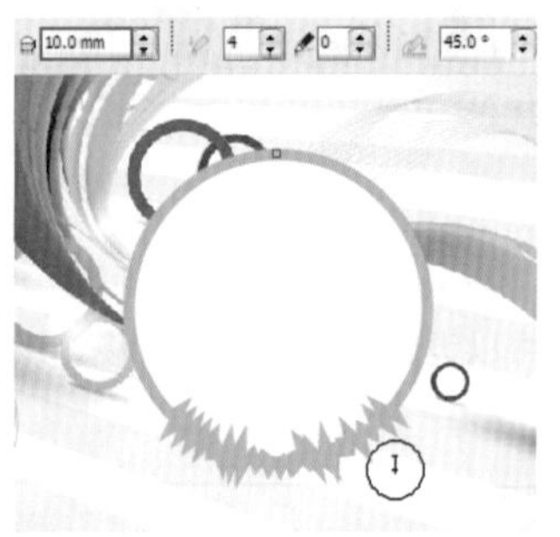
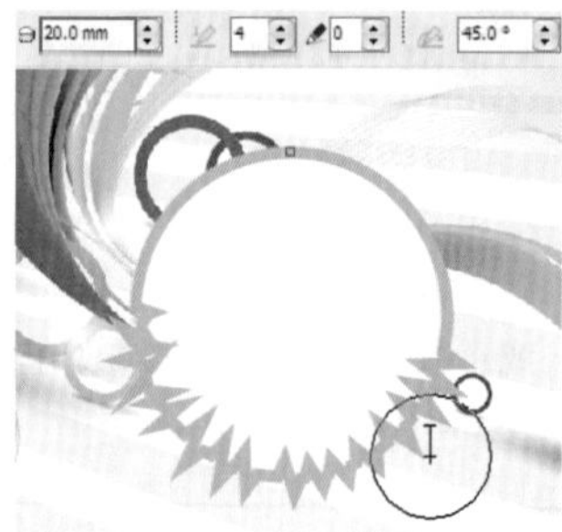

图3—299

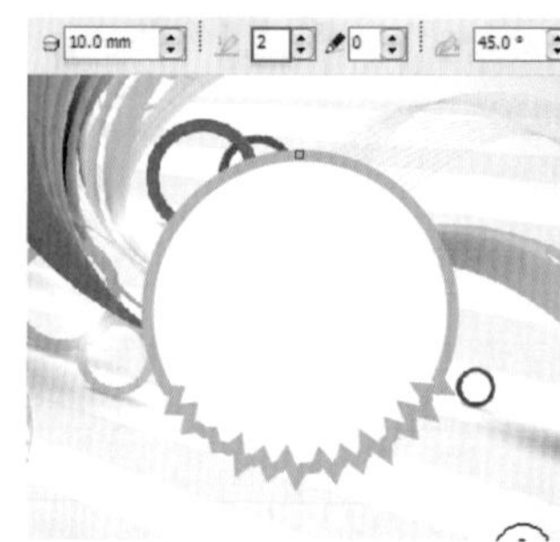
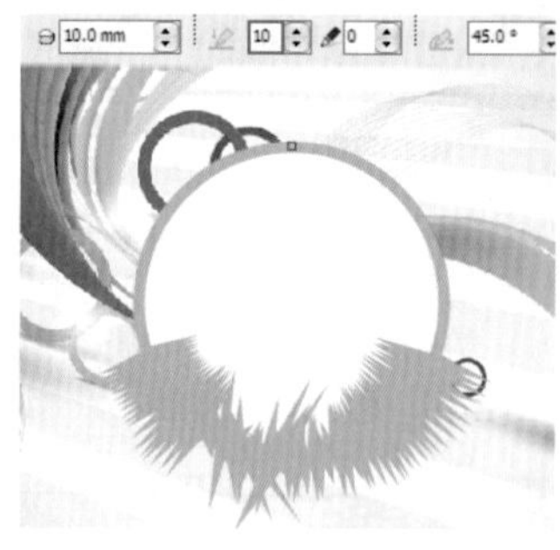

图3—300

理论实践——调整粗糙笔刷的水分浓度

在粗糙笔刷工具的属性栏中单击“水分浓度”上下调节按钮，或直接在数值框中输入数值，可以设置粗糙笔刷的水分浓度。该值越大，粗糙幅度越小；该值越小，粗糙幅度越大，如图3-301所示。

理论实践——调整粗糙笔刷的斜移

在粗糙笔刷工具的属性栏单击“笔斜移”上下调节按钮，或直接在数值框中输入笔尖大小数值，可以调节粗糙效果的斜移度，如图3-302所示。

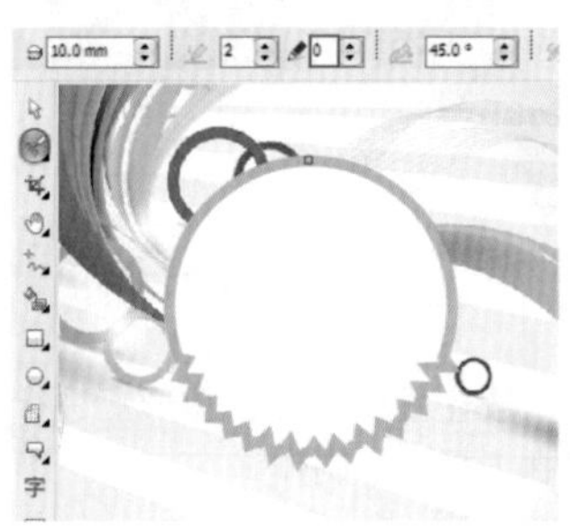
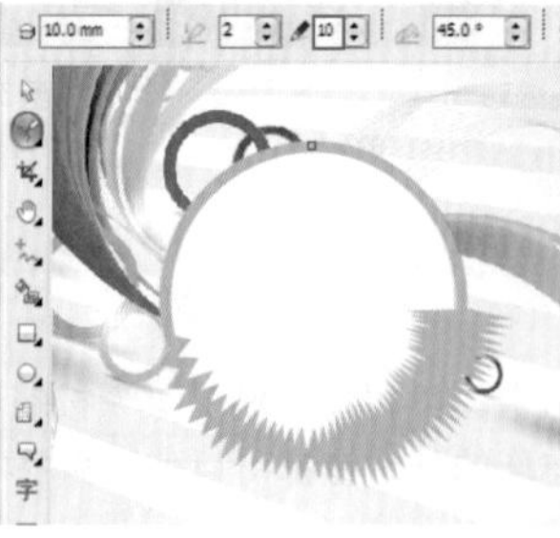

图3—301

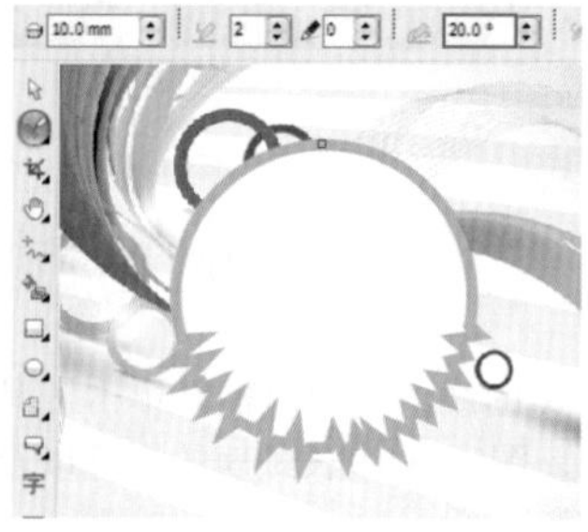
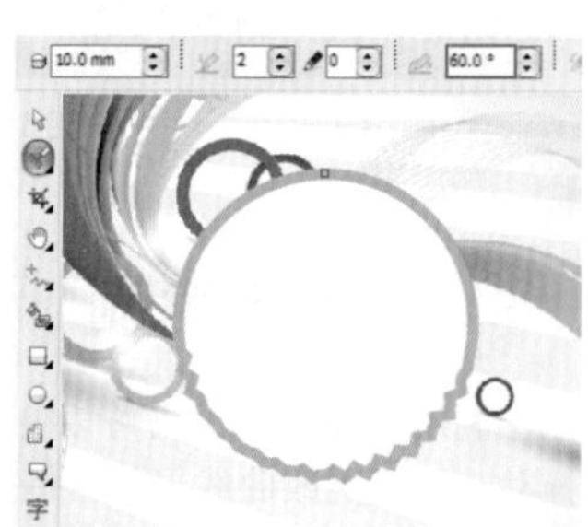

图3—302

实例练习——使用粗糙笔刷工具制作桃花

案例文件	实例练习——使用粗糙笔刷工具制作桃花.cdr
视频教学	实例练习——使用粗糙笔刷工具制作桃花.flv
难易指数	★★★★
知识掌握	粗糙笔刷工具、椭圆形工具、渐变填充工具

案例效果

本例最终效果如图3-303所示。

图3—303

操作步骤

步骤01 执行“文件>新建”命令，在弹出的“创建新文档”对话框中设置“大小”为A4，“原色模式”为CMYK，“渲染分辨率”为300，如图3-304所示。

步骤02 导入背景素材文件，调整为合适的大小及位置，如图3-305所示。

图3—304

图3—305

步骤03 单击工具箱中的“椭圆形工具”按钮，在工作区内绘制一个椭圆形，并设置轮廓线宽度为“无”。单击鼠标右键，在弹出的快捷菜单中执行“转换为曲线”命令，然后使用形状工具调整节点使其变为花瓣形状，如图3-306所示。

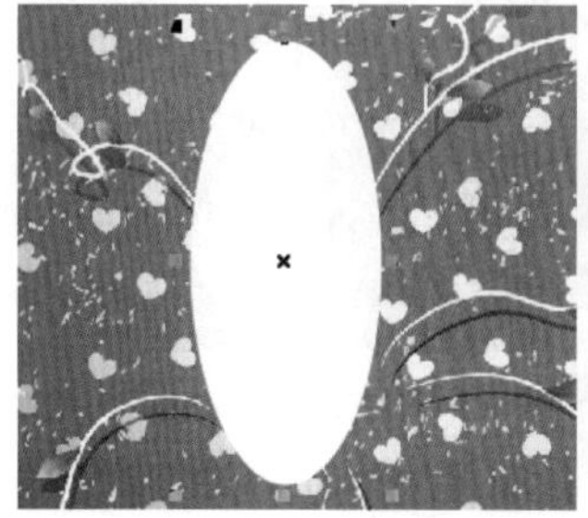

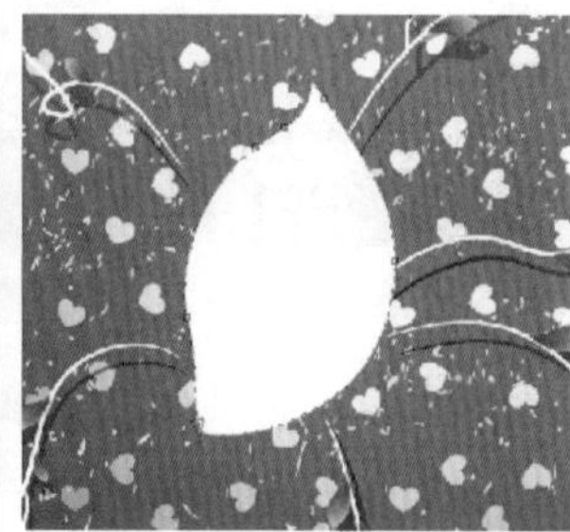

图3—306

步骤04 在工具箱中单击填充工具组中的“渐变填充”按钮，在弹出的“渐变填充”对话框中设置“类型”为“线性”，设置颜色为从粉色到白色，单击“确定”按钮，如图3-307所示。

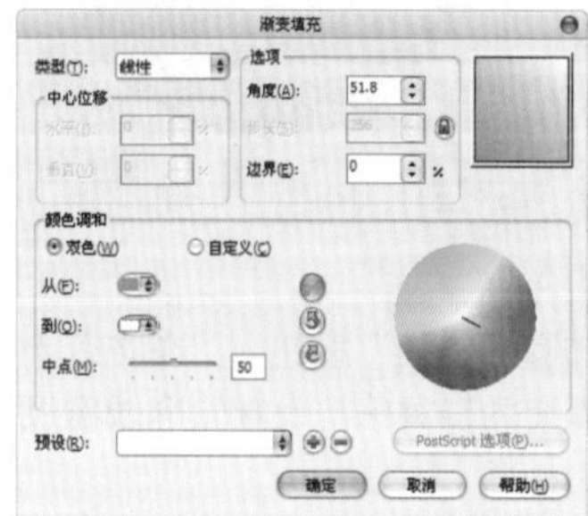

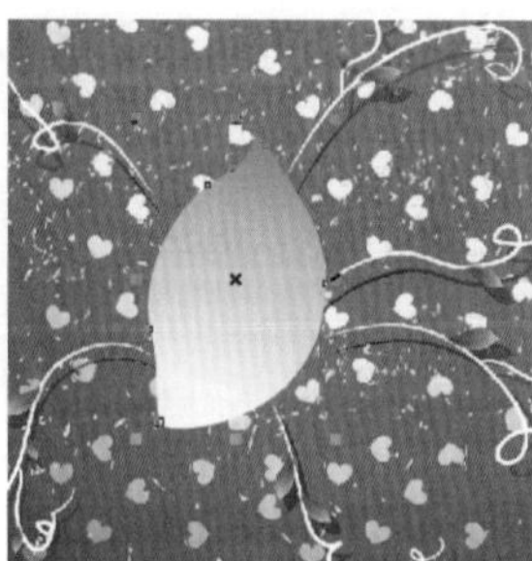

图3—307

步骤05 选择绘制完的花瓣，按Ctrl+C键复制，再按Ctrl+V键粘贴；以同样方法多次复制，然后移动并旋转花瓣，使其形成花朵的形状，如图3-308所示。

图3—308

步骤06 单击工具箱中的“椭圆形工具”按钮，在花朵中心位置绘制一个合适大小的椭圆形作为花心。在工具箱中单击填充工具组中的“渐变填充”按钮，在弹出的“渐变填充”对话框中设置“类型”为“辐射”，在“颜色调和”选项组中选中“自定义”单选按钮，设置颜色为从深黄色到浅黄色，单击“确定”按钮，如图3-309所示。

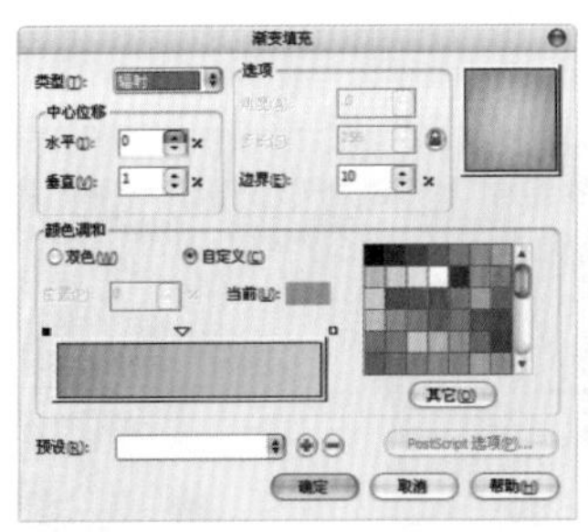

图3-309

步骤07 单击CorelDRAW工作界面右下角的“轮廓笔”按钮，在弹出的“轮廓笔”对话框中将“宽度”设置为“无”；单击工具箱中的“粗糙笔刷工具”按钮，在属性栏中设置“笔尖大小”为3.0mm；在圆形花蕊边缘按住鼠标左键拖动，通过涂抹使花心出现不规则边缘效果，如图3-310所示。

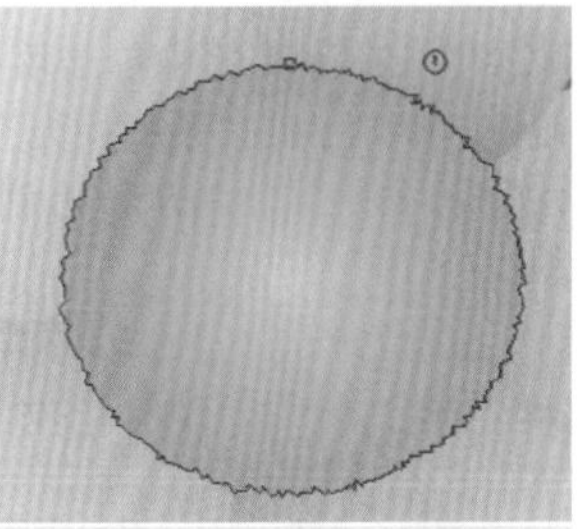

图3-310

步骤08 单击工具箱中的“椭圆形工具”按钮，在花蕊上绘制不同大小的椭圆形，并填充为橘黄色，设置轮廓线宽度为“无”，如图3-311所示。

步骤09 继续使用椭圆形工具及形状工具绘制并编辑出叶子的形状，然后在工具箱中单击填充工具组中的“渐变填充”按钮，在弹出的“渐变填充”对话框中设置“类型”为“线性”，设置颜色为从浅绿到深绿，单击“确定”按钮，如图3-312所示。

图3-311

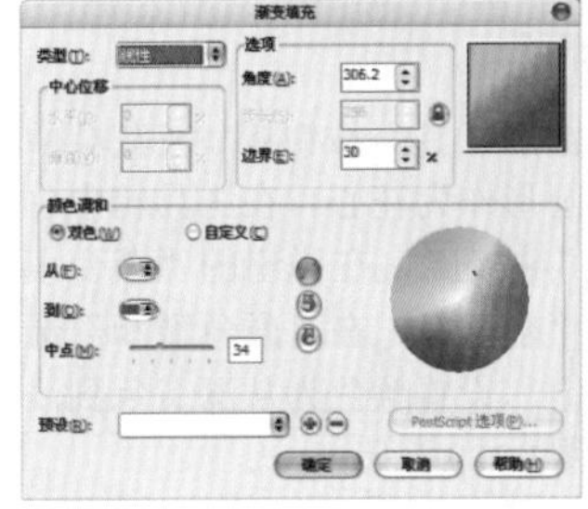

图3-312

步骤10 选择绘制完的叶子，按Ctrl+C键复制，然后按Ctrl+V键粘贴。重复多次，移动并旋转叶子，将其放置在合适位置，如图3-313所示。

图3-313

技巧提示

由于叶子需要在花朵的下方，所以需要选择绘制完的叶子，然后多次单击鼠标右键，在弹出的快捷菜单中执行“顺序>向后一层”命令，直到叶子不再遮挡住花朵为止。

步骤11 单击工具箱中的“选择工具”按钮，框选制作的花朵，然后单击鼠标右键，在弹出的快捷菜单中执行“群组”命令，或者按Ctrl+G键。选择花朵群组，按Ctrl+C键复制，再按Ctrl+V键粘贴，等比例缩放后将其摆放在合适位置，如图3-314所示。

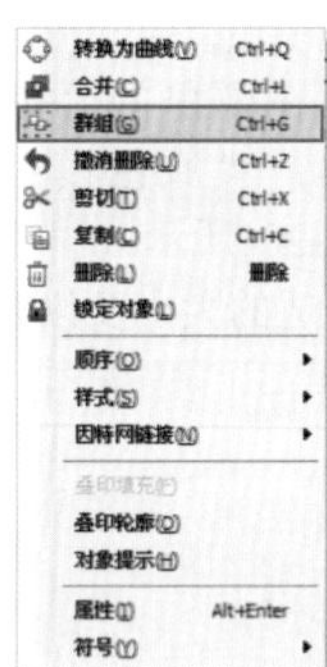

图3-314

步骤12 单击工具箱中的“阴影工具”按钮，在花朵上按住鼠标左键拖动，绘制出阴影效果，最终效果如图3-315所示。

图3-315

技巧提示

阴影工具的使用方法将在后面章节进行详细讲解。

3.3.5 自由变换工具

自由变换工具主要用于对窗口中的图像进行一定程度的变形。单击工具箱中的“自由变换工具”按钮，在其属性栏中可以选择“自由旋转”、“自由角度反射”、“自由缩放”和“自由倾斜”等变换方法；此外，还可以对“旋转中心”、“倾斜角度”、“应用到再制”以及“相对于对象”等进行设置，如图3-316所示。

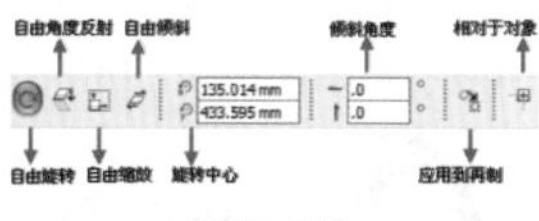

图3-316

技术拓展：自由变换工具的属性栏

（1）在自由变换工具的属性栏中，“对象位置”、“对象大小”、“旋转角度”和“旋转中心”等参数值是随着手动旋转的变化而变化的；也可以根据需要改变其数值，以便精准地旋转，如图3-317所示。

（2）单击属性栏中的“水平镜像”按钮或“垂直镜像”按钮，可以快速地将图像进行水平翻转或垂直翻转，如图3-318所示。

（3）单击属性栏中的“应用到再制”按钮，再次将图像进行旋转时，可以在原图像上复制出旋转图像，如图3-319所示。

图3-317

图3-318

图3-319

理论实践——自由旋转

在自由变换工具的属性栏中单击“自由旋转”按钮，在工作区内任取一点，按住鼠标左键拖动，即可得到旋转效果，如图3-320所示。

理论实践——自由角度反射

在自由变换工具的属性栏中单击“自由角度反射”按钮，可以得到与自由旋转功能相同的效果，不同的是该功能是通过一条反射线对物体进行旋转，如图3-321所示。

技巧与提示

“自由角度镜像工具”允许缩放选定对象，或者沿水平方向或垂直方向镜像该对象。

图3-320

图3-321

理论实践——自由缩放

在自由变换工具的属性栏中单击“自由缩放”按钮，然后在选定的点上按下鼠标左键并拖动，可以将图像进行任意的缩放，使其呈现不同的放大和缩小效果，如图3-322所示。

技巧提示

自由缩放工具允许同时沿着水平轴和垂直轴、相对于其锚点来缩放对象。

理论实践——自由倾斜

在自由变换工具的属性栏中单击“自由倾斜”按钮，然后在选定的点上按下鼠标左键并拖动，可以自由倾斜图像，如图3-323所示。

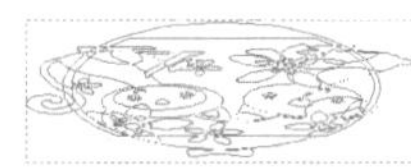

图3—322

图3—323

3.4 裁切工具

在CorelDRAW中可以使用“裁切工具”来修改图像的外形，CorelDRAW X5的裁切工具包括“裁剪工具”、“刻刀工具”、“橡皮擦工具”和“虚拟段删除工具”四大种类，通过不同工具的使用，来完成更为理想的作品。

3.4.1 裁剪工具

裁剪工具可以应用于位图或者矢量图，可以通过它将图形中需要的部分保留，而将不需要的部分删除。

步骤01 单击工具箱中的“裁剪工具”按钮，在图像中按住鼠标左键拖动，调整至合适大小后释放鼠标，如图3-324所示。

步骤02 将光标放在裁剪框边缘，可以改变裁剪框的大小。在裁剪框内单击，可以自由调节裁剪角度，再次单击将返回大小的调节，如图3-325所示。

步骤03 若想重新拖曳选区，或放弃裁剪，可单击属性栏中的按钮。确定选区后双击该裁剪框或按Enter键，即可裁剪掉多余部分，如图3-326所示。

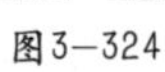

图3—324

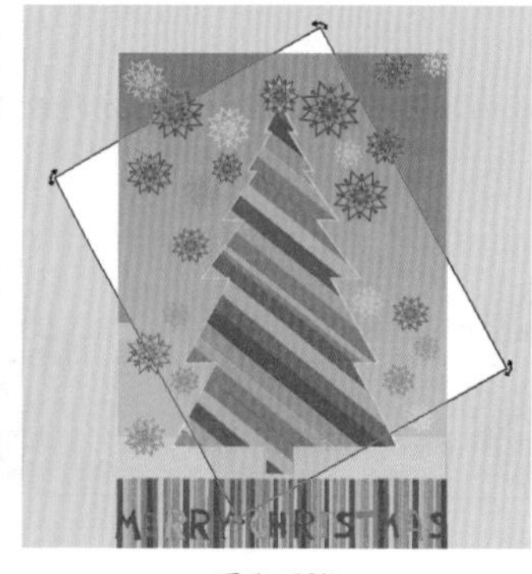

图3—325

图3—326

技巧提示

在裁剪工具的属性栏中，各参数值是随选区的变化而变化的，在数值框内输入所需数值，可以精确、快速地改变裁剪选区的大小及角度，如图3-327所示。

x: -415.662 mm	100.0 mm	.0 °
y: 165.97 mm	135.352 mm	

图3-327

3.4.2 刻刀工具

刻刀工具用于将一个对象分割为两个以上独立的对象。

步骤01 单击工具箱中的“刻刀工具”按钮，将光标移到路径上，当其变为垂直状态时（其默认状态为斜着）表示可用，如图3-328所示。

步骤02 单击节点，再单击所要切割的另一个节点，即可将其切开，如图3-329所示。

步骤03 单击“刻刀工具”属性栏中的“保留为一个对象”按钮，在进行切割时，会保留一半的图像，如图3-330所示。

步骤04 单击“刻刀工具”属性栏中的“剪切时自动闭合”按钮，在进行切割时，可以自动将路径转换为闭合状态，如图3-331所示。

图3-328

图3-329

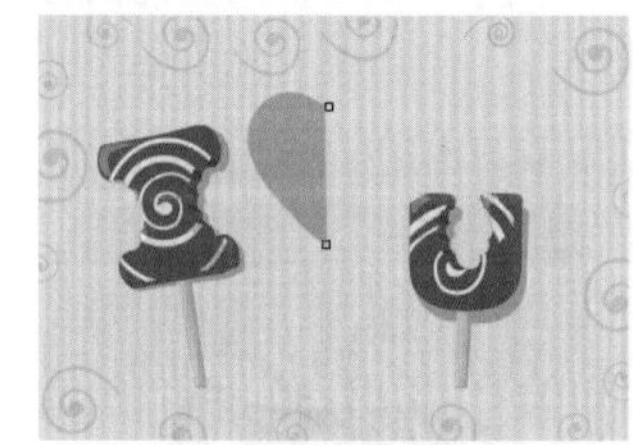

图3-330

图3-331

技巧提示

对于矩形、椭圆形、多边形等图形来说，使用刻刀工具将其分割后，将自动变为曲线对象。对于那些经过渐变、群组及特殊效果处理的图形来说，不能使用刻刀工具来裁切。

3.4.3 橡皮擦工具

虽然名为“橡皮擦”，但是该工具并不能真正地擦除图像，而是在擦除部分对象后，自动闭合受到影响的路径，并使该对象自动转换为曲线对象。橡皮擦工具可擦除线条、形体和位图等对象。

理论实践——使用橡皮擦工具擦除线条

步骤01 单击工具箱中的“手绘工具”或“贝塞尔工具”按钮，在工作区随意绘制一条曲线，如图3-332所示。

步骤02 单击工具箱中的“橡皮擦工具”按钮，将光标移至曲线的一侧，按住鼠标左键拖动至另一侧，释放鼠标后曲线即被分成两条线段，如图3-333所示。

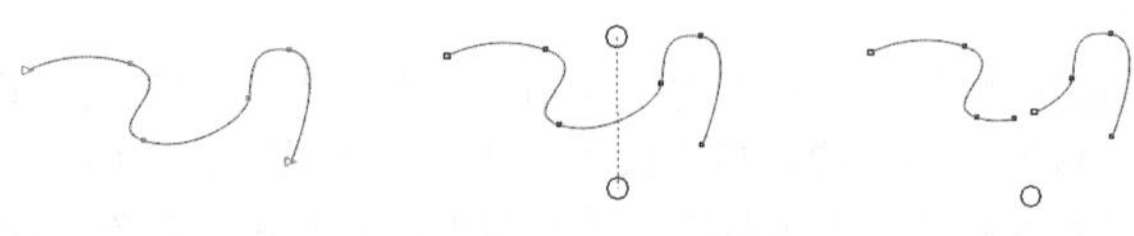

图3-332　　图3-333

技巧提示

单击工具箱中的“橡皮擦工具”按钮，将光标移至绘图页面中，按下Shift键的同时单击并上下拖动鼠标，就可以改变橡皮擦工具擦除的宽度。

理论实践——使用橡皮擦工具擦除形体

步骤01 单击工具箱中的"橡皮擦工具"按钮，将光标移至要擦除的图像上，单击将其选中。此时该图像周围将显示出节点，表示处于可擦除状态，如图3-334所示。

图3-334

步骤02 将光标移至图像的一侧，按住鼠标左键拖动至另一侧，释放鼠标后拖拽处即被擦除，同时图像会自动变为闭合路径，如图3-335所示。

图3-335

步骤03 想在图像中擦除一个空白圆形闭合路径，可以在橡皮擦工具的属性栏中调整"橡皮擦厚度"，然后将光标移至要擦除的图像上，双击选定对象，即可得到空白圆形闭合路径，如图3-336所示。

图3-336

步骤04 单击属性栏中的"橡皮擦形状"按钮，可以将圆形的橡皮擦转换为方形橡皮擦，以得到不同的擦除效果，如图3-337所示。

图3-337

理论实践——使用橡皮擦工具擦除位图

利用橡皮擦工具也可以擦除位图，步骤如下。

步骤01 打开一幅位图图像，如图3-338所示。

步骤02 单击工具箱中的"橡皮擦工具"按钮，将光标移至位图图像上，按住鼠标左键拖动，即可擦除多余区域，如图3-339所示。

图3-338

图3-339

3.4.4 虚拟段删除工具

使用虚拟段删除工具可以快速删除虚拟的线段，减少了在删除相交线段时，所需添加节点、分割以及删除节点等复杂的操作。

步骤01 单击工具箱中的"虚拟段删除工具"按钮，将光标移至要删除的虚拟线段上，当其变为垂直状态时（默认状态为倾斜）表示可用，单击即可将其删除，如图3-340所示。

图3-340

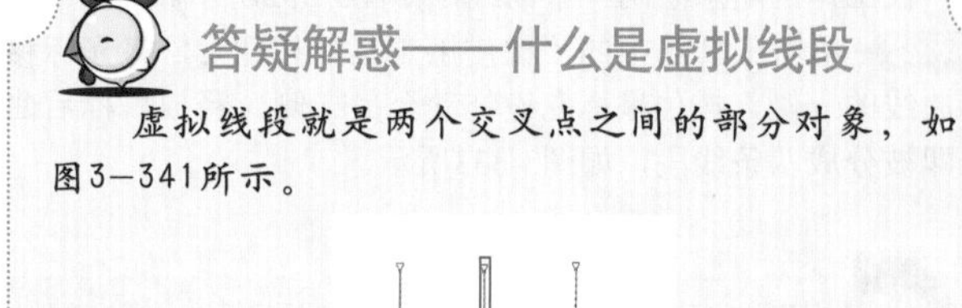

答疑解惑——什么是虚拟线段

虚拟线段就是两个交叉点之间的部分对象，如图3-341所示。

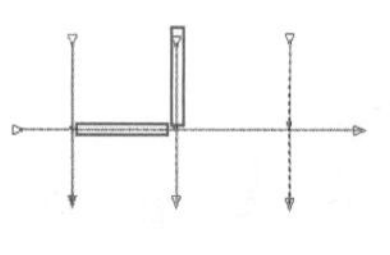

图3-341

步骤02 使用虚拟段删除工具时，拖动鼠标绘制矩形选框，释放鼠标后，矩形选框所经过的虚拟线段将被删除，如图3-342所示。

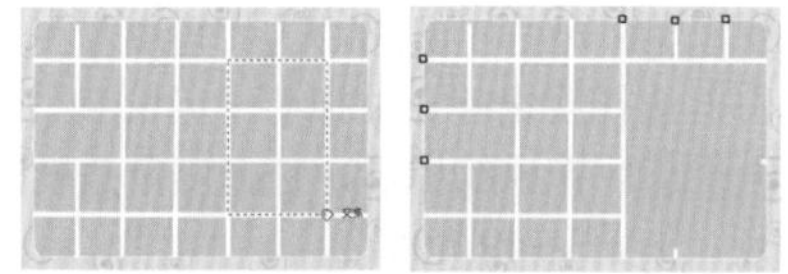

图3—342

技巧提示

利用虚拟段删除工具处理后，封闭图形将变为开放图形。在默认状态下，将不能对图形进行色彩填充等操作。

3.5 度量工具

尺寸标注是工程绘图中必不可少的一部分。利用CorelDRAW提供的度量工具组可以确定图形的度量线长度，便于图形的制作。它不仅可以显示对象的长度、宽度，还可以显示对象之间的距离。在如图3-343所示作品中，使用到了该工具组。

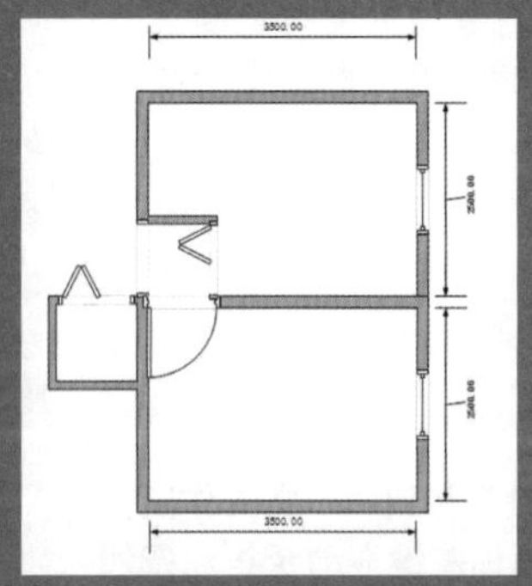

图3—343

3.5.1 平行度量工具

步骤01 选择要度量的图形，单击工具箱中的“平行度量工具”按钮，按住鼠标左键选择度量起点并拖动到度量终点，如图3-344所示。

步骤02 释放鼠标，向侧面拖曳，再次释放鼠标，效果如图3-345所示。

图3—344

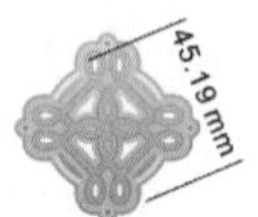

图3—345

技巧提示

平行度量工具可以以任意斜度度量图像的斜向尺寸。

3.5.2 水平或垂直度量工具

步骤01 选择要度量的图形，单击工具箱中的“水平或垂直度量工具”按钮，按住鼠标左键选择度量起点并拖动到度量终点，如图3-346所示。

步骤02 释放鼠标，然后向侧面拖曳，单击定位另一个节点，此时出现度量结果，如图3-347所示。

图3—346

图3—347

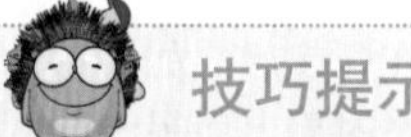

技巧提示

水平或垂直度量工具不论度量时所确定的度量点的位置如何，总是度量对象的水平或纵向尺寸。

3.5.3 角度量工具

角度量工具度量的是对象的角度，而不是对象的距离。

步骤01 单击工具箱中的“角度量工具”按钮，按住鼠标左键选择度量起点并拖动一定长度，如图3-348所示。

步骤02 释放鼠标后，选择度量角度的另一侧，单击定位节点，如图3-349所示。

步骤03 再次移动光标定位度量角度产生的饼形直径，如图3-350所示。

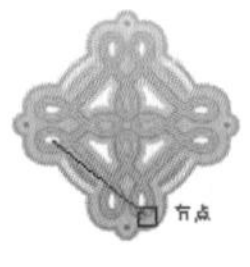
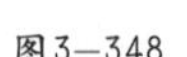

图3—348

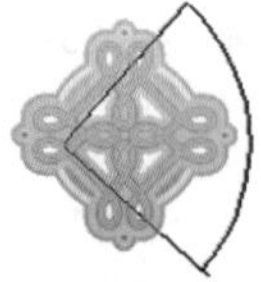

图3—349

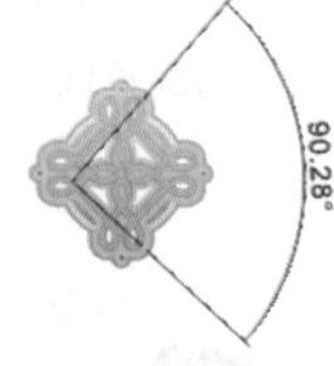

图3—350

3.5.4 线段度量工具

选择要度量的图形，单击工具箱中的“线段度量工具”按钮，按住鼠标左键选择度量对象的宽度与长度，释放鼠标后向侧面拖曳，再次释放鼠标，单击得到度量结果，如图3-351所示。

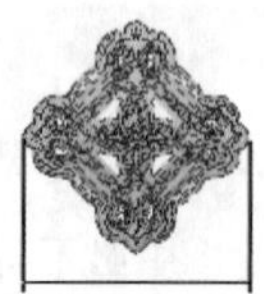
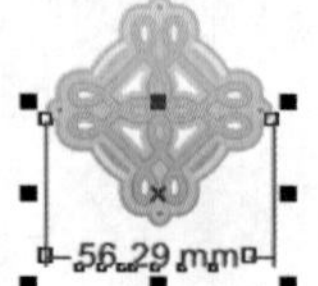

图3—351

3.5.5 3点标注工具

步骤01 单击工具箱中的“3点标注工具”按钮，在工作区内单击确定放置箭头的位置，然后按住鼠标左键拖动至第一条线段的结束位置，如图3-352所示。

步骤02 释放鼠标后，再次进行拖曳，选择第二条线段的结束点，如图3-353所示。

步骤03 释放鼠标，在光标处输入标注文字，如图3-354所示。

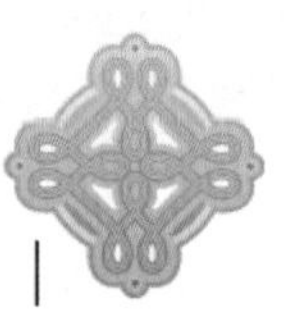

图3—352

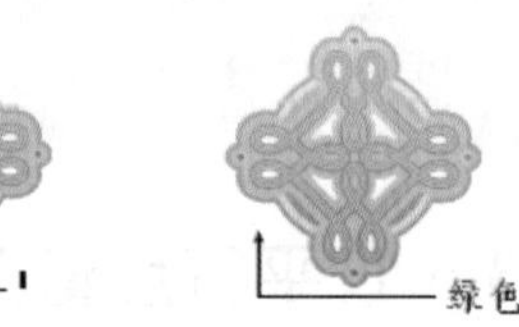

图3—353

图3—354

3.6 连接器工具

利用连接器工具组可以将两个图形对象（包括图形、曲线、美术字文本等）通过连接锚点的方式用线连接起来，主要用于流程图的连线，如图3-355所示。该工具组中主要包括直线接连器工具、直角连接器工具、直角圆形连接器工具和编辑锚点工具，下面分别介绍其使用方法。

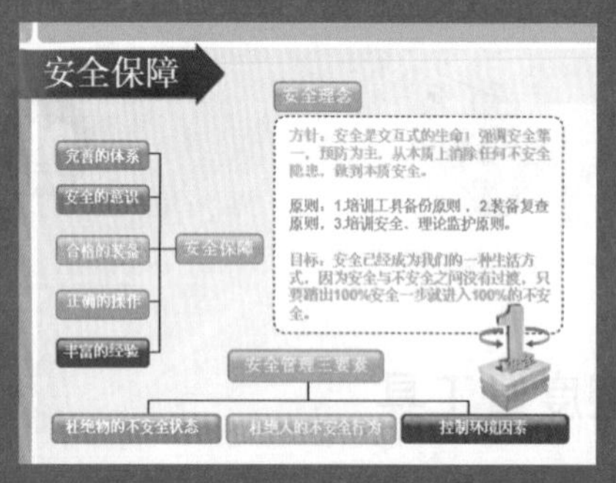

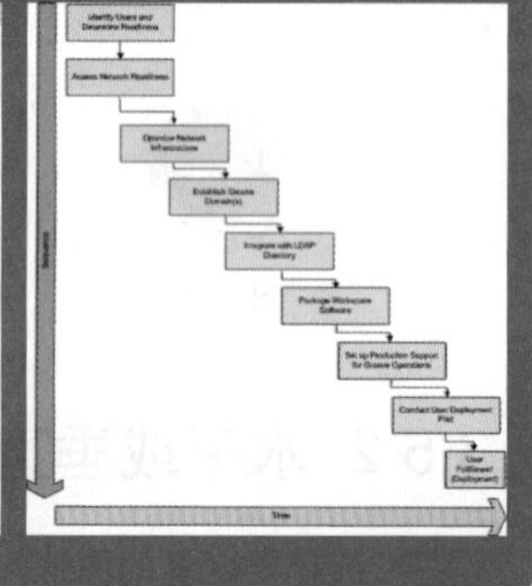

图3—356

3.6.1 直线连接器工具

使用直线连接器工具将两个对象连接在一起后，如果移动其中一个对象，连线的长度和角度将作出相应的调整，但连线关系将保持不变。如果连线只有一端连接在对象上而另一端固定在绘图页面上，当移动该对象时，另一端将固定不动。如果连线没有连接到任何对象上，那么它将成为一条普通的线段。

步骤01 单击工具箱中的“直线连接器工具”按钮，在工作区内选择线段的起点，然后按住鼠标左键拖动，至终点位置时释放鼠标，如图3-356所示。

步骤02 单击工具箱中的“形状工具”按钮，选中线段节点，然后按住鼠标左键将其拖动至合适位置，如图3-357所示。

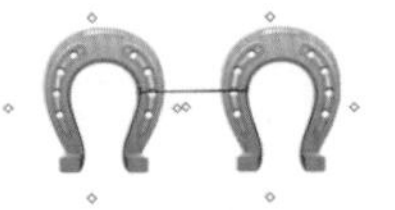

图3—356

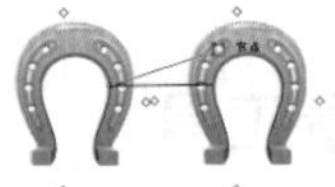
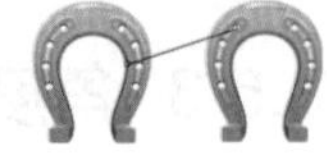

图3—357

步骤03 使用选择工具选择要删除的边线，然后按Delete键，即可删除连接器。

3.6.2 直角连接器工具

使用直角连接器工具连接对象时，连线将自动形成折线。连线上有许多节点，拖动这些节点可以移动连线的位置和形状。如果将连接在对象上的连线的节点进行拖动，可以改变该节点的连接位置。

步骤01 单击工具箱中的“直角连接器工具”按钮，选择第一个节点，然后按住鼠标左键拖动至另一个节点，释放鼠标后两个对象将以直角连接线的形式进行连接，如图3-358所示。

步骤02 单击工具箱中的“形状工具”按钮，选中线段节点，然后按住鼠标左键拖动至另一节点，释放鼠标后即可调整节点位置，如图3-359所示。

3.6.3 直角圆形连接器工具

直角圆形连接器工具与直角连接器工具的使用方法相似，不同之处是利用直角圆形连接器工具绘制的连线是圆形角。

步骤01 单击工具箱中的“直角圆形连接器工具”按钮，选择第一个节点，然后按住鼠标左键拖动至另一个节点，释放鼠标后两个对象将以圆角连接线的形式进行连接，如图3-360所示。

步骤02 单击工具箱中的“形状工具”按钮，选中线段节点，然后按住左键拖动至另一节点，释放鼠标后即可调整节点位置，如图3-361所示。

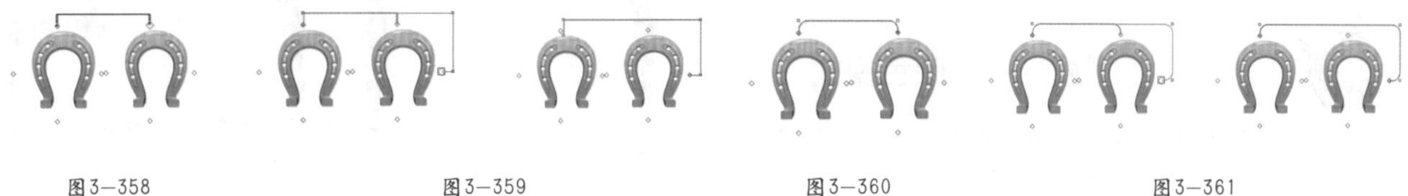

图3—358　图3—359　图3—360　图3—361

3.6.4 编辑锚点工具

使用编辑锚点工具可以对对象的锚点进行调整，从而改变锚点与对象的距离或连线与对象间的距离。

单击工具箱中的“编辑锚点工具”按钮，在所选位置上双击，即可增加锚点；单击要删除的锚点，单击属性栏中的“删除锚点”按钮即可删除锚点；选中图像上要移动的锚点，然后按住鼠标左键拖动，可以将其从一个位置移动到另一个位置，如图3-362所示。

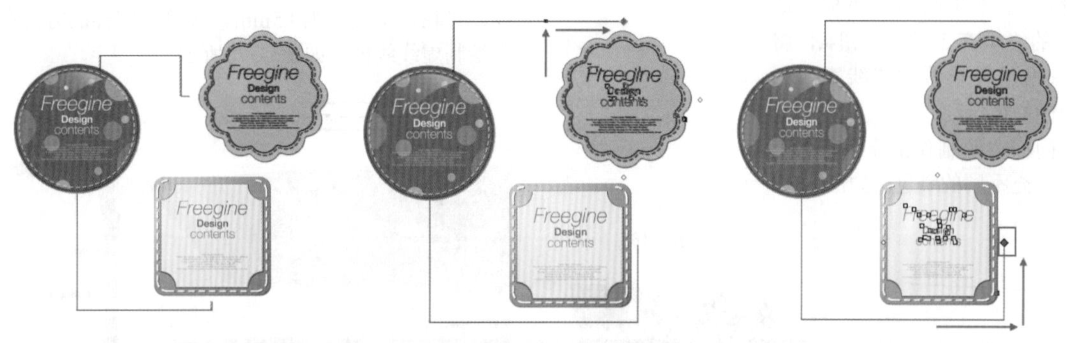

图3—362

综合实例——卡通风格儿童教育传单

案例文件	综合实例——卡通风格儿童教育传单.psd
视频教学	综合实例——卡通风格儿童教育传单.flv
难易指数	★★★★★
技术要点	矩形工具、钢笔工具、手绘工具、均匀填充工具、裁剪工具

案例效果

本例最终效果如图3-363所示。

操作步骤

步骤01 执行“文件>新建”命令，在弹出的“创建新文档”对话框中设置“大小”为A4，“原色模式”为CMYK，“渲染分辨率”为300，如图3-364所示。

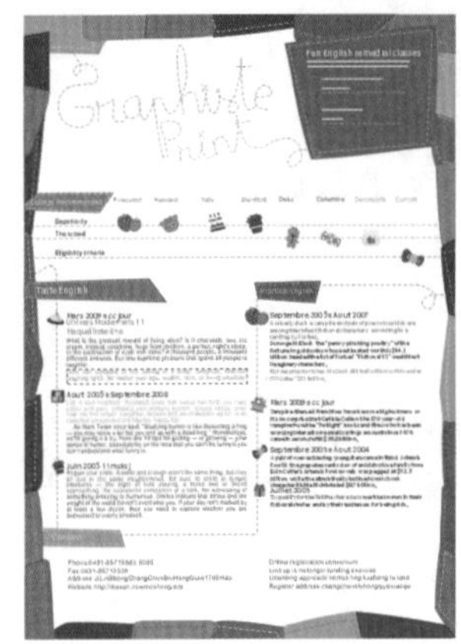

图3—363

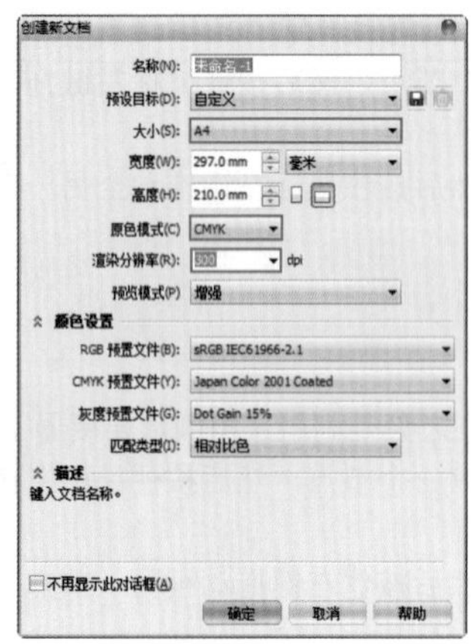

图3—364

技术拓展：了解CMYK颜色模式

CMYK就是我们在印刷品上所看到的颜色，其中C表示青色、M表示红色、Y表示黄色、K表示黑色。理论上100C、100M、100Y可以合成黑色，但由于油墨的纯度不统一，因此要加上一种黑色K才可以得到纯黑色。

步骤02 单击工具箱中的“矩形工具”按钮，绘制一个合适大小的矩形，然后通过调色板将其填充为白色，如图3-365所示。

步骤03 单击工具箱中的“钢笔工具”按钮，绘制一个不规则的多边形，单击工具箱中的“填充工具”按钮，将其填充为绿色，并设置轮廓线宽度为“无”，如图3-366所示。

步骤04 以同样方法制作出多个不规则多边形，并填充不同的颜色，如图3-367所示。

图3—365

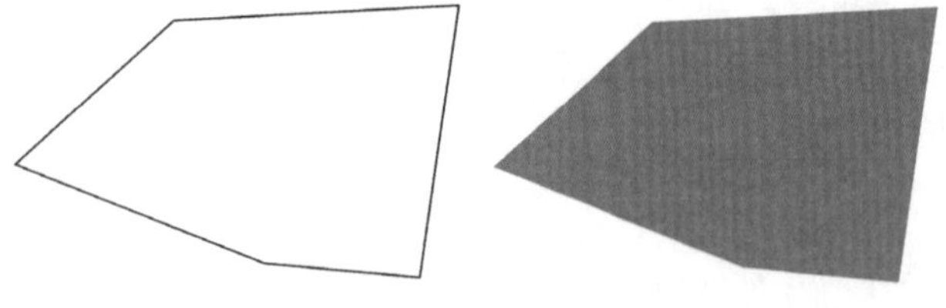

图3—366

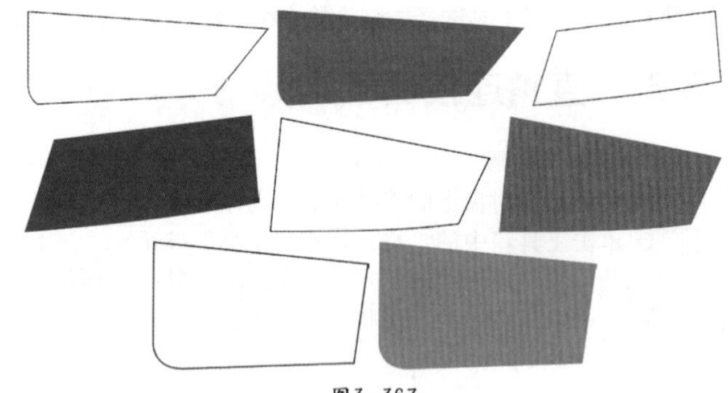

图3—367

步骤05 使用选择工具将做好的彩色多边形放置在白色矩形边框的周围，相互重叠，制作出彩色的轮廓，如图3-368所示。

步骤06 再次使用钢笔工具绘制标题栏和子标题的多彩底色框，如图3-369所示。

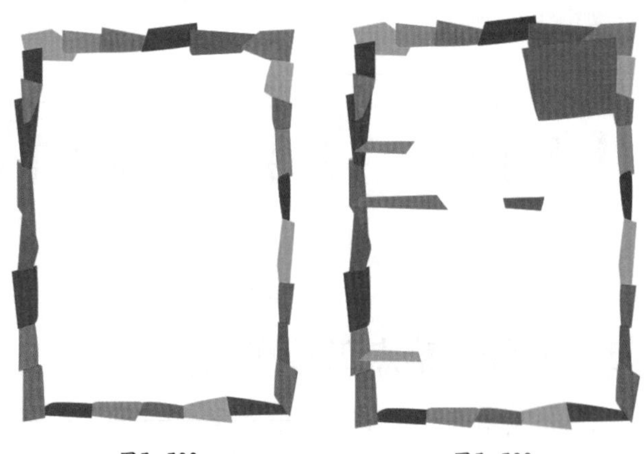

图3—368　　图3—369

步骤07 再次单击工具箱中的“钢笔工具”按钮，在彩色多边形内绘制线框。然后在属性栏中设置“线条样式”为斑马线，“轮廓宽度”为0.5mm。接着以同样的方法在其他色块中绘制虚线线框，如图3-370所示。

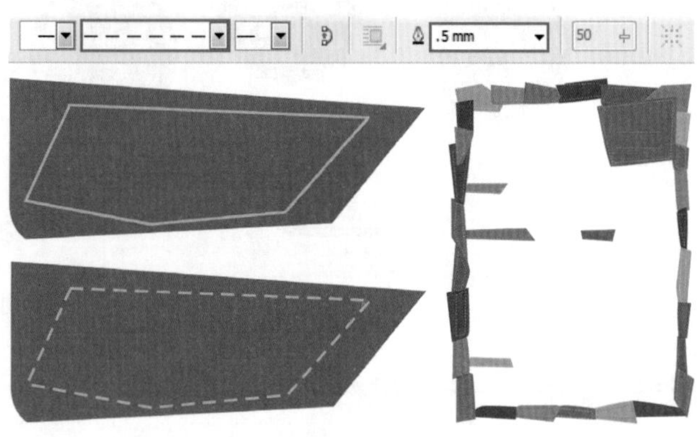

图3—370

步骤08 以同样方法在画面的空白区域使用钢笔工具绘制另外一些斑马线形状的线框，如图3-371所示。

> **技巧提示**
>
> 使用钢笔工具时，按住Shift键可以方便地绘制绘制水平或垂直的线。

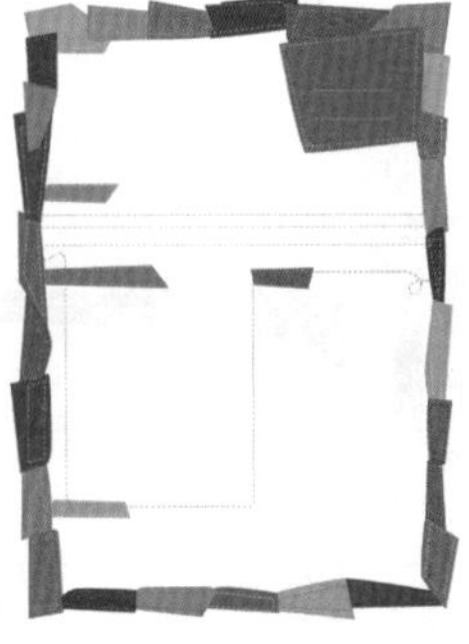

图3-371

步骤09 单击工具箱中的“手绘工具”按钮，在属性栏中设置同样的线条样式，在画面中绘制出手绘效果的英文单词，如图3-372所示。

图3-372

步骤10 执行“文件>导入”命令，导入卡通素材，并将其进行等比例缩放，依次排放到合适位置，如图3-3732所示。

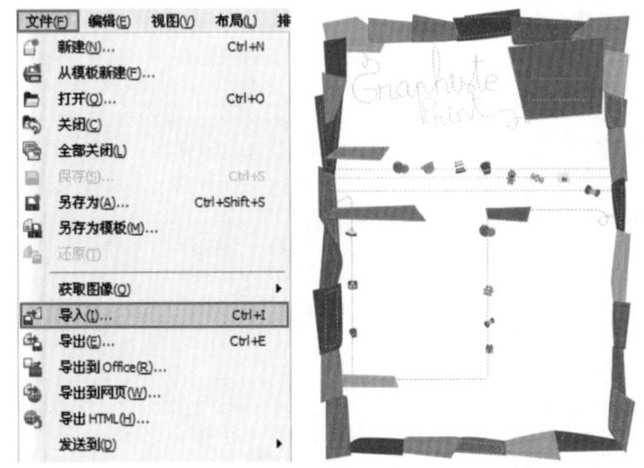

图3-373

步骤11 单击工具箱中的“文本工具”按钮字，在标题框中输入标题文字，设置其颜色为白色，并调整为合适的字体及大小，如图3-374所示。

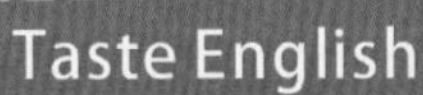

图3-374

> **技巧提示**
>
> 文字是人类文化的重要组成部分，无论在何种视觉媒体中，文字和图像都是其两大构成要素。文字排版组合的好坏，将直接影响到版面的视觉效果。在后面的章节中将详细讲解文本工具的使用方法。

步骤12 继续使用文本工具在右上角紫色多边形内单击并输入文本内容，如图3-375所示。

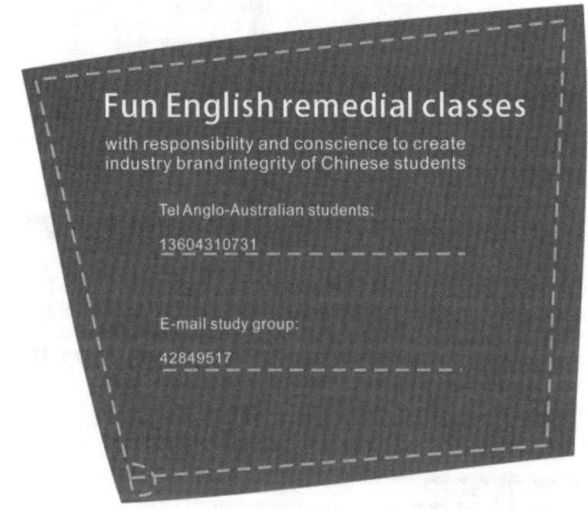

图3-375

步骤13 保持文本工具的选中状态，在海报内按住鼠标左键向右下角拖动，绘制出文本框，然后在其中输入文字，如图3-376所示。

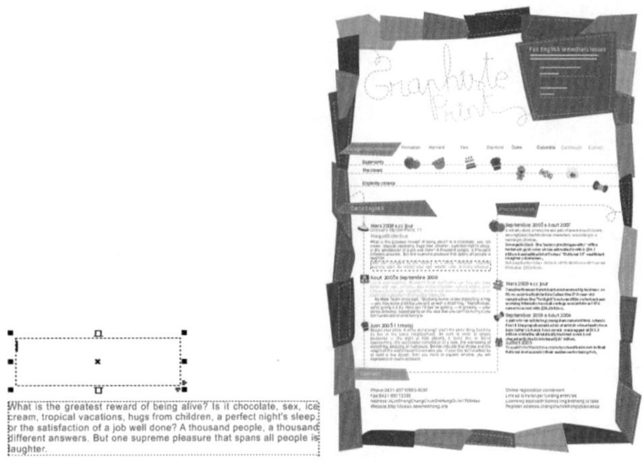

图3-376

> **技巧提示**
>
> 在绘制的文本框中输入的文本属于段落文本，可以通过调整文本框的大小调整段落文本的排布。段落文本适用于大面积文字排版，如报刊、杂志等。

步骤14 至此，页面制作基本完成。由于页面边缘处存在多余的内容，单击工具箱中的“裁剪工具”按钮，在画面中需要保留的区域拖动，最后按Enter键完成绘制，最终效果如图3-377所示。

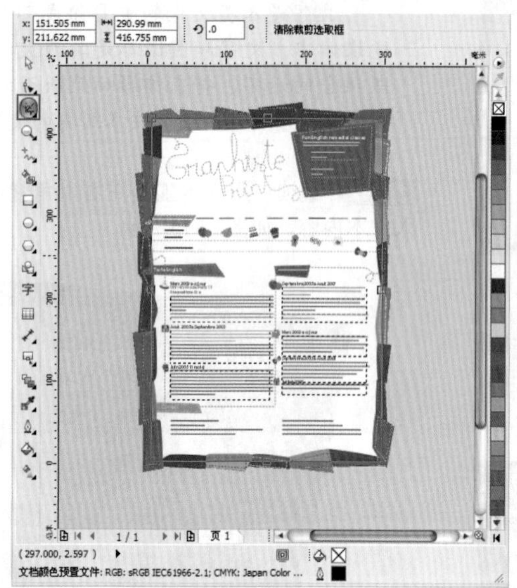

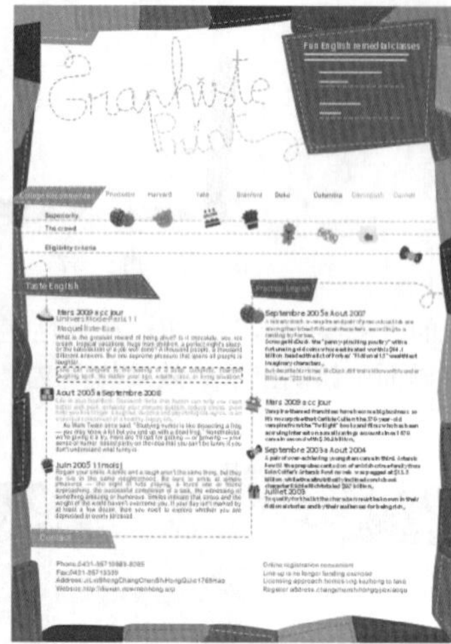

图3—377

读书笔记

对象的高级编辑

在对对象进行处理前，首先需要使其处于选中状态。在CorelDRAW中，选择工具是最常用的工具之一，通过它不仅可以选择矢量图形，还可以选择位图、群组等对象。当一个对象被选中时，其周围会出现8个黑色正方形控制点，单击控制点可以修改其位置、形状及大小。

本章学习要点：

- 掌握复制、剪切与粘贴的多种方法
- 掌握对象基本变换的方法
- 掌握造形功能的使用方法
- 掌握使用图框进行精确裁剪的方法

4.1 选择对象

在对对象进行处理前，首先需要使其处于选中状态。在CorelDRAW中，选择工具是最常用的工具之一，通过它不仅可以选择矢量图形，还可以选择位图、群组等对象。当一个对象被选中时，其周围会出现8个黑色正方形控制点，单击控制点可以修改其位置、形状及大小，如图4-1所示。

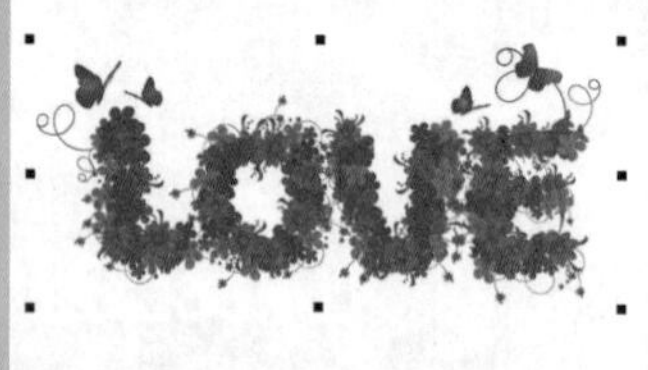

图4—1

技巧提示

在使用其他工具时，按下空格键即可切换到选择工具；再次按下空格键，则可切换回之前使用的工具。

选取对象的方法有多种，下面分别介绍。

- 选择一个对象：单击工具箱中的“选择工具”按钮，在对象上单击鼠标左键，即可将其选中；也可以使用选择工具在要选取的对象周围单击，然后按住鼠标左键并拖动，即可将选框覆盖区域中的对象选中。
- 选择多个对象：单击工具箱中的“选择工具”按钮，然后按住 Shift 键单击要选择的每个对象。
- 按创建顺序选择对象：选中某一对象后，按下Tab键会自动选择最近绘制的对象，再次按下Tab键会继续选择最近绘制的第二个对象。如果在按下Shift键的同时按下Tab键进行切换，则可以从第一个绘制的对象起，按照绘制顺序进行选择。
- 选择所有对象：执行“编辑>全选>对象”命令。
- 选择群组中的一个对象：按住 Ctrl 键，单击工具箱中的“选择工具”按钮，然后单击群组中的对象。
- 选择嵌套群组中的一个对象：按住 Ctrl 键，单击工具箱中的“选择工具”按钮，然后单击对象一次或多次，直到其周围出现选择框。
- 选择视图中被其他对象遮掩的对象：按住 Alt 键，单击工具箱中的“选择工具”按钮，然后单击最顶端的对象一次或多次，直到隐藏对象周围出现选择框。
- 选择多个隐藏对象：按住 Shift + Alt 键，单击工具箱中的“选择工具”按钮，然后单击最顶端的对象一次或多次，直到隐藏对象周围出现选择框。
- 选择群组中的一个隐藏对象：按住 Ctrl +Alt 键，单击工具箱中的“选择工具”按钮，然后单击最顶端的对象一次或多次，直到隐藏对象周围出现选择框。

4.2 对象的剪切、复制与粘贴

CorelDRAW中提供了多种复制对象的方法，可以将对象复制到剪贴板，然后粘贴到工作区中，也可以再制对象。另外，还可以通过对象的剪切与粘贴，满足多样的设计需求，如图4-2所示。

图4—2

4.2.1 剪切对象

剪切是把当前选中的对象移入剪贴板中，原位置的对象消失，以后用到该对象时，可通过“粘贴”命令来调用。也就是说，“剪切”命令经常与“粘贴”命令配合使用。在CorelDRAW中，剪切和粘贴对象可以在同一文件或者不同文件中进行。如图4-3所示分别为原图、剪切出的对象与粘贴到新文件中的效果。

图4—3

方法01 选择一个对象，执行“编辑>剪切”命令（如图4-4所示）或按Ctrl+X键，即可将所选对象剪切到剪贴板中，被剪切的对象从画面中消失。

方法02 选择一个对象，单击鼠标右键，在弹出的快捷菜单中执行“剪切”命令，也可以进行剪切操作如图4-5所示。

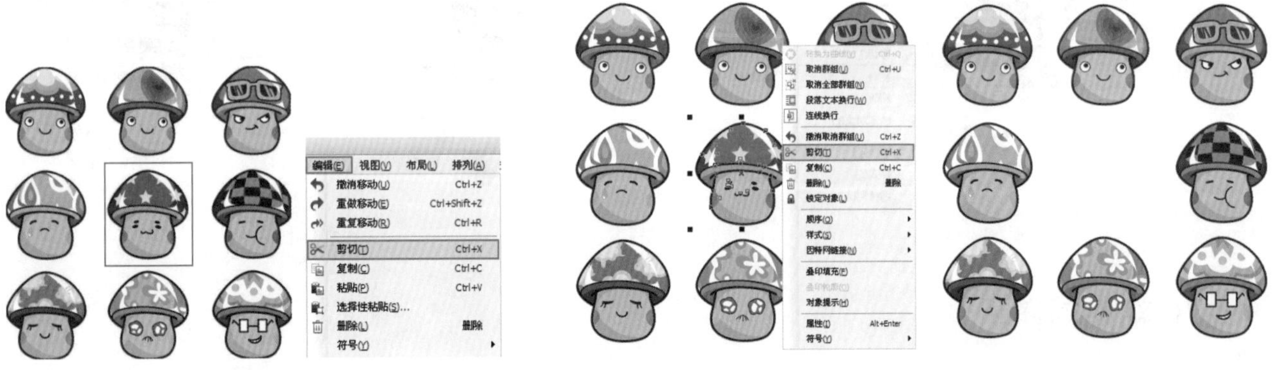

图4—4　　图4—5

剪切完成后，可以使用下面将要介绍的“粘贴”命令将对象粘贴到其他文件中。

4.2.2 复制对象

在设计作品中经常会出现重复的对象，如果逐一绘制，无疑劳心费力。在CorelDRAW中无须重复创建，选中对象后进行复制、粘贴即可，这也是数字设计平台的便利之一，如图4-6所示。

通过“复制”命令可以快捷地制作出多个相同的对象，具体方法如下。

方法01 首先选择一个对象，然后执行“编辑>复制”命令或按Ctrl+C键，即可复制该对象，如4-7所示。

图4—6

图4—7

技巧提示

与“剪切”命令不同，经过复制后对象虽然也被保存到剪贴板中，但是原位置的对象不会被删除。

方法02 也可以选择一个对象，单击鼠标右键，在弹出的快捷菜单中执行“复制”命令来复制，如图4-8所示。

图4—8

方法03 使用鼠标右键拖动对象到另外的位置，释放鼠标后，在弹出的快捷菜单中执行“复制”命令，同样可以进行复制，如图4-9所示。

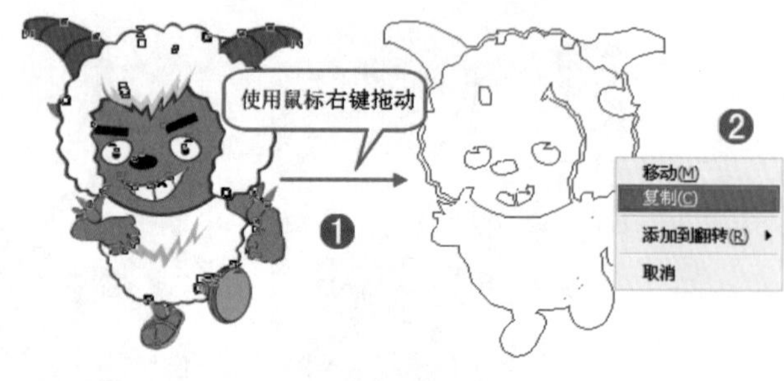

图4—9

方法04 使用选择工具拖动对象，移动到某一位置后单击鼠标右键，然后释放鼠标，即可在当前位置复制出一个对象，如图4-10所示。

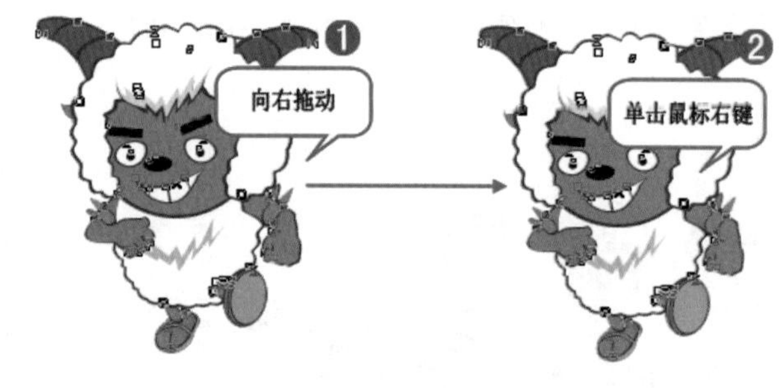

图4—10

4.2.3 粘贴对象

在对对象进行了复制或者剪切操作后，接下来要进行的便是粘贴操作。执行“编辑>粘贴”命令或按Ctrl+V键，可以在当前位置粘贴出一个新的对象（通过移动操作可以将其移动到其他位置），如图4-11所示。

4.2.4 选择性粘贴

在实际操作中，经常会遇到需要将Word文档中的内容粘贴到CorelDRAW中的情况，这时就要用到“选择性粘贴”命令。首先在Word中复制所需图像或文字，然后回到CorelDRAW中，执行“编辑>选择粘贴性”命令，在弹出的“选择性粘贴”对话框中进行相应的设置，单击“确定”按钮结束操作，如图4-12所示。

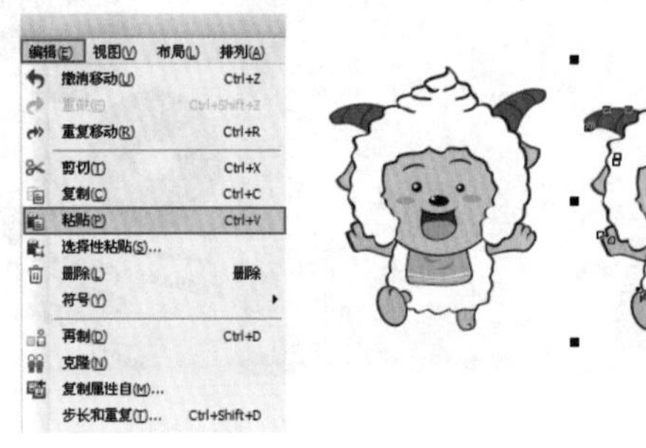

图4—11

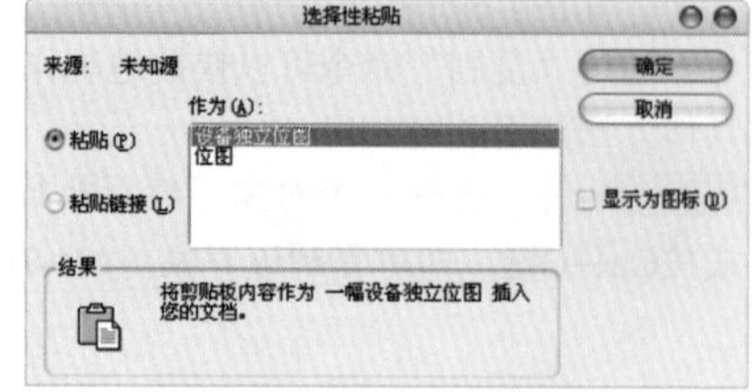

图4—12

4.2.5 再制对象

再制对象可以在工作区中直接放置一个副本，而不使用剪贴板。再制的速度比复制和粘贴快。并且再制对象时，可以沿着 X 和 Y 轴指定副本和原始对象之间的距离（此距离称为偏移）。

步骤01 选择一个对象，执行“编辑>再制”命令，或按Ctrl+D键，如图4-13所示。

图4—13

步骤02 弹出“再制偏移”对话框，从中对“水平偏移”和“垂直偏移”进行设置，然后单击“确认”按钮，即可在原图像右上方再制出一个图像，如图4-14所示。

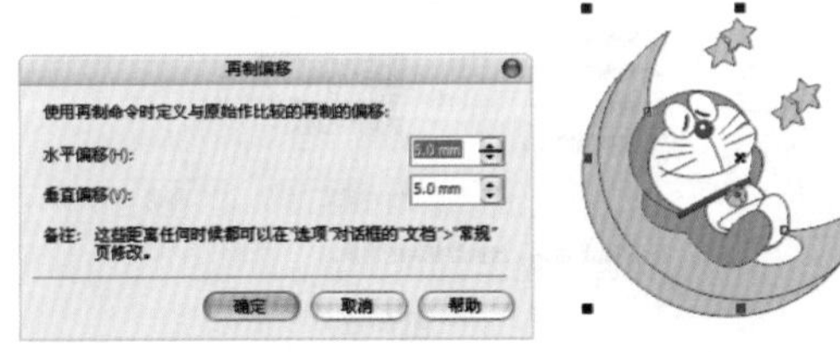

图4—14

步骤03 适当移动该对象，如图4-15所示。

图4—15

步骤04 继续按Ctrl+D键，可以再制出间距相同的连续对象，如图4-16所示。

图4—16

4.2.6 克隆

克隆对象即创建链接到原始对象的对象副本，如图4-17（a）所示。对原始对象所做的任何更改都会自动反映在克隆对象中，如图4-17（b）所示。但是对克隆对象所做的更改不会自动反映在原始对象中，如图4-17（c）所示。

选择一个需要克隆的对象，执行“编辑>克隆”命令（如图4-18所示），即可在原图像上方克隆出一个图像。如果要选择克隆对象的主对象，可以右击克隆对象，在弹出的快捷菜单中执行“选择主对象”命令；如要选择主对象的克隆对象，可右击主对象，在弹出的快捷菜单中执行“选择克隆”命令。

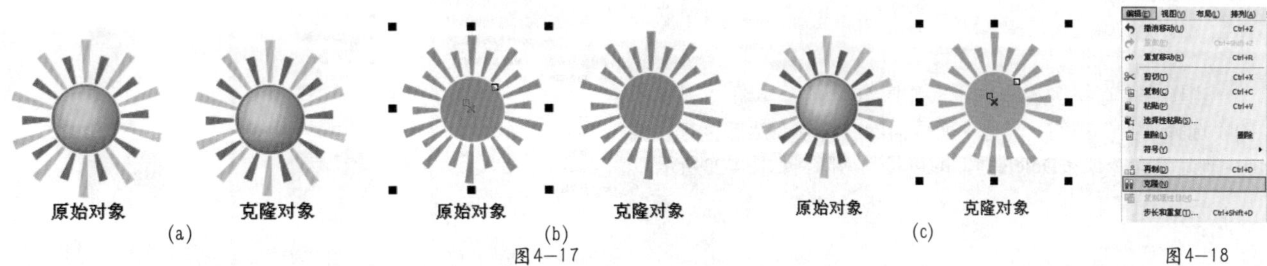

(a) (b) (c)

图4—17

图4—18

技巧提示

通过克隆命令可以在更改主对象的同时修改对象的多个副本。如果希望克隆对象和主对象在填充和轮廓颜色等特定属性上不同，而希望主对象控制形状等其他属性相同，克隆命令对这种类型的修改特别有用。如果只是希望在多次绘制时使用相同的对象，使用符号工具也能达到同样的目的，并且占用的系统内存更少。

通过还原为主对象，可以移除对克隆对象所做的更改。如果要还原到克隆的主对象，可以在克隆对象上单击鼠标右键，在弹出的快捷菜单中执行“还原为主对象”命令，在弹出的“还原为主对象”对话框中进行相应的设置，然后单击“确定”按钮即可，如图4-19所示。

图4—19

其中主要选项介绍如下。

- 克隆填充：恢复主对象的填充属性。
- 克隆轮廓：恢复主对象的轮廓属性。
- 克隆路径形状：恢复主对象的形状属性。
- 克隆变换：恢复主对象的形状和大小属性。
- 克隆位图颜色遮罩：恢复主对象的颜色设置。

4.2.7 复制对象属性

在CorelDRAW X5中，可以将属性从一个对象复制到另一个对象。可以复制的对象属性包括轮廓、填充和文本属性等。此外，还可以对调整大小、旋转和定位等对象变换，以及应用于对象的效果等进行复制，如图4-20所示。

单击工具箱中的“选择工具”按钮，选择要复制另一个对象的属性的目标对象，执行“编辑>复制属性”命令，在弹出的“复制属性”对话框中进行相应的设置，然后单击“确定”按钮结束操作，如图4-21所示。

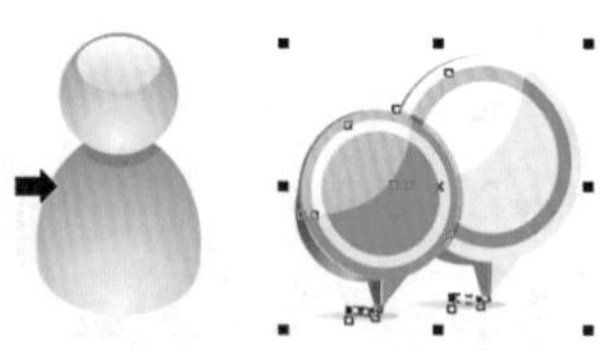

图4—20

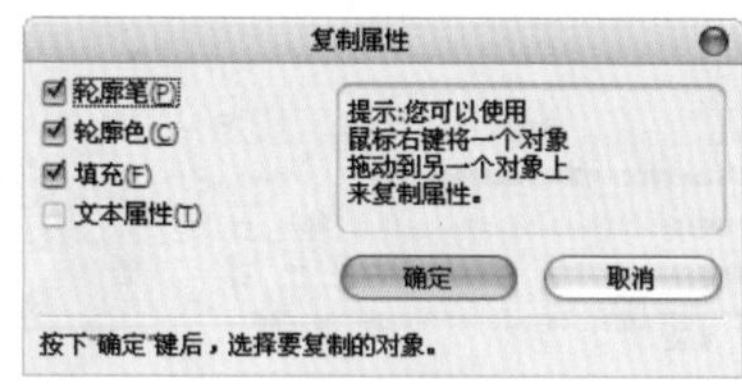

图4—21

4.2.8 使用“步长和重复”命令重复复制对象

选择一个对象，执行“编辑>步长和重复”命令或按Ctrl+Shift+D键，在弹出的“步长和重复”泊坞窗中分别对“水平设置”、“偏移设置”和“份数”进行设置，然后单击“应用”按钮，即可按设置的参数复制出相应数目的对象，如图4-22所示。

图4—22

4.3 清除对象

当图像中存在多余部分时，需要及时清除。单击工具箱中的“选择工具”按钮，选中所要清除的对象，然后执行“编辑>删除”命令或按Delete键，即可将其清除，如图4-23所示。

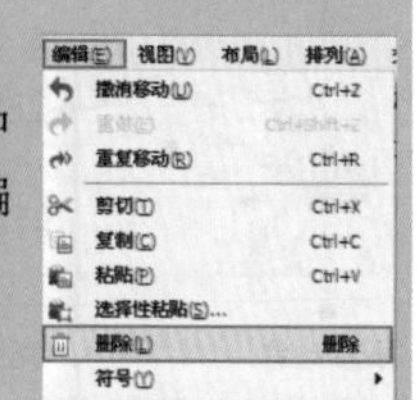

图4—23

变换对象

在CorelDRAW X5中提供多种可用于对象变换的命令，如“移动”、“旋转”、“缩放”、“镜像”、“斜切”等。通过这些命令可以更快捷地完成对象的变形操作，从而制作出丰富多样的形状。

4.4.1 移动对象

在CorelDRAW中，可以通过多种方法来移动对象，下面分别介绍。

理论实践——通过控制点移动

选定图像，使之周围出现8个控制点，按住中间的 × 标志并拖动，移至目的位置后释放鼠标即可完成移动对象，如图4-24所示。

理论实践——通过方向键移动

选中对象，按键盘上的上、下、左、右方向键，可以使对象按预设的微调距离移动。

理论实践——属性栏移动

选中对象，在属性栏的X、Y文本框中输入坐标值，更改图像位置，然后按Enter键即可，如图4-25所示。

理论实践——通过泊坞窗移动

选中对象，执行“窗口>泊坞窗>变换>位置”命令或按Alt+F7键，在弹出的“转换”泊坞窗中单击“位置”按钮，对“位置”和“相对位置”等进行设置，然后单击“应用”按钮，即可移动对象位置，如图4-26所示。

图4-24

图4-25

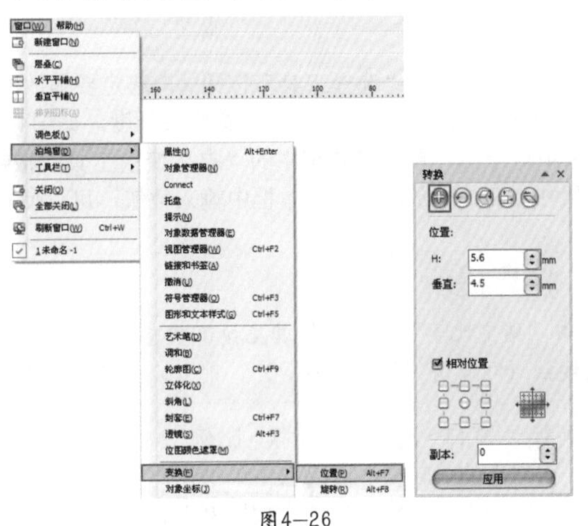

图4-26

4.4.2 旋转对象

与移动对象类似，在CorelDRAW中可以通过多种方法来旋转对象。

理论实践——通过控制点旋转

选定图像，使之周围出现8个控制点。单击控制点，使其变为弧形双箭头形状↘。单击某一弧形双箭头并拖动，即可旋转对象，如图4-27所示。

理论实践——通过自由变换工具旋转

单击工具箱中的“自由变换工具”按钮，然后在属性栏中单击“自由转换工具”按钮，在图像上任意位置单击定位旋转中心点，再拖动鼠标，此时对象周围显示出蓝色线框效果，旋转到合适位置后释放鼠标，如图4-28所示。

图4-27　　图4-28

理论实践——通过属性栏旋转

选中对象，在属性栏的“角度”文本框中输入数值，更改图像角度，然后按Enter键即可，如图4-29所示。

理论实践——通过泊坞窗旋转

执行“窗口>泊坞窗>变换>旋转”命令，或按Alt+F8键，在弹出的“转换”泊坞窗中单击“旋转”按钮，然后分别设置“旋转”、“中心”、“相对中心”等参数，最后单击“应用”按钮即可，如图4-30所示。

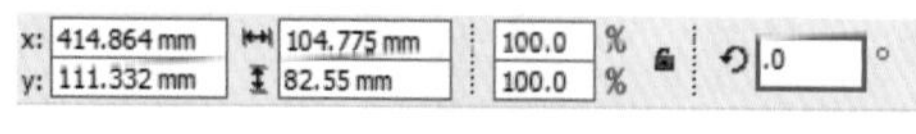

图4-29

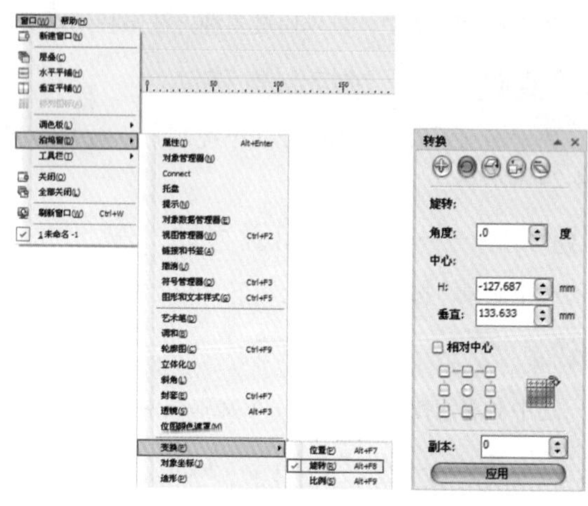

图4-30

4.4.3 缩放对象

方法01 单击工具箱中的“选择工具”按钮，选定要缩放的对象。按住4个角的控制点并拖动，可以进行等比例缩放；按住4边中间位置的控制点并拖动，可以调整宽度及长度，如图4-31所示。

方法02 选中对象后，单击工具箱中的“自由变换工具”按钮，在属性栏的“对象大小”文本框中输入数值，可以设置对象的精确尺寸；在“缩放因子”文本框中输入数值，可以使对象按设定比例缩放，如图4-32所示。

技巧提示

单击“锁定比率”按钮（使其呈按下状态），将会等比例缩放对象，此时缩放因子的两个数值不能分开调整；再次单击该按钮（即取消“锁定比率”），则可以单独调整水平和垂直的缩放因子。

方法03 执行“窗口>泊坞窗>变换>比例”命令，或按Alt+F9键，在弹出的“转换”泊坞窗中单击“比例”按钮，然后分别对“缩放”、“镜像”、“按比例”、“副本”等参数进行设置，最后单击“应用”按钮结束操作，如图4-33所示。

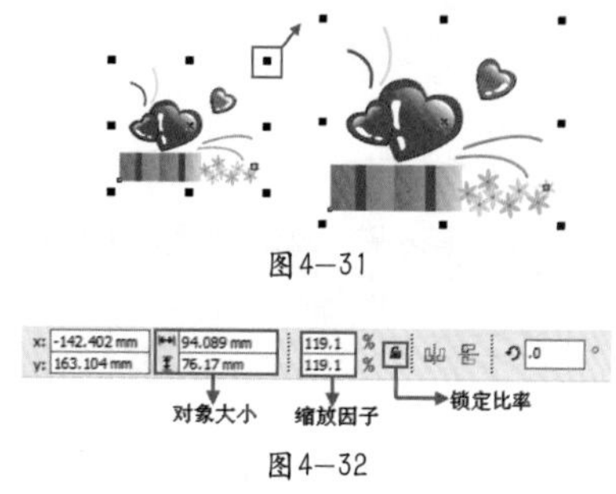

图4-31

图4-32

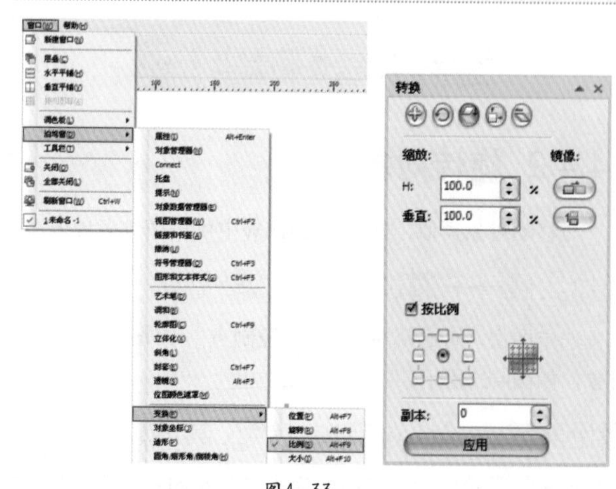

图4-33

4.4.4 镜像对象

镜像是指对对象进行水平或垂直的对称性操作。具体方法主要有以下几种。

方法01 使用选择工具选定要镜像的对象，在左侧中间的控制点上按住鼠标左键并向其反方向拖动，如图4-34所示。

图4—34

技巧提示

按住Ctrl键，在某个控制点上按住鼠标左键并向其反方向拖动，可以将对象按比例进行镜像，如图4—35所示。

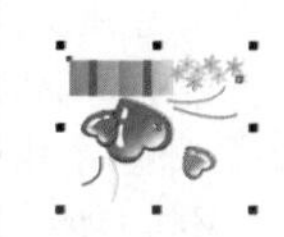

图4—35

方法02 单击工具箱中的“选择工具”按钮，选定要镜像的对象，然后单击属性栏中的“水平镜像”按钮或“垂直镜像”按钮，可以将对象进行水平或垂直镜像，如图4-36所示。

方法03 执行“窗口>泊坞窗>变换>比例”命令，或按Alt+F9键，在弹出的“转换”泊坞窗中单击“缩放和镜像”按钮，然后在“镜像”选项组中单击“水平镜像”按钮或“垂直镜像”按钮，即可对所选对象进行相应的操作，如图4-37所示。

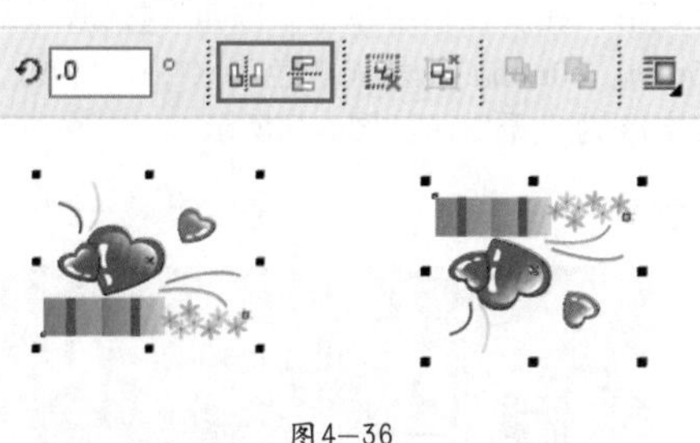

图4—36

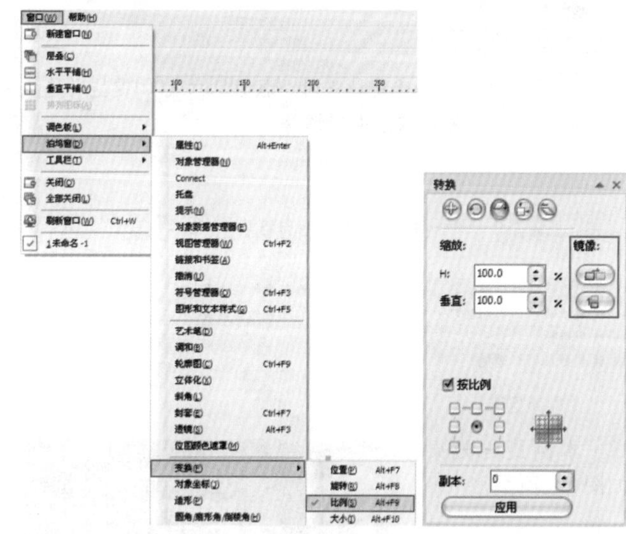

图4—37

4.4.5 倾斜对象

步骤01 单击工具箱中的“选择工具”按钮，双击需要倾斜的对象，此时选取框上的控制点变为倾斜的状态，如图4-38所示。

步骤02 在控制点上按下鼠标左键并拖动，倾斜一定角度后释放鼠标，如图4-39所示。

图4—38　　图4—39

4.4.6 清除变换

如果要去除对对象所进行的变换操作，执行“排列>清除变换”命令，可以快速将对象还原到变换之前的效果，如图4-40所示。

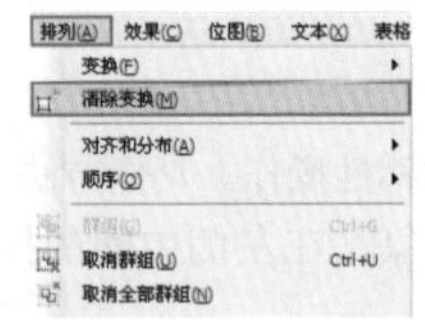

图4—40

4.5 透视效果

利用透视功能，可以将对象调整为透视效果。选择需要设置的图形对象，执行“效果>添加透视”命令，在矩形控制框4个角的锚点处拖动鼠标，可以调整其透视效果，如图4-41所示。

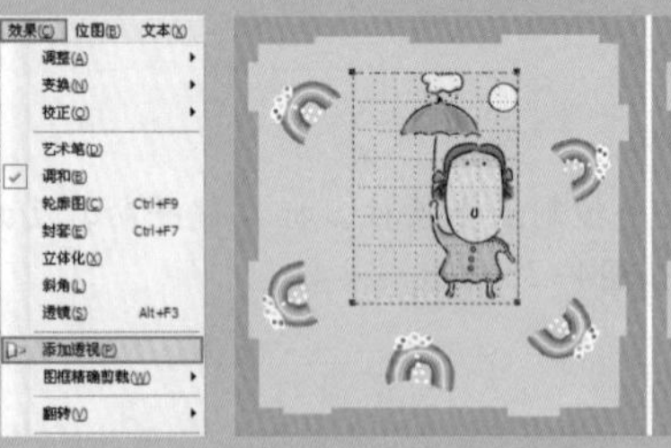
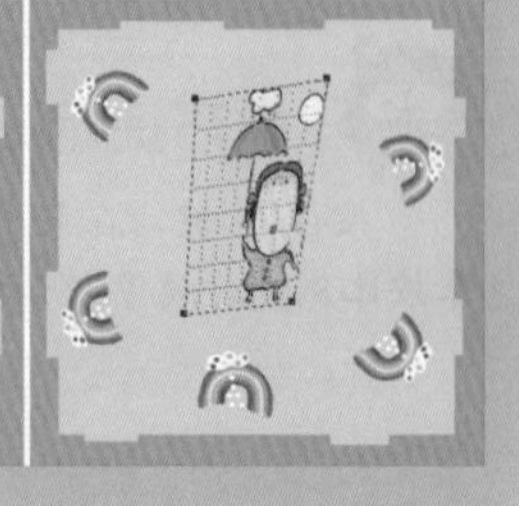

图4—41

技巧提示

在调整对象的透视效果时，按住Shift或Ctrl键拖动透视锚点，可以将与所选锚点在同一水平方向或垂直方向上的锚点同时拖动，以梯形状态进行调整。

实例练习——使用透视功能制作可爱的宣传页

案例文件	实例练习——使用透视功能制作可爱的宣传页.cdr
视频教学	实例练习——使用透视功能制作可爱的宣传页.flv
难易指数	★★★★★
技术要点	透视

案例效果

本例最终效果如图4-42所示。

图4—42

操作步骤

步骤01 执行“文件>新建”命令，在弹出的“创建新文档”对话框中设置“大小”为A4，“原色模式”为CMYK，“渲染分辨率”为300，如图4-43所示。

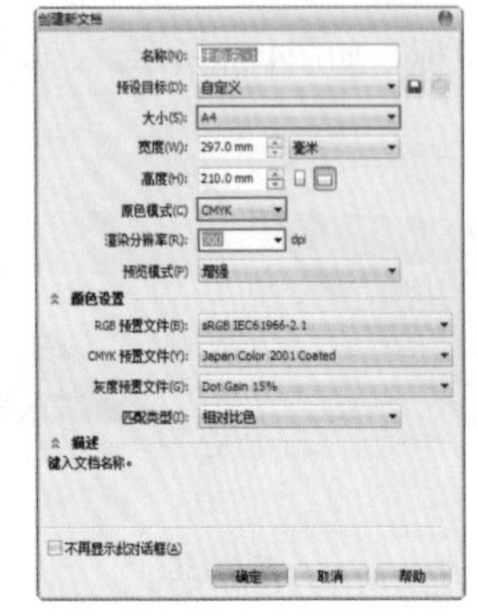

图4—43

步骤02 单击工具箱中的“矩形工具”按钮，在页面中绘制一个矩形。在属性栏中单击“圆角”按钮，设置圆角参数为（10mm，10mm），填充颜色为（C0，M98，Y9，K0），轮廓线宽度为“无”，如图4-44所示。

图4—44

步骤03 单击工具箱中的“基本形状工具”按钮，在其属性栏中单击“完美形状”按钮，在弹出的下拉列表中选择心形，然后在页面左上方按住鼠标左键并拖动，释放鼠标后即完成心形的绘制，如图4-45所示。

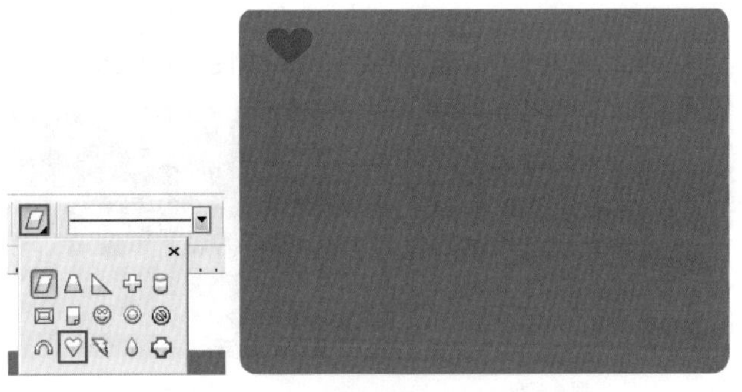
图4—45

步骤04 选择绘制好的心形，按Ctrl+C键复制，再按Ctrl+V键粘贴，然后将复制出的心形拖动到页面的右上方，如图4-46所示。

图4—46

步骤05 单击工具箱中的“调和工具”按钮，在其属性栏中单击“直接调和”按钮，设置调和对象数为7，然后在第一个心形上按鼠标左键，向右侧心形拖动，即可生成渐变图形，如图4-47所示。

图4—47

技巧提示

如果对调和出的图形间距不满意，可以使用选择工具将其选中，然后拖动两边的心形，即可改变其间距，如图4—48所示。

图4—48

步骤06 选择调和后的心形，单击鼠标右键，在弹出的快捷菜单中执行“群组”命令，然后执行“效果>添加透视”命令，拖动锚点进行调整，使心形产生透视效果，如图4-49所示。

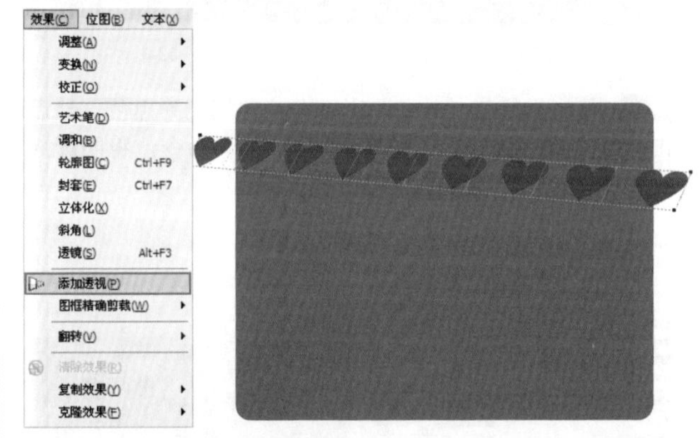

图4—49

技巧提示

在调整的过程中，如果按住Ctrl键，可以让锚点在水平或垂直方向上移动；按住Ctrl+Shift键，可以让它与相邻的其中一个锚点向相反的方向移动。透视点可以被移动，相当于同时移动两个锚点。

步骤07 将调整好透视效果的心形依次复制、粘贴，然后将其全部选中，单击鼠标右键，在弹出的快捷菜单中执行“群组”命令，再执行“效果>图框精确剪裁>放置在容器中”命令，当光标变为黑色箭头形状时单击矩形背景，如图4-50所示。

步骤08 单击工具箱中的“钢笔工具”按钮，在左下角绘制座台轮廓，如图4-51所示。

步骤09 使用填充工具为座台不同地方添充不同的颜色，然后设置轮廓线宽度为“无”，如图4-52所示。

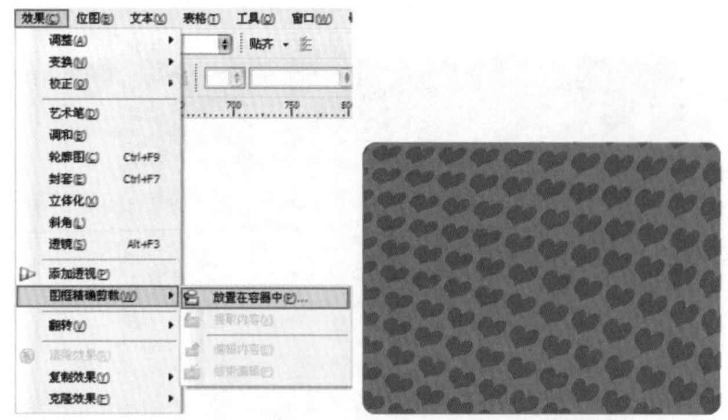

图4—50

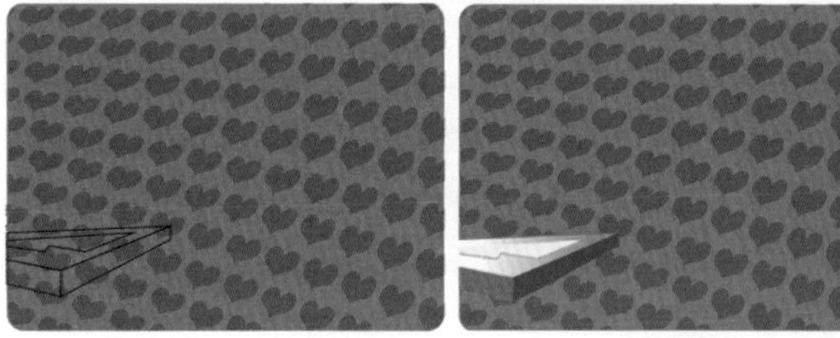

图4—51　图4—52

步骤10 使用钢笔工具绘制阴影部分，并填充为黑色，然后单击鼠标右键多次执行“顺序>向后一层”命令，将阴影部分放置在座台下，如图4-53所示。

图4—53

步骤11 以同样方法，使用钢笔工具制作立体感的心形，并为其添加抖动的波纹，使其更加生动、形象，如图4-54所示。

图4—54

步骤12 使用钢笔工具在左侧绘制出云朵的形状，然后填充白色，并设置轮廓线宽度为“无”，如图4-55所示。

步骤13 按Ctrl+C键复制、按Ctrl+V键粘贴云朵的形状，然后依次等比例缩小，放置在合适位置，如图4-56所示。

图4—55　图4—56

步骤14 单击工具箱中的“文本工具”按钮，在云朵上输入文字，并设置其颜色为红色。双击文本，将光标移至四边的控制点上，按住鼠标左键并拖动，将文字转动合适的角度，如图4-57所示。

图4—57

步骤15 使用文本工具在页面右侧输入文字，然后将其填充为白色，并设置为合适的字体及大小，达到信息内容清晰、明确的目的，如图4-58所示。

步骤16 执行“文件>导入”命令，导入人物素材，并调整为合适的位置及大小，如图4-59所示。

图4—58　图4—59

步骤17 单击工具箱中的“文本工具”按钮，在NICOLA下方按下鼠标左键并拖动，至合适大小后释放鼠标，绘制出一个文本框。然后在其中输入文字，并调整为合适的字体及大小，如图4-60所示。

图4—60

技巧提示

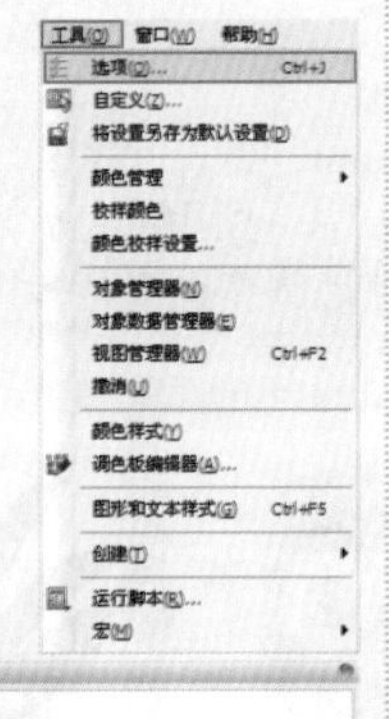

如果要显示文本框，可以执行“工具>选项”命令，打开“选项”对话框，在左侧树形列表框中选择“文本>段落”选项，在右侧显示的“段落”界面中进行相应的设置，然后单击“确定”按钮即可，如图4—61所示。

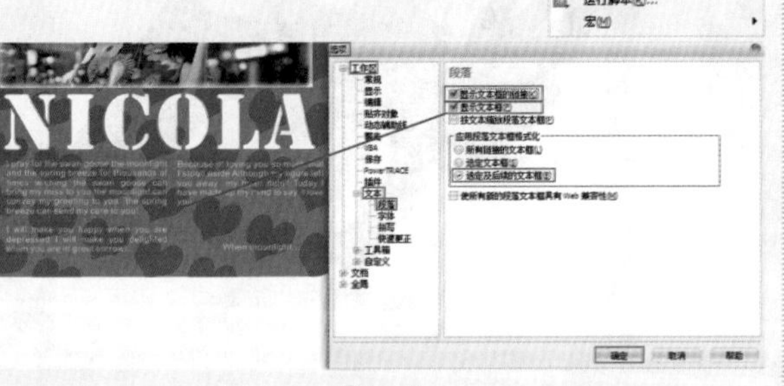

图4—61

步骤18 调整段落文本位置，最终效果如图4-62所示。

图4—62

读书笔记

4.6 调整对象造形

在CorelDRAW中，不仅可以对对象进行“旋转”、“缩放”、“倾斜”等变换，还可以使用“造形”命令对对象进行诸如“合并”、“修剪”、“相交”、“简化”等操作，快速地制作出多种多样的形状。如图4-63所示就是使用造形功能制作的作品。

图4—63

4.6.1 造形功能

方法01 在使用选择工具选中两个或两个以上对象时，在属性栏中即可出现造形功能按钮，如图4-64所示。

方法02 执行“排列>造形”命令，在弹出的子菜单中可以看到7个造形命令，分别是“合并”、“修剪”、“相交”、“简化”、“移除后面对象”、“移除前面对象”和“边界”，如图4-65所示。从中选择某一命令，即可进行相应操作。

方法03 执行“排列>造形>造形”命令，或执行“窗口>泊坞窗>造形”命令，打开“造形”泊坞窗。在该泊坞窗中打开类型下拉列表框，从中可以对造形类型进行选择，如图4-66所示。

图4—64

图4—65

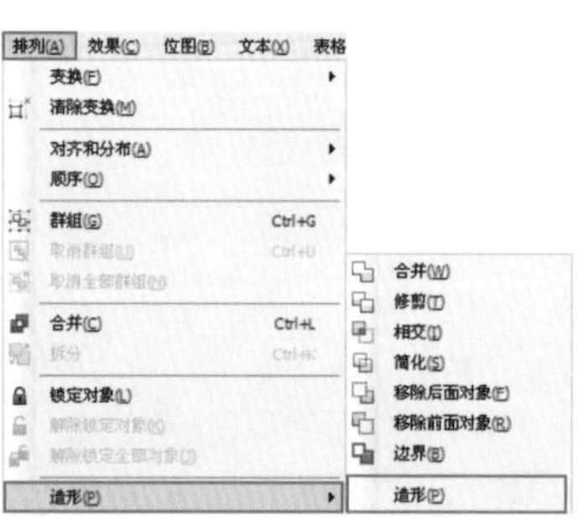

图4—66

技巧提示

虽然使用属性栏中的工具按钮、菜单命令以及泊坞窗都可以进行对象的造形，但是需要注意的是属性栏中的工具按钮和菜单命令虽然操作快捷，但是相对于泊坞窗缺少了可操作的空间，例如无法指定目标对象和源对象、无法保留来源对象等。

4.6.2 焊接功能

焊接功能主要用于将两个或两个以上对象结合在一起，成为一个独立的对象。选中需要结合的各个对象，执行“窗口>泊坞窗>造形”命令，打开“造形”泊坞窗。在类型下拉列表框中选择“焊接”选项，单击“焊接到”按钮，然后在画面中单击拾取目标对象，如图4-67所示。

技巧提示

焊接功能不可用于段落文本、尺度线和再制的原对象，但是可以用于焊接再制对象。

图4—67

实例练习——使用焊接功能制作创意字体海报

案例文件	实例练习——使用焊接功能制作创意字体海报.cdr
视频教学	实例练习——使用焊接功能制作创意字体海报.flv
难易指数	★★★★★
知识掌握	移除前面对象、焊接

案例效果

本例最终效果如图4-68所示。

操作步骤

步骤01 执行“文件>新建”命令，在弹出的“创建新文档”对话框中设置“大小”为A4，“原色模式”为CMYK，“渲染分辨率”为300，如图4-69所示。

图4—68

图4—69

步骤02 单击工具箱中的“矩形工具”按钮，在工作区内按下鼠标左键并向右下角拖动，释放鼠标后即可完成矩形的绘制；然后通过“调色板”将其填充为黄色，如图4-70所示。

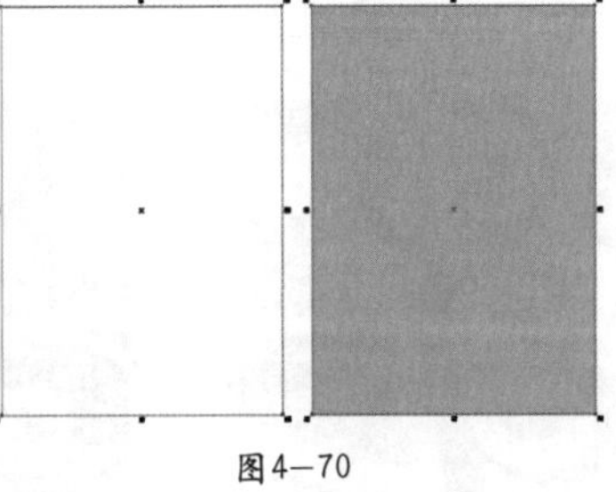
图4—70

步骤03 单击CorelDRAW工作界面右下角的“轮廓笔”按钮，在弹出的“轮廓笔”对话框中设置“宽度”为“无”，单击“确定”按钮，如图4-71所示。

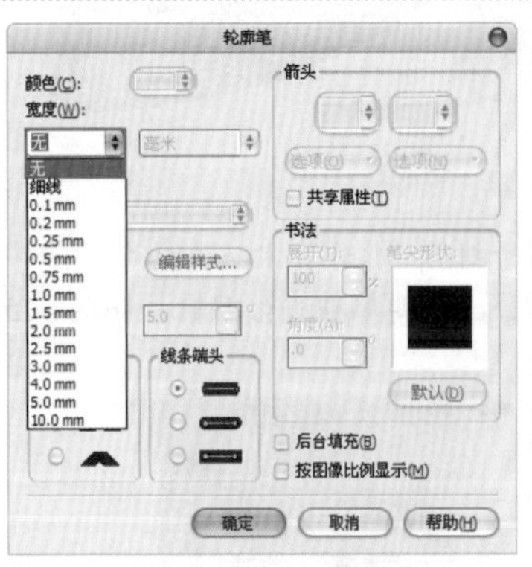

图4—71

步骤04 在画面下半部分绘制一个大小合适的矩形，然后将其填充为红色，并设置轮廓线宽度为“无”；单击工具箱中的“椭圆形工具”按钮，在矩形上方按住鼠标左键并拖动，至合适大小后释放鼠标，完成椭圆形的绘制，然后将其填充为蓝色如图4-72所示。

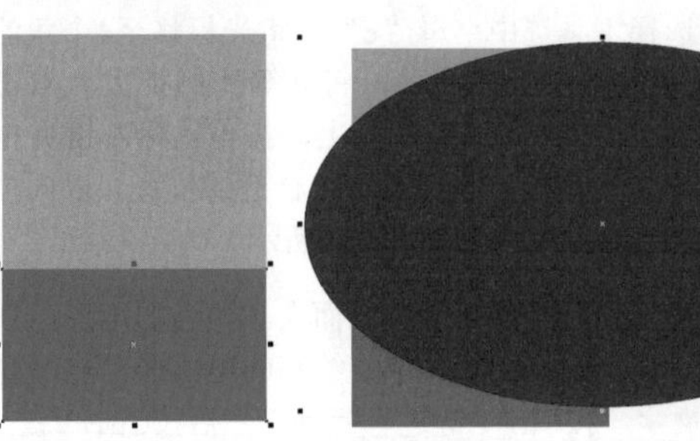
图4—72

步骤05 单击工具箱中的“选择工具”按钮，按住Shift键进行加选，将红色矩形和蓝色椭圆形全部选中，然后单击属性栏中的“移除前面对象”按钮，如图4-73所示。

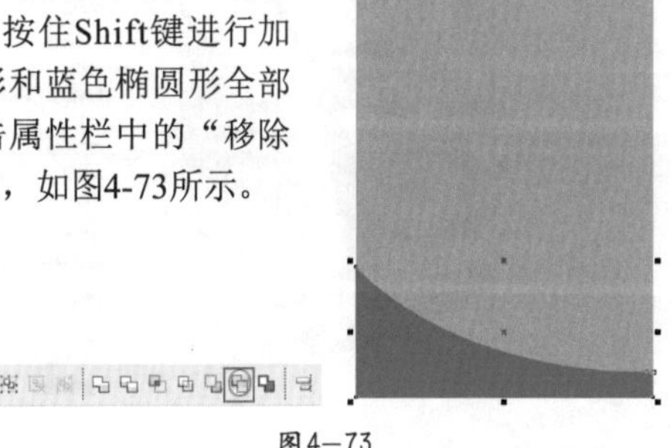
图4—73

步骤06 以同样的方法修剪出白色矩形，然后单击工具箱中的“文本工具”按钮字，在矩形上单击并输入单词“eray”，再将其设置为合适的字体及大小，如图4-74所示。

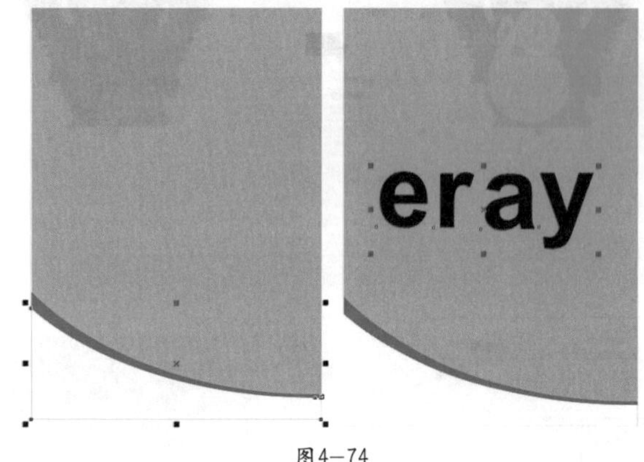

图4－74

步骤07 选择文字，执行“排列>拆分美术字”命令，或按Ctrl+K键，将文字进行拆分，以便单独进行编辑，如图4-75所示。

图4－75

步骤08 使用选择工具选中字母“e”，将光标移至4个角的控制点上，按住鼠标左键并拖动，将其等比例扩大。双击该字母，将光标移至4个角的控制点上，按住鼠标左键并拖动，将其旋转适当的角度，然后放置在合适的位置。以同样的方法旋转并移动其他字母，如图4-76所示。

图4－76

步骤09 执行“窗口>泊坞窗>造形”命令，打开“造形”泊坞窗，如图4-77所示。在类型下拉列表框中选择“焊接”选项，单击“焊接到”按钮，然后在画面中单击拾取其中一个字母，使4个字母成为一个整体。

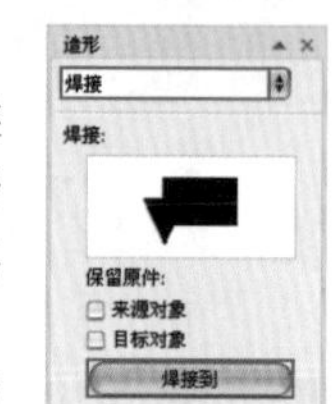

图4－77

步骤10 通过调色板将其填充为红色，然后单击CorelDRAW工作界面右下角的“轮廓笔”按钮，在弹出的“轮廓笔”对话框中设置“颜色”为白色，“宽度”为16mm，单击“确定”按钮，如图4-78所示。

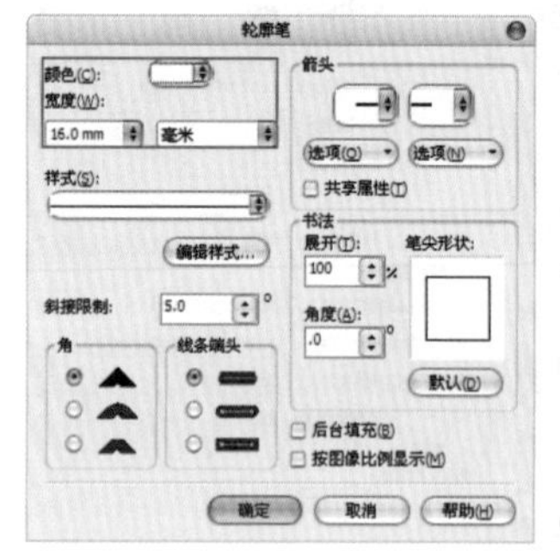

图4－78

步骤11 使用矩形工具绘制一个与画面大小相当的矩形，然后选择文字部分，执行“效果>图框精确剪裁>放置在容器中”命令，当光标变为黑色箭头形状时单击绘制的矩形框，再设置轮廓线宽度为“无”，如图4-79所示。

步骤12 选择文字，按Ctrl+C键进行复制，然后按Ctrl+V键进行粘贴，再设置轮廓线宽度为“无”，如图4-80所示。

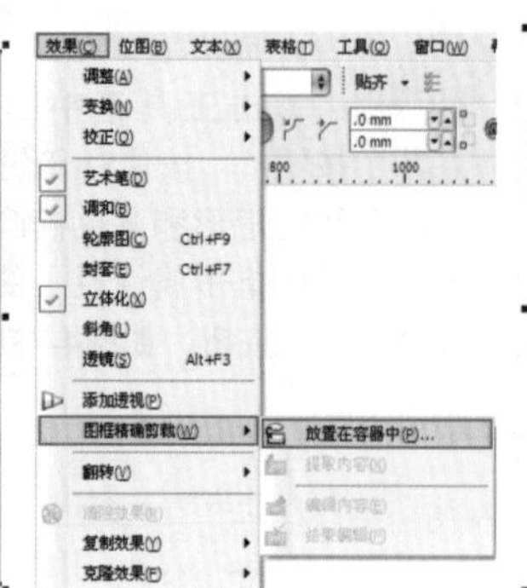

图4－79

图4－80

步骤13 单击工具箱中的“椭圆形工具”按钮，按住Ctrl键，绘制一个正圆，并通过调色板将其填充为黄色。接下来在“轮廓笔”对话框中设置“颜色”为白色，“宽度”为10mm，单击“确定”按钮，如图4-81所示。

图4-81

步骤14 使用矩形工具在工作区内绘制一个合适大小的矩形，然后选择矩形和圆形，单击属性栏中的“简化”按钮，选择矩形框，按Delete键将其删除，留下半个圆形，如图4-82所示。

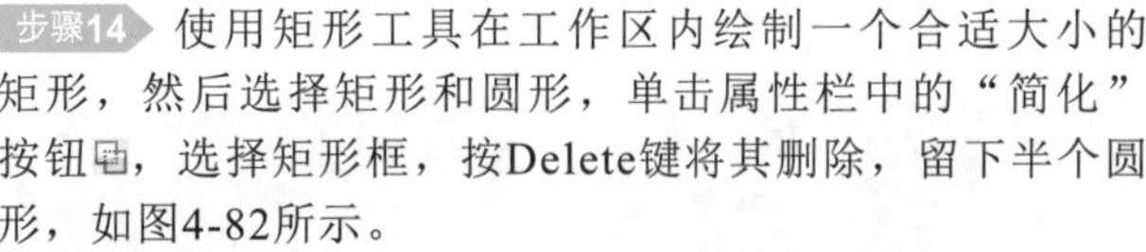

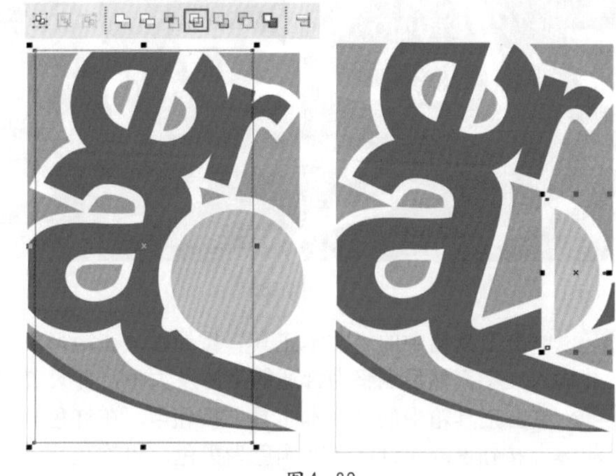

图4-82

步骤15 选择半圆，单击属性栏中的“水平镜像”按钮，将镜像过的半圆移至右侧，如图4-83所示。

步骤16 单击工具箱中的“文本工具”按钮，在中间位置单击，输入文字后，调整为合适的字体及大小，设置其颜色为白色。选择白色文字，在属性栏中设置“旋转角度”为73，并将其移至合适的位置，如图4-84所示。

图4-83

图4-84

步骤17 再次输入文字，并调整为不同的大小。选择中间的一段文字，单击属性栏中的“下划线”按钮，然后设置其颜色为白色，再在属性栏中设置“旋转角度”为343，并将其移至合适的位置，如图4-85所示。

步骤18 使用矩形工具在左下角绘制一个合适大小的矩形，然后调色板为其填充红色，并设置轮廓线宽度为“无”，使用文本工具在红色矩形框内输入白色文字，如图4-86所示。

图4—85　　　　图4—86

步骤19 单击工具箱中的“文本工具”按钮字，在矩形下方按下鼠标左键并向右下角拖动，绘制出一个文本框。在文本框内单击并输入文字，然后调整为合适的字体及大小，并设置文字颜色为黑色，如图4-87所示。

步骤20 单击工具箱中的“文本工具”按钮字，在红色矩形上方单击，输入文字后调整为合适的字体及大小。单击属性栏中的“粗体”按钮B，并设置文字颜色为黑色。再次使用文本工具在段落文字左侧输入文字，在属性栏中设置“旋转角度”为90，如图4-88所示。

步骤21 最后使用文本工具在右下角输入文字，最终效果如图4-89所示。

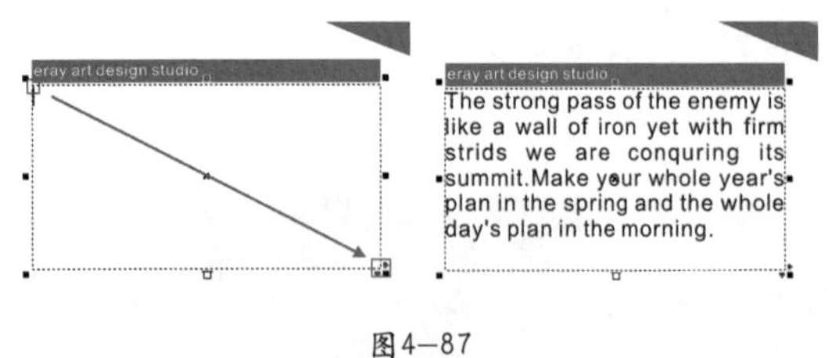

图4—87　　　　图4—88　　　　图4—89

4.6.3 “修剪”命令

修剪是通过移除重叠的对象区域来创建形状不规则的对象。“修剪”命令几乎可以修剪任何对象，包括克隆对象、不同图层上的对象以及带有交叉线的单个对象，但是不能修剪段落文本、尺度线或克隆的主对象。要修剪的对象是目标对象，用来执行修剪的对象是来源对象。修剪完成后，目标对象保留其填充和轮廓属性。

步骤01 使用选择工具选取两个对象，执行“排列>造形>修剪”命令，如图4-90所示。

步骤02 两个图像重叠的部分会按照前一个图像对后一层进行修剪，移动图像后可看到修剪效果，如图4-91所示。

步骤03 也可以打开“造形”泊坞窗，在上方的下拉列表框中选择“修剪”选项，然后单击“修剪”按钮（在“保留原件”选项组中可以选中在修剪后仍然保留的对象），当光标变为形状时，单击拾取目标对象，即可完成修剪，如图4-92所示。

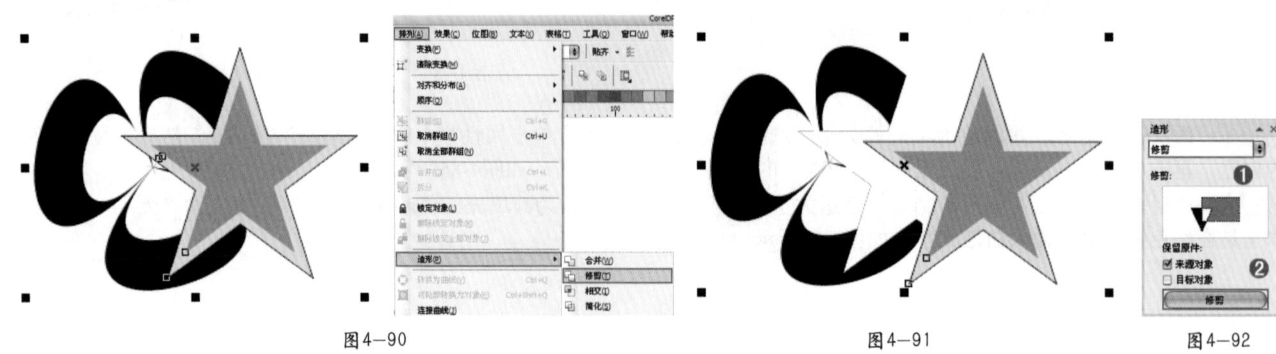

图4—90　　　　图4—91　　　　图4—92

4.6.4 “相交”命令

使用“相交”命令可以将两个或两个以上对象的重叠区域创建为一个新对象。

步骤01 使用选择工具选择重叠的两个图形对象，然后执行“排列>造形>相交”命令，如图4-93所示。

步骤02 移动图像后可看到相交效果，两个图形相交的区域得以保留，如图4-94所示。

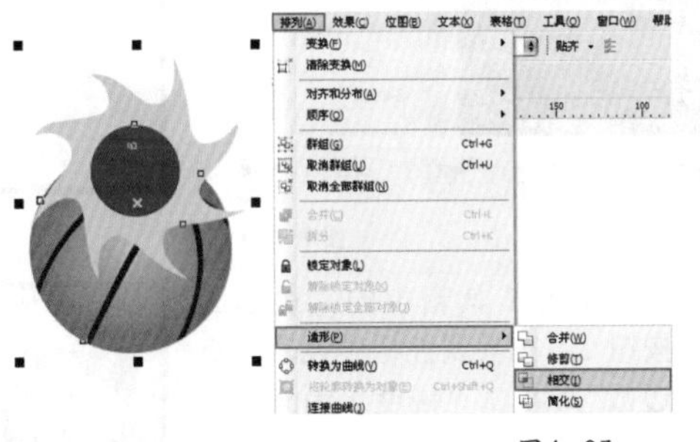

图4—93

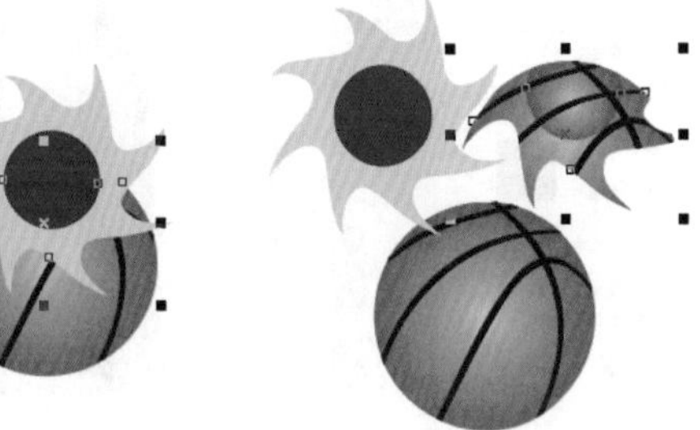

图4—94

4.6.5 “简化对象”命令

简化对象与修剪对象效果类似，但是在简化对象中后绘制的图形会修剪掉先绘制的图形。

步骤01 单击工具箱中的“基本形状工具”按钮，绘制几个重叠的基本图形并选中，如图4-95所示。

步骤02 执行“排列>造形>简化”命令，移动图像后可看见简化后的效果如图4-96所示。

图4—95

图4—96

实例练习——使用裁剪工具制作多彩星形海报

案例文件	实例练习——使用裁剪工具制作多彩星形海报.cdr
视频教学	实例练习——使用裁剪工具制作多彩星形海报.flv
难易指数	★★★★★
知识掌握	矩形工具、文本工具

案例效果

本例最终效果如图4-97所示。

操作步骤

步骤01 执行“文件>新建”命令，在弹出的“创建新文档”对话框中设置“大小”为A4，“原色模式”为CMYK，“渲染分辨率”为300，如图4-98所示。

图4—97

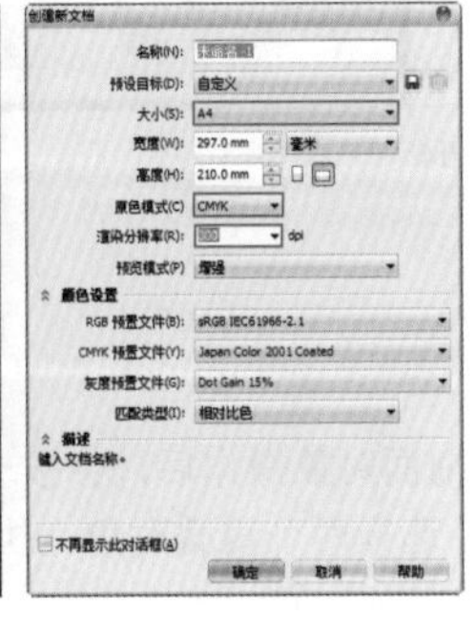

图4—98

步骤02 单击工具箱中的“矩形工具”按钮，绘制一个矩形。单击工具箱中的“均匀填充”按钮，在弹出的“均匀填充”对话框中设置颜色为橘黄色，单击“确定”按钮，如图4-99所示。

图4—99

步骤03 单击CorelDRAW工作界面右下角的“轮廓笔”按钮，在弹出的“轮廓笔”对话框中设置“宽度”为

“无”，单击“确定”按钮；以同样方法制作其他颜色的彩条，并依次摆放，如图4-100所示。

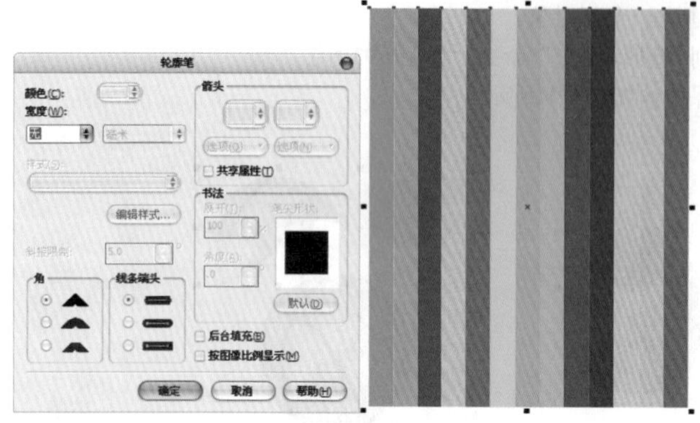

图4—100

步骤04 使用矩形工具绘制一个与画面等大的矩形；在工具箱中单击填充工具组中的“均匀填充”按钮，在弹出的“均匀填充”对话框中设置颜色为黄色，单击“确定”按钮；然后设置轮廓线颜色为黑色，宽度为4.8mm，如图4-101所示。

图4—101

步骤05 单击工具箱中的“星形工具”按钮，在其属性栏中设置“点数或边数”为5，“锐度”为53，按住Ctrl键在钜形上绘制一个正五角星，并填充为橘色，然后将其放置在合适的位置，如图4-102所示。

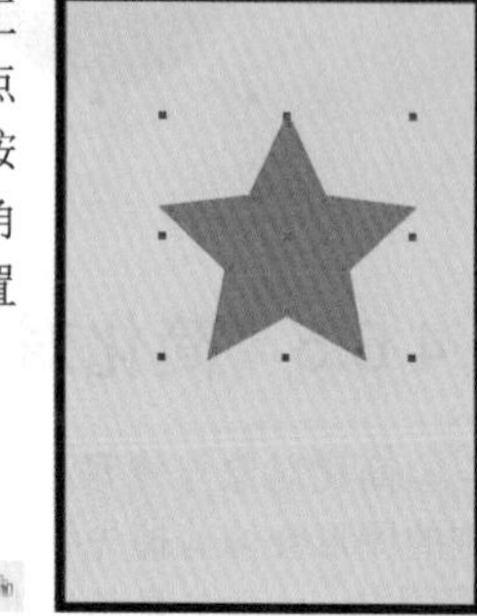

图4—102

步骤06 单击工具箱中的“选择工具”按钮，选择星形，然后按住Shift键并单击矩形进行加选；单击属性栏中的“简化”按钮，选择橘色星形，将其移至一边，如图4-103所示。

步骤07 选择橘色星形，使用鼠标左键单击调色板上的区按钮，清除星形填充颜色；然后在调色板上使用鼠标右键单击白色，设置其轮廓颜色为白色；接着在“轮廓笔”对话框中设置“宽度”为4.8mm，单击“确定”按钮；再将星形放置在中间位置，如图4-104所示。

步骤08 最后使用文本工具在顶部及底部输入文字，如图4-105所示。

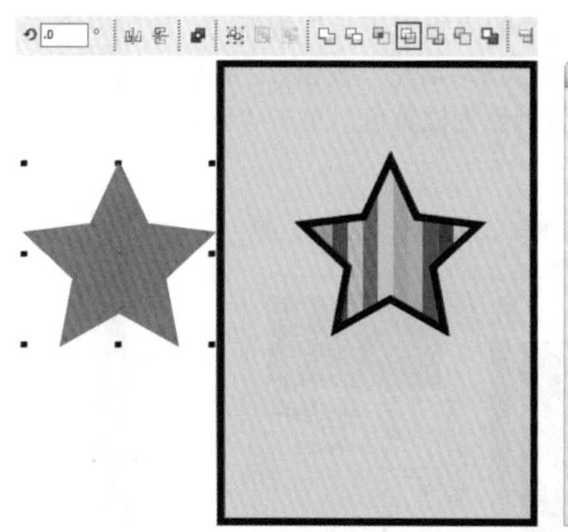

图4—103

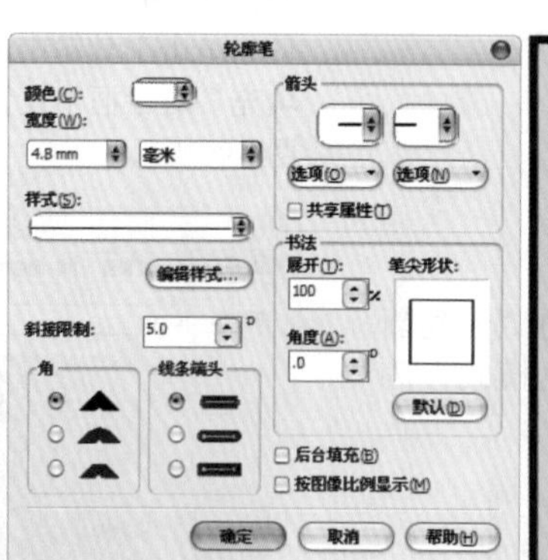

图4—104

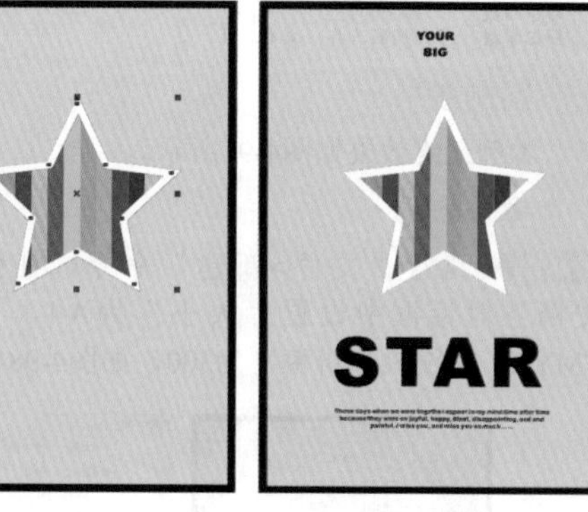

图4—105

4.6.6 “移除后面/前面对象”命令

移除后面/前面对象与简化对象功能相似，不同的是在执行移除后面/前面对象操作后，会按一定顺序进行修剪及保留。

步骤01 执行移除后面对象操作后，最上层的对象将被下面的对象修剪。选择两个重叠对象，执行“排列>造形>移除后面对象”命令，则只保留修剪生成的对象，如图4-106所示。

步骤02 执行移除前面对象操作后，最下层的对象将被上面的对象修剪。选择两个重叠对象，执行“排列>造形>移除前面对象”命令，则只保留修剪生成的对象，如图4-107所示。

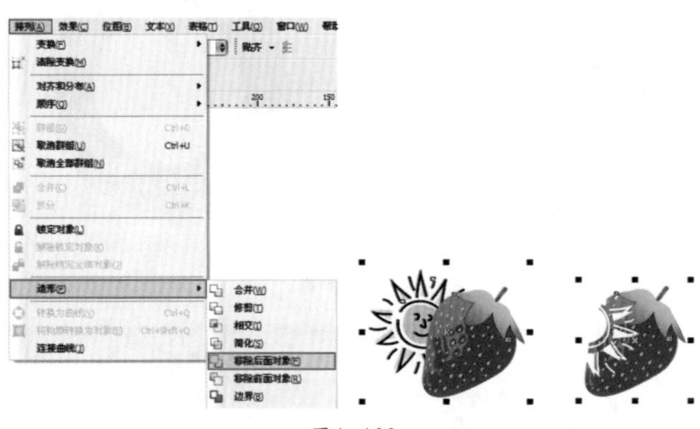

图4—106　　图4—107

实例练习——使用移除前面对象功能制作彩虹

案例文件	实例练习——使用移除前面对象功能制作彩虹.cdr
视频教学	实例练习——使用移除前面对象功能制作彩虹.flv
难易指数	★★★★★
知识掌握	椭圆形工具、移除前面对象

案例效果

本例最终效果如图4-108所示。

图4—108

操作步骤

步骤01 执行“文件>新建”命令，在弹出的“创建新文档”对话框中设置“大小”为A4，“原色模式”为CMYK，“渲染分辨率”为300，如图4-109所示。

步骤02 单击工具箱中的“椭圆形工具”按钮，按住Ctrl键，在工作区内绘制一个正圆，如图4-110所示。

步骤03 单击工具箱中的“填充工具”按钮并稍作停留，在随后弹出的下拉列表中单击“渐变填充”按钮，弹出“渐变填充”对话框。在“类型”下拉列表框中选择“辐射”选项，在“颜色调和”选项组中选中“自定义”单选按钮，在颜色编辑栏中编辑一种彩虹颜色，单击“确定”按钮，如图4-111所示。

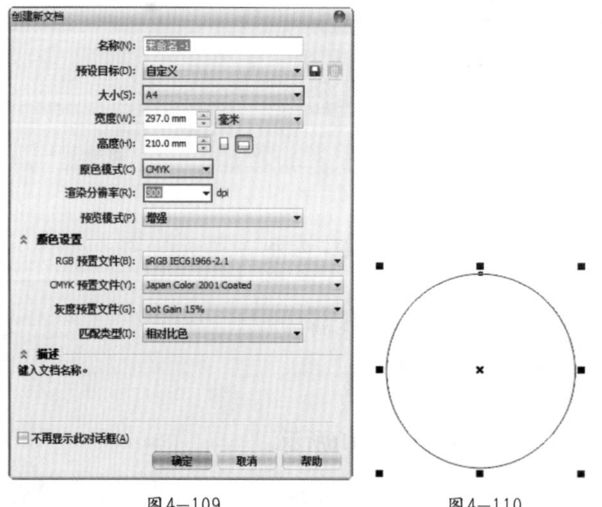

图4—109　　图4—110

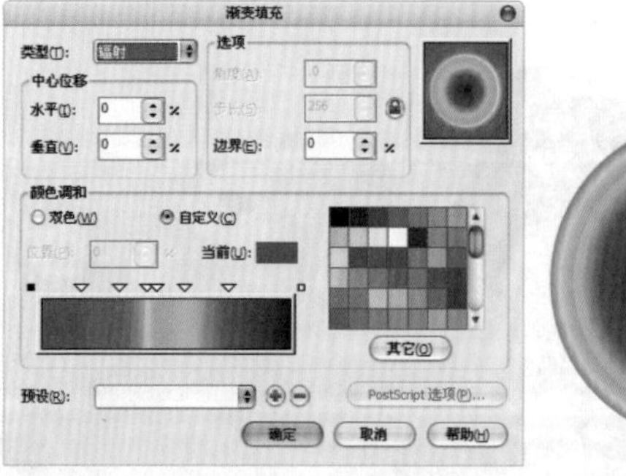

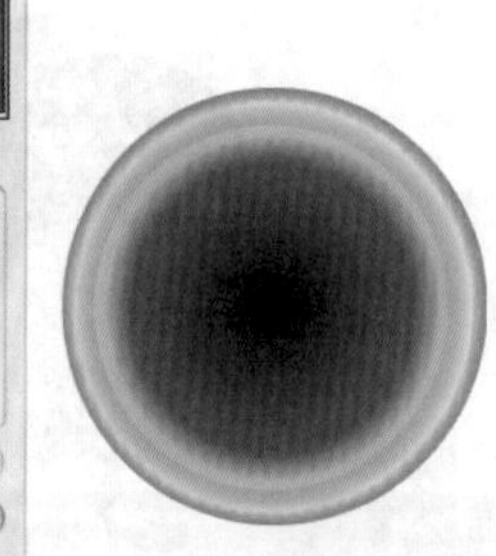

图4—111

步骤04 复制圆形并填充白色，然后按比例进行缩放，放置在彩色圆心中间。单击工具箱中的“选择工具”按钮，框选全部圆形。单击属性栏中的“移除前面对象”按钮，即可出现圆环效果，如图4-112所示。

步骤05 单击CorelDRAW工作界面右下角的“轮廓笔”按钮，弹出“轮廓笔”对话框，在“宽度”下拉列表框中选择“无”选项，然后单击“确定”按钮，如图4-113所示。

步骤06 单击工具箱中的“透明度工具”按钮，在彩虹上拖动鼠标使其变得透明，如图4-114所示。

步骤07 导入背景素材，将制作的彩虹调整大小后放置在合适的位置，最终效果如图4-115所示。

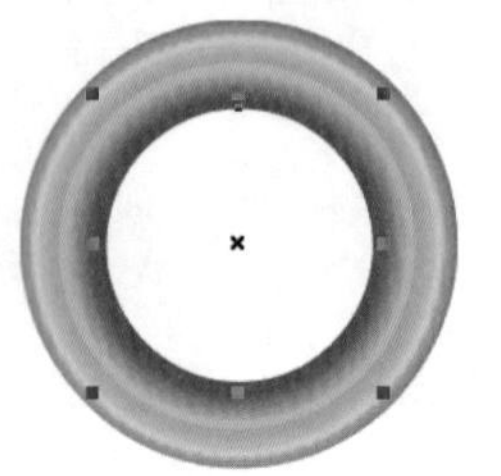

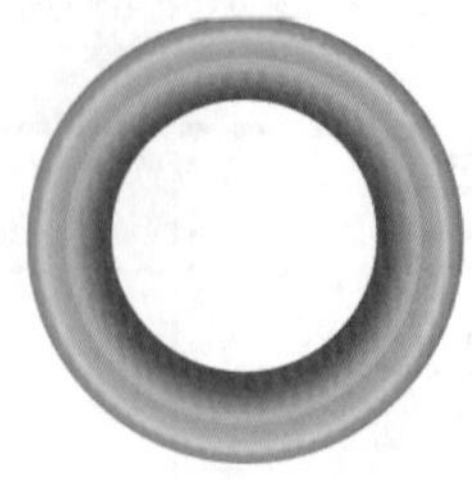

图4—112

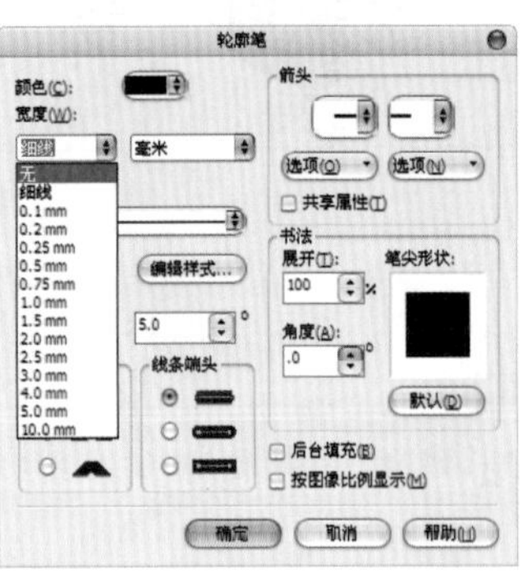

图4—113

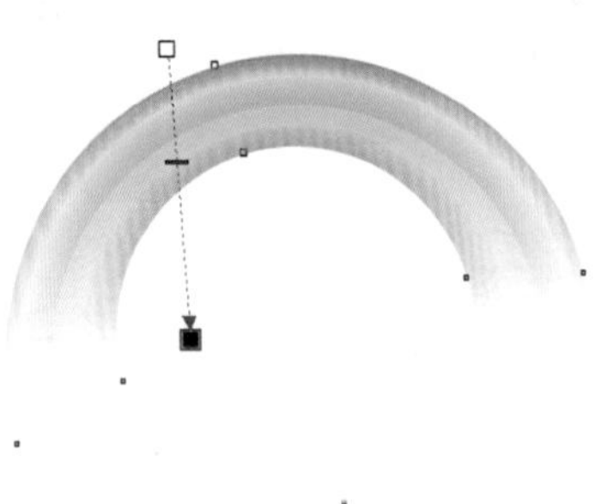

图4—114

图4—115

实例练习——制作七彩伞

案例文件	实例练习——制作七彩伞.cdr
视频教学	实例练习——制作七彩伞.flv
难易指数	★★★★★
知识掌握	移去前面对象

案例效果

本例最终效果如图4-116所示。

图4—116

操作步骤

步骤01 执行“文件>新建”命令，在弹出的“创建新文档”对话框中设置“大小”为A4，“原色模式”为CMYK，“渲染分辨率”为300，如图4-117所示。

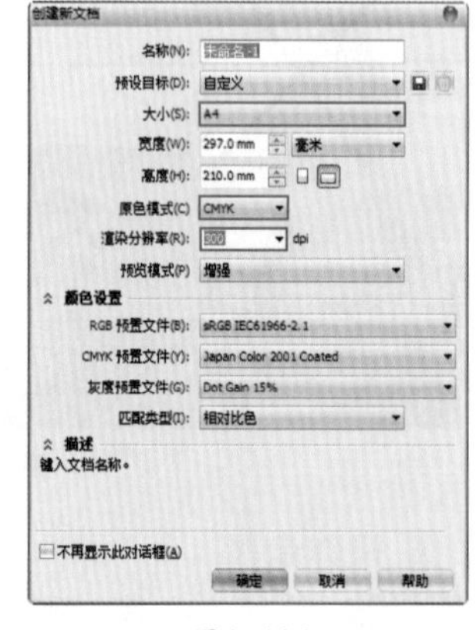

图4—117

步骤02 单击工具箱中的“椭圆形工具”按钮，按住Ctrl键，在工作区内绘制一个较大的正圆；再分别绘制多个小一点的圆形，并按一定弧度进行摆放；然后绘制一个较大的椭圆，遮盖住小圆的下部分，如图4-118所示。

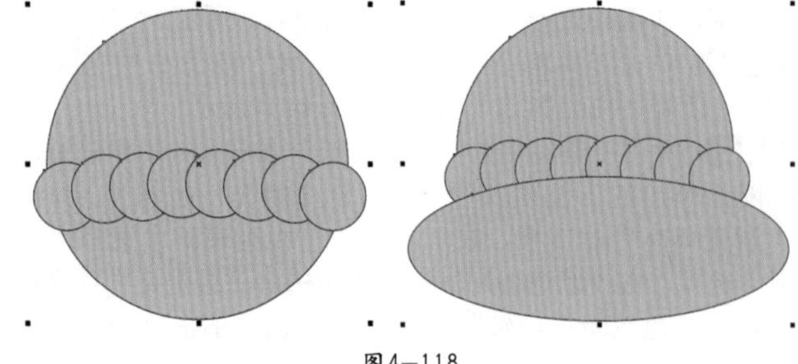

图4—118

技巧提示

为了使绘制的多个圆形保持相同的间距，可以将其全部选中，然后执行“排列>对齐和分布>对齐和分布”命令，在打开的对话框中进行相应的设置即可。

步骤03 单击工具箱中的“选择工具”按钮，框选所有图形，单击属性栏中的“移去前面对象”按钮，模拟出伞面，如图4-119所示。

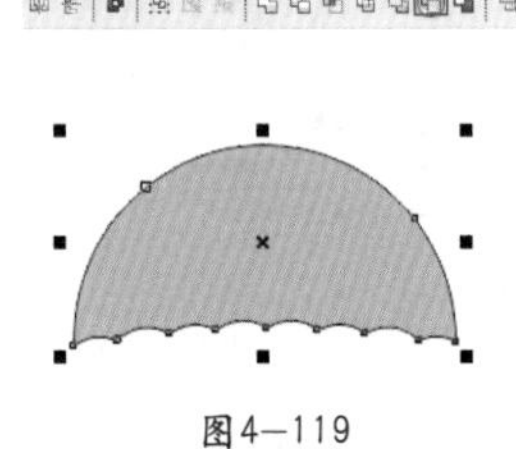

图4—119

步骤04 单击工具箱中的“钢笔工具”按钮，在伞面上绘制一个三角形。单击工具箱中的“形状工具”按钮，沿伞面的弧度调整路径形状，如图4-120所示。

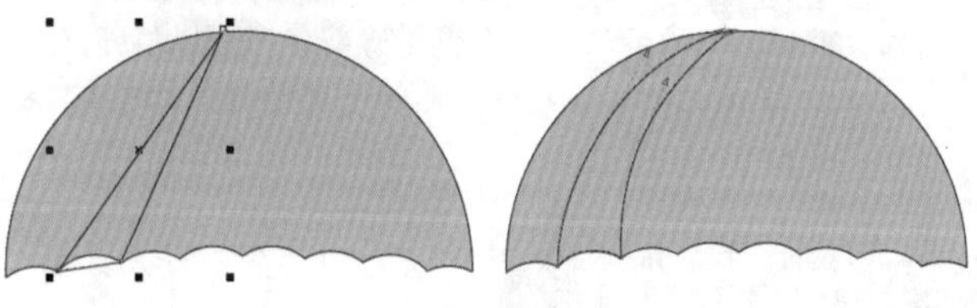

图4—120

步骤05 单击工具箱中的“填充工具”按钮，将路径填充为绿色；以同样方法制作出其他颜色的伞瓣，如图4-121所示。

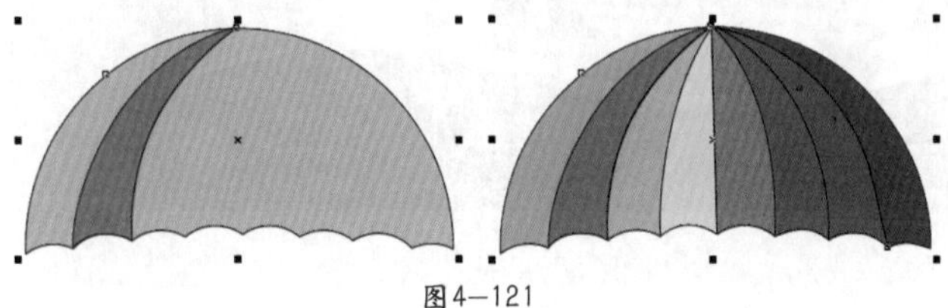

图4—121

步骤06 选择其中一个伞瓣，在工具箱中单击填充工具组中的“渐变填充”按钮，在弹出的“渐变填充”对话框中设置“类型”为“线性”，“角度”为79，在“颜色调和”选项组中选中“双色”单选按钮，颜色自动生成为当前颜色和白色，单击“确定”按钮，然后设置轮廓线为灰色；以同样方法设置其他颜色的伞瓣，如图4-122所示。

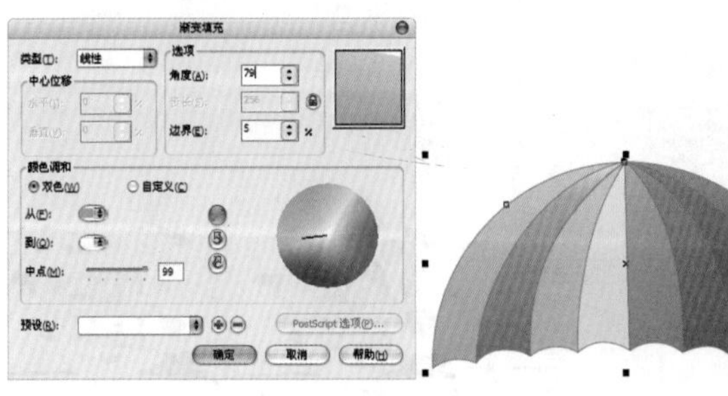

图4—122

步骤07 单击工具箱中的“钢笔工具”按钮，绘制出伞顶轮廓。在工具箱中单击填充工具组中的“渐变填充”按钮，在弹出的“渐变填充”对话框中选中“颜色调和”选项组中的“自定义”单选按钮，将颜色设置为从灰到白再到灰的渐变，然后单击“确定”按钮，如图4-123所示。

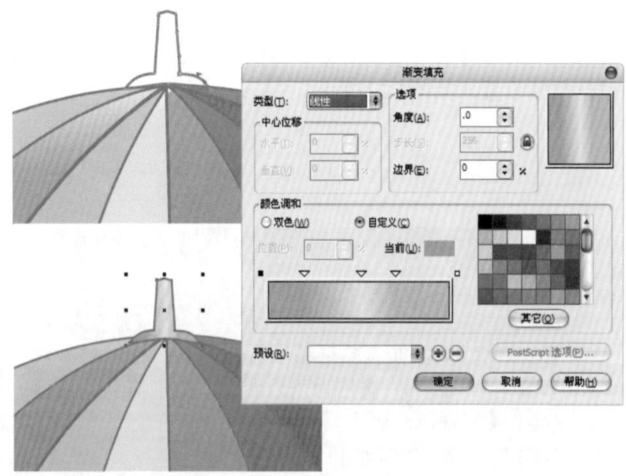

图4—123

步骤08 以同样的方法制作伞的支架及伞柄，并将伞柄设置为从紫色到白色再到紫色的渐变，适当调整大小及位置，如图4-124所示。

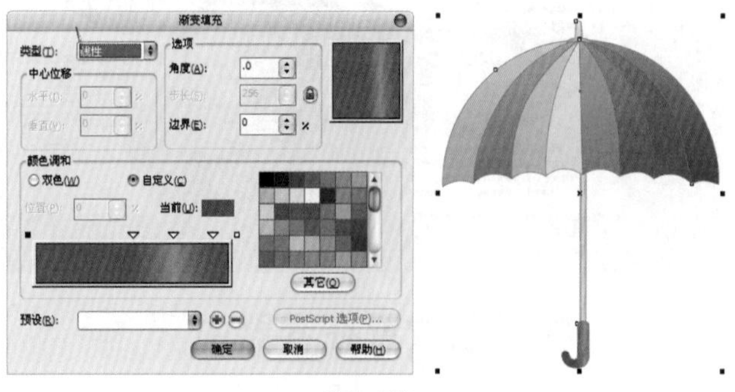

图4—124

步骤09 分别导入人物及背景素材，调整为合适的大小及位置，最终效果如图4-125所示。

图4—125

4.6.7 “边界”命令

执行“边界”命令后，可以自动在图层上的选定对象周围创建路径，从而创建边界。

步骤01 选中一个图像，执行“排列>造形>边界”命令，可以看到图像周围出现一个与对象外轮廓形状相同的图形，如图4-126所示。

步骤02 此时可以对生成的边界颜色、宽度、大小及角度等进行单独设置，如图4-127所示。

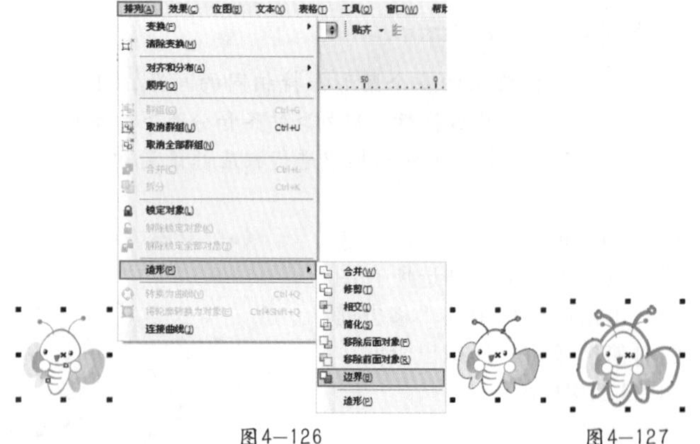

图4—126　图4—127

4.7 使用图框精确剪裁

CorelDRAW中的“图框精确剪裁”是指将“对象1”放置到“对象2”内部，从而使“对象1”中超出“对象2”的部分被隐藏。“对象1”被称为“内容”，用于盛放“内容”的“对象2”被称为“容器”。“图框精确剪裁”可以将任何对象作为“内容”，而“容器”必须为矢量对象。“图框精确剪裁”常用于隐藏图形、位图或画面的某些部分，如图4-128所示为使用该命令制作的作品。

图4—128

4.7.1 将对象放置在容器中

通过“放置在容器中”命令，可以将图像或矢量图形等作为内容，置入另一个图形或文本中。

步骤01 单击工具箱中的“艺术笔工具”按钮，随意设置样式，绘制一个不规则的图形，如图4-129所示。

步骤02 使用选择工具选中画面中的位图或矢量图形，执行“效果>图框精确剪裁>放置在容器中”命令，当光标变成➡形状时，单击绘制的不规则图形，图像就会被放置在不规则图形中，如图4-130所示。

图4—129

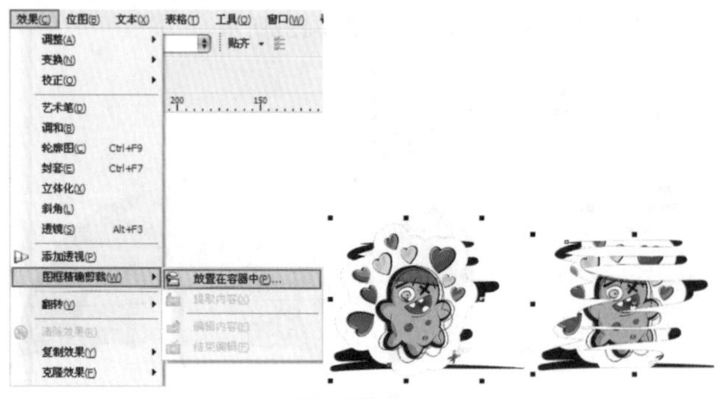

图4—130

技巧提示

当内容和容器有重合区域时，才能显示出效果。如果没有重合区域，执行该命令则会使内容被完全隐藏。

4.7.2 提取内容

使用“提取内容”命令可以将与容器合为一体的图形进行分离。

步骤01 选中容器与对象，执行“效果>图框精确剪裁>提取内容”命令，如图4-131所示。

步骤02 此时内置的对象和容器又分为了两个对象，如图4-132所示。

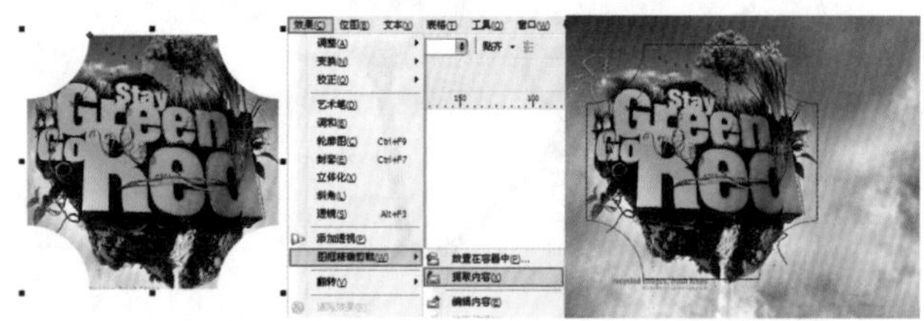

图4—131　图4—132

4.7.3 编辑内容

创建图框精确剪裁对象后，如果要对放置在“容器”内的图像进行编辑，可以执行“效果>图框精确裁剪>编辑内容”命令，如图4-133（a）所示。此时可以看到容器内的图形变为蓝色的框架，如图4-133（b）所示。

进入编辑内容状态下，可以对内容中的对象进行调整或者替换。编辑完成后单击左下角的“完成编辑对象”按钮，即可回到完整画面中，如图4-134所示。

执行“效果>图框精确裁剪>结束编辑”命令，也可以结束当前操作，完成图像的调整，如图4-135所示。

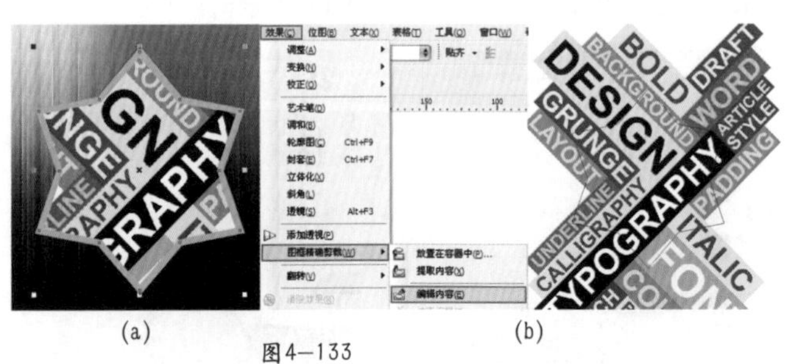

（a）　（b）

图4—133

图4—134

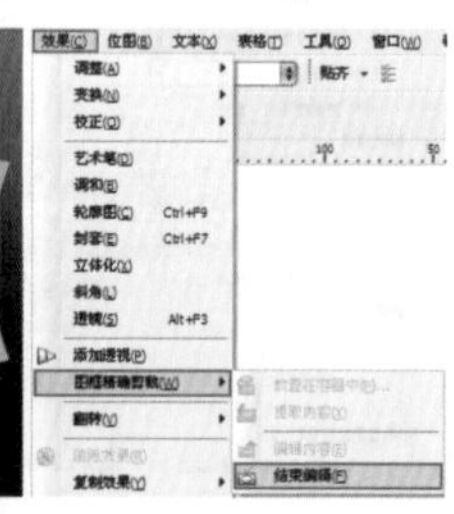

图4—135

4.7.4 锁定图框精确剪裁的内容

在创建图框精确剪裁对象后，可以将精确剪裁的内容进行锁定。

步骤01 在图框精确剪裁对象上单击鼠标右键，在弹出的快捷菜单中执行“锁定图框精确裁剪的内容”命令，如图4-136所示。

步骤02 锁定对象后，只能对作为“容器”的框架进行移动、旋转及拉伸等编辑，如图4-137所示。

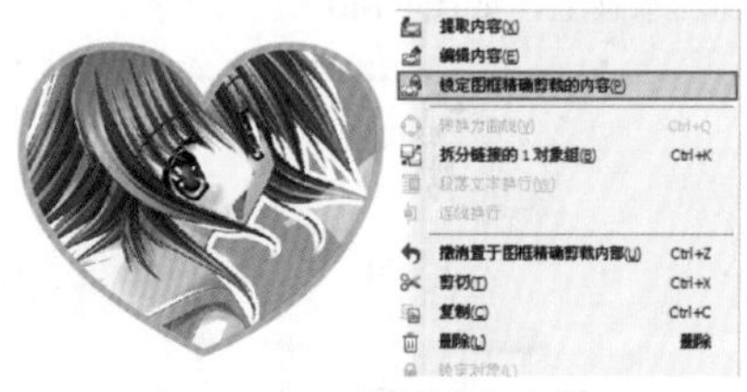

图4—136

图4—137

实例练习——通过精确裁剪制作古典纸扇

案例文件	实例练习——通过精确裁剪制作古典纸扇.psd
视频教学	实例练习——通过精确裁剪制作古典纸扇.flv
难易指数	★★★★★
知识掌握	“图框精确剪裁”命令、钢笔工具

案例效果

本例最终效果如图4-138所示。

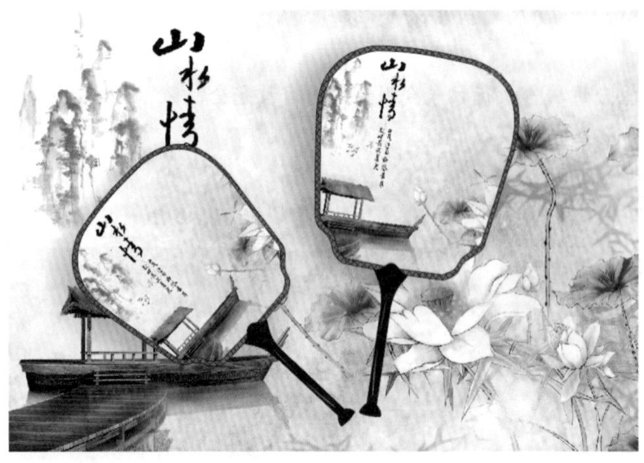

图4—138

操作步骤

步骤01 执行“文件>新建”命令，在弹出的“创建新文档”对话框中设置“大小”为A4，“原色模式”为CMYK，“渲染分辨率”为300，然后导入水墨效果素材文件，如图4-139所示。

图4—139

步骤02 单击工具箱中的“钢笔工具”按钮，在工作区中绘制出扇子上半部分的轮廓，如图4-140（a）所示。然后单击工具箱中的“形状工具”按钮，将轮廓图调整得更加细致、圆润；然后将扇面移动到山水画上，如图4-140（b）所示。

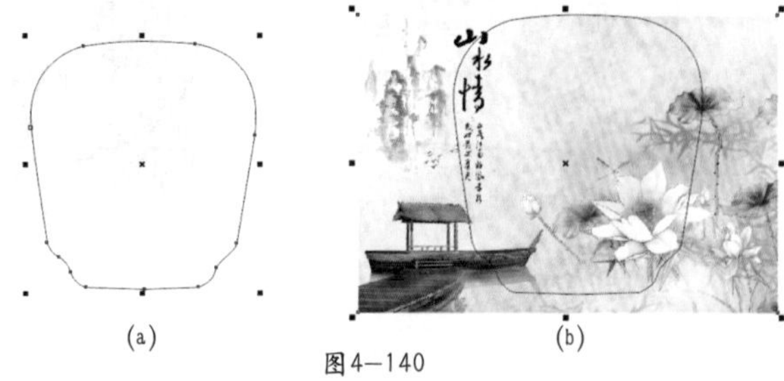

(a) (b)

图4—140

步骤03 单击工具箱中的“选择工具”按钮，选择位图，执行“效果>图框精确剪裁>放置在容器中”命令，当光标变为➡形状时，单击绘制好的扇面轮廓，将其放置在轮廓中，如图4-141所示。

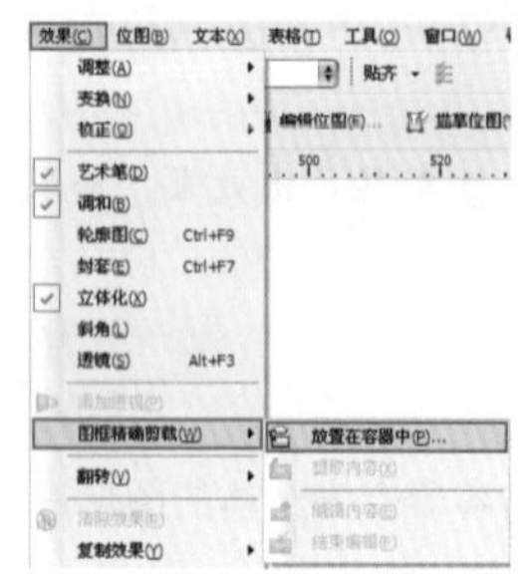

图4—141

步骤04 执行“效果>图框精确剪裁>编辑内容”命令，使用选择工具进一步调整位图的位置及大小，如图4-142所示。

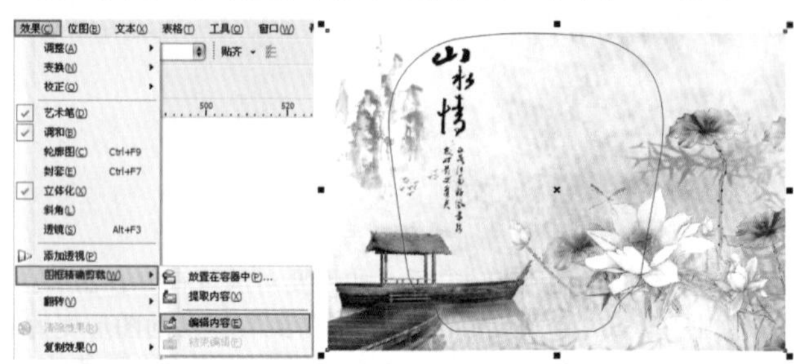

图4—142

步骤05 调整完成后，执行“效果>图框精确剪裁>结束编辑”命令，结束编辑操作，如图4-143所示。

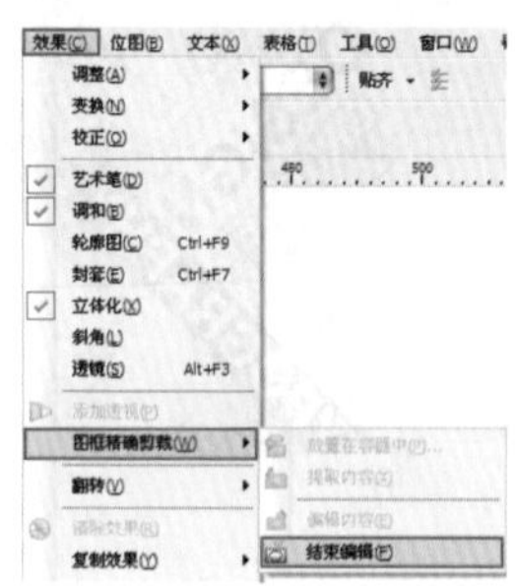

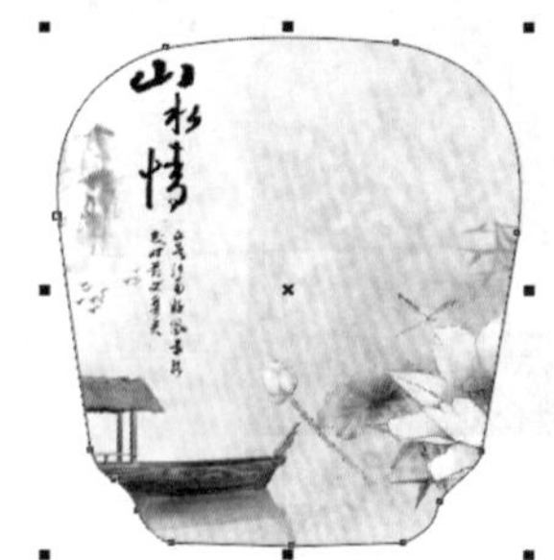

图4—143

步骤06 复制一个扇面轮廓，然后单击工具箱中的“填充工具”按钮并稍作停留，在弹出的下拉列表中单击“图样填充”按钮，弹出“图样填充”对话框；选中“双色”单选按钮，在图样下拉列表框中选择十字形状的图样，“前部”颜色为黑色，“后部”颜色为深绿色，设置“宽度”和“高度”均设置为15mm，单击“确定”按钮，如图4-144所示。

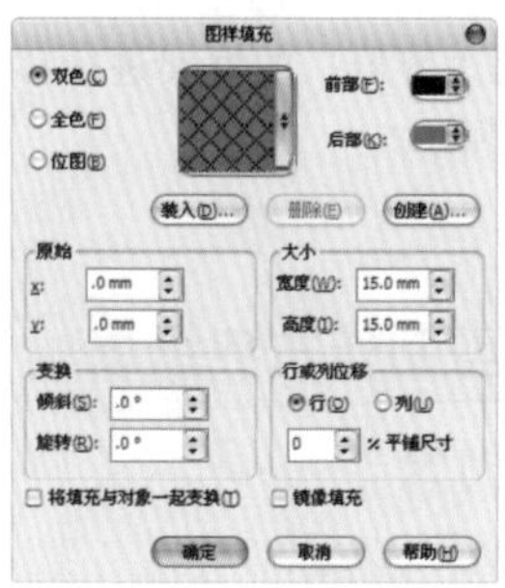

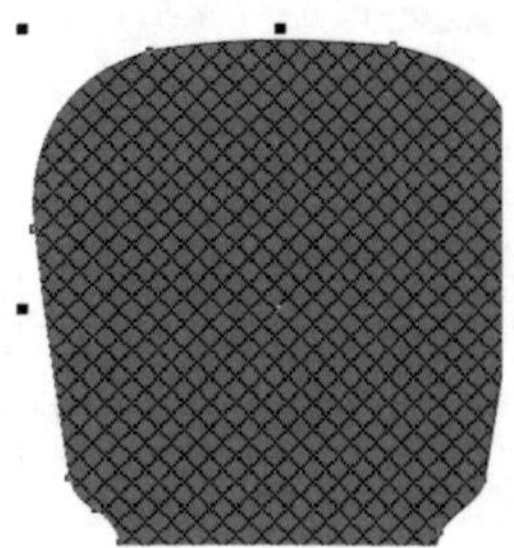

图4—144

步骤07 单击鼠标右键，在弹出的快捷菜单中执行“顺序>到页面后方”命令，将填充图样的扇面放置在水墨扇面后一层，并按比例进行放大，产生扇面边框效果，如图4-145所示。

步骤08 使用钢笔工具绘制出扇柄及高光形状，然后将扇柄填充为棕色，高光部分填充为白色。选择高光部分，单击工具箱中的“透明度工具”按钮，在高光上拖动鼠标进行一定的透明度调整，模拟出光泽效果，如图4-146所示。

步骤09 单击“阴影工具”按钮，在扇子上拖动鼠标，绘制出扇子阴影。将扇子的多个部分选中，执行“群组”操作。复制扇子并将其旋转，摆放到合适的位置。再次导入水墨效果的素材文件作为背景，最终效果如图4-147所示。

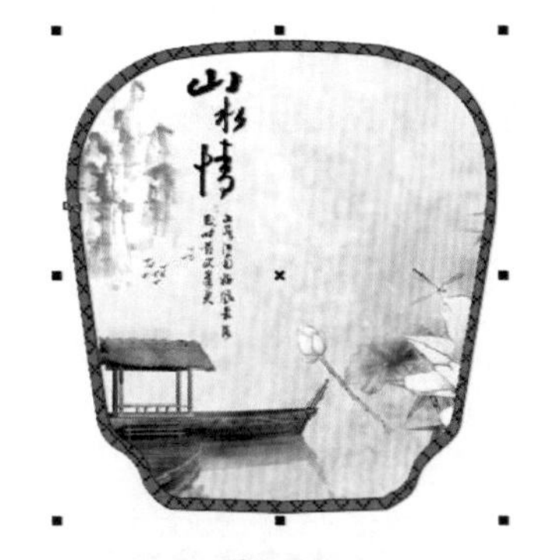

图4—145

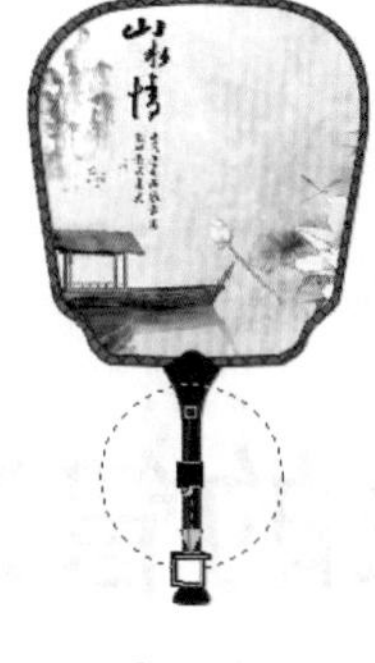

图4—146

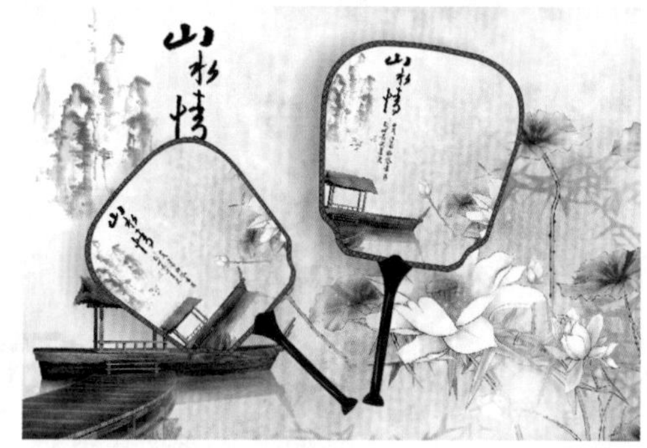

图4—147

读书笔记

对象的管理

在进行平面设计时，对象的编辑和管理是一个很重要的工作，如对象的对齐与分布、对象顺序的调整、对象的群组与解组、对象的合并和拆分、对象的控制等。熟练掌握这些内容，才能更好地使用CorelDRAW进行设计。本章将详细介绍这些内容。

本章学习要点：

- 掌握对象的对齐与分布
- 掌握对象顺序的调整方法
- 掌握对象的锁定与解锁方法
- 掌握图层控制方法

5.1 对象的对齐与分布

进行平面设计时，经常要在画面中添加大量排列整齐的对象。在CorelDRAW X5中，可以使用“对齐与分布”命令来实现。在如图5-1所示作品中，使用到了“对齐与分布”命令。

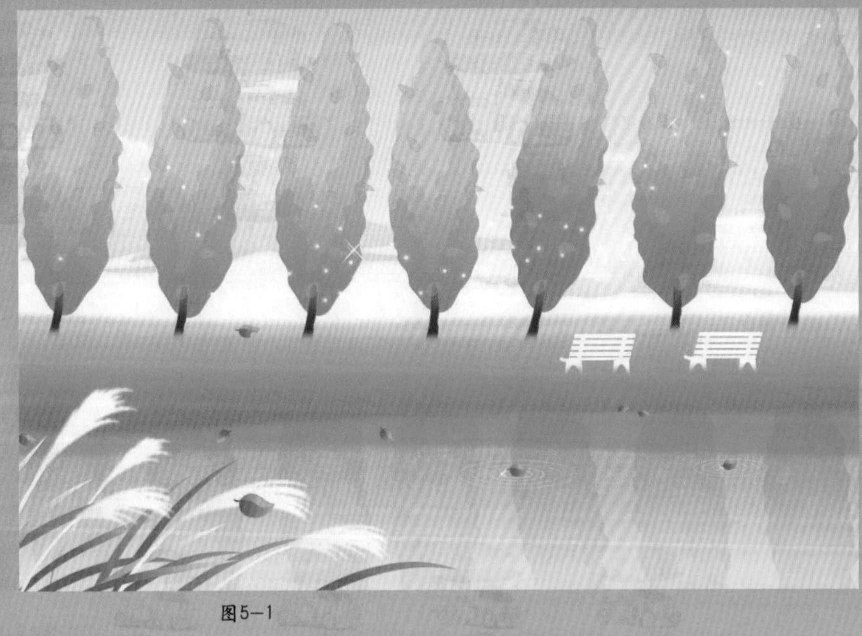

图5—1

5.1.1 对齐对象

步骤01 单击工具箱中的“选择工具”按钮，按住Shift键，在工作区中选择需要对齐的多个对象，如图5-2所示。

步骤02 执行“排列>对齐和分布>对齐与分布”命令，打开“对齐与分布”对话框，如图5-3所示。

步骤03 从图5-3可以看到，该对话框由“对齐”和“分布”两个选项卡组成。在“对齐”选项卡中，左侧的“上”、“中”、“下”3个选项用于设置对象在水平方向上的对齐方式，如图5-4所示。

图5—2

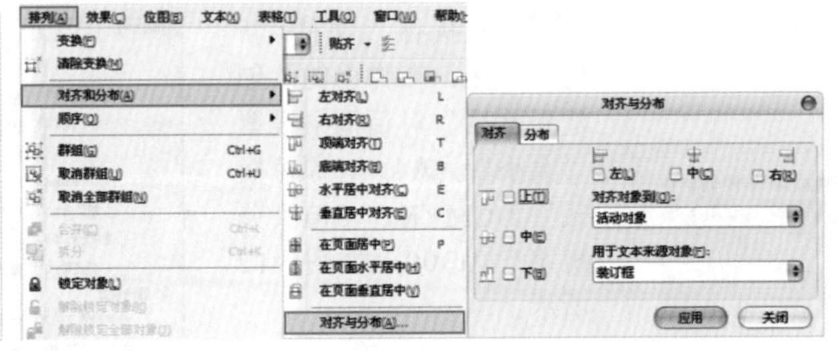

图5—3

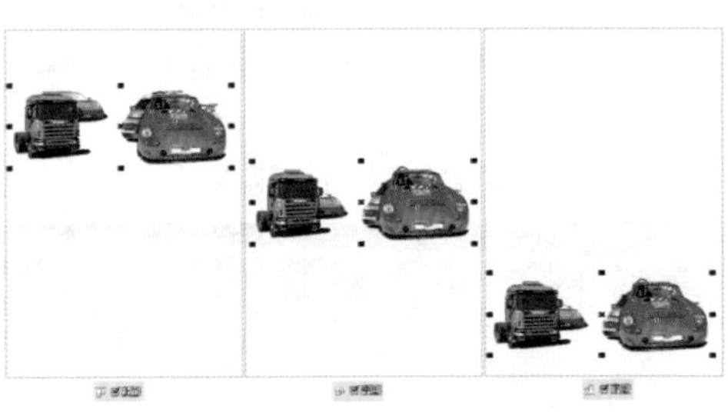

图5—4

步骤04 上方的“左”、“中”、“右”3个选项用于设置对象在垂直方向上的对齐方式，如图5-5所示。

步骤05 在“对齐对象到”和“用于文本来源对象”下拉列表框中，可以按照实际需要进行选择。最后单击“应用”按钮结束操作，如图5-6所示。

图5—5

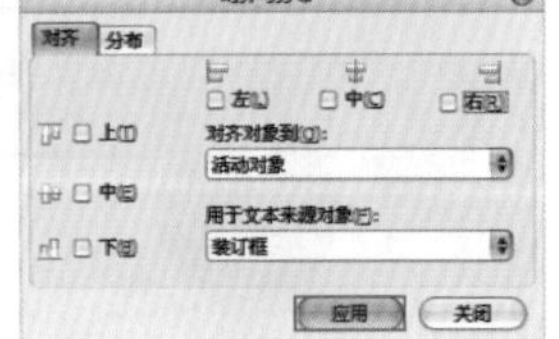

图5—6

5.1.2 分布对象

在“对齐与分布”对话框中选择“分布”选项卡，如图5-7所示。

步骤01 左侧的“上”、“中”、“间距”和“下”4个选项用于设置对象在水平方向上的分布方式，如图5-8所示。

图5—7

图5—8

步骤02 上方的“左”、“中”、“间距”和“右”4个选项用于设置对象在垂直方向上的对齐方式，如图5-9所示。

步骤03 在“分布到”选项中选中“选定的范围”单选按钮，将在环绕对象的边框区域上分布对象；选中“页面的范围”单选按钮，则在绘图页面上分布对象，如图5-10所示。

图5—9

图5—10

实例练习——制作输入法皮肤

案例文件	实例练习——制作输入法皮肤.cdr
视频教学	实例练习——制作输入法皮肤.flv
难易指数	★★★★★
知识掌握	对齐与分布、修剪工具、矩形工具、椭圆形工具

案例效果

本例最终效果如图5-11所示。

图5—11

操作步骤

步骤01 执行“文件>新建”命令，在弹出的“创建新文档”对话框中设置“大小”为A4，“原色模式”为CMYK，“渲染分辨率”为300，如图5-12所示。

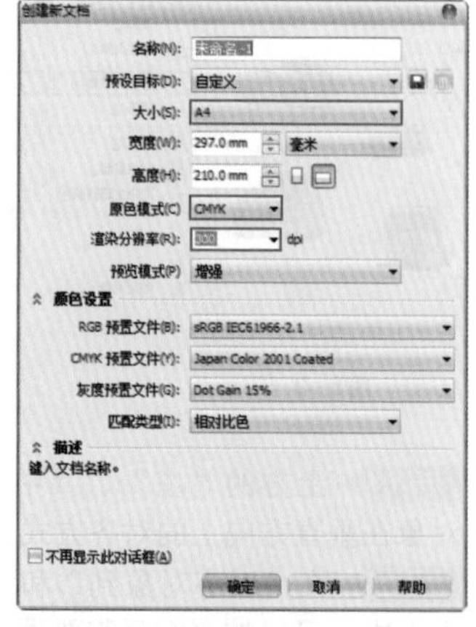

图5—12

步骤02 导入背景素材文件，并调整为合适的大小及位置，如图5-13所示。

图5－13

步骤03 单击工具箱中的“矩形工具”按钮，在工作区内拖动鼠标绘制一个合适大小的矩形，然后通过“调色板”将其填充为紫色，再在属性栏中设置“圆角半径”为4.5mm，如图5-14所示。

图5－14

步骤04 单击CorelDRAW工作界面右下角的“轮廓笔”按钮，在弹出的“轮廓笔”对话框中设置“颜色”为绿色，“宽度”为0.5mm，然后单击“确定”按钮，如图5-15所示。

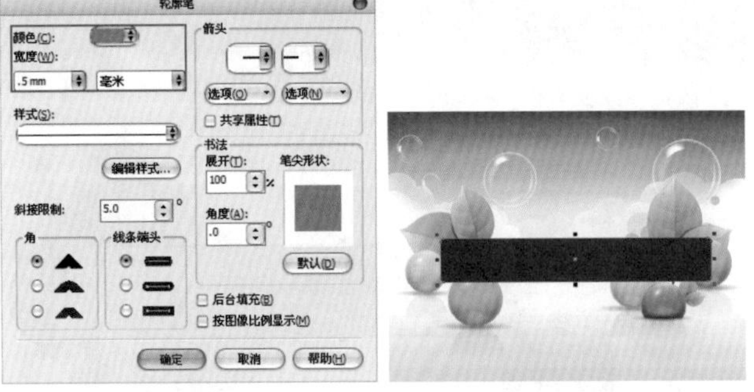

图5－15

步骤05 使用矩形工具在紫色矩形上绘制一个小一点的蓝色圆角矩形，将“圆角半径”设置为4.5mm，轮廓线宽度为“细线“，如图5-16所示。

步骤06 单击工具箱中的“椭圆形工具”按钮，按住Ctrl键绘制一个正圆，然后通过“调色板”将其填充为蓝色，并设置轮廓线宽度为“无”，效果如图5-17所示。

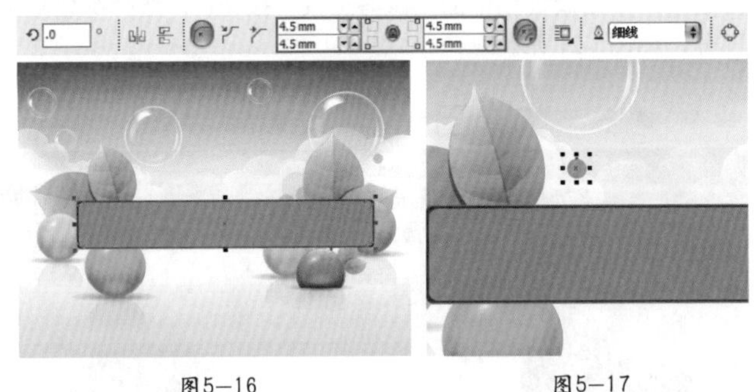

图5－16　　图5－17

步骤07 多次复制圆形，然后将其全部选中，执行“排列>对齐和分布>对齐与分布”命令，弹出“对齐与分布”对话框；在“对齐”选项卡中选中“中”复选框，单击“应用”按钮；选择“分布”选项卡，选中“间距”复选框，单击“应用”按钮，如图5-18所示。

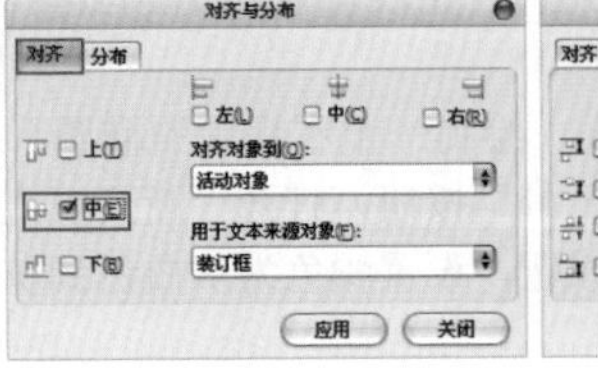

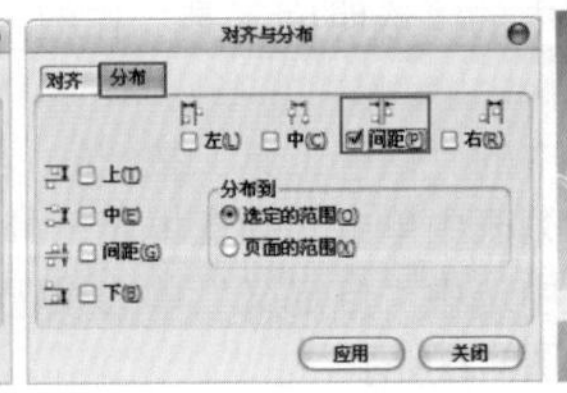

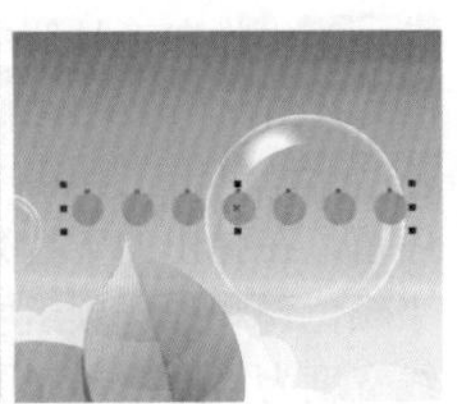

图5－18

步骤08 框选蓝色正圆，单击鼠标右键，在弹出的快捷菜单中执行“群组”命令。按Ctrl+C键复制，再按Ctrl+V键粘贴。框选复制出的正圆群组，再次执行“对齐与分布”命令，使之均匀分布。最后将制作出的正圆放在圆角矩形上，如图5-19所示。

步骤09 使用矩形工具绘制一个浅蓝色圆角矩形，设置“圆角半径”为4.5mm，轮廓线宽度为“无”，如图5-20所示。

图5—19　　图5—20

步骤10 再次绘制一个大一点的矩形，并将其放置在浅蓝色圆角矩形上。按住Shift键进行加选，将绿色矩形和浅蓝色矩形同时选中。单击属性栏中的“修剪工具”按钮，选择绿色矩形，按Delete键将其删除，此时可以看到蓝色圆角矩形剩下了上半部分，如图5-21所示。

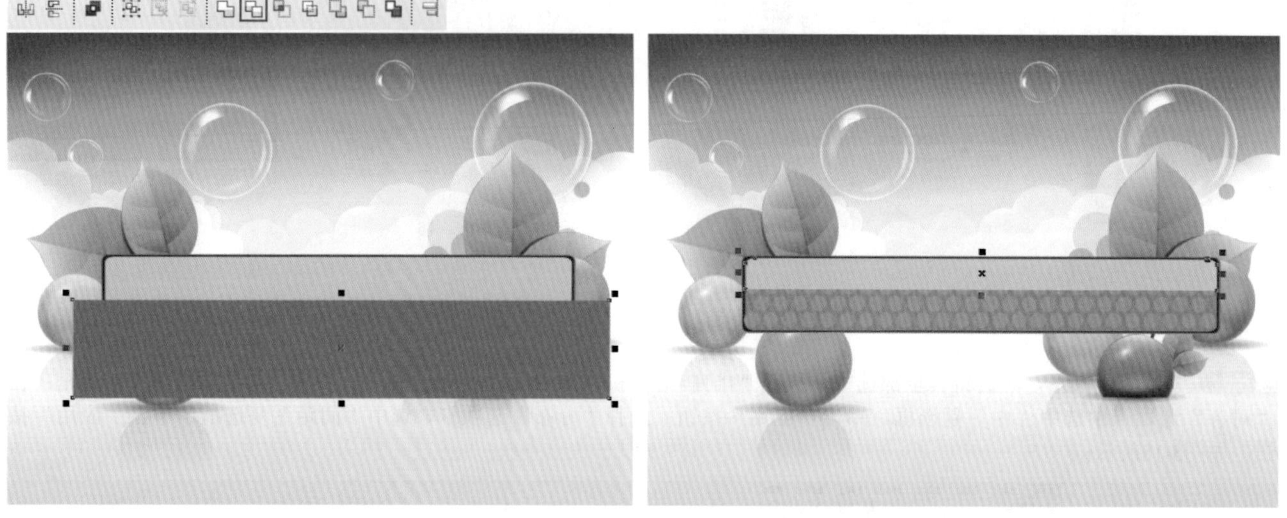

图5—21

步骤11 单击工具箱中的“透明度工具”按钮，在浅蓝色的矩形上按住鼠标左键并拖动，达到满意效果后释放鼠标，如图5-22所示。

步骤12 单击工具箱中的“钢笔工具”按钮，绘制一个不规则的椭圆形轮廓；单击工具箱中的“填充工具”按钮并稍作停留，在弹出的下拉列表中单击“渐变填充工具”按钮，打开“渐变填充”对话框；在其中将“类型”设置为“辐射”，在“颜色调和”选项组中选中“自定义”单选按钮，设置颜色为从白色到灰色的渐变，然后单击“确定”按钮；最后设置轮廓线宽度为“无”，如图5-23所示。

图5—22

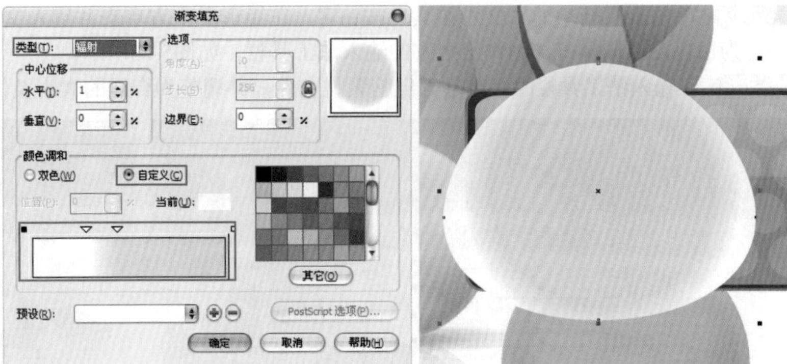

图5—23

步骤13 使用钢笔工具绘制耳朵的形状，然后单击工具箱中的“填充工具”按钮并稍作停留，在弹出的下拉列表中单击“渐变填充”按钮，打开“渐变填充”对话框；在其中设置“类型”为“辐射”，在“中心位移”选项组中设置“水平”为16、“垂直”为-19，在“颜色调和”选项组中选中“自定义”单选按钮，设置颜色为从白色到灰色的渐变，单击“确定”按钮；最后设置轮廓线宽度为“无”，如图5-24所示。

步骤14 复制耳朵部分图形，单击属性栏中的“水平镜像”按钮，并将其移至左边，如图5-25所示。

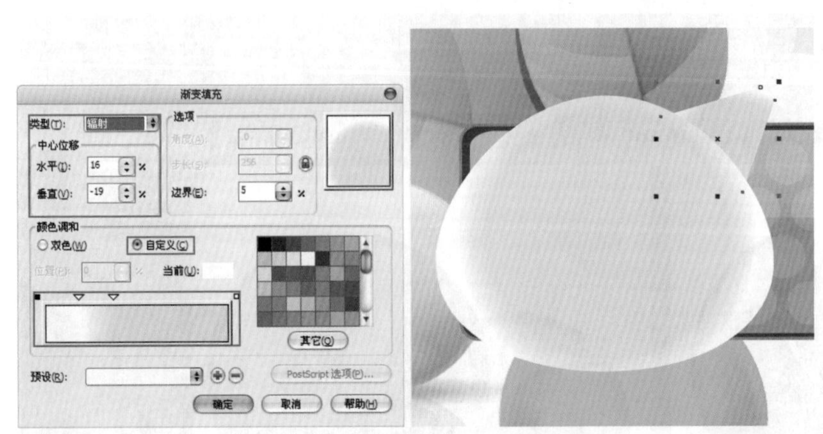

图5—24

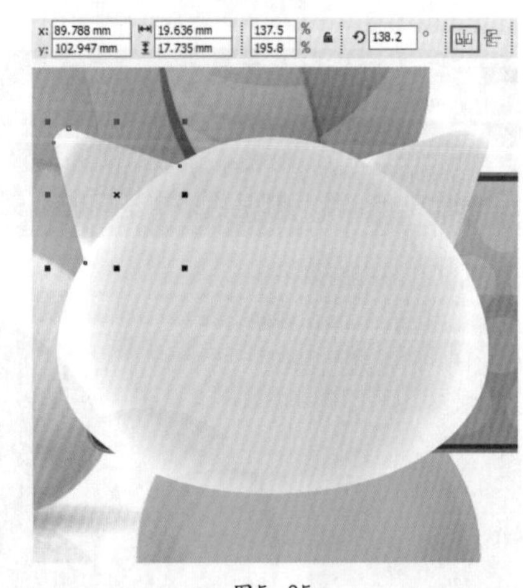

图5—25

步骤15 使用椭圆形工具在左上方绘制一个椭圆形，然后将其填充为白色，并设置轮廓线宽度为“无”；单击工具箱中的“透明度工具”按钮，在白色椭圆形上按住鼠标左键并拖动，释放鼠标后即完成透明度的设置，如图5-26所示。

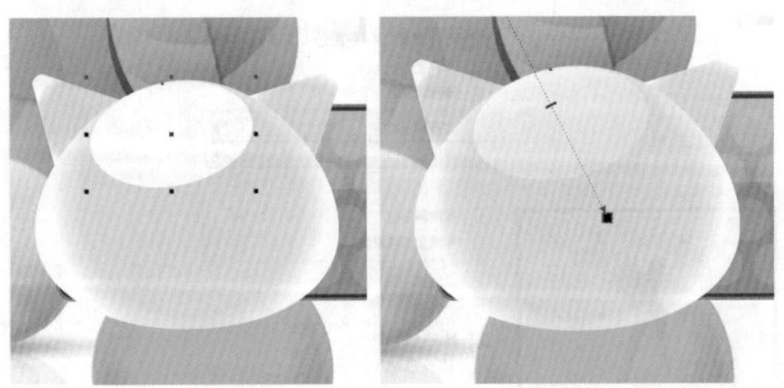

图5—26

步骤16 将绘制的动物头像等比例缩小，放在矩形的左下角，如图5-27所示。

图5—27

步骤17 单击工具箱中的“文本工具”按钮字，在矩形左上方单击并输入文字，然后调整为合适的字体及大小，并设置文字颜色为白色；以同样方法制作出上方的输入法工具栏，如图5-28所示。

步骤18 在输入法工具栏的右侧导入电脑素材文件，并调整为合适的大小及位置，如图5-29所示。

图5—28

图5—29

5.2 调整对象顺序

通常一部作品都是由多个不同的对象组成的，对象排放的顺序不同，其效果也会不同，如图5-30所示。

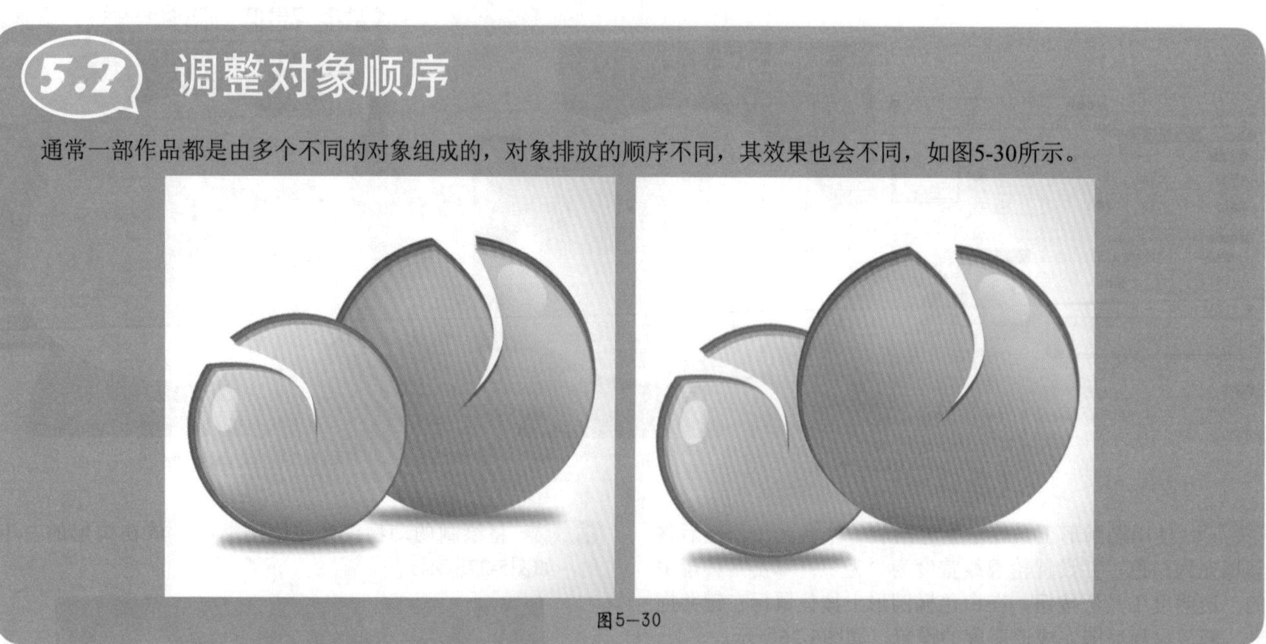
图5—30

步骤01 要调整对象的顺序，首先单击工具箱中的“选择工具”按钮，选定要调整顺序的对象；然后执行“排列>顺序”命令，或在对象上单击鼠标右键，在弹出的快捷菜单中执行“顺序”命令，如图5-31所示。

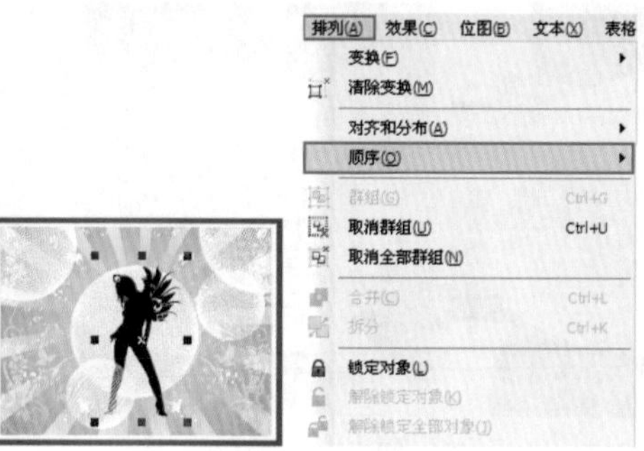

图5—31

步骤02 在弹出的子菜单中执行“到页面前面”命令，或按Ctrl+Home键，效果如图5-32（a）所示；执行“到页面后面”命令，或按Ctrl+End键，效果如图5-32（b）所示。

步骤03 在弹出的子菜单中执行“到图层前面”命令，或按Shift+PageUp键，果如图5-33（a）所示；执行“到图层后面”命令，或按Shift+Page Down键，效果如图5-33（b）所

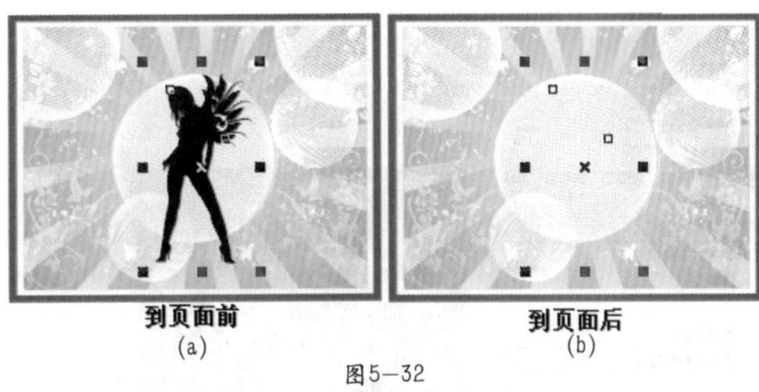

图5—32

示；执行“向前一层”命令，或按Ctrl+Page Up键，效果如图5-33（c）所示；执行“向后一层”命令，或按Ctrl+Page Down键，效果如图5-33（d）所示。

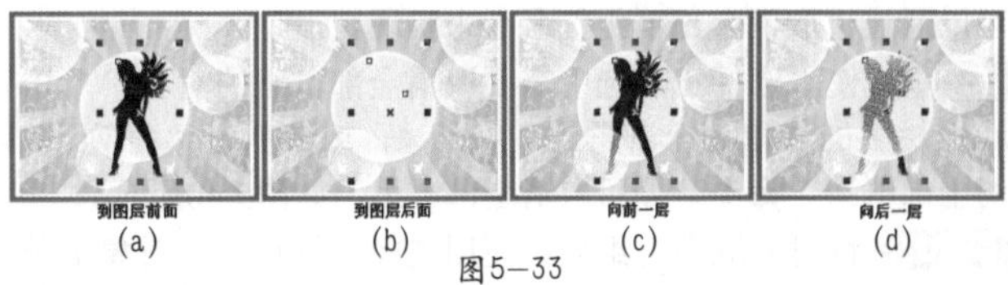

图5—33

步骤04 在弹出的子菜单中执行“置于此对象前”命令，选择前一层，进行转换效果如图5-34（a）所示；执行“置于此对象后”命令，选择后一层，进行转换，效果如图5-34（b）所示。

步骤05 在弹出的子菜单中执行“逆序”命令，可以将对象次序逆反，如图5-35所示。

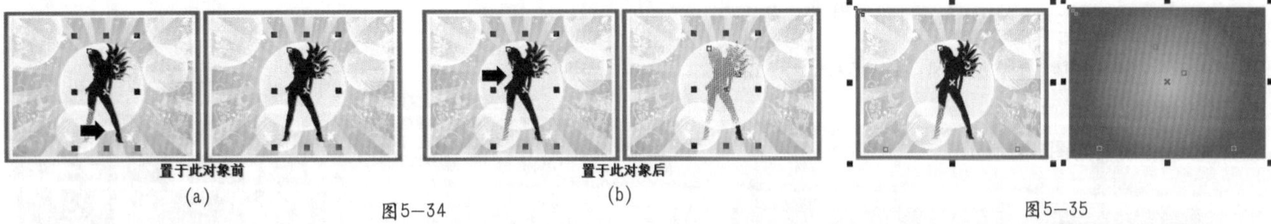

图5—34　　图5—35

5.3 群组与取消群组

如果需要对多个对象同时进行相同的操作，可以将这些对象组合成一个整体。组合后的对象仍然保持其原始属性，并且可以随时解散组合。

5.3.1 群组对象

步骤01 单击工具箱中的“选择工具”按钮，选中需要群组的各个对象；然后单击属性栏中的“群组”按钮，或者执行“排列>群组”命令，或者按下Ctrl+G键，即可将所选对象进行群组，如图5-36所示。

步骤02 将多个对象群组后，使用选择工具在群组中的任一对象上单击，即可选中整个群组对象，如图5-37所示。

5.3.2 取消群组

步骤01 使用选择工具选中需要取消群组的对象，在属性栏中单击“取消群组”按钮；或者执行“排列>取消群组”命令，或者按Ctrl+U键，即可快速取消群组，如图5-38所示。

步骤02 将对象取消群组后，可以依次对各个对象进行单独编辑，如图5-39所示。

图5—36　　图5—37　　图5—38　　图5—39

5.3.3 取消全部群组

如果文件中包含多个群组，想要快速地取消全部群组，可以通过“取消全部群组”命令来实现。

步骤01 使用选择工具选中需要取消全部群组的对象，单击属性栏中的“取消全部群组”按钮，或者执行“排列>取消全部群组”命令，即可取消全部群组，如图5-40所示。

步骤02 将对象取消群组后，使用选择工具在任一对象上单击，可以对其局部细节进行更细致的编辑，如图5-41所示。

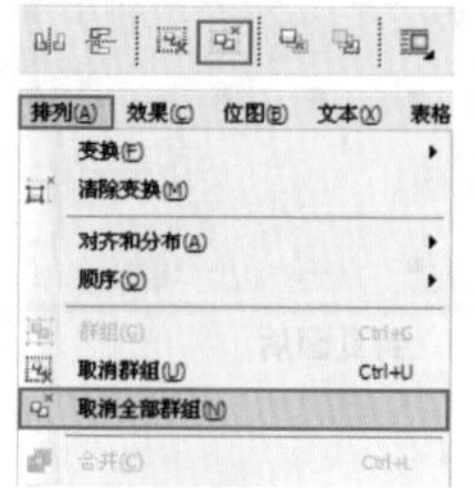

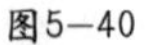

图5-40

图5-41

实例练习——制作美丽的蝴蝶

案例文件	实例练习——制作美丽的蝴蝶.cdr
视频教学	实例练习——制作美丽的蝴蝶.flv
难易指数	★★★★★
知识掌握	调整对象顺序、群组、形状工具、渐变填充工具

案例效果

本例最终效果如图5-42所示。

图5-42

操作步骤

步骤01 执行“文件>新建”命令，在弹出的“创建新文档”对话框中设置“大小”为A4，“原色模式”为CMYK，“渲染分辨率”为300，如图5-43所示。

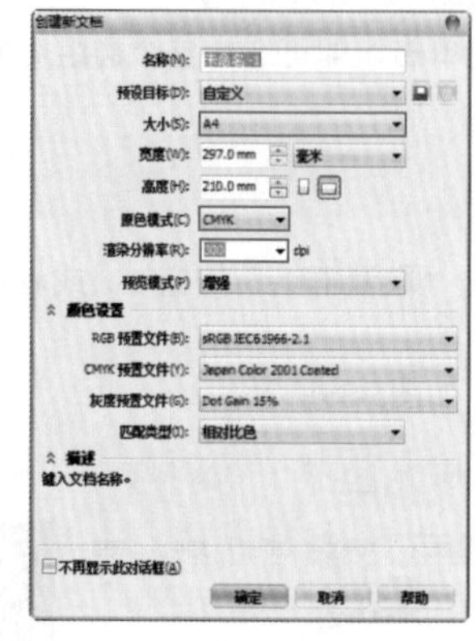

图5-43

步骤02 打开背景素材文件，调整为合适的大小及位置，如图5-44所示。

步骤03 单击工具箱中的“钢笔工具”按钮，在工作区内绘制出翅膀轮廓；然后单击工具箱中的“形状工具”按钮，对翅膀轮廓作进一步调整，如图5-45所示。

图5-44

图5-45

步骤04 在工具箱中单击填充工具箱组中的“渐变填充”按钮，在弹出的“渐变填充”对话框中设置“类型”为“线性”，颜色为紫色系渐变，然后单击“确定”按钮，如图5-46所示。

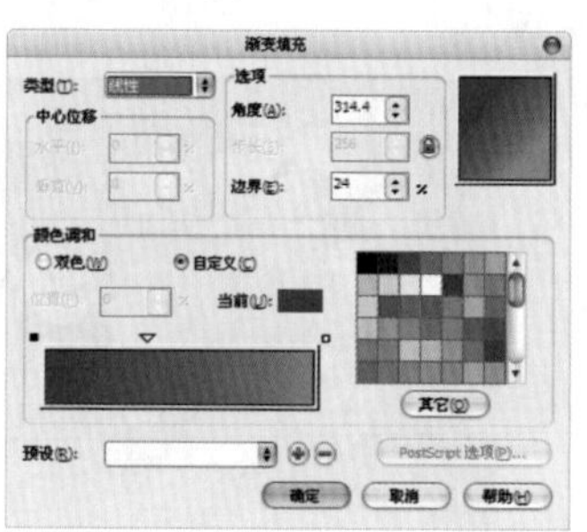

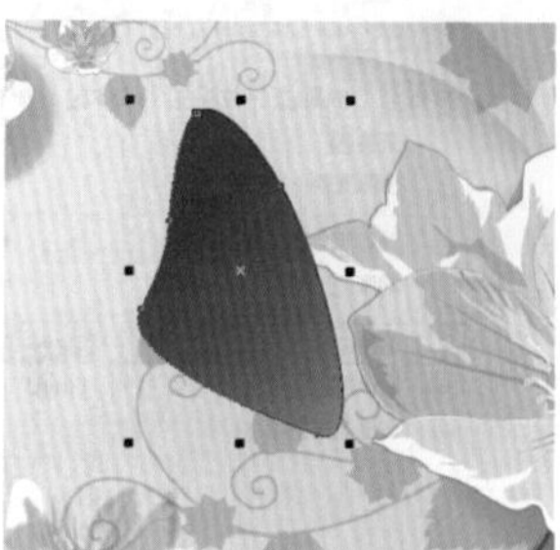

图5-46

步骤05 单击CorelDRAW工作界面右下角的“轮廓笔”按钮，在弹出的“轮廓笔”对话框中设置“宽度”为“无”。按Ctrl+C键复制，再按Ctrl+V键粘贴。双击翅膀，拖动旋转中心到翅膀底部，旋转效果如图5-47所示。

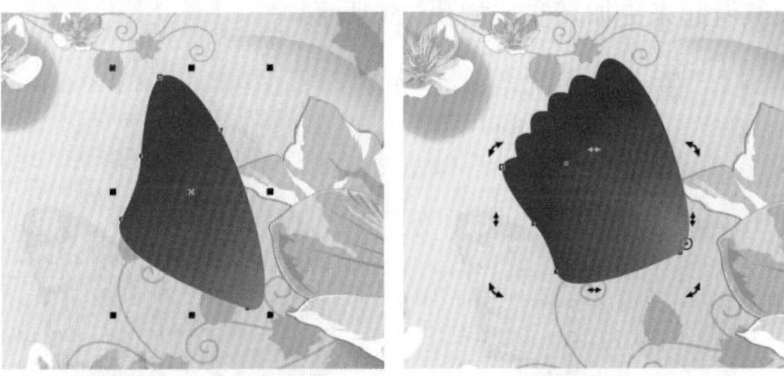

图5-47

步骤06 单击工具箱中的“选择工具”按钮，框选除第一个翅膀以外的所有对象；然后单击鼠标右键，在弹出的快捷菜单中执行“群组”命令。执行“效果>图框精确剪裁>放置在容器中”命令，当光标变成黑色箭头形状时，单击第一个翅膀进行置入，如图5-48所示。

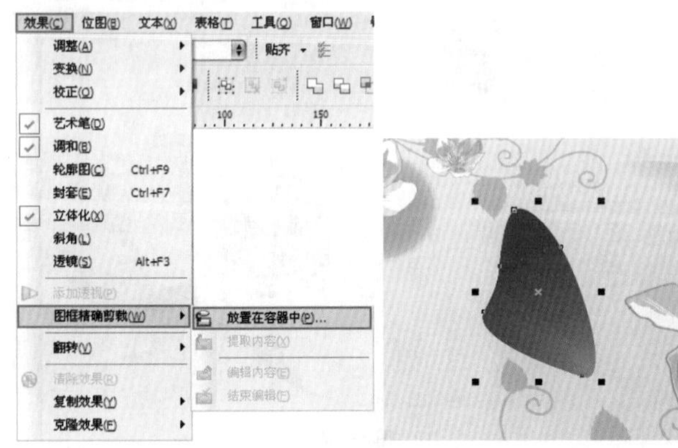

图5-48

步骤07 使用钢笔工具继续绘制翅膀底部轮廓；然后在工具箱中单击填充工具组中的“渐变填充”按钮，在弹出的“渐变填充”对话框中设置“类型”为“线性”，颜色为深紫色渐变，单击“确定”按钮；最后设置轮廓线宽度为“无”，效果如图5-49所示。

图5-49

步骤08 以同样的方法绘制下半部分翅膀轮廓；然后在工具箱中单击填充工具组中的“渐变填充”按钮，在弹出的“渐变填充”对话框中设置“类型”为“线性”，颜色为从深紫色到浅紫色的渐变，单击“确定”按钮；最后设置轮廓线宽度为“无”，效果如图5-50所示。

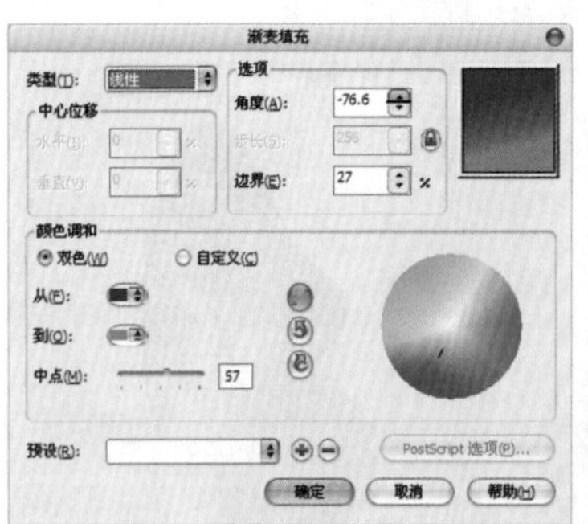

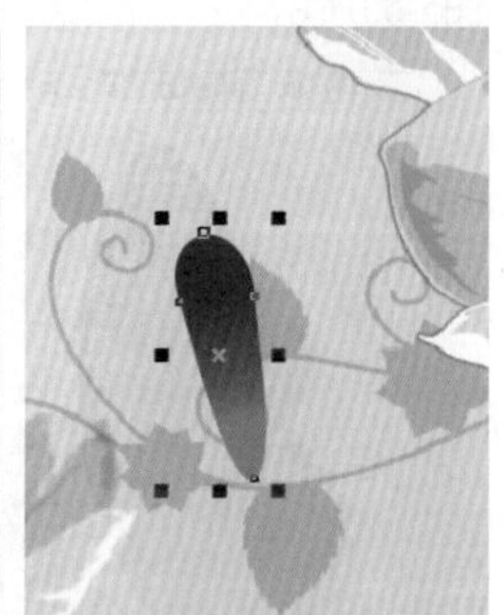

图5-50

步骤09 复制多个并调整角度，如图5-51所示。

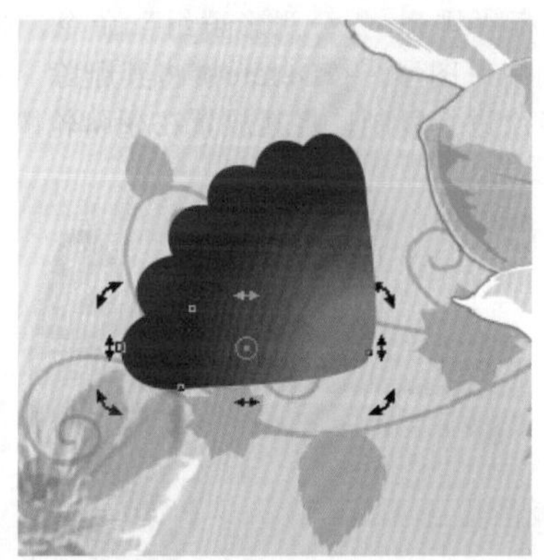

图5-51

步骤10 以同样方法绘制稍大一些的底色；然后单击鼠标右键，在弹出的快捷菜单中执行“顺序>向后一层”命令，或按Ctrl+Page Down键，将其放置在浅紫色翅膀后；最后将所有绘制的翅膀拼合在一起，如图5-52所示。

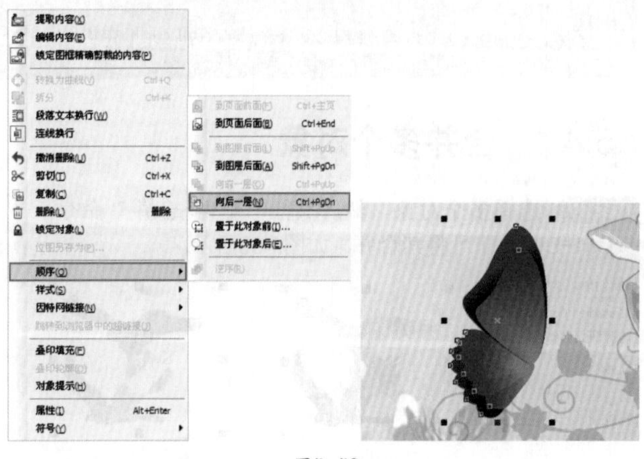

图5-52

步骤11 单击工具箱中的“椭圆形工具”按钮，绘制一个粉色椭圆形，并设置其轮廓线宽度为“无”；单击工具箱中的“阴影工具”按钮，在椭圆形上拖动鼠标，然后在属性栏中设置阴影透明度为100，阴影羽化为22，透明度操作为“常规”，颜色为“粉色”；最后按Enter键结束编辑，如图5-53所示。

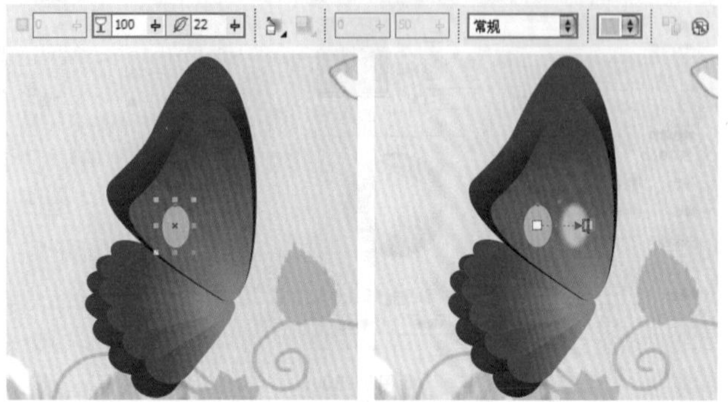

图5—53

步骤12 执行“排列>拆分阴影群组”命令，或按Ctrl+K键。单击选中原图形，按Delete键将其删除。单击选中阴影部分并多次进行复制，将其放置在翅膀轮廓边缘处，如图5-54所示。

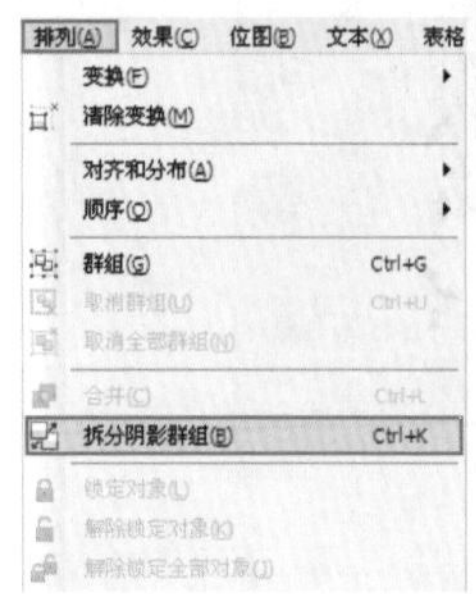

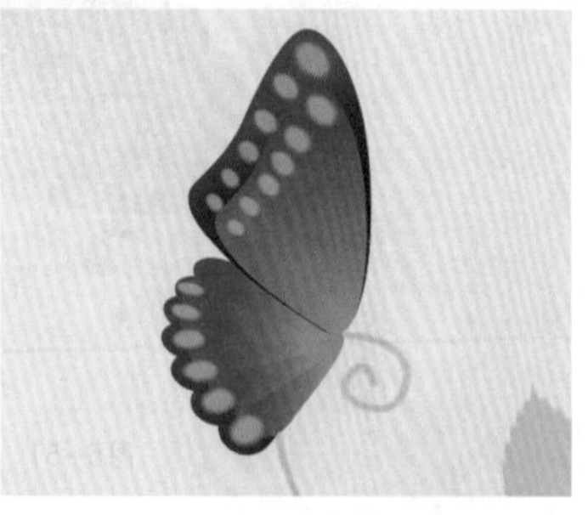

图5—54

步骤13 使用选择工具，选择绘制的翅膀，复制并粘贴，然后单击属性栏中的“水平镜像”按钮，再移动复制过的翅膀，如图5-55所示。

步骤14 使用椭圆形工具和形状工具绘制出蝴蝶身体部分，使其看起来更加真实，如图5-56所示。

图5—55

图5—56

步骤15 以同样方法制作出其他蝴蝶，并放置在合适位置，最终效果如图5-57所示。

图5—57

5.4 合并与拆分

在CorelDRAW中，可以将多个独立的对象进行合并，得到一个全新造型的对象，且不再具有原始的属性。

5.4.1 合并多个对象

方法01 选择多个对象，然后执行“排列>合并”命令，或按Ctrl+L键，即可将其合并，如图5-58所示。

图5—58

方法02 选择多个对象，在选择工具的属性栏中单击“合并”按钮，也可以将其合并，如图5-59所示。

图5—59

技巧与提示

在合并过程中，按住Shift键分别选取对象，组合后的对象将沿用最后被选取的对象图案；若通过拖动的方法选取对象，则组合后的对象将沿用最下方对象的图案。

5.4.2 拆分对象

方法01 选中需要分离的对象，执行“排列>拆分”命令，或按Ctrl+K键，即可将其拆分，如图5-60所示。

方法02 选择需要分离的对象，在选择工具的属性栏中单击“拆分”按钮，也可将其拆分，如图5-61所示。

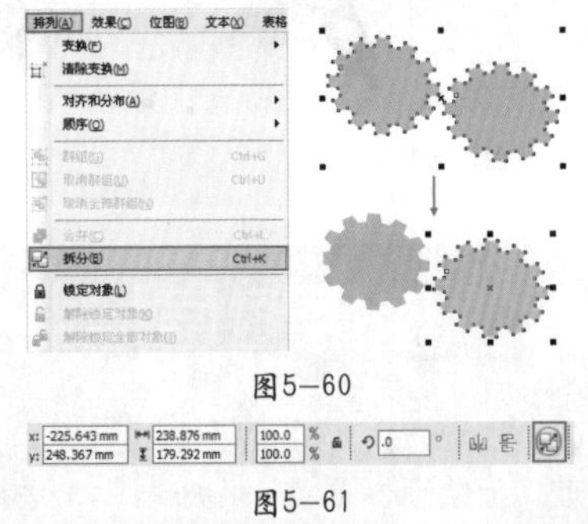

图5-60

图5-61

5.5 锁定与解除锁定

在设计过程中，经常会遇到这样的情况，即需要将页面中暂时不需要编辑的对象固定在一个特定的位置，使其不能进行移动、变换等编辑。此时就要用到锁定与解除锁定功能。

5.5.1 锁定对象

选择需要锁定的对象，执行“排列>锁定对象”命令，或者单击鼠标右键，在弹出的快捷菜单中执行“锁定对象”命令，如图5-62所示。

此时对象四周出现8个锁形图标，表明其已处于锁定的、不可编辑状态，如图5-63所示。

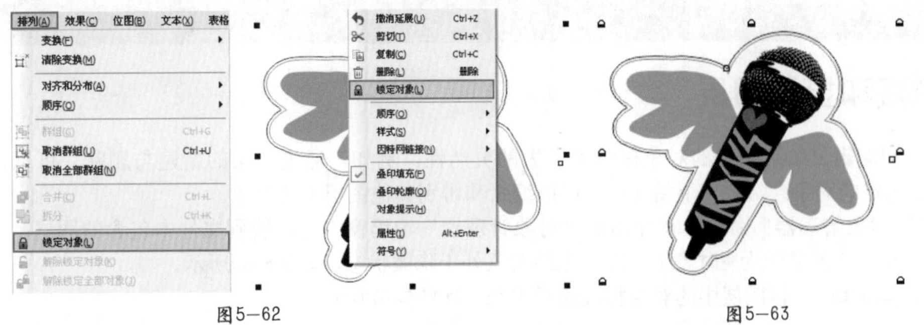

图5-62

图5-63

5.5.2 解除锁定对象

方法01 想要对锁定的对象进行编辑，就必须先将对象进行解除。选中锁定的对象，执行“排列>解除锁定对象”命令，即可将其解锁，如图5-64所示。

方法02 在选定的对象上单击鼠标右键，在弹出的快捷菜单中执行“解除锁定对象”命令，也可以将其解锁，如图5-65所示。

5.5.3 解除锁定全部对象

要将文件中被锁定的多个对象进行快速解除，可以执行“排列>解除锁定全部对象”命令，如图5-66所示。

图5—64　　图5—65　　图5—66

5.6 使用图层控制对象

使用CorelRAW进行较为复杂的设计时，可以使用图层来管理和控制对象。图层的原理其实非常简单，就像分别在多个透明的玻璃上绘画一样。在“玻璃1”上进行绘画不会影响到其他玻璃上的图像；移动“玻璃2”的位置时，那么“玻璃2”上的对象也会跟着移动；将“玻璃4”放在“玻璃3”上，那么“玻璃3”上的对象将被“玻璃4”覆盖；将所有玻璃叠放在一起，就会显现出图像最终效果，如图5-67所示。

图层的优势在于，每一个图层中的对象都可以单独进行处理；既可以移动图层，也可以调整图层堆叠的顺序，而不会影响其他图层中的内容，如图5-68所示。

图5—67　　图5—68

5.6.1 隐藏和显示图层

图层为组织和编辑复杂绘图中的对象提供了更大的灵活性。例如，通过图层的新建与删除，可以使前景及背景分开编辑，还可以显示选定的对象；隐藏某个图层后，可以编辑和辨别其他图层上的对象。

执行“工具>对象管理器”命令，在弹出的“对象管理器”泊坞窗中可以看到文件中包含的图层。每个图层前都有一个“显示/隐藏”图标，当其显示为时表示该图层上的对象处于隐藏状态，如图5-69所示。

当该图标显示为时，该图层中的对象将被显示出来，如图5-70所示。

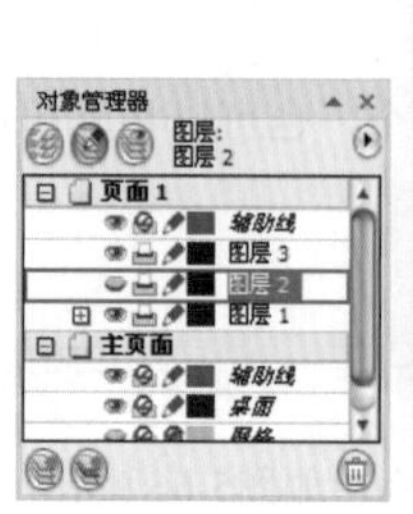

图5—69

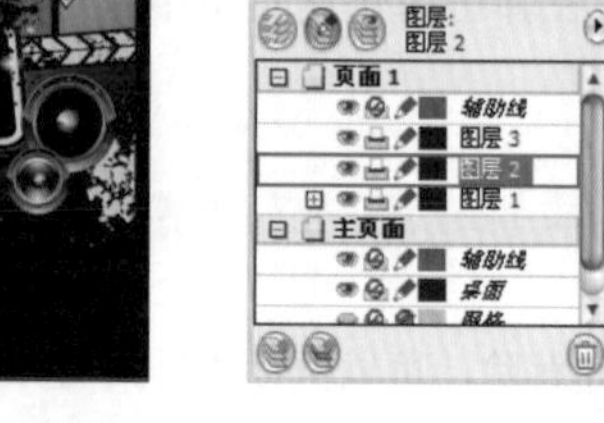

图5—70

5.6.2 新建图层

方法01 执行“工具>对象管理器”命令，在弹出的“对象管理器”泊坞窗中单击右上角的⊙按钮，在弹出的下拉菜单中执行“新建图层”命令，如图5-71所示。

方法02 在“对象管理器”泊坞窗中单击“新建图层”按钮，也可以新建图层，如图5-72所示。

图5—71　　图5—72

5.6.3 新建主图层

默认情况下，所有内容都放在一个图层上。用户可以根据情况，把应用于特定页面的内容放在一个局部图层上，而应用于文档中所有页面的内容可以放在称为主图层的全局图层上，主图层存储在称为主页面的虚拟页面上，如图5-73所示。

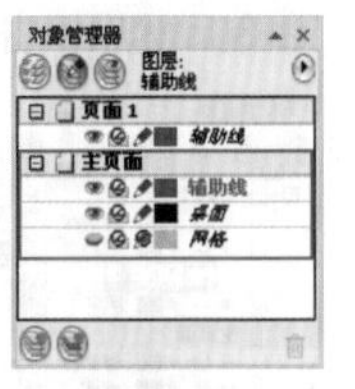

图5—73

- “辅助线”图层：包含用于文档中所有页面的辅助线。
- “桌面”图层：包含绘图页面边框外部的对象。
- “网格”图层：包含用于文档中所有页面的网格。“网格”始终为底部图层。

技巧提示

主页面上的默认图层不能被删除或复制。除非在“对象管理器”泊坞窗中的图层管理器视图中更改了堆栈顺序，否则添加到主页面上的图层将显示在堆栈顺序的顶部。

方法01 执行“工具对象管理器”命令，在弹出的“对象管理器”泊坞窗中单击右上角的⊙按钮，在弹出的下拉菜单中执行“新建主图层”命令，即可新建一个主图层，如图5-74所示。

方法02 在“对象管理器”泊坞窗中，单击底部的“新建主图层”按钮，也可以新建主图层，如图5-75所示。

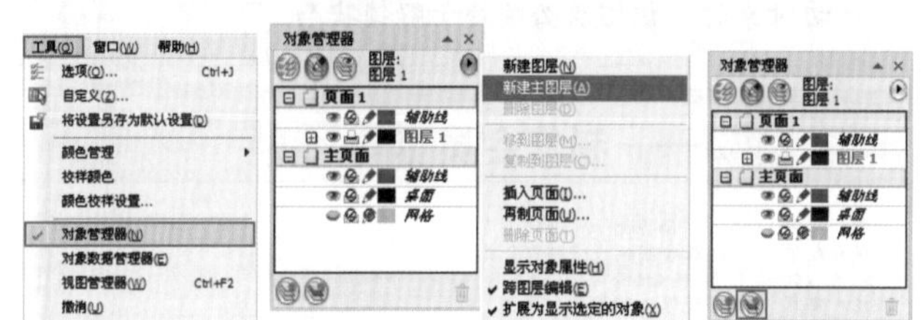

图5—74　　图5—75

5.6.4 删除图层

在 “对象管理器”泊坞窗中选中要删除的图层，单击右上角的⊙按钮，在弹出的下拉菜单中执行“删除图层”命令，即可将其删除，如图5-76所示。

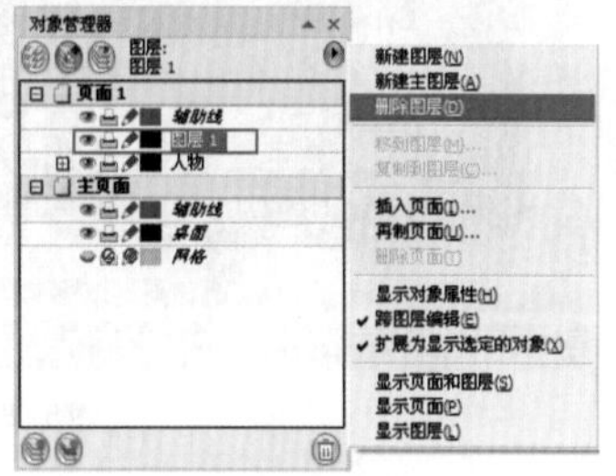

图5—76

5.6.5 在图层中添加对象

向图层中添加对象有两种方法。

方法01 单击选中想要添加对象的图层，使用绘图工具在工作区内绘制理想的图案，即可在所选图层中添加对象，如图5-77所示。

方法02 通过移动图形的方法向某一图层中添加对象。在画面中选中对象，将其直接拖动到“对象管理器”泊坞窗中的某一图层上，即可将所选对象添加到该图层中，如图5-78所示。

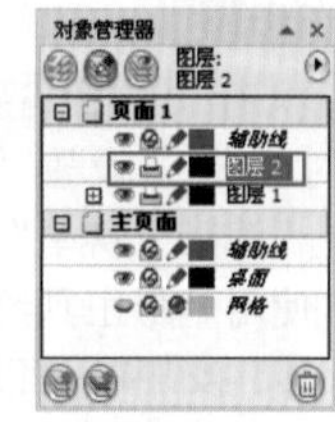

图5—77

技巧提示

虽然对象所处的图层发生了变化，但是画面效果不会发生改变。

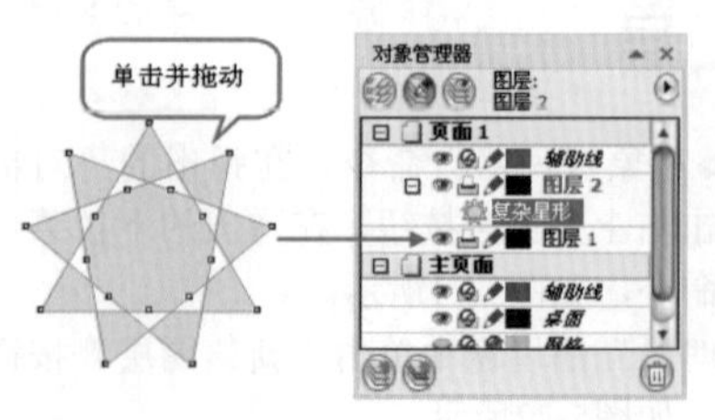

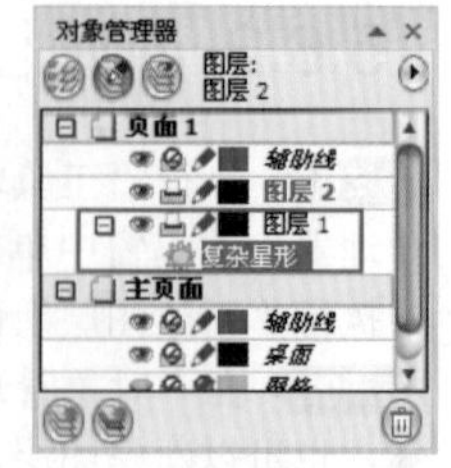

图5—78

5.6.6 在图层间移动/复制对象

如果把一个对象移动或复制到其当前所在图层下面的某个图层上，该对象将成为新图层上的层顶对象。

选中要移动对象的图层，在“对象管理器”泊坞窗中单击右上角的按钮，在弹出的下拉菜单中执行“移到图层”命令，然后单击目标图层即可移动对象，如图5-79所示。

技巧提示

当移动图层中的对象到另一个图层或从一个图层移动对象时，该图层必须处于解锁状态。

选中要复制对象的图层，在“对象管理器”泊坞窗中单击右上角的按钮，在弹出的下拉菜单中执行“复制到图层”命令，然后单击目标图层即可复制对象，如图5-80所示。

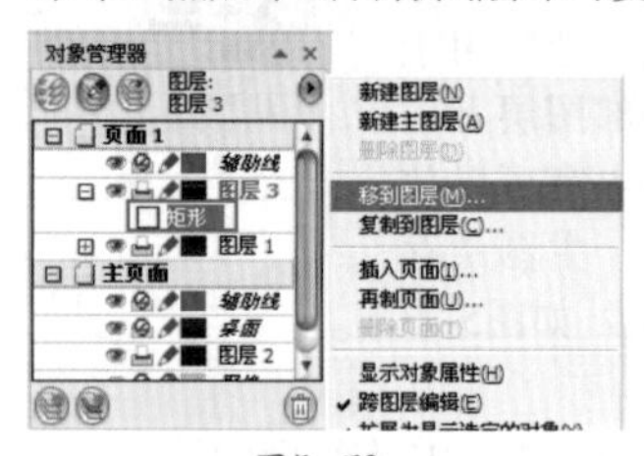

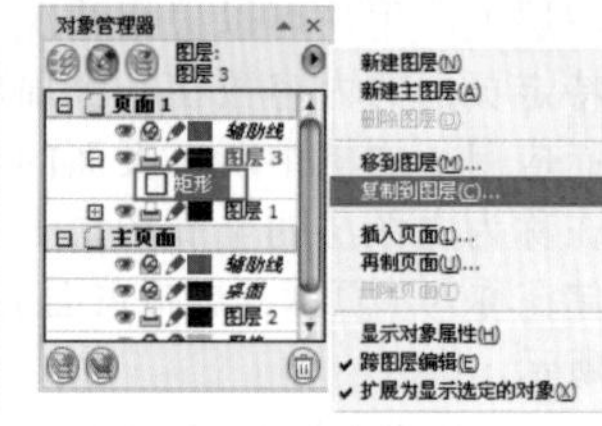

图5—79　　图5—80

综合实例——制作会员卡

案例文件	综合实例——制作会员卡
视频教学	综合实例——制作会员卡
难易指数	★★★★★
技术要点	镜像、对齐与分布

案例效果

本例最终效果如图5-81所示。

图5—81

操作步骤

步骤01 执行“文件>新建”命令，在弹出的“创建新文档”对话框中设置“大小”为A4，“原色模式”为CMYK，“渲染分辨率”为300，如图5-82所示。

步骤02 使用矩形工具绘制一个矩形，然后单击工具箱中的“填充工具”按钮，将其填充为紫色（C：41，M：99，Y：23，K：22），并设置轮廓线宽度为“无”，如图5-83所示。

图5—82　　图5—83

步骤03 下面开始制作背景底纹。单击工具箱中的“钢笔工具”按钮，绘制欧式花纹轮廓。使用填充工具为花纹填充颜色（C：51，M：88，Y：33，K：0），并设置轮廓线宽度为“无”，如图5-84所示。

图5—84

技巧提示

(1) 本例中要绘制的是由8个相同的纹样构成的中心对称的花纹，所以只需要绘制出其中一个花纹分支即可，如图5-85所示。

(2) 选择初步绘制的花纹，按Ctrl+C键复制，再按Ctrl+V键粘贴。选择复制出来的花纹，单击属性栏中的“水平镜像”按钮，将其镜像、旋转，再调整旋转的花纹位置，组成一个花瓣，如图5-86所示。

(3) 按住Shift键加选花瓣的两个部分，单击鼠标右键，在弹出的快捷菜单中执行“群组”命令。复制花瓣的群组，再次进行镜像，制作出上、下两个花瓣。继续进行复制并旋转出水平的花瓣，最后添加其他花纹即可，如图5-87所示。

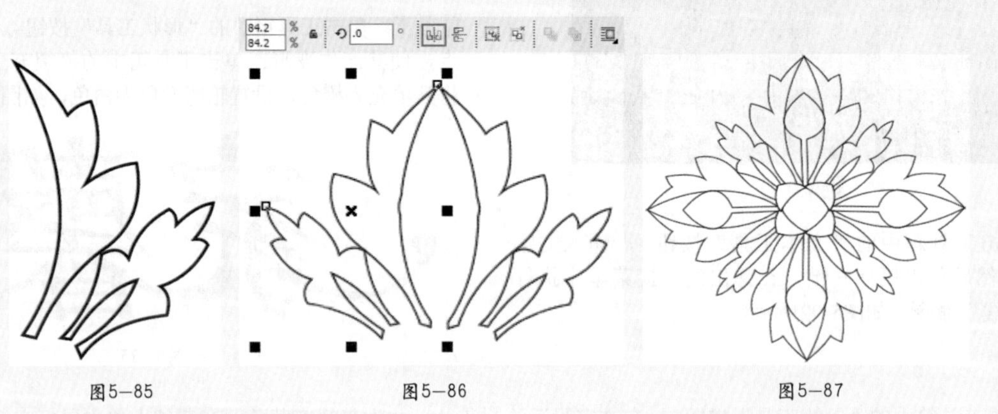

图5-85　图5-86　图5-87

步骤04 选择绘制出来的欧式花纹，单击鼠标右键，在弹出的快捷菜单中执行“群组”命令；利用Ctrl+C键、Ctrl+V键多次复制、粘贴，并将复制出的花纹纵向排列；然后利用“对齐与分布”命令进行调整，使其垂直均匀排列，如图5-88所示。

图5-88

步骤05 将垂直方向的花纹全部选中并进行群组，然后复制数个花纹群组，再使用“对齐与分布”命令进行调整，效果如图5-89所示。

图5-89

步骤06 选择所有的花纹，单击鼠标右键，在弹出的快捷菜单中执行“群组”命令；单击工具箱中的“裁剪工具”按钮，将花纹群组中的多余部分删除，如图5-90所示。

图5-90

步骤07 将欧式底纹放入紫色矩形内；单击工具箱中的“矩形工具”按钮，在下半部分绘制一个矩形，并填充为深紫色，设置轮廓线宽度为“无”，然后将其放置在卡片底端，如图5-91所示。

图5—91

步骤08 单击工具箱中的“文本工具”按钮，输入文字“家馨”，然后单击鼠标右键，在弹出的快捷菜单中执行“转换为曲线”命令，如图5-92所示。

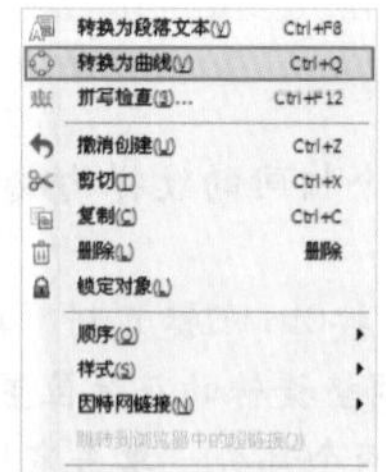

图5—92

步骤09 单击工具箱中的“形状工具”按钮，调整文字的节点，使其产生变形；单击工具箱中的“填充工具”按钮，将其填充为橙色，设置轮廓颜色为白色，如图5-93所示。

图5—93

步骤10 单击工具箱中的“钢笔工具”按钮，在文字附近绘制花朵，并为其填充黄色。在花纹上单击鼠标右键，在弹出的快捷菜单中执行“顺序>向后一层”命令，将其放置在文字后面。复制花纹及文字，并将其填充为黑色，然后利用“顺序>向后一层”命令将其放置在彩色文字后，模拟阴影效果，如图5-94所示。

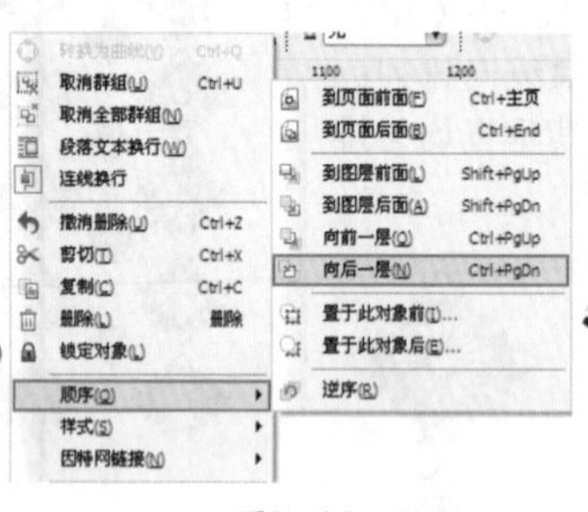

图5—94

步骤11 标志制作好后，放置在会员卡上。继续使用文本工具在标志下方输入文字，然后在工具箱中单击填充工具组中的“渐变填充”按钮，在弹出的“渐变填充”对话框中设置“类型”为“线性”，在“颜色调和”选项组中选中“双色”单选按钮，设置颜色为从橘色到黄色，单击“确定”按钮，如图5-95所示。

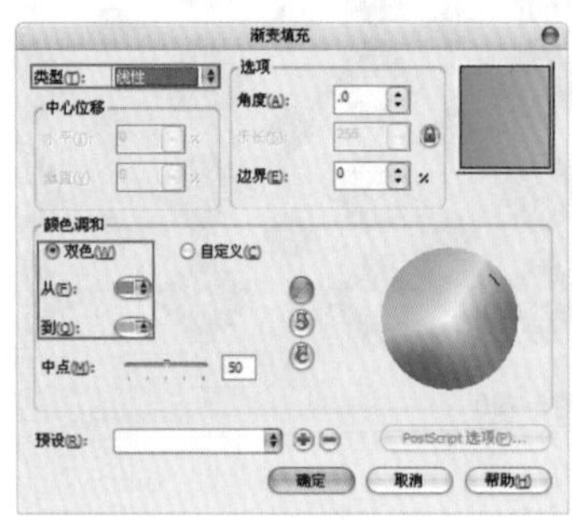

图5—95

步骤12 以同样方法制作出其他文字，如图5-96所示。

图5—96

步骤13 单击工具箱中的“矩形工具”按钮，在属性栏中设置圆角为10mm，在会员卡上绘制一个圆角矩形；选择卡片内容，执行“图框精确剪裁>放置在容器中”命令，当光标变为黑色箭头形状时单击圆角矩形（此时可以看到圆角矩形以外的部分被隐藏了）；最后设置轮廓线宽度为“无”，如图5-97所示。

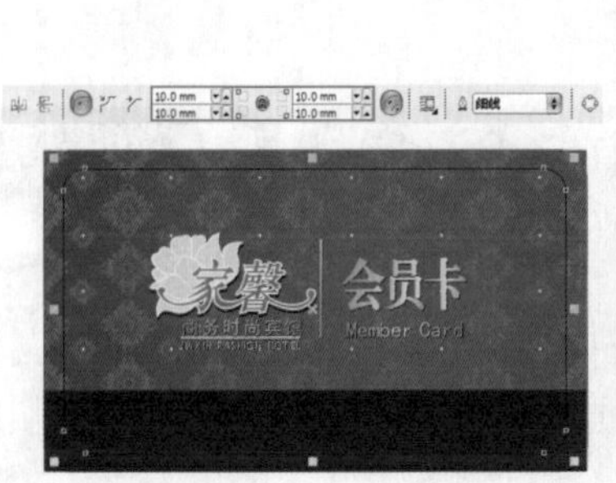

图5-97

技巧提示

当内容处于图框精确剪裁的容器中时，想要对其进行编辑，则需在对象上单击鼠标右键，在弹出的快捷菜单中执行“编辑内容”命令。

步骤14 继续使用矩形工具绘制出一个与卡片外轮廓等大的圆角矩形，然后利用填充工具将其填充为灰色，放置在卡片下方，制作出投影效果，如图5-98所示。

图5-98

步骤15 复制会员卡正面，移动到另外的位置作为会员卡背面；单击鼠标右键，在弹出的快捷菜单中执行“编辑内容”命令，调整卡背面内容，如图5-99所示。

图5-99

步骤16 继续使用文本工具与矩形工具制作会员卡背面的内容，完成后单击左下角的“完成编辑对象”按钮，如图5-100所示。

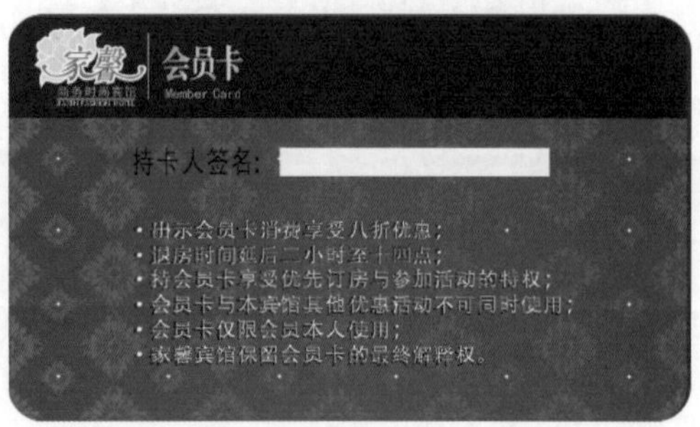

图5-100

步骤17 导入背景素材图像，单击鼠标右键，在弹出的快捷菜单中执行“顺序>到图层后面”命令，并调整为合适的大小及位置，最终效果如图5-101所示。

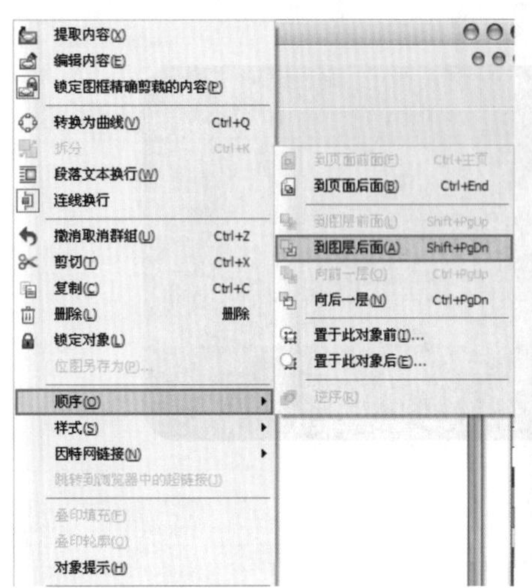

图5—101

综合实例——绘制甜美风格连衣裙平面设计图

案例文件	综合实例——绘制甜美风格连衣裙平面设计图.cdr
视频教学	综合实例——绘制甜美风格连衣裙平面设计图.flv
难易指数	★★★★★
知识掌握	钢笔工具、形状工具、填充工具、透明度工具

案例效果

本例最终效果如图5-102所示。

图5—102

操作步骤

步骤01 执行“文件>新建”命令，在弹出的“创建新文档”对话框中设置“大小”为A4，“原色模式”为CMYK，“渲染分辨率”为300，如图5-103所示。

步骤02 导入背景素材文件，调整为合适的大小及位置，如图5-104所示。

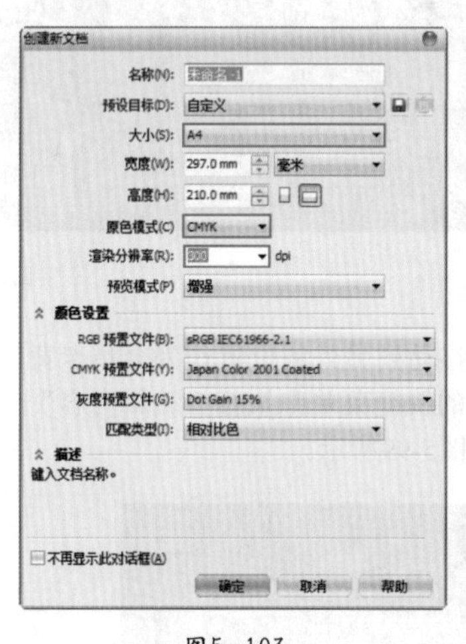

图5—103

图5—104

步骤03 单击工具箱中的“钢笔工具”按钮，绘制出裙子的外轮廓；然后单击工具箱中的“形状工具”按钮，进行轮廓的调整，设置填充颜色为青灰色，如图5-105所示。

图5—105

技巧提示

服装设计图的绘制也是CorelDRAW的一个重要应用方向，主要通过钢笔工具勾勒出服装形状，然后通过颜色或渐变的填充以及花纹素材的使用体现服装的材质属性。另外，透明度工具在这里使用得也比较多，用来表现雪纺类纱质的半透明质地。

步骤04 单击CorelDRAW工作界面右下角的“轮廓笔”按钮，在弹出的“轮廓笔”对话框中设置“颜色”为深一点的青灰色，“宽度”为细线，单击“确定”按钮，如图5-106所示。

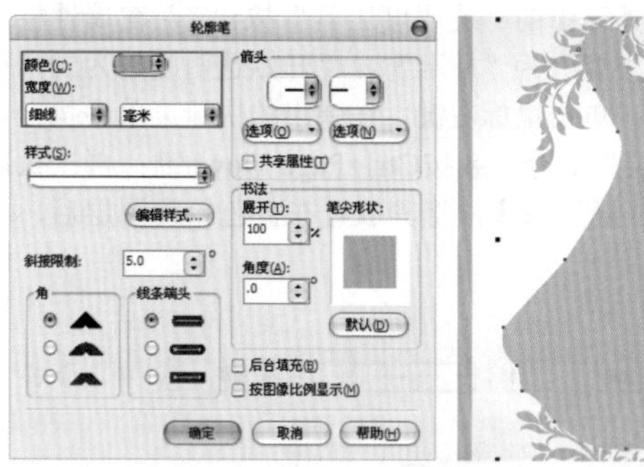

图5—106

步骤05 使用钢笔工具绘制出裙子外层下摆，然后使用形状工具对这部分进行进行轮廓的调整，同样为其填充青灰色，如图5-107所示。

步骤06 单击CorelDRAW工作界面右下角的“轮廓笔”按钮，在弹出的“轮廓笔”对话框中设置“宽度”为“无”，单击“确定”按钮，如图5-108所示。

图5—107

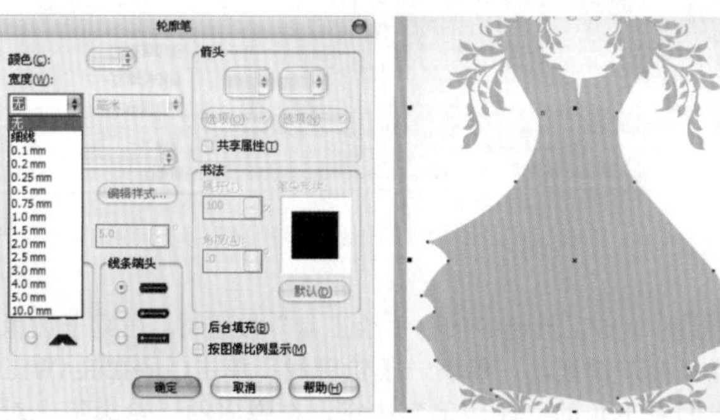

图5—108

步骤07 单击工具箱中的“透明度工具”按钮，在属性栏中设置“透明度类型”为“标准”，“开始透明度”为50，模拟制作出纱质裙摆，如图5-109所示。

图5—109

步骤08 使用钢笔工具绘制出裙子内层下摆的轮廓，然后使用形状工具进行轮廓的调整，并为其填充黄色，如图5-110所示。

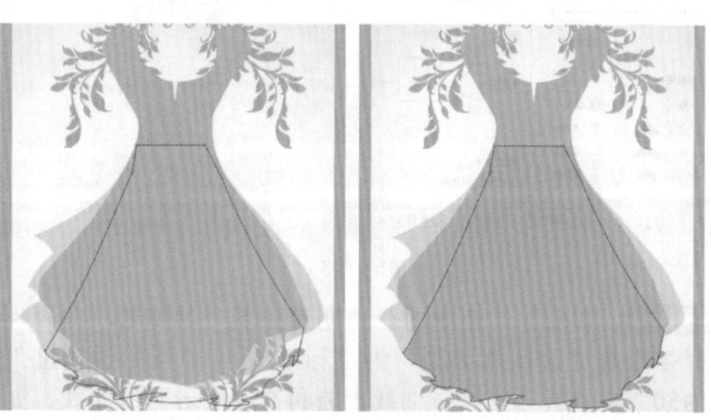

图5—110

步骤09 单击CorelDRAW工作界面右下角的"轮廓笔"按钮，在弹出的"轮廓笔"对话框中设置"颜色"为深一点的黄色，"宽度"为0.5mm，单击"确定"按钮，如图5-111所示。

步骤10 单击工具箱中的"透明度工具"按钮，在属性栏中设置"透明度类型"为"标准"，"开始透明度"为50，制作出纱质裙摆；单击鼠标右键，在弹出的快捷菜单中执行"顺序>向后一层"命令，或按Ctrl+Page Down键；再次执行"顺序>向后一层"命令，将其放置在蓝色轮廓图层后，如图5-112所示。

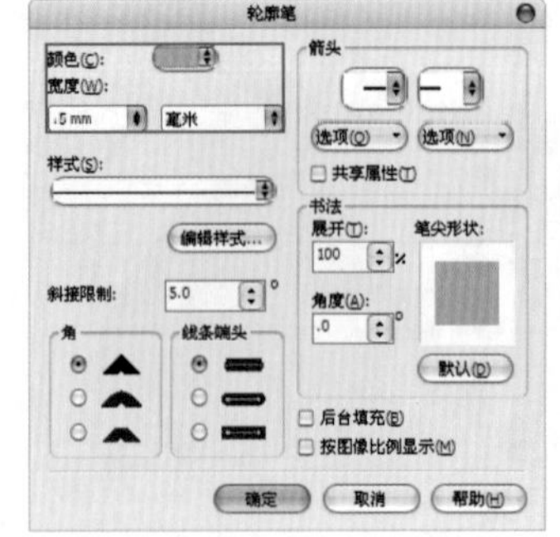

图5—111

图5—112

步骤11 单击工具箱中的"手绘工具"按钮，在裙子边缘按住鼠标左键拖动，绘制一条轮廓线；单击CorelDRAW工作界面右下角的"轮廓笔"按钮，在弹出的"轮廓笔"对话框中设置"颜色"为白色，"宽度"数值为1.0mm，单击"确定"按钮，如图5-113所示。

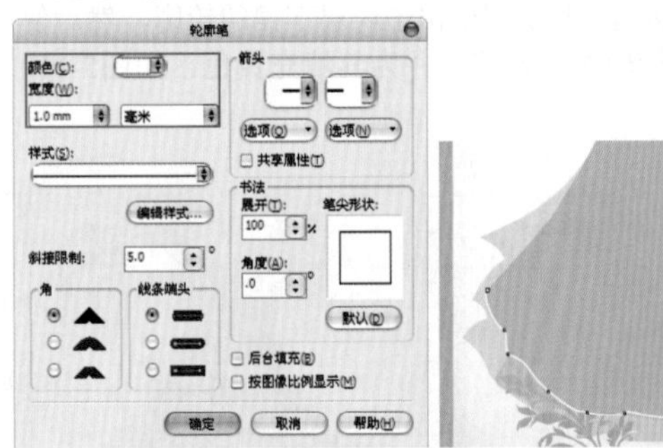

图5—113

步骤12 单击工具箱中的"透明度工具"按钮，在属性栏中设置"透明度类型"为"标准"，"开始透明度"为50。以同样方法在该曲线上方再次绘制透明的曲线，如图5-114所示。

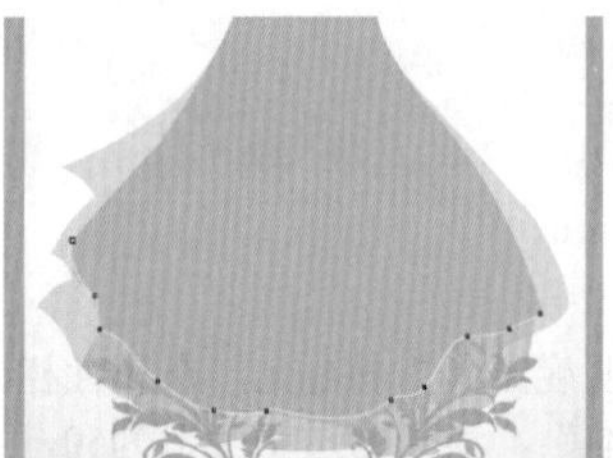

图5—114

步骤13 使用钢笔工具绘制出裙子腰带的轮廓，为其填充青色，并设置轮廓线宽度为"无"，如图5-115所示。

图5—115

步骤14 使用钢笔工具绘制出裙子腰带下方褶皱的形状，并填充为与腰带相同的青色，设置轮廓线宽度为“无”；然后单击鼠标右键，在弹出的快捷菜单中执行“顺序>向后一层”命令，将其放置在蓝色纱质裙摆图层后，如图5-116所示。

步骤15 再次使用钢笔工具绘制出下摆及领口的褶皱轮廓，并填充为青色，设置轮廓线宽度为“无”，如图5-117所示。

图5—116　　图5—117

步骤16 单击工具箱中的“椭圆形工具”按钮，按住Ctrl键的同时，在裙子腰带下方按住鼠标左键拖动，绘制一个正圆，如图5-118所示。

步骤17 单击工具箱中的“填充工具”按钮并稍作停留，在弹出的下拉列表中单击“渐变填充”按钮，在弹出的“渐变填充”对话框中设置“类型”为“辐射”，在“颜色调和”选项组中选中“双色”单选按钮，设置颜色为从青色到浅青色，单击“确定”按钮；然后设置轮廓线宽度为“无”，完成纽扣的制作，如图5-119所示。

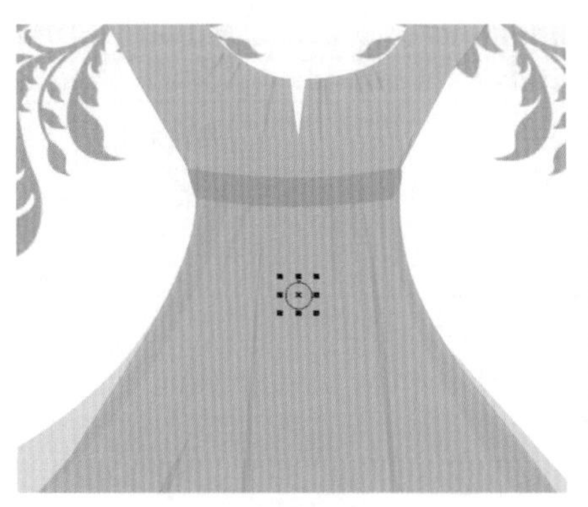

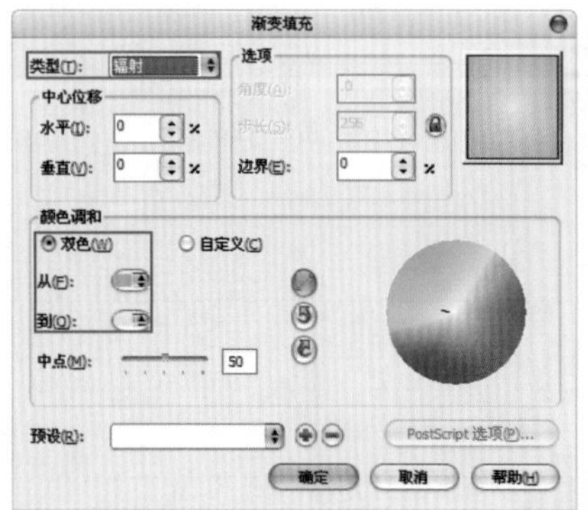

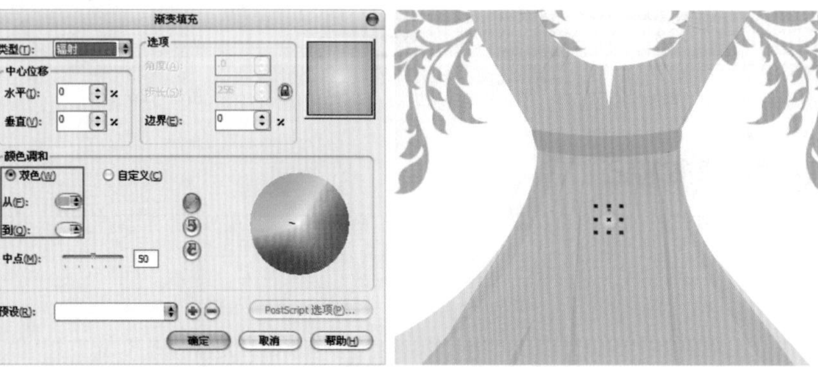

图5—118　　图5—119

步骤18 使用选择工具选择绘制的纽扣，按Ctrl+C键进行复制，再按Ctrl+V键进行粘贴；选择粘贴的纽扣，按住鼠标左键向下拖动，依次做出其他纽扣，如图5-120所示。

图5—120

技巧提示

为了保证复制出的纽扣都在同一条直线上，需要选择这些纽扣，执行“排列>对齐和分布>对齐与分布”命令，打开“对齐与分布”对话框；在“对齐”选项卡中设置对齐方式为“左”，单击“应用”按钮；然后选择“分布”选项卡，设置分布类型为“间距”，单击“应用”按钮，如图5-121所示。

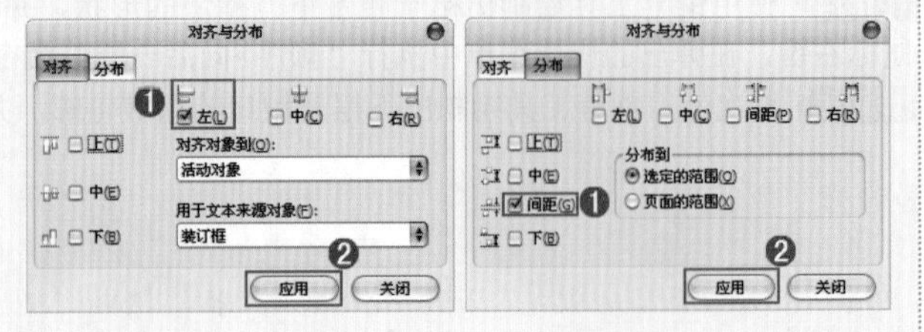

图5-121

步骤19 导入服饰的花纹素材，放在衣服的左侧。使用钢笔工具在裙子左肩部分绘制轮廓，如图5-122所示。

步骤20 单击选中花纹素材，执行“效果>图框精确剪裁>放置在容器中”命令，当光标变为黑色箭头形状时，单击绘制的轮廓，如图5-123所示。

步骤21 设置轮廓线宽度为“无”，然后单击鼠标右键，在弹出的快捷菜单中多次执行“顺序>向后一层”命令，将花纹素材放置在腰带和褶皱图层后，最终效果如图5-124所示。

图5-122

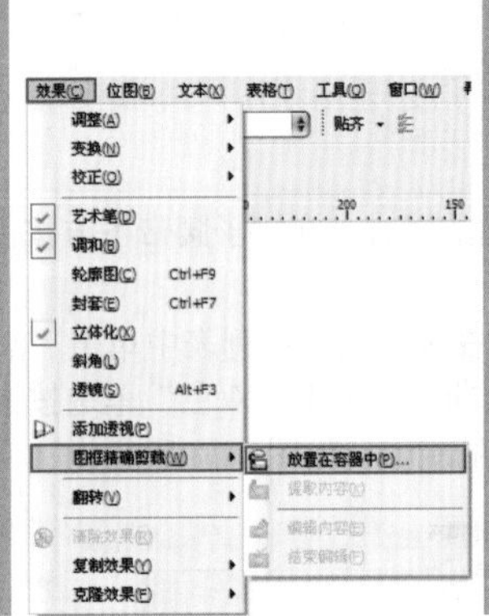

图5-123

图5-124

读书笔记

填充与轮廓线

一幅好的设计作品，离不开色彩的使用。CorelDRAW X5为用户提供了多种用于填充颜色的工具，可以快捷地为对象填充“纯色”、“渐变”、“图案”或者其他丰富多彩的效果。另外，也可以快捷地将某一对象的颜色信息复制到其他对象上。

本章学习要点：

- 掌握填充工具的使用方法
- 掌握滴管工具的使用方法
- 掌握网格填充、智能填充的使用方法
- 掌握轮廓线的调整方法

6.1 填充工具

一幅好的设计作品，离不开色彩的使用。CorelDRAW X5为用户提供了多种用于填充颜色的工具，可以快捷地为对象填充“纯色”、“渐变”、“图案”或者其他丰富多彩的效果。另外，也可以快捷地将某一对象的颜色信息复制到其他对象上。如图6-1所示为一些色彩丰富的设计作品。

图6—1

在工具箱中单击“填充工具”按钮并稍作停留，在弹出的下拉列表中列出了“均匀填充”、“渐变色填充”、“图样填充”、“底纹填充”、“PostScript填充”等多种填充方式，单击其中某一项即可切换为该填充方式，如图6-2所示。

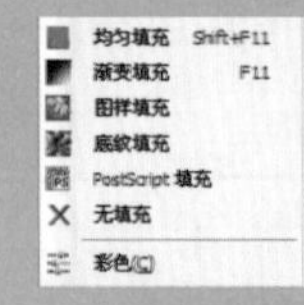

图6—2

6.1.1 均匀填充

均匀填充是最常用的一种填充方式，就是在封闭图形对象内填充单一的颜色。用户可以通过调色板为对象均匀填充颜色，也可以通过“均匀填充”对话框和“颜色”泊坞窗来进行均匀填充编辑。如图6-3所示为一些利用了均匀填充设计的作品。

图6—3

理论实践——均匀填充工具的应用

步骤01 选择要填充的图形对象，单击工具箱中的“填充工具”按钮并稍作停留，在弹出的下拉列表中单击“均匀填充工具”按钮，或按Shift+F11键，如图6-4所示。

图6—4

步骤02 打开“均匀填充”对话框，在颜色框中通过单击或拖动选择需要的颜色；为了更加精确地设置，可以在右侧的“C、M、Y、K”数值框中分别输入相应的数值来指定颜色，如图6-5所示。

图6—5

技巧提示

在“模型”下拉列表框中，可以选择不同的颜色模式，从而设置其颜色，如图6-6所示。

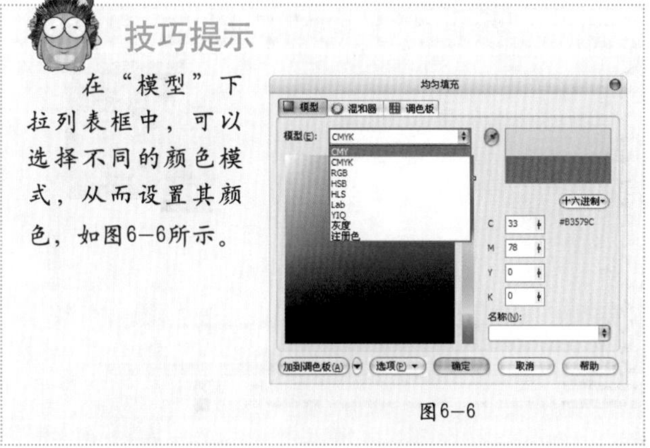

图6—6

步骤03 选择“混合器”选项卡，将光标放置在光圈上，然后旋转并移动，如图6-7所示。

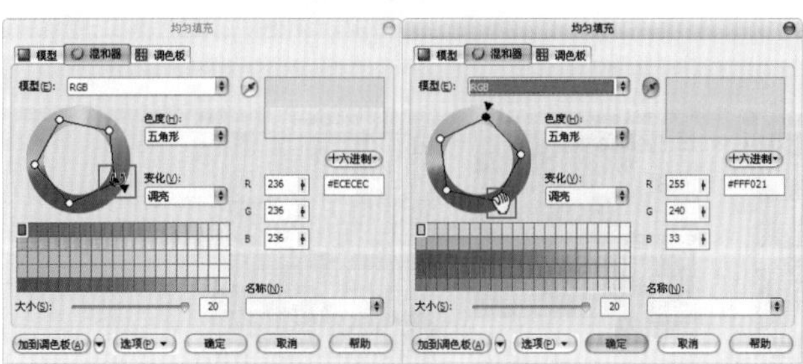

图6—7

步骤04 在“色度”下拉列表框中选择色环形状；在“变化”下拉列表框中选择色环色调，如图6-8所示。

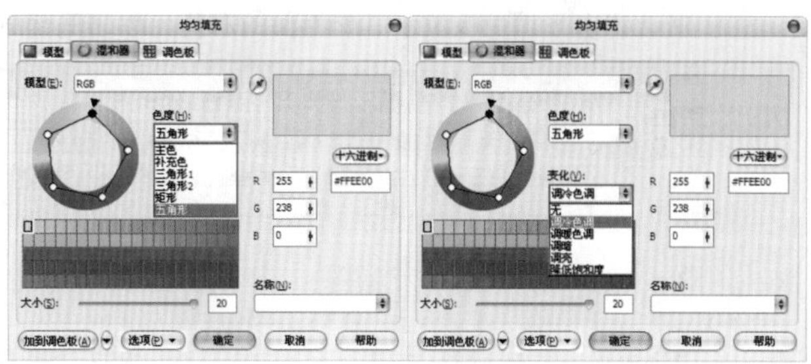

图6—8

步骤05 拖动“大小”滑块，调整色块的数量；也可以在其右侧数值框中输入具体数值以精确设置颜色，如图6-9所示。

图6—9

步骤06 选择“调色板”选项卡，在“调色板”下拉列表框中可以选择调色板的类型；在“名称”下拉列表框中选择某一颜色名称，在左侧的颜色框中即可显示出该名称的颜色，如图6-10所示。

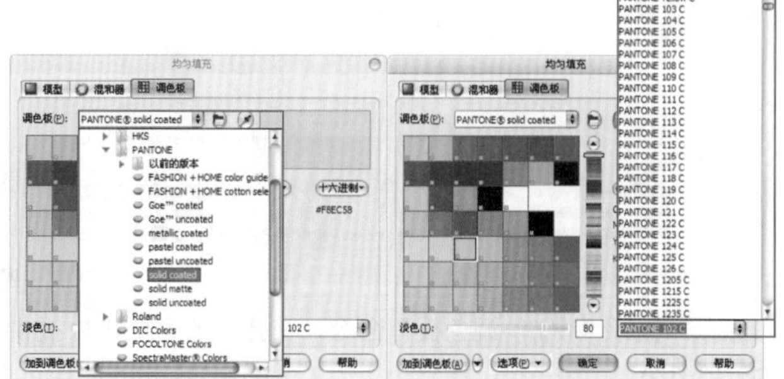

图6—10

步骤07 此外，也可以在中间的颜色条中选择颜色，如图6-11所示。

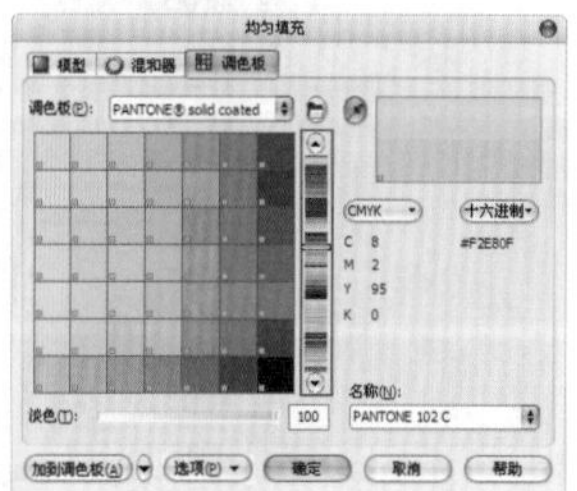

图6—11

理论实践——使用调色板进行均匀填充

调色板是多个色样的集合，从中可以选择纯色设置对象的填充色或轮廓色。在CorelDRAW中，默认调色板取决于文档的颜色模式。如果当前文档的颜色模式为RGB，则默认的调色板也是RGB。

步骤01 默认状态下调色板位于工作界面的右侧，单击底部的“展开”按钮即可展开调色板，如图6-12所示。

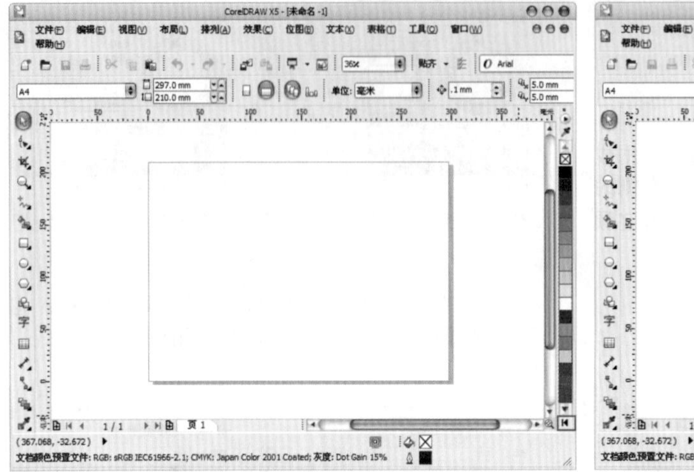
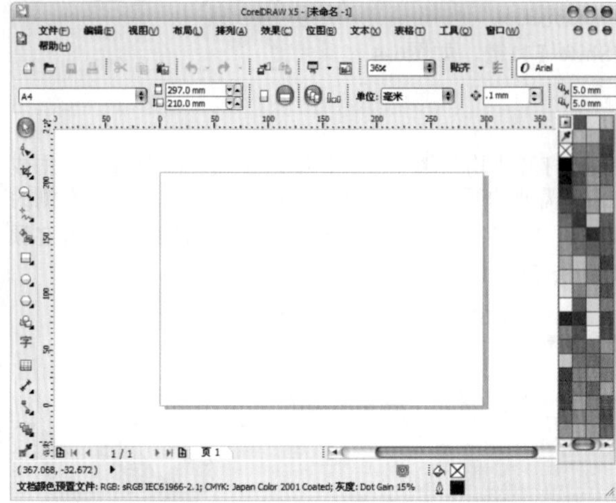

图6—12

步骤02 将光标移动到右侧调色板的顶端，当光标变为形状时拖动调色板到画布中，可以将调色板以对话框的形式显示出来，如图6-13所示。

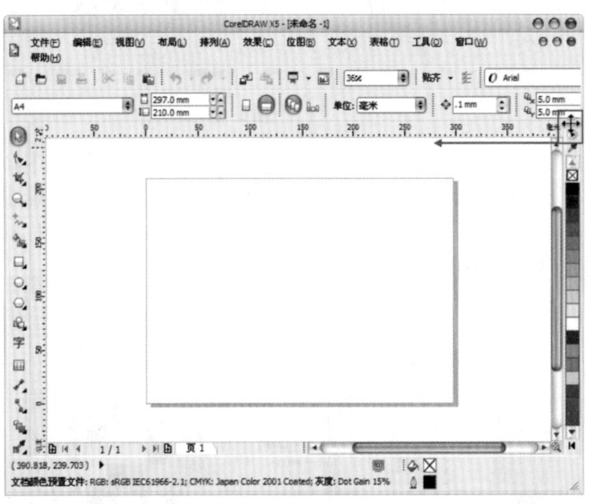
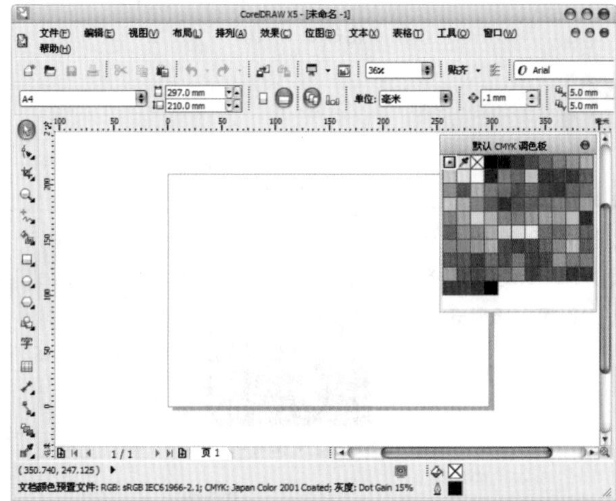

图6—13

步骤03 执行“窗口>调色板”命令，在弹出的子菜单中提供了多种调色板，单击任一调色板即可将其设置为当前调色板，如图6-14所示。

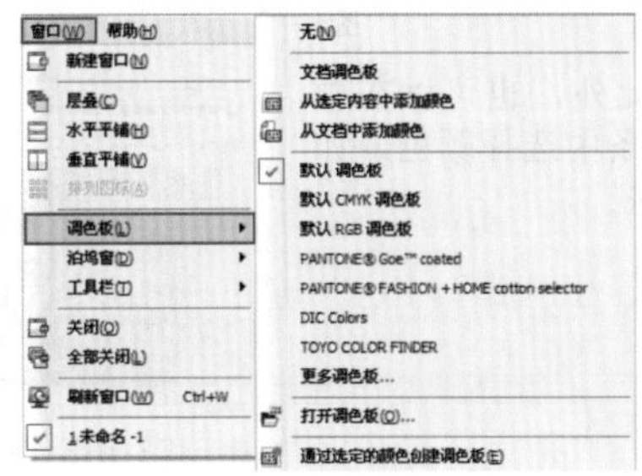

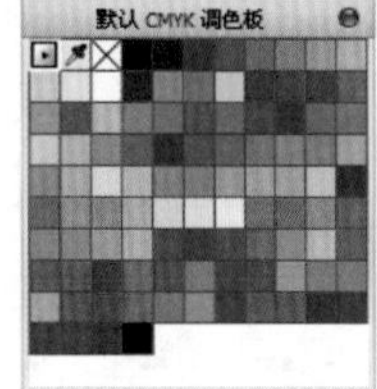

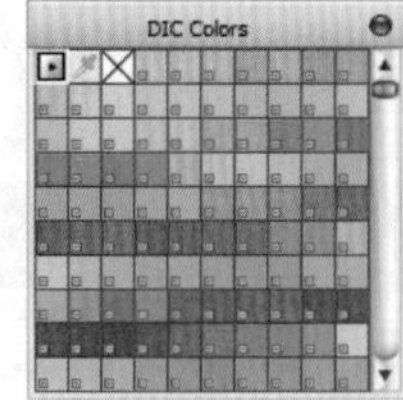

图6—14

步骤04 最为直接的均匀填充方法就是使用调色板进行填充。单击工具箱中的“选择工具”按钮，选中窗口中需要进行均匀填充的图形对象，单击工作区右侧调色板中的色块，即可进行填充，如图6-15所示。

图6-15

技巧提示

在选中对象后，右击调色板中的某一颜色，可为轮廓线填充颜色。

步骤05 单击工作区右侧调色板中的色块，按住鼠标左键将其直接拖曳到图形对象上，当色块显示为实心时释放鼠标，也可以进行填充，如图6-16所示。

图6-16

技巧提示

单击工作区右侧调色板中的色块，按住鼠标左键将其直接拖曳到图形对象上，当色块显示为空心时释放鼠标，即可完成轮廓色的填充，如图6-17所示。

图6-17

步骤06 单击☒按钮，即可去除当前对象的填充颜色；右击☒按钮，即可去除当前对象的轮廓色，如图6-18所示。

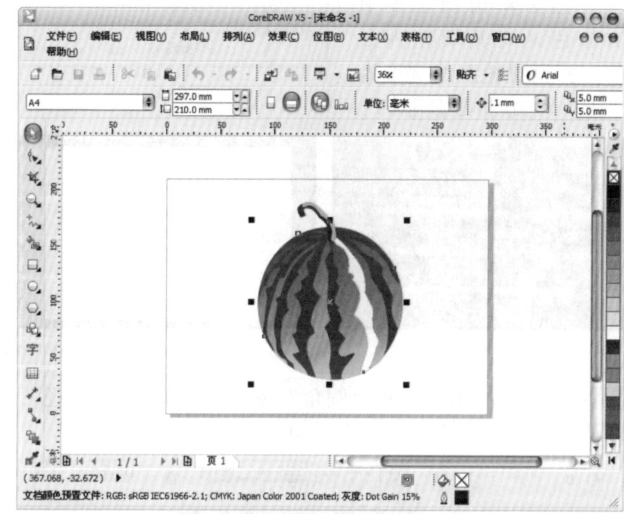

图6-18

技巧提示

在未选中任何对象时单击调色板中的某一颜色，将会更改下次创建的对象的属性，并且可以在“均匀填充”对话框中选择哪些对象将接受新的默认设置，如图6-19所示。

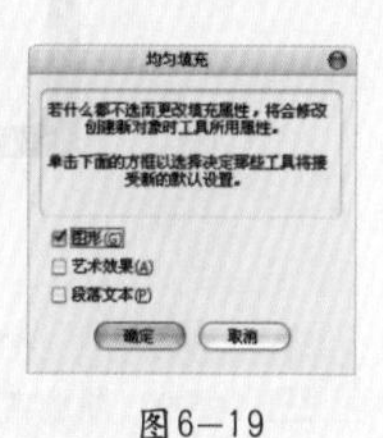

图6-19

实例练习——制作订餐卡

案例文件	实例练习——制作订餐卡.psd
视频教学	实例练习——制作订餐卡.flv
难易指数	★★★★★
技术要点	均匀填充工具

案例效果

本例最终效果如图6-20所示。

图6-20

操作步骤

步骤01 执行“文件>新建”命令，在弹出的“创建新文档”对话框中设置“大小”为A4，“原色模式”为CMYK，“渲染分辨率”为300，如图6-21所示。

步骤02 为了方便对绘制的卡片进行观察，需要制作一个深色背景。单击工具箱中的“矩形工具”按钮，绘制一个合适大小的矩形，然后单击调色板中的黑色，效果如图6-22所示。

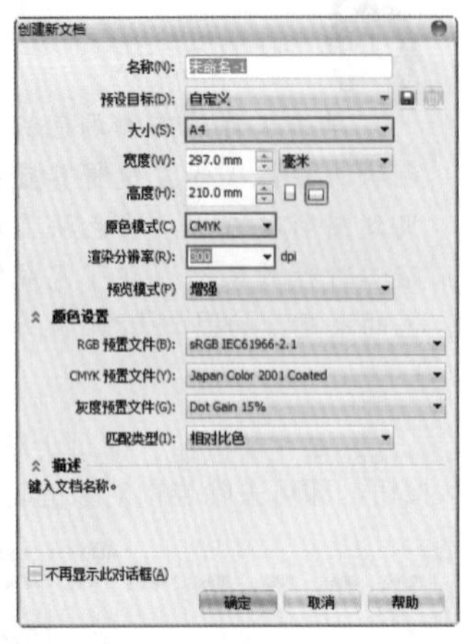
图6-21

步骤03 再次使用矩形工具绘制一个合适大小矩形，然后单击调色板中的白色，将其填充为白色，并设置轮廓线宽度为“无”，如图6-23所示。

图6-22

图6-23

步骤04 单击属性栏中的“圆角”按钮，设置“圆角半径”为10mm，制作圆角矩形效果，如图6-24所示。

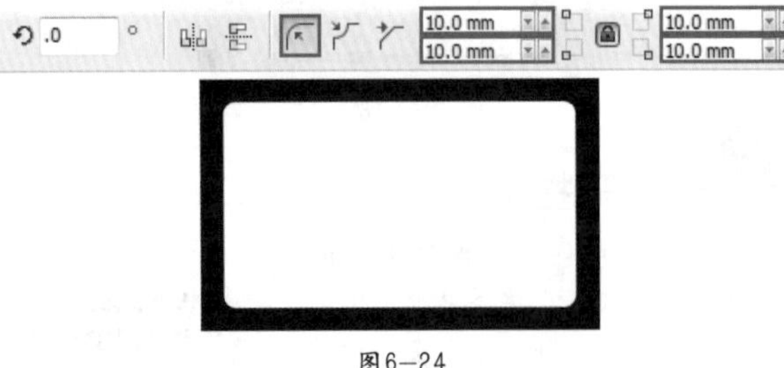
图6-24

步骤05 下面开始制作正方体。单击工具箱中的“钢笔工具”，绘制出正方形中的一个面，如图6-25所示。

步骤06 继续使用钢笔工具绘制出正方形其他几个面，如图6-26所示。

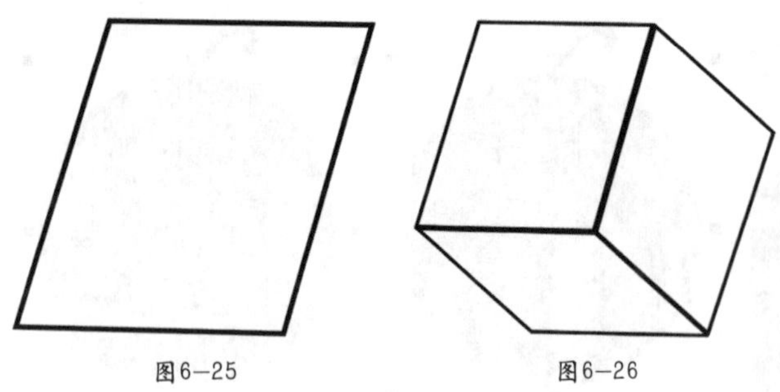
图6-25　图6-26

步骤07 选择左侧立面，单击工具箱中的“填充工具”按钮并稍作停留，在弹出的下拉列表中单击“均匀填充工具”按钮，在弹出的“均匀填充”对话框中设置颜色为黄色，单击“确定”按钮，如图6-27所示。

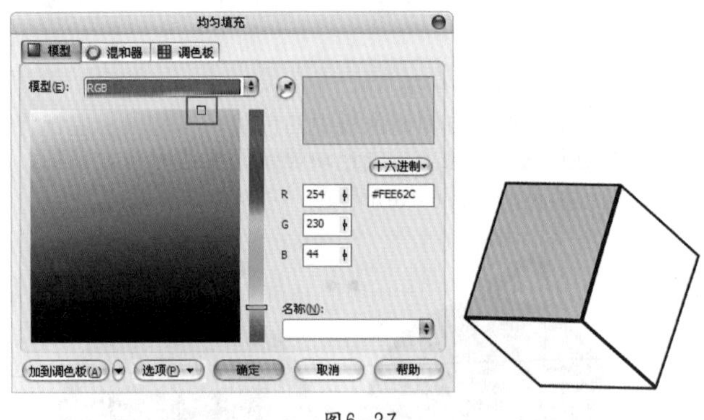
图6-27

步骤08 继续使用均匀填充工具将其他两面填充为不同明暗程度的黄色，制作出立体效果，如图6-28所示。

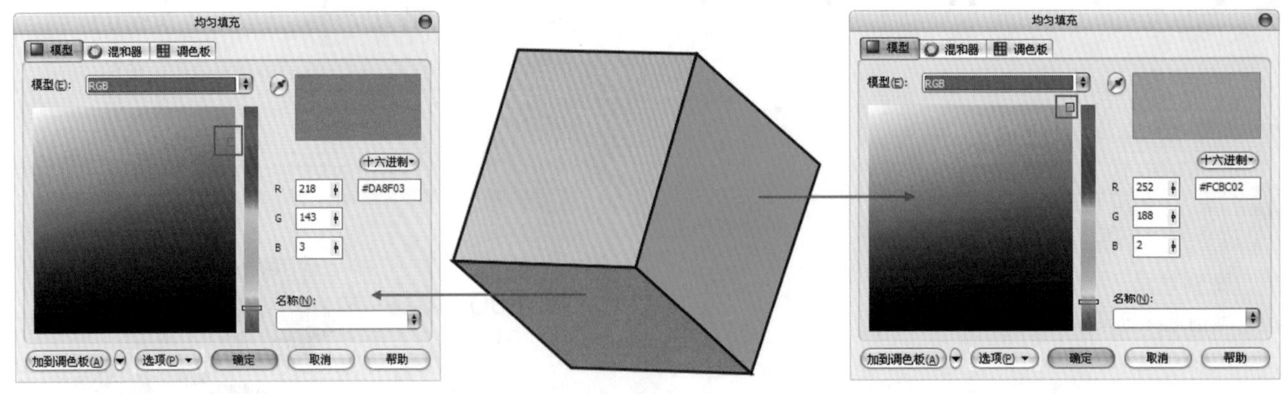
图6-28

步骤09 选择正方体的3个面，在调色板中单击☒按钮，设置其轮廓为无，如图6-29所示。

步骤10 选中所绘制的正方体的每一个面，单击鼠标右键，在弹出的快捷菜单中执行“群组”命令，如图6-30所示。

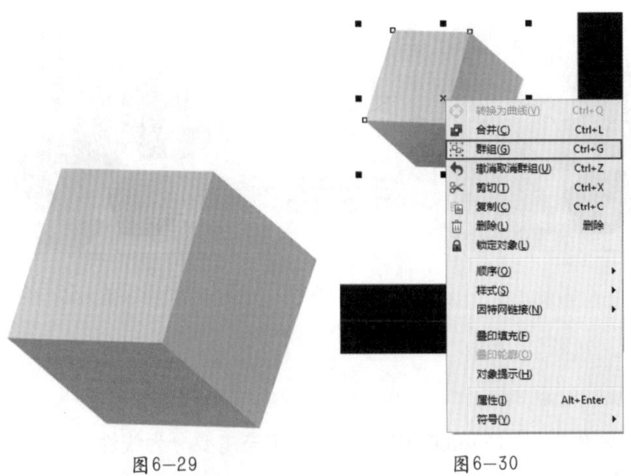

图6－29　　图6－30

步骤11 选取群组后的正方体，多次按Ctrl+C键、Ctrl+V键，复制并粘贴出多个正方体，效果如图6-31所示。

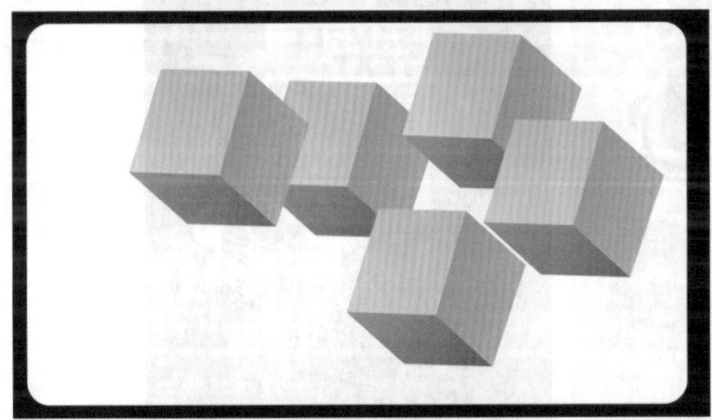

图6－31

步骤12 选中复制出的正方体，调整为不同的大小，然后用鼠标拖动它们，改变其位置，效果如图6-32所示。

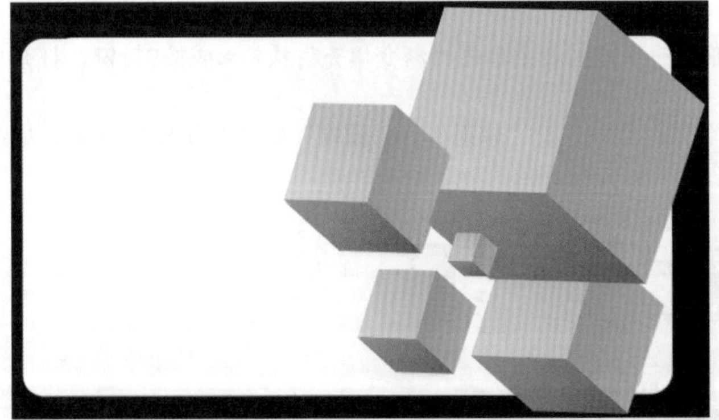

图6－32

步骤13 为了制作出丰富的画面效果，需要将每个立方体解除群组，然后使用填充工具更改为不同的填充颜色，如图6-33所示。

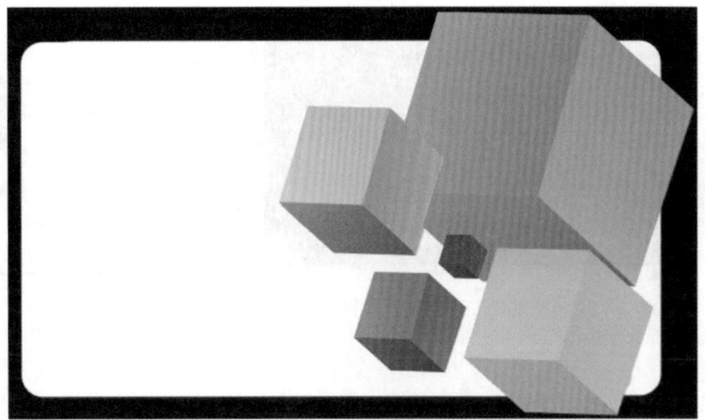

图6－33

技巧提示

选中群组对象后单击鼠标右键，在弹出的快捷菜单中执行“取消群组”命令即可将其解除群组。

步骤14 选中所有的正方体，执行“效果>图框精确剪裁>放置在容器中”命令，当光标变为黑色箭头形状时单击作为底色的圆角矩形，此时可以看到圆角矩形以外的区域被隐藏，如图6-34所示。

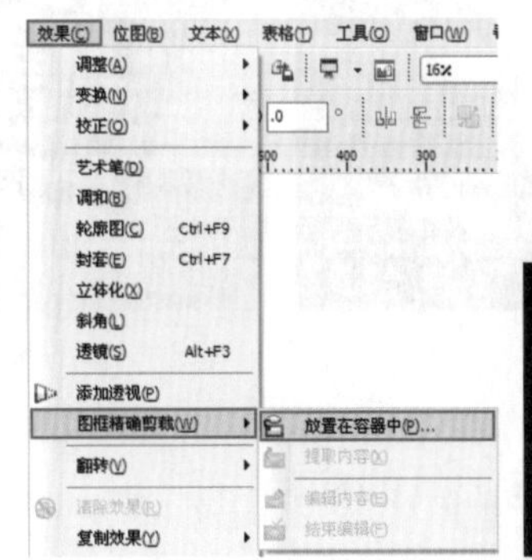

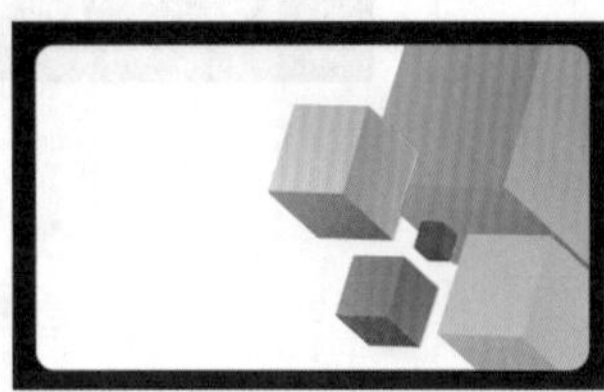

图6－34

步骤15 使用矩形工具绘制一个与卡片大小接近的圆角矩形，将其填充为深一点的灰色；然后单击鼠标右键，在弹出的快捷菜单中多次执行“顺序>向后一层”命令，将其放置在白色圆角矩形后，适当调整位置，制作出阴影效果，如图6-35所示。

步骤16 单击工具箱中的“文本工具”按钮字，在卡片的左侧空白处输入相应文本，并设置为合适的字体及大小，最终效果如图6-36所示。

图6—35

图6—36

6.1.2 渐变填充

渐变填充是一种重要的颜色表现方式，大大增强了对象的可视效果。在CorelDRAW中，渐变填充主要分为线性、辐射、圆锥和正方形4种类型。在如图6-37所示作品中，便用到了渐变填充。

图6—37

理论实践——渐变填充工具的应用

步骤01 单击工具箱中的“填充工具”按钮并稍作停留，在弹出的下拉列表中单击“渐变填充”按钮或按F11键，打开“渐变填充”对话框，如图6-38所示。

步骤02 打开“类型”下拉列表框，从中选择渐变填充的类型（包括“线性”、“辐射”、“圆锥”和“正方形”4种），如图6-39所示。

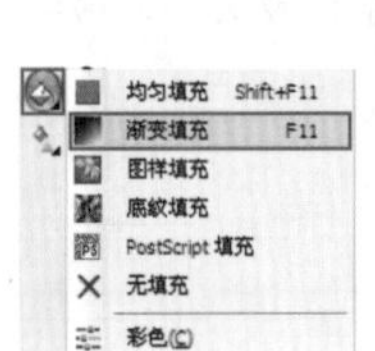

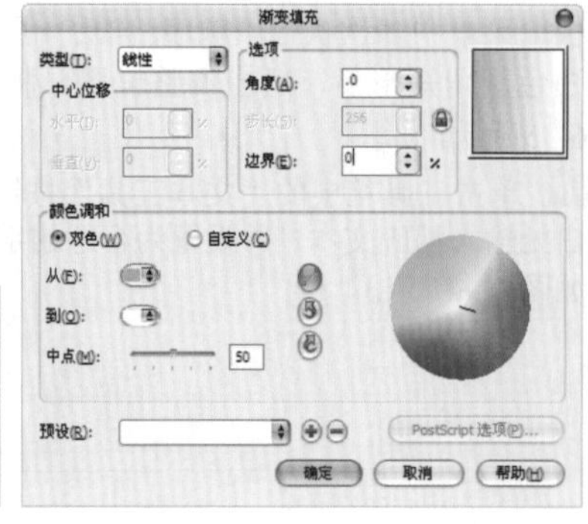

图6—38

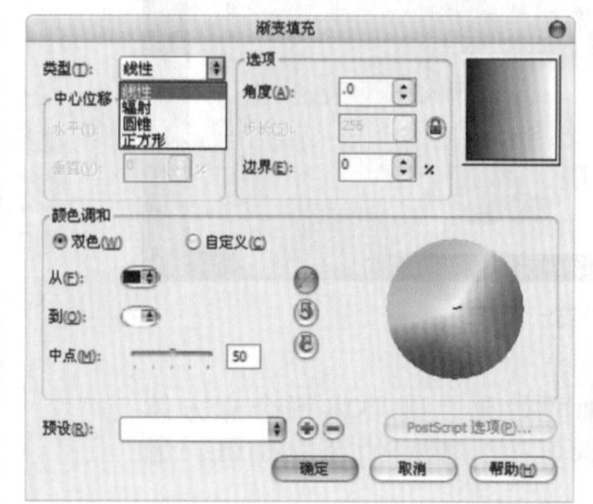

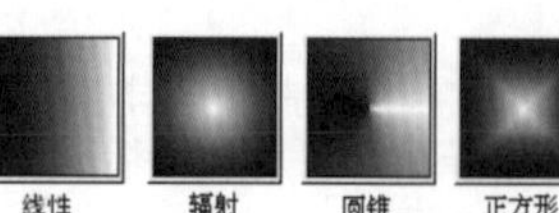

图6—39

步骤03 在“选项”选项组中可以分别设置“角度”、“步长”和“边界”，如图6-40所示。

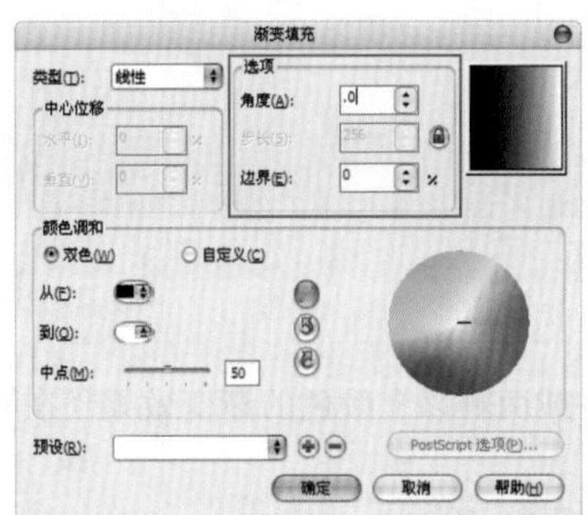

图6-40

- 角度：多用于选择分界线，其取值范围为-360~360。例如，将其分别设置为0和90，效果如图6-41所示。

图6-41

技巧提示

将光标放在右上角的视图框中，按住鼠标左键拖动，可以随意改变其角度，如图6-42所示。

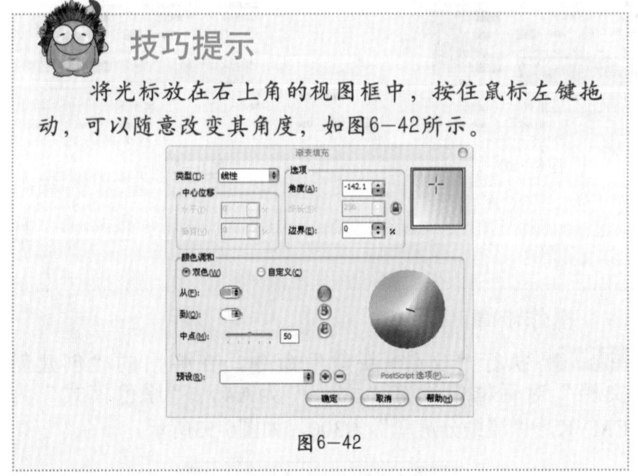

图6-42

- 步长：多用于设置渐变的阶段数。其默认值为256，设置的数值越大，渐变的层次越多，表现得也就越细腻。例如，将其分别设置为256和5时的效果如图6-43所示。

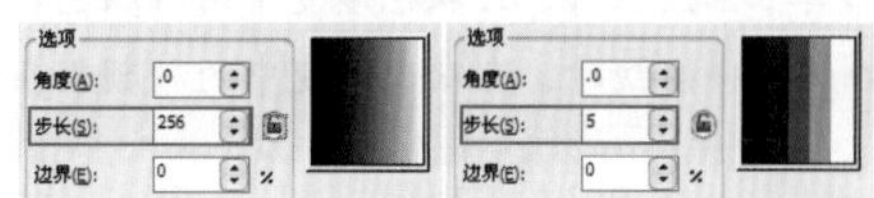

图6-43

技巧提示

“步长”的调整在默认情况下是被锁定的，单击其后侧的“解锁”按钮即可解锁。

- 边界：多用于设置边缘的宽度，其取值范围为0~49。数值越大，颜色间的相邻边缘也就越清晰。例如，将其分别设置为0和35时的效果如图6-44所示。

图6-44

步骤04 在“中心位移”选项组中分别设置“水平”和“垂直”两个选项，可以改变“辐射”、“圆锥”和“正方形”渐变填充的色彩中心点位置，如图6-45所示。

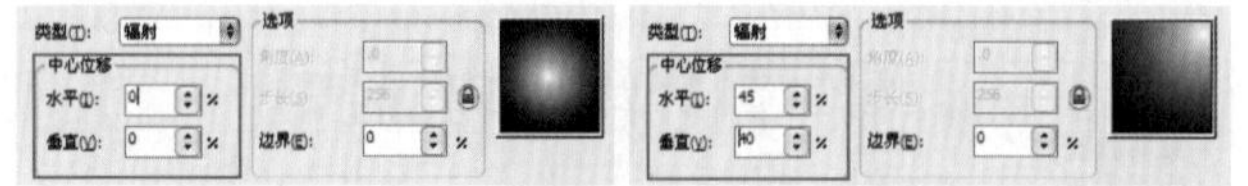

图6-45

理论实践——双色渐变填充

步骤01 在“颜色调和”选项组中选中“双色”单选按钮，然后分别在“从（F）”和“到（O）”下拉列表框中选择渐变的两种基本颜色，再拖动“中心”滑块设置两种颜色的中心点位置，如设置为20和75时的效果对比如图6-46所示。

步骤02 在“颜色调和”选项组中分别单击“直线”按钮、“顺时针”按钮和“逆时针”按钮，可改变颜色在色轮上的路径设置，如图6-47所示。

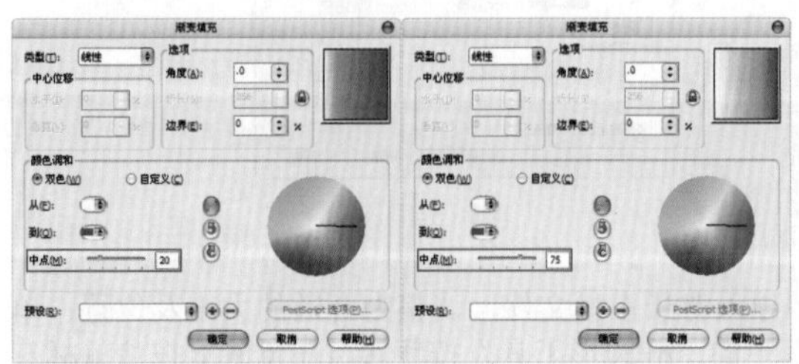

图6-46

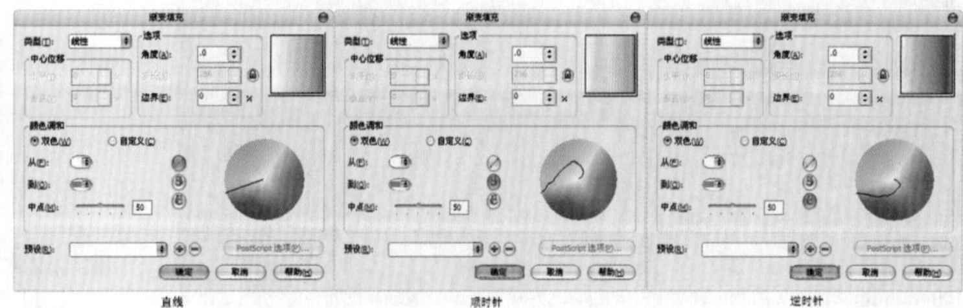

图6-47

技巧提示

- 单击◉按钮时，在双色渐变中两种颜色在色轮上以直线方向渐变。
- 单击⑤按钮时，在双色渐变中两种颜色在色轮上以逆时针方向渐变。
- 单击⑥按钮时，在双色渐变中两种颜色在色轮上以顺时针方向渐变。

理论实践——自定义渐变填充

步骤01 在“颜色调和”选项组中选中“自定义”单选按钮时，可以设置两种或两种以上颜色的渐变效果（在颜色带上任何位置双击，即可添加一种新的颜色），如图6-48所示。

步骤02 打开“预设”下拉列表框，从中可以选择预设的渐变填充颜色样式，如图6-49所示。

步骤03 如果要将创建的自定义渐变填充保存为预设，可以在“预设”下拉列表框中输入名称，然后单击⊕按钮保存即可，如图6-50所示。

步骤04 选择不需要的预设名称，单击⊖按钮，在弹出的提示对话框中单击“确定”按钮，可以删除不需要的渐变预设，如图6-51所示。

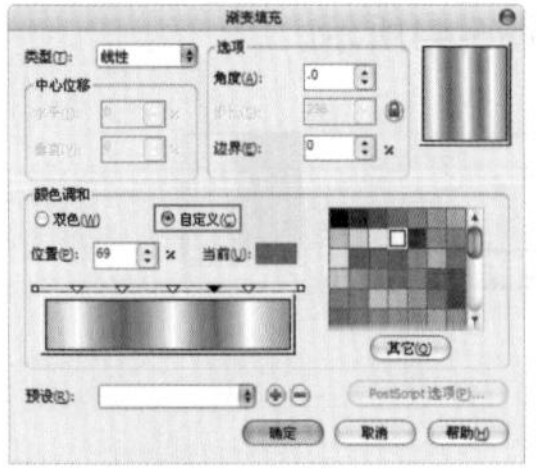

图6—48

图6—49

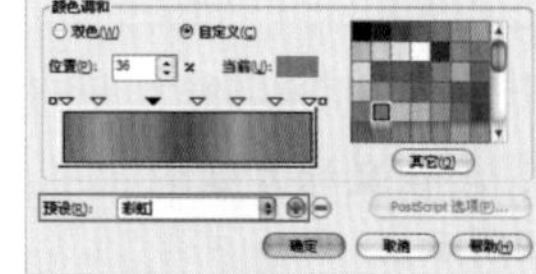

图6—50

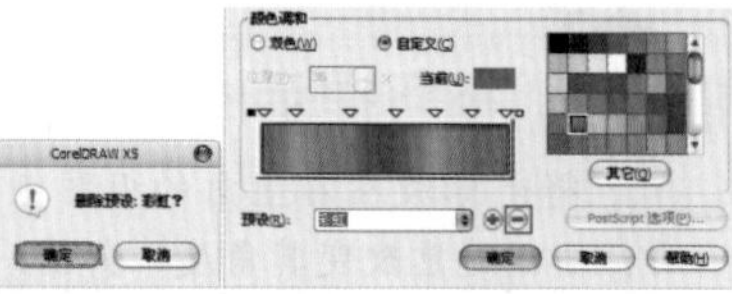

图6—51

实例练习——使用渐变填充工具制作大红灯笼

案例文件	实例练习——使用渐变填充工具制作大红灯笼.cdr
视频教学	实例练习——使用渐变填充工具制作大红灯笼.flv
难易指数	★★★★★
知识掌握	渐变填充工具

案例效果

本例最终效果如图6-52所示。

图6—52

操作步骤

步骤01 执行“文件>新建”命令，在弹出的“创建新文档”对话框中设置“大小”为A4，“原色模式”为CMYK，“渲染分辨率”为300，如图6-53所示。

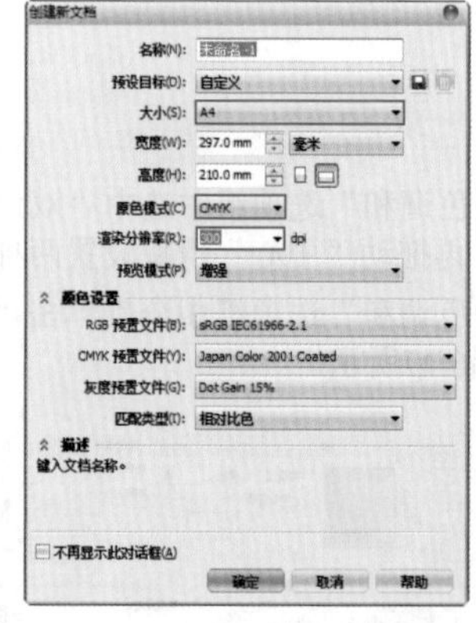

图6—53

步骤02 导入背景素材文件，调整为合适的大小及位置；单击工具箱中的“椭圆形工具”按钮◯，在背景上按住鼠标左键向右下角拖动，绘制一个椭圆形，如图6-54所示。

图6—54

步骤03 单击工具箱中的“填充工具”按钮，并稍作停留，在弹出的下拉列表中单击“渐变填充”按钮，在弹出的“渐变填充”对话框中设置“类型”为“辐射”，在“颜色调和”选项组中选中“双色”单选按钮，设置颜色为从橘色到黄色，“中点”为56，然后单击“确定”按钮，如图6-55所示。

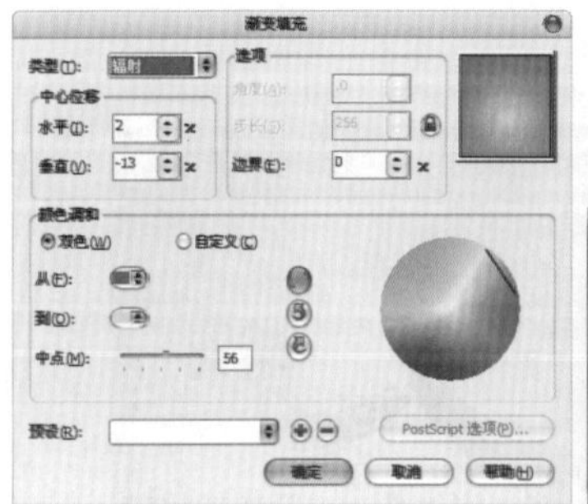

图6—55

步骤04 单击CorelDRAW工作界面右下角的“轮廓笔”按钮，在弹出的“轮廓笔”对话框中设置“颜色”为红色，“宽度”为0.5mm，单击“确定”按钮，如图6-56所示。

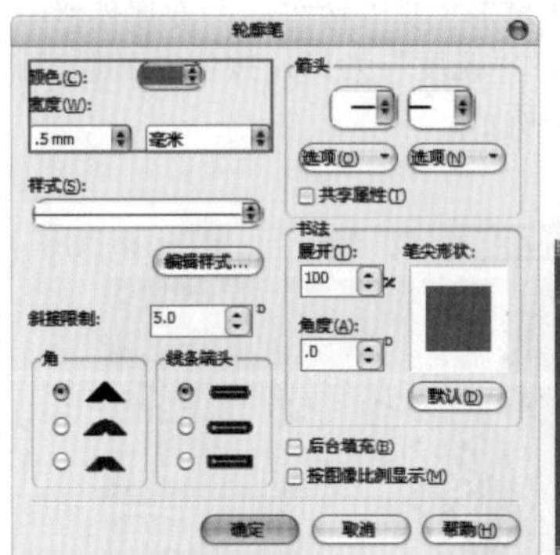

图6—56

步骤05 按Ctrl+C键复制，再按Ctrl+V键粘贴；把光标放在侧面控制点上，将复制出的椭圆形进行水平方向的缩放，并移至中间部分；以同样的方法再次复制并缩放，如图6-57所示。

步骤06 多次复制并粘贴，模拟出灯笼主体部分的细节；然后单击工具箱中的“钢笔工具”按钮，在椭圆形的下方绘制出灯笼底部，如图6-58所示。

图6—57

图6—58

步骤07 通过调色板将其填充为橘色；然后单击CorelDRAW工作界面右下角的“轮廓笔”按钮，在弹出的“轮廓笔”对话框中设置“颜色”为黄色，“宽度”为0.2mm，单击“确定”按钮，如图6-59所示。

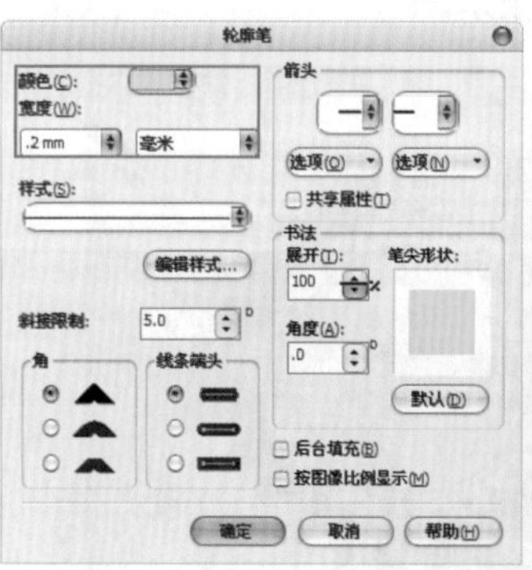

图6—59

步骤08 以同样方法制作出灯笼上半部分；然后单击工具箱中的“手绘工具”按钮，在上半部分绘制出挂绳，设置轮廓线颜色为黄色，如图6-60所示。

图6—60

步骤09 使用钢笔工具绘制出灯笼穗子的轮廓；然后在工具箱中单击填充工具组中的“渐变填充”按钮，在弹出的“渐变填充”对话框中设置“类型”为“线性”，在“颜色调和”选项组中选中“双色”单选按钮，设置颜色为从浅黄色到深黄色，单击“确定”按钮；再设置轮廓线宽度为“无”，最终效果如图6-61所示。

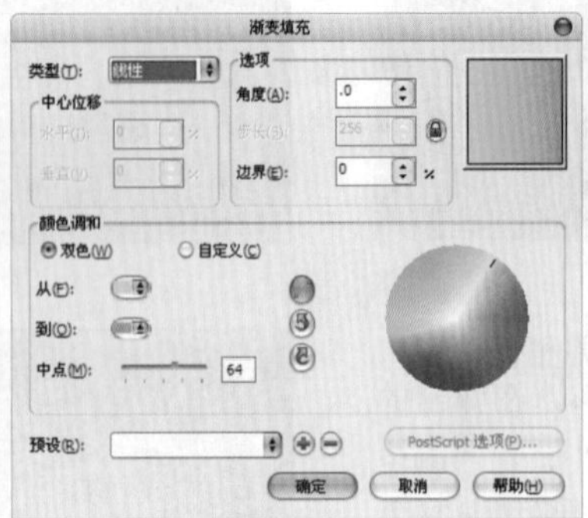

图6—61

实例练习——使用渐变填充工具制作徽章

案例文件	实例练习——使用渐变填充工具制作徽章.cdr
视频教学	实例练习——使用渐变填充工具制作徽章.flv
难易指数	★★★★★
知识掌握	渐变填充工具、椭圆形工具

案例效果

本例最终效果如图6-62所示。

图6—62

操作步骤

步骤01 执行“文件>新建”命令，在弹出的“创建新文档”对话框中设置“大小”为A4，“原色模式”为CMYK，“渲染分辨率”为300，如图6-63所示。

步骤02 打开配书光盘中的素材文件，调整为合适的大小及位置，如图6-64所示。

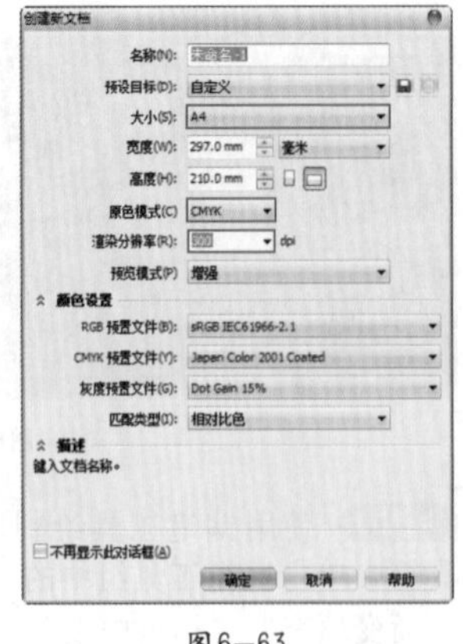

图6—63

图6—64

步骤03 单击工具箱中的“星形工具”按钮，在属性栏中设置“点数或边数”为25，“锐度”为13，按住Ctrl键绘制一个正多边星形，如图6-65所示。

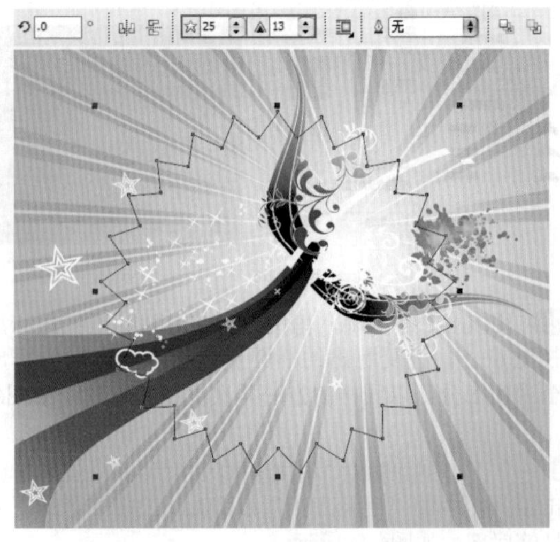

图6—65

步骤04 单击工具箱中的“填充工具”按钮并稍作停留，在弹出的下拉列表中单击“均匀填充”按钮，在弹出的“均匀填充”对话框中设置颜色为红色，单击“确定”按钮；单击CorelDRAW工作界面右下角的“轮廓笔”按钮，在弹出的“轮廓笔”对话框中设置“宽度”为“无”，单击“确定”按钮，如图6-66所示。

步骤05 单击正多边星形，按Ctrl+C键复制，再按Ctrl+V键粘贴；然后将复制出的正多边星形等比例缩放，利用填充工具将其填充为黑色，如图6-67所示。

图6—66

图6—67

步骤06 单击工具箱中的“椭圆形工具”按钮，按住Ctrl键绘制一个正圆，然后等比例缩放至合适大小；单击工具箱中的“选择工具”按钮，按住Shift键进行加选，将黑色正多边星形和正圆同时选中；单击属性栏中的“简化”按钮，单击选中圆形，按Delete键将其删除，如图6-68所示。

图6—68

步骤07 单击工具箱中的“椭圆形工具”按钮，按住Ctrl键在正多边星形中间绘制一个正圆，并缩放至合适大小。在工具箱中单击填充工具组中的“渐变填充”按钮，在弹出的“渐变填充”对话框中设置“类型”为“辐射”，在“颜色调和”选项组中选中“自定义”单选按钮，设置颜色为一种类似金属色的黄色渐变，单击“确定”按钮，如图6-69所示。

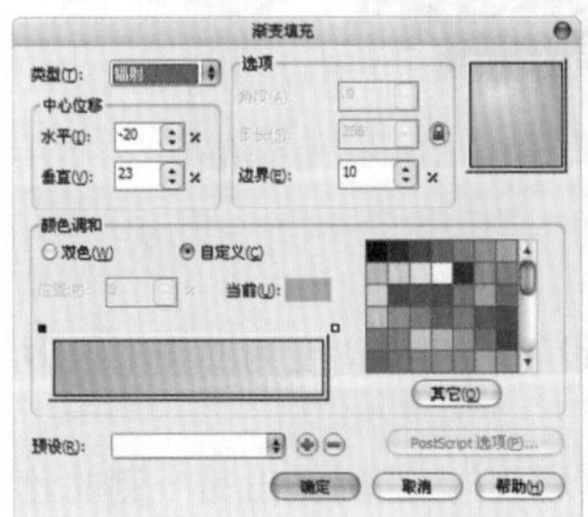

图6—69

步骤08 将其复制并缩放；然后按住Shift键进行加选，将两个正圆同时选中；单击属性栏中的“简化”按钮，将复制的圆形进行等比例缩放，如图6-70所示。

图6—70

步骤09 同样运用“简化”命令，制作出圆外侧的线框；然后在工具箱中单击填充工具组中的“渐变填充”按钮，在弹出的“渐变填充”对话框中设置“类型”为“线性”，在“颜色调和”选项组中选中“自定义”单选按钮，设置颜色为一种深一点的黄色系渐变，单击“确定”按钮；再将制作的圆环放置在合适位置，如图6-71所示。

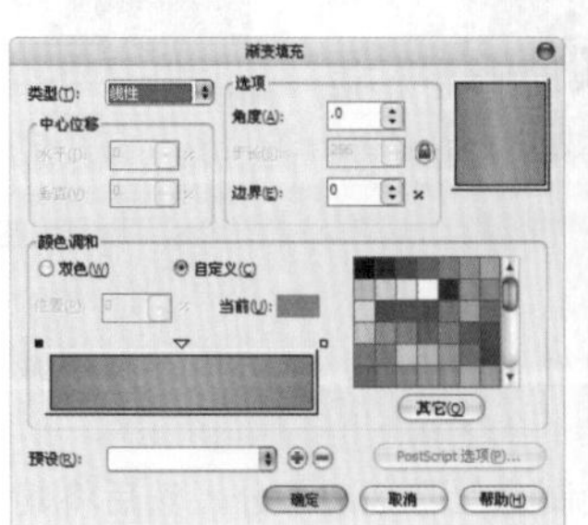

图6—71

步骤10 以同样方法制作圆内侧的圆环，放置在合适位置；单击工具箱中的“星形工具”按钮，在属性栏中设置“点数或边数”为5，按住Ctrl键绘制一个五角星，并将其填充为黑色；多次复制、粘贴，将五角星在外圆环进行绕圈排列，如图6-72所示。

图6－72

步骤11 单击工具箱中的“文本工具”按钮，将光标移至内侧圆环上，当其变为曲线形状时单击并输入文字，并设置文字颜色为黄色，制作出围绕圆环排列的文字效果，如图6-73所示。

图6－73

步骤12 单击选中红色正多边星形，复制并将其填充为白色；单击工具箱中的“椭圆形工具”按钮，在白色正多边星形上绘制一个椭圆；选择椭圆形及白色多边形，单击属性栏中的“简化”按钮，单击选中椭圆形，按Delete键将其删除，如图6-74所示。

图6－74

步骤13 单击工具箱中的“透明度工具”按钮，通过拖曳进行透明度的设置；以同样方法制作出第二层不同角度的透明效果，使其看起来更具层次感，如图6-75所示。

图6－75

步骤14 单击工具箱中的“钢笔工具”按钮，通过调整节点绘制出丝带的轮廓图；在工具箱中单击填充工具组中的“渐变填充”按钮，在弹出的“渐变填充”对话框中设置“类型”为“线性”，在“颜色调和”选项组中选中“自定义”单选按钮，设置颜色为一种黄色系渐变，单击“确定”按钮；再设置轮廓线宽度为“无”，如图6-76所示。

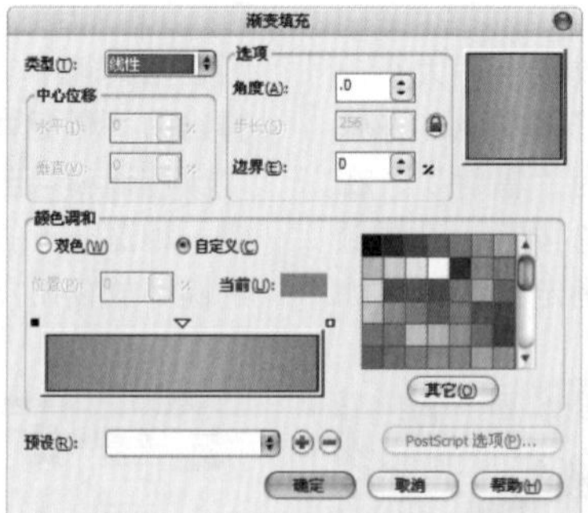

图6－76

步骤15 使用钢笔工具绘制出丝带的侧面，然后使用渐变填充工具为其填充黄色系线性渐变，设置轮廓线宽度为“无”，效果如图6-77所示。

步骤16 继续使用钢笔工具绘制出丝带细节部分，然后将其填充为黄色，使其看起来更真实；以同样方法制作出另一侧的丝带细节，如图6-78所示。

图6—77

图6—78

步骤17 复制绘制的所有图形，然后单击鼠标右键，在弹出的快捷菜单中执行“群组”命令，或按Ctrl+G键；将其填充为灰色，并向下移动；再次单击鼠标右键，在弹出的快捷菜单中执行“向后一层”命令，或按Ctrl+Page Down键，将其移至图形后面，制作出阴影效果，如图6-79所示。

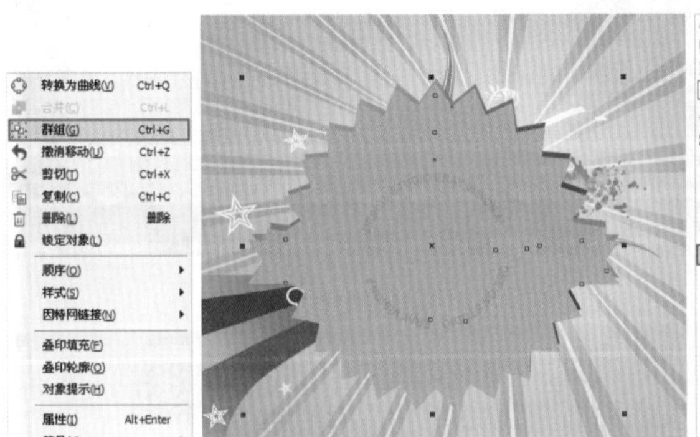

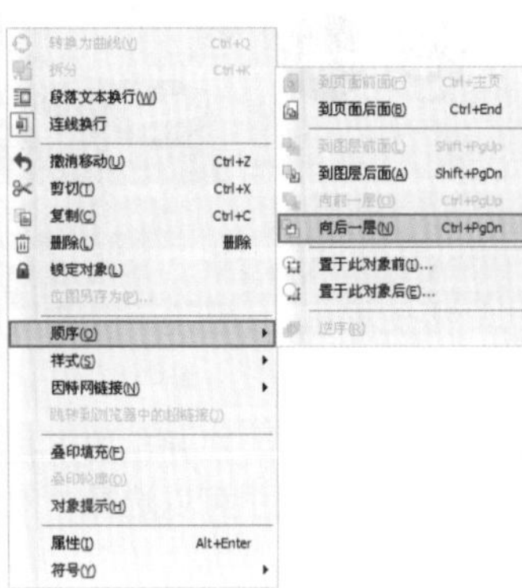

图6—79

步骤18 单击工具箱中的“文本工具”按钮字，将光标移至丝带边缘上，当其变为曲线形状时单击并输入文字，并设置为合适的字体及大小，文字颜色为白色，制作出围绕丝带边缘排列的文字效果，如图6-80所示。

步骤19 使用选择工具将文字移动到丝带中间位置，最终效果如图6-81所示。

图6—80

图6—81

读书笔记

6.1.3 图样填充

除了均匀填充与渐变填充外，CorelDRAW中还提供了图样填充，即运用大量重复图案以拼贴的方式填入对象中，使其呈现出更丰富的视觉效果。如图6-82所示便是使用图样填充工具制作的作品。

图6—82

单击工具箱中的“填充工具”按钮并稍作停留，在弹出的下拉列表中单击“图样填充”按钮，在弹出的“图样填充”对话框中可以选择“双色”、“全色”和“位图”3种不同的图样类型，如图6-83所示。

- 双色：图样中仅包括选定的两种颜色。
- 全色：图样是比较复杂的矢量图形，可以由线条和填充组成。
- 位图：图样是一种位图图像，其复杂性取决于其大小、图像分辨率和位深度。

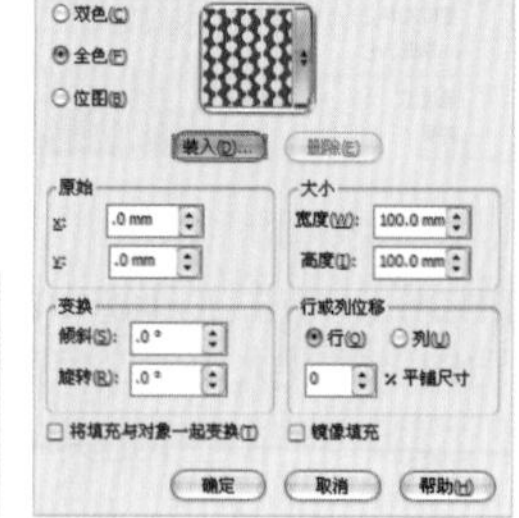

图6—83

理论实践——使用双色图样填充

步骤01 选择要填充的对象，在工具箱中单击填充工具组中的“图样填充”按钮，在弹出的“图样填充”对话框中选中“双色”单选按钮，在其右侧的图样下拉列表框中选择要填充的图样，如图6-84所示。

技巧提示

(1) 拖动右侧的滑块，可以查看下拉列表框中的所有填充图样。

(2) 双色图样中只包括设置的“前部”和“后部”两种颜色。

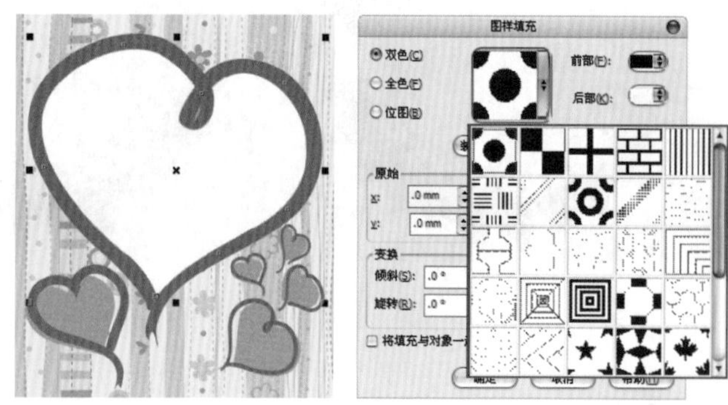

图6—84

步骤02 如果其中没有想要的图样，还可以自定义。单击“创建(A)...”按钮，打开“双色图案编辑器”对话框，在左侧窗格中，通过单击鼠标左键，即可以填充方格的形式绘制所需图样；单击鼠标右键则可取消填充的方格。完成绘制后，单击“确定”按钮，自定义的图样即会出现在图样下拉列表框中，如图6-85所示。

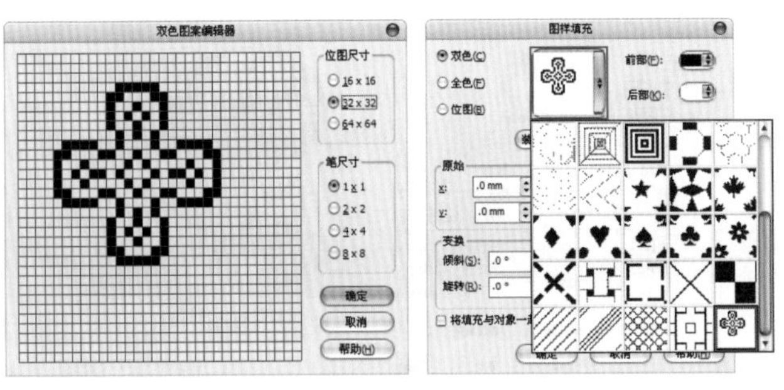

图6-85

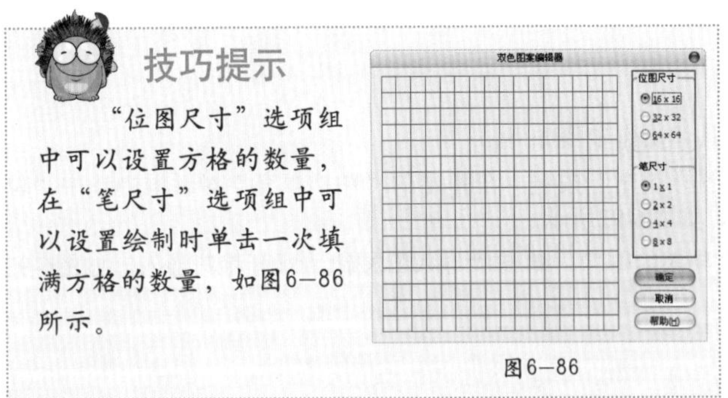

技巧提示

“位图尺寸”选项组中可以设置方格的数量，在“笔尺寸”选项组中可以设置绘制时单击一次填满方格的数量，如图6-86所示。

图6-86

步骤03 在图样下拉列表框中选择不需要的图样，单击“删除”按钮，在弹出的提示对话框中单击“确定”按钮，即可将其删除，如图6-87所示。

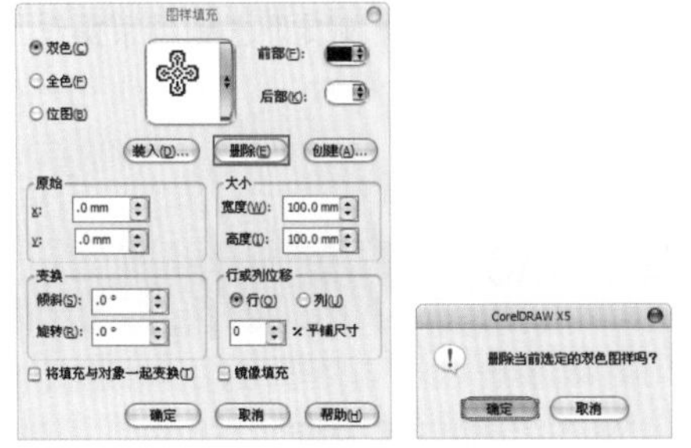

图6-87

步骤04 选择图样后，可以对其“前部”、“后部”的颜色以及“原始”、“大小”、“变换”和“行或列位移”等进行相应的设置；最后单击“确定”按钮结束操作，如图6-88所示。

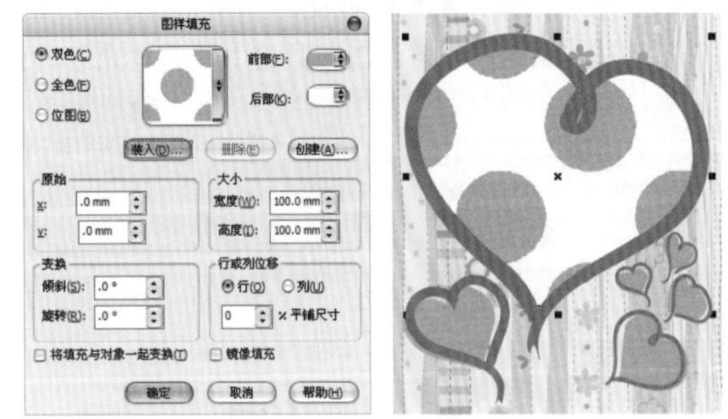

图6-88

理论实践——使用全色图样填充

步骤01 选择要填充的对象，在工具箱中单击填充工具组中的“图样填充”按钮，在弹出的“图样填充”对话框中选中“全色”单选按钮，在其右侧的图样下拉列表框中选择要填充的图样，如图6-89所示。

步骤02 单击装入(D)...按钮，在弹出的“导入”对话框中选择一幅要导入的图像，单击“导入”按钮将其导入，如图6-90所示。

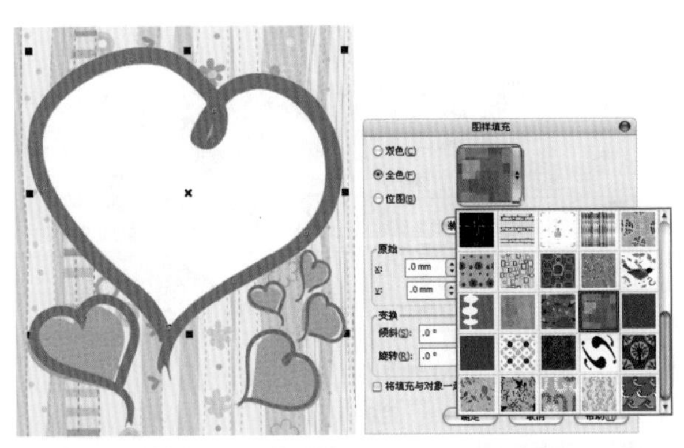

图6-89

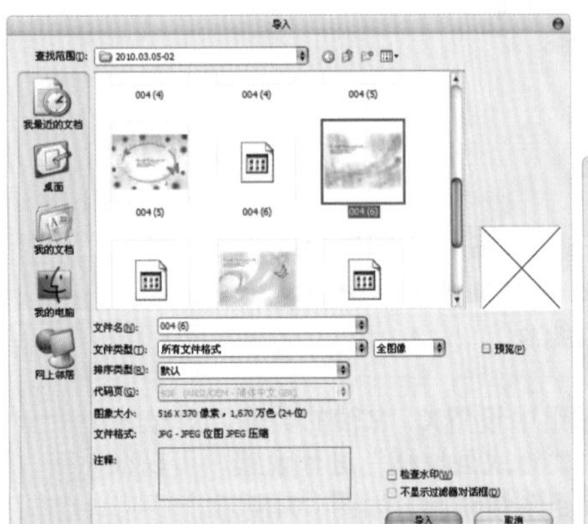

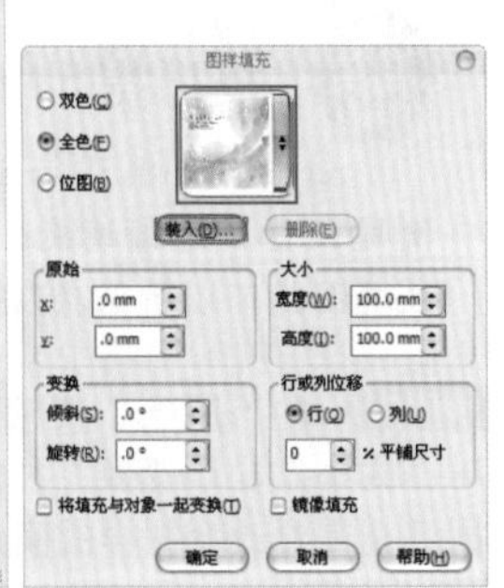

图6-90

技巧提示

全色图样填充与双色图样填充有所不同，所设置的预设全色图样不能被删除，导入的全色图样不能被保存在图样下拉列表框中。

步骤03 完成设置后，单击“确定”按钮结束操作，如图6-91所示。

图6—91

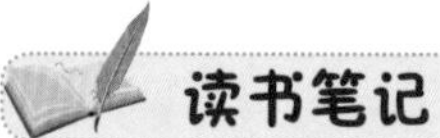
读书笔记

理论实践——位图图样填充

位图图样填充可使用预设的或导入的位图图像来填充对象。具体操作步骤如下：

步骤01 选择要填充的对象，在工具箱中单击填充工具组中的“图样填充”按钮，在弹出的“图样填充”对话框中选中“位图”单选按钮，在其右侧的图样下拉列表框中选择要填充的图样，如图6-92所示。

步骤02 单击 装入(O)... 按钮，在弹出的“导入”对话框中选择一幅要导入的图像，单击“导入”按钮，即可将其导入，如图6-93所示。

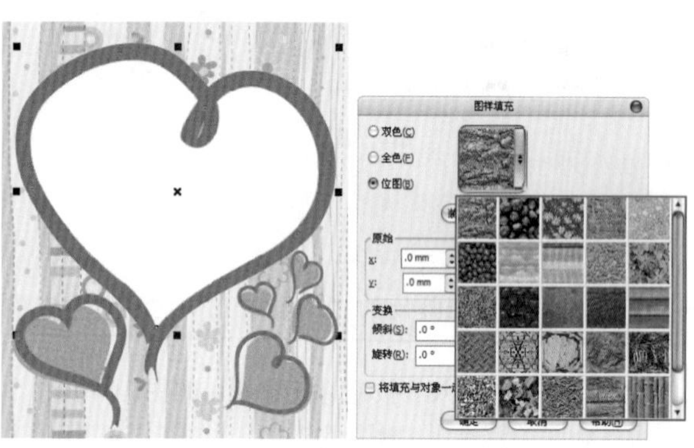
图6—92

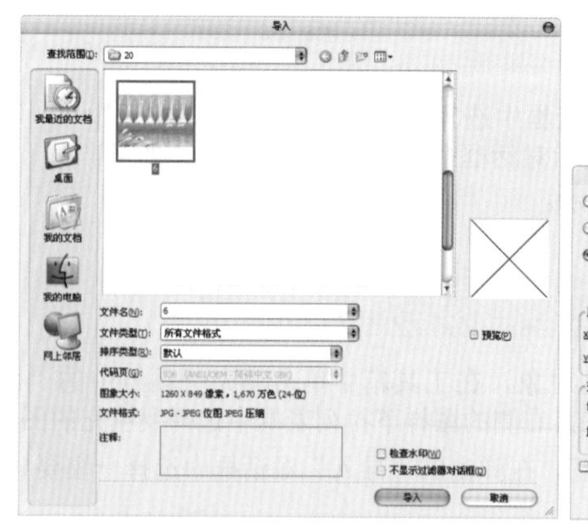
图6—93

技巧提示

位图图样填充与全色图样填充不同的是，它不能使用矢量图进行填充，而只能使用位图图像填充，并且其图样可以被保存及删除。

步骤03 在“原始”选项组中设置X、Y轴的数值，并依次对“大小”、“变换”和“行或列位移”进行设置，可以根据填充需要改变图样的间距及倾斜度，如图6-94所示。

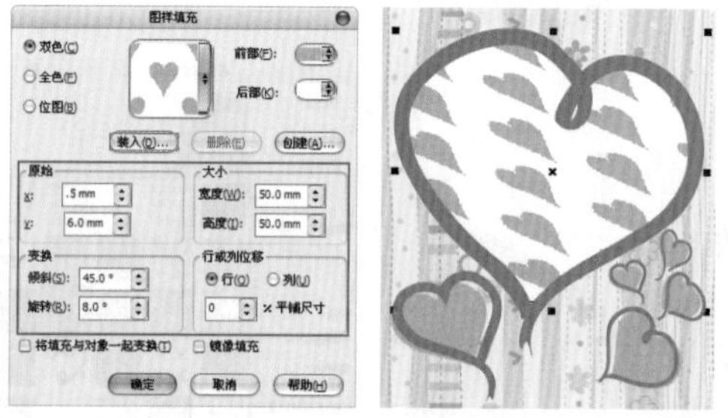
图6—94

6.1.4 底纹填充

底纹填充也被称为纹理填充，是指运用与矢量图一样的填充原理，为对象填充天然材料的外观效果，在如图6-95所示的几幅作品中，使用到了底纹填充。这些预设的纹理效果是使用数学公式运算而成的。

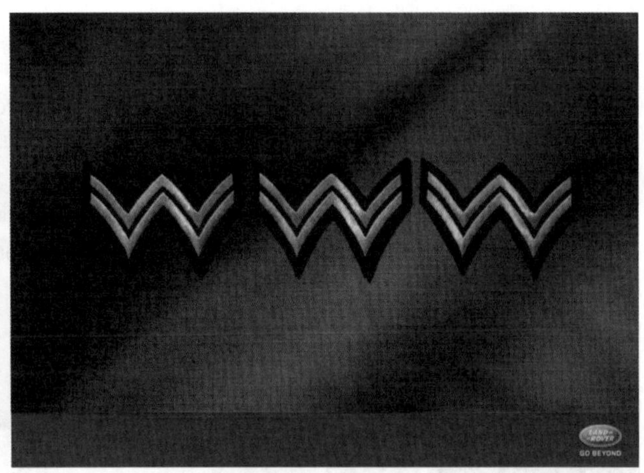

图6—95

步骤01 选中要进行底纹填充的图形对象，然后单击工具箱中的“填充工具”按钮并稍作停留，在弹出下拉列表中单击“底纹填充”按钮，在弹出的“底纹填充”对话框中打开“底纹库”下拉列表框，从中选择底纹库；然后在“底纹列表”列表框中选择要填充的底纹，如图6-96所示。

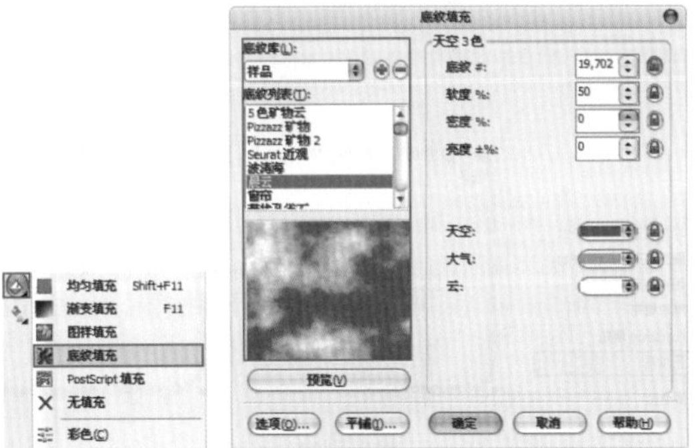

图6—96

步骤02 在“底纹列表”列表框中选择任一底纹，在右侧窗格中即会显示与之对应的设置选项。从中进行相应设置后，即可生成一种新的底纹效果，单击 “预览”按钮可以预览，如图6-97所示。

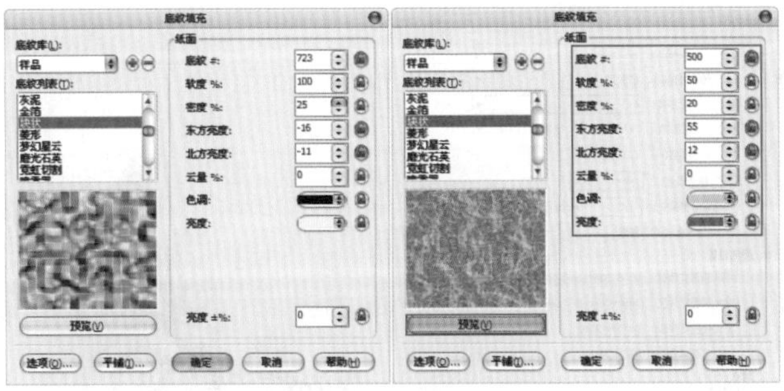

图6—97

步骤03 单击左下角的选项(O)...按钮，在弹出的“底纹选项”对话框中可以分别设置“位图分辨率”（分辨率越高，其纹理显示越清晰，但文件的尺寸也会增大，所占的系统内存也就越多）和“底纹尺寸限度”，如图6-98所示。

步骤04 单击左下角的平铺(I)...按钮，在弹出的“平铺”对话框中可以分别设置纹理的“原始”、“大小”、“变换”和“行或列位移”等属性，如图6-99所示。

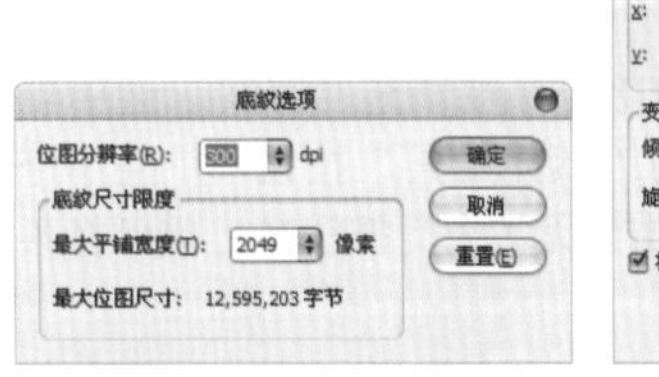

图6—98　　图6—99

技巧提示

底纹填充实际上也就是使用位图图像进行填充，所占的系统内存较多，因此在一个文件中不宜过多地使用。

步骤05 完成设置后，单击“确定”按钮结束操作，如图6-100所示。

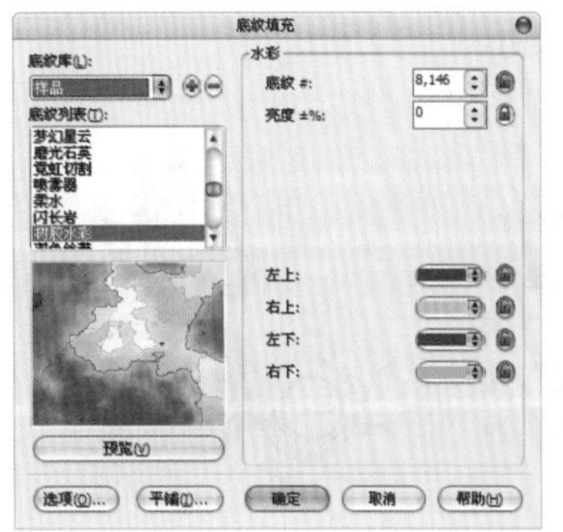
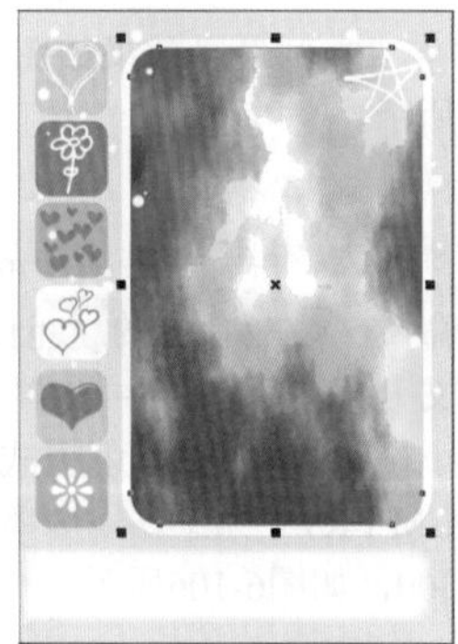

图6—100

6.1.5 PostScript填充

PostScript填充是一种特殊的花纹填色工具，可以利用PostScript语言计算出一种极为复杂的底纹。这种填色不但纹路细腻，而且占用的空间也不大，适用于较大面积的花纹设计，如图6-101所示。

步骤01 选择要进行PostScript填充的图形对象，然后单击工具箱中的“填充工具”按钮并稍作停留，在弹出的下拉列表中单击“PostScript填充”按钮，打开“PostScript底纹”对话框，如图6-102所示。

步骤02 在上方的列表框中，可以选择各种预设的PostScript纹理；选中“预设填充”复选框，可以预览填充效果；在“参数”选项组中，通过对不同参数的设置，可产生不同的效果；最后单击“确定”按钮结束操作，如图6-103所示。

图6-101

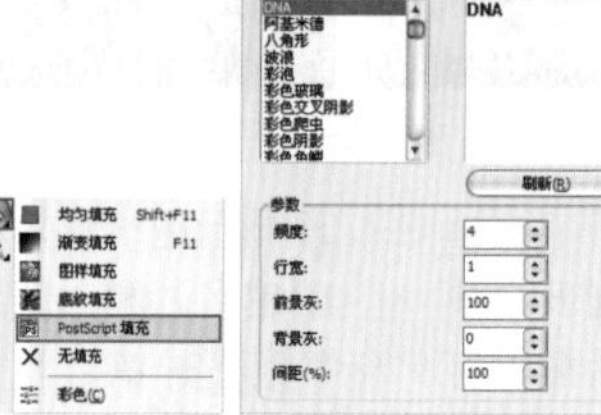

图6-102

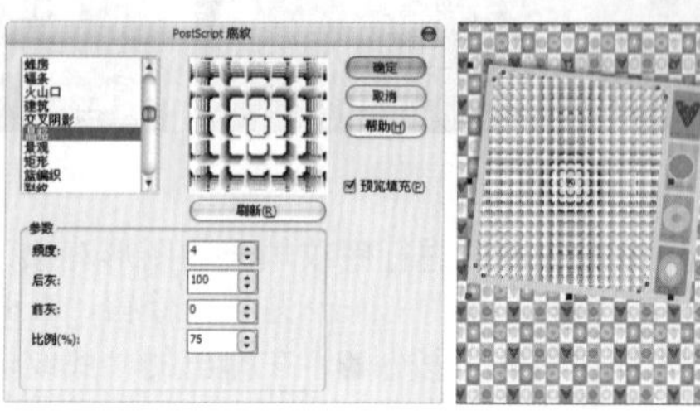

图6-103

6.1.6 无填充

利用无填充功能可以清除已经被填充的图案。选中填充的图案，单击工具箱中的“填充工具”按钮并稍作停留，在弹出的下拉列表中单击“无填充”按钮，即可将其清除，如图6-104所示。

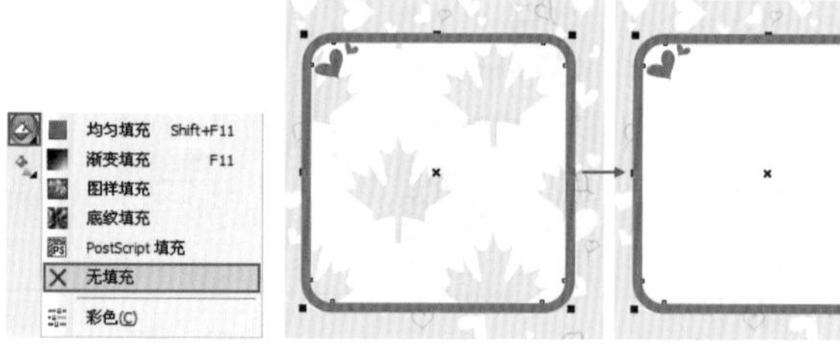

图6-104

实例练习——使用填充工具制作水晶质感按钮

案例文件	实例练习——使用填充工具制作水晶质感按钮.cdr
视频教学	实例练习——使用填充工具制作水晶质感按钮.flv
难易指数	★★★★★
知识掌握	椭圆形工具、渐变填充工具

案例效果

本例最终效果如图6-105所示。

操作步骤

步骤01 执行“文件>新建”命令，在弹出的“创建新文档”对话框中设置“大小”为A4，“原色模式”为CMYK，“渲染分辨率”为300，如图6-106所示。

图6-105

步骤02 导入背景素材文件，并调整为合适的大小及位置，如图6-107所示。

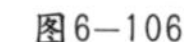

图6-106

图6-107

步骤03 单击工具箱中的“椭圆形工具”按钮，按住Ctrl键绘制一个正圆。在工具箱中单击填充工具组中的“渐变填充”按钮，在弹出的“渐变填充”对话框中设置“类型”为“线性”，“角度”为-45，在“颜色调和”选项组中选中“双色”单选按钮，将颜色设置为从深灰色到浅灰色，单击“确定”按钮；再设置轮廓线宽度为“无”，如图6-108所示。

步骤04 使用椭圆形工具绘制一个小一点儿的圆形，并将其填充为白色，设置轮廓线宽度为“无”，将其放置在灰色圆形上，如图6-109所示。

图6－108　　图6－109

步骤05 再次使用椭圆形工具绘制一个圆形，然后在工具箱中单击填充工具组中的“渐变填充”按钮，在弹出的“渐变填充”对话框中设置“类型”为“辐射”，在“颜色调和”选项组中选中“自定义”单选按钮，将颜色设置为一种灰色系渐变，单击“确定”按钮，如图6-110所示。

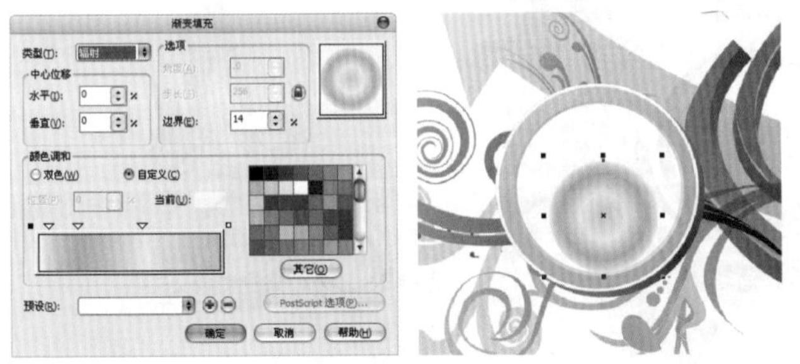

图6－110

步骤06 继续椭圆形工具绘制一个黑色的正圆，然后将其选中，单击鼠标右键，在弹出的快捷菜单中执行“转换为曲线”命令，或按Ctrl+Q键。单击工具箱中的“形状工具”按钮，将黑色圆形调整为半圆形，如图6-111所示。

图6－111

步骤07 使用椭圆形工具绘制一个小一点儿的正圆，然后在工具箱中单击填充工具组中的“渐变填充”按钮，在弹出的“渐变填充”对话框中设置“类型”为“线性”，在“颜色调和”选项组中选中“自定义”单选按钮，将颜色设置为一种灰色系渐变，单击“确定”按钮，如图6-112所示。

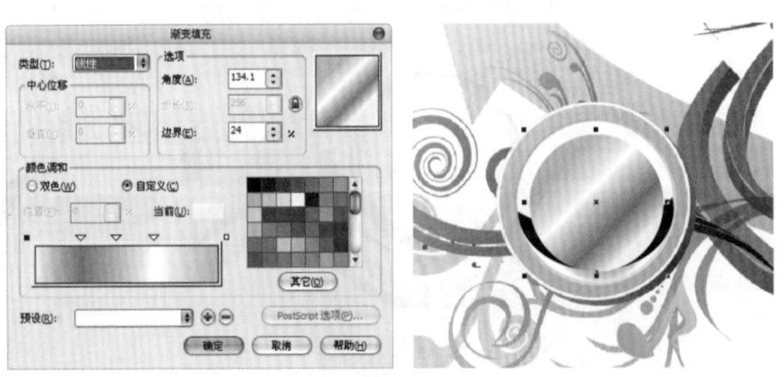

图6－112

步骤08 复制灰色系渐变圆形，将其等比例缩放并旋转，制作出边界的立体效果，如图6-113所示。

图6－113

步骤09 使用椭圆形工具绘制一个小一点儿的正圆，并将其填充为黑色；再次绘制一个小一点儿的灰色正圆；接着绘制浅灰色正圆，依次重叠，如图6-114所示。

图6－114

步骤10 选中绘制的按钮图形，单击工具箱中的“阴影工具”按钮，在图形上拖动鼠标，为其添加阴影，使其更加真实，如图6-115所示。

步骤11 单击工具箱中的“文本工具”按钮，在按钮上输入文字，然后使用阴影工具拖曳出阴影，如图6-116所示。

步骤12 以同样方法制作出其他颜色的按钮，并将其摆放在合适位置，最终效果如图6-117所示。

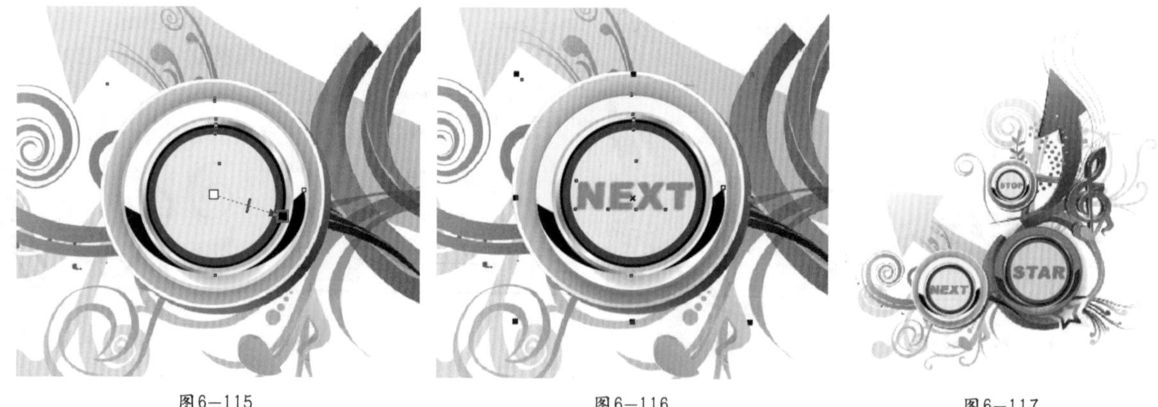

图6－115　　图6－116　　图6－117

技巧提示

除了使用填充工具，还可以通过“对象属性”泊坞窗对图形对象进行各种填充，执行“窗口>泊坞窗>属性”命令，或按Alt+Enter键，在弹出的“对象属性”泊坞窗中打开“填充类型”下拉列表框，从中可以选择填充类型，如图6－118所示。

单击左下角的“自动应用”按钮，工作区中的对象将被自动填充，如果直接单击“应用”按钮，工作区中的对象将不会显示填充效果；也就是说，必须先选择图形工具对象，再单击“应用”按钮，才能显示填充效果。

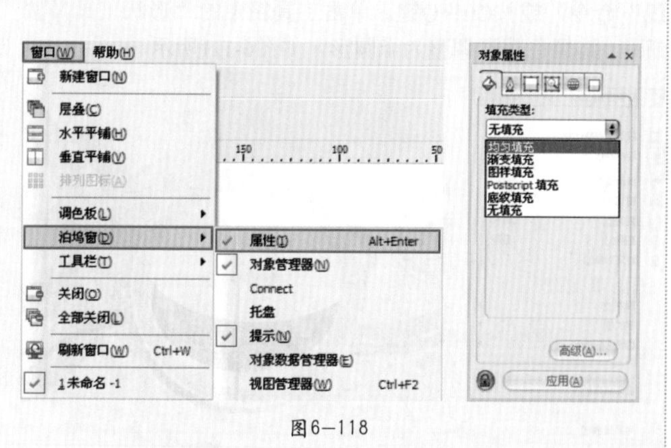

图6－118

6.2 使用滴管工具填充

滴管工具在使用过程中会出现两种形态，即滴管和颜料桶。当光标呈现为滴管形状时，可以吸取指定对象的颜色或属性；而当光标变为颜料桶形状时，可将吸取的颜色或属性填充到指定的对象中，从而实现将一个对象的颜色或属性复制到另一个对象中。在如图6-119所示作品中，使用到了滴管工具。

图6—119

滴管工具可分为颜色滴管工具和属性滴管工具，下面分别介绍。

6.2.1 颜色滴管工具

利用颜色滴管工具可以快速将指定对象的颜色填充到另一个对象中。

步骤01 单击工具箱中的“颜色滴管工具”按钮，当光标变为滴管形状时在指定对象上单击，即可吸取颜色，如图6-120所示。

步骤02 在属性栏中单击“取样范围”按钮，调整像素区域中的平均颜色取样值；单击右侧的“加到调色板”按钮，将取样颜色添加到调色板上，如图6-121所示。

步骤03 当光标变为颜料桶形状时在指定对象上单击，即可填充颜色，如图6-122所示。

图6—120

图6—121

图6—122

6.2.2 属性滴管工具

属性滴管工具不仅可以“复制”对象的填充、轮廓颜色等信息，还能够“复制”对象的渐变、效果、封套、混合等属性。

步骤01 单击工具箱中的“属性滴管工具”按钮，当光标变为滴管形状时在指定对象上单击，即可吸取属性。

步骤02 在属性栏中分别单击“属性”、“变换”和“效果”按钮，在弹出的下拉面板中根据实际需要进行相应的设置，然后单击“确定”按钮，如图6-123所示。

步骤03 当光标变为颜料桶形状时在指定对象上单击，即可填充属性，如图6-124所示。

图6—123

图6—124

技巧提示

在使用滴管功能或颜料桶功能时按Shift键，可以快速地在两者间相互切换。

实例练习——使用滴管工具制作华丽播放器

案例文件	实例练习——使用滴管工具制作华丽播放器.cdr
视频教学	实例练习——使用滴管工具制作华丽播放器.flv
难易指数	★★★★★
技术要点	滴管工具、渐变工具、矩形工具、椭圆形工具

案例效果

本例最终效果如图6-125所示。

图6-125

操作步骤

步骤01 执行“文件>新建”命令，在弹出的“创建新文档”对话框中设置“大小”为A4，“原色模式”为CMYK，“渲染分辨率”为300，如图6-126所示。

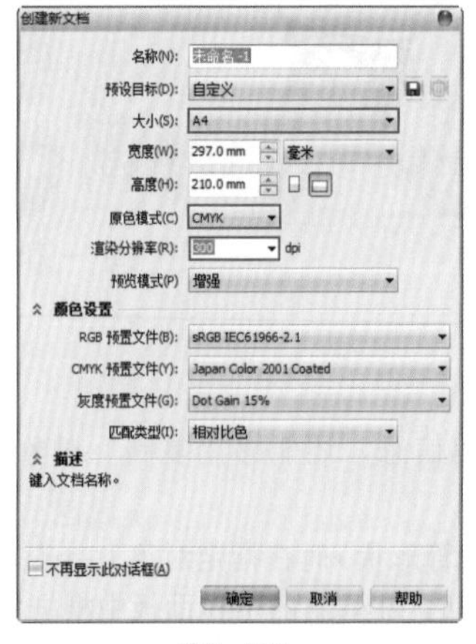

图6-126

步骤02 单击工具箱中的“矩形工具”按钮，绘制一个合适大小的矩形，在属性栏中设置“圆角半径”为52mm，如图6-127所示。

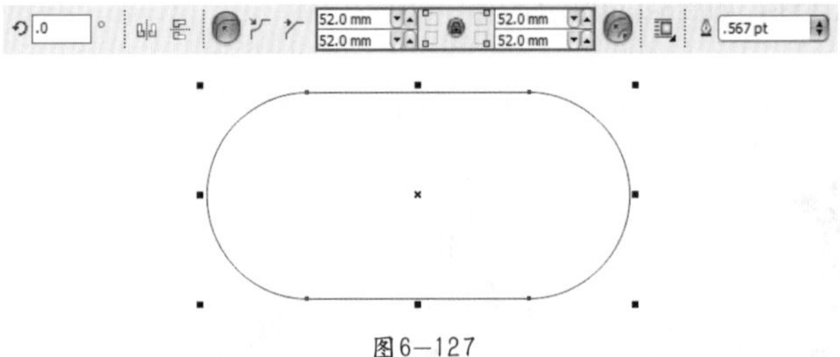

图6-127

步骤03 在工具箱中单击填充工具组中的“渐变填充”按钮，在弹出的“渐变填充”对话框中设置“类型”为“线性”，在“颜色调和”选项组中选中“自定义”单选按钮，将颜色设置为一种黄色系渐变，单击“确定”按钮；再设置轮廓线宽度为“无”，如图6-128所示。

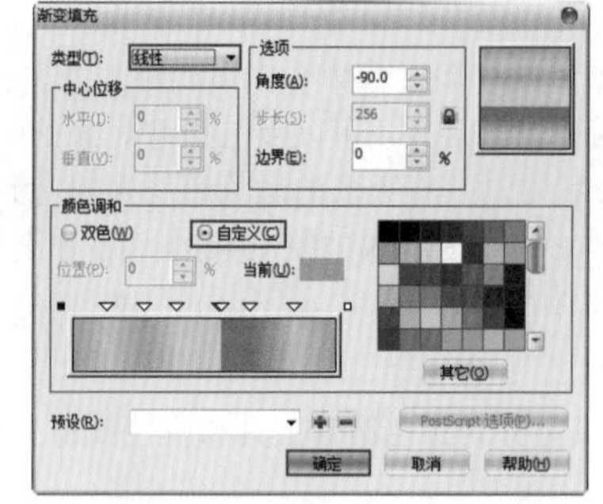

图6-128

步骤04 单击工具箱中的“阴影工具”按钮，在渐变圆角矩形上按住鼠标左键向右下角拖动，为其添加阴影效果，如图6-129所示。

步骤05 以同样方法，在渐变圆角矩形上绘制一个小一点儿的圆角矩形，并为其填充深一点的黄色系渐变，如图6-130所示。

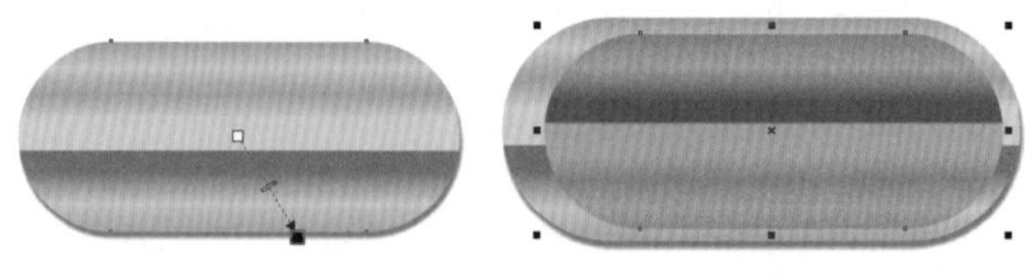

图6-129　　图6-130

步骤06 单击工具箱中的“椭圆形工具”按钮，按住Ctrl键在圆角矩形左侧绘制一个正圆。单击工具箱中的“属性滴管工具”按钮，当光标变为滴管形状时在上层的暗金色圆角矩形上单击吸取渐变，然后将光标移动到新绘制的圆形上，当其变为颜料桶形状时在指定对象上单击填充渐变色。再次绘制一个小一点儿的圆形，同样使用属性滴管工具为其赋予底部圆角矩形上较亮的金色系渐变，如图6-131所示。

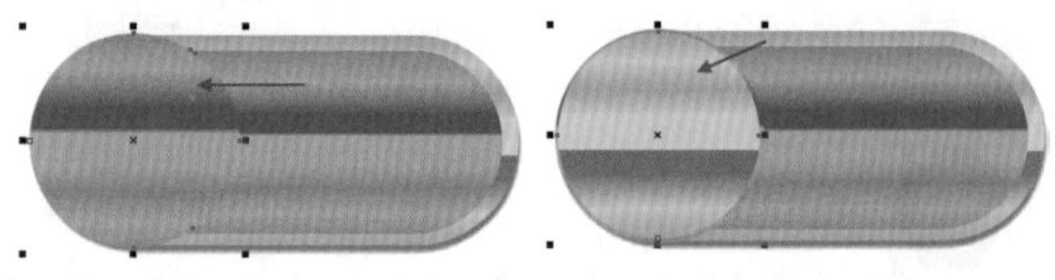

图6-131

步骤07 单击工具箱中的“钢笔工具”按钮，在右侧绘制图形；然后在工具箱中单击填充工具组中的“渐变填充”按钮，在弹出的“渐变填充”对话框中设置“类型”为“辐射”，在“颜色调和”选项组中选中“自定义”单选按钮，将颜色设置为从黑色到玫红色的渐变，单击“确定”按钮；再设置轮廓线宽度为“无”，如图6-132所示。

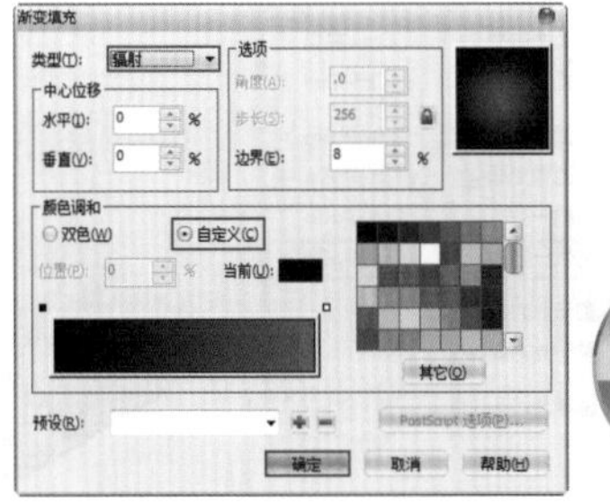

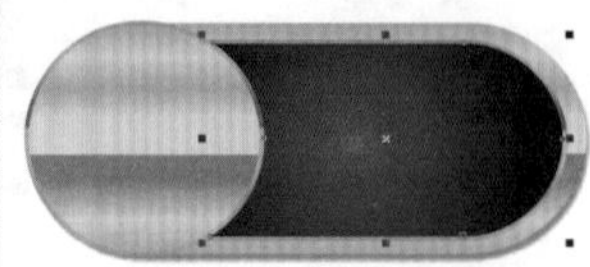

图6—132

技巧提示

也可以先绘制一个合适大小的圆角矩形，然后进行渐变填充，再在左侧绘制一个正圆，如图6-133所示。

按住Shift键进行加选，将圆形及圆角矩形同时选中，然后单击属性栏中的“移除前面对象”按钮，如图6-134所示。

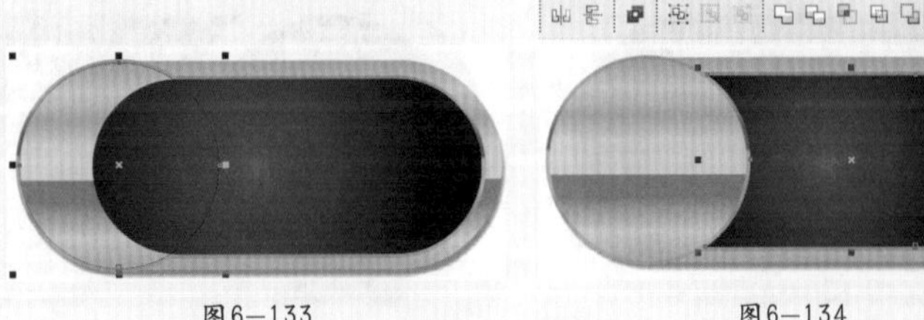

图6—133　　图6—134

步骤08 继续在左侧绘制一个小一点儿的正圆，设置轮廓线宽度为“无”，然后使用滴管工具吸取右侧的玫红色渐变并为其填充，如图6-135所示。

图6—135

步骤09 选中左侧圆形部分，多次复制并等比缩小，依次摆放在圆形四周，如图6-136所示。

图6—136

步骤10 使用钢笔工具绘制播放器上的按钮图标；然后在工具箱中单击填充工具组中的“渐变填充”按钮，在弹出的“渐变填充”对话框中设置“类型”为“线性”，在“颜色调和”选项组中选中“自定义”单选按钮，将颜色设置为由浅黄色到深棕色的渐变，单击“确定”按钮；再设置轮廓线宽度为“无”，如图6-137所示。

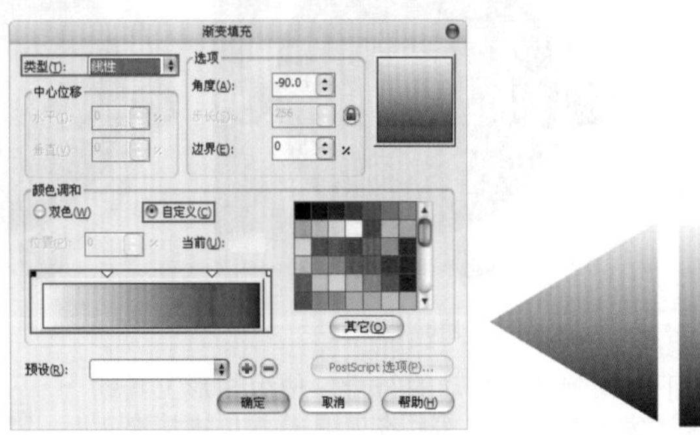

图6—137

步骤11 复制之前绘制出来的按钮图，填充为黑色；然后单击鼠标右键，在弹出的快捷菜单中执行“顺序>向后一层”命令，制作出按钮阴影效果，并调整好大小及位置，如图6-138所示。

步骤12 以同样方法制作出其他按钮上的渐变图标，如图6-139所示。

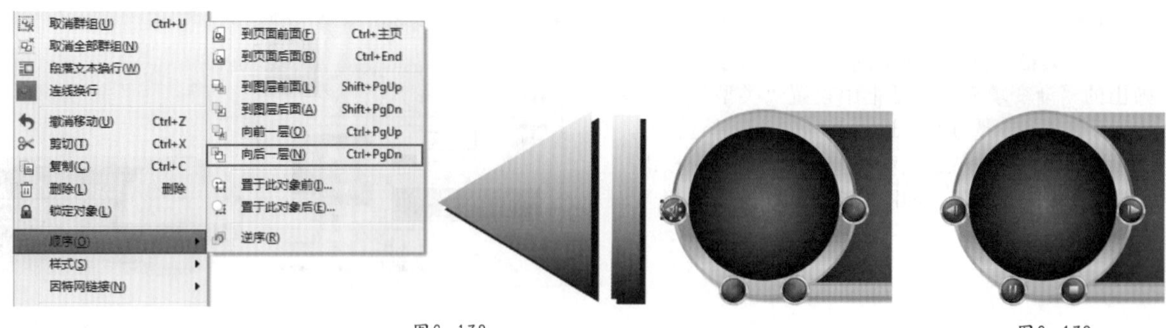

图6—138 图6—139

步骤13 使用钢笔工具绘制出播放器上的图标，然后通过调色板为其填充粉色；以同样方法制作播放器右下方的图标，为其填充浅一点儿的粉色；选中右下方的所有图标，单击鼠标右键，在弹出的快捷菜单中执行“群组”命令；接着单击工具箱中的“阴影工具”按钮，在群组过的图标上拖曳，制作阴影效果，如图6-140所示。

图6—140

步骤14 分别使用钢笔工具和矩形工具在左侧绘制出喇叭音量的图标，并填充为粉色，如图6-141所示。

步骤15 单击工具箱中的“矩形工具”按钮，在左侧及右侧分别绘制一个圆角矩形（“圆角半径”为1.5）；然后将左侧圆角矩形填充为无，设置轮廓线为粉色；再将右侧圆角矩形填充为无，设置轮廓线为浅粉色，如图6-142所示。

图6—141 图6—142

步骤16 下面绘制音频抖动的符号。使用矩形工具绘制一个合适大小的矩形；然后在工具箱中单击填充工具组中的“渐变填充”按钮，在弹出的“渐变填充”对话框中设置“类型”为“线性”，在“颜色调和”选项组中选中“双色”单选按钮，设置颜色为从粉色到紫色，单击“确定”按钮；再设置轮廓线宽度为“无”，如图6-143所示。

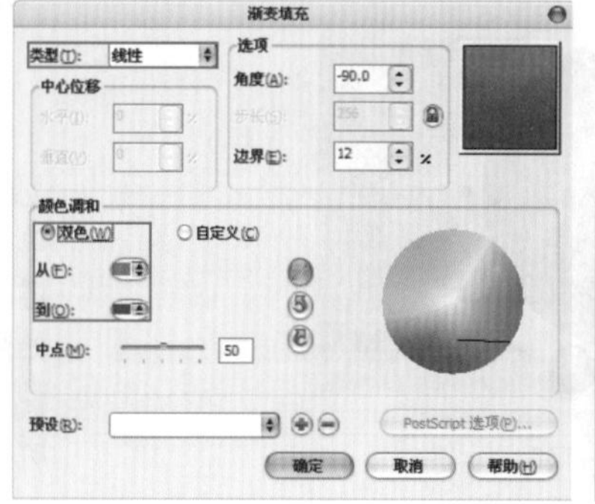

图6—143

步骤17 多次复制并将其摆放为音频柱的形状；然后单击鼠标右键，在弹出的快捷菜单中执行“群组”命令；接着，将原图形填充为浅灰色作为投影；最后将制作好的音频柱状图放置在播放器中适当的位置，如图6-144所示。

> **技巧提示**
>
> 选择绘制的所有矩形，执行“排列>对齐和分布>对齐与分布”命令，在弹出的“对齐与分布”对话框中设置对齐方式，然后单击“应用”按钮，可以使绘制出的矩形排列更整齐。

图6—144

步骤18 单击工具箱中的“文本工具”按钮，选择合适的字体及字号，在播放器上输入文字，如图6-145所示。

步骤19 接下来，制作播放进度条。使用矩形工具绘制一个合适大小的矩形，在属性栏中设置“圆角半径”为2.5mm。单击工具箱中的“属性滴管工具”按钮，为其赋予底部圆角矩形上较亮的金色系渐变，如图6-146所示。

图6—145

图6—146

步骤20 单击工具箱中的“阴影工具”按钮，在圆角矩形上按住鼠标左键拖动，制作出阴影效果。复制按钮部分，调整为合适的大小及位置，摆放在播放进度条上，如图6-147所示。

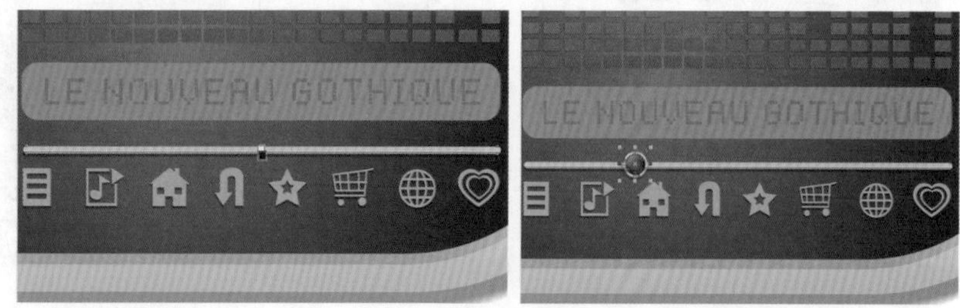

图6—147

步骤21 使用钢笔工具绘制播放器左上角的高光部分形状，并将其填充为白色；然后单击工具箱中的“透明度工具”按钮，在高光上由左上角向右下角拖动鼠标，完成高光效果的制作，如图6-148所示。

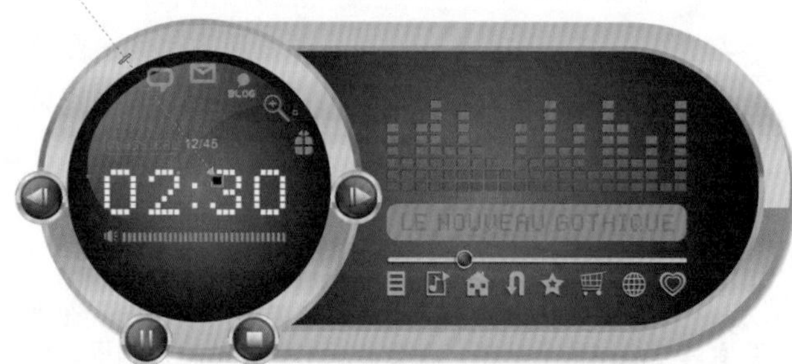

图6—148

步骤22 再次使用钢笔工具和透明度工具制作播放器中其他位置的高光效果，如图6-149所示。

步骤23 导入背景素材文件，调整为合适的大小，然后执行“顺序>到图层后面”命令，最终效果如图6-150所示。

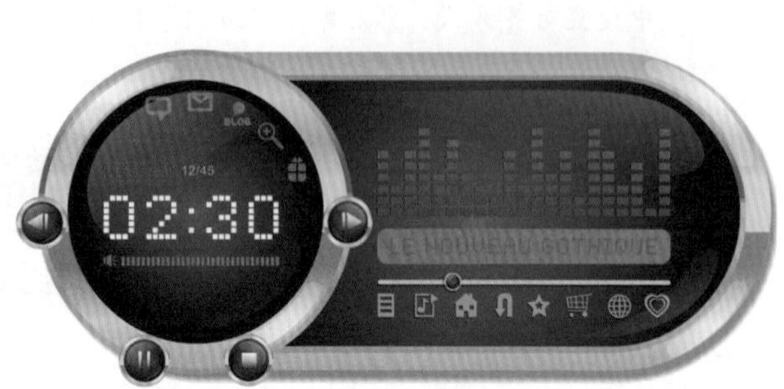

图6—149

图6—150

6.3 交互式填充工具

交互式填充工具与填充工具的渐变选项有所不同，填充工具的渐变选项是在对话框中进行设置，不能直接观察填充效果，而交互式填充工具却可以直接在属性栏中进行相关参数的设置，填充效果可以直接反映在画面中，如图6-151所示。

单击工具箱中的“交互式填充工具”按钮，其属性栏如图6-152所示。

图6—151

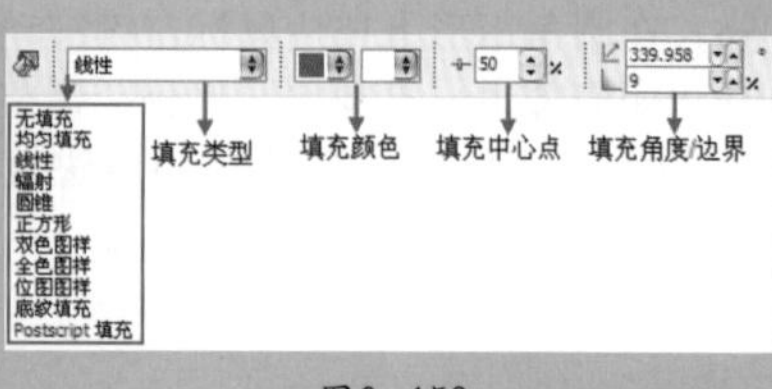

图6—152

- 填充类型：设置填充的类型，其中包含均匀填充、线性、辐射、圆锥、正方形、双色图样等。
- 填充颜色：在此可以设置渐变的起始色和终止色。
- 填充中心点：设置渐变中两种颜色所占比例。数值越大，中心点越接近终止颜色，起始颜色范围也就越大。
- 填充角度/边界：用于调整渐变填充的方向角度以及边界颜色宽度。

步骤01 单击工具箱中的“交互式填充工具”按钮，在含有图案填充的图形上单击，就会显示出图案编辑控制框。使用鼠标拖曳矩形控制框正中心的图标，可以改变图案在图形中的相对位置，如图6-153所示。

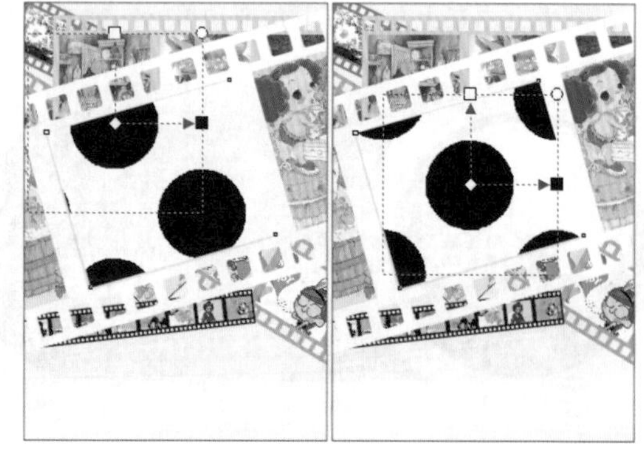

图6—153

步骤02 按住鼠标左键任意拖动箭头，可以改变图案的宽度及长度；向斜向拖动，还可以改变图案的倾斜度，如图6-154所示。

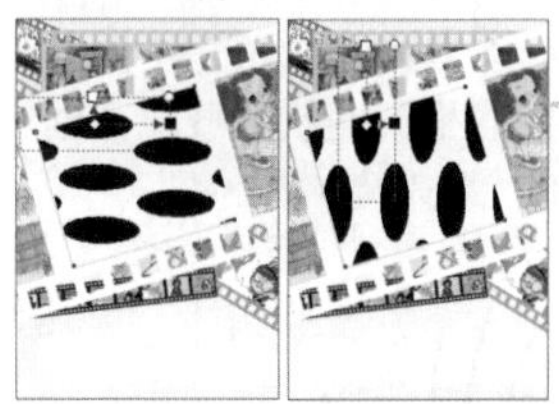

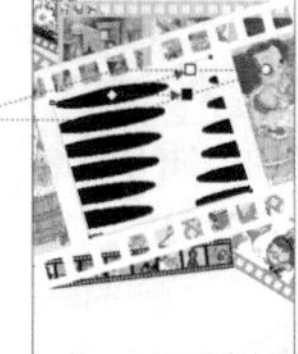

图6—154

步骤03 按住鼠标左键任意拖动矩形框右上角的○图标，可以按比例将图案进行缩放或旋转，如图6-155所示。

图6—155

步骤04 在属性栏中打开“填充类型”下拉列表框，从中可以选择一种填充类型；然后打开“填充图样”下拉列表框，从中可以选择一种图样，如图6-156所示。

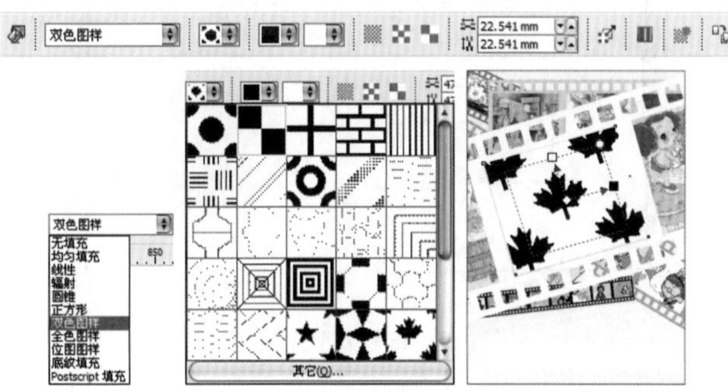

图6—156

步骤05 打开“前景色”下拉列表框，从中选择一种颜色；以同样方法可以设置其“背景色”，如图6-157所示。

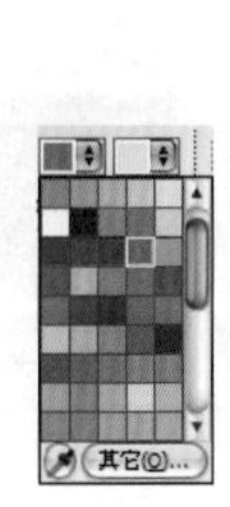

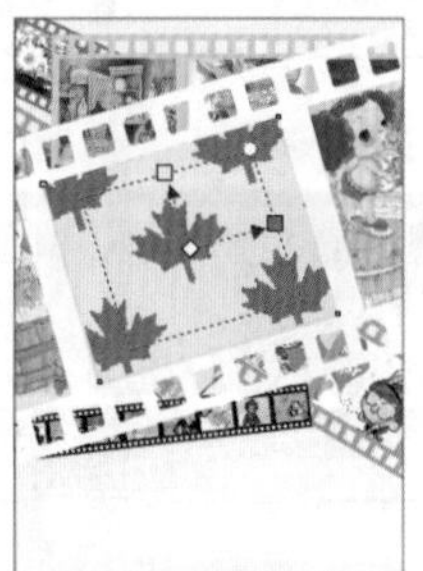

图6—157

步骤06 分别单击“小型拼接”按钮▒、“中型拼接”按钮▦和“大型拼接”按钮▚，可以依次设置图样填充的拼贴大小，如图6-158所示。

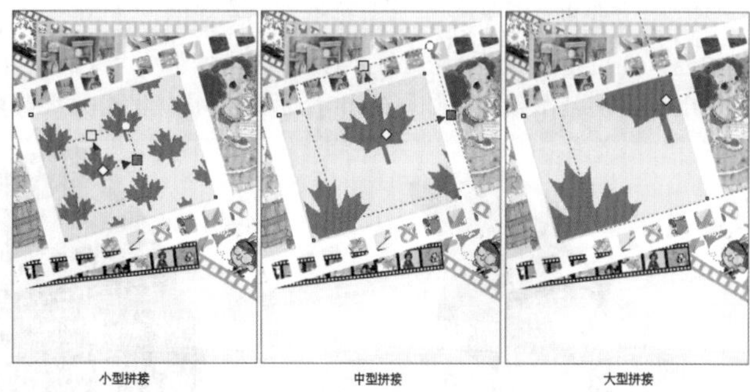

图6—158

步骤07 在“编辑平铺”栏的“高度”和“宽度”数值框中输入数值，可以更为精确地控制图样填充的大小，如图6-159所示。

图6—159

读书笔记

6.4 交互式网状填充工具

交互式网状填充工具是一种多点填色工具，通过它可以创造出复杂多变的网状填充效果（每一个网点可以填充不同的颜色，并可定义颜色的扭曲方向，而这些色彩相互之间还会产生晕染效果）。在使用时，通过将色彩拖到网状区域即可创造出丰富的艺术效果。如图6-160所示为使用交互式网状填充工具制作的作品。

图6—160

单击工具箱中的“交互式填充工具”按钮并稍作停留，在弹出的下拉列表中单击“网状填充”按钮，其属性栏如图6-161所示。

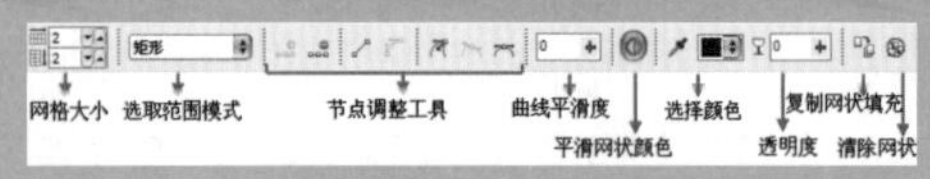

图6—161

步骤01 单击工具箱中的“椭圆形工具”按钮，绘制一个正圆，如图6-162所示。

步骤02 单击工具箱中的“交互式填充工具”按钮并稍作停留，在弹出的下拉列表中单击“网状填充”按钮，即可在圆上看到带有节点的网状结构，如图6-163所示。

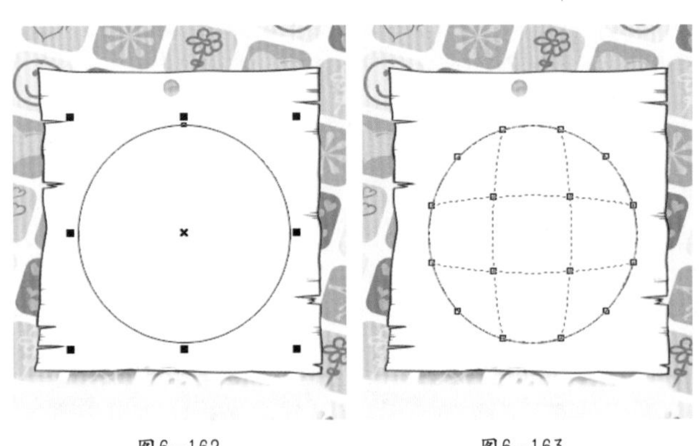

图6—162　　图6—163

步骤03 使用拖曳的方法将调色板中的粉色拖到网状范围内，如图6-164所示。

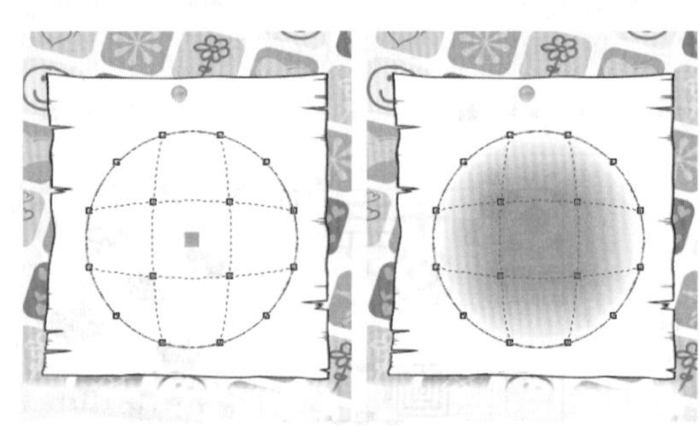

图6—164

步骤04 以同样方法将颜色拖到节点上，可以产生不同的效果；通过对节点的调整，可以相应地调节颜色的位置及形状，如图6-165所示。

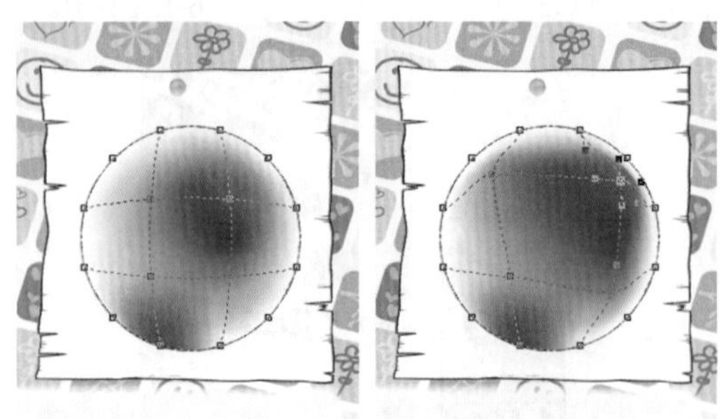

图6—165

6.5 智能填充工具

智能填充工具与其他填充工具不同，它不仅填充对象，它检测到区域的边缘并创建一个闭合路径，因此可以填充区域。只要一个或多个对象的路径完全闭合为一个区域，即可进行填充。智能填充工具不但可以用于填充区域，还可以用于创建新对象。在如图6-166所示作品中，使用到了智能填充工具。

智能填充工具的属性栏如图6-167所示。

图6—166

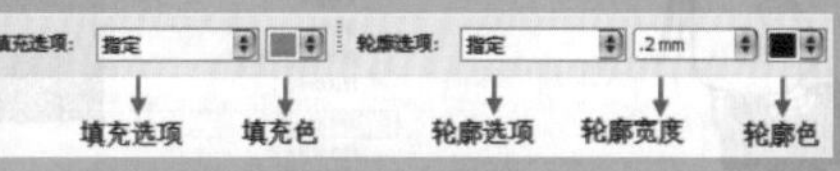

图6—167

- **填充选项**：其中包括“默认值”、“指定”和“无填充”。
- **填充色**：用于设置填充的颜色。可以从预设中选择合适的颜色，也可以自行定义。
- **轮廓选项**：用于设置轮廓属性。
- **轮廓线宽度**：用于设置轮廓线的宽度。
- **轮廓色**：用于设置轮廓颜色。

单击工具箱中的“智能填充工具”按钮，在其属性栏中分别设置“填充选项”和“轮廓选项”，然后选择图形中想要填充的区域，单击即可进行填充，如图6-168所示。

图6—168

6.6 编辑对象轮廓线

使用基本绘图工具绘制好线条与图形对象后，可以对轮廓线的宽度、样式、箭头以及颜色等属性进行设置，从而制作出更加丰富的画面效果，如图6-169所示。

图6—169

6.6.1 改变轮廓线的颜色

默认情况下，在CorelDRAW中绘制的几何图形的轮廓线通常都是没有填充的黑色轮廓线。用户可以根据实际需要，通过泊坞窗、调色板和轮廓笔3种方式改变轮廓线的颜色。

理论实践——使用泊坞窗改变轮廓线的颜色

选择对象，执行“窗口>泊坞窗>颜色”命令，在弹出的“颜色”泊坞窗中更改颜色，然后单击“轮廓”按钮，即可对轮廓进行颜色填充，如图6-170所示。

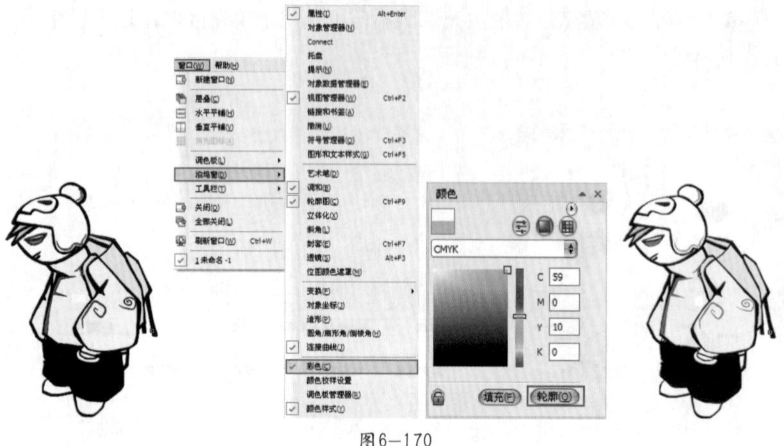

图6－170

技巧提示

在“颜色”泊坞窗中分别单击“显示颜色滑块”、“显示颜色查看器”和“显示调色板”按钮，可以更快捷、系统地设置颜色，如图6－171所示。

图6－171

理论实践——使用调色板改变轮廓线的颜色

单击工具箱中的“螺纹工具”按钮，在工作区内绘制一个螺纹图形，然后使用鼠标右键单击调色板中的橙色，即可看到当前图形的轮廓色发生了变化，如图6-172所示。

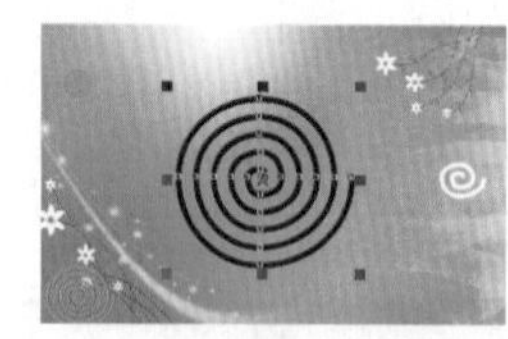

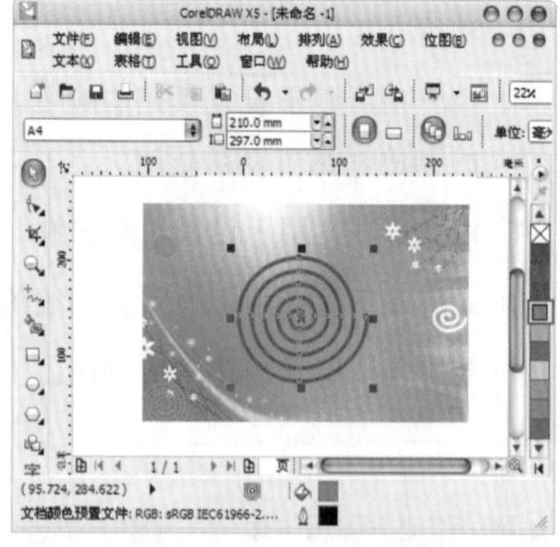

图6－172

理论实践——使用轮廓笔改变轮廓线的颜色

单击工具箱中的“轮廓笔工具”按钮，在弹出的下拉列表中单击“轮廓笔”按钮，或按F12键，在弹出的“轮廓笔”对话框中打开“颜色”下拉列表框，从中选择填充颜色，然后单击“确定”按钮结束操作，如图6-173所示。

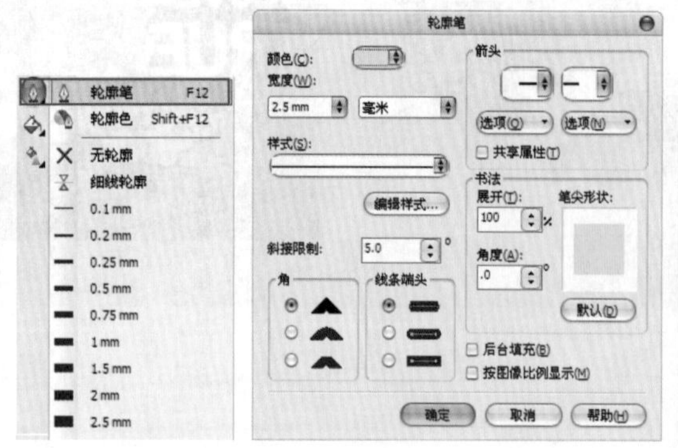

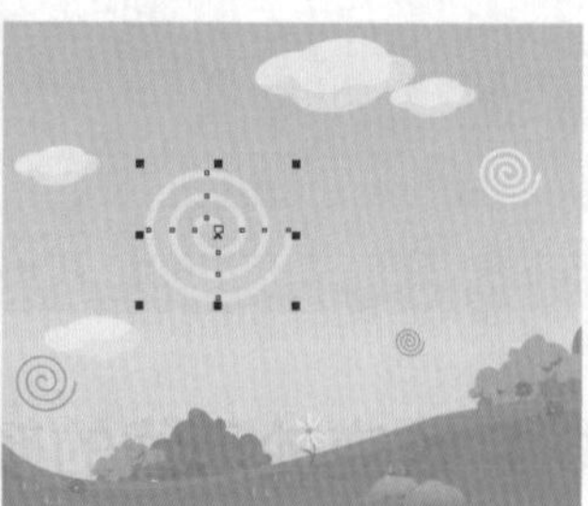

图6－173

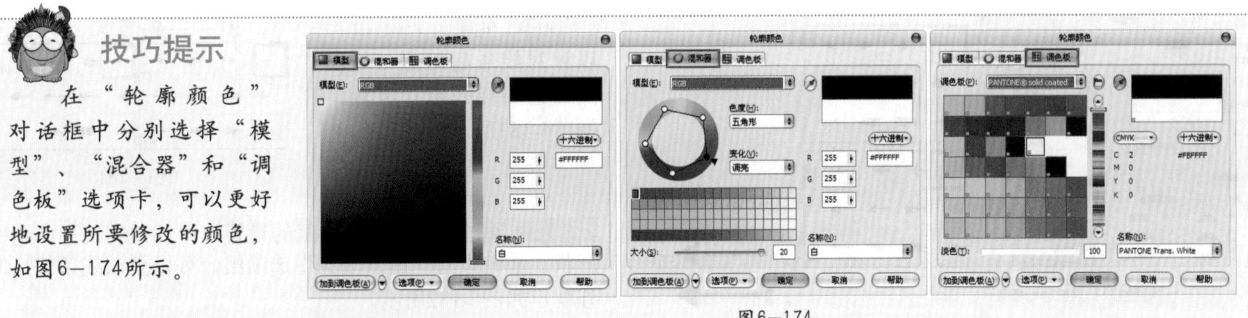

技巧提示

在“轮廓颜色”对话框中分别选择“模型”、“混合器”和“调色板”选项卡，可以更好地设置所要修改的颜色，如图6-174所示。

图6-174

6.6.2 改变轮廓线的宽度

步骤01 单击工具箱中的“轮廓笔工具”按钮并稍作停留，在弹出的下拉列表中单击“轮廓笔”按钮，或按F12键，在弹出的“轮廓笔”对话框中打开“宽度”下拉列表框，从中即可对轮廓的粗细进行设置，最后单击“确定”按钮结束操作，如图6-175所示。

步骤02 单击工具箱中的“轮廓笔工具”按钮并稍作停留，在弹出的下拉列表中可以快捷地设定轮廓线的宽度，如图6-176所示。

步骤03 选择图形，在属性栏中单击“轮廓宽度”按钮，在数值框中输入数值，也可更改轮廓宽度，如图6-177所示。

图6-175　　图6-176　　图6-177

6.6.3 改变轮廓线的样式

更改应用的样式后，轮廓即会发生相应的变化。

步骤01 单击工具箱中的“轮廓笔工具”按钮并稍作停留，在弹出的下拉列表中单击“轮廓笔”按钮，或按F12键，在弹出的“轮廓笔”对话框中打开“样式”下拉列表框，从中可以选择轮廓的样式，如图6-178所示。

步骤02 在“轮廓笔”对话框中单击按钮编辑样式...，在弹出的“编辑线条样式”对话框中拖动滑块，自定义一种虚线样式，然后单击“添加”按钮，即可添加一种样式，如图6-179所示。返回“轮廓笔”对话框后，单击“确定”按钮结束操作。

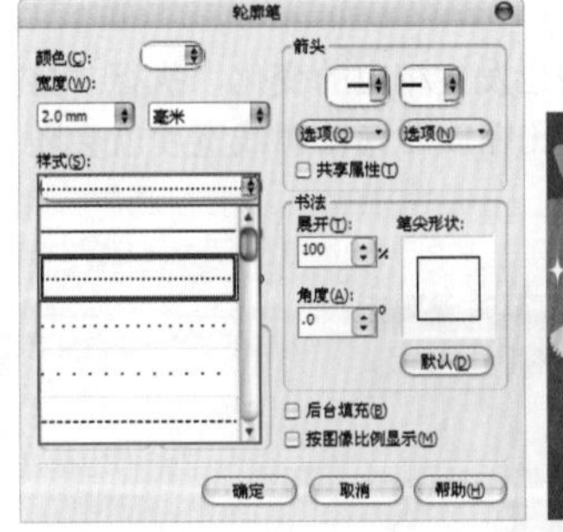

图6-178

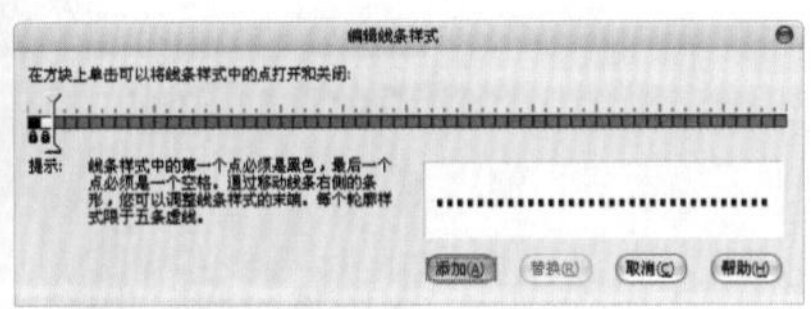

图6-179

步骤03 在“轮廓笔”对话框中，还可以对轮廓线箭头进行设置。在“箭头”选项组中，可以分别设置线条起始点与结束点的箭头样式，如图6-180所示。

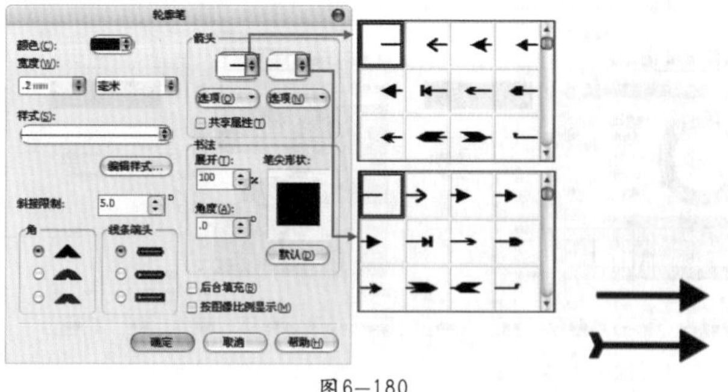

图6－180

步骤04 在属性栏中也可以针对线条起始点与结束点的箭头样式进行设置，如图6-181所示。

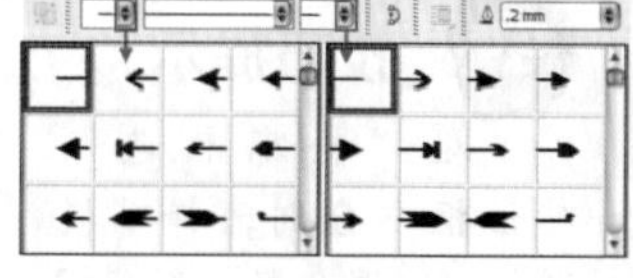

图6－181

步骤05 通过对“角”选项组的设置，可以控制线条中角的形状；通过设置“线条端头”选项组，可以更改线条终点的外观，如图6-182所示。

步骤06 在“书法”选项组中可以通过“展开”、“角度”的设置以及“笔尖形状”的选择模拟曲线的书法效果，如图6-183所示。

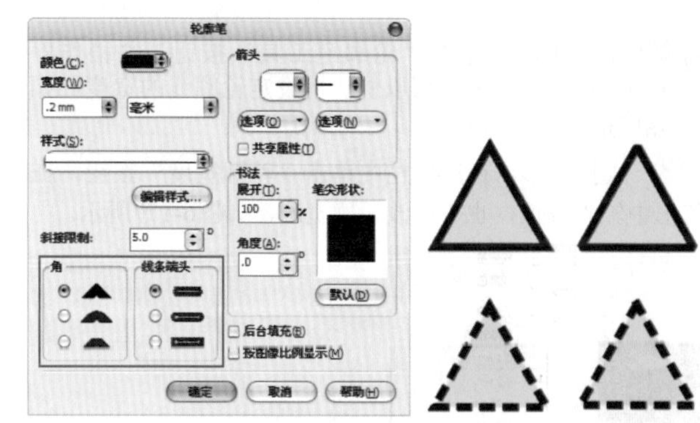

图6－182

图6－183

6.6.4 清除轮廓线

当绘制的对象不需要轮廓线时，可以单击工具箱中的“轮廓笔工具”按钮并稍作停留，在弹出的下拉列表中单击“无轮廓”按钮×，即可将图案的轮廓移除，如图6-184所示。

技巧提示

将轮廓线宽度设置为0，或者在调色板中右击☒按钮，也可以清除轮廓线。

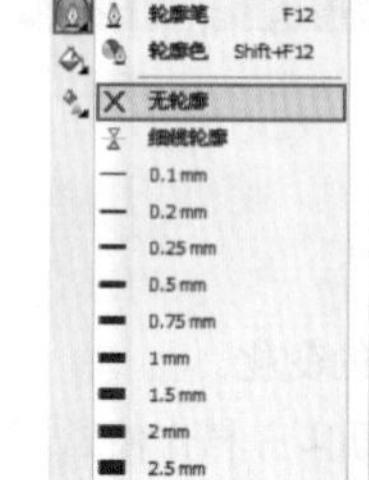

图6－184

6.6.5 将轮廓转换为对象

将一个包含轮廓线的对象进行缩放时，其轮廓线宽度不会产生任何变化。如果想让轮廓线也发生相应的变化，执行“排列>将轮廓转换为对象”命令，或按Ctrl+Shift+Q键，将轮廓转换为对象，此时将轮廓图进行等比缩放后其轮廓线宽度就会随之变化，如图6-185所示。

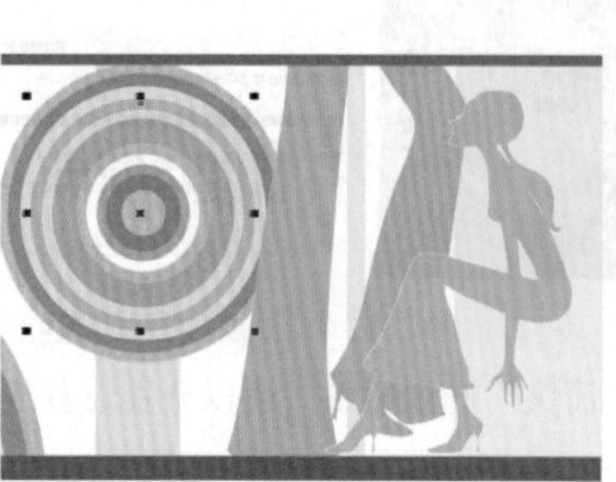

图6－185

编辑与应用图形样式

样式就是一套格式属性。如果几个对象必须应用同一格式，使用样式可以节省大量时间。将样式应用于对象时，样式的所有属性就将一次性全部应用于该对象。图形样式包括填充设置和轮廓设置，可应用于诸如矩形、椭圆形和曲线等图形对象。在如图6-186所示作品中，便应用了图形样式。

图6—186

6.7.1 创建图形样式

使用绘图工具在工作区内绘制一个图形，设置好填充、轮廓等属性后，右击该对象，在弹出的快捷菜单中执行“样式>保存样式属性”命令，在弹出的“保存样式为”对话框中选中要保存的属性，在“名称”文本框中输入样式名称“圆圈”，然后单击“确定”按钮，如图6-187所示。

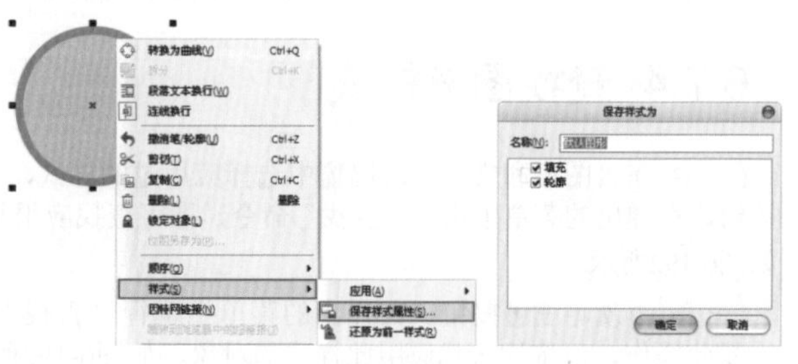

图6—187

6.7.2 应用图形样式

步骤01 单击工具箱中的“多边形工具”按钮，在工作区内绘制一个多边形，如图6-188所示。

步骤02 单击鼠标右键，在弹出的快捷菜单中执行“样式>应用>圆圈”命令，即可将之前保存的“圆圈”样式应用在新绘制的图形上，如图6-189所示。

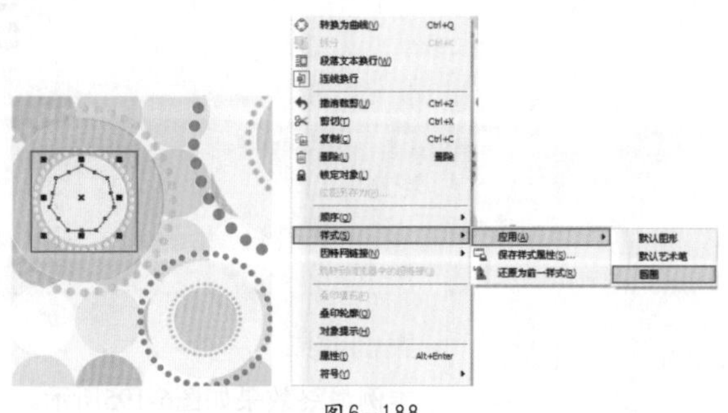

图6—188

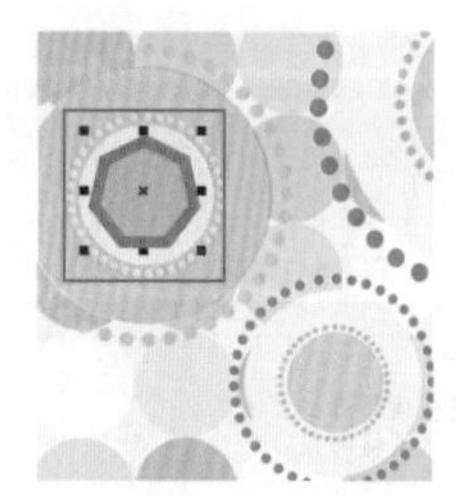

图6—189

技巧提示

选择图形对象，执行“窗口>泊坞窗>图形和文本样式”命令，或按Ctrl+F5键，在弹出的“图形和文本”泊坞窗中选择图形或文本样式，单击鼠标右键，在弹出的快捷菜单中执行“启用样式”命令，即可将此样式应用于所选对象上，如图6-190所示。

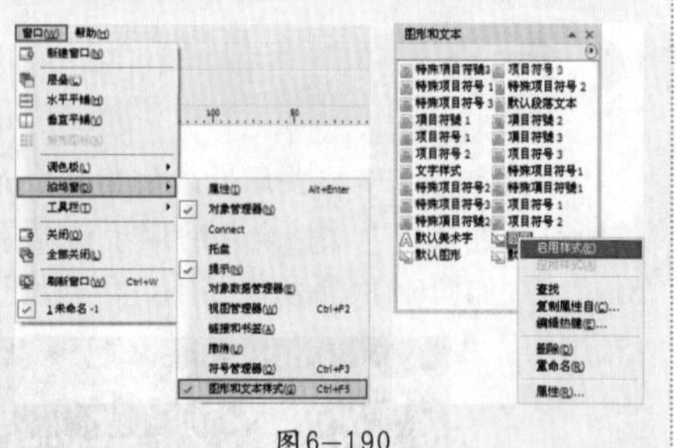

图6-190

6.7.3 编辑图形样式

保存后的图形样式也可以再次进行编辑。执行“窗口>泊坞窗>图形和文本样式”命令，打开“图形和文本”泊坞窗；从中选择要编辑的样式，单击鼠标右键，在弹出的快捷菜单中执行“属性”命令；在弹出的“选项”对话框中进行相应的调整，然后单击“确定”按钮，如图6-191所示。

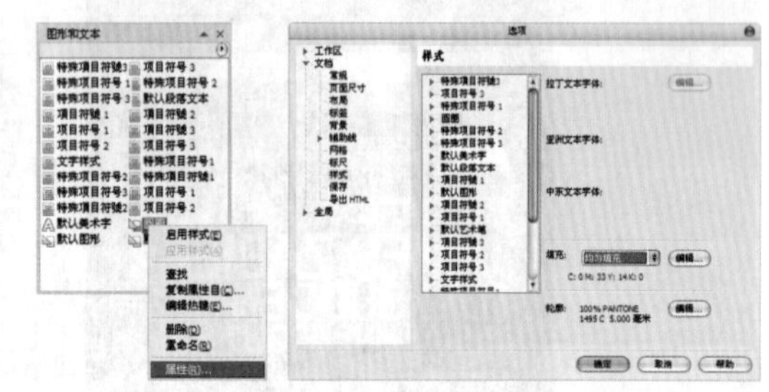

图6-191

技巧提示

编辑后的样式以相同的名称保存时，应用过此样式的对象也将随之改变；如果不想让其随之改变，可在保存编辑后的样式时进行重命名。

6.7.4 查找图形样式

步骤01 在“图形和文本”泊坞窗中选择应用过的样式，单击右上角的▶按钮，在弹出的菜单中执行“查找”命令，即可查找应用此样式的对象，如图6-192所示。

步骤02 再次单击▶按钮，在弹出的菜单中执行“查找下一个”命令；重复此操作，可依次查找应用此样式的对象，如图6-193所示。

图6-192　　图6-193

6.7.5 删除图形样式

如果要删除多余的图形样式，在“图形和文本”泊坞窗中选择要删除的样式，然后单击右上角的▶按钮，在弹出的菜单中执行“删除”命令，即可将其删除，如图6-194所示。

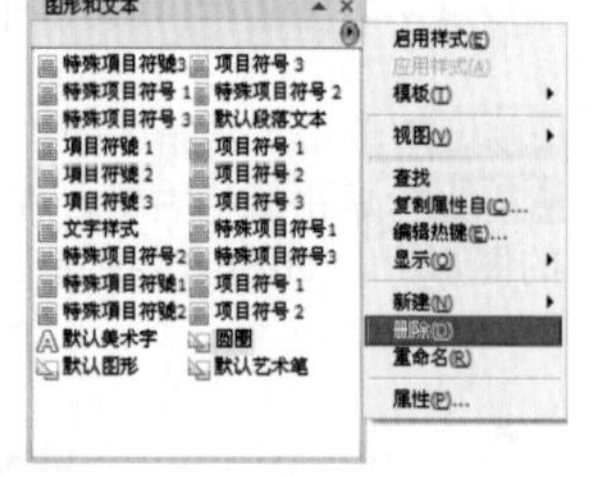

图6-194

实例练习——现代风格海报

案例文件	实例练习——现代风格海报.psd
视频教学	实例练习——现代风格海报.flv
难易指数	★★★★★
技术要点	填充工具、轮廓笔、钢笔工具、文本工具

案例效果

本例最终效果如图6-195所示。

图6—195

操作步骤

步骤01 执行“文件>新建”命令，在弹出的“创建新文档”对话框中设置“大小”为A4，“原色模式”为CMYK，“渲染分辨率”为300，如图6-196所示。

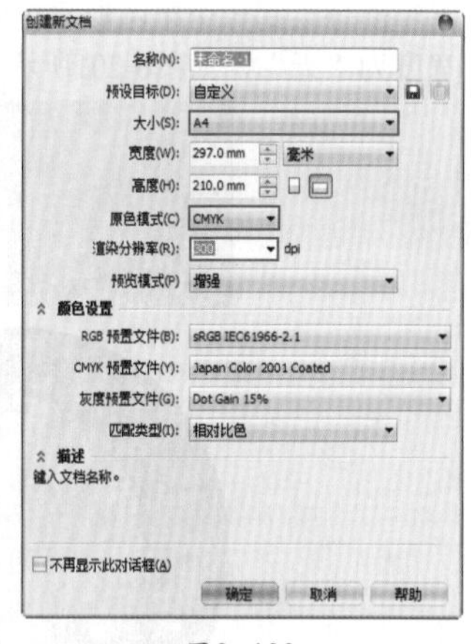

图6—196

步骤02 单击工具箱中的“椭圆形工具”按钮，按住Ctrl键绘制一个合适大小的正圆。单击工具箱中的“填充工具”按钮并稍作停留，在弹出的下拉列表中单击“均匀填充”按钮，在弹出的“均匀填充”对话框中设置填充颜色为紫红色；再设置轮廓线宽度为“无”，如图6-197所示。

步骤03 再次使用椭圆形工具绘制一个小一点儿的正圆，设置填充颜色为橙色，轮廓线宽度为“无”，如图6-198所示。

图6—197

图6—198

步骤04 继续绘制一个小一点儿的正圆；在工具箱中单击填充工具组中的“渐变填充”按钮，在弹出的“渐变填充”对话框中设置“类型”为“线性”，在“颜色调和”选项组中选中“双色”单选按钮，设置颜色为从粉色到紫色，单击“确定”按钮；再设置轮廓线宽度为“无”，如图6-199所示。

步骤05 继续绘制正圆；然后在工具箱中单击填充工具组中的“渐变填充”按钮，在弹出的“渐变填充”对话框中设置“类型”为“线性”，在“颜色调和”选项组中选中“双色”单选按钮，设置颜色为从浅绿色到深绿色，单击“确定”按钮；再设置轮廓线宽度为“无”，如图6-200所示。

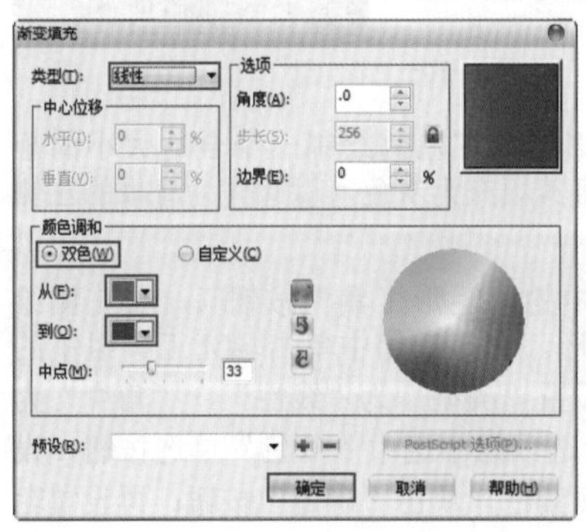

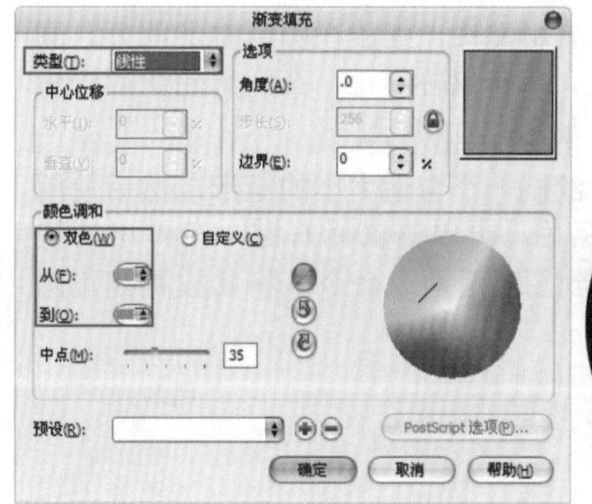

图6—199

图6—200

第6章 填充与轮廓线

步骤06 单击工具箱中的“钢笔工具”按钮，在绿色圆形下半部分绘制一个半圆形，并将其填充为黄色，设置轮廓线宽度为“无”，如图6-201所示。

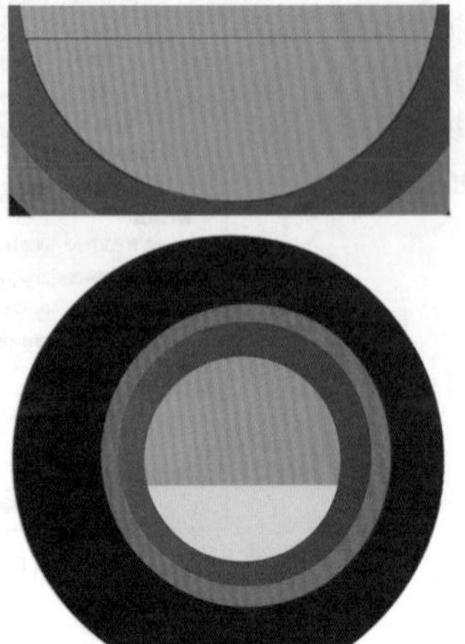

图6-201

技巧提示

半圆形也可以这样制作：复制绿色渐变的正圆，将其填充为黄色；单击工具箱中的“矩形工具”按钮，绘制一个合适大小的矩形，按住Shift键，将矩形和黄色正圆同时选中；单击属性栏中的“修剪”按钮，单击选中矩形，按Delete键将其删除，如图6-202所示。

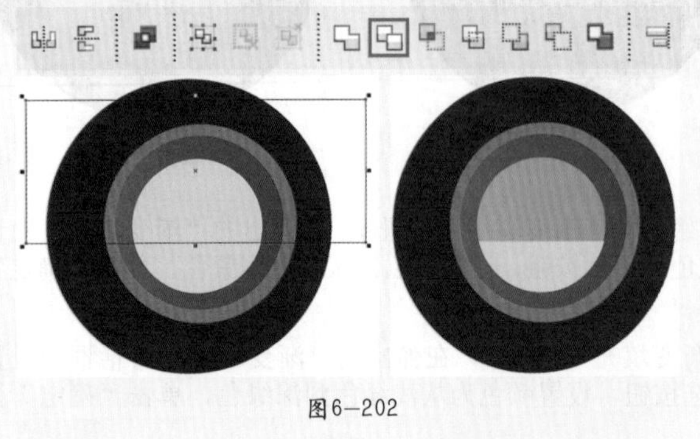

图6-202

步骤07 导入卡通少女素材文件，摆放在圆形右半部分。同时选中人物及圆形背景，单击鼠标右键，在弹出的快捷菜单中执行“群组”命令，如图6-203所示。

步骤08 使用矩形工具绘制一个合适大小的矩形，然后使用填充工具将其填充为黑色，再单击鼠标右键，在弹出的快捷菜单中执行“顺序>到图层后面”命令，将其放置在正圆后，如图6-204所示。

图6-203

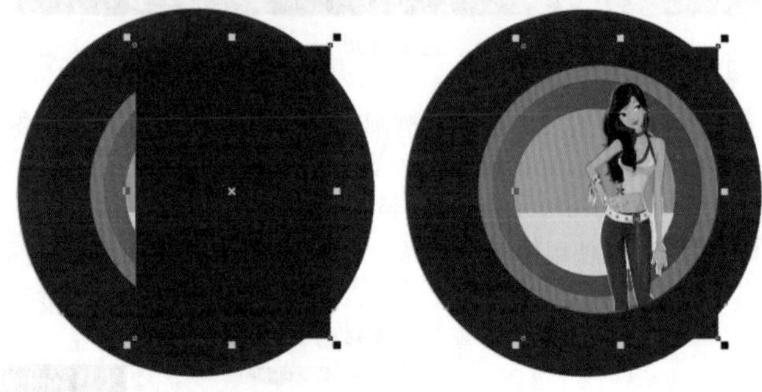

图6-204

步骤09 选择“少女和圆形”的群组，执行“效果>图框精确剪裁>放置在容器中”命令，当光标变为黑色箭头形状时单击黑色矩形，矩形以外的区域被隐藏，如图6-205所示。

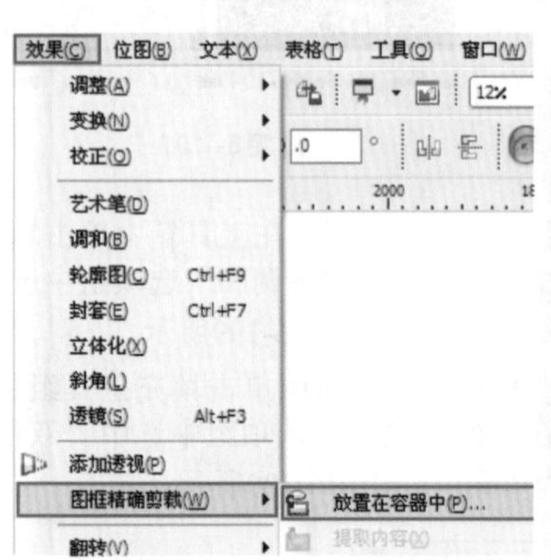

图6-205

步骤10 再次使用矩形工具在左侧绘制一个合适大小的矩形，然后通过调色板将其填充为灰色，以此作为海报的左侧页面，如图6-206所示。

步骤11 单击工具箱中的“矩形工具”按钮，在左侧绘制一个合适大小的矩形。在工具箱中单击填充工具组中的“渐变填充”按钮，设置“类型”为“线性”，“角度”为129，在“颜色调和”选项组中选中“双色”单选按钮，设置颜色为从浅紫色到深紫色，单击“确定”按钮；再设置轮廓线宽度为“无”，如图6-207所示。

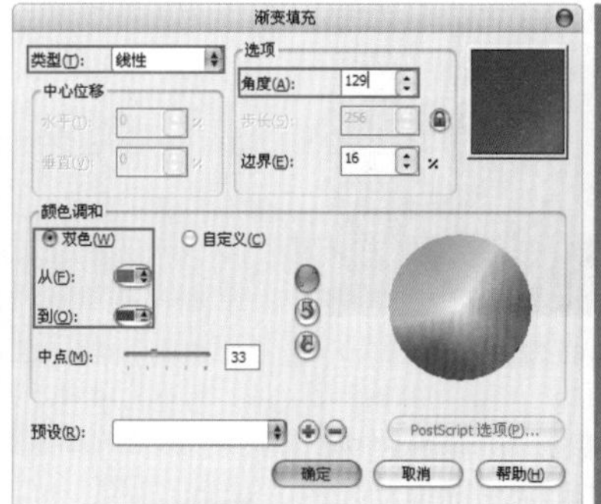

图6—206

图6—207

步骤12 双击并将其旋转至合适角度，然后以同样方法制作其他两个不同色彩的矩形，调整为合适的位置及大小，如图6-208所示。

步骤13 选择紫色渐变矩形，单击工具箱中的“形状工具”按钮，然后单击鼠标右键，在弹出的快捷菜单中执行节点的相关命令。通过对节点的进一步调整，将矩形与右侧页面上同色的圆形进行连接。以同样方法制作出其他颜色的连接，如图6-209所示。

图6—208

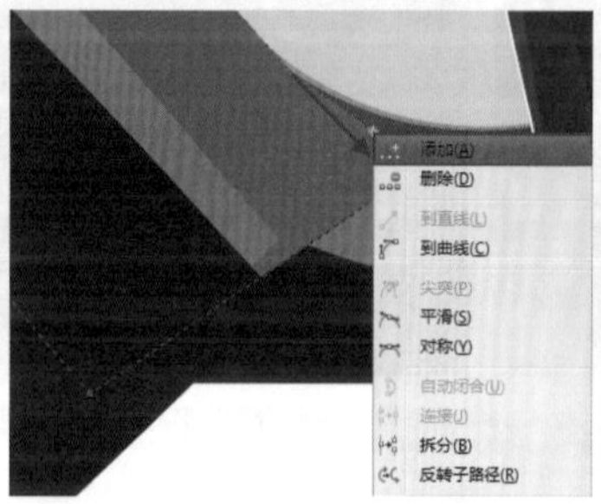

图6—209

步骤14 单击工具箱中的“矩形工具”按钮，在页面底部绘制一个合适大小的矩形；按住Shift键加选矩形框和彩色矩形，然后单击属性栏中的“修剪”按钮，单击选中矩形框，按Delete键将其删除，多余部分即被去除了，如图6-210所示。

步骤15 使用钢笔工具在棕色矩形左上角绘制云朵轮廓，然后单击工具箱中的“形状工具”按钮，对节点进行更细致的调整，如图6-211所示。

图6—210

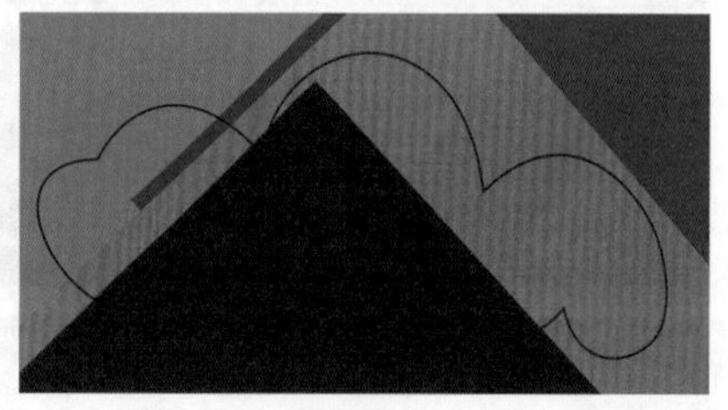

图6—211

步骤16 单击调色板中的黄色，为绘制出来的云朵图形填充黄色，然后设置轮廓线宽度为“无”，如图6-212所示。

步骤17 通过Ctrl+C键和Ctrl+V键，复制并粘贴出多个云朵图形；然后通过调色板为云朵分别填充不同的颜色，并调整为合适的位置及大小，如图6-213所示。

图6-212　　图6-213

步骤18 单击工具箱中的“星形工具”按钮，在属性栏中设置“点数或边数”为5，在云朵右侧按住鼠标左键拖动，绘制一个五角星，如图6-214所示。

步骤19 通过调色板为五角星填充深一点的紫色，设置轮廓线宽度为“无”，如图6-215所示。

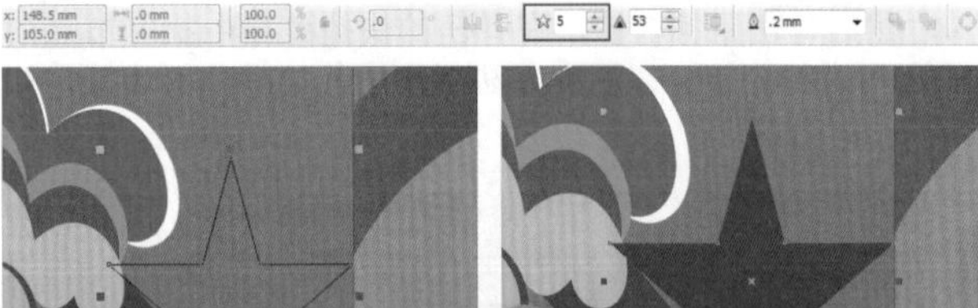

图6-214

图6-215

步骤20 复制多个五角星，并将其填充为不同颜色，调整为合适的大小及位置，起到装饰的作用，如图6-216所示。

步骤21 选择绘制的所有五角星，单击鼠标右键，在弹出的快捷菜单中执行“群组”命令；按Ctrl+C键复制，再按Ctrl+V键粘贴，复制出另一组五角星并群组；将复制出的五角星群组旋转合适的角度，移动到右侧页面的人物附近，如图6-217所示。

图6-216

图6-217

步骤22 使用钢笔工具绘制花纹图案轮廓，并将其填充为灰色，设置轮廓线宽度为“无”，如图6-218所示。

图6-218

步骤23 将花纹放在左侧页面的右下角处，调整为合适的位置及大小；单击工具箱中的“矩形工具”按钮，绘制一个合适大小的矩形；单击选中花纹，执行“效果>图框精确剪裁>放置在容器中”命令，将花纹置入图框中；最后设置矩形轮廓线宽度为“无”，如图6-219所示。

图6-219

步骤24 使用矩形工具在右侧页面中间位置绘制一个合适大小的黑色矩形；然后单击CorelDRAW工作界面右下角的“轮廓笔”按钮，在弹出的“轮廓笔”对话框中设置“颜色”为灰色，“宽度”为5mm；接着利用形状工具对节点进行操作，将其调整为一定弧度，如图6-220所示。

步骤25 选择黑色图形，执行“窗口>泊坞窗>透镜”命令，或按Alt+F3键，在弹出的“透镜”面板中设置“类型”为“透明度”，“比率”为10%，如图6-221所示。

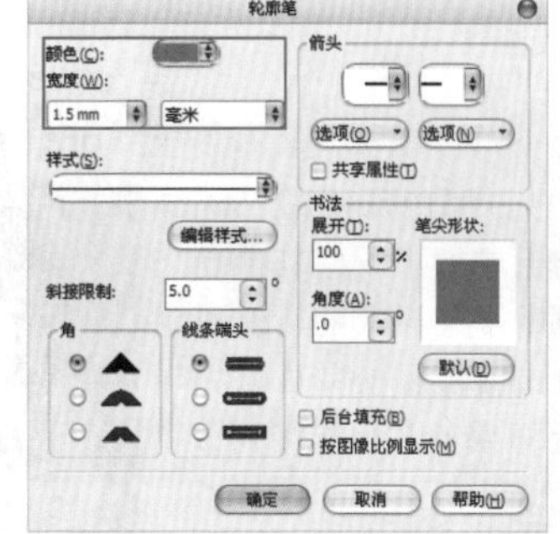

图6-220

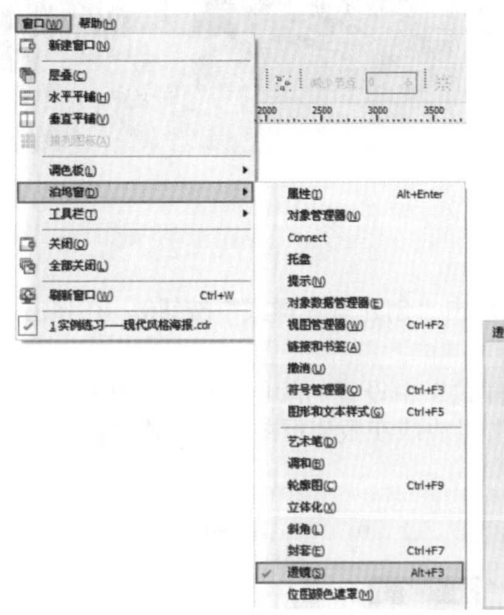

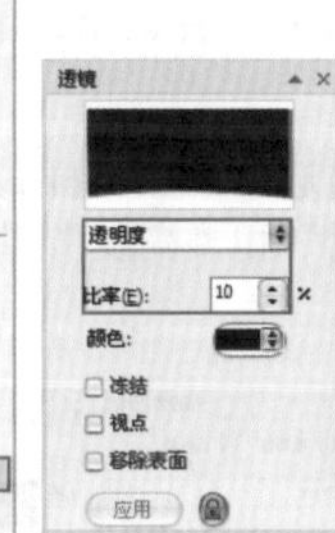

图6-221

步骤26 单击工具箱中的“文本工具”按钮字，在黑色矩形上输入文字，并调整为合适的字体及大小，将颜色分别设置为粉色和黄色；使用矩形工具在文字右侧绘制几个合适大小的彩色矩形，如图6-222所示。

步骤27 单击工具箱中的“文本工具”按钮字，在文字下方按住鼠标左键拖动，创建一个文本框；然后在其中输入文字，调整为合适的字体及大小，设置文字颜色为白色，如图6-223所示。

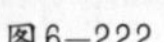

图6-222

图6-223

技巧提示

如果要在画面中添加大段的文本，最好使用段落文本，段落文本中包含很多用于格式编排的设置。

步骤28 用同样的方法，在页面左侧输入相关文字，最终效果如图6-224所示。

图6-224

6.8 颜色样式

颜色样式是图形样式的一种特殊用法，因为它在普通图形样式的基础上增加了一些其他功能。如果要改变图形中已应用了某样式的所有对象的颜色，只要编辑颜色样式即可轻松完成，如图6-225所示。它可以创建两种或者多种连接到一起形成“父与子”关系的类似纯色系列，其中子颜色代表父颜色的变化阴影。

图6-225

6.8.1 创建颜色样式

步骤01 执行“工具>颜色样式”命令，在弹出的“颜色样式”对话框中单击“创建颜色样式”按钮，在弹出的“新建颜色样式”面板中选择一种颜色，如图6-226所示。

步骤02 单击“确定”按钮，返回“颜色样式”面板。单击选中“颜色样式”中设置的颜色，单击“新建子颜色”按钮，在弹出的“创建新的子颜色”对话框中，通过拖动“饱和度”和“亮度”滑块或在数值框中输入数值来改变“父”的颜色，从而创建“子”颜色，如图6-227所示。

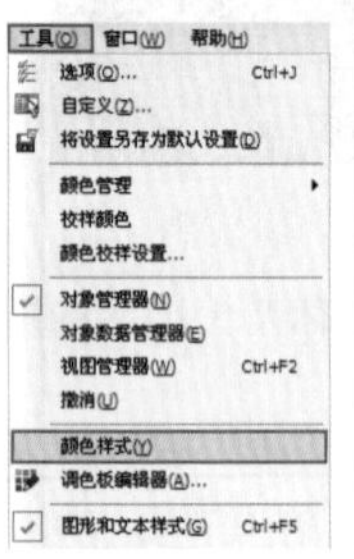

图6-226

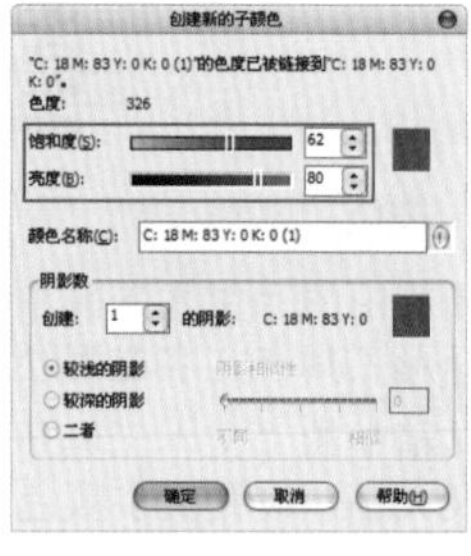

图6-227

> **技巧提示**
>
> 在“颜色名称”文本框中显示了新建“子”颜色的精确参数值，也可以在该文本框中为“子”颜色输入新的名称。

步骤03 在“阴影数”选项组的“创建”数值框中输入所需“子”颜色的数值；分别选中“较浅的阴影”、“较深的阴影”和“二者”单选按钮，可以分别创建比“父”颜色深的颜色、比“父”颜色浅的颜色以及等量的浅色和深色；拖动“阴影相似性”滑块，可以设置子颜色与父颜色的色阶变化相近程度，如图6-228所示。

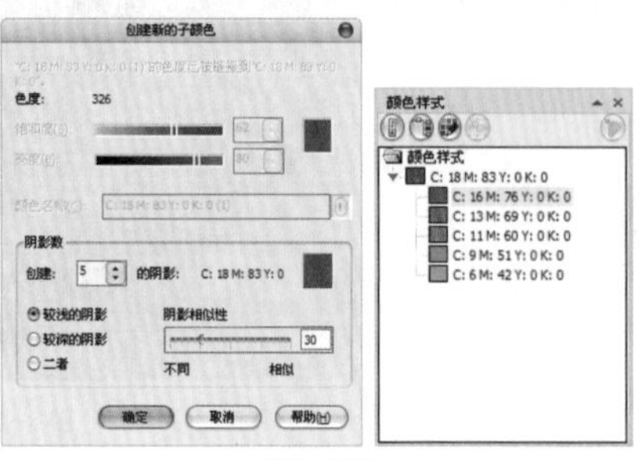

图6-228

> **技巧提示**
>
> 执行“窗口>泊坞窗>颜色样式”命令，也可以打开“颜色样式”面板，如图6-229所示。

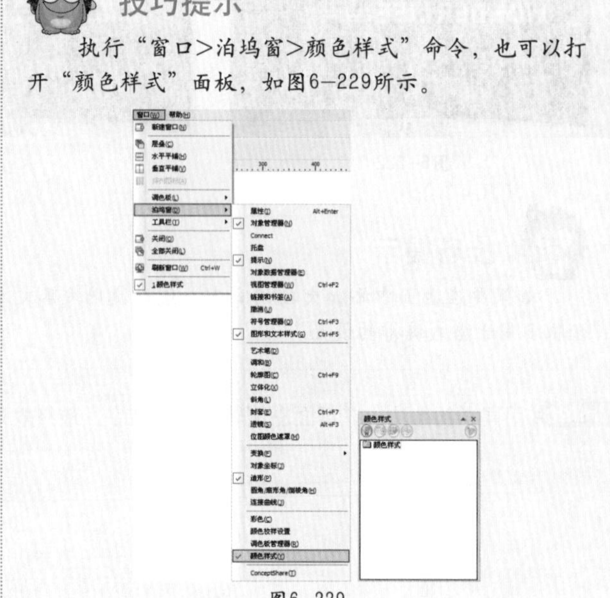

图6-229

6.8.2 编辑颜色样式

在CorelDRAW中可以对已创建的颜色样式进行颜色、重命名、排序等编辑。

步骤01 在“颜色样式”面板中选择要编辑的颜色样式，单击“编辑颜色样式”按钮，或单击鼠标右键，在弹出的快捷菜单中执行“编辑颜色”命令，在弹出的“编辑颜色样式”对话框中进行相应的调整，然后单击“确定”按钮，即可完成颜色的编辑，如图6-230所示。

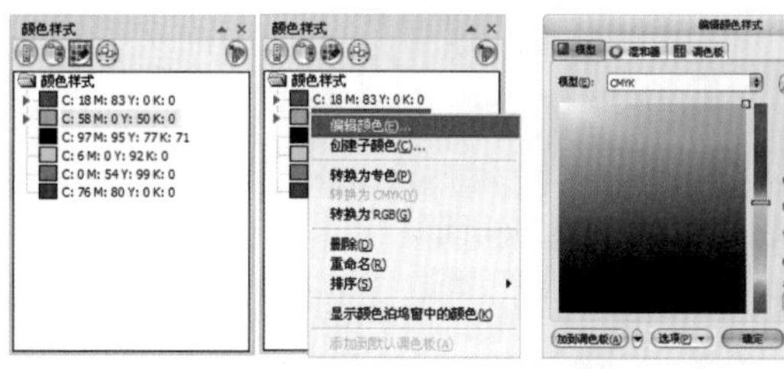

图6－230

技巧提示

（1）通过对“父”颜色的改变，其相连接的“子”颜色及画面中应用该颜色的对象也将随之改变，如图6-231所示。

（2）单击其中任一“子”颜色，然后单击“编辑颜色样式”按钮，在弹出的“编辑子颜色”对话框中拖动“饱和度”和“亮度”滑块进行调整，最后单击“确定”按钮结束编辑，如图6-232所示。

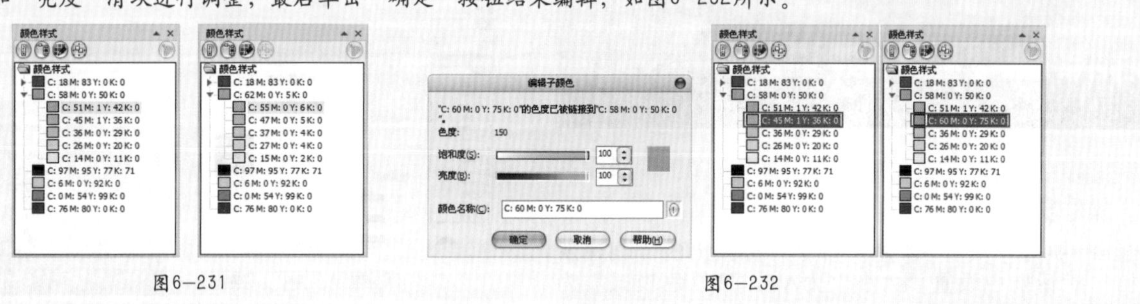

图6－231

图6－232

步骤02 在颜色名称上右击，执行“重命名”命令，在名称框内输入名称，或在颜色名称上双击鼠标，光标变成文字录入形状，输入文字后再次单击，如图6-233所示。

步骤03 在父颜色上右击，在弹出的快捷菜单中执行“排序>按名称”命令，将以颜色名称的字母顺序进行分类，如图6-234所示。

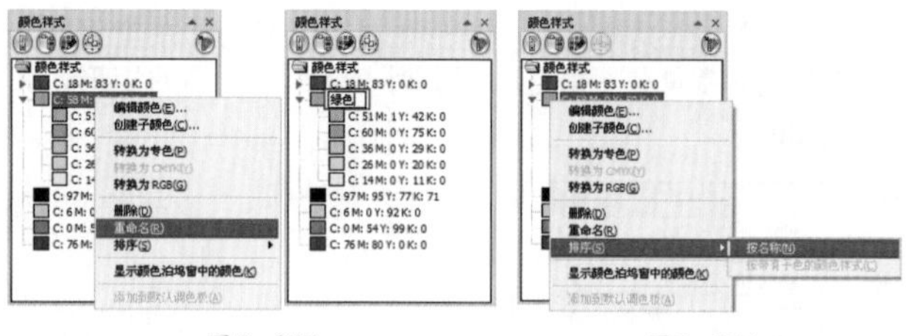

图6－233

图6－234

技巧提示

（1）在“排序”子菜单中执行“按带有子色的颜色样式”命令，可以使所有带子颜色的父颜色移动到颜色样式列表的上端。

（2）对于“子”颜色，可以同样进行重命名及排序操作。

6.8.3 删除颜色样式

在“颜色样式”面板中单击选中要删除的颜色样式，单击鼠标右键，在弹出的快捷菜单中执行“删除”命令，或单击要删除的颜色，按Delete键，即可将其删除。删除“父”颜色后，其“子”颜色及该颜色相对应的图像也将随之删除，如图6-235所示。

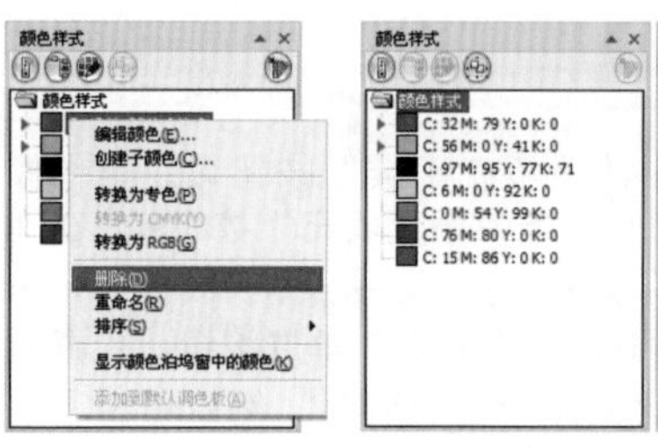

图6－235

综合实例——时尚宣传海报

案例文件	综合实例——时尚宣传海报.cdr
视频教学	综合实例——时尚宣传海报.flv
难易指数	★★★★★
知识掌握	填充工具、轮廓笔、文本工具、透明度工具

案例效果

本例最终效果如图6-236所示。

图6-236

操作步骤

步骤01 执行“文件>新建”命令，在弹出的“创建新文档”对话框中设置“大小”为A4，“原色模式”为CMYK，“渲染分辨率”为300，如图6-237所示。

步骤02 单击工具箱中的“矩形工具”按钮，在工作区内按住鼠标左键向右下角拖动，绘制一个合适大小的矩形，如图6-238所示。

图6-237　图6-238

步骤03 单击工具箱中的“填充工具”按钮并稍作停留，在弹出的下拉列表中单击“渐变填充”按钮，在弹出的“渐变填充”对话框中设置“类型”为“线性”，在“颜色调和”选项组中选中“自定义”单选按钮，设置颜色为从蓝色到浅粉色再到深粉色的渐变，然后单击“确定”按钮，如图6-239所示。

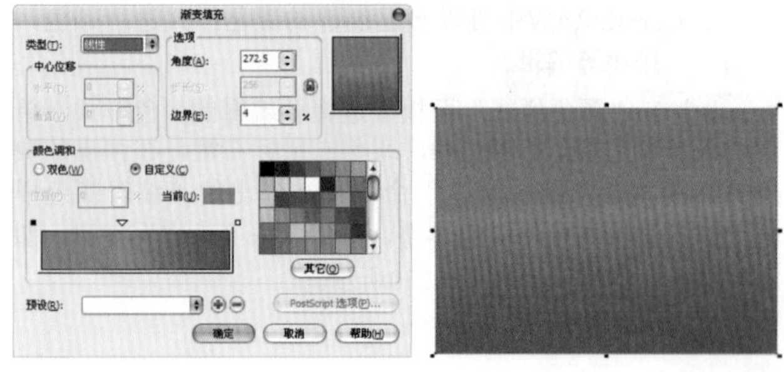

图6-239

步骤04 单击CorelDRAW工作界面右下角的“轮廓笔”按钮，在弹出的“轮廓笔”对话框中设置“宽度”为“无”，单击“确定”按钮，如图6-240所示。

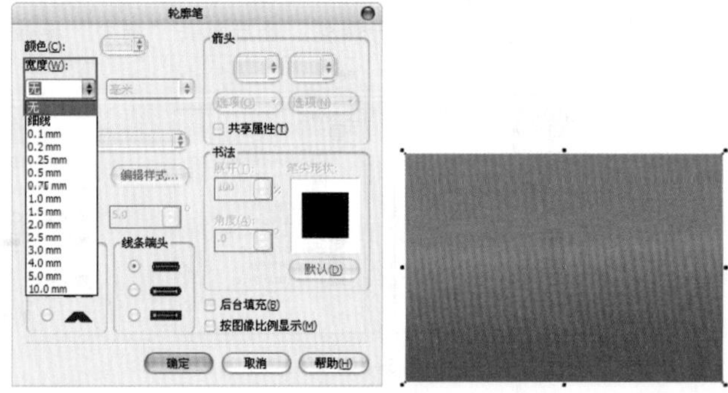

图6-240

步骤05 单击工具箱中的“钢笔工具”按钮，在背景层上绘制一个形状，并将其填充为白色，设置轮廓线宽度为“无”，如图6-241所示。

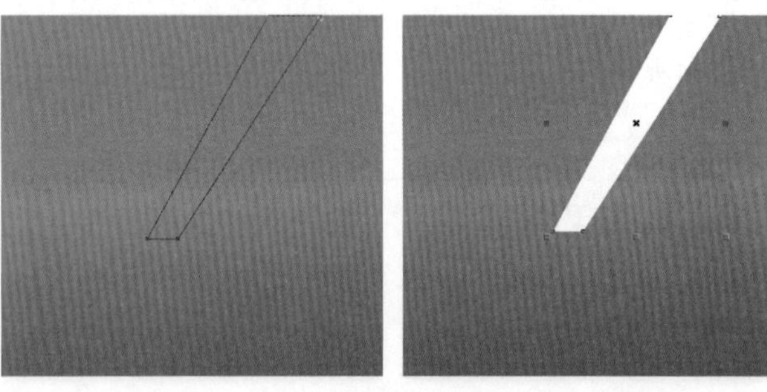

图6-241

步骤06 单击工具箱中的“透明度工具”按钮，在白色矩形上按住鼠标左键拖动，为其添加透明效果；以同样方法制作出其他不同的透明度矩形，并将其依次排列在背景上方，如图6-242所示。

步骤07 单击工具箱中的“椭圆形工具”按钮，按住Ctrl键绘制一个正圆，并将其填充为白色，设置轮廓线宽度为“无”；然后使用透明度工具在正圆上拖曳，为其添加透明效果，如图6-243所示。

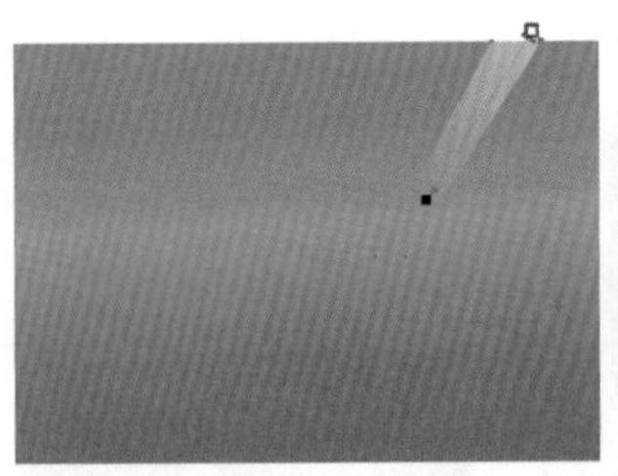

图6-242

图6-243

步骤08 再次绘制一个白色正圆，并设置轮廓线宽度为“无”；然后单击工具箱中的“透明度工具”按钮，在其属性栏中设置“透明度类型”为“辐射”，在正圆上拖曳为其添加辐射型透明效果，如图6-244所示。

步骤09 以同样方法制作出其他不同透明度的白色正圆，并调整为合适的大小及位置，如图6-245所示。

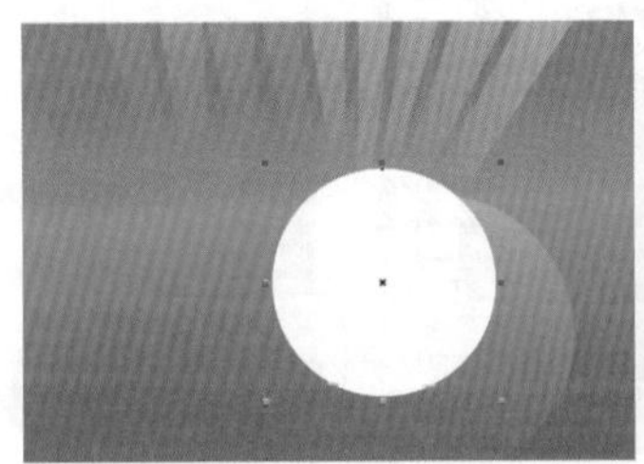
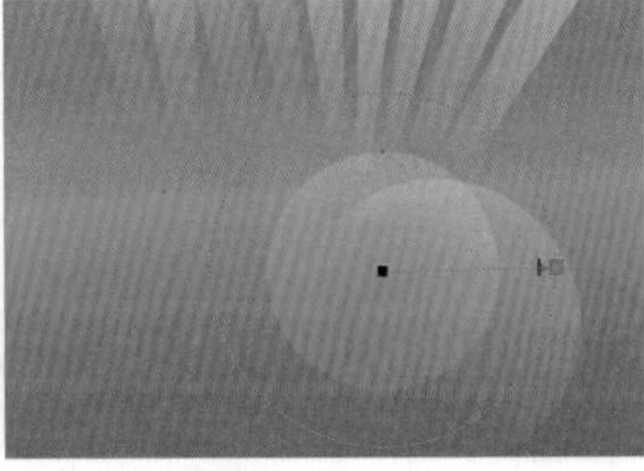

图6-244

图6-245

步骤10 单击工具箱中的“多边形工具”按钮并稍作停留，在弹出的下拉列表中单击“螺纹”按钮，在其属性栏中设置“螺纹回圈”为2，然后在背景右侧按住鼠标左键拖动，制作出螺纹形状；单击CorelDRAW工作界面右下角的“轮廓笔”按钮，在弹出的“轮廓笔”对话框中设置“颜色”为白色，“宽度”为0.25mm，单击“确定”按钮；多次拖曳，绘制出大小不等的螺纹形状，如图6-246所示。

步骤11 导入墨点效果素材，调整为合适的大小及位置；然后使用椭圆形工具绘制一个蓝色正圆；再用透明度工具在蓝色正圆上拖曳，设置“透明度类型”为“辐射”，效果如图6-247所示。

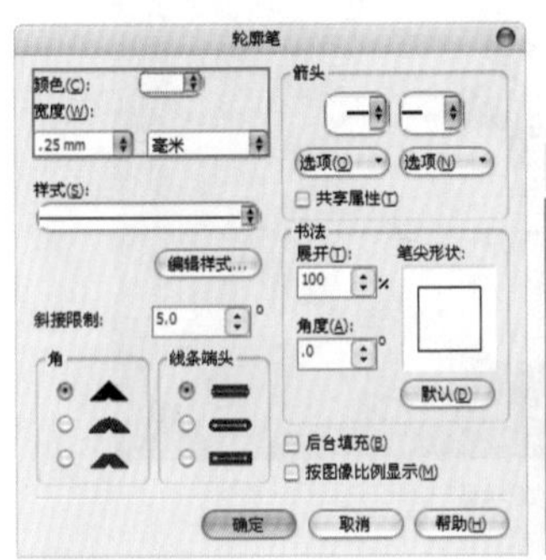

图6-246

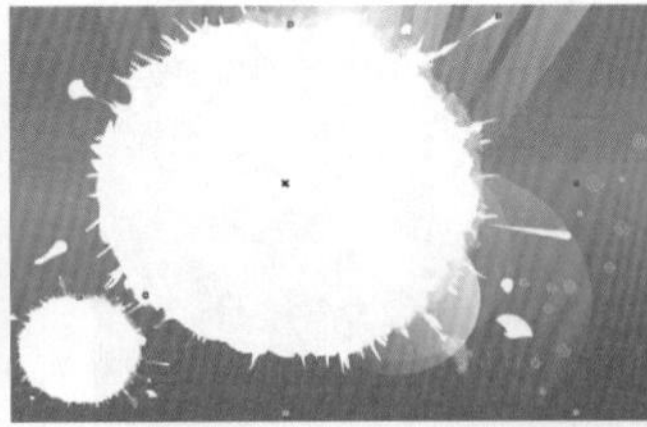
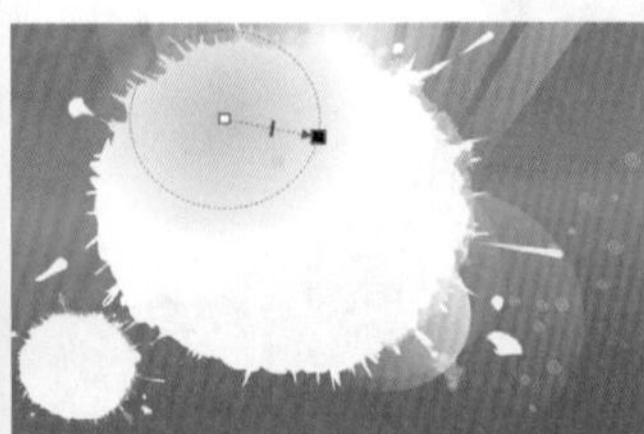

图6-247

步骤12 绘制一个圆环，然后单击CorelDRAW工作界面右下角的“轮廓笔”按钮，在弹出的“轮廓笔”对话框中设置“颜色”为蓝色，“宽度”为10mm，单击“确定”按钮，如图6-248所示。

技巧提示

想要制作圆环，可以先绘制一大一小两个重叠的正圆，并且中心处于同一位置，然后使用选择工具选中两个圆形，单击属性栏中的“移除前面对象”按钮，即可得到圆环。

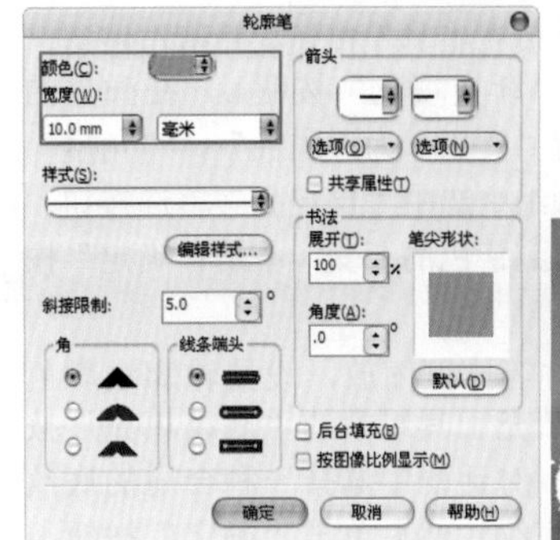

图6-248

步骤13 单击工具箱中的“透明度工具”按钮，在蓝色正圆上拖曳，为其添加透明度效果，如图6-249所示。

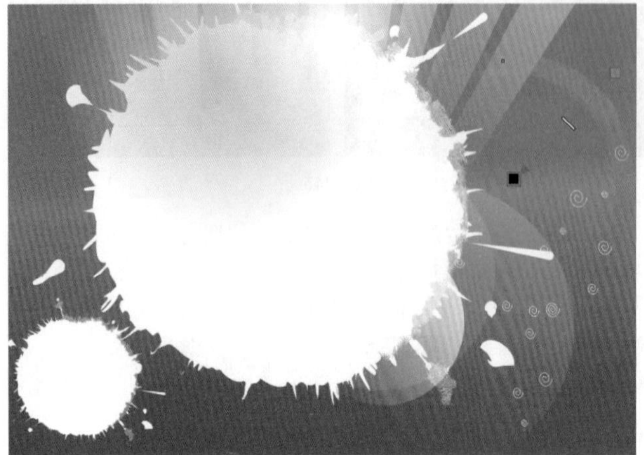

图6—249

步骤14 单击工具箱中的“多边形工具”按钮并稍作停留，在弹出的下拉列表中单击“星形”按钮，在属性栏中设置“点数或边数”为5，然后按Ctrl键绘制一个正五角星，再设置轮廓线颜色为紫色，如图6-250所示。

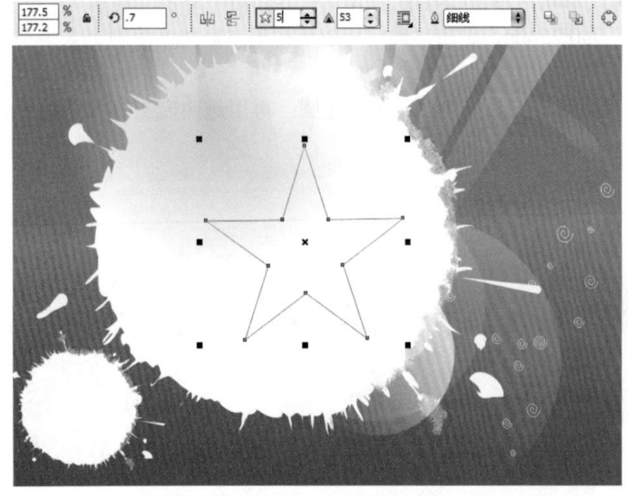

图6—250

步骤15 单击工具箱中的“填充工具”按钮并稍作停留，在弹出的下拉列表中单击“渐变填充”按钮，在弹出的“渐变填充”对话框中设置“类型”为“线性”，“角度”为90，在“颜色调和”选项组中选中“自定义”单选按钮，设置颜色为从紫色到白色再到紫色的渐变，单击“确定”按钮，如图6-251所示。

步骤16 复制一个星星，并等比例缩放，设置轮廓线颜色为紫色。在工具箱中单击填充工具组中的“底纹填充”按钮，在弹出的“底纹填充”对话框中选择一种合适的底纹图案，在此选择偏紫色的底纹，然后单击“确定”按钮，如图6-252所示。

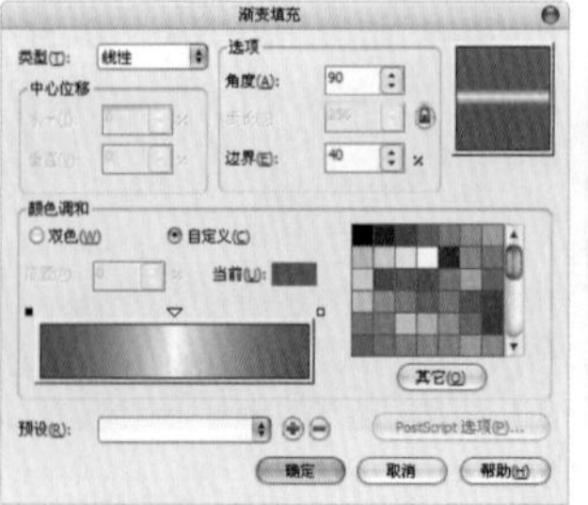

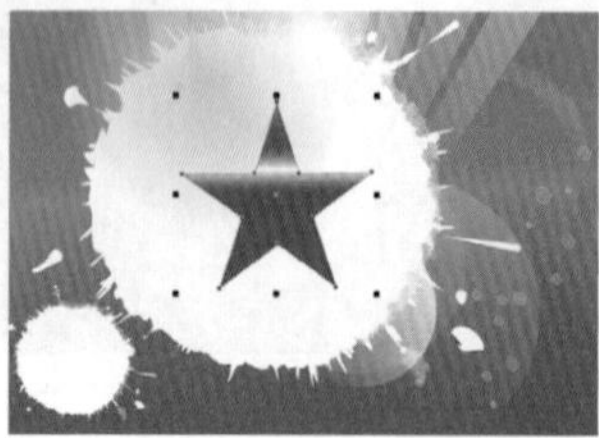

图6—251

图6—252

步骤17 单击工具箱中的“选择工具”按钮，按住Shift键进行加选，将两个星形同时选中；然后双击，在4个角的控制点上按住鼠标左键拖动，将其按一定角度进行旋转，如图6-253所示。

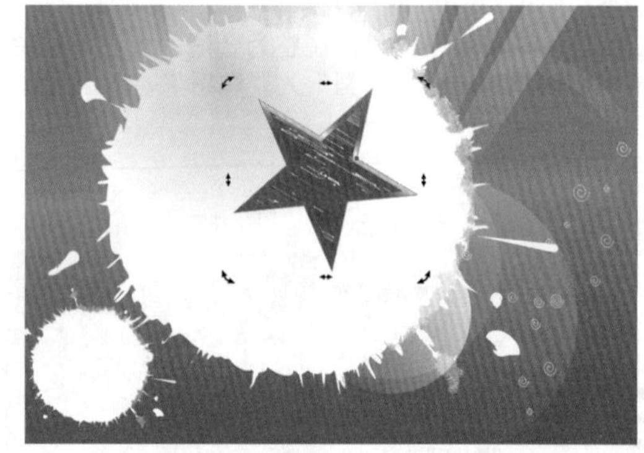

图6—253

步骤18 按Ctrl+C键复制，再按Ctrl+V键粘贴，并调整为合适的大小及位置，如图6-254所示。

图6—254

步骤19 单击工具箱中的“文本工具”按钮字，在画面中单击并输入文字，设置为合适的字体及大小，如图6-255所示。

图6-255

步骤20 执行“排列>拆分美术字”命令，或按Ctrl+K键。单击选中“人”字，单击四角控制点，按住鼠标左键拖动，将其放大，然后适当调整文字间的距离，如图6-256所示。

图6-256

步骤21 通过调色板将文字填充为白色。复制文字，单击CorelDRAW工作界面右下角的“轮廓笔”按钮，在弹出的“轮廓笔”对话框中设置“颜色”为粉色，“宽度”为2.5mm，单击“确定”按钮，如图6-257所示。

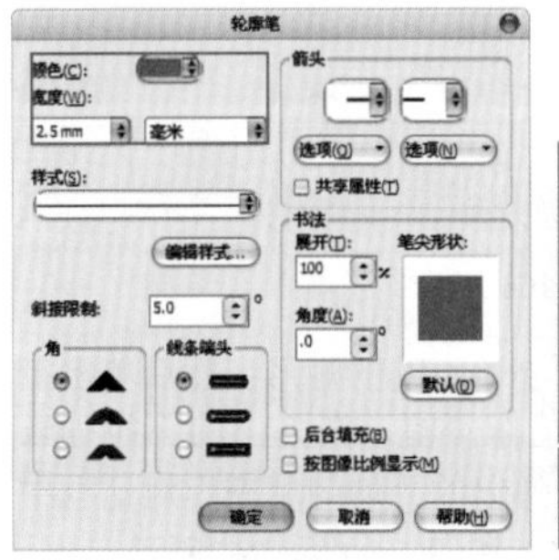

图6-257

步骤22 单击选中粉色文字，单击鼠标右键，在弹出的快捷菜单中执行“顺序>向后一层”命令，或按Ctrl+Page Down键，将其放置在白色文字后一层，如图6-258所示。

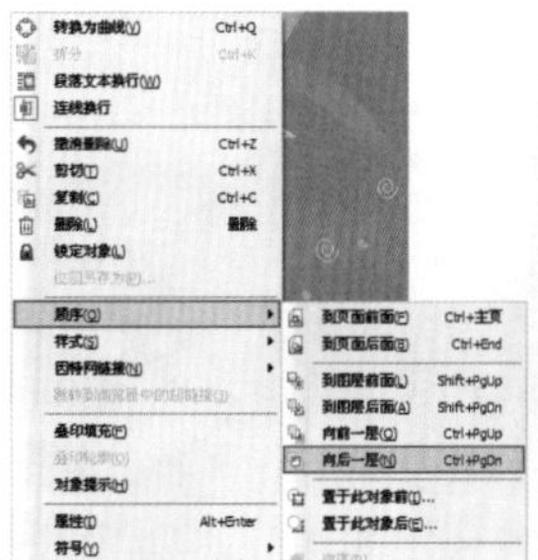

图6-258

步骤23 再次复制文字层，然后单击CorelDRAW工作界面右下角的“轮廓笔”按钮，在弹出的“轮廓笔”对话框中设置“颜色”为浅粉色，“宽度”为6.0mm，单击“确定”按钮；重复执行两次“顺序>向后一层”命令，将其放置在深粉色文字下一层，如图6-259所示。

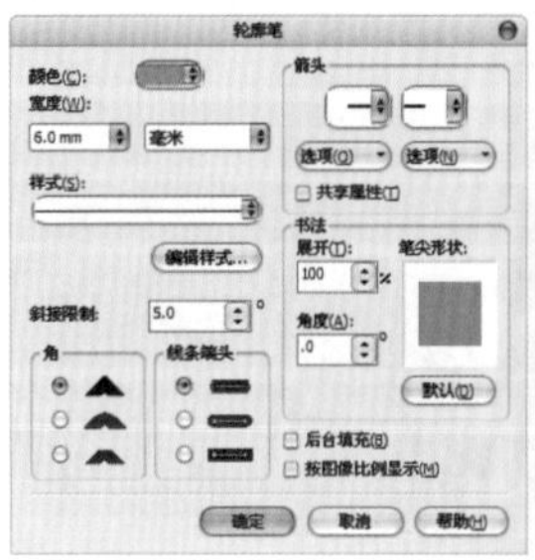

图6-259

步骤24 使用钢笔工具绘制出文字的轮廓，然后单击CorelDRAW工作界面右下角的“轮廓笔”按钮，在弹出的“轮廓笔”对话框中设置“颜色”为粉色，单击“确定”按钮；接着，通过调色板将轮廓图填充为粉色；多次执行“顺序>向后一层”命令，将其放置在浅粉色文字下一层，如图6-260所示。

图6-260

步骤25 单击工具箱中的“选择工具”按钮，按住Shift键进行加选，将所有文字层同时选中；双击后，在4个角的控制点上按住鼠标左键拖动，将其按一定角度进行旋转；以同样方法制作出其他文字，调整大小及位置，如图6-261所示。

步骤26 导入人物剪影素材，调整位置及大小，最终效果如图6-262所示。

图6-261

图6-262

综合实例——时装杂志版式

案例文件	综合实例——时装杂志版式.cdr
视频教学	综合实例——时装杂志版式.flv
难易指数	★★★★★
知识掌握	矩形工具、文本工具、阴影工具

案例效果

本例最终效果如图6-263所示。

图6-263

操作步骤

步骤01 执行“文件>新建”命令，在弹出的“创建新文档”对话框中设置“大小”为A4，“原色模式”为CMYK，“渲染分辨率”为300，如图6-264所示。

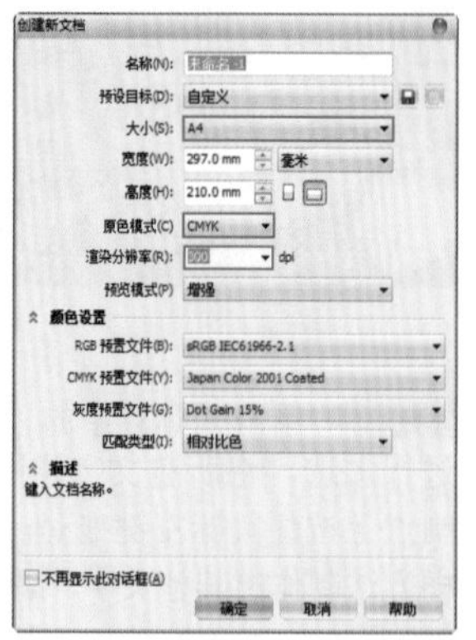

图6-264

步骤02 单击工具箱中的“矩形工具”按钮，在工作区内拖动鼠标，绘制一个合适大小的矩形；单击工具箱中的“填充工具”按钮并稍作停留，在弹出的下拉列表中单击“渐变填充”按钮，在弹出的“渐变填充”对话框中设置“类型”为“线性”，在“颜色调和”选项组中选中“自定义”单选按钮，设置颜色为一种从浅灰色到深灰色的渐变，单击“确定”按钮，如图6-265所示。

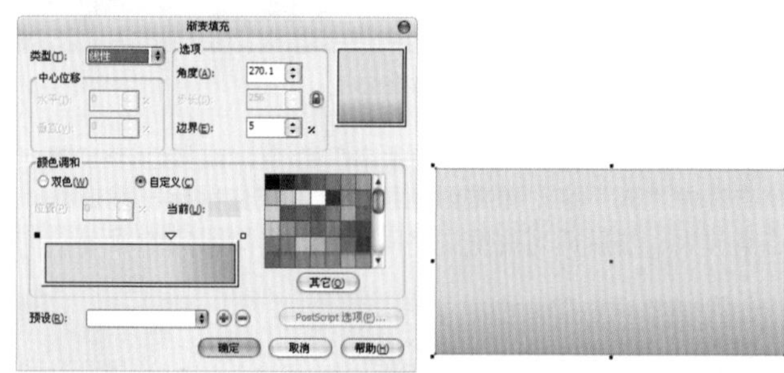

图6-265

步骤03 单击“调色板”为其填充为粉色，单击CorelDRAW工作界面右下角的“轮廓笔”按钮，在弹出的“轮廓笔”对话框中设置“宽度”为“无”，单击“确定”按钮，如图6-266所示。

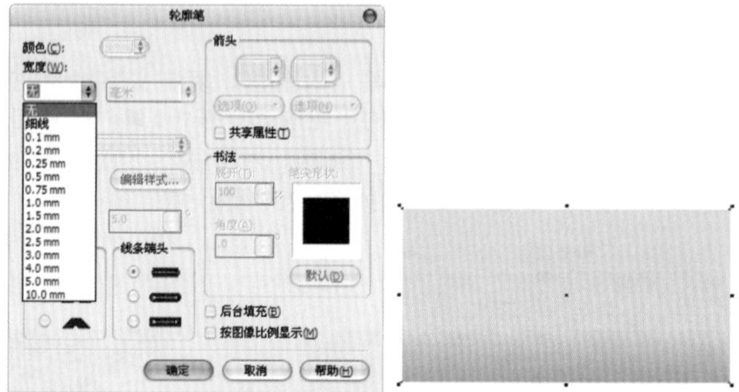

图6-266

步骤04 以同样方法制作出下面小一点儿的矩形；然后单击工具箱中的“填充工具”按钮并稍作停留，在弹出的下拉列表中单击“均匀填充”按钮，在弹出的“均匀填充”对话框中设置颜色为浅灰色，单击“确定”按钮，如图6-267所示。

步骤05 使用矩形工具绘制一个大小合适的矩形，并将其填充为深红色，设置轮廓线宽度为“无”；以同样方法制作出其他不同颜色的矩形，并依次进行排列，然后放置在灰色矩形的中间位置，如图6-268所示。

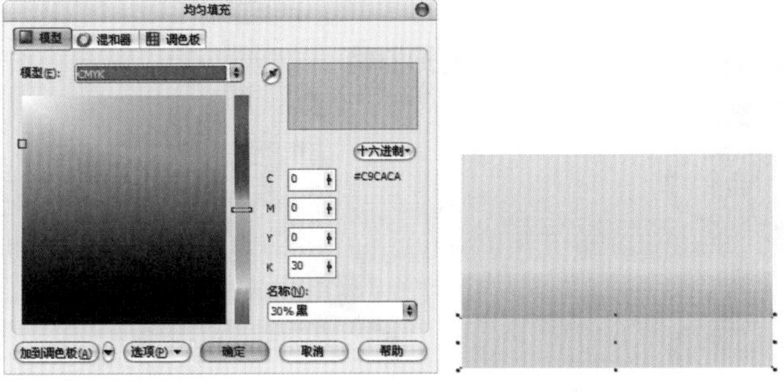

图6-267

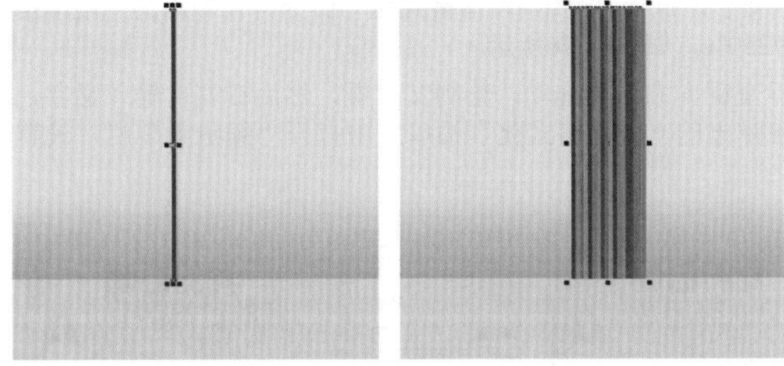

图6-268

步骤06 单击工具箱中的“选择工具”按钮，框选绘制的彩色矩形；按Ctrl+C键复制，再按Ctrl+V键粘贴；将光标移至四边控制点，调整复制出的彩条大小，如图6-269所示。

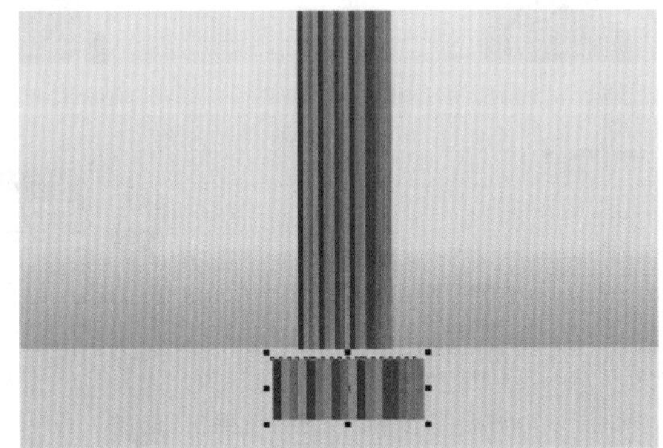

图6-269

步骤07 执行“效果>添加透视”命令，分别按住4个角的控制点，调整其透视程度；再次复制上面的彩色矩形，调整其大小及位置，模拟出空间感，如图6-270所示。

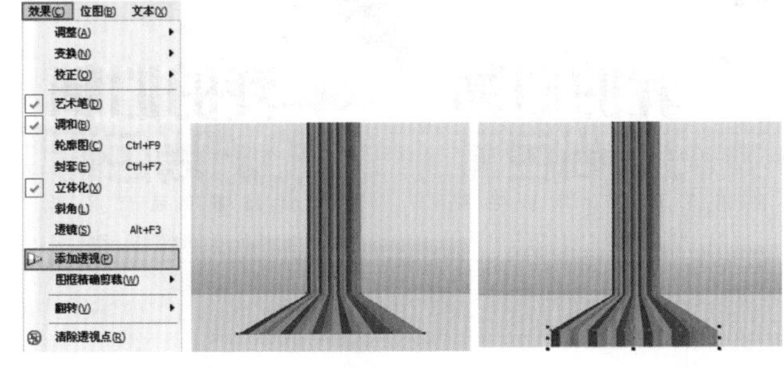

图6-270

步骤08 导入人物素材文件，调整为合适的大小及位置，如图6-271所示。

图6-271

步骤09 导入包素材文件，调整为合适的大小及位置；按Ctrl+C键复制，按Ctrl+V键粘贴；单击属性栏中的“垂直镜像”按钮，将包素材进行垂直旋转，然后移至原图像下方，如图6-272所示。

图6-272

步骤10 单击工具箱中的“透明度工具”按钮，在复制的包素材图像上按住鼠标左键向上拖动，制作出包的倒影效果；再次导入其他包素材，调整为合适的位置及大小，然后以同样方法为其添加倒影效果，如图6-273所示。

图6-273

步骤11 单击工具箱中的“文本工具”按钮，在左上方单击并输入文字“我的心情”，并设置为合适的大小及字体，如图6-274所示。

步骤12 继续输入文字“我的时尚色彩”，设置为合适的大小及字体，选择第一个字，通过调色板将其颜色改变为红色；以同样方法将文字依次改为不同色彩，如图6-275所示。

图6—274　　图6—275

步骤13 再次使用文本工具在彩色文字下方输入文字；选中输入的文字，执行“文本>段落格式化”命令，在弹出的“段落格式化”泊坞窗中打开“间距”栏，设置“字符”为15%，“字”为250%，如图6-276所示。

步骤14 单击工具箱中的“文字工具”按钮，在画面上按住鼠标左键向右下角拖动，绘制文本框，然后在其内输入文字，并设置为合适的字体及大小；执行“文本>段落格式化”命令，在弹出的“段落格式化”泊坞窗中打开“缩进量”栏，设置“首行”为8mm，如图6-277所示。

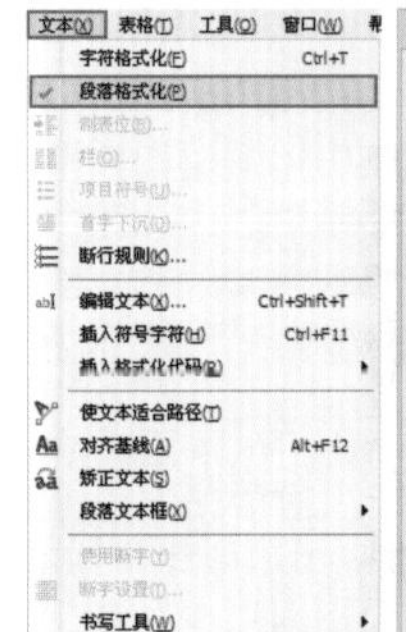

图6—276

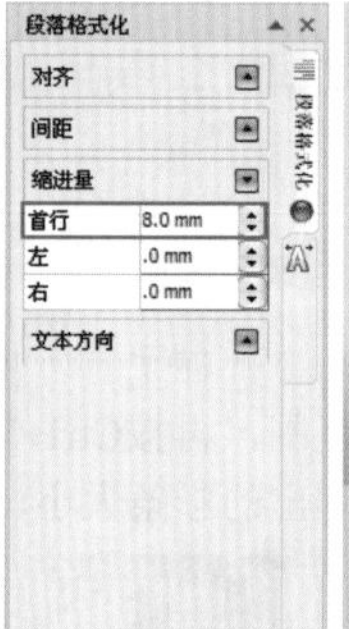

图6—277

步骤15 继续使用文本工具在右上方输入文字；选中第一段文本，执行“文本>首字下沉”命令，在弹出的“首字下沉”对话框中选中“使用首字下沉”复选框，在“外观”选项组中设置“下沉行数”为3，单击“确定”按钮，如图6-278所示。

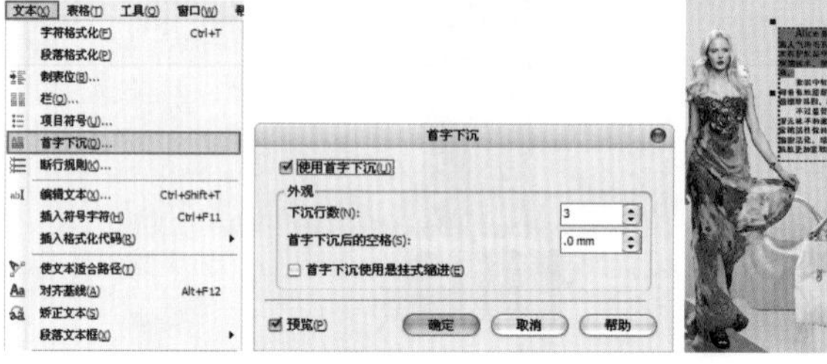

图6—278

步骤16 单击工具箱中的“钢笔工具”按钮，在左上角绘制一个三角形，并将其填充为黑色；使用文本工具分别输入白色文字及彩色文字，调整为合适的角度，如图6-279所示。

步骤17 再次使用钢笔工具绘制出折页效果；然后单击工具箱中的“阴影工具”按钮，在绘制的折页上向下拖动鼠标，制作阴影效果；接着单击选中折页部分，将其填充为灰色，如图6-280所示。

图6—279

图6—280

步骤18 使用矩形工具在下方绘制一个黑色矩形，然后单击工具箱中的“透明度工具”按钮，在其属性栏上设置“透明度类型”为“标准”，如图6-281所示。

步骤19 单击工具箱中的“文字工具”按钮，在透明的矩形上输入文字，设置文字颜色为灰色，最终效果如图6-282所示。

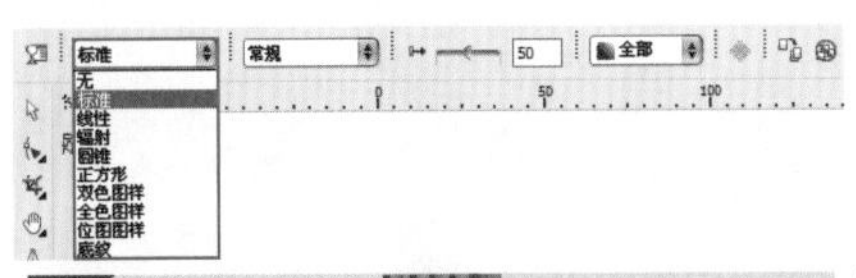

图6—281

图6—282

读书笔记

第6章 填充与轮廓线

特殊效果的编辑

在CorelDRAW中，可以将两个或多个图形对象进行调和，即将一个图形对象经过形状和颜色的渐变过渡到另一个图形对象上，并在这两个图形对象间形成一系列中间图形对象，从而形成两个图形对象渐进变化的叠影。

本章学习要点：

- 掌握调和效果的制作
- 掌握轮廓图的运用
- 掌握立体和阴影效果的制作方法
- 掌握封套与扭曲的方法
- 掌握透镜效果的制作

7.1 交互式调和效果

在CorelDRAW中，可以将两个或多个图形对象进行调和，即将一个图形对象经过形状和颜色的渐变过渡到另一个图形对象上，并在这两个图形对象间形成一系列中间图形对象，从而形成两个图形对象渐进变化的叠影，如图7-1所示。

单击工具箱中的“调和工具”按钮，其属性栏中如图7-2所示。

图7—1

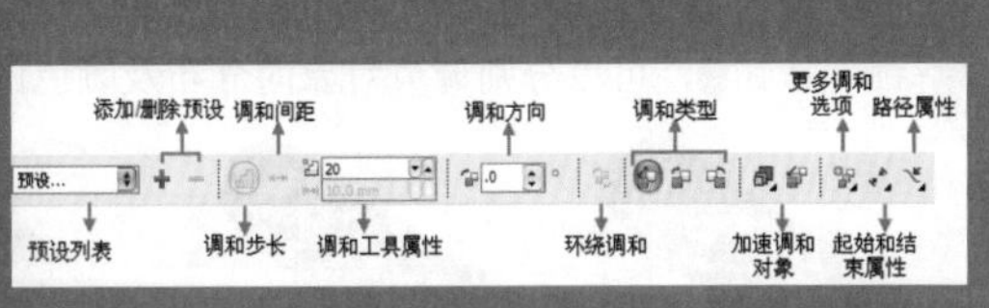

图7—2

- “预设”下拉列表框：在该下拉列表框中可以选择内置的调和样式。
- 添加/删除预设：可以将当前的调和存储为预设，或将以前存储的预设删除。
- 调和步长：调整调和中的步长数，使其适应路径。
- 调和间距：调整调和中对象的间距，使其适合于路径。
- 调和工具属性：更改调和中的步长数或步长间距。
- 调和方向：设置已调和对象旋转角度。
- 环绕调和：将环绕效果应用于调和。
- 调和类型：其中包含3种类型，分别是直接调和、顺时针调和和逆时针调和。
- 加速调和对象：调整调和中对象显示和颜色更改的速率。
- 更多调和选项：单击该按钮，在弹出的下拉列表中提供了“映射节点”、“拆分”、“熔合始端”、“熔合末端”、“沿全路径调和”、“旋转全部对象”等更多的调和选项。
- 起始和结束属性：选择调和开始和结束对象。
- 路径属性：将调和移动到新路径、显示路径或从路径中脱离出来。

7.1.1 创建调和效果

使用调和工具可以在两个对象之间产生形状与颜色的渐变调和效果。单击工具箱中的“调和工具”按钮，在星形对象上按住鼠标左键并向多边形拖曳，释放鼠标即可创建调和效果，如图7-3所示。

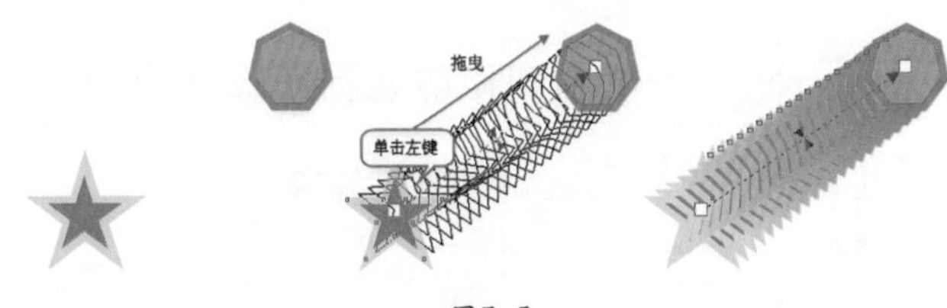

图7—3

7.1.2 编辑调和对象

步骤01 在属性栏的“调和步长”数值框中设置对象调和的步长数 20，也就是调和中间生成对象的数目，如分别设置为20与60，效果如图7-4所示。

步骤02 在“调和方向”数值框中，可以设定中间生成对象在调和过程中的旋转角度，使起始对象和终点对象的中间位置形成一种弧形旋转调和效果。例如，在其中分别输入“0”与“90”，效果如图7-5所示。

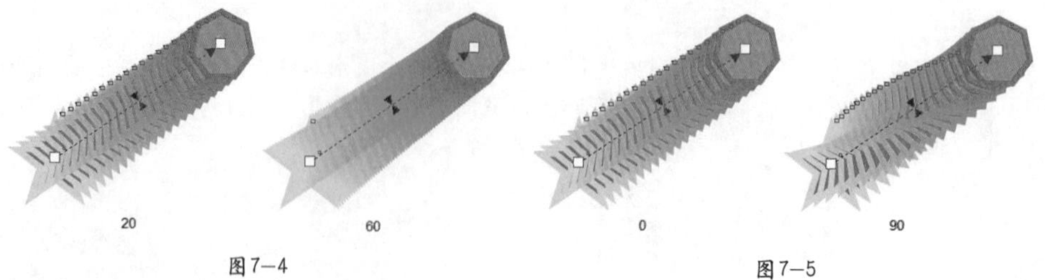

图7-4　　图7-5

步骤03 在调和工具的属性栏中分别单击“直接调和”、“顺时针调和”及“逆时针调和”按钮，可以改变调和对象的光谱色彩，如图7-6所示。

步骤04 单击属性栏中的“对象和颜色加速”按钮，在弹出的面板中拖动滑块，可以同时调整对象和颜色的分布；单击“解锁”按钮，可以分别调节对象的分布及颜色的分布，如图7-7所示。

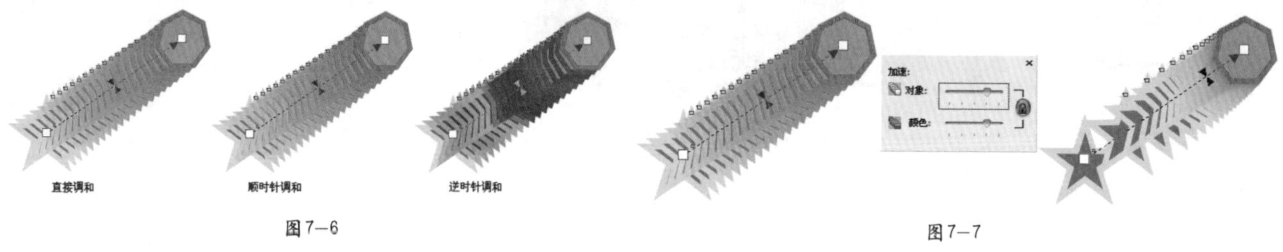

图7-6　　图7-7

7.1.3 沿路径调和

步骤01 单击工具箱中的“手绘工具”按钮，在调和对象一边绘制一条曲线路径，然后单击“选择工具”按钮，选中已建立调和的路径对象，如图7-8所示。

步骤02 单击工具箱中的“调和工具”按钮，在其属性栏中单击“路径属性”按钮，在弹出的下拉列表选择“新路径”选项，当光标变为曲柄箭头形状时，在路径上单击，然后选择图形并单击，再按路径拖动鼠标，如图7-9所示。

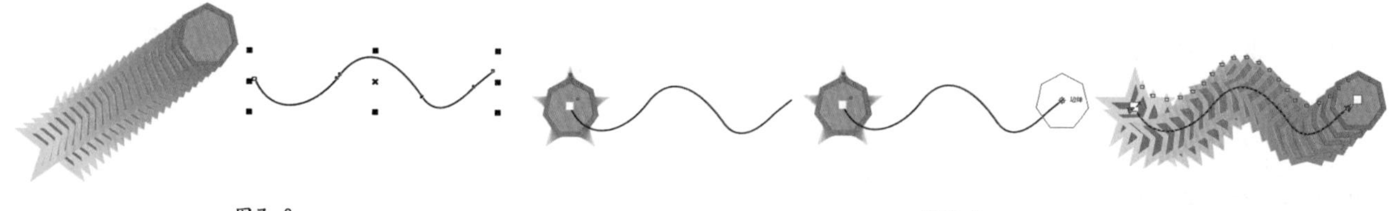

图7-8　　图7-9

实例练习——使用调和功能制作珍珠项链

案例文件	实例练习——使用调和功能制作珍珠项链.cdr
视频教学	实例练习——使用调和功能制作珍珠项链.flv
难易指数	★★★★★
知识掌握	调和工具

案例效果

本例最终效果如图7-10所示。

操作步骤

步骤01 执行“文件>新建”命令，在弹出的“创建新文档”对话框中设置“大小”为A4，“原色模式”为CMYK，“渲染分辨率”为300，如图7-11所示。

图7-10

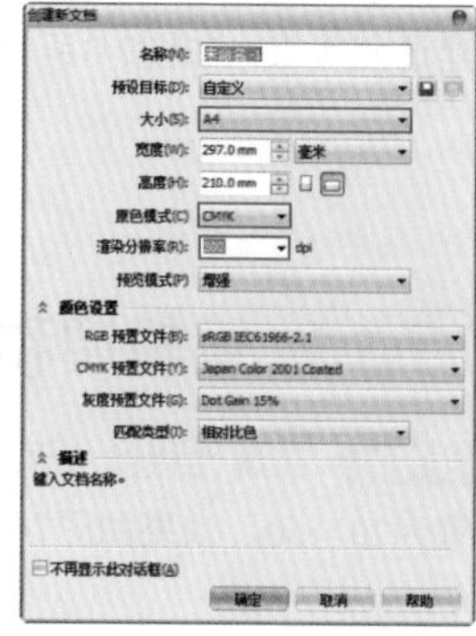

图7-11

步骤02 导入背景素材文件，调整为合适的大小及位置，如图7-12所示。

图7—12

步骤03 单击工具箱中的“椭圆形工具”按钮，按住Ctrl键绘制一个正圆。在工具箱中单击填充工具组中的“渐变填充”按钮，在在弹出的“渐变填充”对话框中设置“类型”为“辐射”，颜色为“从白色到灰色”，“中点”为64，单击“确定”按钮，如图7-13所示。

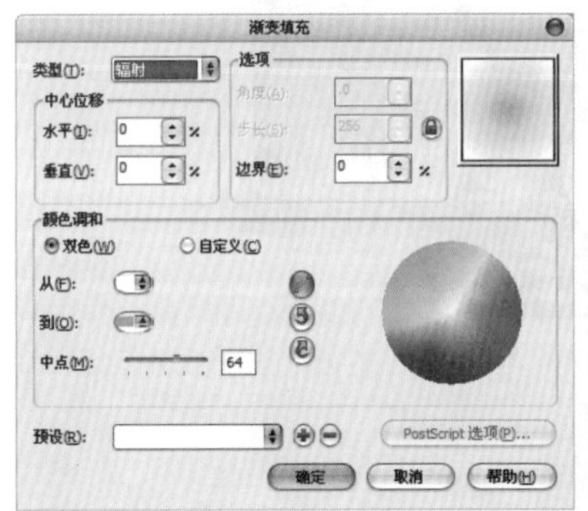

图7—13

步骤04 单击CorelDRAW工作界面右下角的“轮廓笔”按钮，在弹出的“轮廓笔”对话框中设置“宽度”为“无”，单击“确定”按钮，完成一颗珍珠的制作，如图7-14所示。

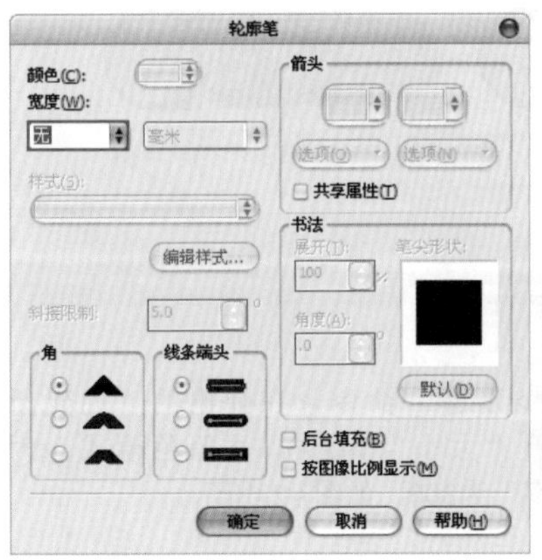

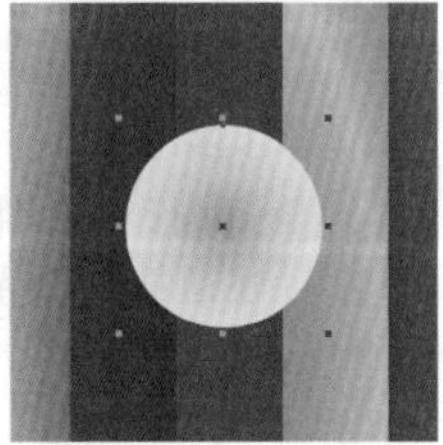

图7—14

步骤05 选择制作完成的珍珠，按Ctrl+C键进行复制，再按Ctrl+V键进行粘贴，并将复制出的珍珠拖动到另一边。单击工具箱中的“调和工具”按钮，在左侧珍珠上单击并向右侧珍珠拖动鼠标，在两个珍珠间拖出调和效果，如图7-15所示。

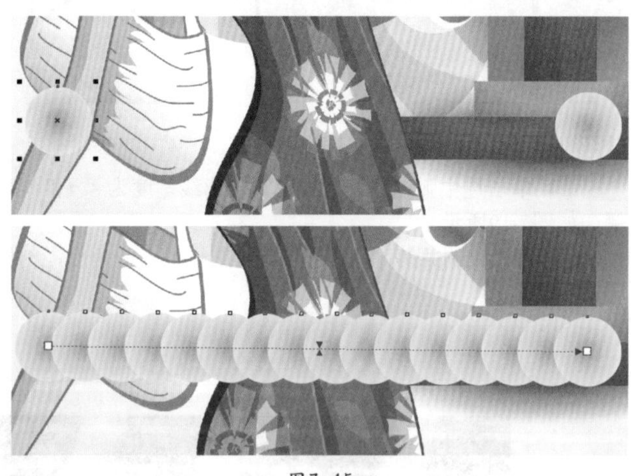

图7—15

步骤06 在属性栏的“调和工具属性”数值框内输入相应数值，可以调整调和中的步长数或步长间距。本例在“调和步长”数值框内输入“31”。单击工具箱中的“选择工具”按钮，选中调和珍珠，按住边上的控制点拖曳进行等比例缩放，使其适合人物的大小，如图7-16所示。

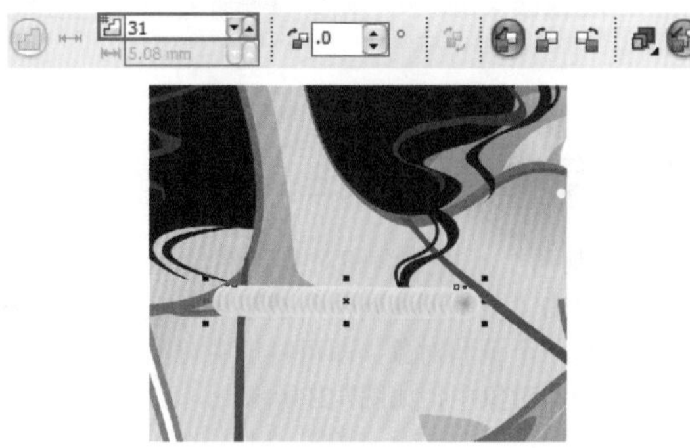

图7—16

步骤07 单击工具箱中的“手绘工具”按钮，在人物颈部绘制一个半弧形作为新路径。选择珍珠串，在属性栏中单击“路径属性”按钮，在弹出的下拉列表中选择“新路径”选项，当光标变为弯曲的箭头形状时，单击弧形路径，如图7-17所示。

步骤08 单击两端的珍珠并拖曳，可以调整珍珠串的弧形长度；在属性栏的“调和间距”数值框内输入相应数值调整项链珍珠的间距，如图7-18所示。

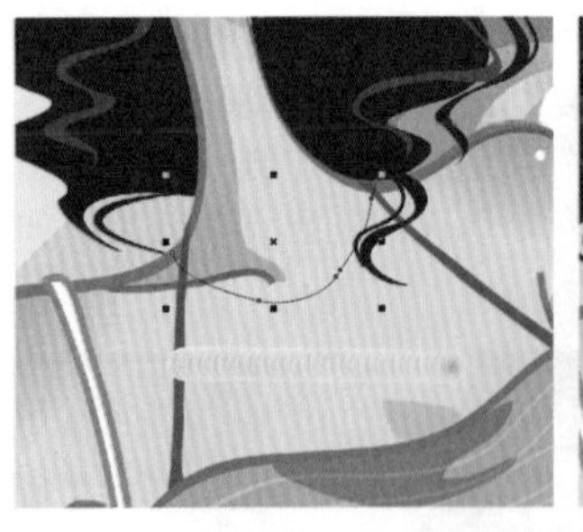
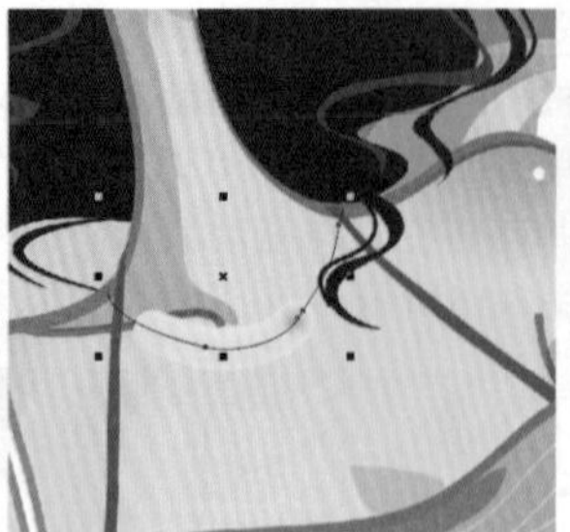

图7-17

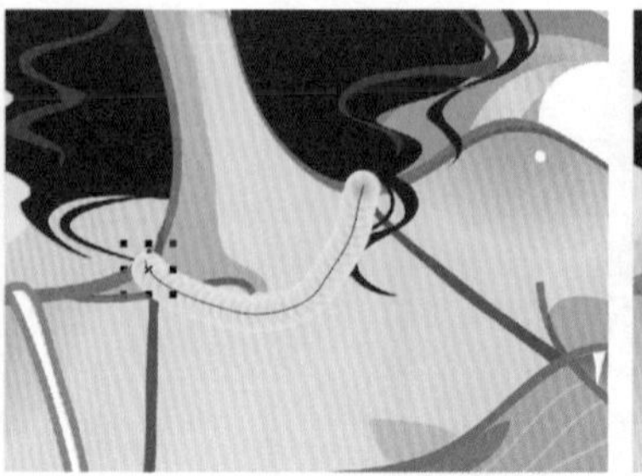
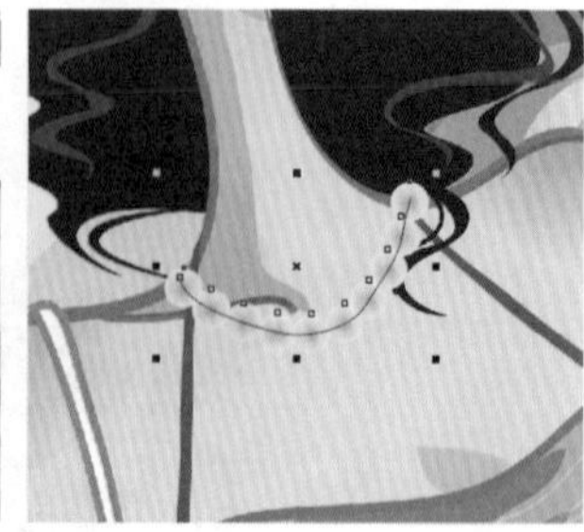

图7-18

步骤09 单击选中弧形路径，设置其轮廓线宽度为“无”，完成第一串项链的制作；复制项链并进行等比例缩放，放置在内侧，如图7-19所示。

步骤10 再次复制并等比例缩放，将其旋转为合适角度，制作人物的手链部分，最终效果如图7-20所示。

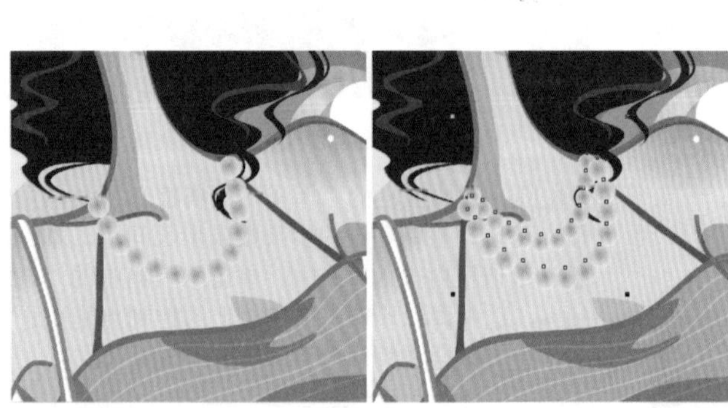

图7-19

图7-20

7.1.4 复制调和属性

分别绘制两个不同的调和对象，然后选择其中一个，在属性栏中单击“复制调和属性”按钮，当光标变为➡形状时，单击另一个调和对象，即可将选中对象的调和属性应用到另一个调和对象中，如图7-21所示。

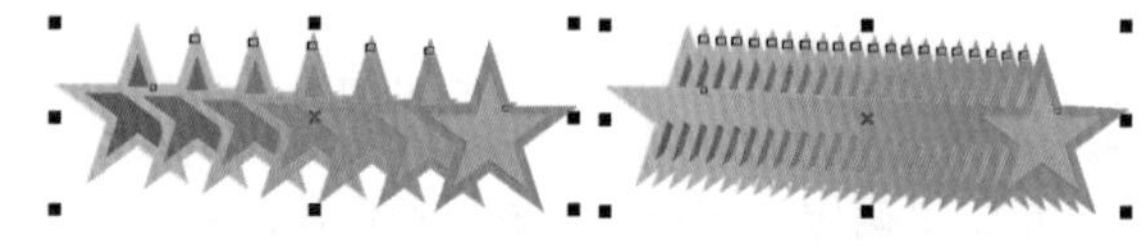
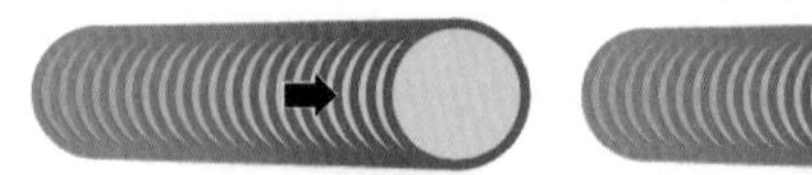

图7-21

实例练习——使用调和功能制作梦幻线条

案例文件	实例练习——使用调和功能制作梦幻线条.cdr
视频教学	实例练习——使用调和功能制作梦幻线条.flv
难易指数	★★★★★
知识掌握	手绘工具、调和工具

案例效果

本例最终效果如图7-22所示。

操作步骤

步骤01 执行“文件>新建”命令，在弹出的“创建新文档”对话框中设置“大小”为A4，“原色模式”为CMYK，“渲染分辨率”为300，如图7-23所示。

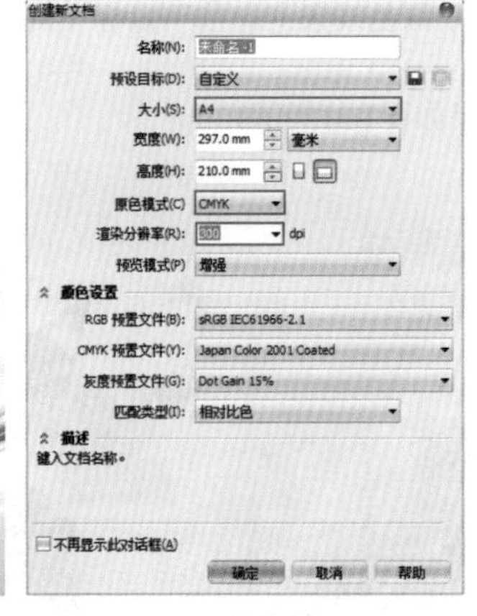

图7—22　　图7—23

步骤02 导入背景素材文件，调整为合适的大小及位置，如图7-24所示。

步骤03 单击工具箱中的“手绘工具”按钮，在素材图上按下鼠标左键并拖动，释放鼠标后即可绘制出曲线形状，如图7-25所示。

图7—24　　图7—25

步骤04 单击CorelDRAW工作界面右下角的“轮廓笔”按钮，在弹出的“轮廓笔”对话框中设置“颜色”为紫色，“宽度”为0.567pt，单击“确定”按钮，如图7-26所示。

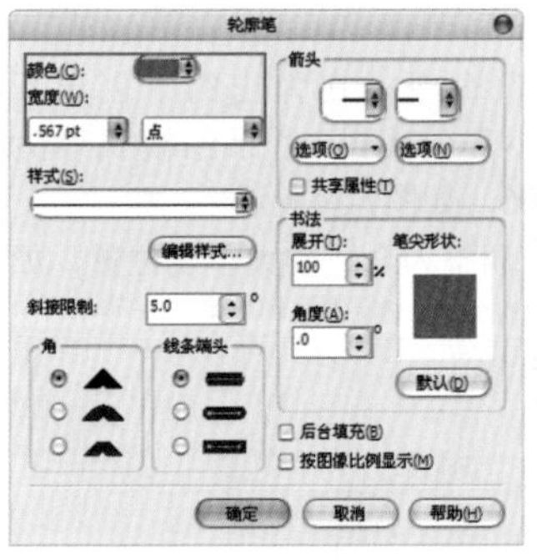

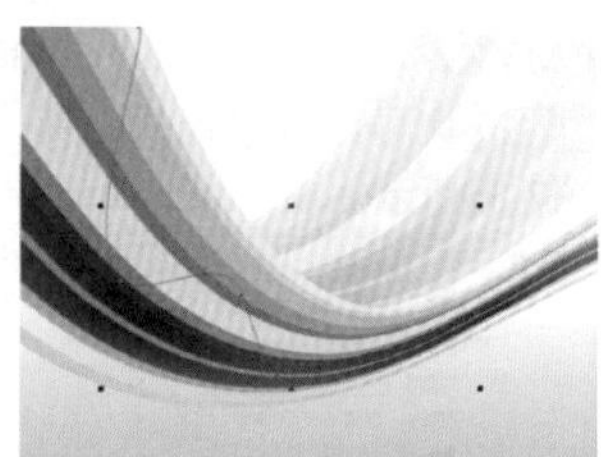

图7—26

步骤05 使用手绘工具在中间部分再次绘制曲线，然后单击CorelDRAW工作界面右下角的“轮廓笔”按钮，在弹出的“轮廓线”对话框中设置“颜色”为青色，“宽度”为0.567pt，单击“确定”按钮，如图7-27所示。

步骤06 单击工具箱中的“调和工具”按钮，将光标移至第一个紫色线条，按下鼠标左键并向青色线条拖动，在属性栏中设置“调和步长”为20，如图7-28所示。

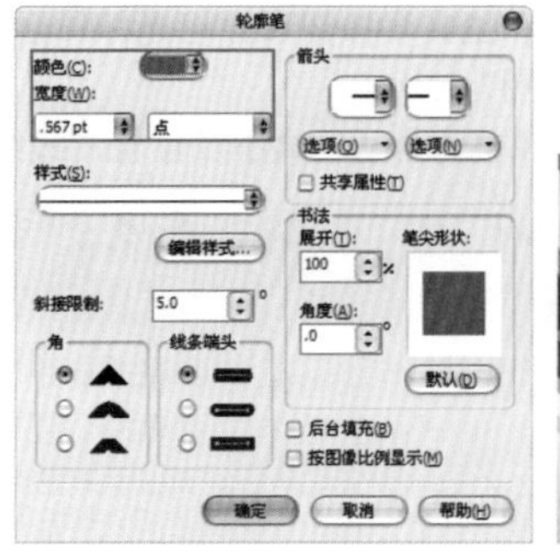

图7—27

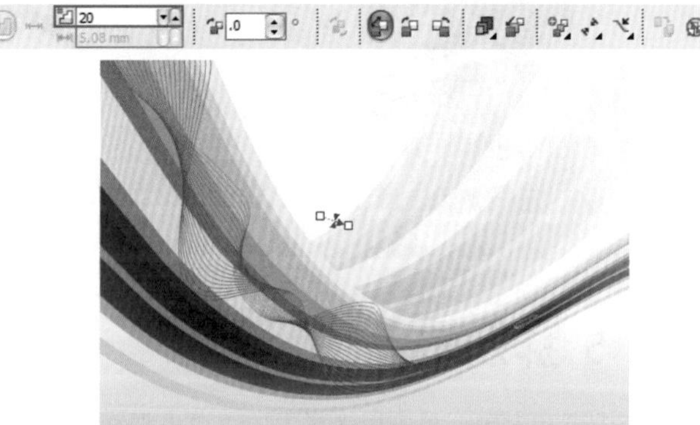

图7—28

步骤07 再次使用手绘工具绘制两条曲线，然后设置第一条曲线的“颜色”为绿色，“宽度”为0.1pt；设置第二条曲线的“颜色”为蓝色，“宽度”为0.1pt，如图7-29所示。

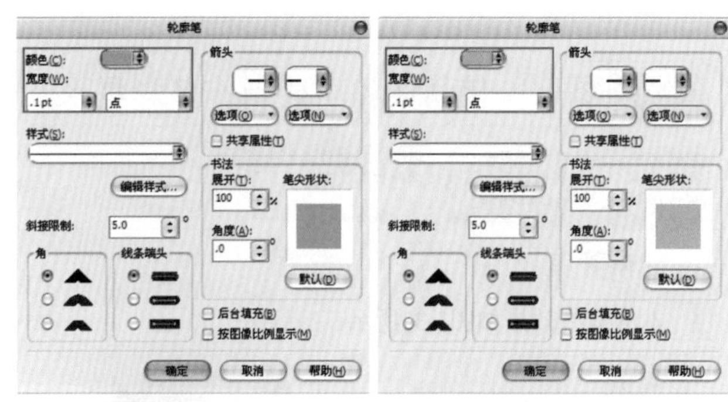

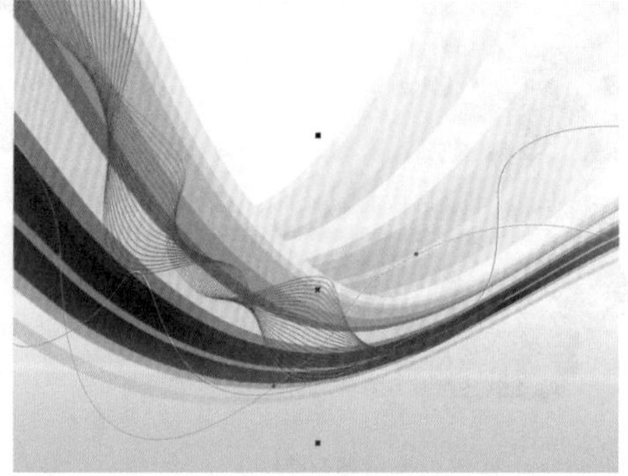

图7—29

步骤08 单击工具箱中的“调和工具”按钮，将光标移至第一条绿色线条上，按下鼠标左键并向蓝色线条拖动，在属性栏中设置“调和步长”为20，如图7-30所示。

步骤09 导入花纹素材文件，调整为合适的大小及位置，最终效果如图7-31所示。

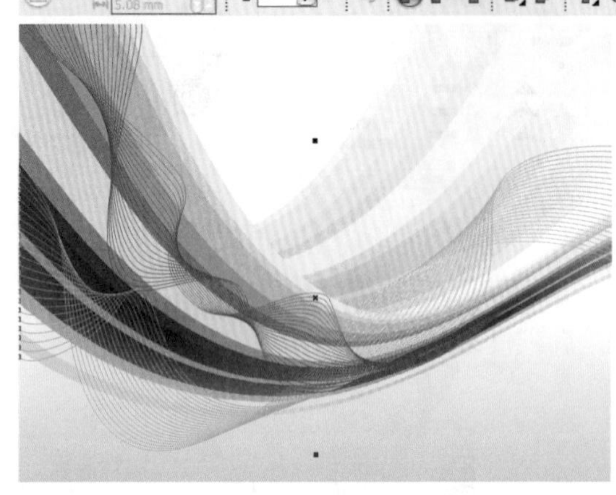

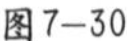

图7—30

图7—31

7.1.5 拆分调和对象

选中调和对象，单击属性栏中的“更多调和选项”按钮，在弹出的下拉列表中选择“拆分”选项，当光标变为曲柄箭头形状时，单击要分割的调和中间对象，即可完成拆分，如图7-32所示。

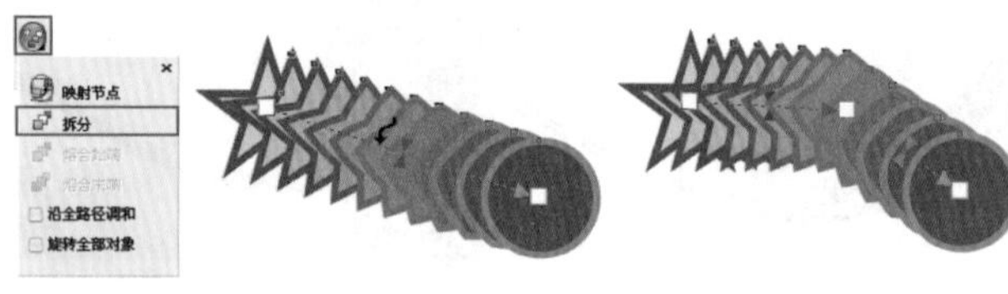

图7—32

实例练习——使用调和功能制作多彩星形

案例文件	实例练习——使用调和功能制作多彩星形.cdr
视频教学	实例练习——使用调和功能制作多彩星形.flv
难易指数	★★★★★
知识掌握	星形工具、调和工具、拆分调和

案例效果

本例最终效果如图7-33所示。

图7—33

操作步骤

步骤01 执行“文件>新建”命令，在弹出的“创建新文档”对话框中设置“大小”为A4，“原色模式”为CMYK，“渲染分辨率”为300，如图7-34所示。

步骤02 导入背景素材文件，调整为合适的大小及位置，如图7-35所示。

图7—34

图7—35

步骤03 单击工具箱中的“星形工具”按钮，在属性栏中设置“点数或边数”为5，然后按住Ctrl键，在素材上按住鼠标左键并拖动，绘制一个正五角星，如图7-36所示。

图7—36

步骤04 单击工具箱中的“填充工具”按钮并稍作停留，在弹出的下拉列表中单击“渐变填充”按钮，在弹出的“渐变填充”对话框中设置“类型”为“线性”，在“颜色调和”选项组中选中“双色”单选按钮，设置颜色为从红色到白色，单击“确定”按钮，如图7-37所示。

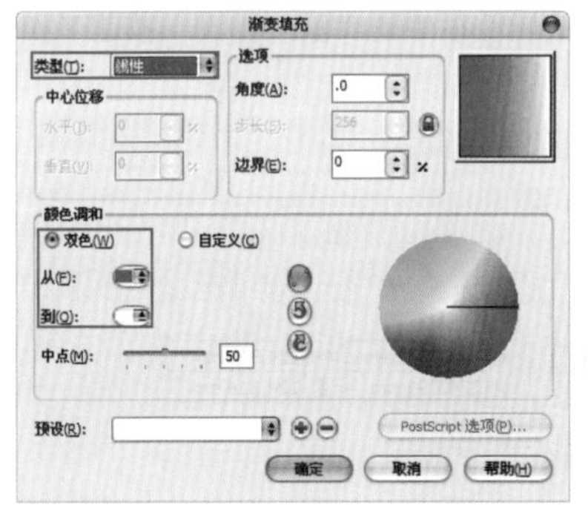

图7—37

步骤05 单击CorelDRAW工作界面右下角的“轮廓笔”按钮，在弹出的“轮廓笔”对话框中设置“颜色”为白色，“宽度”为2.0pt，单击“确定”按钮，如图7-38所示。

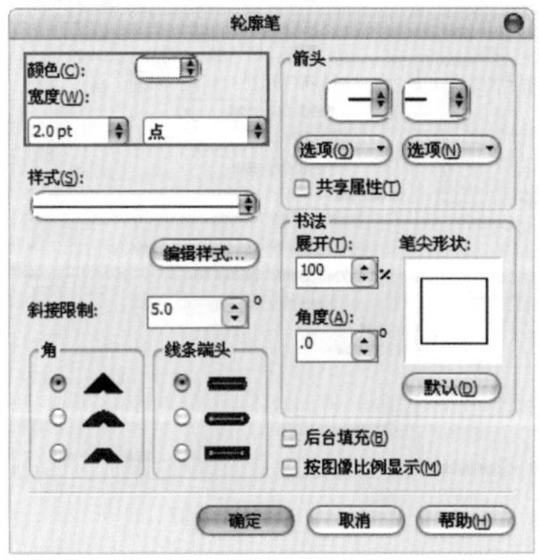

图7—38

步骤06 复制五角星，适当放大并移动到画面右侧。在工具箱中单击填充工具组中的“渐变填充”按钮，在弹出的“渐变填充”对话框中设置“类型”为“线性”，在“颜色调和”选项组中选中“双色”单选按钮，设置颜色为从橘色到红色，单击“确定”按钮，如图7-39所示。

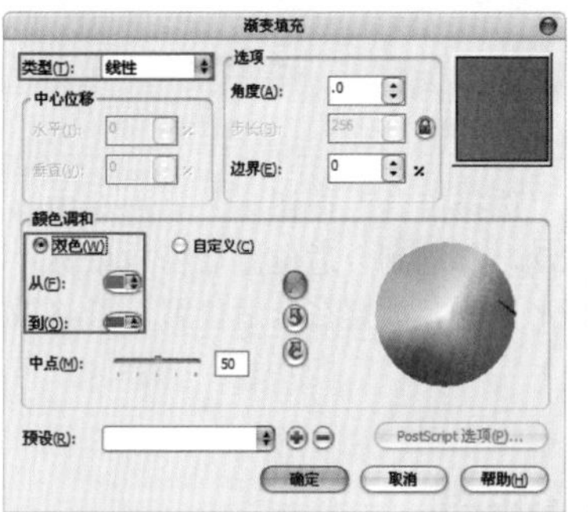

图7—39

步骤07 单击工具箱中的“调和工具”按钮，将光标移至第一个星形，按下鼠标左键并向右侧的星形拖动，画面中出现多彩的星形调和效果，如图7-40所示。

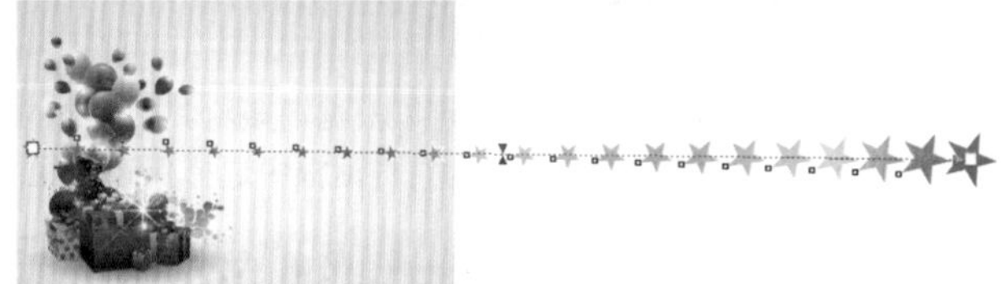

图7—40

步骤08 单击属性栏中的“更多调和选项”按钮，在弹出的下拉列表中选择“拆分”选项，当光标变为曲柄箭头形状时，单击要分割的调和中间对象，即可完成调和对象的拆分。选择中间调和的星形，单击鼠标右键，在弹出的快捷菜单中执行“取消群组”命令，或按Ctrl+U键，将其拆分（拆分后的星形可以单独进行编辑），如图7-41所示。

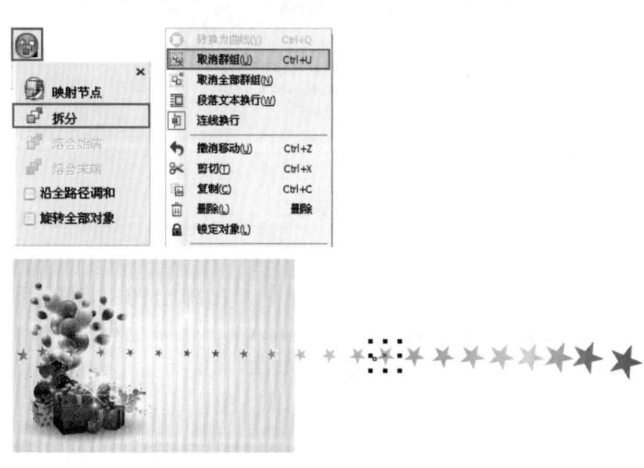

图7—41

技巧提示

执行“排列>拆分调和群组”命令（如图7-42所示），或按Ctrl+K键，然后将对象群组取消，也可以将调和对象拆分。

图7-42

步骤09 单击工具箱中的“选择工具”按钮，单击选中该星形，按住鼠标左键并拖动，移动到合适位置后释放鼠标；以同样方法依次移动各星形，将其放置在合适位置，最终效果如图7-43所示。

图7-43

7.1.6 清除调和效果

想要清除对象的调和效果，可以选中轮廓图对象，执行“效果>清除轮廓”命令，或单击调和工具属性栏中的“清除调和”按钮，如图7-44所示。

7.1.7 保存调和效果

对于创建的调和效果，用户可以根据需要将其保存起来。选中创建的调和效果，单击属性栏中的“添加预设”按钮（如图7-45所示），在打开的“另存为”对话框中选择保存路径并为调和效果命名即可。

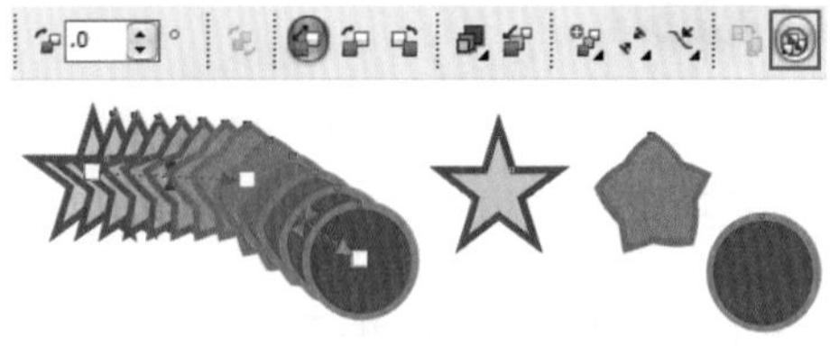

图7-44

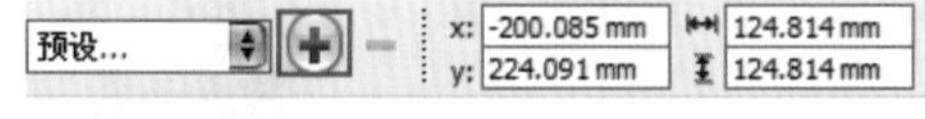

图7-45

实例练习——使用调和功能制作明信片

案例文件	实例练习——使用调和功能制作明信片.cdr
视频教学	实例练习——使用调和功能制作明信片.flv
难易指数	★★★★★
技术要点	调和工具

案例效果

本例最终效果如图7-46所示。

操作步骤

步骤01 执行“文件>新建”命令，在弹出的“创建新文档”对话框中设置“大小”为A4，“原色模式”为CMYK，“渲染分辨率”为300，如图7-47所示。

步骤02 单击工具箱中的“矩形工具”按钮，绘制一个矩形，如图7-48所示。

步骤03 继续使用矩形工具在左上角绘制一个较小的矩形，如图7-49所示。

图7-46

图7-47

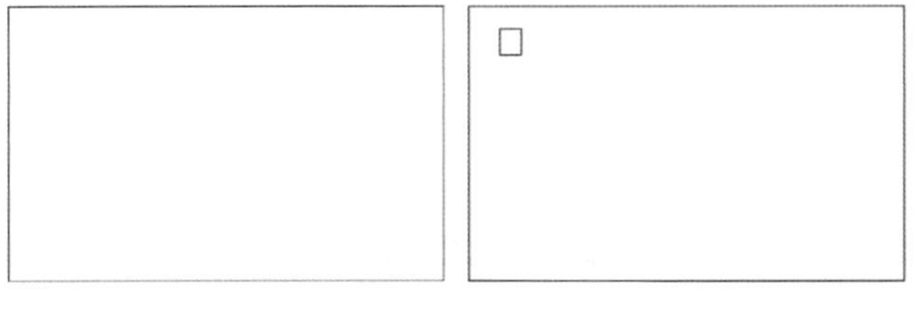

图7—48　　图7—49

步骤04 单击绘制出的小矩形，按Ctrl+C键复制，然后按5次Ctrl+V键粘贴，并依次在页面上均匀排开，如图7-50所示。

图7—50

技巧提示

选择绘制的所有小矩形，执行“排列>对齐和分布>对齐与分布”命令，在弹出的“对齐与分布”对话框中可以设置其对齐方式，然后单击“应用”按钮结束操作。

步骤05 单击工具箱中的“钢笔工具”按钮，在右侧绘制一条水平的横线，如图7-51所示。

步骤06 选择绘制出的横线，按Ctrl+C复制，再按两次Ctrl+V键粘贴，并依次在页面上均匀排开，完成明信片的基本格式制作，如图7-52所示。

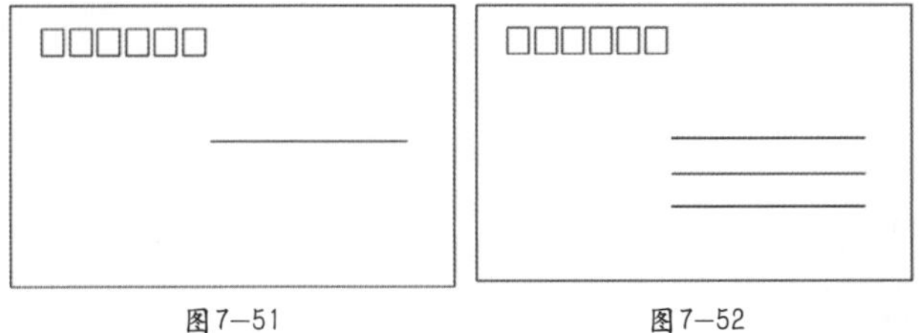

图7—51　　图7—52

步骤07 使用矩形工具在页面中绘制出一个矩形，如图7-53所示。

步骤08 单击工具箱中的“椭圆形工具”按钮，以矩形左上角点为圆心，按住Ctrl键绘制出一个大小适当的正圆，如图7-54所示。

步骤09 以同样的方法在其他3个角上绘制同样大小的正圆，如图7-55所示。

步骤10 在工具箱中单击“调和工具”按钮，单击左上角的圆形，然后向右上角的圆形拖动鼠标；在属性栏中设置“调和步长”为7，“调和方向”为直线调和，如图7-56所示。

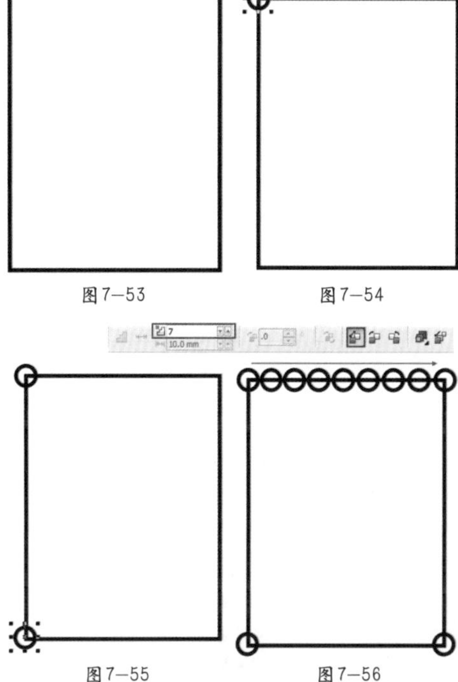

图7—53　　图7—54

图7—55　　图7—56

步骤11 以同样方法，使用调和工具制作出其他的圆形。选中所有圆形，按Ctrl+K键将其拆分，如图7-57所示。

步骤12 框选所有圆形和矩形，执行“排列>造形”命令，在打开的“造形”泊坞窗中设置类型为“移除前面对象”，单击“应用”按钮，如图7-58所示。

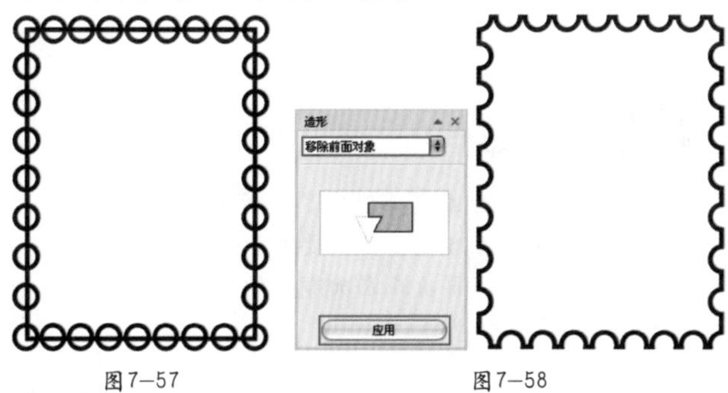

图7—57　　图7—58

步骤13 单击工具箱中的“矩形工具”按钮，在邮票轮廓内绘制一个矩形，这样邮票部分的绘制基本完成。框选绘制好的邮票，将其放置在先前做好的明信片的右上角，如图7-59所示。

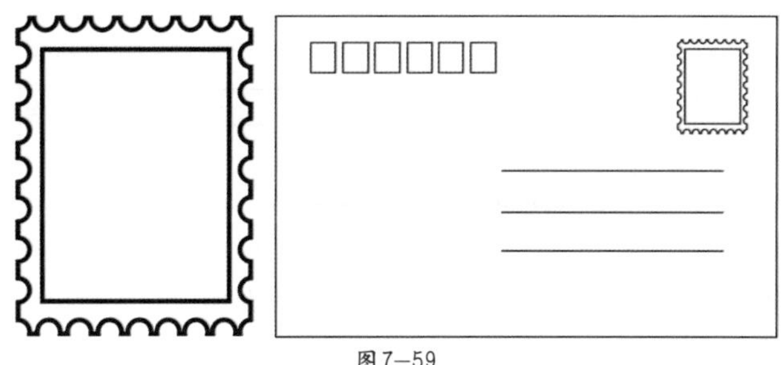

图7—59

步骤14 单击工具箱中的“文本工具”按钮字，在明信片右下方输入“邮政编码：”，并调整为合适的字体及大小，如图7-60所示。

步骤15 使用矩形工具在明信片顶端绘制合适大小的装饰边框，如图7-61所示。

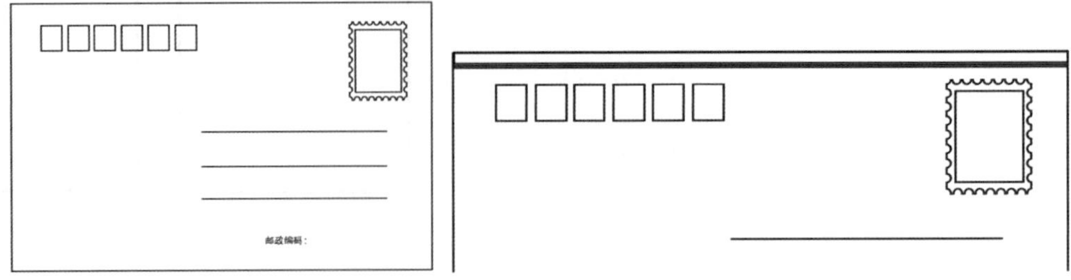

图7—60　　图7—61

步骤16 在工具箱中单击填充工具组中的“渐变填充”按钮，在弹出的“渐变填充”对话框中设置“类型”为“线性”，在“颜色调和”选项组中选中“自定义”单选按钮，设置颜色为黄色系渐变，单击“确定”按钮；然后设置轮廓线宽度为“无”，如图7-62所示。

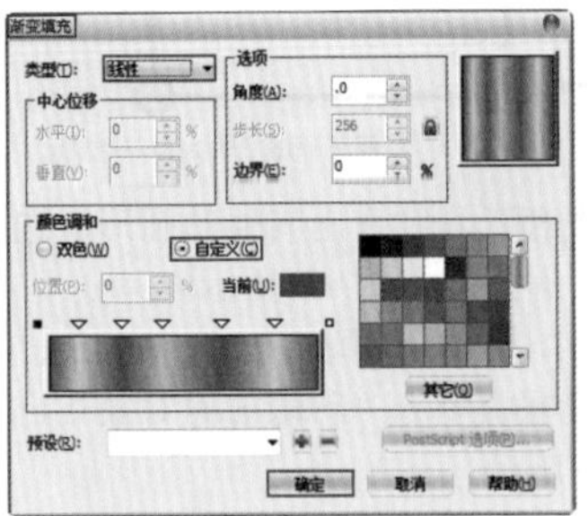

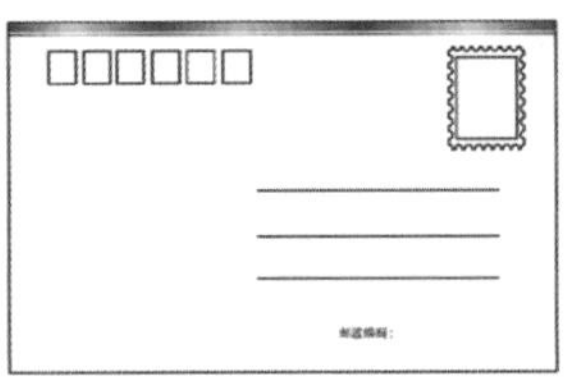

图7—62

技巧提示

“自定义”方式允许创建多种颜色层叠。如果要添加某种颜色，在颜色带上需要添加颜色处双击鼠标即可添加该颜色。再次在添加颜色的位置双击鼠标，即可删除该点颜色。

步骤17 以同样的方法在明信片的底端绘制装饰边框，如图7-63所示。

图7—63

步骤18 导入文字素材文件，将其放置在明信片左侧空白处，并调整为适当大小，如图7-64所示。

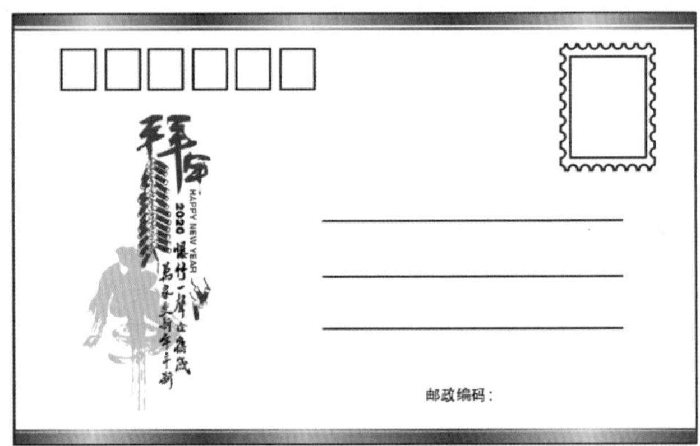

图7—64

步骤19 执行“文件>导入”命令，导入贺卡正面素材，将其调整为与背面矩形框一样大小，如图7-65所示。

图7—65

步骤20 同样使用矩形工具和渐变填充工具绘制上、下边框的黄色渐变矩形条，如图7-66所示。

步骤21 单击工具箱中的“文本工具”按钮字，在卡片右侧输入文字，然后选择一种书法字体，设置颜色为红色，如图7-67所示。

图7—66

图7—67

步骤22 再次使用文本工具在左侧输入文字，填充为红色，并进行适当编辑，如图7-68所示。

步骤23 单击工具箱中的“钢笔工具”按钮，绘制印章“如意”字样，然后将其填充为红色，放置卡片中，如图7-69所示。

图7—68

图7—69

步骤24 再次使用钢笔工具绘制祥云图样，并将其填充为红色，放置卡片中，如图7-70所示。

步骤25 将前后制作出来的两张卡片依次排列，完成贺岁明信片的制作，最终效果如图7-71所示。

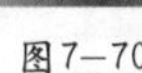

图7—70

图7—71

交互式轮廓图效果

交互式轮廓图效果是指由一系列对称的同心轮廓线圈组合在一起，所形成的具有深度感的效果。该效果有些类似于地图中的地势等高线，故有时又称之为等高线效果。使用轮廓图工具可以给对象添加轮廓图效果，如图7-72所示。这个对象可以是封闭的，也可以是开放的，还可以是美术文本对象。和创建交互式调和效果不同的是，轮廓图效果是指由对象的轮廓向内或向外放射的层次效果，并且只需一个图形对象即可完成。

单击工具箱中的“轮廓图工具”按钮，其属性栏如图7-73所示。

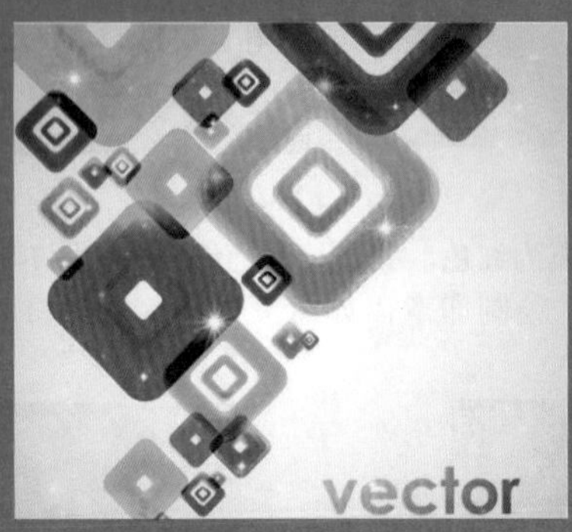

图7—72

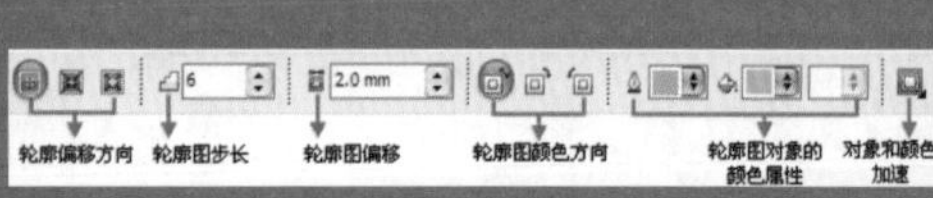

图7—73

- 轮廓偏移方向：轮廓偏移方向有3种，分别是到中心、内部轮廓和外部轮廓。
- 轮廓图步长：用于调整对象中轮廓图数量的多少。
- 轮廓图偏移：用于调整对象中轮廓图的间距。
- 轮廓图颜色方向：轮廓图的颜色方向有3种，分别是线性轮廓色、顺时针轮廓色和逆时针轮廓色。
- 轮廓图对象的颜色属性：用于设置轮廓图对象的轮廓色以及填充色。
- 对象和颜色加速：单击该按钮，在弹出的面板中可以通过拖动滑块调整轮廓图的偏移距离和颜色，如图7-74所示。

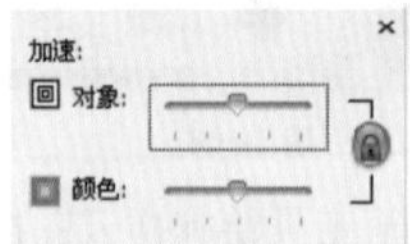

图7—74

7.2.1 创建轮廓图

单击工具箱中的“多边形工具”按钮，在工作区内绘制一个多边形。单击工具箱中的“轮廓图工具”按钮，在多边形上按下鼠标左键并向其中心拖动，释放鼠标即可创建出由图形边缘向中心放射的轮廓图效果，如图7-75所示。

如果选中对象后，按住鼠标左键向外拖动，释放鼠标即可创建出由图形边缘向外放射的轮廓图效果，如图7-76所示。

选择图形对象，然后在轮廓图工具的属性栏中分别单击“到中心”按钮、“内部轮廓”按钮和“外部轮廓”按钮，可以使其显示出不同的轮廓图效果，如图7-77所示。

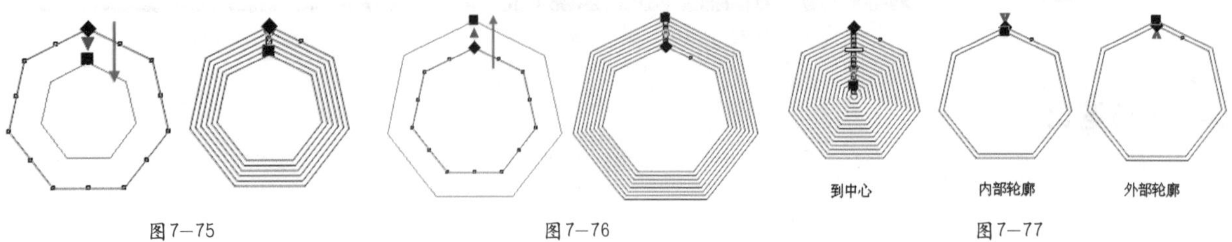

图7—75　图7—76　图7—77

除了通过手动和属性栏创建轮廓图外，还可以利用“轮廓图”泊坞窗来创建轮廓图。选中图形对象，执行“窗口>泊坞窗>轮廓图”命令，或按Ctrl+F9键，在弹出的“轮廓图”泊坞窗中进行相应的设置，如图7-78所示。

在属性栏中，通过对“轮廓图步长”和“轮廓图偏移”的设置，可以分别对轮廓线的数目和轮廓线之间的距离进行调整，如图7-79所示。

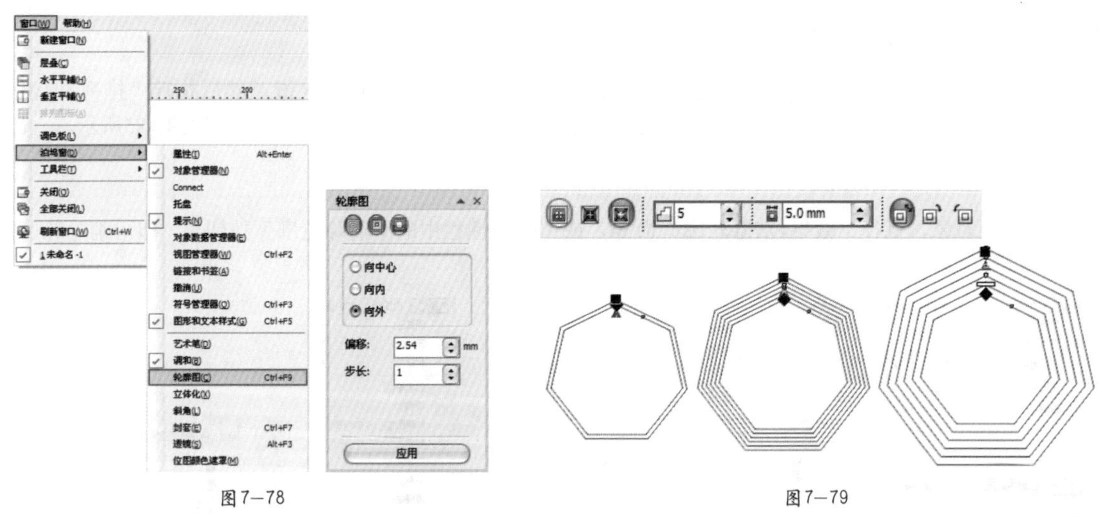

图7—78　　图7—79

7.2.2 设置轮廓图的填充和颜色

制作出轮廓图效果后，可以通过属性栏来改变其颜色及填充。选择一个轮廓图对象，单击属性栏中的“轮廓色”按钮，在弹出的下拉列表中选择适合的颜色，即可更改轮廓线的颜色，如图7-80所示。

单击属性栏中的“填充色”按钮，在弹出的下拉列表中选择适合的颜色。此时轮廓图的填充颜色并没有显示，但是可以看到轮廓图中箭头所指的方块变成了当前填充的颜色，如图7-81所示。

选择一个轮廓图对象，在调色板中选择一种颜色，进行轮廓图的填充。此时将显示出轮廓第一圈到最后一圈的渐变填充颜色，如图7-82所示。

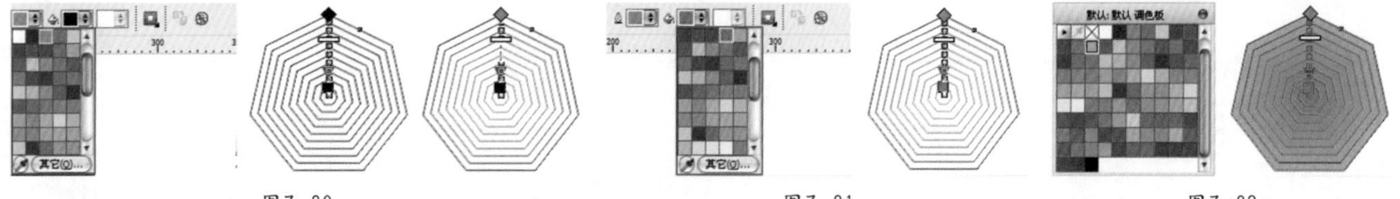

图7—80　　图7—81　　图7—82

技巧提示

选择一个填充底色的轮廓图对象，在属性栏中单击“线性轮廓色”、“顺时针轮廓色”和“逆时针轮廓色”按钮，将产生不同的效果，如图7—83所示。

图7—83

执行“窗口>泊坞窗>轮廓图”命令，在弹出的“轮廓图”泊坞窗中单击“轮廓线颜色”按钮，可以对轮廓线的颜色进行设置，如图7-84所示。

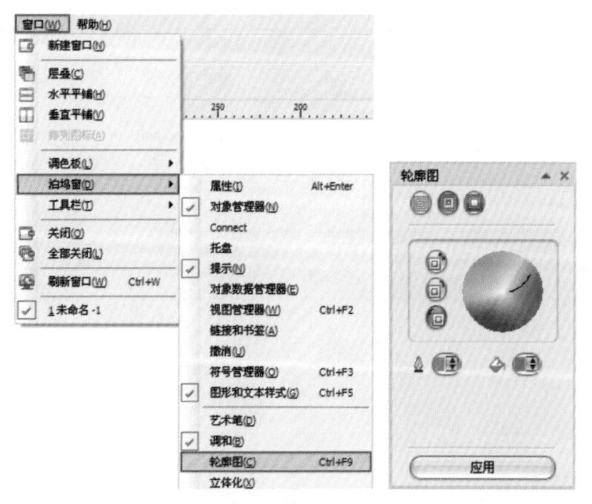

图7—84

7.2.3 分离与清除轮廓图

在创建轮廓图效果后，可以根据需要将轮廓图对象中的放射图形分离成相互独立的对象。此外，用户还可以将已创建的轮廓图效果进行清除。

理论实践——分离轮廓图

选中已创建的轮廓图对象，执行“排列>拆分轮廓图群组”命令，或按Ctrl+K键，然后执行“排列>取消全部群组”命令，即可取消轮廓图的群组状态。对于取消群组的轮廓图，可以对其进行单独编辑及修改，如图7-85所示。

理论实践——清除轮廓图

选中轮廓图对象，执行“效果>清除轮廓”命令，或单击属性栏中的“清除轮廓”按钮，即可消除轮廓图效果，还原到原图形，如图7-86所示。

图7—85　　图7—86

读书笔记

7.3 交互式变形效果

在CorelDRAW中，使用变形工具可以实现3种变形效果，即推拉、拉链和扭曲。使用变形工具时，原对象的属性不会丢失，并可随时编辑；同时，用户还可以对单个对象多次进行变形，并且每次的变形都建立在上一次效果的基础上。如图7-87所示为使用变形工具制作的作品。

单击工具箱中的“变形工具”按钮，在其属性栏中提供了3种变形方式，如图7-88所示。

图7—87

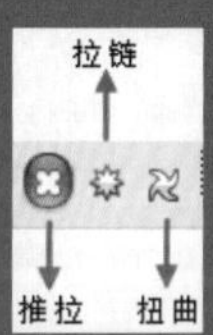

图7—88

- 推拉：允许推进对象的边缘，或拉出对象的边缘。
- 拉链：允许将锯齿效果应用于对象的边缘。可以调整效果的振幅和频率。
- 扭曲：允许旋转对象以创建漩涡效果。可以设置漩涡的方向以及旋转原点、旋转度及旋转量。

7.3.1 应用不同的变形效果

步骤01 单击工具箱中的“椭圆形工具”按钮，按住Ctrl键在工作区内绘制一个圆形。单击工具箱中的“变形工具”按钮，在其属性栏中单击“推拉”按钮，通过推入和外拉边缘使对象变形，如图7-89所示。

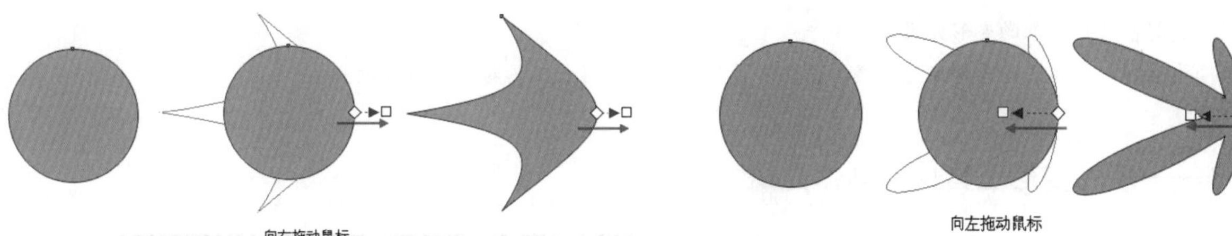

图7—89

技术拓展：“推拉”变形参数详解

“推拉”变形参数如图7—90所示。

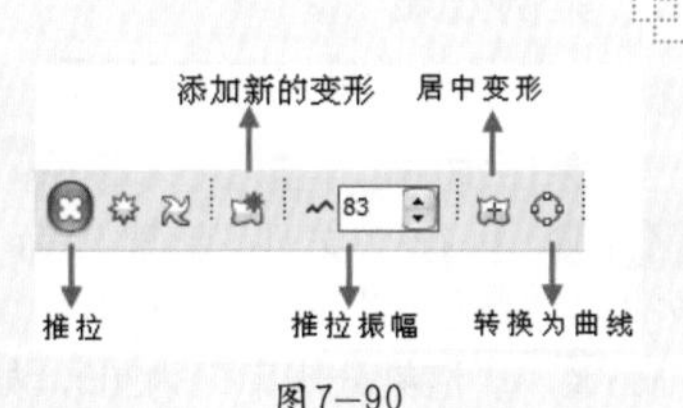

图7—90

- 添加新的变形：单击该按钮，可在当前变形的基础上继续进行变形操作。
- 推拉振幅：调整对象的扩充和收缩。
- 居中变形：居中对象的变形效果。
- 转换为曲线：将变形对象转换为曲线对象，转换后即可使用形状工具对其进行修改。

步骤02 选择要变形的对象，单击属性栏中的“拉链”按钮，然后在对象上拖动鼠标，效果如图7-91所示。

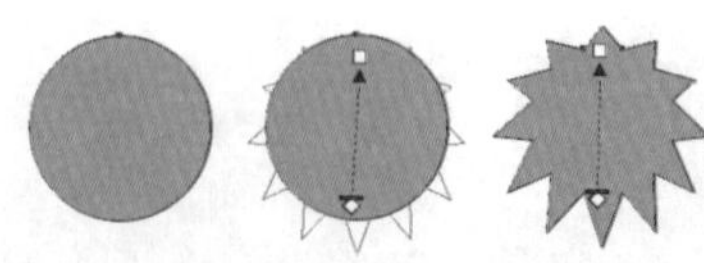

图7-91

技术拓展：“拉链”变形参数详解

“拉链”变形参数如图7-92所示。

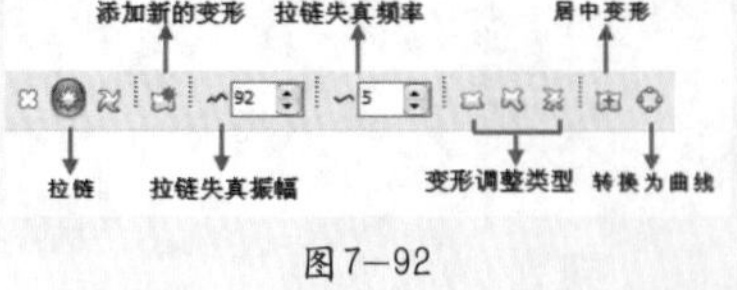

图7-92

- 添加新的变形：单击该按钮，可在当前变形的基础上继续进行变形操作。
- 拉链失真振幅：设置的数值越大，振幅越大。
- 拉链失真频率：对象拉链变形的波动量，其数值越大，波动越频繁。
- 变形调整类型：其中包含随机变形、平滑变形和局部变形3种类型，单击某一按钮即可切换。
- 居中变形：居中对象的变形效果。
- 转换为曲线：将变形对象转换为曲线对象，转换后即可使用形状工具对其进行修改。

步骤03 选择变形对象，单击属性栏中的“扭曲”按钮，然后在对象上拖动鼠标，效果如图7-93所示。

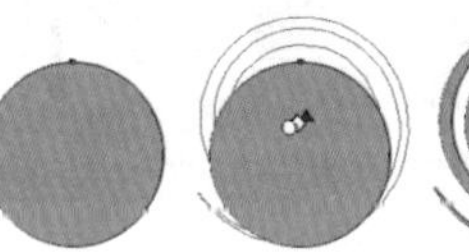
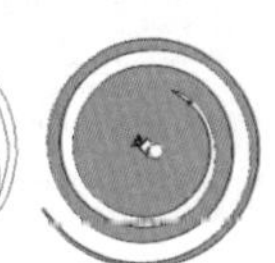

图7-93

技术拓展：“扭曲”变形参数详解

“扭曲”变形参数如图7-94所示。

添加新的变形　完全旋转　居中变形
扭曲　顺/逆时针旋转　附加角度　转换为曲线

图7-94

- 添加新的变形：单击该按钮，可在当前变形的基础上继续进行变形操作。
- 顺/逆时针旋转：用于设置旋转的方向。
- 完全旋转：调整对象旋转扭曲的程度。
- 附加角度：在扭曲变形的基础上作为附加的内部旋转，对扭曲后的对象内部作进一步的扭曲处理。
- 居中变形：居中对象的变形效果。
- 转换为曲线：将扭曲对象转换为曲线对象，转换后即可使用形状工具对其进行修改。

实例练习——使用变形工具快速制作光斑

案例文件	实例练习——使用变形工具快速制作光斑.cdr
视频教学	实例练习——使用变形工具快速制作光斑.flv
难易指数	★★★★★
知识掌握	椭圆形工具、变形工具

案例效果

本例最终效果如图7-95所示。

图7-95

操作步骤

步骤01 执行“文件>新建”命令，在弹出的“创建新文档”对话框中设置“大小”为A4，“原色模式”为CMYK，“渲染分辨率”为300，如图7-96所示。

步骤02 导入背景素材文件，调整为合适的大小及位置，如图7-97所示。

图7-96

图7-97

步骤03 单击工具箱中的“椭圆形工具”按钮，按住Ctrl键，绘制一个正圆，然后通过调色板将其填充为黄色，如图7-98所示。

图7-98

步骤04 单击CorelDRAW工作界面右下角的“轮廓笔”按钮，在弹出的“轮廓笔”对话框中设置“宽度”为“无”，单击“确定”按钮，如图7-99所示。

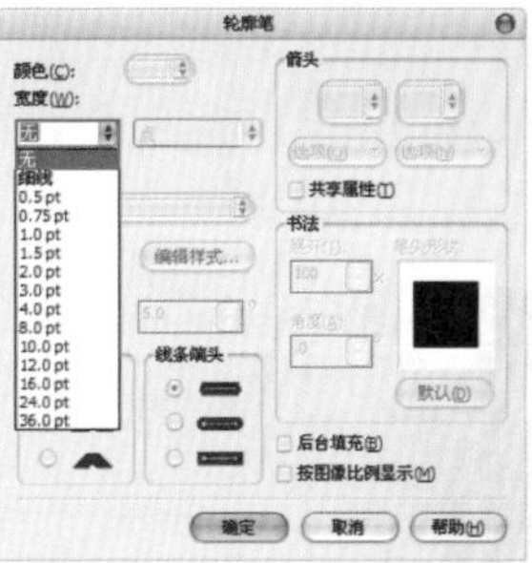

图7-99

步骤05 单击工具箱中的“变形工具”按钮，在其属性栏中单击“推拉”按钮，然后将光标移至正圆中心，按住鼠标左键并拖动，释放鼠标即可完成正圆的变形，如图7-100所示。

步骤06 以同样方法制作出其他不同大小的星形光斑，并放置在合适的位置，最终效果如图7-101所示。

图7-100

图7-101

7.3.2 清除变形效果

选中变形对象，执行“效果>清除变形”命令，或单击属性栏中的“清除变形”按钮，即可消除变形效果，还原到原图形，如图7-102所示。

技巧提示

如果对象之前进行过多次变形操作，则需要多次执行该操作才能恢复最初状态。

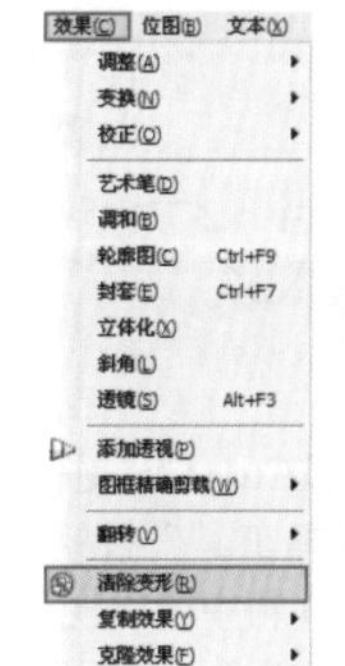

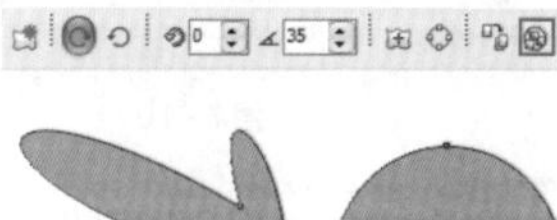

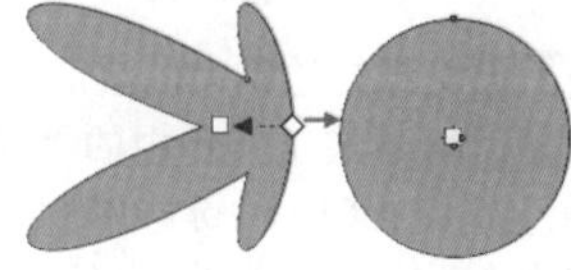

图7-102

实例练习——使用变形工具制作抽象花朵

案例文件	实例练习——使用变形工具制作抽象花朵.cdr
视频教学	实例练习——使用变形工具制作抽象花朵.flv
难易指数	★★★★★
知识掌握	椭圆形工具、星形工具、变形工具

案例效果

本例最终效果如图7-103所示。

图7—103

操作步骤

步骤01 执行"文件>新建"命令，在弹出的"创建新文档"对话框中设置"大小"为A4，"原色模式"为CMYK，"渲染分辨率"为300，如图7-104所示。

步骤02 导入背景素材文件，调整为合适的大小及位置，如图7-105所示。

图7—104

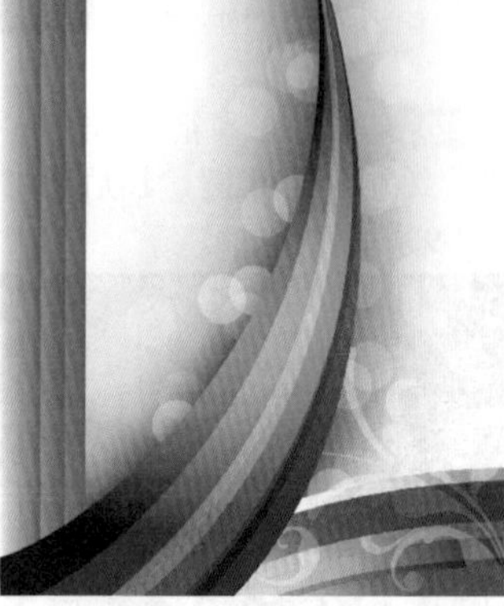

图7—105

步骤03 单击工具箱中的"星形工具"按钮，在其属性栏中设置"点数或边数"为6，"锐度"为40，在工作区内绘制一个星形；单击鼠标右键，在弹出的快捷菜单中执行"转换为曲线"命令，或按Ctrl+Q键；然后单击工具箱中的"形状工具"按钮，将星形编辑得更加圆润，如图7-106所示。

步骤04 在工具箱中单击填充工具组中的"渐变填充"按钮，在弹出的"渐变填充"对话框中设置"类型"为"辐射"，在"颜色调和"选项组中选中"自定义"单选按钮，颜色为从白色到黄色再到红色的渐变，单击"确定"按钮，然后通过"轮廓笔"对话框将"宽度"设置为"无"，如图7-107所示。

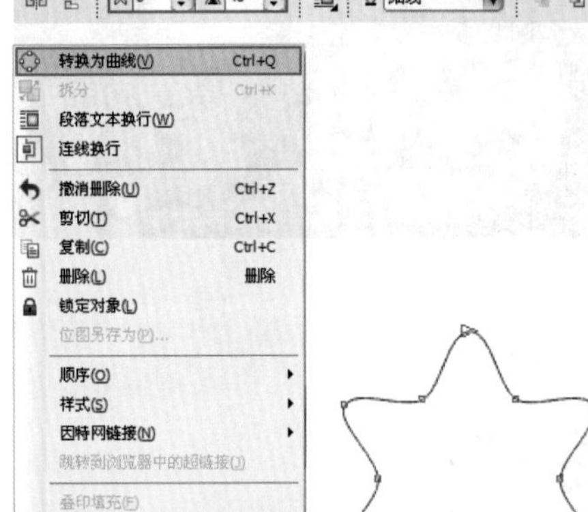

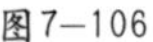

图7—106

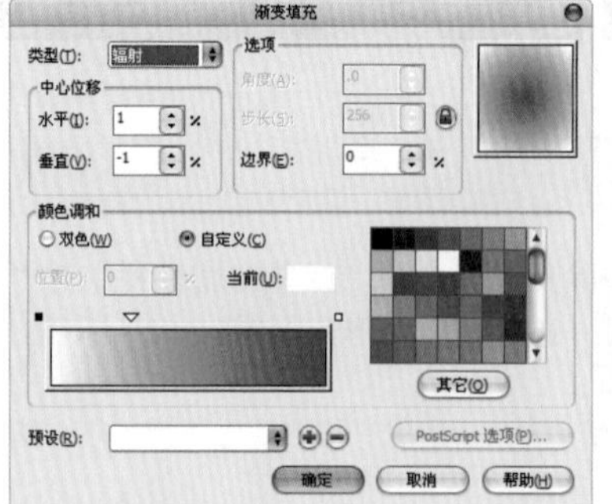

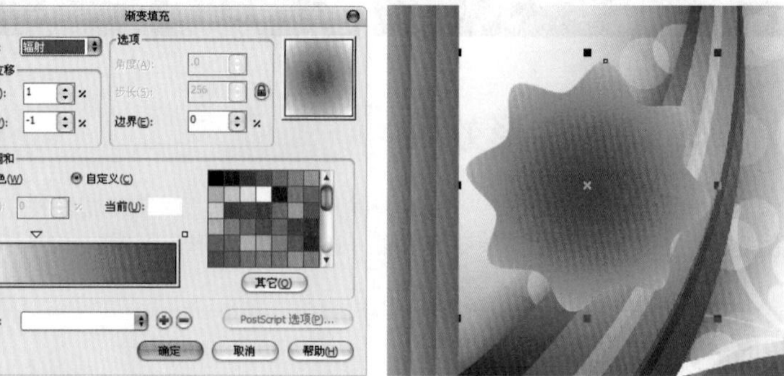

图7—107

步骤05 选择绘制完的星形，按Ctrl+C键复制，再按Ctrl+V键粘贴。多次复制后，等比例缩小并旋转星形，如图7-108所示。

步骤06 单击工具箱中的"选择工具"按钮，框选复制后的图形，然后单击鼠标右键，在弹出的快捷菜单中执行"群组"命令，或按Ctrl+G键。单击工具箱中的"变形工具"按钮，在属性栏中单击"拉链"按钮，设置"拉链失真振幅"为90，"拉链失真频率"为2，然后单击"平滑变形"按钮，在图形内进行拖曳，如图7-109所示。

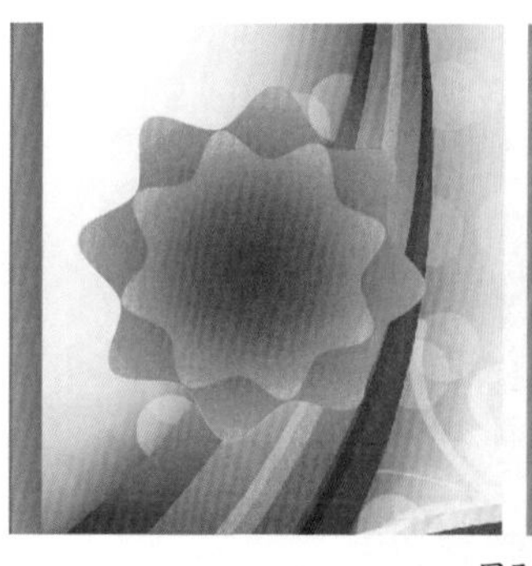
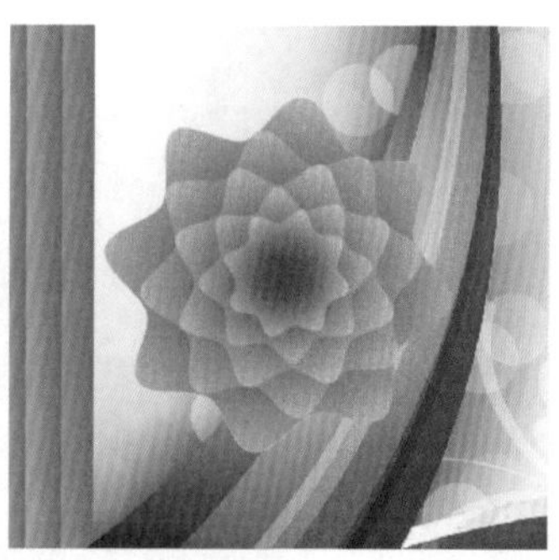

图7—108

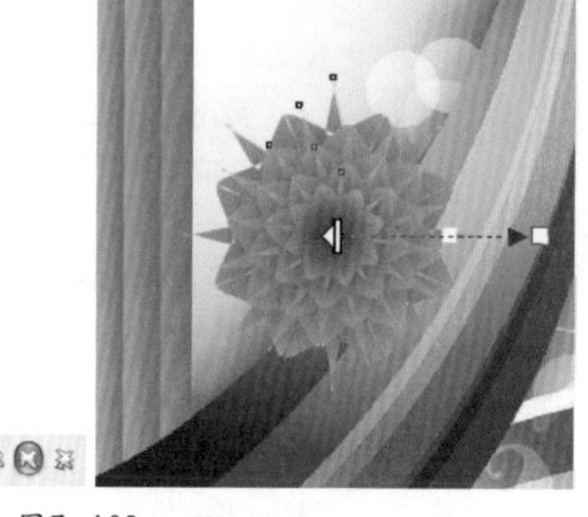

图7—109

步骤07 使用星形工具及渐变填充工具绘制绿色渐变星形，然后通过Ctrl+C、Ctrl+V键进行复制、粘贴，再等比例缩放并旋转，如图7-110所示。

步骤08 选择所有绿色星形，单击工具箱中的“变形工具”按钮，在属性栏中单击“拉链”按钮，设置“拉链失真振幅”为84，“拉链失真频率”为6，在图形内进行拖曳，如图7-111所示。

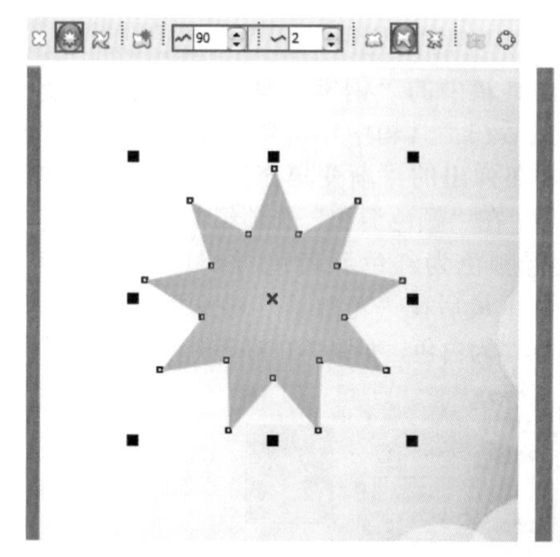

图7—110

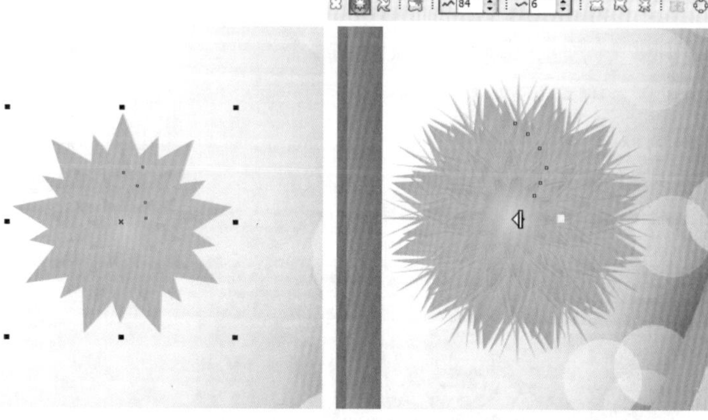

图7—111

步骤09 单击工具箱中的“椭圆形工具”按钮，按住Ctrl键在工作区内绘制正圆，然后利用渐变填充工具将其填充为辐射的紫色渐变，如图7-112所示。

步骤10 单击工具箱中的“变形工具”按钮，在属性栏中打开“预设”下拉列表框，从中选择“推角”选项，然后单击“推拉”按钮，设置“推拉振幅”为-46，在图形内进行拖曳，如图7-113所示。

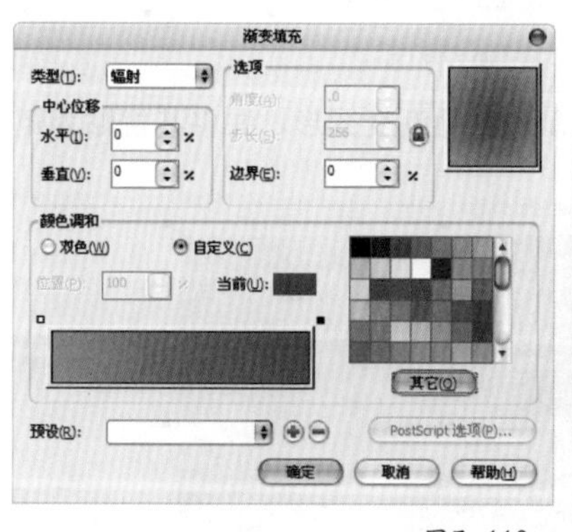

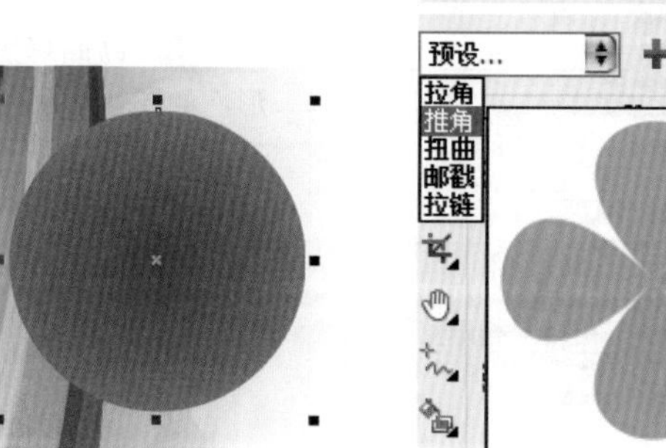

图7—112

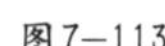

图7—113

步骤11 以同样方法绘制深紫色渐变花瓣，并将其旋转、放置在合适位置，如图7-114所示。

步骤12 以同样方法绘制出不同形状及风格的花朵，并摆放在合适的位置，最终效果如图7-115所示。

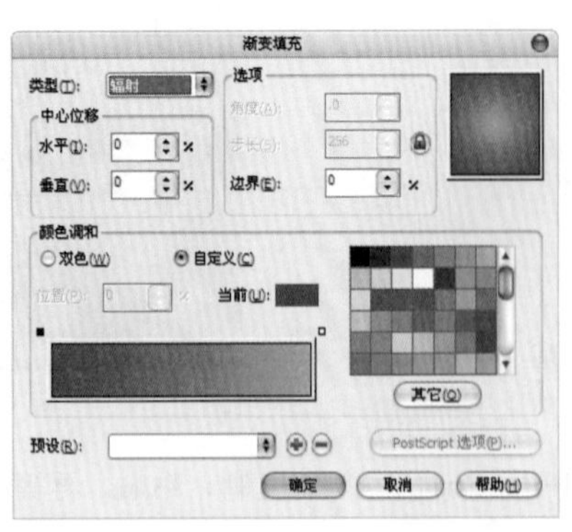

图7—114

图7—115

实例练习——使用扭曲变形工具制作旋转的背景

案例文件	实例练习——使用变形工具制作旋转的背景.cdr
视频教学	实例练习——使用变形工具制作旋转的背景.flv
难易指数	☆☆☆★★
知识掌握	钢笔工具、变形工具

案例效果

本例最终效果如图7-116所示。

图7—116

操作步骤

步骤01 执行“文件>新建”命令，在弹出的“创建新文档”对话框中设置“大小”为A4，“原色模式”为CMYK，“渲染分辨率”为300，如图7-117所示。

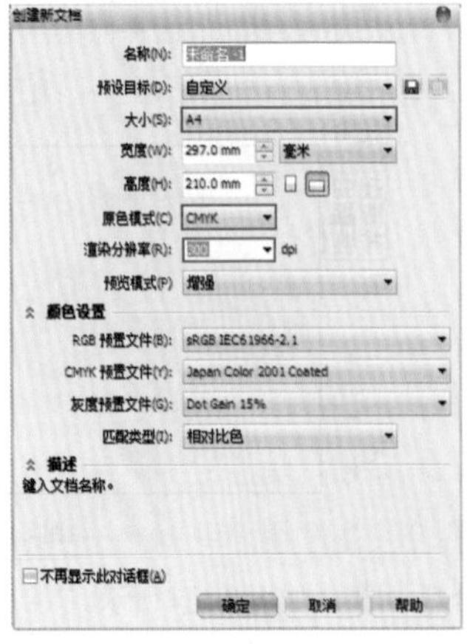

图7—117

步骤02 单击工具箱中的“钢笔工具”按钮，绘制一个直角三角形；然后在工具箱中单击填充工具组中的“渐变填充”按钮，在弹出的“渐变填充”对话框中设置“类型”为“线性”，在“颜色调和”选项组中选中“自定义”单选按钮，设置颜色为红色到黄色再到白色的渐变，单击“确定”按钮；最后在“轮廓笔”对话框中设置宽度为0.25mm，“颜色”为白色，如图7-118所示。

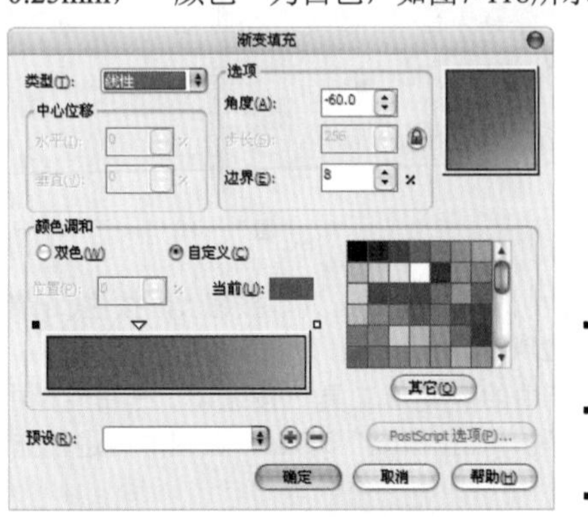

图7—118

步骤03 以同样方法制作其他渐变图形，并将其拼贴为矩形，如图7-119所示。

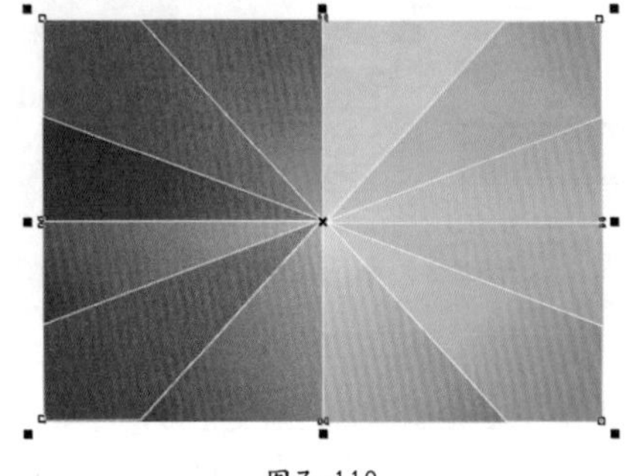

图7—119

技巧提示

为了使所绘制的三角形能够构成一个完整的矩形，也可以先绘制一个矩形，放在底部作为参考。

步骤04 继续使用钢笔工具在图形上绘制白色线条，然后框选所有绘制的图形，单击鼠标右键，在弹出的快捷菜单中执行“群组”命令，如图7-120所示。

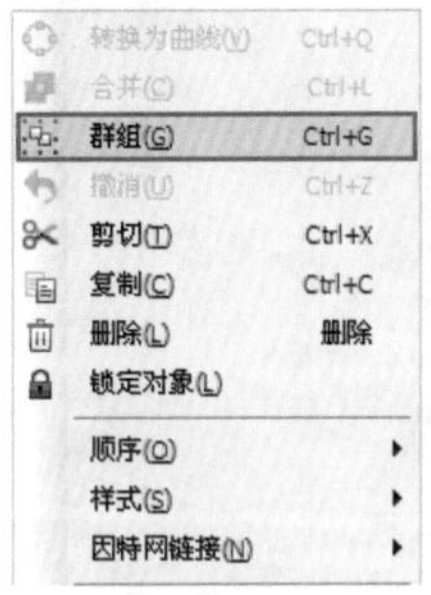

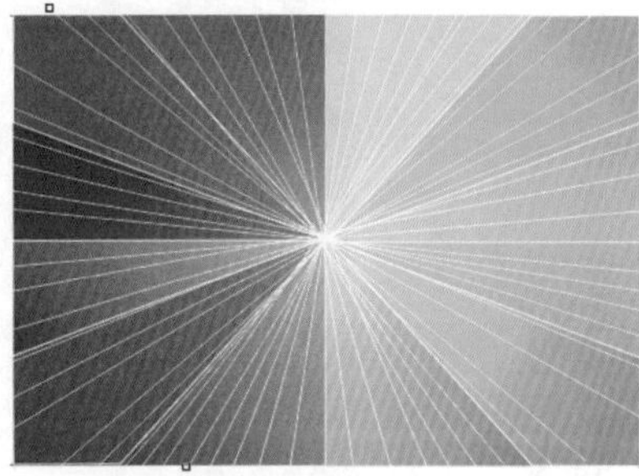

图7—120

技巧提示

使用手绘工具在视图中单击后，按下Shift键拖动鼠标，也可以绘制直线。

步骤05 单击工具箱中的“变形工具”按钮，在属性栏中单击“扭曲”按钮，然后单击“逆时针旋转”按钮，设置“完全角度”为0，“附加角度”为157，在图形上拖曳将其进行旋转，如图7-121所示。

步骤06 单击工具箱中的“矩形工具”按钮，在工作区内绘制合适大小的矩形。为了便于观察，可以设置其填充为无，边框为黑色，如图7-122所示。

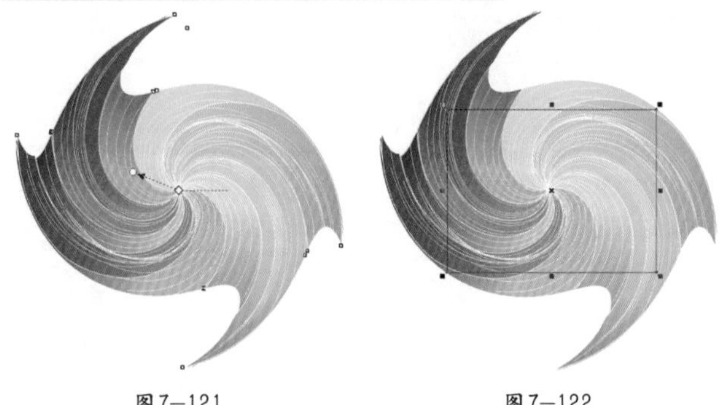

图7—121　　图7—122

步骤07 选择彩色背景，执行“效果>图框精确剪裁>放置在容器中”命令，当光标变为箭头形状时单击矩形线框，设置轮廓线宽度为“无”，此时彩色背景的外轮廓变为规整的矩形，如图7-123所示。

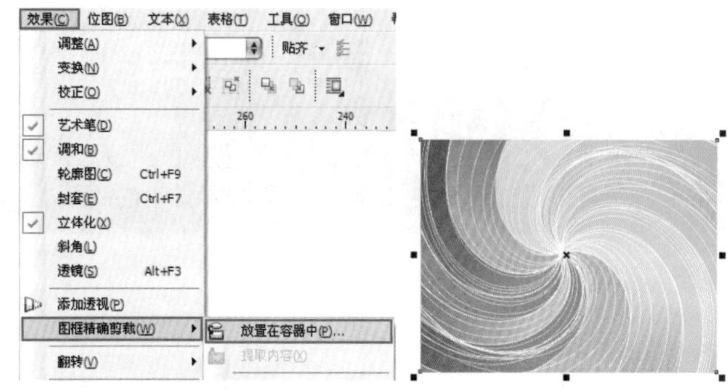

图7—123

步骤08 单击工具箱中的“椭圆形工具”按钮，在背景图上绘制圆形并将其填充为白色，然后设置轮廓线宽度为“无”，多次复制并粘贴，再改变其大小，使白色的圆点均匀地散布在背景上，如图7-124所示。

图7—124

步骤09 导入手机花纹素材文件，调整为合适的大小及位置，最终效果如图7-125所示。

图7—125

交互式阴影效果

利用阴影工具，可以对对象进行不同颜色的投影，制作出具有一定立体感的效果，如图7-126所示，通过对阴影效果的处理，可以进行混合操作来丰富阴影与背景间的关系。

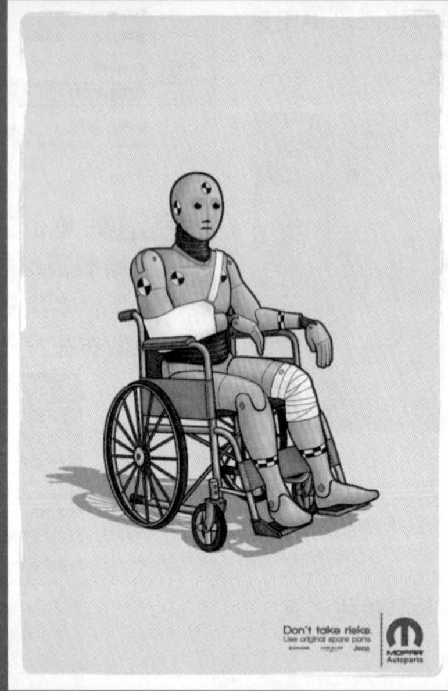

图7—126

7.4.1 创建阴影效果

创建阴影效果时，首先选中需要添加阴影的对象，然后单击工具箱中的“阴影工具”按钮，将光标移至图形对象上，按下鼠标左键并向其他位置拖动，释放鼠标后即可看到阴影效果，如图7-127所示。

光标移至引用控制点上，按下鼠标左键并拖动，可以随意更改阴影角度及大小，如图7-128所示。

图7—127

图7—128

实例练习——使用阴影工具增强立体感

案例文件	实例练习——使用阴影工具增强立体感.cdr
视频教学	实例练习——使用阴影工具增强立体感.flv
难易指数	★★★★★
知识掌握	阴影工具、文字工具

案例效果

本例效果如图7-129所示。

操作步骤

步骤01 执行“文件>新建”命令，在弹出的“创建新文档”对话框中设置“大小”为A4，“原色模式”为CMYK，“渲染分辨率”为300，如图7-130所示。

步骤02 打开天空素材文件，调整为合适的大小及位置，如图7-131所示。

图7—129

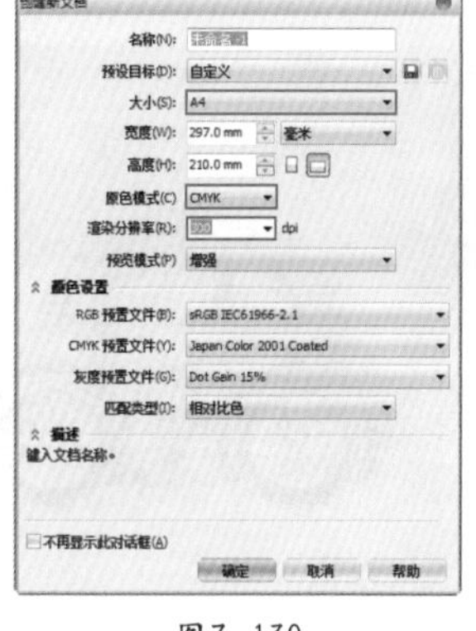

图7—130

图7—131

步骤03 导入汽车素材文件，调整为合适的大小及位置，单击工具箱中的“阴影工具”按钮，将光标移至车底部，按下鼠标左键并向左上角拖动，释放鼠标后即完成阴影的制作。在属性栏中设置“阴影的不透明度”为22，“阴影羽化”为10，如图7-132所示。

步骤04 单击工具箱中的“文本工具”按钮，在右下角单击并输入文字“ERAY”，然后设置为合适的字体及大小，如图7-133所示。

图7—132

图7—133

步骤05 单击CorelDRAW工作界面右下角的“轮廓笔”按钮，在弹出的“轮廓笔”对话框中设置“颜色”为白色，“宽度”为3.0pt，单击“确定”按钮，如图7-134所示。

步骤06 单击工具箱中的“填充工具”按钮并稍作停留，在弹出的下拉列表中单击 “渐变填充”按钮，在弹出的“渐变填充”对话框中设置“类型”为“线性”，在“颜色调和”选项组中选中“自定义”单选按钮，设置颜色为一种彩色渐变，然后单击“确定”按钮，如图7-135所示。

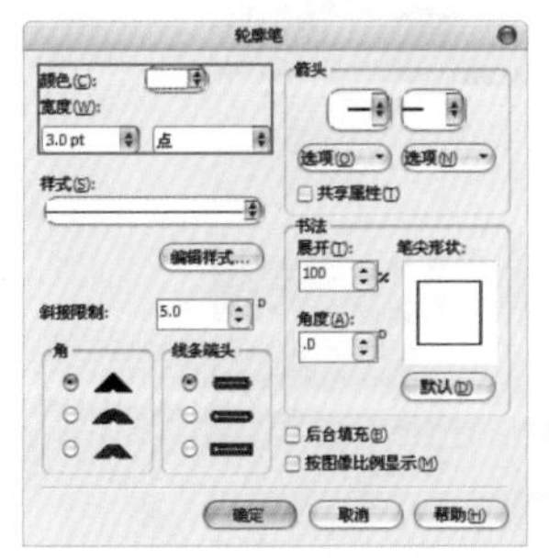

图7—134

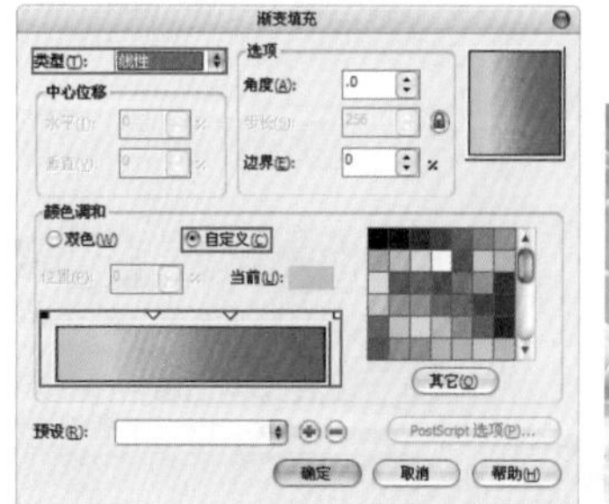

图7—135

步骤07 单击工具箱中的“阴影工具”按钮，将光标移至文字底部，按住鼠标左键向左上角拖动，释放鼠标后即完成阴影的制作。在属性栏中设置“阴影的不透明度”为22，“阴影羽化”为10，如图7-136所示。

步骤08 下面开始制作文字的光泽部分。选择文字，按Ctrl+C键复制，再按Ctrl+V键粘贴，并通过调色板将其设置为白色；单击工具箱中的“椭圆形工具”按钮，在白色文字下方绘制一个合适大小的椭圆，如图7-137所示。

图7—136

图7—137

步骤09 单击工具箱中的“选择工具”按钮，按住Shift键进行加选，将白色文字和蓝色椭圆形同时选中，然后单击属性栏中的“移除前面对象”按钮，效果如图7-138所示。

步骤10 选择白色文字光泽，单击工具箱中的“透明度工具”按钮，在白色文字上向下拖动，为其添加透明度，最终效果如图7-139所示。

图7—138

图7—139

7.4.2 在属性栏中设置阴影效果

在阴影工具的属性栏中设置相关的参数，可以调整阴影的不同效果，增强对象的立体感。

理论实践——应用预设阴影效果

在属性栏的“预设”下拉列表框中选择所需的阴影预设效果，即可将其应用到对象上，如图7-140所示。

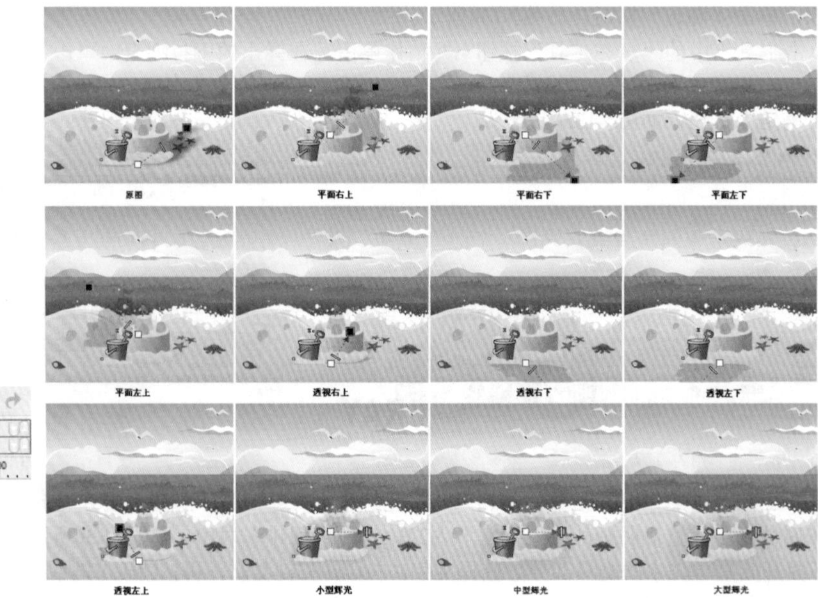

图7—140

理论实践——阴影形态的调整

步骤01 在属性栏的“阴影角度”数值框内输入数值，设置阴影的方向。例如，将“阴影角度”分别设置为20和150，效果如图7-141所示。

步骤02 在属性栏的“阴影的不透明度”数值框内输入数值，调整阴影的不透明度。例如，将“阴影的不透明度”分别设置为30和100，效果如图7-142所示。

图7—141

图7—142

步骤03 在属性栏的“阴影羽化”数值框内输入数值，调整阴影边缘的锐化和柔化。例如，将“阴影羽化”分别设置为10和60，效果如图7-143所示。

步骤04 属性栏的“阴影淡出” 数值框和“阴影延展”数值框内输入数值，调整阴影边缘的淡出程度和阴影的调整长度。例如，将“阴影淡出”分别设置为0和50，将“阴影延展”分别设置为0和80，效果如图7-144所示。

图7—143

图7—144

理论实践——阴影颜色的设置

为对象添加阴影后，可以通过属性栏中的“阴影颜色”下拉列表框和“透明度操作”下拉列表框设置阴影部分的颜色及其与背景的混合颜色效果。

步骤01 在属性栏中打开“阴影颜色”下拉列表框，从中选择一种颜色，即可改变阴影的颜色。例如，将阴影颜色分别设置为黑色和红色，效果如图7-145所示。

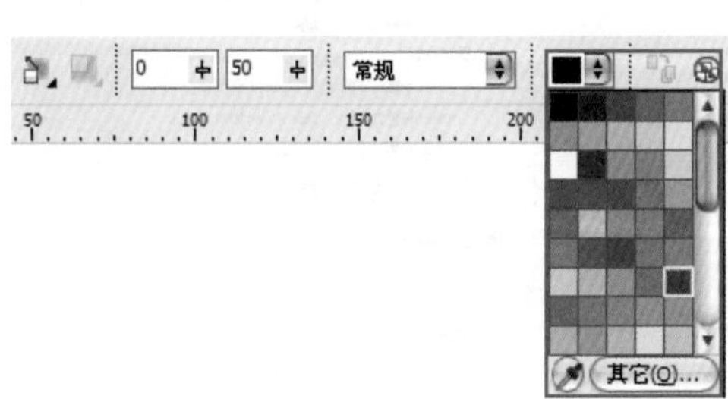

图7—145

步骤02 在属性栏中打开“透明度操作”下拉列表框，从中选择所需选项，即可调整颜色混合效果，以产生不同的色调样式，如图7-146所示。

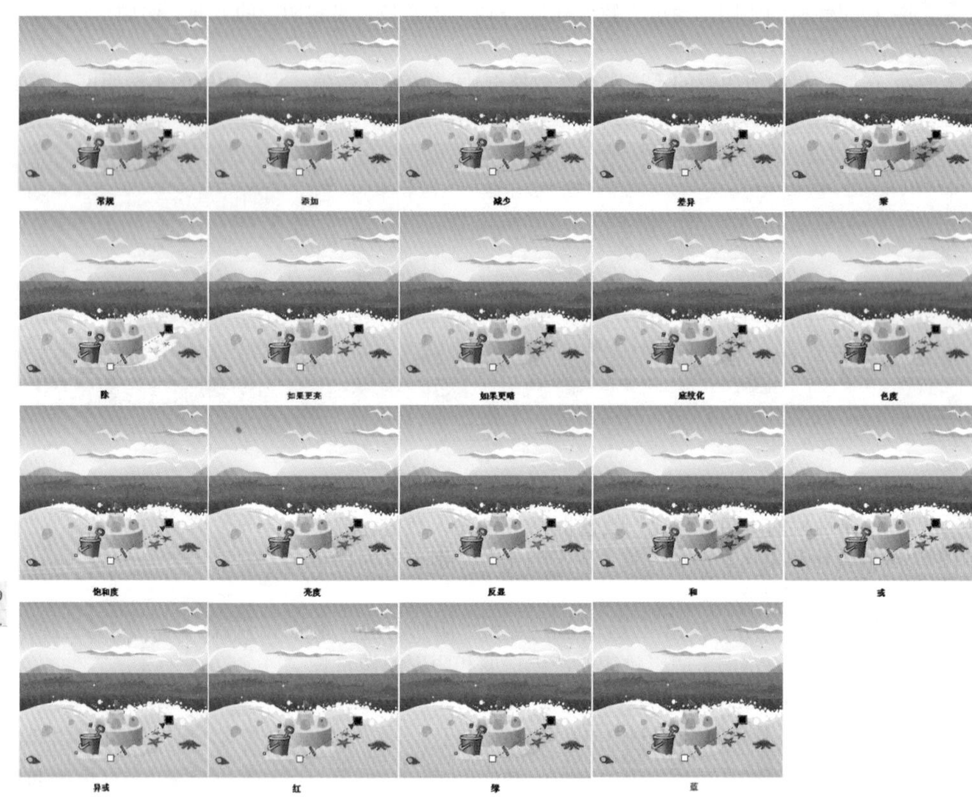

图7—146

实例练习——使用阴影工具制作青花瓷盘

案例文件	实例练习——使用阴影工具制作青花瓷盘.cdr
视频教学	实例练习——使用阴影工具制作青花瓷盘.flv
难易指数	★★★★★
知识掌握	椭圆形工具、图框精确剪裁、阴影工具

案例效果

本例最终效果如图7-147所示。

图7—147

操作步骤

步骤01 执行“文件>新建”命令，在弹出的“创建新文档”对话框中设置“大小”为A4，“原色模式”为CMYK，“渲染分辨率”为300，如图7-148所示。

图7—148

步骤02 分别导入背景及瓶子素材文件，并调整为合适的大小及位置；然后单击工具箱中的“椭圆形工具”按钮，按住Ctrl键绘制一个正圆，如图7-149所示。

图7—149

步骤03 单击CorelDRAW工作界面右下角的“轮廓笔”按钮，在弹出的“轮廓笔”面板中设置“颜色”为蓝色，设置“宽度”为1.5mm，单击“确定”按钮，如图7-150所示。

步骤04 导入花纹素材文件，并调整为合适的大小；然后执行“效果>图框精确剪裁>放置在容器中”命令，当光标变为黑色箭头形状时，单击绘制的正圆，如图7-151所示。

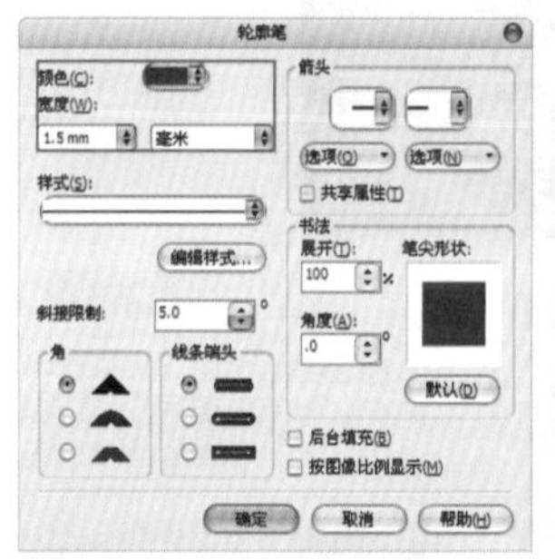

图7—150

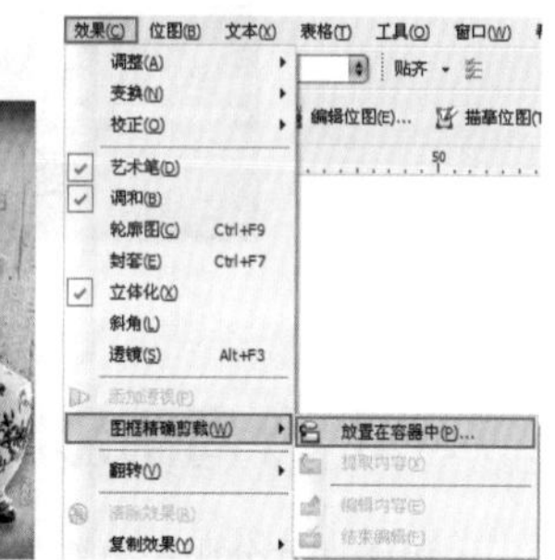

图7—151

步骤05 执行“效果>图框精确剪裁>编辑内容”命令，将花纹图像移至正圆中心；执行“效果>图框精确剪裁>结束编辑”命令，如图7-152所示。

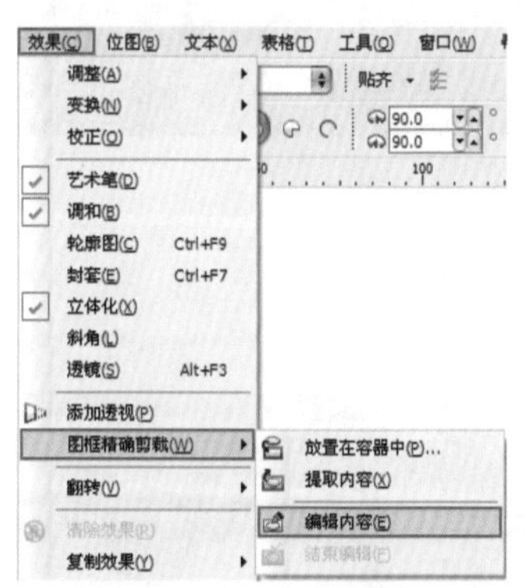

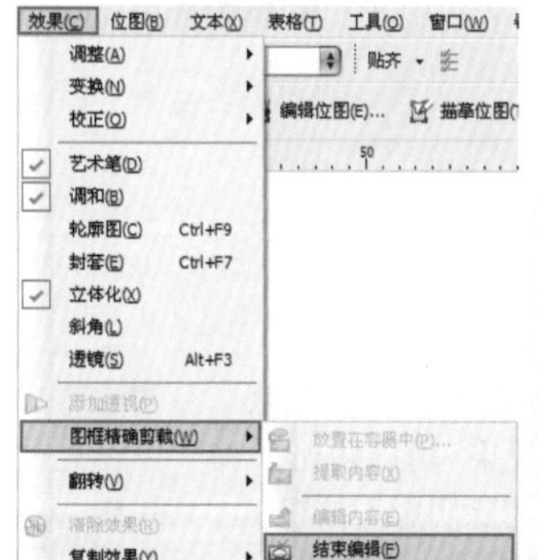

图7—152

步骤06 再次绘制一个小一点儿的正圆，以同样方法制作盘中心部分，如图7-153所示。

步骤07 单击选中盘子中心部分，然后单击工具箱中的“阴影工具”按钮，在盘子中心上按住鼠标左键拖曳，增强盘子的深度感，如图7-154所示。

图7—153

图7—154

步骤08 导入盘子底座素材文件，并调整为合适的大小及位置；然后选择盘子外轮廓，使用阴影工具进行拖曳，制作盘子的阴影部分，最终效果如图7-155所示。

图7—155

7.4.3 分离阴影

利用“拆分阴影群组”命令可以将阴影与主体拆分开来，使其成为可以分别编辑的两个独立对象。

选择将要分离的对象，执行“排列>拆分阴影群组”命令，或按Ctrl+K键，即可完成拆分，如图7-156所示。此时方向分离后的阴影单独进行旋转、移动、大小等一系列调整。

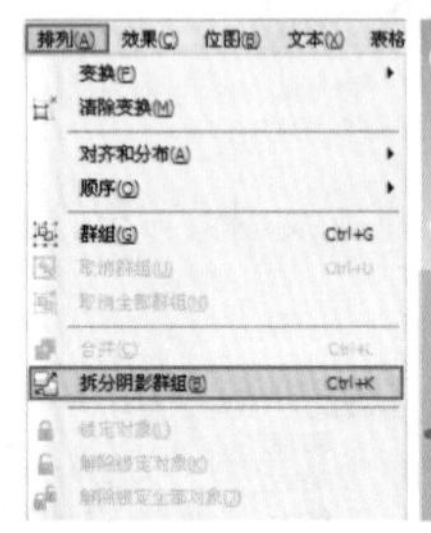

图7—156

7.4.4 清除阴影效果

利用“清除阴影”命令可以将不需要的阴影删除。选择需要清除的阴影对象，执行“效果>清除阴影”命令，或在阴影工具的属性栏中单击“清除阴影”按钮，即可将不需要的阴影清除，如图7-157所示。

图7—157

实例练习——使用阴影工具制作漩涡

案例文件	实例练习——使用阴影制作漩涡.cdr
视频教学	实例练习——使用阴影制作漩涡.flv
难易指数	★★★★★
知识掌握	扭曲工具、阴影工具、拆分阴影群组

案例效果

本例最终效果如图7-158所示。

图7—158

操作步骤

步骤01 首先执行“文件>新建”命令，在弹出的“创建新文档”窗口中设置大小为A4，颜色模式为CMYK，渲染分辨率为300，如图7-159所示。

步骤02 导入背景文件素材，调整合适大小及位置，如图7-160所示。

步骤03 单击工具箱中的“星形工具”按钮，按住“Ctrl”键在画面中绘制一个星形，单击“调色板”为其填充为白色，如图7-161所示。

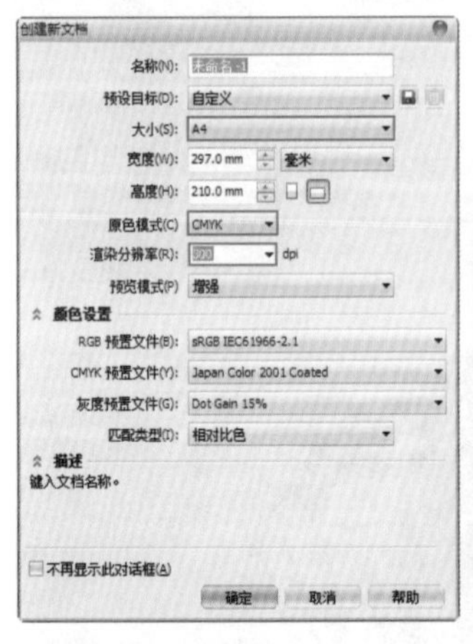

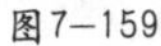

图7—159

图7—160

图7—161

步骤04 单击工具箱中的“扭曲工具”按钮，在属性栏上单击“扭曲变形”按钮，将鼠标移至星形中心，按住左键并以画圆的形式进行拖拽，释放鼠标完成扭曲，如图7-162所示。

步骤05 执行“效果>添加透视”命令，单击移动扭曲星形的四个控制点，为其添加透视效果，如图7-163所示。

图7—162

图7—163

步骤06 单击工具箱中的“阴影工具”按钮，在透视星形上按住左键并拖拽，在属性栏上设置“阴影透明度”数值为50，设置“阴影羽化”数值为15，如图7-164所示。

步骤07 执行“排列>拆分阴影群组”命令，或按“Ctrl+K”快捷键进行拆分，单击选择白色扭曲星形，按“Delete”键进行删除，最终效果如图7-165所示。

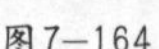

图7-164

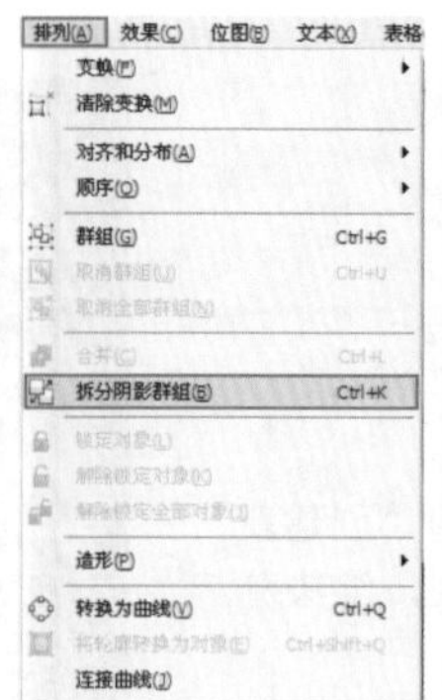

图7-165

7.5 交互式封套效果

封套是通过操纵边界框，来改变对象的形状。通过对封套的节点进行调整来改变对象的形状，既不会破坏对象的原始形态，又能够制作出丰富多变的变形效果，如图7-166所示。

图7-166

封套工具用于控制对象的封套形状以达到改变对象外形轮廓的目的。单击工具箱中的“封套工具”按钮，其属性栏如图7-167所示。

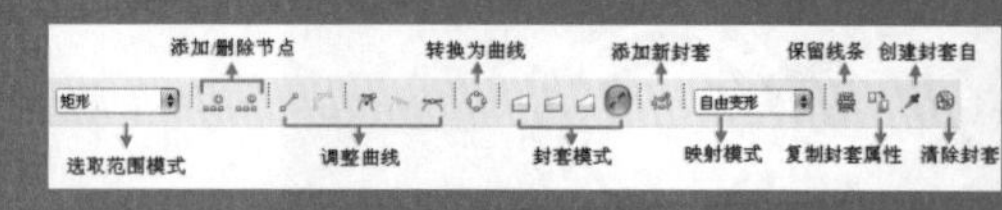

图7-167

- **选取范围模式**：用于设置选取节点的方式，包括“矩形”和“手绘”两种。
- **添加/删除节点**：用于在调整控制框上添加或删除节点。
- **调整曲线**：用于调整控制框上的曲线和节点。
- **转换为曲线**：将封套变形对象转换为普通的曲线对象。
- **封套模式**：包含“直线”、“单弧”、“双弧”、和“非强制”4种。
- **添加新封套**：在原有的封套变形基础上添加新的封套。
- **映射模式**：包含“水平”、“原始”、“垂直”和“自由变形”4种。
- **保留线条**：单击该按钮，可以强制的封套变形方式对对象进行变形处理。

- 复制封套属性：将已经设置好的封套属性应用到尚未进行封套变形的对象上。
- 创建封套自：根据其他对象的形状创建封套。
- 清除封套：清除封套效果。

7.5.1 创建封套效果

使用封套工具可以在对象轮廓外添加封套。

步骤01 单击工具箱中的“封套工具”按钮，然后选中需要添加封套效果的图形对象，即可为其添加一个由节点控制的矩形封套，如图7-168所示。

步骤02 在矩形封套轮廓上的节点或框架线上按住鼠标左键拖动，可以对图像的轮廓作进一步的变形处理，如图7-169所示。

图7—168

图7—169

7.5.2 编辑封套效果

封套工具的工作原理是将需要变形的对象置入外框中，通过编辑封套外框的形状来调整其影响对象的效果，使其依照封套外框的形状产生变形。

理论实践——应用预设封套

选择图形对象，单击工具箱中的“封套工具”按钮，在其属性栏打开“预设”下拉列表框，从中单击选择所需选项，即可将该预设封套效果应用到所选对象中，如图7-170所示。

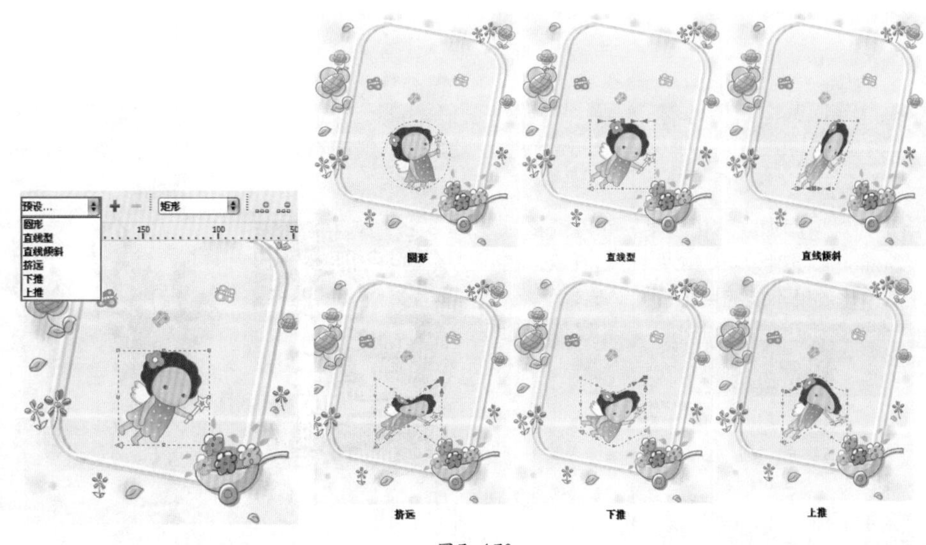

图7—170

理论实践——调整封套的节点

通过对封套轮廓上的节点进行编辑，可以更好地调节轮廓，以达到理想的设计效果。

在封套轮廓上单击鼠标左键，在属性栏分别单击相应的按钮，可以进行增加节点、删除节点，以及调整线节点等一系列的操作，如图7-171所示。

图7—171

理论实践——切换封套的模式

默认的封套模式是“非强制”，其变化相对比较自由，并且可以对封套的多个节点同时进行调整。用户也可根据实际情况切换封套模式。

选择图形对象，分别单击属性栏中的“直线模式”按钮、“单弧模式”按钮和“双弧模式”按钮，即可在各种模式间进行切换，如图7-172所示。强制地对对象进行封套变形处理，且只能单独对各节点进行调整。

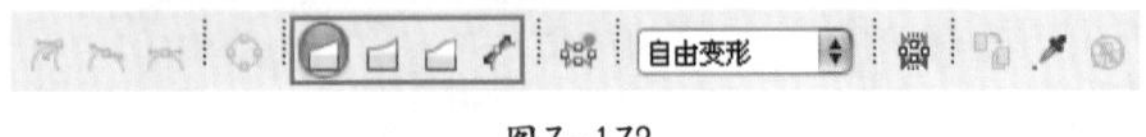

图7—172

- 直线模式：基于直线创建封套，为对象添加透视点，如图7-173（a）所示。
- 单弧模式：创建一边带弧形的封套，使对象呈现凹面结构或凸面结构外观，如图7-173（b）所示。
- 双弧模式：创建一边或多边带S形的封套，如图7-173（c）所示。
- 非强制模式：创建任意形式的封套，允许用户改变节点的属性以及添加和删除节点，如图7-173（d）所示。

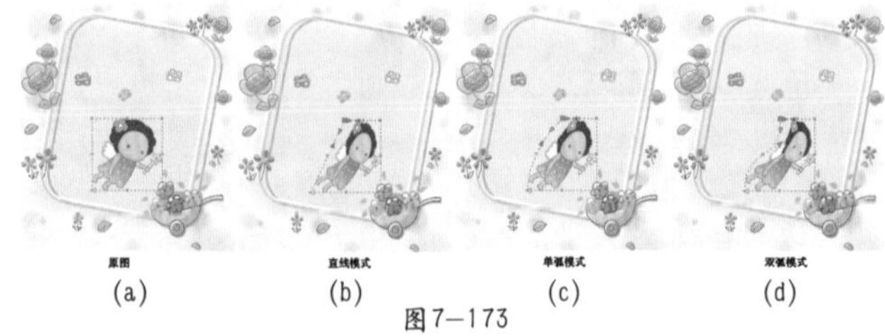

(a)　(b)　(c)　(d)

图7—173

理论实践——封套映射模式

选择图形对象，在封套工具属性栏中打开“映射模式”下拉列表框，从中可以选择任一为对象应用不同的封套变形效果。其中包括“水平”、“原始”、“自由变形”和“垂直”4种，“原始”和“自由变形”模式是比较随意的变形模式，“水平”和“垂直”模式分别用于对图形对象节点进行水平和垂直变形处理，如图7-174所示。

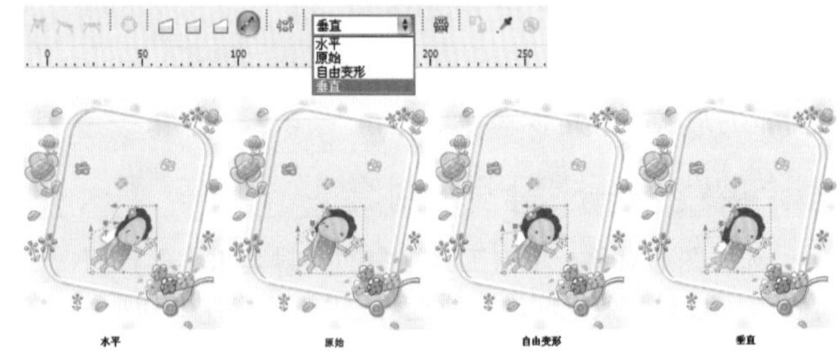

图7—174

7.6 交互式立体化效果

立体化工具用于为对象添加立体化效果，并可调整三维旋转透视角度，添加光源照射效果，如图7-175所示。在此需要注意的是，立体化效果不能应用于位图对象。

单击工具箱中的“立体化工具”按钮，其属性栏如图7-176所示。

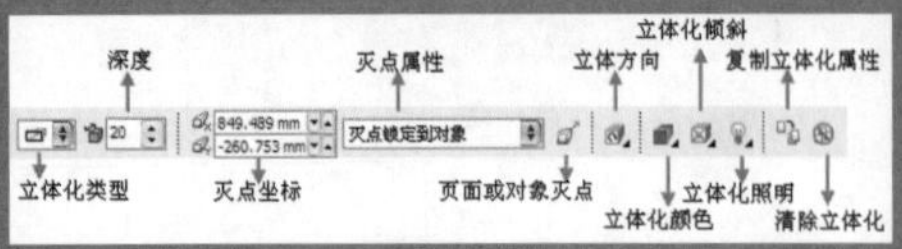

图7—176

图7—175

- 立体化类型：在该下拉列表框中可以选择不同的立体化类型并应用到对象中。
- 深度：用于设置立体化对象的透视深度。
- 灭点坐标：用于设置立体化对象透视消失点的位置。
- 灭点属性：可以锁定灭点至指定对象，也可复制或共享多个立体化对象的灭点。
- 页面或对象灭点：将灭点的位置锁定到对象或页面中。
- 立体化方向：单击该按钮，在弹出的面板中拖动鼠标，即可调整对象的立体化方向。
- 立体化颜色：用于设置对象立体化后的填充类型。
- 立体化倾斜：使对象具有三维外观的另一种方法是在立体模型中应用斜角修饰边。
- 立体化照明：为立体化对象添加光照效果。
- 复制立体化属性：复制设置好的立体化属性，应用到指定对象上。
- 清除立体化：单击该按钮，即可清除对象立体化效果。

技巧提示

执行“效果>立体化”命令，打开“立体化”泊坞窗，分别单击“立体化相机”、“立体化旋转”、“立体化光源”、“立体化颜色”和“立体化斜角”5个按钮，在弹出的相应面板中可以对图形对象设置不同的立体化效果。

7.6.1 创建立体化效果

选择对象后，在工具箱中单击“立体化工具”按钮，将光标移至对象上，按住鼠标左键拖动，即可产生立体化效果，如图7-177所示。

将光标移至箭头前面位置×，按住鼠标左键拖动，可以修改立体化的厚度，如图7-178所示。

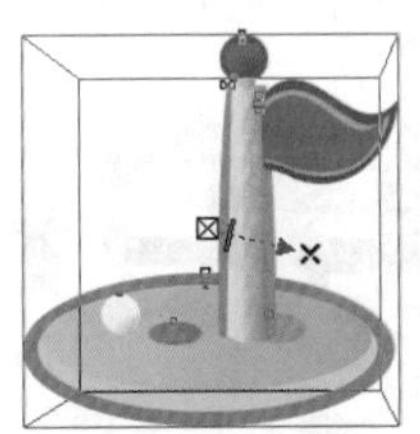
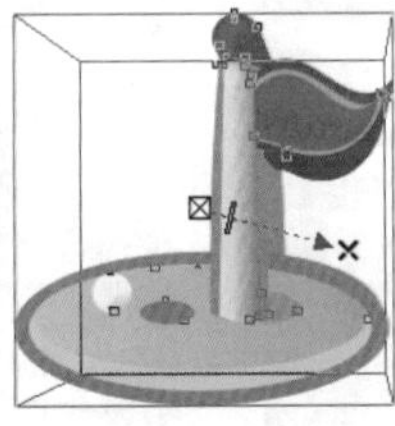

图7—177

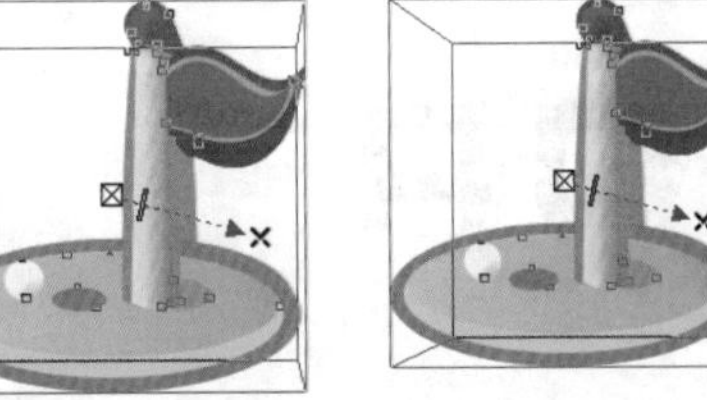
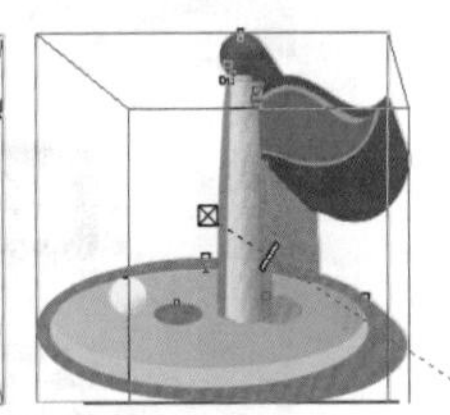

图7—178

实例练习——花纹立体字

案例文件	实例练习——花纹立体字.cdr
视频教学	实例练习——花纹立体字.flv
难易指数	★★★★★
知识掌握	文本工具、立体化工具、图样填充工具

案例效果

本例最终效果如图7-179所示。

图7—179

操作步骤

步骤01 执行“文件>新建”命令，在弹出的“创建新文档”对话框中设置“大小”为A4，“原色模式”为CMYK，“渲染分辨率”为300，如图7-180所示。

步骤02 打开背景素材文件，调整为合适的大小及位置，如图7-181所示。

步骤03 单击工具箱中的"文本工具"按钮，在背景上单击并输入文字"CDR"，然后设置为合适的字体及大小，如图7-182所示。

图7—180

图7—181

图7—182

步骤04 选择文字，执行"排列>拆分美术字"命令，或按Ctrl+K键，即可将其拆分（拆分后的字母可以单独进行编辑），如图7-183所示。

步骤05 选择字母C，单击工具箱中的"立体化工具"按钮，然后按住鼠标左键并拖动，制作出立体效果，如图7-184所示。

图7—183

图7—184

步骤06 在属性栏中打开"立体化类型"下拉列表框，在框中选择第一种立体化类型，设置"深度"为5，然后单击"立体化方向"按钮，在打开的调整面板中按住鼠标左键拖动，将字母C按一定角度进行旋转，最后释放鼠标结束操作，如图7-185所示。

步骤07 选择制作的立体字，执行"排列>拆分立体化群组"命令，或按Ctrl+K键，将其拆分（拆分后的立体字可以对面单独进行编辑），如图7-186所示。

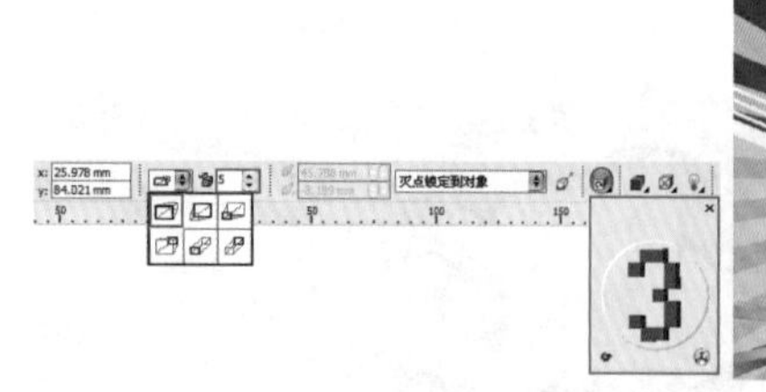

图7—185

图7—186

步骤08 选择立体字上面一层，单击工具箱中的"填充工具"按钮并稍作停留，在弹出的下拉列表中单击"图样填充"按钮，在弹出的"图样填充"对话框中选中"位图"单选按钮，单击"装入"按钮，在弹出的"导入"对话框中选择配书光盘中的花纹素材文件，单击"导入"按钮将其导入，然后分别将"宽度"和"高度"设置为50mm，单击"确定"按钮，如图7-187所示。

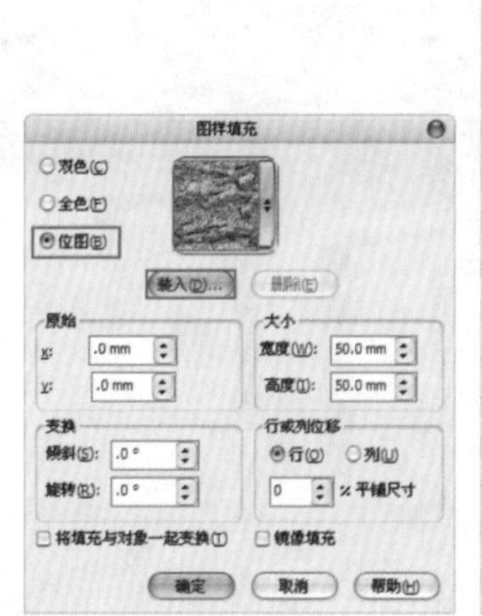
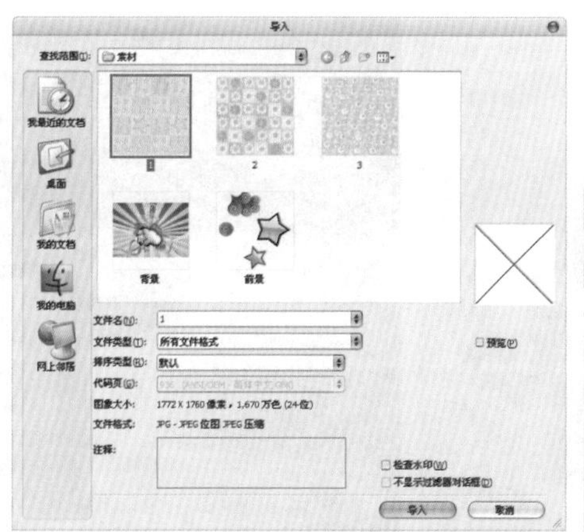

图7—187

步骤09 单击CorelDRAW工作界面右下角的“轮廓笔”按钮，在弹出的“轮廓笔”对话框中设置“宽度”为0.5mm，“颜色”为紫色，单击“确定”按钮，如图7-188所示。

步骤10 选择立体字的后面一层，单击“填充工具”按钮并稍作停留，在弹出的下拉列表中单击 “渐变填充”按钮，在弹出的“渐变填充”对话框中设置“类型”为“线性”，“角度”为90，在“颜色调和”选项组中选中“自定义”单选按钮，将颜色设置为一种紫色系渐变，然后单击“确定”按钮，如图7-189所示。

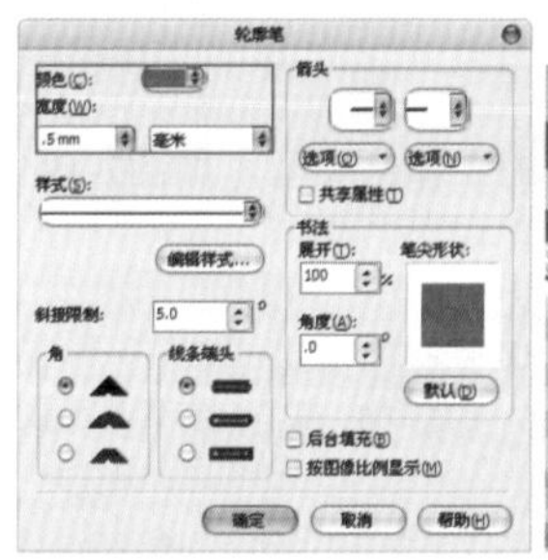

图7—188

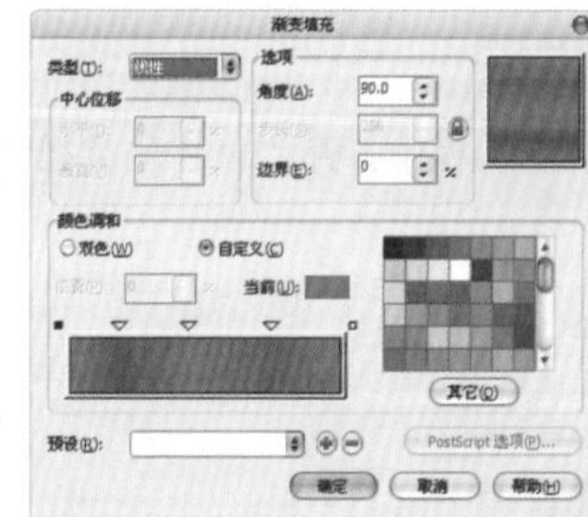

图7—189

步骤11 单击CorelDRAW工作界面右下角的“轮廓笔”按钮，在弹出的“轮廓笔”对话框中设置“宽度”为0.2mm，“颜色”为紫色，然后单击“确定”按钮，如图7-190所示。

步骤12 以同样方法制作出其他字母的立体样式，然后调整为合适的角度以增强立体感，再打开文字上面的花纹素材文件，调整为合适的大小及位置，最终效果如图7-191所示。

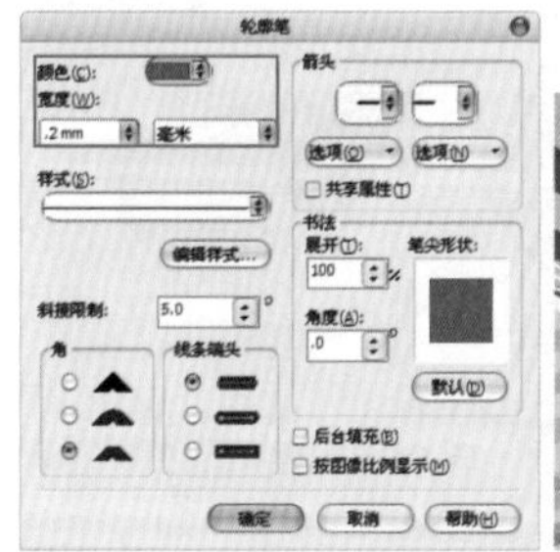

图7—190

图7—191

7.6.2 在属性栏中编辑立体化效果

创建立体化效果后，可以在属性栏中根据实际需要进行相应设置，更改其效果，从而使平面化的矢量图形体现出丰富的三维立体效果，如图7-192所示。

图7—192

理论实践——应用预设立体化样式

选择图形对象，在立体化工具属性栏中打开“预设”下拉列表框，从中选择一种预设的立体化样式，即可将其应用于所选的图形对象上，如图7-193所示。

理论实践——设置立体化类型

选择图形对象，在立体化工具属性栏中打开“立体化类型”下拉列表框，从中选择一种预设的立体化类型，如图7-194所示。

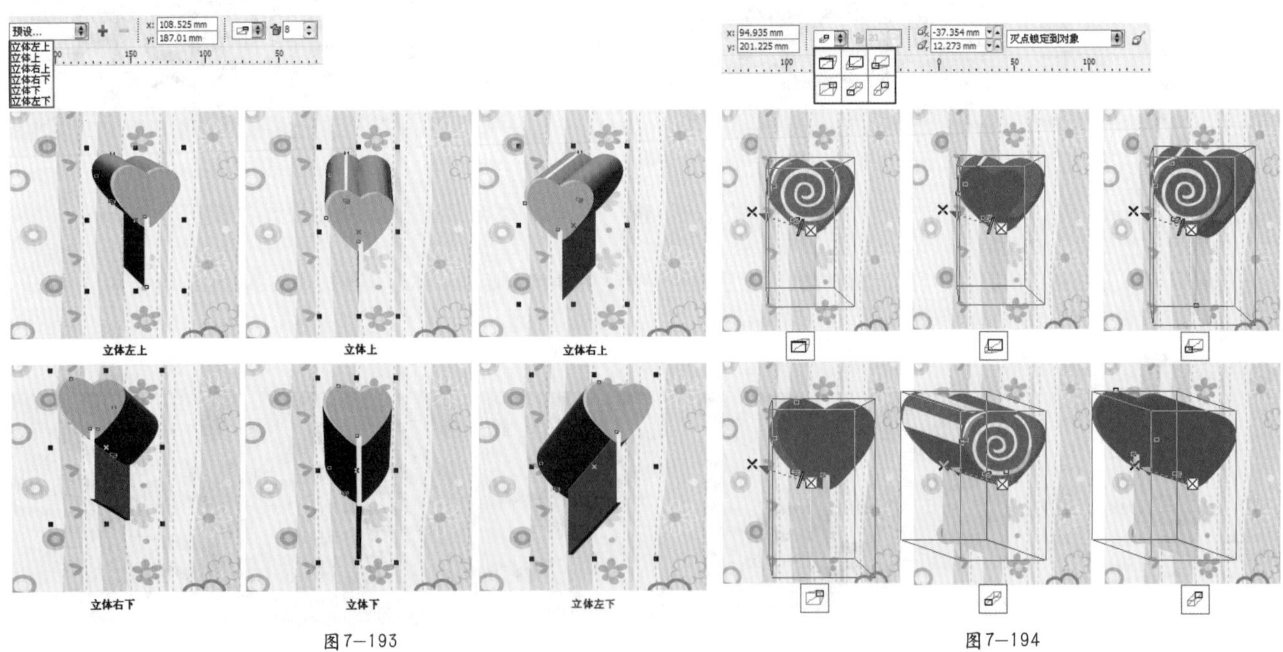

图7—193 图7—194

理论实践——立体化对象的变形

步骤01 在属性栏的“深度”数值框内输入数值，可设置立体化对象的深度。例如，分别输入“10”和“30”，效果如图7-195所示。

步骤02 在属性栏的“灭点坐标”数值框内输入数值，可以对灭点的位置进行相应的设置。在属性栏中打开“灭点属性”

下拉列表框，从中可以选择立体化对象的属性，如图7-196所示。

技巧提示

灭点是一个设想的点，它在对象后面的无限远处，当对象向该点变化时，就产生了透视感。

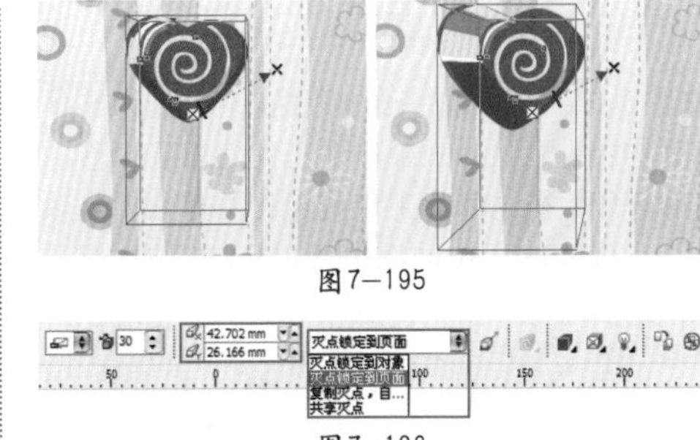
图7—195

图7—196

理论实践——立体化对象的旋转

步骤01 在属性栏中单击“立体化方向”按钮，将光标移至弹出的下拉面板中，按住鼠标左键拖动，可以旋转立体化对象，如图7-197所示。

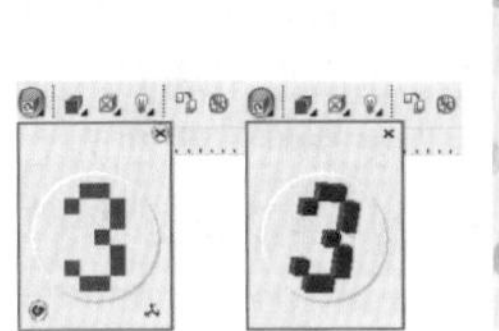
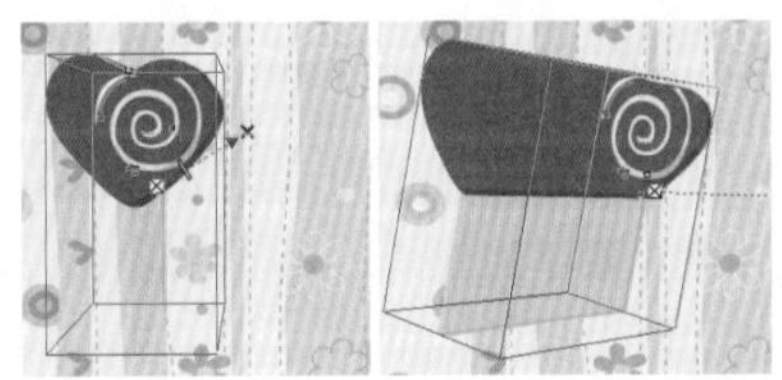
图7—197

技巧提示

在“立体化方向”下拉面板中单击右下角的按钮，可以将其更改为“旋转值”面板；通过对X、Y、Z值的更改，可以更加精确地改变对象的旋转角度，如图7—198所示。

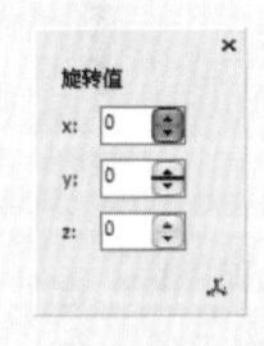

图7—198

步骤02 单击处于选中状态的立体化对象，其周围会出现一个圆形的旋转调节器。将光标移至旋转调节器的任一控制点上，当其变为形状时，按住鼠标左键拖动，即可将立体化对象进行逆时针或顺时针的旋转，如图7-199所示。

步骤03 单击处于选择状态的立体化对象，立体化对象会出现一个圆形的旋转调节器，将鼠标移动到旋转调节器上，当鼠标指针显示为形状时，按住左键并进行拖曳，即可将立体化对象进行随意旋转，如图7-200所示。

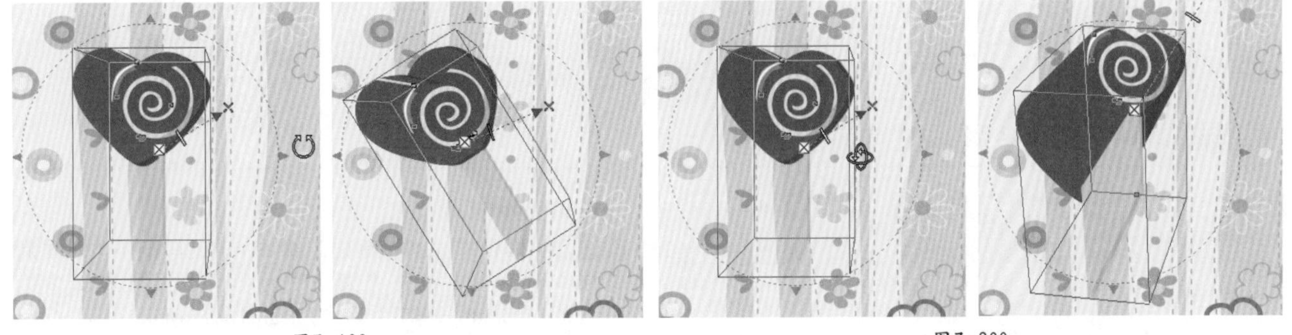
图7—199　　图7—200

理论实践——设置立体化对象的颜色设置

要调整立体化对象的颜色，单击属性栏中的“立体化颜色”按钮，在弹出的面板中分别单击“使用对象填充”、“使用纯色填充”和“使用递减的颜色填充”按钮，可以设置不同的颜色，如图7-201所示。

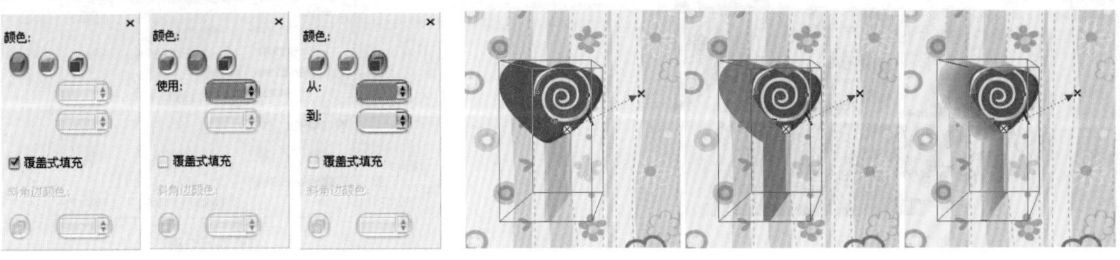

图7—201

理论实践——照明效果的设置

利用立体化工具，可以模拟三维光照的原理，为立体化对象添加更为真实的光源照射效果，丰富其立体层次感。

步骤01 选择图形对象，在立体化工具属性栏中单击“立体化照明”按钮，在弹出的下拉面板中可以选择3种样式的光源照射效果，如图7-202所示。

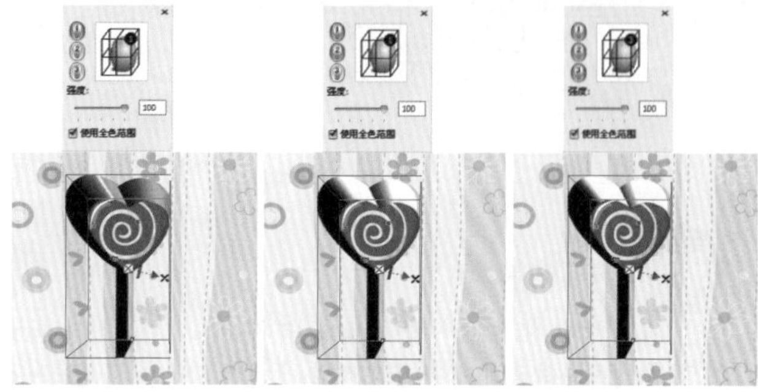

图7—202

步骤02 通过“使用全色范围”复选框可以调整立体化对象的颜色，如图7-203所示。

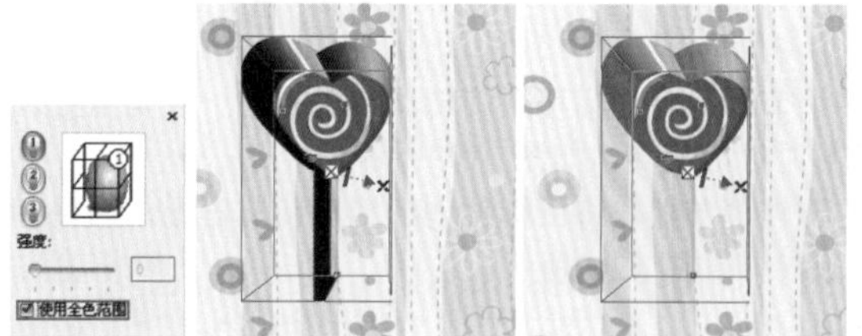

图7—203

步骤03 拖动“强度”滑块，或在右侧的数值框中输入数值，可以调整光照的强度，如图7-204所示。

步骤04 在面板的右上角可以手动调整光照角度。将光标移至表示光照的数字上，按住鼠标左键拖动，即可改变其光照角度，如图7-205所示。

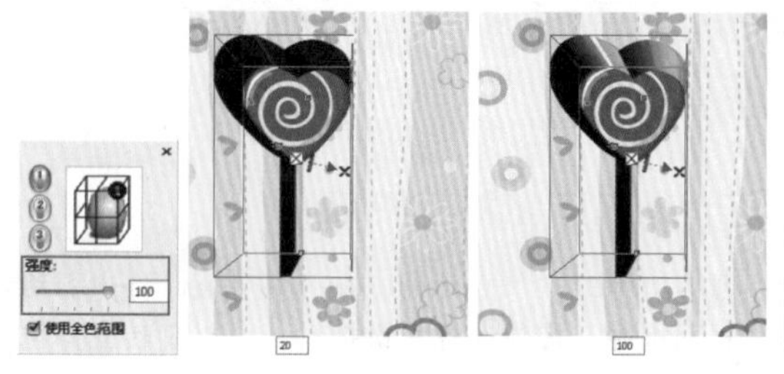

图7—204

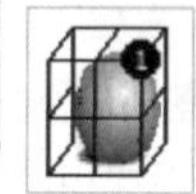

图7—205

步骤05 为立体化对象添加了光源照射效果后，在属性栏中单击“立体化倾斜”按钮，在弹出的下拉面板中选中“使用斜角修饰边”和“只显示斜角修饰边”复选框，可在为立体化对象添加斜角边效果的同时，改变对象的光照立体效果，如图7-206所示。

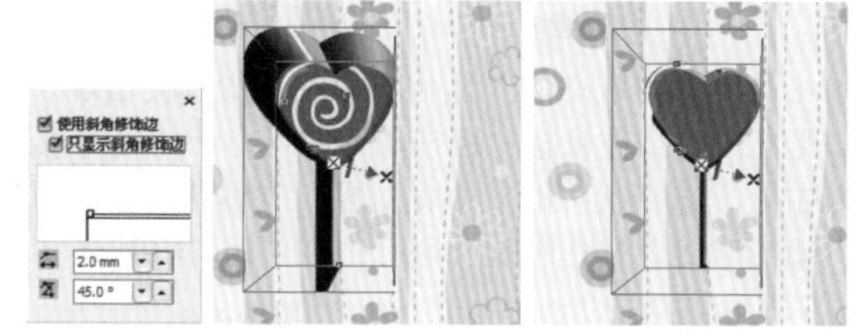

图7—206

实例练习——制作多彩3D文字海报

案例文件	实例练习——制作多彩3D文字海报.cdr
视频教学	实例练习——制作多彩3D文字海报.flv
难易指数	★★★★★
知识掌握	文本工具、立体化工具、拆分斜角立体化群组、阴影工具

案例效果

本例最终效果如图7-207所示。

图7—207

操作步骤

步骤01 执行“文件>新建”命令，在弹出的“创建新文档”对话框中设置“大小”为A4，“原色模式”为CMYK，“渲染分辨率”为300，如图7-208所示。

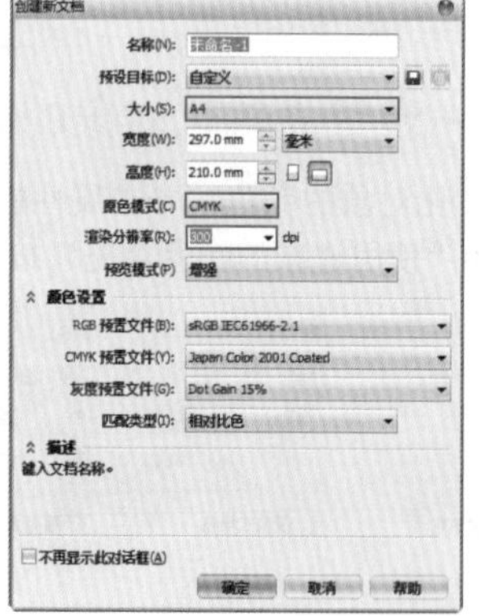

图7—208

步骤02 导入背景素材文件，调整为合适的大小及位置，如图7-209所示。

步骤03 单击工具箱中的“文本工具”按钮，在背景图像上输入字母“S”，并设置为一种较为圆润的字体，然后将其填充为白色，将其轮廓颜色设置为黑色，如图7-210所示。

步骤04 单击工具箱中的“选择工具”按钮，双击字母，使其显示为可旋转状态；将光标放在倾斜图标上，按住鼠标左键拖动，使字母产生一定的旋转效果，如图7-211所示。

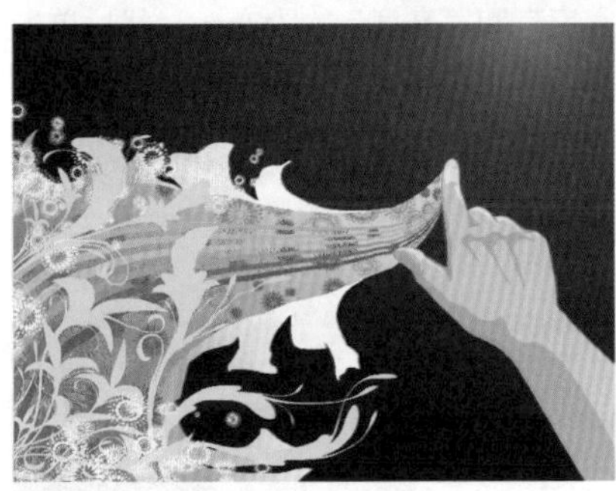

图7—209

图7—210

图7—211

步骤05 单击工具箱中的“立体化工具”按钮，在字母上拖动鼠标；在属性栏上打开的“立体化类型”下拉列表框中单击选择一种合适的类型，如图7-212所示。

步骤06 单击属性栏中的“立体化倾斜”按钮，在弹出的下拉面板中选中“使用斜角修饰边”复选框，设置“斜角修饰边深度”为1mm，如图7-213所示。

步骤07 单击属性栏中的“立体化方向”按钮，在弹出的下拉面板中拖动鼠标，设置字母S的立体化方向；也可使用立体化工具双击字母S，当其四周出现绿色旋转框时按住鼠标左键拖动，将其进行旋转，并设置“深度”为6，如图7-214所示。

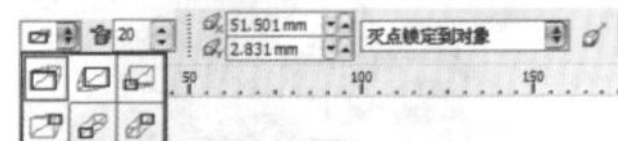

图7—212

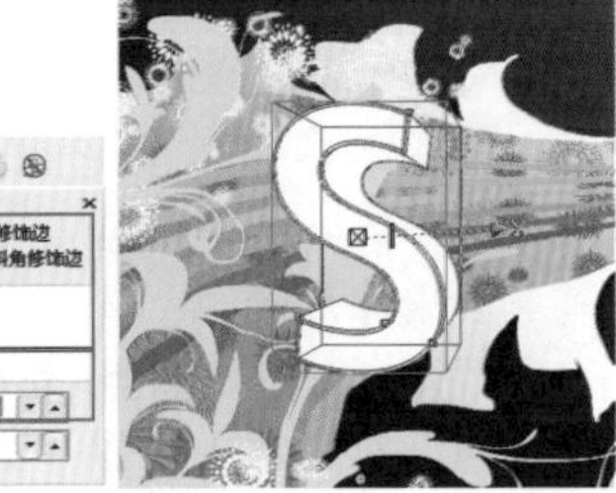

图7—213

图7—214

步骤08 选择字母S，执行“排列>拆分斜角立体化群组”命令，或按Ctrl+K键，将其拆分（拆分过后的字母可以单独对面进行编辑），如图7-215所示。

步骤09 选择所有图形，单击CorelDRAW工作界面右下角的轮廓笔按钮，在弹出的“轮廓笔”面板中设置“颜色”为绿色，单击“确定”按钮，如图7-216所示。

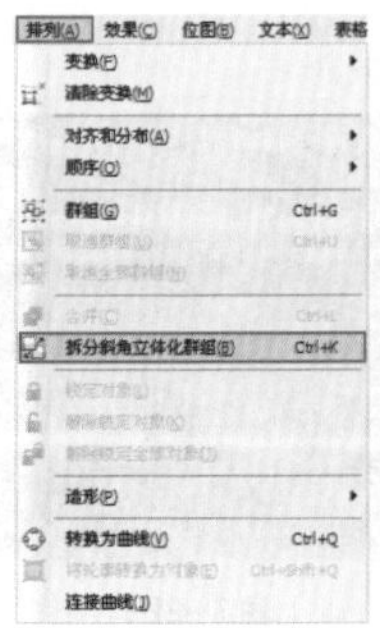

图7—215

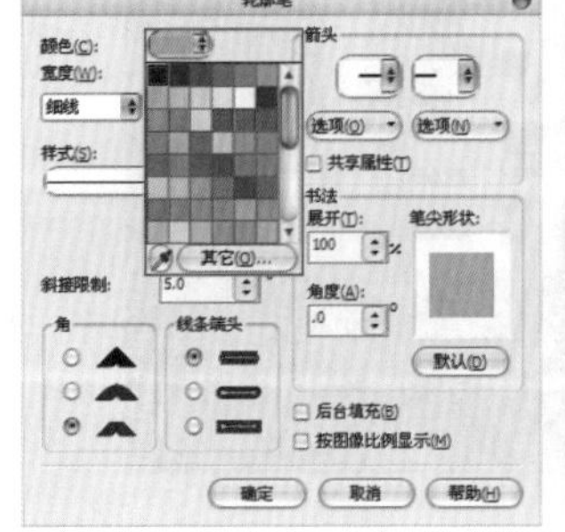

图7—216

步骤10 单击后半部分，然后在工具箱中单击填充工具组中的“渐变填充”按钮，在弹出的“渐变填充”对话框中设置“类型”为“线性”，在“颜色调和”选项组中选中“自定义”单选按钮，将颜色设置为由绿到黄再到绿的渐变，单击“确定”按钮，如图7-217所示。

步骤11 选择前半部分，单击鼠标右键，在弹出的快捷菜单中执行“取消群组”命令，或按Ctrl+U键；单击字母S的表面，单击工具箱中的“填充工具”按钮并稍作停留，在弹出的下拉列表中单击 “图样填充”按钮，在弹出的“图样填充”对话框中选中“全色”单选按钮，在其右侧的图样下拉列表框中选择一种预设图案，设置“宽度”和“高度”均为7mm，然后单击“确定”按钮，如图7-218所示。

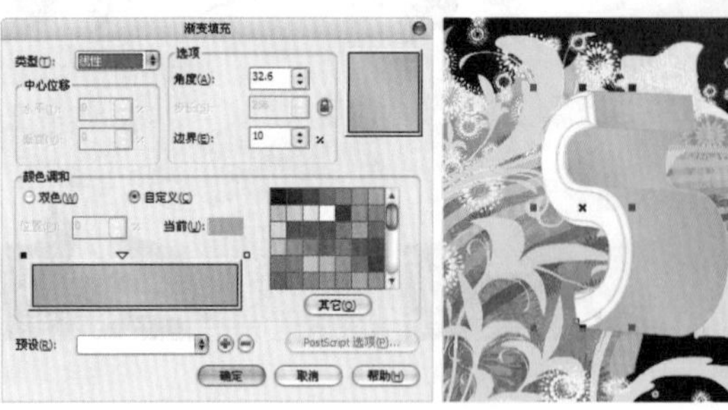

图7—217

图7—218

步骤12 选择字母，单击工具箱中的“阴影工具”按钮，在字母上拖动鼠标，制作出阴影效果，如图7-219所示。

步骤13 以同样方法制作出其他角度的3D字母，并调整为合适的大小及位置，最终效果如图7-220所示。

图7—219

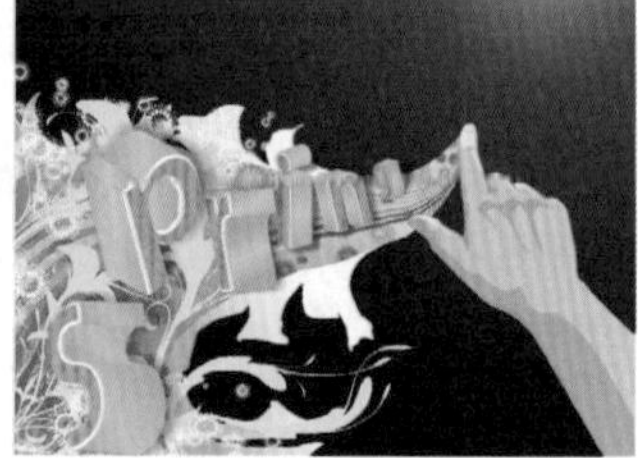

图7—220

实例练习——使用立体化工具与阴影工具制作草地字

案例文件	实例练习——使用立体化工具与阴影工具制作草地字.cdr
视频教学	实例练习——使用立体化工具与阴影工具制作草地字.flv
难易指数	★★★★★
知识掌握	文本工具、立体化工具、阴影工具

案例效果

本例最终效果如图7-221所示。

图7—221

操作步骤

步骤01 执行“文件>新建”命令，在弹出的“创建新文档”对话框中设置“大小”为A4，“原色模式”为CMYK，“渲染分辨率”为300，如图7-222所示。

步骤02 导入背景素材文件，调整为合适的大小及位置，如图7-223所示。

图7—222

图7—223

步骤03 单击工具箱中的“文本工具”按钮字，在背景上单击并输入单词“QUIET”和“SUMMER”，并设置为合适的字体及大小，然后将其放置在合适的位置，再通过调色板将文字颜色设置为白色，如图7-224所示。

图7—224

步骤04 选择文字，单击工具箱中的“立体化工具”按钮，在文字上按住鼠标左键拖动，绘制出立体化文字效果，并在属性栏中设置“立体化类型”；以同样方法制作另一个单词的立体化效果，如图7-225所示。

图7—225

步骤05 单击工具箱中的“阴影工具”按钮，在立体单词上按住鼠标左键拖动，绘制出立体文字的阴影效果，并在属性栏中设置“阴影的不透明度”为100，“阴影羽化”为60；然后以同样方法制作另一个单词的阴影效果，如图7-226所示。

步骤06 导入花纹素材文件，并调整为合适的大小及位置，如图7-227所示。

图7—226

图7—227

7.7 交互式透明效果

在CorelDRAW X5中，可以使用透明度工具对一个或多个矢量图或者位图图像进行操作，通过参数的调整制作出多种多样的透明效果，如图7-228所示。

图7—228

7.7.1 均匀透明

在CorelDRAW中，使用透明度工具可以为封闭图形、文本、位图等对象创建均匀透明效果。

步骤01 选择一个对象，单击工具箱中的“透明度工具”按钮，如图7-229所示。

步骤02 在其属性栏中打开“透明度类型”下拉列表框，从中选择“标准”；在“开始透明度”数值框中输入数值，然后按Enter键。此时可以看到对象呈现半透明效果，如图7-230所示。

图7—229

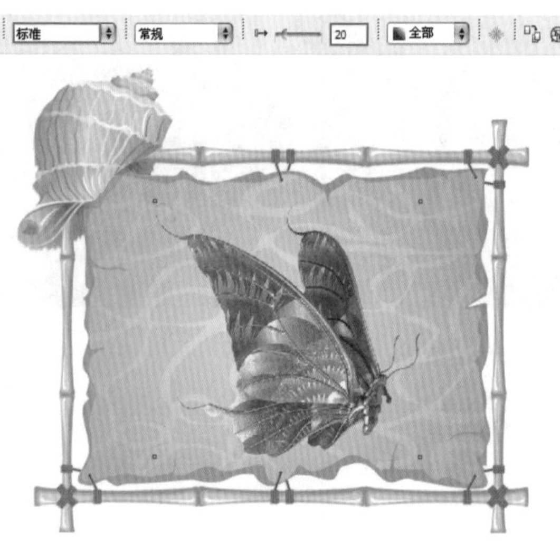

图7—230

步骤03 更改“开始透明度”值，可以使对象的不透明度发生变化，如图7-231所示。

步骤04 更改“透明度操作”后对象与背景颜色的混合模式将发生变化，如图7-232所示。

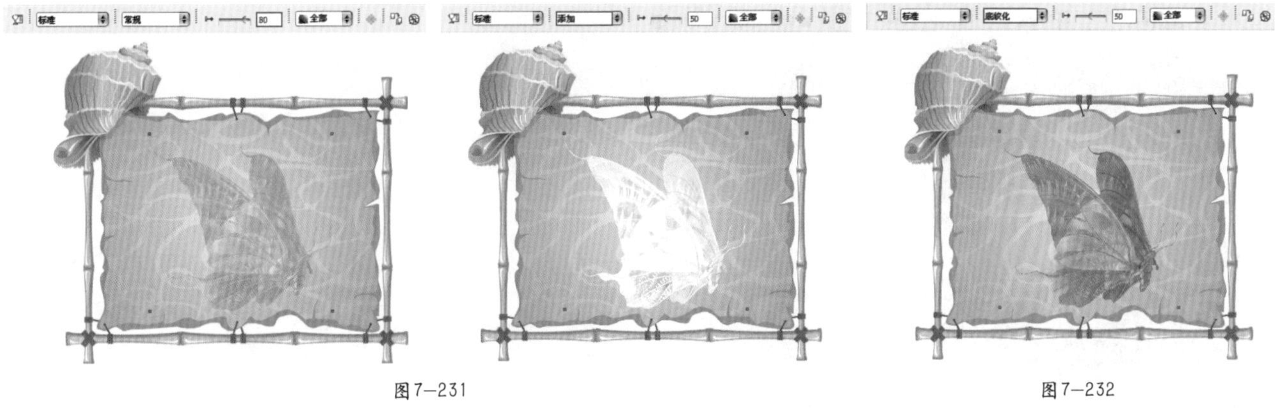

图7-231　　图7-232

实例练习——制作半透明彩色文字

案例文件	实例练习——制作半透明彩色文字.cdr
视频教学	实例练习——制作半透明彩色文字.flv
难易指数	★★★★★
知识掌握	文本工具、透明度工具

案例效果

本例最终效果如图7-233所示。

操作步骤

步骤01 执行“文件>新建”命令，在弹出的“创建新文档”对话框中设置“大小”为A4，“原色模式”为CMYK，“渲染分辨率”为300，如图7-234所示。

图7-233

图7-234

步骤02 单击工具箱中的“文本工具”按钮字，在工作区内单击并输入字母“A”，然后设置为一种较为圆润的字体，调整为合适的大小，并通过调色板设置颜色为黄色，如图7-235所示。

图7-235

步骤03 以同样方法分别制作出其他不同颜色的字母，然后单击工具箱中的“选择工具”按钮，双击字母，将光标移至4个角的控制点上，按住鼠标左键拖动，将其旋转合适的角度，如图7-236所示。

图7-236

步骤04 选择字母A，单击工具箱中的“透明度工具”按钮，在属性栏中设置“透明度类型”为“标准”，“透明度”为50；然后以同样方法制作其他字母的透明效果，如图7-237所示。

步骤05 单击工具箱中的“文本工具”按钮字，在字母C的右侧按住鼠标左键向右下角拖动，创建一个文本框；然后在其中输入文字，并调整为合适的字体及大小，设置文字颜色为灰色，如图7-238所示。

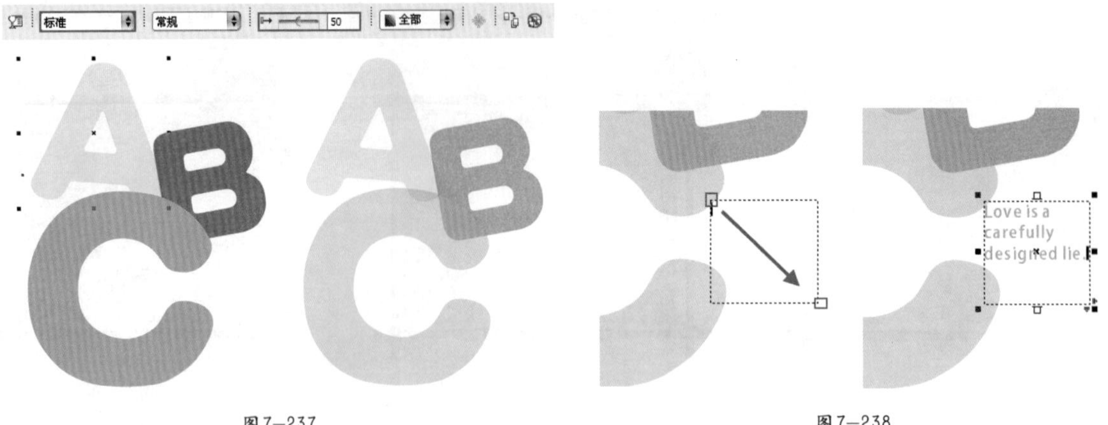

图7-237　　图7-238

步骤06 以同样方法制作左侧的段落文本，并设置为合适的字体及大小，如图7-239所示。

步骤07 在字母B上单击并输入文字，然后设置为合适的字体及大小，并将中间文字的颜色设置为白色，如图7-240所示。

步骤08 单击工具箱中的“矩形工具”按钮□，在工作区内拖动鼠标，绘制一个合适大小的矩形，如图7-241所示。

图7-239　　图7-240　　图7-241

步骤09 按住Shift键进行加选，将所有文字同时选中，然后执行“效果>图框精确剪裁>放置在容器中”命令，当光标变为黑色箭头形状时单击绘制的矩形框，如图7-242所示。

步骤10 单击CorelDRAW工作界面右下角的“轮廓笔”按钮，在弹出的“轮廓笔”对话框中设置“宽度”为“无”，单击“确定”按钮，如图7-243所示。

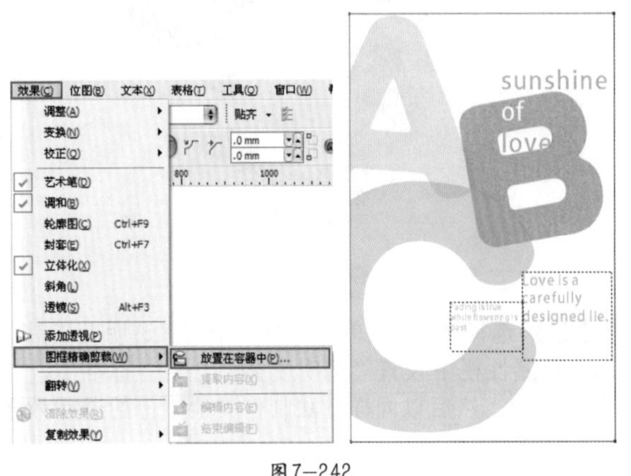

图7-242

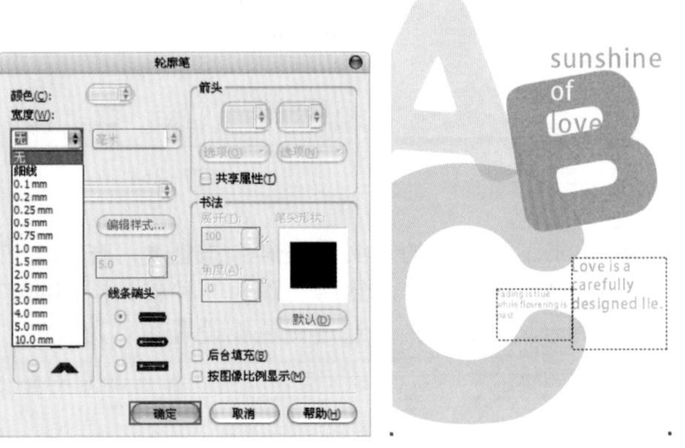

图7-243

步骤11 使用矩形工具绘制一个合适大小的矩形，并通过调色板将其填充为白色；然后单击工具箱中的“阴影工具”按钮，在白色矩形上按住鼠标左键向右下角拖动，制作矩形阴影；最后设置轮廓线宽度为“无”，如图7-244所示。

步骤12 选择矩形，单击鼠标右键，在弹出的快捷菜单中执行“顺序>向后一层”命令，或按Ctrl+Page Down键；多次执行“顺序>向后一层”命令，将白色矩形移至文字后一层，最终效果如图7-245所示。

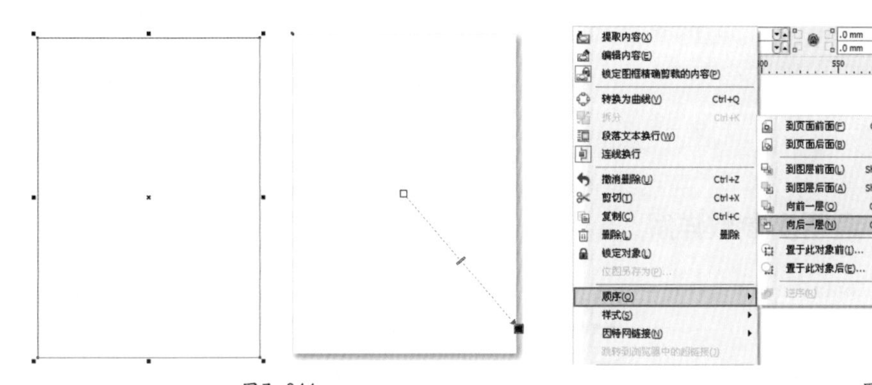

图7—244

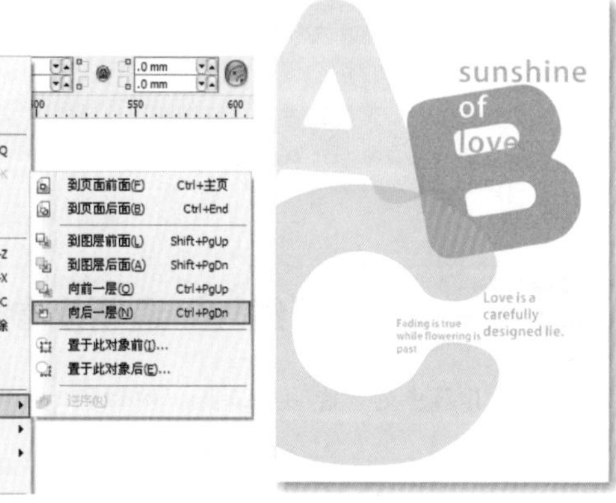

图7—245

7.7.2 渐变透明

就像渐变填充一样，透明效果也可以是渐变的，且同样具有4种渐变类型，即线性、辐射、方形和锥形。

步骤01 选择一个对象，单击工具箱中的“透明度工具”按钮，如图7-246所示。

步骤02 在对象上拖动鼠标，可以随意设置透明角度，如图7-247所示。

步骤03 在属性栏的“透明度类型”下拉列表框中选择“线性”、“辐射”、“圆锥形”或“方形”，即可创建相应的渐变透明效果，如图7-248所示。

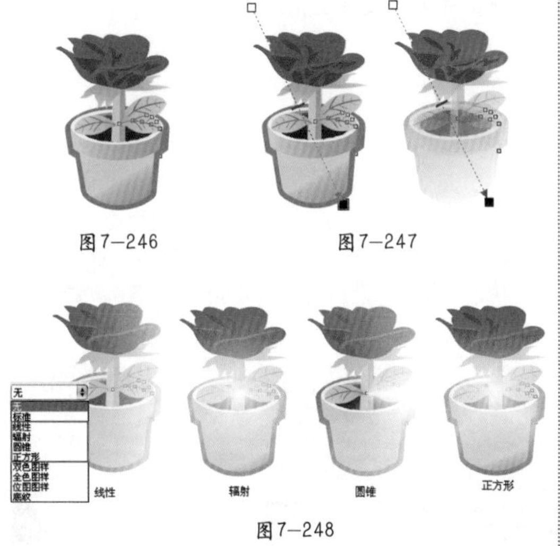

图7—246 图7—247

图7—248

步骤04 在属性栏中打开“透明度操作”下拉列表框，从中选择透明颜色与下层对象颜色的调和方式，如图7-249所示。

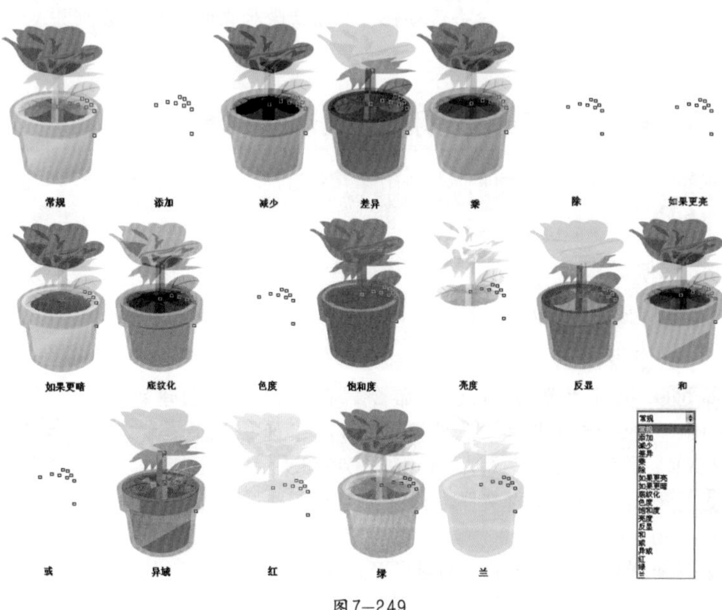

图7—249

步骤05 在属性栏的“透明中心点”数值框中输入数值，然后按 Enter 键，效果如图7-250所示。

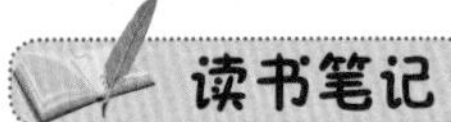

图 7—250

技术拓展：“线性”透明度参数详解

单击工具箱中的“透明度工具”按钮，在其属性栏中设置“透明度类型”为“线性”，相应参数如图7—251所示。

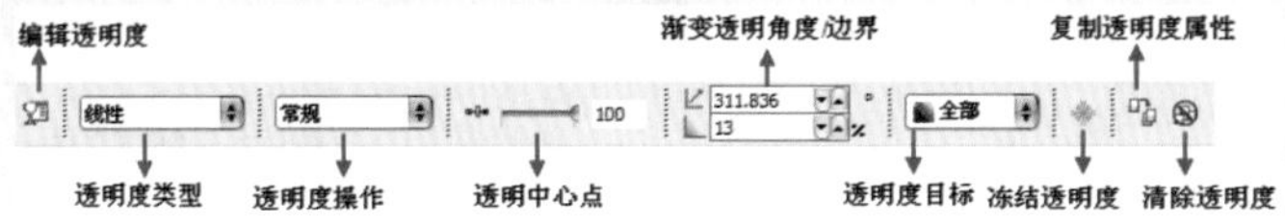

图 7—251

- 编辑透明度：单击该按钮，在弹出的“渐变透明度”窗口中可以更改透明度属性。
- 透明度类型：用于设置透明度类型，其中包括“标准”、“线性”、“辐射”、“圆锥”、“正方形”、“双色图样”、“位图图样”以及“底纹”。
- 透明度操作：用于调整透明对象与背景颜色的混合模式。
- 透明中心点：用于调整对象的透明度范围和渐变平滑度。
- 渐变透明角度/边界：用于设置对象透明的方向、角度以及透明边界渐变的平滑度。
- 透明度目标：用于选择对象的“填充”、“轮廓”或全部属性进行透明度处理。
- 冻结透明度：冻结对象当前视图的透明度，这样即使对象发生移动，视图也不会发生变化。
- 复制透明度属性：复制设置好的透明度属性，应用到指定对象上。
- 清除透明度：单击该按钮，即可清除对象的透明效果。

实例练习——利用透明度工具制作气泡

案例文件	实例练习——利用透明度工具制作气泡.cdr
视频教学	实例练习——利用透明度工具制作气泡.flv
难易指数	★★★★★
知识掌握	椭圆形工具、透明度工具

案例效果

本例最终效果如图7-252所示。

图 7—252

操作步骤

步骤01 执行“文件>新建”命令，在弹出的“创建新文档”对话框中设置“大小”为A4，“原色模式”为CMYK，“渲染分辨率”为300，如图7-253所示。

步骤02 导入背景素材文件，调整为合适的大小及位置，如图7-254所示。

步骤03 单击工具箱中的“椭圆形工具”按钮，按住Ctrl键在工作区内绘制一个正圆，并将其填充为白色，设置轮廓线宽度为“无”，如图7-255所示。

步骤04 单击工具栏中的“透明度工具”按钮，在绘制完的圆上拖拽设置透明度，单击属性栏上“透明度类型”，在下拉列表中单击选择“辐射”选项，单击选择透明度外边缘的小方块，在“透明中心点”数值框内键入40，如图7-256所示。

步骤05 单击工具箱中的“椭圆形工具”按钮，在气泡上绘制高光部分并将其填充为白色；然后单击鼠标右键，在弹出的快捷菜单中执行“转换为曲线”命令；接着单击工具箱中的“形状工具”按钮，调整高光形状，如图7-257所示。

图7-253

图7-254

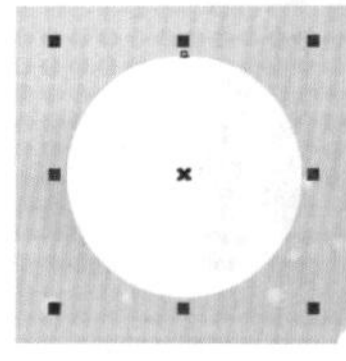

图7-255

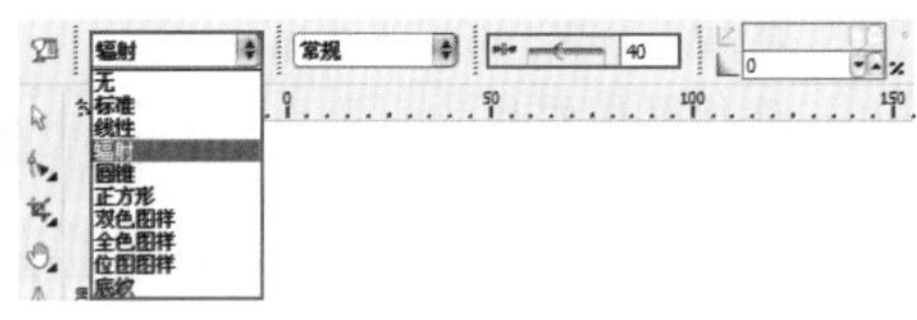

图7-256

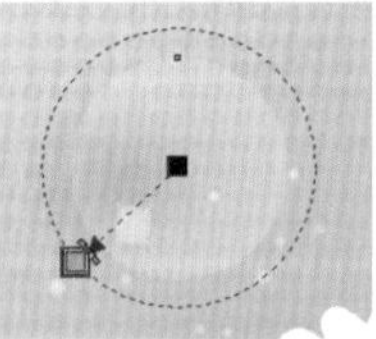

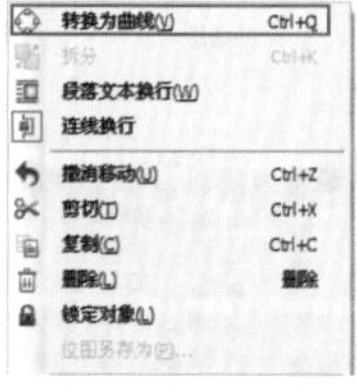

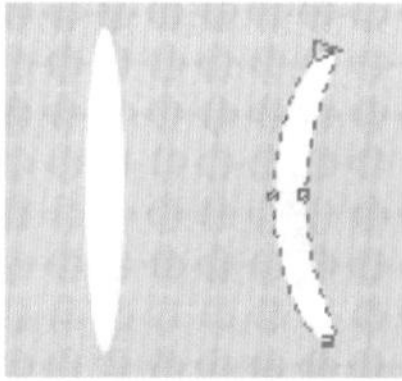

图7-257

步骤06 单击工具箱中的“透明度工具”按钮，在绘制的高光上拖动鼠标设置透明度；在属性栏中打开“透明度类型”下拉列表框，从中选择“辐射”选项；旋转并缩放后，放置在合适位置；以同样方法制作其他高光部位，如图7-258所示。

步骤07 选择绘制的气泡及高光部分，单击鼠标右键，在弹出的快捷菜单中执行“群组”命令，或按Ctrl+G键；复制多个气泡，按比例调整大小并放置在合适位置，最终效果如图7-259所示。

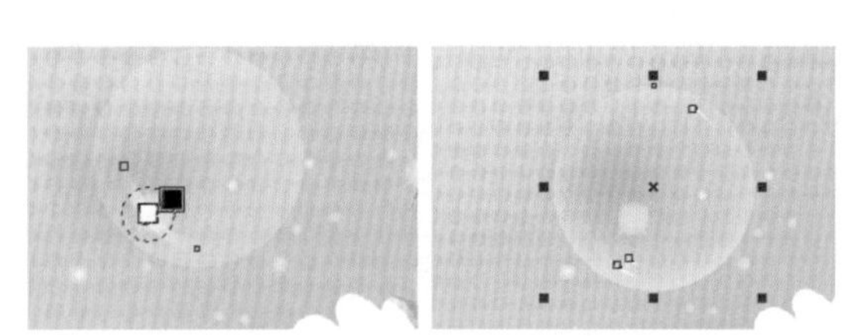

图7-258

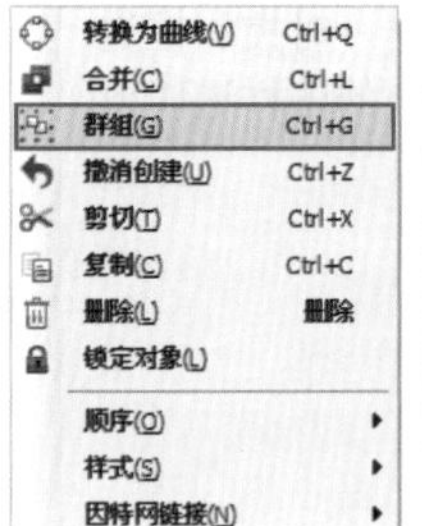

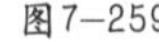

图7-259

7.7.3 图样透明

图样透明效果就是为对象应用具有透明度的图样。除了选用预设的图样以外，用户也可以创建新的图样样式。不过，与图案填充不同，创建透明效果所应用的图样除了具有透明度以外，还可以应用到轮廓上。

步骤01 选择一个对象，在工具箱中单击“透明度工具”按钮，如图7-260所示。

步骤02 从属性栏中打开“透明度类型”下拉列表框，从中选择“双色图样”、“全色图样”、“位图图样”均可以制作图样透明效果，如图7-261所示。

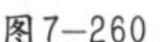

图7-260

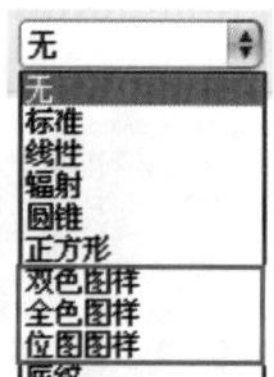

图7-261

- 双色图样：由黑白两色组成的图案，应用于图像后，黑色部分为透明，白色部分为不透明。
- 全色图样：由线条和填充组成的图像。这些矢量图形比位图图像更平滑、复杂，但较易操作。
- 位图图样：由浅色和深色图案或矩形数组中不同的彩色像素所组成的彩色图像。

步骤03 选择“全色图样”选项，在“第一种透明度挑选器”下拉列表框中选择一个图案，如图7-262所示。

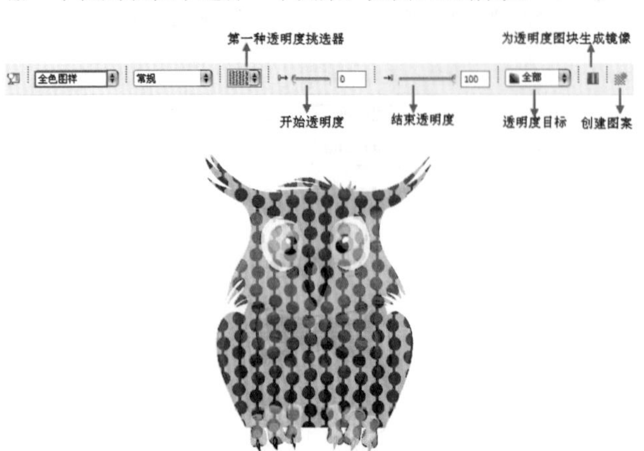

图7—262

步骤04 在对象上可以看到控制图样的控制框，对控制框进行移动、缩放、旋转、斜切等操作后，对象上的图样透明效果也会跟着发生变化，如图7-263所示。

图7—263

> **技巧提示**
>
> 控制框上有3类控制点，选择控制点1并拖动鼠标可以进行图样的移动；沿垂直方向拖动控制点2可以将图样进行缩放，沿水平方向拖动控制点2则是对图样进行斜切；拖动控制点3可以旋转纹样，如图7-264所示。

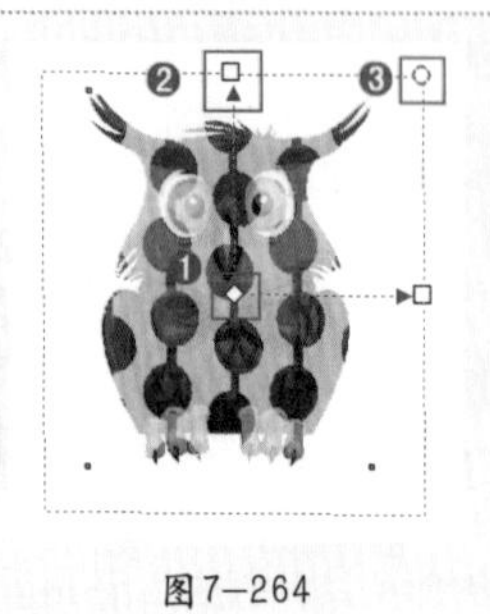

图7—264

步骤05 单击属性栏中的“创建图案”按钮，在弹出的“创建图案”对话框中分别设置“类型”和“分辨率”，然后单击“确定”按钮，如图7-265所示。当光标变为十字形时，在工作区内按住鼠标左键拖动，在弹出的对话框中单击“确定”按钮，结束填充。

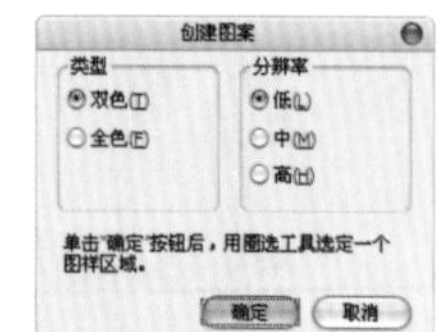

图7—265

7.7.4 底纹透明

与图案透明效果类似，用户可以为对象创建底纹透明效果，并且可以选择底纹样式，就跟纹理填充时选择的样式一样。

步骤01 选择一个对象，单击工具箱中的“透明度工具”按钮，如图7-266所示。

步骤02 从属性栏上的透明度类型列表框中选择底纹，从底纹库列表框中选择一种样本，然后打开属性栏上的第一种透明度挑选器，然后单击一种底纹。 如图7-267所示。

步骤03 在属性栏上的“开始透明度”中输入数值可以更改开始颜色的不透明度。在“结束透明度”中输入数值可以改变结束颜色的不透明度。如图7-268所示。

图7—266

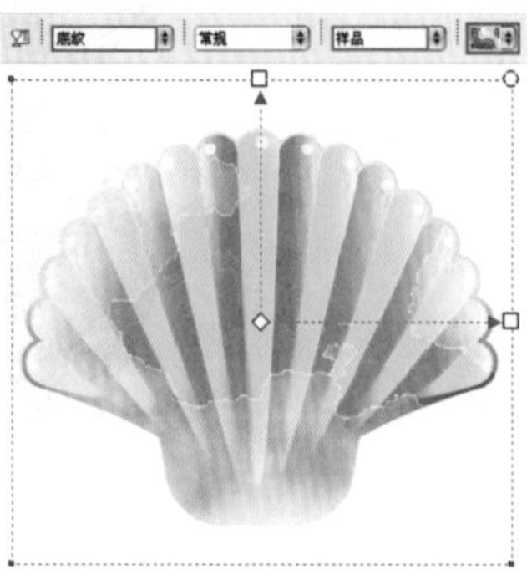

图7—267

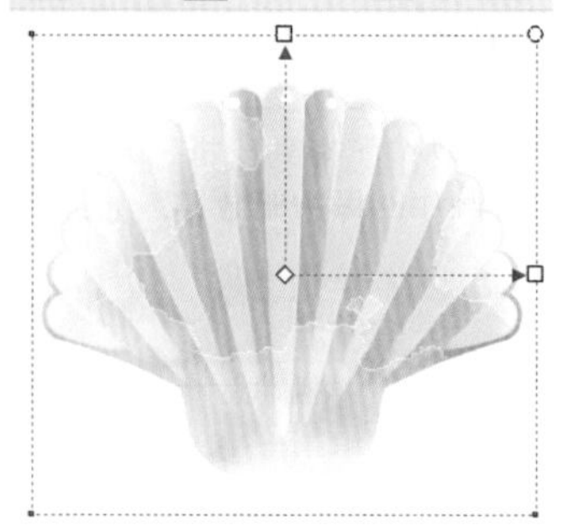

图7—268

实例练习——利用底纹透明功能制作唯美卡片

案例文件	实例练习——利用底纹透明功能制作唯美卡片.cdr
视频教学	实例练习——利用底纹透明功能制作唯美卡片.flv
难易指数	★★★★★
知识掌握	渐变填充工具、透明度工具

案例效果

本例最终效果如图7-269所示。

操作步骤

步骤01 执行“文件>新建”命令，在弹出的“创建新文档”对话框中设置大小为A4，“原色模式”为CMYK，“渲染分辨率”为300，如图7-270所示。

图7-269

图7-270

步骤02 单击工具箱中的“矩形工具”按钮，在工作区内绘制一个矩形；在属性栏中单击“圆角”按钮，在“圆角半径”数值框内分别输入20mm，然后Enter键结束操作，如图7-271所示。

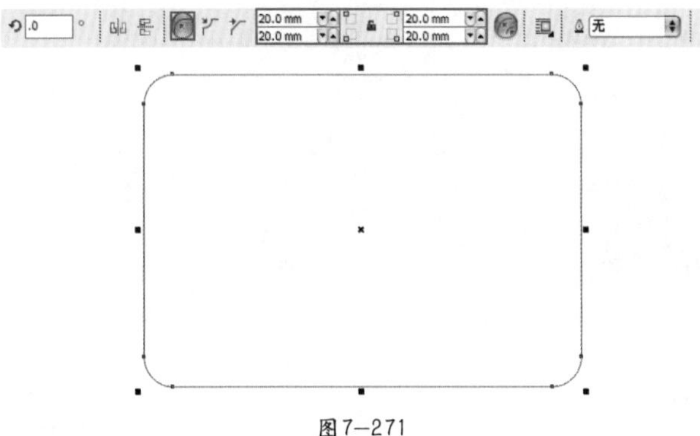

图7-271

步骤03 在工具箱中单击填充工具组中的“渐变填充”按钮，在弹出的“渐变填充”对话框中设置“类型”为“辐射”，在“颜色调和”选项组中选中“双色”单选按钮，设置颜色为从粉色到白色，单击“确定”按钮；单击CorelDRAW工作界面右下角的“轮廓笔”按钮，在弹出的“轮廓笔”对话框中设置“宽度”为“无”，如图7-272所示。

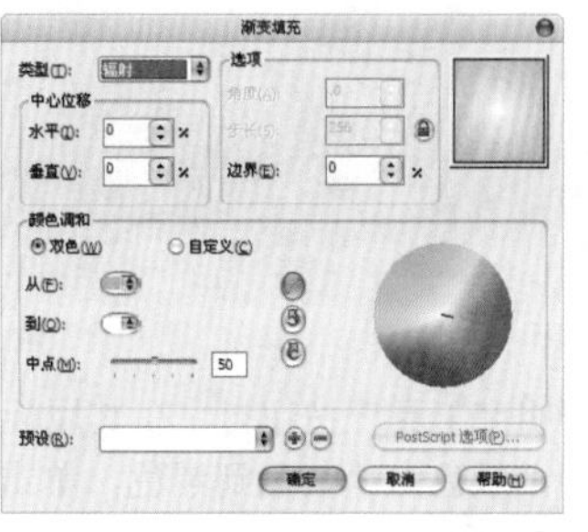

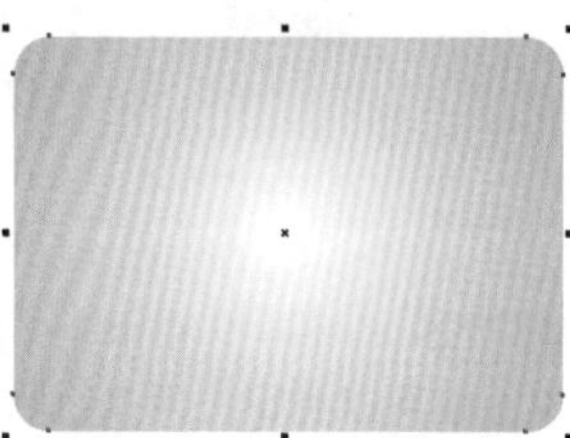

图7-272

步骤04 单击工具箱中的“椭圆形工具”按钮，按住Ctrl键绘制一个正圆；在工具箱中单击填充工具组中的“均匀填充”按钮，在弹出的“均匀填充”对话框中设置填充颜色为红色，单击“确定”按钮；然后设置轮廓线宽度为“无”，如图7-273所示。

图7-273

步骤05 单击工具箱中的“透明度工具”按钮，在圆上拖动鼠标，制作其透明效果；单击属性栏中的“编辑透明度”按钮，在弹出的“渐变透明度”对话框中设置“类型”为“辐射”，颜色为从黑色到浅灰色，单击“确定”按钮，如图7-274所示。

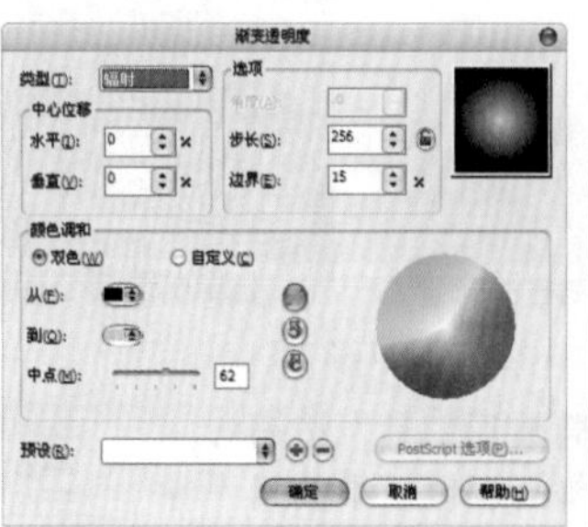

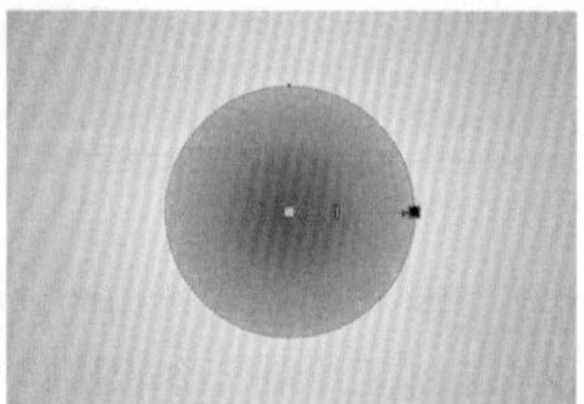

图7-274

步骤06 单击透明圆外侧的控制点向内拖曳，使圆外侧看起来更加柔和；然后以同样方法制作其他不同透明度的圆，摆放在合适位置，如图7-275所示。

步骤07 单击工具箱中的“钢笔工具”按钮，在工作区内绘制曲线；单击工具箱中的“填充工具”按钮，将绘制的图形填充为白色，设置轮廓线宽度为“无”，如图7-276所示。

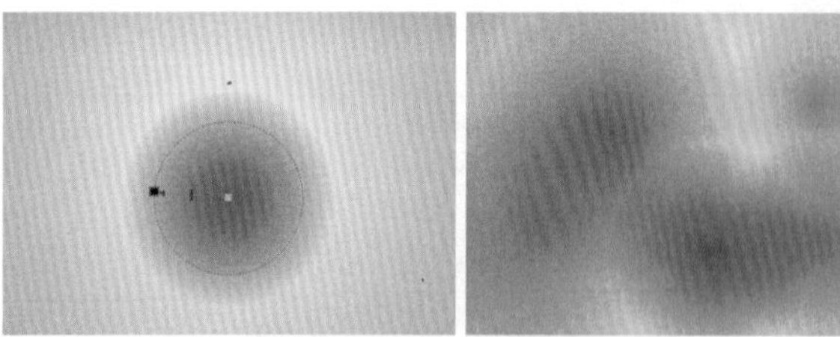

图7—275

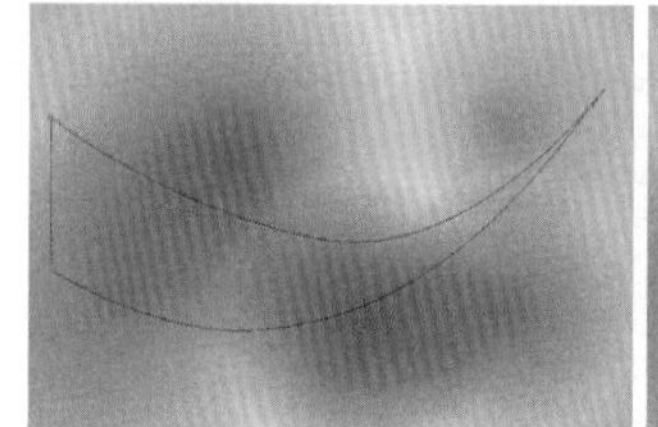
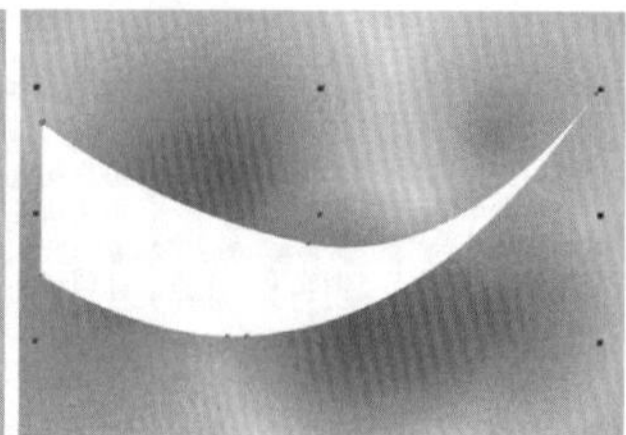

图7—276

步骤08 单击工具箱中的“透明度工具”按钮，在其属性栏中单击“编辑透明度”按钮，在弹出的“渐变透明度”对话框中设置“类型”为“线性”，颜色为从灰色到黑色，单击“确定”按钮；在属性栏中打开“透明度操作”下拉列表框中选择“如果更亮”选项，如图7-277所示。

步骤09 将绘制的图形放置在左上角，然后以同样的方法制作另一个透明图形，并放置在右下角，如图7-278所示。

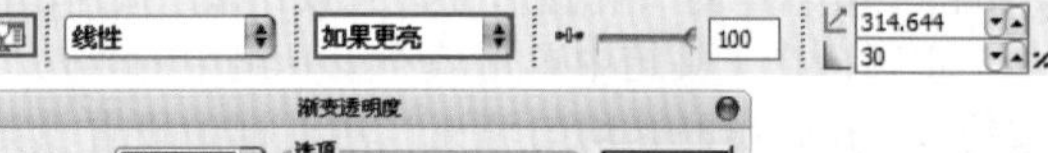

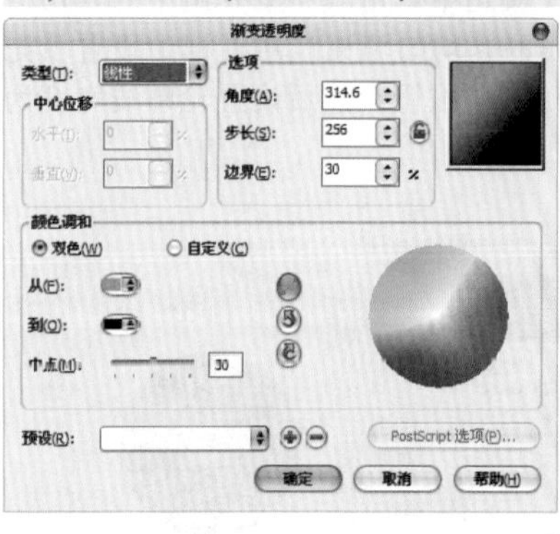

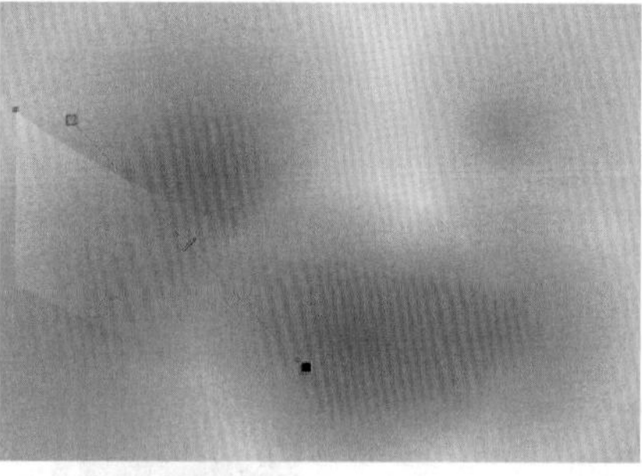

图7—277

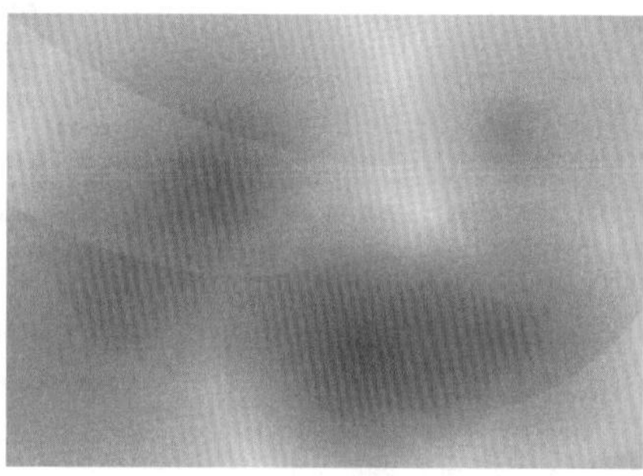

图7—278

步骤10 单击工具箱中的“椭圆形工具”按钮，按住Ctrl键绘制一个正圆；然后利用填充工具将其填充为白色，设置轮廓线宽度为“无”；单击工具箱中的“透明度工具”按钮，在圆上按住鼠标左键拖动，进行透明度的设置，如图7-279所示。

步骤11 以同样方法制作其他不同透明度及大小的圆，摆放在不同位置，如图7-280所示。

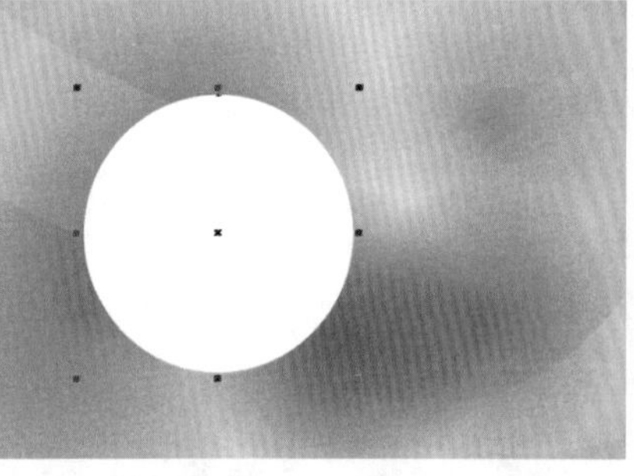
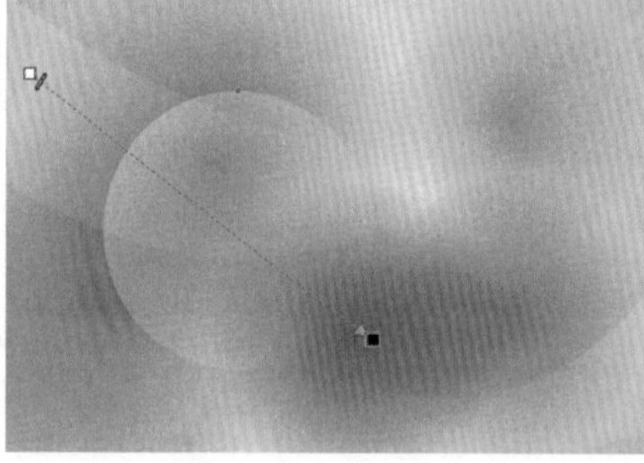

图7—279

图7—280

步骤12 单击工具箱中的“椭圆形工具”按钮，按住Ctrl键绘制一个正圆；单击调色板中的⊠，清除圆形填充；单击CorelDRAW工作界面右下角的“轮廓笔”按钮，在弹出的“轮廓笔”对话框中设置“颜色”为白色，“宽度”为1.5mm，单击“确定”按钮，如图7-281所示。

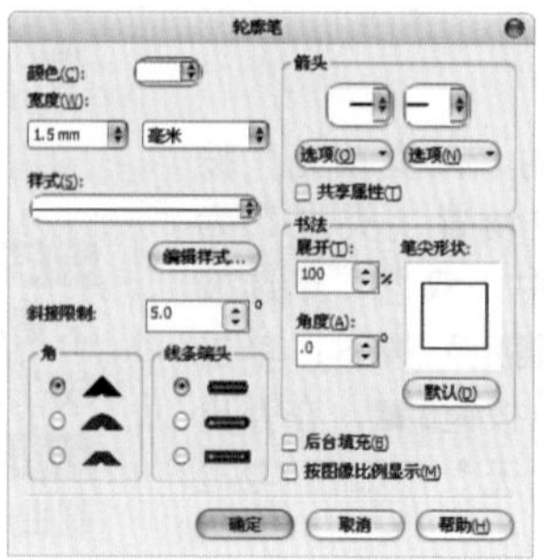

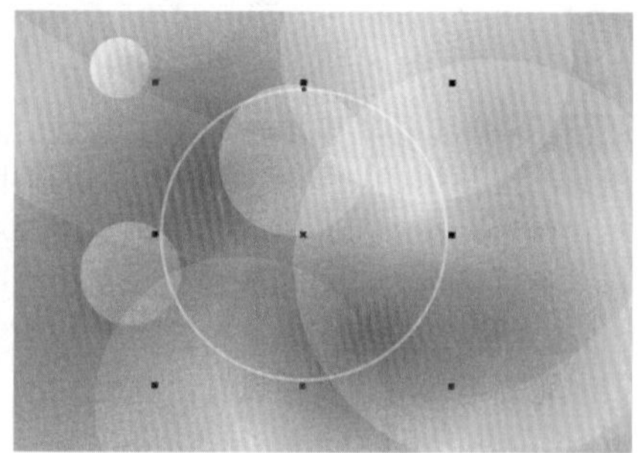

图7—281

步骤13 以同样方法制作其他不同大小的圆，摆放在不同位置，如图7-282所示。

步骤14 单击工具箱中的“椭圆形工具”按钮，按住Ctrl键绘制一个正圆；在工具箱中单击填充工具组中的“均匀填充”按钮，在弹出的“均匀填充”对话框中将“颜色”设置为红色，单击“确定”按钮；然后设置轮廓线宽度为“无”，如图7-283所示。

步骤15 单击工具箱中的“粗糙笔刷工具”按钮，在属性栏中设置“笔尖大小”为20mm，“尖突频率”为3，然后在圆的边缘拖动笔刷，进行涂抹变形，如图7-284所示。

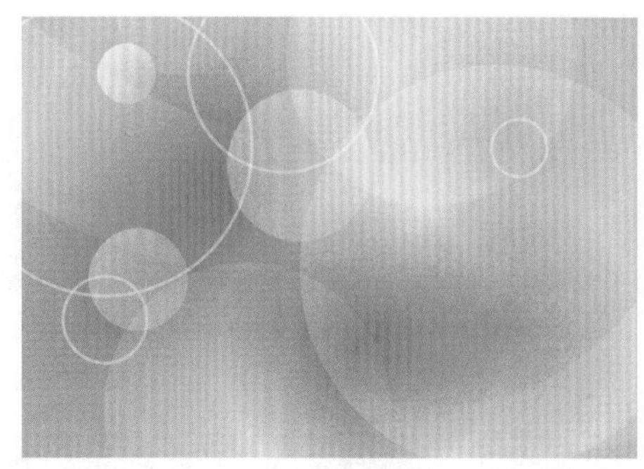

图7—282

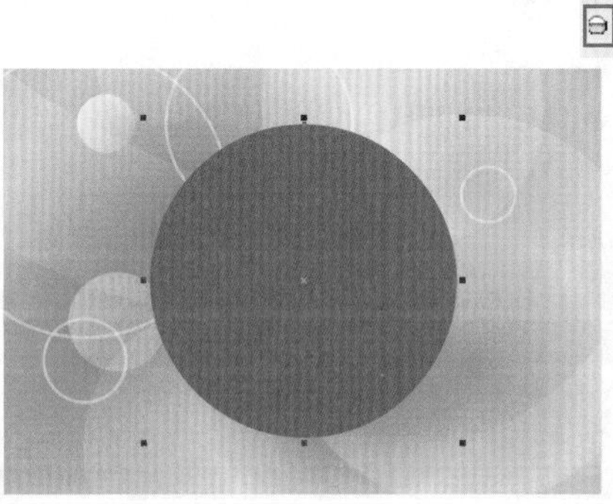

图7—283

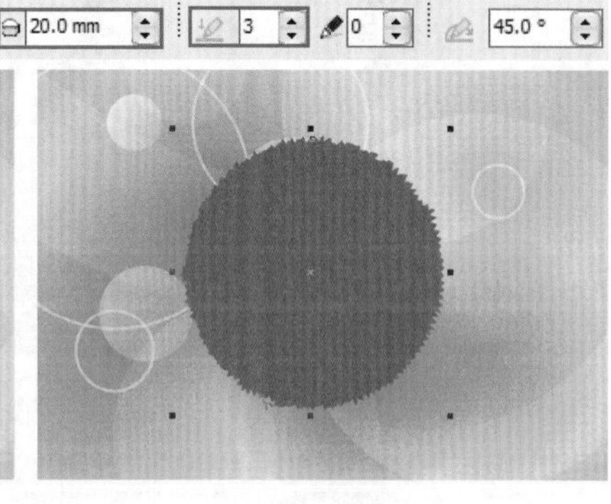

图7—284

步骤16 以同样方法制作出白色及其不同程度红色的粗糙边缘圆形；单击工具箱中的“透明度工具”按钮，为其填充透明度，并设置“透明度类型”为“线性”，按比例缩放并摆放在右上角，如图7-285所示。

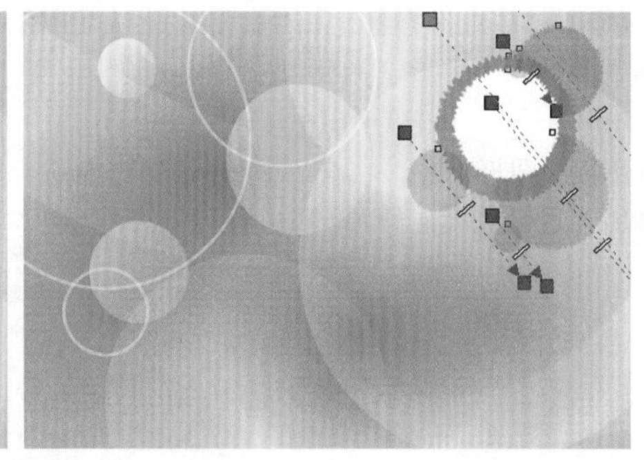

图7—285

步骤17 以同样方法设置左下角圆形及中间不透明的粗糙边缘圆形，导入花纹素材文件，调整为合适的大小及位置，如图7-286所示。

步骤18 单击工具箱中的“文本工具”按钮，在中间圆形内输入白色文字，调整为合适的位置及大小，最终效果如图7-287所示。

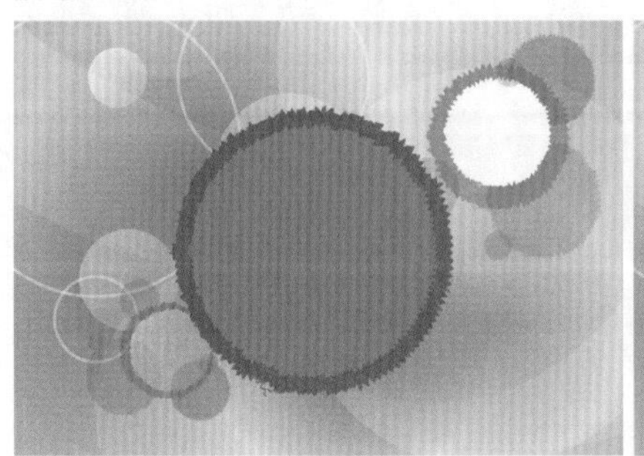

图7—286

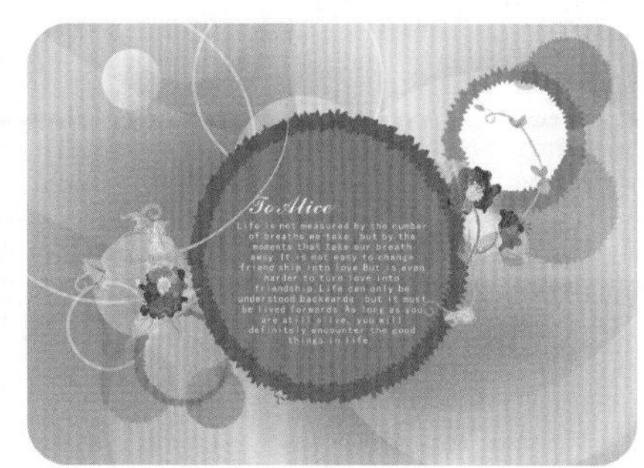

图7—287

7.8 透镜效果

所谓透镜效果，类似于将一个相机镜头放在对象上，使其在镜头的影响下产生各种不同的效果，如透明、放大、鱼眼、反转等，即改变透镜下方对象区域的外观。透镜可以用在CorelDRAW创建的任何封闭图形上，如矩形、圆形、三角形、多边形等，也可以用来改变位图的观察效果；但它不能应用在已作了立体化、轮廓图、调和处理的对象上。透镜只改变观察方式，而不能改变对象本身的属性。透镜效果如图7-288所示。

图7—288

技巧提示

如果群组的对象需要制作透镜效果，必须解散群组才行；若要对位图进行透镜处理，则必须在位图上绘制一个封闭的图形，再将该图形移至需要改变的位置上。

步骤01 选择需要透视的图形对象，执行“效果>透镜”命令，或按Alt+F3键，在弹出的“透镜”泊坞窗中打开透镜效果下拉列表框，从中选择所需透镜效果，如图7-289所示。

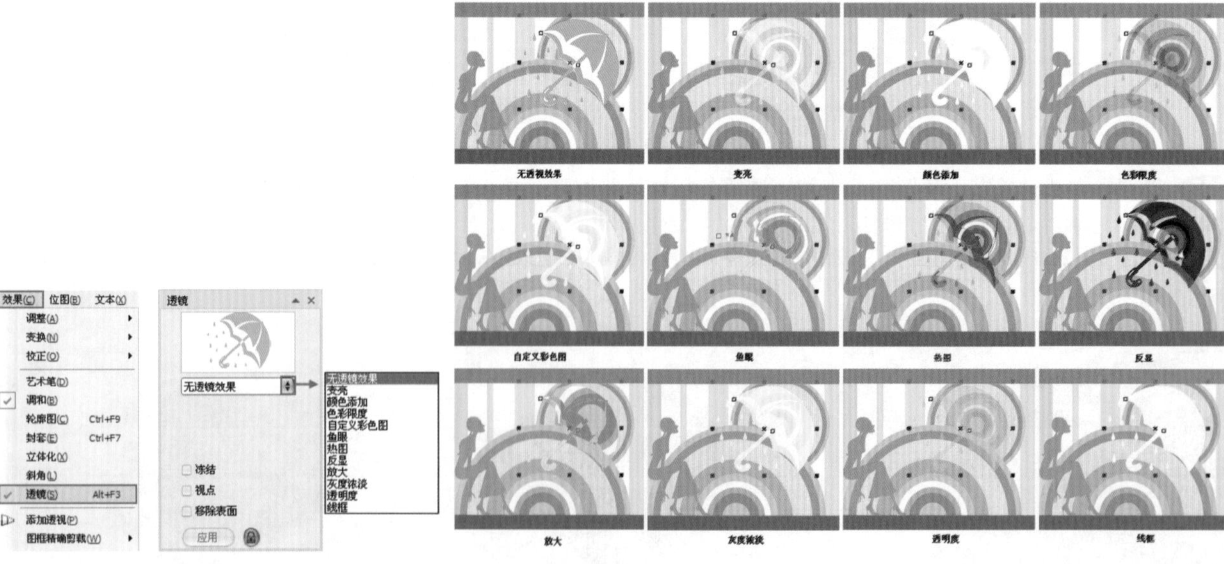

图7—289

技巧提示

执行“窗口>泊坞窗>透镜”命令，同样可以打开“透镜”泊坞窗，如图7-290所示。

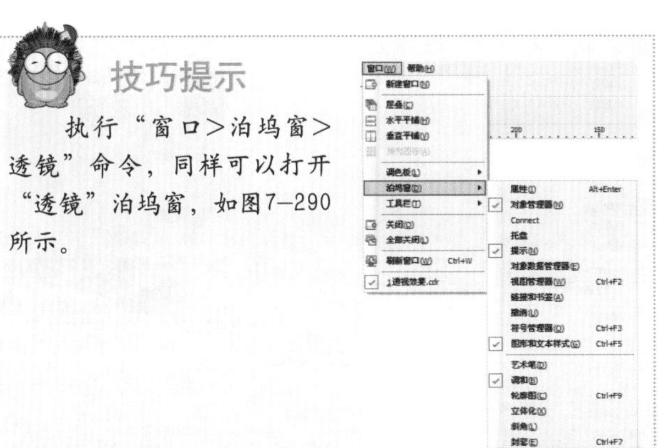

图7-290

步骤02 在“透视”泊坞窗中选中“冻结”复选框，可以冻结对象与背景间的相交区域。冻结对象后，将其移至其他位置，可查看冻结效果，如图7-291所示。

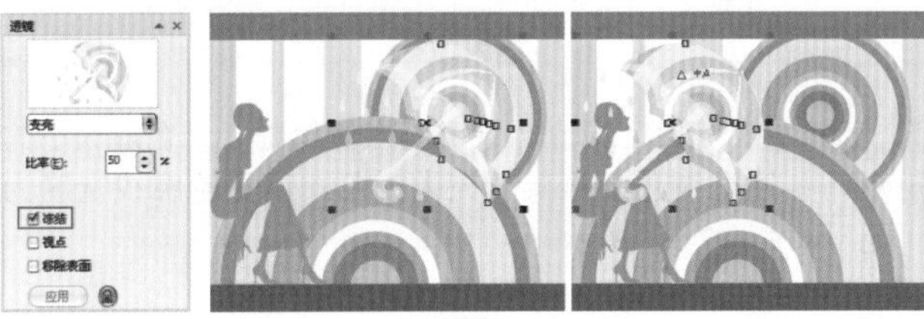

图7-291

步骤03 在“透视”泊坞窗中“视点”复选框，单击“编辑”按钮，将在冻结对象的基础上对相交区域单独进行透镜编辑，完成后单击“结束”按钮即可，如图7-292所示。

步骤04 在“透视”泊坞窗中选中“移除表面”复选框，可以查看对象的重叠区域（被透镜所覆盖的区域是不可见的），如图7-293所示。

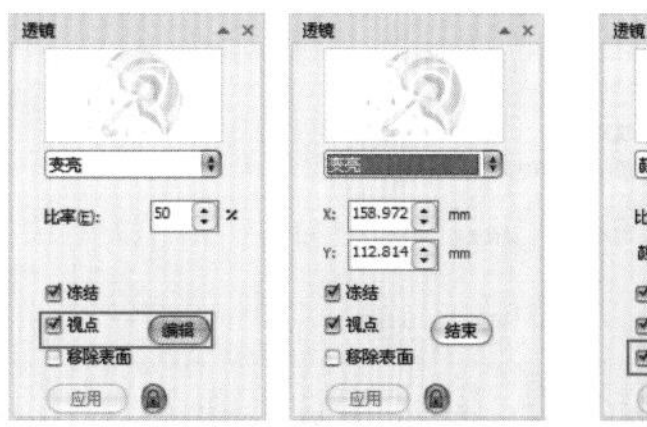

图7-292

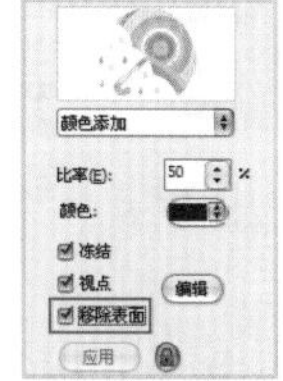

图7-293

技巧提示

在“透视”泊坞窗中，如果“应用”按钮右侧的按钮处于未解锁状态，则所作透镜设置将直接应用到对象上；而单击“解锁”按钮后，需要单击“应用”按钮才能将所作透镜设置应用到对象上，如图7-294所示。

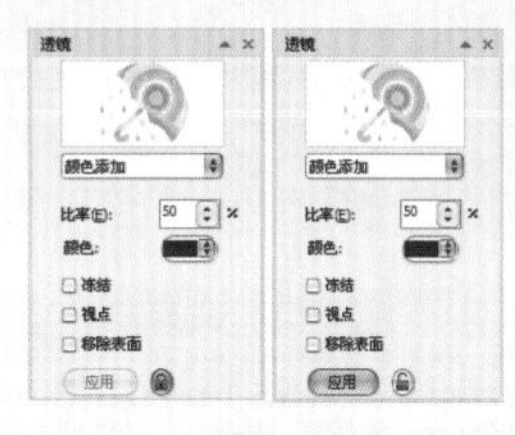

图7-294

实例练习——使用透镜工具制作炫彩效果

案例文件	实例练习——使用透镜工具制作炫彩效果.cdr
视频教学	实例练习——使用透镜工具制作炫彩效果.flv
难易指数	★★★★★
知识掌握	透镜工具、刻刀工具

案例效果

本例最终效果如图7-295所示。

图7-295

操作步骤

步骤01 执行“文件>新建”命令，在弹出的“创建新文档”对话框中设置“大小”为A4，“原色模式”为CMYK，“渲染分辨率”为300，如图7-296所示。

步骤02 单击工具箱中的“矩形工具”按钮，在工作区内拖动鼠标绘制一个合适大小的矩形，并通过调色板将其填充为白色；单击CorelDRAW工作界面右下角的“轮廓笔”按钮，在弹出的“轮廓笔”面板中设置“颜色”为灰色，“宽度”为0.567pt，单击“确定”按钮，如图7-297所示。

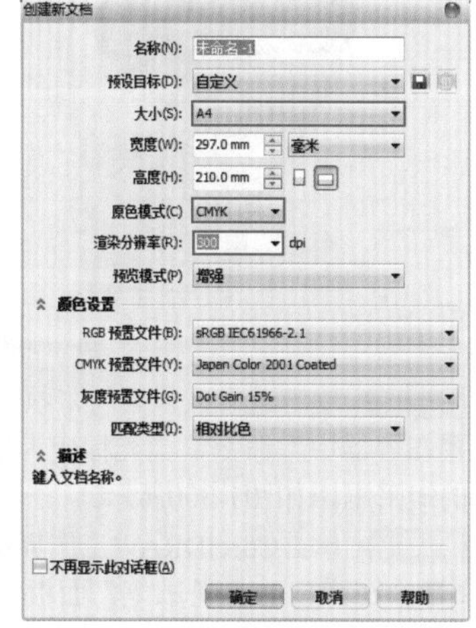

图7-296

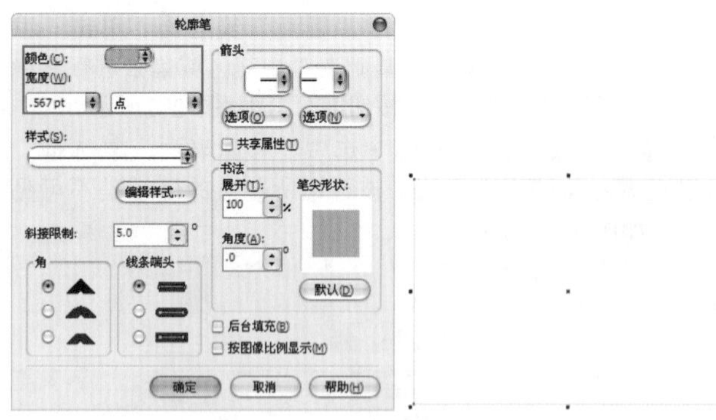

图7—297

步骤03 单击工具箱中的“阴影工具”按钮，在绘制的矩形上按住鼠标左键向右下角拖动，制作其阴影部分；在属性栏中设置“阴影不透明度”为50，“阴影羽化”为2，如图7-298所示。

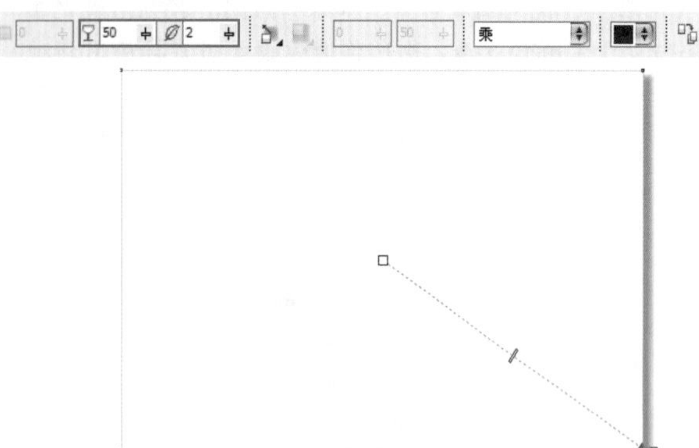

图7—298

步骤04 导入人物素材文件，调整为合适的大小及位置，然后使用矩形工具在人像素材上绘制一个合适大小的矩形，如图7-299所示。

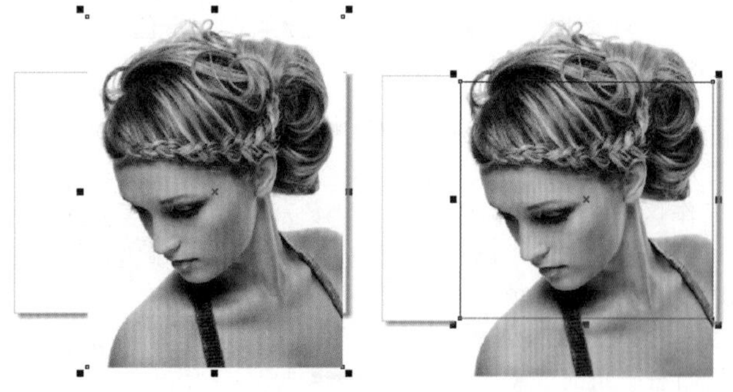

图7—299

步骤05 单击选中人像素材，执行“效果>图框精确剪裁>放置在容器中”命令，当光标变为黑色箭头形状时，单击绘制的矩形框，如图7-300所示。

步骤06 单击CorelDRAW工作界面右下角的“轮廓笔”按钮，在弹出的“轮廓笔”面板中设置“宽度”为“无”，单击“确定”按钮，如图7-301所示。

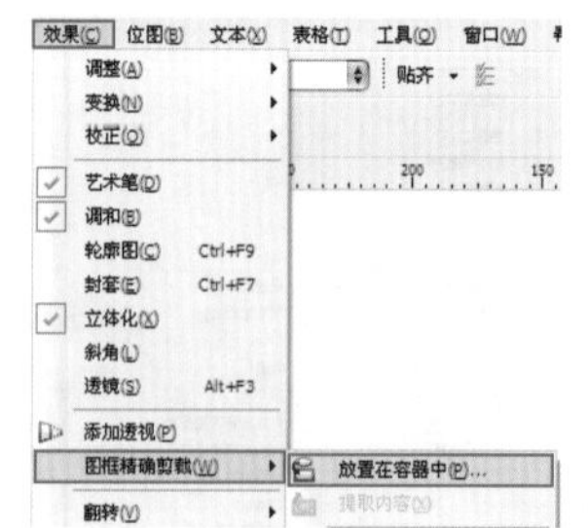

图7—300

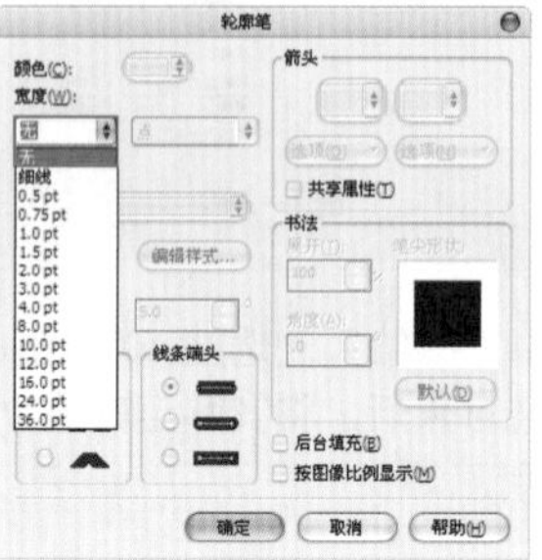

图7—301

步骤07 使用矩形工具在人像素材左侧绘制一个合适大小的矩形，并通过调色板将其填充为黄色，设置轮廓线宽度为“无”，如图7-302所示。

图7—302

步骤08 单击工具箱中的“多边形工具”按钮，在属性栏中将“点数或边数”设置为3，在人像素材右下角绘制一个三角形，如图7-303所示。

步骤09 单击工具箱中的“刻刀工具”按钮，将光标移至三角形边缘，当其变为立起来的形状时单击；将光标移至另一面再次单击，完成分割。继续使用刻刀工具将三角形分为4部分，然后填充为不同的颜色，设置轮廓线宽度为“无”，如图7-304所示。

图7—303

图7—304

步骤10 以同样方法制作出人像素材左上方的彩条部分，然后执行“窗口>泊坞窗>透镜”命令，或按Alt+F3键，打开“透镜”泊坞窗，如图7-305所示。

图7—305

步骤11 单击选中左上角的蓝色三角形，在“透镜”泊坞窗的第一个下拉列表框中选择“颜色添加”选项，设置“比率”为30，如图7-306所示。

图7—306

步骤12 以同样方法制作红色彩条、黄色彩条，在“透镜”泊坞窗的第一个下拉列表框中选择“色彩限度”选项，设置“比率”为30，如图7-307所示。

图7—307

步骤13 单击选中灰色彩条，在“透镜”泊坞窗的第一个下拉列表框中选择“色彩限度”选项，设置“比率”为20，如图7-308所示。

步骤14 单击工具箱中的“矩形工具”按钮，在黄色矩形下方绘制一个合适大小的白色矩形，设置轮廓线宽度为“无”；单击工具箱中的“文本工具”按钮，在白色矩形上单击并输入文字，设置为合适的字体及大小，如图7-309所示。

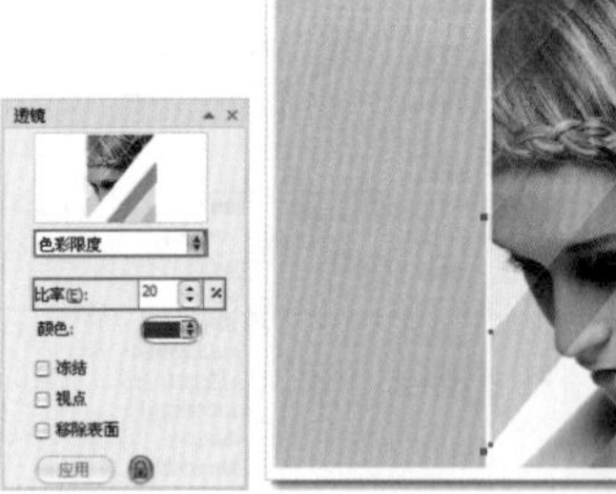

图7—308

图7—309

步骤15 选择字母E，通过调色板将其填充为绿色；依次框选后面的字母，为其填充不同颜色，如图7-310所示。

步骤16 单击工具箱中的“文本工具”按钮字，在ERAY下方单击并输入文字，然后设置为不同的颜色，最终效果如图7-311所示。

图7—310

图7—311

实例练习——使用鱼眼透镜制作足球

案例文件	实例练习——使用鱼眼透镜制作足球.cdr
视频教学	实例练习——使用鱼眼透镜制作足球.flv
难易指数	★★★★★
知识掌握	椭圆形工具、鱼眼透镜、填充工具

案例效果

本例最终效果如图7-312所示。

操作步骤

步骤01 执行“文件>新建”命令，在弹出的“创建新文档”对话框中设置“大小”为A4，“原色模式”为CMYK，“渲染分辨率”为300，如图7-313所示。

图7—312

图7—313

步骤02 导入背景素材文件，调整为合适的大小及位置，如图7-314所示。

图7—314

步骤03 单击工具箱中的“多边形工具”按钮，在属性栏中设置“点数或边数”为5，按住Ctrl键绘制一个正多边形；多次绘制，并将其拼贴为足球展开面；然后单击工具箱中的“选择工具”按钮，框选绘制的多边形；接着单击鼠标右键，在弹出的快捷菜单中执行“群组”命令，或按Ctrl+G

键，如图7-315所示。

步骤04 选择中间的多边形，单击工具箱中的“填充工具”按钮，并稍作停留，在弹出的下拉列表中单击“渐变填充”按钮，在弹出的“渐变填充”对话框中设置“类型”为“线性”，“角度”为62，然后在“颜色调和”选项组中选中“双色”单选按钮，设置颜色为从黑色到灰色，单击“确定”按钮，如图7-316所示。

图7-315　　图7-316

步骤05 使用滴管工具吸取中心多边形的渐变样式，然后依次赋予其他几个多边形。单击工具箱中的“椭圆形工具”按钮，按住Ctrl键绘制一个正多边形，如图7-317所示。

步骤06 单击工具箱中的“选择工具”按钮，选择绘制的圆形；执行“窗口>泊坞窗>透镜”命令，在弹出的“透镜”泊坞窗中设置透镜类型为“鱼眼”，“比率”为100%，选中“冻结”复选框，此时中心呈现出膨胀效果，如图7-318所示。

图7-317　　图7-318

步骤07 单击选中球形，将其移动到素材图外；然后单击鼠标右键，在弹出的快捷菜单中执行“取消群组”命令，或按Ctrl+U键；接着单击选中球形底图和素材图上多余的多边形，按Delete键将其删除，如图7-319所示。

图7-319

步骤08 使用椭圆形工具绘制一个同足球一样大小的正圆，然后在工具箱中单击填充工具组中的“渐变填充”按钮，在弹出的“渐变填充”对话框中设置“类型”为“辐射”，在“颜色调和”选项组中选中“双色”单选按钮，单击“确定”按钮，如图7-320所示。

步骤09 单击CorelDRAW工作界面右下角的“轮廓笔”按钮，在弹出的“轮廓笔”面板中设置“宽度”为“无”，单击“确定”按钮，如图7-321所示。

图7—320　　图7—321

步骤10 单击鼠标右键，在弹出的快捷菜单中执行“顺序>向后一层”命令，或按Ctrl+Page Down键。多次执行该命令，将渐变圆形放置在绘制的足球后面。最后将绘制完成的足球移至素材图像中间，最终效果如图7-322所示。

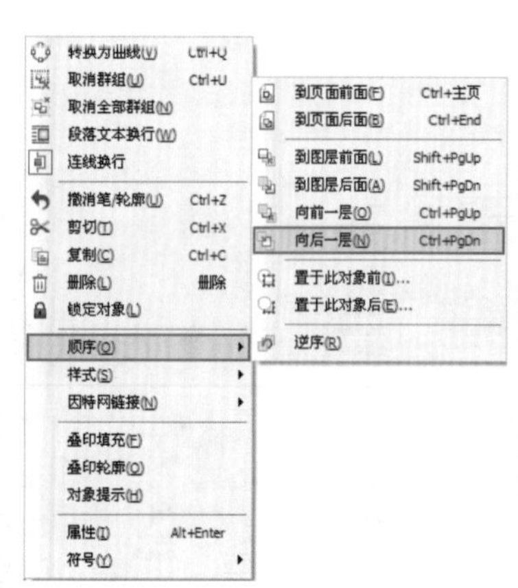

图7—322

读书笔记

文本

在平面设计中，文本是不可或缺的元素。CorelDRAW中的文本是具有特殊属性的图形对象，不仅可以进行格式化的编辑，更能够转换为曲线对象进行形状的变换。

本章学习要点：

- 掌握文本的多种创建方法
- 掌握编辑及转换文本的方法
- 掌握文字格式的设置方法

8.1 创建与导入文本

在平面设计中，文本是不可或缺的元素。CorelDRAW中的文本是具有特殊属性的图形对象，不仅可以进行格式化的编辑，更能够转换为曲线对象进行形状的变换，如图8-1所示。

图8—1

单击工具箱中的“文本工具”按钮字，在其属性栏中可以对文字的字体、字号、样式、对齐方式等进行设置，如图8-2所示。

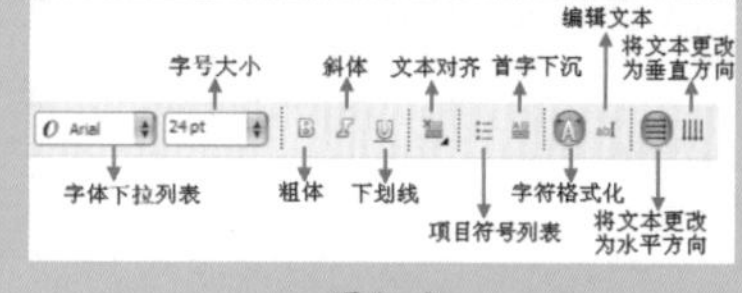

图8—2

8.1.1 创建美术字

在CorelDRAW X5中主要包括两种文本，即美术字文本和段落文本。直接用文本工具单击后，在图像上输入的文本（适用于编辑少量文本），称为美术字文本。美术字文本的字体和字号都可以在属性栏中设置，而文字颜色则在调色板中选择。在如图8-3所示设计作品中，使用到了美术字。

图8—3

在工作区内创建美术字文本的方法非常简单，只需单击工具箱中的“文本工具”按钮，在工作区中单击鼠标左键，当出现光标时输入美术字文本即可，如图8-4所示。

技巧提示

若要对已有的美术字文本进行修改，则单击工具箱中的“文本工具”按钮，然后在需要更改的文本上双击，即可对其进行编辑；也可以单击属性栏中的“编辑文本”按钮，在打开的“编辑文本”对话框中进行修改。

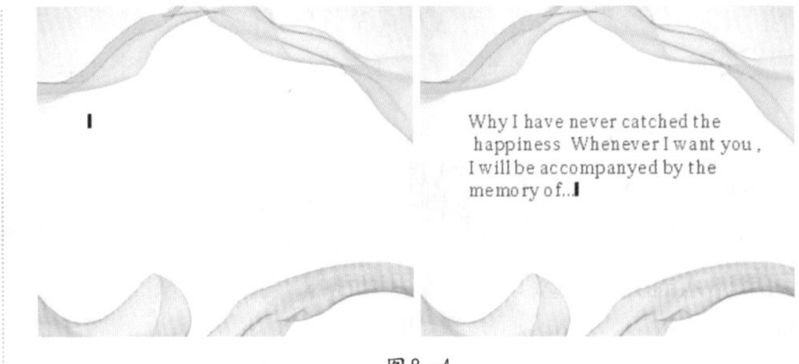

图8—4

实例练习——制作积雪文字

案例文件	实例练习——制作积雪文字.cdr
视频教学	实例练习——制作积雪文字.flv
难易指数	★★★★★
知识掌握	文本工具、手绘工具

案例效果

本例最终效果如图8-5所示。

图8—5

操作步骤

步骤01 执行“文件>新建”命令，在弹出的“创建新文档”对话框中设置“大小”为A4，“原色模式”为CMYK，“渲染分辨率”为300，如图8-6所示。

图8—6

步骤02 导入背景素材文件，调整为合适的大小及位置，如图8-7所示。

图8—7

步骤03 单击工具箱中的“文本工具”按钮，在图像中单击并输入Snow，然后通过属性栏设置合适的字体及大小，如图8-8所示。

图8—8

步骤04 在工具箱中单击填充工具组中的“渐变填充”按钮，在弹出的“渐变填充”对话框中设置“类型”为“线性”，“角度”为-90，颜色为从深蓝色到浅蓝色，然后单击“确定”按钮，如图8-9所示。

步骤05 单击工具箱中的“手绘工具”按钮，在文字上按住鼠标左键并拖动，绘制出积雪的形状，如图8-10所示。

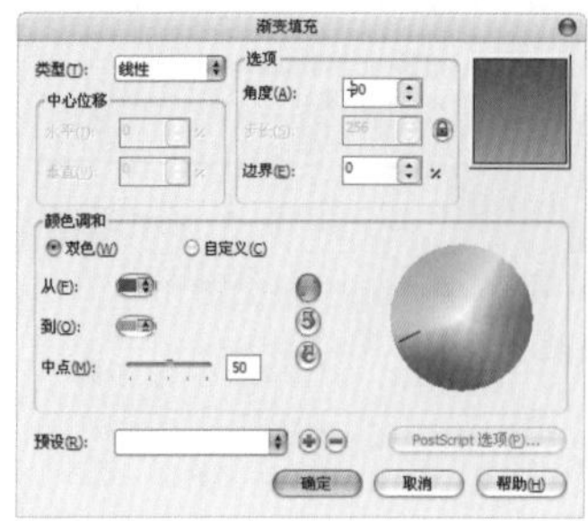

图8-9

图8-10

步骤06 单击工具箱中的“填充工具”按钮并稍作停留，在弹出的下拉列表中单击“均匀填充”按钮，或按Shift+F11键，在弹出的“均匀填充”对话框中选择灰色，然后单击“确定”按钮，如图8-11所示。

图8-11

步骤07 单击CorelDRAW工作界面右下角的“轮廓笔”按钮，在弹出的“轮廓笔”对话框中设置“宽度”为“无”，然后按Ctrl+C键复制，再按Ctrl+V键粘贴；最后将其填充为白色，并向上移动，如图8-12所示。

步骤08 单击工具箱中的“选择工具”按钮，框选绘制的文字，然后单击工具箱中的“阴影工具”按钮，在图形上进行拖曳，完成阴影的制作，最终效果如图8-13所示。

图8-12

图8-13

8.1.2 创建段落文本

先用文本工具单击，然后在图像上画出文本框，再在其中输入的文本（适用于编辑大量的文本），就是段落文本。段落文本都被保留在名为文本框的框架中，在其中输入的文本会根据框架的大小、长宽自动换行，调整文本框的长、宽文字的排版也会发生变化。在如图8-14所示设计作品中，使用到了段落文本。

图8—14

单击工具箱中的“文本工具”按钮，在页面中按住鼠标左键并从左上角向右下角拖动，创建文本框，然后在其中输入相应的文字，即可添加段落文本，如图8-15所示。

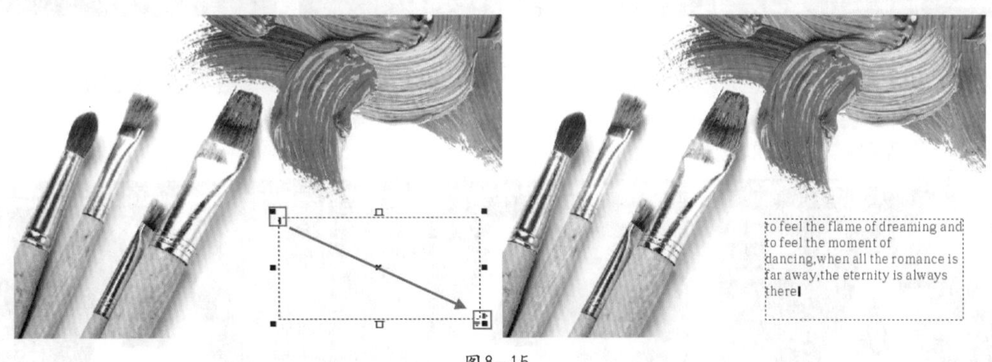

图8—15

实例练习——使用美术字文本与段落文本制作创意文字

案例文件	实例练习——使用美术字文本与段落文本制作创意文字.cdr
视频教学	实例练习——使用美术字文本与段落文本制作创意文字.flv
难易指数	★★★★★
知识掌握	文本工具

案例效果

本例最终效果如图8-16所示。

图8—16

操作步骤

步骤01 执行“文件>新建”命令，在弹出的“创建新文档”对话框中设置“大小”为A4，“原色模式”为CMYK，“渲染分辨率”为300，如图8-17所示。

步骤02 导入背景素材文件，调整为合适的大小及位置，如图8-18所示。

步骤03 单击工具箱中的“文本工具”按钮字，在背景上单击并输入字母A，然后在属性栏中打开字体下拉列表框，从中选择“黑体”选项，并将字号设置为660，如图8-19所示。

步骤04 单击工具箱中的“矩形工具”按钮□，绘制一个合适大小的矩形。使用选择工具双击矩形，将其旋转并放置在文字右侧，如图8-20所示。

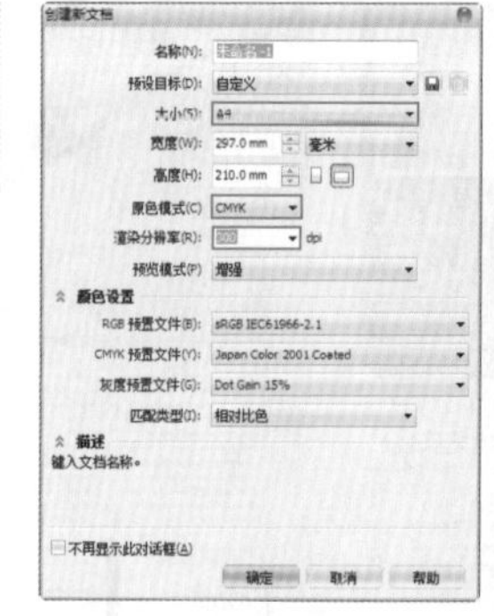

图8—17

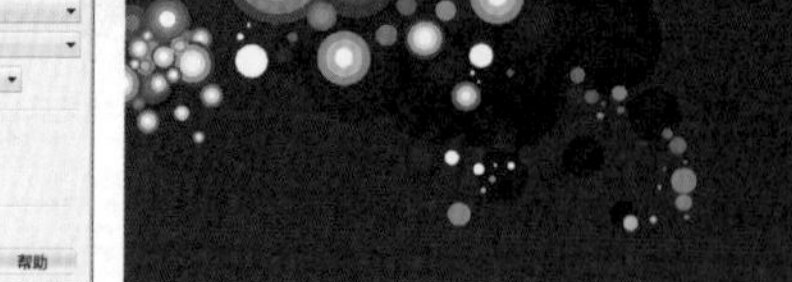

图8—18

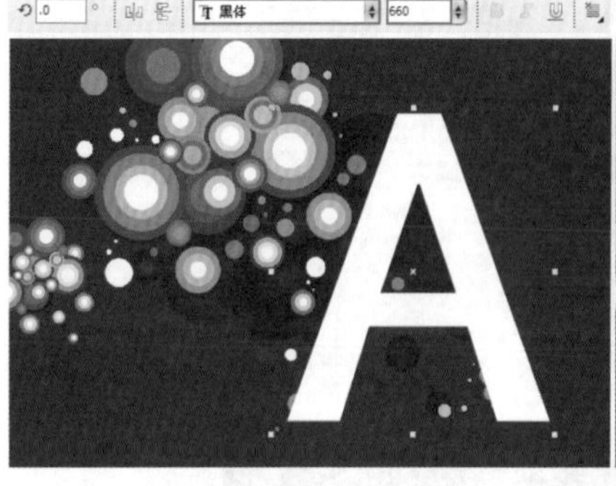

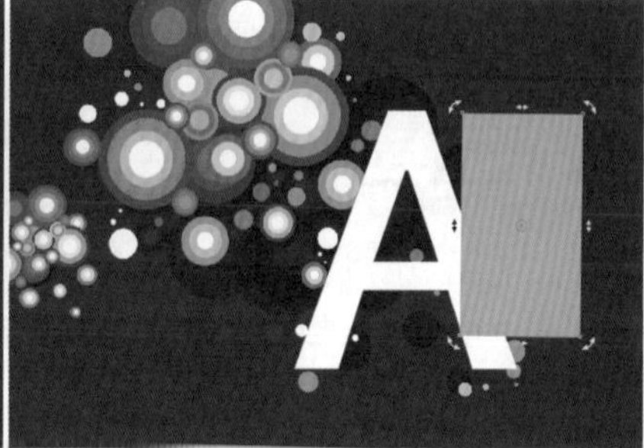

图8—19

图8—20

步骤05 使用选择工具框选将文字与矩形，然后单击属性栏的“移除前面对象”按钮，效果如图8-21所示。

步骤06 单击工具箱中的“文本工具”按钮字，在页面中按住鼠标左键并拖动，绘制一个矩形文本框，然后在其中输入单词，并分别设置其颜色及样式，如图8-22所示。

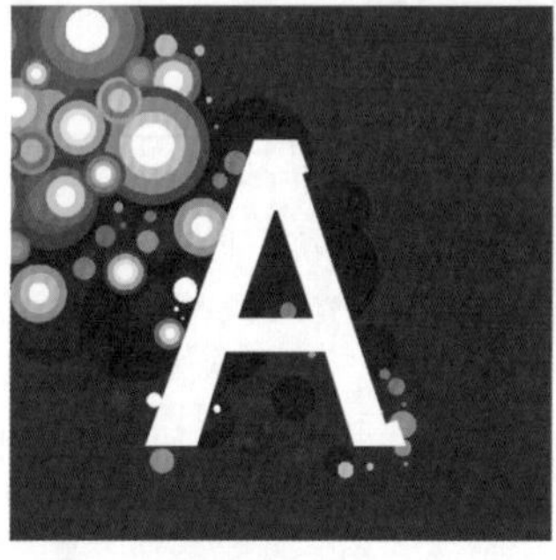

图8—21

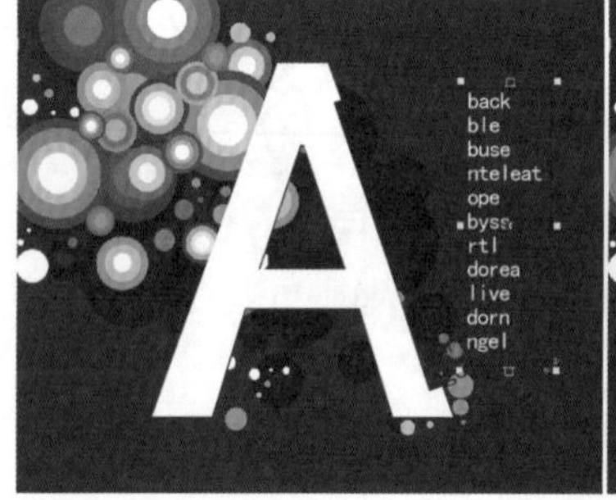

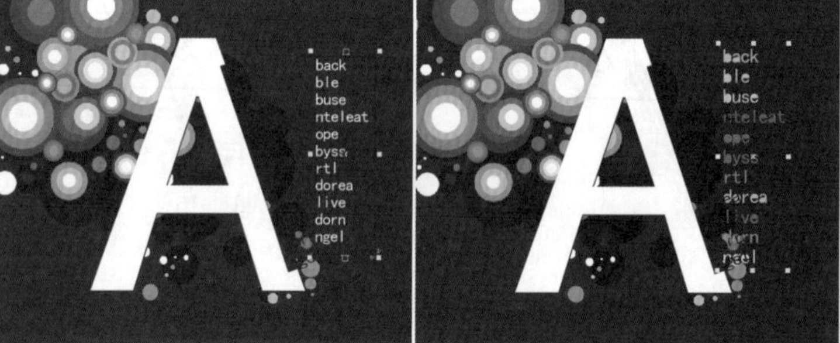

图8—22

步骤07 单击工具箱中的“选择工具”按钮，双击矩形文本框将其旋转，并等比例缩放为合适的大小，如图8-23所示。

步骤08 框选字母A和单词，按Ctrl+C键复制，再按Ctrl+V键粘贴，然后将其填充为黑色，作为阴影部分，如图8-24所示。

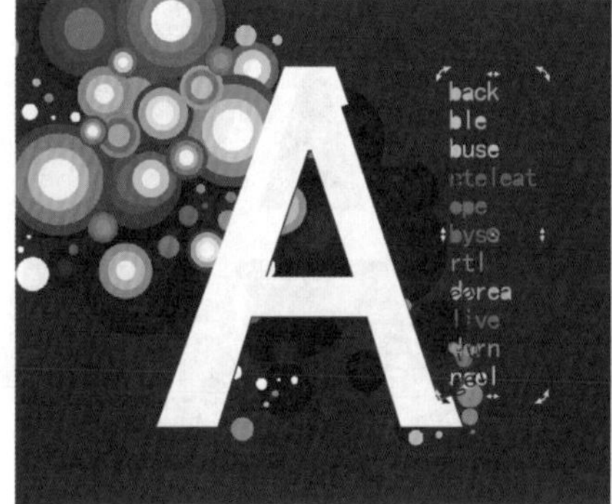

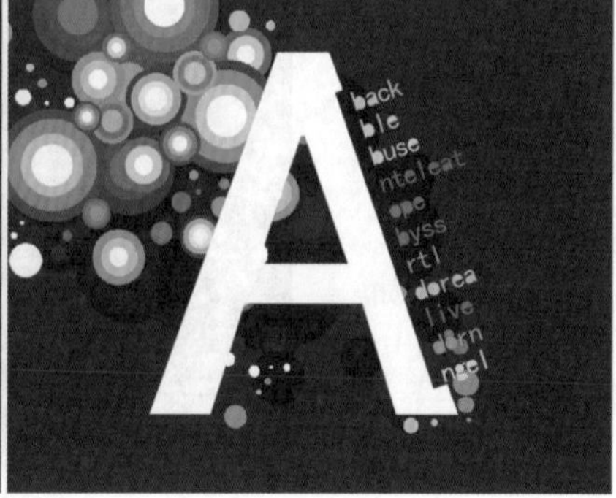

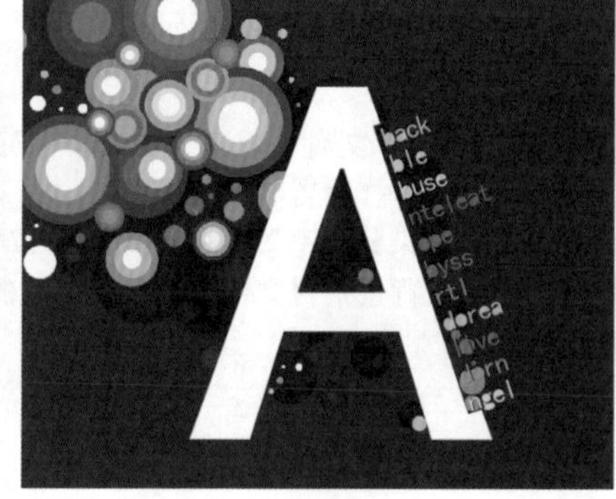

图8—23

图8—24

步骤09 在工具箱中单击工具组中的“渐变填充”按钮，在弹出的“渐变填充”对话框中设置“类型”为“线性”，颜色为从深灰色到浅灰色的渐变，然后单击“确定”按钮，如图8-25所示。

步骤10 导入圆形素材，放置在字母上，使文字与背景产生层次感，最终效果如图8-26所示。

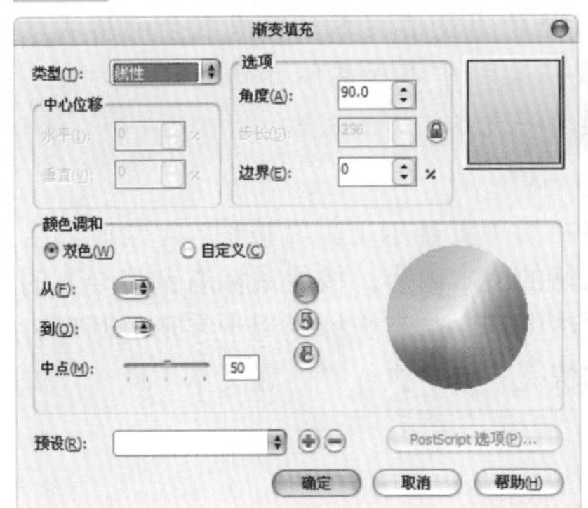

图8—25

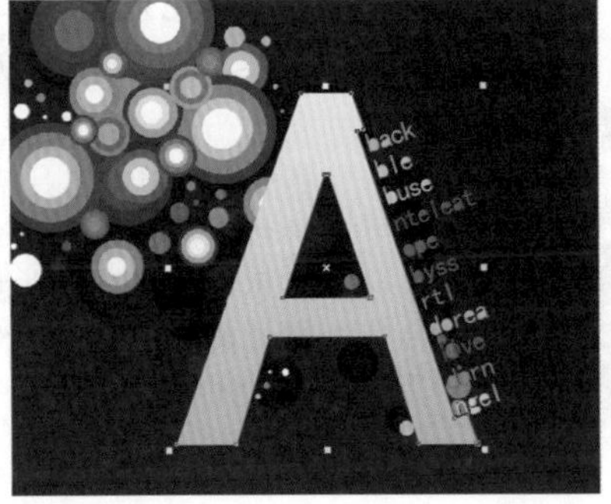

图8—26

实例练习——使用段落文本制作画册内页

案例文件	实例练习——使用段落文本制作画册内页.cdr
视频教学	实例练习——使用段落文本制作画册内页.flv
难易指数	★★★★★
技术要点	文本工具

案例效果

本例最终效果如图8-27所示。

图8—27

操作步骤

步骤01 执行“文件>新建”命令，在弹出的“创建新文档”对话框中设置“大小”为A4，“原色模式”为CMYK，“渲染分辨率”为300，如图8-28所示。

图8—28

步骤02 执行“文件>导入”命令，或按Ctrl+I键，导入背景素材文件，如图8-29所示。

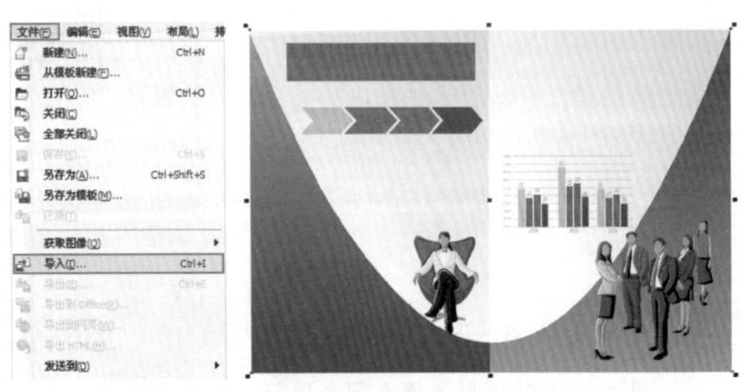

图8—29

步骤03 单击工具箱中的“文本工具”按钮，在工作区中绘制一个文本框，然后在其中输入段落文本。全选文本，在属性栏中设置文字字体、字号大小等，并将文字颜色设置为灰色，如图8-30所示。

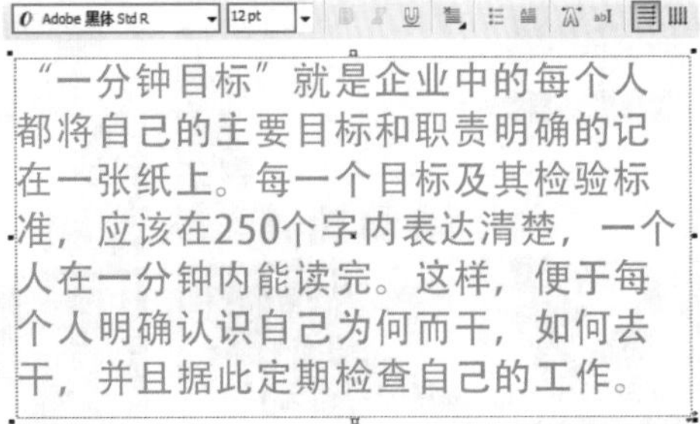

图8—30

图8-30（续）

技巧提示

如果要在文档中添加大型的文本，如报纸、小册子、小广告等，最好使用段落文本，其中包含的格式编排比较多；若要在文档中添加类似标题的较短的文本，则可以使用美术字文本。

步骤04 单击工具箱中的“贝赛尔工具”按钮，绘制闭合曲线；然后选择输入好的文本内容，按住鼠标右键将导入的文本拖动到闭合的曲线图形中，当光标变为十字形的圆环时释放鼠标，在弹出的快捷菜单中执行“内置文本”命令，如图8-31所示。

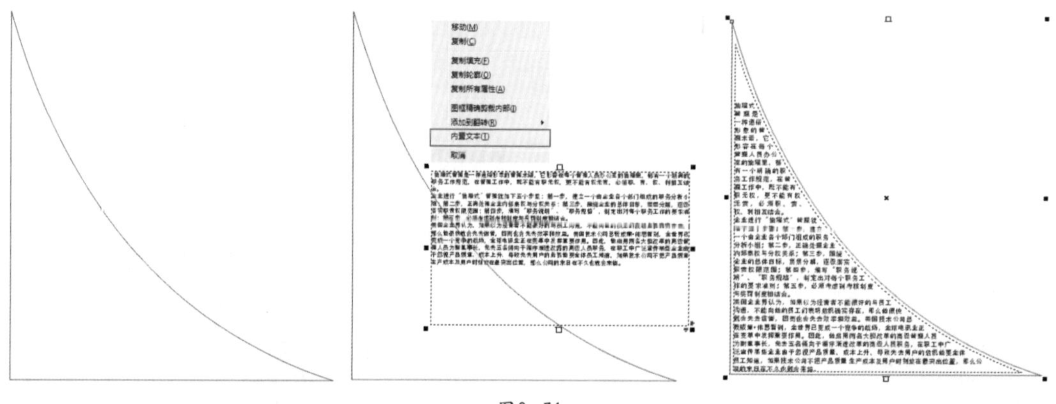

图8-31

技巧提示

此处绘制的图形必须是闭合图形，否则“内置文本”命令不可用。

步骤05 选择区域文本，设置轮廓线宽度为“无”，将其放置在页面左侧，如图8-32所示。

步骤06 以同样方法制作多个不规则文本框的区域文本，然后调整为合适的大小，摆放在画面中的合适位置，如图8-33所示。

步骤07 单击工具箱中的“文本工具”按钮，在页面上单击并输入标题文字，最终效果如图8-34所示。

图8-32

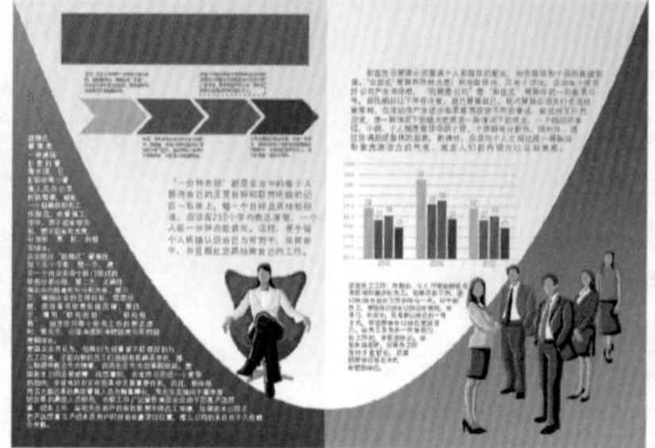

图8-33

图8-34

8.1.3 创建路径文本

路径文本常用于创建走向不规则的文本行。在CorelDRAW中，为了制作路径文本，需要先绘制路径，然后将文本工具定位到路径上，创建的文字会沿着路径排列。改变路径形状时，文字的排列方式也会随之发生改变。如图8-35所示为使用路径文本的设计作品。

图8-35

当路径文本出现后，属性栏会发生一定的变化，如图8-36所示。

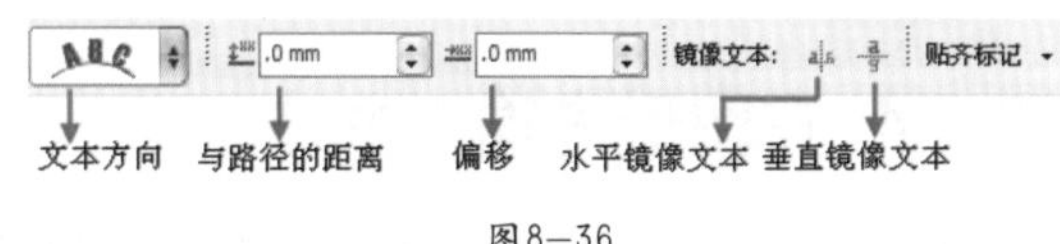

图8-36

- 文本方向：用于指定文字的总体朝向，包含5种效果，如图8-37所示。
- 与路径的距离：用于设置文本与路径的距离，如图8-38所示分别为距离为0和距离为10mm时的对比效果。
- 偏移：设置文字在路径上的位置。该值为正值时，文字越靠近路径的起始点；该值为负值时，文字越靠近路径的终点。

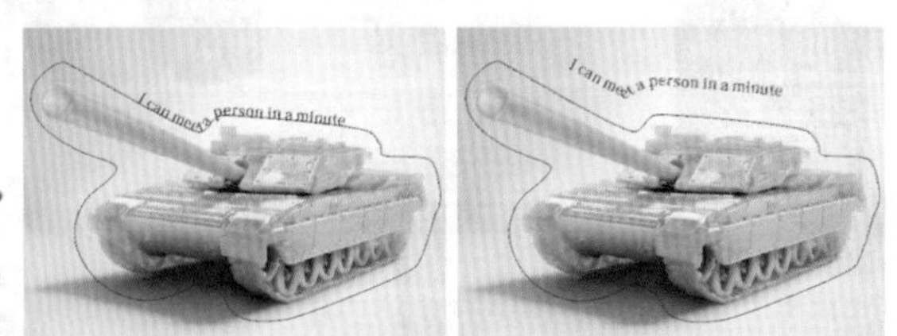

图8-37　图8-38

- 水平镜像文本：从左向右翻转文本字符。
- 垂直镜像文本：从上向下翻转文本字符。
- 贴齐标记：指定贴齐文本到路径的间距增量，如图8-39所示。

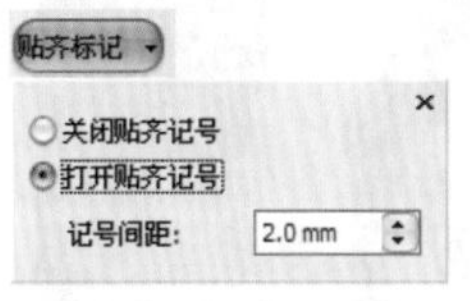

图8-39

理论实践——创建路径文本

步骤01 使用贝塞尔工具绘制一条曲线，然后使用文本工具在曲线上定位并输入一段文字，可以看到文字沿路径排列，如图8-40所示。

步骤02 使用选择工具选中文本，执行“文本>使文本适合路径”命令。当光标变为形状时，将其放置在路径上，即可看到文字变为虚线，沿着路径走向排列，调整到合适位置后单击鼠标即可，效果如图8-41所示。

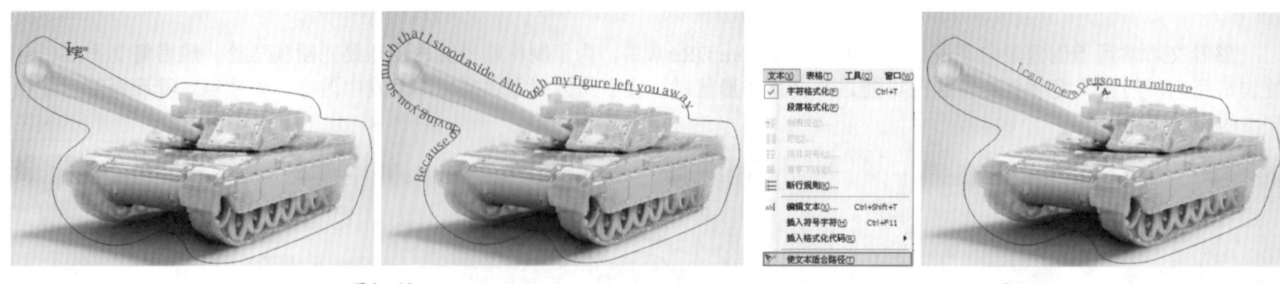

图8—40　　图8—41

步骤03 按住鼠标右键将文本拖动到路径上，当光标变为十字形的圆环时释放鼠标，在弹出的快捷菜单中执行“使文本适合路径”命令，如图8-42所示。

步骤04 当前路径与文字可以一起移动，如果要将文字与路径分开编辑，可以执行“排列>拆分在一路径上的文本”命令，或按Ctrl+K键。分离后选中路径，按Delete键即可将其删除，如图8-43所示。

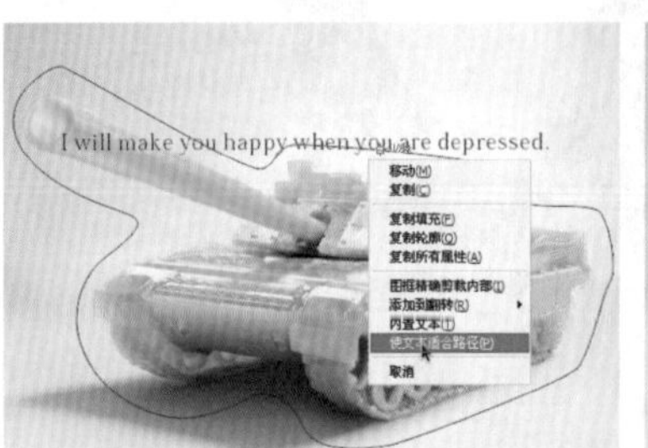

图8—42　　图8—43

8.1.4 在图形内输入文本

在CorelDRAW中可以将文本内容和闭合路径相结合，或在封闭图形内创建文本，文本将保留其匹配对象的形状，如图8-44所示。

图8—44

理论实践——在封闭路径中输入文字

首先创建一条封闭路径，然后单击工具箱中的“文本工具”按钮字，将光标移至封闭路径里侧的边缘，单击鼠标并输入文字，如图8-45所示。

理论实践——在封闭路径中添加已存文本

步骤01 在页面中创建一段文本和封闭路径，然后按住鼠标右键将文本拖动到封闭路径内，当光标变为十字形的圆环时释放鼠标，如图8-46所示。

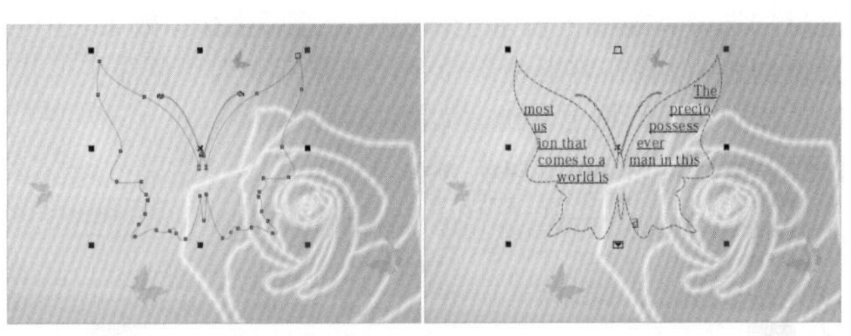

图8—45

图8—46

步骤02 在弹出的快捷菜单中，执行“内置文本”命令，文本将自动置入到封闭的路径内，如图8-47所示。

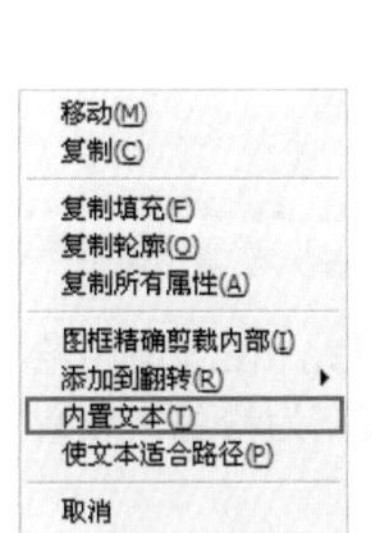

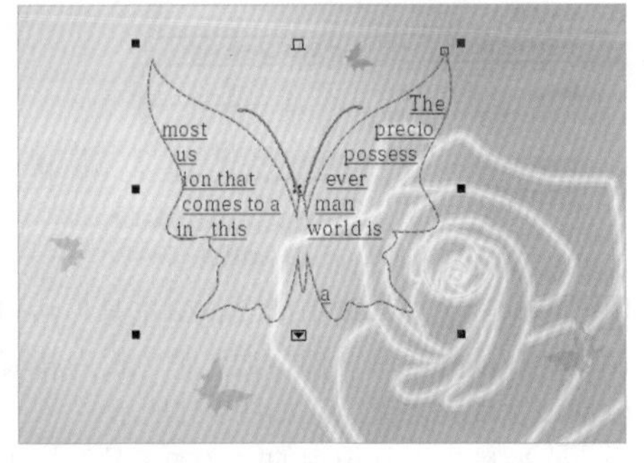

图8—47

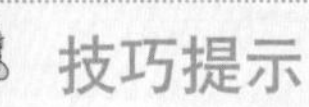

技巧提示

执行“排列>拆分路径内的段落文本”命令，或按Ctrl+K键，可以将路径内的文本与路径分离开来，如图8—48所示。

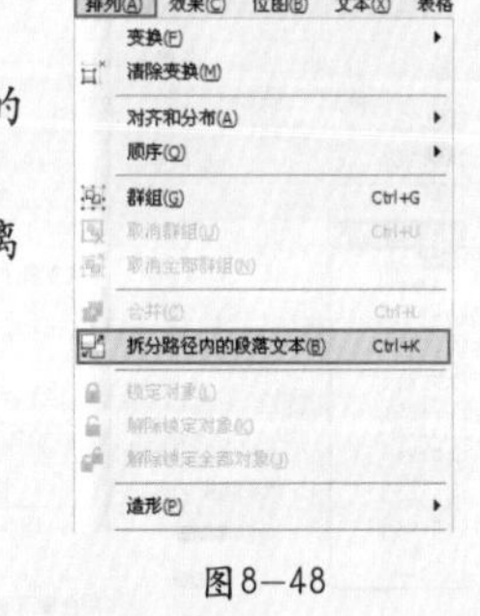

图8—48

实例练习——文字花朵

案例文件	实例练习——文字花朵.cdr
视频教学	实例练习——文字花朵.flv
难易指数	★★★★★
知识掌握	钢笔工具、文本工具

案例效果

本例最终效果如图8-49所示。

操作步骤

步骤01 执行“文件>新建”命令，在弹出的“创建新文档”对话框中设置“大小”为A4，“原色模式”为CMYK，“渲染分辨率”为300，如图8-50所示。

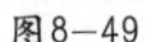

图8—49

图8—50

步骤02 单击工具箱中的“矩形工具”按钮，在工作区内拖动鼠标，绘制一个合适大小的矩形；通过调色板将其填充为灰色，在属性栏中设置“圆角半径”为8.0mm，如图8-51所示。

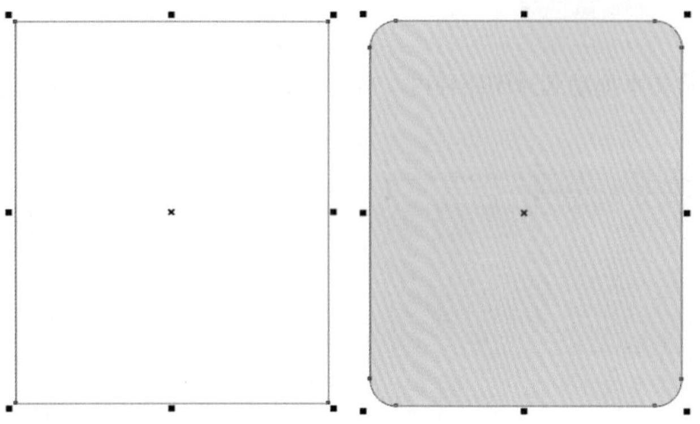

图8-51

步骤03 单击CorelDRAW工作界面右下角的“轮廓笔”按钮，在弹出的“轮廓笔”对话框中设置“宽度”为“无”，单击“确定”按钮，如图8-52所示。

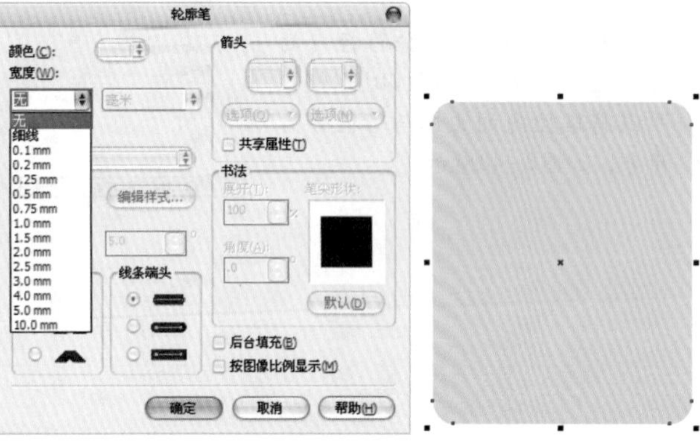

图8-52

步骤04 单击工具箱中的“椭圆形工具”按钮，按住Ctrl键在圆角矩形上绘制一个正圆，然后通过调色板将其填充为浅灰色，设置轮廓线宽度为“无”。选择绘制的圆形，按Ctrl+C键复制，再按Ctrl+V键进行粘贴。多次复制并调整位置，如图8-53所示。

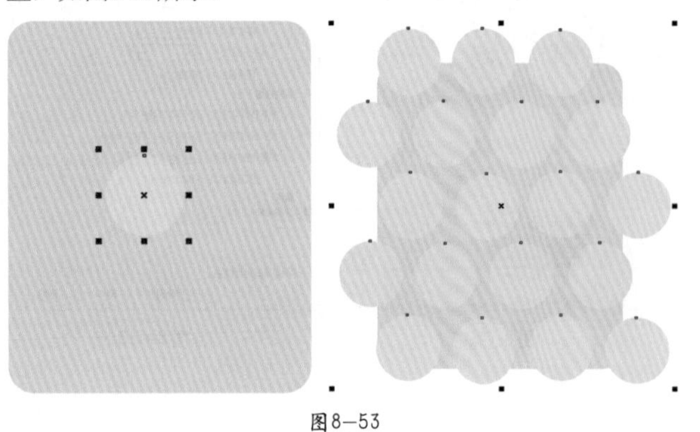

图8-53

技巧提示

选择绘制的所有圆形，执行“排列>对齐和分布>对齐与分布”命令，在弹出的“对齐与分布”对话框中选择“对齐”选项卡，选中“中”复选框，然后选择“分布”选项卡，选中“间距”复选框，单击“应用”按钮结束操作。

步骤05 单击工具箱中的“选择工具”按钮，按住Shift键进行加选，将绘制的圆形全部选中，然后执行“效果>图框精确剪裁>放置在容器中”命令，当光标变为黑色箭头形状时，在圆角矩形框上单击，如图8-54所示。

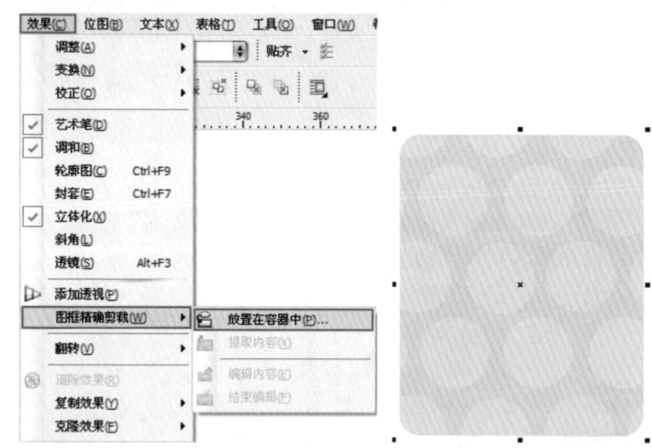

图8-54

步骤06 单击工具箱中的“钢笔工具”按钮，在画面中绘制出花瓣的外轮廓，然后通过调色板为其填充为粉色，设置轮廓线宽度为“无”，如图8-55所示。

步骤07 单击工具箱中的“文本工具”按钮，将光标移至花瓣内侧边缘并单击，在图形内输入英文，并设置为合适的字体及大小，调整颜色为红色，如图8-56所示。

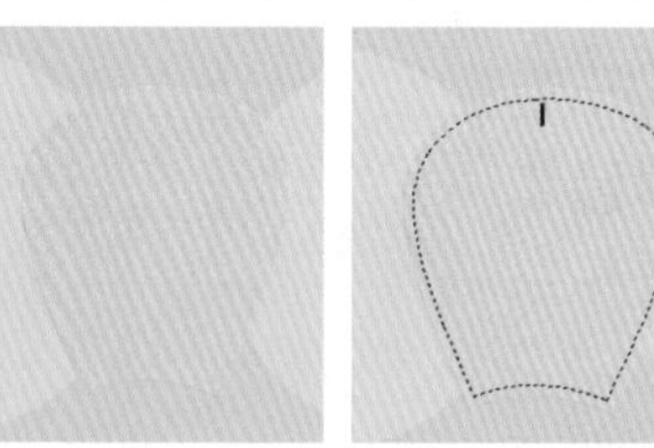

图8-55 图8-56

步骤08 选择其中的单词，在属性栏中设置合适的字体及大小。以同样方法将其他单词设置为不同的大小及字体，并将花瓣适当旋转，如图8-57所示。

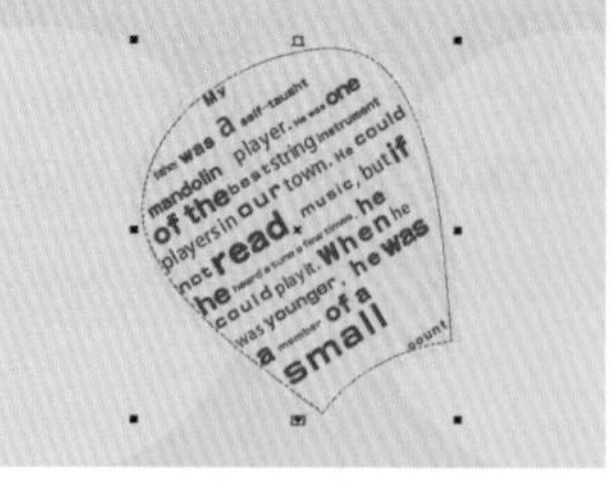

图8-57

步骤09 选择花瓣，按Ctrl+C键复制，按Ctrl+V键粘贴。双击复制出的花瓣，将光标移至4个角的控制点上，按住鼠标左键并拖动将其进行旋转。多次复制并旋转，将花瓣拼凑为花朵形状，如图8-58所示。

步骤10 以同样的方法制作出带有文字的花梗和花盆部分，如图8-59所示。

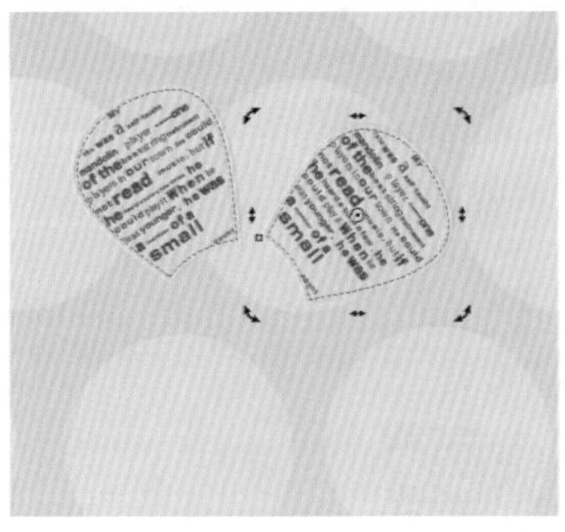
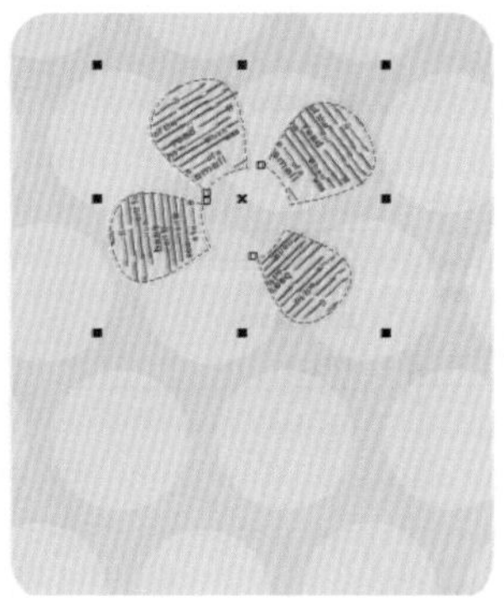

图8-58

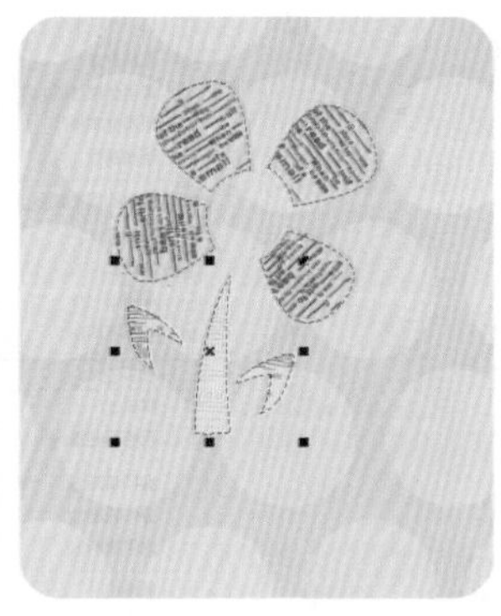
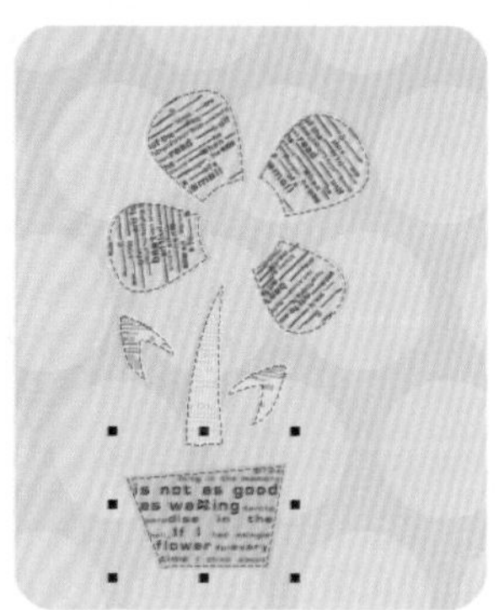

图8-59

步骤11 单击工具箱中的“椭圆形工具”按钮，在花朵中心绘制一个正圆，然后通过调色板将其填充为黄色，设置轮廓线宽度为“无”。使用钢笔工具在花心上半部分绘制一个半圆形轮廓，通过调色板将其填充为白色，设置轮廓线宽度为“无”，如图8-60所示。

步骤12 选择白色半圆，单击工具箱中的“透明度工具”按钮，在白色半圆上按住鼠标左键并向下拖动，为其添加透明度，如图8-61所示。

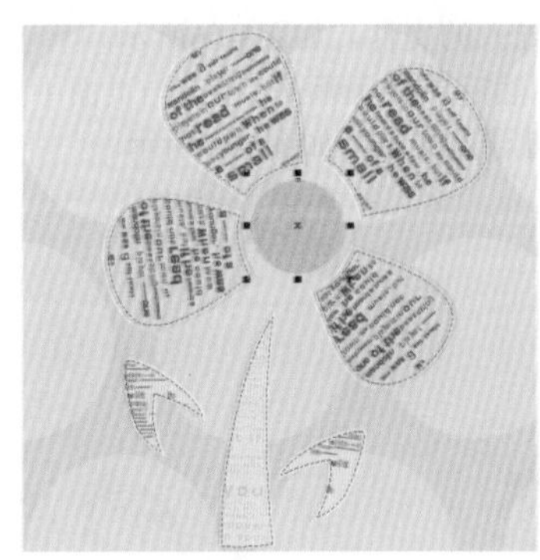
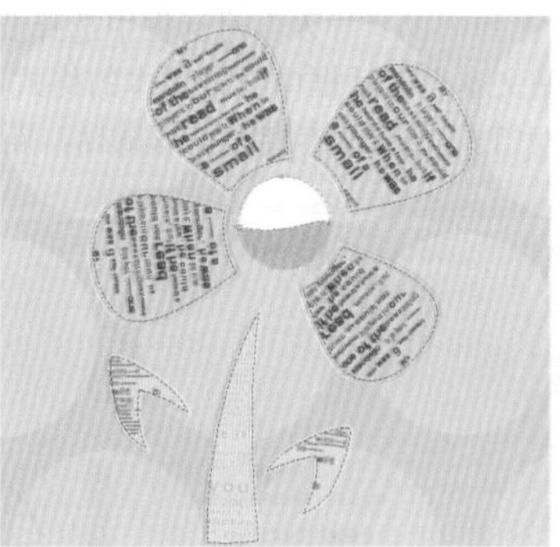

图8-60

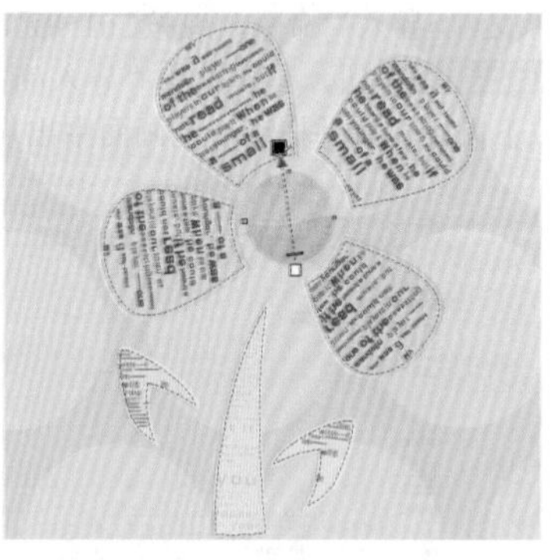

图8-61

步骤13 单击工具箱中的“手绘工具”按钮，在花朵右上方绘制一条曲线。单击工具箱中的“文本工具”按钮，将光标移至曲线上后单击并输入文字，然后设置为合适的字体和大小，调整文字颜色为蓝色，如图8-62所示。

步骤14 执行“排列>拆分路径内的段落文本”命令，单击选中绘制的曲线，按Delete键将其删除，只留下蓝色文字。以同样方法制作出花朵左侧及右下方的路径文本，如图8-63所示。

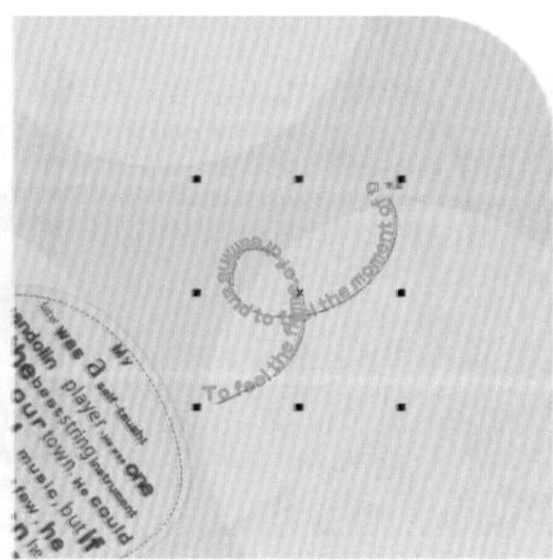

图8-62

图8-63

步骤15 使用钢笔工具绘制出花朵整体的外轮廓，将其填充为白色，设置轮廓线宽度为“无”，如图8-64所示。

步骤16 单击鼠标右键，在弹出的快捷菜单中执行“顺序>向后一层”命令，或按Ctrl+Page Down键。多次执行该命令，将白色轮廓放置在文字花朵后一层，最终效果如图8-65所示。

图8—64　　图8—65

8.1.5 导入/粘贴外部文本

导入/粘贴外部文本是一种输入文本的快捷方法，避免了一个一个地输入文字的烦琐过程，减少了操作时间，大大提高了工作效率。

执行“文件>导入”命令，或按Ctrl+I键，在弹出的“导入”对话框中选择要导入的文件，如图8-66所示。

单击 导入 按钮，在弹出的“导入/粘贴文本”对话框中设置文本的格式，然后单击 确定(O) 按钮。当页面中出现一个导入形状时按下鼠标左键并拖动，当画面中出现一个红色的文本框时释放鼠标，即可导入文本，如图8-67所示。

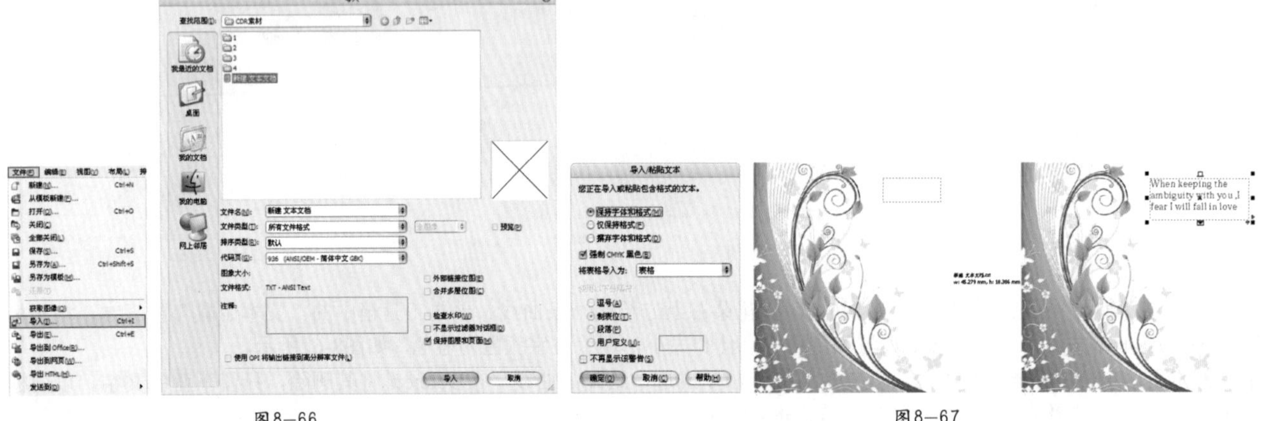

图8—66　　图8—67

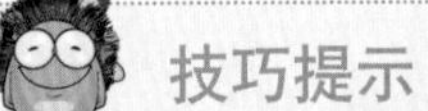

技巧提示

如果文本框大小不合适，可以通过调整文本框控制点来调整其大小，如图8-68所示。

图8—68

8.1.6 插入特殊字符

在CorelDRAW中，用户可以插入各种类型的特殊字符。有些字符可以作为文字来调整，有的可以作为图形对象来调整。

步骤01 执行“文本>插入符号字符”命令，或按Ctrl+F11键，在弹出的“插入字符”泊坞窗中打开“字体”下拉列表框，从中选择特殊字符的类型，如图8-69所示。

步骤02 在中间的列表框中选择要添加的字符，单击“插入”按钮，或按住特殊字符不放，将其拖到页面上，即可插入特殊字符，如图8-70所示。

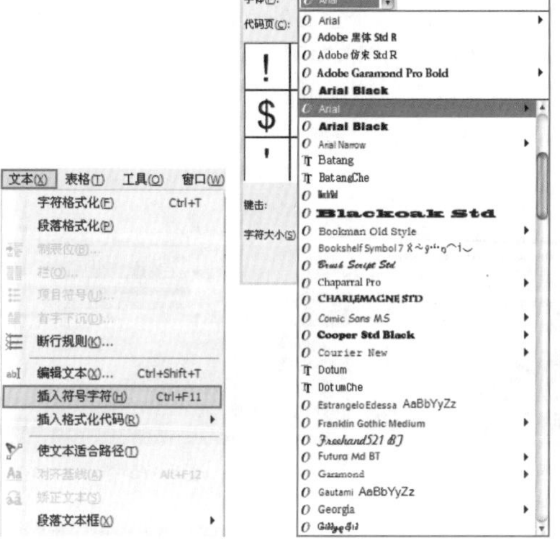

图8—69

图8—70

8.2 编辑文本属性

在平面设计中，文字的使用是方方面面的。不同的用途，文字的样式也各不相同。在CorelDRAW中可以对美术字文本及段落文本的格式进行设置，使其更适合创作需求，如图8-71所示。

图8—71

第8章 文本

8.2.1 选择文本

在CorelDRAW中可以通过文本工具、形状工具、选择工具来选择文本。

理论实践——选择全部文本

单击工具箱中的“选择工具”按钮，在美术字或段落文本上单击，即可选中文本对象，如图8-72所示。

使用文本工具单击文本处，然后按住鼠标左键拖动，被选中的文本将呈现为灰色，如图8-73所示。

理论实践——选择部分文本

单击工具箱中的“形状工具”按钮，然后单击文本，此时在每个字符左下方会出现一个空心的点，在空心点上单击，空心点将会变成黑色，表示该字符被选中；按住Shift键的同时单击鼠标，可以进行加选，如图8-74所示。

此外，还有一种方法，即用文本工具单击文本处，然后按住鼠标左键拖动进行框选，被选中的文字将呈现为灰色，如图8-75所示。

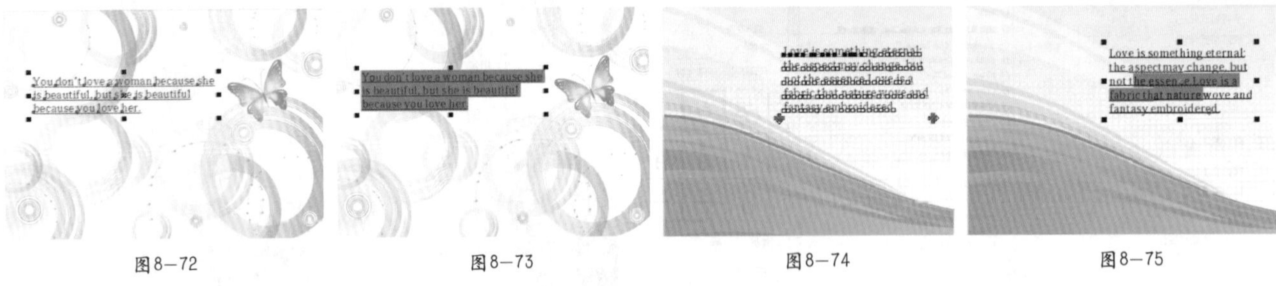

图8—72　图8—73　图8—74　图8—75

8.2.2 设置字体、字号和颜色

在平面设计中，文字的表现方式极为丰富。通过对文本的字体、字号和颜色等进行设置，可以使平面设计的效果更加丰富、多元化，如图8-76所示。

图8—76

理论实践——设置文本字体

本例主要练习文本字体的设置方法，最终效果如图8-77所示。

图8—77

方法01 选择要设置字体的文本，在文本工具的属性栏中打开字体下拉列表框，从中选择一种字体，即可将选择的文字更改为该字体，如图8-78所示。

方法02 选择要设置字体的文本，在文本工具的属性栏中单击“编辑文本”按钮，或按Ctrl+Shift+T键，在弹出的“编辑文本”对话框中打开字体下拉列表框，从中选择一种字体，然后单击“确定”按钮，如图8-79所示。

方法03 选择要设置字体的文本，执行“窗口>泊坞窗>属性”命令，或按Alt+Enter键，在弹出的“对象属性”泊坞窗中单击“按钮，在“字体”下拉列表框中选择一种字体，然后单击“应用”按钮即可，如图8-80所示。

图8—78　　图8—79　　图8—80

理论实践——设置文本字号

本例主要练习文本字号的设置方法，最终效果如图8-81所示。

图8—81

方法01 选择要设置字号的文本，在文本工具的属性栏中打开字号大小下拉列表框，从中选择一种字号（也可直接输入数值），即可将其更改为该字号，如图8-82所示。

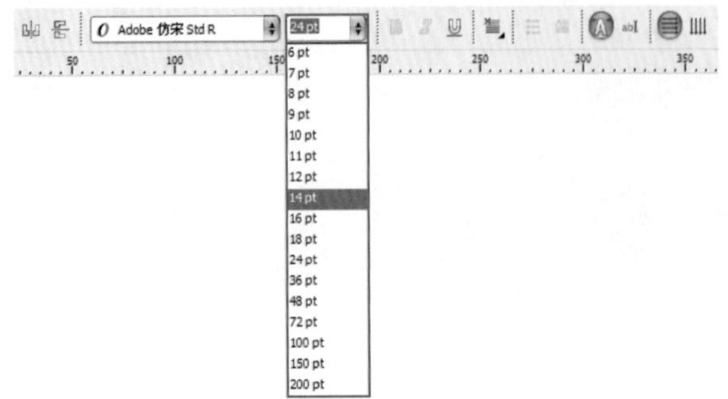

图8—82

方法02 选择要设置字号的文本，在文本工具的属性栏中单击“编辑文本”按钮，或按Ctrl+Shift+T键，在弹出的“编辑文本”对话框中打开字号大小下拉列表框，从中选择一种字号，然后单击“确定”按钮结束操作，如图8-83所示。

图8—83

方法03 选择要设置字号的文本，执行“窗口>泊坞窗>属性”命令，或按Alt+Enter键，在弹出的“对象属性”泊坞窗中单击按钮，在“粗细”下拉列表框中选择一种字号，然后单击“应用”按钮即可，如图8-84所示。

图8—84

方法04 当文本处于选中状态时，将光标移至周边的任意一个控制点上，按住鼠标左键拖动，也可以改变字号大小，如图8-85所示。

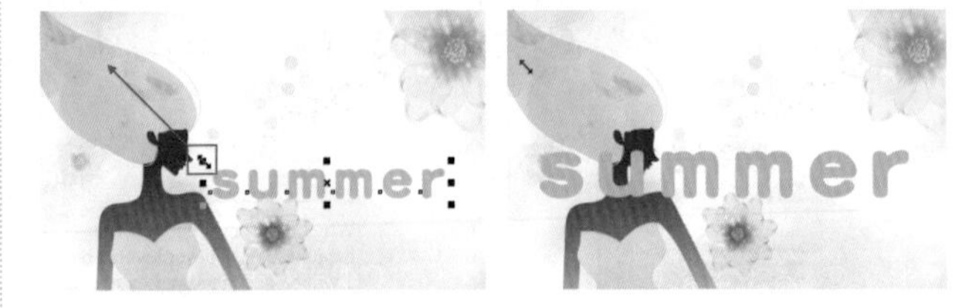

图8—85

理论实践——设置文本颜色

本例主要练习文本颜色的设置方法，最终效果如图8-86所示。

图8—86

方法01 选择要设置颜色的文本，在调色板中单击任一色块，即可将其更改为所选颜色，如图8-87所示。

> **技巧提示**
>
> 右击某一色块，可以为所选文本设置轮廓色。

方法02 选择要设置颜色的文本，执行“窗口>泊坞窗>属性”命令，或按Alt+Enter键，在弹出的“对象属性”泊坞窗中单击“填充”按钮，然后进行相应的设置，即可将其更改为所选颜色，如图8-88所示。

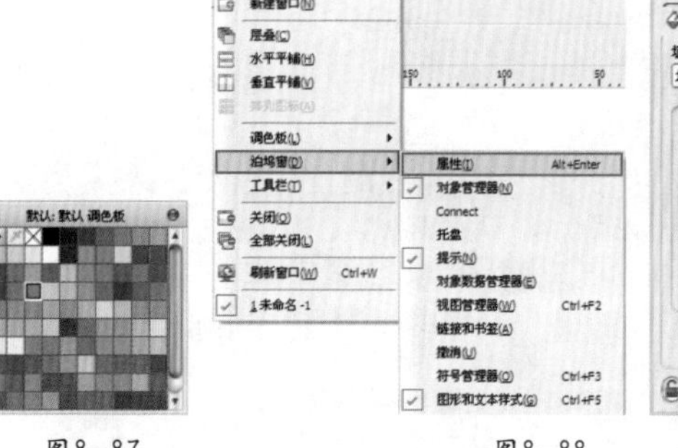

图8—87　　图8—88

实例练习——制作文字海报

案例文件	实例练习——制作文字海报.cdr
视频教学	实例练习——制作文字海报.flv
难易指数	★★★★★
知识掌握	文本工具、矩形工具

案例效果

本例最终效果如图8-89所示。

操作步骤

步骤01 执行“文件>新建”命令，在弹出的“创建新文档”对话框中设置“大小”为A4，“原色模式”为CMYK，“渲染分辨率”为300，如图8-90所示。

图8—89　　图8—90

步骤02 单击工具箱中的“矩形工具”按钮，在工作区内拖动鼠标，绘制一个合适大小的矩形；然后单击工具箱中的“填充工具”按钮并稍作停留，在弹出的下拉列表中单击“渐变填充”按钮，在弹出的“渐变填充”对话框中设置“类型”为“辐射”，在“颜色调和”选项组中选中“双色”单选按钮，设置颜色为从深蓝色到浅蓝色的渐变，单击“确定”按钮，如图8-91所示。

步骤03 单击CorelDRAW工作界面右下角的“轮廓笔”按钮，在弹出的“轮廓笔”面板中设置“宽度”为“无”，单击“确定”按钮，如图8-92所示。

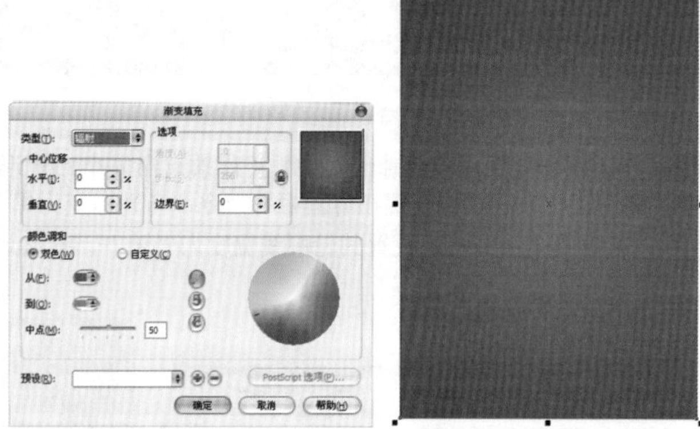

图8—91

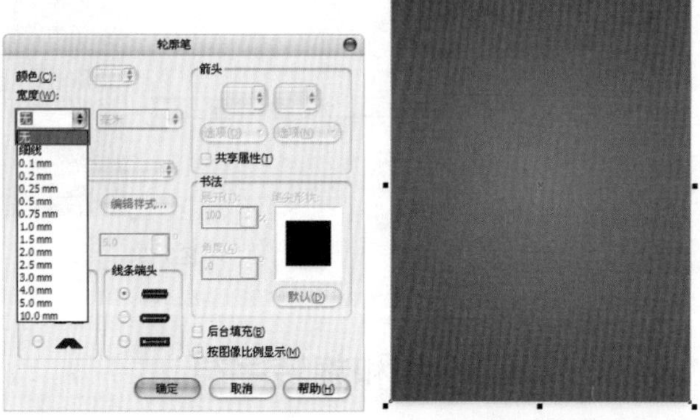

图8—92

步骤04 单击工具箱中的“文本工具”按钮，在工作区内单击并输入单词“SMILE”，并调整为合适的字体及大小，设置文字颜色为白色；然后单击工具箱中的“选择工具”按钮，双击单词，将光标移至4个角的控制点上，按住鼠标左键拖动，将其旋转合适的角度，如图8-93所示。

步骤05 以同样方法制作出不同颜色的其他单词，然后调整为合适的位置及大小，将其组合为文字T的形状，如图8-94所示。

图8—93

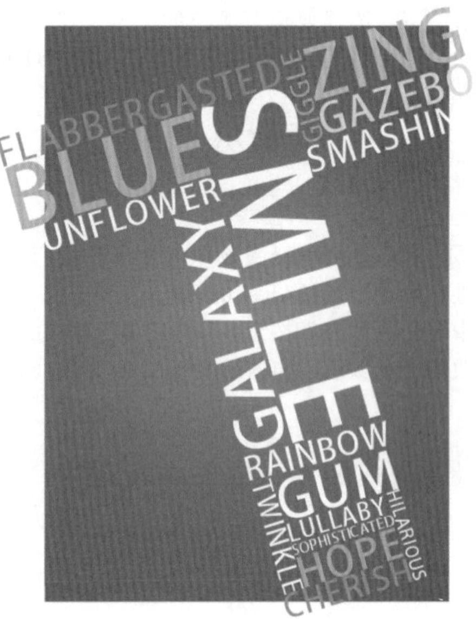

图8—94

步骤06 使用矩形工具绘制一个同渐变背景一样大小的矩形；然后按住Shift键进行加选，将所有文字同时选中；接着执行“效果>图框精确剪裁>放置在容器中”命令，当光标变为黑色箭头形状时单击绘制的矩形框，如图8-95所示。

步骤07 选择文字矩形，设置其轮廓线宽度为“无”，最终效果如图8-96所示。

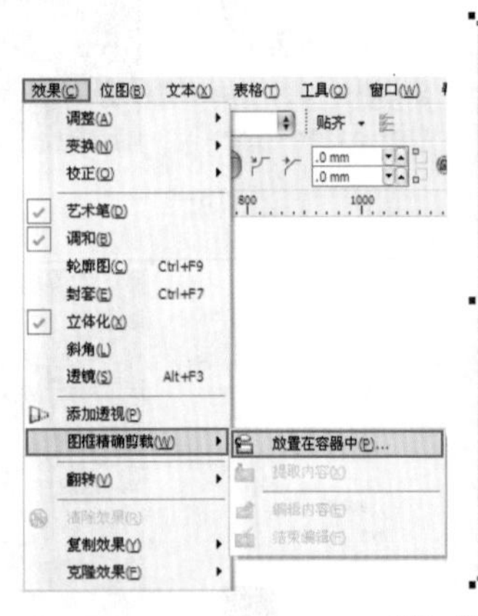

图8—95

图8—96

8.2.3 精确移动和旋转字符

像普通对象一样，在CorelDRAW中可以将文本对象选中后进行移动和旋转。如果需要精确移动或旋转某个字符，可以按照以下步骤进行操作。

步骤01 选择字符，执行“文本>字符格式化”命令，或按Ctrl+T键，如图8-97所示。

步骤02 在弹出的“字符格式化”泊坞窗中打开“字符位移”栏，在“角度”、“水平位移”和“垂直位移”数值框内输入数值，即可精确地移动和旋转字符，如图8-98所示。

步骤03 如果要将字符恢复为原始状态，可以将其选中，然后执行“文本>矫正文本”命令即可，如图8-99所示。

图8—97

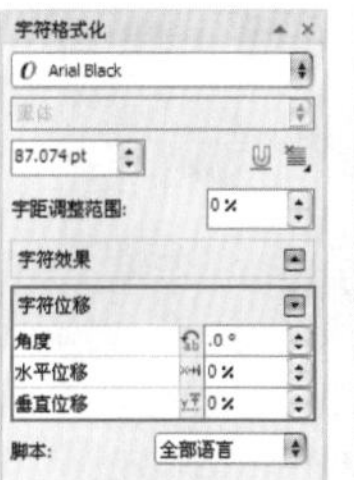

图8—98

图8—99

8.2.4 设置文本的对齐方式

设置文本的对齐方式有3种方法，下面分别介绍。

方法01 选中文本，在文本工具的属性栏中单击“文本对齐”按钮，在弹出的下拉列表中选择一种对齐方式，如图8-100所示。

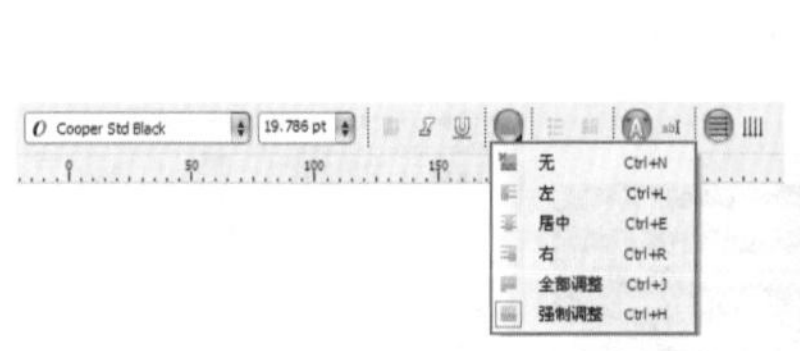

图8—100

方法02 选中文本，执行“文本>段落格式化”命令，在弹出的“段落格式化”泊坞窗中打开“水平”或“垂直”下拉列表框，从中选择需要的对齐方式，如图8-101所示。

方法03 选中文本，执行“窗口>泊坞窗>属性”命令，或按Alt+Enter键，在弹出的“对象属性”泊坞窗中单击按钮，在“格式”选项组中单击“水平对齐”按钮，在弹出的下拉列表中选择需要的对齐方式，然后单击“应用”按钮即可，如图8-102所示。

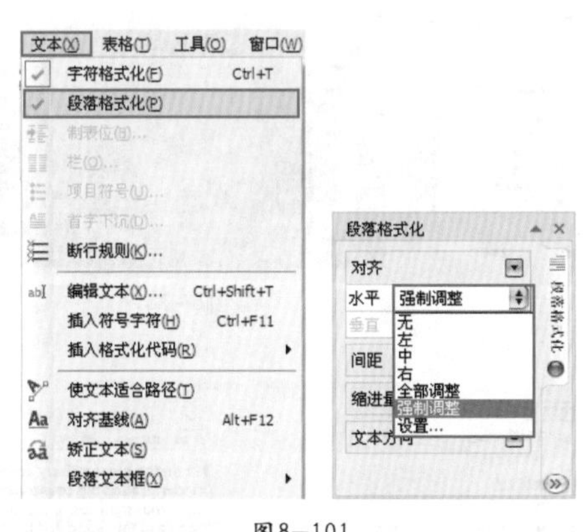

图8—101

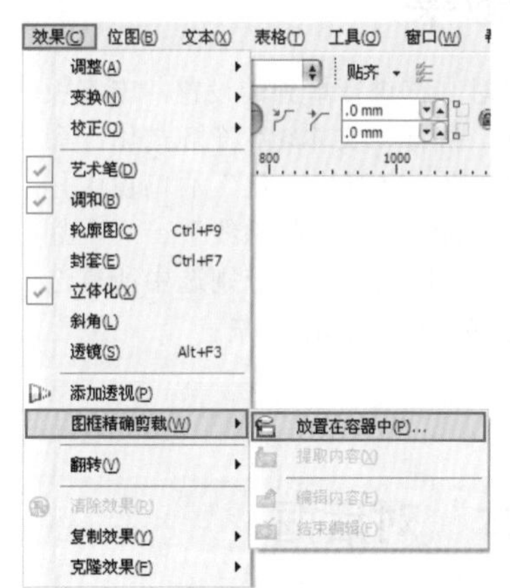
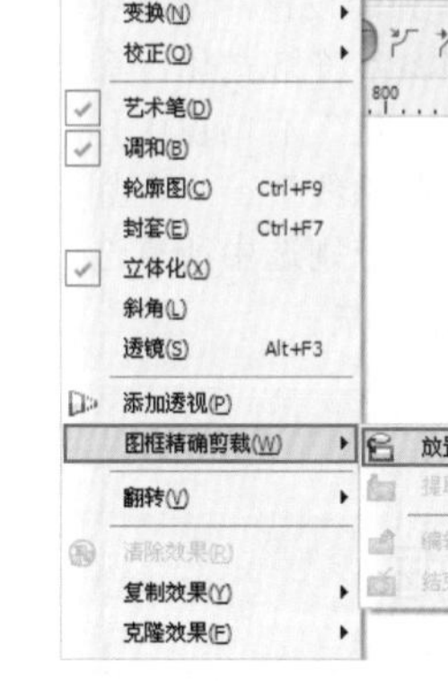

图8—102

8.2.5 转换文本方向

选择文本对象，在文本工具属性栏中单击“将文本更改为水平方向”按钮▤或“将文本更改为垂直方向”按钮▥，即可将其转换为水平或垂直方向，如图8-103所示。

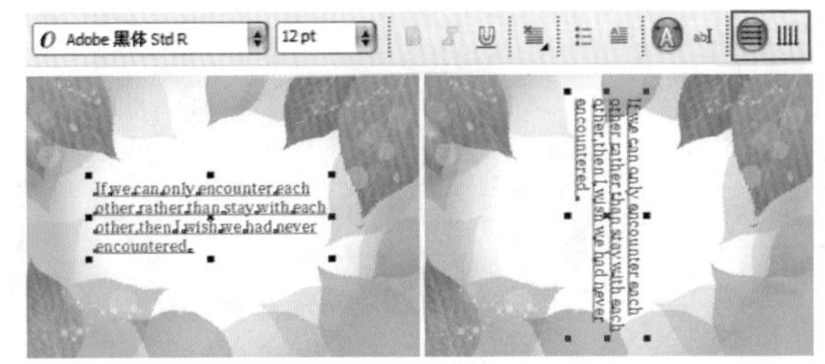

图8—103

8.2.6 设置字符间距

选中文本，单击工具箱中的“形状工具”按钮，此时在文本右下方将显示交互式水平间距调整图标，按住该图标向左或右拖动鼠标，即可增加或减少字符的间距，如图8-104所示。

选中文本，单击工具箱中的“形状工具”按钮，此时在文本左下方将显示交互式垂直间距调整图标，按住该图标向上或下拖动鼠标，即可增加或减少行间距（即两个相邻文本行与行基线之间的距离），如图8-105所示。

选中文本，执行“文本>段落格式化”命令，在弹出的“段落格式化”泊坞窗中打开“间距”栏，从中可以对“段落和行”、“语言、字符和字”、“缩进量”及“文本方向”等进行更为细致的调整，如图8-106所示。

图8—104

图8—105

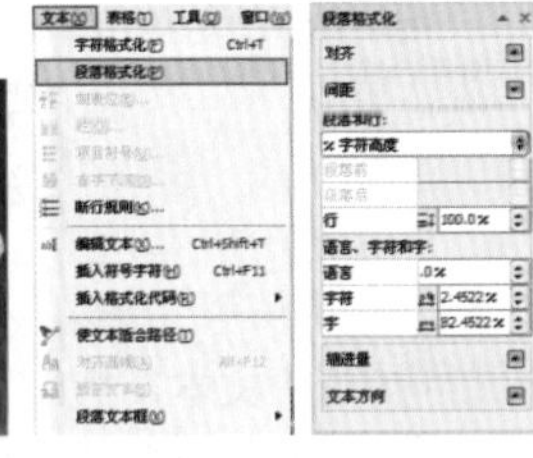

图8—106

8.2.7 设置字符效果

在CorelDRAW中可以对字符进行单独的设置，丰富版面的设计效果。选择字符，执行“文本>字符格式化”命令，或按Ctrl+T键，在弹出的“字符格式化”泊坞窗中打开“字符效果”栏，在“下划线”、“删除线”、“上划线”、“大写”和“位置”下拉列表框中分别选中所需选项，即可完成字符效果的设置，如图8-107所示。

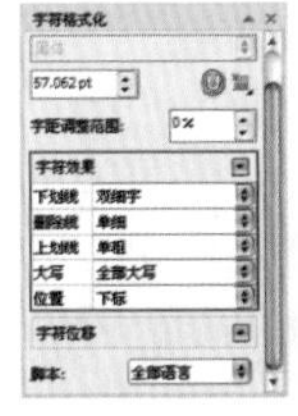

图8—107

8.2.8 “编辑文本”对话框

输入后的文本，必须进行相应的编辑，以便于后期的进一步处理。执行“文本>编辑文本”命令，或按Ctrl+Shift+T键，在弹出的“编辑文本”对话框中可以对文本的字体、字号、对齐方式等格式进编辑；通过“选项”按钮还可以对文本的大小写进行更改，查找、替换文本，以及拼写检查等，如图8-108所示。

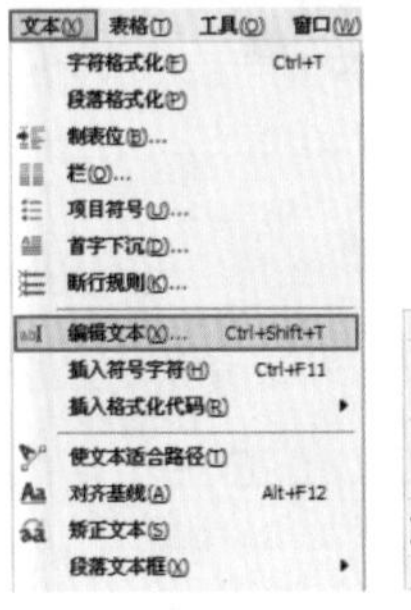

图8—108

8.3 设置段落文本格式

段落文本由于具有自动换行、可调整文字区域大小等优势，所以在大量的文本排版（如海报、画册等）中应用极广，如图8-109所示。

图8—109

8.3.1 设置段落缩进

缩进是指文本对象与其边界之间的间距量。缩进只影响选中的段落，因此可以很容易地为多个段落设置不同的缩进。

方法01 单击工具箱中的使用“文本工具”按钮字，然后单击要缩进的段落，执行“文本>段落格式化”命令，在弹出的“段落格式化”泊坞窗中打开“缩进量”栏，从中分别设置“首行”、“左”和“右”，即可进行相应的缩进调整，如图8-110所示。

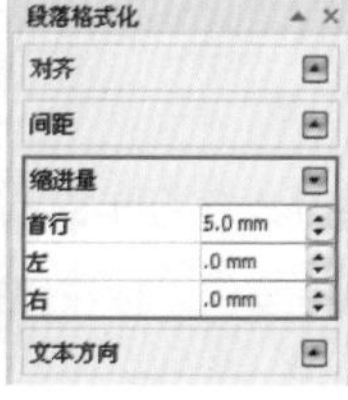

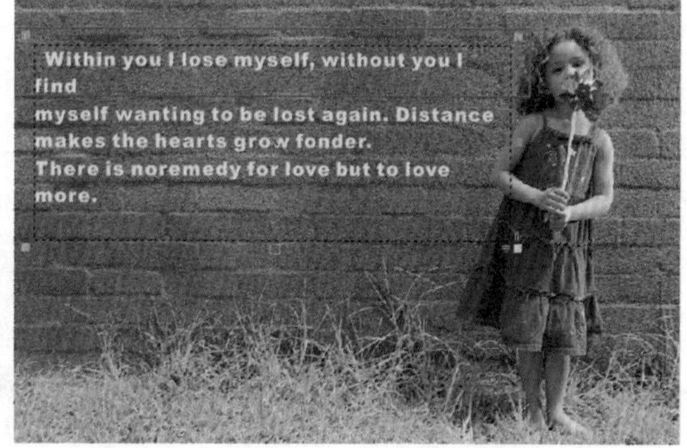

图8—110

方法02 单击工具箱中的“文本工具”按钮字，然后单击要缩进的段落，执行“查看>标尺”命令，在上方标尺向右拖动制表位，同样可以设置段落的缩进，如图8-111所示。

图8—111

8.3.2 自动断字

利用断字功能可以将不能排入一行的某个单词自动进行拆分。

方法01 单击工具箱中的“选择工具”按钮，选择段落文本对象，执行“文本>断字设置”命令，在弹出的“断字设置”对话框中选中“自动连接段落文本”复选框，如图8-112所示。

方法02 在“断字设置”对话框中选中“大写单词分隔符”或“使用全部大写分隔单词”复选框，完成对大写单词或全部大写单词的断字设置；然后在“断字标准”选项组中分别设置“最小字长”、“之前最少字符”、“之后最小字符”和“到右页边距的距离”，如图8-113所示。

方法03 单击“确定”按钮，即可看到单词在文本框中的变化，如图8-114所示。

方法04 选择段落文本对象，执行“文本>自动断字”命令，可以将设置过的断字格式赋予文本对象，如图8-115所示。

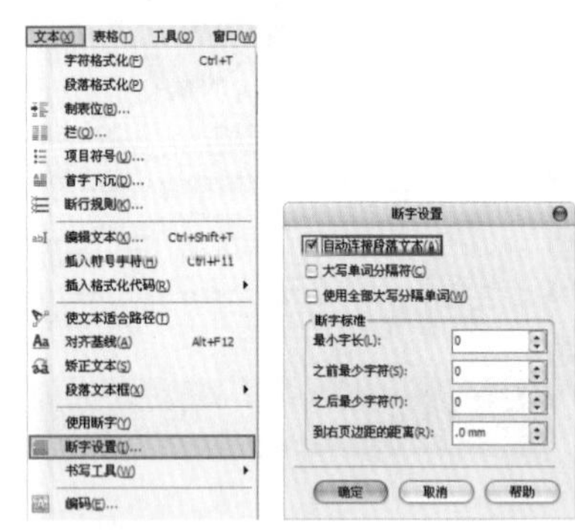

图8—112

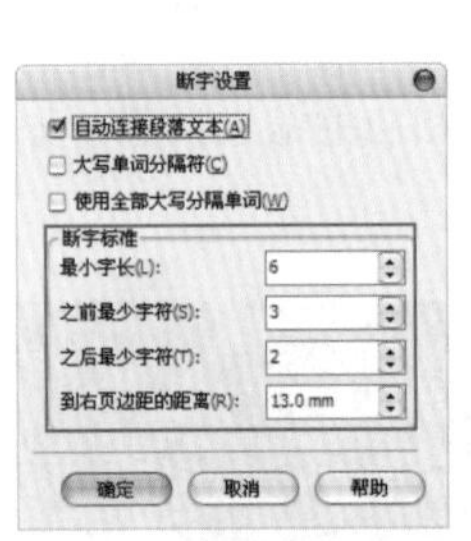

图8—113

图8—114

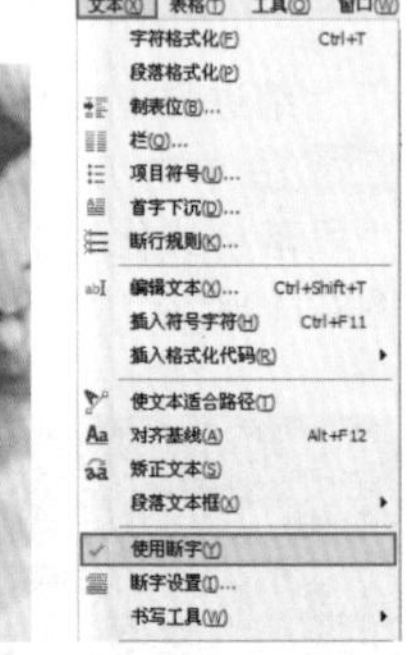

图8—115

8.3.3 添加制表位

在CorelDRAW中，可以通过添加制表位来设置对齐段落内文本的间隔距离。

方法01 单击工具箱中的“文本工具”按钮，在页面中按住鼠标左键拖动，创建一个段落文本框；当上方标尺中显示出制表位时，执行“文本>制表位”命令，如图8-116所示。

方法02 弹出“制表位设置”对话框，在“列表位位置”数字框内输入数值；然后在中间列表框的“对齐”栏中选择某一项，单击其右侧出现的下拉按钮，在弹出的下拉列表框中设置字符出现制表位的位置；接着单击前导符选项(L)...按钮，在弹出的“前导符设置”对话框中设置前导符的间距，单击“确定”按钮结束设置，如图8-117所示。

在上方标尺上单击鼠标右键，在弹出的快捷菜单中选择相应命令，即可设置左制表位、中制表位、右制表位以及小数点制表位等，如图8-118所示。

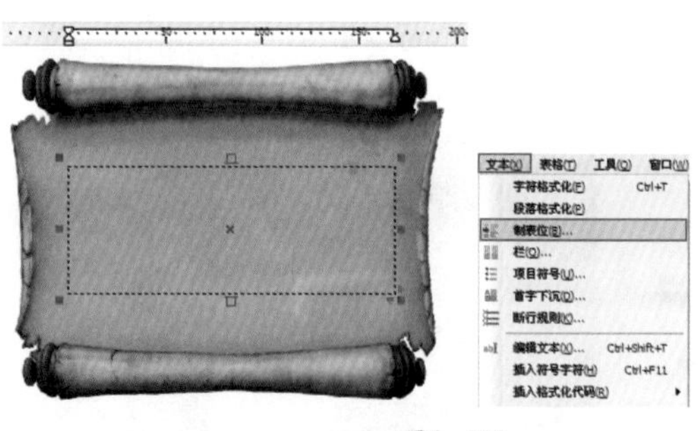

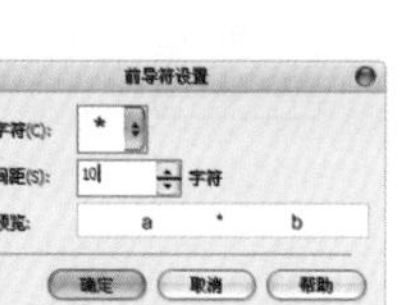

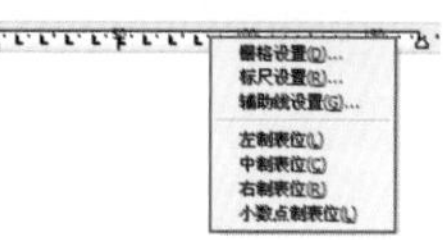

图8—116　　图8—117　　图8—118

实例练习——使用制表位制作目录

案例文件	实例练习——使用制表位制作目录.cdr
视频教学	实例练习——使用制表位制作目录.flv
难易指数	★★★★★
知识掌握	文本工具、制表位

案例效果

本例最终效果如图8-119所示。

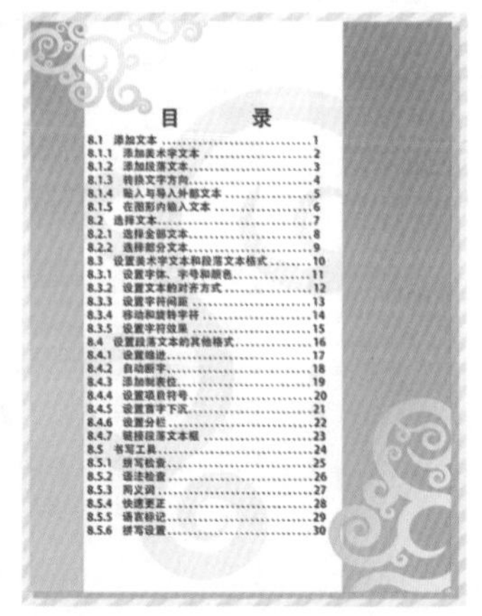

图8—119

操作步骤

步骤01 执行“文件>新建”命令，在弹出的“创建新文档”对话框中设置“大小”为A4，“原色模式”为CMYK，“渲染分辨率”为300，如8-120所示。

步骤02 导入背景素材文件，调整为合适的大小及位置，如图8-121所示。

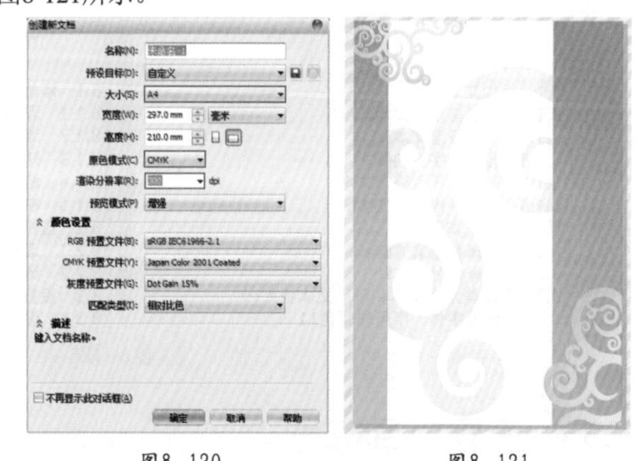

图8—120　　图8—121

步骤03 单击工具箱中的“文本工具”按钮字，在背景素材图像上按住鼠标左键并向右下角拖动，创建一个文本框，然后在其中输入目录文字，如图8-122所示。

步骤04 选中输入的段落文本，执行“文字>制表位”命令，如图8-123所示。

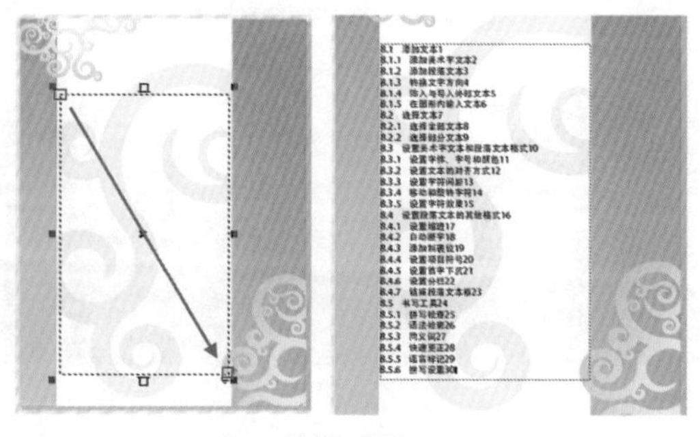

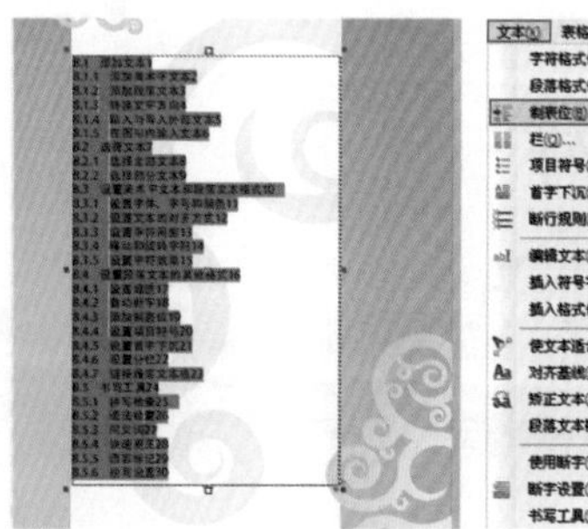

图8—122　　图8—123

步骤05 在弹出的“制表位”对话框中单击“添加”按钮，然后在中间的列表框中进行相应的设置，单击“前导符选项”按钮，打开“前导符设置”对话框；在其中分别设置“字符”与“间距”，单击“确定”按钮；返回“制表位设置”对话框后，单击“确定”按钮，如图8-124所示。

步骤06 此时在工作区顶部的标尺上显示出前导符的终止位置，将光标移至前导符上，按住鼠标左键拖动，拖至所需位置时松开鼠标，如图8-125所示。

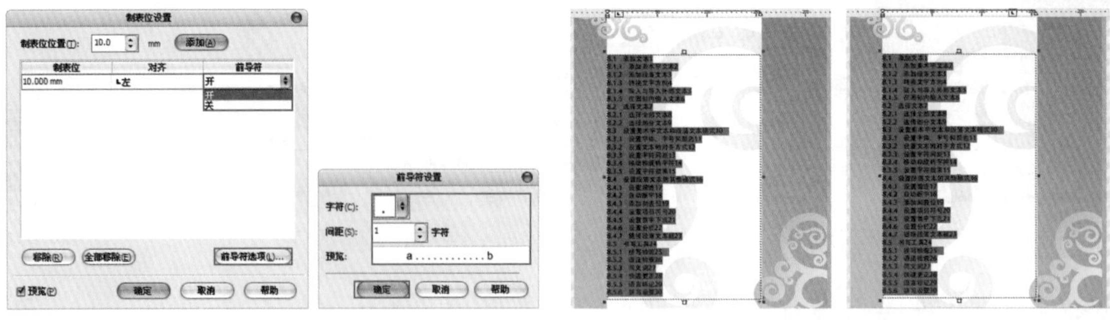

图8—124　　图8—125

步骤07 将光标移至想要生成前导符的位置，按Tab键，即可自动生成前导符；然后以同样方法为其他行制作前导符，如图8-126所示。

步骤08 单击工具箱中的“文本工具”按钮字，在制作的表位上单击并输入文字“目录”，并设置为合适的字体及大小，最终效果如图8-127所示。

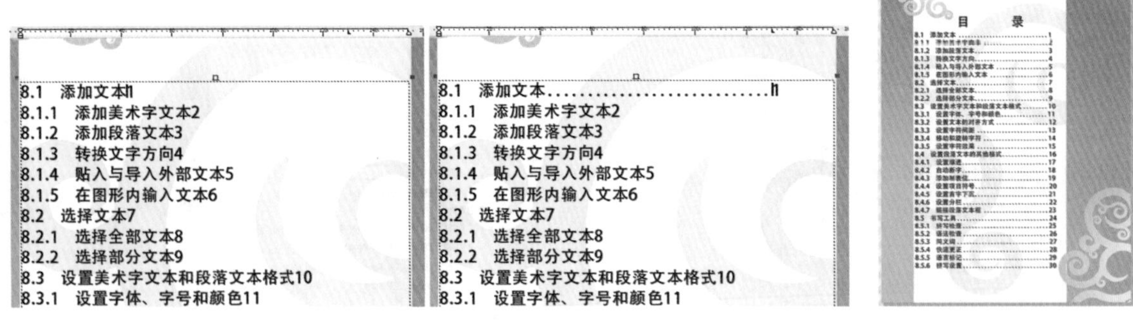

图8—126　　图8—127

8.3.4 设置项目符号

利用“项目符号”命令，可以对段落文本中添加的项目符号进行自定义。选择要添加项目符号的段落文本，执行“文本>项目符号”命令，在弹出的“项目符号”对话框中选中“使用项目符号”复选框，在“外观”和“间距”选项组中分别进行相应的设置，然后单击“确定”按钮，即可自定义项目符号样式，如图8-128所示。

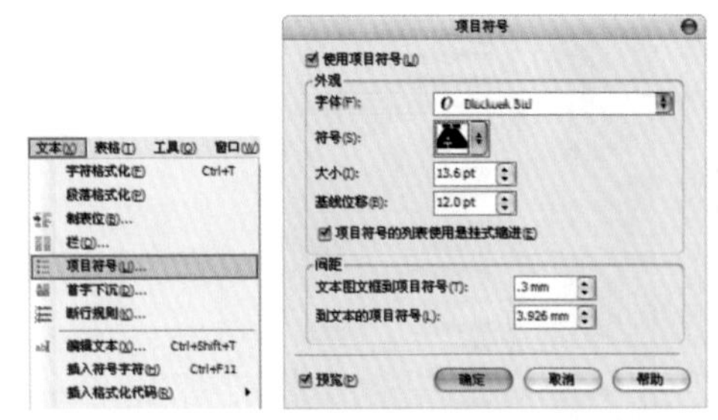

图8—128

8.3.5 设置首字下沉

首字下沉就是对段落文字的段首文本加以放大并强化，使文本更加醒目。

方法01 选中一个段落文本，执行“文本>首字下沉”命令，在弹出的“首字下沉”对话框中选中“使用首字下沉”复选框，在“外观”选项组中的分别设置“下沉行数”和“首字下沉后的空格”，再通过选中“首字下沉使用悬挂式缩进”复选框设置悬挂效果，最后单击“确定”按钮，如图8-129所示。

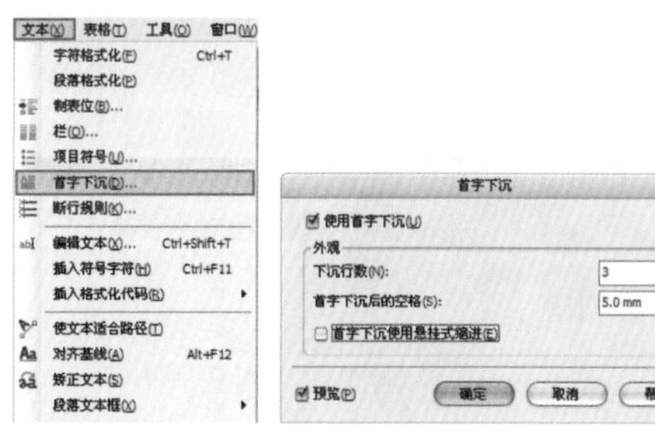

图8—129

方法02 选中一个段落文本，单击文本工具属性栏中的“首字下沉”按钮，或按Ctrl+Shift+D键，也可以为其添加或删除默认的首字下沉效果，如图8-130所示。

图8—130

实例练习——使用首字下沉制作家居杂志版式

案例文件	实例练习——使用首字下沉制作家居杂志版式.cdr
视频教学	实例练习——使用首字下沉制作家居杂志版式.flv
难易指数	★★★★★
知识掌握	文本工具、首字下沉

案例效果

本例最终效果如图8-131所示。

图8—131

操作步骤

步骤01 执行“文件>新建”命令，在弹出的“创建新文档”对话框中设置“大小”为A4，“原色模式”为CMYK，“渲染分辨率”为300，如图8-132所示。

图8—132　　图8—133

步骤02 单击工具箱中的“矩形工具”按钮，在工作区内拖动鼠标绘制一个合适大小的矩形，如图8-133所示。

步骤03 在工具箱中单击填充工具组中的“均匀填充”按钮，在弹出的“均匀填充”对话框中设置颜色为黑色，单击“确定”按钮；然后单击CorelDRAW工作界面右下角的“轮廓笔”按钮，在弹出的“轮廓笔”对话框中设置“宽度”为“无”，单击“确定”按钮，如图8-134所示。

步骤04 以同样方法制作出两边黄色的小矩形，然后单击工具箱中的“钢笔工具”按钮，沿外边缘绘制出灰色直线，如图8-135所示。

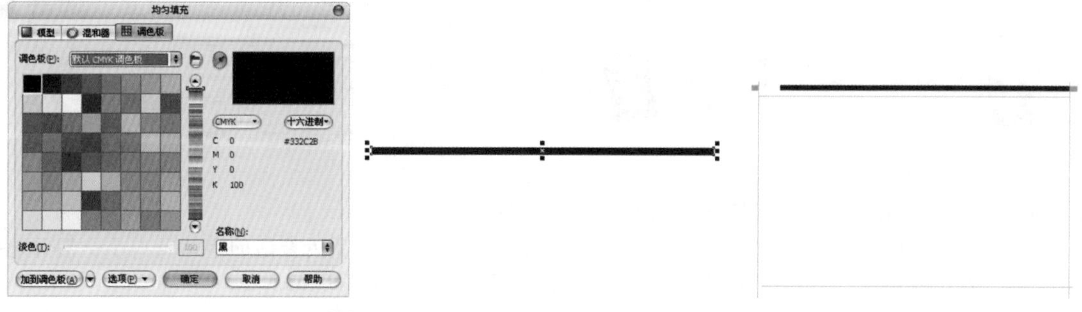

图8—134　　图8—135

步骤05 导入人物素材文件，调整为合适的大小及位置，如图8-136所示。

步骤06 使用矩形工具在中间部位绘制一个矩形；然后在工具箱中单击填充工具组中的“图样填充”按钮，在弹出的“图样填充”对话框中选中“双色”单选按钮，在其右侧下拉列表框中设置“前部”颜色为淡蓝色，“后部”颜色为白色，“宽度”和“高度”均为3.0mm，单击“确定”按钮；再设置轮廓线宽度为“无”，如图8-137所示。

图8-136

图8-137

步骤07 再次使用矩形工具在右侧绘制一个大小合适的矩形，并填充为白色；然后单击CorelDRAW工作界面右下角的“轮廓笔”按钮，在弹出的“轮廓笔”对话框中设置“宽度”为0.2mm，颜色为深灰色，单击“确定”按钮，如图8-138所示。

步骤08 单击工具箱中的“阴影工具”按钮，在刚才绘制的矩形上按住鼠标左键拖动，制作其阴影部分；在属性栏中设置“阴影的不透明度”为64，“阴影羽化”为4，“透明度操作”为“乘”，“阴影颜色”为黑色，如图8-139所示。

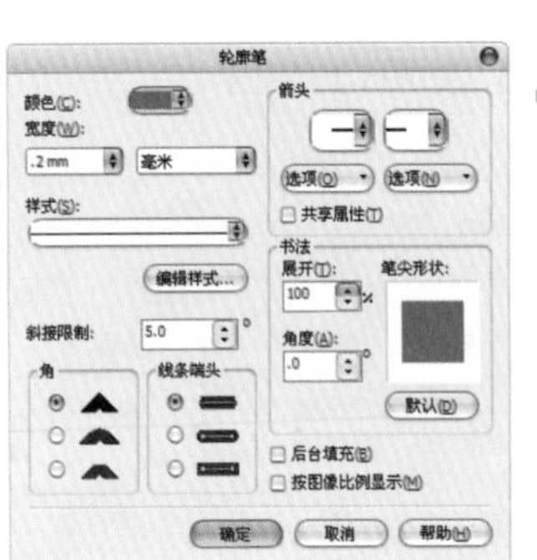

图8-138

图8-139

步骤09 导入家居素材图像，放在右侧页面中，并调整为合适的大小及位置。在该素材图像上使用矩形工具绘制一个大一点儿的矩形，并填充为白色，设置轮廓线颜色为白色，如图8-140所示。

步骤10 选择矩形，单击鼠标右键，在弹出的快捷菜单中执行“顺序>向后一层”命令，或按Ctrl+Page Down键，将白色矩形放置在图像后一层；然后单击工具箱中的“阴影工具”按钮，在白色矩形上拖动鼠标制作阴影效果，如图8-141所示。

图8-140

图8-141

步骤11 以同样方法制作出下方的两幅图像及其阴影部分，如图8-142所示。

步骤12 单击工具箱中的“文本工具”按钮，在合适位置输入文字，并设置为合适的字体及大小；然后选择文字“家居”，通过调色板将其填充为绿色；接着以同样方法设置其他文字的颜色，如图8-143所示。

图8—142

图8—143

步骤13 单击工具箱中的“文本工具”按钮，在彩色文字下方拖动鼠标，创建一个文本框，然后在其中输入文字。由于文字较多，需要使用链接的方式将溢出的文字显示在另一个文本框内。在文本框旁边创建一个空白段落，单击图标，将光标移到新建的空白段落文本，当其变为➡形状时单击鼠标左键，溢出的文字就会显示在空白的文本框中，如图8-144所示。

步骤14 使用文本工具选中文字的第一段，执行“文本>首字下沉”命令，在弹出的“首字下沉”对话框中选中“使用首字下沉”复选框，设置“下沉行数”为3，单击“确定”按钮，如图8-145所示。

图8—144

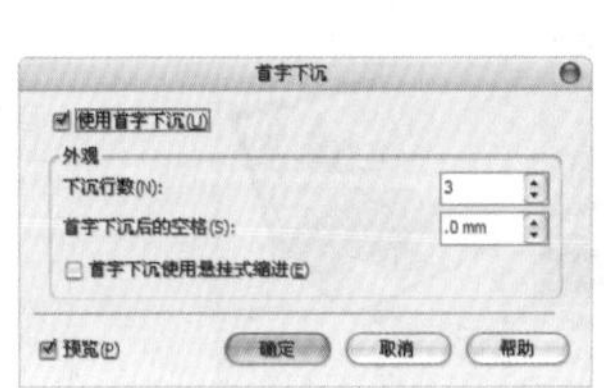

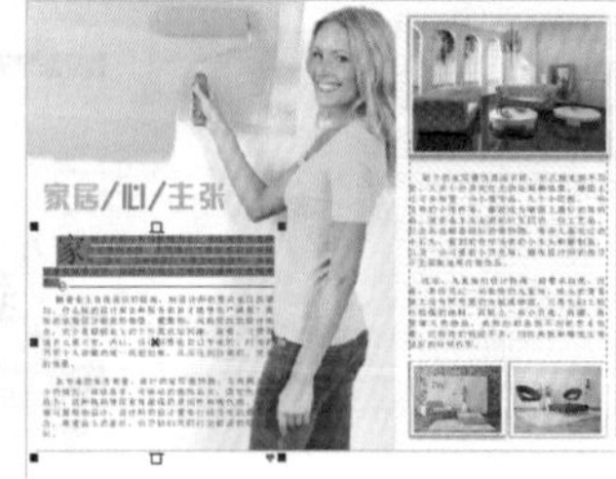

图8—145

步骤15 单击工具箱中的“文本工具”按钮，在彩色文字下方单击并输入合适大小的蓝色文字；在右侧单击，拖曳出两个文本框，并分别输入黑色文字，如图8-146所示。

步骤16 导入电脑素材文件，单击工具箱中的“钢笔工具”按钮，在素材图像上绘制出电脑的外轮廓，如图8-147所示。

图8—146

图8—147

步骤17 使用文本工具在路径上单击，当出现文本光标时输入文字，文字将沿着路径进行添加。文字添加完成后，按Ctrl+K键，选择路径，按Delete键将其删除，如图8-148所示。

步骤18 使用矩形工具在电脑下方绘制一个矩形，设置轮廓线宽度为“无”；单击工具箱中的“填充工具”按钮并稍作停留，在下拉列表中单击 “渐变填充”按钮，在弹出的“渐变填充”对话框中设置“类型”为“线性”，颜色为从灰色到白色的渐变，单击“确定”按钮，如图8-149所示。

图8—148

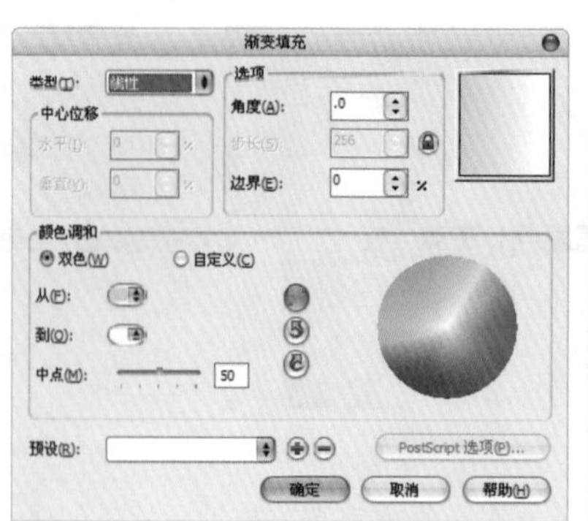

图8—149

步骤19 继续使用文本工具在灰色渐变框内输入彩色文字，如图8-150所示。

步骤20 以同样方法制作出其他彩色文本，并在左上角输入Home，最终效果如图8-151所示。

图8—150

图8—151

8.3.6 设置分栏

分栏常用于杂志类的设计，可以使文本更加清晰明了，大大提高文章的可读性。在页面中输入一篇文章，然后选中段落文本，执行“文本>栏”命令，打开“栏设置”对话框，在“栏数”数值框内输入数字，单击“确定”按钮，如图8-152所示。

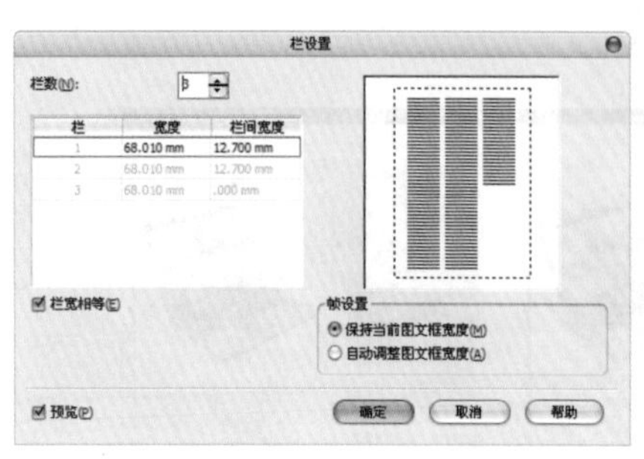

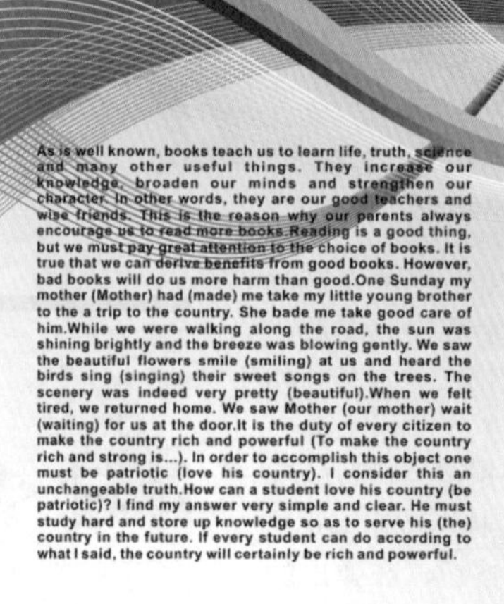

图8—152

技巧提示

在“栏设置”对话框中取消选中“栏宽相等”复选框，然后分别在栏的“宽度”和“栏间宽度”数值框内输入数值，可以使每个栏的宽度都不同，如图8-153所示。

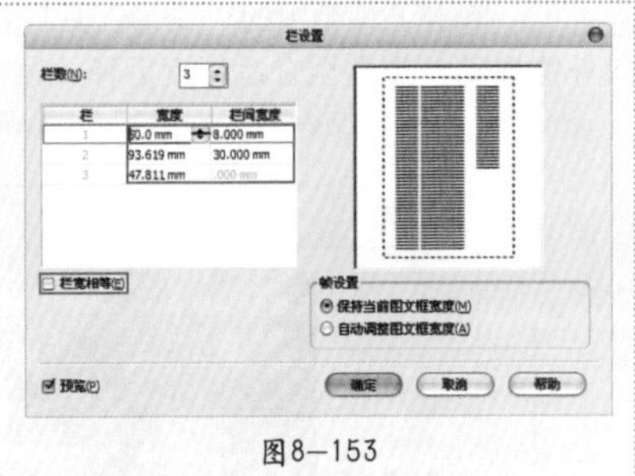

图8-153

实例练习——使用分栏与首字下沉制作杂志版式

案例文件	实例练习——使用分栏与首字下沉制作杂志版式.cdr
视频教学	实例练习——使用分栏与首字下沉制作杂志版式.flv
难易指数	★★★★★
知识掌握	文本工具、分栏、首字下沉

案例效果

本例最终效果如图8-154所示。

操作步骤

步骤01 执行“文件>新建”命令，在弹出的“创建新文档”对话框中设置“大小”为A4，“原色模式”为CMYK，“渲染分辨率”为300，如图8-155所示。

步骤02 单击工具箱中的“矩形工具”按钮，在工作区内按住鼠标左键拖动，绘制一个合适大小的矩形；然后单击CorelDRAW工作界面右下角的“轮廓笔”按钮，在弹出的“轮廓笔”面板中设置“颜色”为深一点的灰色，“宽度”为0.567pt，单击“确定”按钮；再通过调色板将其填充为白色，如图8-156所示。

图8-154

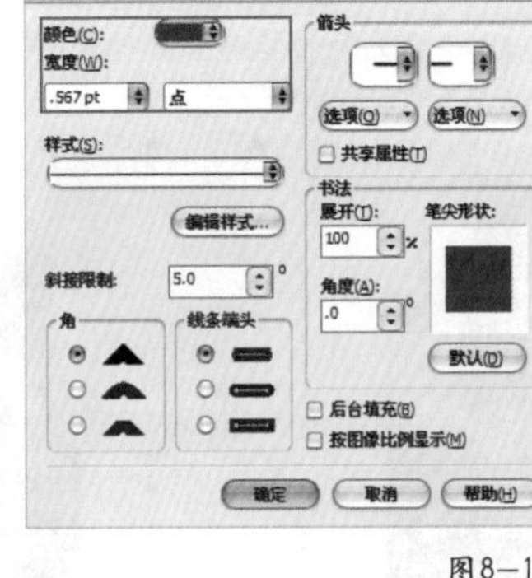

图8-155

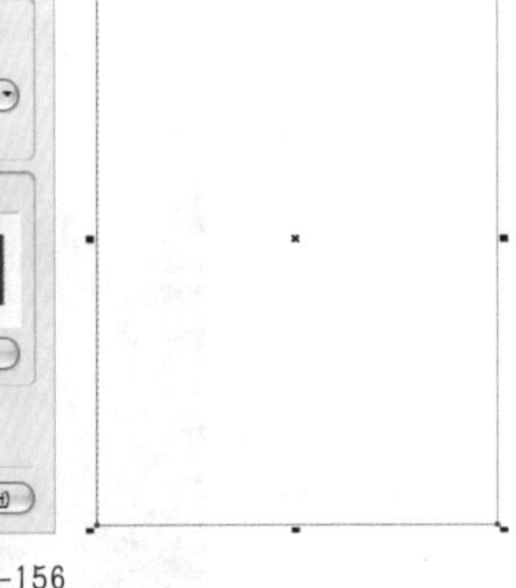

图8-156

步骤03 导入风景素材文件，调整为合适的大小及位置，如图8-157所示。

步骤04 使用矩形工具在素材图像左侧绘制一个大小合适的矩形，然后单击属性栏中的“圆角”按钮，取消圆角锁定，设置矩形底部两个角的“圆角半径”为14.9，如图8-158所示。

步骤05 继续使用矩形工具，按住Ctrl键绘制一个合适大小的正方形；然后单击工具箱中的“选择工具”按钮，双击正方形，将光标移至4个角的控制点上，按住鼠标左键拖动，将其旋转合适的角度，如图8-159所示。

图8-157

图8-158

步骤06 单击工具箱中的“变形工具”按钮，在属性栏中单击“推拉”按钮，然后将光标移至正方形中间，按住鼠标左键向外侧拖动，调整至合适程度后释放鼠标，如图8-160所示。

图8—159

图0—160

步骤07 按住Shift键进行加选，将刚才绘制的两个图形同时选中，然后单击属性栏中的“合并”按钮，再通过调色板将其填充为蓝色，并设置轮廓线宽度为“无”，如图8-161所示。

步骤08 单击工具箱中的“文本工具”按钮，在蓝色图形上单击并输入“150”，调整为合适的字体及大小，设置文字颜色为白色，如图8-162所示。

图8—161

图8—162

步骤09 在白色文字下方单击并输入文字，调整为合适的字体及大小，设置文字颜色为黑色；然后在属性栏中单击“文本对齐”按钮，在弹出的下拉列表中选择“中间对齐”选项，或按Ctrl+E键，如图8-163所示。

步骤10 在蓝色图形下方单击并输入文字，调整为合适的字体及大小，设置文字颜色为黄色；然后单击工具箱中的“阴影工具”按钮，在文字上按住鼠标左键向右下角拖动，为文字设置阴影效果，如图8-164所示。

图8—163

图8—164

步骤11 双击文字，将光标移至4个角的控制点上，按住鼠标左键拖动，将其旋转合适的角度；然后以同样方法制作出下面的文字，如图8-165所示。

步骤12 单击工具箱中的“文字工具”按钮字，在下方按住鼠标左键向右下角拖动，绘制文本框；然后在文本框内输入文字，调整为合适的字体及大小，设置文字颜色为黑色，如图8-166所示。

图8—165

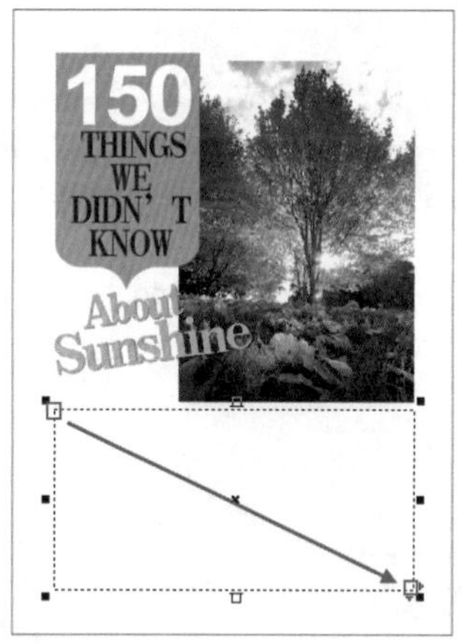

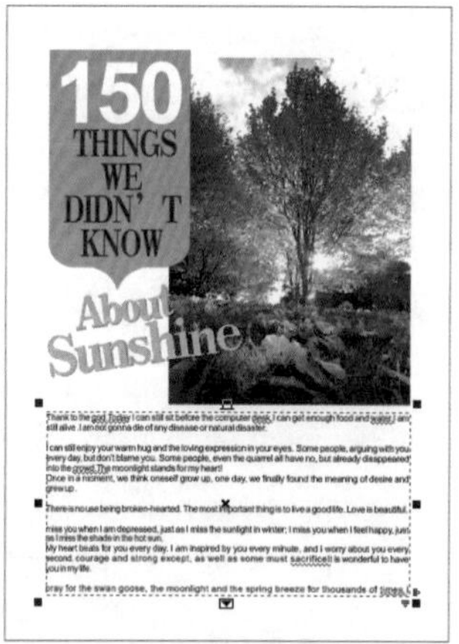

图8—166

步骤13 选择刚才输入的文字，执行“文字>栏”命令，在弹出的“栏设置”对话框中设置“栏数”为3，单击“确定”按钮，如图8-167所示。

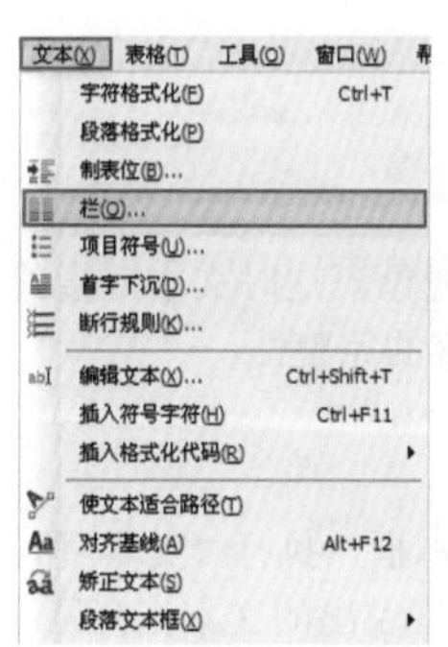

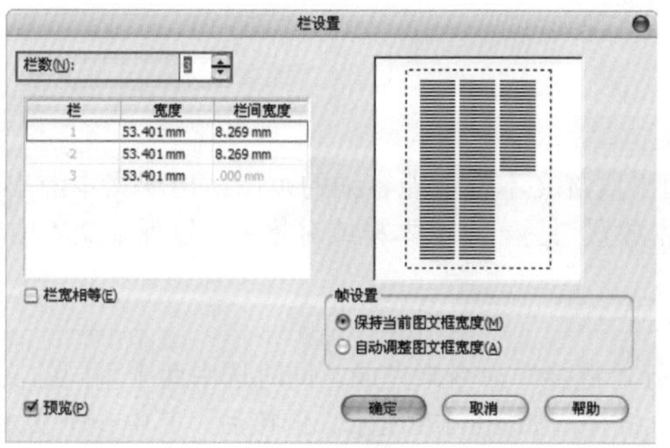

图8—167

步骤14 框选全部文字，单击属性栏中的“首字下沉”按钮，即可看到每段的首字母都出现了首字下沉效果；选中每段的第一个字母，通过调色板将其填充为不同的颜色，如图8-168所示。

步骤15 单击工具箱中的“文本工具”按钮，在右上角单击并输入文字，调整为合适的字体及大小，设置文字颜色为蓝色；然后分别在蓝色文字右侧输入黑色文字，在蓝色文字上方输入黄色文字，如图8-169所示。

图8—168

图8—169

步骤16 单击工具箱中的“矩形工具”按钮，在文字下方绘制一个合适大小的矩形，并通过调色板将其填充为黄色，设置轮廓线宽度为“无”；使用文字工具在矩形下方单击并输入文字，调整为合适的字体及大小，设置文字颜色为灰色；框选文字，单击属性栏中的“字符格式化”按钮，在弹出的“字符格式化”泊坞窗中设置“字距调整范围”为75%，如图8-170所示。

步骤17 继续在右下角输入文字，并将右侧文字旋转90°，最终效果如图8-171所示。

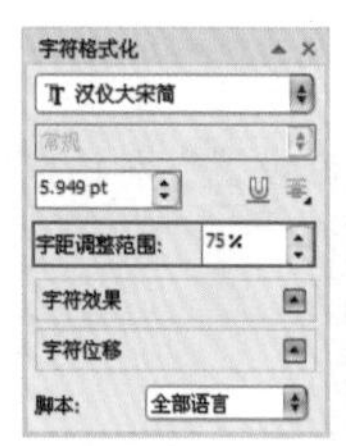

图8—170

图8—171

8.3.7 链接段落文本框

当创建的文本数量过多时，可能会超出段落文本框所能容纳的范围，出现文本溢出现象。这时文本链接就显得极为重要，通过连接段落文本框可以将溢出的文本放置到另一个文本框或对象中，以保证文本内容的完整性。

理论实践——链接同一页面的文本

链接同一页面中的文本，可以通过执行“链接”命令来完成。同时选中两个不同的文本框，执行“文本>段落文本框>链接”命令，即可将两个文本框内的文本进行链接，如图8-172所示。链接后，其中一个文本框溢出的文本将会显示在另外的文本框中，从而避免了文本的流溢。

使用文本工具建立一个溢出的段落文本和一个空白段落文本，然后单击文本框底端，显示出文字流失箭头▣，再将光标移到空白段落文本中，当其变为➡形状时单击鼠标左键，溢出的文本就会显示在空白的文本框中，如图8-173所示。

图8—172

图8—173

技巧提示

链接段落文本框后，通过拖动或缩放文本框，可以调整文本的显示状态。

理论实践——链接不同页面的文本

步骤01 要链接两个不同页面的段落文本，首先应创建两个不同文本的页面，页面1中包含溢出的段落文本，页面2中包含一个文本框，如图8-174所示。

步骤02 单击页面1中段落文本框顶端的控制柄 ◻，切换至页面2，当光标变为➡形状时，在页面2的文本框中单击鼠标左键，如图8-175所示。

步骤03 默认链接顺序是页面2中的文本链接至页面1中的文本后面。在链接后，两个文本框的左侧或右侧将出现链接图标，以表示文本链接顺序，如图8-176所示。

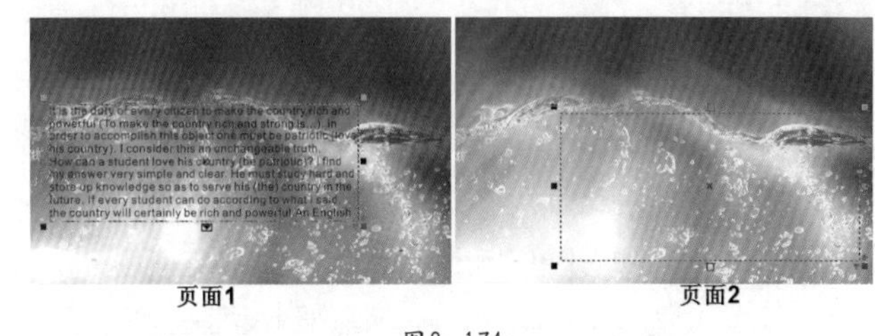

图8—174

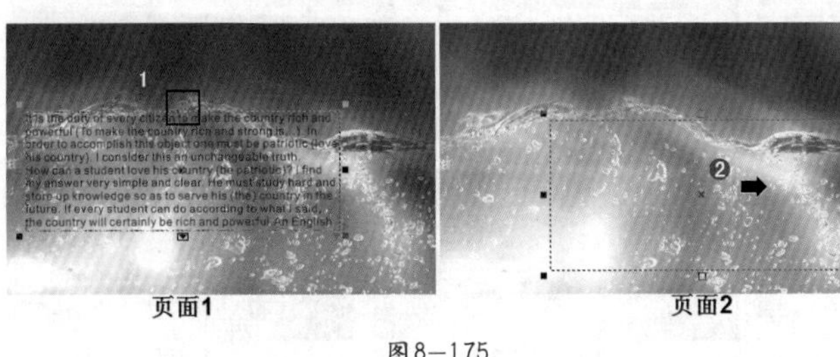

图8—175

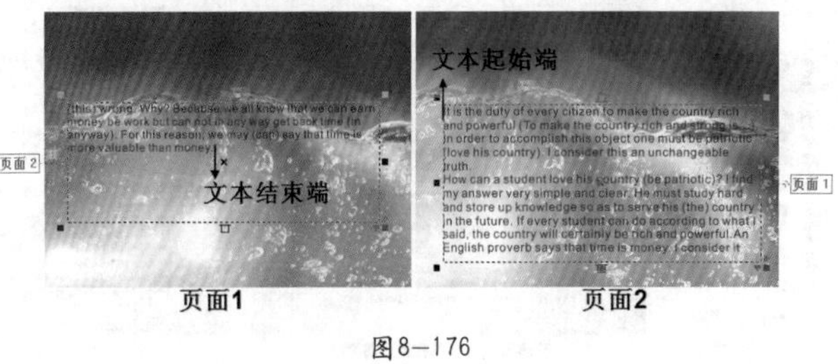

图8—176

8.4 文本环绕图形

在CorelDRAW中，用户可以将文本与图像进行结合，创建图文混排（即文本绕图）效果。例如，将段落文本环绕排列在图形对象的周围，如图8-177所示。

图8—177

步骤01 使用选择工具选中一个图形对象，单击鼠标右键，在弹出的快捷菜单中执行“段落文本换行”命令，如图8-178所示。

步骤02 单击工具栏中的“文本工具”按钮，在图像上按住鼠标左键拖动，创建一个段落文本框，然后在其中输入文字，即可看到围绕图形的文本效果，如图8-179所示。

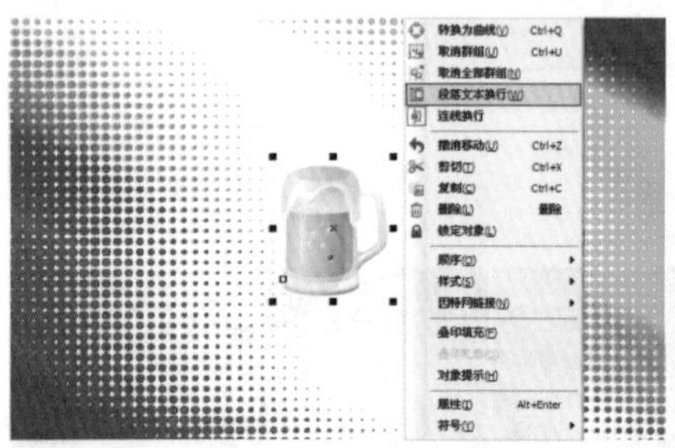

图8—178

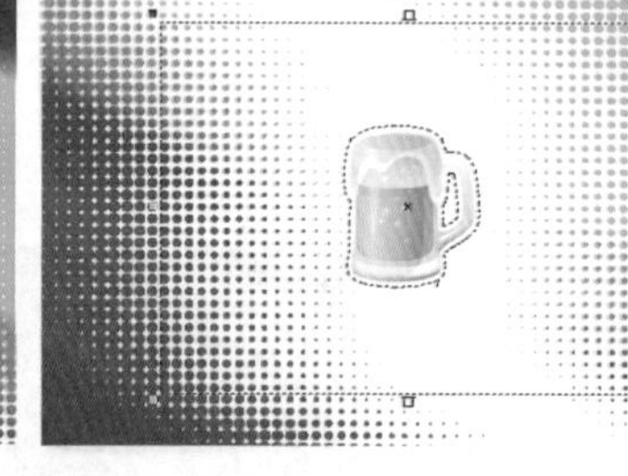

图8—179

步骤03 选择对象后，单击属性栏中的“文本换行”按钮，在弹出的下拉列表中可以选择文本绕图的方式，如图8-180所示。

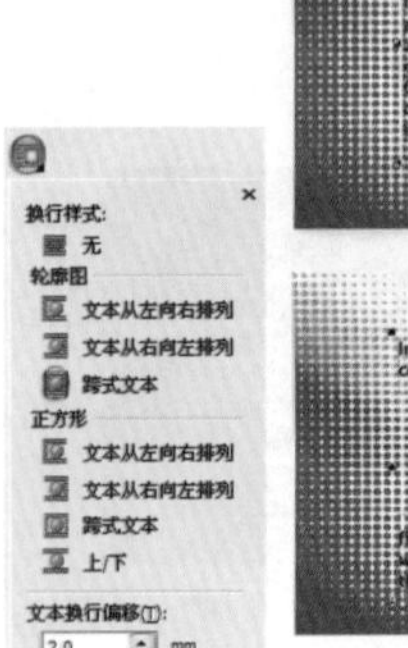

换行样式：无

轮廓图：文本从右向左排列

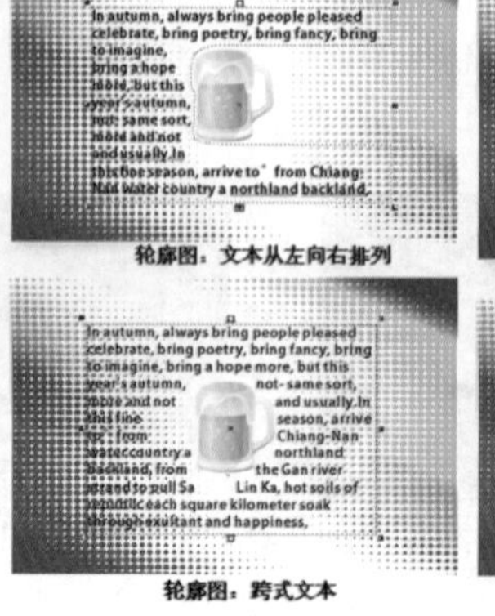

轮廓图：文本从左向右排列

轮廓图：跨式文本

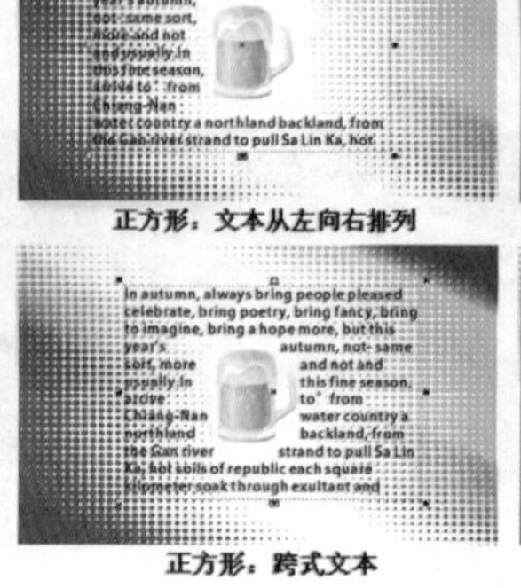

正方形：文本从左向右排列

正方形：跨式文本

正方形：文本从右向左排列

正方形：上/下

图8—180

8.5 转换文本

文本的转换主要包括美术字文本与段落文本的转换以及文本转换为曲线等，其目的是为了对其进行深入的处理。

8.5.1 美术字文本与段落文本的转换

在CorelDRAW中，既可以将美术字文本转换为段落文本，也可以将段落文本转换为美术字文本。

使用选择工具选选择美术字文本，执行“文本>转换为段落文本”命令，或按Ctrl+F8键，即可将其转换为段落文本，如图8-181所示。

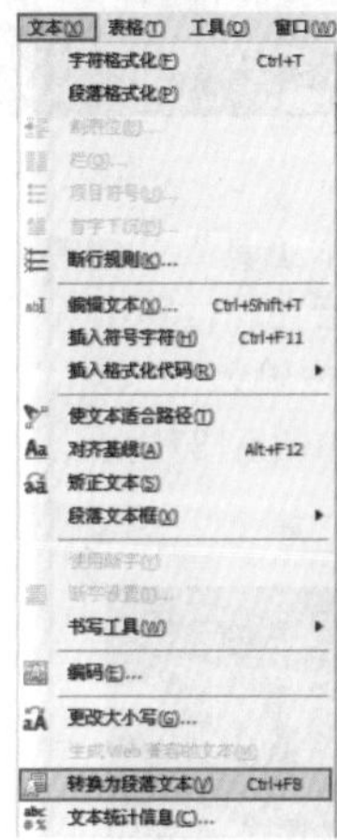

图8—181

8.5.2 文本转换为曲线

将文本转换为曲线后，可以利用形状工具对其进行各种变形操作。

选中文本，执行“排列>转换为曲线”命令（或按Ctrl+Q键，或单击鼠标右键，在弹出的快捷菜单中执行“转换为曲线”命令）如图8-182所示，即可将其转换成曲线（文字出现节点）；然后单击工具箱中的“形状工具”按钮，通过对节点的调整可以改变文字的效果，如图8-183所示。

图8—182

图8—183

实例练习——通过将文本转换为曲线制作咖啡招贴

案例文件	实例练习——通过将文本转换为曲线制作咖啡招贴.cdr
视频教学	实例练习——通过将文本转换为曲线制作咖啡招贴.flv
难易指数	★★★★★
知识掌握	文本工具、将文本转换为曲线、形状工具

案例效果

本例最终效果如图8-184所示。

图8-184

操作步骤

步骤01 执行"文件>新建"命令，在弹出的"创建新文档"对话框中设置"大小"为A4，"原色模式"为CMYK，"渲染分辨率"为300，如图8-185所示。

步骤02 导入背景素材文件，调整为合适的大小及位置，如图8-186所示。

图8-185

图8-186

步骤03 单击工具箱中的"文本工具"按钮，在素材图上单击并输入单词"Latte"，然后在属性栏中选择一种合适的字体，在"字体大小"数值框内输入"248pt"，再通过调色板将文字颜色调整为红色，如图8-187所示。

图8-187

步骤04 再次使用文本工具在素材图上单击并输入单词"Coffee"，然后在属性栏中选择一种合适的字体，在"字体大小"数值框内输入"286pt"，再通过调色板将文字颜色调整为黑色，如图8-188所示。

步骤05 单击工具箱中的"选择工具"按钮，选择黑色文字；单击鼠标右键，在弹出的快捷菜单中执行"转换为曲线"命令，或按Ctrl+Q键；单击工具箱中的"形状工具"按钮，框选文字下方的节点，按住鼠标左键向下拖动，调整文字形状，如图8-189所示。

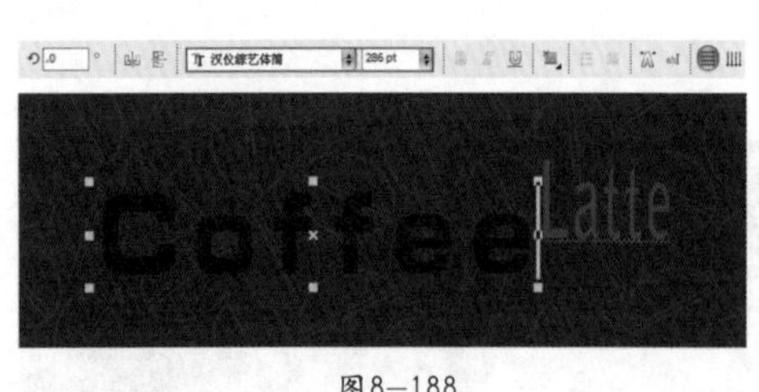

图8-188

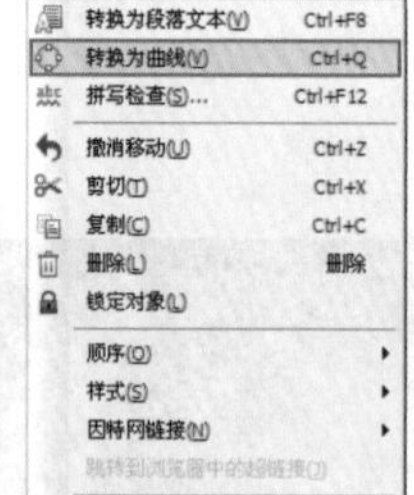

图8-189

步骤06 使用文本工具在素材图上单击并输入单词"Long black"，然后在属性栏中选择一种合适的字体，在"字体大小"数值框内输入"90pt"，再通过调色板将文字颜色调整为棕色，如图8-190所示。

步骤07 单击工具箱中的"选择工具"按钮，双击字母，将光标移至4个角的控制点上，按住鼠标左键将其旋转合适的角度，或在属性栏的"旋转角度"数值框内输入"90"，如图8-191所示。

步骤08 以同样方法制作出其他不同字体及大小的单词，并设置为不同的颜色，最终效果如图8-192所示。

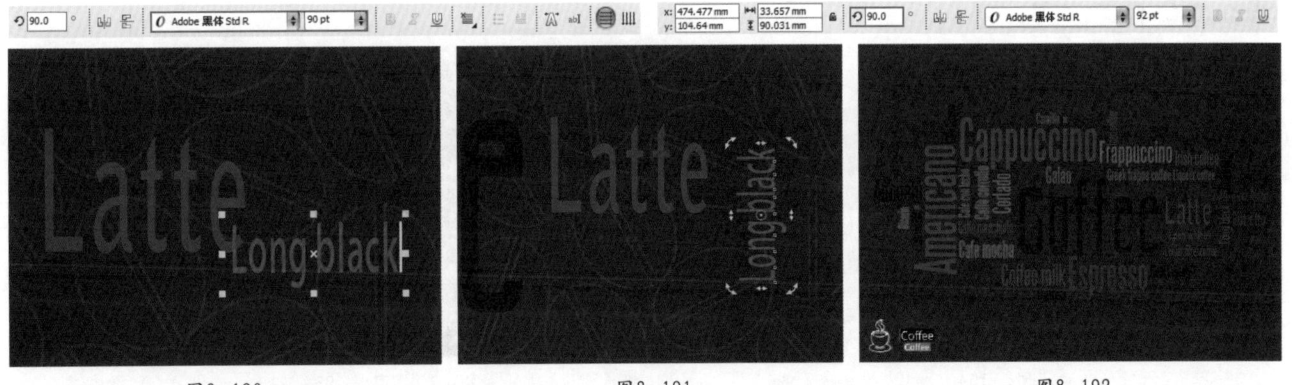

图8—190　　图8—191　　图8—192

8.6 查找和替换文本

与Microsoft Office Word相似，在CorelDRAW中用户也可以根据需要对已输入的文本进行编辑，如查找或替换文本。在一篇较长的文本内容中想要快速地查找或替换特定的文本，就要用到这一功能。

8.6.1 查找文本

将要进行查找和替换操作的文本选中，执行“编辑>查找并替换>查找文本”命令，在弹出的“查找文本”对话框中输入要查找的文字，并对其余选项进行相应的设置，然后单击“查找下一个”按钮，系统就会自动进行查找，找到的文字将呈现为灰色，如图8-193所示。

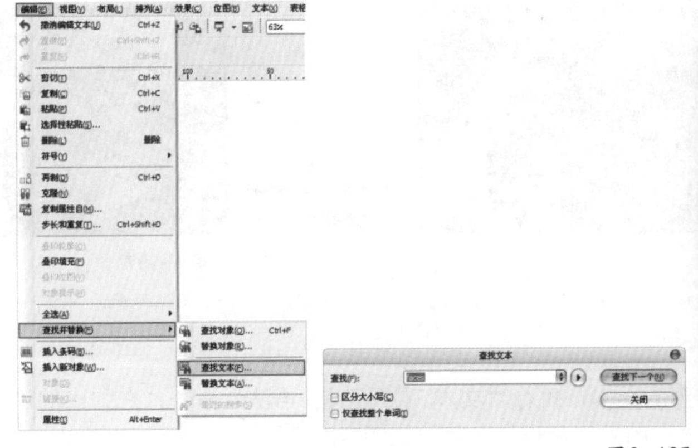

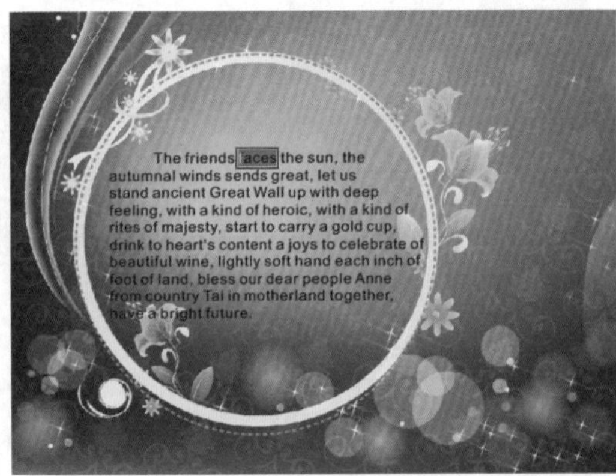

图8—193

8.6.2 替换文本

将要进行查找和替换操作的文本选中，执行“编辑>查找并替换>替换文本”命令，在弹出的“替换文本”对话框中输入要查找及要替换的文字，并对其余选项进行相应的设置，然后单击“查找下一个”按钮，即可快速定位到需要替换的文本；单击“替换”按钮即可完成替换，如图8-194所示。

此时工作区内需要替换的文字均呈现为灰色，继续单击“替换”按钮，可以将其进行逐一的替换；单击“全部替换”按钮，可以快速替换文本框中需要替换的全部文本；替换完毕，单击“关闭”按钮结束操作，如图8-195所示。

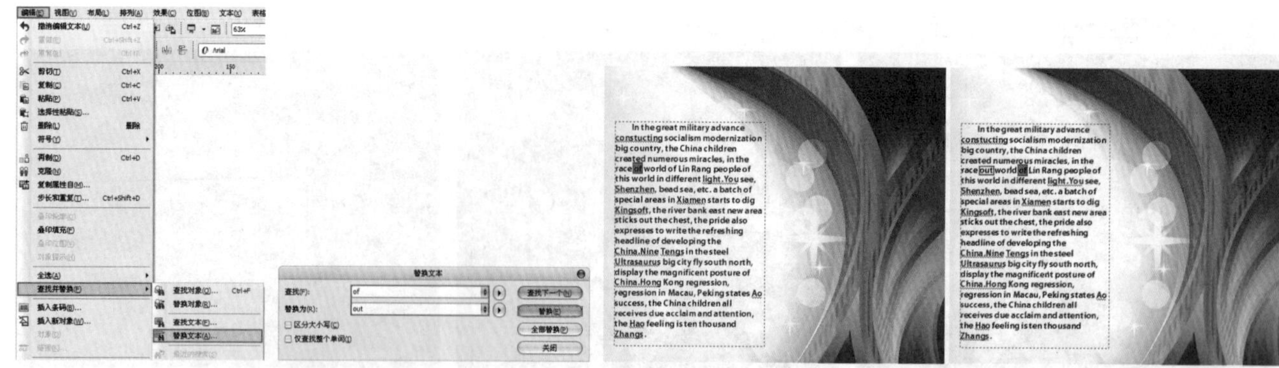

图8－194　　图8－195

8.7 书写工具

CorelDRAW X5中的书写工具主要用于对文字内容的处理，能够更正拼写和语法方面的错误，改进书写样式等。

8.7.1 拼写检查

利用拼写检查功能可以检查整个文档、部分文档或选定文本中的拼写和语法错误。

选中要检查的文本，执行“文本>书写工具>拼写检查”命令，或按Ctrl+F12键，在弹出的“书写工具”对话框中将自动进行替换检查，此时文本中需要替换的单词呈现为灰色，如图8-196所示。

在“替换为”下拉列表框中输入要替换为的单词，单击“替换”按钮，即可执行替换。拼写检查完成后，在弹出的“拼写检查器”对话框中单击“确定”按钮，即可结束替换，如图8-197所示。

图8－196　　图8－197

8.7.2 语法检查

语法检查功能与拼写检查的使用方法相同，选择要检查的文本，执行“文本>书写工具>语法”命令，在弹出的“书写工具”对话框中将自动进行语法检查，此时文本中需要替换语法的单词呈现为灰色，如图8-198所示。

在“新句子”列表框中选择要替换的新句子，单击“替换”按钮，即将执行替换。当所有错误语法替换完毕后，单击“关闭”按钮结束操作，如图8-199所示。

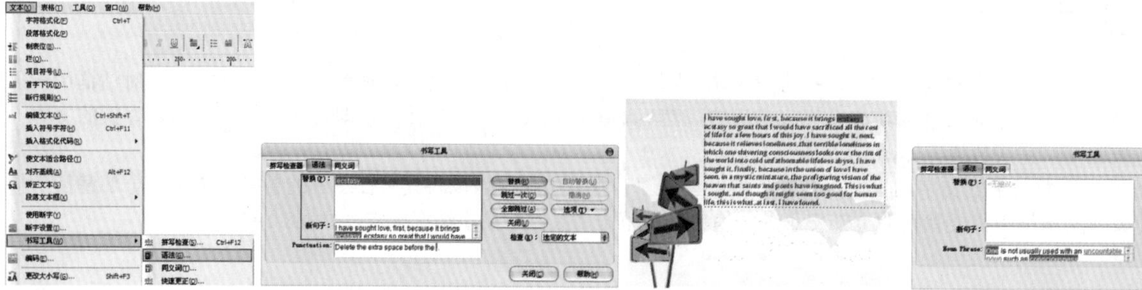

图8－198　　图8－199

8.7.3 同义词

同义词功能主要用来查寻各种选项，如同义词、反义词及相关词汇等。此外，还可以替换某个单词以改进书写样式。

执行“文本>书写工具>同义词”命令，在弹出的“书写工具”对话框中将默认显示“同义词”选项卡，如图8-200所示。在该选项卡中，可直接输入同义词的简明定义，也可在查找历史下拉列表框中选择以前查找过的单词，然后单击“查寻”按钮，即可将找到的单词替换为建议的单词。此外，还可以利用这一功能来插入单词。

8.7.4 快速更正

快速更正功能用于自动更正拼错的单词和大写错误。选择要更正的文字，执行“文本>书写工具>快速更正”命令，在弹出的“选项”对话框中进行相应的设置，在“被替换文本”选项组中分别输入替换与被替换的字符，单击“确定”按钮，即可完成更正，如图8-201所示。

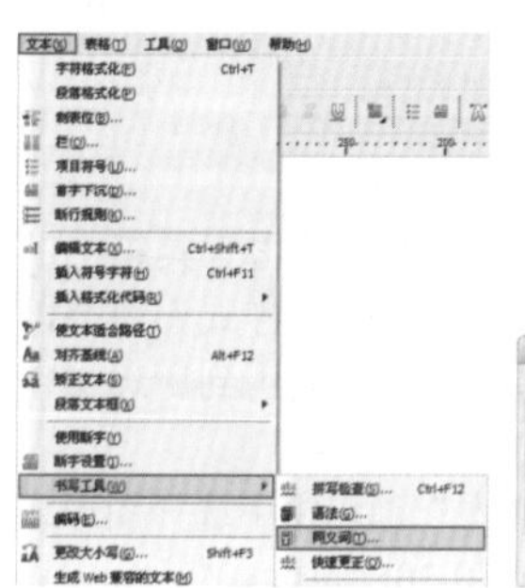

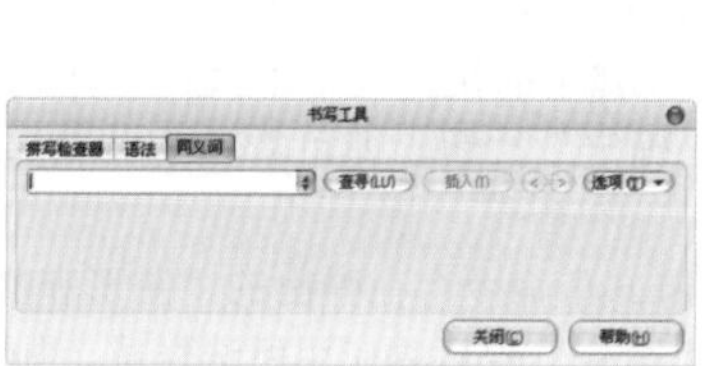

图8—200

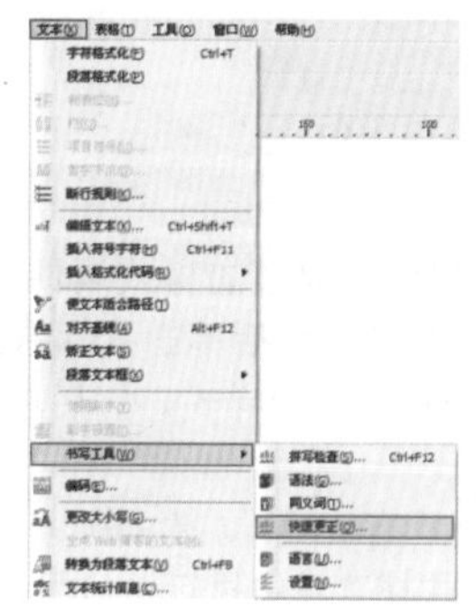

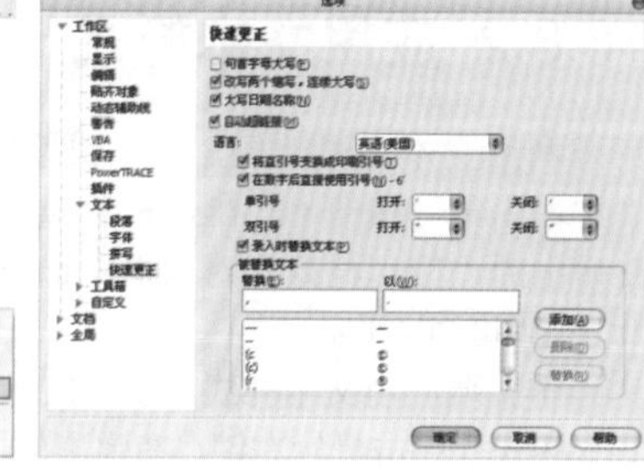

图8—201

8.8 使用文本样式

在排版大量文字时，经常会在不同的区域应用相同的文本样式。如果每次都进行重新调整，无疑非常麻烦。对此CorelDRAW提供了文本样式功能，帮助用户摆脱烦琐的重复任务，让工作变得更方便、快捷。在如图8-202所示作品中，使用到了这一功能。

图8—202

8.8.1 创建文本样式

创建的文本样式包括颜色、大小等多种属性，能够快捷地使选定对象生成指定的样式效果，大大减少了用户在对象处理过程中的重复操作。

在工作区内输入文字，调整好文字属性后单击鼠标右键，在弹出的快捷菜单中执行“样式>保存样式属性”命令，在弹出的“保存样式为”对话框中选择要保存的属性，在“名称”文本框中输入样式名称，然后单击“确定”按钮结束操作，如图8-203所示。

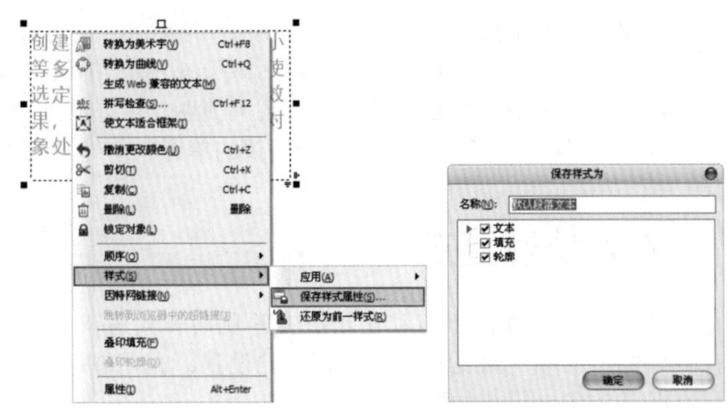

图8—203

8.8.2 应用文本样式

利用文本样式功能，可以快速地将存储过的样式属性应用在新对象上，方便制作大量相似的对象。单击工具箱中的“文本工具”按钮，在画面中输入文字，然后单击鼠标右键，在弹出的快捷菜单中执行“样式>应用>其他样式”命令，在弹出的“应用样式”对话框中选择存储过的样式，然后单击“确定”按钮，即可看到之前存储的样式被应用到所选文字上，如图8-204所示。

选择要应用文本样式对象，执行“窗口>泊坞窗>图形和文本样式”命令，在弹出的“图形和文本”泊坞窗中选择图形或文本样式，单击鼠标右键，在弹出的快捷菜单中执行“启用样式”命令，也可以应用所选样式，如图8-205所示。

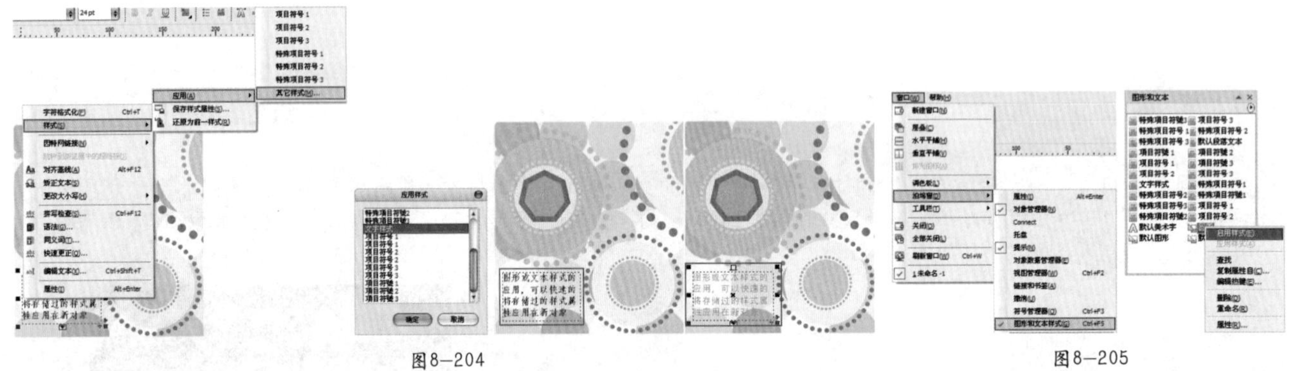

图8—204　　图8—205

8.8.3 编辑文本样式

想要编辑已经存储的文本样式，有以下两种方法。

方法01 选择要编辑的对象，并对其进行更改，然后重新保存为同名的样式即可。

方法02 在“图形和文本”对话框中选择要编辑的样式，单击鼠标右键，在弹出的快捷菜单中执行“属性”命令，在弹出的“选项”对话框中进行相应的设置，然后单击“确定”按钮结束编辑，如图8-206所示。

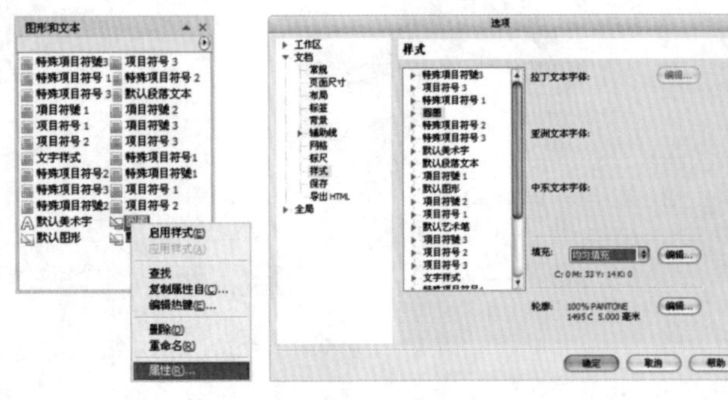

图8—206

技巧提示

以相同的名称保存编辑后的样式时，应用过此样式的对象也将随之改变；如果不想让其随之改变，在保存编辑后的样式时进行重命名即可。

使用“查找”命令可以帮助用户依次查找到应用样式的对象。在“图形和文本”对话框中选择应用过的样式，单击右上角的◉按钮，在弹出的下拉菜单中执行“查找”命令，即可查找应用此样式；再次单击◉按钮，在弹出的菜单中执行“查找下一个”命令，可以继续查找，如图8-207所示。

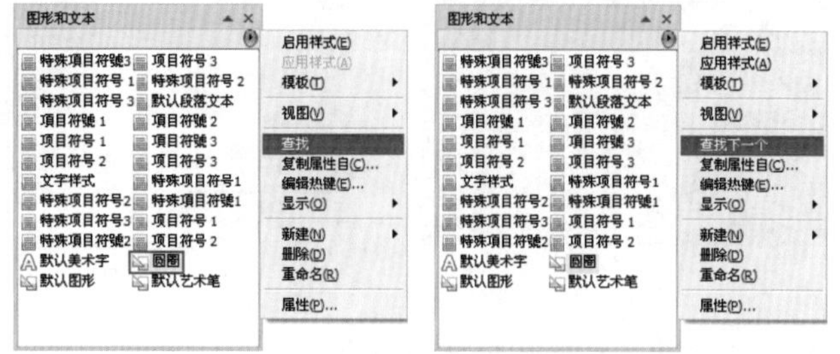

图8—207

8.8.4 删除文本样式

在“图形和文本”泊坞窗中选择要删除的样式，然后单击右上角的◉按钮，在弹出的下拉菜单中执行“删除”命令，即可将其删除，如图8-208所示。

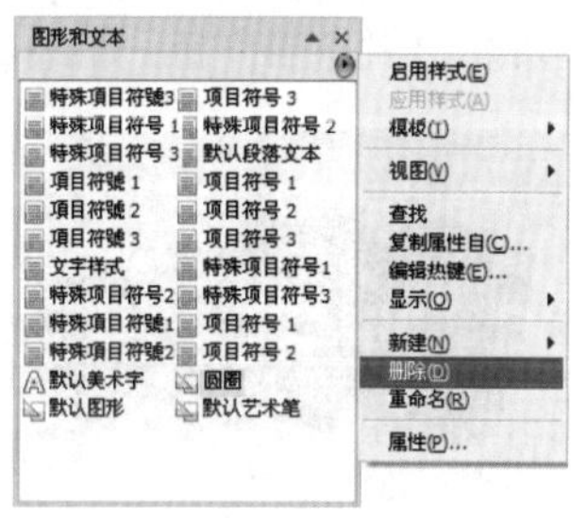

图8—208

综合实例——制作卡通风格饮品标志

案例文件	综合实例——制作卡通风格饮品标志.cdr
视频教学	综合实例——制作卡通风格饮品标志.flv
难易指数	★★★★★
技术要点	文本工具、钢笔工具、填充工具

案例效果

本例最终效果如图8-209所示。

图8—209

操作步骤

步骤01 执行“文件>新建”命令，在弹出的“创建新文档”对话框中设置“大小”为A4，“原色模式”为CMYK，“渲染分辨率”为300，如图8-210所示。

步骤02 单击工具箱中的“矩形工具”按钮□，绘制一个与版面大小相同的矩形，并将其填充为橘黄色，设置轮廓线宽度为“无”，如图8-211所示。

图8—210

图8—211

步骤03 单击工具箱中的“钢笔工具”按钮，绘制一个倒立的三角形，并填充为橙色，如图8-212所示。

步骤04 选中绘制的三角形，执行“排列>变换>旋转”命令，在弹出的“转换”泊坞窗中分别设置“角度”、中心点位置和“副本”，然后单击“应用”按钮，即可旋转复制出一周的放射状效果，如图8-213所示。

步骤05 单击工具箱中的“裁剪工具”按钮，将矩形以外的区域去掉，如图8-214所示。

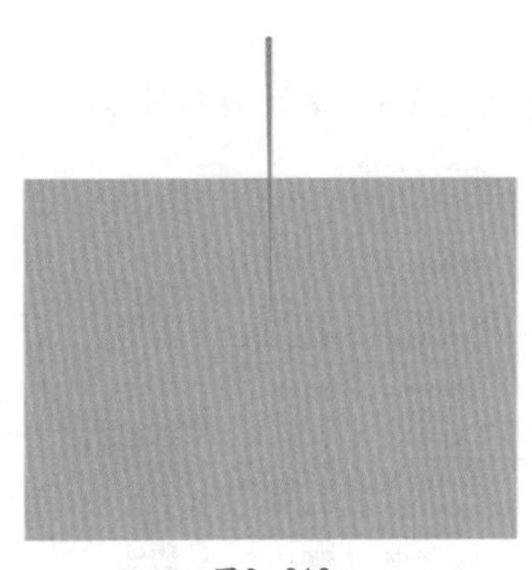

图8-212

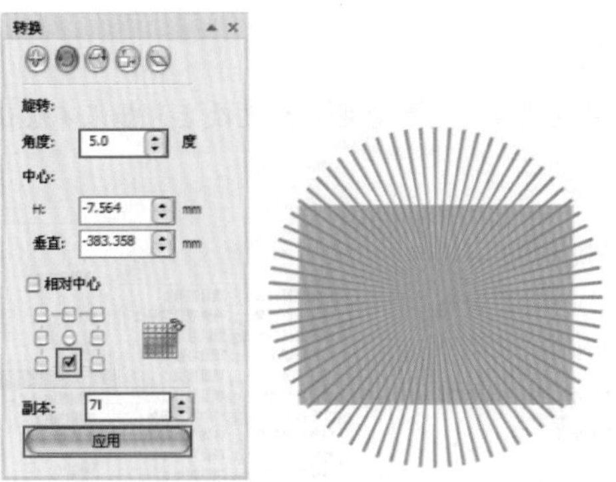

图8-213

图8-214

步骤06 单击工具箱中的“钢笔工具”按钮，绘制可乐和英文的外圈轮廓，并将其填充为黑色。复制黑色图形，填充为红色，然后适当移动模拟出投影效果，如图8-215所示。

步骤07 使用钢笔工具绘制玻璃杯以及饮料的形状，然后通过调色板为饮料填充颜色，制作出高光以及阴影部分等，放置到宣传广告的适当位置，如图8-216所示。

图8-215

图8-216

步骤08 使用钢笔工具绘制吸管的轮廓，然后通过调色板为其填充颜色，放置在饮品中，如图8-217所示。

步骤09 单击工具箱中的“文本工具”按钮，选择合适的字体，在画面中输入一个字母“C”，如图8-218所示。

步骤10 多次复制字母，更改为亮度不同的橙色系颜色，并调整位置，制作出层叠的效果，如图8-219所示。

步骤11 单击工具箱中的“椭圆形工具”按钮，在字母上绘制白色椭圆，制作气泡效果，如图8-220所示。

图8-217

图8-218

图8-219

图8-220

步骤12 以同样方法制作其他的英文字母，然后将它们放置到宣传广告页面中，如图8-221所示。

步骤13 单击工具箱中的“椭圆形工具”按钮，在左上角按住Ctrl键绘制一个大小不同的正圆，并填充为白色，设置轮廓线宽度为“无”，作为气泡，最终效果如图8-222所示。

图8—221

图8—222

综合实例——打造炫彩立体文字

案例文件	综合实例——打造炫彩立体文字.cdr
视频教学	综合实例——打造炫彩立体文字.flv
难易指数	★★★★★
知识掌握	文本工具、立体化工具

案例效果

本例最终效果如图8-223所示。

操作步骤

步骤01 执行“文件>新建”命令，在弹出的“创建新文档”对话框中设置“大小”为A4，“原色模式”为CMYK，“渲染分辨率”为300，如图8-224所示。

步骤02 导入背景素材文件，调整为合适的大小及位置，如图8-225所示。

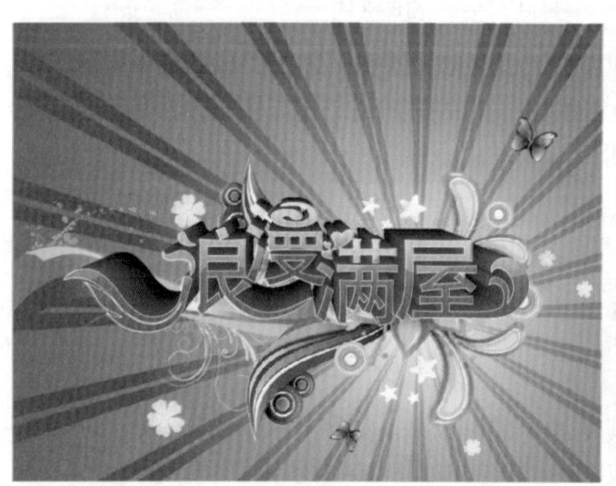

图8—223

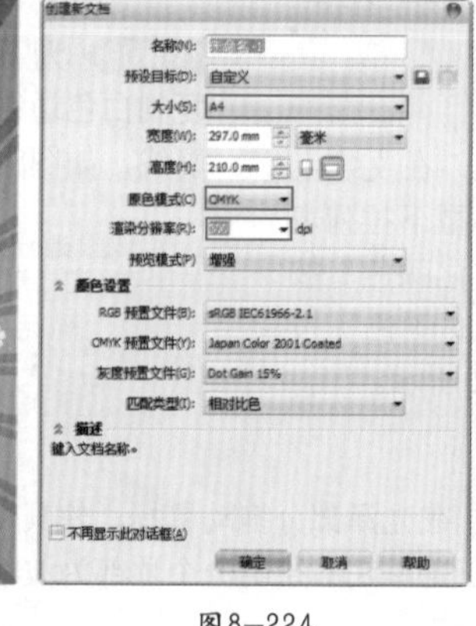
图8—224

图8—225

步骤03 单击工具箱中的“文本工具”按钮，在工作区内输入“浪漫满屋”4个字，并将其字体设置为黑色，调整字号大小。执行“排列>拆分美术字”命令，或按Ctrl+K键，将文字拆分以便单独编辑，如图8-226所示。

步骤04 选择文字，单击鼠标右键，在弹出的快捷菜单中执行“转换为曲线”命令，或按Ctrl+Q键；然后单击工具箱中的“形状工具”按钮，对“浪”字节点进行变形编辑，如图8-227所示。

图8—226

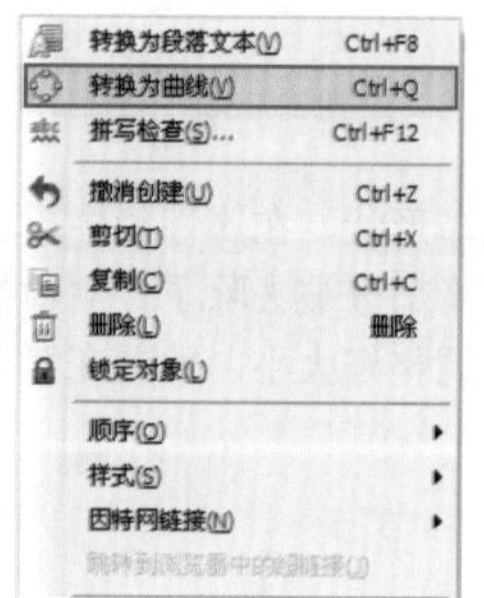

图8—227

步骤05 依次对其他文字节点进行编辑，然后单击工具箱中的“选择工具”按钮，选中文字后调整其位置，如图8-228所示。

图8-228

步骤06 选择全部文字，单击鼠标右键，在弹出的快捷菜单中执行“群组”命令。在工具箱中单击填充工具组中的“渐变填充”按钮，在弹出的“渐变填充”对话框中设置“类型”为“线性”，“角度”为-90，颜色为从浅粉色到深粉色的渐变，然后单击“确定”按钮，如图8-229所示。

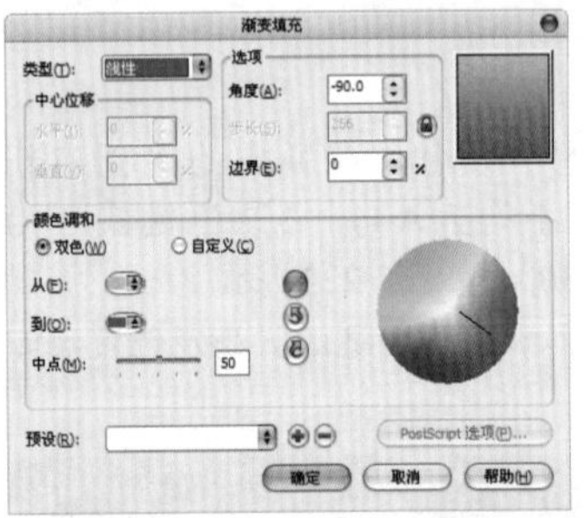

图8-229

步骤07 单击工具箱中的“立体化工具”按钮，在文字上按住鼠标左键并拖动。在属性栏中打开立体化类型下拉列表框，从中选择一种立体化类型；然后单击“立体化颜色”按钮，在弹出的“颜色”面板中单击“使用递减的颜色”按钮，选择一种从粉色到黑色的渐变色，如图8-230所示。

图8-230

步骤08 复制文字，去除立体效果，放在立体文字前方，然后去除填充颜色，设置轮廓颜色为白色，如图8-231所示。

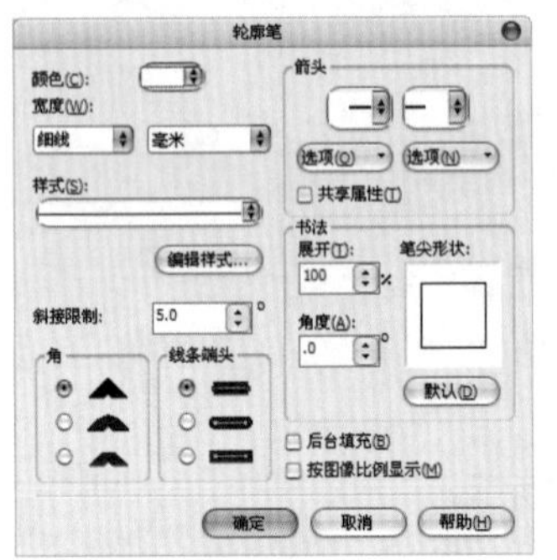

图8-231

步骤09 为了使文字更具有质感，下面开始制作光泽部分。复制白色边缘线部分，粘贴到最上方，填充为白色，去除轮廓线，如图8-232所示。

图8-232

步骤10 单击工具箱中的“透明度工具”按钮，在光泽部分拖动鼠标，使其变为半透明效果，如图8-233所示。

步骤11 单击工具箱中的“钢笔工具”按钮，在光泽底部绘制一个顶部为波浪的形状，如图8-234所示。

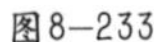

图8-233

图8-234

步骤12 选中波浪形状与光泽形状，在属性栏中单击“移除前面对象”按钮，如图8-235所示。

步骤13 此时光泽图形的下半部分被去除了，立体文字呈现出反光效果，如图8-236所示。

步骤14 将制作的立体文字调整好大小，放置在背景图层的合适位置，最终效果如图8-237所示。

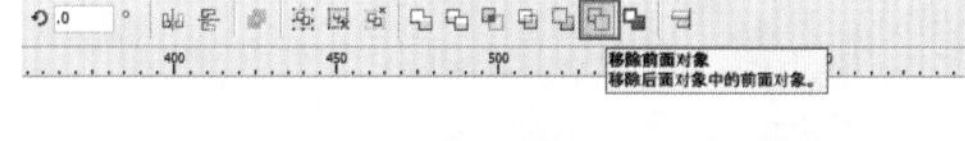

图8—235

图8—236

图8—237

读书笔记

表格的制作

在平面设计中，表格经常会出现，而且往往占有比较重要的位置。在CorelDRAW中使用表格工具可以快捷地绘制出表格，通过相关设置命令还可以对其进行进一步编辑。

本章学习要点：

- 掌握表格的制作
- 掌握文本与表格的转换
- 掌握如何编辑表格

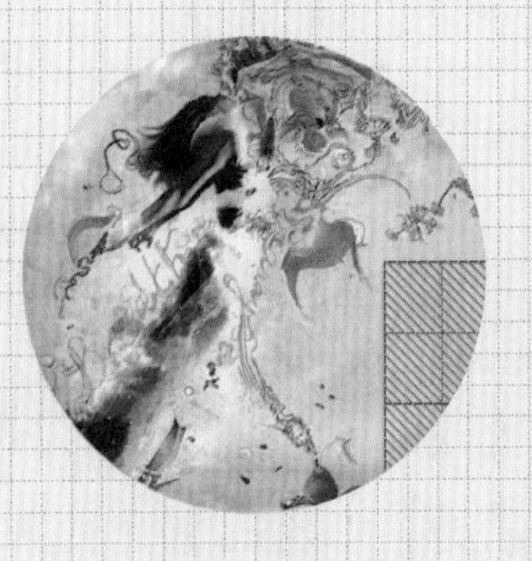

9.1 创建新表格

在平面设计中，表格经常会出现，而且往往占有比较重要的位置。在CorelDRAW中使用表格工具可以快捷地绘制出表格，通过相关设置命令还可以对其进行进一步编辑。如图9-1所示为包含表格的平面设计作品。

单击工具箱中的“表格工具”按钮，其属性栏如图9-2所示。

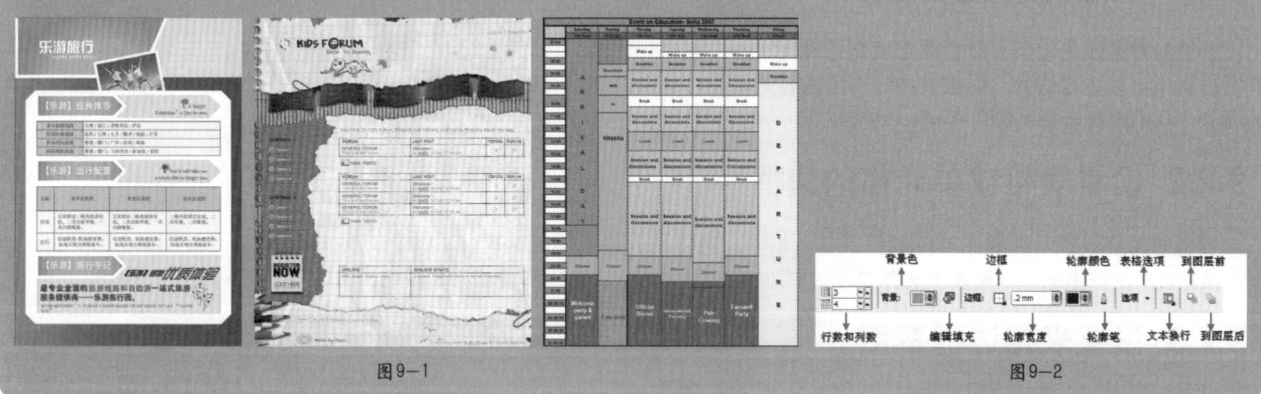

图9—1　　图9—2

9.1.1 使用命令创建新表格

执行“表格>创建新表格”命令，在弹出的“创建新表格”对话框中分别设置表格的“行数”、“栏数”、“高度”和“宽度”，然后单击“确定”按钮，即可按照所设参数绘制表格，如图9-3所示。

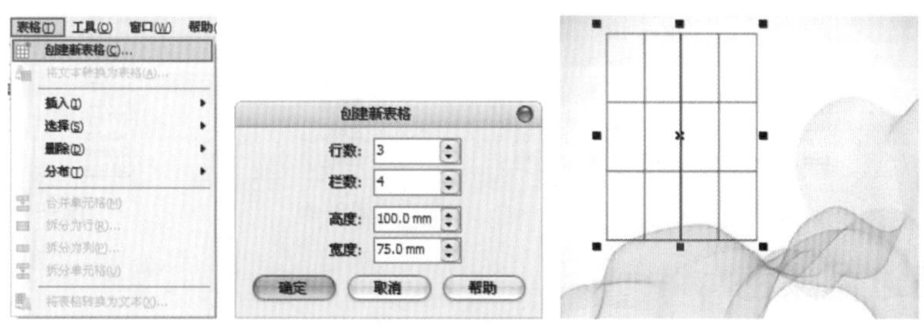

图9—3

9.1.2 使用表格工具绘制表格

步骤01 单击工具箱中的“表格工具”按钮，在属性栏的“行数”和“列数”数值框中分别设置表格的行数和列数，然后在工作区中按住鼠标左键并拖动，即可绘制一个表格，如图9-4所示。

步骤02 选择表格，在属性栏中打开“背景色”下拉列表框，从中选择一种颜色，即可更改表格的背景颜色，如图9-5所示。

步骤03 完成表格的绘制后，除了更改背景色以外，还可对其行数、列数、边框的宽度及颜色等进行更改。选择一个表格，在属性栏中可以分别更改表格的尺寸、背景色、边框的宽度及颜色等，使其更加精准、完善，如图9-6所示。

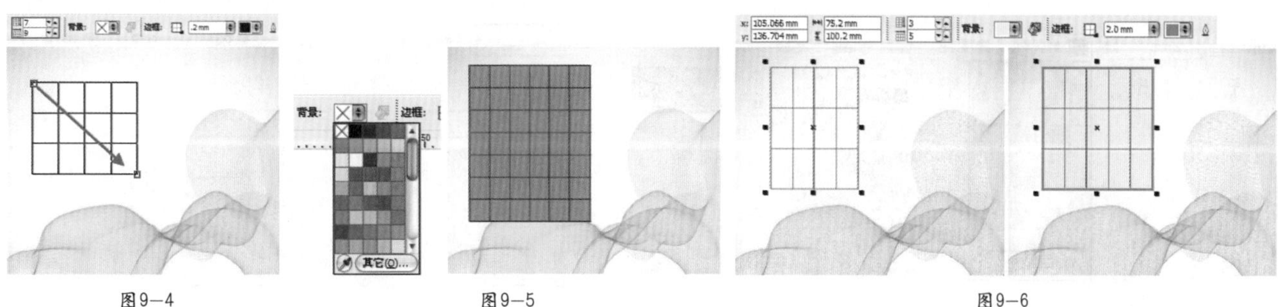

图9—4　　图9—5　　图9—6

编辑表格属性

一个表格的美观与否，很大程度上取决于对其边框与填充的设置。另外，文字的显示方式也是至关重要的一点。

9.2.1 设置背景填充效果

表格的背景颜色设置与普通图形填充色设置相同。选中行、列、单元格或整个表格，在属性栏中打开“背景色”下拉列表框，从中可以进行选择。如果其中没有所需要的颜色，单击右侧的“编辑填充”按钮，在弹出的对话框中选择“调色板”选项卡，从中选择合适的颜色即可，如图9-7所示。

9.2.2 设置表格或单元格的边框

表格的轮廓设置与普通图形轮廓设置基本相同。选择单元格、单元格区域、行、列或整个表格，单击属性栏中的“边框”按钮，在弹出的下拉列表中选择要设置的边框（如图9-8所示）即可对其相关属性进行修改。

9.2.3 设置表格边框宽度

在属性栏中，既可以在“轮廓线宽度”下拉列表框中选择预设边框宽度，也可直接输入边框宽度，如图9-9所示。

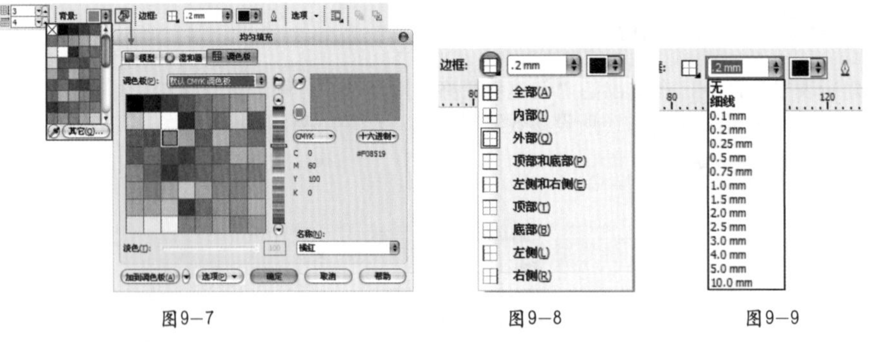

图9—7　　图9—8　　图9—9

9.2.4 设置表格边框颜色

在属性栏中打开“轮廓颜色”下拉列表框，从中可以选择适合的边框颜色；如果想有更多的选择，可以单击“其它”按钮，如图9-10所示，在弹出的“选择颜色”对话框中进行选择，如图9-11所示。

9.2.5 调整行高和列宽

方法01 在创建表格时，经常需要更改行高和列宽以得到需要的效果。在表格中选中要调整大小的单元格，在属性栏的“行数”和“列数”数值框中输入相应数值即可，如图9-12所示。

方法02 此外，也可以直接将光标移动到要调整的位置，当其变为双箭头形状时，按住鼠标左键并拖动即可调整尺寸，如图9-13所示。

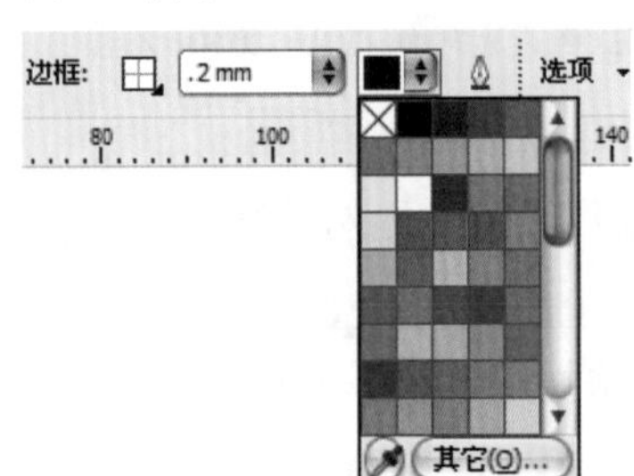

图9—10

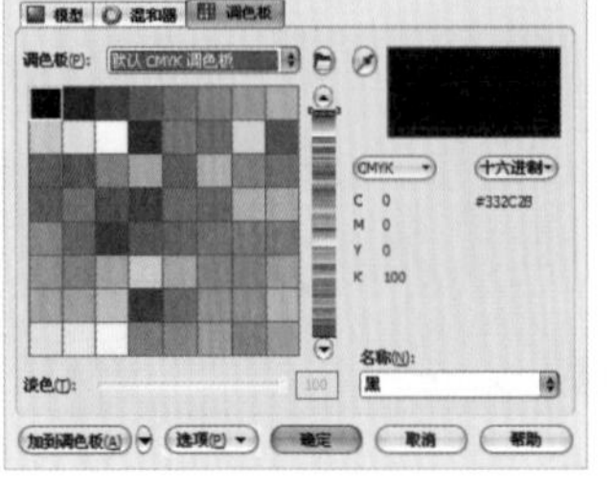

图9—11

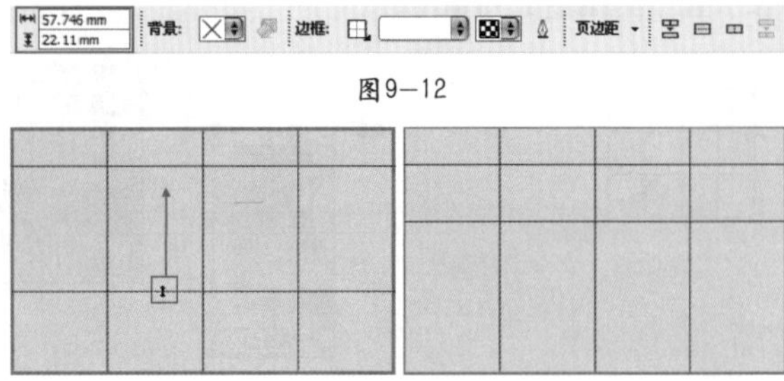

图9—12

图9—13

9.3 选择表格中的对象

处理表格时，需要先选中要编辑的表格内容，然后进行操作。选择时用户可以根据不同的要求，选择一个或多个单元格、一行或者多行、一列或者多列，以及整个表格。利用“表格>选择”子菜单中的相应命令，可以快速地选中单元格、行、列或者整个表格，从而对其进行编辑操作。

9.3.1 选择单元格

方法01 选择一个表格，单击工具箱中的“表格工具”按钮，然后单击表格中的任一单元格，执行“表格>选择>单元格”命令，即可选中该单元格，如图9-14所示。

方法02 在单元格中向右拖动鼠标，也可以选中该单元格；此外，还可以在出现插入点光标后按Ctrl + A键来选择单元格，如图9-15所示。

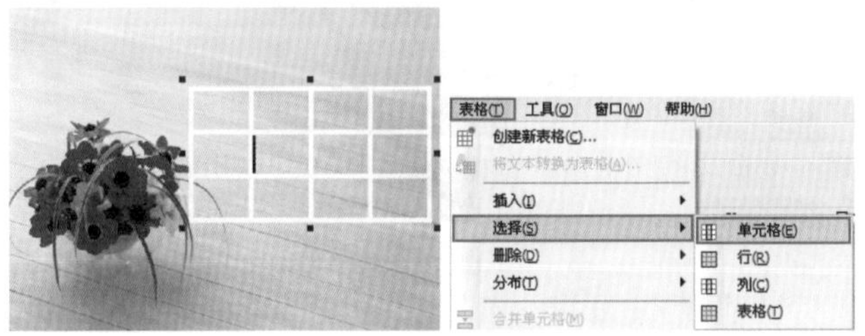

图9—14

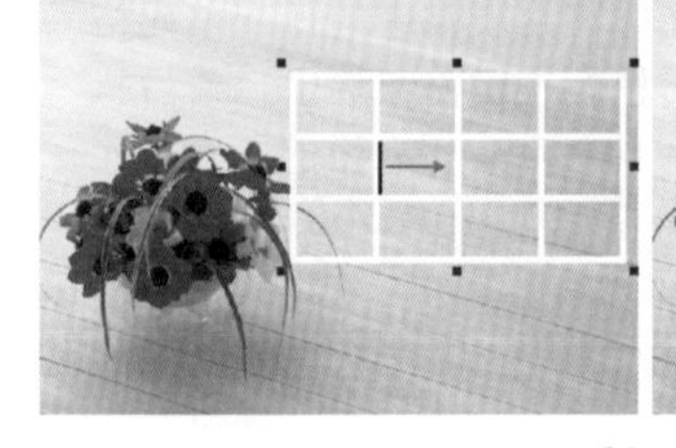

图9—15

9.3.2 选择行

使用选择工具选择一个表格，然后单击工具箱中的“形状工具”按钮，再将鼠标移至表格中的任一单元格中，当鼠标指针变为✥形状时，单击鼠标左键将其选中，最后执行“表格>选择>行”命令，即可选中该单元格所在的行，如图9-16所示。此外，也可以在该行的第一个或最后一个单元格中拖动鼠标，直至选中整行。

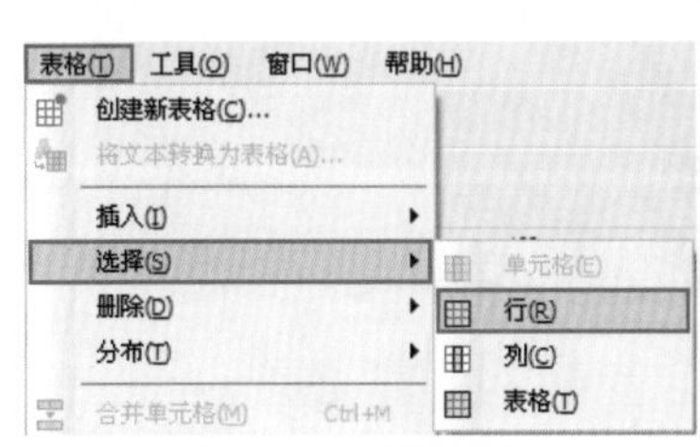

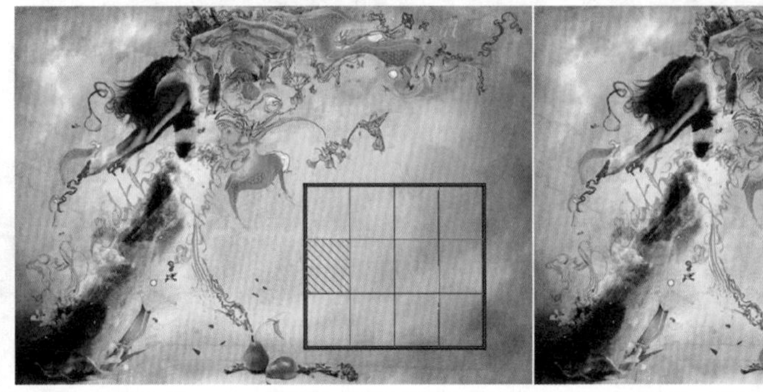

图9—16

9.3.3 选择列

使用选择工具选择一个表格，然后单击工具箱中的“形状工具”按钮，再将光标移至表格中的任一单元格中，当其变为✥形状时，单击鼠标左键将其选中，最后执行“表格>选择>列”命令，即可选中该单元格所在的列，如图9-17所示。此外，也可以在该列的第一个或最后一个单元格拖动鼠标直至选中整列。

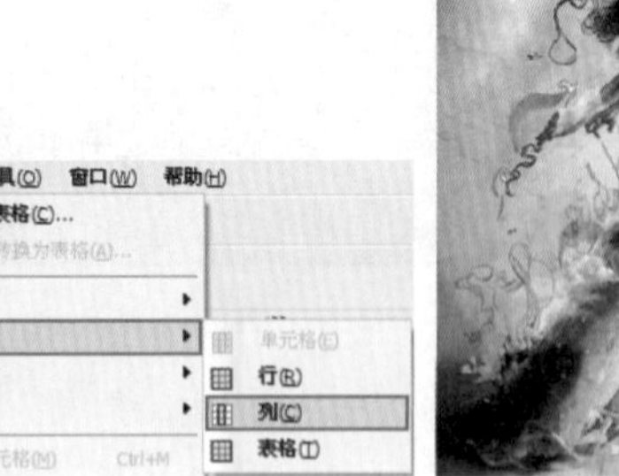

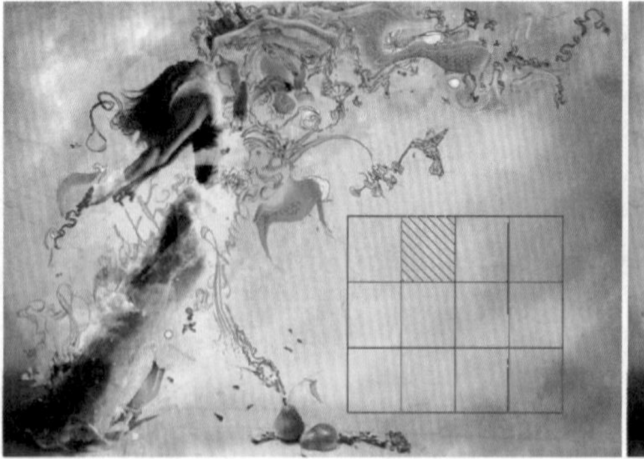

图9-17

9.3.4 选择表格

使用选择工具选择一个表格，然后单击工具箱中的“形状工具”按钮，再将光标移至表格中的任一单元格中，当其变为形状时，单击鼠标左键将其选中，最后执行“表格>选择>表格”命令，即可选中该表格的所有单元格，如图9-18所示。

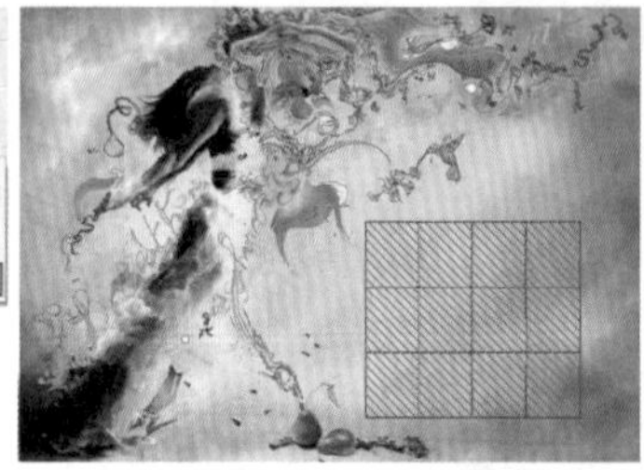

图9-18

技巧提示

使用选择工具选择一个表格，然后单击工具箱中的“形状工具”按钮，再将光标移至表格的任一单元格中，当其变为形状时，按住鼠标左键向右拖动，被选框覆盖的单元格就会呈现为被选中状态，如图9-19所示。

使用选择工具选择一个表格，然后单击工具箱中的“形状工具”按钮，再将光标移至表格的上侧，当其变为形状时单击鼠标左键，则该单元格所在的列就会呈现为被选中状态，如图9-20所示。

使用选择工具选择一个表格，然后单击工具箱中的“形状工具”按钮，再将光标移至表格的左侧，当其变为形状时单击鼠标左键，则该单元格所在的行就会呈现为被选中状态，如图9-21所示。

图9-19

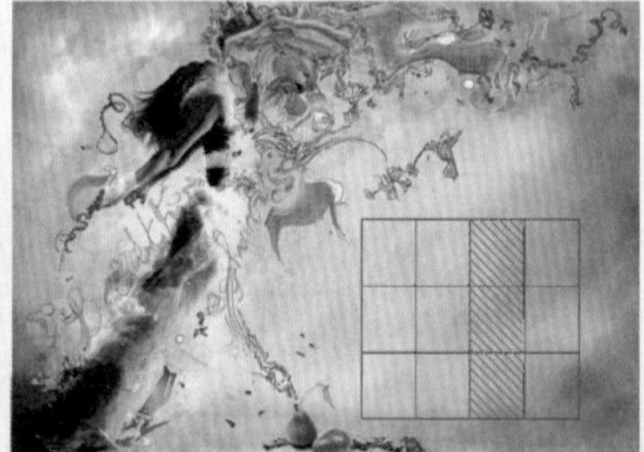

图9-20

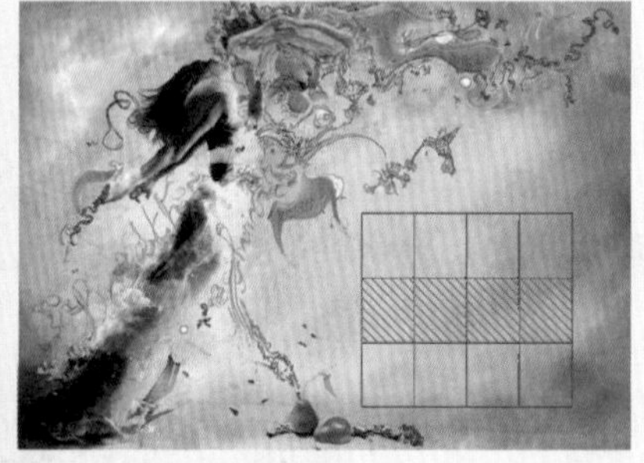

图9-21

9.4 插入行/列

在表格创建之后，可以根据实际需要对其执行“插入”命令，来增加表格的行数或列数。

9.4.1 在行上方插入

步骤01 使用选择工具选择一个表格，然后单击工具箱中的“形状工具”按钮，再将光标移至表格中的任一单元格中，当其变为✥形状时，单击鼠标左键将其选中，如图9-22所示。

步骤02 执行“表格>插入>行上方”命令，即可在所选单元格上方插入一行单元格，如图9-23所示。

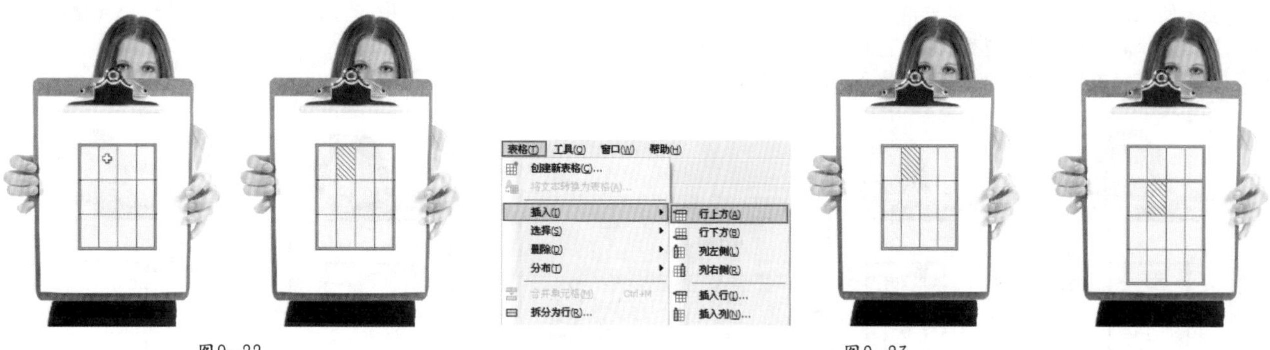

图9—22　　图9—23

9.4.2 在行下方插入

步骤01 使用选择工具选择一个表格，然后单击工具箱中的“形状工具”按钮，再将光标移至表格中的任一单元格中，当其变为✥形状时，单击鼠标左键将其选中，如图9-24所示。

步骤02 执行“表格>插入>行下方”命令，即可在所选单元格下方插入一行单元格，如图9-25所示。

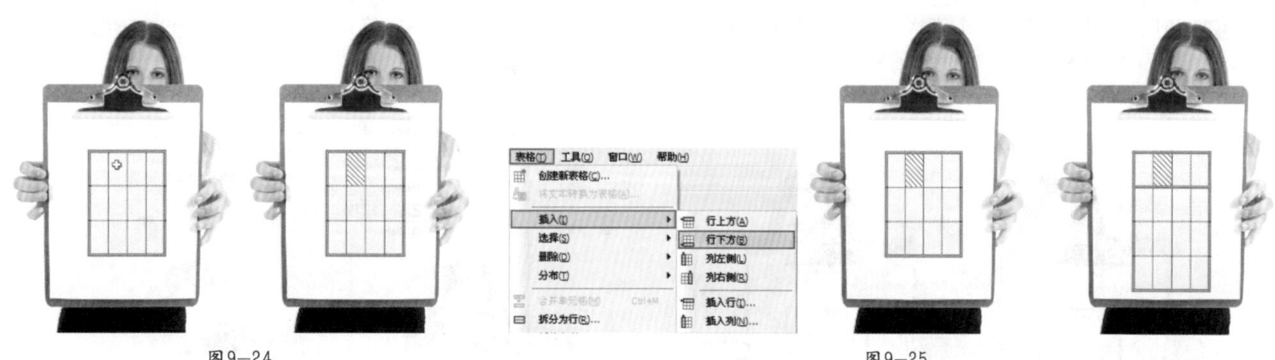

图9—24　　图9—25

9.4.3 在列左侧插入

步骤01 使用选择工具选择一个表格，然后单击工具箱中的“形状工具”按钮，再将光标移至表格中的任一单元格中，当其变为✥形状时，单击鼠标左键将其选中，如图9-26所示。

步骤02 执行“表格>插入>列左侧”命令，即可在所选单元格左侧插入一列单元格，如图9-27所示。

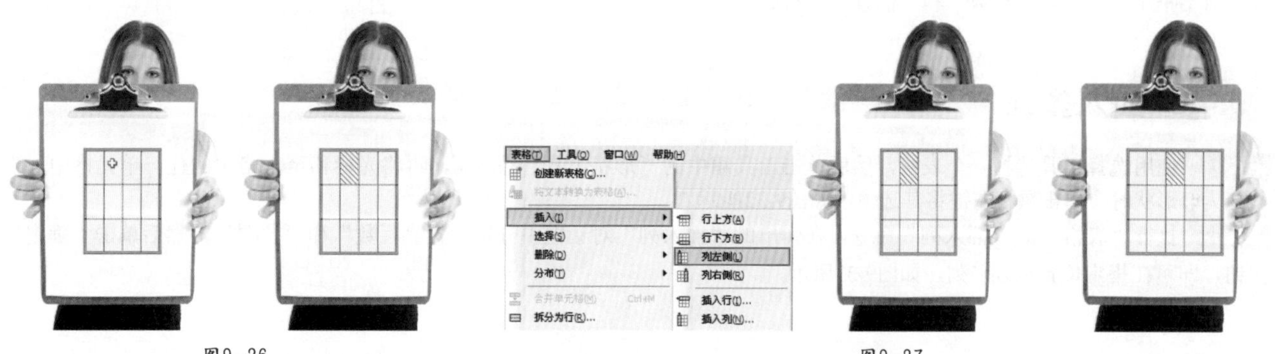

图9—26　　图9—27

9.4.4 在列右侧插入

步骤01 使用选择工具选择一个表格，然后单击工具箱中的“形状工具”按钮，再将光标移至表格中的任一单元格中，当其变为✣形状时，单击鼠标左键将其选中，如图9-28所示。

步骤02 执行“表格>插入>列右侧”命令，即可在所选单元格右侧插入一列单元格，如图9-29所示。

图9—28　　图9—29

9.4.5 插入多行

步骤01 使用选择工具选择一个表格，然后单击工具箱中的“形状工具”按钮，再将光标移至表格中的任一单元格中，当其变为✣形状时，单击鼠标左键将其选中，如图9-30所示。

图9—30

步骤02 执行“表格>插入>插入行”命令，在弹出的“插入行”对话框中分别设置“行数”和“位置”，然后单击“确定”按钮，即可在指定位置插入多行，如图9-31所示。

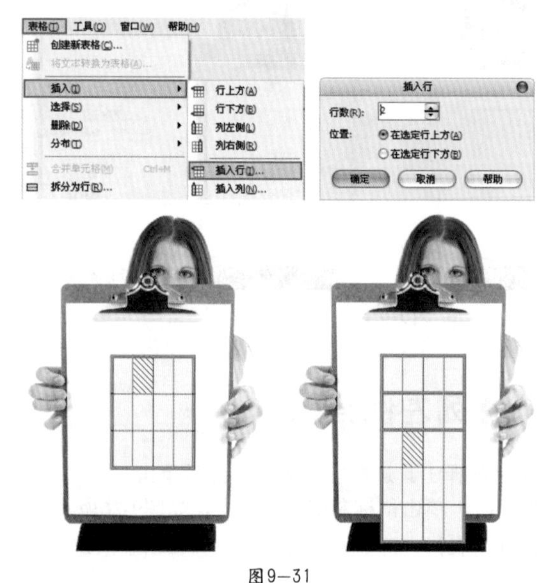

图9—31

9.4.6 插入多列

步骤01 使用选择工具选择一个表格，然后单击工具箱中的“形状工具”按钮，再将光标移至表格中的任一单元格中，当其变为✣形状时，单击鼠标左键将其选中，如图9-32所示。

步骤02 执行“表格>插入>插入列”命令，在弹出的“插入列”对话框中分别设置“栏数”和“位置”，然后单击“确定”按钮，即可在指定位置插入多列，如图9-33所示。

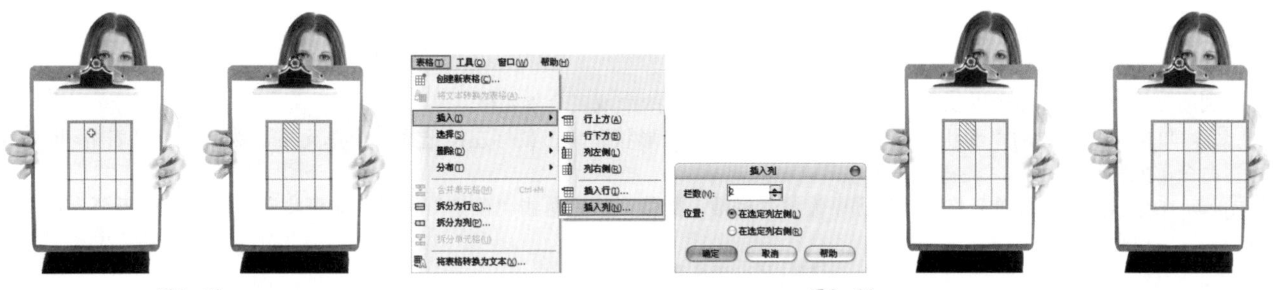

图9-32　　图9-33

9.5 合并与拆分单元格

日常使用的表格中，单元格的大小并不一定都是相同的，很多时候需要将多个单元格合并成一个大单元格，或者将其中一个单元格分割为多个小的单元格。对此CorelDRAW提供了合并与拆分单元格功能。

9.5.1 合并单元格

当合并两个或多个相邻的水平或垂直单元格时，这些单元格就成为一个跨多列或多行显示的大单元格。合并后的单元格不会丢失原有单元格中的所有内容。

步骤01 单击工具箱中的“形状工具”按钮，当光标变为✥形状时，按住鼠标左键并拖动，选中需要合并的单元格，然后执行“表格>合并单元格”命令，或按Ctrl+M键，如图9-34所示。

步骤02 选中的单元格将被合并为一个较长的单元格，如图9-35所示。

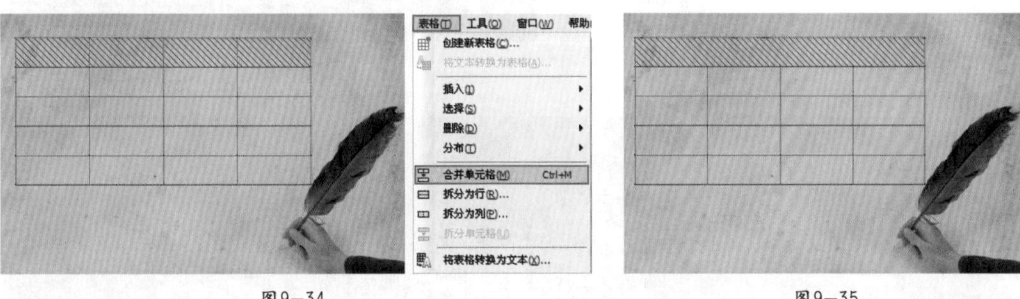

图9-34　　图9-35

9.5.2 拆分为行

利用“拆分为行”命令可以将一个单元格拆分为成行的两个或多个单元格。

步骤01 单击工具箱中的“形状工具”按钮，当其变为✥形状时单击鼠标左键，选择一个单元格，然后执行“表格>拆分为行”命令，如图9-36所示。

步骤02 在弹出的“拆分单元格”对话框中设置“行数”数值，然后单击“确定”按钮，即可将选中的单元格拆分为指定行数，如图9-37所示。

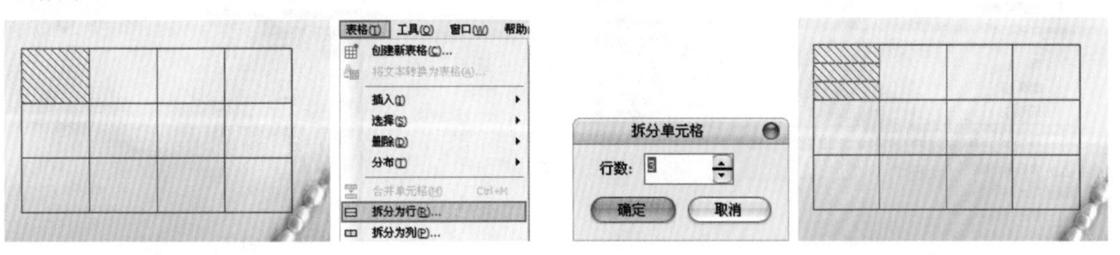

图9-36　　图9-37

9.5.3 拆分为列

利用“拆分为行”命令可以将一个单元格拆分为成列的两个或多个单元格。

步骤01 单击工具箱中的“形状工具”按钮，当其变为✥形状时单击鼠标左键选择一个单元格，然后执行“表格>拆分为列”命令，如图9-38所示。

步骤02 在弹出的“拆分单元格”对话框中设置“栏数”数值，然后单击“确定”按钮，即可将选中的单元格拆分为指定列数，如图9-39所示。

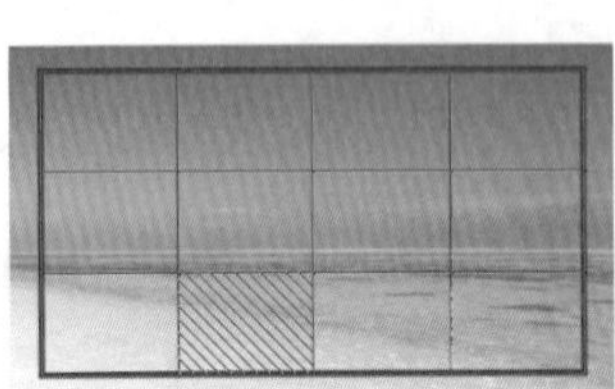

图9—38

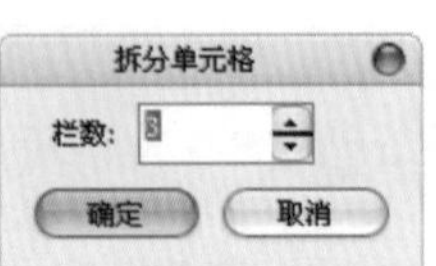

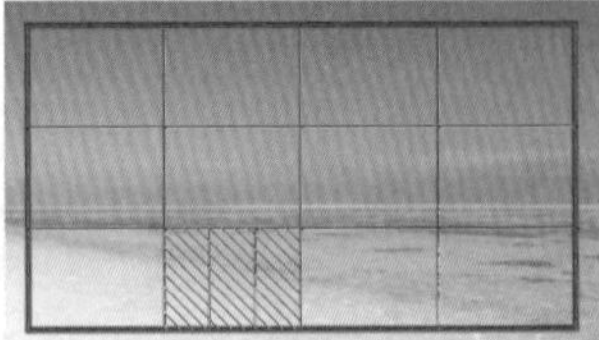

图9—39

9.5.4 拆分单元格

单击工具箱中的“形状工具”按钮，当其变为✥形状时，单击鼠标左键，选择合并过的单元格，然后执行“表格>拆分单元格”命令，即可将其拆分为多个单元格，如图9-40所示。

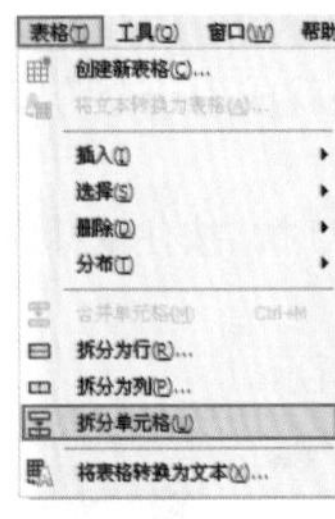

图9—40

9.6 行/列的分布

经过调整的单元格很容易造成水平方向或垂直方向难以对齐或无法均匀分布的情况，而且手动调整很难保证精确性。在CorelDRAW中可以通过“分布”命令对表格的行或列进行操作，将不规则的表格进行调整，使版面更加整洁。

9.6.1 行分布

选择一个不规则的表格，任意选择表格的某一列，执行“表格>分布>行均分”命令，被选中的列将会在垂直方向均匀分布，如图9-41所示。

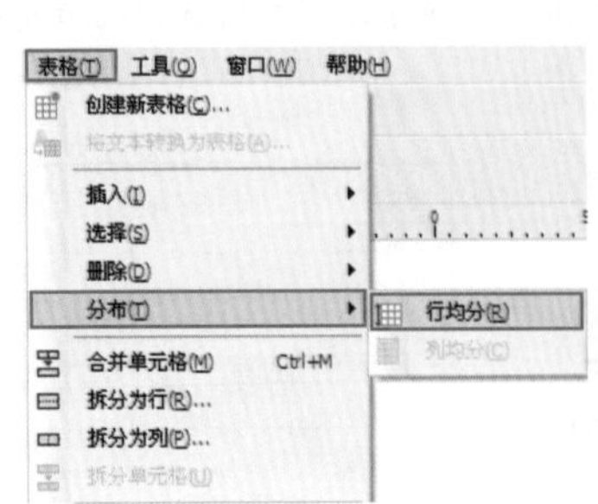

图9—41

9.6.2 列分布

选择一个不规则的表格，任意选择表格的某一行，执行“表格>分布>列均分”命令，被选中的行将会在水平方向均匀分布，如图9-42所示。

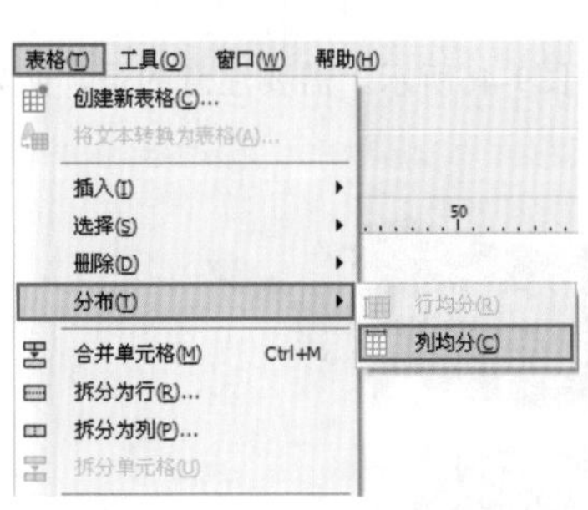

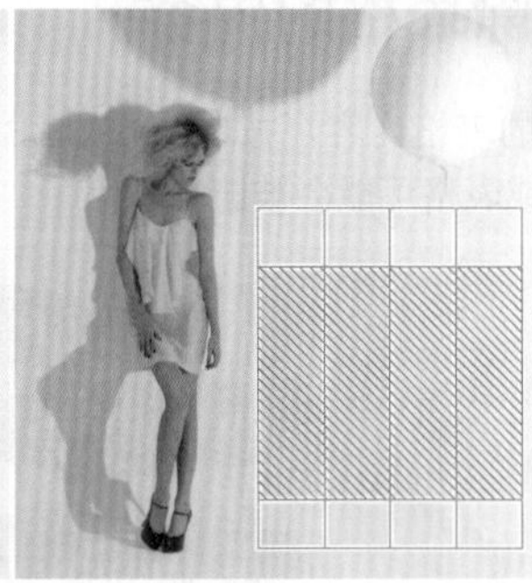

图9—42

9.7 删除行/列

当表格中出现多余的行或者列时，需要执行“删除”命令将其删除。

9.7.1 删除行

使用选择工具选择一个表格，然后单击工具箱中的“形状工具”按钮，再将光标移至表格中需要删除的单元格中，执行“表格>删除>行”命令，即可将选中单元格所在的行删除，如图9-43所示。

9.7.2 删除列

使用选择工具选择一个表格，然后单击工具箱中的“形状工具”按钮，再将光标移至表格中需要删除的单元格中，执行“表格>删除>列”命令，即可将选中单元格所在的列删除，如图9-44所示。

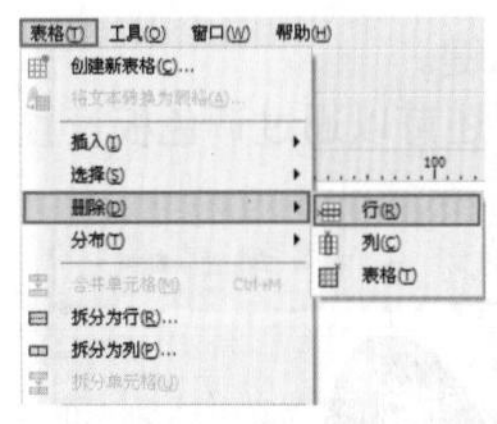

图9—43

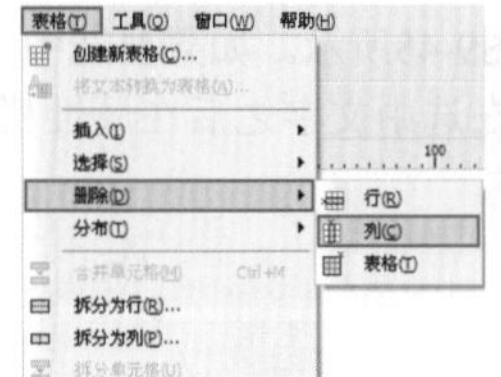

图9—44

9.7.3 删除表格

使用选择工具选择一个表格，然后单击工具箱中的“形状工具”按钮，再将光标移至表格中并单击鼠标左键将其选中，执行“表格>删除>表格”命令，即可将选中的表格删除，如图9-45所示。

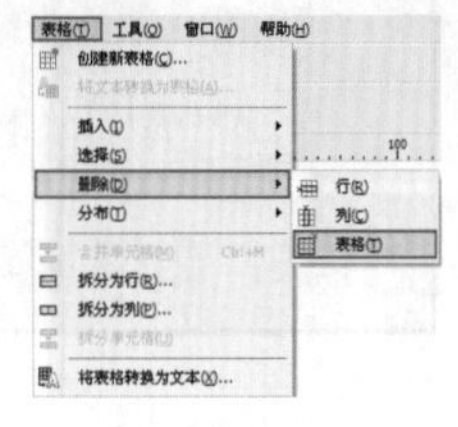

图9—45

技巧提示

使用选择工具选择要删除的表格，按Delete键也可以将其删除。

9.7.4 删除表格的内容

选中要删除的表格内容，按Delete或者Backspace键即可将其删除，如图9-46所示。需要注意的是，必须要选中文字内容，否则单元格或表格可能会被删除。

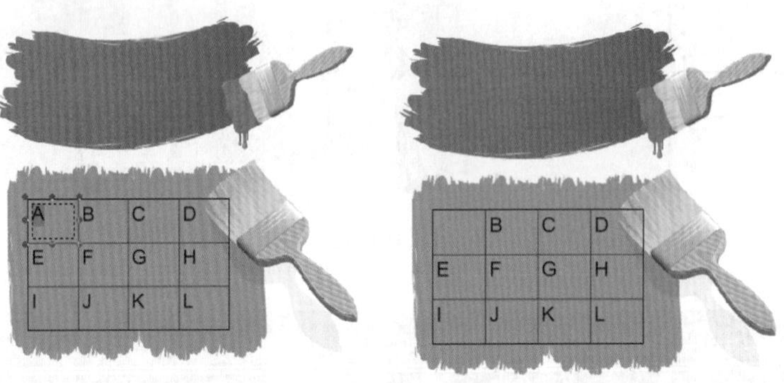

图9－46

9.8 添加内容到表格

前文介绍了表格的创建及编辑，本节将学习如何向表格中添加内容。在CorelDRAW中，可以向表格中添加文字、图形、位图等多种对象。

9.8.1 添加文字

步骤01 如果要在表格中输入文字，首先单击工具箱中的“表格工具”按钮，然后在要输入文字的单元格中单击，显示出插入点光标，如图9-47所示。

步骤02 此时直接输入文字即可，如图9-48所示。如果要选中文字，可以直接用鼠标拖动或者按Ctrl+A键。

步骤03 如果要修改文字属性，可以在选中文字之后在属性栏中修改字体、字号、对齐方式等属性，还可以通过调色板设置文字颜色，如图9-49所示。

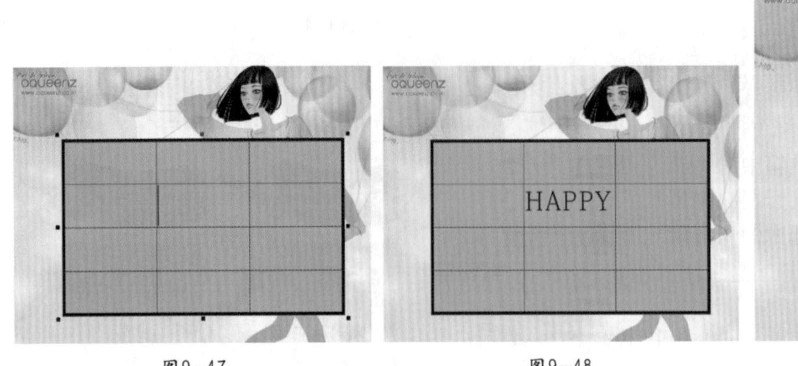

图9－47　　图9－48

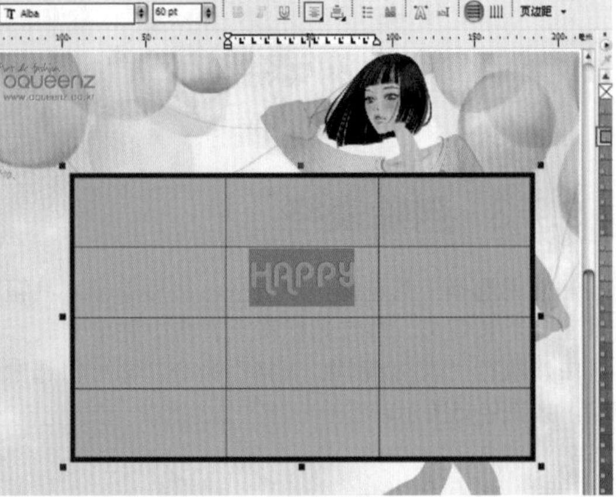

图9－49

技巧提示

表格内的文字属性更改的方法与普通文字的更改方法相同，这里不再赘述，具体内容参见“第8章文本”。

9.8.2 添加图像

如果要在表格中添加矢量图或者位图素材，可以首先将矢量图或位图进行复制，然后使用表格工具选择需要插入的单元格，并进行粘贴即可，如图9-50所示。

图9—50

另一种方法是在图像上按下鼠标右键，将其拖动到单元格中，松开鼠标后，在弹出的快捷菜单中执行“置于单元格内部”命令，即可插入矢量图或位图，如图9-51所示。

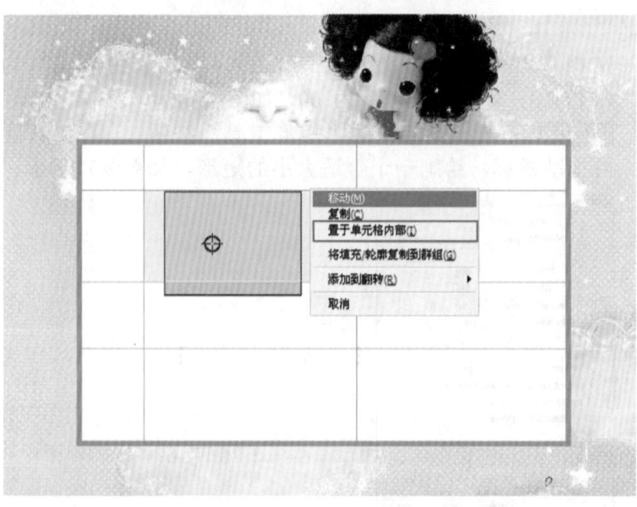

图9—51

读书笔记

9.9 文本与表格的相互转换

在CorelDRAW中，可以将表格转换为文本，也可以将文本转换为表格，以方便对文字或表格做进一步的编辑处理。

9.9.1 将文本转换为表格

将文本转换为表格之前，需要在文本中插入制表符、逗号、段落回车符或其他字符。选择要转换的文本，执行“表格>将文本转换为表格”命令，在弹出的“将文本转换为表格”对话框中设置创建列的根据，然后单击“确定”按钮，即可将文本转换为表格，如图9-52所示。

9.9.2 将表格转换为文本

步骤01 将表格转换为文本时，将根据插入的符号来分隔表格的行或列。选择要转换的表格，执行“表格>将表格转换为文本”命令，如图9-53所示。

步骤02 在弹出的“将表格转换为文本”对话框（如图9-54所示）中设置单元格文本分隔的依据，然后单击“确定”按钮，即可将表格转换为文本框。单击工具箱中的“文本工具”按钮，即可在其中输入文字。

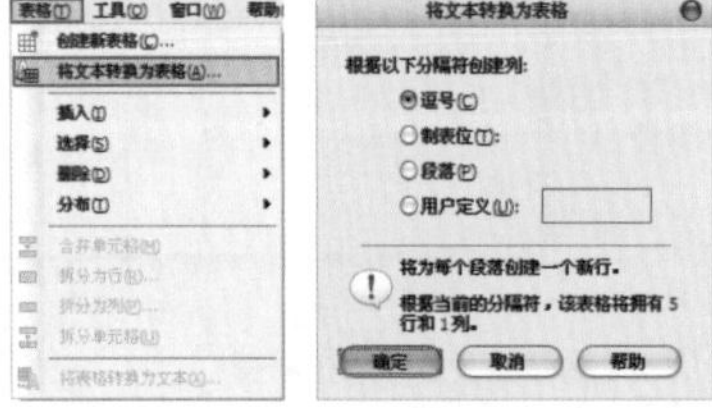

图9-52

图9-53

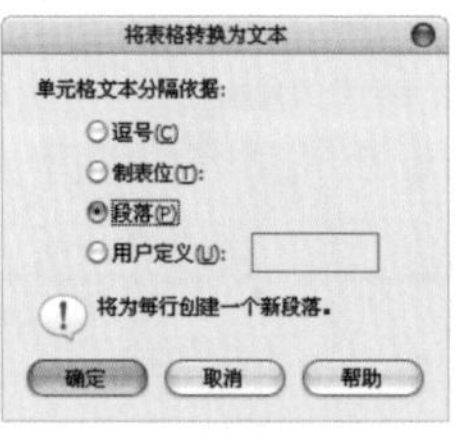

图9-54

综合实例——使用表格工具制作商务画册

案例文件	综合实例——使用表格工具制作商务画册.cdr
视频教学	综合实例——使用表格工具制作商务画册.flv
难易指数	★★★★★
知识掌握	表格工具、文本工具、矩形工具

案例效果

本例最终效果如图9-55所示。

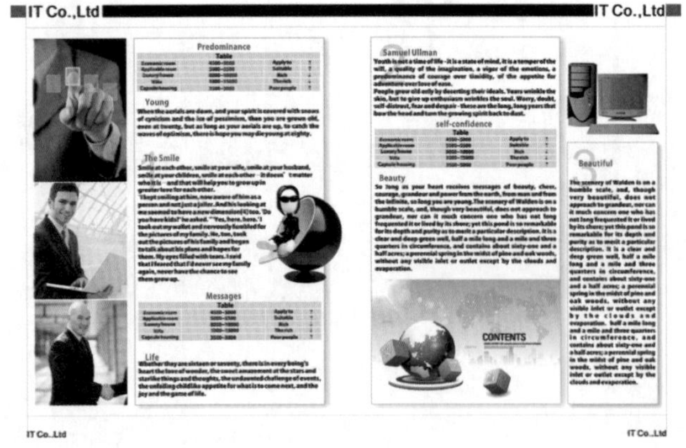

图9-55

操作步骤

步骤01 执行“文件>新建”命令，在弹出的“创建新文档”对话框中设置“大小”为A4，“原色模式”为CMYK，“渲染分辨率”为300，如图9-56所示。

步骤02 单击工具箱中的“矩形工具”按钮，在工作区内拖动鼠标，绘制一个合适大小的矩形，如图9-57所示。

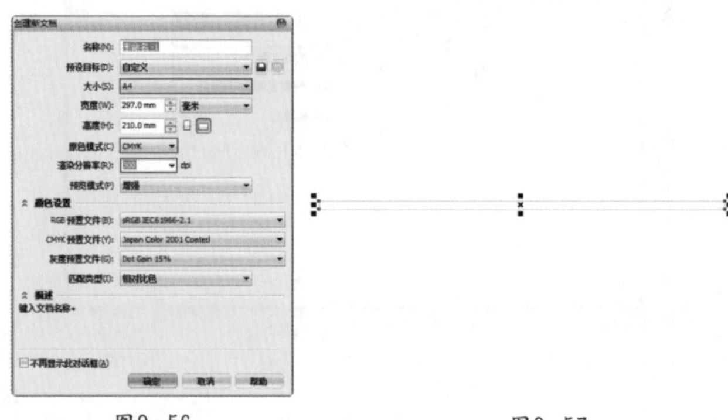

图9-56　　图9-57

步骤03 在工具箱中单击填充工具组中的“均匀填充”按钮，在弹出的“均匀填充”对话框中设置颜色为黑色，然后单击“确定”按钮；单击CorelDRAW工作界面右下角的“轮廓笔”按钮，在弹出的“轮廓笔”对话框中设置“宽度”为“无”，单击“确定”按钮，效果如图9-58所示。

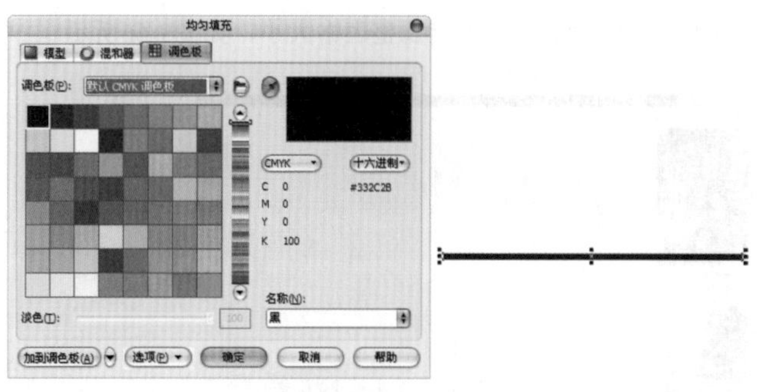
图9—58

步骤04 以同样方法制作出两边红色的小矩形，然后单击工具箱中的“钢笔工具”按钮，绘制出页面四周的灰色直线，放置在合适的位置，如图9-59所示。

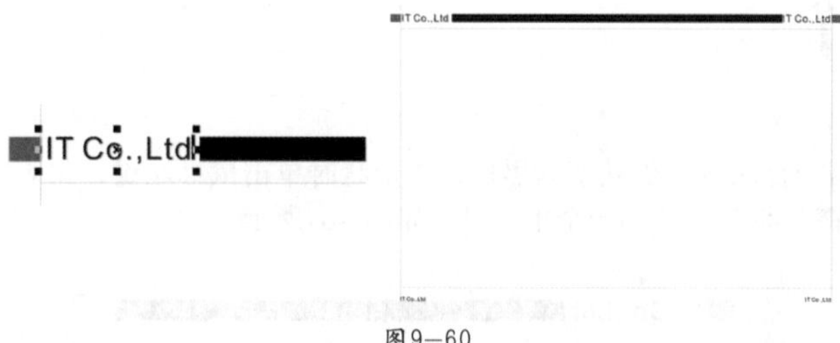
图9—59

步骤05 单击工具箱中的“文本工具”按钮，在左上角输入文字，并设置为合适的字体及大小；然后以同样的方法分别在其他3个边角处键入同样的文字，如图9-60所示。

图9—60

步骤06 使用矩形工具绘制一个大小合适的矩形；然后在工具箱中单击填充工具组中的“图样填充”按钮，在弹出的“图样填充”对话框中选中“双色”单选按钮，在“图样”下拉列表框中选择一种斜条纹图样，“前部”颜色为灰色，“后部”颜色为白色，“宽度”和“高度”均为3.0mm，单击“确定”按钮；最后设置轮廓线宽度为“无”，作为页面的底纹效果，如图9-61所示。

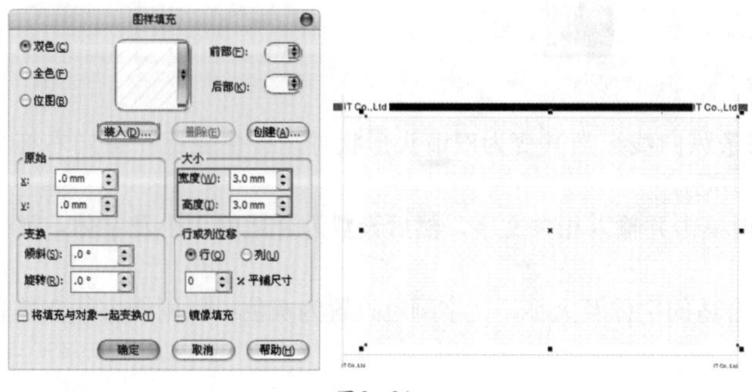
图9—61

步骤07 导入人物素材文件，调整为合适的大小及位置，放在左侧页面中，如图9-62所示。

图9—62

步骤08 使用矩形工具在素材右侧绘制一个大小合适的矩形，并将其填充为白色，如图9-63所示。单击工具箱中的“阴影工具”按钮，在矩形上按下鼠标左键并向下拖动，制作矩形的阴影效果，如图9-64所示。

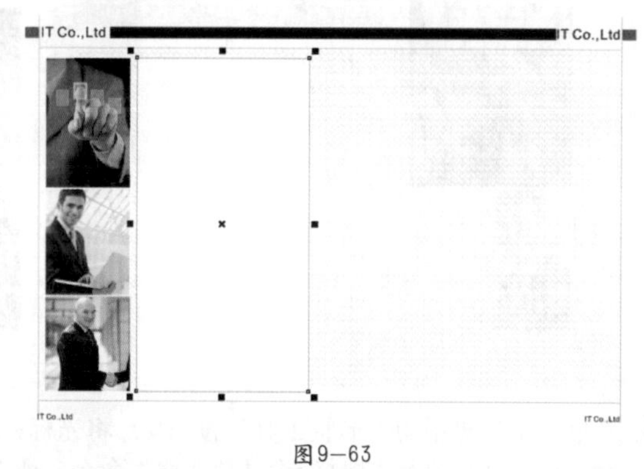
图9—63

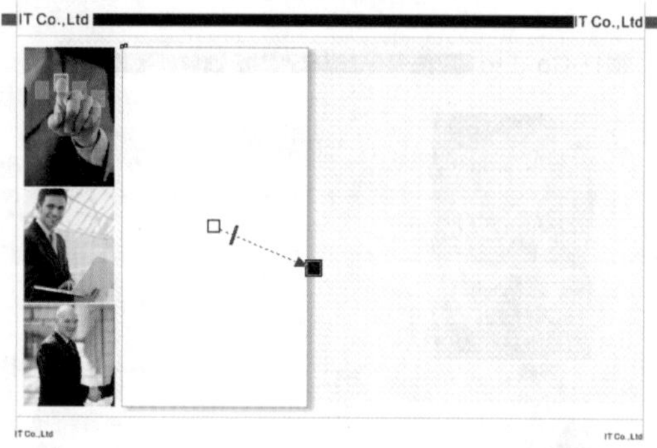
图9—64

步骤09 以同样方法制作出其他两个带有阴影的矩形，然后分别导入电脑及地球素材图像，并调整为合适的大小及位置，如图9-65所示。

步骤10 单击工具箱中的“表格工具”按钮，在左侧页面上按住鼠标左键向右拖动，绘制一个表格；在属性栏的“行数”和“列数”数值框内分别输入“6”和“4”，设置背景色为灰色，然后单击“边框”按钮，在弹出的下拉列表中选择“全部”选项，再将轮廓线宽度设置为2.5mm，轮廓颜色设置为白色；完成设置后，适当调整表格大小，如图9-66所示。

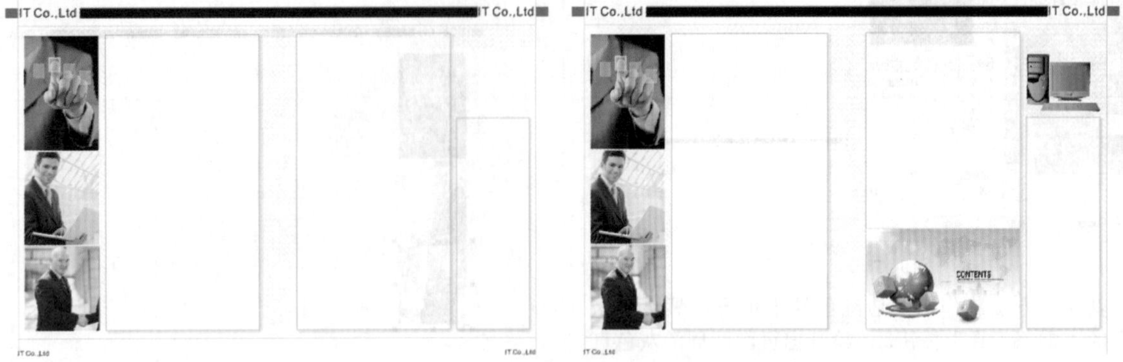

图9-65

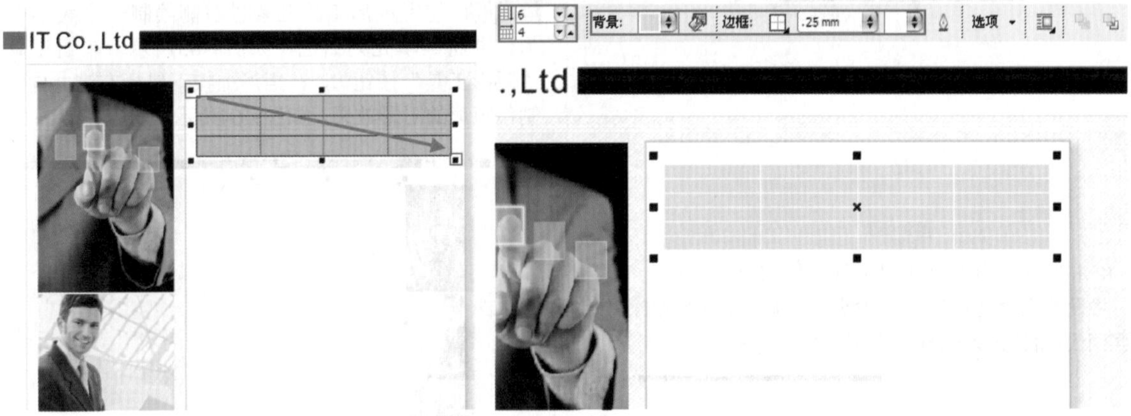

图9-66

步骤11 单击工具箱中的“形状工具”按钮，将光标移至表格第一行左侧，当其变为黑色箭头形状时单击鼠标左键，将表格第一行选中，然后执行“表格>合并单元格”命令，或按Ctrl+M键，将其合并为一个单元格，如图9-67所示。

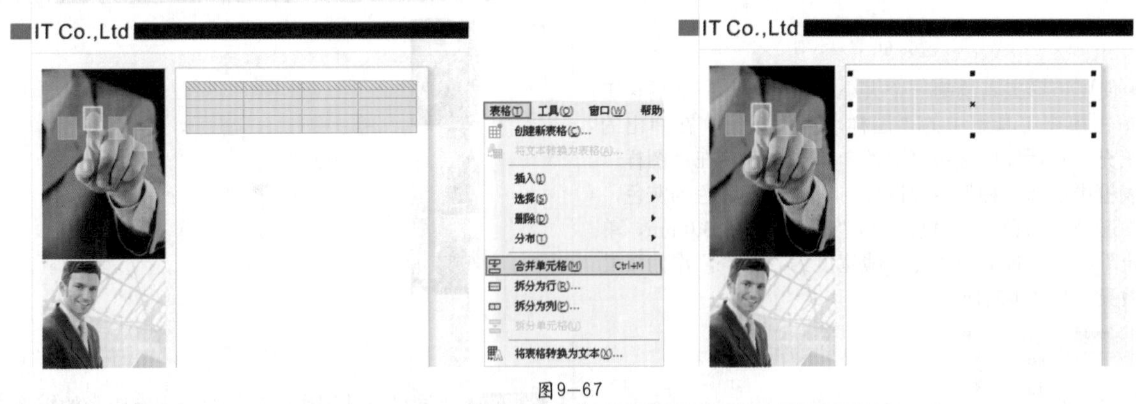

图9-67

步骤12 单击工具箱中的“形状工具”按钮，将光标移至第二条纵向线，当其变为双箭头形状时，按住鼠标左键向右拖动，调整表格宽度；然后以同样方法调整第三条纵向线，如图9-68所示。

步骤13 单击工具箱中的“文本工具”按钮，分别在各单元表格内单击并输入相关文字，然后设置为合适的大小及字体，如图9-69所示。

步骤14 使用文本工具在左侧页面中输入数字“1”，然后设置为合适的字体及大小，文字颜色设置为灰色；以同样方法在其他矩形内分别输入其他数字，如图9-70所示。

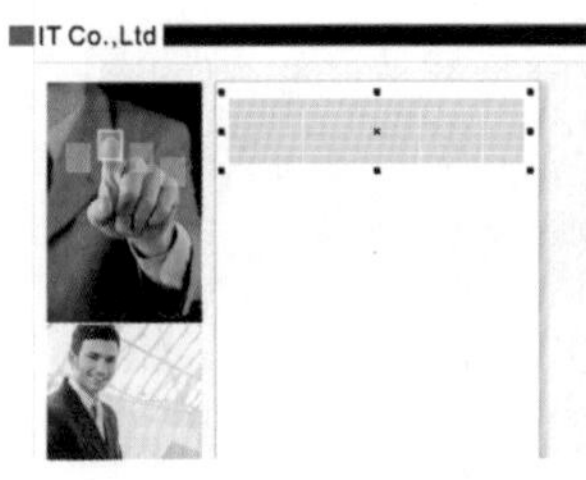

图9-68

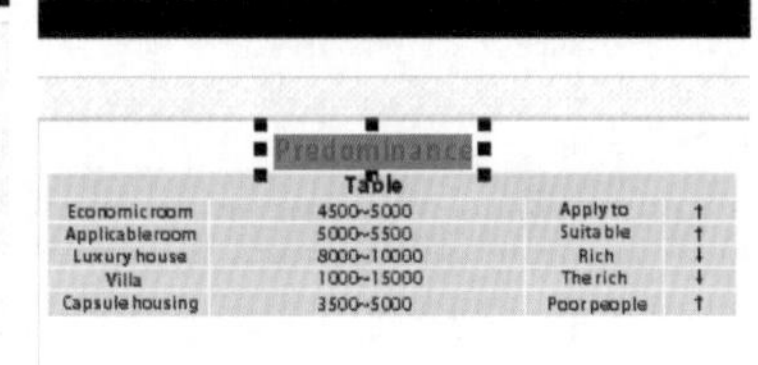

图9-69

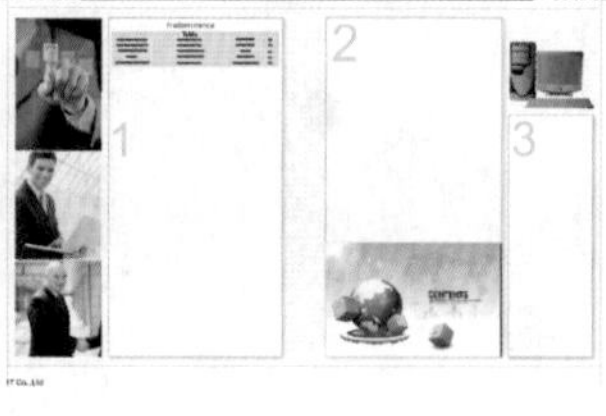

图9-70

步骤15 使用文本字工具单击数字，然后按住鼠标左键向右下角拖动，创建文本框；接着在文本框内输入文字，并调整为合适的大小及字体；最后在段落文字上方输入红色标题内容，如图9-71所示。

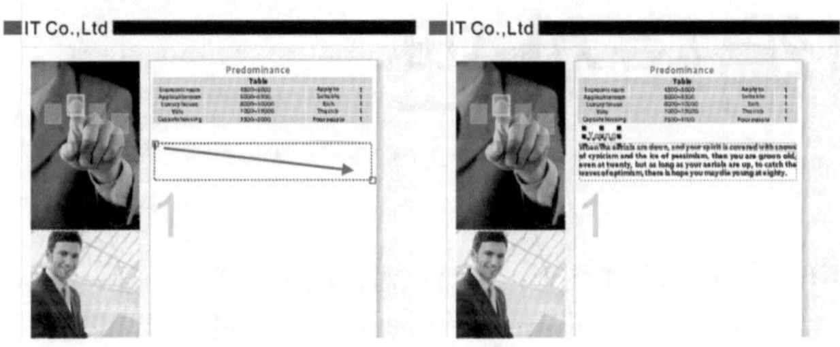

图9-71

步骤16 导入卡通人物素材，调整为合适的大小及位置；然后单击工具箱中的“文本工具”按钮，在数字上按下鼠标左键并向右下角拖动；最后在文本框内输入文字，并调整为合适的大小及字体，如图9-72所示。

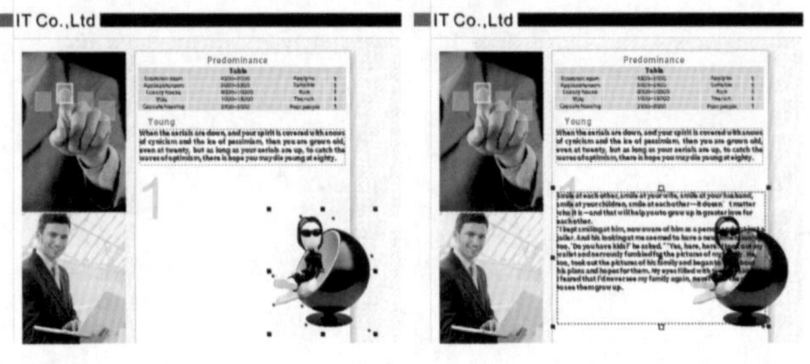

图9-72

步骤17 单击工具箱中的“选择工具”按钮，选择卡通素材，在属性栏中单击“文本换行”按钮，在弹出的下拉列表中选择“跨式文本”选项，使文字绕图排列，如图9-73所示。

图9-73

步骤18 利用表格工具制作出其他表格部分，然后通过文本工具输入其他段落文字及红色标题，最终效果如图9-74所示。

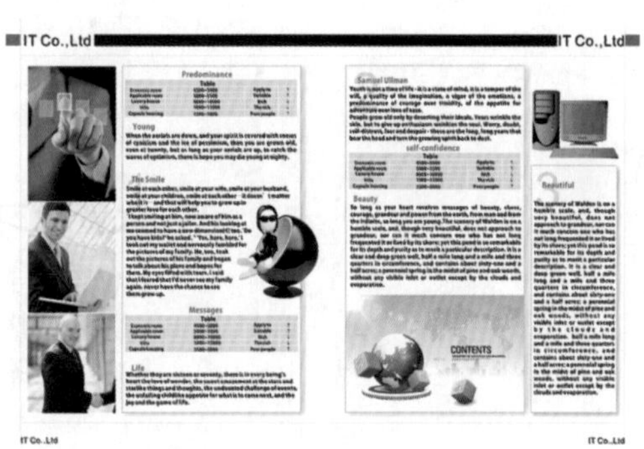

图9-74

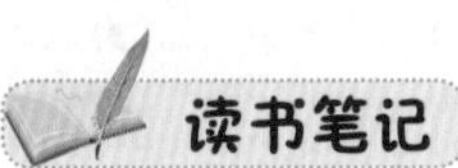

位图的编辑处理

在CorelDRAW中不仅可以处理矢量图形，也可以对位图图像进行处理。此外，还可以将矢量图转换为位图进行编辑，或者将位图描摹为矢量图形，以满足用户对图像的不同编辑需求。

本章学习要点：

- 位图的导入与裁切方法
- 如何调整位图的效果
- 掌握位图模式的更改方式

10.1 导入与调整位图

在CorelDRAW中不仅可以处理矢量图形，也可以对位图图像进行处理。此外，还可以将矢量图转换为位图进行编辑，或者将位图描摹为矢量图形，以满足用户对图像的不同编辑需求，如图10-1所示。

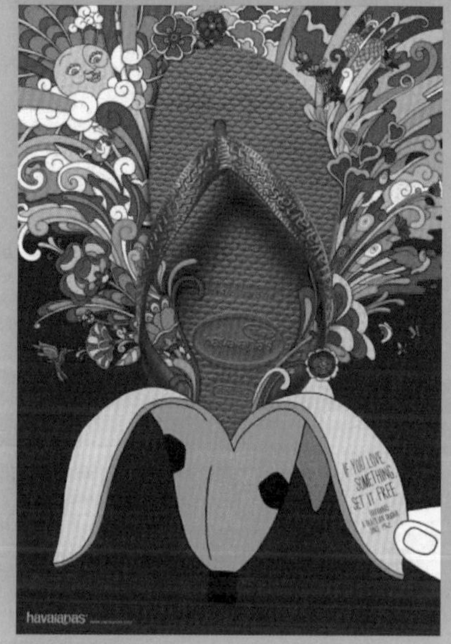

图10—1

10.1.1 导入位图

导入位图有3种方法。

方法01 执行“文件>导入”命令，或按Ctrl+I键，在弹出的“导入”对话框中选择需要的位图文件（在右侧的预览框中可以查看该位图的预览效果），然后单击“导入”按钮，如图10-2所示。

方法02 在标准工具栏中单击“导入”按钮（如图10-3所示），在弹出的“导入”对话框中选择需要的位图文件，然后单击“导入”按钮。

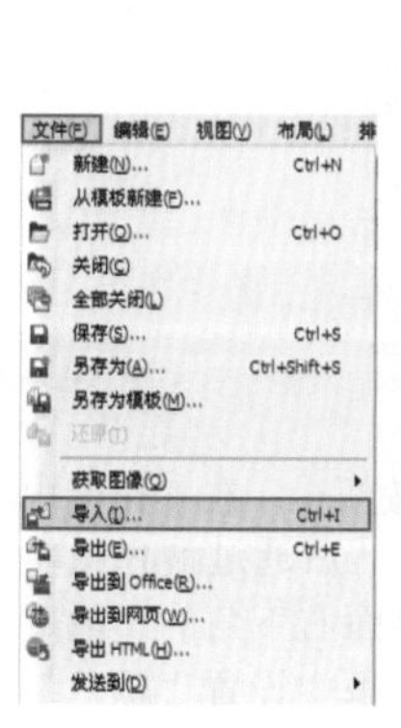

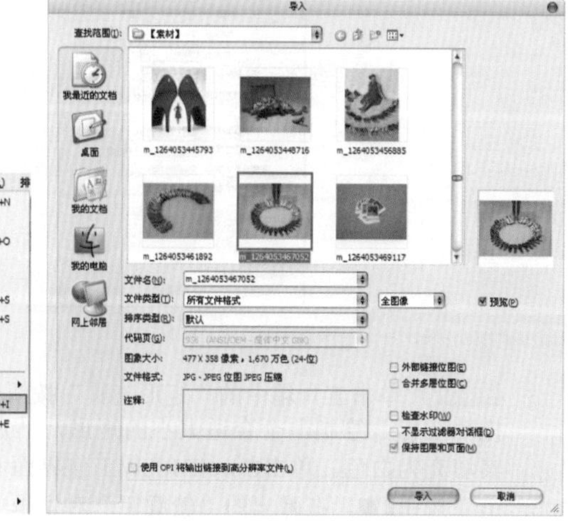

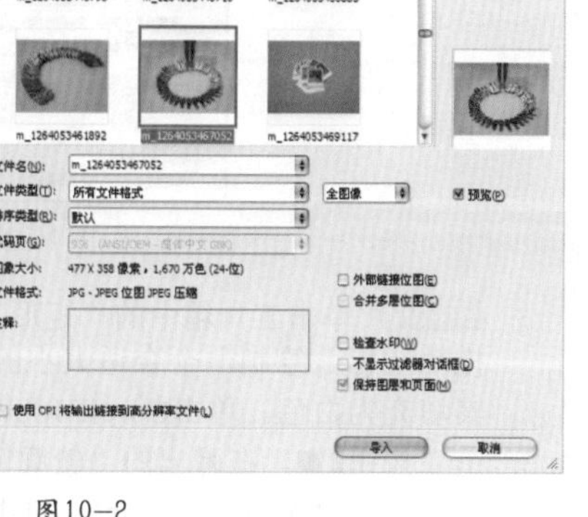

图10—2

图10—3

读书笔记

方法03 打开并选中要导入的位图，将其拖动到打开的CorelDRAW文件中，释放鼠标即可导入；如果拖曳到画布以外的区域，则会以创建新文件的方式打开位图素材，如图10-4所示。

方法04 在导入位图的时候如果只需要位图中的某一区域，可以在导入时对位图进行裁剪或重新取样。在“导入”对话框中打开“全图像”下拉列表框，从中选择“裁剪”选项，然后单击“导入”按钮，如图10-5所示。

方法05 在弹出的“裁剪图像”对话框中可以看到，上方有一个由裁切框包围的图像缩览图。将光标移动到裁切框上，然后按下鼠标左键并拖动（或在“选择要裁剪的区域”选项组中调整相应数值，以进行精确的裁剪），然后单击“确定”按钮，即可实现图像的裁剪，如图10-6所示。

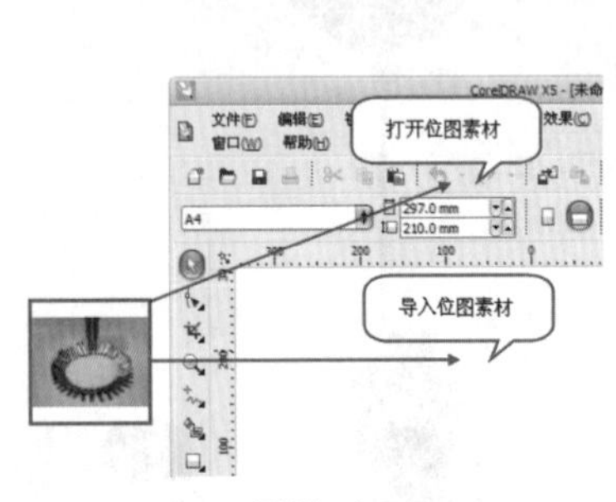

图10—4

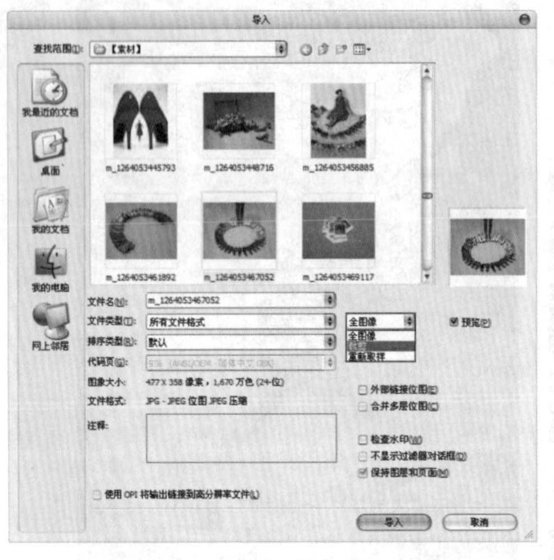

图10—5

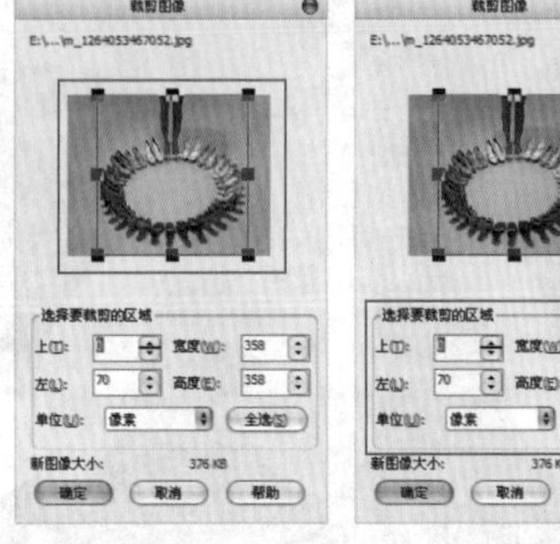

图10—6

实例练习——导入并裁剪图像

案例文件	实例练习——导入并裁剪图像.cdr
视频教学	实例练习——导入并裁剪图像.flv
难易指数	★★★★★
知识掌握	导入裁剪工具、文本工具

案例效果

本例最终效果如图10-7所示。

图10—7

操作步骤

步骤01 执行“文件>新建”命令，在弹出的“创建新文档”对话框中设置“大小”为A4，“原色模式”为CMYK，“渲染分辨率”为300，如图10-8所示。

图10—8

步骤02 单击工具箱中的“矩形工具”按钮，在工作区内拖动鼠标，绘制一个合适大小的矩形，然后通过调色板将其填充为白色。单击CorelDRAW工作界面右下角的“轮廓笔”按钮，在弹出的“轮廓笔”对话框中设置“颜色”为灰色，“宽度”为1.5pt，单击“确定”按钮，如图10-9所示。

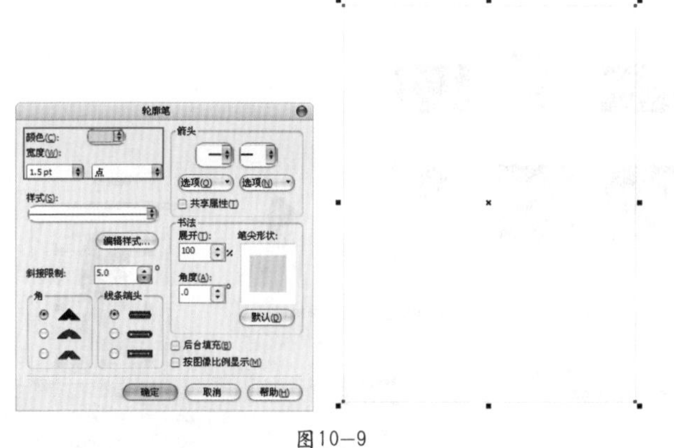

图10—9

步骤03 单击工具箱中的“阴影工具”按钮，在绘制的白色矩形上按住鼠标左键向下拖动，然后在属性栏中设置“阴影不透明度”为50，“阴影羽化”为2，为矩形添加阴影效果，如图10-10所示。

步骤04 单击工具箱中的“矩形工具”按钮，在阴影矩形内绘制一个小一点的矩形，设置轮廓线颜色为灰色，宽度为1.5pt，如图10-11所示。

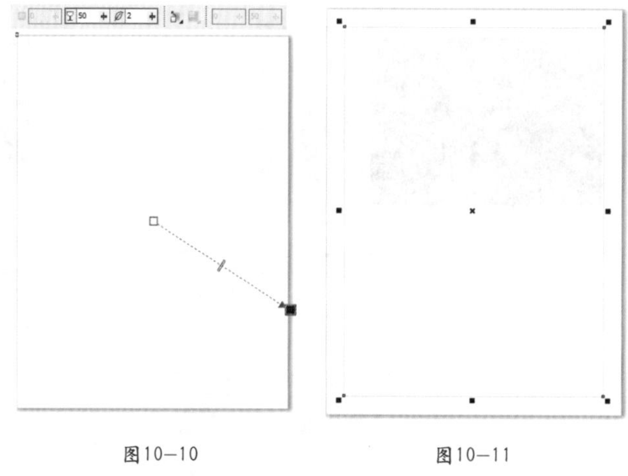

图10—10 图10—11

步骤05 执行“文件>导入”命令，或按Ctrl+I键，在弹出的“导入”对话框中选择需要的素材文件，在“预览”左侧的下拉列表框中选择“裁剪”选项，单击“导入”按钮，如图10-12所示。

步骤06 在弹出的“裁剪图像”对话框中，将光标移至预览图四边的控制点上，当其变为双箭头形状时按住鼠标左键拖动，调整要导入素材的大小（或在“宽度”和“高度”数值框内输入相应数值，以进行精确裁剪），然后单击“确定”按钮，如图10-13所示。

步骤07 当光标变为三角尺形状时，在绘制的灰色矩形左上角按下鼠标左键并拖动，确定已裁剪素材的位置后释放鼠标，如图10-14所示。

图10—12 图10—13 图10—14

步骤08 单击工具箱中的“矩形工具”按钮，在素材图像右侧绘制一个大小合适的矩形，然后通过调色板将其填充为灰色，设置轮廓线宽度为“无”，再执行“文件>导入”命令，如图10-15所示。

步骤09 在弹出的“导入”对话框中选择要导入的素材，在“预览”左侧的下拉列表框中选择“裁剪”选项，单击“导入”按钮；在弹出的“裁剪图像”对话框中将光标移至预览图四边的控制点上，当其变为双箭头形状时按住鼠标左键拖动，调整要导入素材的大小（或在“宽度”和“高度”数值框内输入相应数值，以进行精确裁剪），然后单击“确定”按钮，如图10-16所示。

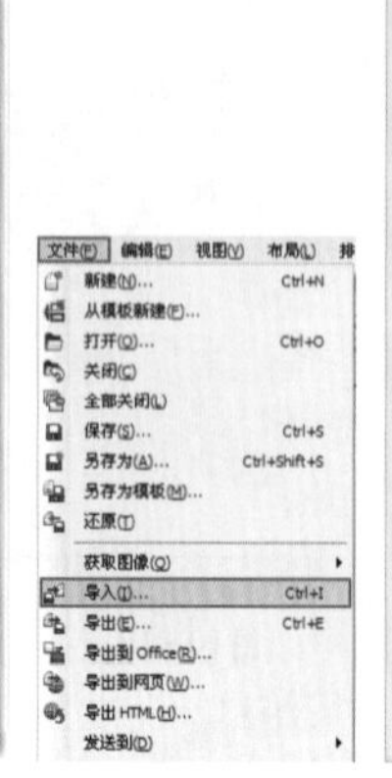

图10—15

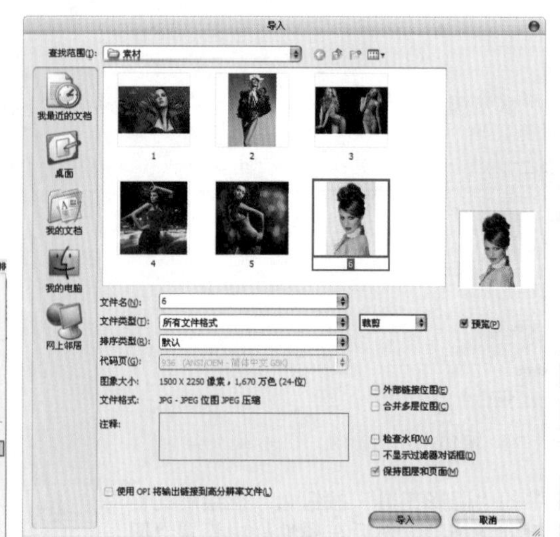
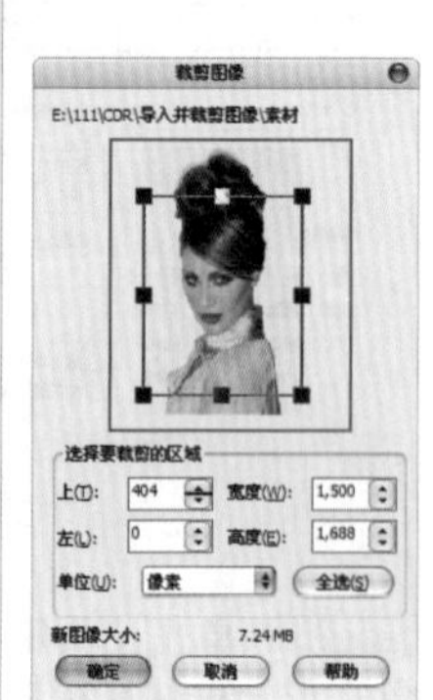

图10—16

步骤10 当光标变为三角尺形状时，在右侧灰色矩形右上角按下鼠标左键并拖动，确定裁剪素材的位置后释放鼠标，如图10-17所示。

步骤11 选择右上角导入的位图，执行“位图>模式>灰度”命令，将其转换为灰度图像，如图10-18所示。

图10—17

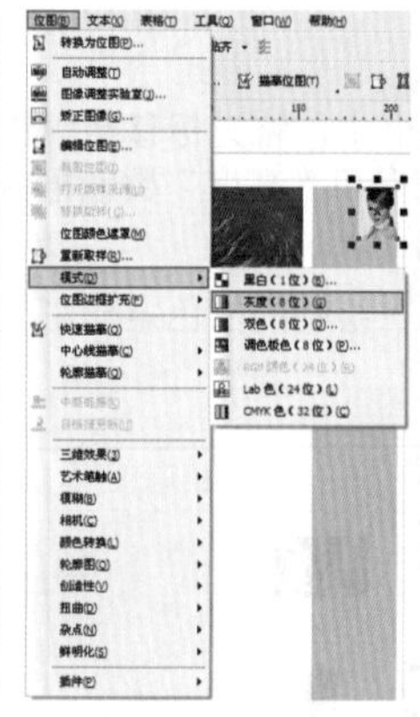

图10—18

步骤12 单击工具箱中的“文本工具”按钮，在灰度素材左侧按住鼠标左键向右下角拖动，绘制一个文本框；然后在其中输入文字，并设置为合适的字体及大小；接着框选文字，在属性栏中单击“文本对齐”按钮，在弹出的下拉列表中选择“右”选项，或按Ctrl+R键，如图10-19所示。

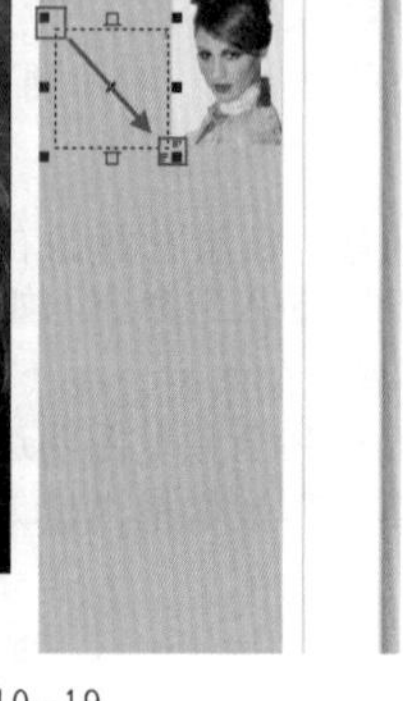

图10—19

步骤13 框选第一行文字，在属性栏中设置“字体大小”为10pt，然后单击“粗体”按钮，将选中的文字加粗，如图10-20所示。

图10—20

步骤14 单击工具箱中的“文本工具”按钮，在段落文本下方单击并输入文字，再设置为合适的字体及大小，完成美术字文本的创建，接下来，在其下方按住鼠标左键并拖动，绘制一个文本框，然后在其中输入文字，并设置为合适的字体及大小，完成段落文本的创建，如图10-21所示。

图10—21

步骤15 再次执行“文件>导入”命令，在弹出的“导入”对话框中选择要导入的素材文件，在“预览”左侧的下拉列表框中选择“裁剪”选项，单击“导入”按钮，在弹出的“裁剪图像”对话框中将光标移至预览图四边的控制点上，当其变为双箭头形状时按住鼠标左键拖动，调整要导入素材的大小，然后单击“确定”按钮，如图10-22所示。

步骤16 当光标变为三角尺形状时，在段落文本下方按住鼠标左键拖动，确定已裁剪素材的位置后释放鼠标；以同样方法导入其他图像，并分别放置在不同位置，如图10-23所示。

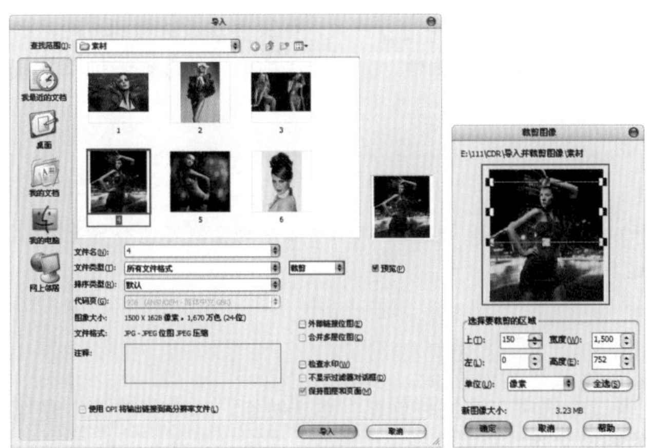

图10—22

图10—23

步骤17 单击工具箱中的“矩形工具”按钮，在中间位置绘制一个合适大小的矩形，然后通过调色板将其填充为红色，设置轮廓线宽度为“无”。单击工具箱中的“文本工具”按钮，在红色矩形上单击并输入文字，然后在属性栏中单击“文本对齐”按钮，在弹出的下拉列表中选择“右”选项，如图10-24所示。

步骤18 在红色矩形左侧绘制一个白色矩形，设置轮廓线宽度为“无”；然后单击工具箱中的“透明度工具”按钮，在属性栏中设置透明类型为“标准”，透明度数值为20，如图10-25所示。

图10—24

步骤19 使用文本工具在透明矩形上创建美术字文本与段落文本；最后以同样方法制作出其他矩形及文字，最终效果如图10-26所示。

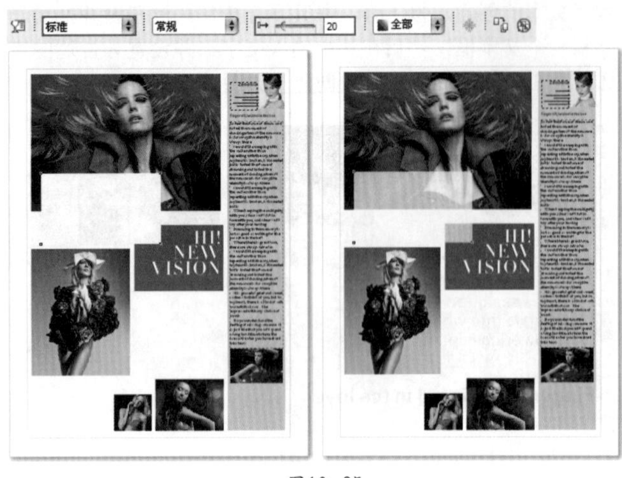

图10—25

图10—26

10.1.2 链接和嵌入位图

在CorelDRAW中可以通过"链接"和"嵌入"两种方法使用外部位图，"链接"的对象与其源文件之间始终都保持链接，而"嵌入"的对象与其源文件是没有链接关系的，它是集成到活动文档中的。

理论实践——链接位图

链接位图与导入位图在本质上有着很大的区别，导入的位图可以在CorelDRAW中进行修改，如果要修改链接的位图，则需要在原图像上进行修改。执行"文件>导入"命令，在弹出的"导入"对话框中选择一个位图，选中"外部链接位图"复选框，然后单击"导入"按钮，如图10-27所示。

技巧提示

需要注意的是，采用"链接"模式后，如果改变位图素材的路径或者名称，在CorelDRAW中相应的素材可能会发生错误；但是相对于"嵌入"模式，"链接"模式不会为文件增加过多的负担。

理论实践——嵌入位图

执行"编辑>插入新对象"命令，在弹出的"插入新对象"窗口中选中"由文件创建"单选按钮，选中"链接"复选框，单击"浏览"按钮，在弹出的"浏览"对话框中选择要嵌入的图像文件，单击"确定"按钮，即可将其嵌入，如图10-28所示。

图10—27

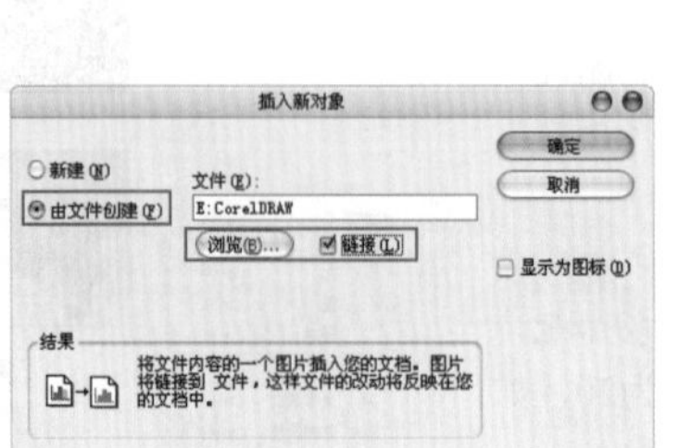

图10—28

10.1.3 矢量图转换为位图

将矢量图转换为位图后，可以将CorelDRAW中的位图特殊效果应用到图形或对象上。

步骤01 打开一个矢量图，执行“位图> 转换为位图”命令，在弹出的“转换为位图”对话框中打开“分辨率”下拉列表框，从中选择所需分辨率，然后在“颜色”选项组下的“颜色模式”下拉列表框中选择转换的色彩模式，如图10-29所示。

步骤02 选中“光滑处理”复选框，可以防止在转换成位图后出现锯齿；选中“透明背景”复选框，可以在转换成位图后保留原对象的通透性。最后单击“确定”按钮，即可将矢量图转换为位图，如图10-30所示。

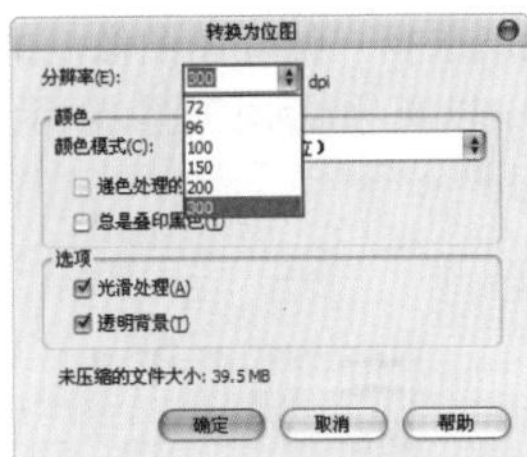
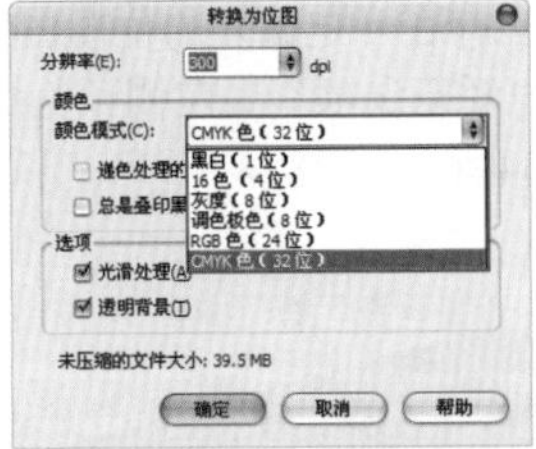

图10—29

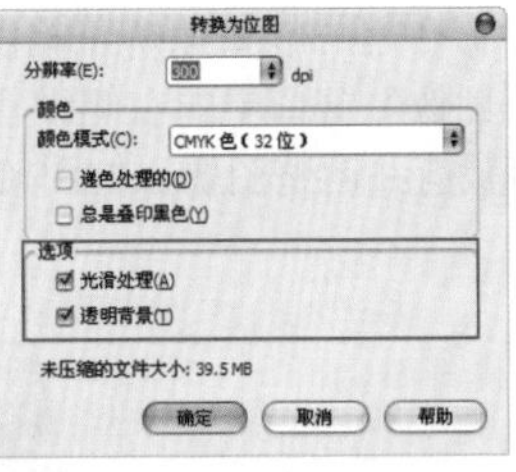

图10—30

10.1.4 使用位图自动调整

利用“自动调整”命令，可以快速地调整位图的颜色和对比度，使其色彩更加真实、自然。使用选择工具选择一幅位图图像，执行“位图>自动调整”命令，即可调整其颜色和对比度，如图10-31所示。

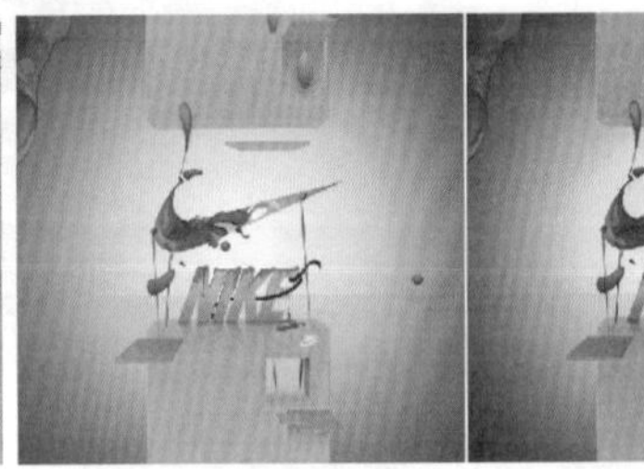
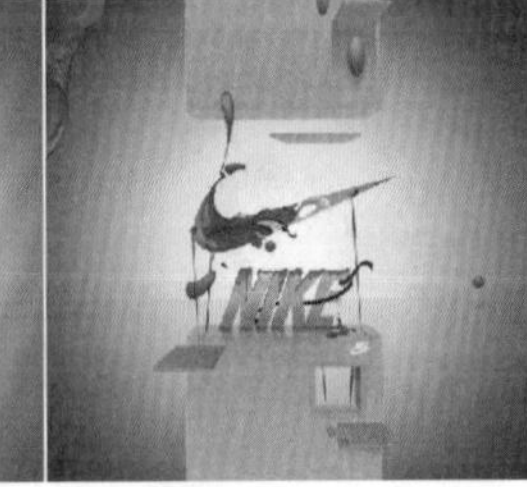

图10—31

10.1.5 图像调整实验室

要对位图的亮度、饱和度、色调等进行精确的调整，可以通过“图像调整实验室”命令来完成。该命令集合了“效果>调整”子菜单中的多种功能，便于对图像作一次性处理。

步骤01 使用选择工具选择一幅位图图像，执行“位图>图像调整实验室”命令，如图10-32所示。

步骤02 在弹出的“图像调整实验室”窗口中，分别拖动相应的滑块以调整参数，将图像调整为不同的色调和光感，然后单击“确定”按钮结束操作，如图10-33所示。

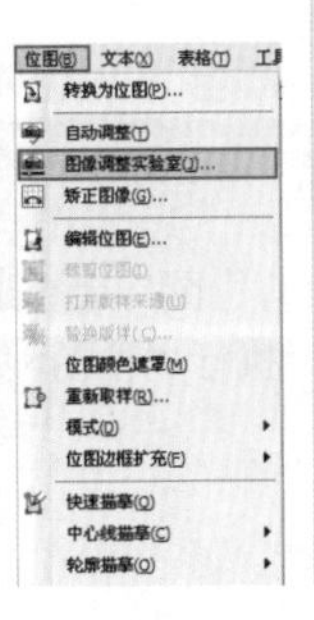

图10—32

图10—33

技巧提示

如果在调整后对其效果感到不太满意，可在“图像调整实验室”窗口中单击左下角的重置为原始值(R)按钮，将图像恢复为原来的状态，以便重新调整。

10.1.6 矫正位图图像

利用“矫正图像”命令用可以快速矫正构图上存在一定偏差的位图图像。选择一幅位图图像，执行“位图>矫正图像”命令，在弹出的“矫正图像”窗口中的右侧设置“矫正选项”（左侧预览框中以灰色显示的区域表示裁剪的部分），然后单击“确定”按钮，即可裁剪并调整图像，如图10-34所示。

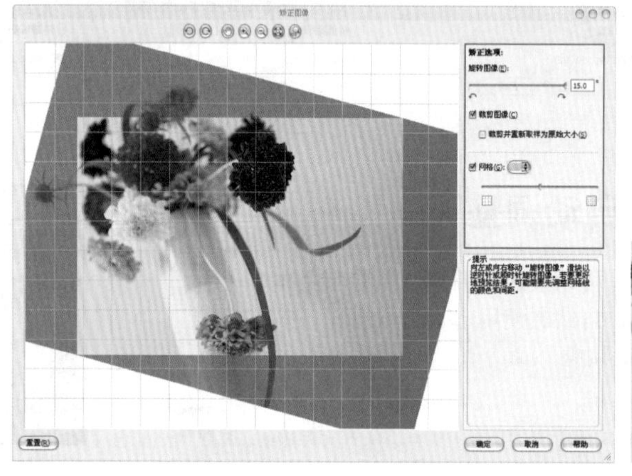

图10—34

在“矫正图像”窗口上方的工具栏中，提供了快捷的顺/逆时针旋转图像的工具，以及多种调整画面显示的工具，如图10-35所示。

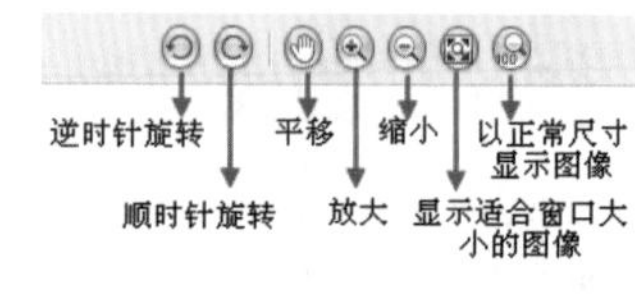

图10—35

技巧提示

如果对调整效果不太满意，可在“矫正图像”窗口中单击重置(R)按钮，将图像恢复为原始状态。

10.1.7 编辑位图

如果要对位图进行更复杂的编辑，可以执行“位图>编辑位图”命令，当前所选的位图素材即可在Corel PHOTO-PAINT X5中打开，如图10-36所示。Corel PHOTO-PAINT X5是一款专业的图像编辑与创作软件，利用这一全面的彩绘和照片编修程序，可以极大地改善扫描图像的质量，增强其艺术效果。

10.1.8 裁剪位图

在CorelDRAW中不仅可以使用裁剪工具对位图进行规则的裁剪，还可以通过 “裁剪位图”命令进行不规则的裁剪。

选择一幅位图图像，单击工具箱中的“形状工具”按钮，对位图进行调整，然后执行“位图>裁剪位图”命令，即可将原图裁剪为理想形状，如图10-37所示。

图10—36

图10—37

10.1.9 位图的颜色遮罩

利用CorelDRAW X5中提供的位图颜色遮罩功能，可以隐藏或显示位图指定的颜色，改变位图的外观，从而产生不同的效果。

步骤01 使用选择工具选择一幅位图图像，执行“位图>位图颜色遮罩”命令，如图10-38所示。

步骤02 在弹出的“位图颜色遮罩”泊坞窗中通过选择“隐藏颜色”或“显示颜色”来设置颜色遮罩是隐藏还是显示，然后单击“颜色选择”按钮，在图像中需要应用遮罩的地方单击吸取颜色，再拖动滑块设置“容限”，单击“应用”按钮，即可应用颜色遮罩，如图10-39所示。

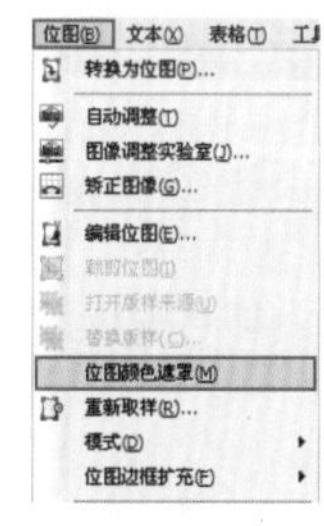

图10—38

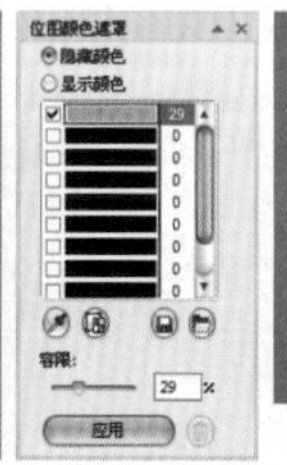

图10—39

步骤03 可以同时对一幅位图图像应用多个颜色遮罩。在中间的列表框选中多个颜色条，然后单击“颜色选择”按钮，在图像中需要应用遮罩的地方分别单击吸取颜色，再设置“容限”，单击“应用”按钮，即可应用多个颜色遮罩（即对多个颜色区域进行遮罩处理），如图10-40所示。

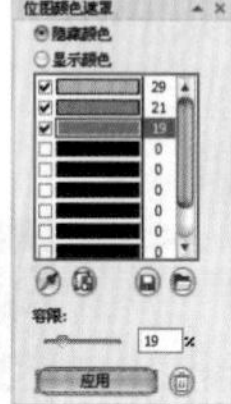

图10—40

步骤04 当位图图像应用颜色遮罩后，若想查看原图效果,可以单击“移除遮罩”按钮，即可将图像恢复到应用颜色遮罩前的效果；再次单击“应用”按钮，又可切换到应用颜色遮罩后的效果。

10.1.10 重新取样

重新取样可以改变位图的大小和分辨率。选中要重新取样的位图，执行“位图>重新取样”命令，在弹出的“重新取样”对话框中分别设置“宽度”、“高度”、“水平”和“垂直”等参数，然后单击“确定”按钮即可，如图10-41所示。

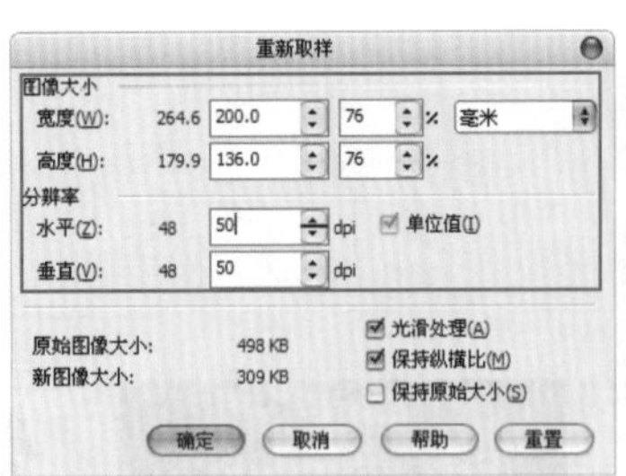

图10—41

下面对“重新取样”对话框右下角的3个复选框作一简介。

- 光滑处理：选中该复选框，可以在相邻像素间取平均值，根据这些平均值创建新的像素，使图像更光滑、清晰。
- 保持纵横比：选中该复选框，可以在改变位图的尺寸和分辨率时保持图像的纵横比，以避免图像变形。
- 保持原始大小：选中该复选框，可以保持位图原有的大小不变。如果取消选中该复选框，当位图的尺寸减小时，其分辨率将增大；而当尺寸增大时，分辨率将减小。

10.2 管理位图链接

针对“链接”的位图在此需注意的是，该功能对“嵌入”的位图无效，可以使用“中断链接”和“自链接更新”命令进行中断及更新，以便对位图链接进行编辑。

10.2.1 中断链接

在“导入”链接操作结束后，即可将位图以链接的方式导入CorelDRAW中。执行“位图>中断链接”命令，即可使位图断开链接，使对象以嵌入的方式呈现在文件中，如图10-42所示。

10.2.2 自链接更新

在“导入”链接操作结束后，将位图以链接的方式导入CorelDRAW中，然后执行“位图>自链接更新”命令，即可更新链接的对象以反映在源文件中所做的更改，如图10-43所示。

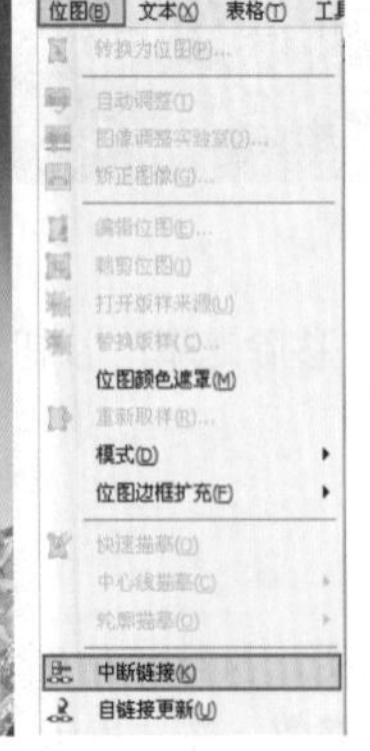

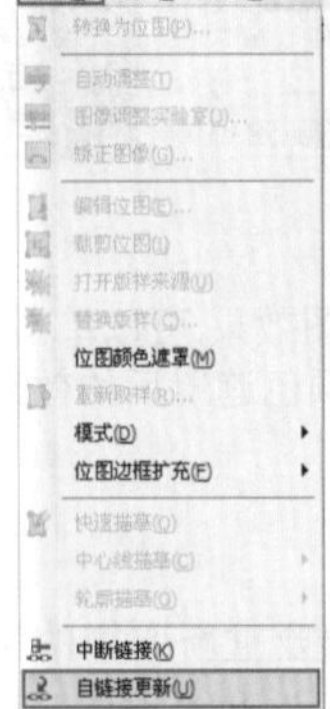

图10—42

图10—43

10.3 位图颜色的调整

CorelDRAW X5中提供了颜色调整功能，大大拓宽了用户控制位图颜色的空间，为用户在作品创作上带来了很大的帮助，如图10-44所示。

图10－44

10.3.1 高反差

利用“高反差”命令可以调整图像暗部与亮部的细节，使其颜色达到平衡。

步骤01 选择位图图像，执行“效果>调整>高反差”命令，弹出“高反差”面板，如图10-45所示。

步骤02 在“高反差”面板右侧的直方图中显示图像每个亮度值的像素点的多少，最暗的像素点在左边，最亮的像素点在右边，高反差命令可以通过从最暗区域到最亮区域重新分布颜色的浓淡进行阴影区域、中间区域和高光区域的调整，拖曳滑块可以调整画面的效果，如图10-46所示。

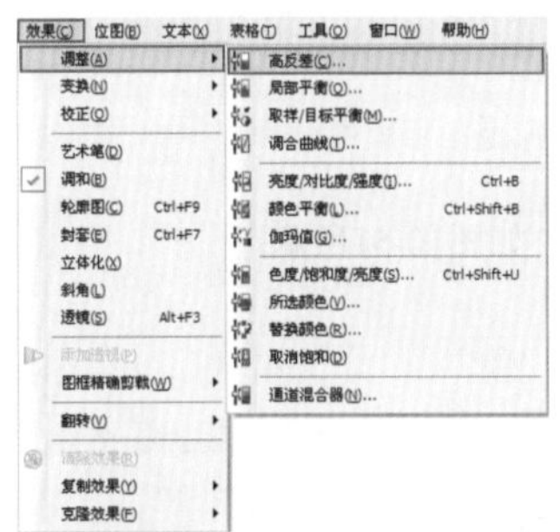
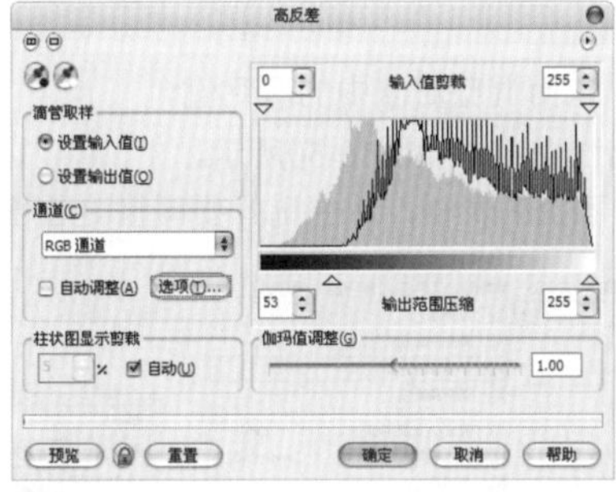

图10－45

图10－46

技巧提示

在弹出的“高反差”面板中，单击左上角的按钮，可显示出预览区域；当按钮变为时，再次单击，可显示出对象设置前后的对比效果；单击左边的按钮，可收起预览图，如图10-47所示。

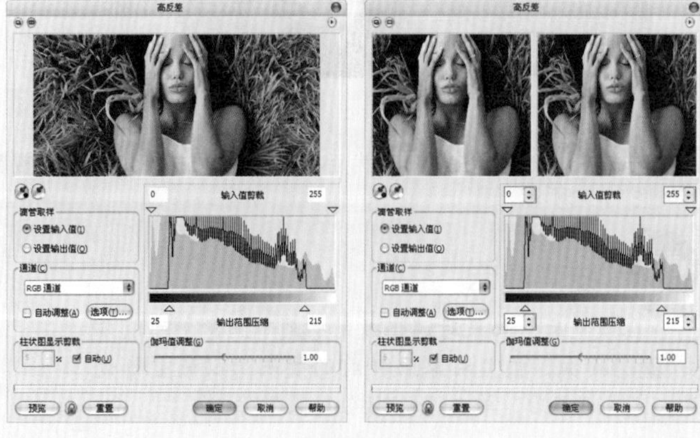

图10－47

10.3.2 局部平衡

“局部平衡”命令是通过在区域周围设置宽度和高度，来提高边缘附近的对比度，以显示浅色和深色区域的细节部分。

步骤01 选择位图图像，执行“效果>调整>局部平衡”命令，弹出“局部平衡”面板，如图10-48所示。

步骤02 分别拖动“高度”和“宽度”滑块，或在右侧的数值框内输入精确数值，然后单击预览按钮查看调整效果，如图10-49所示。

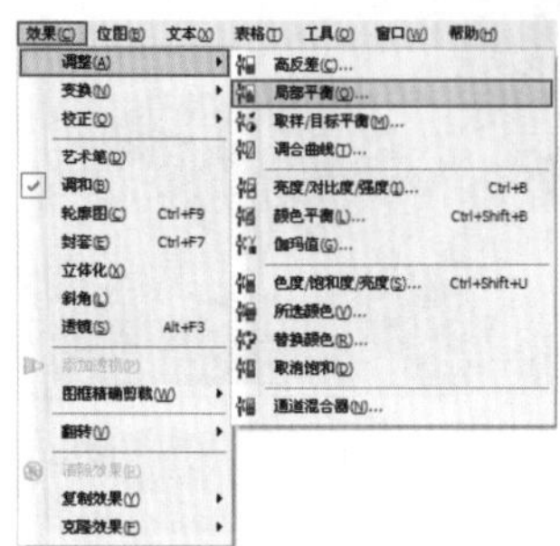

图10—48

图10—49

技巧提示

在预览后，如果对调整效果感到不满意，可以单击重置按钮，恢复对象的原始状态，以便重新设置。完成调整后，单击确定按钮结束操作。

10.3.3 取样/目标平衡

利用“取样/目标平衡”命令可以从图像中选取色样，从而调整对象中的颜色值。

步骤01 选择位图图像，执行“效果>调整>取样/目标平衡”命令，如图10-50所示。

步骤02 在弹出的“样本/目标平衡”面板中打开“通道”下拉列表框，从中选择要调整的通道，如图10-51所示。

图10—50

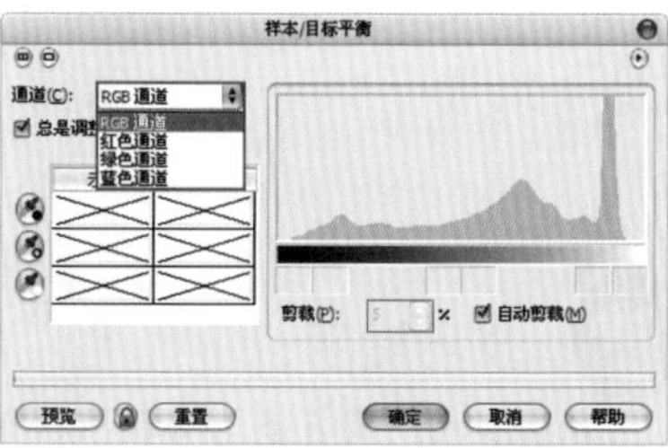

图10—51

步骤03 单击“取色”按钮，然后在图像上单击取色，并设置目标颜色。完成设置后，单击预览按钮，可以查看调整效果，如图10-52所示。

技巧提示

在预览后，如果对调整效果感到不满意，可以单击重置按钮，恢复对象取样前的效果，以便重新设置。完成调整后，单击确定按钮结束操作。

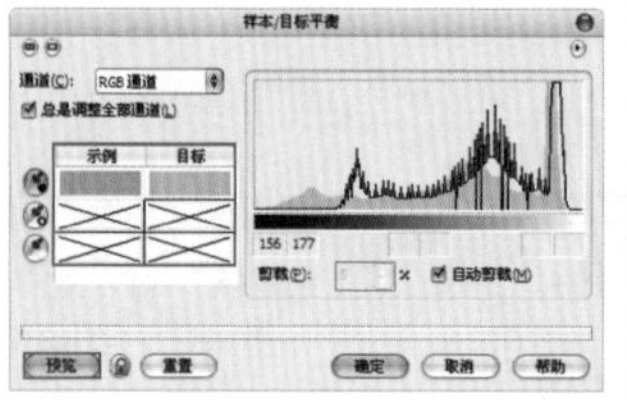

图10—52

10.3.4 调合曲线

“调和曲线”命令是通过对图像各个通道的明暗数值曲线进行调整，从而快速对图像的明暗关系进行设置。

步骤01 选择位图图像，执行“效果>调整>调和曲线”命令，打开“调和曲线”面板，单击左上角的自动平衡色调(B)按钮可进行自动调整，然后单击预览按钮查看调整效果，最后单击“确定”按钮结束操作，如图10-53所示。

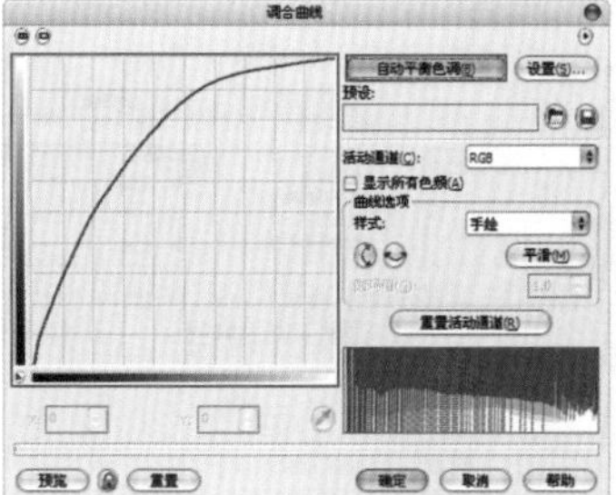

图10—53

步骤02 在弹出的“调和曲线”面板中按住曲线并拖动鼠标，改变曲线的形状，也可以调整图像的明暗关系。此外，还可以在“活动通道”下拉列表框中，选择RGB、红、绿、蓝等任一通道，对其进行单独调整。完成调整后，单击预览按钮，可对调整效果进行预览，如图10-54所示。

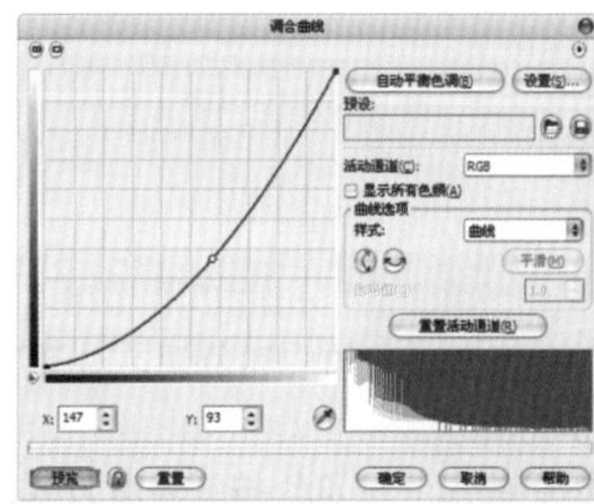

图10—54

10.3.5 亮度/对比度/强度

在CorelDRAW中，“亮度/对比度/强度”功能是通过改变HSB的值来影响图像的亮度、对比度以及强度。

步骤01 选择位图图像，执行“效果>调整>亮度/对比度/强度”命令，或按Ctrl+B键，如图10-55所示。

步骤02 在弹出的“亮度/对比度/强度”面板中，分别拖动“亮度”、“对比度”、“强度”滑块，或在后面的数值框内输入数值，然后单击预览按钮查看调整效果，最后单击“确定”按钮结束操作，如图10-56所示。

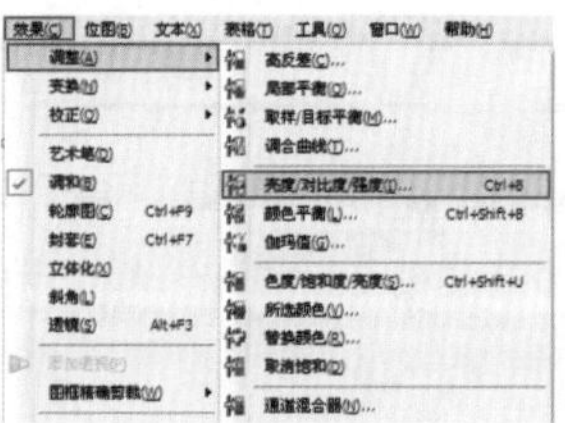

图10—55

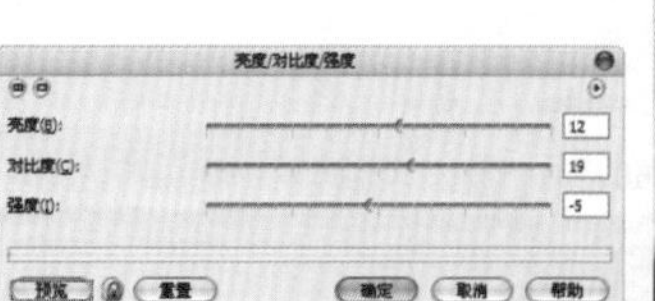

图10—56

10.3.6 颜色平衡

“颜色平衡”功能允许用户在CMYK和RGB颜色之间变换图像的颜色模式。

步骤01 选择位图图像，执行“效果>调整>颜色平衡”命令，或按Ctrl+Shift+B键，如图10-57所示。

步骤02 在弹出的“颜色平衡”面板中，分别拖动“青--红”、“品红--绿”、“黄--蓝”滑块，或在后面的数值框内输入数值，然后单击预览按钮查看调整效果，最后单击“确定”按钮，即可通过对颜色的添加或减少来改变图像的效果，如图10-58所示。

图10—57

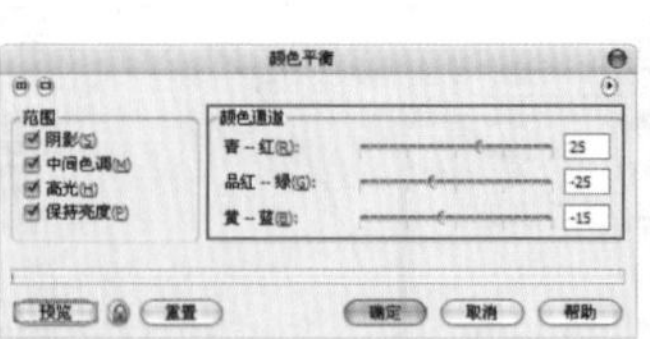

图10—58

技巧提示

在“颜色平衡”面板中，选中“范围”选项组中的“阴影”复选框，将同时调整对象阴影区域的颜色；选中“中间色调”复选框，将同时调整对象中间色调的颜色；选中“高光”复选框，将同时调整对象上高光区域的颜色；选中“保持亮度”复选框，将在调整对象颜色的同时保持其亮度，如图10—59所示。

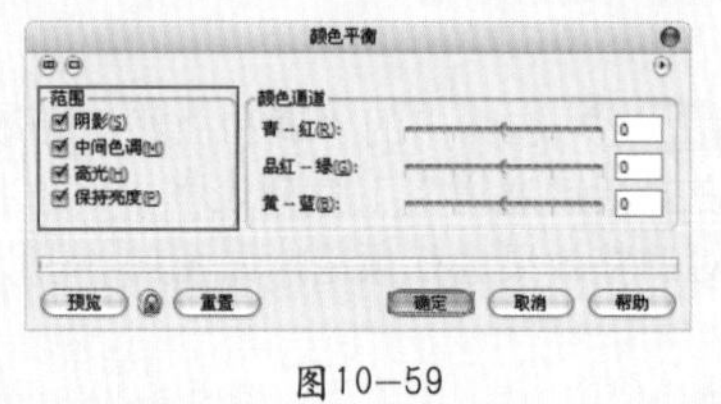

图10—59

10.3.7 伽玛值

“伽玛值”是影响对象中的所有颜色范围的一种校色方法，主要调整对象的中间色调，对于深色和浅色则影响较小。

步骤01 选择位图图像，执行“效果>调整>伽玛值”命令，如图10-60所示。

步骤02 拖动“伽玛值”滑块，或在右侧的数值框中输入数值，然后单击“预览”按钮查看设置的效果，最后单击“确定”按钮结束操作，如图10-61所示。

图10—60

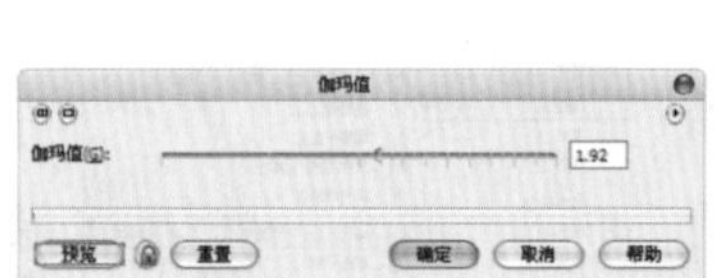

图10—61

10.3.8 色度/饱和度/亮度

利用“色度/饱和度/亮度”命令可以改变位图的色度、饱和度和亮度，使图像呈现出多种富有质感的效果。

步骤01 选择位图图像，执行“效果>调整>色度/饱和度/亮度”命令，或按Ctrl+Shift+U键，如图10-62所示。

步骤02 在弹出的“色度/饱和度/亮度”面板中分别拖动“色度”、“饱和度”、“亮度”滑块，或在后面的数值框内输入数值，然后单击预览按钮对调整效果进行预览，最后单击“确定”按钮结束操作，如图10-63所示。

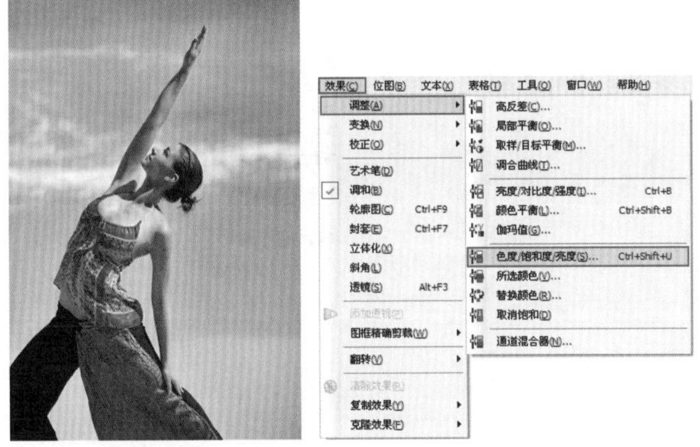

图10-62

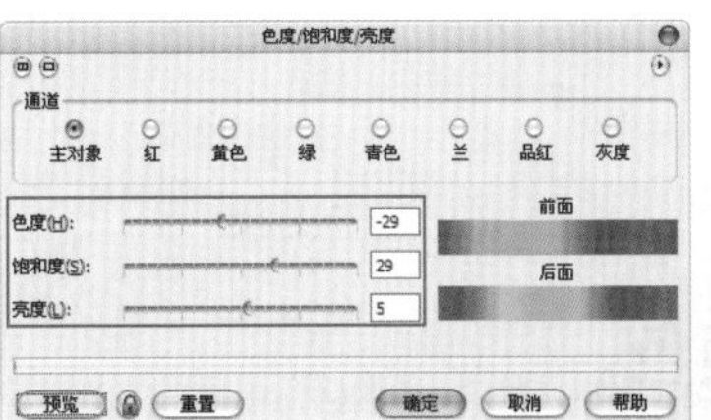

图10-63

技巧提示

在“色度/饱和度/亮度”面板上方的“通道”选项组中，选中不同的单选按钮，可以针对某一通道的颜色进行设置，如图10-64所示。

在“色度/饱和度/亮度”面板右下方的“前面”和“后面”两个颜色框中，可以看到调整前和调整后颜色的相应变化，如图10-65所示。

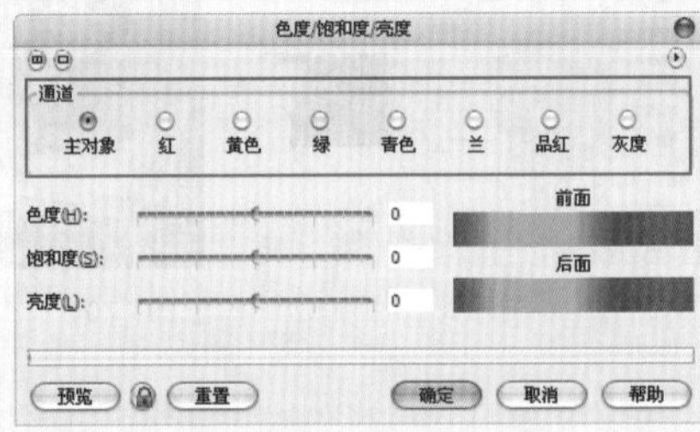

图10-64

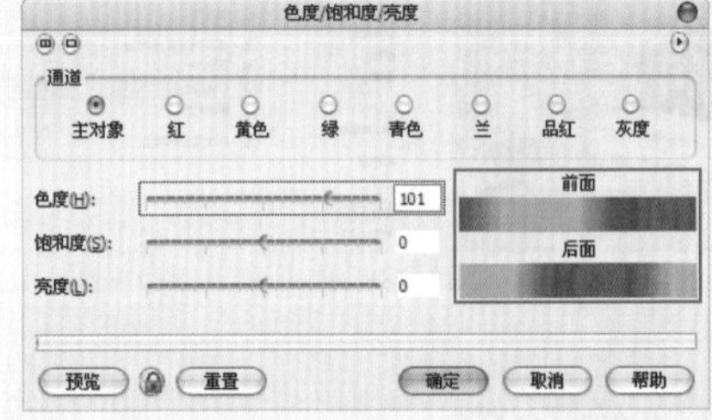

图10-65

10.3.9 所选颜色

“所选颜色”命令用来调整位图中的颜色及其浓度。

步骤01 选择位图图像，执行“效果>调整>所选颜色”命令，如图10-66所示。

步骤02 弹出“所选颜色”面板，在“调整”选项组中分别拖动“青”、“品红”、“黄”和“黑”滑块，或在后面的数值框内输入数值，然后单击预览按钮对调整效果进行预览，最后单击“确定”按钮结束操作，如图10-67所示。

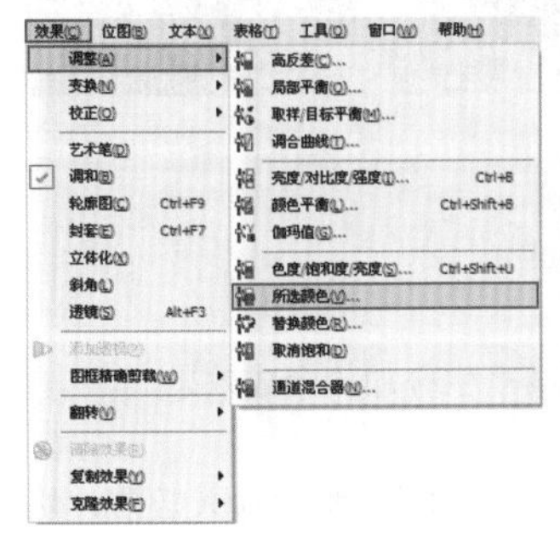

图10-66

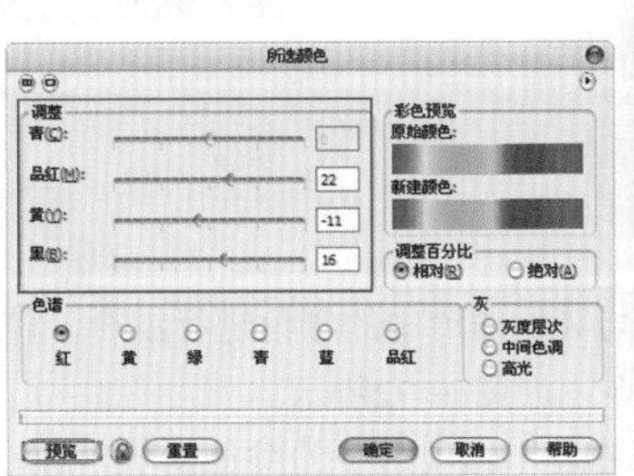

图10-67

技巧提示

在“所选颜色”面板左下角的“色谱”选项组中，可以选择图像中的各颜色，对其进行单独调整，而不影响其他颜色，如图10-68所示。

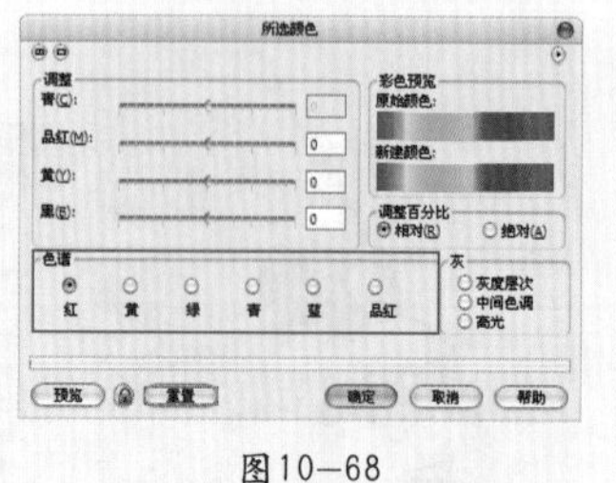

图10—68

10.3.10 替换颜色

“替换颜色”命令是针对图像中的某一颜色区域进行调整，可以将所选颜色进行替换。

步骤01 选择位图图像，执行“效果>调整>替换颜色”命令，如图10-69所示。

步骤02 在弹出的“替换颜色”面板中单击“原颜色”下拉列表框右侧的“吸管”按钮，在图像中单击吸取将要替换掉的颜色；在“新建颜色”下拉列表框中选择要替换为的颜色，或单击右侧的“吸管”按钮，在图像中通过单击吸取新建颜色；单击预览按钮，可以对调整效果进行预览；最后单击“确定”按钮结束操作，如图10-70所示。

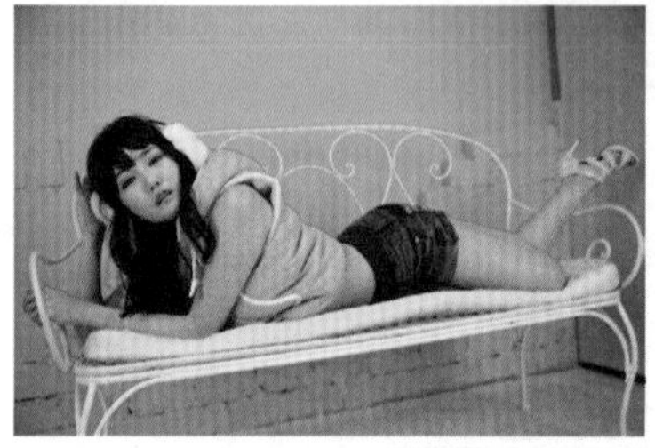

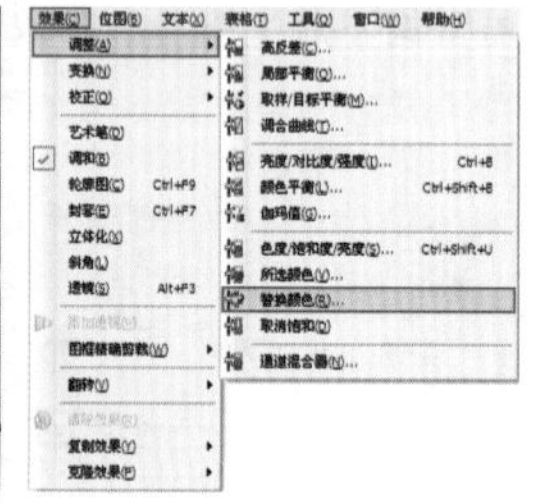

图10—69

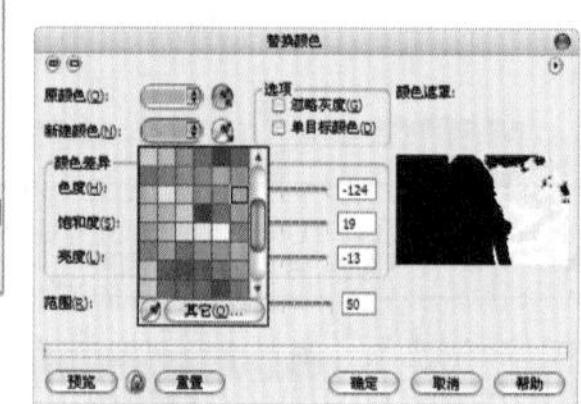

图10—70

10.3.11 取消饱和度

利用“取消饱和”命令可以将位图对象中的颜色饱和度降到零，在不改变颜色模式的情况下创建灰度图像。

选择位图图像，执行“效果>调整>取消饱和”命令，即可将位图对象的颜色转换为与其相对的灰度，如图10-71所示。

图10—71

10.3.12 通道混合器

利用“通道混合器”命令可以将图像中某个通道的颜色与其他通道中的颜色进行混合，使其产生叠加的合成效果。

步骤01 选择位图图像，执行“效果>调整>通道混合器”命令，如图10-72所示。

步骤02 在弹出的“通道混合器”面板中，分别拖动“输入通道”选项组中的颜色滑块，或在后面的数值框内输入数值，然后单击“确定”按钮，即可快速地赋予图像不同的画面效果与风格，如图10-73所示。

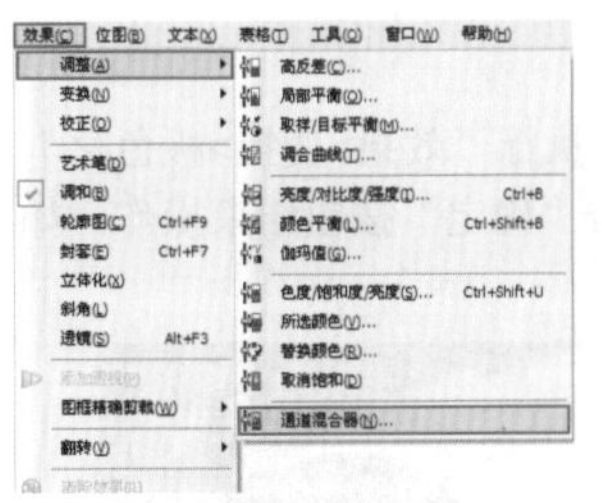
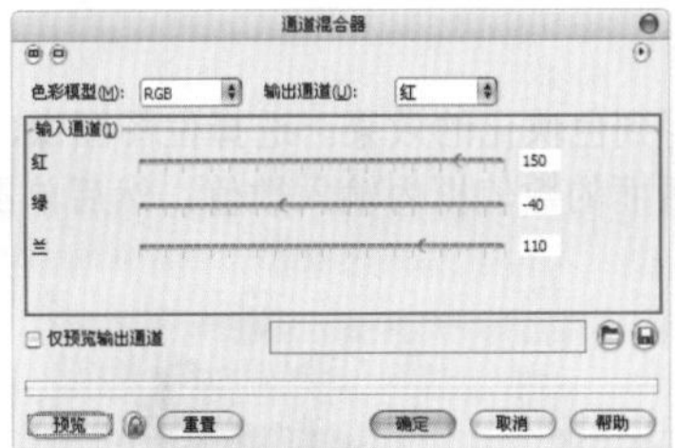

图10—72

图10—73

10.4 变换位图效果

在CorelDRAW中，可以通过“去交错”、“反显”和“极色化”命令来变换位图，从而产生不同的视觉效果。

10.4.1 去交错

利用“去交错”命令可以把扫描过的位图对象中产生的网点消除，使图像更加清晰。选择位图图像，执行“效果>变换>去交错”命令，在弹出的“去交错”面板中分别设置“扫描线”和“替换方法”，然后单击“确定”按钮，如图10-74所示。

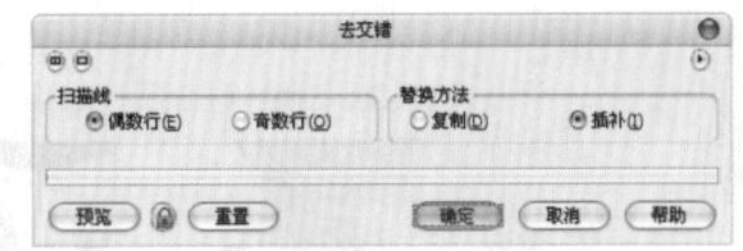

图10—74

10.4.2 反显

利用“反显”命令可以将图像中的所有颜色自动替换为相应的补色。选择位图图像，执行“效果>变换>反显”命令，即可使其产生类似于负片的效果，如图10-75所示。

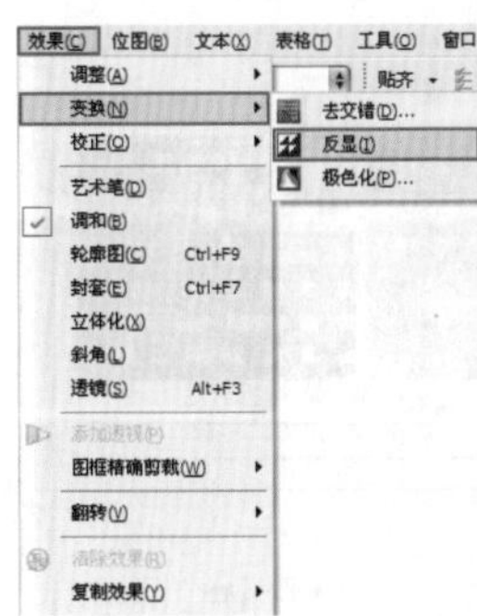

图10—75

10.4.3 极色化

利用“极色化”命令可以把图像颜色进行简单化处理，得到色块化的效果。选择位图图像，执行“效果>变换>极色化”命令，在弹出的“极色化”面板中拖动“层次”滑块，或在后面的数值框内输入数值，然后单击“确定”按钮结束操作，如图10-76所示。

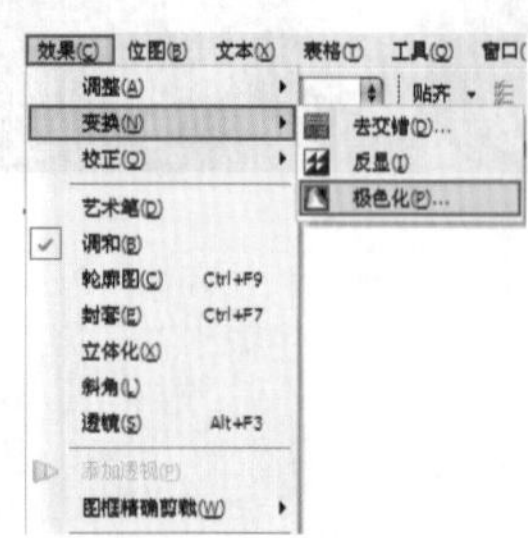
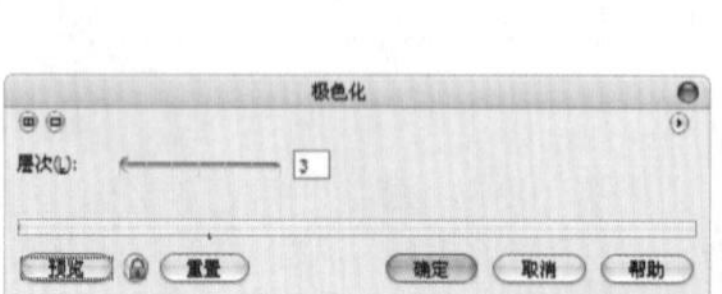

图10−76

10.5 更改位图的颜色模式

在CorelDRAW中对位图的颜色进行处理时是以颜色模式为基础的。通过调整颜色模式，可以使图像产生不同的效果。需要注意的是，在颜色模式的转换过程中容易丢失部分颜色信息，因此在位图进行变换前需要先将其保存。

10.5.1 黑白模式

顾名思义，黑白模式只有黑、白两种颜色。这种一位的模式没有层次上的变化。

步骤01 选择一幅位图图像，执行“位图>模式>黑白（1位）”命令，如图10-77所示。

步骤02 在弹出的“转换为1位”对话框中打开“转换方法”下拉列表框，从中选择一种转换方法，然后单击“确定”按钮结束操作，如图10-78所示。

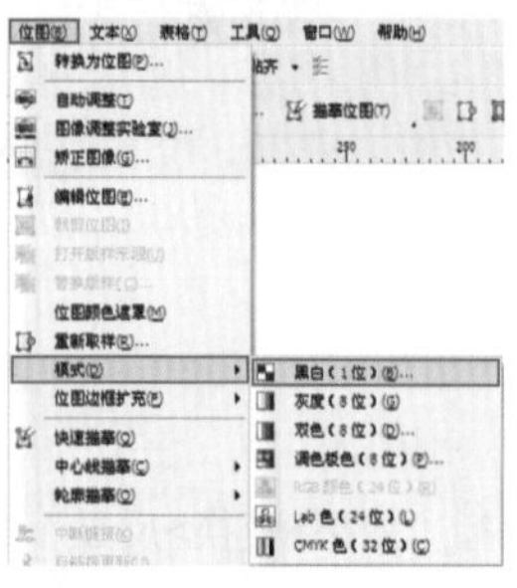

图10−77

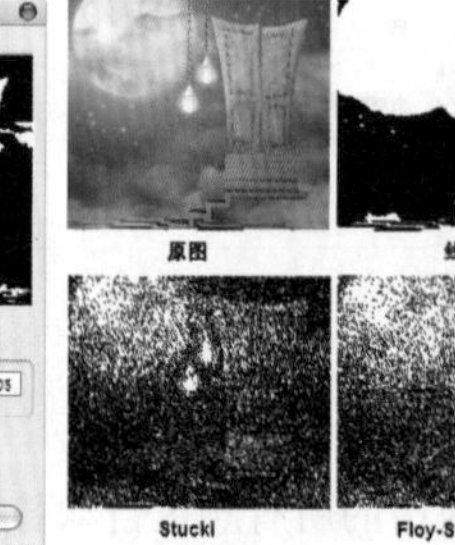

图10−78

技巧提示

在“转换为1位”对话框中拖动“选项”组中的“阈值”滑块，或在右侧的数值框内输入数值，可以改变转换的强度，如图10-79所示。

图10−79

10.5.2 灰度模式

灰度模式是用单一色调来表现图像。在图像中可以使用不同的灰度级，如在8位图像中，最多有256级灰度，其每个像素都有一个0（黑色）～255（白色）之间的亮度值；在16位和32位图像中，灰度级数比8位图像要多出许多。

选择一幅位图图像，执行“位图>模式>灰度（8位）”命令，即可将其转换为灰度模式（丢失的彩色并不可恢复），如图10-80所示。

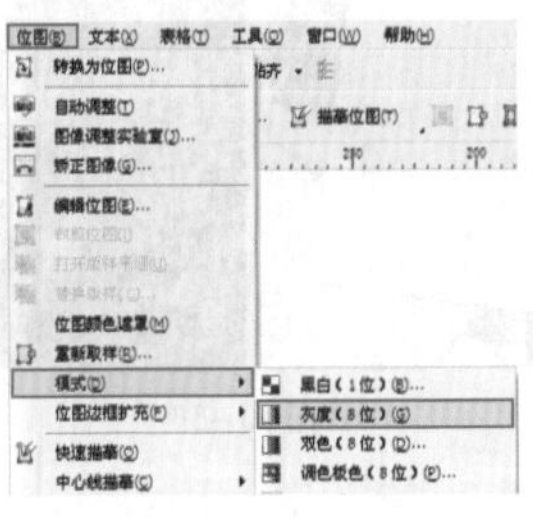

图10—80

10.5.3 双色模式

双色模式并不是指由两种颜色构成图像，而是通过1～4种自定油墨创建单色调、双色调、三色调和四色调的灰度图像。

步骤01 选择一幅位图图像，执行“位图>模式>双色（8位）”命令，在弹出的“双色调”对话框中打开“类型”下拉列表框，从中单击并选择一种转换类型，如图10-81所示。

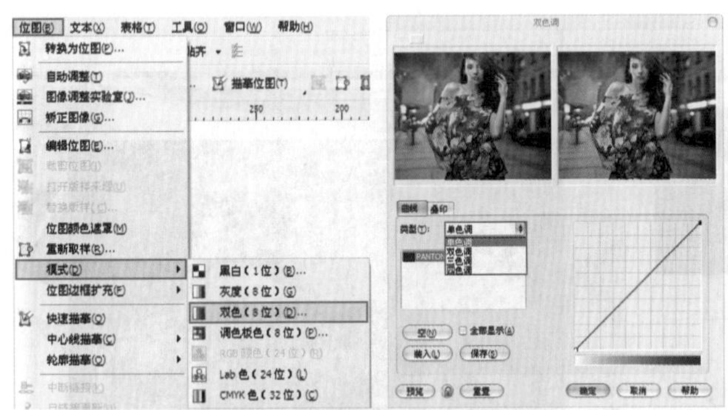

图10—81

步骤02 完成设置后，单击“确定”按钮结束操作，效果如图10-82所示。

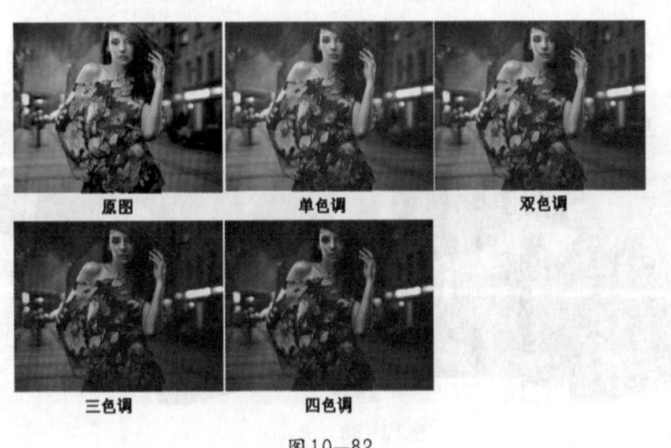

图10—82

技巧提示

在“双色调”对话框的右侧会显示整个转换过程中使用的动态色调曲线，拖动该曲线，调整其形状，可以自由地控制添加到图像的色调的颜色和强度，如图10-83所示。

图10—83

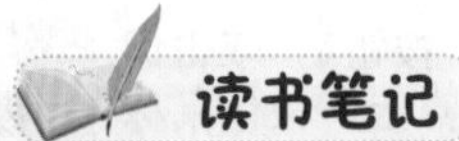

读书笔记

实例练习——使用双色模式制作怀旧照片

案例文件	实例练习——使用双色模式制作怀旧照片.cdr
视频教学	实例练习——使用双色模式制作怀旧照片.flv
难易指数	★★★★★
知识掌握	双色模式

案例效果

本例最终效果如图10-84所示。

操作步骤

步骤01 执行“文件>新建”命令，在弹出的“创建新文档”对话框中设置“大小”为A4，“原色模式”为CMYK，“渲染分辨率”为300，如图10-85所示。

图10-84

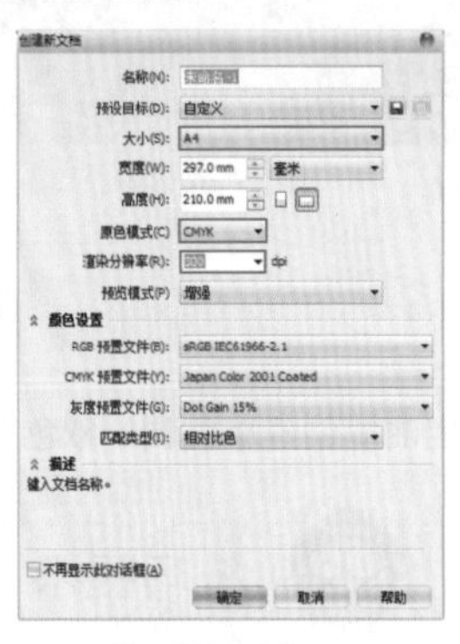

图10-85

步骤02 分别导入背景和人物素材文件，调整为合适的大小及位置，如图10-86所示。

图10-86

步骤03 选择人物照片，执行“位图>模式>双色（8位）”命令，在弹出的“双色调”对话框中打开“类型”下拉列表框，从中选择“双色调”选项；然后双击色块，在弹出的“选择颜色”对话框中选择橘色，单击“确定”按钮；返回“双色调”对话框后，调整曲线形状，单击“确定”按钮结束操作，如图10-87所示。

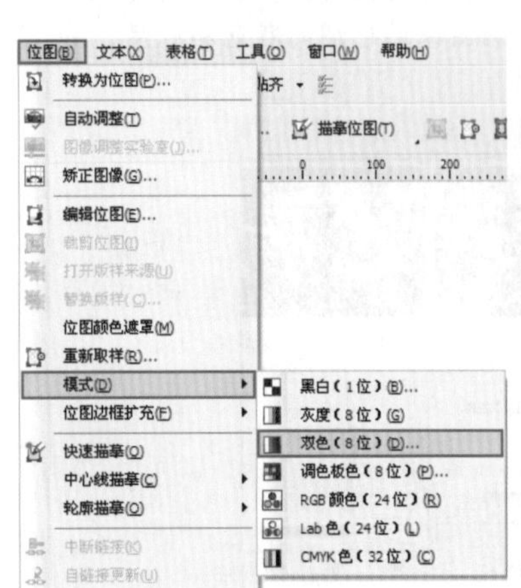

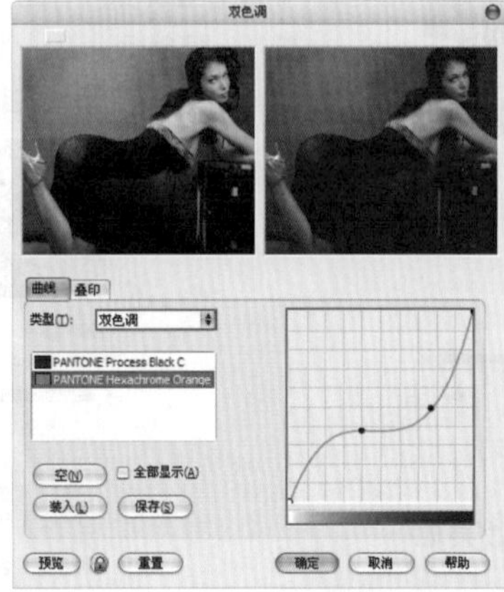

图10-87

步骤04 单击工具箱中的“选择工具”按钮，双击调整过的照片，将光标移至四边的控制点上，按住鼠标左键拖动，调整照片角度，如图10-88所示。

图10-88

10.5.4 调色板色模式

将位图转换为调色板色模式时，会给每个像素分配一个固定的颜色值。

步骤01 选择一幅位图图像，执行"位图>模式>调色板色（8位）"命令，在弹出的"转换至调色板色"对话框中打开"调色板"下拉列表框，从中选择一种调色板样式，如图10-89所示。

步骤02 拖动"平滑"滑块，调整图像的平滑度，使其看起来更加细腻、真实；打开"递色处理的"下拉列表框，从中选择一种处理方法；拖动"抵色强度"滑块，或在右侧的数值框中输入数值；然后单击"预览"按钮，查看调整效果，如图10-90所示。

步骤03 打开"预设"下拉列表框，从中选择预设的颜色位数；然后单击"确定"按钮结束操作，如图10-91所示。

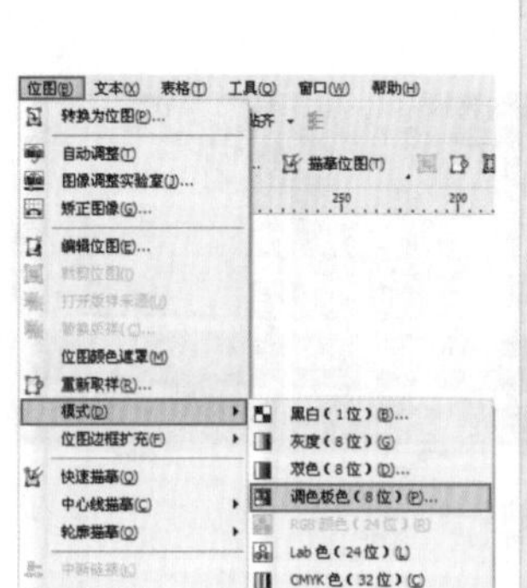
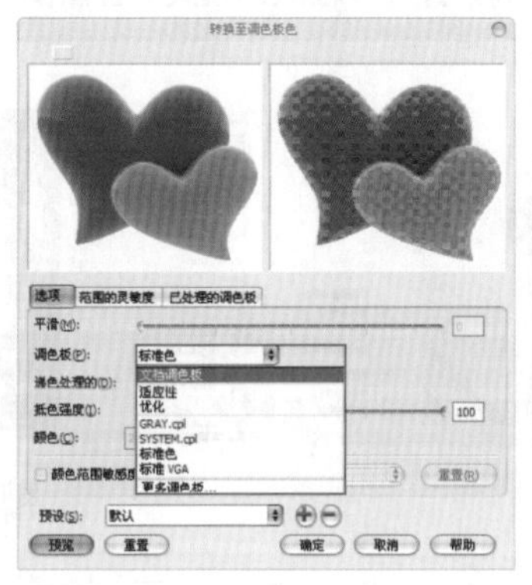

图10—89

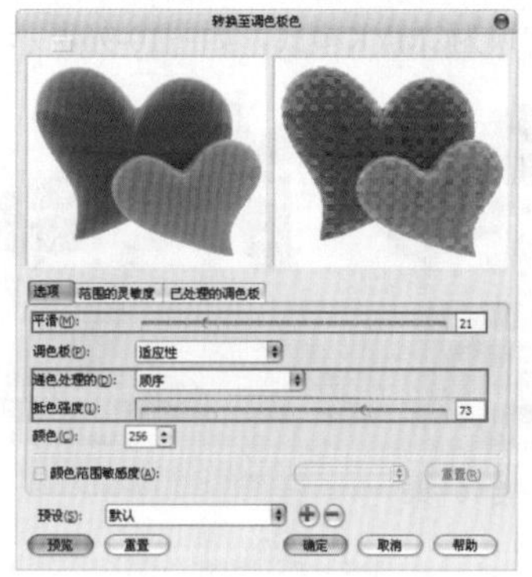

图10—90

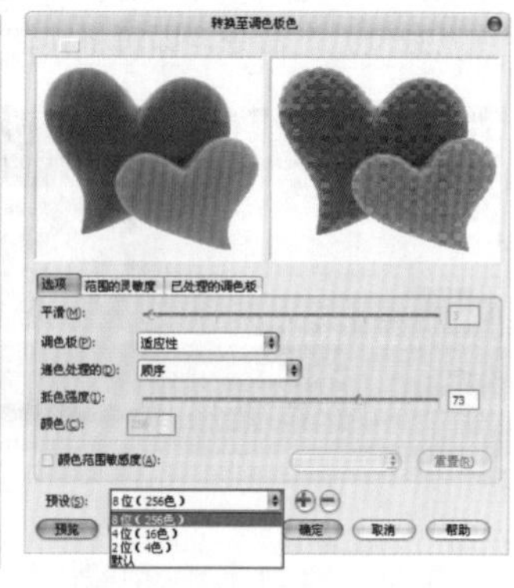

图10—91

技术拓展：添加或删除调色板预设

在"转换至调色板色"对话框中可以进行预设的添加或移除。单击"预设"下拉列表框右侧的"添加"按钮⊕，在弹出的"保存预设"对话框中输入预设名称，然后单击"确定"按钮，即可添加预设，如图10—92所示。

在"预设"下拉列表框中选择要删除的预设，单击其右侧的"删除"按钮⊖，在弹出的提示对话框中单击"是"按钮，即可将其删除；若取消，则单击"否"按钮，如图10—93所示。

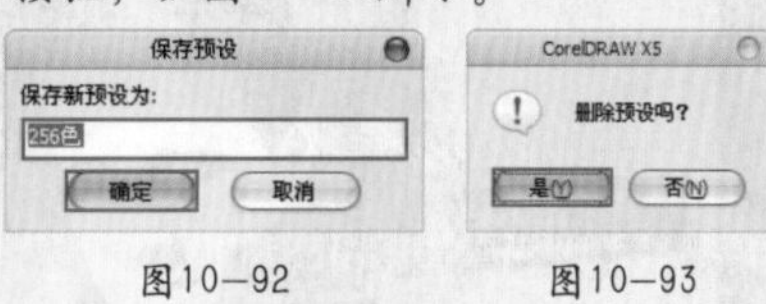

图10—92　图10—93

10.5.5 RGB模式

RGB（俗称"三基色"）模式是一种自然颜色模式，它采用光学原理，以红、绿、蓝3种基本色为基础，进行不同程度的叠加（其混合得越多就越接近白色）。打开一幅CMYK模式的位图图像，执行"位图>模式>RGB颜色（24位）"命令，即可将其转换为RGB模式，如图10-94所示。

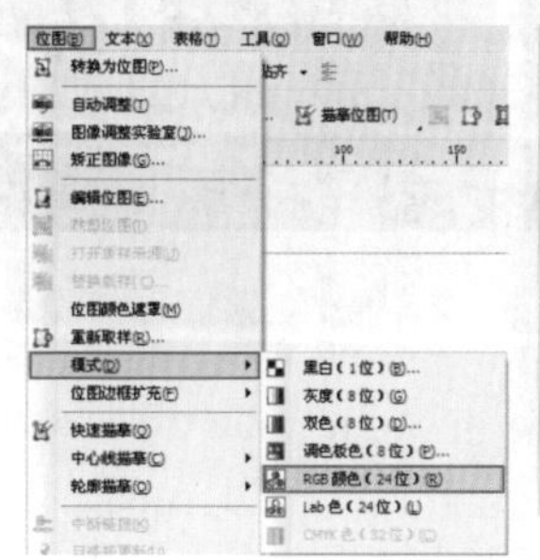

图10—94

10.5.6 Lab模式

Lab模式分开了图像的亮度与色彩，是一种国际色彩标准模式。它由3个通道组成：一个通道是透明度，即L；其他两个是色彩通道，分别用a 和b 表示色相和饱和度。打开一幅位图图像，执行“位图>模式>Lab色（24位）”命令，即可将其转换为Lab模式，如图10-95所示。

10.5.7 CMYK模式

CMYK模式是一种减色模式，强化了暗调，加深暗部的色彩。CMYK分别代表印刷上使用的4种颜色（C代表青色，M代表洋红色，Y代表黄色，K代表黑色），所以这种颜色模式多用于印刷。打开一幅RGB模式的位图图像，执行“位图>模式>CMYK色（32位）”命令，即可将其转换为CMYK模式，如图10-96所示。

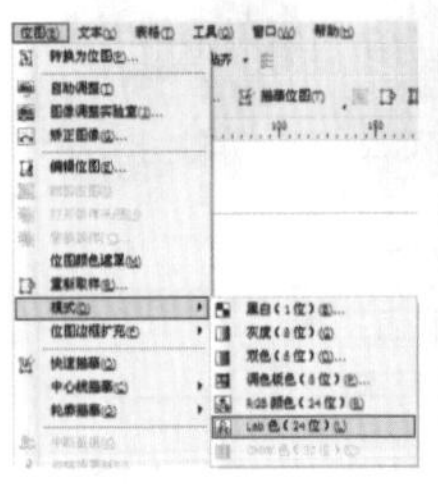

图10—95

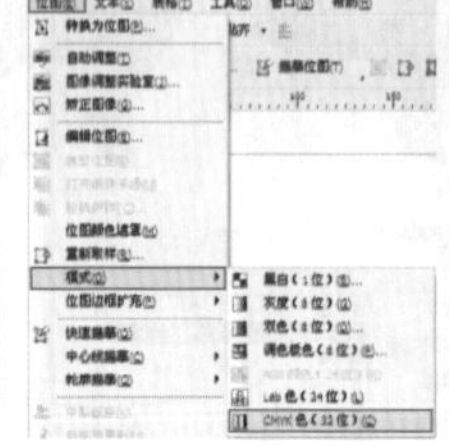

图10—96

10.6 描摹位图

描摹位图是将位图转换为可编辑矢量图的一种快捷方式，转换后的图像可以分别进行路径和节点的单独编辑，还可以对部分图像进行选择或移动。在欧美风格的海报、混合插画中，描摹位图比较常用。如图10-97所示。

图10—97

10.6.1 快速描摹

利用“快速描摹”命令可以快速地将当前位图图像转换为矢量图。选中位图图像，执行“位图>快速描摹”命令，即可将其转换为系统默认参数的矢量图，如图10-98所示。

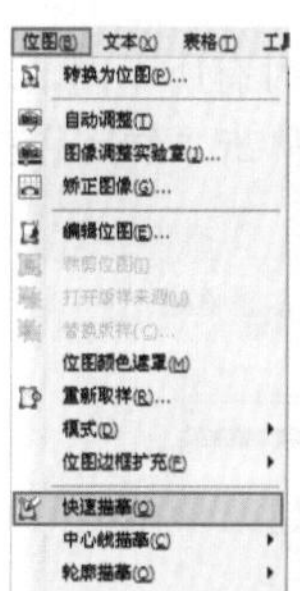

图10—98

技巧提示

将位图图像转换为矢量图后，单击属性栏中的“取消群组”按钮或“取消全部群组”按钮，将转换后的矢量图进行拆分，然后单击工具箱中的“形状工具”按钮，可以对图像中的节点与路径进行更加细致的编辑，如图10-99所示。

图10—99

10.6.2 中心线描摹

利用中心线描摹功能可以更加精确地调整转换参数，以满足用户不同的创作需求。该功能由两个命令组成，下面分别介绍。

理论实践——技术图解

利用“技术图解”命令可以将位图转换为矢量图，然后对其参数进行调整。选中位图图像，执行“位图>中心线描摹>技术图解”命令，在弹出的PowerTRACE窗口中分别设置“描摹类型”、“图像类型”和“设置”，然后单击“确定”按钮结束操作，如图10-100所示。

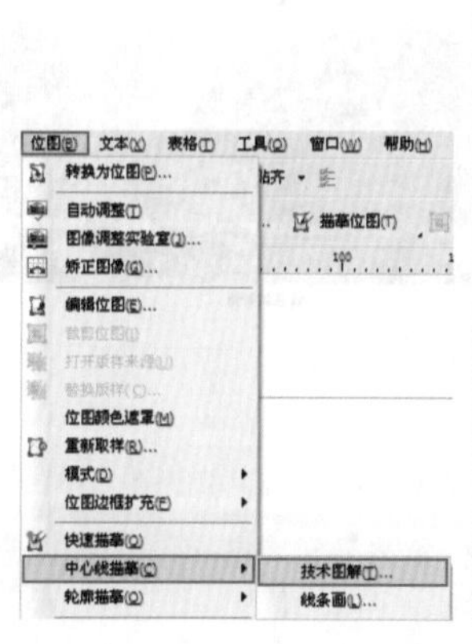

图10—100

技巧提示

如果对效果不满意，可以单击 重置 按钮，恢复对象的原始状态，以便重新设置。

理论实践——线条画

“线条画”命令与“技术图解”命令的用法相同，但在PowerTRACE窗口中设置“图像类型”时有所不同。选择位图图像，执行“位图>中心线描摹>线条画”命令，在弹出的PowerTRACE窗口中进行相应设置，然后单击“确定”按钮结束操作，如图10-101所示。

图10—101

10.6.3 轮廓描摹

轮廓描摹包括“线条图”、“徽标”、“详细徽标”、“剪贴画”、“低品质图像”和“高质量图像”6种类型，可在“位图>轮廓描摹”子菜单中进行选择，效果如图10-102所示。选择某一类型后，在弹出的对话框中对相应的参数进行设置，然后单击“确定”按钮即可。

图10—102

实例练习——通过描摹位图制作拼贴海报

案例文件	实例练习——通过描摹位图制作拼贴海报.cdr
视频教学	实例练习——通过描摹位图制作拼贴海报.flv
难易指数	★★★★★
技术要点	描摹位图、钢笔工具、文本工具

案例效果

本例最终效果如图10-103所示。

操作步骤

步骤01 执行“文件>新建”命令，在弹出的“创建新文档”对话框中设置“大小”为A4，“原色模式”为CMYK，“渲染分辨率”为300，如图10-104所示。

步骤02 执行"文件>导入"命令，选择要导入的背景素材图像，单击"导入"按钮将其导入，如图10-105所示。

图10—103　　图10—104　　图10—105

步骤03 导入人物素材，执行"位图>轮廓描摹>剪贴画"命令，在弹出的对话框中单击"保持原始尺寸"按钮，在弹出的PowerTRACE窗口中进行相应的设置，然后单击"确定"按钮，如图10-106所示。

图10—106

步骤04 选中编辑后的描摹图像，双击后旋转至恰当的位置，放在背景图像上；然后选择原素材，按Delete键将其删除，如图10-107所示。

步骤05 单击工具箱中的"钢笔工具"按钮，绘制一个四边形，并通过调色板将其填充为粉色，设置轮廓线宽度为"无"；复制四边形，并填充为灰色，设置轮廓线宽度为"无"；然后将其放置在粉色四边形后，制作出阴影效果，如图10-108所示。

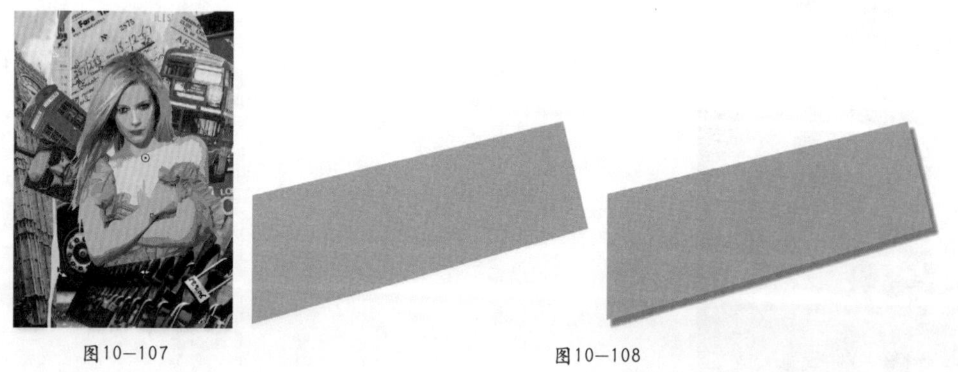

图10—107　　图10—108

步骤06 单击工具箱中的"文本工具"按钮，在粉色四边形上输入白色文字；然后选择四边形及文字，单击鼠标右键，在弹出的快捷菜单中执行"顺序>向后一层"命令，将其放置在人物素材图层后，如图10-109所示。

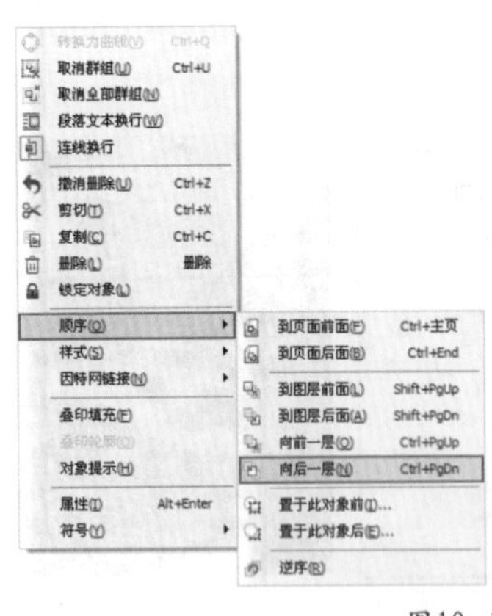

图10—109

步骤07 单击工具箱中的“矩形工具”按钮，绘制一个合适大小的矩形；然后在属性栏中设置“圆角半径”为1.7mm，并将其填充为粉色；复制圆角矩形并将其填充为灰色，制作出阴影效果，如图10-110所示。

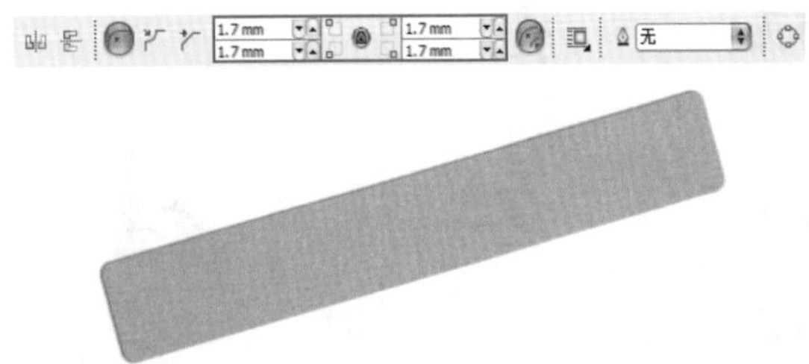

图10—110

步骤08 使用文本工具在圆角矩形上输入文字，并设置为合适的字体及大小，然后将其旋转至合适的角度，再将绘制完成的圆角矩形及文字放置在海报右下角，如图10-111所示。

图10—111

步骤09 单击工具箱中的“钢笔工具”按钮，在海报偏下位置绘制一个合适大小的四边形，并将其填充为粉色，设置轮廓线为“无”，如图10-112所示。

步骤10 导入文字素材，设置为合适的大小及位置，最终效果如图10-113所示。

图10—112

图10—113

读书笔记

综合实例——光盘封面包装设计

案例文件	综合实例——光盘封面包装设计.cdr
视频教学	综合实例——光盘封面包装设计.flv
难易指数	★★★★★
知识掌握	透明度工具、图框精确剪裁、阴影工具

案例效果

本例最终效果如图10-114所示。

图10—114

操作步骤

步骤01 执行"文件>新建"命令，在弹出的"创建新文档"对话框中设置"大小"为A4，"原色模式"为CMYK，"渲染分辨率"为300，如图10-115所示。

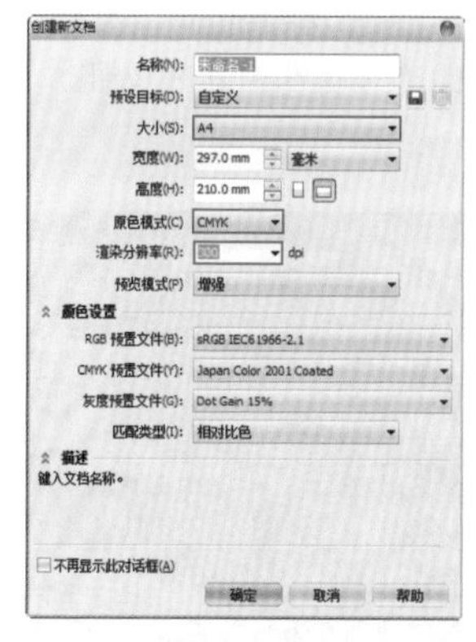

图10—115

步骤02 单击工具箱中的"矩形工具"按钮，在工作区内拖动鼠标绘制一个合适大小的矩形。单击工具箱中的"填充工具"按钮并稍作停留，在弹出的下拉列表中单击"渐变填充"按钮，在弹出的"渐变填充"对话框中设置"类型"为"线性"，"角度"为257，在"颜色调和"选项组中选中"双色"单选按钮，设置颜色为灰色系渐变，然后单击"确定"按钮，如图10-116所示。

步骤03 单击CorelDRAW工作界面右下角的"轮廓笔"按钮，在弹出的"轮廓笔"对话框中设置"宽度"为"无"，单击"确定"按钮，如图10-117所示。

图10—116

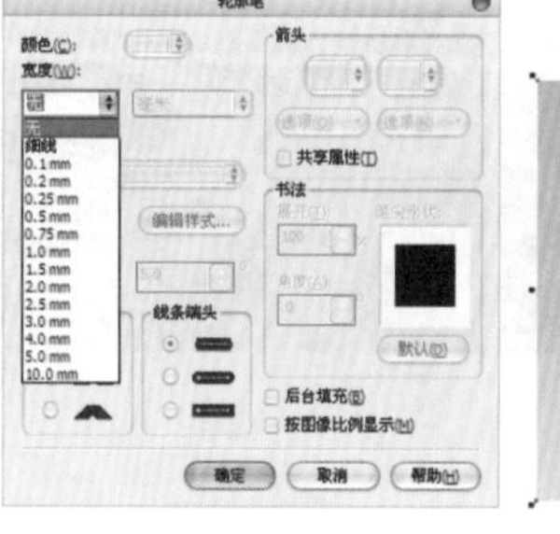

图10—117

步骤04 导入人物素材文件，调整为合适的大小及位置；单击工具箱中的"矩形工具"按钮，在素材左侧绘制一个合适大小的矩形，并通过调色板将其填充为黑色，设置轮廓线宽度为"无"，如图10-118所示。

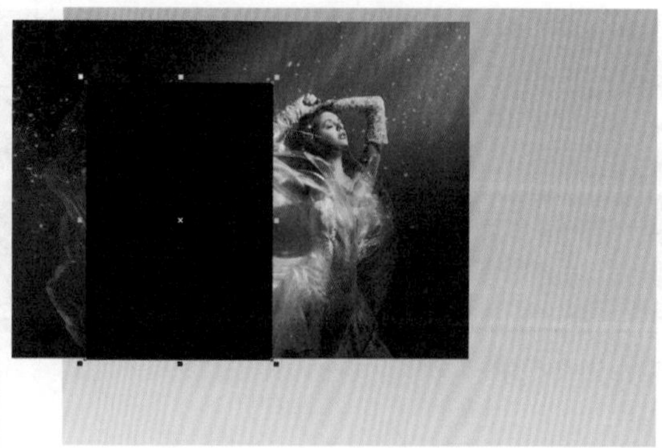

图10—118

步骤05 单击工具箱中的“透明度工具”按钮，在黑色矩形上按住鼠标左键向右上角拖动，为其添加透明效果，如图10-119所示。

步骤06 使用矩形工具绘制一个合适大小的矩形，并通过调色板为其填充深棕色，设置轮廓线宽度为“无”；单击工具箱中的“透明度工具”按钮，在属性栏中设置“透明度类型”为“标准”，如图10-120所示。

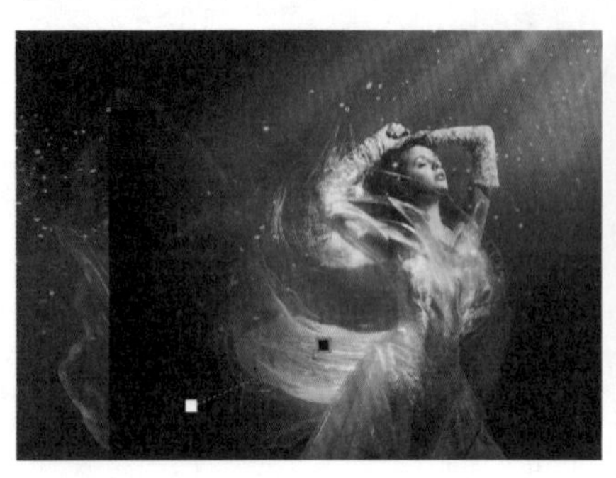

图10—119

图10—120

步骤07 以同样方法制作顶部半透明的黑色矩形，然后单击工具箱中的“椭圆形工具”按钮，在透明矩形下方绘制一个长的椭圆形，如图10-121所示。

步骤08 在工具箱中单击填充工具组中的“渐变填充”按钮，在弹出的“渐变填充”对话框中设置“类型”为“线性”，在“颜色调和”选项组中选中“自定义”单选按钮，设置颜色为黄色系渐变，单击“确定”按钮，然后设置轮廓线宽度为“无”，如图10-122所示。

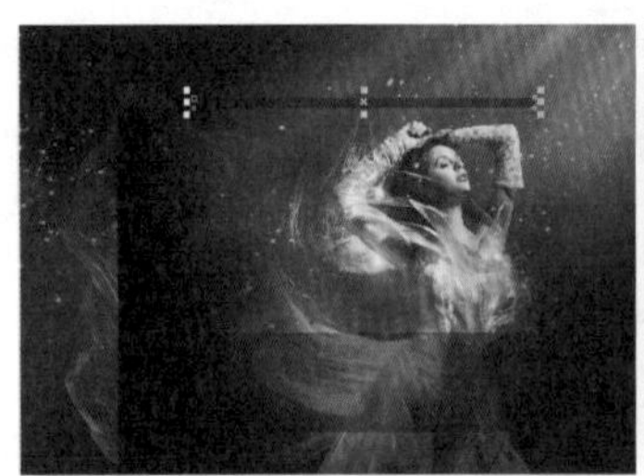

图10—121

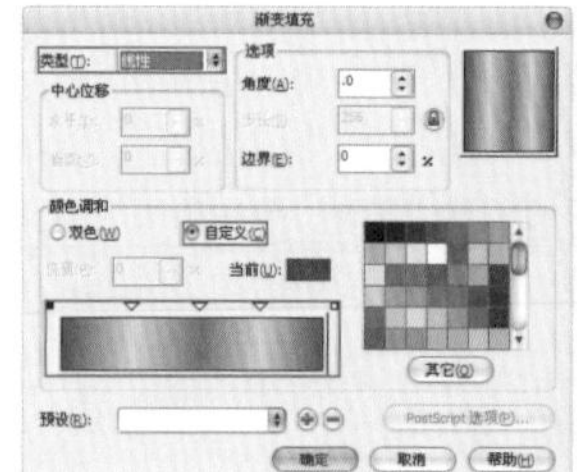

图10—122

步骤09 单击工具箱中的“钢笔工具”按钮，在渐变椭圆左下角绘制花纹轮廓，并为其填充同样的渐变，然后设置轮廓线宽度为“无”，如图10-123所示。

步骤10 使用矩形工具在下方绘制一个合适大小的矩形，并填充为同样的渐变；然后复制多个渐变花纹，依次摆放在另外三个直角上，如图10-124所示。

图10—123

图10—124

步骤11 单击工具箱中的“文本工具”按钮字，在下方单击并输入单词“Shadow”，设置为合适的字体及大小，如图10-125所示。

步骤12 在工具箱中单击填充工具组中的“渐变填充”按钮，在弹出的“渐变填充”对话框中设置“类型”为“线性”，“角度”为90，在“颜色调和”选项组中选中“自定义”单选按钮，设置颜色为黄色系渐变，单击“确定”按钮，然后设置轮廓线宽度为“无”，如图10-126图所示。

图10—125

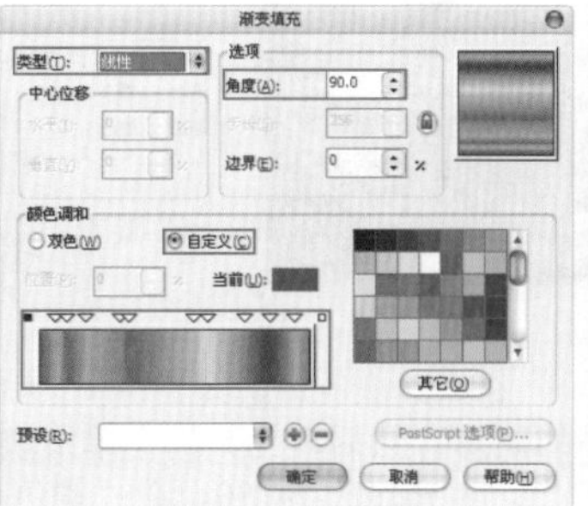

图10—126

步骤13 单击工具箱中的“阴影工具”按钮，在文字上按住鼠标左键向右侧拖动，为其制作出阴影效果；以同样方法制作下面小一点儿的英文，如图10-127所示。

步骤14 使用钢笔工具在文字上方绘制皇冠轮廓，然后使用滴管工具吸取横栏上的金色渐变，赋予皇冠，如图10-128所示。

图10—127

图10—128

步骤15 单击工具箱中的“阴影工具”按钮，在皇冠上按住鼠标左键向右侧拖动，为皇冠制作出阴影效果；然后以同样方法制作下面的花纹，如图10-129所示。

图10—129

步骤16 选择除背景以外的所有图层，单击鼠标右键，在弹出的快捷菜单中执行“群组”命令，或按Ctrl+G键；然后单击工具箱中的“矩形工具”按钮，绘制一个大小合适的矩形；选择群组的图层，执行“效果>图框精确剪裁>放置在容器中”命令，当光标变为黑色箭头形状时单击绘制的矩形框，设置轮廓线宽度为“无”，如图10-130所示。

步骤17 单击工具箱中的“矩形工具”按钮，在左侧绘制一个合适大小的矩形；然后在工具箱中单击填充工具组中的“渐变填充”按钮，在弹出的“渐变填充”对话框中设置“类型”为“线性”，“角度”为62，在“颜色调和”选项组中选中“双色”单选按钮，设置颜色为从黑色到灰色的渐变，单击“确定”按钮；再设置轮廓线宽度为“无”，如图10-131所示。

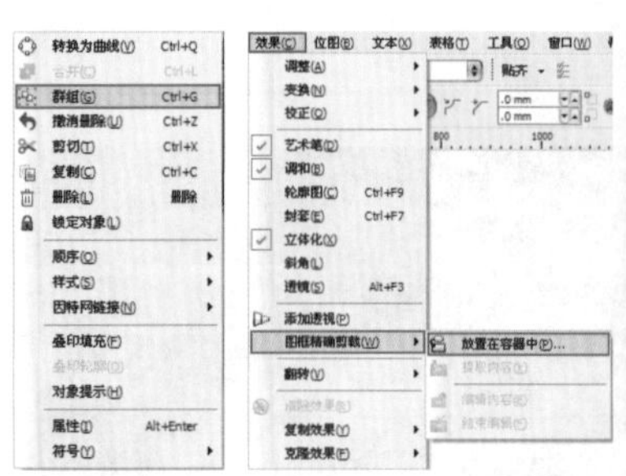

图10—130

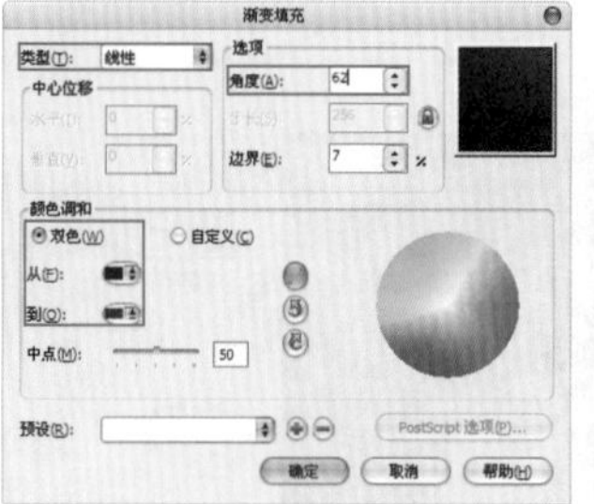

图10—131

步骤18 继续使用矩形工具绘制一个合适大小的矩形；然后在工具箱中单击填充工具组中的“渐变填充”按钮，在弹出的“渐变填充”对话框中设置“类型”为“线性”，“角度”为180，在“颜色调和”选项组中选中“自定义”单选按钮，设置颜色为灰色系渐变，单击“确定”按钮；再设置轮廓线宽度为“无”，如图10-132所示。

步骤19 再次使用矩形工具绘制一个较细的矩形；然后在工具箱中单击填充工具组中的“渐变填充”按钮，在弹出的“渐变填充”对话框中设置“类型”为“线性”，在“颜色调和”选项组中选中“双色”单选按钮，设置颜色为从灰色到黑色的渐变，单击“确定”按钮；再设置轮廓线宽度为“无”，如图10-133所示。

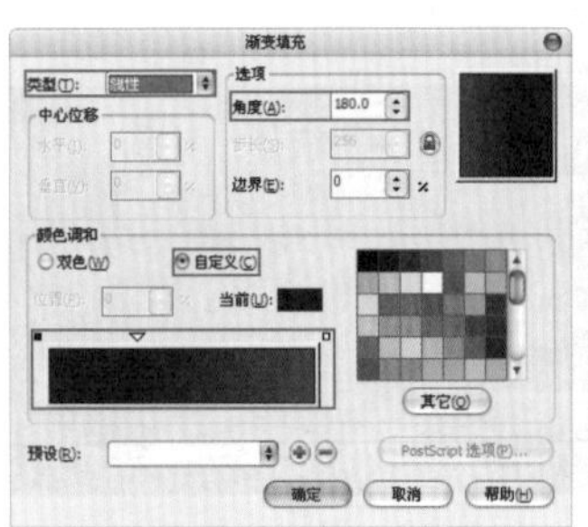

图10—132

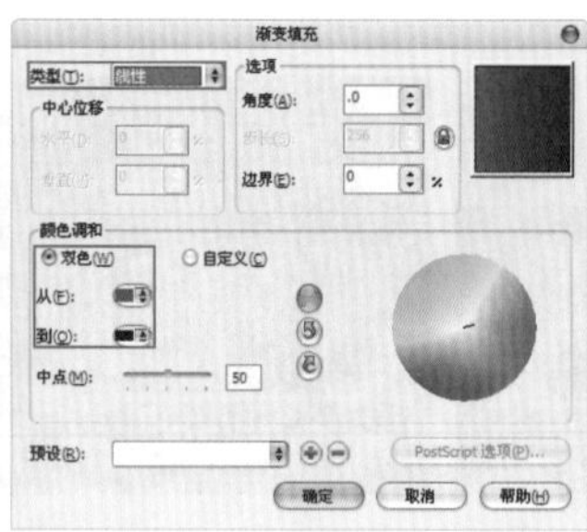

图10—133

步骤20 以同样方法制作左侧其他渐变矩形；然后使用矩形工具绘制一个同光盘盒大小相同的矩形；接着单击工具箱中的“阴影工具”按钮，在矩形上按住鼠标左键向右下角拖动，为其制作出阴影效果，如图10-134所示。

步骤21 选择阴影矩形，单击鼠标右键，在弹出的快捷菜单中执行“顺序>向后一层”命令，或按Ctrl+Page Down键，将其放在制作的图像所在图层后，模拟出光盘盒的立体感，如图10-135所示。

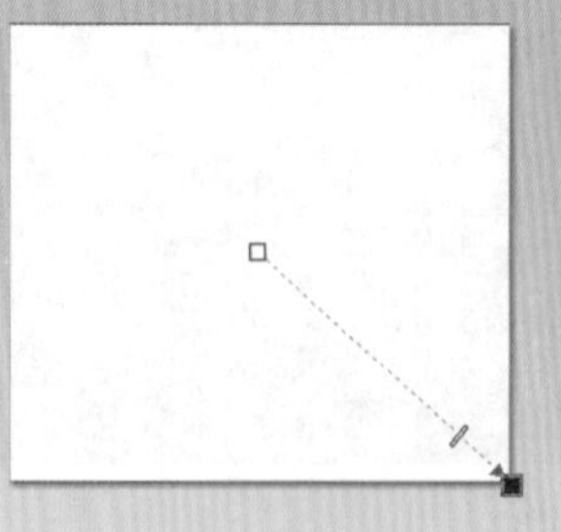

图10—134

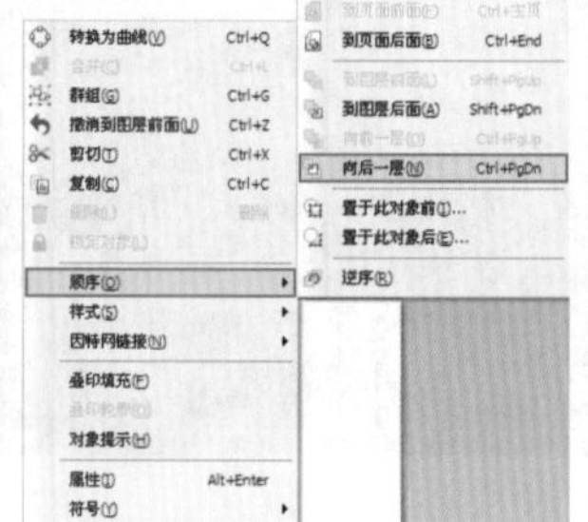

图10—135

步骤22 单击工具箱中的“矩形工具”按钮，在封面位置绘制一个矩形，并为其填充灰色，设置轮廓线宽度为“无”；然后单击工具箱中的“椭圆形工具”按钮，在矩形右下方绘制一个椭圆形，随意设置颜色，如图10-136所示。

步骤23 单击工具箱中的“选择工具”按钮，按住Shift键进行加选，灰色矩形和蓝色椭圆形同时选中；单击属性栏中的“移除前面对象”按钮，得到光泽图形；接着单击工具箱中的“透明度工具”按钮，在属性栏中设置“透明度类型”为“标准”，如图10-137所示。

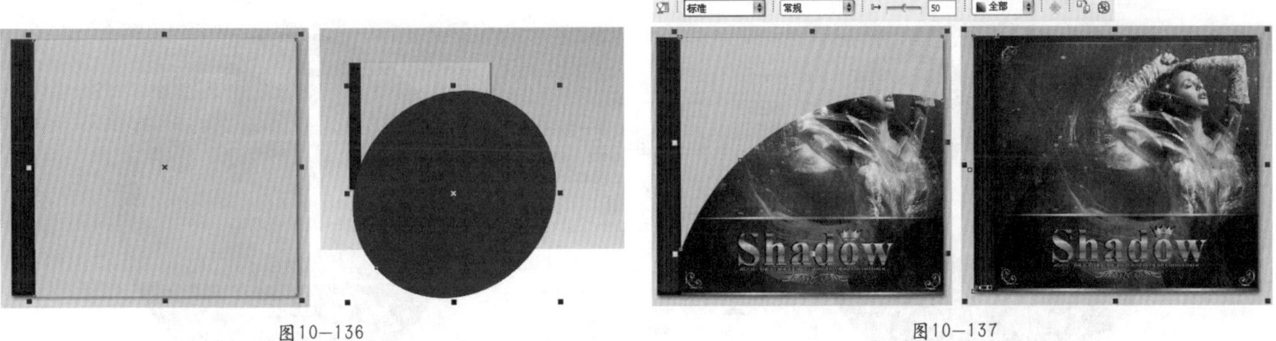

图10-136　　图10-137

步骤24 单击工具箱中的“椭圆形工具”按钮，按住Ctrl键绘制一个正圆；然后再次使用椭圆形工具绘制一个小一点儿的正圆；接着按住Shift键进行加选，将两个正圆同时选中；单击属性栏中的“简化”按钮，单击选中内侧的小圆，按Delete键将其删除，如图10-138所示。

步骤25 单击左侧CD面并进行复制，然后将复制的面进行等比例缩放，移至正圆上；执行“效果>图框精确剪裁>放置在容器中”命令，当光标变为黑色箭头形状时单击绘制的矩形框，设置轮廓线宽度为“无”，如图10-139所示。

图10-138　　图10-139

步骤26 使用椭圆形工具在光盘中心处绘制两个正圆，然后将其全部选中，单击属性栏中的“简化”按钮，单击选中内侧的小圆，按Delete键将其删除，如图10-140所示。

步骤27 在工具箱中单击填充工具组中的“渐变填充”按钮，在弹出的“渐变填充”对话框中设置“类型”为“线性”，“角度”为311，在“颜色调和”选项组中选中“自定义”单选按钮，设置颜色为灰色系渐变，单击“确定”按钮；再设置轮廓线宽度为“无”，如图10-141所示。

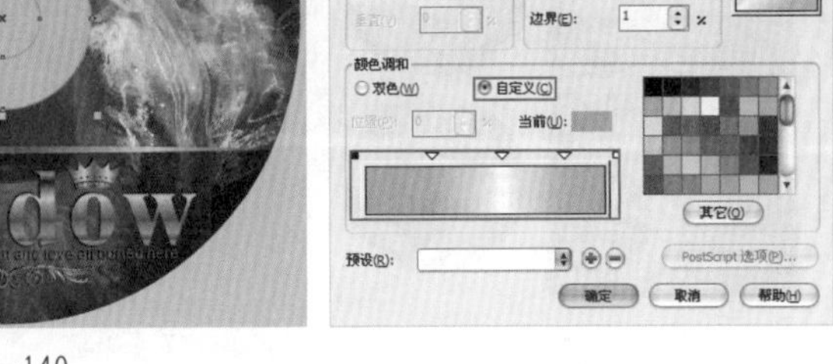

图10-140　　图10-141

步骤28 单击工具箱中的“透明度工具”按钮，在属性栏中设置“透明度类型”为“标准”；然后单击工具箱中的“椭圆形工具”按钮，按住Ctrl键绘制一个大一点儿的正圆；接着单击CorelDRAW工作界面右下角的“轮廓笔”按钮，在弹出的“轮廓笔”对话框中设置“颜色”为“灰色”，“宽度”为2.5mm，如图10-142所示。

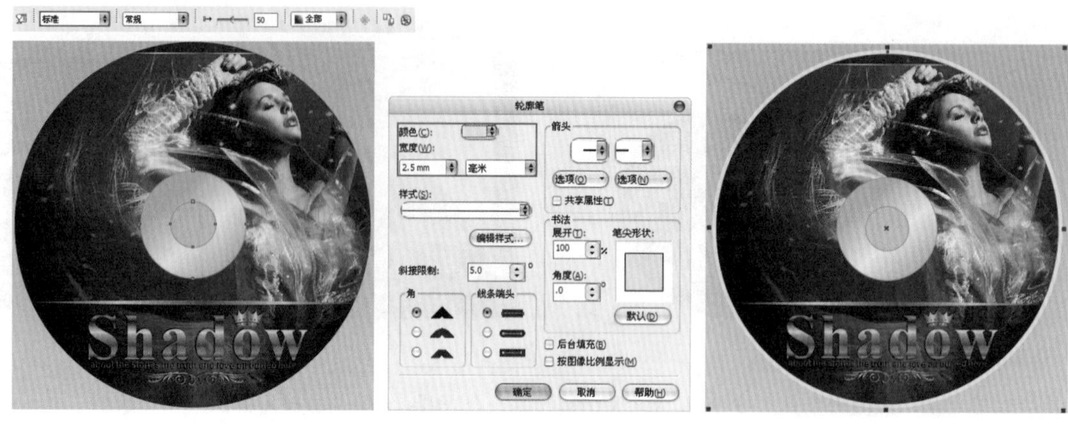

图10—142

步骤29 单击工具箱中的“阴影工具”按钮，在椭圆形上按住鼠标左键向右下角拖动，为其制作出阴影效果，如图10-143所示。

步骤30 使用椭圆形工具在工作区内绘制一个椭圆形，然后单击工具箱中的“阴影工具”按钮，在椭圆形上按住鼠标左键向下拖动，制作出阴影效果，如图10-144所示。

步骤31 执行“排列>拆分阴影群组”命令，或按Ctrl+K键，单击椭圆形，按Delete键将其删除，如图10-145所示。

图10—143

图10—144

图10—145

步骤32 将阴影移至左侧CD下方，然后以同样方法制作出右侧CD的阴影，如图10-146所示。

步骤33 复制CD封面，单击属性栏中的“垂直镜像”按钮，并将其向下移动；单击工具箱中的“透明度工具”按钮，在复制的CD面上按住鼠标左键拖动，为其添加透明度，最终效果如图10-147所示。

图10—146

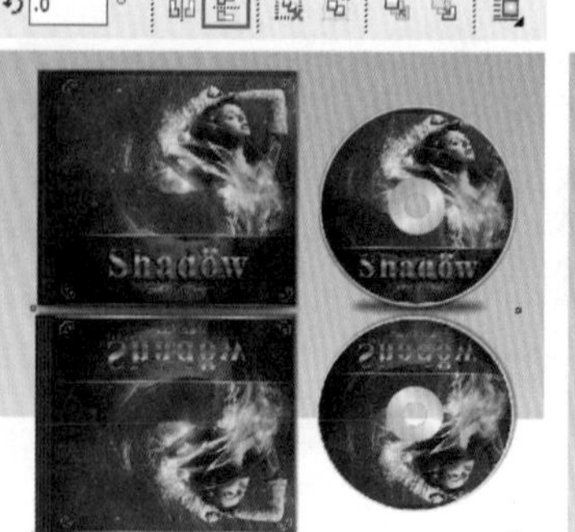

图10—147

综合实例——商场促销广告

案例文件	综合实例——商场促销广告.cdr
视频教学	综合实例——商场促销广告.flv
难易指数	★★★★★
知识掌握	导入位图、矩形工具、阴影工具、渐变填充工具

案例效果

本例最终效果如图10-148所示。

图10-148

操作步骤

步骤01 执行“文件>新建”命令，在弹出的“创建新文档”对话框中设置“大小”为A4，“原色模式”为CMYK，“渲染分辨率”为300，如图10-149所示。

步骤02 单击工具箱中的“矩形工具”按钮，在工作区内拖动鼠标，绘制一个合适大小的矩形，并通过调色板将其填充为粉色；然后单击CorelDRAW工作界面右下角的“轮廓笔”按钮，在弹出的“轮廓笔”对话框中设置“宽度”为“无”，单击“确定”按钮，如图10-150所示。

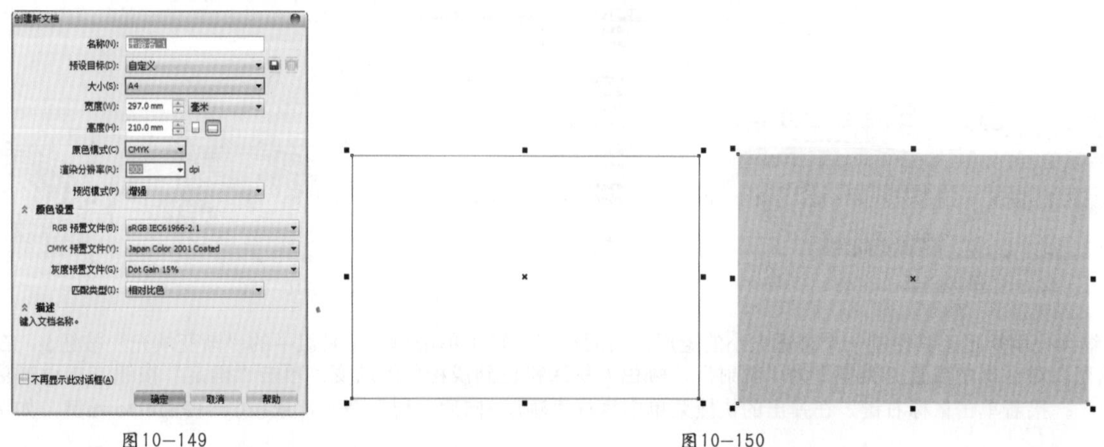

图10-149　　图10-150

步骤03 使用矩形工具绘制一个小一点儿的矩形，在属性栏中设置“圆角半径”为15mm；然后单击工具箱中的“选择工具”按钮，框选两个矩形；再单击属性栏中的“修剪”按钮，选择矩形框，按Delete键将其删除，如图10-151所示。

步骤04 同样使用矩形工具绘制一个大小合适的矩形，然后单击工具箱中的“填充工具”按钮并设置停留，在弹出的下拉列表中单击“渐变填充”按钮，在“渐变填充”对话框中设置“类型”为“辐射”，颜色为从深粉色到浅粉色的渐变，单击“确定”按钮，如图10-152所示。

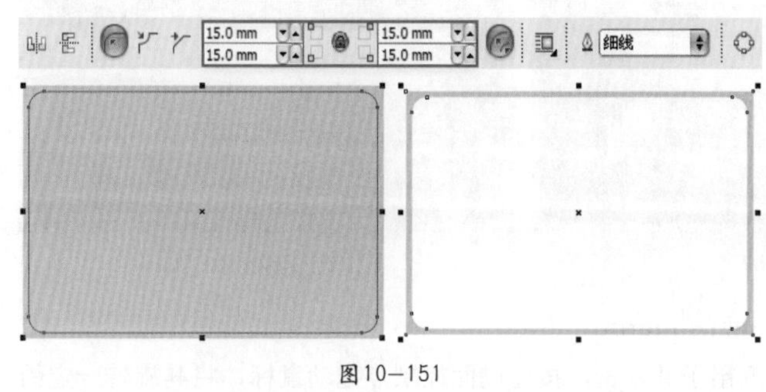

图10-151

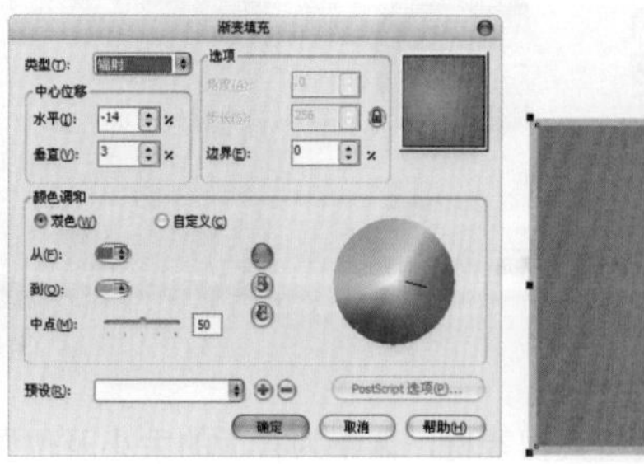

图10-152

步骤05 单击工具箱中的“手绘工具”按钮，在渐变的矩形上绘制一个合适大小的三角形；然后多次绘制，模拟出放射效果，如图10-153所示。

步骤06 使用选择工具框选绘制的三角形及渐变矩形，单击属性栏中的“移除前面对象”按钮，效果如图10-154所示。

图10—153　　图10—154

步骤07 单击工具箱中的“变形工具”按钮，属性栏中单击“扭曲变形”按钮，拖动矩形，将其进行旋转；然后拖动旋转图形四边的控制点，将其调整为合适大小，如图10-155所示。

步骤08 使用矩形工具再绘制一个合适大小的矩形，然后单击选中旋转过的图形，执行“效果>图框精确剪裁>放置在容器中”命令，当光标变为黑色箭头形状时单击黑色矩形框，设置轮廓线宽度为“无”，如图10-156所示。

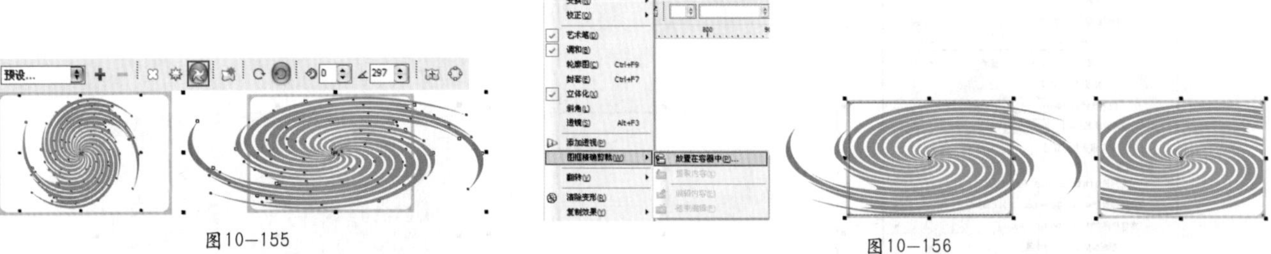

图10—155　　图10—156

步骤09 继续使用矩形工具绘制一个合适大小的矩形，然后在工具箱中单击填充工具组中的“渐变填充”按钮，在弹出的“渐变填充”对话框中设置“类型”为“辐射”，颜色为从深粉色到浅粉色的渐变，单击“确定”按钮；再设置轮廓线宽度为“无”；接着单击鼠标右键，在弹出的快捷菜单中执行“顺序>向后一层”命令，或按Ctrl+PageDown键，如图10-157所示。

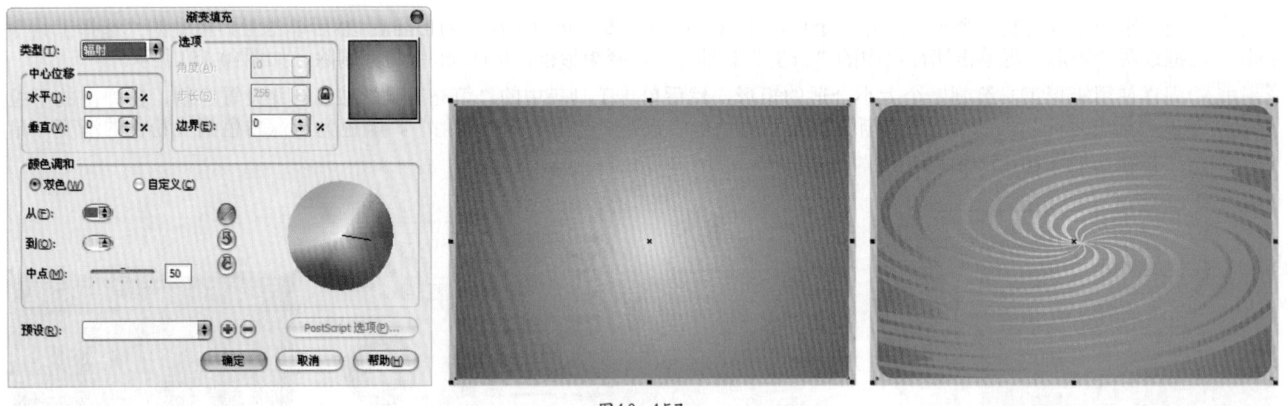

图10—157

步骤10 分别导入花纹及人物素材，调整为合适的大小及位置，如图10-158所示。

步骤11 导入裙子素材，调整为合适的位置及大小；然后选择右侧裙子并双击，按住侧面控制点拖动鼠标，将其旋转一定的角度；接着单击工具箱中的“椭圆形工具”按钮，在裙子下方绘制一个椭圆形，并将其填充为黑色，设置轮廓线宽度为“无”，如图10-159所示。

图10－158

图10－159

步骤12 选择黑色椭圆形，单击工具箱中的“阴影工具”按钮，按住鼠标左键拖动，为其添加阴影效果；在属性栏中设置“阴影的不透明度”为50，“阴影羽化”为60；然后执行“排列>拆分阴影群组”命令，或按Ctrl+K键，单击选中黑色椭圆形，按Delete键将其删除，将阴影部分移动到合适位置，如图10-160所示。

步骤13 导入服装素材，调整为合适的位置及大小；然后单击工具箱中的“钢笔工具”按钮，在导入的素材右侧绘制一个梯形，并将其填充为粉色，如图10-161所示。

图10－160

图10－161

步骤14 单击工具箱中的“阴影工具”按钮，在梯形上按住鼠标左键并拖动，制作阴影部分，单击工具箱中的“文本工具”按钮，在粉色梯形上输入文字，并设置其颜色为淡粉色，调整为合适的字体及大小；再将文字旋转至与梯形相符的角度，如图10-162所示。

步骤15 以同样方法制作出另一个不同颜色的文字梯形框，然后使用矩形工具在左上角绘制一个大小合适的矩形，在属性栏中设置“圆角半径”为5.3mm，按Enter键结束操作，如图10-163所示。

图10－162

图10－163

步骤16 在工具箱中单击填充工具组中的“渐变填充”按钮，在弹出的“渐变填充”对话框中设置“类型”为“线性”，在“颜色调和”选项组中选中“自定义”单选按钮，将颜色设置为一种黄色系渐变，单击“确定”按钮，再设置轮廓线宽度为“无”，如图10-164所示。

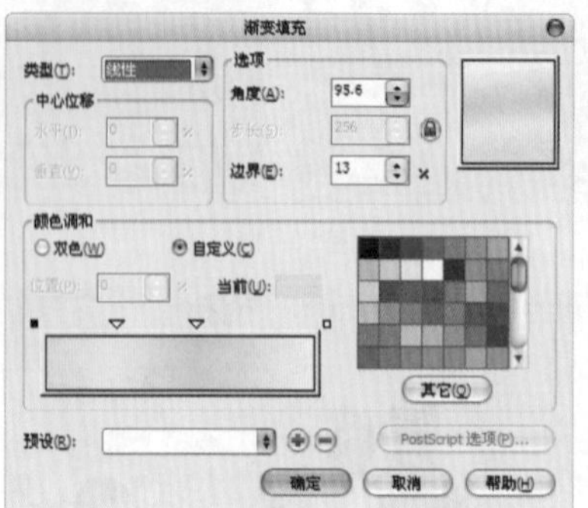

图10—164

步骤17 单击工具箱中的“阴影工具”按钮，选择渐变矩形，按住鼠标左键向下拖动，制作出矩形阴影效果；再次使用矩形工具绘制一个小一点儿的矩形，在属性栏中设置“圆角半径”为4.3mm，按Enter键结束操作，如图10-165所示。

步骤18 在工具箱中单击填充工具组中的“渐变填充”按钮，在弹出的“渐变填充”对话框中设置“类型”为“线性”，在“颜色调和”选项组中选中“自定义”单选按钮，将颜色设置为一种从深红色到浅红色再到深红色的渐变，单击“确定”按钮，再设置轮廓线宽度为“无”，如图10-166所示。

图10—165

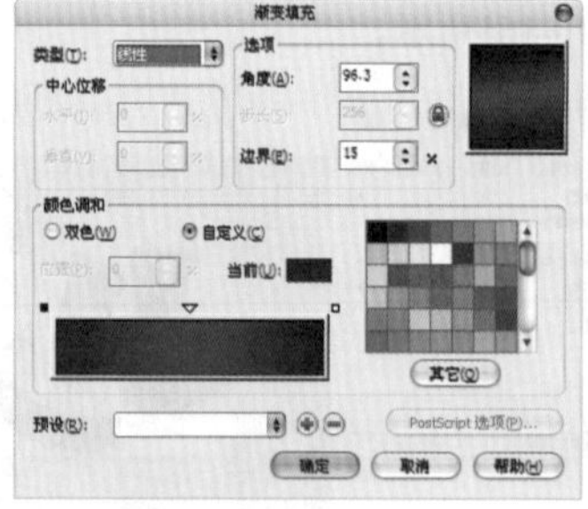

图10—166

步骤19 单击工具箱中的“文本工具”按钮，在红色渐变圆角矩形上输入文字，并调整为合适的字体及大小；然后在工具箱中单击填充工具组中的“渐变填充”按钮，在弹出的“渐变填充”对话框中设置“类型”为“线性”，在“颜色调和”选项组中选中“自定义”单选按钮，将颜色设置为一种黄色系渐变，单击“确定”按钮结束操作，如图10-167所示。

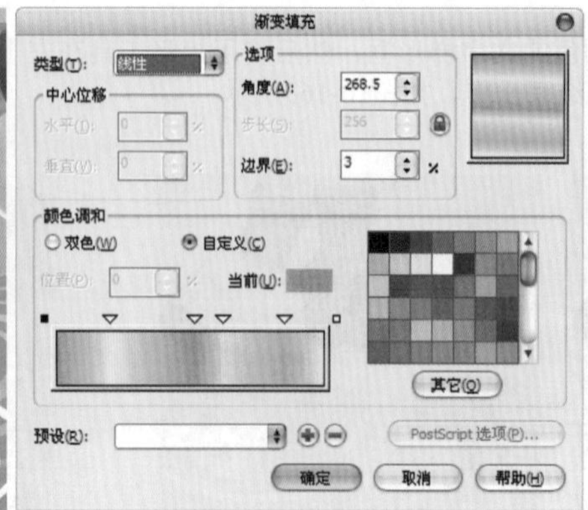

图10—167

步骤20 单击工具箱中的“阴影工具”按钮，在文字上按住鼠标左键向下拖动，制作阴影效果；然后按住Shift键，将文字下方两个不同渐变颜色的矩形同时选中，双击后在四边的控制点上按住鼠标左键拖动，旋转至合适的角度，如图10-168所示。

步骤21 以同样方法制作出其他不同大小的矩形框文字；然后在左上角及右下角分别导入礼包素材，调整位置及大小；单击选中浅粉色边框，单击鼠标右键，在弹出的快捷菜单中执行“顺序>到图层前面”命令，或按Shift+Page Up键，将其调整到最前面，最终效果如图10-169所示。

图10—168

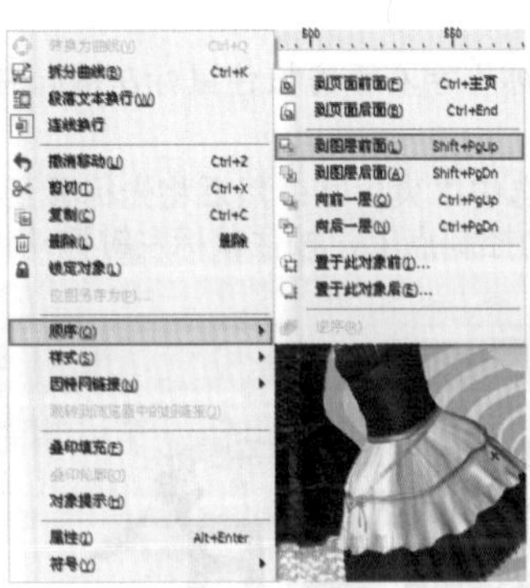

图10—169

综合实例——制作冰爽广告字

案例文件	综合实例——制作冰爽广告字.cdr
视频教学	综合实例——制作冰爽广告字.flv
难易指数	★★★★★
知识掌握	文本工具、图框精确剪裁

案例效果

本例最终效果如图10-170所示。

操作步骤

步骤01 执行“文件>新建”命令，在弹出的“创建新文档”对话框中设置“大小”为A4，“原色模式”为CMYK，“渲染分辨率”为300，如图10-171所示。

步骤02 导入背景素材文件，调整为合适的大小及位置，如图10-172所示。

图10—170

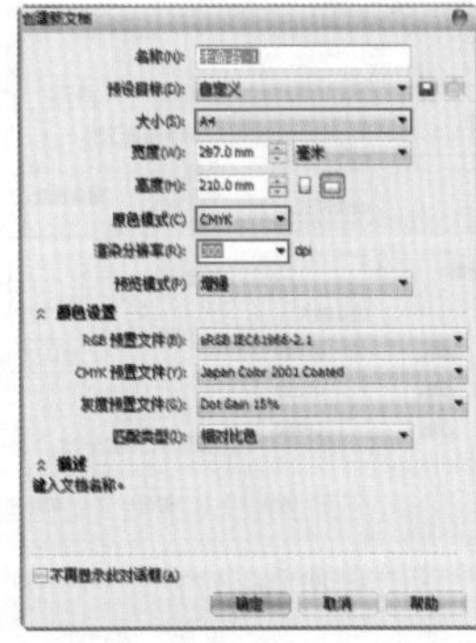

图10—171

图10—172

步骤03 单击工具箱中的“文本工具”按钮，在背景层上单击并输入文字“冰爽夏日”，然后设置为合适的字体及大小，如图10-173所示。

步骤04 选中文字，执行“排列>拆分美术字”命令，或按Ctrl+K键，将其拆分（拆分过的文字可以单独进行编辑）；然后双击“冰”字，将光标移至4个角的控制点上，按住鼠标左键拖动，将其旋转合适的角度，如图10-174所示。

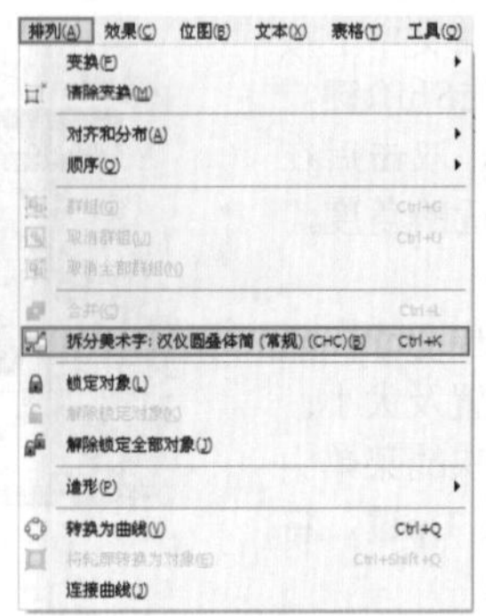

图10—173　　图10—174

步骤05 单击工具箱中的“矩形工具”按钮□，在“冰”字右下方按住鼠标左键向右拖动，绘制一个合适大小的矩形，然后通过调色板将其填充为黑色，如图10-175所示。

步骤06 单击工具箱中的“选择工具”按钮，单击选中“爽”字；然后将光标移至4个角的控制点上，按住鼠标左键拖动，进行等比例缩放；接着双击文字，将光标移至4个角的控制点上，按住鼠标左键拖动将其旋转合适的角度，如图10-176所示。

图10—175　　图10—176

步骤07 以同样方法调整其他两个文字；然后选择所有文字通过调色板将其填充为白色；接着单击CorelDRAW工作界面右下角的“轮廓笔”按钮■，在弹出的“轮廓笔”对话框中设置“颜色”为白色，“宽度”为16.0pt，单击“确定”按钮，如图10-177所示。

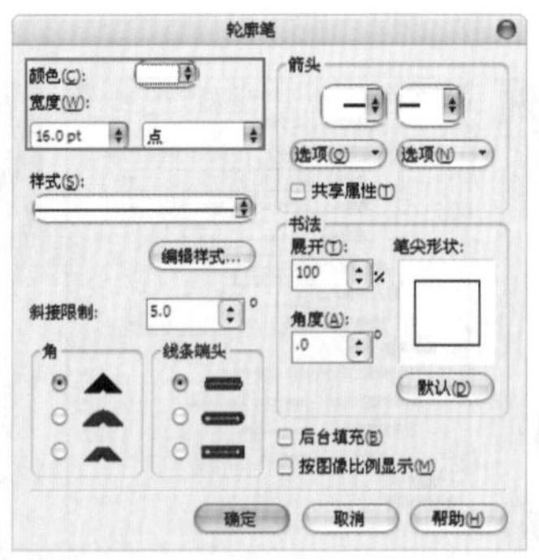

图10—177

步骤08 框选所有文字，单击鼠标右键，在弹出的快捷菜单中执行“群组”命令，或按Ctrl+G键，将其进行群组；然后单击工具箱中的“阴影工具”按钮，在白色文字上按住鼠标左键向右下角拖动，为其添加阴影效果，如图10-178所示。

步骤09 选择文字，按Ctrl+C键复制，再按Ctrl+V键粘贴；然后将复制出的文字的轮廓线宽度设置为“无”；接着导入水珠素材文件，调整为合适的大小及位置，如图10-179所示。

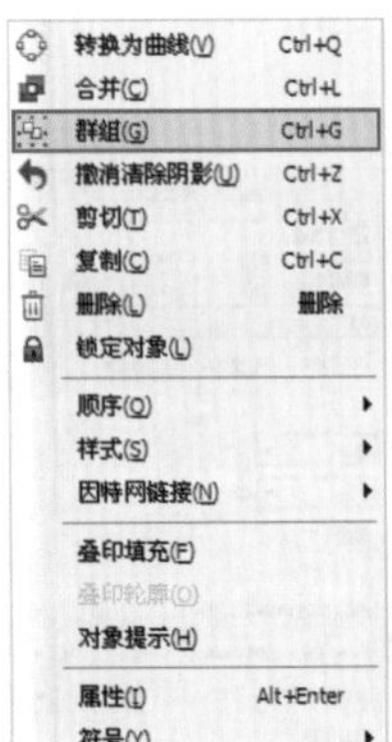

图10—178

图10—179

步骤10 单击选中水珠素材，执行“效果>图框精确剪裁>放置在容器中”命令，当光标变为黑色箭头形状时，单击复制出的文字，如图10-180所示。

步骤11 再次复制白色文字，然后单击工具箱中的“椭圆形工具”按钮，在文字下方按住鼠标左键拖动，绘制一个合适大小的椭圆，并通过调色板将其填充为蓝色，如图10-181所示。

图10—180

图10—181

步骤12 按Shift键进行加选，同时选中白色文字及蓝色椭圆，然后单击属性栏中的“移除前面对象”按钮，如图10-182所示。

步骤13 单击工具箱中的“透明度工具”按钮，在半个白色文字上按住鼠标左键向下拖动，为其设置透明度，如图10-183所示。

步骤14 导入可爱的卡通素材文件，调整为合适的大小及位置，最终效果如图10-184所示。

图10—182

图10—183

图10—184

读书笔记

综合实例——通过颜色模式的转换制作欧美海报

案例文件	综合实例——通过颜色模式的转换制作欧美海报.cdr
视频教学	综合实例——通过颜色模式的转换制作欧美海报.flv
难易指数	★★★★★
知识掌握	图像模式设置、图框精确剪裁、透明度工具

案例效果

本例最终效果如图10-185所示。

操作步骤

步骤01 执行“文件>新建”命令，在弹出的“创建新文档”对话框中设置“大小”为A4，“原色模式”为CMYK，“渲染分辨率”为300，如图10-186所示。

步骤02 执行“文件>导入”命令，在弹出的“导入”对话框中选择要导入的素材，在“预览”左侧的下拉列表框中选择“裁剪”选项，单击“导入”按钮；在弹出的“裁剪图像”对话框中调整图像的大小，单击“确定”按钮；然后将光标移至工作区，按住鼠标左键拖动，拖动至合适大小后释放鼠标，即可将其导入，如图10-187所示。

图10—185

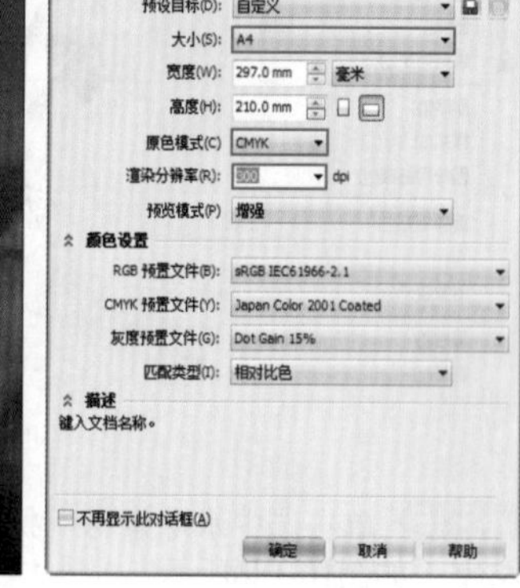

图10—186

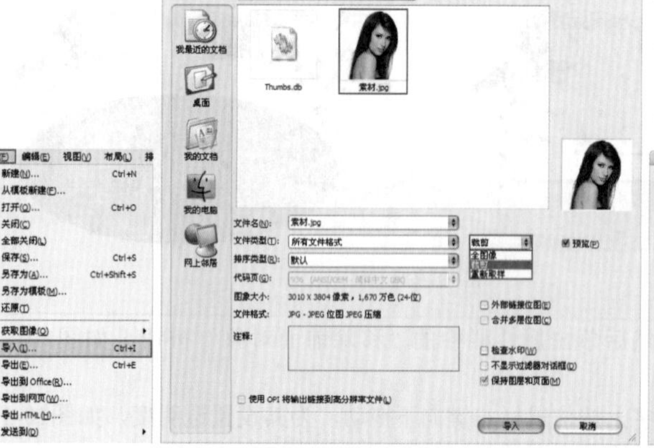

图10—187

步骤03 选择位图，执行“位图>模式>灰度（8位）”命令；然后单击工具箱中的“透明度工具”按钮，将光标移至左下角，按住鼠标左键向右上角拖动，为其添加透明度，如图10-188所示。

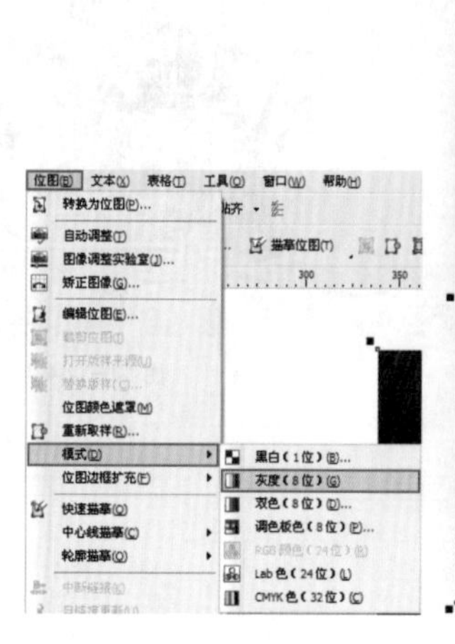

图10—188

步骤04 再次导入同样大小的已裁剪图像，执行"位图>模式>黑白（1位）"命令，在弹出的"转换为1位"对话框中设置"转换方法"为"半色调"，单击"确定"按钮，如图10-189所示。

步骤05 单击工具箱中的"透明度工具"按钮，在图像右上角按下鼠标左键并向左下角拖动，为其添加不透明度；然后单击工具箱中的"矩形工具"按钮，在下方绘制一个合适大小的矩形，并通过调色板将其填充为黑色，设置轮廓线宽度为"无"，如图10-190所示。

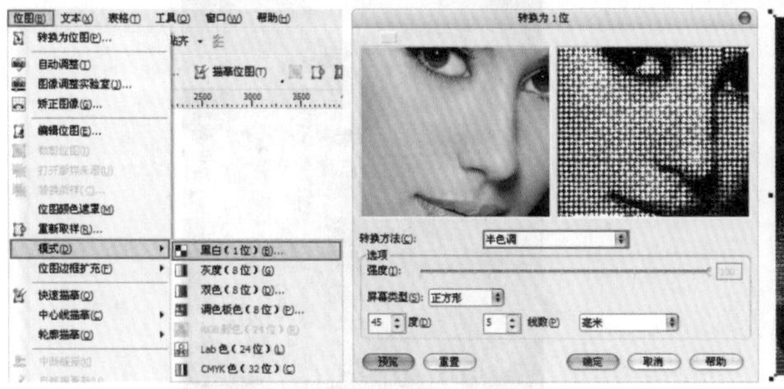

图10—189

图10—190

步骤06 单击工具箱中的"透明度工具"按钮，在黑色矩形上由上向下拖动鼠标，为其填充透明度；然后单击工具箱中的"钢笔工具"按钮，绘制出X形轮廓，如图10-191所示。

图10—191

步骤07 通过调色板将X形符号填充为红色，然后单击CorelDRAW工作界面右下角的"轮廓笔"按钮，在弹出的"轮廓笔"对话框中设置"宽度"为"无"，单击"确定"按钮，如图10-192所示。

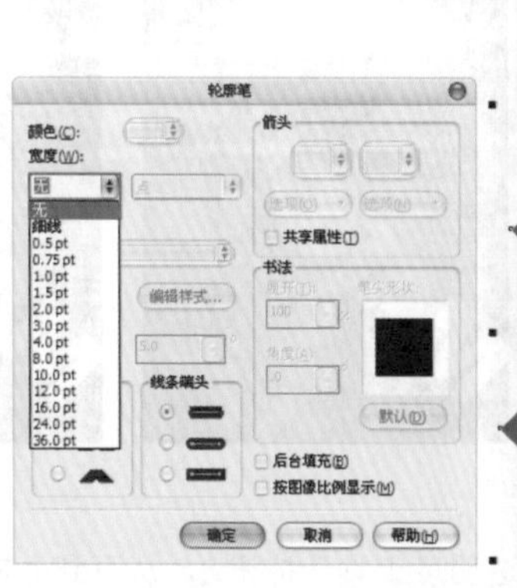

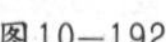

图10—192

步骤08 单击工具箱中的"透明度工具"按钮，将光标移至X形符号上，按住鼠标左键向下方拖动；然后单击上方透明度块，在属性栏中设置"透明中心点"为15；再单击透明度控制杆底部的方块，在属性栏中设置"透明中心点"为80，如图10-193所示。

步骤09 单击工具箱中的"文本工具"按钮，输入文字，并调整为合适的字体及大小，设置文字颜色为白色；然后单击工具箱中的"选择工具"按钮，双击文字，将光标移至4个角的控制点上，按住鼠标左键拖动，将其旋转适当的角度，如图10-194所示。

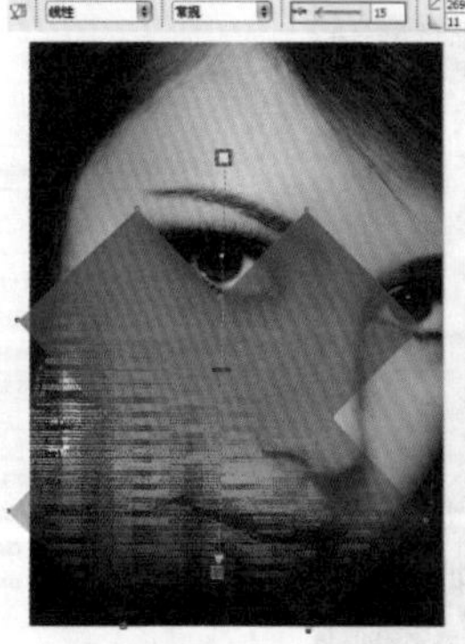

图10—193

图10—194

步骤10 单击工具箱中的“文字工具”按钮，输入文字，并调整为合适的字体及大小，设置文字颜色为白色；然后框选文字，单击属性栏中的“字符格式化”按钮，在弹出的“字符格式化”泊坞窗中设置“字距调整范围”为2000%，将其旋转至合适的角度，移至白色文字下，如图10-195所示。

图10—195

步骤11 复制X形符号，为其填充红色并设置轮廓线宽度为“无”，然后使用钢笔工具在其上方绘制一个四边形，如图10-196所示。

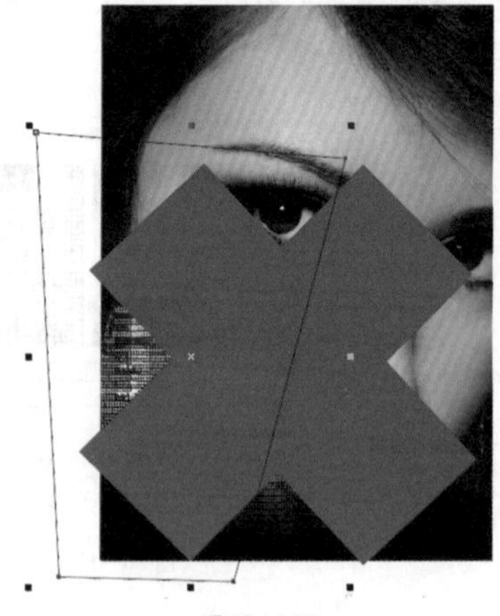

图10—196

步骤12 按Shift键进行加选，将四边形及X形符号同时选中，然后单击属性栏中的“移除前面对象”按钮，如图10-197所示。

步骤13 单击工具箱中的“透明度工具”按钮，将光标移至X符号上，按住鼠标左键向下方拖动；然后使用钢笔工具在右侧绘制一个四边形，并填充为粉红色，设置轮廓线“颜色”为黑色，“宽度”为3.0pt，如图10-198所示。

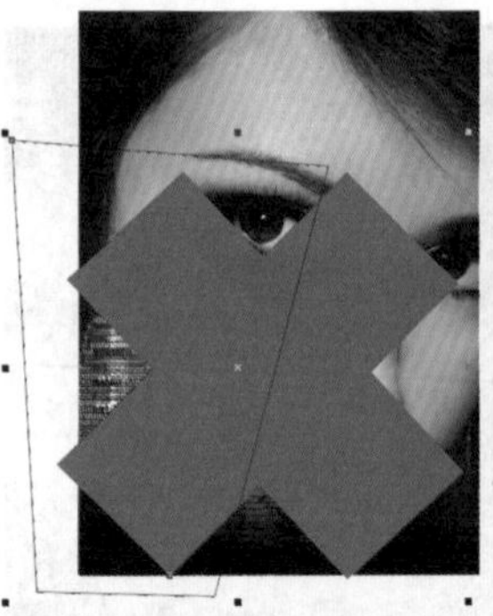

图10—197

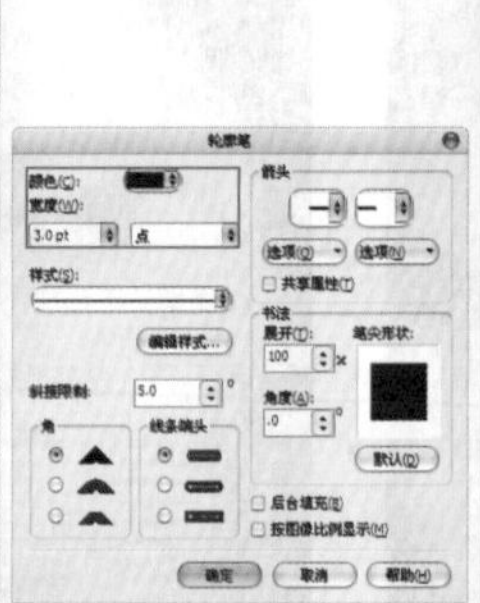

图10—198

步骤14 单击工具箱中的“透明度工具”按钮，从下到上拖动鼠标，设置不透明度；然后单击工具箱中的“阴影工具”按钮，在粉红色四边形上按住鼠标左键向左拖动，为其添加阴影效果，如图10-199所示。

步骤15 使用钢笔工具绘制一个同样大小的四边形，并设置轮廓线“颜色”为黑色，“宽度”为2.0pt，如图10-200所示。

图10—199

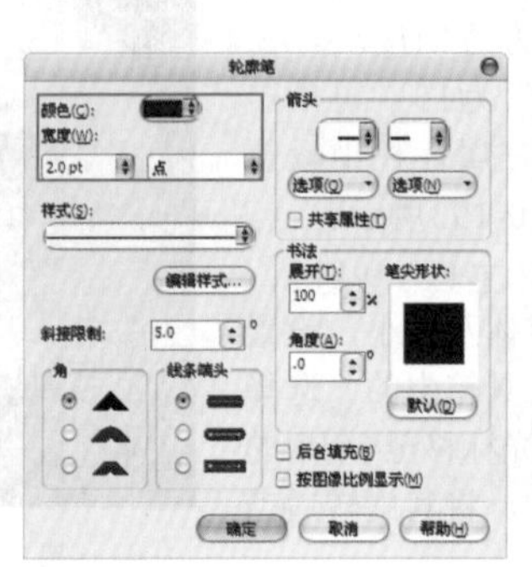

图10—200

步骤16 使用钢笔工具在右侧再绘制一个X形符号，然后使用矩形工具绘制一个合适大小的矩形，接着将这两者全部选中，单击工具箱中的“合并”按钮，如图10-201所示。

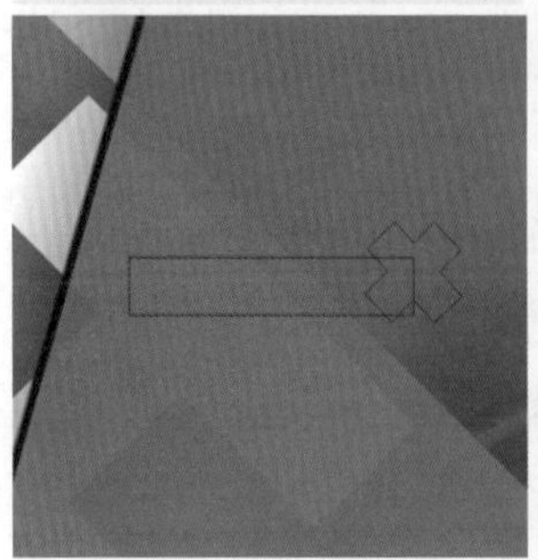
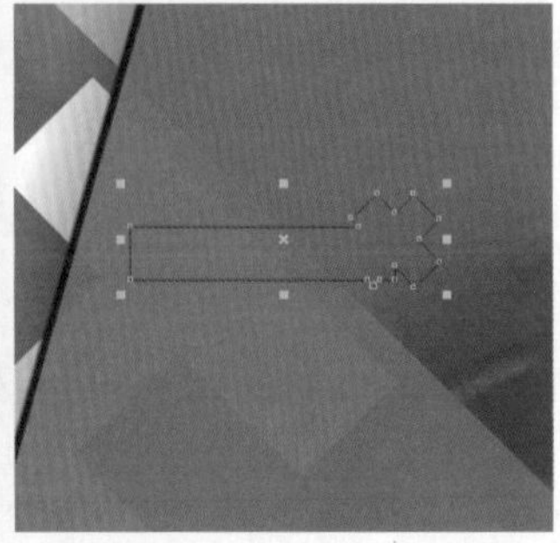

图10—201

步骤17 通过调色板将合并后的图形填充为红色；然后双击该图形，将光标移至4个角的控制点上，按住鼠标左键拖动，将其旋转合适的角度；接着单击工具箱中的“文字工具”按钮，输入合适字体及大小的文字，设置文字颜色为白色，并将其旋转至合适角度，如图10-202所示。

图10—202

步骤18 使用矩形工具绘制一个黑色矩形，然后旋转至合适角度，从中输入白色文字。再次绘制一个白色矩形，在其中输入黑色文字，并将其旋转至合适角度，如图10-203所示。

图10—203

步骤19 以同样方法制作出其余的矩形和文字，然后选择所有对象，单击鼠标右键，在弹出的快捷菜单中执行“群组”命令，或按Ctrt+G键，如图10-204所示。

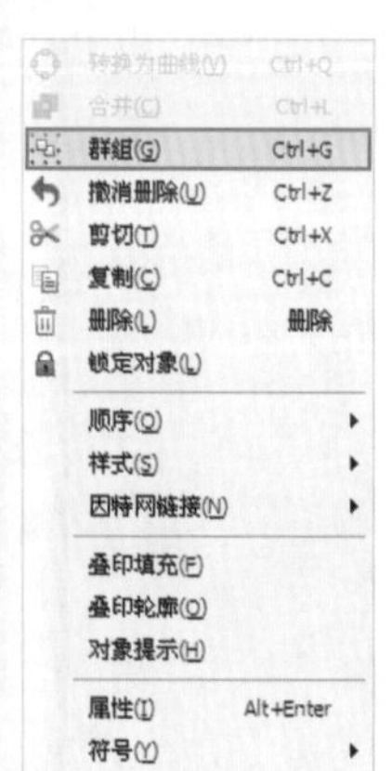

图10—204

步骤20 使用矩形工具绘制一个页面大小的矩形，然后选中群组后的对象。执行“效果>图框精确剪裁>放置在容器中”命令，当光标变为黑色箭头形状时，单击绘制的矩形框，如图10-205所示。

步骤21 选择矩形，单击CorelDRAW工作界面右下角的“轮廓笔”按钮，在弹出的“轮廓笔”对话框中设置“宽度”为“无”，单击“确定”按钮结束操作，最终效果如图10-206所示。

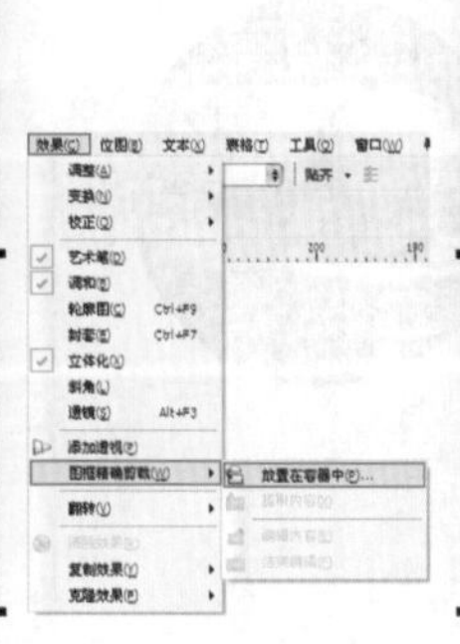
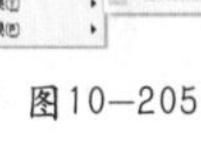

图10—205

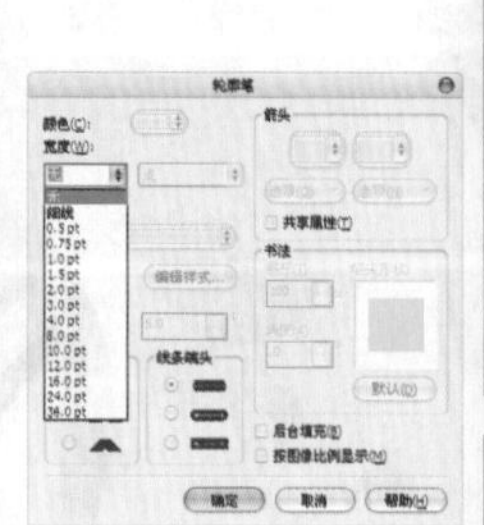

图10—206

滤镜的应用

滤镜本身是一种摄影器材，安装在相机上，用于改变光源的色温，以满足摄影及制作特殊效果的需要。CorelDRAW中的滤镜功能非常强大，不仅可以制作一些常见的素描、印象派绘画等特殊艺术效果，还可以创作出绚丽无比的创意图像。

本章学习要点：

- 了解各个滤镜组的功能与特点
- 熟练掌握三维效果滤镜的使用

11.1 初识滤镜

滤镜本身是一种摄影器材，安装在相机上，用于改变光源的色温，以满足摄影及制作特殊效果的需要，如图11-1所示。CorelDRAW中的滤镜功能非常强大，不仅可以制作一些常见的素描、印象派绘画等特殊艺术效果，还可以创作出绚丽无比的创意图像。

图11-1

CorelDRAW X5提供了多种不同特性的滤镜组，如“三维效果”、“艺术笔触”、“模糊”、“相机”、“颜色转换”、“轮廓图”、“创造性”、“扭曲”、“杂点”和“鲜明化”等，每一个滤镜组下都包含多种滤镜，可以帮助用户创作出多样化的特殊效果，如图11-2所示。

滤镜的种类虽然很多，但其使用方法却基本相同。选择一幅要添加滤镜效果的位图图像，单击菜单栏中的“位图”菜单，在弹出的下拉菜单中选择所需滤镜组，然后在弹出子菜单中选择相应的滤镜（如图11-3所示），打开滤镜设置对话框，从中进行相关的设置，最后单击“确定”按钮，即可完成滤镜效果的添加。

图11-2

图11-3

读书笔记

11.2 三维效果

“三维效果”滤镜组中包括“三维旋转”、“柱面”、“浮雕”、“卷页”、“透视”、“挤远/挤近”和“球面”7种滤镜。通过这7种滤镜，可以使位图图像呈现出三维变换效果，增强其空间深度感，如图11-4所示。

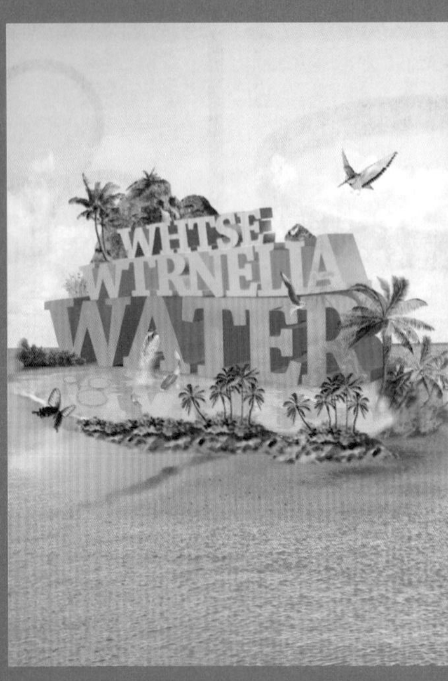

图11－4

11.2.1 三维旋转

利用“三维旋转”滤镜可以使平面图像在三维空间内旋转，产生一定的立体效果。

选择位图图像，执行“位图>三维效果>三维旋转”命令，在弹出的“三维旋转”面板中分别设置“垂直”和“水平”（取值范围为-75~75），然后单击预览按钮查看调整效果，如图11-5所示。

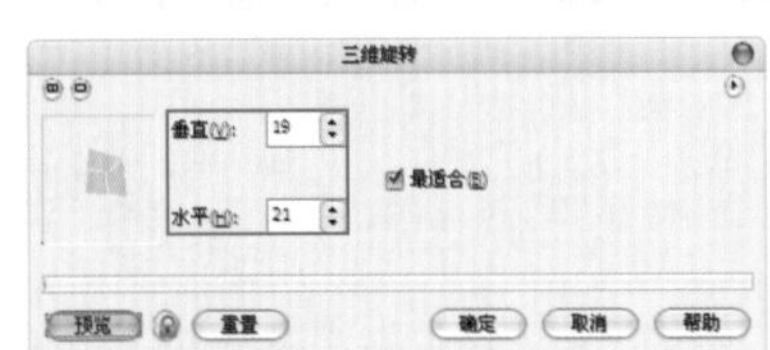

图11－5

技巧提示

在“三维旋转”面板中，单击左上角的◉按钮，可显示出预览区域；当按钮变为◉时，再次单击，可显示出对象设置前后的对比效果；单击左边的◉按钮，可收起预览图，如图11-6所示。

预览后，如果对效果不太满意，可以单击重置按钮，恢复对象的原始状态，以便重新设置。完成设置后，单击确定按钮结束操作。

图11-6

实例练习——使用三维旋转滤镜制作包装袋

案例文件	实例练习——使用三维旋转滤镜制作包装袋.cdr
视频教学	实例练习——使用三维旋转滤镜制作包装袋.flv
难易指数	★★★★★
知识掌握	三维效果、钢笔工具

案例效果

本例最终效果如图11-7所示。

图11-7

操作步骤

步骤01 执行“文件>新建”命令，在弹出的“创建新文档”对话框中设置“大小”为A4，“原色模式”为CMYK，“渲染分辨率”为300，如图11-8所示。

步骤02 分别导入包装的平面素材，然后将光标移至4个角控制点上，按住鼠标左键并拖动，将其等比例缩放，如图11-9所示。

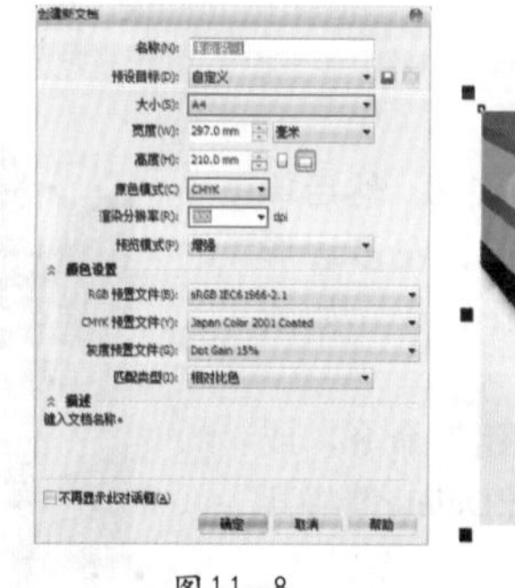

图11-8

图11-9

步骤03 单击正面平面效果图，执行“位图>三维效果>三维旋转”命令，在弹出的“三维旋转”面板中设置“垂直”为5，“水平”为22，单击“确定”按钮，如图11-10所示。

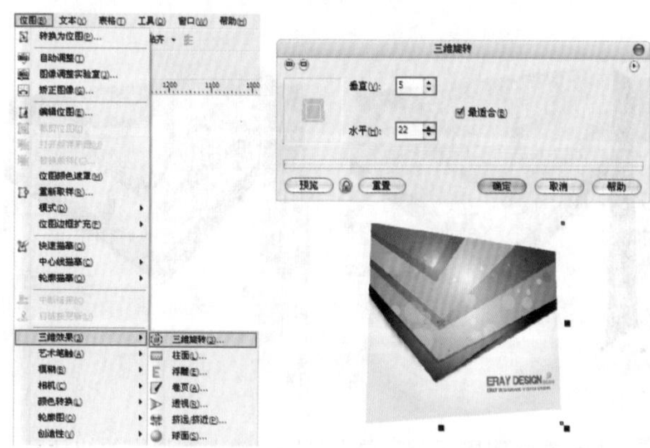

图11-10

步骤04 单击侧面素材，执行“位图>三维效果>三维旋转”命令，在弹出的“三维旋转”面板中设置“垂直”为5，“水平”为-22，单击“确定”按钮，如图11-11所示。

步骤05 双击左侧图像，将光标移至4个角的控制点上，按住鼠标左键并拖动将其旋转至合适的角度，贴合在正面包装一侧，如图11-12所示。

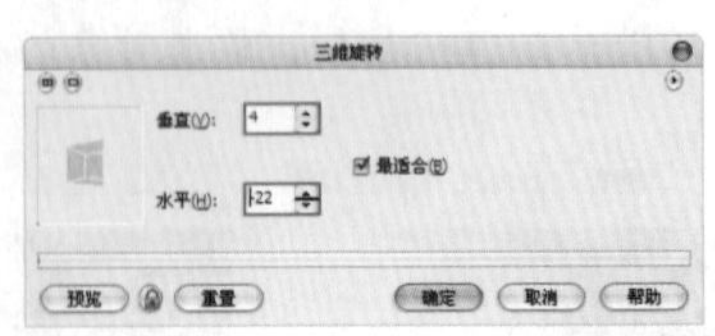

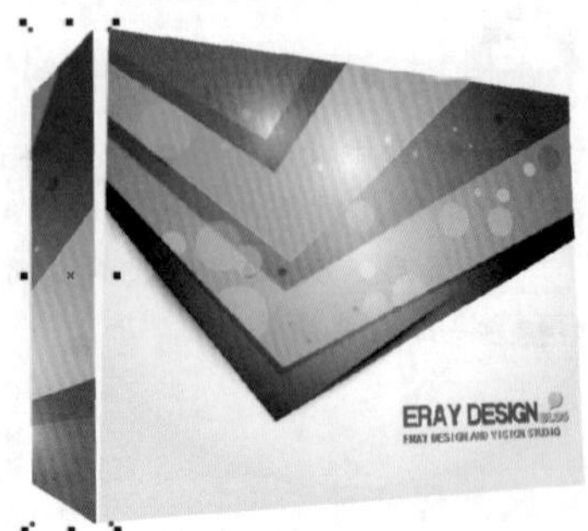

图11—11

步骤06 以同样方法制作侧面的另一部分。导入素材，放在如图11-13所示的位置。

步骤07 单击工具箱中的“钢笔工具”按钮，在包装袋左侧绘制一个合适大小的矩形，并将其填充为黑色；然后单击工具箱中的“透明度工具”按钮，在黑色矩形上按住鼠标左键并拖动，制作侧面暗部效果，如图11-14所示。

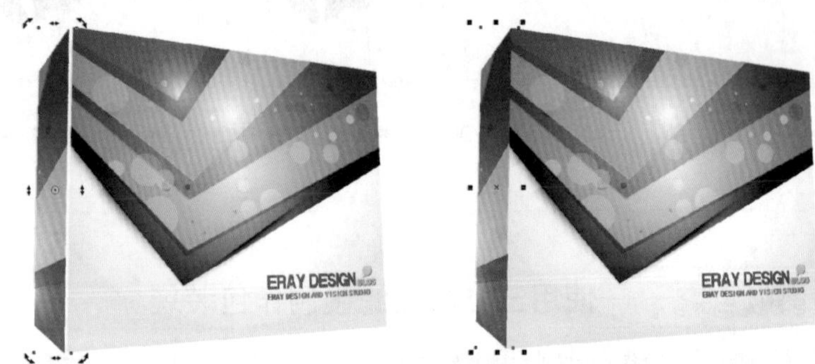

图11—12

步骤08 使用钢笔工具绘制包装袋底部，然后单击工具箱中的“阴影工具”按钮，在多边形上按住鼠标左键并拖动，设置阴影效果，如图11-15所示。

步骤09 执行“排列>拆分阴影群组”命令，或按Ctrl+K键，选择黑色多边形，按Delete键将其删除，如图11-16所示。

图11—13

图11—14　　图11—15

步骤10 选择阴影部分，单击鼠标右键，在弹出的快捷菜单中执行“顺序>到图层后面”命令，将其移动到合适位置，最终效果如图11-17所示。

图11—16　　图11—17

11.2.2 柱面

利用“柱面”滤镜可以沿着圆柱体的表面贴上图像，创建出贴图的三维效果。

选择位图图像，执行“位图＞三维效果＞柱面”命令，弹出“柱面”面板，如图11-18所示。在“柱面模式”选项组中选中“水平”或“垂直”单选按钮，进行相应方向的延伸或挤压，然后拖动“百分比”滑块，或在其右侧的数值框内输入数值；单击“预览”按钮查看图像效果；最后单击“确定”按钮结束操作，如图11-19所示。

图11—18　　图11—19

11.2.3 浮雕

“浮雕”滤镜可以通过勾画图像的轮廓和降低周围色值来产生视觉上的凹陷或负面突出效果。

方法01 选择位图图像，执行“位图>三维效果>浮雕”命令，在弹出的“浮雕”拖动“深度”滑块，或在右侧的数值框内输入数值，控制浮雕效果的深度，然后依次更改“层次”（“层次”的数值越大，浮雕的效果越明显）和“方向”的数值，如图11-20所示。

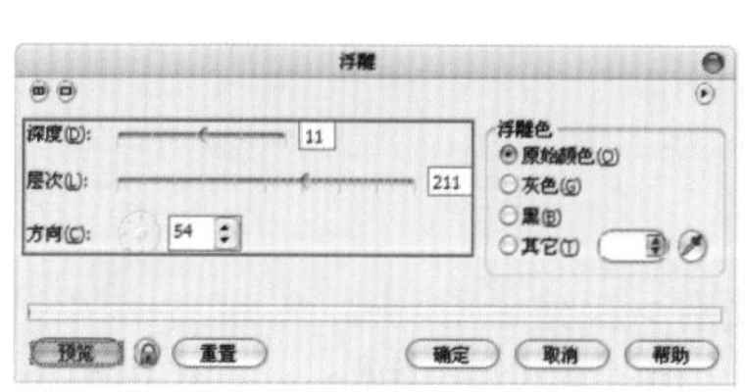

图11—20

方法02 在“浮雕色”选项组中分别选中“原始颜色”、“灰色”、“黑”或“其他”单选按钮，对图像进行不同的设置，然后单击“预览”按钮查看图像效果，最后单击“确定”按钮结束操作，如图11-21所示。

图11-21

> **技巧提示**
>
> 在“浮雕色”选项组中选中“其他”单选按钮，在其右侧的颜色下拉列表框中选择任意颜色，可以使浮雕产生不同的效果，如图11-22所示。
>
> 图11-22

11.2.4 卷页

利用“卷页”滤镜可以使图像的4个角形成向内卷曲的效果。

选择位图图像，执行“位图>三维效果>卷页”命令，在打开的“卷页”面板中单击相应的方向按钮，设置位图卷起页角的位置；然后分别设置“定向”、“纸张”和“颜色”；再拖动滑块调整“高度”和“宽度”（或在数值框内输入数值）；接着单击“预览”按钮，查看调整效果；最后单击“确定”按钮结束操作，如图11-23所示。

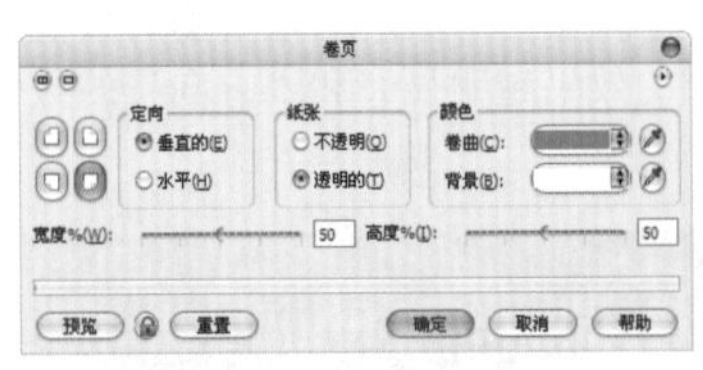

图11-23

实例练习——卷页滤镜的应用

案例文件	实例练习——卷页滤镜应用.cdr
视频教学	实例练习——卷页滤镜应用.flv
难易指数	★★★★★
知识掌握	卷页滤镜、阴影工具、图框精确裁剪

案例效果

本例最终效果如图11-24所示。

操作步骤

步骤01 执行“文件>新建”命令，在弹出的“创建新文档”对话框中设置“大小”为A4，“原色模式”为CMYK，“渲染分辨率”为300，如图11-25所示。

步骤02 导入背景素材文件，调整为合适的大小及位置，如图11-26所示。

图11—24

图11—25

图11—26

步骤03 导入人物照片素材，调整为合适的大小及位置。单击工具箱中的“选择工具”按钮，在其属性栏中单击“水平镜像”按钮，然后双击人像图片，将光标移至4个角的控制点上，按住鼠标左键拖动，将其旋转合适的角度，如图11-27所示。

图11—27

步骤04 执行“位图>三维效果>卷页”命令，在弹出的“卷页”面板中单击“右下角卷页”按钮，设置“宽度”为40，“高度”为25，然后单击“确定”按钮，如图11-28所示。

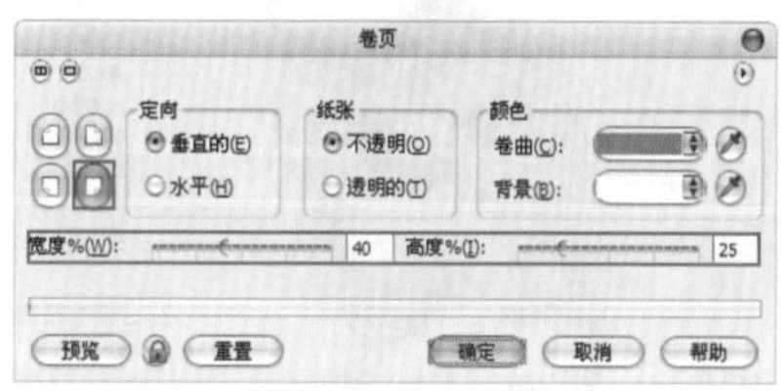

图11—28

步骤05 单击工具箱中的“钢笔工具”按钮，在人像素材上绘制一个大小合适的多边形。单击工具箱中的“阴影工具”按钮，在绘制的多边形上按住鼠标左键向右下角拖动，制作出阴影部分，如图11-29所示。

步骤06 将绘制的阴影多边形移至一边，然后单击选中人像素材，执行“效果>图框精确剪裁>放置在容器中”命令，当光标变为黑色箭头形状时，单击绘制的多边形，如图11-30所示。

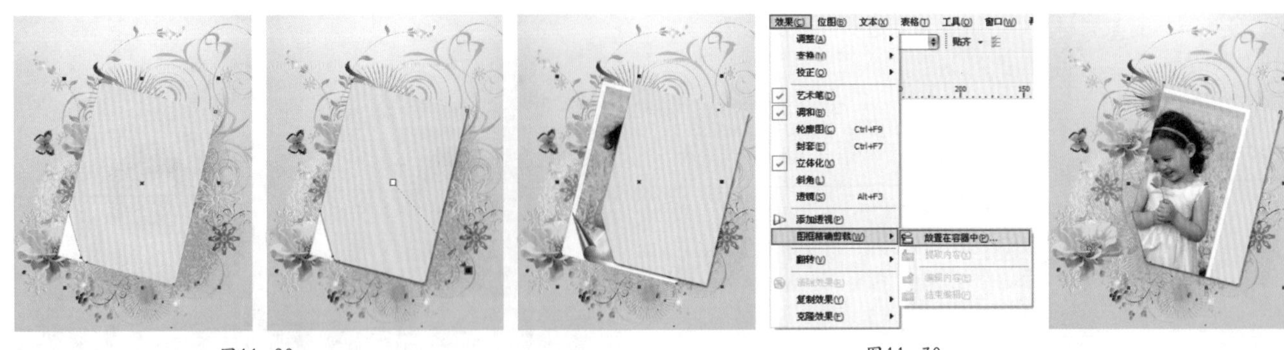

图11-29　　图11-30

步骤07 执行“效果>图框精确剪裁>编辑内容”命令，当多边形变为线框模式时，单击选中人像素材，将其移至多边形内，如图11-31所示。

步骤08 执行“效果>图框精确剪裁>结束编辑”命令，将裁剪后的图像移至合适的位置，如图11-32所示。

步骤09 导入花纹素材图像，调整为合适的大小及位置，最终效果如图11-33所示。

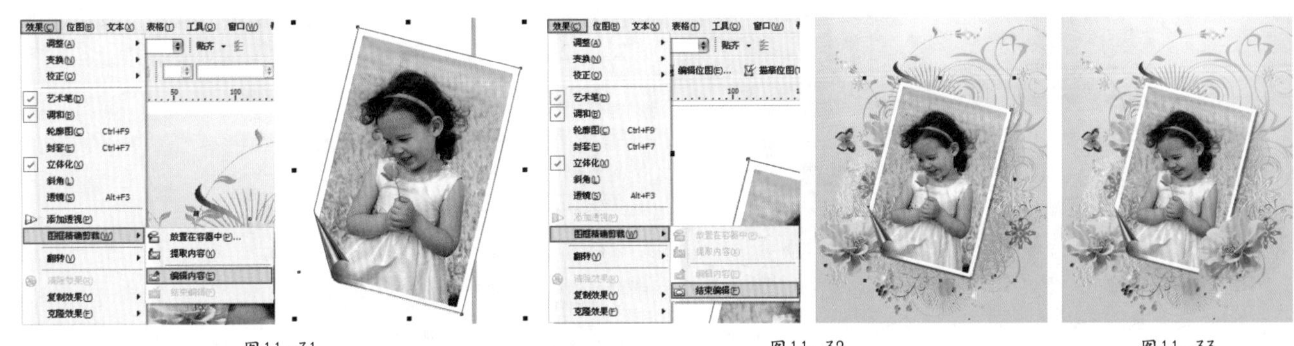

图11-31　　图11-32　　图11-33

11.2.5 透视

利用“透视”滤镜可以调整图像4角的控制点，为其添加三维透视效果。

方法01 选择位图图像，执行“位图>三维效果>透视”命令，在弹出的“透视”面板中选中“类型”选项组中的“透视”单选按钮，在左侧的预览图上单击，然后按住四角的白色节点并拖动，再单击“预览”按钮查看调整效果，如图11-34所示。

图11-34

方法02 在“透视”面板中选中“类型”选项组中的“切边”单选按钮，在左侧的预览图上单击，然后按住四角的白色节点并拖动，再单击“预览”按钮查看调整效果；最后单击“确定”按钮结束操作，如图11-35所示。

图11—35

实例练习——使用透视滤镜制作三维空间

案例文件	实例练习——使用透视滤镜制作三维空间.cdr
视频教学	实例练习——使用透视滤镜制作三维空间.flv
难易指数	
技术要点	图框精确剪裁、转换为位图、三维效果

案例效果

本例最终效果如图11-36所示。

图11—36

操作步骤

步骤01 执行“文件>新建”命令，在弹出的“创建新文档”对话框中设置“大小”为A4，“原色模式”为CMYK，“渲染分辨率”为300，如图11-37所示。

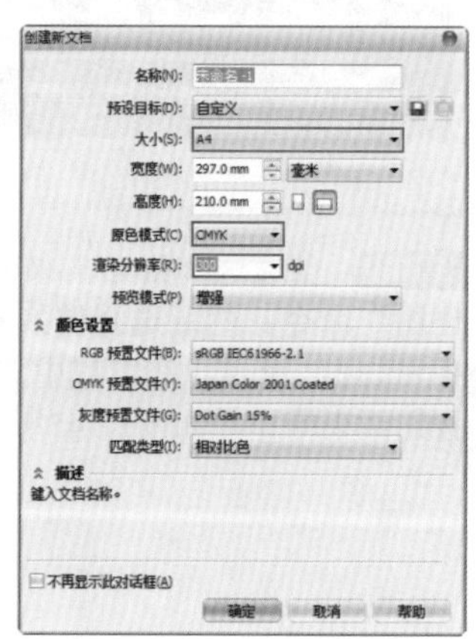

图11—37

步骤02 单击工具箱中的“矩形工具”按钮□，绘制一个合适大小的矩形，然后在属性栏中单击“圆角”按钮，设置圆角半径为2mm，并将轮廓线颜色设置为蓝色，如图11-38所示。

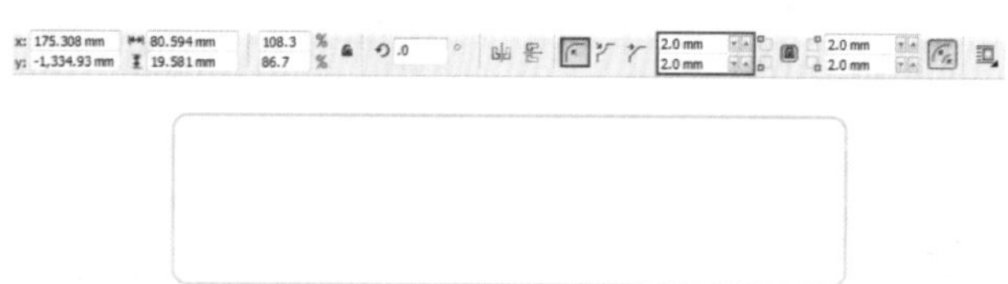

图11—38

步骤03 以同样方法绘制出多个大小不同的圆角蓝色矩形，并调整为合适的大小及位置，然后框选所有圆角矩形，单击鼠标右键，在弹出的快捷菜单中执行“群组”命令，或按Ctrl+G键，如图11-39所示。

转换为曲线(V) Ctrl+Q
合并(C) Ctrl+L
群组(G) Ctrl+G
撤消取消群组(U) Ctrl+Z
剪切(T) Ctrl+X
复制(C) Ctrl+C
删除(L) 删除
锁定对象(L)

图11—39

步骤04 使用矩形工具绘制一个合适大小的矩形，然后选择群组矩形框，执行“效果>图框精确剪裁>放置在容器中”命令，将其置入矩形框内，并设置轮廓线宽度为“无”，如图11-40所示。

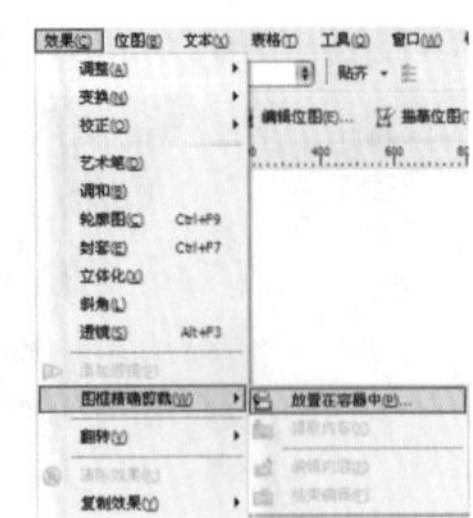

图11－40

步骤05 执行“文件>导入”命令，导入素材文件，然后单击鼠标右键，在弹出的快捷菜单中执行“顺序>向后一层”命令，将其放置在蓝色矩形框图层后，如图11-41所示。

图11－41

步骤06 使用矩形工具绘制一个矩形；然后在工具箱中单击填充工具组中的“渐变填充”按钮，在弹出的“渐变填充”对话框中设置“类型”为“线性”，在“颜色调和”选项组中选中“自定义”单选按钮，将颜色设置为深蓝色渐变，单击“确定”按钮；最后设置轮廓线的颜色为浅蓝色，如图11-42所示。

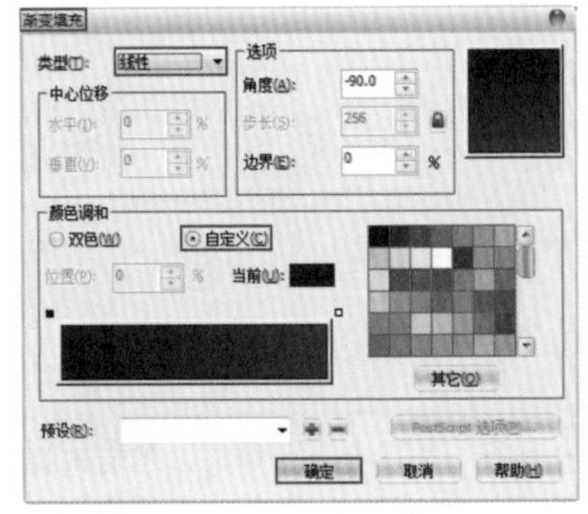

图11－42

步骤07 使用矩形工具绘制一个矩形，在属性栏中设置圆角半径为1.0mm；然后在工具箱中单击填充工具组中的“渐变填充”按钮，在弹出的“渐变填充”对话框中设置“类型”为“线性”，在“颜色调和”选项组中选中“自定义”单选按钮，将颜色设置为浅一点儿的蓝色渐变，单击“确定”按钮；最后设置轮廓线的颜色为浅蓝色，如图11-43所示。

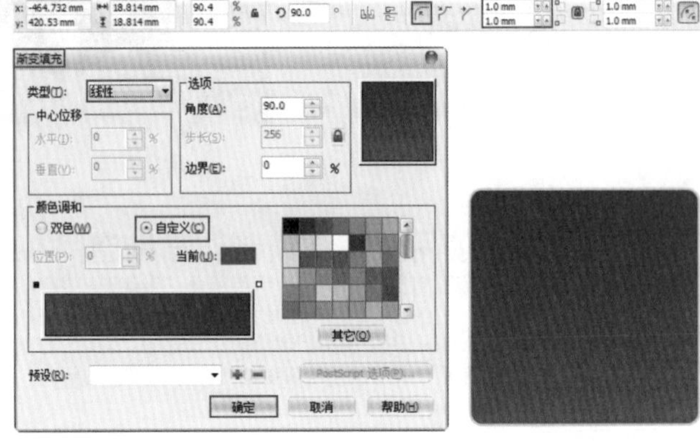

图11－43

步骤08 将浅蓝色渐变矩形放置在深蓝色渐变矩形上，然后框选两个矩形，单击鼠标右键，在弹出的快捷菜单中执行“群组”命令；接着大量复制群组后的图形，并将它们排列、整理成一个新的矩形；再选择拼凑出来的大矩形，单击鼠标右键，在弹出的快捷菜单中执行“群组”命令，如图11-44所示。

图11－44

步骤09 点选这个拼贴出来的大矩形，执行“位图>转为位图”命令。然后选择转换的位图，执行“位图>三维效果>透视”命令，在窗口中调整透视角度，单击“确定”按钮结束操作，如图11-45所示。

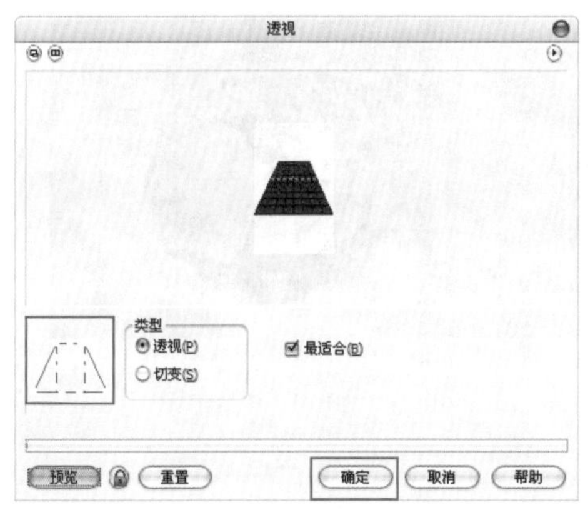

图11—45

技巧提示

选择绘制的所有矩形，执行“排列>对齐和分布>对齐与分布”命令，弹出“对齐与分布”对话框。在“对齐”选项卡中选中“中”复选框，然后选择“分布”选项卡，选中“间距”复选框，单击“应用”按钮结束操作。

步骤10 复制出另一个透视图形，并垂直镜像。将绘制好的两个透视图形与前面的位图相结合，如图11-46所示。

步骤11 使用矩形工具绘制一个大小合适的矩形，选择上一步绘制的图形，执行“效果>图框精确剪裁>放置在容器中”命令，将其放置在矩形框内，并设置轮廓线宽度为“无”，效果如图11-47所示。

步骤12 执行“文件>导入”命令，导入立体素材文件，设置为合适的大小，放入制作的立体背景的中心处，如图11-48所示。

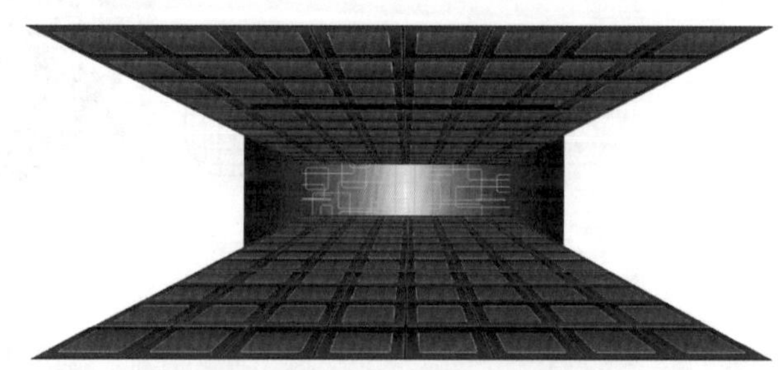

图11—46

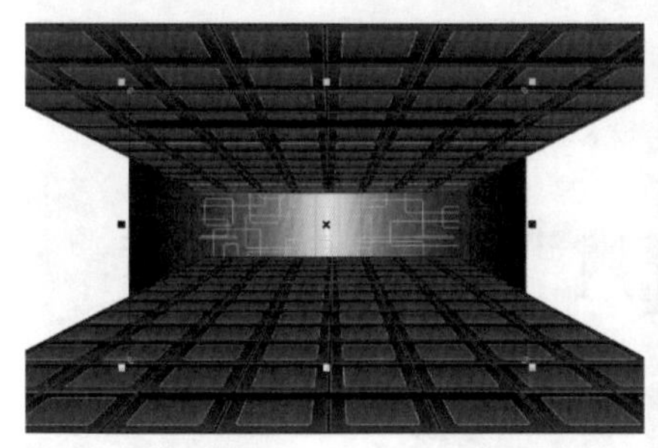

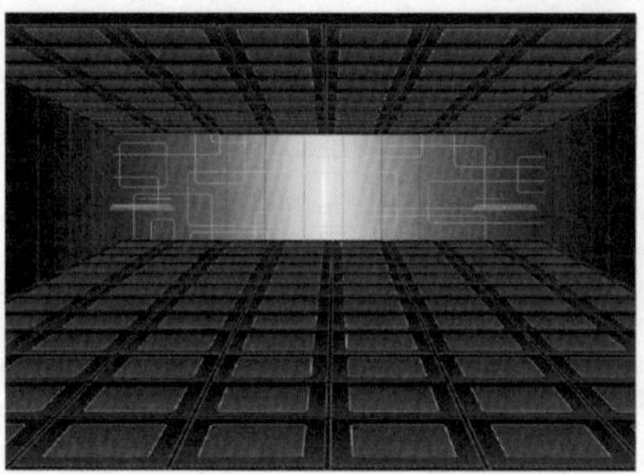

图11—47

图11—48

11.2.6 挤远/挤近

“挤远/挤近”滤镜可以覆盖图像的中心位置，使其产生或远或近的距离感。

选择位图图像，执行“位图>三维效果>挤远/挤近”命令，在弹出的“挤远/挤近”面板中拖动“挤远/挤近”滑块，或在后面的数值框内输入数字（设置的目的是使图像产生变形效果），然后单击 “预览”按钮查看调整效果，最后单击“确定”按钮结束操作，如图11-49所示。

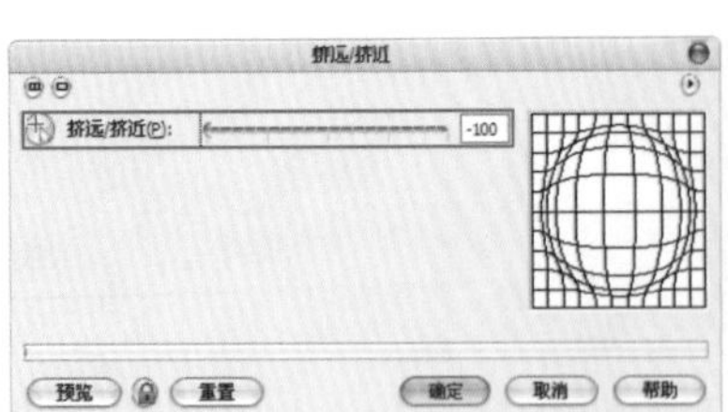

图11—49

11.2.7 球面

“球面”滤镜命令的应用可以将图像中接近中心的像素向各个方向的边缘扩展，且越接近边缘的像素越紧凑。

选择位图图像，执行“位图>三维效果>球面”命令，在弹出的“球面”面板中拖动“百分比”滑块，或在后面的数值框内输入数字（设置的目的是使图像产生变形效果，向右拖动是凸出球面，向左移动是凹陷球面），然后单击“预览”按钮查看调整效果，最后单击“确定”按钮结束操作，如图11-50所示。

图11—50

11.3 艺术笔触效果

通过艺术笔触滤镜组中的各种滤镜，可以对位图进行一些特殊的处理，使其产生犹如运用自然手法绘制的效果，显示出艺术画的风格，如图11-51所示。

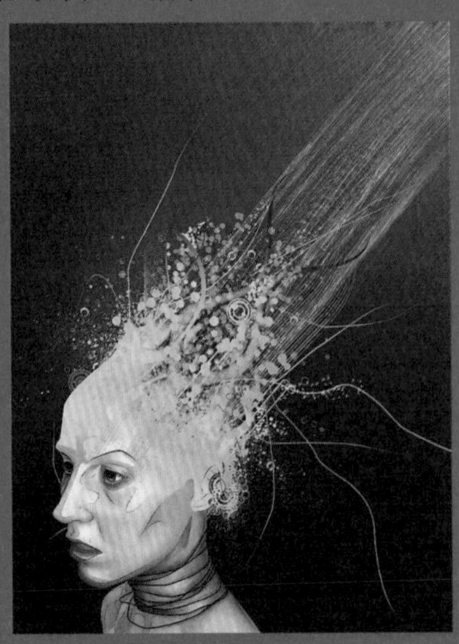

图11—51

11.3.1 炭笔画

“炭笔画”滤镜可以使图像产生类似于使用炭笔绘制的效果。

选择位图图像，执行“位图>艺术笔触>炭笔画”命令，在弹出的“炭笔画”面板中分别拖动“大小”和“边缘”滑块，或在后面的数值框内输入数字，设置画笔的粗细及边缘强度；然后单击“预览”按钮，查看调整效果；最后单击确定按钮结束操作，如图11-52所示。

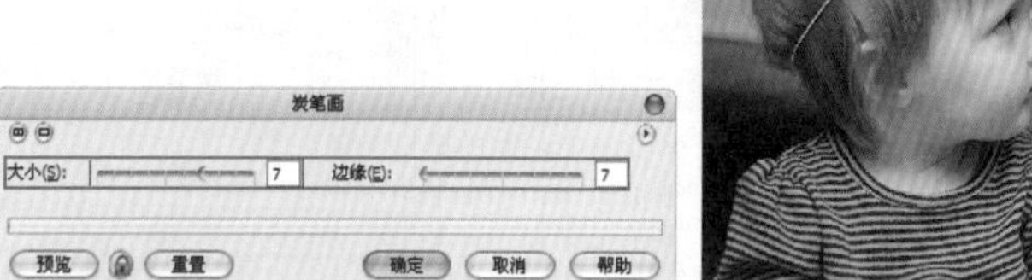

图11—52

技巧提示

在“炭笔画”面板中，单击左上角的按钮，可显示出预览区域；当按钮变为时，再次单击可显示出对象设置前后的对比效果；单击左边的按钮，可收起预览图，如图11—53所示。

预览后，如果对效果不太满意，可以单击重置按钮，恢复对象的原始状态，以便重新设置。

图11—53

11.3.2 单色蜡笔画

“单色蜡笔画”滤镜可以使图像产生一种只有单色的蜡笔（类似于硬铅笔绘制）效果。

选择位图图像，执行“位图>艺术笔触>单色蜡笔画”命令，打开“单色蜡笔画”面板；在“单色”选项组中，选择一种或多种蜡笔颜色；在“纸张颜色”下拉列表框中选择纸张的颜色；分别拖动“压力”和“底纹”滑块，或在后面的数值框内输入数值，设置蜡笔在位图上绘制颜色的轻重及位图底纹的粗细程度；然后单击“预览”按钮，查看调整效果；最后单击“确定”按钮结束操作，如图11-54所示。

图11—54

11.3.3 蜡笔画

“蜡笔画”滤镜同样可以使图像产生蜡笔绘制效果，但是其基本颜色不变，且颜色会分散到图像中去。

选择位图图像，执行“位图>艺术笔触>蜡笔画”命令，在弹出的“单色蜡笔画”面板中分别拖动“大小”和“轮廓”滑块，或在后面的数值框内输入数值，设置画笔的粗细及边缘强度；然后单击“预览”按钮，查看调整效果；最后单击“确定”按钮结束操作，如图11-55所示。

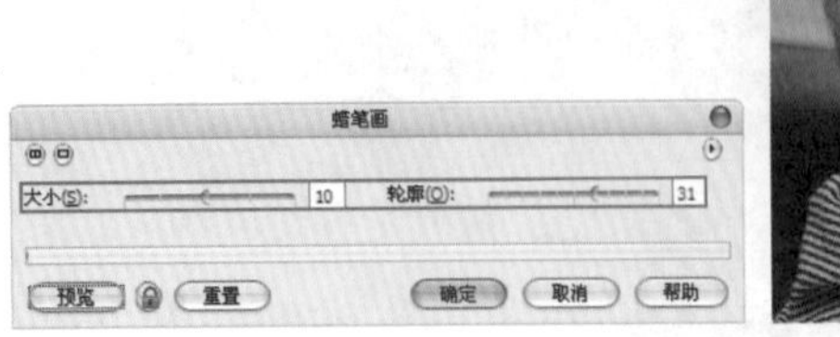

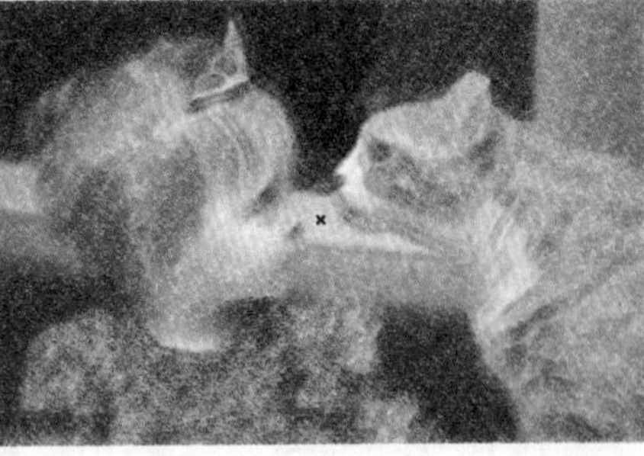

图11—55

11.3.4 立体派

“立体派”滤镜可以将相同颜色的像素组成小的颜色区域，使图像呈现出立体派油画风格。

选择位图图像，执行“位图>艺术笔触>立体派”命令，在弹出的“立体派”面板中分别拖动“大小”和“亮度”滑块，或在后面的数值框内输入数值，设置画笔的粗细及图像的明暗程度；然后打开“纸张色”下拉列表框，从中选择纸张的颜色；接着单击“预览”按钮，查看调整效果；最后单击“确定”按钮结束操作，如图11-56所示。

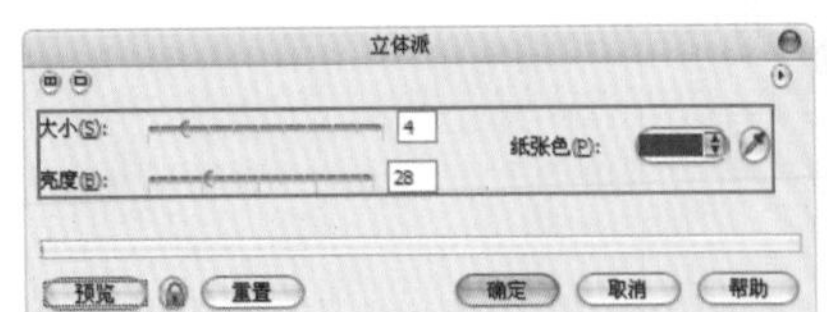

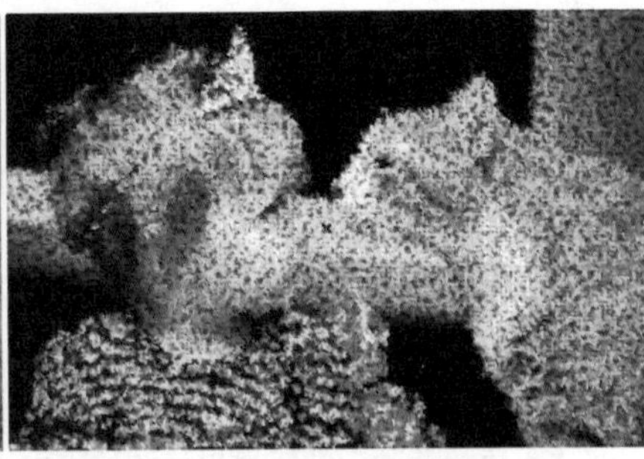

图11—56

11.3.5 印象派

“印象派”滤镜是模拟运用油性颜料进行绘画，将图像转换为小块的纯色，从而制作出类似印象派作品的效果。

方法01 选择位图图像，执行“位图>艺术笔触>立体派”命令，打开“印象派”面板；在“样式”选项组中选中“笔触”单选选项，在“技术”选项组中分别拖动“笔触”、“着色”和“亮度”滑块，或在后面的数值框内输入数值；然后单击“预览”按钮，查看调整效果，如图11-57所示。

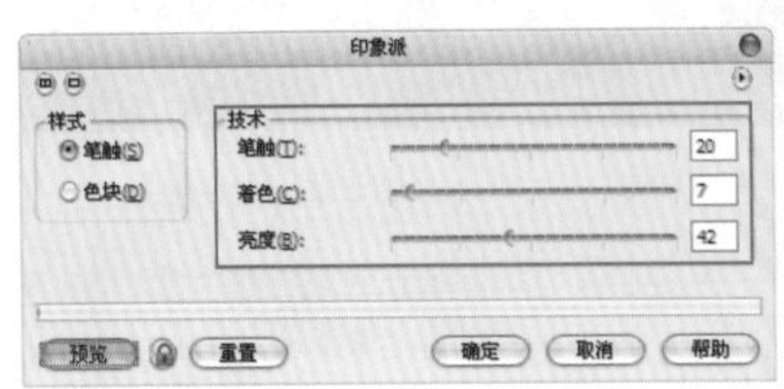

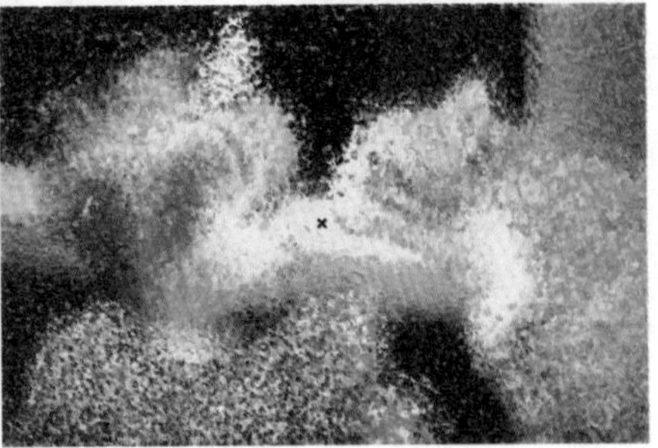

图11—57

方法02 在“样式”选项组中选中“色块”单选按钮；在“技术”选项组中分别拖动“色块大小”、“着色”和“亮度”滑块，或在后面的数值框内输入数值；完成设置后，单击“确定”按钮结束操作，如图11-58所示。

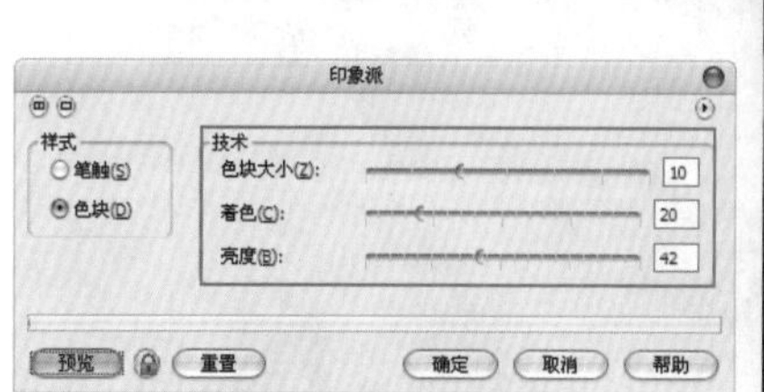

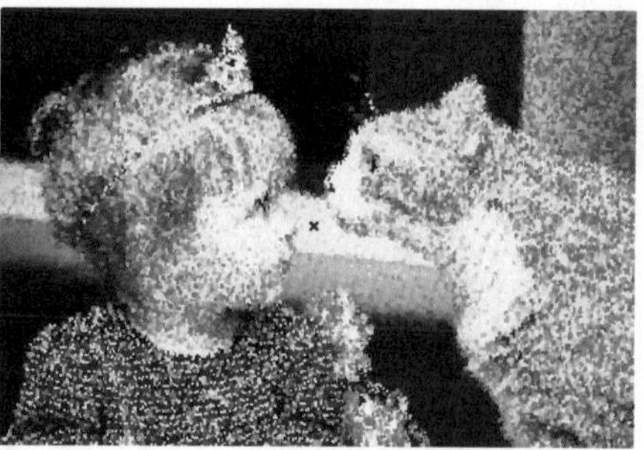

图11—58

11.3.6 调色刀

“调色刀”滤镜可以使图像产生类似使用调色板、刻刀绘制而成的效果（使用刻刀替换画笔可以使图像中相近的颜色相互融合，减少了细节，从而产生写意效果）。

选择位图图像，执行“位图>艺术笔触>调色刀”命令，在弹出的“调色刀”面板中分别拖动“刀片尺寸”和“柔软边缘”滑块，或在后面的数值框内输入数值，设置笔画的长度及边缘强度；在“角度”数值框内输入数值，定义创建笔触的角度；然后单击“预览”按钮，查看调整效果；最后单击“确定”按钮结束操作，如图11-59所示。

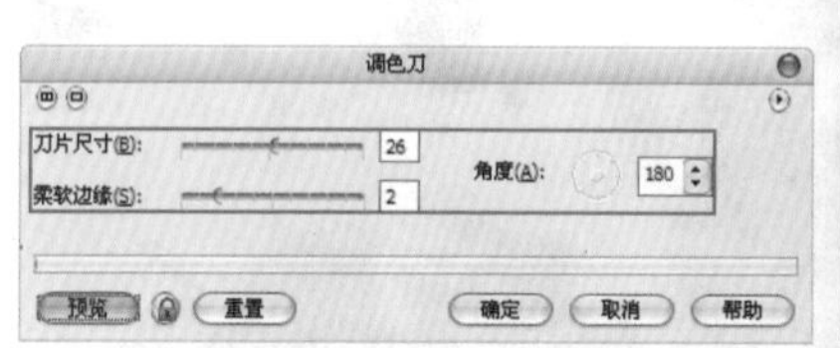

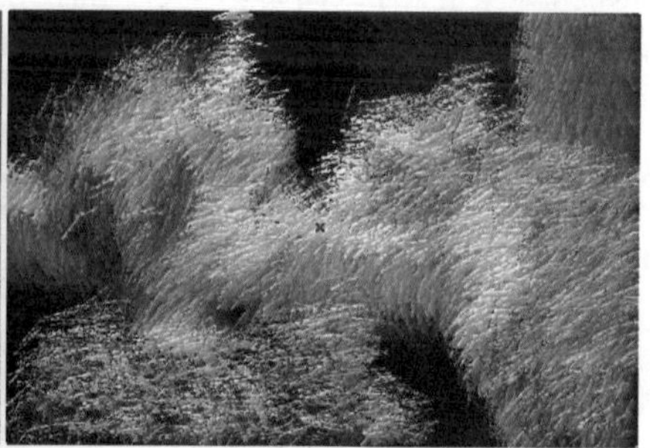

图11—59

11.3.7 彩色蜡笔画

彩色蜡笔画滤镜可以用来创建彩色蜡笔画效果。

方法01 选择位图图像，执行“位图>艺术笔触效果>彩色蜡笔画”命令，打开“彩色蜡笔画”面板；在“彩色蜡笔类型”选项组中选中“柔性”单选按钮；分别拖动“笔触大小”和“角度变化”滑块，或在后面的数值框内输入数值，依次设置笔刷的长度及为图像添加的颜色变化；然后单击“预览”按钮，查看调整效果，如图11-60所示。

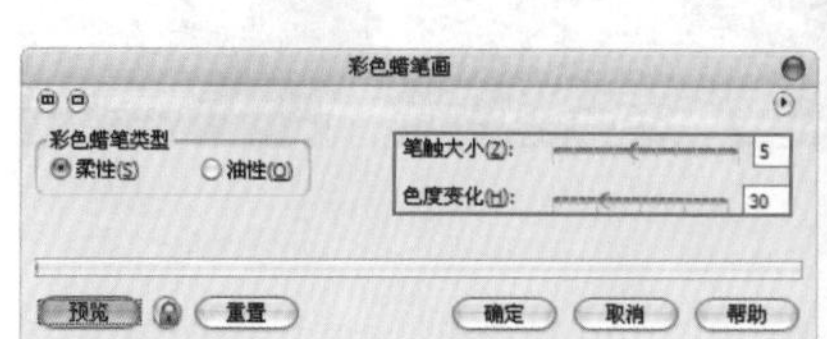

图11—60

方法02 在“彩色蜡笔类型”选项组中选中“油性”单选按钮；分别拖动“笔触大小”和“角度变化”滑块，或在后面的数值框内输入数值，依次设置笔刷的长度及为图像添加的颜色变化；完成设置后，单击“确定”按钮结束操作，如图11-61所示。

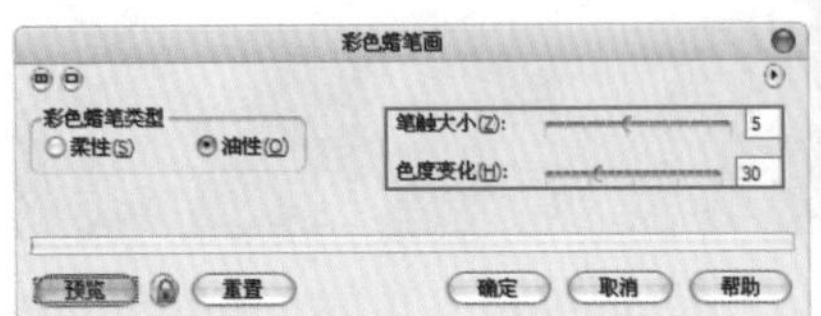

图11—61

11.3.8 钢笔画

“钢笔画”滤镜可以使图像产生钢笔素描效果，看起来就像是用灰色钢笔和墨水绘制而成的。

方法01 选择位图图像，执行“位图>艺术笔触>钢笔画”命令，打开“钢笔画”面板；在“样式”选项组中选中“交叉阴影”单选按钮；分别拖动“密度”和“墨水”滑块，或在后面的数值框内输入数值，依次设置墨水点或笔画的强度及沿着边缘的墨水数值大小（其数值越大，画面越接近黑色）；然后单击“预览”按钮，查看调整效果，如图11-62所示。

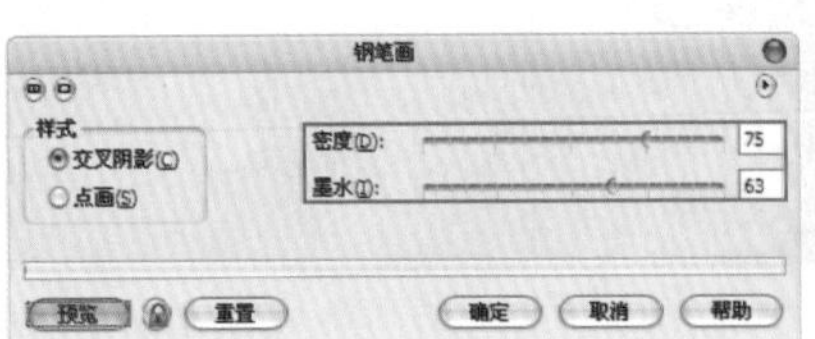

图11—62

方法02 在“样式”选项组中选中“点化”单选按钮；分别拖动“密度”和“墨水”滑块，或在后面的数值框内输入数值，分别设置墨水点或笔画的强度及沿着边缘的墨水数值大小；完成设置后，单击“确定”按钮结束操作，如图11-63所示。

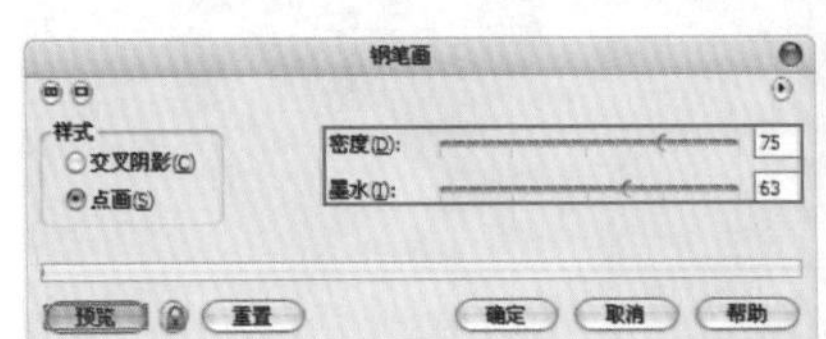

图11—63

11.3.9 点彩派

“点彩派”滤镜是将位图图像中相邻的颜色融合为一个一个的点状色素点，并将这些色素点组合成形状，使图像看起来是由大量的色素点组成的。

选择位图图像，执行“位图>艺术笔触效果>点彩派”命令，在弹出的“点彩派”面板中分别拖动“大小”和“亮度”滑块，或在后面的数值框内输入数值，设置点的大小及画面的明暗程度；然后单击“预览”按钮，查看调整效果；最后单击“确定”按钮结束操作，如图11-64所示。

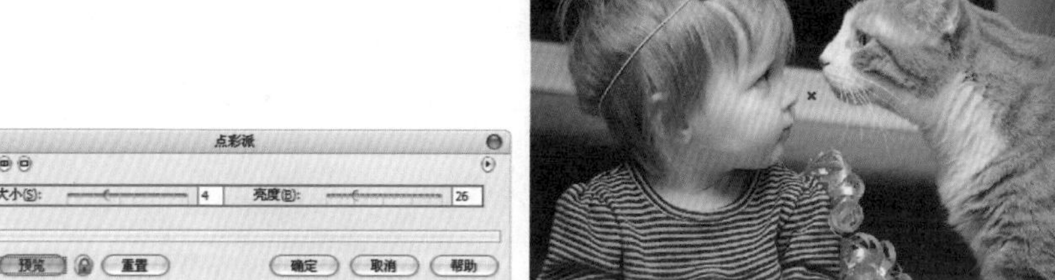

图11—64

11.3.10 木版画

“木版画”滤镜可以使图像产生类似粗糙彩纸的效果，即看起来就好像是由几层彩纸构成的（底层包含彩色或白色，上层包含黑色）。

方法01 选择位图图像，执行“位图>艺术笔触效果>木版画”命令，打开“木版画”面板；在“刮痕至”选项组中选中“颜色”单选按钮；然后拖动“密度”和“大小”滑块，或在后面的数值框内输入数值，分别设置笔画的浓密程度及画笔的大小；接着单击“预览”按钮，查看调整效果，如图11-65所示。

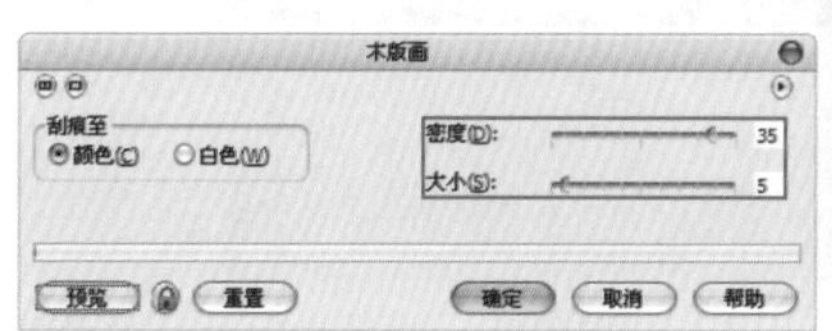

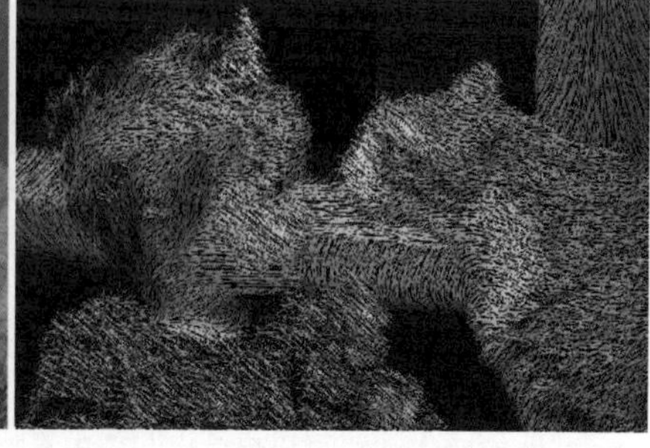

图11—65

方法02 在“刮痕至”选项组中选中“白色”单选按钮；然后拖动“密度”和“大小”滑块，或在后面的数值框内输入数值，分别设置笔画的浓密程度及画笔的大小；完成设置后，单击“确定”按钮结束操作，如图11-66所示。

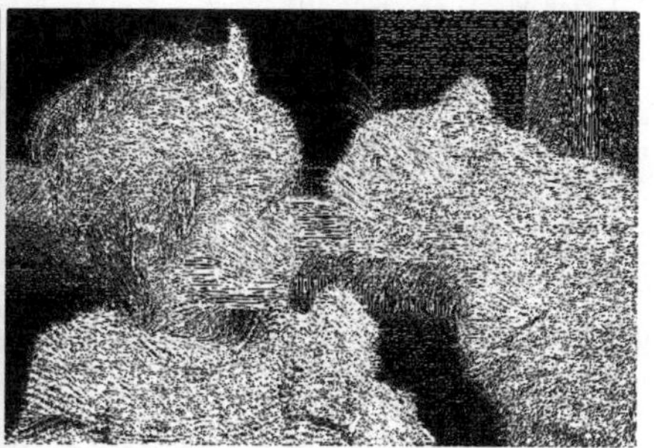

图11—66

11.3.11 素描

“素描”滤镜是模拟石墨或彩色铅笔的素描，使图像产生扫描草稿的效果。

方法01 选择位图图像，执行“位图>艺术笔触>素描”命令，打开“素描”面板；在“铅笔类型”选项组中选中“碳色”单选按钮；然后分别拖动“样式”、“笔芯”和“轮廓”滑块，或在后面的数值框内输入数值，依次设置石墨的粗糙程度、铅笔颜色的深浅及图像边缘的厚度（其数值越大，图像的轮廓越明显）；接着单击“预览”按钮，查看调整效果，如图11-67所示。

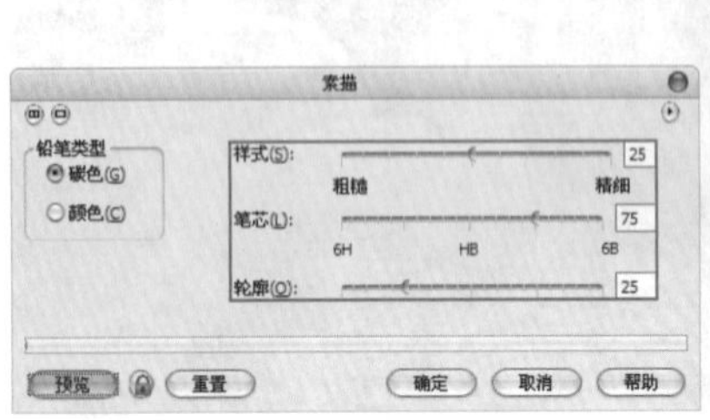

图11—67

方法02 在“铅笔类型”选项组中选中“颜色”单选按钮；然后分别拖动“样式”、“压力”和“轮廓”滑块，或在后面的数值框内输入数值，设置石墨的粗糙程度、铅笔颜色的深浅及图像边缘的厚度；完成设置后，单击“确定”按钮结束操作，如图11-68所示。

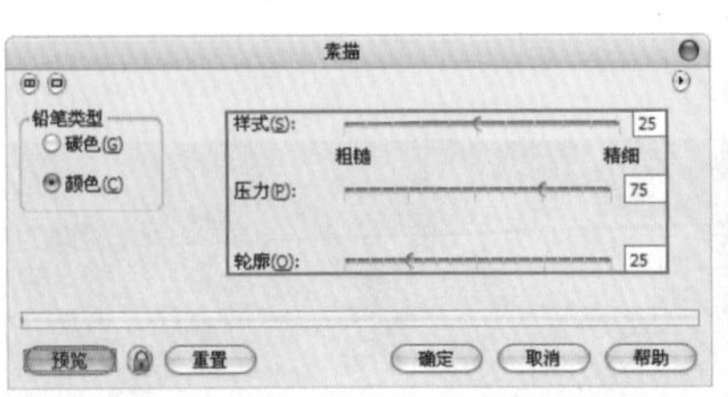

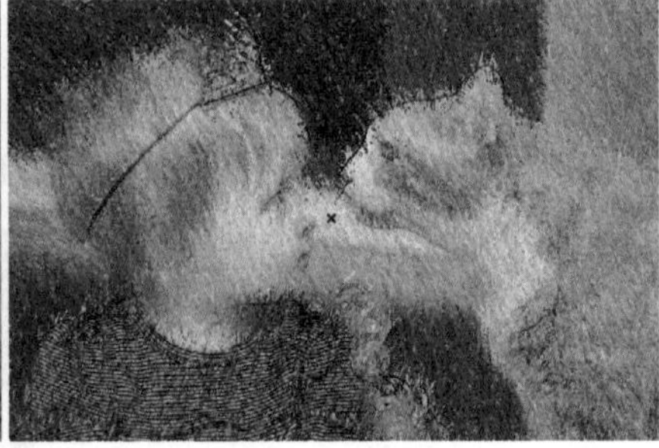

图11—68

11.3.12 水彩画

“水彩画”滤镜可以描绘出图像中景物的形状，然后进行简化、混合、渗透等调整，使其产生水彩画的效果。

选择位图图像，执行“位图>艺术笔触>水彩画”命令，在弹出的“水彩画”面板中拖动“画刷大小”滑块，设置水彩的斑点大小；拖动“粒状”滑块，设置纸张的纹理和颜色的强度；拖动“水量”滑块，设置应用到画面中水的效果；拖动“出血”滑块，设置颜色之间的扩散程度，拖动“亮度”滑块，设置图像中的亮度（对于以上参数，也可通过在数值框内输入数值来设置）；然后单击“预览”按钮，查看调整效果；最后单击“确定”按钮结束操作，如图11-69所示。

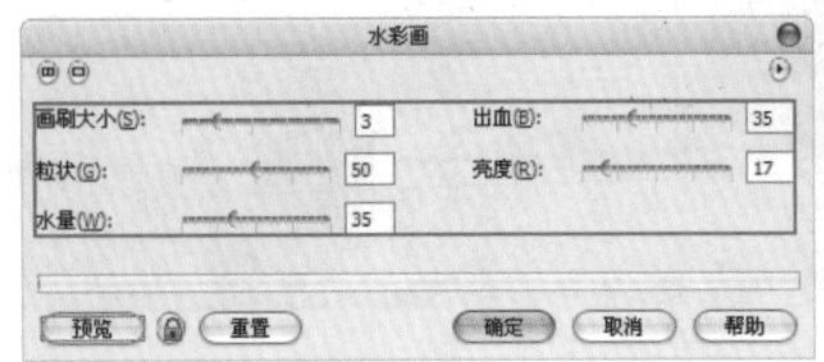

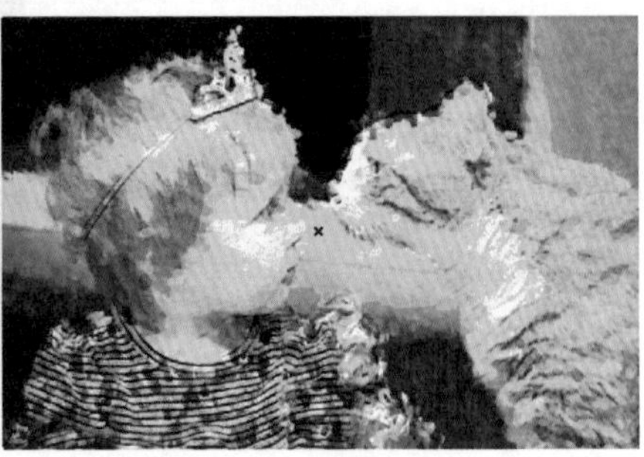

图11—69

11.3.13 水印画

“水印画”滤镜可以创建一种水溶性的标记，使图像产生水彩斑点绘画的效果。

方法01 选择位图图像，执行“位图>艺术笔触>水印画”命令，打开“水印画”面板；在“变化”选项组中选中“默认”单选按钮；然后分别拖动“大小”和“颜色变化”滑块，或在后面的数值框内输入数值，依次设置画笔的整体大小及颜色的对比度和尖锐度；接着单击“预览”按钮，查看调整效果，如图11-70所示。

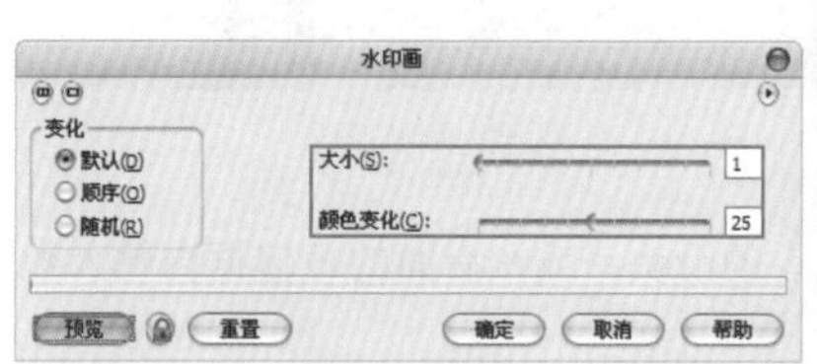

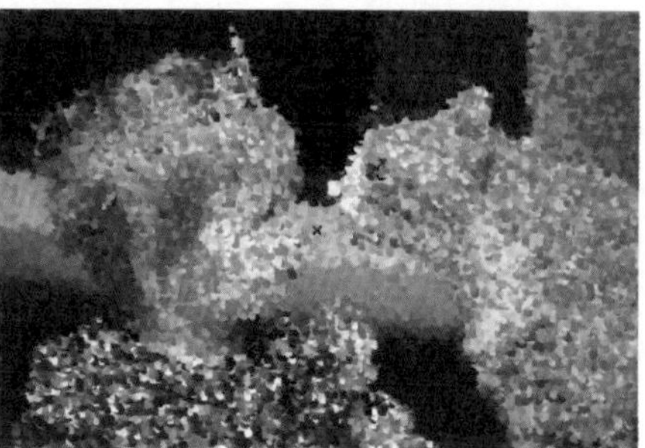

图11－70

方法02 在“变化”选项组中选中“顺序”单选按钮；然后分别拖动“大小”和“颜色变化”滑块，或在后面的数值框内输入数值，依次设置画笔的整体大小及颜色的对比度和尖锐度；接着单击“预览”按钮，查看调整效果，如图11-71所示。

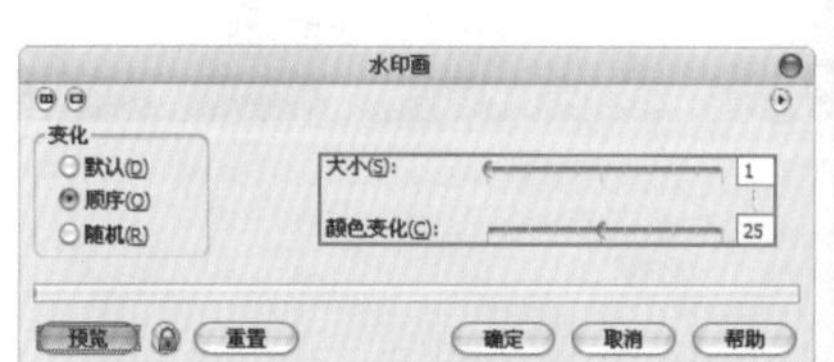

图11－71

方法03 在“变化”选项组中选中“随机”单选按钮，然后分别拖动“大小”和“颜色变化”的滑块，或在后面的数值框内输入数值，依次设置画笔的整体大小及颜色的对比度和尖锐度；完成设置后，单击“确定”按钮结束操作，如图11-72所示。

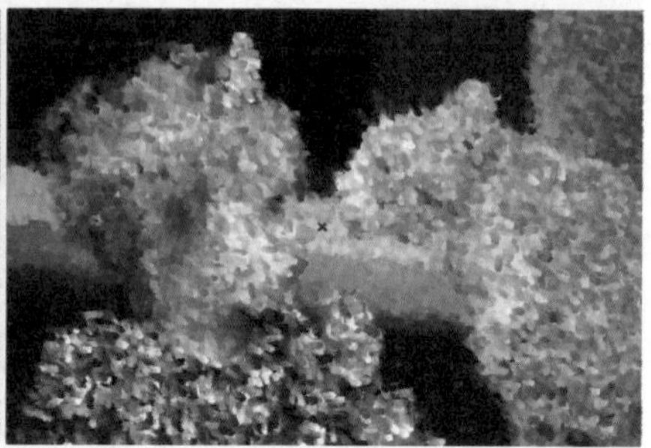

图11－72

11.3.14 波纹纸画

应用“波纹纸画”滤镜后，图像看起来就像是在粗糙或有纹理的纸张上绘制的一样。

方法01 选择位图图像，执行“位图>艺术笔触>波纹纸画”命令，打开“波纹纸画”面板；在“笔刷颜色模式”选项组中选中“颜色”单选按钮；然后拖动“笔刷压力”滑块，或在后面的数值框内输入数值，设置颜色点的强度；接着单击“预览”按钮，查看调整效果，如图11-73所示。

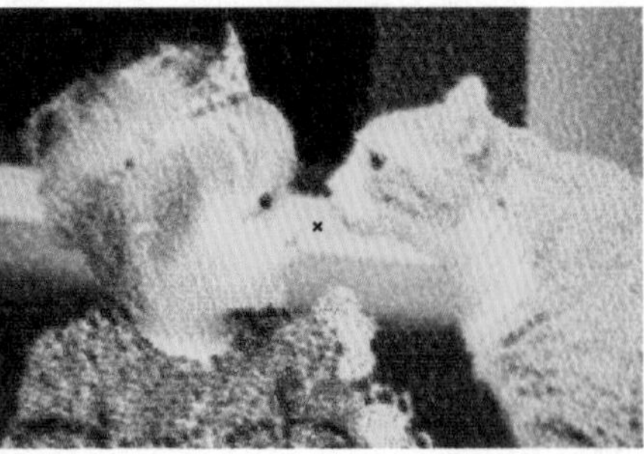

图11－73

方法02 在“笔刷颜色模式”选项组中选中“黑白”单选按钮；然后拖动“笔刷压力”的滑块，或在后面的数值框内输入数值，设置颜色点的强度；完成设置后，单击“确定”按钮结束操作，如图11-74所示。

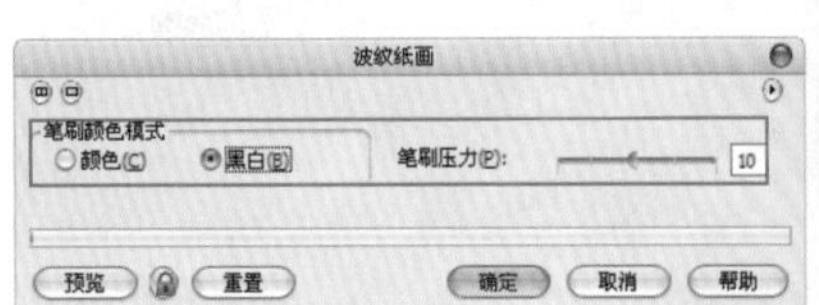

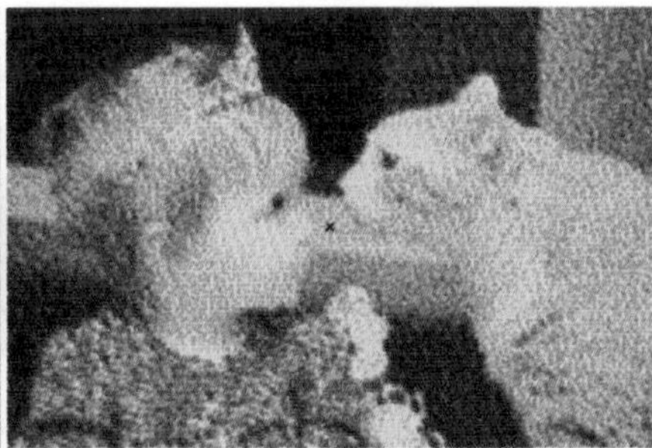

图11－74

11.4 模糊效果

对导入的位图进行编辑、创建一些特殊效果时，经常要用到模糊滤镜组。在模糊滤镜组中，CorelDRAW X5提供了不同效果的多种滤镜，利用这些滤镜可以使平面图像更具动感，如图11-75所示。

图11－75

11.4.1 定向平滑

“定向平滑”滤镜可以在像素间添加微小的模糊效果，从而使图像中的渐变区域趋于平滑且保留边缘细节和纹理。

选择位图图像，执行“位图>模糊>定向平滑”命令，在弹出的“定向平滑”面板中拖动“百分比”滑块，或在右侧的数值框内输入数值，设置平滑效果的强度；然后单击“预览”按钮，查看调整效果；最后单击“确定”按钮结束操作，如图11-76所示。

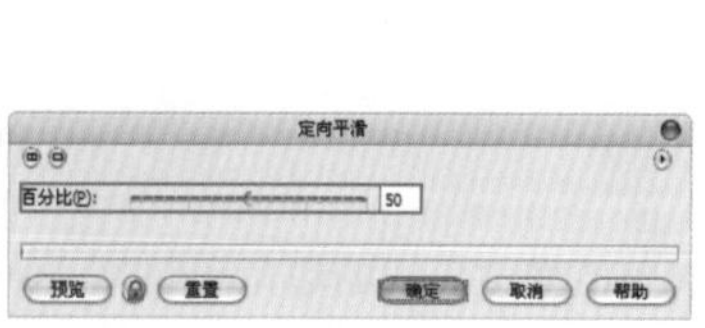

图11—76

技巧提示

在“定向平滑”面板中，单击左上角的按钮，可显示出预览区域；当按钮变为时，再次单击，可显示出对象设置前后的对比效果；单击左边的按钮，可收起预览图，如图11—77所示。

预览后，如果对效果不太满意，可以单击重置按钮，恢复对象的原始状态，以便重新设置。

图11—77

11.4.2 高斯式模糊

“高斯式模糊”滤镜可以根据高斯曲线调节像素颜色值，有选择地模糊图像，使其产生一种朦胧的效果。

选择位图图像，执行“位图>模糊>高斯式模糊”命令，在弹出的“高斯式模糊”面板中拖动“半径”滑块，或在右侧的数值框内输入数值，设置图像的模糊程度；然后单击“预览”按钮，查看调整效果；最后单击“确定”按钮结束操作，如图11-78所示。

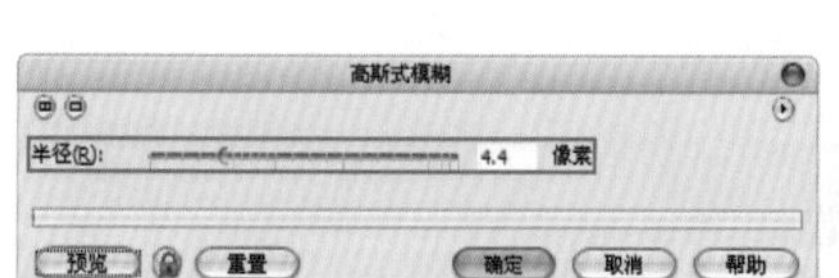

图11—78

11.4.3 锯齿状模糊

“锯齿状模糊”滤镜锯齿状可以用来校正图像，去掉指定区域中的小斑点和杂点。

选择位图图像，执行“位图>模糊>模糊”命令，在弹出的“锯齿状模糊”面板中分别拖动“宽度”和“高度”滑块，或在右侧的数值框内输入数值，设置模糊锯齿的高度与宽度；然后单击“预览”按钮，查看调整效果；最后单击“确定”按钮结束操作，如图11-79所示。

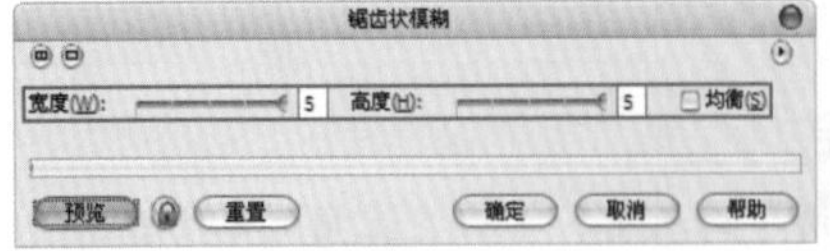

图11—79

技巧提示

在“锯齿状模糊”面板中选中“均衡”复选框后，当修改“宽度”或“高度”中的任意一个数值时，另一个也会随之变动，如图11—80所示。

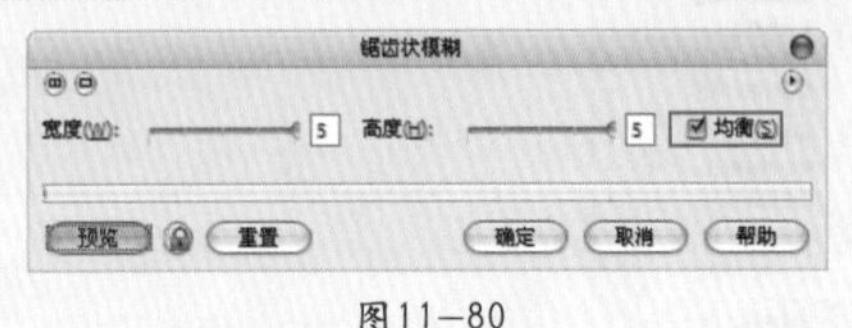

图11—80

11.4.4 低通滤波器

“低通滤波器”滤镜只针对图像中的某些元素，通过它可以调整图像中尖锐的边角和细节，使其模糊效果更加柔和。

选择位图图像，执行“位图>模糊>低通滤波器”命令，在弹出的“低通滤波器”面板中分别拖动“百分比”和“半径”滑块，或在右侧的数值框内输入数值，依次设置模糊效果强度及模糊半径的大小；然后单击“预览”按钮，查看调整效果；最后单击“确定”按钮结束操作，如图11-81所示。

图11—81

11.4.5 动态模糊

“动态模糊”滤镜可以模仿拍摄运动物体的手法，通过将像素在某一方向上进行线性位移来产生运动模糊效果，增强平面图像的动态感。

方法01 选择位图图像，执行“位图>模糊>动态模糊”命令，打开“动态模糊”面板；在“图像外围取样”选项组中选中“忽略图像外的像素”单选按钮；然后拖动“间距”滑块，或在右侧的数值框内输入数值，设置模糊效果的强度；再在“方向”数值框内输入数值，设置模糊的角度；接着单击“预览”按钮，查看调整效果，如图11-82所示。

方法02 在“图像外围取样”选项组中选中“使用纸的颜色”单选按钮；然后拖动“间距”滑块，或在右侧的数值框内输入数值，设置模糊效果的强度；再在“方向”数值框内输入数值，设置模糊的角度；接着单击“预览”按钮，查看图像效果，如图11-83所示。

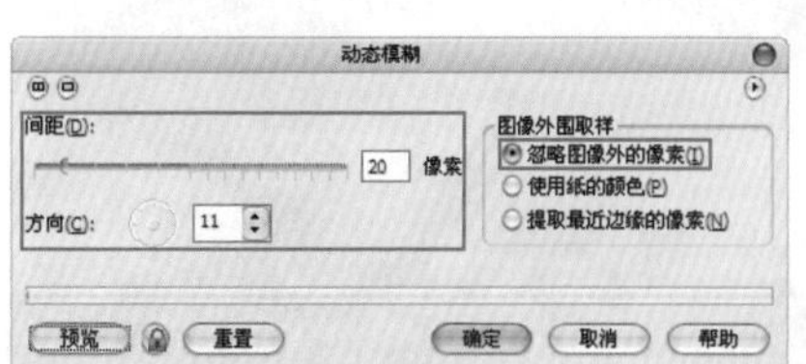

图11-82

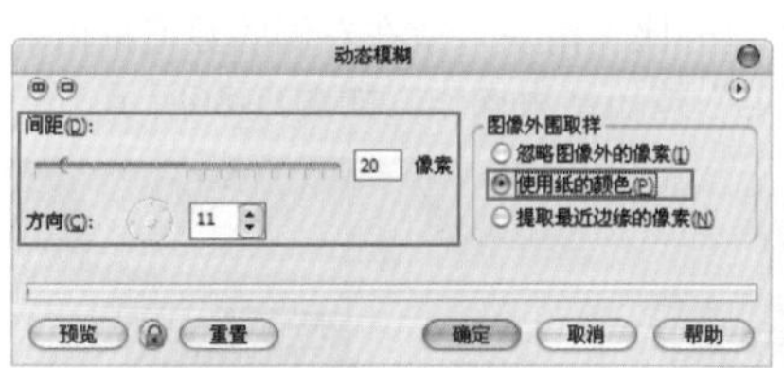

图11-83

方法03 在“图像外围取样”选项组中选中“提取最近边缘的像素”单选按钮；然后拖动“间距”滑块，或在右侧的数值框内输入数值，设置模糊效果的强度；再在“方向”数值框内输入数值，设置模糊的角度；最后单击“确定”按钮结束操作，如图11-84所示。

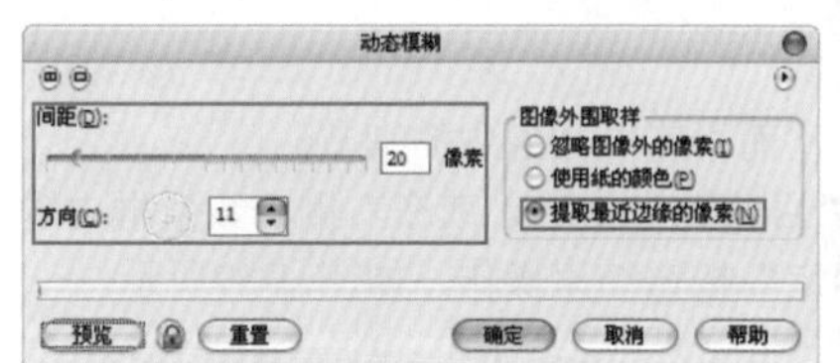

图11-84

11.4.6 放射状模糊

“放射状模糊”滤镜可以使图像产生从中心点放射模糊的效果。

选择位图图像，执行“位图>模糊>放射状模糊”命令，在弹出的“放射状模糊”面板中拖动“数量”滑块，或在右侧的数值框内输入数值，设置放射状模糊效果的强度；然后单击“预览”按钮查看调整效果；最后单击“确定”按钮结束操作，如图11-85所示。

图11-85

11.4.7 平滑

“平滑”滤镜可以减小相邻像素之间的色调差别，使图像产生细微的模糊变化。

选择位图图像，执行“位图>模糊>平滑”命令，在弹出的“平滑”面板中拖动“百分比”滑块，或在右侧的数值框内输入数值，设置平滑效果的强度；然后单击“预览”按钮查看调整效果；最后单击“确定”按钮结束操作，如图11-86所示。

图11-86

11.4.8 柔和

“柔和”滤镜的功能与“平滑”滤镜极为相似，可以使图像产生轻微的模糊变化，而不影响图像中的细节。

选择位图图像，执行“位图>模糊>柔和”命令，在弹出的“柔和”面板中拖动“百分比”滑块，或在右侧的数值框内输入数值，设置柔和效果的强度；然后单击“预览”按钮查看调整效果；最后单击“确定”按钮结束操作，如图11-87所示。

图11-87

11.4.9 缩放

“缩放”滤镜用于创建一种从中心点逐渐缩放的边缘效果，即图像中的像素从中心点向外模糊，离中心点越近，模糊效果就越弱。

选择位图图像，执行“位图>模糊>缩放”命令，在弹出的“缩放”面板中拖动“数量”滑块，或在右侧的数值框内输入数值，设置缩放效果的强度；然后单击“预览”按钮查看调整效果；最后单击“确定”按钮结束操作，如图11-88所示。

图11—88

11.5 相机效果

“相机”滤镜组中只包含一种滤镜，即“扩散”。利用该滤镜可以模仿照相机的原理，使图像形成一种平滑的视觉过渡效果。

选择位图图像，执行“位图>相机>扩散”命令，在弹出的“扩散”面板中拖动“层次”滑块，或在右侧的数值框内输入数值，设置扩散的强度（其数值越大，过渡效果越明显）；然后单击“预览”按钮查看调整效果；最后单击“确定”按钮结束操作，如图11-89所示。

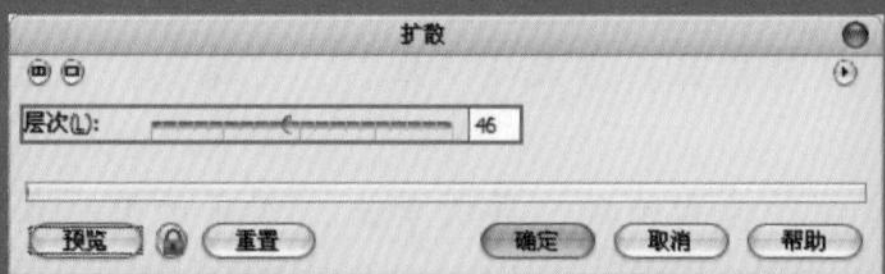

图11—89

技巧提示

在“扩散”面板中，单击左上角的按钮，可显示出预览区域；当按钮变为时，再次单击，可显示出对象设置前后的对比效果；单击左边的按钮，可收起预览图，如图11—90所示。

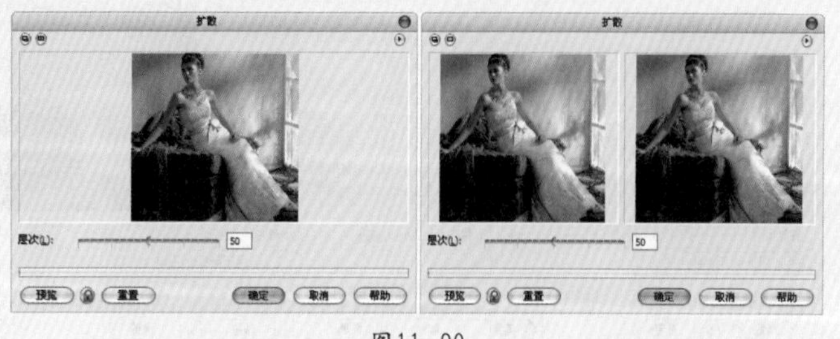

图11—90

11.6 颜色变换效果

“颜色转换”滤镜组中包含“位平面”、“半色调”、“梦幻色调”和“曝光”4种滤镜，利用这些滤镜可以将位图图像模拟成一种胶片印染效果。

11.6.1 位平面

“位平面”滤镜可以将图像中的颜色减少到基本RGB色彩，使用纯色来表现色调。

选择位图图像，执行“位图>颜色转换>位平面”命令，在弹出的“位平面”面板中分别拖动“红”、“绿”和“蓝”滑块，或在右侧的数值框内输入数值，调整其颜色通道；然后单击“预览”按钮查看调整效果；最后单击“确定”按钮结束操作，如图11-91所示。

图11—91

技巧提示

在“位平面”面板中选中“应用于所有位面”复选框后，当改变“红”、“绿”、“蓝”任一参数值，其他选项数值也会随之改变，如图11—92所示。

单击左上角的按钮，可显示出预览区域；当按钮变为时，再次单击，可显示出对象设置前后的对比效果；单击左边的按钮，可收起预览图，如图11—93所示。

预览后，如果对效果不太满意，可以单击重置按钮，恢复对象的原始状态，以便重新设置。

图11—92

图11—93

11.6.2 半色调

“半色调”滤镜可以使图像产生彩色的半色调效果（图像将由用于表现不同色调的一种不同大小的圆点组成）。

选择位图图像，执行“位图>颜色转换>半色调”命令，在弹出的“半色调”面板中分别拖动“青”、“品红”、“黄”、“黑”和“最大点半径”滑块，或在后面的数值框内输入数值，设置相应的颜色通道及图像中点的半径大小，然后单击“预览”按钮查看调整效果；最后单击“确定”按钮结束操作，如图11-94所示。

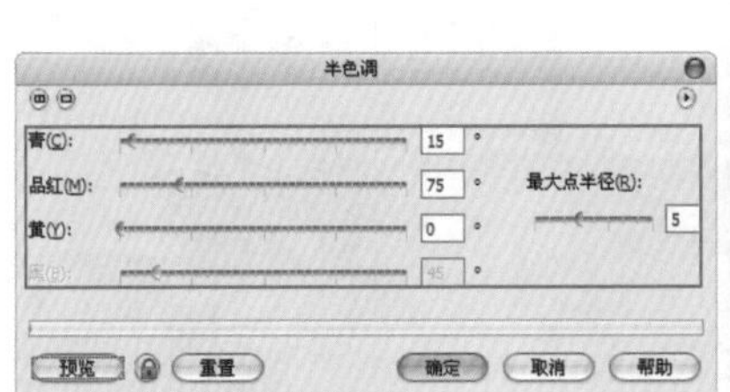

图11—94

11.6.3 梦幻色调

“梦幻色调”滤镜可以将图像中的颜色转换为明亮的电子色，产生梦幻般的效果。

选择位图图像，执行“位图>颜色转换>梦幻色调”命令，在弹出的“梦幻色调”面板中拖动“层次”滑块，或在后面的数值框内输入数值（该数值越大，颜色变化的效果越明显），然后单击“预览”按钮查看调整效果；最后单击“确定”按钮结束操作，如图11-95所示。

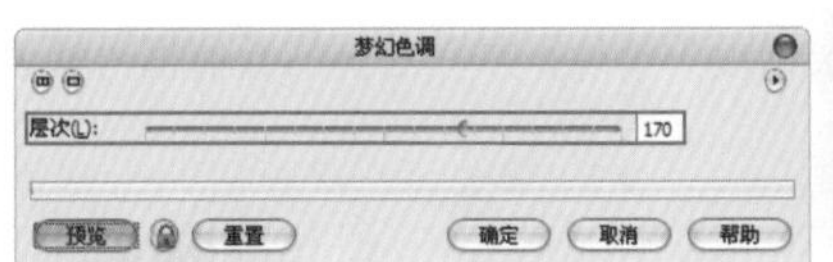

图11—95

11.6.4 曝光

“曝光”滤镜可以将图像转换为底片的效果。

选择位图图像，执行“位图>颜色转换>曝光”命令，在弹出的“曝光”面板中拖动“层次”滑块，或在后面的数值框内输入数值（层次数值的变动直接影响曝光的强度，该数值越大，光线越强），然后单击“预览”按钮查看调整效果，最后单击“确定”按钮结束操作，如图11-96所示。

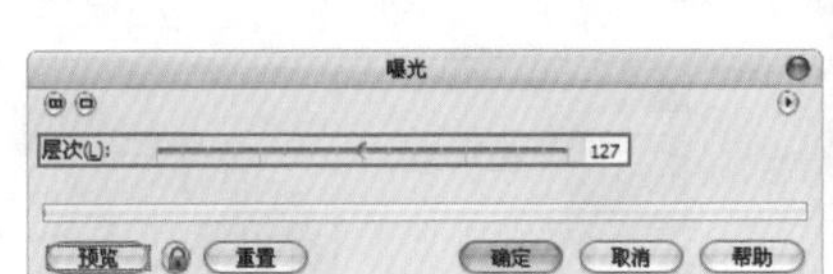

图11—96

11.7 轮廓图效果

轮廓图滤镜组中包含“边缘检测”、“查找边缘”和“描摹轮廓”3种滤镜，利用这些滤镜可以跟踪、确定位图图像的边缘及轮廓，图像中剩余的其他部分将转化为中间颜色。

图11—97

11.7.1 边缘检测

“边缘检测”滤镜可以将检测到的图像中各个对象的边缘转换为曲线，产生比其他轮廓图滤镜更细微的效果。

方法01 选择位图图像，执行“位图>轮廓图>边缘检测”命令，打开“边缘检测”面板；在“背景色”选项组中选中“白色”单选按钮；然后拖动“灵敏度”滑块，或在右侧的数值框内输入数值，设置检测边缘时的灵敏程度；接着单击“预览”按钮查看调整效果，如图11-98所示。

方法02 在“背景色”选项组中选中“黑”单选按钮，然后拖动“灵敏度”滑块，或在右侧的数值框内输入数值，接着单击“预览”按钮查看调整效果，如图11-99所示。

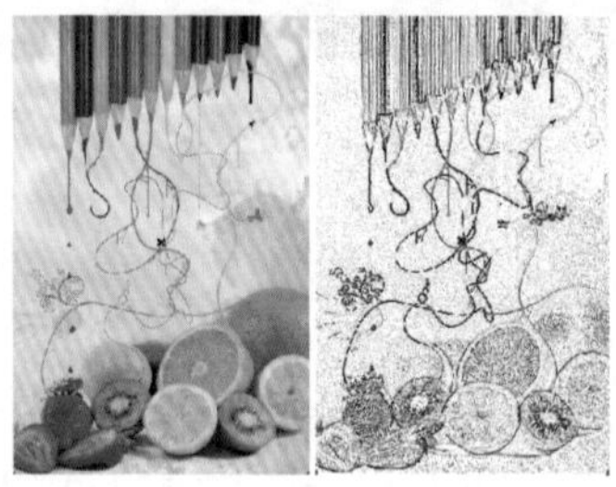

图11—98

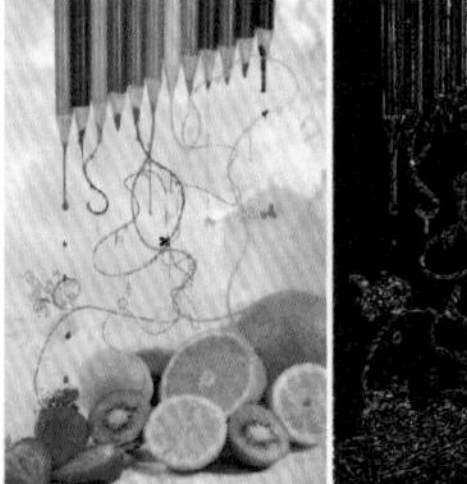

图11—99

方法03 在“背景色”选项组中选中“其他”单选按钮，在其右侧的颜色下拉列表框中选择一种背景色，然后拖动“灵敏度”滑块，或在右侧的数值框内输入数值，最后单击“确定”按钮结束操作，如图11-100所示。

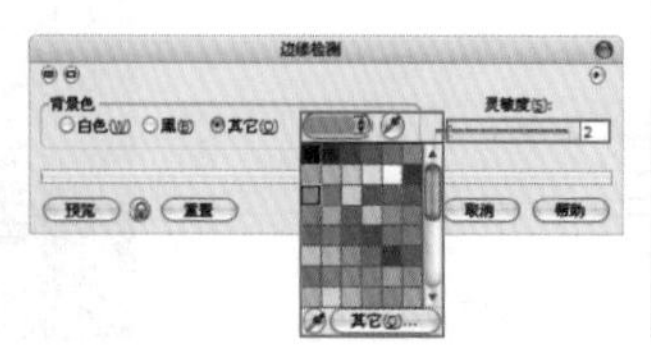

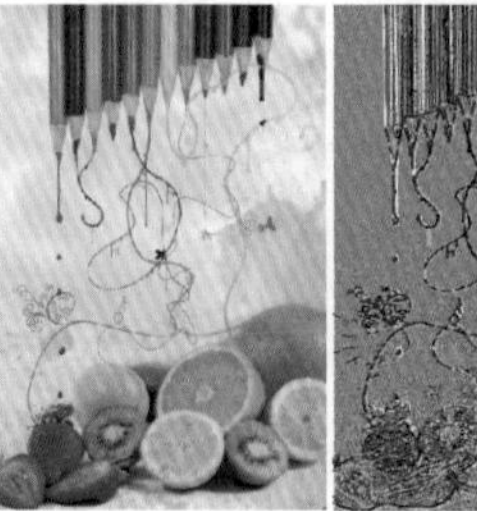

图11—100

技巧提示

在“检测边缘”面板中，单击左上角的按钮，可显示出预览区域；当按钮变为时，再次单击，可显示出对象设置前后的对比效果；单击左边的按钮，可收起预览图，如图11—101所示。

预览后，如果对效果不太满意，可以单击重置按钮，恢复对象的原始状态，以便重新设置。

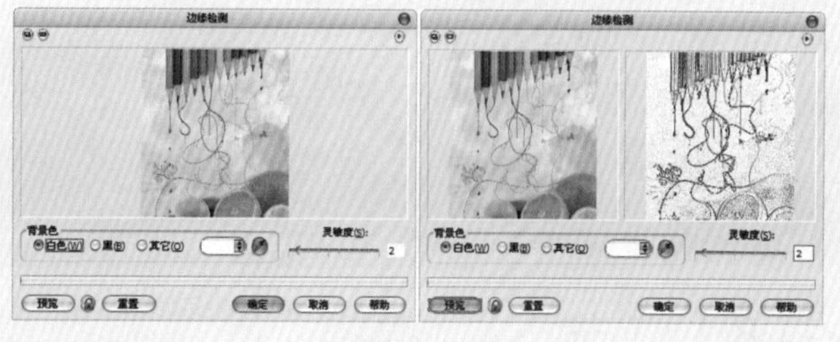

图11—101

11.7.2 查找边缘

“查找边缘”滤镜的功能与“边缘检测”滤镜类似，区别在于其适用于高对比度的图像，可将查找到的对象边缘转换为柔和的或尖锐的曲线。

方法01 选择位图图像，执行“位图>轮廓图>查找边缘”命令，打开“查找边缘”面板；在“边缘类型”选项组中选中“软”单选按钮（可以产生较为平滑的边缘）；然后拖动“层次”滑块，或在右侧的数值框内输入数值，设置边缘效果的强度；接着单击“预览”按钮查看调整效果，如图11-102所示。

方法02 在“边缘类型”选项组中选中“纯色”单选按钮（可以产生较为尖锐的边缘），然后拖动“层次”滑块，或在右侧的数值框内输入数值，最后单击“确定”按钮结束操作，如图11-103所示。

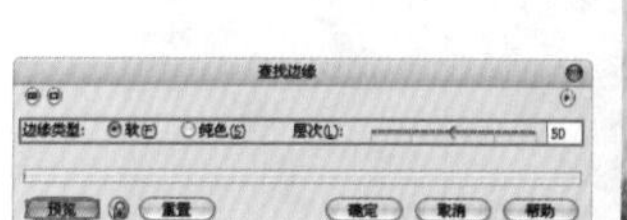

图11—102

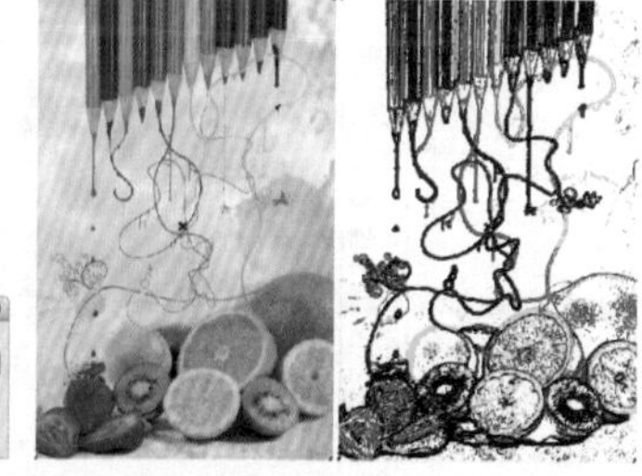

图11—103

11.7.3 描摹轮廓

“描摹轮廓”滤镜可以描绘图像的颜色，在图像内部创建轮廓，多用于需要显示高对比度的位图图像。

方法01 选择位图图像，执行“位图>轮廓图>描摹轮廓”命令，在弹出的“描摹轮廓”面板中拖动“层次”滑块，或在右侧的数值框内输入数值，设置边缘效果的强度；然后在“边缘类型”选项组中选中“下降”单选按钮，设置滤镜影响的范围；接着单击“预览”按钮查看调整效果，如图11-104所示。

方法02 在“边缘类型”选项组中选中“上面”单选按钮，设置滤镜影响的范围；完成设置后，单击“确定”按钮结束操作，如图11-105所示。

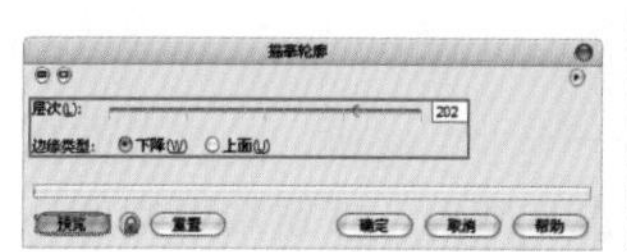

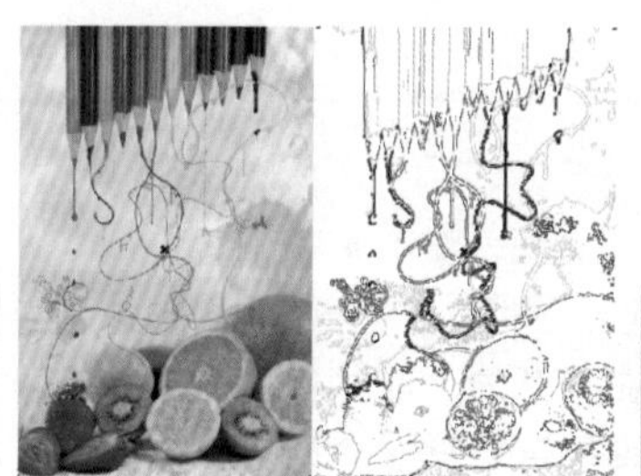

图11—104

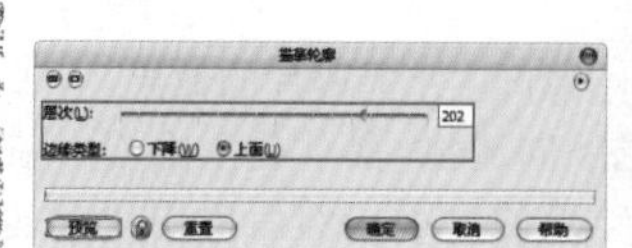

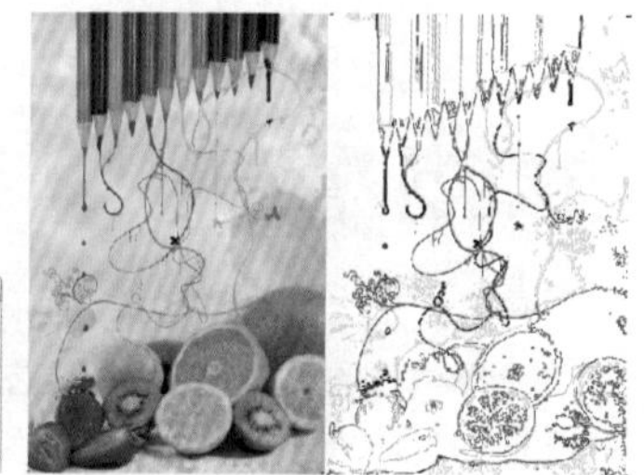

图11—105

11.8 创造性效果

创造性滤镜组中包含14种不同的滤镜，通过这些滤镜可以将位图转换为各种不同的形状和纹理，生成形态各异的特殊效果。

11.8.1 工艺

“工艺”滤镜实际上就是把“拼图板”、“齿轮”、“弹珠”、“糖果”、“瓷砖”和“筹码”6个独立滤镜结合在一个界面上，从而改变图像的效果。

方法01 选择位图图像，执行“位图>创造性>工艺”命令，在弹出的“工艺”面板中分别拖动“大小”、“完成”和“亮度”滑块，或在后面的数值框内输入数值，依次设置工艺元素的大小、图像转换为工艺元素的程度及工艺元素的亮度；然后在“旋转”数值框内输入数值，设置光线旋转的角度；接着单击“预览”按钮查看调整效果，如图11-106所示。

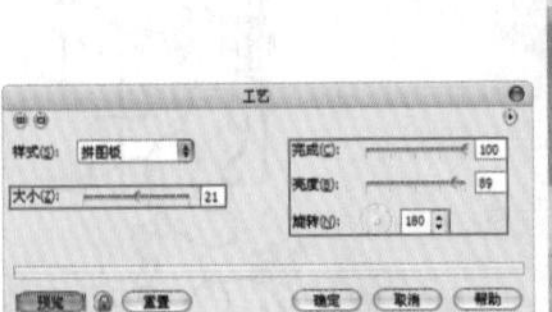

图11-106

方法02 在“样式”下拉列表框，从中选择一种样式（选择不同的样式，创建的效果也会有所不同）；完成设置后，单击“确定”按钮结束操作，如图11-107所示。

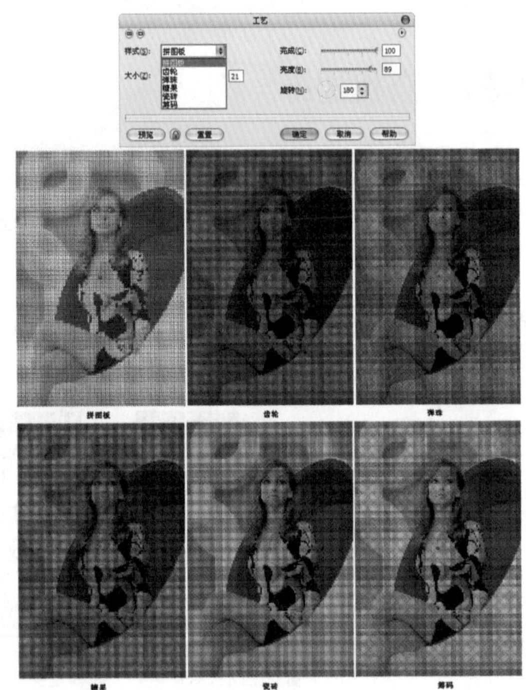

图11-107

技巧提示

在“工艺”面板中，单击左上角的按钮，可显示出预览区域；当按钮变为时，再次单击，可显示出对象设置前后的对比效果；单击左边的按钮，可收起预览图，如图11-108所示。

预览后，如果对效果不太满意，可以单击重置按钮，恢复对象的原始状态，以便重新设置。

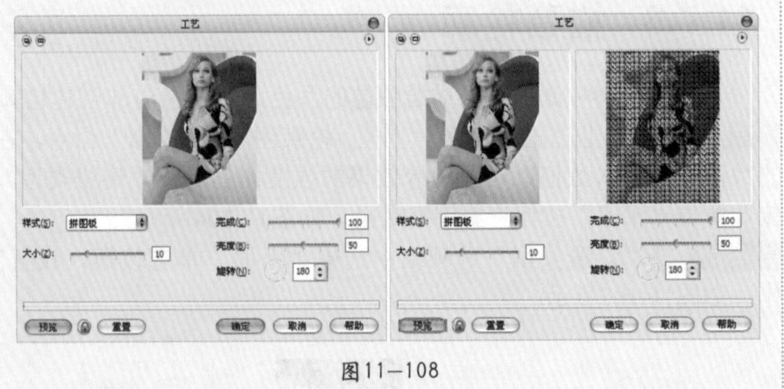

图11-108

11.8.2 晶体化

利用“晶体化”滤镜可以使图像产生水晶碎片的效果。

选择位图图像，执行“位图>创造性>晶体化”命令，在打开的“晶体化”面板中拖动“大小”滑块，或在后面的数值框内输入数值，设置水晶碎片的大小；然后单击“预览”按钮查看调整效果；最后单击“确定”按钮结束操作，如图11-109所示。

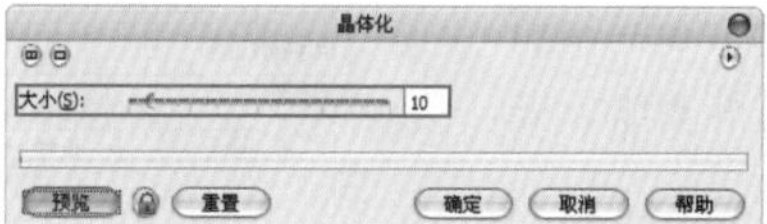

图11—109

11.8.3 织物

“织物”滤镜是由“刺绣”、“地毯勾织”、“彩格被子”、“珠帘”、“丝带”和“拼纸”6种独立滤镜组合而成的，可以使图像产生织物底纹效果。

方法01 选择位图图像，执行“位图>创造性>织物”命令，在弹出的“织物”面板中分别拖动“大小”、“完成”和“亮度”滑块，或在后面的数值框内输入数值，依次设置工艺元素的大小、图像转换为工艺元素的程度及工艺元素的亮度；然后在“旋转”数值框内输入数值，设置光线旋转的角度；接着单击“预览”按钮查看调整效果，如图11-110所示。

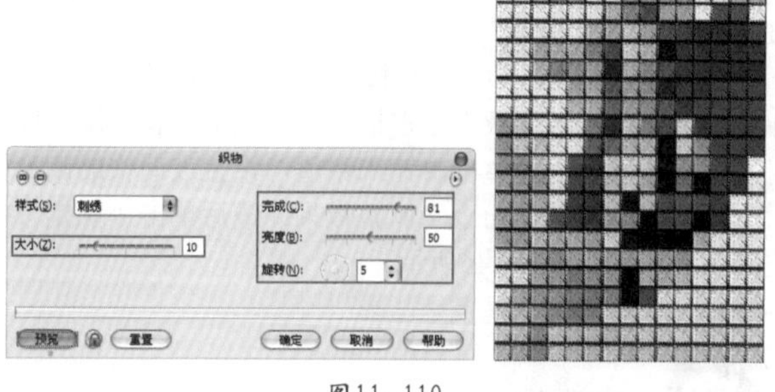

图11—110

方法02 打开“样式”下拉列表框，从中选择一种样式（选择不同的样式，创建的效果也会有所不同），然后单击“确定”按钮结束操作，如图11-111所示。

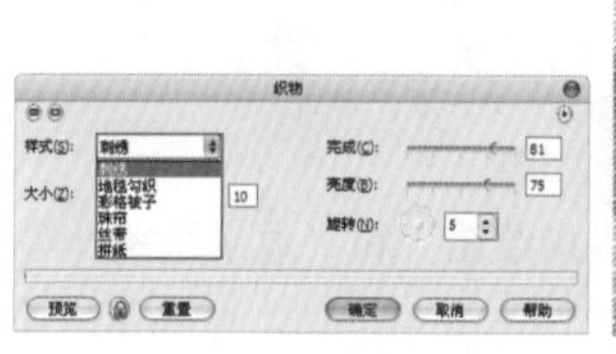
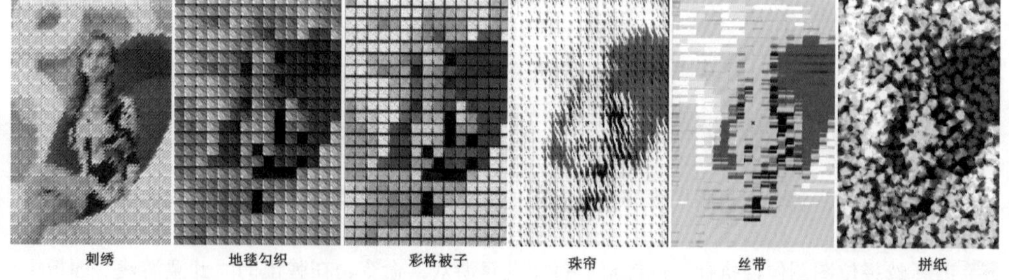

图11—111

11.8.4 框架

“框架”滤镜可以在位图周围添加框架，使其形成一种类似画框的效果。

选择位图图像，执行“位图>创造性>框架”命令，在打开的“框架”面板中单击眼睛图标，可以显示或隐藏相应的框架效果；选择“修改”选项卡，可以对框架进行相应的设置；单击“预览”按钮，可以查看调整效果；完成设置后，单击“确定”按钮结束操作，如图11-112所示。

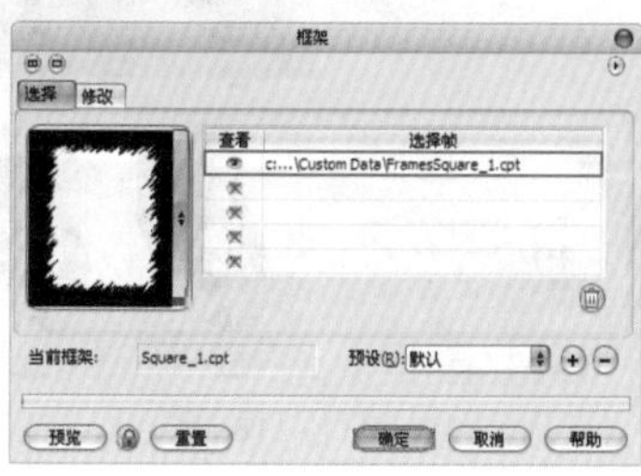

图11—112

技术拓展：预设的添加与删除

在“框架”面板中选择“修改”选项卡，从中进行相应的设置；然后选择“选择”选项卡，单击“预设”下拉列表框右侧的“添加”按钮⊕；在弹出的“保存预设”对话框中输入新的框架名称，然后单击“确定”按钮，即可完成添加，如图11—113所示。

在“预设”下拉列表框中选择要删除的框架，然后单击其右侧的“删除”按钮⊖，在弹出的提示对话框中单击“是”按钮，即可将其删除；若不想删除，单击“否”按钮即可取消，如图11—114所示。

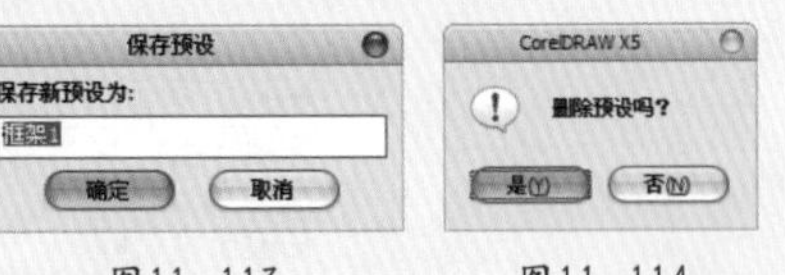

图11—113　图11—114

11.8.5 玻璃砖

“玻璃砖”滤镜可以使图像产生透过玻璃查看的效果。

选择位图图像，执行“位图>创造性>玻璃砖”命令，在弹出的“玻璃砖”面板中分别拖动“块宽度”和“块高度”滑块，或在后面的数值框内输入数值，设置玻璃块的高度；然后单击“预览”按钮查看调整效果；最后单击“确定”按钮结束操作，如图11-115所示。

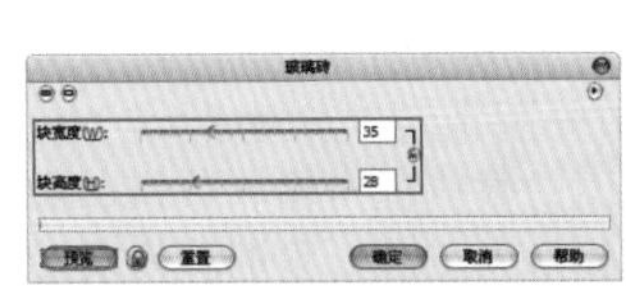

图11—115

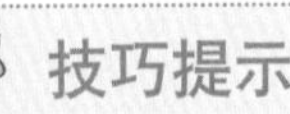

技巧提示

在“玻璃砖”面板中单击“锁定”按钮，则在改变“块宽度”或“块高度”中的一个数值的同时，另一个也会随之改变，如图11—116所示。

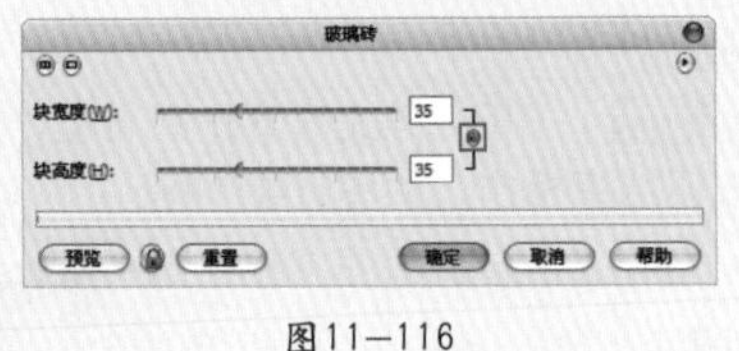

图11—116

11.8.6 儿童游戏

“儿童游戏”滤镜可以将图像转换为有趣的形状，产生“圆点图案”、“积木图案”、“手指绘图”和“数字绘图”等效果。

方法01 选择位图图像，执行“位图>创造性>儿童游戏”命令，在弹出的“儿童游戏”面板中分别拖动“大小”、“完成”和“亮度”滑块，或在后面的数值框内输入数值，依次设置工艺元素的大小、图像转换为工艺元素的程度及工艺元素的亮度；然后在“旋转”数值框内输入数值，设置光线旋转的角度；接着单击“预览”按钮查看调整效果，如图11-117所示。

方法02 在“游戏”下拉列表框中选择一种游戏（选择不同的样式，创建的效果也会有所不同），然后单击“确定”按钮结束操作，如图11-118所示。

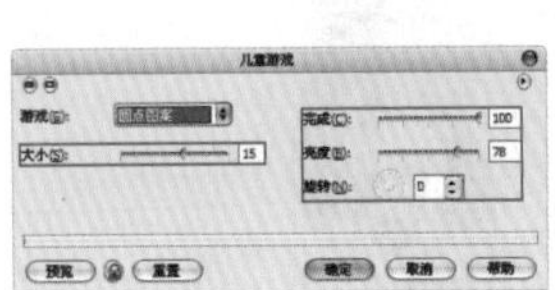

图11—117

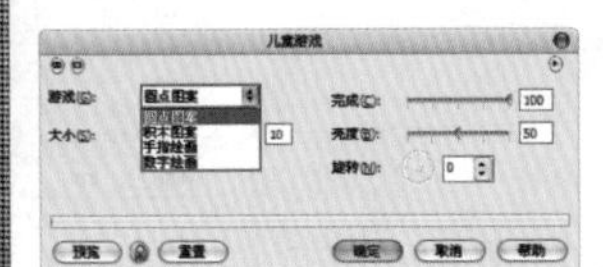

图11—118

11.8.7 马赛克

"马赛克"滤镜可以将图像分割为若干颜色块，类似于为图像平铺了一层马赛克图案。

方法01 选择位图图像，执行"位图>创造性>马赛克"命令，在弹出的"马赛克"面板中拖动"大小"滑块，或在后面的数值框内输入数值，设置马赛克颗粒的大小；然后打开"背景色"下拉列表框，从中选择一种背景色；接着单击"预览"按钮查看调整效果，如图11-119所示。

方法02 选中"虚光"复选框，可以在马赛克效果上添加一个虚光的框架；完成设置后，单击"确定"按钮结束操作，如图11-120所示。

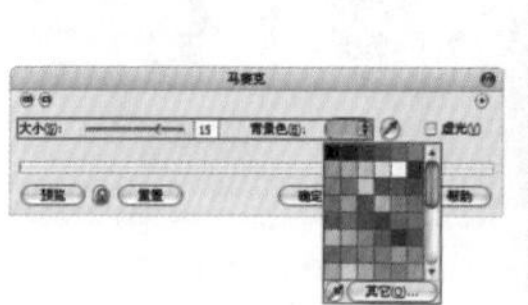

图11—119

图11—120

11.8.8 粒子

"粒子"滤镜可以为图像添加星形或气泡两种样式的粒子效果。

方法01 选择位图图像，执行"位图>创造性>粒子"命令，打开"粒子"面板；在"样式"选项组中选中"星星"单选按钮；然后分别拖动"粗细"、"密度"、"着色"和"透明度"滑块，或在后面的数值框内输入数值，依次设置粒子的大小、数量、颜色及透明度；再在"角度"数值框内输入数值，设置射到粒子的光线和角度；接着单击"预览"按钮查看调整效果，如图11-121所示。

方法02 在"样式"选项组中选中"气泡"单选按钮，然后分别设置"粗细"、"密度"、"着色"、"透明度"以及"角度"，单击"确定"按钮结束操作，如图11-122所示。

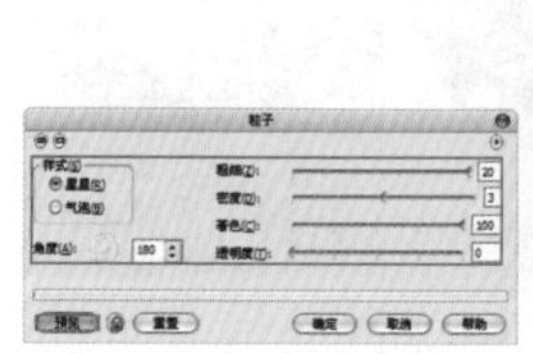

图11—121

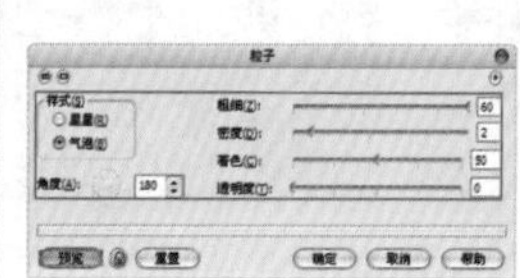

图11—122

11.8.9 散开

"散开"滤镜可以将图像中的像素进行扩散，然后重新排列，从而产生特殊的效果。

选择位图图像，执行"位图>创造性>散开"命令，打开"散开"面板；分别拖动"水平"和"垂直"滑块，或在后面的数值框内输入数值；然后单击"预览"按钮查看调整效果；最后单击"确定"按钮结束操作，如图11-123所示。

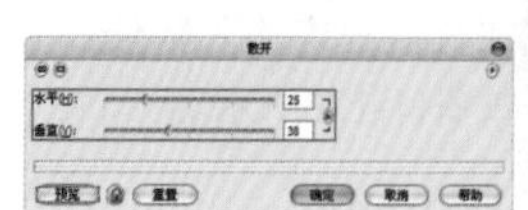

图11—123

技巧提示

在“散开”面板中单击“锁定”按钮，则改变“水平”或“垂直”中的一个数值的同时，另一个也会随之改变，如图11-124所示。

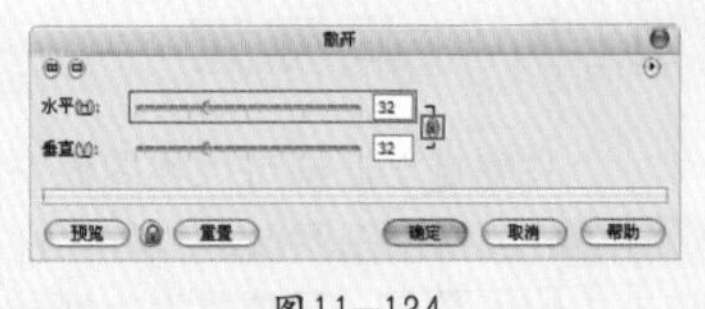

图11-124

11.8.10 茶色玻璃

“茶色玻璃”滤镜可以在图像上添加一层色彩，产生透过茶色玻璃查看图像的效果。

选择位图图像，执行“位图>创造性>茶色玻璃”命令，打开“茶色玻璃”面板；分别拖动“淡色”和“模糊”滑块，或在后面的数值框内输入数值；然后在“颜色”下拉列表框中选择一种颜色；然后单击“预览”按钮查看调整效果；最后单击“确定”按钮结束操作，如图11-125所示。

图11-125

11.8.11 彩色玻璃

应用“彩色玻璃”滤镜后，将得到一种类似晶体化的图像效果。

方法01 选择位图图像，执行“位图>创造性>彩色玻璃”命令，打开“彩色玻璃”面板：分别拖动“大小”和“光源强度”滑块，或在数值框内输入数值，设置玻璃块的大小及光线的强度；在“焊接宽度”数值框内输入数值，设置玻璃块边界的宽度；打开“焊接颜色”下拉列表框，从中选择一种颜色，设置接缝的颜色；接着单击“预览”按钮查看调整效果，如图11-126所示。

方法02 选中“三维照明”复选框，可以在应用该滤镜的同时创建三维灯光的效果；完成设置后，单击“确定”按钮结束操作，如图11-127所示。

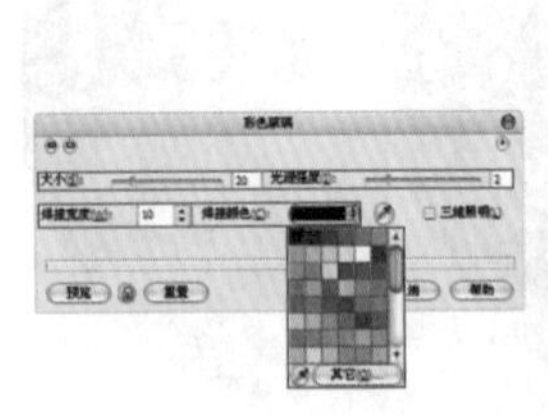

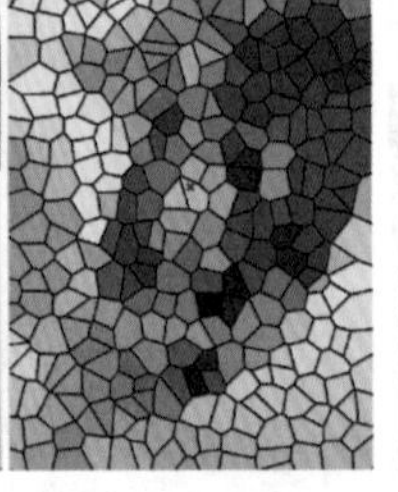

图11-126

图11-127

11.8.12 虚光

“虚光”滤镜可以在图像中添加一个边框，使其产生类似暗角的朦胧效果。

方法01 选择位图图像，执行“位图>创造性>虚光”命令，打开“虚光”面板；在“颜色”选项组中选中“黑”单选按钮，在“形状”选项组中选中“椭圆形”单选按钮，然后分别拖动“偏移”和“褪色”滑块，或在数值框内输入数值；再单击“预览”按钮查看调整效果，如图11-128所示。

图11-128

方法02 在“颜色”选项组中选中“白色”或“其它”单选按钮，设置不同的虚光颜色，然后单击“预览”按钮查看调整效果，如图11-129所示。

方法03 在“形状”选项组中选中“圆形”、“矩形”或“正方形”单选按钮，设置不同形状的虚光；最后单击“确定”按钮结束操作，如图11-130所示。

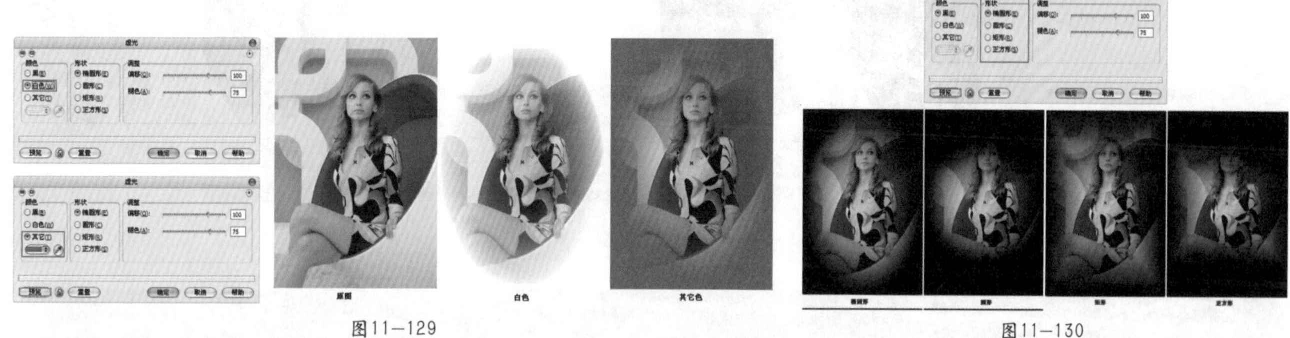

图11—129　　图11—130

11.8.13 旋涡

“旋涡”滤镜可以使图像绕指定的中心产生旋转效果。

方法01 选择位图图像，执行“位图>创造性>旋涡”命令，在弹出的“旋涡”面板中拖动“粗细”滑块，或在数值框内输入数值；然后在“内部方向”和“外部方向”数值框内输入数值，设置旋涡的旋转角度；再单击“预览”按钮查看调整效果，如图11-131所示。

方法02 在“旋涡”面板中打开“样式”下拉列表框，从中选择一种样式，然后单击“确定”按钮结束操作，如图11-132所示。

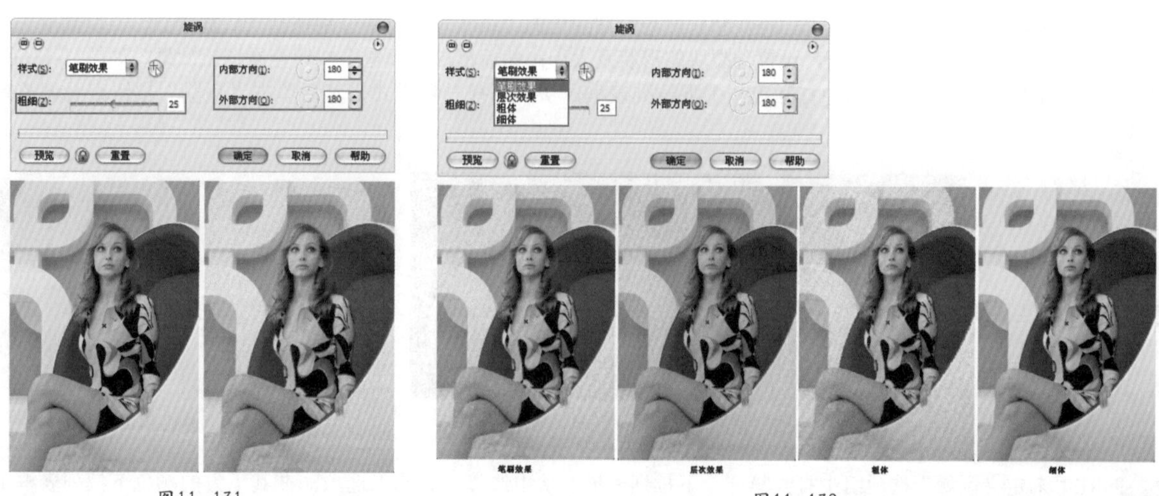

图11—131　　图11—132

11.8.14 天气

“天气”滤镜可以为图像添加“雨”、“雪”或“雾”等自然效果。

方法01 选择位图图像，执行“位图>创造性>天气”命令，打开“天气”面板；在“预报”选项组中选中“雪”单选按钮；然后分别拖动“浓度”和“大小”滑块，或在数值框内输入数值，调整效果的浓度及气候微粒的大小；接着在“随机化”数值框内输入数值或单击“随机化”按钮，设置气候微粒的位置；单击“预览”按钮查看调整效果，如图11-133所示。

图11—133

方法02 在“预报”选项组中选中“雨”单选按钮，然后单击“预览”按钮查看调整效果，如图11-134所示。

方法03 在“预报”选项组中选中“雾”单选按钮，然后单击“确定”按钮结束操作，如图11-135所示。

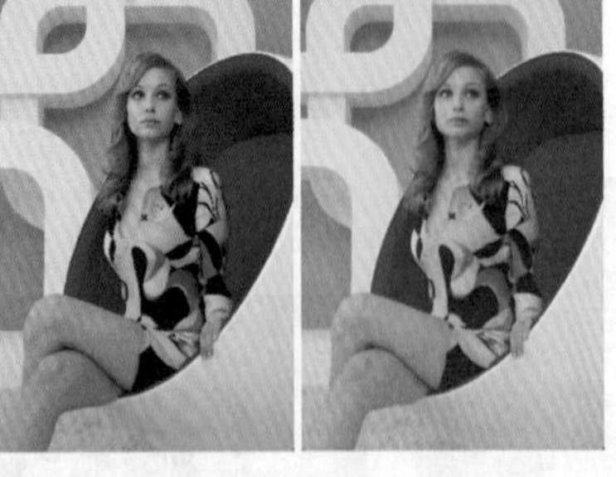

图11—134

图11—135

11.9 扭曲效果

扭曲滤镜组中包括块状、置换、偏移、像素、龟裂、漩涡、平铺、湿笔画、涡流和风吹效果10种滤镜。通过这些滤镜，可以按照不同的方式对位图图像中的像素表面进行扭曲，从而产生各种特殊效果。

11.9.1 块状

“块状”滤镜可以将图像分裂为若干小块，形成类似拼贴的特殊效果。

方法01 选择位图图像，执行“位图>扭曲>块状”命令，在弹出的“块状”面板中分别拖动“块宽度”、“块高度”和“最大偏移”滑块，或在数值框内输入数值，设置分裂块的形状及大小；然后单击“预览”按钮查看调整效果，如图11-136所示。

方法02 在“未定义区域”选项组中打开第一个下拉列表框，从中选择一种样式，然后单击“预览”按钮查看调整效果，如图11-137所示。

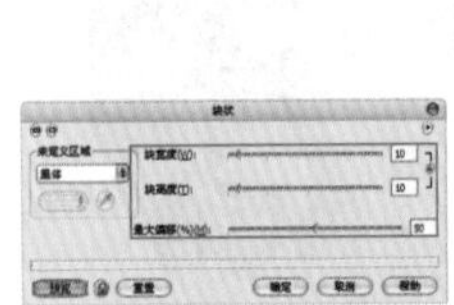

图11—136

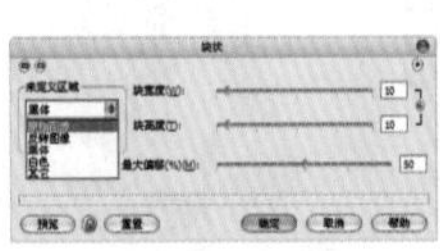
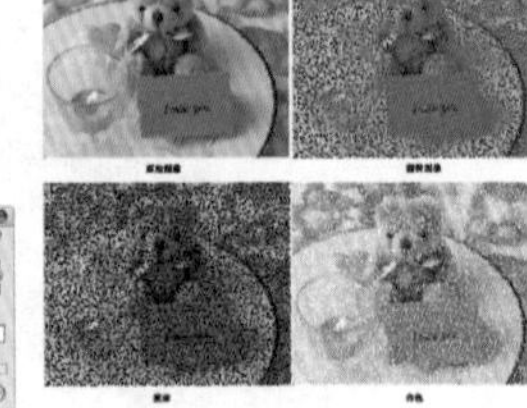

图11—137

方法03 在“未定义区域”选项组中打开第一个下拉列表框，从中选择“其他”选项，在其下方的颜色下拉列表框中选择一种颜色，然后单击“确定”按钮结束操作，如图11-138所示。

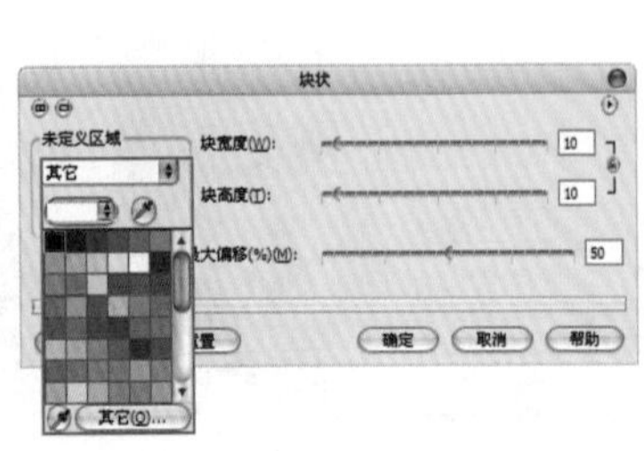

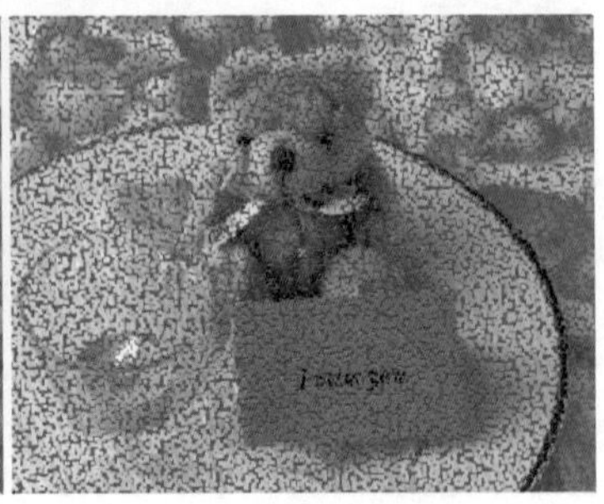

图11—138

技巧提示

在“块状”面板中，单击左上角的⊟按钮，可显示出预览区域；当按钮变为⊟时，再次单击，可显示出对象设置前后的对比图像效果；单击左边的⊟按钮，可收起预览图，如图11－139所示。

预览后，如果对效果不太满意，可以单击 重置 按钮，恢复对象的原始状态，以便重新设置。

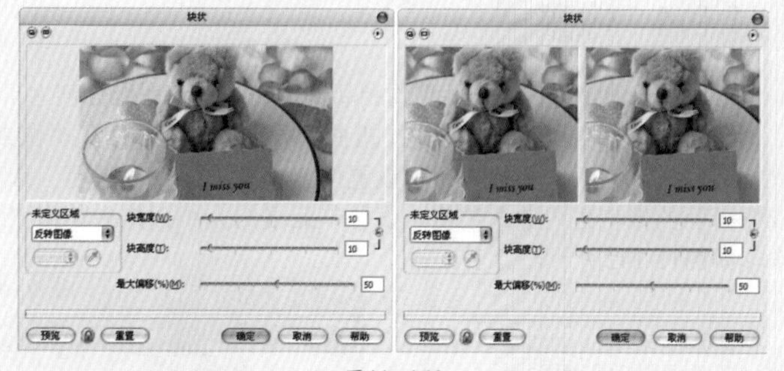

图11－139

11.9.2 置换

“置换”滤镜可以在两个图像之间评估像素的颜色值，为图像增加反射点。

选择位图图像，执行“位图>扭曲>置换”命令，打开“置换”面板；在右侧的样式下拉列表框中选择置换纹路；在“缩放模式”选项组中选中“平铺”或“伸展适合”单选按钮，设置纹路形状；在“缩放”选项组中分别拖动“水平”和“垂直”滑块，或在后面的数值框内输入数值，设置纹路大小；接着单击“预览”按钮查看调整效果；最后单击“确定”按钮结束操作，如图11-140所示。

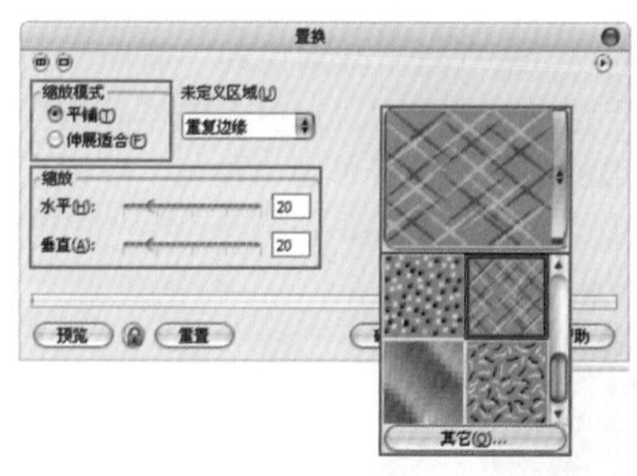

原图

平铺

伸展适合

图11－140

11.9.3 偏移

“偏移”滤镜可以按照指定的数值偏移整个图像，将其切割成小块，然后以不同的顺序结合起来。

选择位图图像，执行“位图>扭曲>偏移”命令，在弹出的“偏移”面板中分别拖动“水平”和“垂直”滑块，或在后面的数值框内输入数值，设置偏移的位置，在“未定义区域”选项组中打开第一个下拉列表框，从中分别选择“环绕”和“重复边缘”选项；接着单击“预览”按钮查看调整效果；最后单击“确定”按钮结束操作，如图11-141所示。

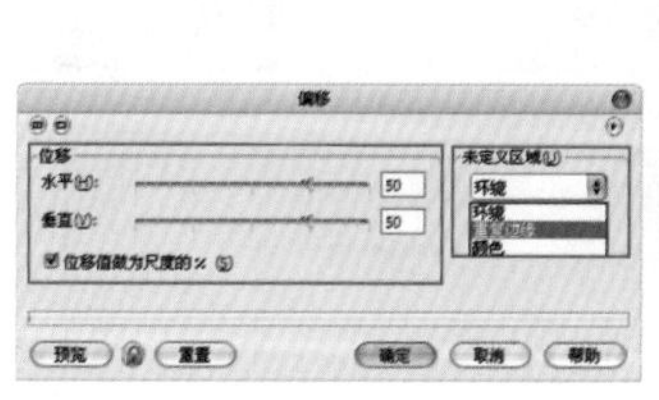

原图

环绕

重复边缘

图11－141

11.9.4 像素

“像素”滤镜通过结合并平均相邻像素的值，将图像分割为正方形、矩形或放射状的单元格。

选择位图图像，执行“位图>扭曲>像素”命令，打开“像素”面板；在“像素化模式”选项组中选中“正方形”、“矩形”或“射线”单选按钮，设置像素化模式；在“调整”选项组中分别拖动“宽度”、“高度”和“不透明”滑块，或在后面的数值框内输入数值，设置单元格的大小；然后单击“预览”按钮查看调整效果；最后单击“确定”按钮结束操作，如图11-142所示。

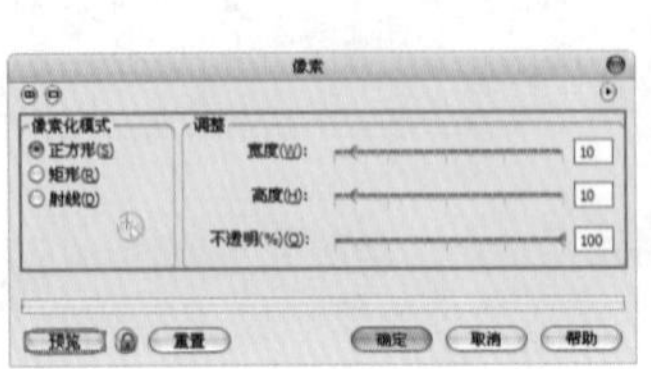

正方形

矩形

射线

图11—142

11.9.5 龟纹

“龟纹”滤镜可以使图像产生上下方向的波浪变形效果。

方法01 选择位图图像，执行“位图>扭曲>龟纹”命令，打开“龟纹”面板；在“主波纹”选项组中分别拖动“周期”和“振幅”滑块，或在后面的数值框内输入数值，设置波浪弧度和抖动的大小；在“优化”选项组中选中“速度”或“品质”单选按钮，设置执行“龟纹”命令的优先项目；在“角度”数值框内输入数值，设置波浪的角度；接着单击“预览”按钮查看调整效果，如图11-143所示。

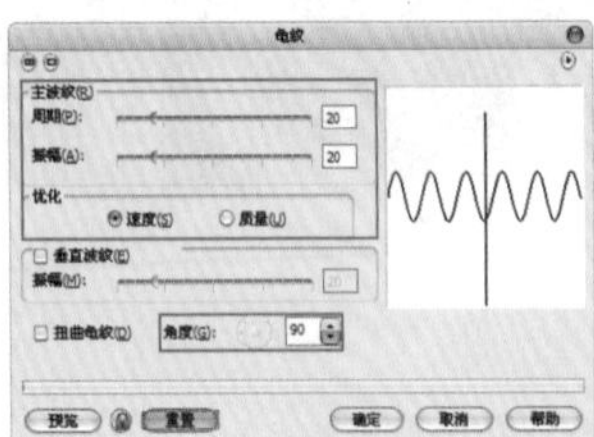

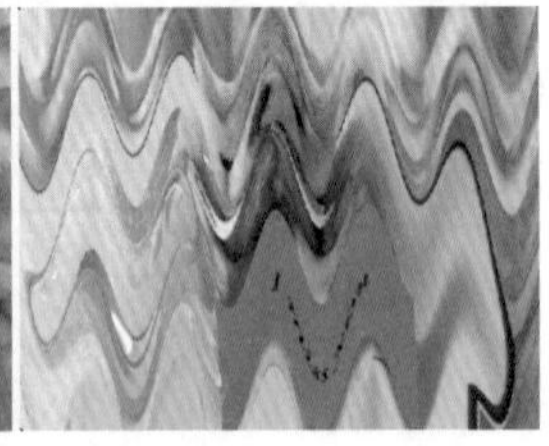

图11—143

方法02 在“龟纹”面板中选中“垂直波纹”复选框；然后拖动“振幅”滑块，或在后面的数值框内输入数值，可以增加并设置垂直的波浪；选中“扭曲龟纹”复选框，进一步设置波纹的扭曲角度；最后单击“确定”按钮结束操作，如图11-144所示。

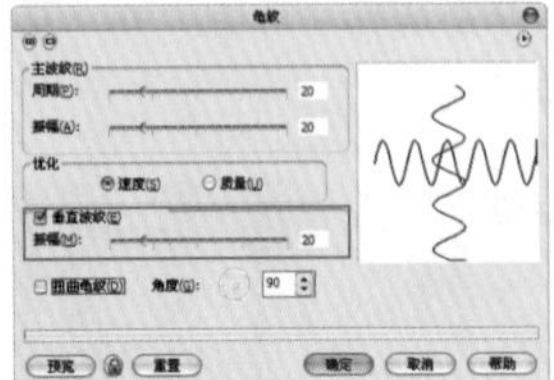
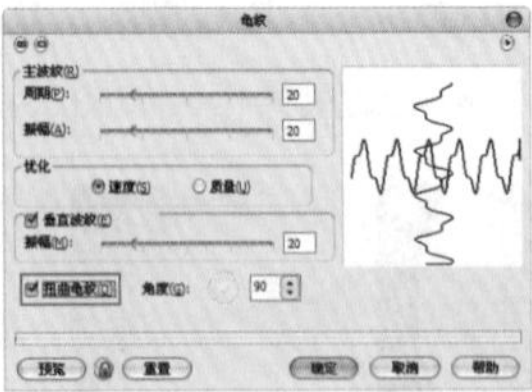

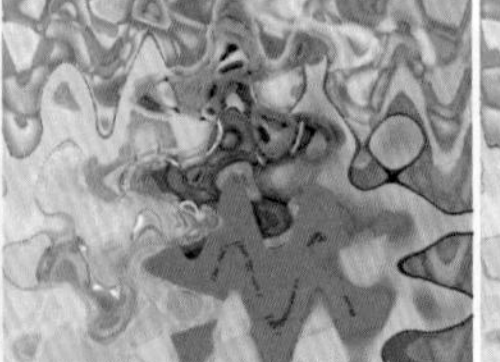
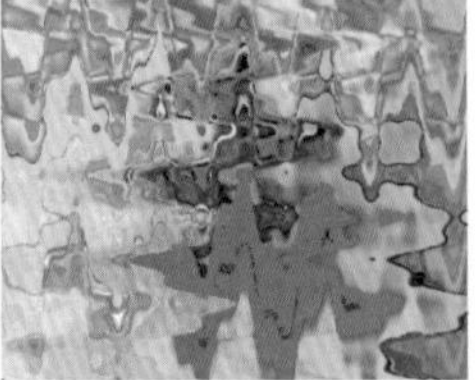

图11—144

11.9.6 旋涡

“旋涡”滤镜可以使图像按照某个点产生旋涡变形的效果。

方法01 选择位图图像，执行“位图>扭曲>旋涡”命令，打开“旋涡”面板；在“定向”选项组中选中“顺时针”或“逆时针”单选按钮，设置旋涡扭转方向；在“优化”选项组中选中“速度”或“品质”单选按钮，设置执行“旋涡”命令的优先项目；分别拖动“整体旋转”和“附加度”滑块，或在后面的数值框内输入数值，设置旋涡程度；接着单击“预览”按钮查看调整效果；最后单击“确定”按钮结束操作，如图11-145所示。

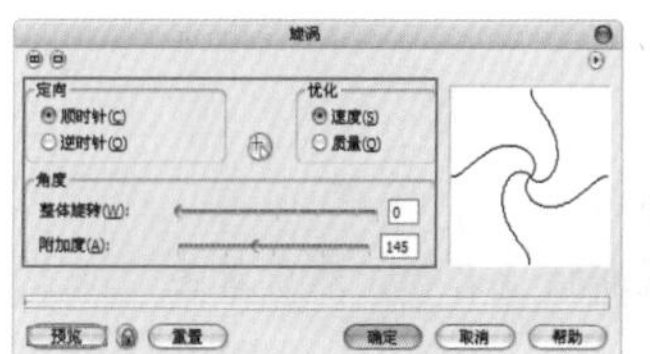
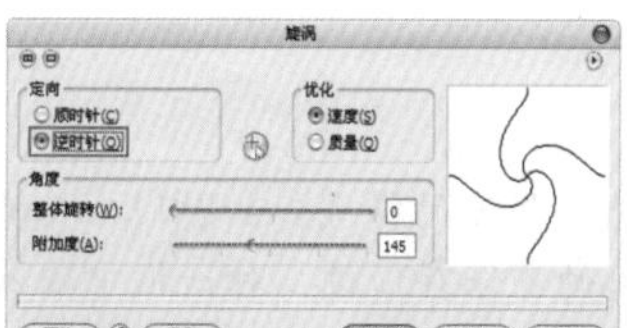

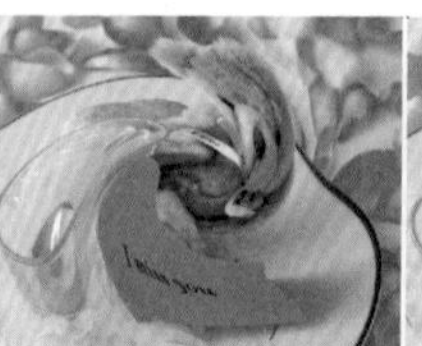
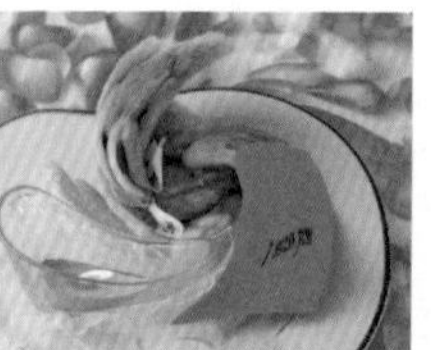

图11—145

11.9.7 平铺

“平铺”滤镜多用于网页图像背景中，它可以将图像作为图案，平铺在原图像的范围内。

选择位图图像，执行“位图>扭曲>平铺”命令，在弹出的“平铺”面板中分别拖动“水平平铺”、“垂直平铺”和“重叠”滑块，或在后面的数值框内输入数值，设置横向和纵向图像平铺的数量；然后单击“预览”按钮查看调整效果；最后单击“确定”按钮结束操作，如图11-146所示。

11.9.8 湿笔画

“湿笔画”滤镜可以模拟帆布上的颜料，使图像产生颜料流动感的效果。

选择位图图像，执行“位图>扭曲>湿笔画”命令，在弹出的“湿笔画”面板中分别拖动“润湿”和“百分比”滑块，或在后面的数值框内输入数值，设置流动感的水滴大小（其百分比数值越大，水滴也就越大）；然后单击“预览”按钮查看调整效果；最后单击“确定”按钮结束操作，如图11-147所示。

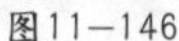

图11—146

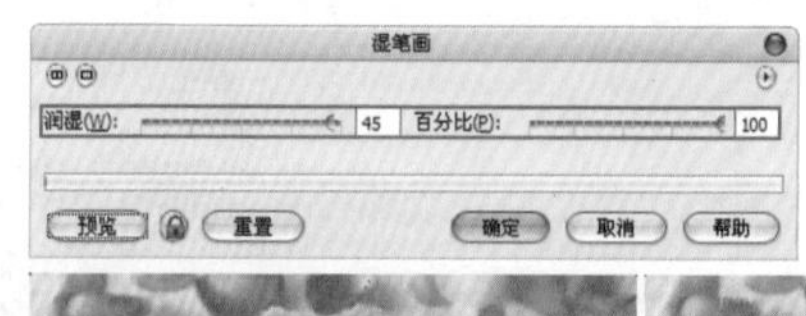

图11—147

11.9.9 涡流

“涡流”滤镜可以为图像添加流动的旋涡图案，使图像映射成一系列盘绕的涡流。

选择位图图像，执行“位图>扭曲>涡流”命令，在弹出的“涡流”面板中分别拖动“间距”、“擦拭长度”和“扭曲”滑块，或在后面的数值框内输入数值，设置涡旋的间距和扭曲程度；然后单击“预览”按钮查看调整效果，如图11-148所示。

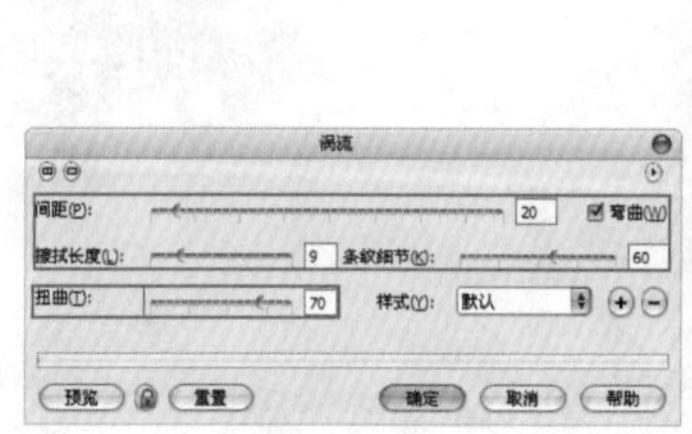

图11—148

技术拓展：样式的添加与删除

在“涡流”面板中打开“样式”下拉列表框，从中可以选择涡流的样式，如图11—149所示。

单击“样式”下拉列表框右侧的“添加”按钮⊕，在弹出的“保存预设”对话框中输入新预设名称，然后单击“确定”按钮，即可添加新样式，如图11—150所示。

在“样式”下拉列表框中选择要删除的样式，单击其右侧的“删除”按钮⊖，在弹出的面板中单击“是”按钮，即可将其删除；若不想删除，单击“否”按钮取消即可，如图11—151所示。

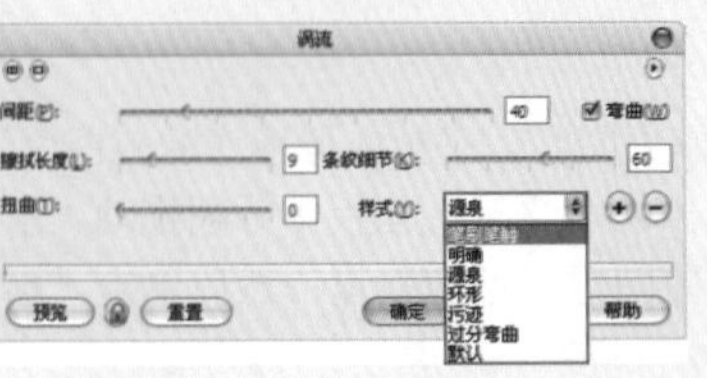

图11—149

图11—150

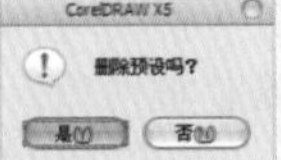

图11—151

11.9.10 风吹效果

“风吹效果”滤镜可以使图像产生一种物体被风吹动的拉丝效果。

选择位图图像，执行“位图>扭曲>风吹效果”命令，在弹出的“风吹效果”面板中分别拖动“浓度”和“不透明”滑块，或在后面的数值框内输入数值，设置风的强度以及风吹效果的不透明程度；再在“角度”数值框内输入数值，设置风吹效果的方向；然后单击“预览”按钮查看调整效果；最后单击“确定”按钮结束操作，如图11-152所示。

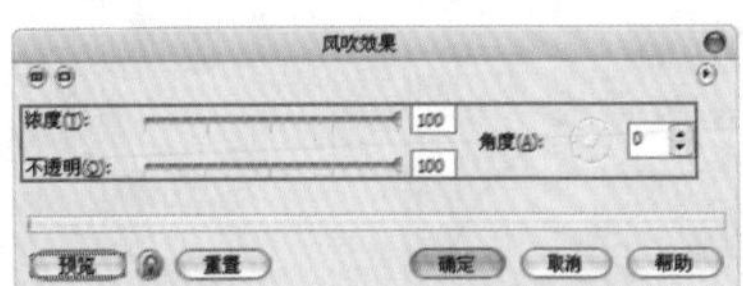

图11—152

11.10 杂点效果

该滤镜组中包含“添加杂点”、“最大值”、“中值”、“最小”、“去除龟纹”和“去除杂点”6种滤镜，通过这些滤镜可以增加或减少图像中的像素点，如图11-153所示。

图11—153

11.10.1 添加杂点

“添加杂点”滤镜可以为图像添加颗粒状的杂点。

方法01 选择位图图像，执行“位图>杂点>添加杂点”命令，在弹出的“添加杂点”面板；在“杂点类型”选项组中选中“高斯式”单选按钮；分别拖动“层次”和“密度”滑块，或在后面的数值框内输入数值，设置杂点的数量；在“颜色模式”选项组中选中“强度”单选按钮，设置杂点的颜色；接着单击“预览”按钮查看调整效果，如图11-154所示。

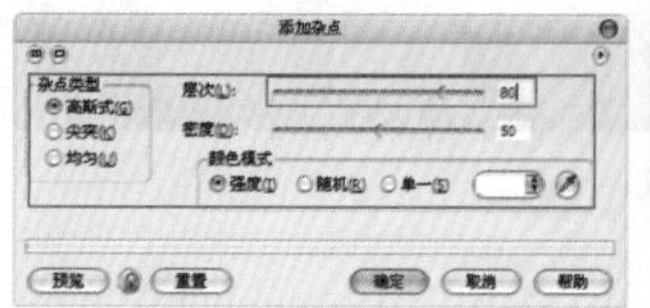
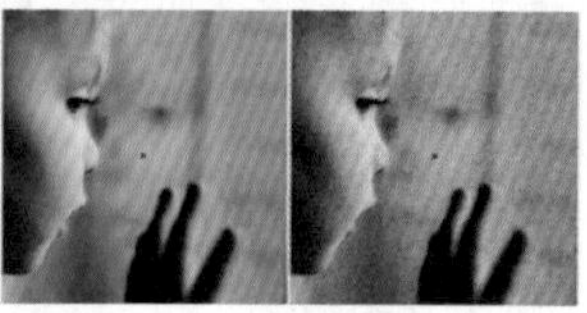

图11—154

方法02 下面设置一种不同的杂色点。在“杂点类型”选项组中选中“尖突”单选按钮，在“颜色模式”选项组中选中“随机”单选按钮，然后单击“预览”按钮查看调整效果，如图11-155所示。

方法03 再设置一种不同的杂色点。在“杂点类型”选项组中选中“均匀”单选按钮，在“颜色模式”选项组中选中“单一”单选按钮，在颜色下拉列表框中选择一种颜色，然后单击“确定”按钮结束操作，如图11-156所示。

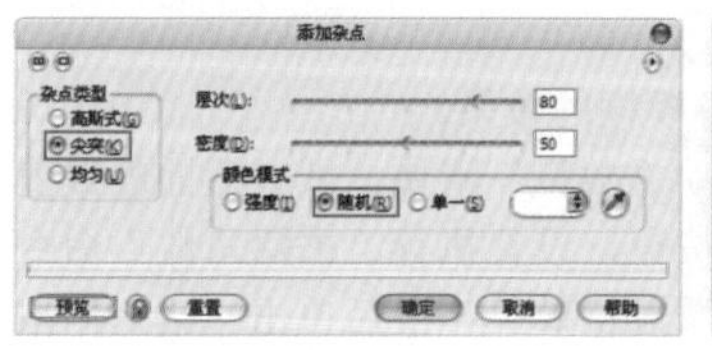
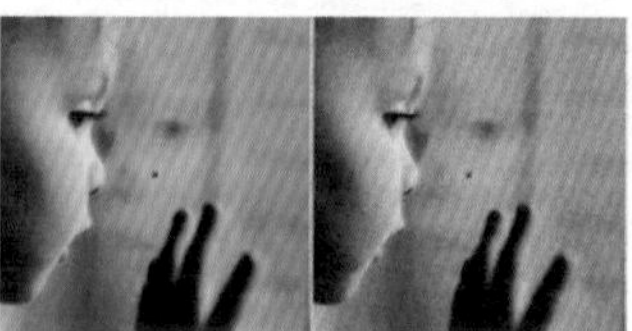

图11—155

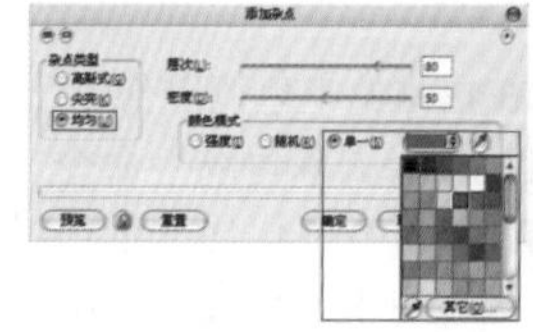
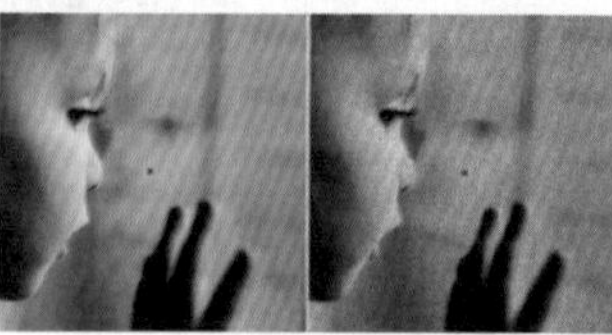

图11—156

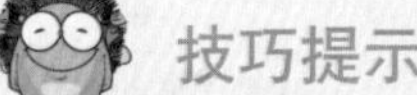

技巧提示

在“添加杂点”面板中，单击左上角的按钮，可显示出预览区域；当按钮变为时，再次单击可显示出对象设置前后的对比效果；单击左边的按钮，可收起预览图，如图11—157所示。

预览后，如果对效果不太满意，可以单击 重置 按钮，恢复对象的原始状态，以便重新设置。

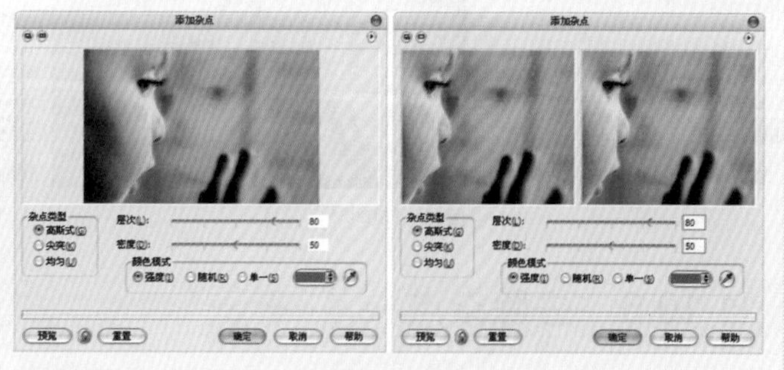

图11—157

11.10.2 最大值

“最大值”滤镜是根据位图最大值暗色附近的像素颜色修改其颜色值，以匹配周围像素的平均值。

选择位图图像，执行“位图>杂点>最大值”命令，在弹出的“最大值”面板中分别拖动“百分比”和“半径”滑块，或在后面的数值框内输入数值，设置其像素颗粒的大小；然后单击“预览”按钮查看调整效果；最后单击“确定”按钮结束操作，如图11-158所示。

11.10.3 中值

“中值”滤镜是通过平均图像中像素的颜色值来消除杂点和细节。

选择位图图像，执行“位图>杂点>中值”命令，在弹出的“中值”面板中拖动“半径”滑块，或在后面的数值框内输入数值，设置图像中杂点像素的大小；然后单击“预览”按钮查看调整效果；最后单击“确定”按钮结束操作，如图11-159所示。

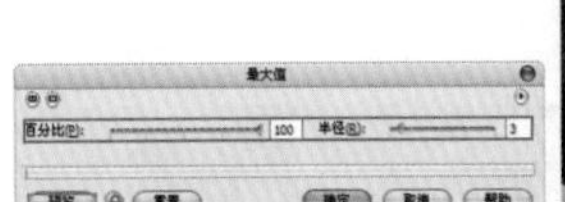
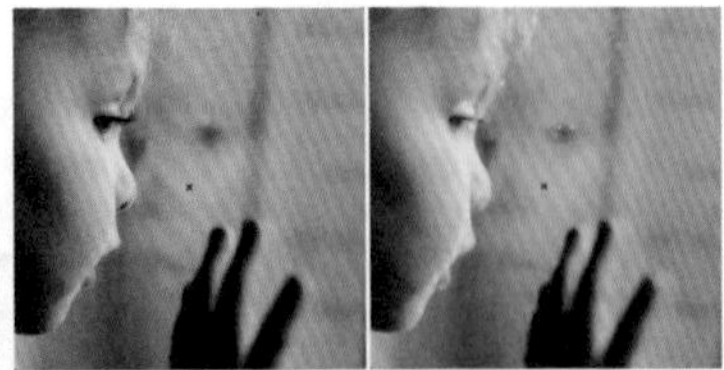

图11—158

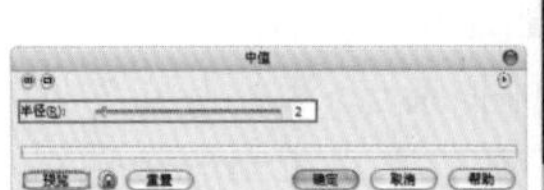
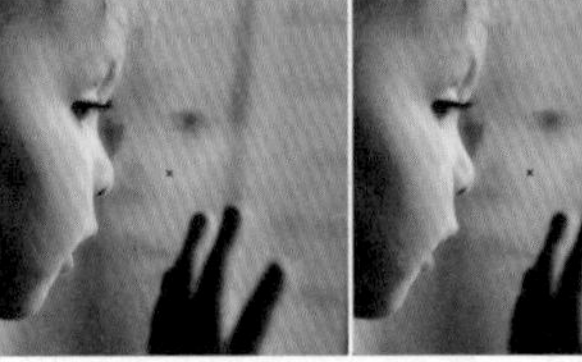

图11—159

11.10.4 最小

“最小”滤镜通过将像素变暗来去除图像中的杂点和细节。

选择位图图像，执行“位图>杂点>最小”命令，在弹出的“最小”面板中分别拖动“百分比”和“半径”滑块，或在后面的数值框内输入数值，设置其像素颗粒的大小；然后单击“预览”按钮查看调整效果；最后单击“确定”按钮结束操作，如图11-160所示。

11.10.5 去除龟纹

“去除龟纹”滤镜可以去除在扫描的半色调图像中出现的龟纹以及其他图案，产生一种模糊的效果。

选择位图图像，执行“位图>杂点>去除龟纹”命令，在弹出的“去除龟纹”面板中拖动“数量”滑块，或在后面的数值框内输入数值，设置去除杂点的数量；在“优化”选项组中选中“速度”或“品质”单选按钮，设置执行“去除龟纹”命令的优先项目；在“缩减分辨率”选项组中，设置“输出”数值；然后单击“预览”按钮查看调整效果；最后单击“确定”按钮结束操作，如图11-161所示。

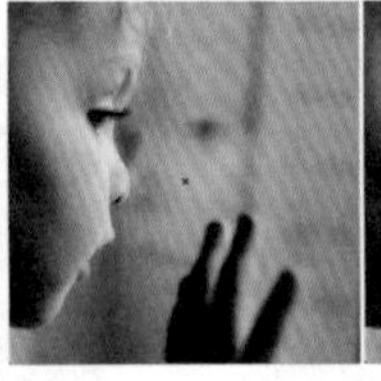

图11—160

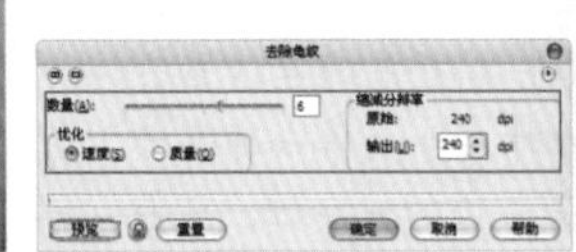

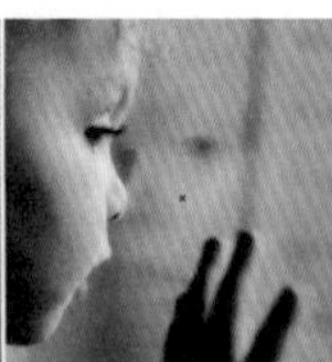

图11—161

11.10.6 去除杂点

“去除杂点”滤镜可以去除扫描图像或者抓取的视频图像中的杂点，从而使图像变得更为柔和。

选择位图图像，执行“位图>杂点>去除杂点”命令，在弹出的“去除杂点”面板中拖动“阙值”滑块，或在后面的数值框内输入数值，设置图像杂点的平滑程度；然后单击“预览”按钮查看调整效果；最后单击“确定”按钮结束操作，如图11-162所示。

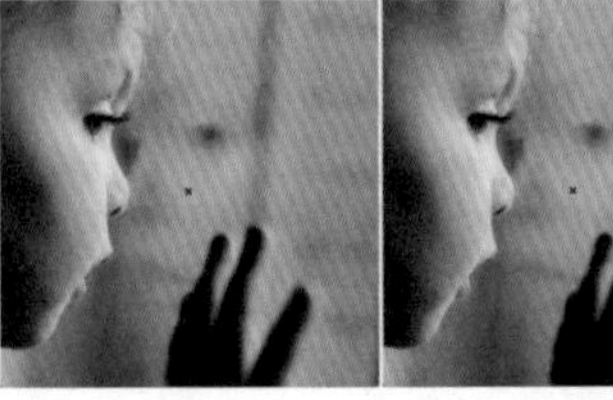

图11—162

技巧提示

在“去除杂点”面板中选中“自动”复选框，可以自动调整为适合图像的阈值，如图11—163所示。

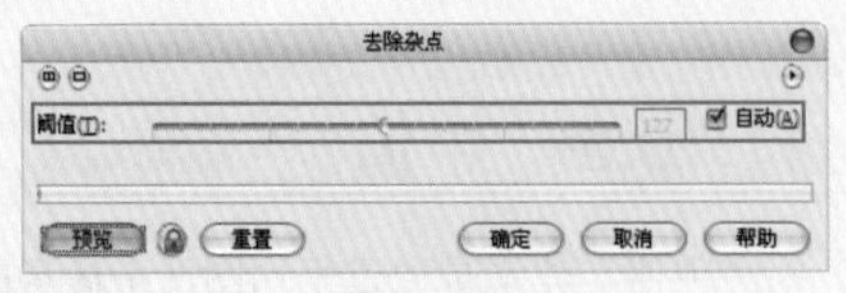

图11—163

11.11 鲜明化效果

“鲜明化”滤镜组中包含“适应非鲜明化”、“定向柔化”、“高通滤波器”、“鲜明化”和“非鲜明化遮罩”5种滤镜。利用这些滤镜可以使图像的边缘更加鲜明，看起来更加清晰。此外，还可以用来为转化为位图的矢量图增加亮度和细节。

11.11.1 适应非鲜明化

“适应非鲜明化”滤镜可以通过对相邻像素的分析，使图像边缘的细节更加突出。

选择位图图像，执行“位图>鲜明化>适应非鲜明化”命令，在弹出的“适应非鲜明化”面板中拖动“百分比”滑块，或在后面的数值框内输入数值，设置边缘细节的程度（注意，对于高分辨率的图像，效果并不明显）；然后单击“预览”按钮查看调整效果；最后单击“确定”按钮结束操作，如图11-164所示。

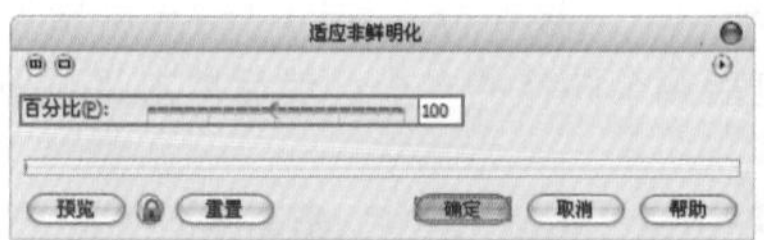

图11—164

技巧提示

在“适应非鲜明化”面板中，单击左上角的按钮，可显示出预览区域；当按钮变为时，再次单击可显示出对象设置前后的对比图像效果；单击左边的按钮，可收起预览图，如图11—165所示。

预览后，如果对效果不太满意，可以单击重置按钮，恢复对象的原始状态，以便重新设置。

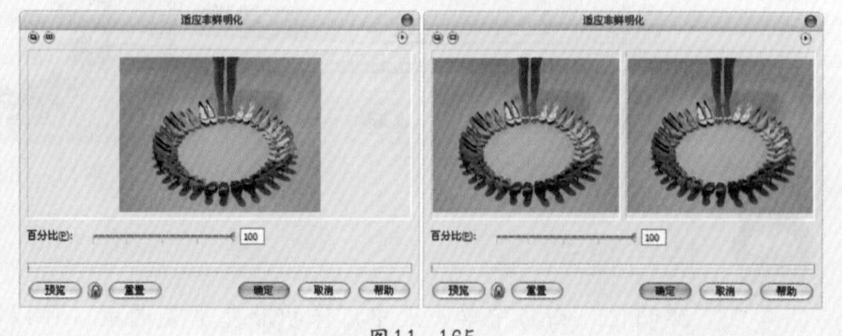

图11—165

11.11.2 定向柔化

“定向柔化”滤镜是通过分析图像中边缘部分的像素来确定柔化效果的方向。

选择位图图像，执行“位图>鲜明化>定向柔化”命令，在弹出的“定向柔化”面板中拖动“百分比”滑块，或在后面的数值框内输入数值，设置边缘细节的柔化程度（目的是使图像边缘变得鲜明）；然后单击“预览”按钮查看调整效果；最后单击“确定”按钮结束操作，如图11-166所示。

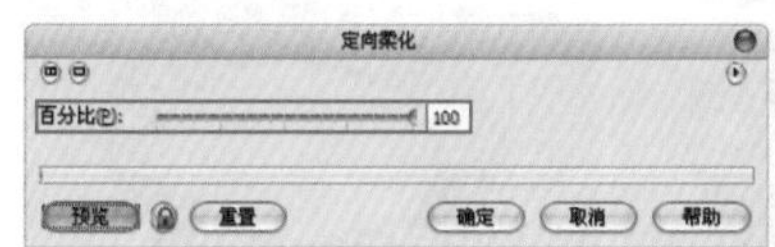

图11—166

11.11.3 高通滤波器

“高通滤波器”滤镜可以去除图像的阴影区域，并加亮较亮的区域。

选择位图图像，执行“位图>鲜明化>高通滤波器”命令，在弹出的“高通滤波器”面板中分别拖动“百分比”和“半径”滑块，或在后面的数值框内输入数值，依次设置高通效果的强度和颜色渗出的距离；然后单击“预览”按钮查看调整效果；最后单击“确定”按钮结束操作，如图11-167所示。

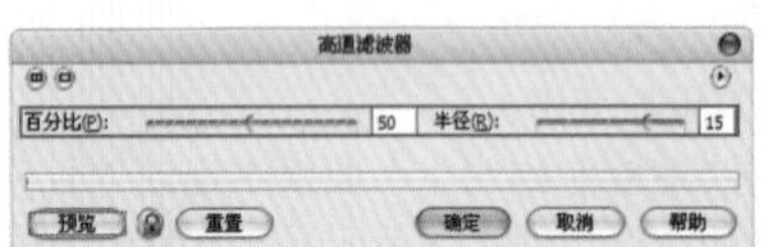

图11—167

11.11.4 鲜明化

“鲜明化”滤镜是通过提高相邻像素之间的对比度来突出图像的边缘，使其轮廓更加鲜明。

选择位图图像，执行“位图>鲜明化>鲜明化”命令，在打开的“鲜明化”面板中分别拖动“边缘层次”和“阀值”滑块，或在后面的数值框内输入数值，设置跟踪图像边缘的强度及边缘检测后剩余图像的多少；然后单击“预览”按钮查看调整效果；最后单击“确定”按钮结束操作，如图11-168所示。

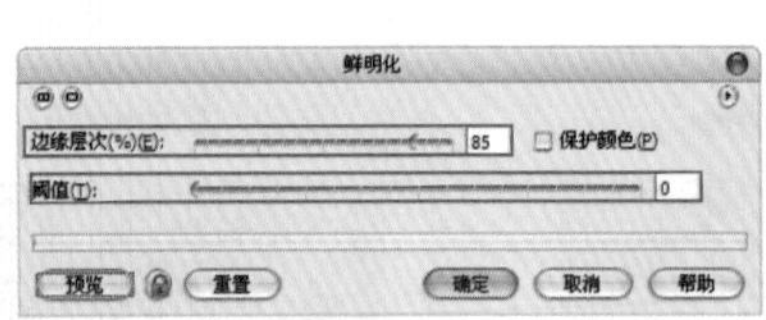

图11—168

技巧提示

在“鲜明化”面板中单击选中“保护颜色”复选框，可以将“鲜明化”效果应用于画面像素的亮度值，而保持画面像素的颜色值不发生过度的变化，如图11—169所示。

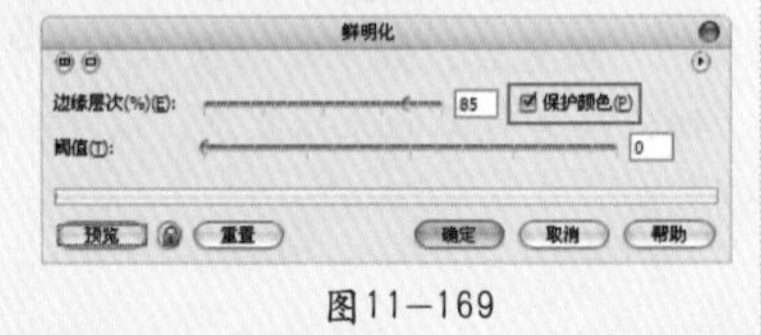

图11—169

11.11.5 非鲜明化遮罩

“非鲜明化遮罩”滤镜可以使图像中的边缘以及某些模糊的区域变得更加鲜明。

选择位图图像，执行“位图>鲜明化>非鲜明化遮罩”命令，在弹出的“非鲜明化遮罩”面板中分别拖动“百分比”、“半径”和“阀值”滑块，或在后面的数值框内输入数值，设置图像遮罩的大小及边缘检测后剩余图像的多少；然后单击“预览”按钮查看调整效果；最后单击“确定”按钮结束操作，如图11-170所示。

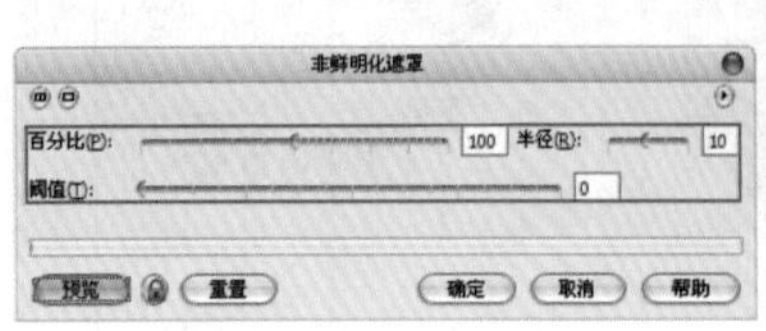

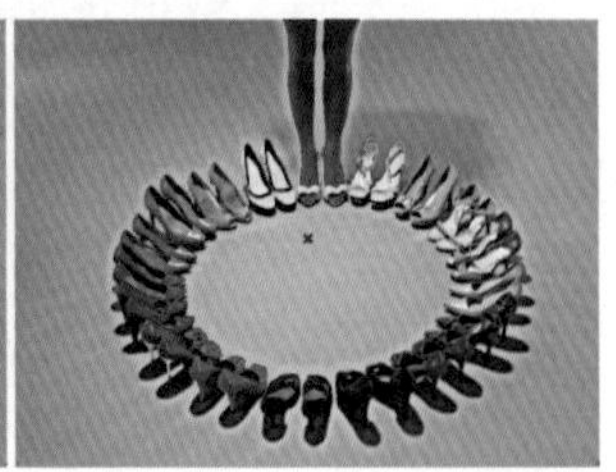

图11—170

Chapter 12

第12章

综合实例——招贴海报设计

前面几章详细介绍了CorelDRAW X5的使用方法，如文件的基本操作、对象的编辑和管理、样式和效果的应用，文本、表格和滤镜的使用等。从本章开始将以综合实例的形式，介绍CorelDRAW X5在不用领域的具体应用。本章将介绍CorelDRAW X5在招贴海报设计中的具体应用。

本章学习要点：

- 清新风格房地产招贴设计
- 欧式风格房地产广告设计
- 饮品店传单设计
- 甜美风格商场促销广告设计
- 智能手机宣传广告设计

12.1 清新风格房地产招贴

案例文件	12.1清新风格房地产招贴.cdr
视频教学	12.1清新风格房地产招贴.flv
难易指数	★★★★★
知识掌握	矩形工具、文本工具、导入素材

案例效果

本例中将通过矩形工具制作招贴背景，然后使用文本工具输入招贴主要内容，同时多次导入位图素材，完成房地产招贴的制作，最终效果如图12-1所示。

操作步骤

步骤01 执行“文件>新建”命令，在弹出的“创建新文档”对话框中设置“大小”为A4，“原色模式”为CMYK，“渲染分辨率”为300，如图12-2所示。

图12—1

图12—2

步骤02 单击工具箱中的“矩形工具”按钮，在工作区内拖动鼠标，绘制一个合适大小的矩形，并将其填充为黑色。单击CorelDRAW工作界面右下角的“轮廓笔”按钮，在弹出的“轮廓笔”面板中设置“宽度”为“无”，单击“确定”按钮，如图12-3所示。

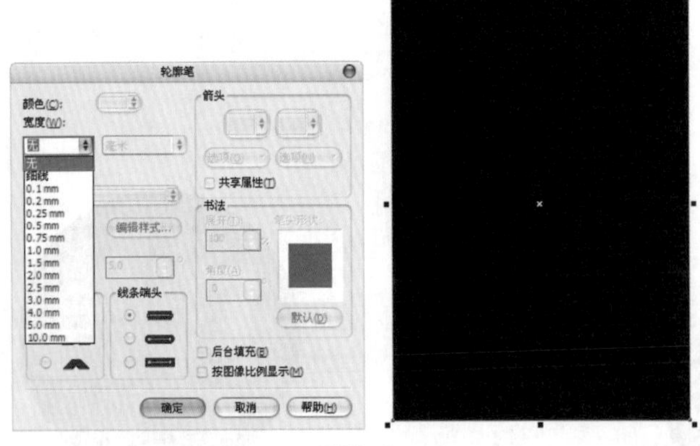

图12—3

步骤03 使用矩形工具在黑色矩形上绘制一个小一些的白色矩形，设置轮廓线宽度为“无”；然后执行“文件>导入”命令，导入楼盘素材图像，调整为合适的大小及位置，如图12-4所示。

图12—4

步骤04 单击工具箱中的“文本工具”按钮，在素材图像上方单击并输入文字，然后调整为合适的字体及大小，设置字体颜色为白色，如图12-5所示。

图12—5

步骤05 再次使用文本工具输入合适大小及字体的白色文字，然后在属性栏中单击“文本对齐”按钮，在弹出的下拉列表中选择“居中”选项，如图12-6所示。

步骤06 使用文本工具在素材图像下方单击并输入文字“新城市主义”，并设置为合适的大小及字体；再次单击并输入文字“New Urbanism”，然后在两个单词间多次按空格键，将两个单词间的间距调大；再次单击，在单词空隙间输入文字，如图12-7所示。

图12-6　　图12-7

步骤07 单击工具箱中的“矩形工具”按钮，在文字左侧绘制一个白色长条状矩形；然后按住Ctrl键绘制一个较小的白色正方形，使用文本工具输入白色大括号；以同样方法制作出文字右侧的大括号及矩形，如图12-8所示。

图12-8

步骤08 单击工具箱中的“2点线工具”按钮，按住Shift键在素材图像下方空白处绘制多条黑色直线，将其分割为不同区域，如图12-9所示。

步骤09 单击工具箱中的“文本工具”按钮，在空白处分别单击并输入文字，并设置文字颜色为黑色；然后导入配书光盘中的多个图标素材，调整为合适的大小及位置，如图12-10所示。

步骤10 在右侧输入文字“幸福指南”，并设置为合适的字体及大小；单击工具箱中的“填充工具”按钮并稍作停留，在弹出的下拉列表中单击“渐变填充”按钮，在弹出的“渐变填充”对话框中设置“类型”为线性，颜色为从绿色到蓝色，然后单击“确定”按钮，如图12-11所示。

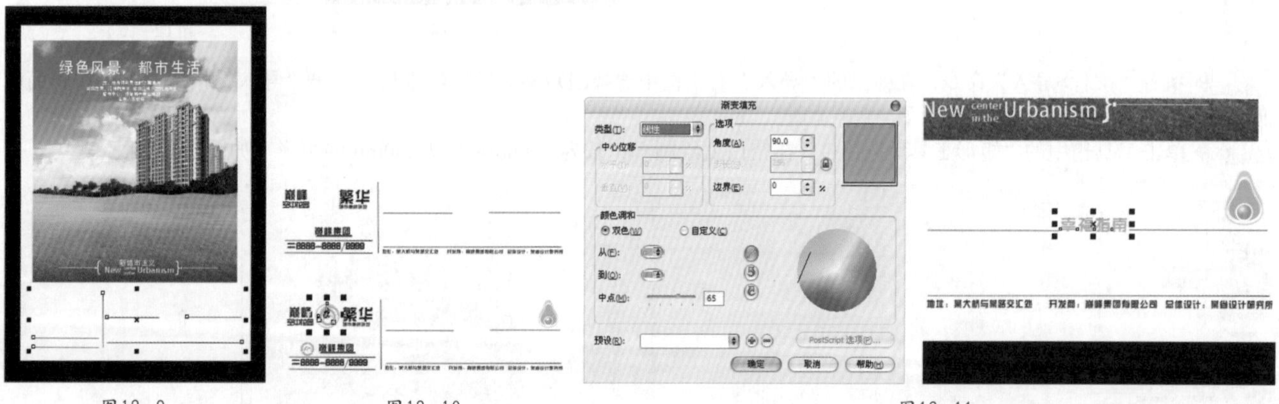

图12-9　　图12-10　　图12-11

步骤11 单击工具箱中的“文字工具”按钮，在画面中按住鼠标左键向右下角拖曳，创建一个文本框，然后在其中输入文字，并设置为合适的字体及大小，调整文字颜色为绿色；以同样方法制作出另一黑色段落文本，如图12-12所示。

步骤12 执行“视图>全屏预览”命令，可以预览最终效果，如图12-13所示。

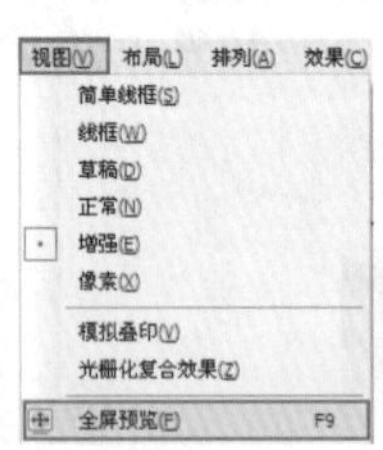

图12—12

图12—13

12.2 欧式风格房地产广告

案例文件	12.2欧式风格房地产广告.cdr
视频教学	12.2欧式风格房地产广告.flv
难易指数	★★★★★
技术要点	钢笔工具、图框精确剪裁、文本工具、渐变工具

案例效果

在本例中，通过图框精确剪裁来控制画面中元素的大小；多次使用钢笔工具绘制欧式花纹，并且填充渐变效果；另外，文字与渐变填充配合使用也是重点，最终效果如图12-14所示。

操作步骤

步骤01 执行“文件>新建”命令，在弹出的“创建新文档”对话框中设置“大小”为A4，“原色模式”为CMYK，“渲染分辨率”为300，如图12-15所示。

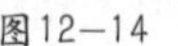
图12—14

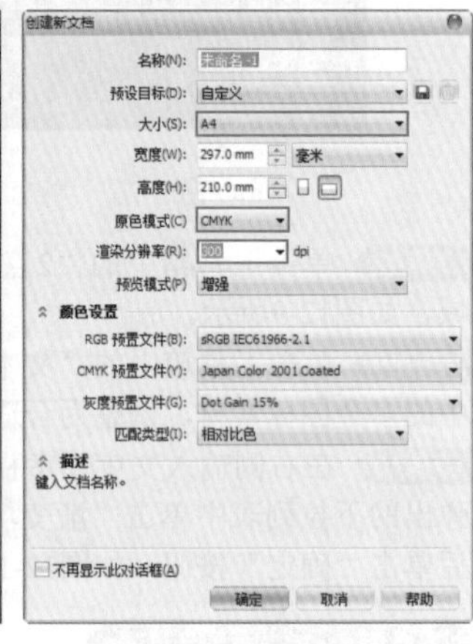

图12—15

步骤02 执行“文件>导入”命令，在弹出的“导入”对话框中选择CDR格式的底纹素材，单击“导入”按钮，然后在画面中拖动鼠标，导入素材，如图12-16所示。

步骤03 单击工具箱中的“矩形工具”按钮，在空白处绘制一个长为300mm、宽为200mm的矩形，如图12-17所示。

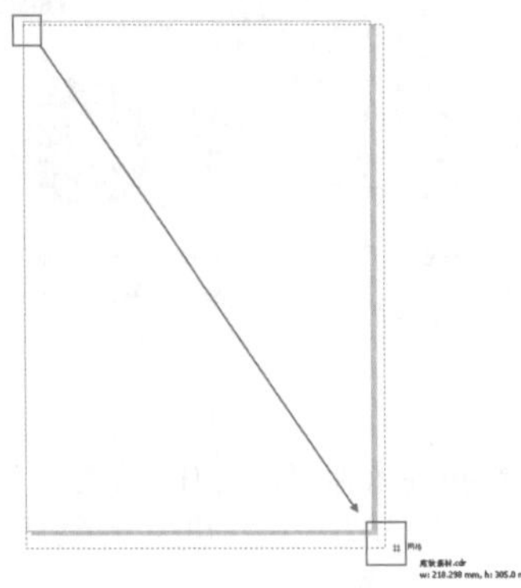
图12—16

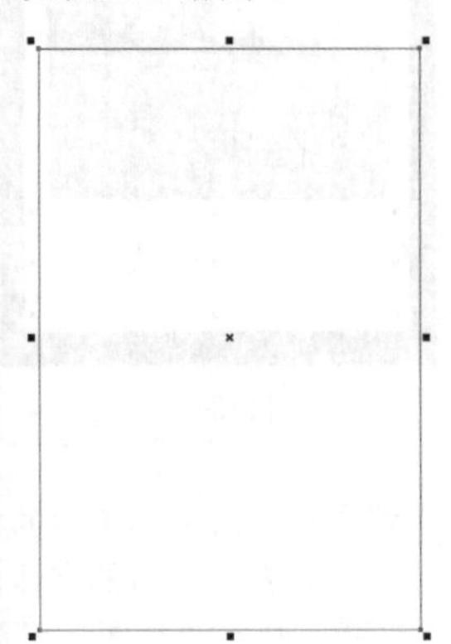
图12—17

步骤04 在工具箱中单击填充工具组中的“渐变填充”按钮，在弹出的“渐变填充”对话框中设置“类型”为“线性”，在“颜色调和”选项组中选中“自定义”单选按钮，将颜色设置为一种棕色系渐变，单击“确定”按钮；然后设置轮廓线为“无”，如图12-18所示。

步骤05 在渐变色的矩形上方绘制一个稍小一些的矩形；选中欧式花纹背景，执行“效果>图框精确剪裁>放置在容器中”命令，当光标变为黑色箭头形状时单击矩形框；此时欧式花纹背景大小与绘制的矩形相同，选择该矩形，设置轮廓线宽度为“无”，如图12-19所示。

步骤06 执行“文件>导入”命令，导入人物照片素材，并将其放置在画面中央，如图12-20所示。

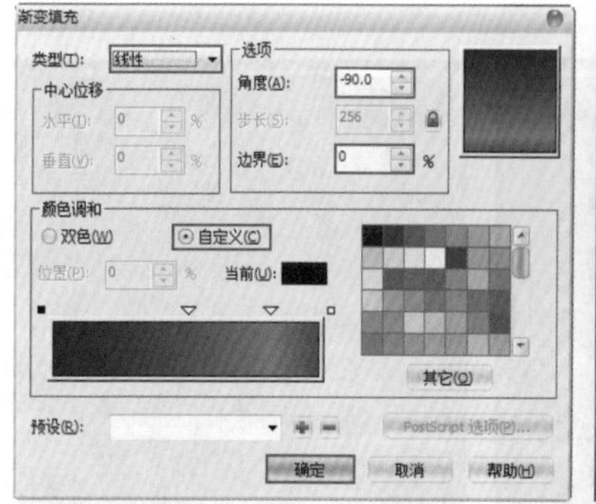

图12—18

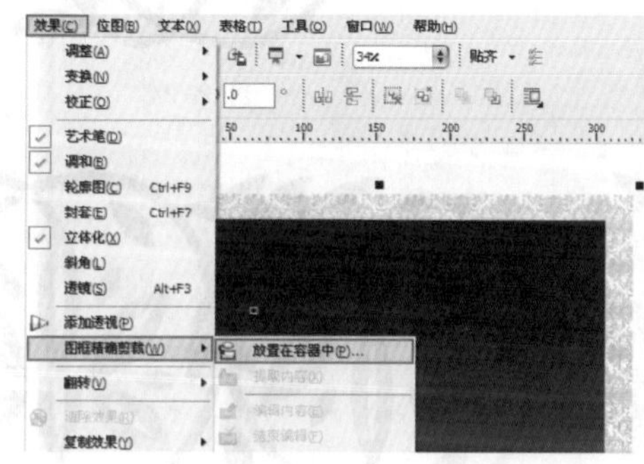

图12—19

图12—20

技术拓展：元素的导出

与导入相对应的操作是导出操作。如果要把某个文件保存为与原来不同的格式，导出操作很容易做到这一点。执行“文件>导出”命令，即可导出所选对象或是全部对象，如图12—21所示。

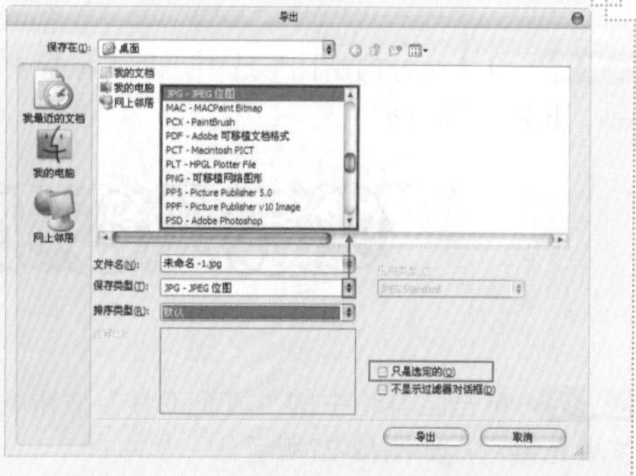

图12—21

步骤07 单击工具箱中的“矩形工具”按钮，绘制一个同花纹一样大小的矩形；在工具箱中单击填充工具组中的“渐变填充”按钮，在弹出的“渐变填充”对话框中设置“类型”为“辐射”，在“颜色调和”选项组中选中“自定义”单选按钮，将颜色设置为一种黄色系渐变，单击“确定”按钮；再设置轮廓线宽度为“无”，如图12-22所示。

步骤08 再次绘制一个小一些的黑色矩形；按住Shift键进行加选，将黄色渐变矩形和黑色矩形同时选中；单击属性栏中的“修剪”按钮，单击选中黑色矩形，按Delete键将其删除，制作出金黄色的边框效果，如图12-23所示。

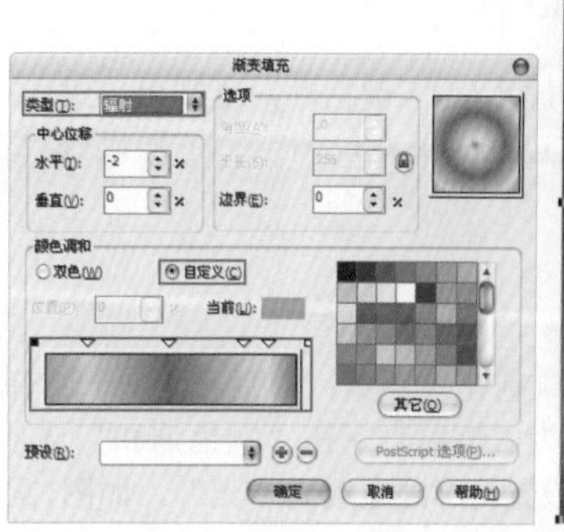
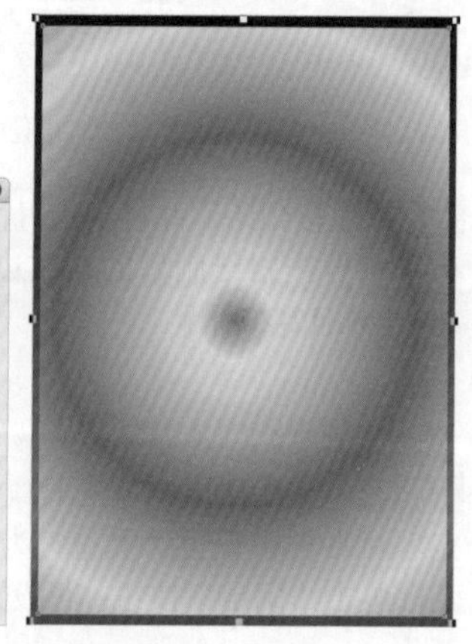

图12—22

图12—23

步骤09 下面制作边框花边的花纹。单击工具箱中的“钢笔工具”按钮，绘制出花纹形状，如图12-24所示。

步骤10 选择绘制的花纹图案，按Ctrl+C键复制，再按Ctrl+V键粘贴；然后双击复制出来的花纹图案，旋转180°后，将前后两个图案相连接，形成一个新的花纹图案，如图12-25所示。

图12—24

图12—25

步骤11 将连接好的新图形选中，单击鼠标右键，在弹出的快捷菜单中执行“群组”命令；大量地复制、粘贴，使其首尾相连，如图12-26所示。

图12—26

步骤12 单击工具箱中的“填充工具”按钮，为绘制的花纹填充黄色，如图12-27所示。

图12—27

步骤13 按Ctrl+C键复制，再按Ctrl+V键粘贴，复制出一组花纹边框；将绘制好的花纹边框放置在位图上、下加以修饰，如图12-28所示。

图12—28

步骤14 继续使用钢笔工具绘制花纹图案；然后在工具箱中单击填充工具组中的“渐变填充”按钮，在弹出的“渐变填充”对话框中设置“类型”为“辐射”，在“颜色调和”选项组中选中“自定义”单选按钮，将颜色设置为一种黄色系渐变，单击“确定”按钮；再设置轮廓线宽度为“无”，如图12-29所示。

步骤15 按Ctrl+C键复制，再按Ctrl+V键粘贴花纹图案；将后面一层花纹填充为黑色，并适当移动，制作出花纹图案的投影效果，如图12-30所示。

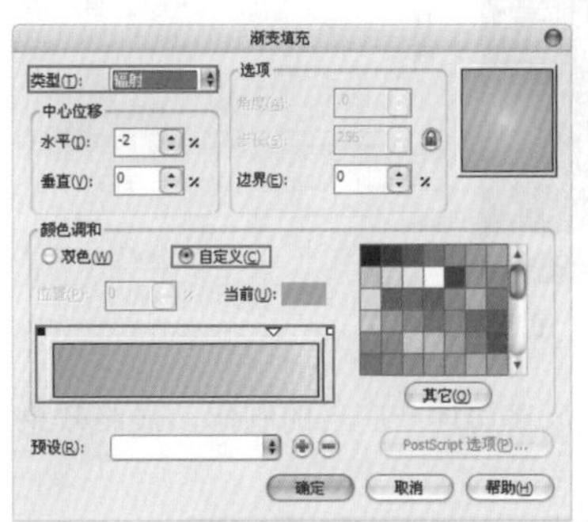

图12—29

图12—30

步骤16 将绘制出来的新图形分别放置在位图上、下花纹边框中心处，作为装饰，如图12-31所示。

图12—31

步骤17 执行“文件>导入”命令，导入房地产的标志素材，并调整为适当位置与大小，如图12-32所示。

步骤18 单击工具箱中的“文本工具”按钮，输入广告文字部分，设置为合适的字体及大小，如图12-33所示。

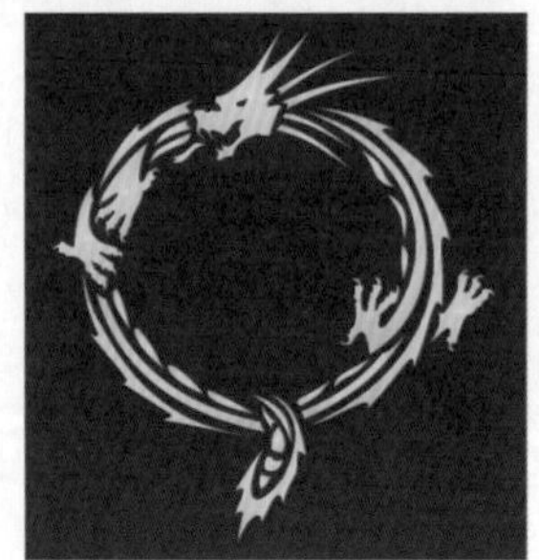

图12—32

祺龍典歐

QILONG CLASSIC EUROPE VILLA

祥瑞歐宅 逸墅家園

图12—33

步骤19 在工具箱中单击填充工具组中的“渐变填充”按钮，在弹出的“渐变填充”对话框中设置“类型”为“辐射”，在“颜色调和”选项组中选中“自定义”单选按钮，设置颜色为黄色系渐变，单击“确定”按钮；再设置轮廓线宽度为“无”，如图12-34所示。

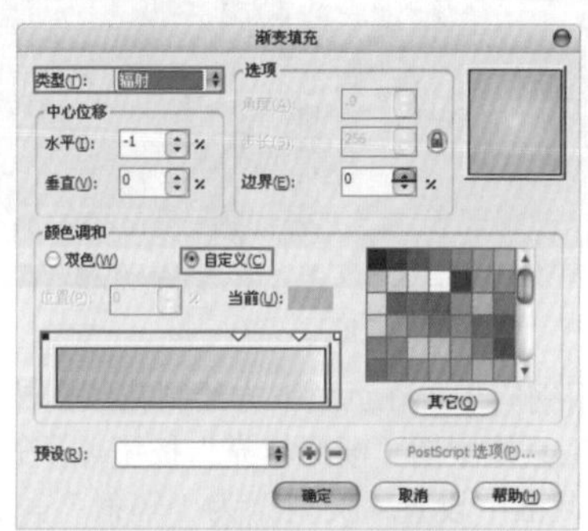

祺龍典歐

QILONG CLASSIC EUROPE VILLA

祥瑞歐宅 逸墅家園

图12—34

步骤20 复制文字，并将后面一层文字填充为黑色，制作出文字的投影效果，如图12-35所示。

祺龍典歐

QILONG CLASSIC EUROPE VILLA

祥瑞歐宅 逸墅家園

图12—35

步骤21 把制作好的文本放置到房地产广告上方，调整为合适的大小，如图12-36所示。

图12—36

步骤22 以同样的方法，继续使用文本工具在招贴的下半部分输入相应的房地产广告信息，并设置为合适的字体及大小，如图12-37所示。

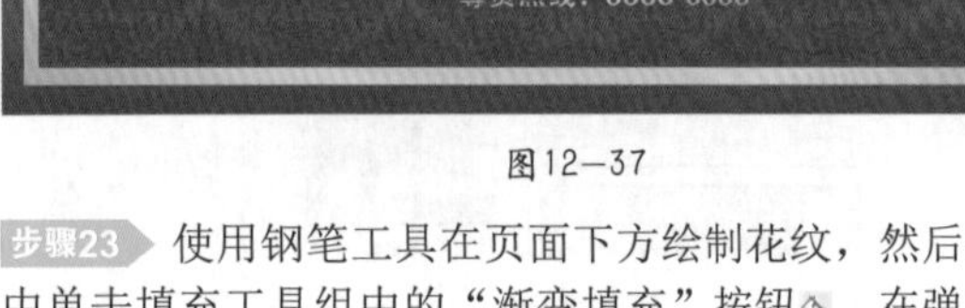

图12—37

步骤23 使用钢笔工具在页面下方绘制花纹，然后在工具箱中单击填充工具组中的“渐变填充”按钮，在弹出的“渐变填充”对话框中设置“类型”为“辐射”，在“颜色调和”选项组中选中“自定义”单选按钮，将颜色设置为一种黄色系渐变，单击“确定”按钮，如图12-38所示。

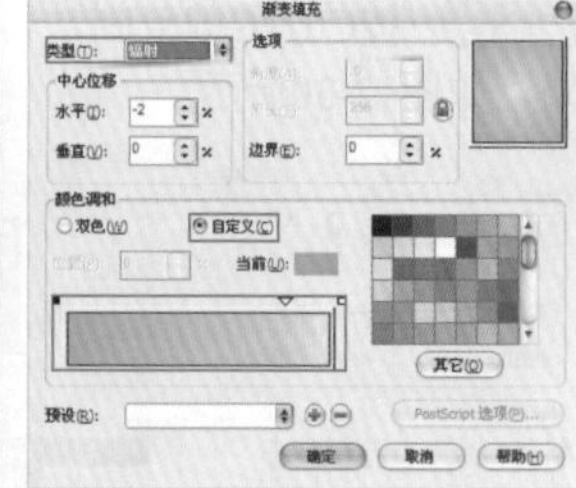

图12—38

步骤24 至此，完成欧式风格房地产广告的制作，最终效果如图12-39所示。

图12—39

读书笔记

12.3 饮品店传单

案例文件	12.3 饮品店传单.cdr
视频教学	12.3 饮品店传单.flv
难易指数	★★★★★
知识掌握	立体化工具、阴影工具、制表位的应用

案例效果

在本例中，多次将文本工具与立体化工具配合使用制作出立体文字；另外，通过制表位快捷地制作出菜单文字部分。本例最终效果如图12-40所示。

图12-40

操作步骤

步骤01 执行“文件>新建”命令，在弹出的“创建新文档”对话框中设置“大小”为A4，“原色模式”为CMYK，“渲染分辨率”为300，如图12-41所示。

步骤02 单击工具箱中的“矩形工具”按钮，在工作区内拖动鼠标，绘制一个合适大小的矩形；单击工具箱中的“填充工具”按钮并稍作停留，在弹出的下拉列表中单击“渐变填充”按钮，在弹出的“渐变填充”对话框中设置“类型”为“线性”，在“颜色调和”选项组中选中“双色”单选按钮，设置颜色为从橙色到黄色，单击“确定”按钮。如图12-42所示。

图12-41

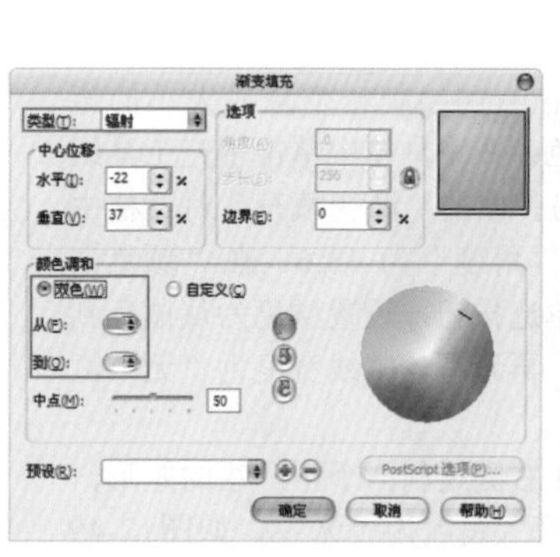

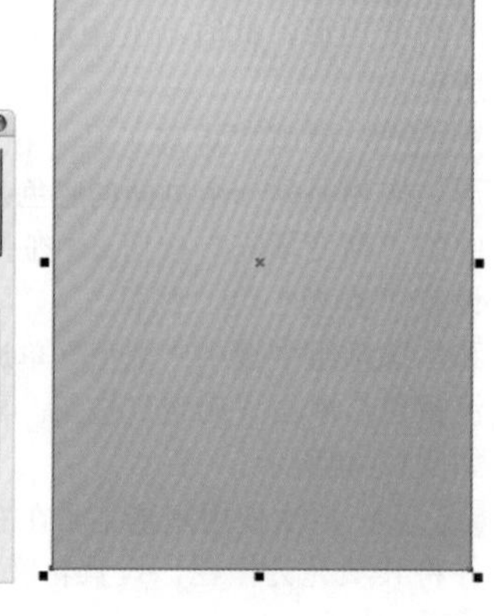

图12-42

步骤03 单击CorelDRAW工作界面右下角的“轮廓线”按钮，在弹出的“轮廓笔”对话框中设置“宽度”为“无”，单击“确定”按钮，如图12-43所示。

步骤04 单击工具箱中的“椭圆形工具”按钮，按住Ctrl键绘制一个正圆，并将其填充为黄色，设置轮廓线宽度为“无”，如图12-44所示。

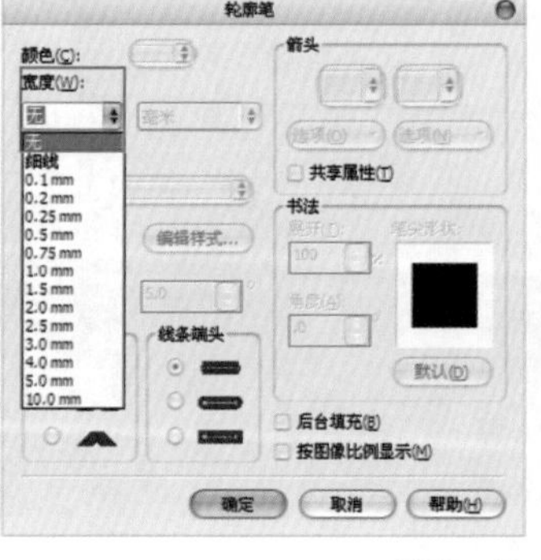

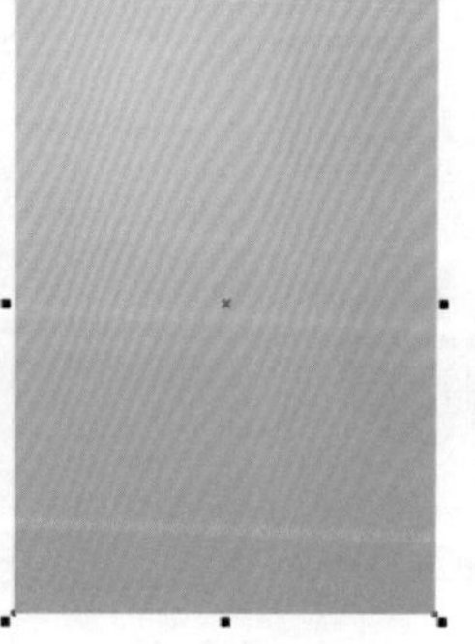

图12-43

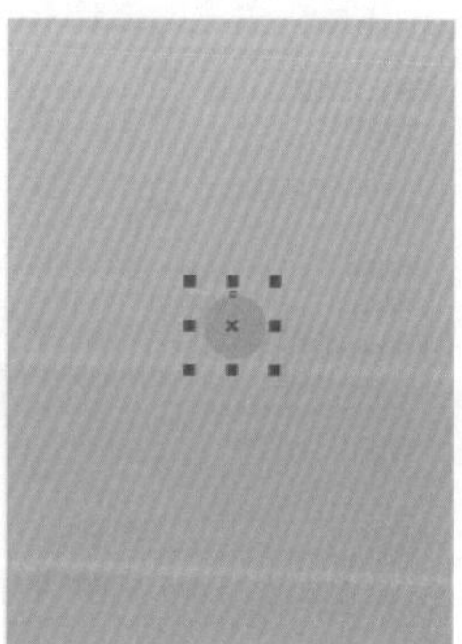

图12-44

步骤05 多次绘制后，按住Shift键进行加选，将所有正圆同时选中；执行“排列>对齐和分布>对齐与分布”命令，在弹出的“对齐与分布”对话框的“对齐”选项卡中选中“中”单选按钮，然后选择“分布”选项卡，选中“间距”复选框，单击“应用”按钮，如图12-45所示。

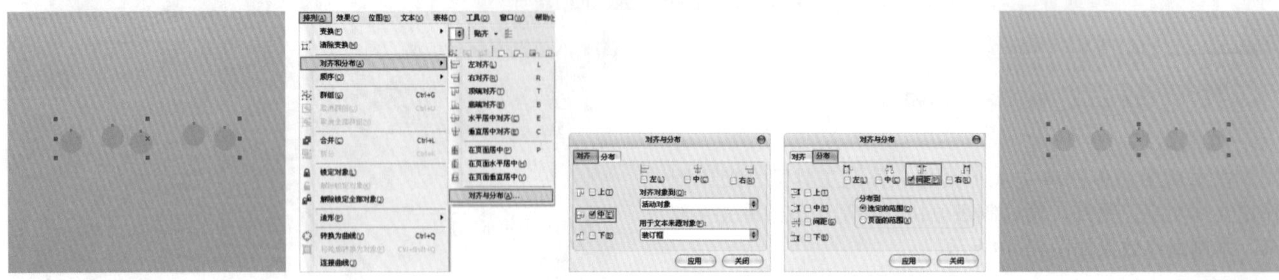

图12—45

步骤06 以同样的方法复制出一整行的圆形，并复制整行的圆形向下依次排列，如图12-46所示。

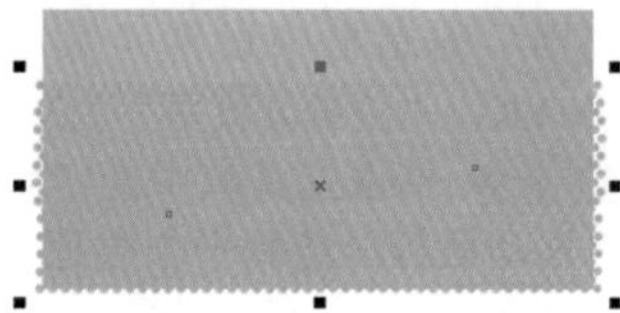

图12—46

技巧提示

在向下排列的过程中也要用到“对齐与分布”命令，但是前提是将整行的对象群组后，对多个群组进行分布。

步骤07 选择绘制的所有正圆，执行“效果>图框精确剪裁>放置在容器中”命令，当光标变为黑色箭头形状时单击绘制的渐变矩形，此时渐变矩形以外的区域被隐藏，如图12-47所示。

步骤08 使用“矩形工具”在右侧绘制一个合适大小的矩形，作为另外一个页面的底色；在工具箱中单击填充工具组中的“渐变填充”按钮，在弹出的“渐变填充”对话框中设置“类型”为“线性”，“角度”为-48.6，在“颜色调和”选项组中选中“双色”单选按钮，设置颜色为从橘色到浅黄色，单击“确定”按钮；再设置轮廓线宽度为“无”，如图12-48所示。

步骤09 再次使用矩形工具在右侧绘制一个小一些的矩形，并将其填充为橙色，设置轮廓”宽度为“无”，如图12-49所示。

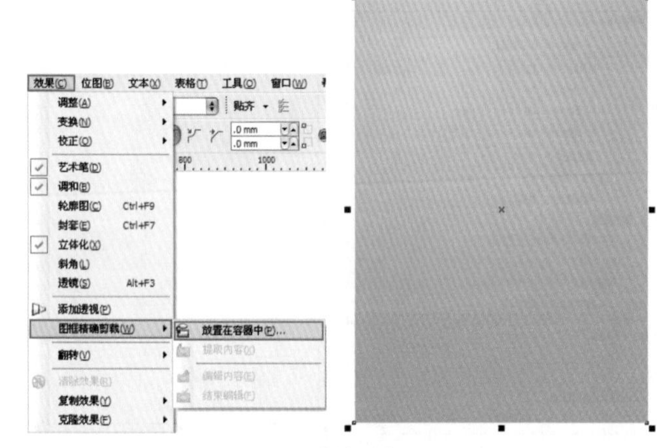

图12—47

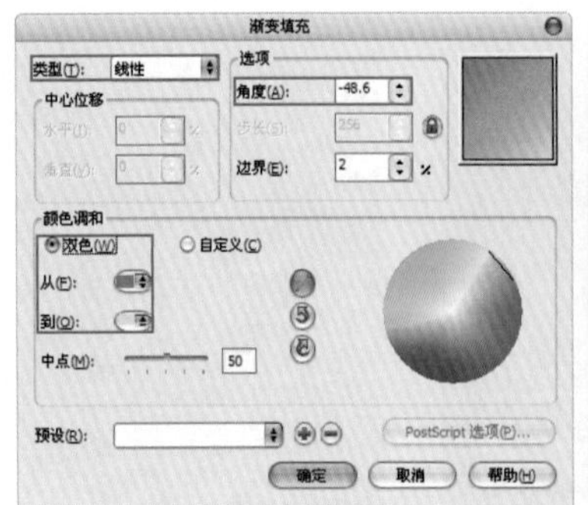

图12—48

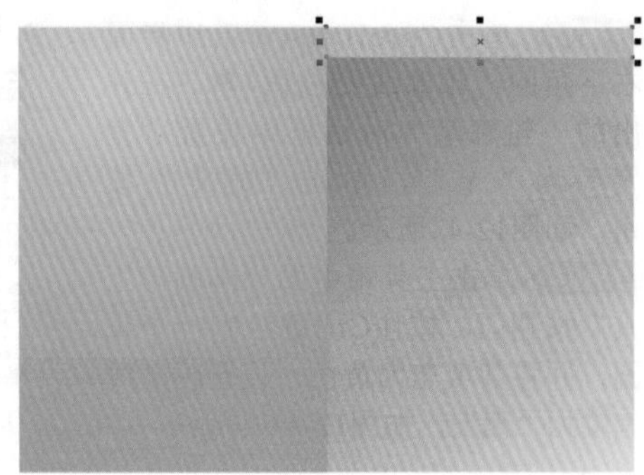

图12—49

步骤10 单击工具箱中的“钢笔工具”按钮，在左侧绘制出放射状形状，并将其填充为黄色，设置轮廓线宽度为“无”，如图12-50所示。

步骤11 使用钢笔工具在左下角绘制出弧形；然后在工具箱中单击填充工具组中的“渐变填充”按钮，在弹出的“渐变填充”对话框中设置“类型”为“线性”，“角度”为34.3，在“颜色调和”选项组中选中“双色”单选按钮，设置颜色为从粉色到浅粉色，单击“确定”按钮；再设置轮廓线宽度为“无”，如图12-51所示。

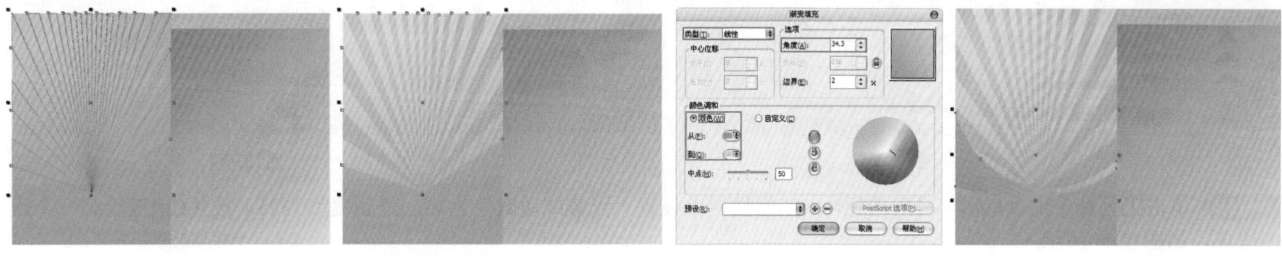

图12—50　　图12—51

步骤12 以同样方法制作出其他不同渐变颜色的形状；然后导入水果饮品位图素材，调整为合适的大小及位置，放在左侧页面中央，如图12-52所示。

步骤13 单击工具箱中的“文本工具”按钮，设置合适的字体及大小，在素材上方单击并输入文字“超值美味”；单击工具箱中的“选择工具”按钮，双击文字，将光标移至4个角的控制点上，按住鼠标左键拖动，将其旋转合适的角度，如图12-53所示。

图12—52　　图12—53

步骤14 单击工具箱中的“立体化工具”按钮，在文字上按住鼠标左键向右下角拖动，制作其立体效果；单击属性栏中的“立体化颜色”按钮，在弹出的下拉面板中设置颜色为从浅绿色到深绿色，如图12-54所示。

步骤15 复制“超值美味”，然后单击属性栏中的“清除立体化”按钮；在工具箱中单击填充工具组中的“渐变填充”按钮，在弹出的“渐变填充”对话框中设置“类型”为“线性”，“角度”为-65，在“颜色调和”选项组中选中“双色”单选按钮，设置颜色为从黄色到绿色，单击“确定”按钮，如图12-55所示。

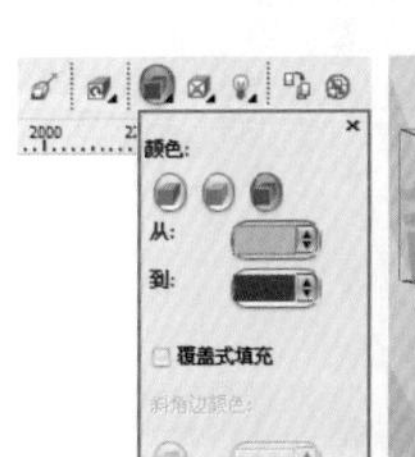

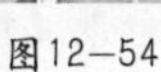
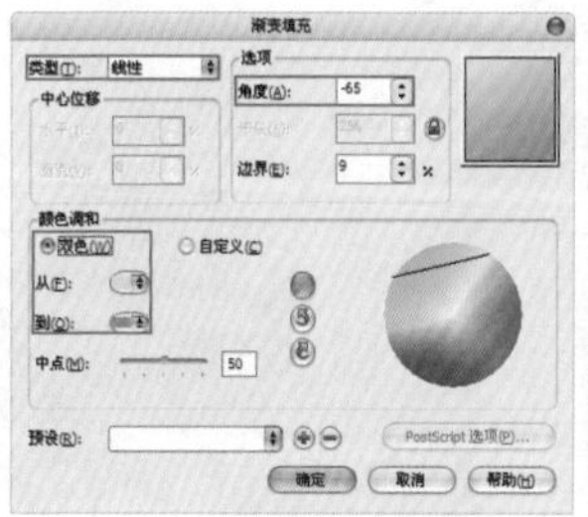

图12—54　　图12—55

步骤16 单击CorelDRAW工作界面右下角的“轮廓笔”按钮，在弹出的“轮廓笔”对话框中设置“颜色”为白色，“宽度”为0.2mm，单击“确定”按钮，如图12-56所示。

步骤17 以同样方法制作右下方的蓝色渐变文字，如图12-57所示。

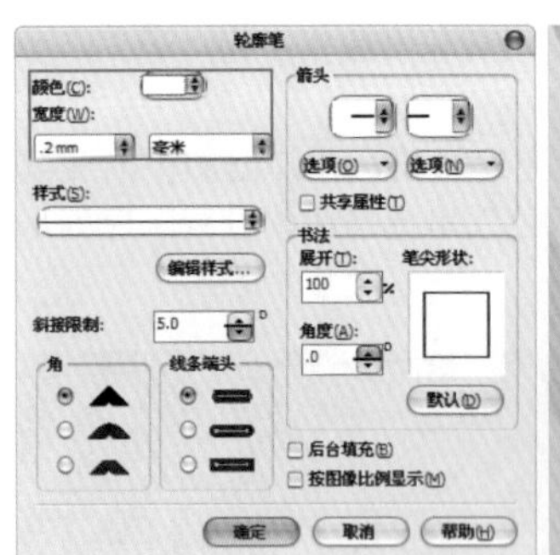

图12—56　　图12—57

步骤18 单击工具箱中的“星形工具”按钮，在属性栏中设置“点数或边数”为15，“锐度”为25，按住Ctrl键绘制一个正多边形，如图12-58所示。

步骤19 在工具箱中单击填充工具组中的“渐变填充”按钮，在弹出的“渐变填充”对话框中设置“类型”为“辐射”，在“颜色调和”选项组中选中“双色”单选按钮，设置颜色为从橘红色到橙色，单击“确定”按钮，如图12-59所示。

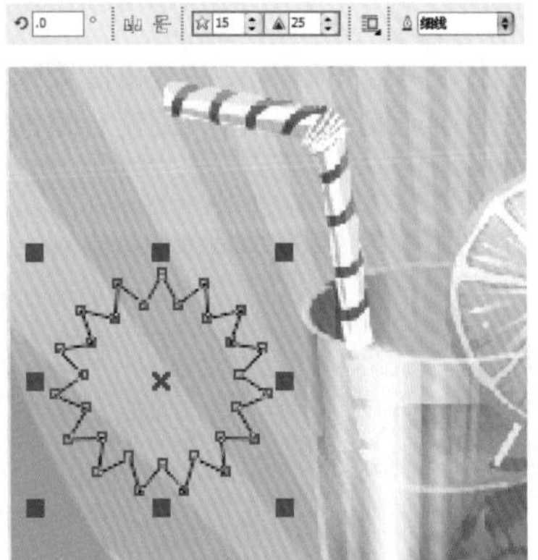

图12—58

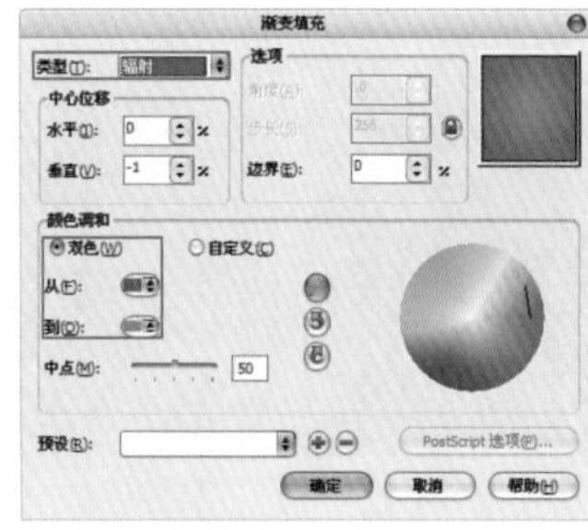

图12—59

步骤20 单击CorelDRAW工作界面右下角的“轮廓笔”按钮，在弹出的“轮廓笔”对话框中设置“颜色”为黄色，“宽度”为1.0mm，单击“确定”按钮，如图12-60所示。

步骤21 单击工具箱中的“阴影工具”按钮，在绘制的多边星形上按住鼠标左键向右下角拖动，制作出其阴影效果，如图12-61所示。

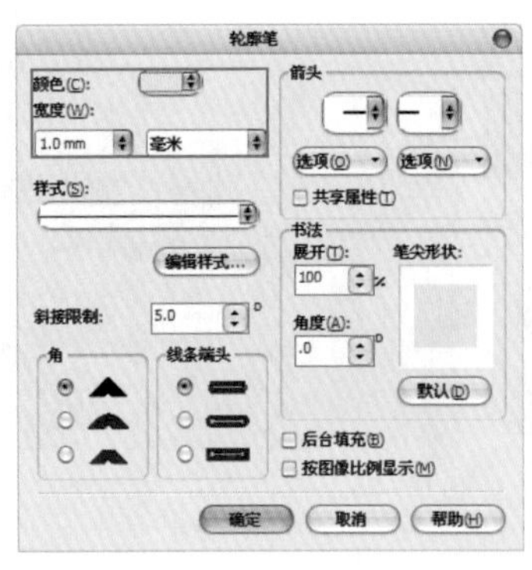
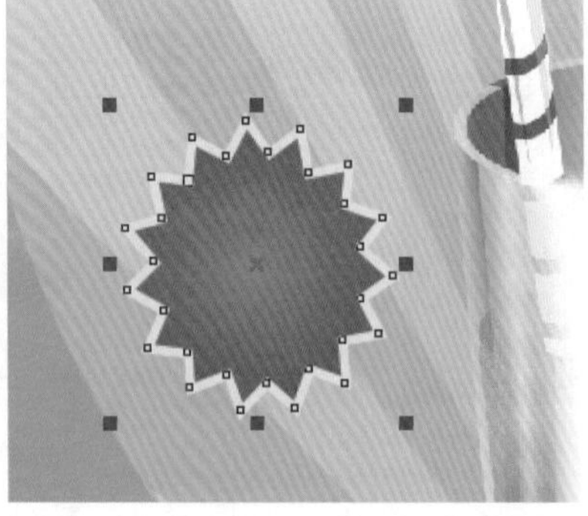

图12—60

图12—61

步骤22 单击工具箱中的“文本工具”按钮，在多边星形上单击并输入文字“VIP”，然后调整为合适的字体及大小，设置文字颜色为灰色；双击单词，将光标移至4个角的控制点上，按住鼠标左键并将其旋转合适的角度，如图12-62所示。

步骤23 复制文字，将其填充为白色，然后向左上方移动，制作出文字双层效果。再次使用文本工具在下面输入文字，同样将其旋转合适的角度，如图12-63所示。

图12—62

图12—63

步骤24 以同样方法制作出文字右侧的星形，如图12-64所示。

步骤25 单击工具箱中的“矩形工具”按钮，在左侧页面下方绘制一个合适大小的矩形，并将其填充为橘色，设置轮廓线宽度为“无”，如图12-65所示。

步骤26 使用文本工具在底部矩形上输入文字，调整为合适的字体及大小，设置文字颜色为白色，如图12-66所示。

图12—64

图12—65

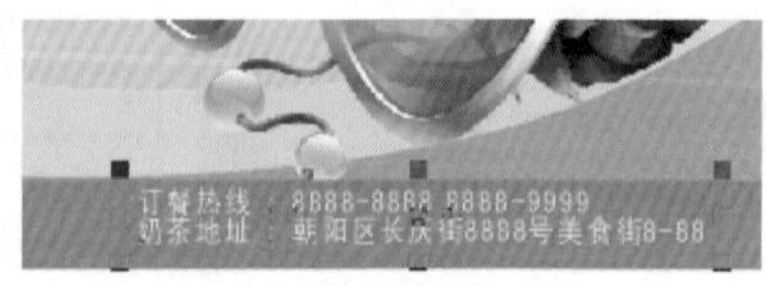

图12—66

步骤27 使用矩形工具在右侧绘制一个矩形，并将其填充为绿色，设置轮廓线宽度为“无”，如图12-67所示。

步骤28 单击工具箱中的“钢笔工具”按钮，在右侧绘制一个多边形，设置填充颜色为无；单击CorelDRAW工作界面右下角的“轮廓笔”按钮，在弹出的“轮廓笔“对话框中设置“颜色”为白色，“宽度”为1.0mm，单击“确定”按钮，如图12-68所示。

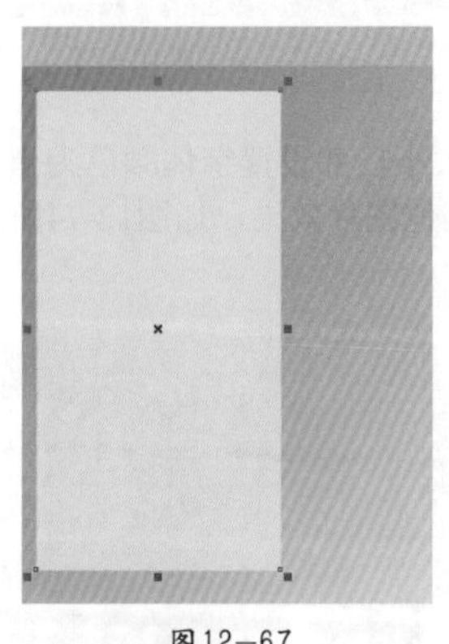

图12—67

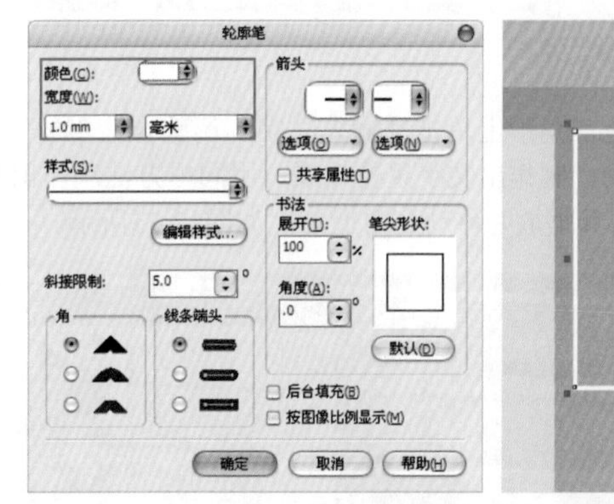

图12—68

步骤29 导入饮品素材文件，调整为合适的大小及位置；然后执行“效果>图框精确剪裁>放置在容器中”命令，当光标变为黑色箭头形状时单击刚刚绘制的白色多边形，如图12-69所示。

步骤30 单击工具箱中的“钢笔工具”按钮，在多边形右下角绘制一个三角形，如图12-70所示。

步骤31 单击工具箱中的“刻刀工具”按钮，将光标移至三角形边缘，当其变为立起来的形状时单击，然后将光标移至另一边再次单击，将三角形切分为两部分。接着，再次使用刻刀工具将三角形分为4部分。选择每个区域，为其填充不同渐变色，并设置轮廓线宽度为“无”，效果如图12-71所示。

图12—69

图12—70

图12—71

步骤32 使用钢笔工具在多边形右下角绘制卷页轮廓，单击“渐变填充”按钮，在“渐变填充”对话框中设置“类型”为“线性”，设置“角度”为128，在“颜色调和”选项组中选中“自定义”单选按钮，设置颜色为棕色系，单击“确定”按钮结束操作。设置“轮廓线”宽度为“无”，如图12-72所示。

步骤33 选择阴影工具，在绘制的多边形上按住鼠标左键并向右下角拖曳，制作出多边形的阴影效果，用同样的方法为卷页添加阴影效果，如图12-73所示。

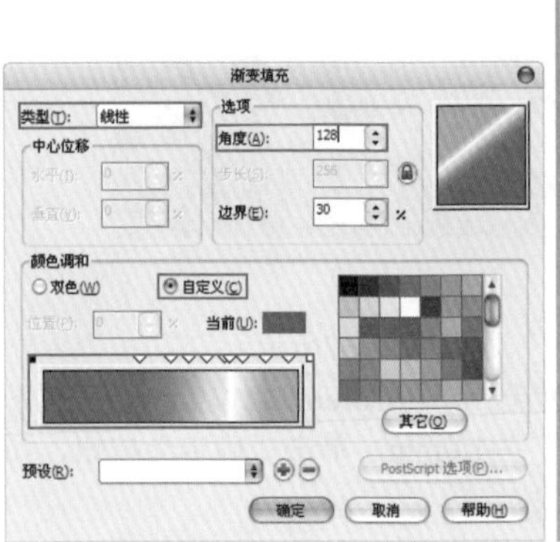

图12—72

图12—73

步骤34 选择文字工具，在彩色三角形上单击并输入文字，调整合适字体及大小，并设置字体颜色为黑色。复制文字并将其填充为白色，将其向左上角移动，制作出文字重叠效果，用同样方法制作出其他图片效果，如图12-74所示。

步骤35 复制左侧立体文字，将其缩放并移动到右上角，如图12-75所示。

图12—74

图12—75

步骤36 选择矩形工具，在图片左侧绘制合适大小的矩形，设置其填充色为橙色，设置“轮廓线”为“无”，如图12-76所示。

步骤37 选择文字工具，在橙色矩形上单击并输入文字“特饮”，调整合适字体及大小，设置文字颜色为白色，以同样方法制作出其他位置的矩形及文字，如图12-77所示。

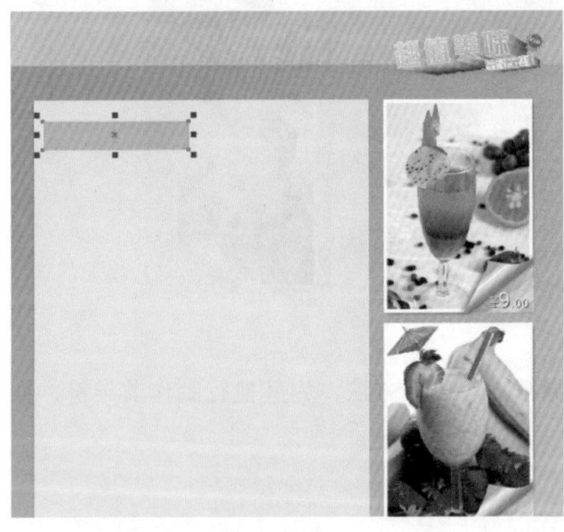

图12—76

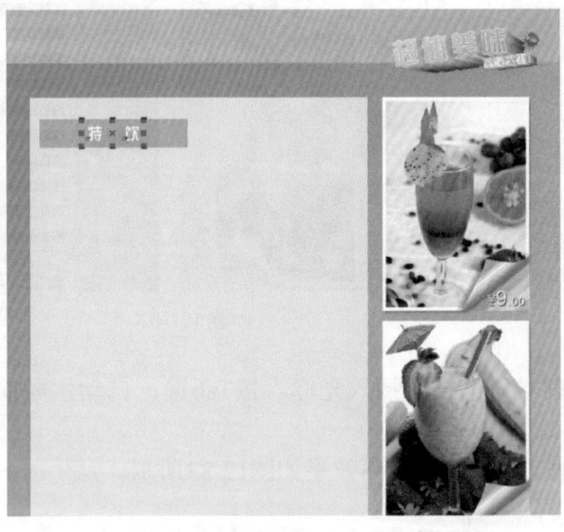

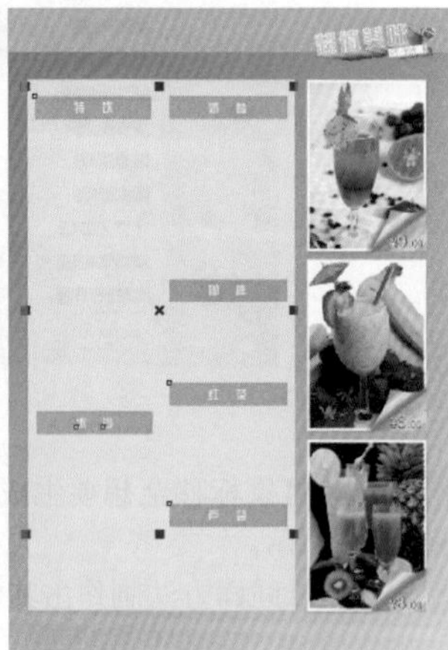

图12—77

步骤38 选择文字工具，按住鼠标左键并向右下角拖曳，制作文本框，在文本框内输入文字，如图12-78所示。

步骤39 选中输入的段落文字，执行“文字>制表位”命令，如图12-79所示。

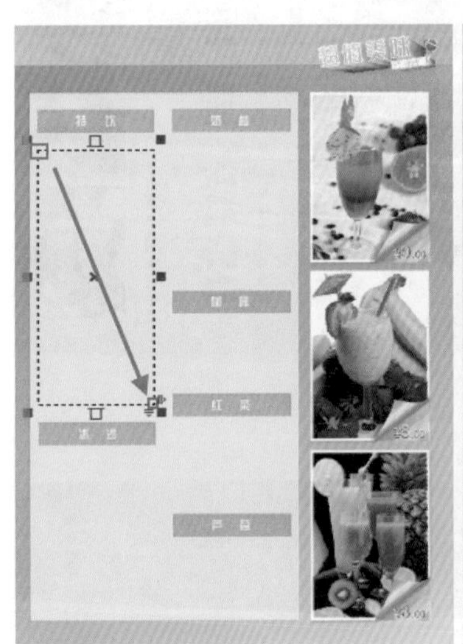

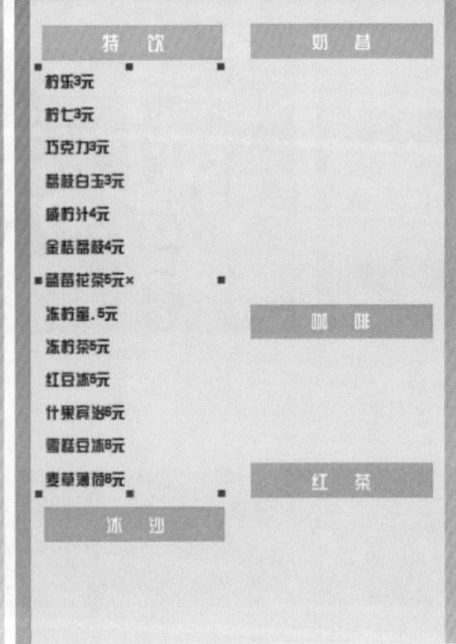

图12—78

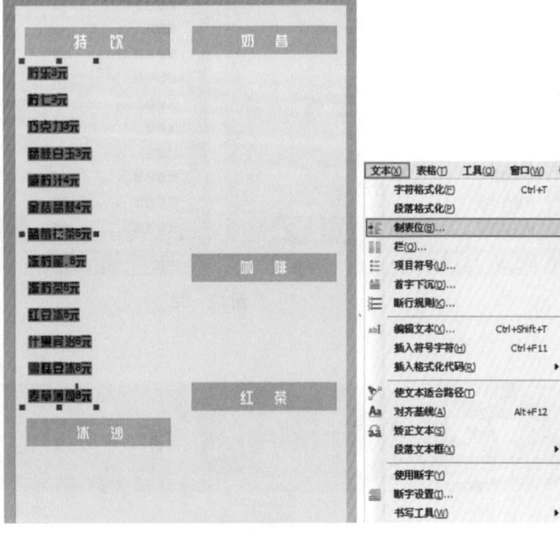

图12—79

步骤40 在弹出的“制表位设置”对话框中单击“添加”按钮，在“制表位设置”对话框中设置相关选项。单击“前导符选项”按钮，在弹出的“前导符设置”对话框中设置“字符”与“间距”，单击“确定”按钮结束操作。设置完成后在“制表位设置”对话框中单击“确定”按钮结束操作，如图12-80所示。

步骤41 在标尺的位置上侧会显示前导符的终止位置，将鼠标移至前导符上，按住鼠标左键并拖曳至想要的位置，如图12-81所示。

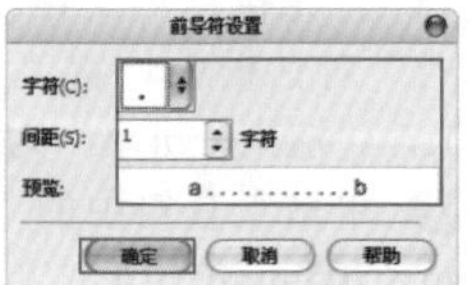

图12—80

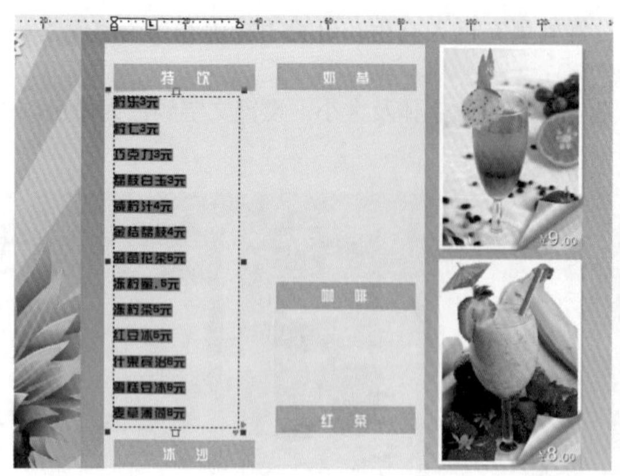
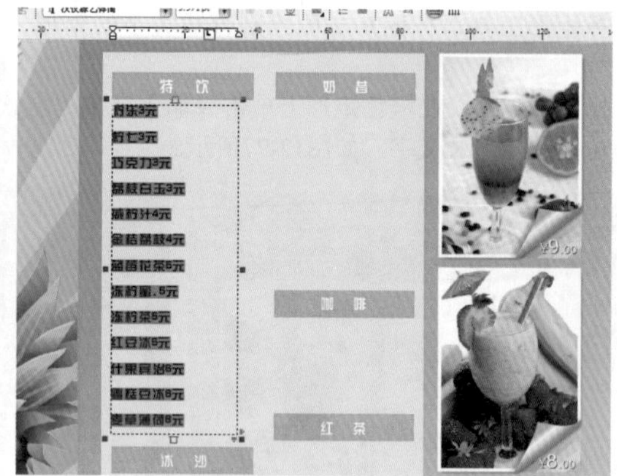

图12—81

步骤42 将鼠标移至想要生成前导符的位置插入光标，按Tab键，自动生成前导符。用同样方法，为其他行制作前导符，如图12-82所示。

步骤43 以同样方法制作出其他文字部分，最终效果如图12-83所示。

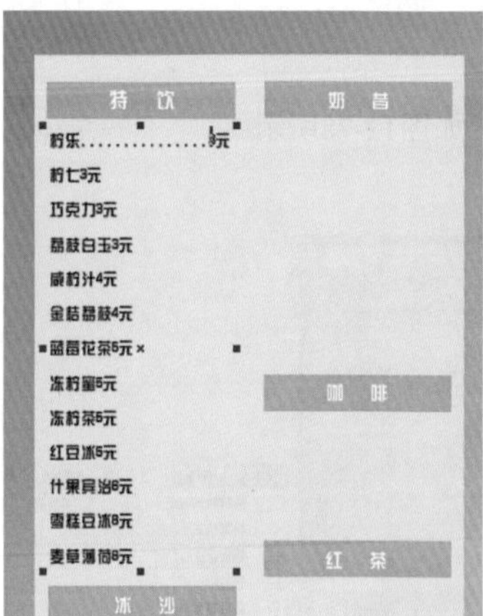
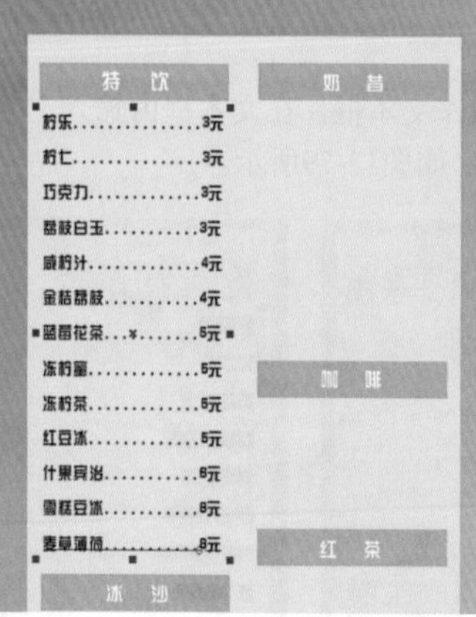

图12—82

图12—83

12.4 甜美风格商场促销广告

案例文件	12.4甜美风格商场促销广告.cdr
视频教学	12.4甜美风格商场促销广告.flv
难易指数	★★★★★
技术要点	钢笔工具、文本工具、图框精确剪裁

案例效果

本例最终效果如图12-84所示。

操作步骤

步骤01 首先执行"文件>新建"命令，在弹出的"创建新文档"对话框中设置"大小"为A4，"原色模式"为CMYK，"渲染分辨率"为300，如图12-85所示。

步骤02 单击工具箱中的"矩形工具"按钮，绘制一个195mm×205mm的矩形；单击工具箱中的"填充工具"按钮

图12—84

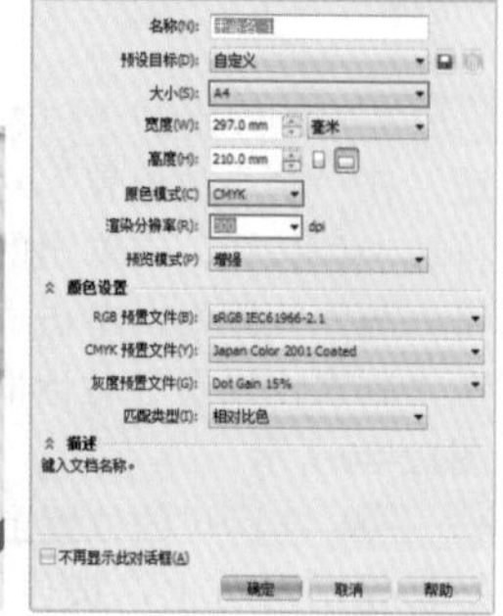

图12—85

并稍作停留，在弹出的下拉列表中单击“渐变填充”按钮，在弹出的“渐变填充”对话框中设置“类型”为“线性”，在“颜色调和”选项组中选中“自定义”单选按钮；设置颜色为白色到粉色，单击“确定”按钮，如图12-86所示。

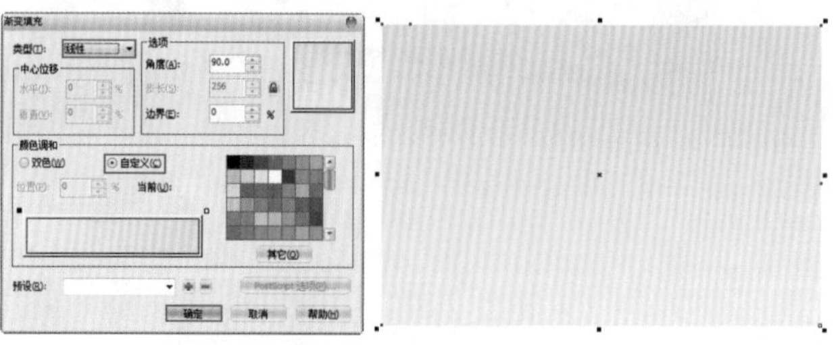

图12—86

技巧提示

“自定义”填充颜色的方法其实很简单，只需在“位置”数值框内设置当前位置，在“当前”颜色框右侧的调色板中选择所需颜色即可。

步骤03 执行“文件>导入”命令，在弹出的“导入”对话框中选择要导入的背景花纹素材图像，单击“导入”按钮将其导入；然后调整为合适的大小及角度，放置在矩形渐变背景上，如图12-87所示。

步骤04 单击工具箱中的“钢笔工具”按钮，在背景图上绘制一个优弧图形，并利用填充工具将其填充粉色；单击工具箱中的“阴影工具”按钮，在图形上按住鼠标左键向右下角拖动，制作阴影部分，如图12-88所示。

图12—87

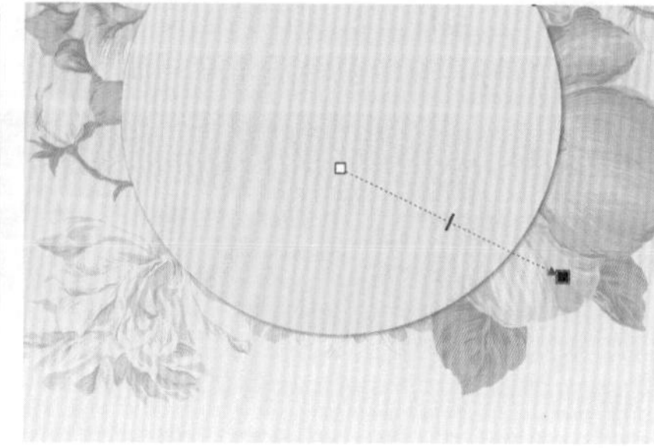

图12—88

步骤05 继续使用钢笔工具在优弧图形上绘制不规则的辅助底纹图形，然后填充颜色；单击CorelDRAW工作界面右下角的“轮廓笔”按钮，在弹出的“轮廓笔”对话框中设置“宽度”为“无”，单击“确定”按钮，如图12-89所示。

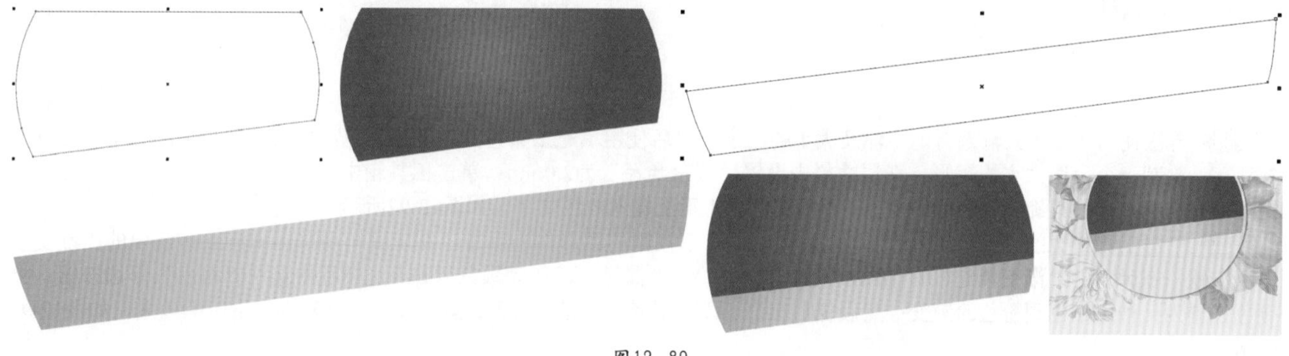

图12—89

步骤06 单击工具箱中的“文本工具”按钮，在刚才绘制的图形上单击并输入文字；在工具箱中单击填充工具组中的“渐变填充”按钮，为文字填充从白色到粉色的渐变；双击文本，将其旋转适当的角度，放置在合适位置，如图12-90所示。

图12—90

步骤07 以同样方法制作其他文字内容，并调整为合适的字体及大小；单击工具箱中的“填充工具”按钮，为文本填充粉色；然后将其旋转至合适角度，调整到合适位置，如图12-91所示。

图12—91

步骤08 再次使用文本工具输入合适字体及大小的文字，然后使用填充工具将其填充为红色；单击工具箱中的“矩形工具”按钮，绘制一个合适大小的矩形，在属性栏中设置“圆角半径”为2.0mm；单击工具箱中的“填充工具”按钮，给圆角矩形填充红色，并将其旋转至合适的角度；然后在圆角矩形上输入白色文字，如图12-92所示。

步骤09 单击工具箱中的“钢笔工具”按钮，绘制一个不规则的图形作为彩带；在工具箱中单击填充工具组中的“渐变填充”按钮，在弹出的“渐变填充”对话框中设置“类型”为“辐射”，在“颜色调和”选项组中选中“双色”单选按钮，将颜色设置为一种由红色到粉色的渐变；然后复制一个一样的图形，填充为灰色，放置在后一层，制作出阴影效果，如图12-93所示。

图12—92

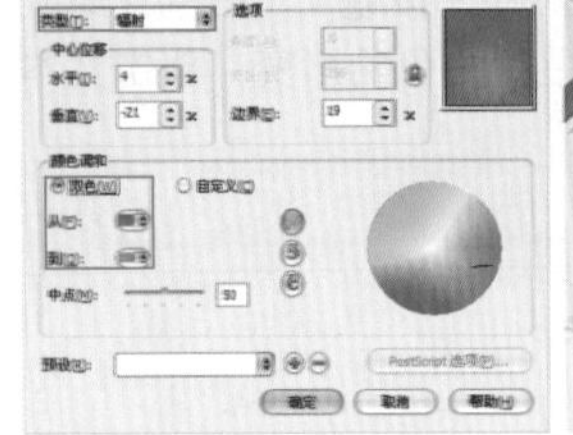

图12—93

步骤10 复制左上角的彩带，然后双击复制出来的图形，将其旋转适当的角度；在页面的右下角，单击工具箱中的“文本工具”按钮字，在右下角的彩带上输入合适字体及大小的文字，设置文字颜色为白色，如图12-94所示。

步骤11 执行“文件>导入”命令，导入装饰球体，然后将其放在页面的左上角，如图12-95所示。

图12-94

图12-95

步骤12 单击工具箱中的“钢笔工具”按钮，绘制一条优弧扇形轮廓线；单击选中球形，执行“效果>图框精确剪裁>放置在容器中”命令，当光标变为黑色箭头形状时单击轮廓线，如图12-96所示。

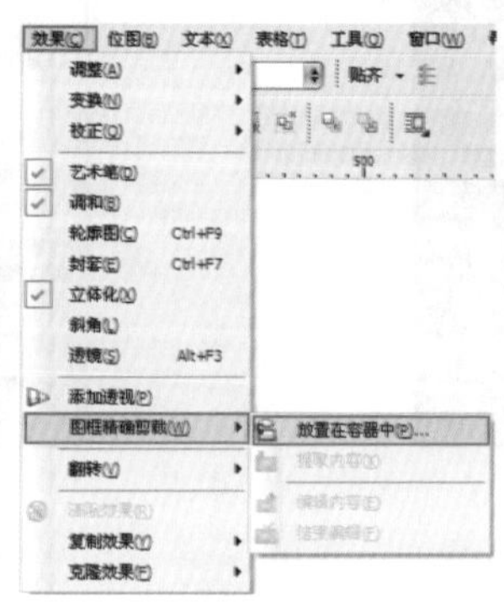

图12-96

技巧提示

在执行图框精确剪裁过程中，容器中可以同时放置多个对象，也可以调整容器内对象的位置和顺序。

步骤13 执行“文件>导入”命令，导入系列商品素材图像，并调整为合适的大小及角度，然后将其环绕放置在“品牌狂欢夜”的扇形图像周围，最终效果如图12-97所示。

图12-97

读书笔记

12.5 智能手机宣传广告

案例文件	12.5 智能手机宣传广告.cdr
视频教学	12.5 智能手机宣传广告.flv
难易指数	★★★★★
知识掌握	矩形工具、透明度工具

案例效果

本例最终效果如图12-98所示。

图12—98

操作步骤

步骤01 执行“文件>新建”命令，在弹出的“创建新文档”对话框中设置“大小”为A4，“原色模式”为CMYK，“渲染分辨率”为300，如图12-99所示。

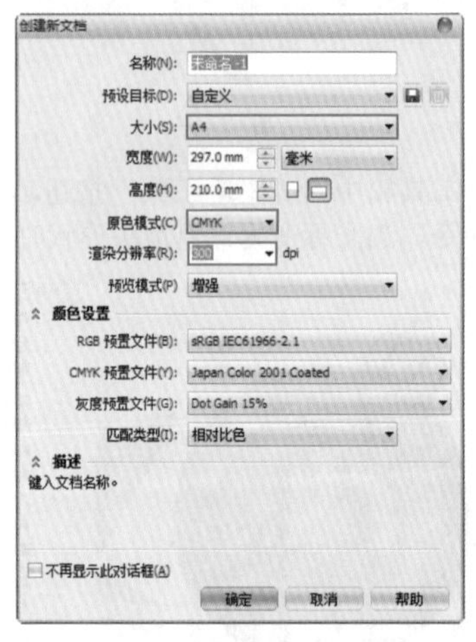

图12—99

步骤02 导入背景素材文件，并调整为合适的大小及位置，如图12-100所示。

步骤03 单击工具箱中的“矩形工具”按钮□，在工作区内拖动鼠标，绘制一个合适大小的矩形，然后在属性栏中设置“圆角半径”为12mm，如图12-101所示。

图12—100

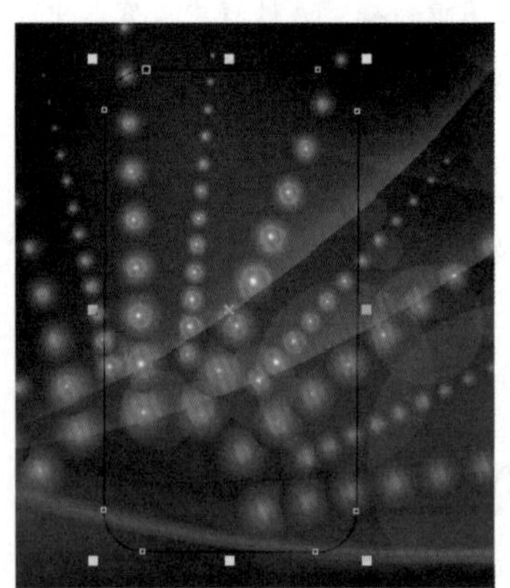

图12—101

步骤04 单击工具箱中的“填充工具”按钮◈并稍作停留，在弹出的下拉列表中单击“渐变填充”按钮，在弹出的“渐变填充”对话框中设置“类型”为“线性”，在“颜色调和”选项组中选中“自定义”单选按钮，设置颜色为灰白色的渐变，然后单击“确定”按钮，如图12-102所示。

步骤05 单击CorelDRAW工作界面右下角的“轮廓笔”按钮■，在弹出的“轮廓笔”对话框中设置“宽度”为“无”，单击“确定”按钮，如图12-103所示。

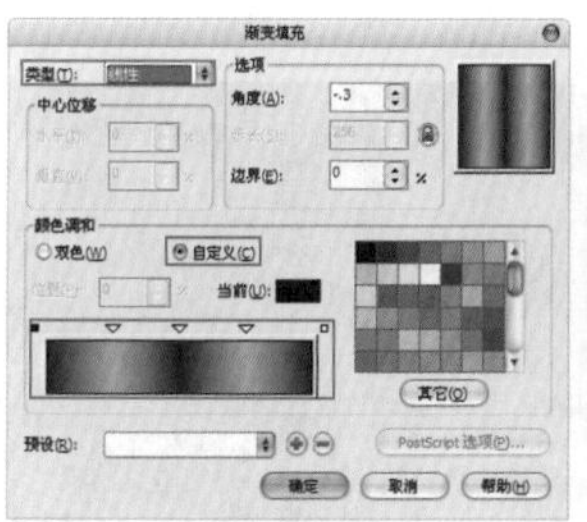
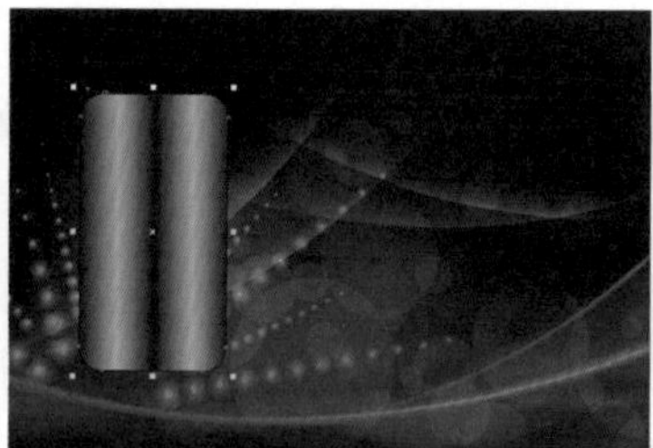

图12—102

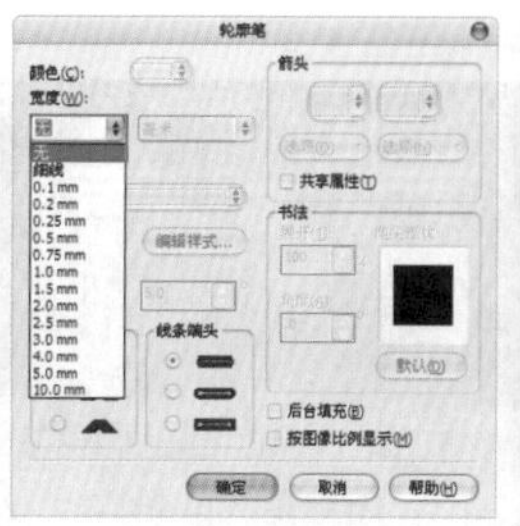
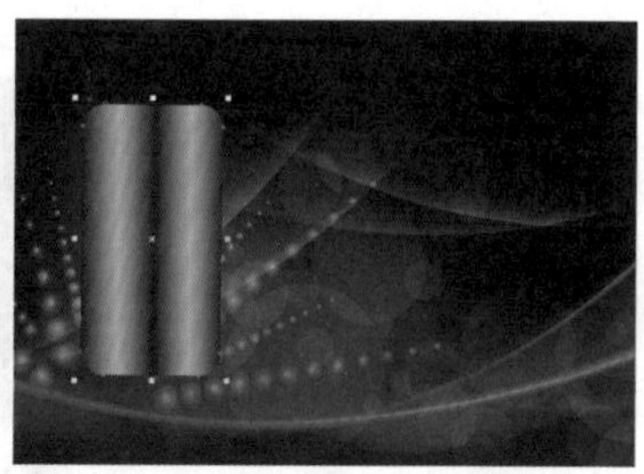

图12—103

步骤06 单击工具箱中的“矩形工具”按钮，绘制一个小一些的圆角矩形；然后在工具箱中单击填充工具组中的“渐变填充”按钮，在弹出的“渐变填充”对话框中设置“类型”为“线性”，在“颜色调和”选项组中选中“自定义”单选按钮，设置颜色为灰白色的渐变，单击“确定”按钮；再设置轮廓线宽度为“无”，如图12-104所示。

步骤07 继续使用矩形工具绘制一个小一些的圆角矩形，随意填充颜色，按Shift键进行加选，将新绘制的圆角矩形与底部的稍大一些的圆角矩形同时选中，单击属性栏中的“移除顶部对象”按钮，如图12-105所示。

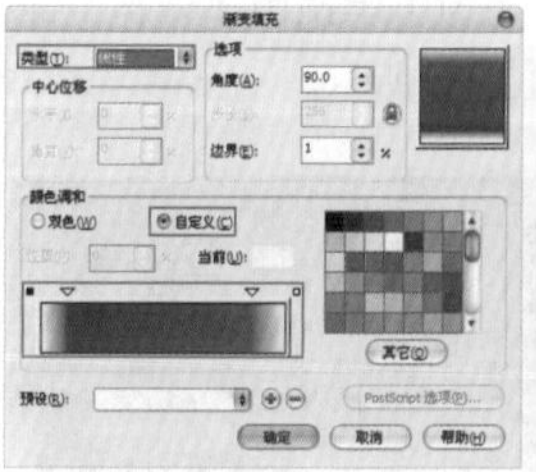
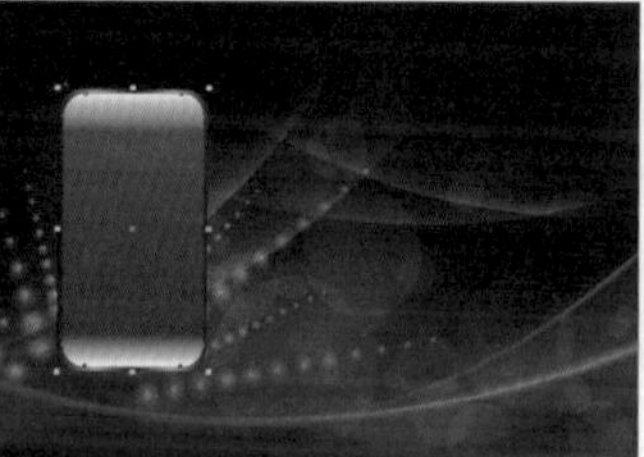

图12—104

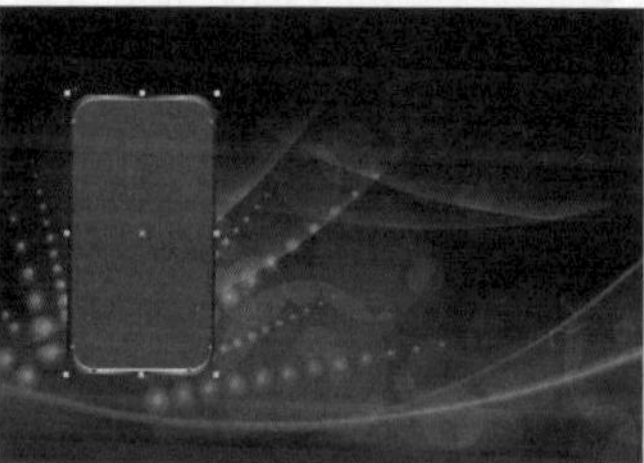

图12—105

步骤08 使用矩形工具绘制一个小一些的圆角矩形；然后在工具箱中单击填充工具组中的“渐变填充”按钮，在弹出的“渐变填充”对话框中设置“类型”为“线性”，在“颜色调和”选项组中选中“自定义”单选按钮，设置颜色为白色到黑色再到白色的渐变，单击“确定”按钮；再设置轮廓线宽度为“无”，如图12-106所示。

步骤09 使用矩形工具绘制一个小一些的圆角矩形，并将其填充为深灰色；单击CorelDRAW工作界面右下角的“轮廓笔”按钮，在弹出的“轮廓笔”面板中设置“宽度”为“无”，单击“确定”按钮，如图12-107所示。

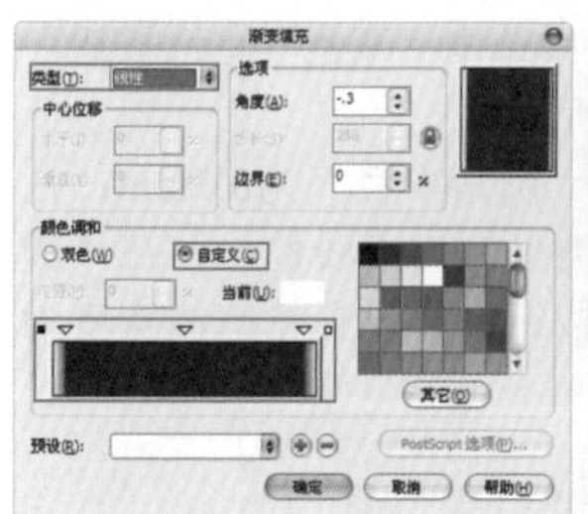
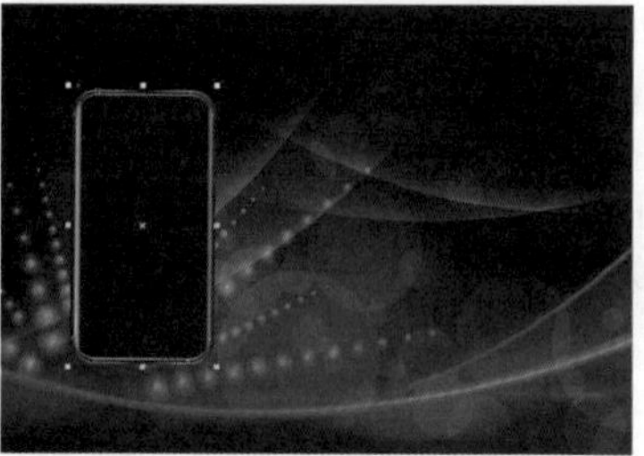

图12—106

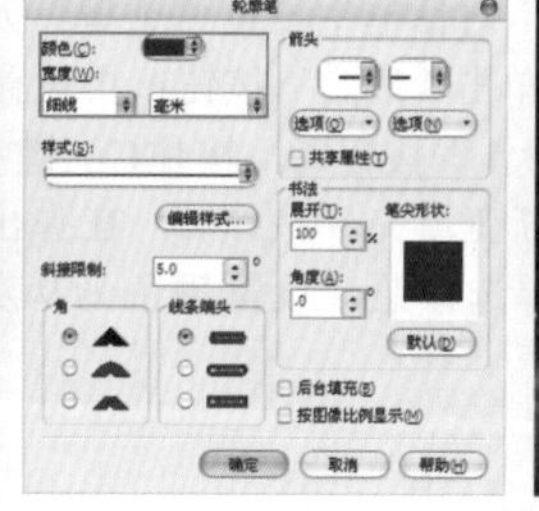
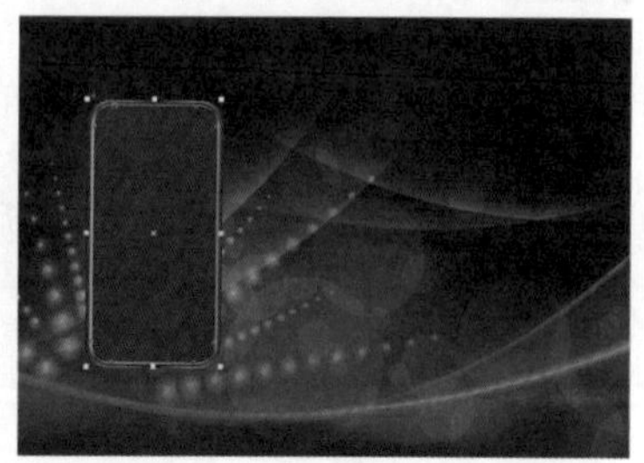

图12—107

步骤10 使用矩形工具在手机轮廓上半部分绘制一个小一些的圆角矩形，设置“圆角半径”为2.5mm；在工具箱中单击填充工具组中的“渐变填充”按钮，在弹出的“渐变填充”对话框中设置“类型”为“线性”，在“颜色调和”选项组中选中“双色”单选按钮，设置颜色为从灰色到白色的渐变，单击“确定”按钮；再设置轮廓线宽度为“无”，如图12-108所示。

步骤11 在小矩形上继续绘制一个更小一些的矩形；然后在工具箱中单击填充工具组中的“渐变填充”按钮，在弹出的“渐变填充”对话框中设置“类型”为“正方形”，在“颜色调和”选项组中选中“双色”单选按钮，设置颜色为从黑色到灰色的渐变，单击“确定”按钮；再设置轮廓线宽度为“无”，如图12-109所示。

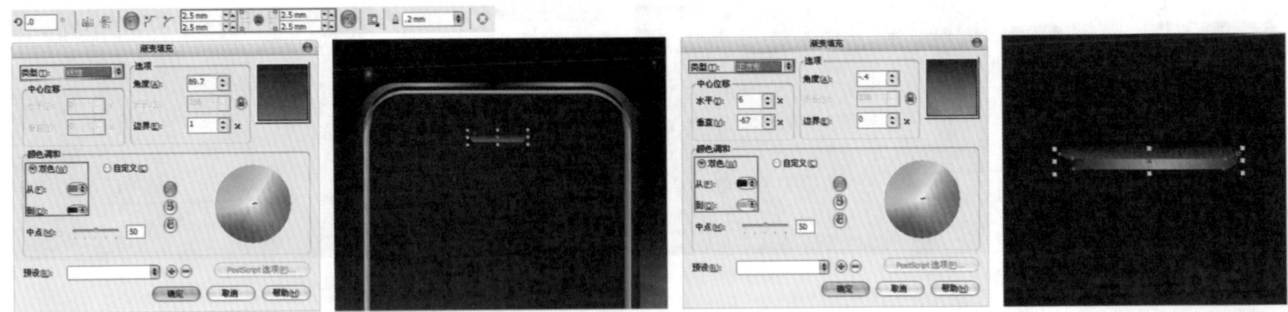

图12—108　　　　图12—109

步骤12 继续使用矩形工具在顶层绘制比轮廓小一些的圆角矩形，为其填充为黑色，再次在顶部绘制一个蓝色矩形，并将其放置在黑色圆角矩形上，按Shift键进行加选，将黑色圆角矩形和蓝色矩形同时选中，单击属性栏中的“修剪工具”按钮，选择蓝色矩形，按Delete键进行删除，如图12-110所示。

步骤13 单击工具箱中的“椭圆形工具”按钮，按住Ctrl键在手机下半部分绘制一个正圆；在工具箱中单击填充工具组中的“渐变填充”按钮，在弹出的“渐变填充”对话框中设置“类型”为“圆锥”，在“颜色调和”选项组中选中“双色”单选按钮，设置颜色为从黑色到白色的渐变，单击“确定”按钮；再设置轮廓线宽度为“无”，如图12-111所示。

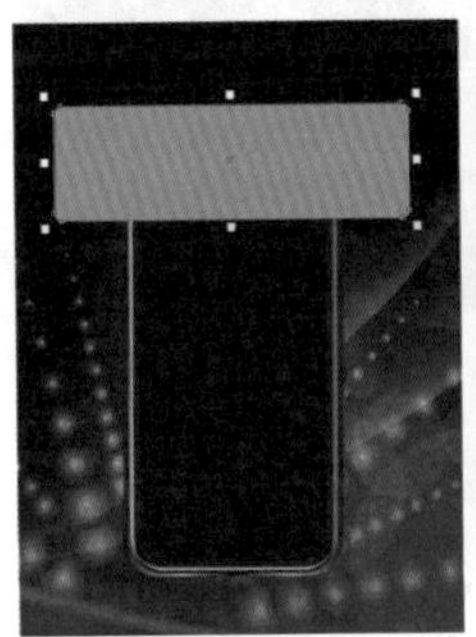

图12—110

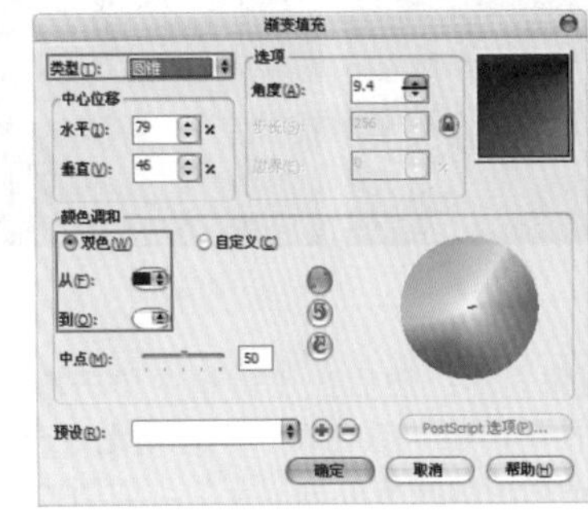

图12—111

步骤14 单击工具箱中的“钢笔工具”按钮，在圆形上绘制一个月牙形状；在工具箱中单击填充工具组中的单击“渐变填充”按钮，在弹出的“渐变填充”对话框中设置“类型”为“圆锥”，在“颜色调和”选项组中选中“双色”单选按钮，设置颜色为从黑色到白色的渐变，单击“确定”按钮；再设置轮廓线宽度为“无”，如图12-112所示。

步骤15 单击工具箱中的“矩形工具”按钮，按住Ctrl键在圆上绘制一个圆角正矩形，设置“圆角半径”为0.7mm；在工具箱中单击填充工具组中的“渐变填充”按钮，在弹出的“渐变填充”对话框中设置“类型”为“线性”，在“颜色调和”选项组中选中“双色”单选按钮，设置颜色为从灰色到白色的渐变，单击“确定”按钮；再设置轮廓线宽度为“无”，如图12-113所示。

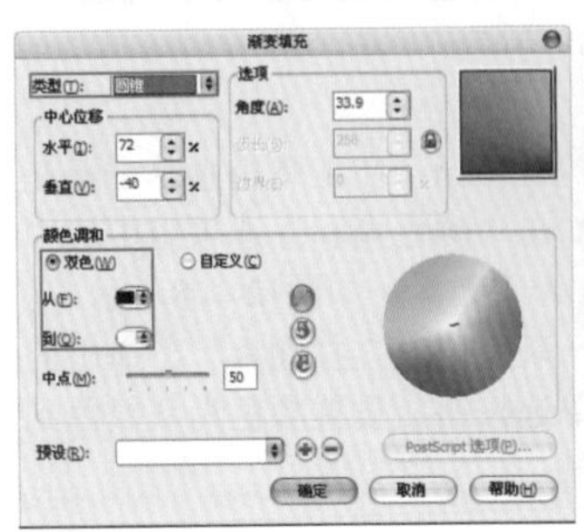

图12—112

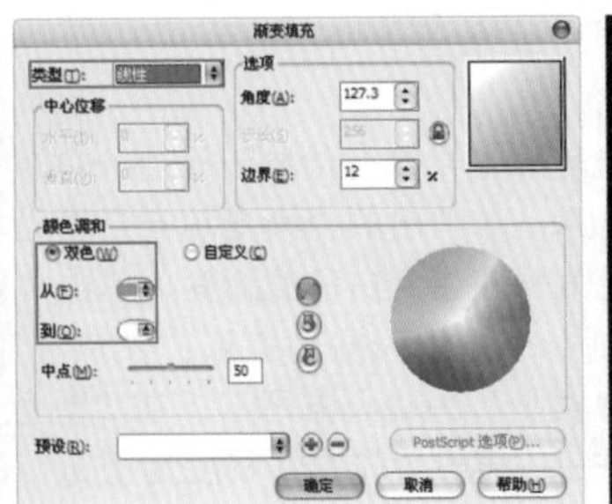

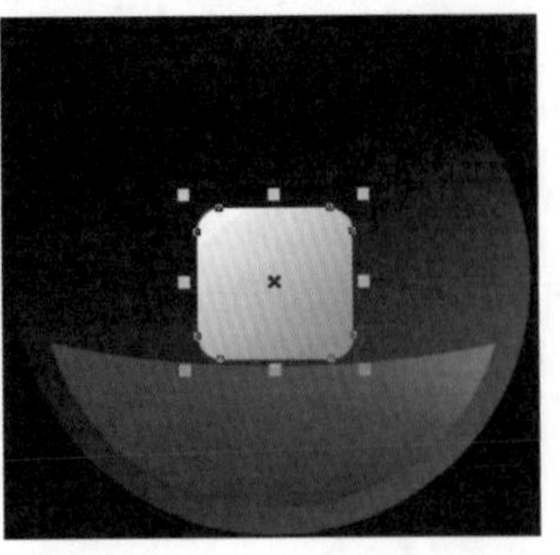

图12—113

步骤16 再次绘制一个小一些的圆角矩形，并将其放置在渐变的圆角矩形上；按住Shift键进行加选，将两个圆角矩形同时选中；单击属性栏中的“修剪工具”按钮，选择小一些的圆角矩形，按Delete键将其删除，如图12-114所示。

步骤17 导入手机屏幕素材，并调整为合适的大小及位置；使用矩形工具在素材图上绘制一个与之大小相同的矩形，并将其填充为白色，设置轮廓线宽度为“无”，如图12-115所示。

步骤18 使用椭圆形工具在白色矩形下半部分绘制一个圆，然后使用简化工具，对白色矩形进行修剪，如图12-116所示。

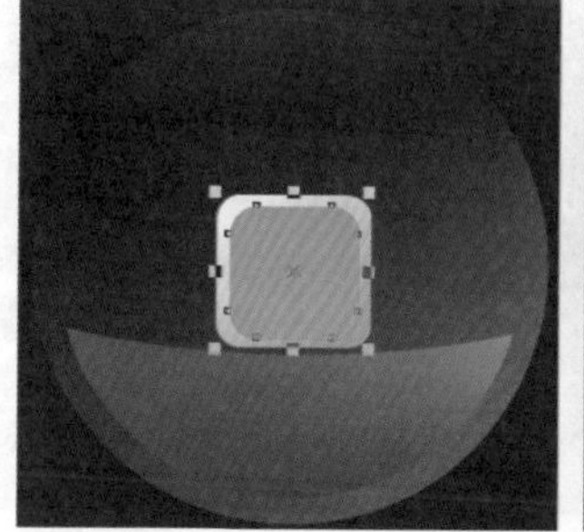
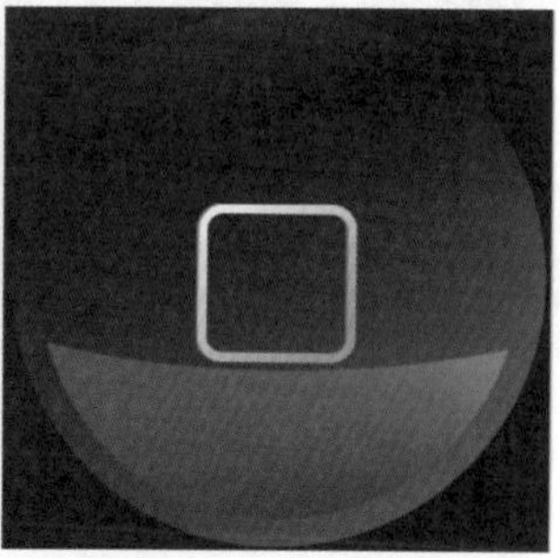

图12—114

图12—115

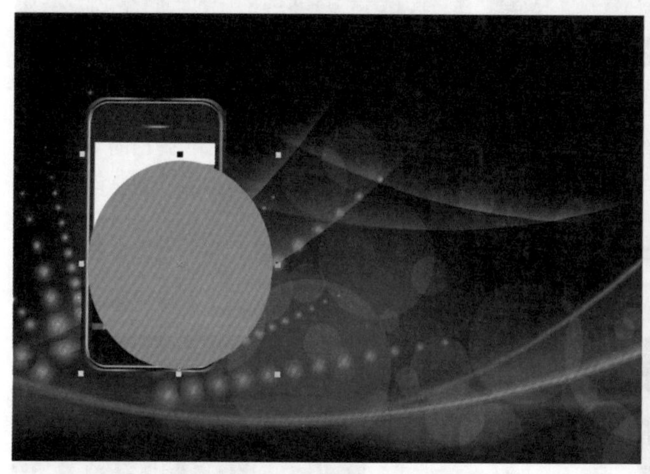
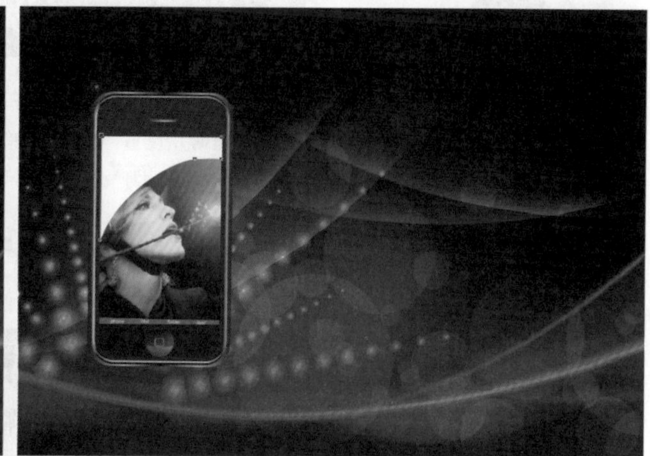

图12—116

步骤19 单击工具箱中的“透明度工具”按钮，在白色矩形上按住鼠标左键拖动，为其添加透明度，如图12-117所示。

步骤20 复制完成的手机图形，更换界面图像。单击工具箱中的“选择工具”按钮，双击制作出的手机轮廓，将光标移至4个角的控制点上，按住鼠标左键将其旋转合适的角度，如图12-118所示。

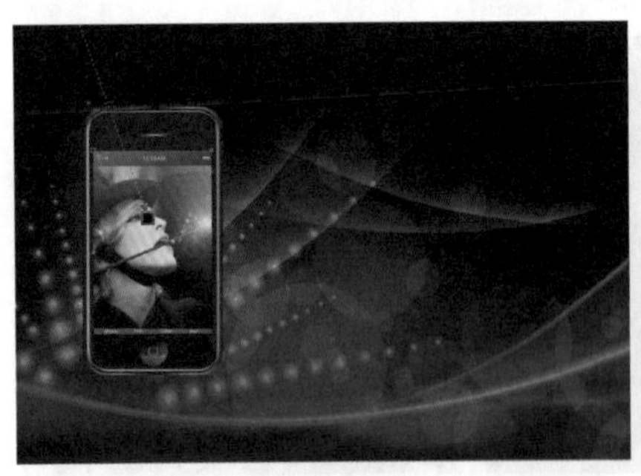

图12-117

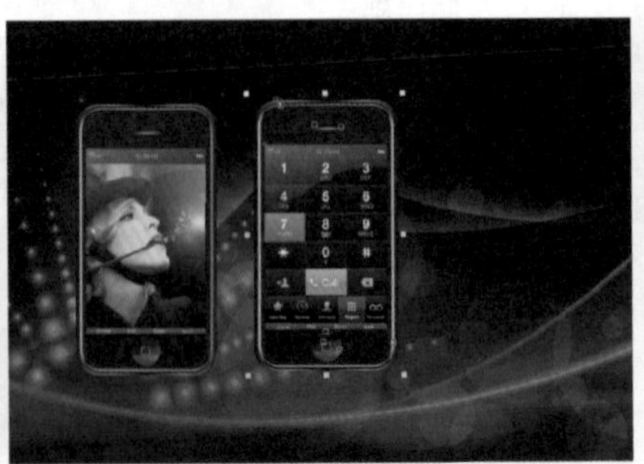

图12-118

步骤21 选择绘制出的手机，按Ctrl+C键复制，再按Ctrl+V键粘贴；单击属性栏中的“垂直镜像”按钮，将其进行垂直旋转；然后将旋转后的图像移至原图像下方，如图12-119所示。

步骤22 单击工具箱中的“透明度工具”按钮，在复制的图像上按住鼠标左键向上拖动，制作出倒影的效果，如图12-120所示。

步骤23 单击工具箱中的“文本工具”按钮，在手机右侧单击并输入单词“PHONE”，然后设置为合适的字体及大小，如图12-121所示。

图12-119

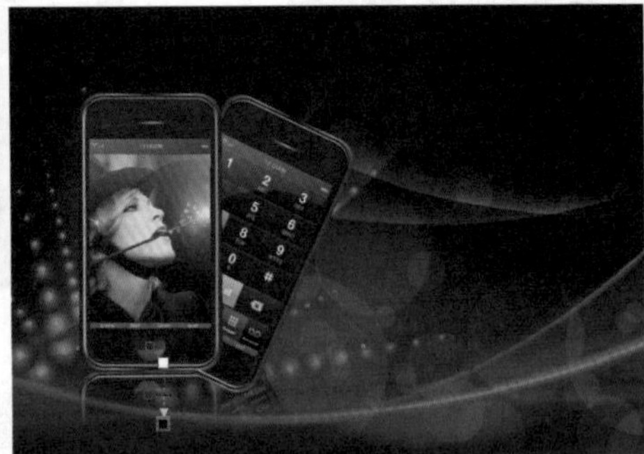

图12-120

图12-121

步骤24 单击工具箱中的“填充工具”按钮并设置停留，在弹出的下拉列表中单击“渐变填充”按钮，在弹出的“渐变填充”对话框中设置“类型”为“线性”，在“颜色调和”选项组中选中“双色”单选按钮，设置颜色为从紫色到蓝色，单击“确定”按钮，如图12-122所示。

步骤25 单击CorelDRAW工作界面右下角的“轮廓笔”按钮，在弹出的“轮廓笔”对话框中设置“颜色”为白色，“宽度”为0.5mm，单击“确定”按钮，如图12-123所示。

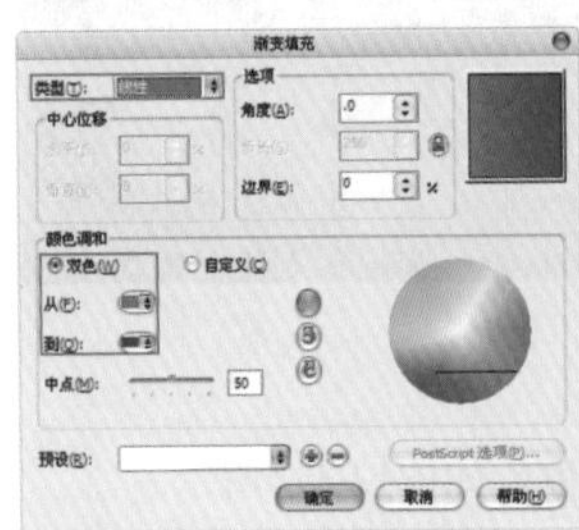

图12-122

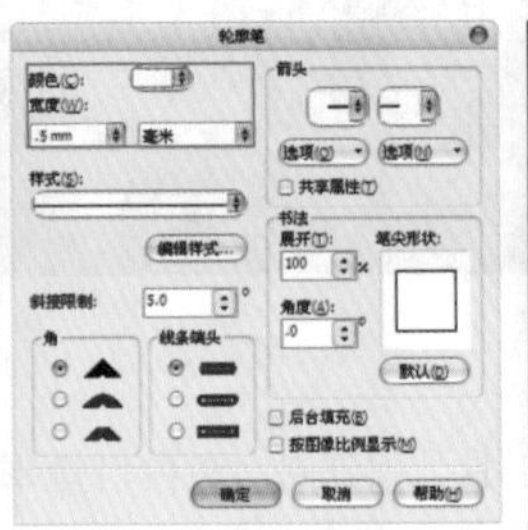

图12-123

步骤26 复制文字并将其填充为白色；单击工具箱中的“椭圆形工具”按钮，绘制一个大小合适的椭圆；使用简化工具，对白色文字进行修剪，将蓝色的椭圆删除；然后单击工具箱中的“透明度工具”按钮，在白色文字上按住鼠标左键拖动，为其添加透明度，如图12-124所示。

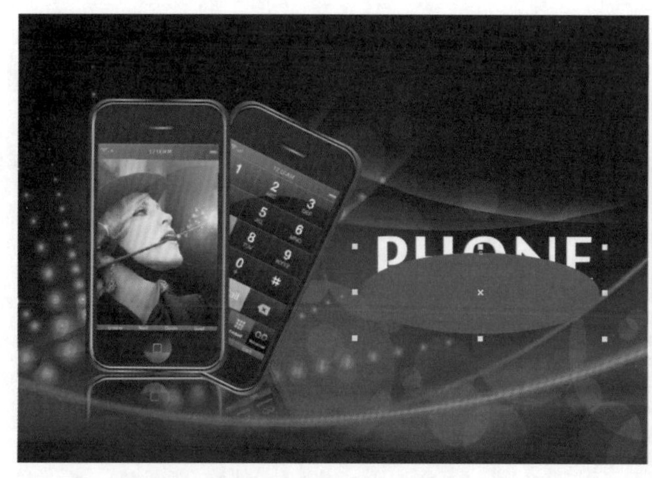

图12—124

步骤27 使用矩形工具绘制一个白色圆角矩形，然后使用文本工具在白色圆角矩形上输入文字，再使用移除前面对象工具对圆角矩形进行修剪，如图12-125所示。

步骤28 使用文本工具在右侧输入白色文字；然后复制所有文字，将其垂直镜像；接着利用透明度工具为其添加透明度，制作出文字的倒影，最终效果如图12-126所示。

图12—125

图12—126

读书笔记

综合实例——创意广告设计

本章将通过5个具体实例，介绍CorelDRAW X5在广告创意方面的具体应用。通过本章的学习，读者应该能利用CorelDRAW X5进行一些常用的广告创意设计。

本章学习要点：

- 设计感招聘广告设计
- 缤纷红酒创意招贴设计
- 制作青春时尚风格招贴设计
- 韩国插画风格时装画设计
- 欧美风格混合插画设计

13.1 设计感招聘广告

案例文件	13.1设计感招聘广告.cdr
视频教学	13.1设计感招聘广告.flv
难易指数	★★★★★
技术要点	文本转换为曲线、段落格式的调整

案例效果

本例是以手机界面的模式制作具有设计感的招聘广告，其中利用“段落格式化”泊坞窗对段落文本进行调整是制作的重点。本例最终效果如图13-1所示。

图13—1

操作步骤

步骤01 执行“文件>新建”命令，在弹出的“创建新文档”对话框中设置“大小”为A4，“原色模式”为CMYK，“渲染分辨率”为300，如图13-2所示。

步骤02 单击工具箱中的“矩形工具”按钮，绘制一个圆角矩形；在属性栏中设置圆角矩形大小为（350mm，440mm）、圆角半径为（15mm，15mm），如图13-3所示。

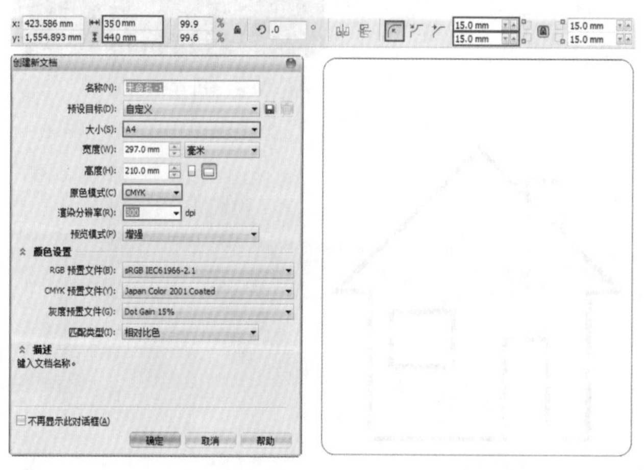

图13—2　　图13—3

步骤03 单击工具箱中的“填充工具”按钮，为圆角矩形填充（C：36，M：29，Y：27，K：0）的颜色，如图13-4所示。

图13—4

步骤04 再次绘制一个圆角矩形，然后使用填充工具将其填充为灰色，如图13-5所示。

图13—5

步骤05 将第二个圆角矩形放在第一个矩形的上面；框选两个圆角矩形，执行“排列>分布和对齐>水平居中对齐”命令；再次执行“排列>分布和对齐>垂直居中对齐”命令，制作出界面的边框，如图13-6所示。

图13—6

步骤06 重复上面的操作，绘制出第三个圆角矩形。在工具箱中单击填充工具组中的“渐变填充”按钮，在弹出的“渐变填充”对话框中设置“类型”为“辐射”，在“颜色调和”选项组中选中“双色”单选按钮，设置两种颜色分别为深灰色与稍浅一些的灰色，单击“确定”按钮，如图13-7所示。

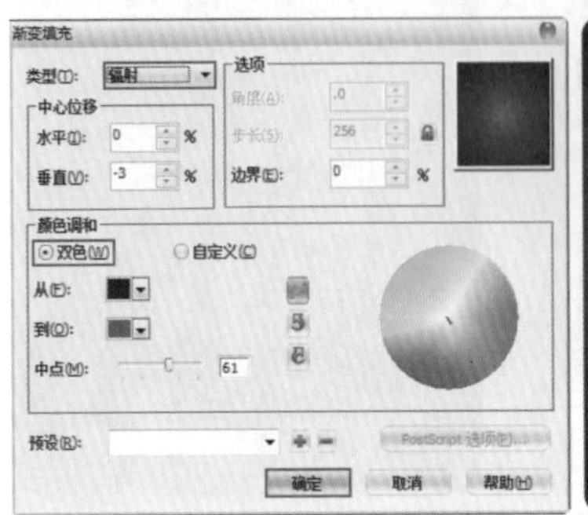

图13—7

步骤07 将第三个圆角矩形放在前两个圆角矩形上，如图13-8所示。

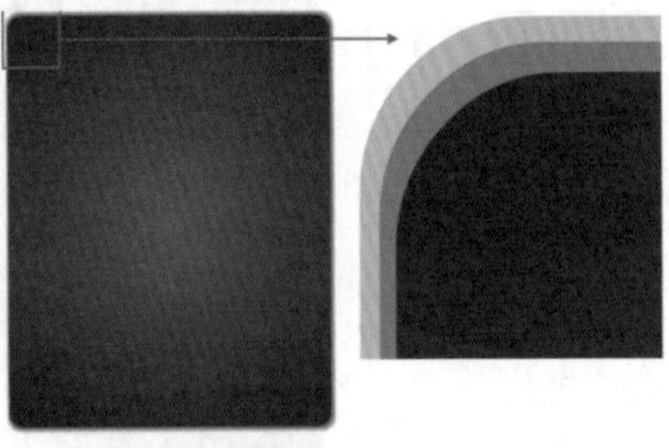

图13—8

步骤08 至此，界面背景制作完成。下面以同样的方法制作顶部的横栏，如图13-9所示。

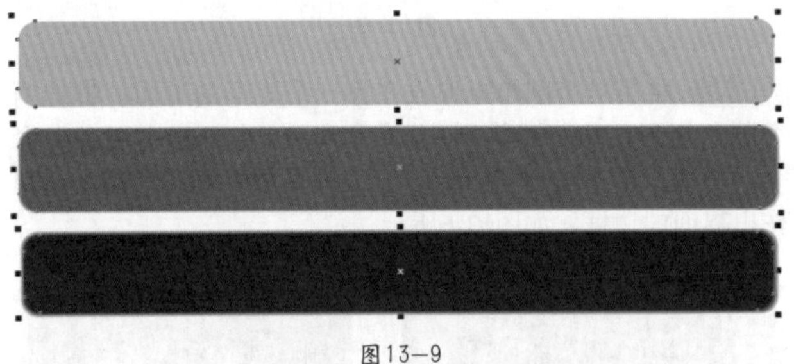

图13—9

步骤09 复制最上一层的黑色圆角矩形，然后使用矩形工具绘制一个合适大小的矩形，如图13-10所示。

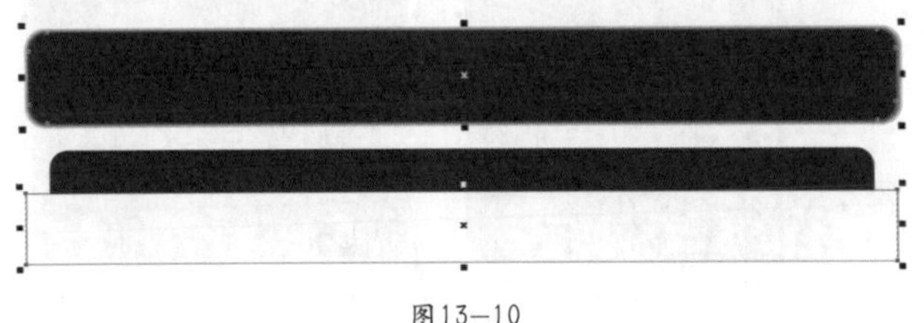

图13—10

步骤10 使用选择工具将复制的圆角矩形和绘制的矩形全部选中，然后单击属性栏中的“修剪”按钮，单击选中绘制的矩形，按Delete键将其删除；然后改变切割后的矩形的颜色，将其放置在顶部作为光泽，如图13-11所示。

图13—11

步骤11 使用矩形工具先后绘制出两个叠加的矩形，然后使用填充工具将其分别填充为黑色和灰色，如图13-12所示。

图13—12

步骤12 将制作的顶部横栏和长方形状态栏放置在界面顶部，如图13-13所示。

步骤13 单击工具栏中的“钢笔工具”按钮，在状态栏上绘制一个小图标，然后利用填充工具为其填充颜色，如图13-14所示。

图13—13

图13—14

步骤14 以同样的方法绘制出其他图标，并摆放在合适位置，如图13-15所示。

步骤15 执行“文件>导入”命令，导入木纹、纸和前景素材图像，放置在界面上，如图13-16所示。

图13—15

图13—16

步骤16 使用钢笔工具在电脑素材上绘制一个与屏幕大小相同的图形，如图13-17所示。

步骤17 再次导入桌面壁纸素材，将光标移至四边的控制点上，按住鼠标左键拖动，将其旋转合适的角度，放在电脑屏幕上。然后执行“效果>图框精确剪裁>放置在容器中”命令，单击刚刚绘制的图形；最后设置其轮廓线宽度为“无”，如图13-18所示。

图13—17

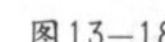

图13—18

步骤18 单击工具箱中的“文本工具”按钮，设置字体为“汉仪菱心体简”，输入文字“招聘”，然后单击鼠标右键，在弹出的快捷菜单中执行“转换为曲线”命令，如图13-19所示。

步骤19 单击工具箱中的“形状工具”按钮，选择节点并拖动，改变“聘”字的形状，如图13-20所示。

图13—19

图13—20

步骤20 使用文本工具在“聘”字上方、左侧输入文字，并设置为合适的字体及大小；然后选中全部文字，利用填充工具将其填充为绿色，如图13-21所示。

图13—21

步骤21 将“招聘”及相关文字摆放在左侧纸张的上方，如图13-22所示。

图13—22

步骤22 单击工具箱中的“文本工具”按钮字，在工作区中拖动鼠标，创建一个文本框，然后在其中输入段落文本。在属性栏中将字体设置为一种手写字体，调整为合适的大小，并将文字颜色设置为黑色。执行“文本>段落格式化”命令，打开“段落格式化”泊坞窗，设置“段落前”为100%，“行”为100%，“字符”为20%，“字”为100%，如图13-23所示。

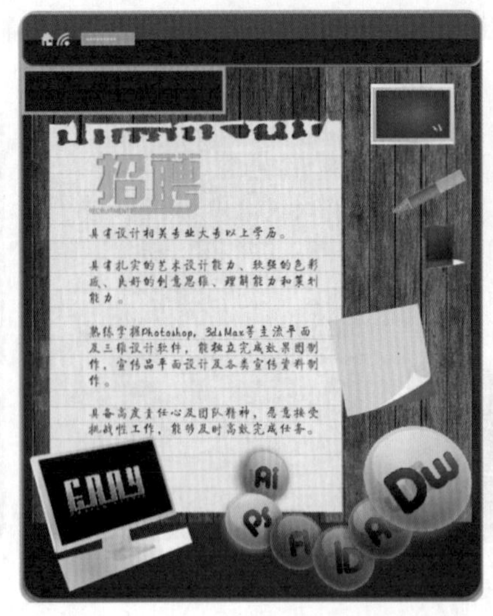

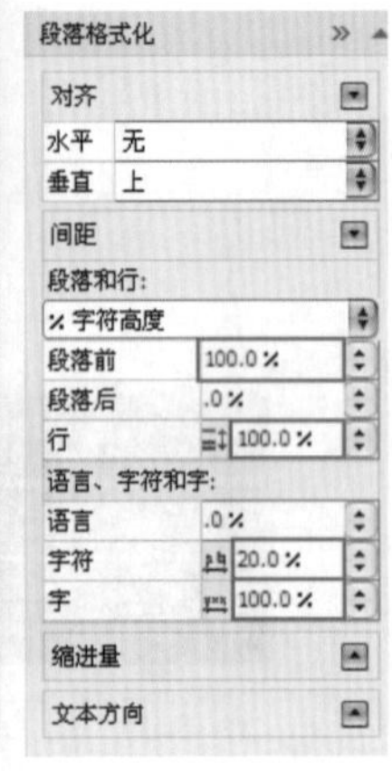

图13—23

步骤23 继续使用同样的字体在“招聘”右侧输入文字，如图13-24所示。

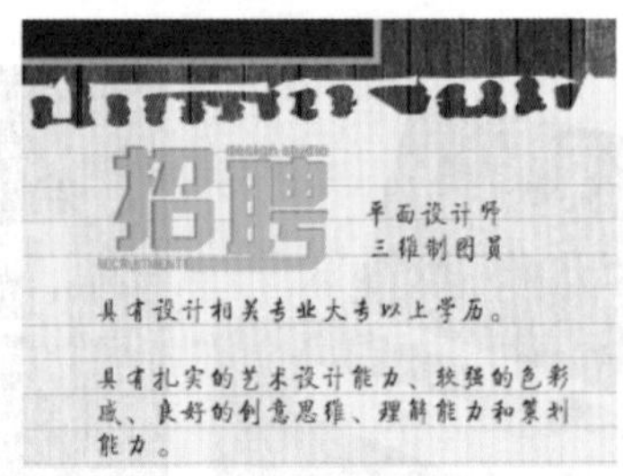

图13—24

步骤24 继续使用文本工具分别在左上角的矩形框内、黑板上和便条纸上输入文字，并分别设置为合适的大小及角度，如图13-25所示。

步骤25 执行“文件>导入”命令，导入图钉位图素材；复制、粘贴出另外3个图钉，摆放在段落文本的左侧，如图13-26所示。

步骤26 单击工具箱中的“两点线工具”按钮，按住Shift键在右侧绘制多条直线，然后使用填充工具将其填充为白色，最终效果如图13-27所示。

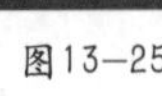

图13—25

图13—26

图13—27

13.2 缤纷红酒创意招贴

案例文件	13.2缤纷红酒创意招贴.cdr
视频教学	13.2缤纷红酒创意招贴.flv
难易指数	★★★★★
知识掌握	透明度工具、钢笔工具、渐变填充

案例效果

在本例中，制作酒瓶瓶身时，用得较多的是钢笔工具和渐变填充；为了模拟酒瓶在地面上朦胧的倒影效果，可以使用透明度工具辅助制作。最终效果如图13-28所示。

操作步骤

步骤01 执行“文件>新建”命令，在弹出的“创建新文档”对话框中设置“大小”为A4，“原色模式”为CMYK，“渲染分辨率”为300，如图13-29所示。

步骤02 执行“文件>导入”命令，导入配书光盘中的背景素材文件，并调整为合适的大小及位置，如图13-30所示。

图13—28

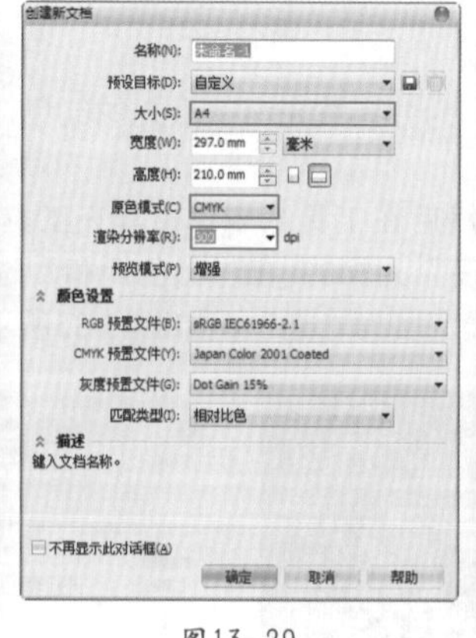

图13—29

图13—30

步骤03 单击工具箱中的“钢笔工具”按钮，在背景素材上绘制出红酒瓶的外轮廓，并将其填充为黑色，如图13-31所示。

步骤04 单击CorelDRAW工作界面右下角的“轮廓笔”按钮，在弹出的“轮廓笔”对话框中设置“宽度”为“无”，单击“确定”按钮，如图13-32所示。

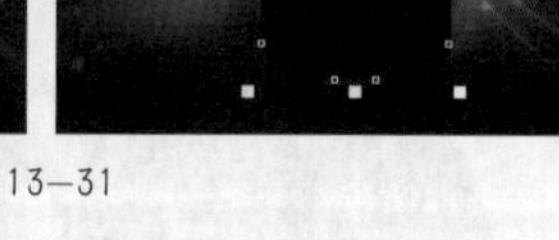

图13—31

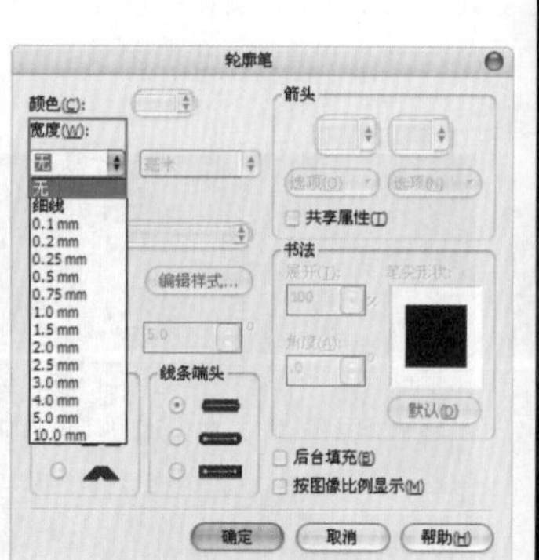

图13—32

步骤05 继续使用钢笔工具绘制出瓶盖的形状；然后单击工具箱中的“填充工具”按钮并稍作停留，在弹出的下拉列表中单击“渐变填充”按钮，在弹出的“渐变填充”对话框中设置“类型”为“线性”，“角度”为360，在“颜色调和”选项组中选中“自定义”单选按钮，设置颜色为红色系渐变，单击“确定”按钮；再设置轮廓线宽度为“无”，如图13-33所示。

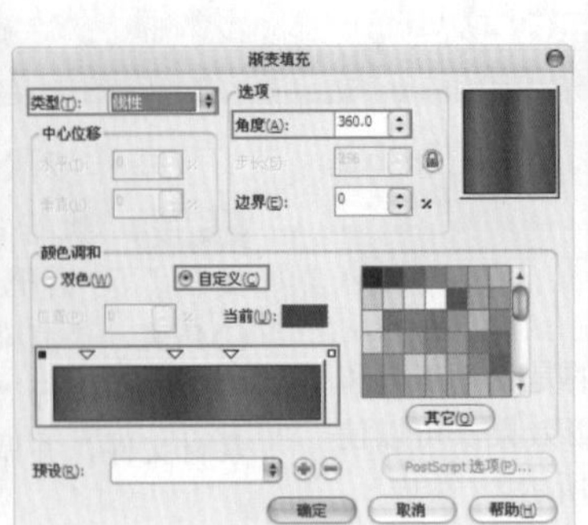

图13—33

步骤06 使用钢笔工具绘制瓶口上的细节部分，为并其填充深一点儿的红色，设置轮廓线宽度为“无”；以同样方法制作出另一条瓶口线，如图13-34所示。

步骤07 继续使用钢笔工具绘制出瓶颈轮廓；然后在工具箱中单击填充工具组中的“渐变填充”按钮，在弹出的“渐变填充”对话框中设置“类型”为“线性”，“角度”为360，在“颜色调和”选项组中选中“自定义”单选按钮，设置颜色为绿色系渐变，单击“确定”按钮；再设置轮廓线宽度为“无”，如图13-35所示。

图13—34

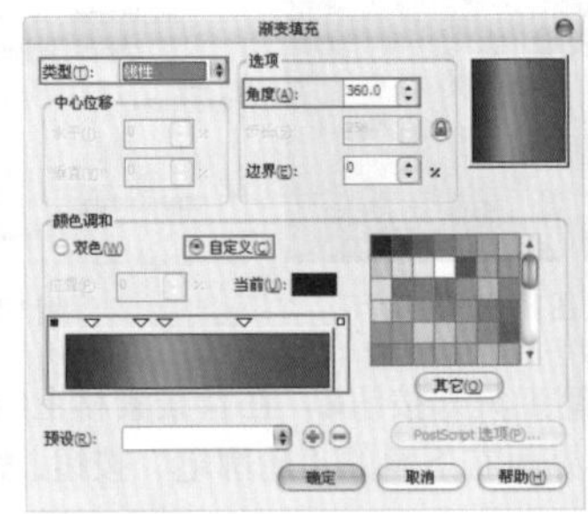

图13—35

步骤08 继续使用钢笔工具绘制出瓶颈高光轮廓，设置轮廓线宽度为“无”；然后在工具箱中单击填充工具组中的“渐变填充”按钮，在弹出的“渐变填充”对话框中设置“类型”为“线性”，“角度”为360，在“颜色调和”选项组中选中“自定义”单选按钮，设置颜色为浅一点儿的绿色系渐变，单击“确定”按钮；接着以同样方法制作出右侧的渐变高光，如图13-36所示。

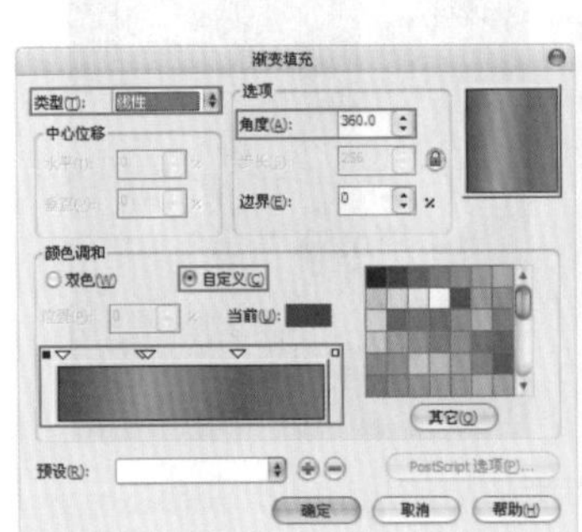

图13—36

图13—37

步骤09 使用钢笔工具绘制出瓶子左侧部分形状，设置轮廓线宽度为“无”，如图13-37所示。

步骤10 在工具箱中单击填充工具组中的“渐变填充”按钮，在弹出的“渐变填充”对话框中设置“类型”为“线性”，“角度”为268，在“颜色调和”选项组中选中“自定义”单选按钮，设置颜色为从青色到棕色的渐变，单击“确定”按钮，如图13-38所示。

步骤11 使用钢笔工具绘制高光部分轮廓，设置轮廓线宽度为“无”；然后在工具箱中单击填充工具组中的“渐变填充”按钮，在弹出的“渐变填充”对话框中设置“类型”为“线性”，“角度”为270，在“颜色调和”选项组中选中“自定义”单选按钮，设置颜色为浅一点的青色到棕色的渐变，单击“确定”按钮，如图13-39所示。

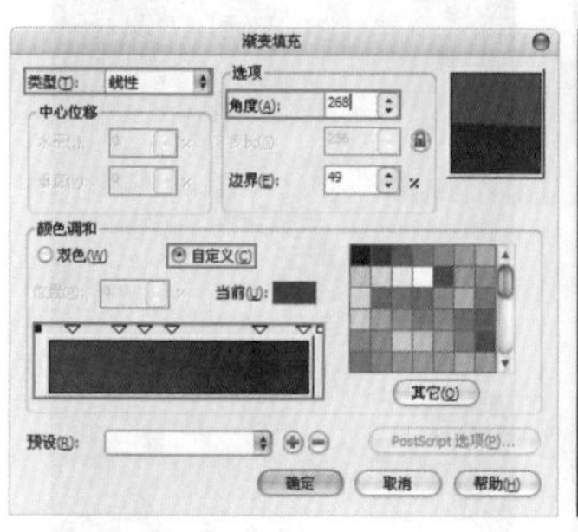

图13—38

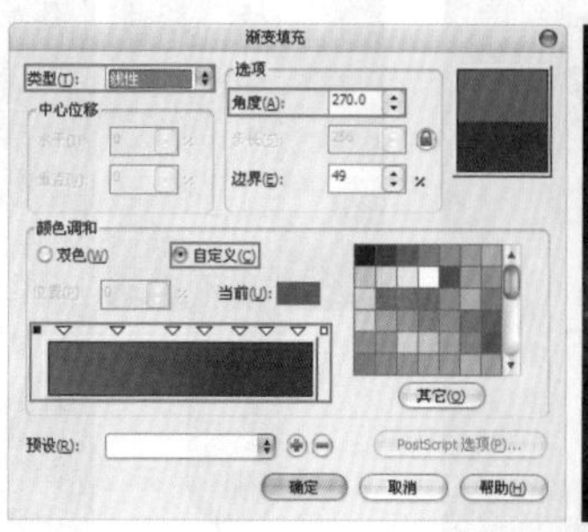

图13—39

步骤12 继续在瓶身左侧绘制反光部分，并将其填充为黑色，设置轮廓线宽度为“无”；然后以同样方法制作中间反光部分，如图13-40所示。

步骤13 继续绘制瓶身右侧部分形状，设置轮廓线宽度为“无”；然后在工具箱中单击填充工具组中的“渐变填充”按钮，在弹出的“渐变填充”对话框中设置“类型”为“线性”，“角度”为274.5，在“颜色调和”选项组中选中“自定义”单选按钮，设置颜色为青色到棕色的渐变，单击“确定”按钮，如图13-41所示。

图13—40

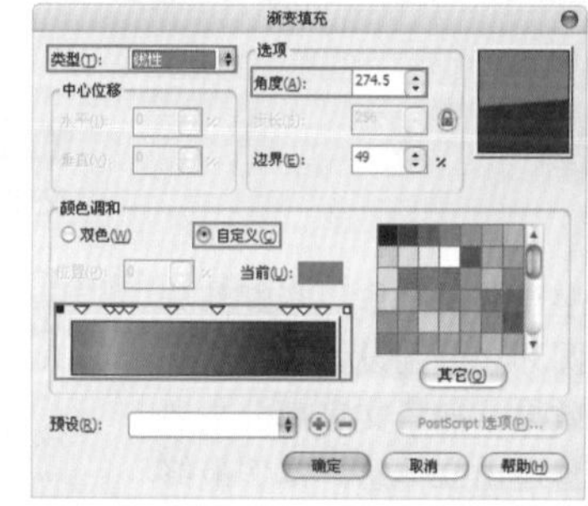

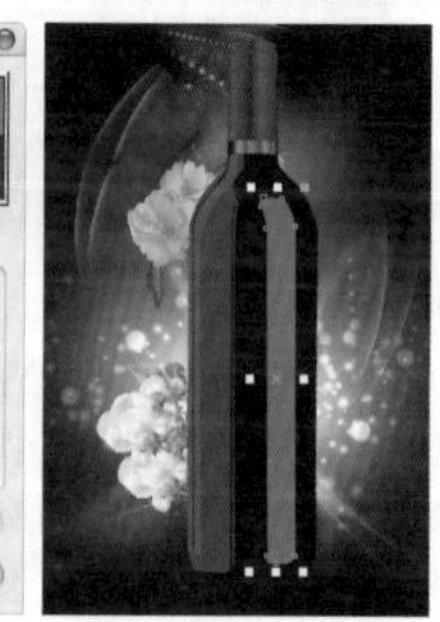

图13—41

步骤14 使用钢笔工具绘制出瓶颈右侧的高光轮廓，并将其填充为灰色，如图13-42所示。

步骤15 再次使用钢笔工具绘制瓶身底部的暗部轮廓，设置轮廓线宽度为“无”；然后在工具箱中单击填充工具组中的“渐变填充”按钮，在弹出的“渐变填充”对话框中设置“类型”为“线性”，“角度”为154，“边界”为49%，在“颜色调和”选项组中选中“双色”单选按钮，设置颜色为从黑色到深灰色的渐变，单击“确定”按钮，如图13-43所示。

图13—42

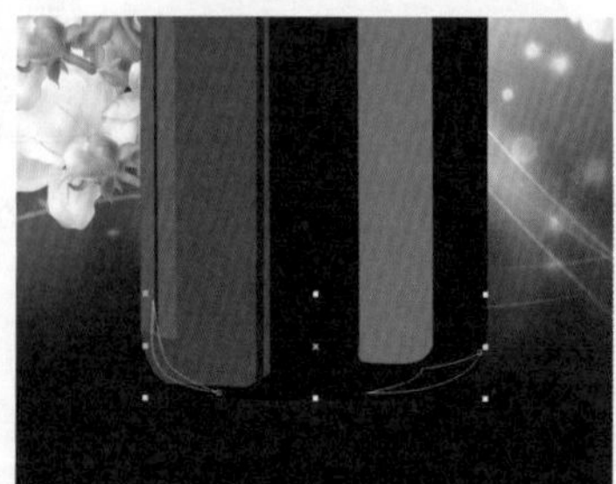
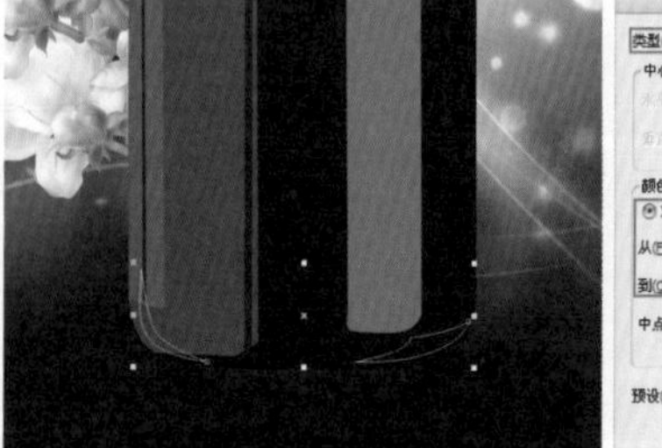
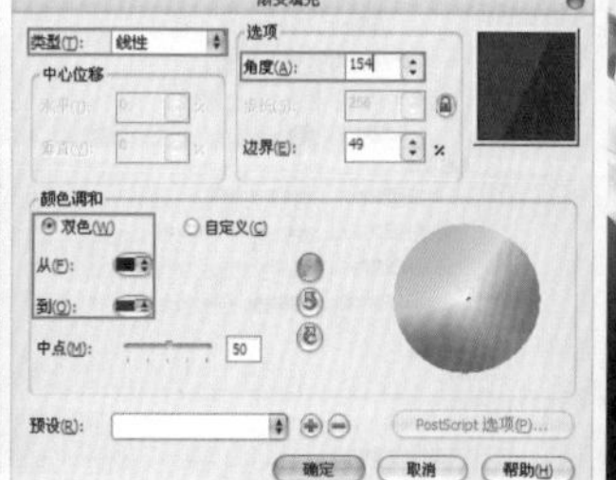

图13—43

步骤16 导入配书光盘中的标签素材文件，调整到合适大小，摆放在瓶身的位置，如图13-44所示。

步骤17 框选制作的红酒瓶，按Ctrl+C键复制，再按Ctrl+V键粘贴；单击属性栏中的“垂直镜像”按钮，然后将镜像后的酒瓶向下移动；单击工具箱中的“透明度工具”按钮，在复制的镜像酒瓶面上按住鼠标左键拖动，模拟出倒影效果，如图13-45所示。

步骤18 最后导入前景素材，摆放在合适位置，最终效果如图13-46所示。

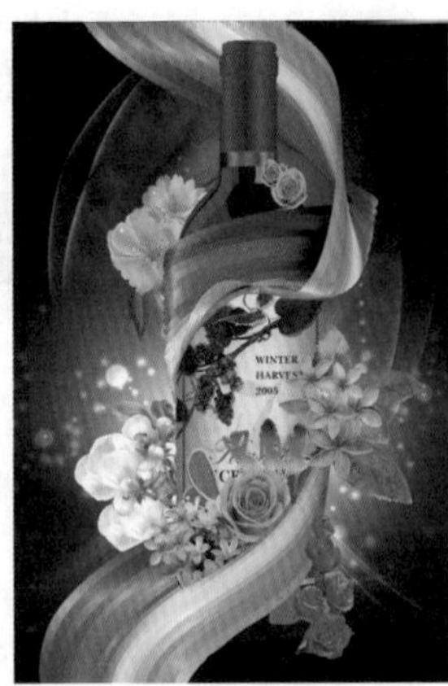

图13—44　　图13—45　　图13—46

13.3 制作青春时尚风格招贴

案例文件	13.3制作青春时尚风格招贴.cdr
视频教学	13.3制作青春时尚风格招贴.flv
难易指数	★★★★★
知识掌握	简化、透明度工具、透视效果的应用

案例效果

本例的重点在于彩虹部分和文字部分的制作：彩虹部分需要通过多个圆形的简化得到多个圆环，分别设置颜色后配合透明度工具即可得到半透明彩虹效果；前景文字部分主要用到透视效果以及多层次的颜色，营造出立体感。本例最终效果如图13-47所示。

操作步骤

步骤01 执行“文件>新建”命令，在弹出的“创建新文档”对话框中设置“大小”为A4，“原色模式”为CMYK，“渲染分辨率”为300，如图13-48所示。

步骤02 单击工具箱中的“矩形工具”按钮，绘制一个矩形；单击CorelDRAW工作界面右下角的“轮廓笔”按钮，在弹出的“轮廓笔”对话框中设置“宽度”为“无”；在工具箱中单击填充工具组中的“渐变填充”按钮，在弹出的“渐变填充”对话框中设置“类型”为“辐射”，颜色为从深蓝色到白色的渐变，单击“确定”按钮，如图13-49所示。

图13—47

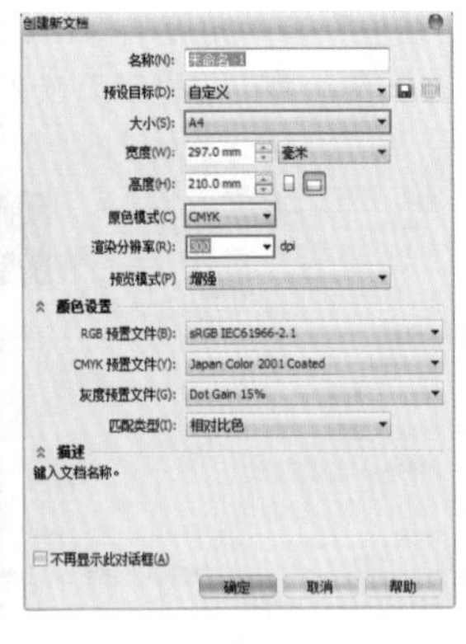

图13—48

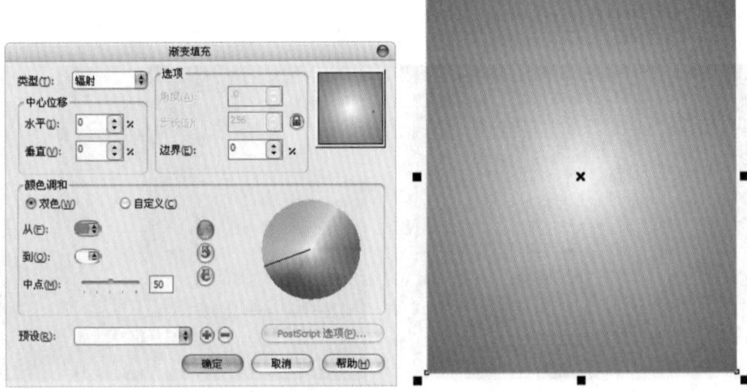

图13—49

步骤03 单击工具箱中的“椭圆形工具”按钮，按住Ctrl键绘制一个正圆，并将其填充为红色，设置轮廓线宽度为“无”；按Ctrl+C键复制，再按Ctrl+V键粘贴；等比例缩放复制的圆形，并将其填充为橙色，如图13-50所示。

步骤04 单击工具箱中的“选择工具”按钮，按住shift键进行加选，将两个圆形同时选中；单击属性栏中的“简化”按钮，可以对后面的圆形进行修剪，如图13-51所示。

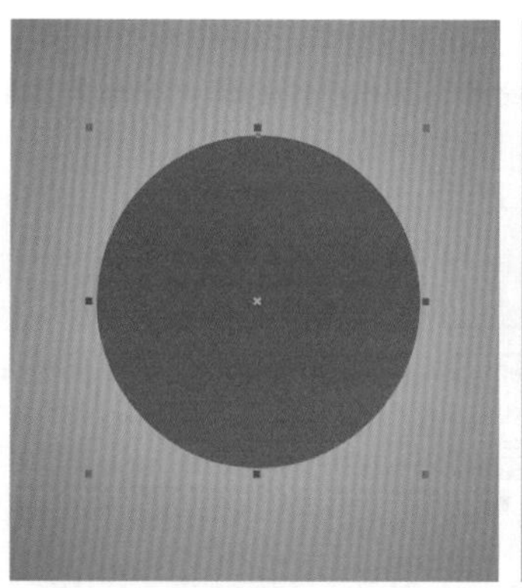
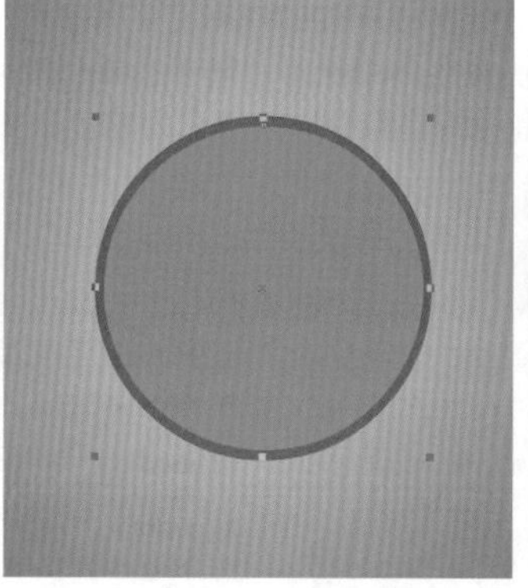

图13-50

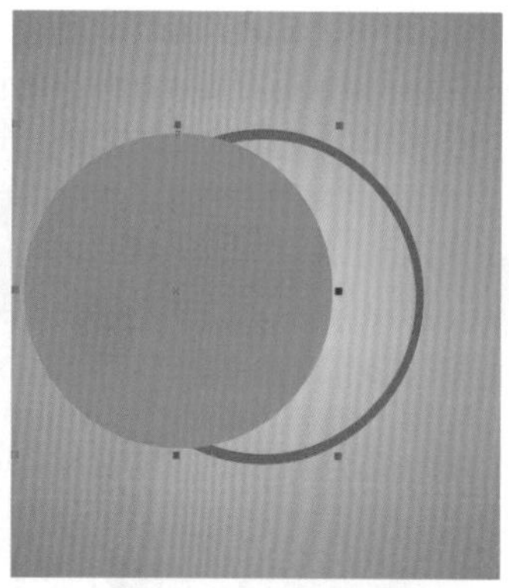

图13-51

步骤05 多次复制、粘贴并进行简化，依次做出彩虹的每一层（最后一个圆为白色）；执行“简化”命令，单击白色圆形，按Delete键将其删除，如图13-52所示。

步骤06 单击工具箱中的“椭圆形工具”按钮，在彩虹圆环下方绘制椭圆形；再次执行“简化”命令，修剪掉彩虹的一半，如图13-53所示。

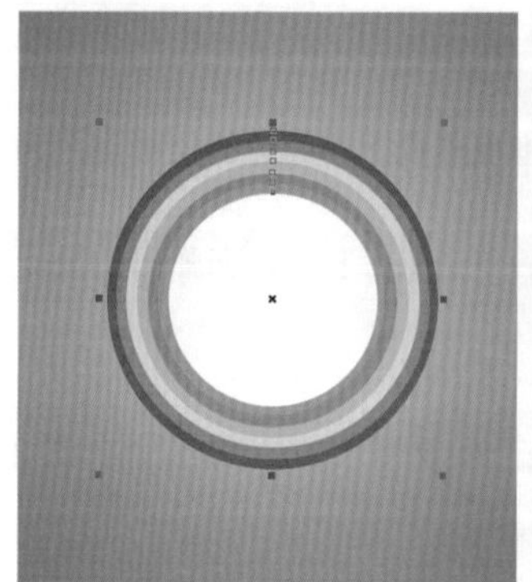
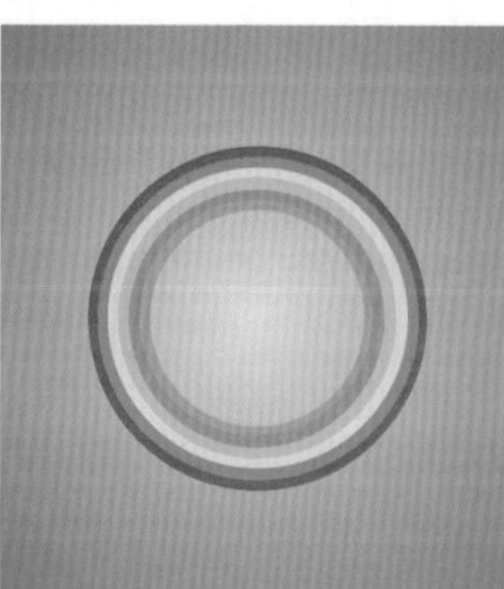

图13-52

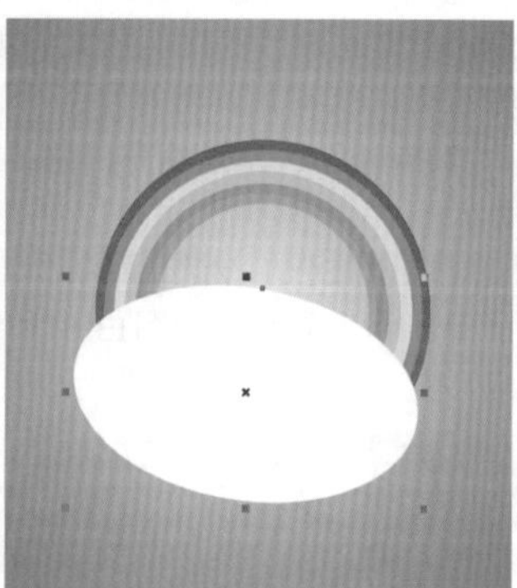
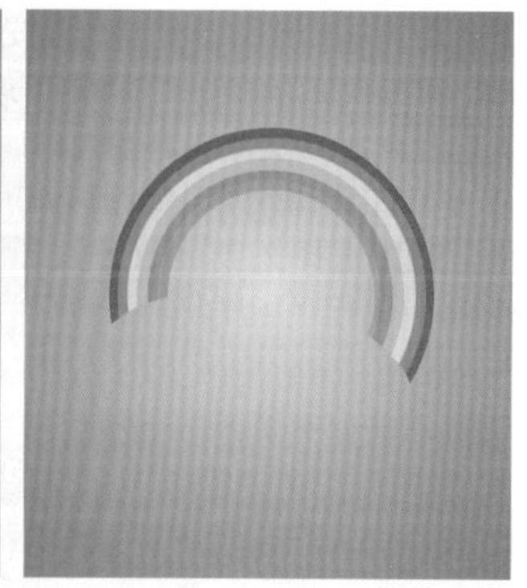

图13-53

步骤07 单击工具箱中的“透明度工具”按钮，在图像中进行拖曳，使彩虹呈现出透明效果，如图13-54所示。

步骤08 导入花纹素材，摆放在画布中央，如图13-55所示。

步骤09 单击工具箱中的“文本工具”，在工作区内输入字母“i”，设置一种较为圆润的字体，并调整为合适大小，如图13-56所示。

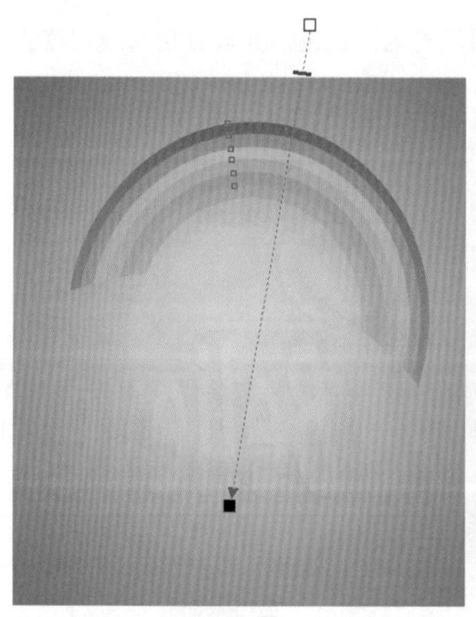

图13-54

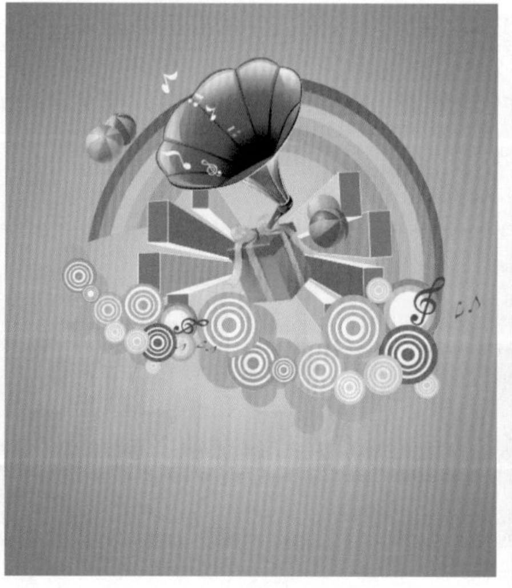

图13-55

图13-56

步骤10 执行“效果>添加透视”命令，拖曳透视网格四边的控制点，为字母i添加透视效果，如图13-57所示。

步骤11 选择字母i单击鼠标右键，在弹出的快捷菜单中执行“转换为曲线”命令，或按Ctrl+Q键；单击工具箱中的“形状工具”按钮，对字母i的上半部分进行变形，将其调整为心形并填充为粉色，如图13-58所示。

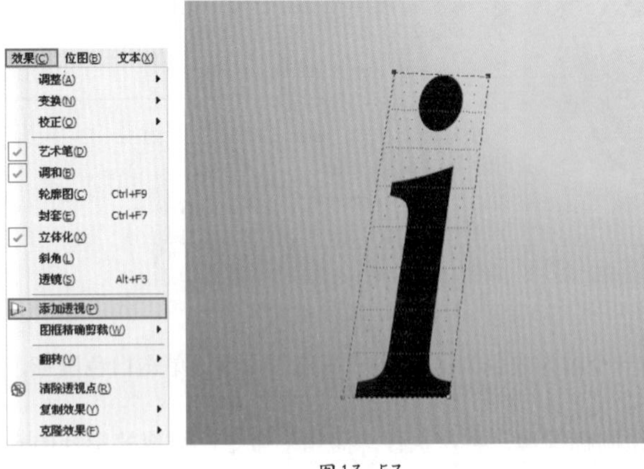

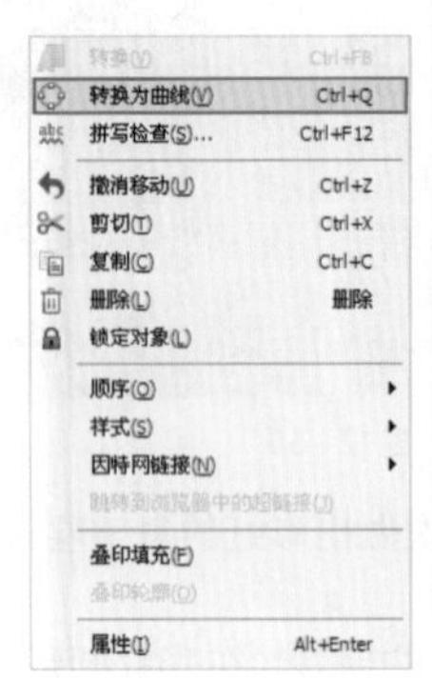

图13-57

图13-58

步骤12 按Ctrl+C键复制，再按Ctrl+V键粘贴，等比例放大并填充为紫色，然后单击鼠标右键，在弹出的快捷菜单中执行“顺序>向后一层”命令；以同样的方法再次复制并填充为黑色，然后向右下方移动，如图13-59所示。

步骤13 使用文本工具输入单词“Believe”，为其填充白色。执行“效果>添加透视”命令，拖曳透视网格四边的控制点，为文字添加透视效果，如图13-60所示。

步骤14 选择文字，按Ctrl+C键复制，再按Ctrl+V键粘贴，然后等比例放大并填充为黑色，接着单击鼠标右键，在弹出的快捷菜单中执行“顺序>向后一层”命令，作为阴影，如图13-61所示。

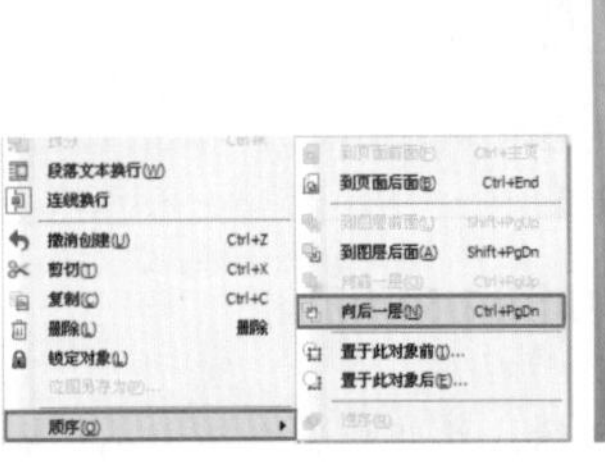

图13-59

图13-60

图13-61

步骤15 单击工具箱中的“钢笔工具”按钮，绘制出所有文字的底色外轮廓，然后填充为深蓝色，并设置轮廓线宽度为“无”，如图13-62所示。

步骤16 多次复制深蓝底色，等比例放大并依次填充为蓝色、白色和黑色，使文字呈现出立体感，如图13-63所示。

图13-62

图13-63

步骤17 使用钢笔工具和形状工具绘制出云的轮廓，并将其填充为白色，设置轮廓线宽度为“无”。再次绘制出云的暗部，填充为灰色。单击工具箱中的“透明度工具”按钮，在云的暗部拖曳，使其看起来更柔和。多次复制并摆放在合适位置，如图13-64所示。

步骤18 导入人物剪影素材，摆放在画面中，完成时尚招贴的制作，最终效果如图13-65所示。

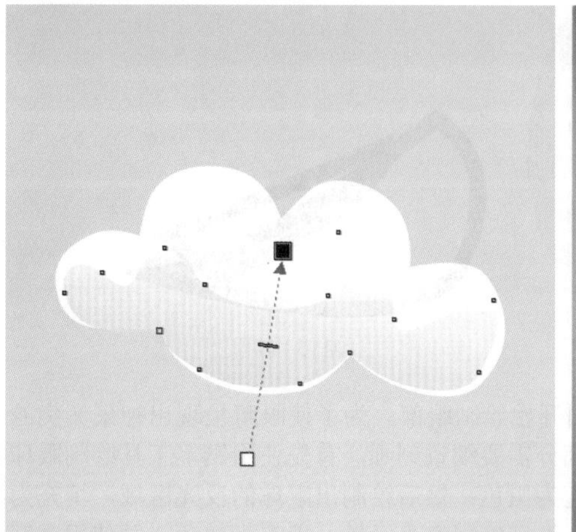

图13—64

图13—65

13.4 韩国插画风格时装画

案例文件	13.4韩国插画风格时装画.cdr
视频教学	13.4韩国插画风格时装画.flv
难易指数	★★★★★
技术要点	钢笔工具、贝赛尔工具、填充工具

案例效果

服装设计的另一种表现形式就是时装画，而韩国矢量插画风格在当前比较流行。在表现上，主要以大色块的形式展现出模特曼妙的身姿和时尚的服装效果；在绘制过程中，则主要是使用钢笔工具和填充工具，技术上并没有太大的难度，重点在于绘制思路需要明确、清晰。本例最终效果如图13-66所示。

图13—66

操作步骤

步骤01 执行“文件>新建”命令，在弹出的“创建新文档”对话框中设置“大小”为A4，“原色模式”为CMYK，“渲染分辨率”为300，如图13-67所示。

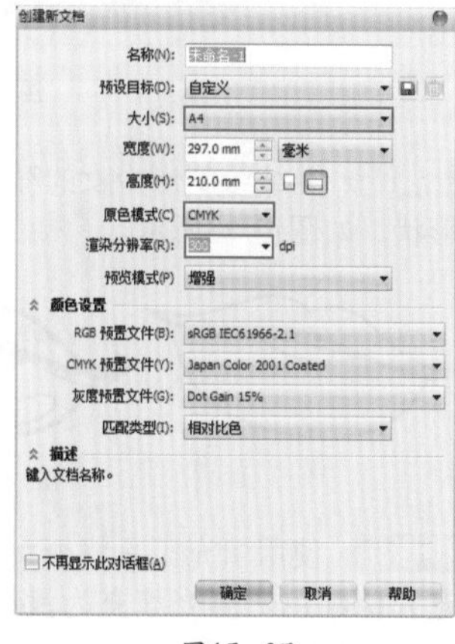

图13—67

步骤02 单击工具箱中的“手绘工具”按钮，绘制少女的面部结构，如图13-68所示。

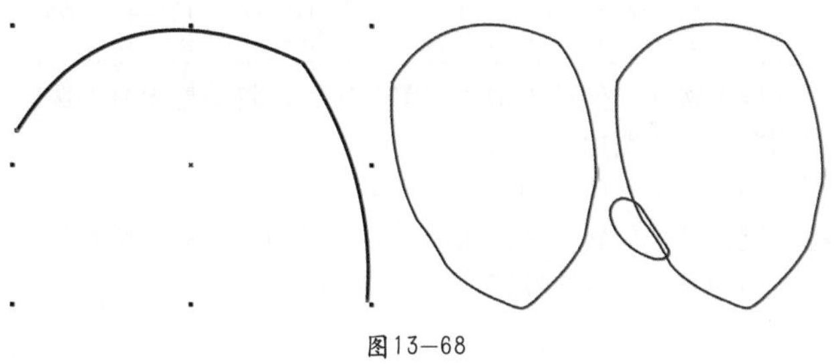

图13—68

技巧提示

利用手绘工具可以绘制直线，也可以绘制曲线。在绘制曲线的过程中，如果按下Shift键并沿着绘制的曲线退回，可以删除前面绘制的曲线；Tab键则用于在绘制直线与曲线之间进行转换。

步骤03 单击工具箱中的“填充工具”按钮，为少女的面部填充肉色，如图13-69所示。

步骤04 继续使用填充工具为少女的面部轮廓线填充（C：30，M：96，Y：67，K：0）的颜色，如图13-70所示。

步骤05 使用手绘工具绘制两个形状作为少女小巧的鼻子，如图13-71所示。

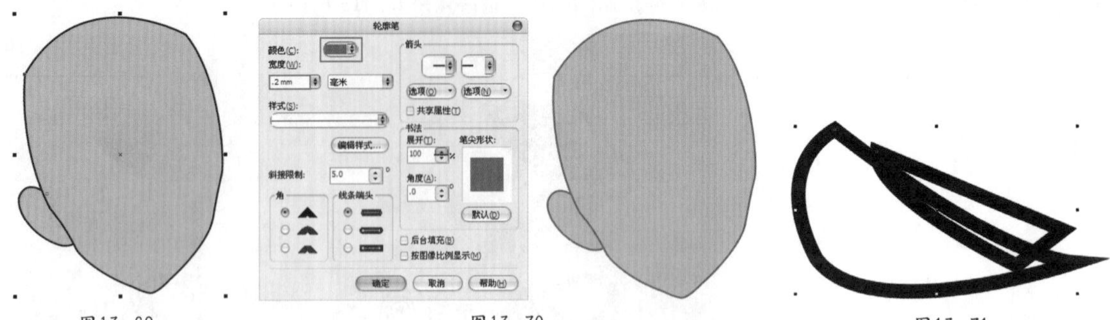

图13—69　　图13—70　　图13—71

步骤06 使用填充工具将鼻子的两部分分别填充为肉色和棕色，设置轮廓线宽度为“无”，然后将它们群组，摆放在面部合适的位置，如图13-72所示。

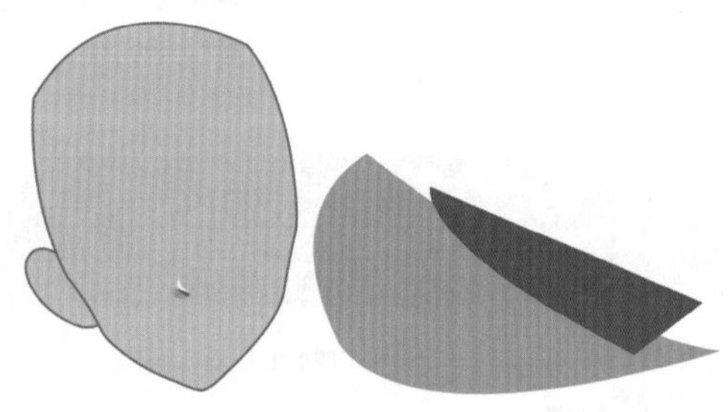

图13—72

步骤07 继续绘制出少女的嘴唇轮廓以及嘴唇的高光和投影形状，如图13-73所示。

图13—73

步骤08 使用填充工具将少女的嘴唇填充为粉红色，暗部填充为棕红色，高光填充为浅粉色，然后将其放置在合适位置，如图13-74所示。

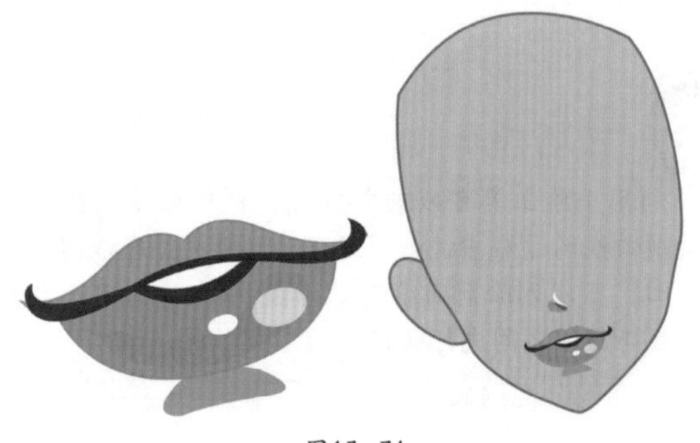

图13—74

步骤09 下面开始绘制眼部。为了使眼睛呈现出神采奕奕的效果，眼球部分需要细致刻画。首先使用钢笔工具绘制眼球的外形，填充为黑色；然后绘制出眼球的反光区域，填充为棕色系渐变；继续绘制高光区域，填充为白色，并使用透明度工具将高光部分调整为半透明效果，如图13-75所示。

图13—75

步骤10 继续使用钢笔工具绘制出上下眼睑、睫毛以及眼影的形状，并分别使用填充工具填充相应颜色，如图13-76所示。

图13—76

步骤11 选中眼睛的多个部分，单击鼠标右键，在弹出的快捷菜单中执行“群组”命令；选中右侧眼睛，执行“编辑>复制”和“编辑>粘贴”命令，复制出另一个眼睛；执行“排列>变换>比例”命令，打开“转换”泊坞窗，单击“水平镜像”按钮，然后单击“应用”按钮；将镜像得到的眼睛移到左侧，如图13-77所示。

步骤12 双击右眼，将光标移至4个角的控制点上，按住鼠标左键拖动，旋转合适的角度；以同样的方法对左眼进行旋转，移动到面部合适位置，如图13-78所示。

图13—77　　图13—78

步骤13 下面开始绘制头发部分。这一部分主要是绘制出头发的不同区域，如暗部区域、中间调区域、高光区域的轮廓，再填充不同的颜色，制作出头发的立体感效果，如图13-79所示。

步骤14 将所有部分组合到一起并移动到头像上，如图13-80所示。

步骤15 使用钢笔工具绘制出少女的颈部，然后使用填充工具为不同的区域填充少女皮肤色系的颜色；选择颈部的几个部分，单击鼠标右键，在弹出的快捷菜单中多次执行"顺序>向后一层"命令，或按Ctrl+Page Down键；然后将颈部放在头部下方，如图13-81所示。

图13—79　　图13—80　　图13—81

步骤16 使用椭圆型工具和矩形工具，配合钢笔工具绘制出耳环，如图13-82所示。

步骤17 选中绘制的耳环，执行"编辑>复制"命令和"编辑>粘贴"命令，然后双击复制出的副本并旋转作为项链坠，再使用钢笔工具绘制出项链线，如图13-83所示。

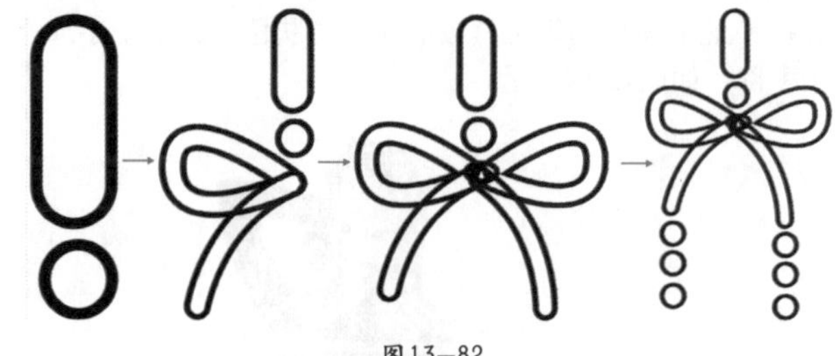

图13—82

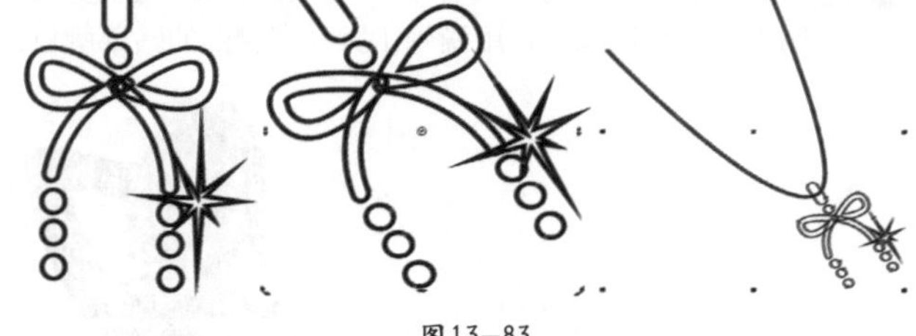

图13—83

步骤18 利用填充工具将蝴蝶结部分填充为黑色；选择圆形珍珠部分，将其填充为浅灰色，如图13-84所示。

步骤19 选择最下面的两个圆，在工具箱中单击填充工具组中的"渐变填充"按钮，在弹出的"渐变填充"对话框中设置"类型"为"线性"，在"颜色调和"选项组中选中"自定义"单选按钮，将颜色设置为一种深一点儿的灰白色渐变；再设置轮廓线宽度为"无"，完成珍珠部分的设置，将其放置在合适位置，如图13-85所示。

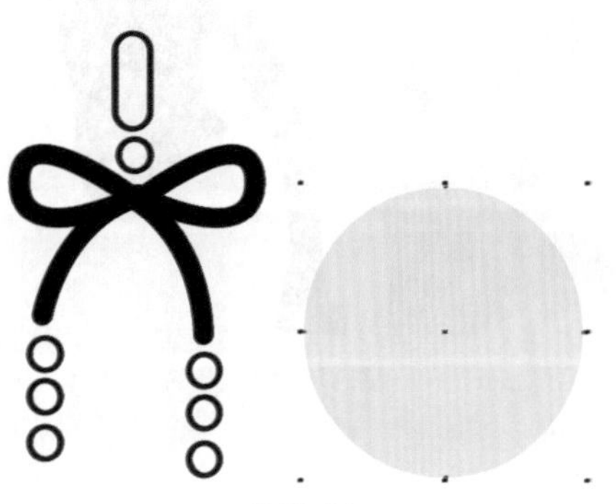

图13—84

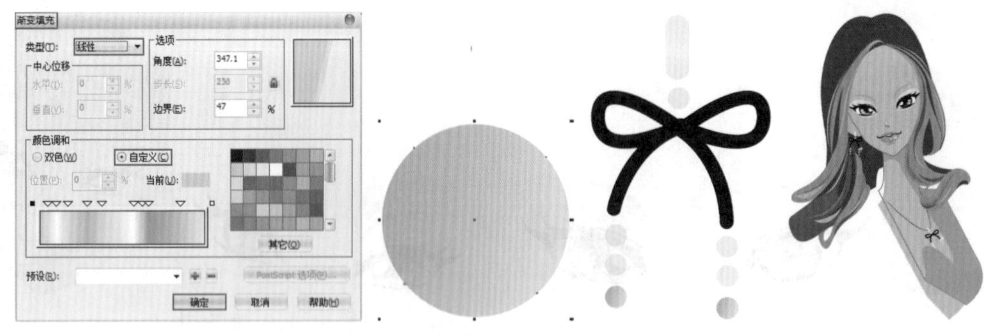

图13—85

步骤20 使用钢笔工具绘制少女的打底衣轮廓，然后利用填充工具将其填充为红色，如图13-86所示。

步骤21 以同样方法绘制少女的外套，填充为不同深度的褐色，然后将制作完成的外套放在人像上，如图13-87所示。

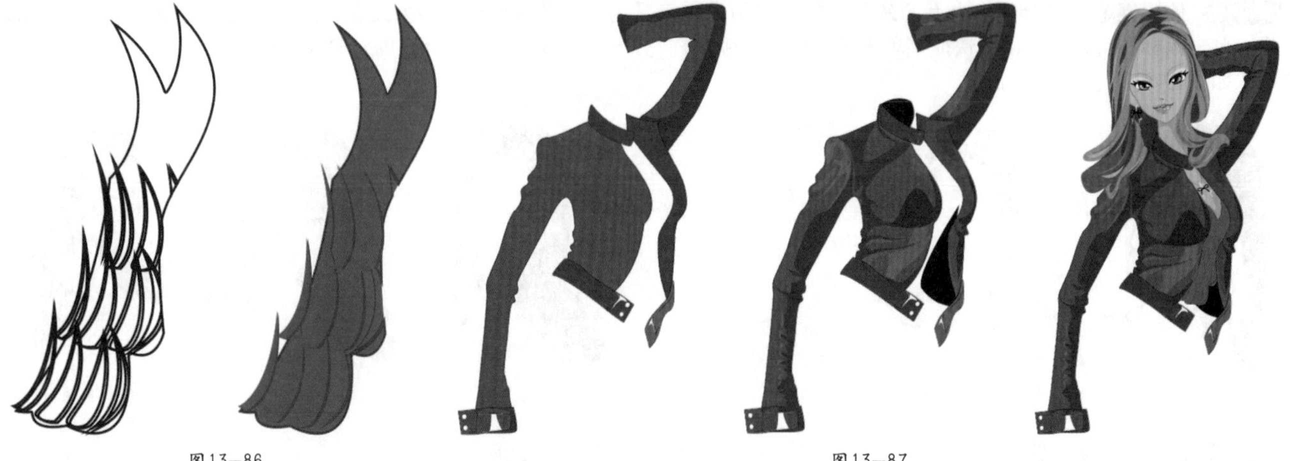

图13—86　　图13—87

步骤22 接下来，绘制少女的下半身细节。使用钢笔工具绘制少女的腰部形状，然后利用填充工具将其填充为肉色；再次绘制腰部的阴影区域，填充较深的肤色，如图13-88所示。

步骤23 单击工具箱中的“贝赛尔工具”按钮，绘制少女的手部轮廓；然后使用滴管工具吸取腰部的肤色，并赋予手部；再次绘制手的暗部区域，使用滴管工具吸取腰部的暗部颜色，并赋予手部，如图13-89所示。

图13—88　　图13—89

技巧提示

使用贝塞尔工具时，每一次单击鼠标就会定制一个节点，节点之间相互连接，通过从节点以相反方向延伸的虚线的位置，可以控制线段的曲率。

步骤24 单击工具箱中的“手绘工具”按钮，绘制少女的短裙子及其细节部分，并分别填充为橄榄绿色系的颜色，如图13-90所示。

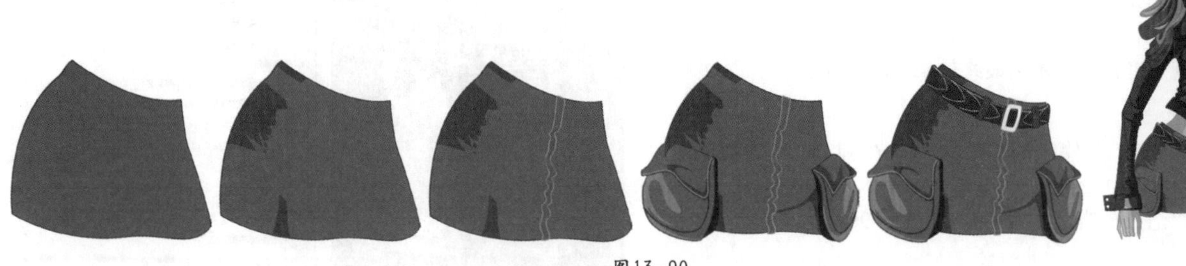

图13—90

步骤25 使用钢笔工具绘制少女的腿部，仍然使用滴管工具为其赋予腰部的颜色，如图13-91所示。

技巧提示

在使用钢笔工具绘制的过程中，按下Alt键可编辑路径段，进行节点转换、移动和调整等操作，释放Alt键可继续进行绘制。

要结束绘制，按Esc键或单击“钢笔工具”按钮即可；要闭合路径，将光标移动到起始点，单击即可。

步骤26 使用手绘工具绘制靴子部分（注意，这部分颜色的选用可以参考服装的颜色，并适当暗一些即可），如图13-92所示。

步骤27 执行“文件>导入”命令，导入背景素材图像，并调整为合适的大小及位置，如图13-93所示。

步骤28 选择背景素材，单击鼠标右键，在弹出的快捷菜单中执行“顺序>到页面后面”命令，将其放置在人物图层后，最终效果如图13-94所示。

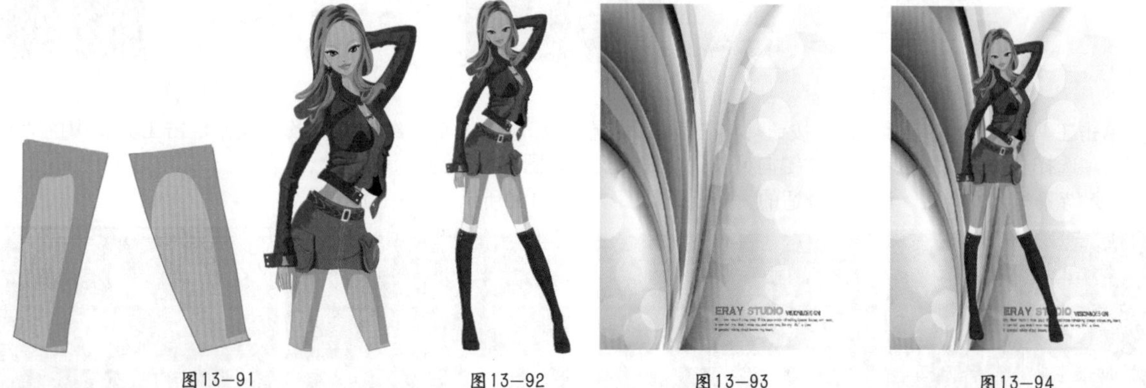

图13—91　　图13—92　　图13—93　　图13—94

读书笔记

13.5 欧美风格混合插画

案例文件	13.5欧美风格混合插画.cdr
视频教学	13.5欧美风格混合插画.flv
难易指数	★★★★★
知识掌握	钢笔工具、填充工具

案例效果

混合插画是近年来比较流行的一种插画风格，构成元素主要以实拍素材和矢量图形为主，画面丰富、内容夸张，具有极强的视觉冲击力。本例最终效果如图13-95所示。

操作步骤

步骤01 执行“文件>新建”命令，在弹出的“创建新文档”对话框中设置“大小”为A4，“原色模式”为CMYK，“渲染分辨率”为300，如图13-96所示。

图13-95

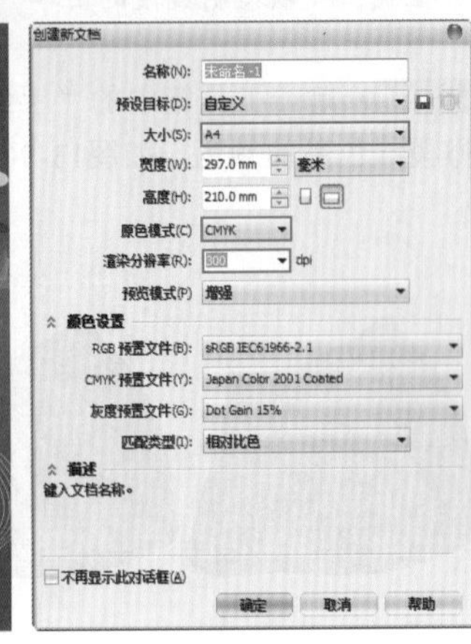

图13-96

步骤02 单击工具箱中的“矩形工具”按钮，在工作区内拖动鼠标，绘制一个合适大小的矩形；单击工具箱中的“填充工具”按钮并稍作停留，在弹出的下拉列表中单击“渐变填充”按钮，在弹出的“渐变填充”对话框中设置“类型”为“辐射”，在“颜色调和”选项组中选中“自定义”单选按钮，设置颜色为从红色到黄色的渐变，单击“确定”按钮，如图13-97所示。

步骤03 单击CorelDRAW工作界面右下角的“轮廓笔”按钮，在弹出的“轮廓笔”对话框中设置“宽度”为“无”，单击“确定”按钮，如图13-98所示。

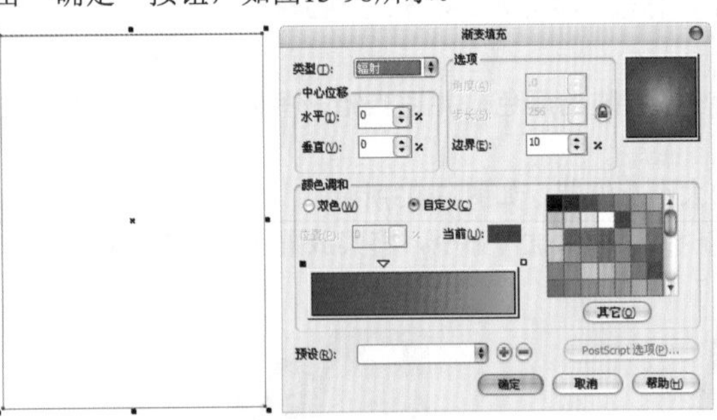

图13-97

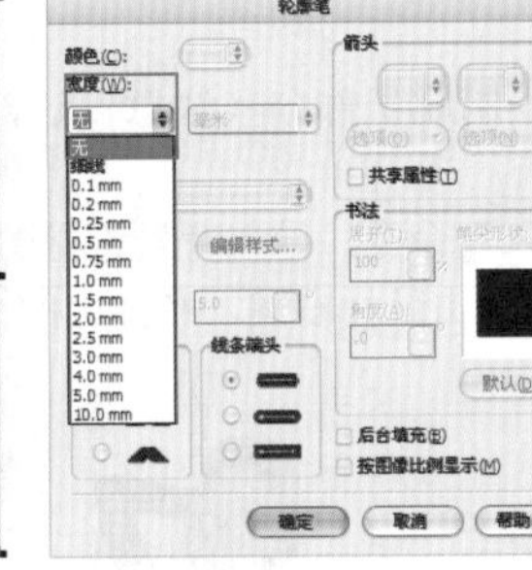

图13-98

步骤04 单击工具箱中的“手绘工具”按钮，在画面中按住鼠标左键拖动，绘制出两条曲线；单击工具箱中的“调和工具”按钮，选择一条曲线，按住鼠标左键向另一条曲线拖动，如图13-99所示。

步骤05 导入背景与人像素材，调整为合适的大小及位置，如图13-100所示。

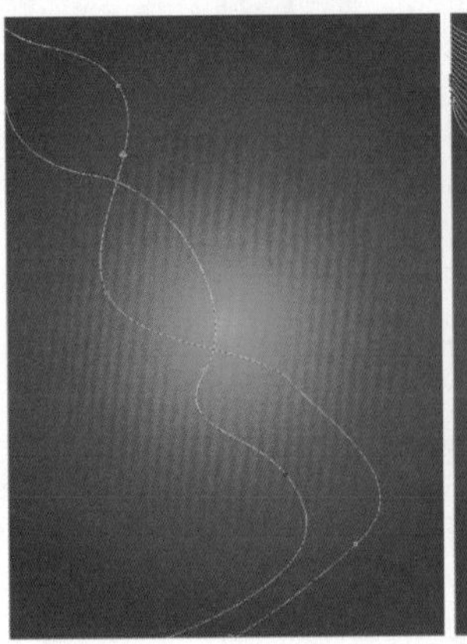

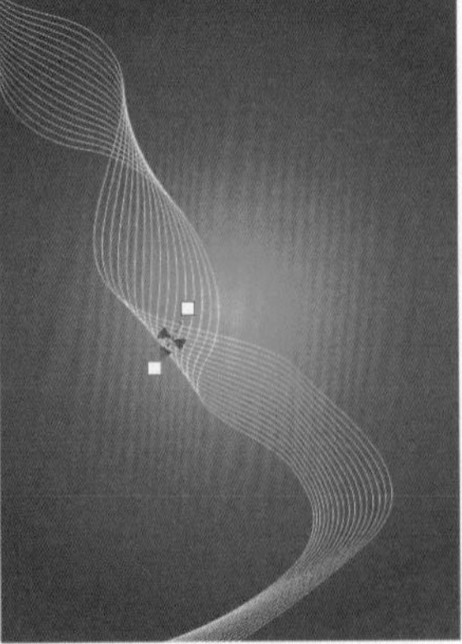

图13-99

图13-100

步骤06 使用钢笔工具绘制出环绕鞋子的曲线花纹；然后单击工具箱中的“填充工具”按钮，并稍作停留，在弹出的下拉列表中单击“渐变填充”按钮，在弹出的“渐变填充”对话框中设置“类型”为“线性”，在“颜色调和”选项组中选中“自定义”单选按钮，将颜色设置为一种棕色系渐变，单击“确定”按钮，如图13-101所示。

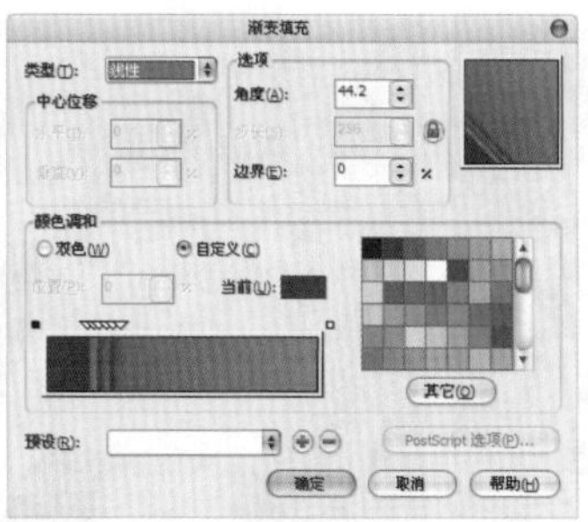

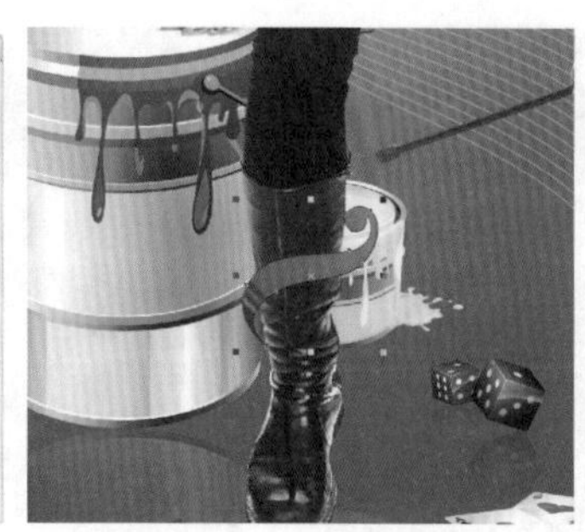

图13—101

步骤07 单击CorelDRAW工作界面右下角的“轮廓笔”按钮，在弹出的“轮廓笔”对话框中设置“宽度”为“无”，单击“确定”按钮，如图13-102所示。

步骤08 单击工具箱中的“椭圆形工具”按钮，在制作的图形上绘制一个白色椭圆；单击工具箱中的“透明度工具”按钮，在椭圆形上按住鼠标左键拖动，制作高光效果，如图13-103所示。

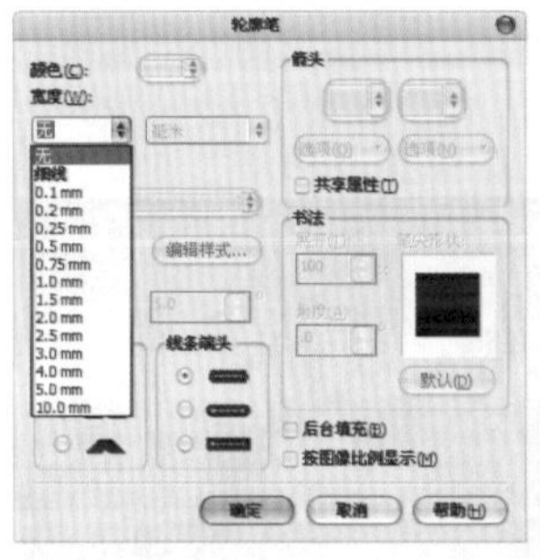

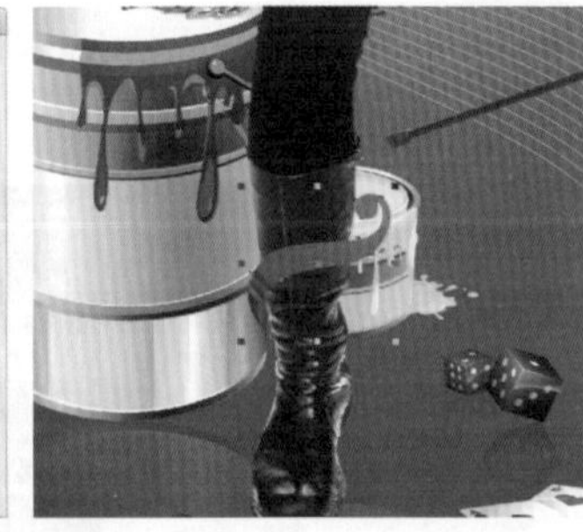

图13—102

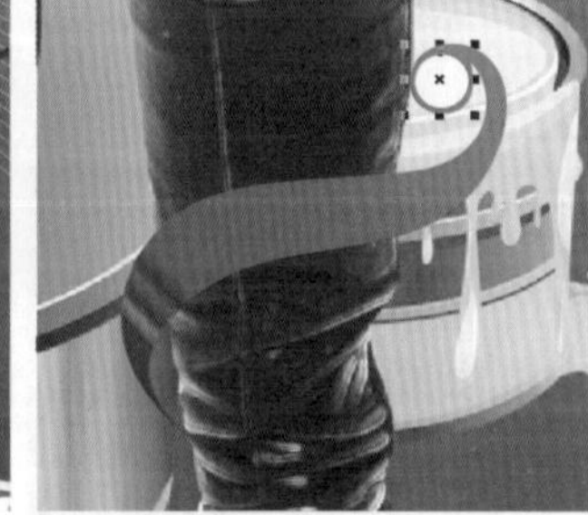

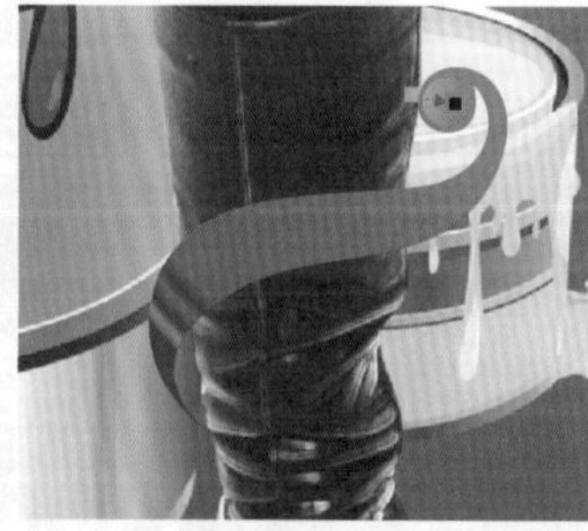

图13—103

步骤09 使用钢笔工具绘制出曲线上的光泽区域，并填充为白色；单击工具箱中的“透明度工具”按钮，在白色部分按住鼠标左键拖动，制作出半透明光泽效果，如图13-104所示。

步骤10 选择图形主体部分，单击工具箱中的“阴影工具”按钮，在主体上按住鼠标左键拖动，然后在属性栏中设置“阴影的不透明度”为100，“阴影羽化”为20，颜色为黄色；以同样方法制作出其他围绕人像身体的发光图形，如图13-105所示。

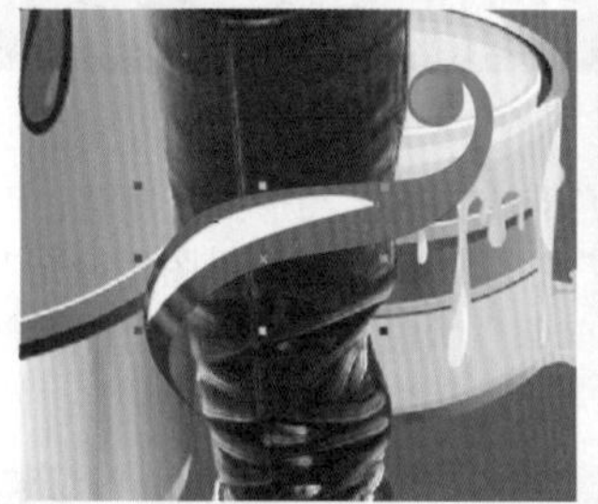

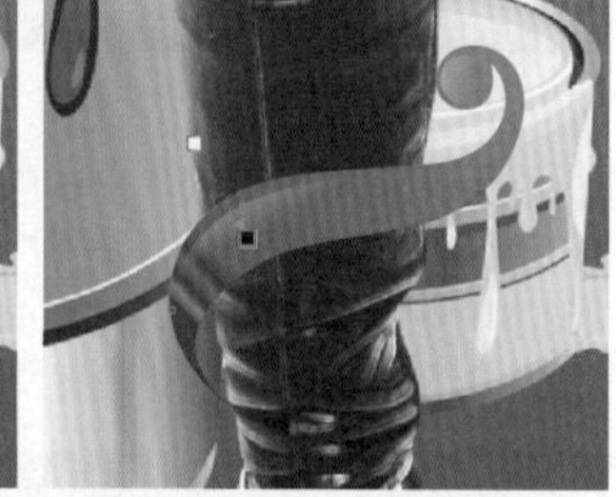

图13—104

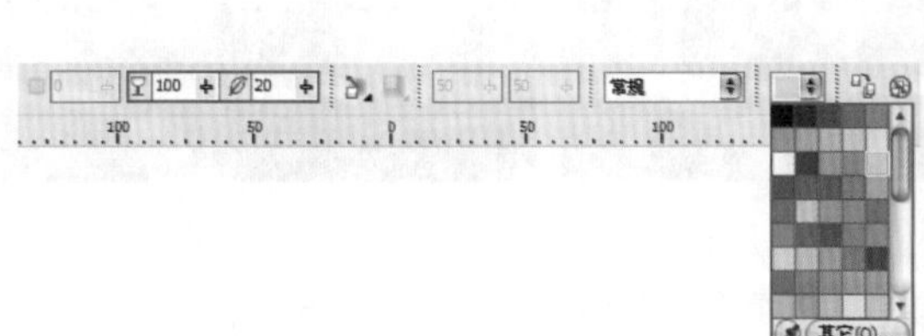

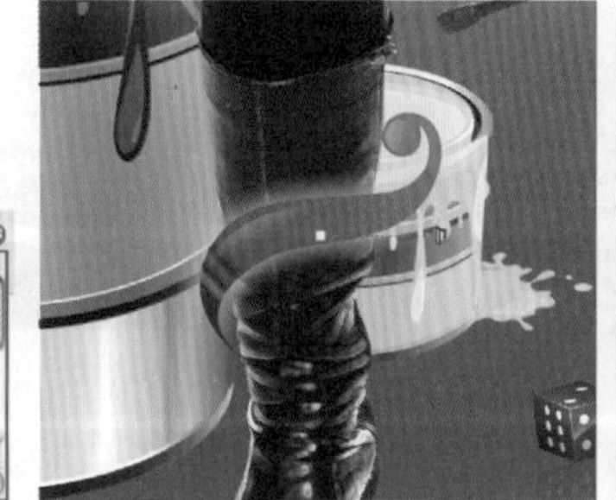

图13—105

步骤11 单击工具箱中的“手绘工具”按钮，围绕腿部绘制粉色曲线；以同样方法制作出另几条曲线，如图13-106所示。

步骤12 单击工具箱中的“钢笔工具”按钮，在人像面部下方绘制出一个形状，并将其填充为粉色；单击工具箱中的“椭圆形工具”按钮，在粉色图形上绘制白色圆形，并使用透明度工具为其填充透明度，制作出高光部分，如图13-107所示。

图13—106

图13—107

步骤13 使用钢笔工具绘制下半部分的光泽轮廓，然后单击“透明度工具”按钮，在属性栏中设置“透明度类型”为“标准”，“透明度”为67，如图13-108所示。

步骤14 单击工具箱中的“填充工具”按钮并稍作停留，在弹出的下拉列表中单击 “图样填充”按钮，在弹出的“图样填充”对话框中选中“双色”单选按钮，在其右侧的图样下拉列表框中选择一种条纹图案，设置“前部”颜色为红色，设置“后部”颜色为粉色，然后单击“确定”按钮，如图13-109所示。

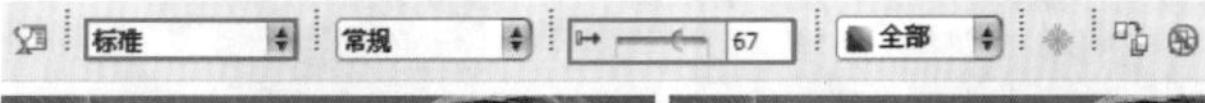

图13—108

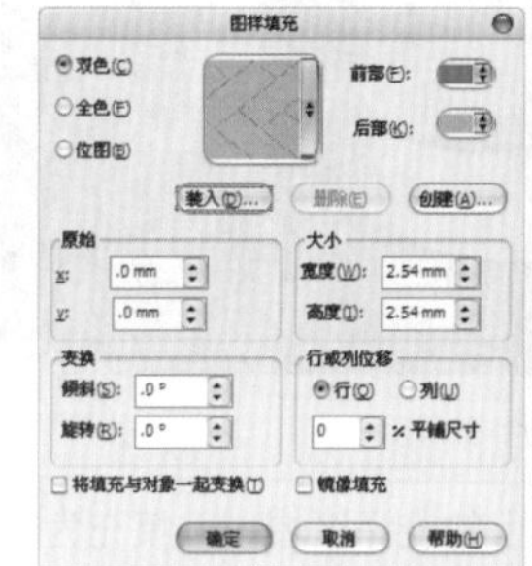

图13—109

步骤15 以同样方法制作出黄色带有高光的图形；复制黄色图形，单击工具箱中的“填充工具”按钮并稍作停留，在弹出的下拉列表中单击“图样填充”按钮，在弹出的“图样填充”对话框中选中“双色”单选按钮，在其右侧的图样下拉列表框中选择一种圆点图案，设置“前部”颜色为黄色，设置“后部”颜色为橘色，单击“确定”按钮；单击工具箱中的“透明度工具”按钮，在属性栏中设置“透明度类型”为“标准”，如图13-110所示。

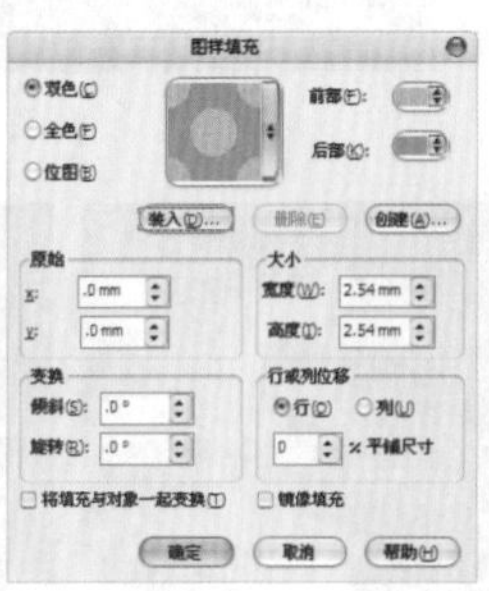

图13—110

步骤16 使用钢笔工具在黄色图形旁边再次绘制图形；然后在工具箱中单击填充工具组中的“渐变填充”按钮，在弹出的“渐变填充”对话框中设置“类型”为“辐射”，在“颜色调和”选项组中选中“自定义”单选按钮，设置颜色为红色与黄色的混合渐变，单击“确定”按钮，如图13-111所示。

步骤17 复制渐变图形并将其填充为白色，然后适当缩放；单击工具箱中的“透明度工具”按钮，在属性栏中设置“透明度类型”为“辐射”，调整透明度大小，如图13-112所示。

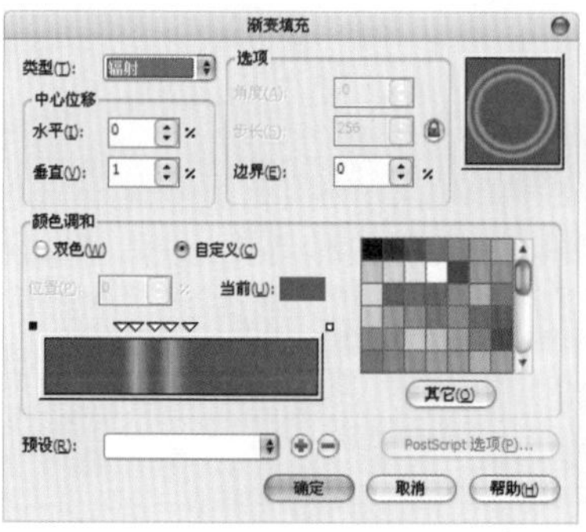

图13—111

图13—112

步骤18 继续使用钢笔工具绘制一个较长的水滴形状；然后在工具箱中单击填充工具组中的“渐变填充”按钮，在弹出的“渐变填充”对话框中设置“类型”为“线性”，“角度”为275，在“颜色调和”选项组中选中“自定义”单选按钮，设置颜色为从橘色到深橘色的渐变，单击“确定”按钮，如图13-113所示。

步骤19 使用钢笔工具在橘色图形上绘制多个条纹，并将其填充为黄色；然后使用钢笔工具配合透明度工具制作出图形的高光部分，如图13-114所示。

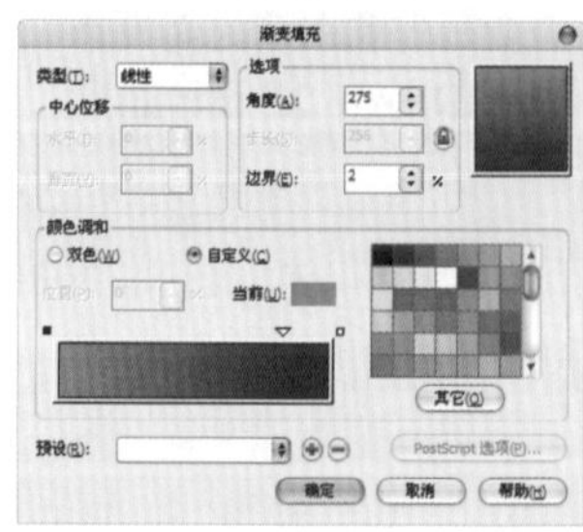
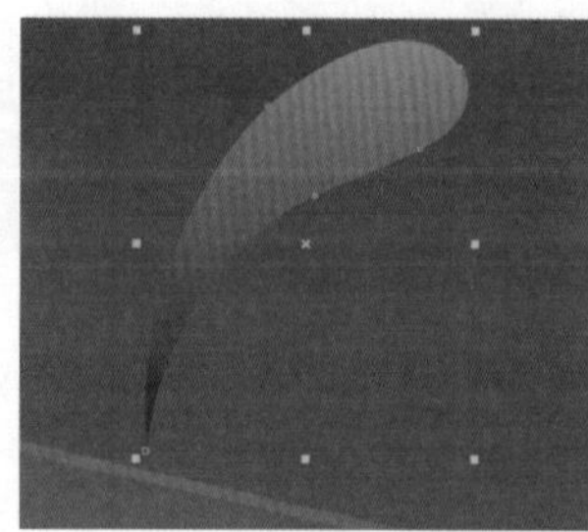

图13—113

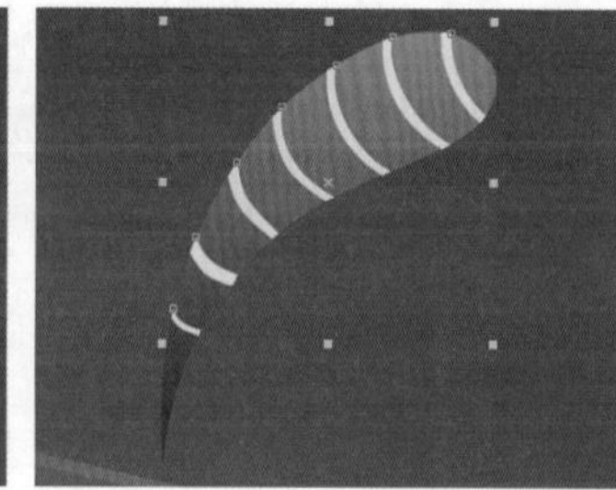
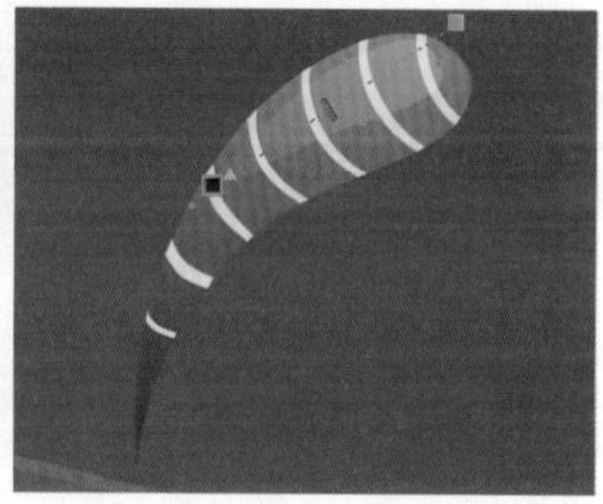

图13—114

步骤20 复制出多个之前绘制的花纹图形，然后更改颜色并进行变形操作，摆放在画面上半部分。选中绘制的图形，单击鼠标右键，在弹出的快捷菜单中多次执行“顺序>向后一层”命令，或按Ctrl+Page Down键，将其移至人物图层后面，如图13-115所示。

步骤21 单击工具箱中的“椭圆形工具”按钮，按住Ctrl键在画面中绘制一个正圆；然后在工具箱中单击填充工具组中的“渐变填充”按钮，在弹出的“渐变填充”对话框中设置“类型”为“辐射”，将颜色设置为从灰色到白色的渐变，单击“确定”按钮，模拟出气泡效果，如图13-116所示。

步骤22 以同样方法制作出其他渐变圆形，并将其调整为合适的大小及角度，最终效果如图13-117所示。

图13—115

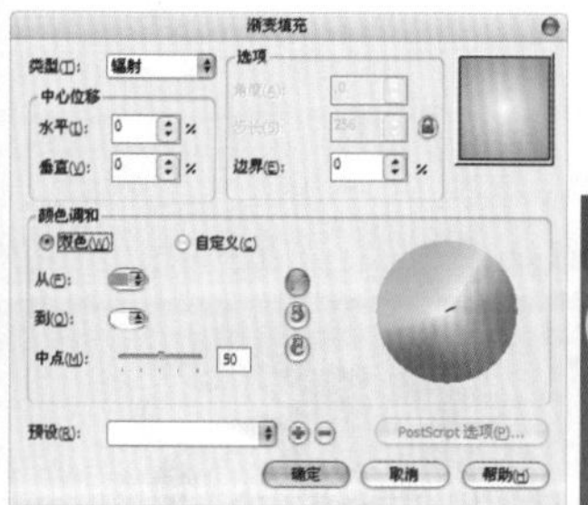

图13—116

图13—117

综合实例——画册书籍设计

本章将通过4个具体实例，介绍CorelDRAW X5在企业画册和书籍封面设计方面的具体应用。通过本章的学习，读者应该能利用CorelDRAW X5设计企业画册的封面和内页以及不同风格图书的封面。

本章学习要点：

- 企业画册设计
- 东南亚风情菜馆三折页菜单设计
- 香薰产品画册内页设计
- 卡通风格书籍封面设计

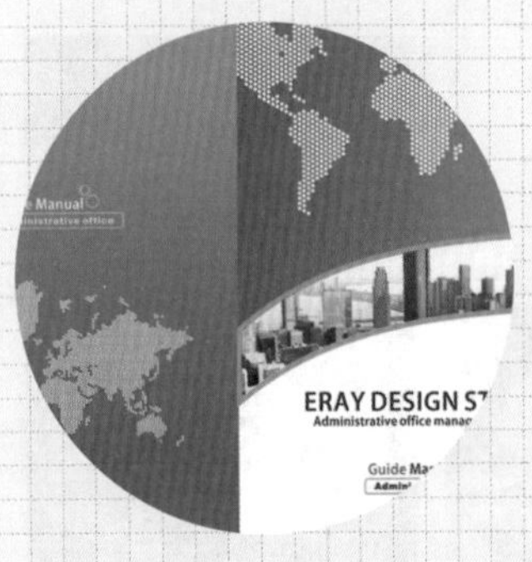

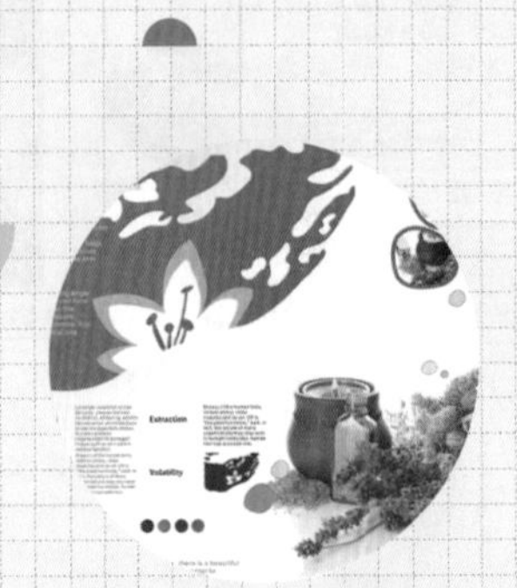

14.1 企业画册设计

案例文件	14.1 企业画册设计.cdr
视频教学	14.1 企业画册设计.flv
难易指数	★★★★★
技术要点	矩形工具、文本工具、图框精确剪裁

案例效果

本例最终效果如图14-1所示。

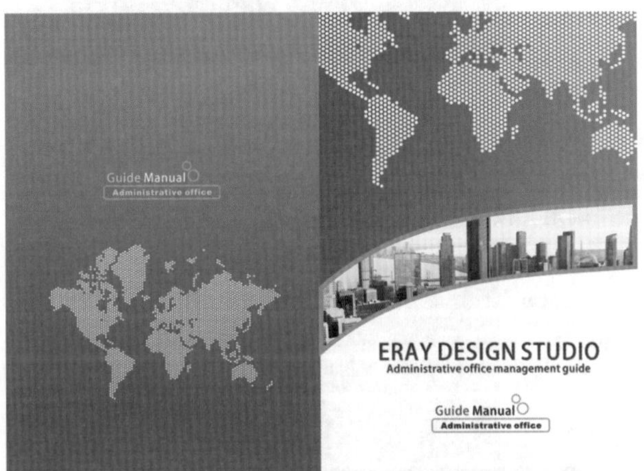

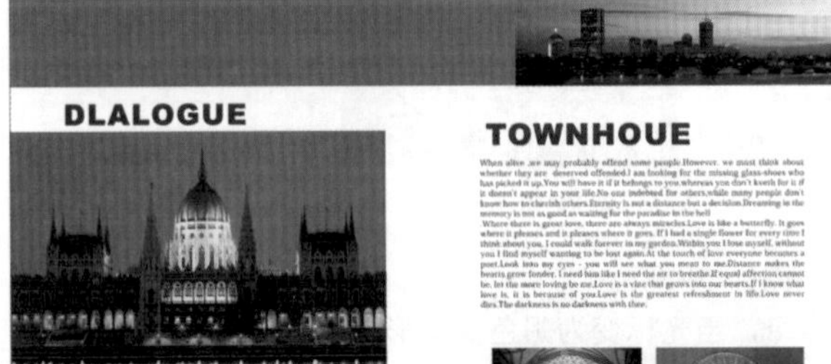

图14—1

操作步骤

步骤01 执行“文件>新建”命令，在弹出的“创建新文档”中设置“大小”为A4，“原色模式”为CMYK，“渲染分辨率”为300，如图14-2所示。

步骤02 首先制作画册封面和封底，单击工具箱中的“矩形工具”按钮，绘制一个大小为210mm×300mm的矩形；然后复制、粘贴这个矩形，向右移动，形成两个页面，如图14-3所示。

图14—2

图14—3

步骤03 单击工具箱中的“填充工具”按钮并稍作停留，在弹出的下拉列表中单击“渐变填充”按钮，在弹出的“渐变填充”对话框中设置“类型”为“线性”，颜色为从深蓝色到浅蓝色的渐变，“角度”为95，单击“确定”按钮；以同样方法为另一页面填充渐变，将“角度”更改为0，如图14-4所示。

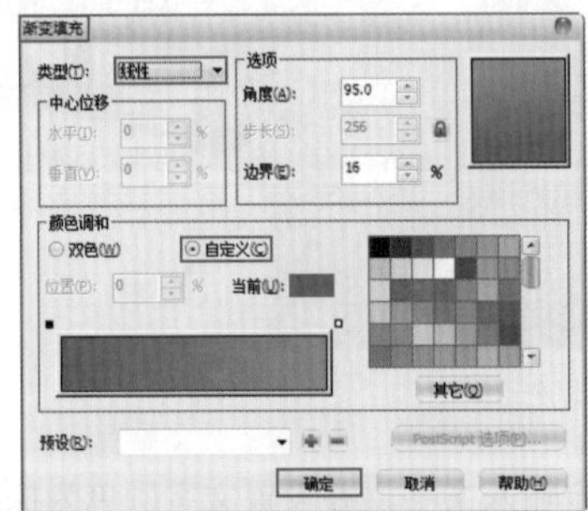

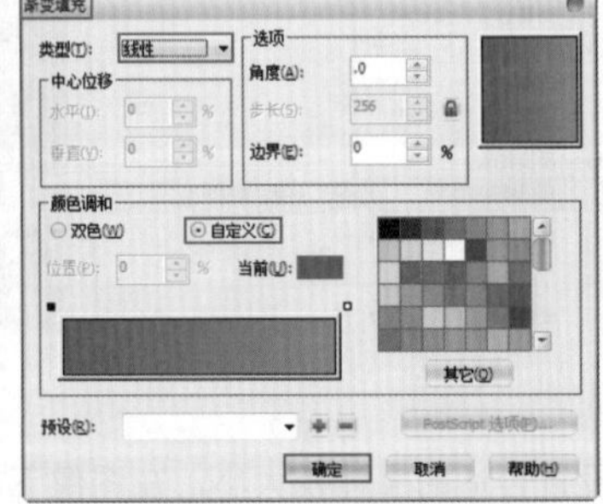

图14—4

步骤04 导入地图素材，设置填充色为白色，放在左侧页面的下半部分，如图14-5所示。

步骤05 复制点阵地图并等比例放大，放在右侧页面的上方。选中点阵地图后，执行“效果>图框精确剪裁>放置在容器中”命令，当光标变为黑色箭头形状时单击右侧页面，如图14-6所示。

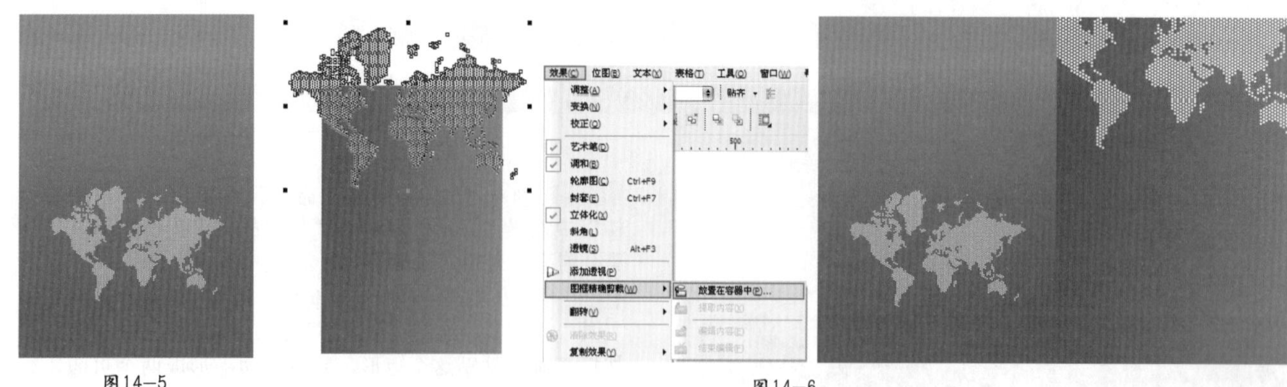

图14—5

图14—6

步骤06 单击工具箱中的“钢笔工具”按钮，在右侧页面上绘制图形，然后使用填充工具将其填充为白色，如图14-7所示。

步骤07 使用钢笔工具在白色图框上绘制新的曲线图形；然后单击CorelDRAW工作界面右下角的“轮廓笔”按钮，在弹出的“轮廓笔”对话框中设置“颜色”为蓝色，“宽度”为3mm，单击“确定”按钮；设置填充为“无”，如图14-8所示。

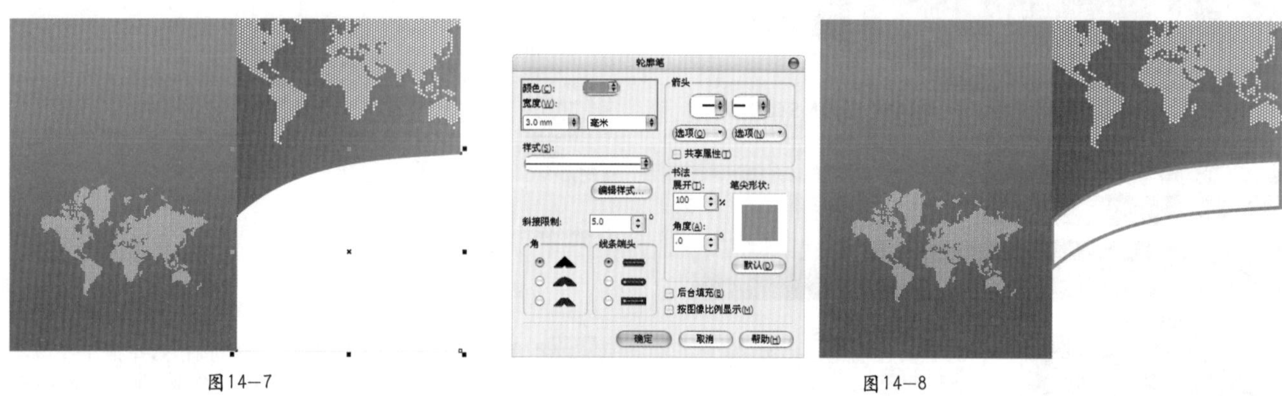

图14—7

图14—8

步骤08 执行“文件>导入”命令，导入素材图像，放在右侧页面上，如图14-9所示。

步骤09 选中素材图像，执行“效果>图框精确剪裁>放置在容器中”命令，当光标变为黑色箭头形状时单击刚刚绘制的蓝色曲线边框，如图14-10所示。

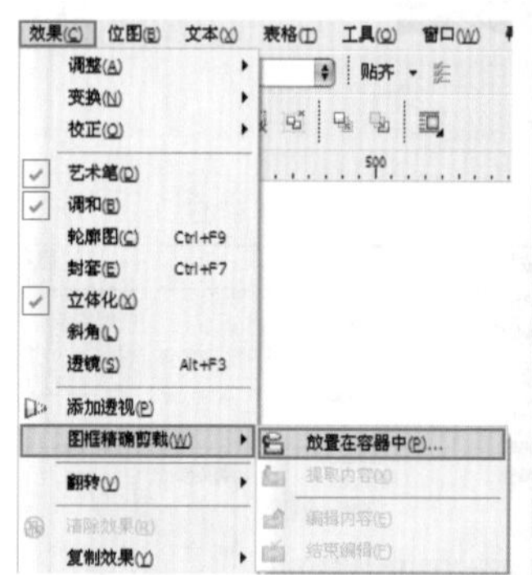

图14—9

图14—10

步骤10 单击工具箱中的“文本工具”按钮，设置合适的字体及大小，在图像下方输入文字，并设置文字颜色为棕色，如图14-11所示。

步骤11 单击工具箱中的“矩形工具”按钮，设置“圆角”半径为1.5mm，在文字下方绘制一个圆角矩形；单击CorelDRAW工作界面右下角的“轮廓笔”按钮，在弹出的“轮廓笔”对话框中设置“颜色”为灰色，“宽度”为1.0mm，单击“确定”按钮；再设置填充为“无”，如图14-12所示。

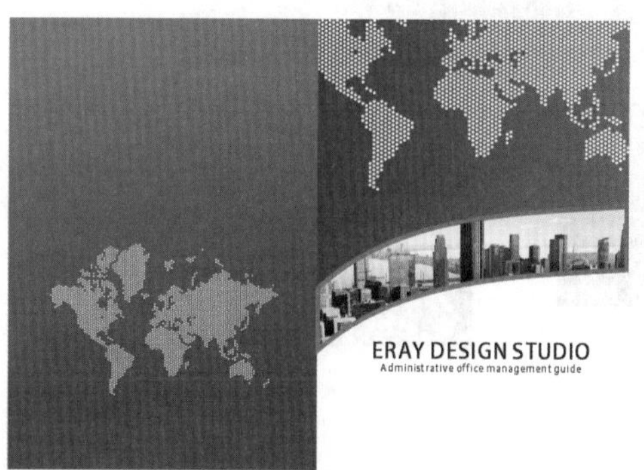

图14—11

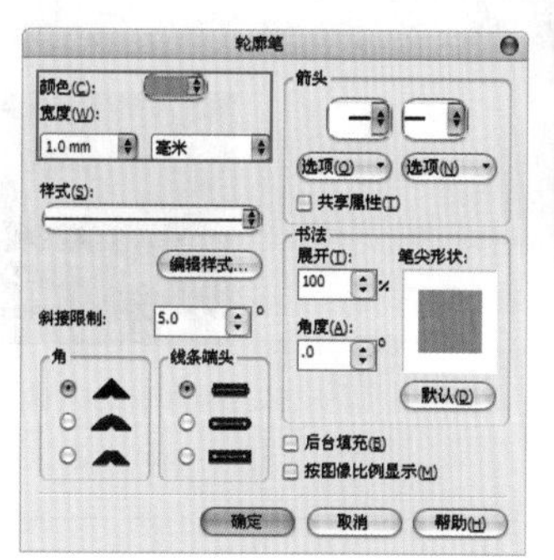

图14—12

步骤12 单击工具箱中的“椭圆形工具”按钮，在圆角矩形的右上方分别绘制两个正圆；单击CorelDRAW工作界面右下角的“轮廓笔”按钮，在弹出的“轮廓笔”对话框中设置“颜色”为灰色，“宽度”为1.0mm，单击“确定”按钮；再设置填充为“无”，如图14-13所示。

步骤13 单击工具箱中的“文本工具”按钮，分别在圆角矩形上单击并输入文字，然后调整为合适的字体及大小，设置文字颜色为棕色；复制这部分文字和图形，放置到左侧页面上并更改颜色，如图14-14所示。

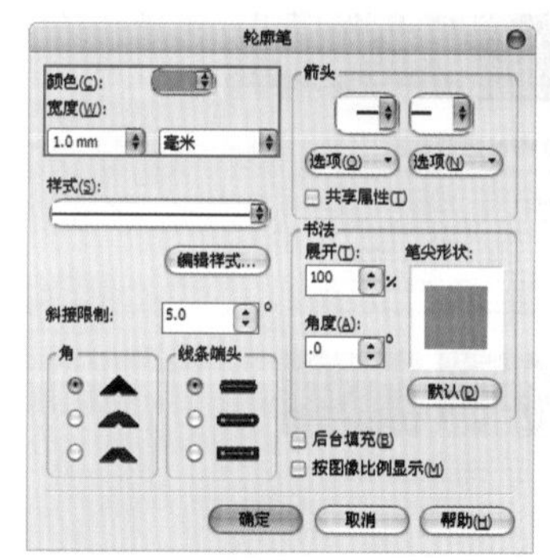

图14—13

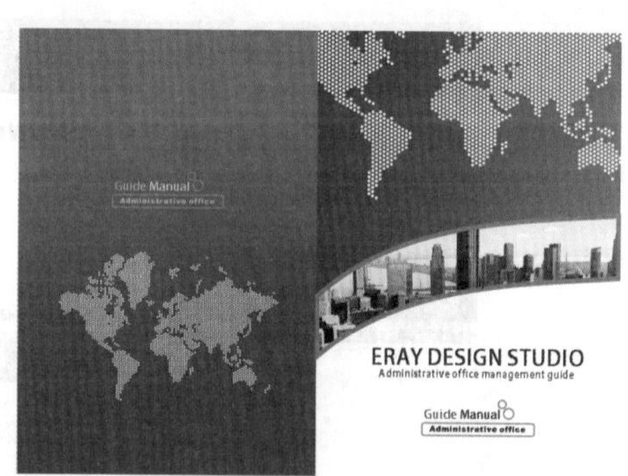

图14—14

步骤14 接下来制作画册内页。单击工具箱中的“矩形工具”按钮，绘制一个大小为420mm×600mm的矩形；再次使用矩形工具在页面上方绘制一个合适大小的矩形，并填充为深蓝色，设置轮廓线宽度为“无”，如图14-15所示。

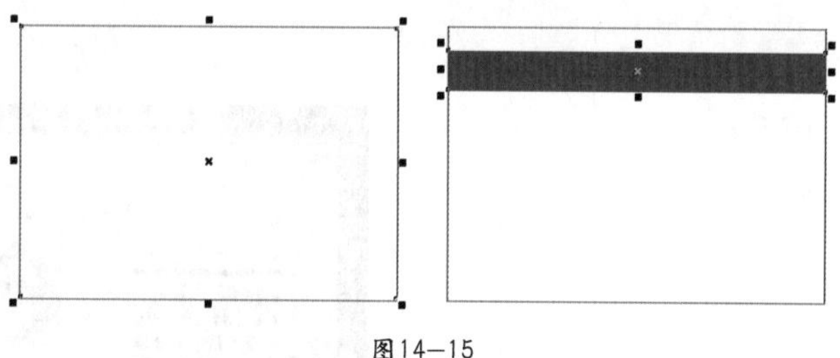
图14—15

步骤15 导入素材图像，调整为合适的大小及位置；在该图像上绘制一个合适大小的矩形，执行“效果>图框精确剪裁>放置在容器中”命令，将图像放置在矩形框中；然后去除轮廓线，如图14-16所示。

步骤16 以同样方法分别导入右侧的素材图像，然后使用“图框精确剪裁”命令控制其形状、大小，如图14-17所示。

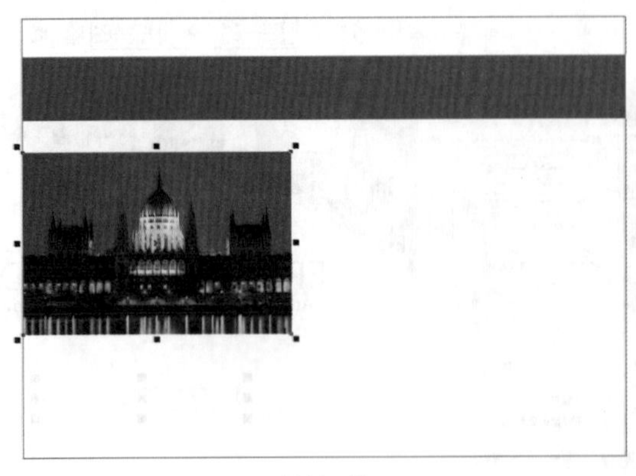

图14-16

图14-17

步骤17 单击工具箱中的“文本工具”按钮字，在页面左侧输入标题文字，并设置为合适的字体及样式；选中输入的文字，执行“窗口>泊坞窗>图形和文本样式”命令。在弹出的“图形和文本”泊坞窗中单击右上角按钮，在弹出的下拉菜单中执行“新建>美术字样式”命令，在弹出的对话框中设置样式名称为“标题”；执行“复制属性自”命令，单击左侧文字；在右侧输入文字，然后双击“图形和文本”泊坞窗中的“标题”样式，将其属性复制到右侧文字上，如图14-18所示。

步骤18 同样使用文本工具和“图形和文本”泊坞窗，制作页面其他正文部分文字，最终效果如图14-19所示。

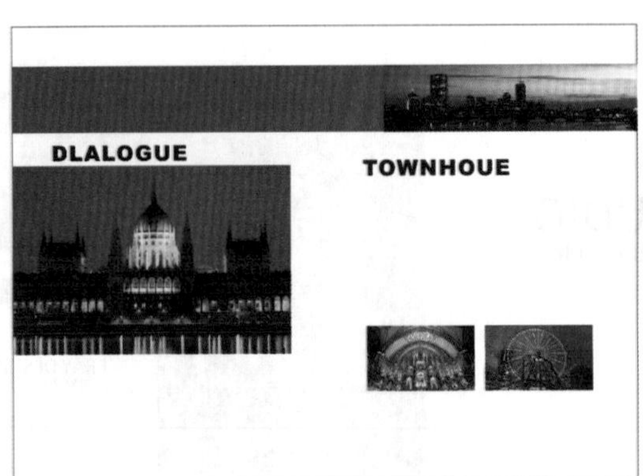

图14-18

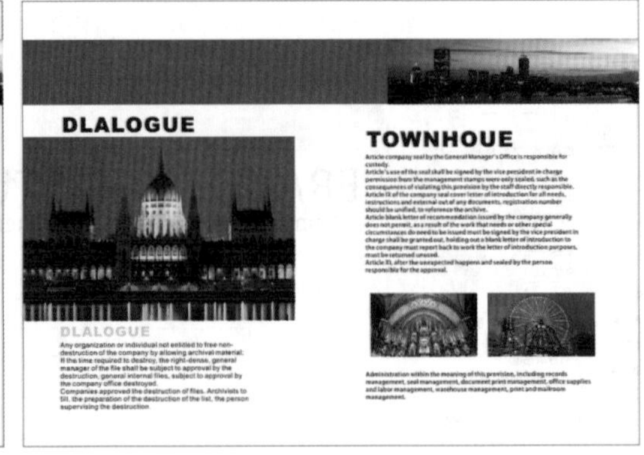

图14-19

14.2 东南亚风情菜馆三折页菜单

案例文件	14.2 东南亚风情菜馆三折页菜单.cdr
视频教学	14.2 东南亚风情菜馆三折页菜单.flv
难易指数	★★★★★
技术要点	矩形工具、文本工具、图框精确剪裁

案例效果

本例最终效果如图14-20所示。

图14-20

操作步骤

步骤01 执行“文件>新建”命令，在弹出的“创建新文档”对话框中设置“大小”为A4，“原色模式”为CMYK，“渲染分辨率”为300，如图14-21所示。

步骤02 单击工具箱中的“矩形工具”按钮，在页面上绘制一个长为140mm、宽为80mm的矩形，如图14-22所示。

图14—21

图14—22

步骤03 单击工具箱中的“填充工具”按钮，将绘制的矩形填充为浅黄绿色；然后单击CorelDRAW工作界面右下角的“轮廓笔”按钮，在弹出的“轮廓笔”对话框中设置“宽度”为“无”，单击“确定”按钮，如图14-23所示。

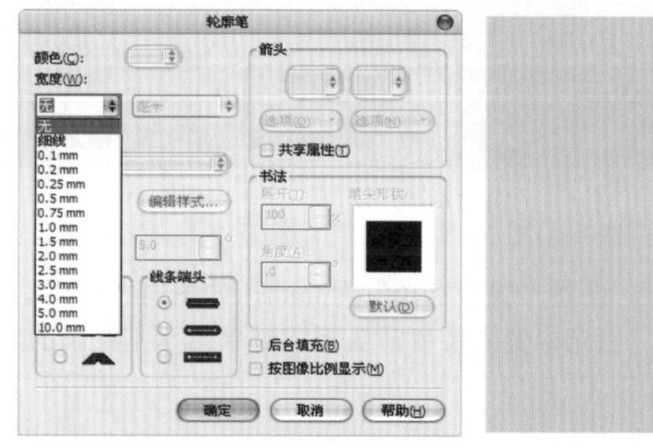

图14—23

步骤04 继续使用矩形工具在下方绘制一个较小的矩形，并填充为黄绿色，如图14-24所示。

步骤05 导入花纹素材，放在页面上，如图14-25所示。

图14—24　　图14—25

步骤06 单击工具箱中的“文本工具”按钮，输入文字“良品世家”，然后设置字体为“汉仪粗宋繁”，文字颜色为黑色，如图14-26所示。

步骤07 继续使用文本工具在“良品世家”下方输入其他文字，并设置为合适的字体及大小，如图14-27所示。

图14—26

良品世家
東亞風情の美食匯
FOOD OF THE EAST ASIA

图14—27

步骤08 导入手绘风格寿司图案，放在文字下方，如图14-28所示。

步骤09 单击工具箱中的“矩形工具”按钮，在文字上、下绘制3个黑色矩形；在下半部分颜色交界处绘制另外两个长矩形，然后使用滴管工具吸取底部黄绿色，并赋予这两个长矩形，作为过渡效果，如图14-29所示。

图14—28　　图14—29

步骤10 使用矩形工具在黄色矩形右侧绘制一个高度相同、宽度为第一个页面2倍的矩形。单击工具箱中的“填充工具”按钮并稍作停留，在弹出的下拉列表中单击“渐变填充”按钮，在弹出的“渐变填充”对话框中设置“类型”为“线性”，在“颜色调和”选项组中选中“双色”单选按钮，将颜色设置为一种淡淡的黄绿色系渐变，单击“确定”按钮；再设置轮廓线宽度为“无”，如图14-30所示。

步骤11 使用矩形工具在页面上绘制一个合适大小的矩形，然后使用滴管工具吸取左侧页面的浅黄绿色作为矩形的填充色，吸取左侧页面的黄绿色作为矩形的轮廓色；接着复制一个，移动到右侧，如图14-31所示。

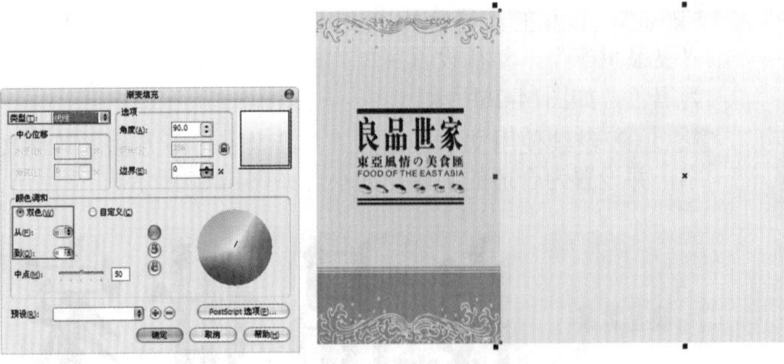

图14—30

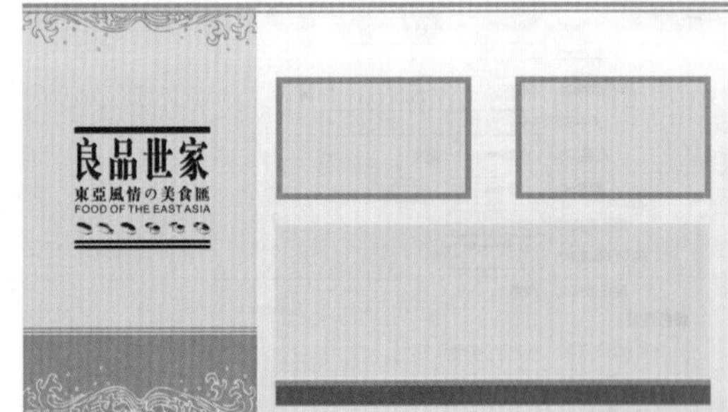

图14—31

步骤12 继续使用矩形工具在页面顶部和底部绘制不同的矩形，并将其填充为合适的颜色，如图14-32所示。

步骤13 执行“文件>导入”命令，导入菜品素材图像，并调整为合适的大小及位置，如图14-33所示。

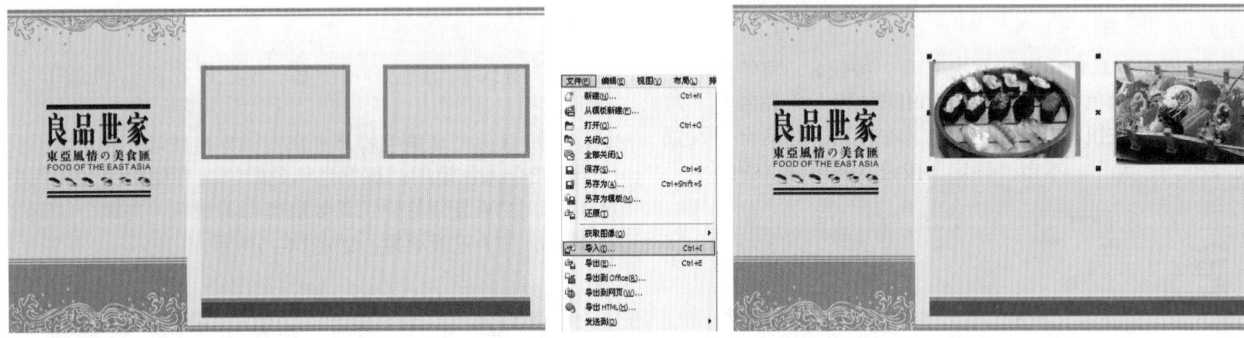

图14—32

图14—33

步骤14 在菜品素材图像上绘制一个矩形，在属性栏中单击“扇形角”按钮，设置“扇形半径”为3mm，如图14-34所示。

步骤15 选择素材图像，执行“效果>图框精确剪裁>放置在容器中”命令，当光标变为黑色箭头形状时单击刚刚绘制的扇形角矩形，如图14-35所示。

步骤16 以同样方法处理右侧的素材图像，如图14-36所示。

图14—34

图14—35

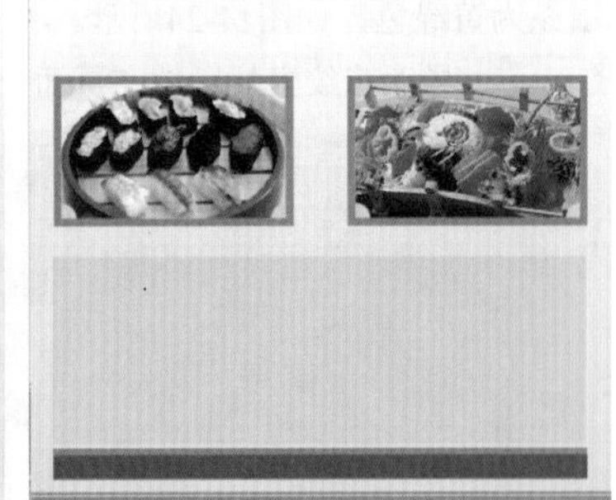

图14—36

步骤17 继续导入右下角的两个素材文件，然后在素材图像上绘制相同的矩形，再次执行“效果>图框精确剪裁>放置在容器中”命令，将其放置在矩形框内，如图14-37所示。

步骤18 单击工具箱中的“文本工具”按钮字，在折页菜单上输入菜名、菜价，并设置为合适的字体和字号，部分文字需要框选出来并更改为不同颜色，如图14-38所示。

步骤19 使用文本工具在页面上方单击，然后按住鼠标左键拖动，绘制一个文本框，接着在其中输入文字，并调整为合适的字体及大小，设置文字颜色为褐色；以同样方法制作出右侧的段落文本，如图14-39所示。

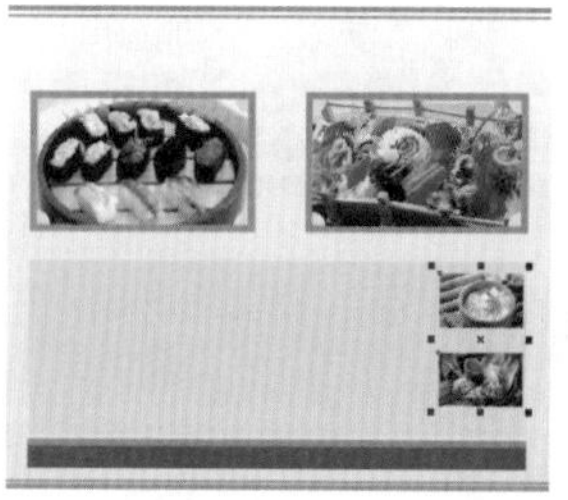

图14—37

图14—38

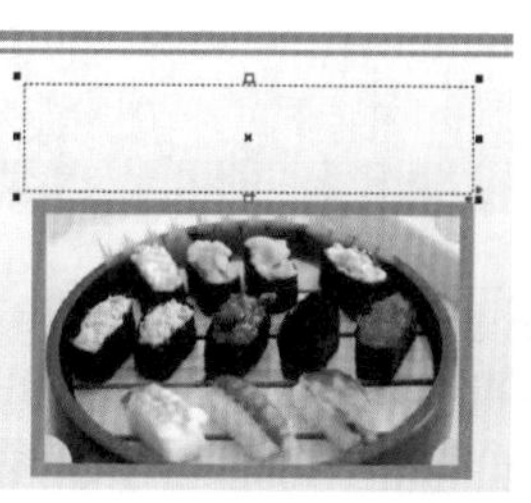

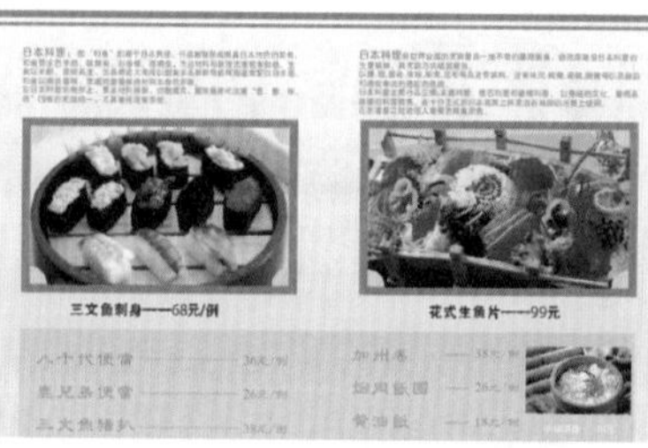

图14—39

步骤20 使用矩形工具在左侧段落文本上方绘制一个合适大小的白色矩形，设置轮廓线宽度为“无”；复制封面上的餐厅标志文字，粘贴后缩放到与白色矩形相匹配的大小；然后填充为黄绿色，如图14-40所示。

步骤21 选择文字部分与白色矩形，按Ctrl+C键复制，再按Ctrl+V键粘贴，然后将其放到右侧顶部，如图14-41所示。

步骤22 使用矩形工具绘制一个与页面大小相同的黑色矩形，然后执行“位图>转换为位图”命令，在弹出的“转换为位图”对话框中设置“分辨率”为300，“颜色模式”为“CMYK色（32位）”，如图14-42所示。

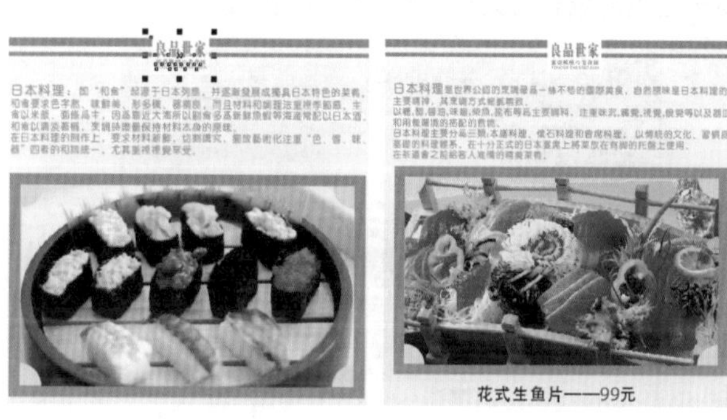

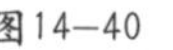

图14—40

图14—41

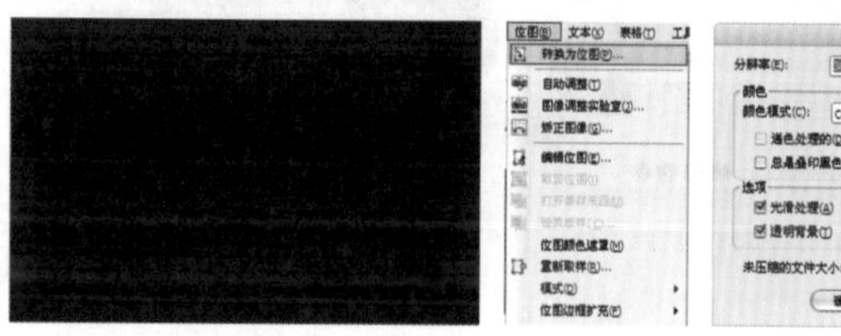

图14—42

步骤23 继续执行“位图>模糊>高斯式模糊”命令，在弹出的“高斯式模糊”面板中设置“半径”为5像素，如图14-43所示。

图14—43

步骤24 单击鼠标右键，在弹出的快捷菜单中执行“顺序>到图层后面”命令，或按Shift+Page Down键，制作出阴影效果，如图14-44所示。

步骤25 导入背景素材图像，执行“顺序>到图层后面”命令，添加到页面的底部，最终效果如图14-45所示。

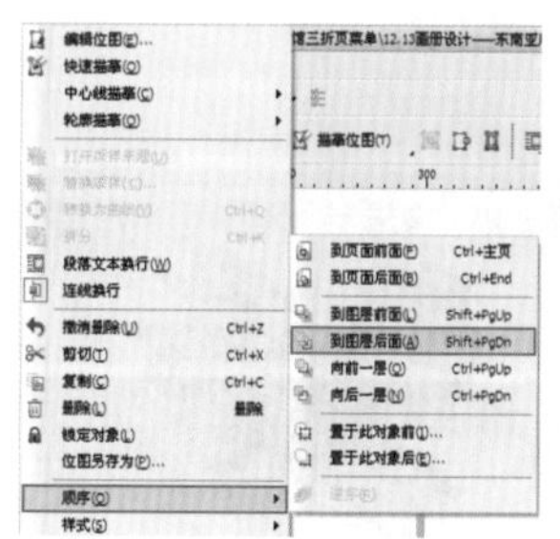

图14—44

图14—45

14.3 香薰产品画册内页

案例文件	14.3 香薰产品画册内页.cdr
视频教学	14.3 香薰产品画册内页.flv
难易指数	★★★★★
技术要点	钢笔工具、文本工具、图框精确剪裁

案例效果

本例最终效果如图14-46所示。

图14—46

操作步骤

步骤01 执行“文件>新建”命令，在弹出的“创建新文档”对话框中设置“大小”为A4，“原色模式”为CMYK，“渲染分辨率”为300，如图14-47所示。

步骤02 单击工具箱中的“矩形工具”按钮，在页面上绘制一个长为300mm、宽为210mm的矩形，如图14-48所示。

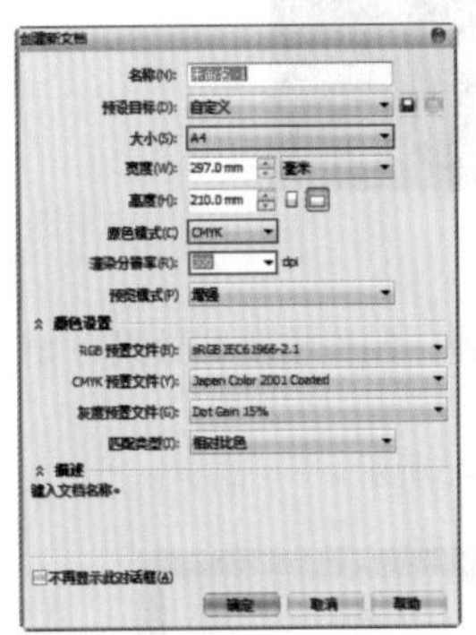

图14—47　图14—48

步骤03 单击工具箱中的“填充工具”按钮并稍作停留，在弹出的下拉列表中单击“渐变填充”按钮，在弹出的“渐变填充”对话框中设置“类型”为“线性”，“角度”为-42.5，在“颜色调和”选项组中选中“自定义”单选按钮，设置颜色为灰白色渐变，单击“确定”按钮；再设置轮廓线宽度为“无”，如图14-49所示。

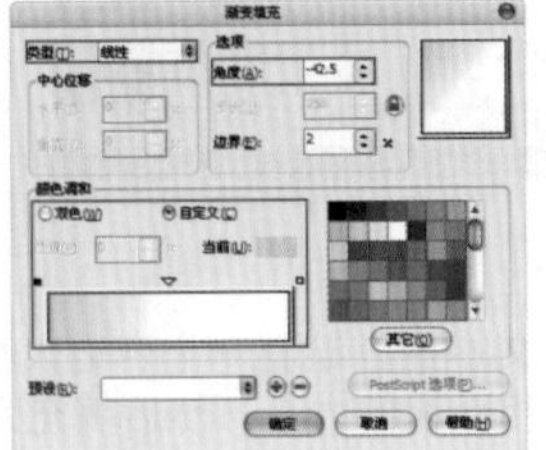

图14—49

步骤04 执行“文件>导入”命令，导入背景素材图像，并调整至适当的位置与大小，如图14-50所示。

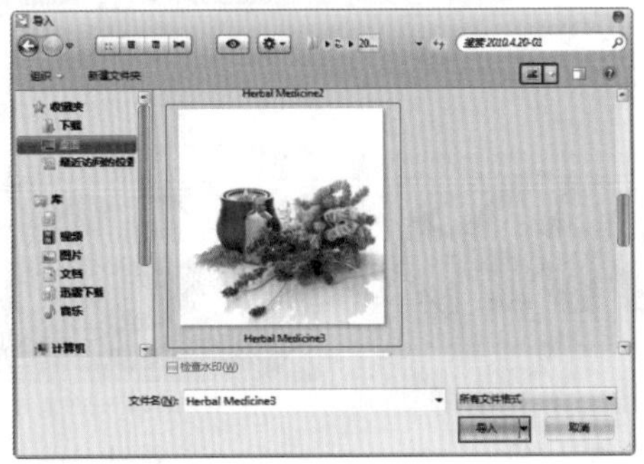

图14—50

步骤05 单击选中素材图像，执行“效果>图框精确剪裁>放置在容器中”命令，当光标变为黑色箭头形状时单击渐变矩形，如图14-51所示。

图14—51

步骤06 单击工具箱中的“钢笔工具”按钮，在右上角绘制一个不规则图形；然后单击CorelDRAW工作界面右下角的“轮廓笔”按钮，在弹出的“轮廓笔”对话框中设置“宽度”为2.0mm，设置颜色为紫色，单击“确定”按钮，如图14-52所示。

步骤07 导入薰衣草素材图像，并调整至适当的位置与大小，然后执行“效果>图框精确剪裁>放置在容器中”命令，将其放置在不规则图形中，如图14-53所示。

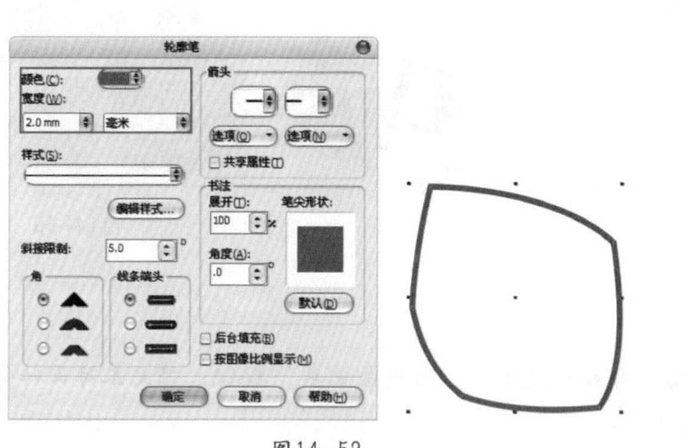

图14—52

图14—53

步骤08 以同样方法依次做出几个展示香薰产品的图框，放置在页面右上角，如图14-54所示。

步骤09 使用钢笔工具绘制不规则的图形，设置其轮廓线颜色为浅紫色，填充颜色为淡粉色；然后多次绘制，依次放置在香薰产品的周围，如图14-55所示。

步骤10 选择顶部超出页面范围的不规则图形，执行“效果>图框精确剪裁>放置在容器中”命令，当光标变为黑色箭头形状时单击渐变色背景，使多余的部分隐藏，如图14-56所示。

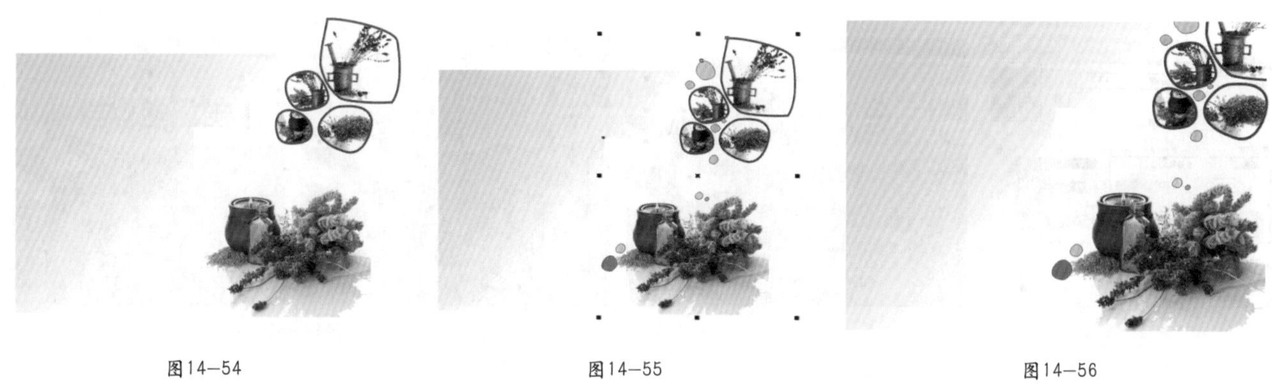

图14—54 图14—55 图14—56

步骤11 使用钢笔工具在渐变背景左上角制作花纹，并将其填充为粉紫色系渐变，如图14-57所示。

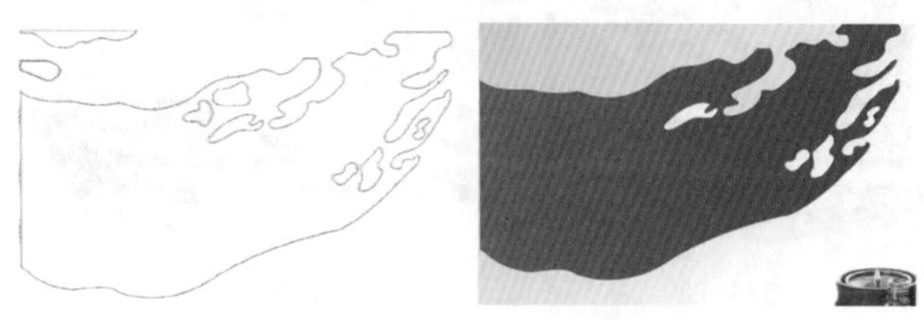

图14—57

技巧提示

花纹中包含镂空效果，制作这种效果时需要首先绘制完整的轮廓，然后绘制镂空部分的花纹，使镂空部分处于顶层，绘制完毕后选中全部曲线，在属性栏中单击“移除前面对象”按钮即可。

步骤12 再次使用钢笔工具绘制抽象花朵。抽象花朵的绘制主要分为3个部分，即底色、主色以及花蕊。将其分别填充为粉色、白色和紫红色，然后摆放在左上角，如图14-58所示。

步骤13 单击工具箱中的“文本工具”按钮，在左上角输入文字，调整为合适的字体及大小，设置轮廓线宽度为1.5mm，颜色为白色；单击工具箱中的“阴影工具”按钮，在文字上按住鼠标左键向右下角拖动，制作其阴影效果，如图14-59所示。

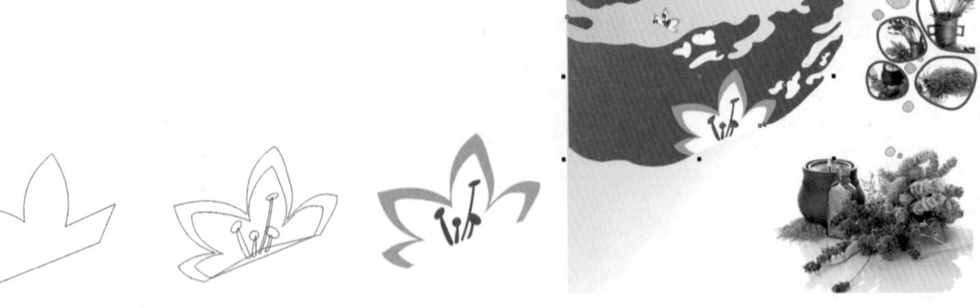

图14—58

图14—59

技巧提示

在文本处理过程中，如果需要将文字进行不规则的变形，可以通过单击“转换成曲线”按钮，将文本对象转化为曲线对象。转化后，将不能再改变字体、加粗、格式化等文字属性。

步骤14 复制文字，设置轮廓线宽度为“无”；然后在工具箱中单击填充工具组中的“渐变填充”按钮，在弹出的“渐变填充”对话框中设置“类型”为“线性”，“角度”为170.5，在“颜色调和”选项组中选中“自定义”单选按钮，将颜色设置为一种从深紫色到粉色的渐变，如图14-60所示。

步骤15 再次复制白色文字；然后单击工具箱中的“矩形工具”按钮，在文字下方绘制一个合适大小的矩形；接着按住Shift键进行加选，将复制出的白色文字和矩形同时选中；单击属性栏上的“修剪”按钮，选择矩形，按Delete键将其删除，完成文字高光部分的制作，如图14-61所示。

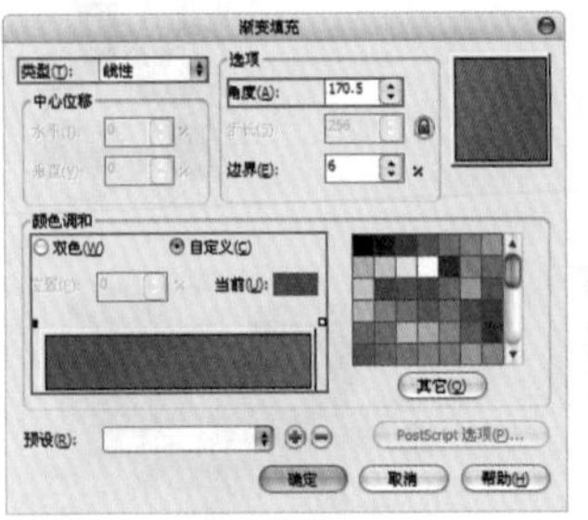

图14—60

图14—61

步骤16 选择文字高光部分，单击工具箱中的“透明度工具”按钮，由左上角向右下角进行拖曳，为其添加透明度，如图14-62所示。

步骤17 多次复制左上角的花纹，将其进行等比例缩小，调整填充色为土黄色和黑色，摆放在页面下半部分。单击工具箱中的“椭圆形工具”按钮，按住Shift键绘制多个正圆，然后填充为不同的颜色，放置页面中，如图14-63所示。

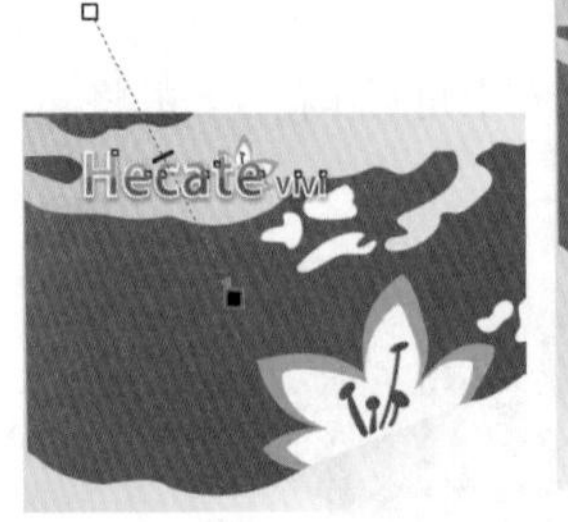

图14—62

图14—63

技巧提示

为了保证复制出的图形处于同一水平线或垂直线上，可以使用“排列>对齐和分布”命令进行调整。

步骤18 使用文本工具在香薰页面的左下方输入英文单词，然后调整为合适的字体及大小，设置文字颜色为黑色，如图14-64所示。

步骤19 单击工具箱中的“文本工具”按钮字，在左上角按住鼠标左键拖动，绘制一个文本框，然后在其中输入文字，调整为合适的字体及大小，设置文字颜色为白色，如图14-65所示。

步骤20 以同样方法在页面左侧输入其他段落文本，调整为适当大小及颜色，最终效果如图14-66所示。

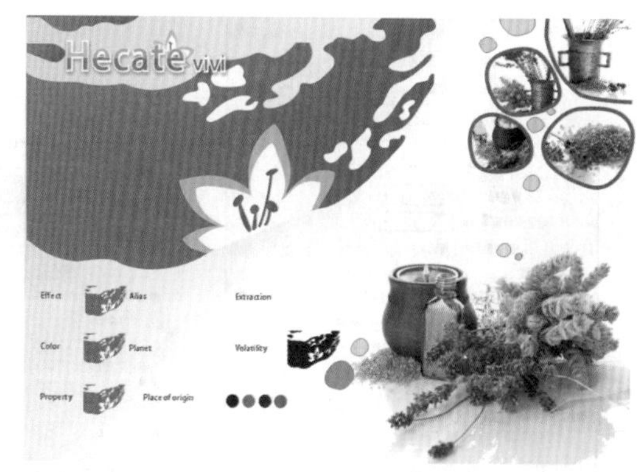

图14—64

图14—65

图14—66

14.4 卡通风格书籍封面设计

案例文件	14.4 卡通风格书籍封面设计.cdr
视频教学	14.4 卡通风格书籍封面设计.flv
难易指数	★★★★★
知识掌握	钢笔工具、文本工具、透视

案例效果

本例最终效果如图14-67所示。

操作步骤

步骤01 执行“文件>新建”命令，在弹出的“创建新文档”对话框中设置“大小”为A4，“原色模式”为CMYK，“渲染分辨率”为300，如图14-68所示。

步骤02 单击工具箱中的“矩形工具”按钮□，在工作区内拖动鼠标，绘制一个合适大小的矩形；单击工具箱中的“填充工具”按钮并稍作停留，在弹出的下拉列表中单击“图样填充”按钮，在弹出的“图样填充”对话框中选中“全色”单选按钮，在图样下拉列表框中选择一种合适的图样纹理，设置“宽度”和“高度”均为200mm，然后单击“确定”按钮，如图14-69所示。

图14—67

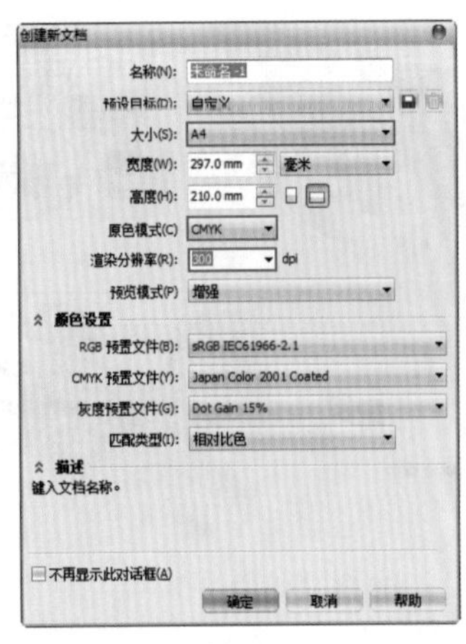

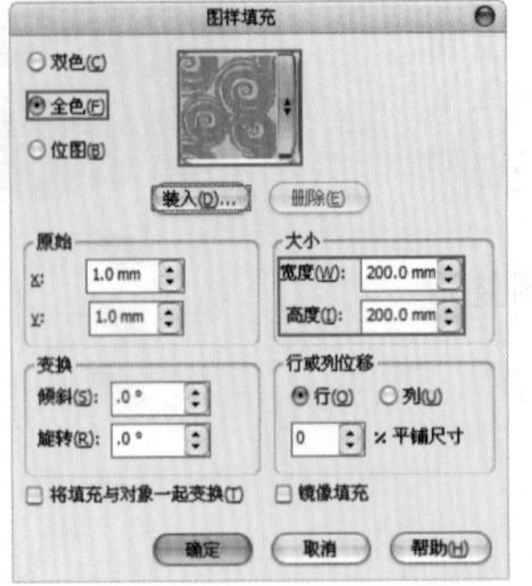

图14—68　　图14—69

步骤03 单击CorelDRAW工作界面右下角的“轮廓笔”按钮，在弹出的“轮廓笔线”对话框中设置“宽度”为“无”，单击“确定”按钮，如图14-70所示。

步骤04 使用矩形工具在图样填充矩形下方绘制一个矩形，并将其填充为白色，设置轮廓线宽度为“无”；单击工具箱中的“选择工具”按钮，选择绘制的矩形，单击鼠标右键，在弹出的快捷菜单中执行“群组”命令，或按Ctrl+G键，将其进行群组，作为背景，如图14-71所示。

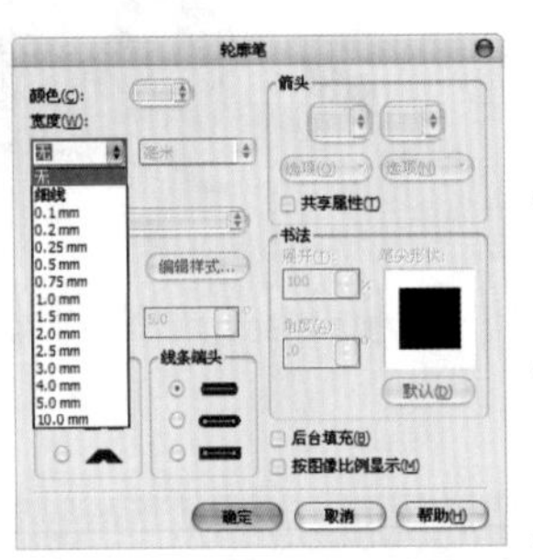

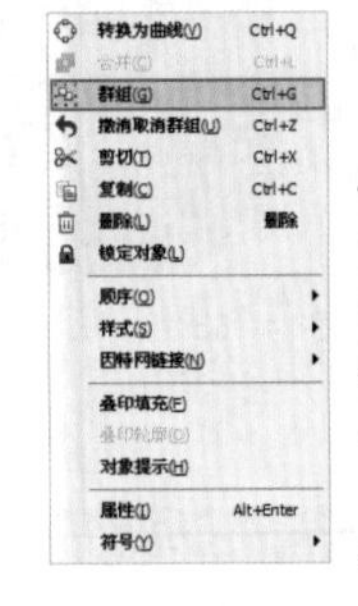

图14—70　　图14—71

步骤05 使用矩形工具在背景中心绘制一个矩形，并将其填充为黄色，设置轮廓线宽度为“无”，制作书脊部分，如图14-72所示。

步骤06 单击工具箱中的“钢笔工具”按钮，在背景右上角绘制出云朵的轮廓，并将其填充为白色，设置轮廓线宽度为“无”，完成云朵的制作，如图14-73所示。

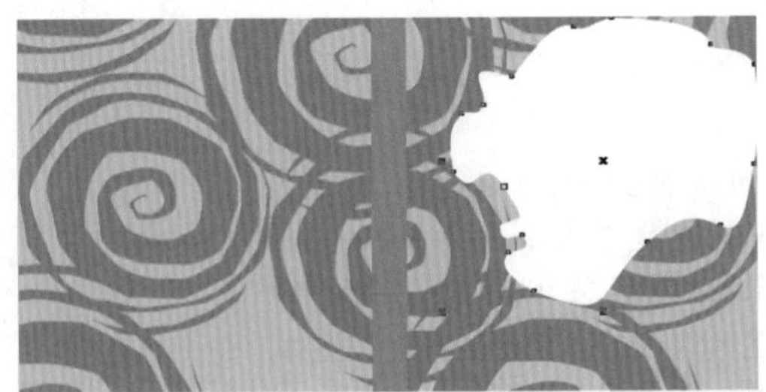

图14—72　　图14—73

步骤07 用钢笔工具绘制云朵边缘轮廓，并将其填充为蓝色，设置轮廓线宽度为“无”，完成云朵边缘的制作，如图14-74所示。

步骤08 以同样方法制作出书卷轮廓，并将其填充为黄色，设置轮廓线宽度为“无”；单击工具箱中的“手绘工具”按钮，在书卷轮廓上按住鼠标左键拖动，绘制细节部分，如图14-75所示。

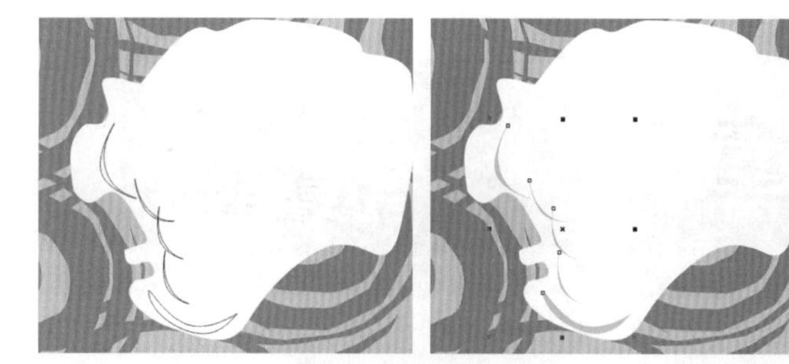

图14—74

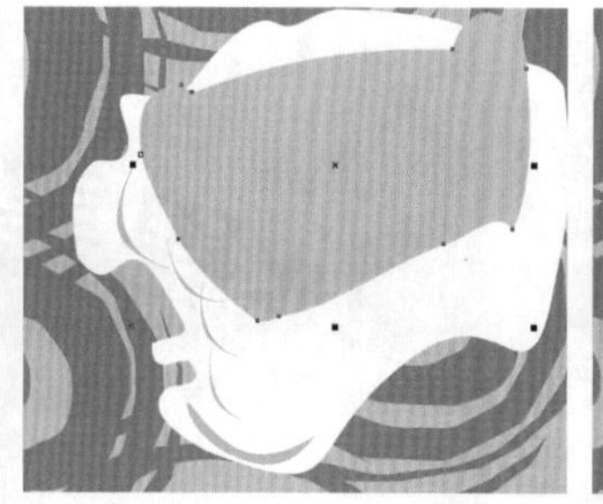

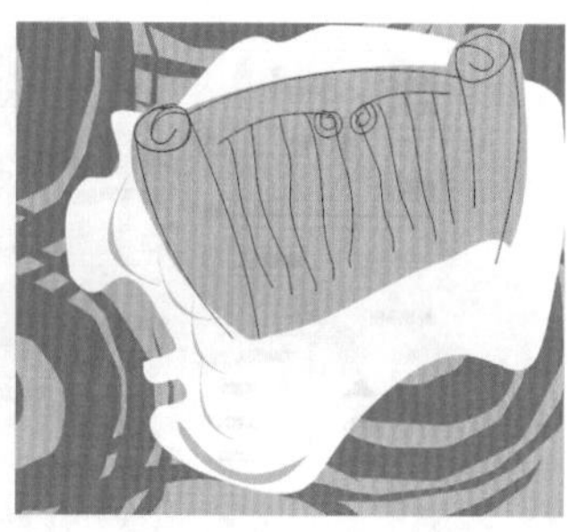

图14—75

步骤09 单击工具箱中的“选择工具”按钮，选择上边的线条；单击CorelDRAW工作界面右下角的“轮廓笔”按钮，在弹出的“轮廓笔”对话框中设置“颜色”为橙色，“宽度”为0.5mm，单击“确定”按钮，如图14-76所示。

步骤10 选择内部线条，单击CorelDRAW工作界面右下角的“轮廓笔”按钮，在弹出的“轮廓笔”对话框中设置“颜色”为黄色，“宽度”为0.25mm，单击“确定”按钮；以同样方法制作其他线条，如图14-77所示。

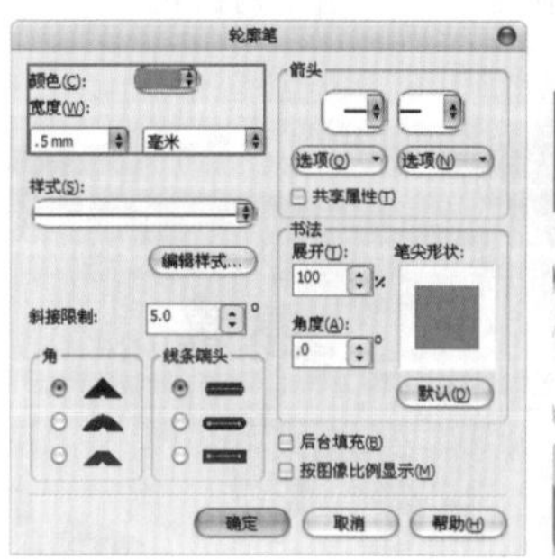

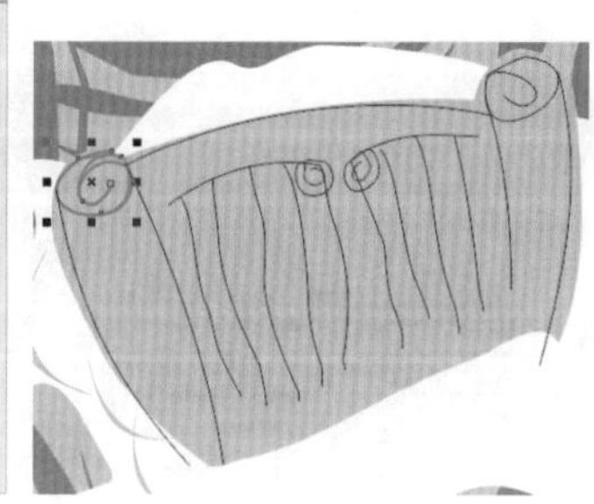

图14—76

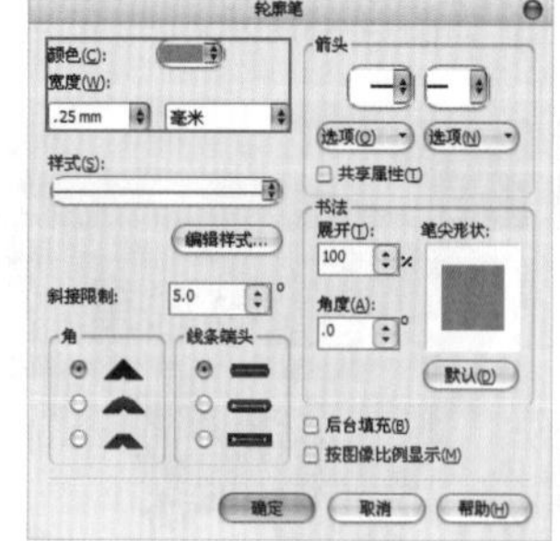

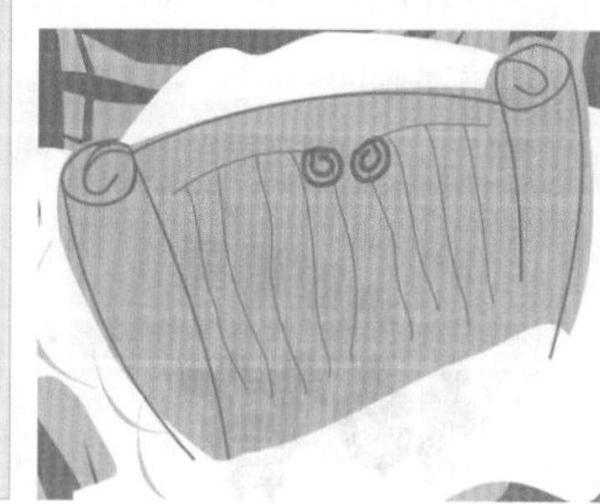

图14—77

步骤11 使用手绘工具在书卷上绘制一条曲线；然后单击工具箱中的“文本工具”按钮，将光标移至曲线上，当其变为曲线形状时单击并输入文字“逃学书童”，设置为合适的字体及大小；接着按Ctrl+K键拆分，再选择曲线，按Delete键将其删除，如图14-78所示。

步骤12 单击工具箱中的“填充工具”按钮并稍作停留，在弹出的下拉列表中单击“渐变填充按钮，在弹出的“渐变填充”对话框中设置“类型”为“线性”，在“颜色调和”选项组中选中“双色”单选按钮，设置颜色为从深绿色到红色，“角度”为278，单击“确定”按钮，如图14-79所示。

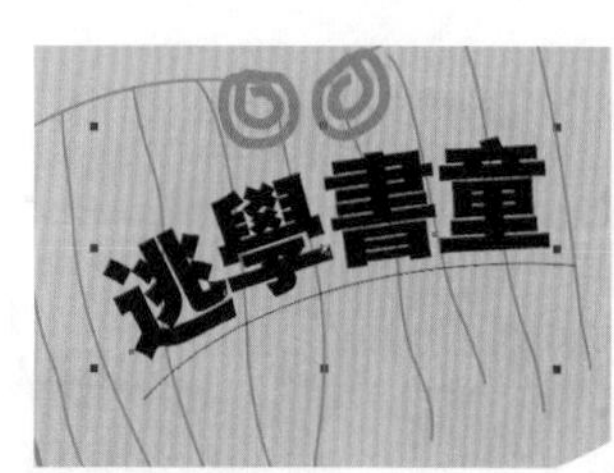

图14—78

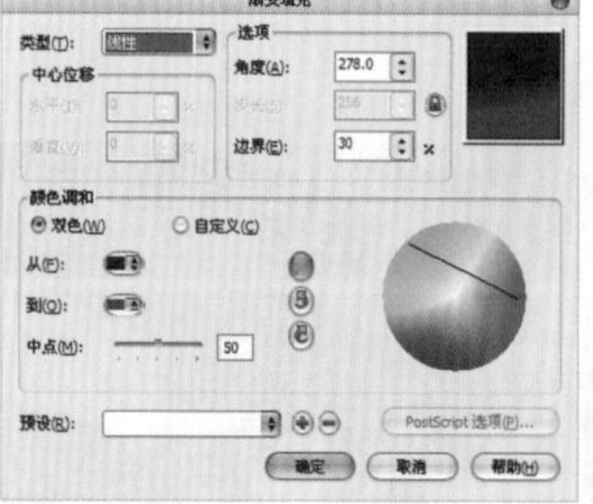

图14—79

步骤13 单击CorelDRAW工作界面右下角的“轮廓笔”按钮，在弹出的“轮廓笔”对话框中设置“颜色”为黄色，“宽度”为0.5mm，单击“确定”按钮，如图14-80所示。

步骤14 继续使用手绘工具在书卷上方绘制曲线，使用文字工具在曲线上输入路径文本，设置为合适的字体及大小，然后删除路径，如图14-81所示。

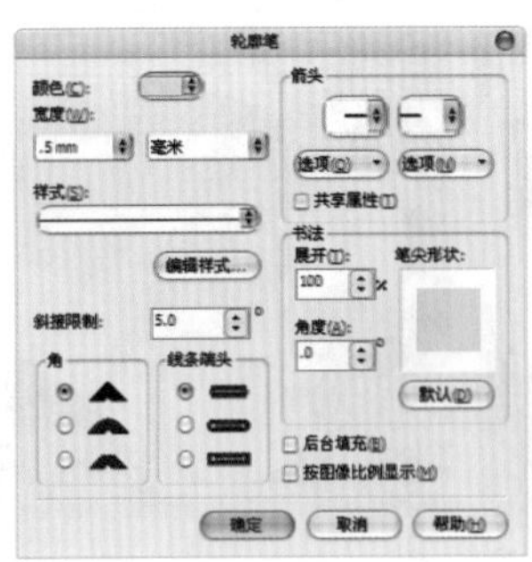

图14—80

图14—81

步骤15 使用文本工具在画面中输入文字“神算必买”，调整为合适的字体及大小，设置最后一个字为橘色，其他字为橙红色；单击工具箱中的“选择工具”按钮，双击文字，将光标移至4个角的控制点上，按住鼠标左键拖动，将其旋转合适的角度，如图14-82所示。

步骤16 单击CorelDRAW工作界面右下角的“轮廓笔”按钮，在弹出的“轮廓笔”对话框中设置“颜色”为白色，“宽度”为0.5mm，单击“确定”按钮，如图14-83所示。

图14—82

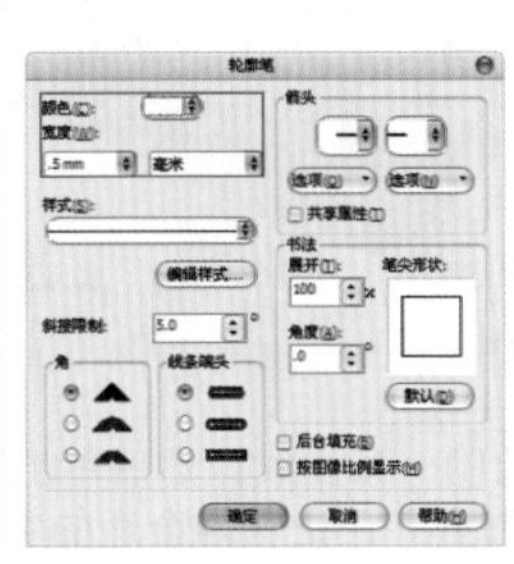

图14—83

步骤17 使用钢笔工具绘制出文字轮廓，为其填充绿色；单击CorelDRAW工作界面右下角的“轮廓笔”按钮，在弹出的“轮廓笔”对话框中设置“颜色”为浅绿色，“宽度”为0.75mm，单击“确定”按钮结束操作。如图14-84所示。

步骤18 选择绘制的图形，单击鼠标右键，在弹出的快捷菜单中执行“顺序>向后一层”命令，或按Ctrl+Page Down键，将其放在文字层后面，如图14-85所示。

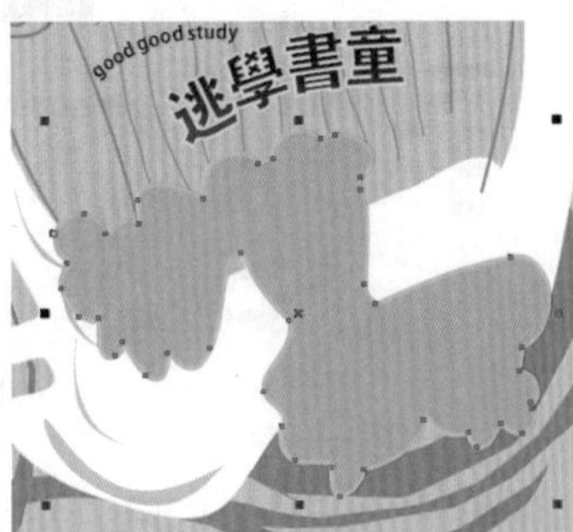

图14—84

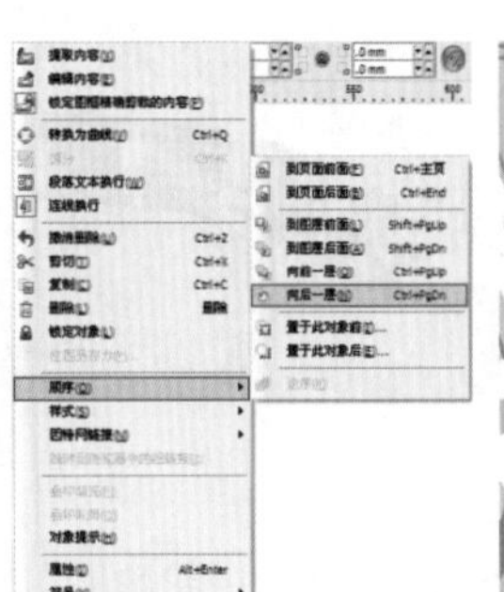

图14—85

步骤19 使用钢笔工具绘制出外轮廓，并为其填充白色，设置轮廓线宽度为“无”；然后单击鼠标右键，在弹出的快捷菜单中多次执行“顺序>向后一层”命令，或按Ctrl+Page Down键，将图形放在文字轮廓层后面，如图14-86所示。

步骤20 使用手绘工具在白色轮廓上按住鼠标左键并拖动，绘制出螺纹形状；然后单击CorelDRAW工作界面右下角的“轮廓笔”按钮，在弹出的“轮廓笔”对话框中设置“颜色”为黄色，“宽度”为0.5mm，单击“确定”按钮；以同样方法多次绘制其他颜色的螺纹，如图14-87所示。

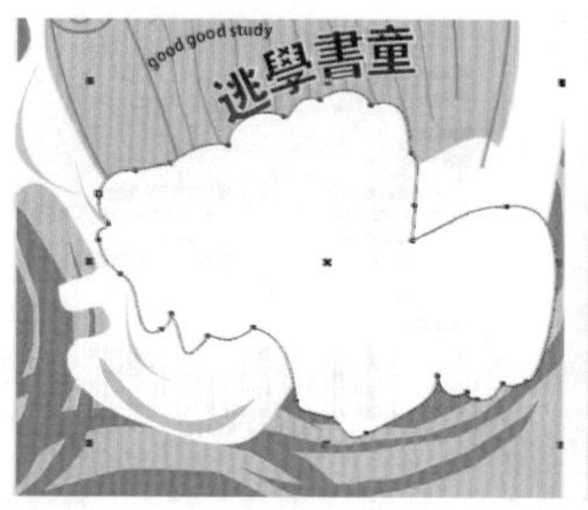

图14—86

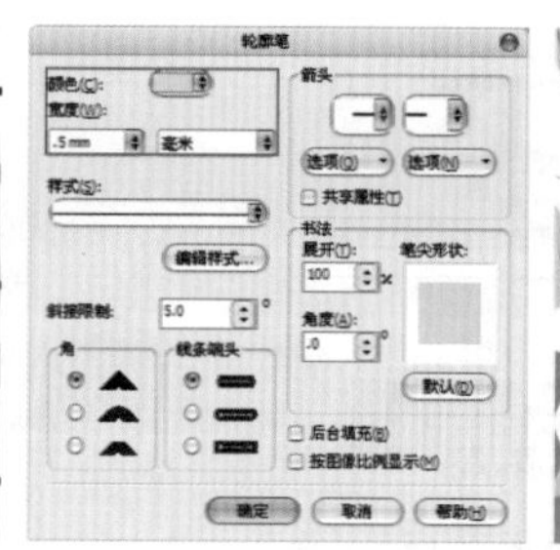

图14—87

步骤21 导入文字左侧的卡通人物造型素材，调整为合适的大小及位置；单击工具箱中的“文本工具”按钮，在右侧页面下方输入不同大小及颜色的文字，如图14-88所示。

步骤22 使用矩形工具在相应位置绘制矩形，并将其填充为粉色；在属性栏中设置“圆角半径”为2.5mm，设置轮廓线宽度为“无”；然后在粉色圆角矩形上输入文字，如图14-89所示。

图14—88

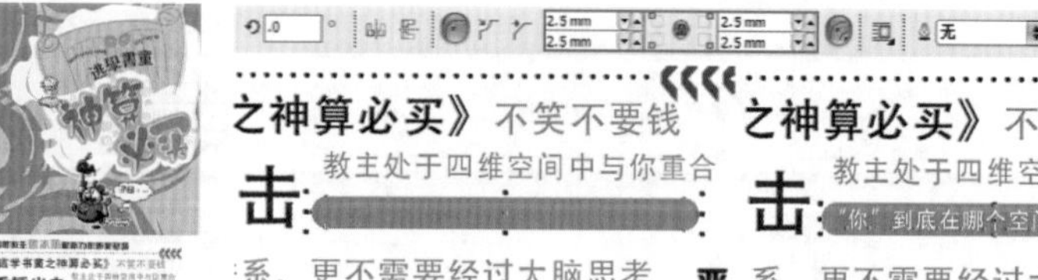

图14—89

步骤23 单击工具箱中的“基本形状工具”按钮并稍作停留，在弹出的下拉列表中单击“标注形状”按钮；在属性栏中单击“完美形状”按钮，在弹出的下拉列表中选择合适的选项；在右下角按住鼠标左键拖动，绘制标注图形，如图14-90所示。

步骤24 选择绘制的标注图形，将其填充为白色；然后使用钢笔工具绘制阴影部分，将其填充为蓝色；按住Shift键进行加选，将绘制的所有标注图形同时选中，设置轮廓线宽度为“无”；然后单击鼠标右键，在弹出的快捷菜单中多次执行“顺序>向后一层”命令，将其放置在文字层下，如图14-91所示。

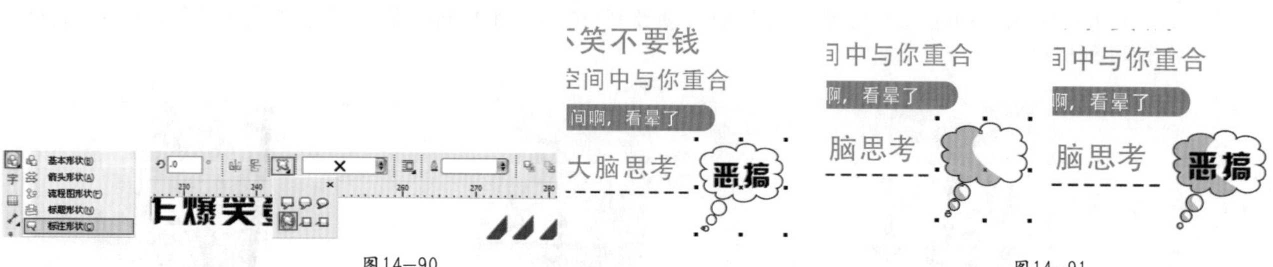

图14—90　　图14—91

步骤25 执行“编辑>插入条码”命令，在弹出的“条码向导”对话框中输入相应字符，单击“下一步”按钮；在弹出的对话框中设置“打印机分辨率”为300，单击“下一步”按钮；在弹出的对话框中设置字体，单击“完成”按钮；最后将创建的条形码移动到左下角，如图14-92所示。

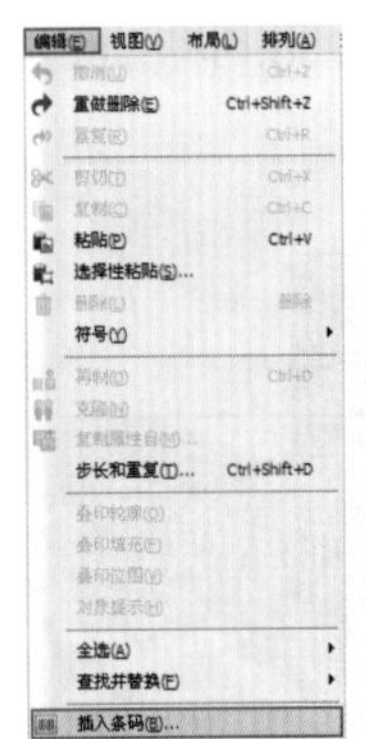

图14—92

步骤26 平面图部分制作完毕，下面导入背景素材图像，调整为合适的大小及位置，如图14-93所示。

步骤27 使用选择工具框选制作的书面，单击鼠标右键，在弹出的快捷菜单中执行“群组”命令，或按Ctrl+G键；按Ctrl+C键复制，再按Ctrl+V键粘贴；然后单击工具箱中的“形状工具”按钮，将光标移至四边的控制点上，按住鼠标左键拖动，隐藏书面的左边和书脊，如图14-94所示。

图14—93

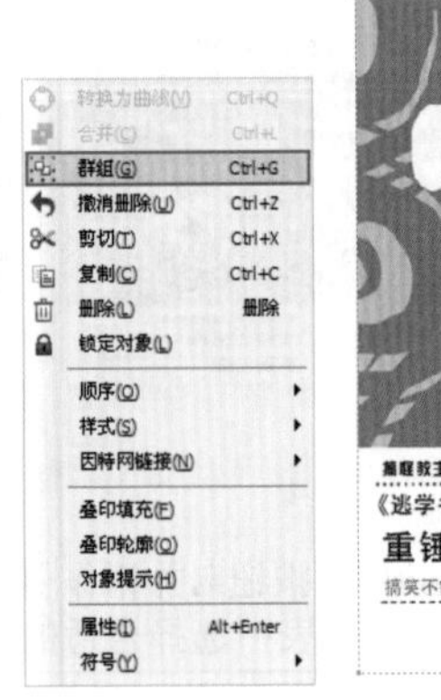

图14—94

步骤28 执行“效果>添加透视”命令，将光标移至四边的控制点上，按住鼠标左键拖动，为图像添加透视效果，如图14-95所示。

步骤29 以同样方法制作出书脊的透视效果。使用钢笔工具绘制与书脊大小相同的形状，设置颜色为黑色，轮廓线宽度为“无”，如图14-96所示。

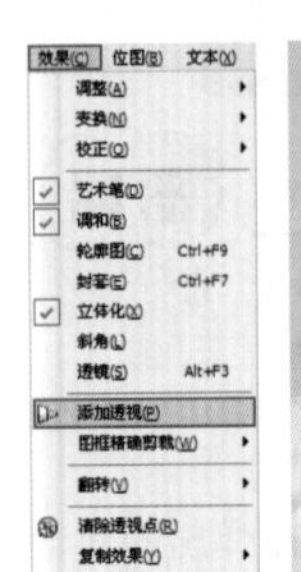

图14—95

图14—96

步骤30 单击工具箱中的“透明度工具”按钮，在黑色矩形上由左向右进行拖曳，制作出书籍的暗面效果，如图14-97所示。

步骤31 使用矩形工具绘制一个黑色矩形，并将其调整为透视效果，设置轮廓线宽度为“无”；多次执行“顺序>向后一层”命令，将黑色矩形放置在立体书图层后面，如图14-98所示。

图14—97

图14—98

步骤32 单击工具箱中的“阴影工具”按钮，在矩形上拖动鼠标，制作其阴影效果；执行“排列>拆分阴影群组”命令，或按Ctrl+K键，单击选中黑色矩形，按Delete键将其删除，如图14-99所示。

图14—99

步骤33 导入花纹素材图像，调整为合适的大小及位置；然后使用矩形工具绘制一个同背景一样大小的矩形；接着选择花纹素材，执行“效果>图框精确剪裁>放置在容器中”命令，当光标变为黑色箭头形状时单击矩形框，如图14-100所示。

步骤34 单击CorelDRAW工作界面右下角的“轮廓笔”按钮，在弹出的“轮廓笔”对话框中设置“宽度”为“无”，最终效果如图14-101所示。

图14—100

图14—101

综合实例——产品包装设计

本章将通过5个具体实例，介绍CorelDRAW X5在包装设计方面的具体应用。通过本章的学习，读者应该能利用CorelDRAW X5进行各种包装设计。

本章学习要点：

- 化妆品包装设计
- 糖果包装设计
- 盒装牛奶饮料包装设计
- 罐装酸奶包装设计
- 月饼礼盒包装设计

15.1 制作化妆品包装

案例文件	15.1 制作化妆品包装.cdr
视频教学	15.1 制作化妆品包装.flv
难易指数	★★★★★
知识掌握	交互式填充工具、形状工具

案例效果

本例最终效果如图15-1所示。

图15—1

操作步骤

步骤01 执行“文件>新建”命令，在弹出的“创建新文档”对话框中设置“大小”为A4，“原色模式”为CMYK，“渲染分辨率”为300，如图15-2所示。

步骤02 导入背景素材文件，调整为合适的大小及位置，如图15-3所示。

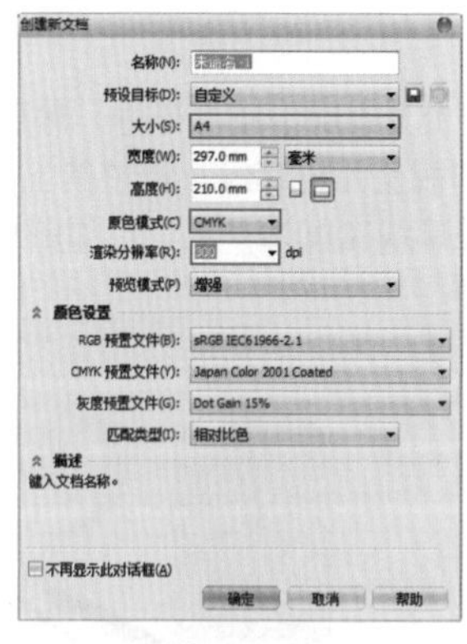

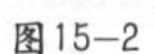

图15—2

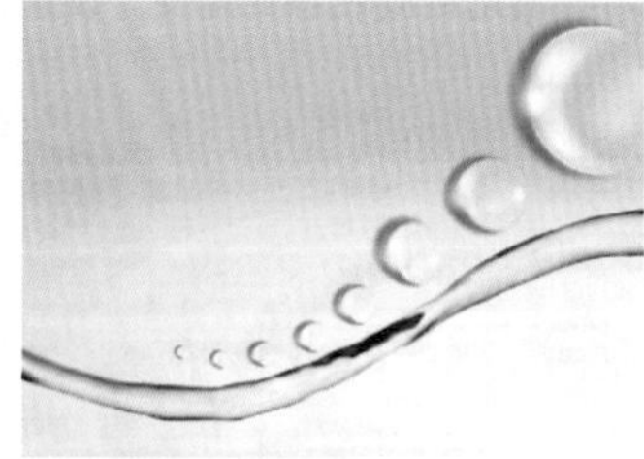

图15—3

步骤03 单击工具箱中的“矩形工具”按钮，在工作区内绘制一个矩形；然后单击鼠标右键，在弹出的快捷菜单中执行“转换为曲线”命令，或按Ctrl+Q键，使矩形变成可编辑图形，如图15-4所示。

步骤04 单击工具箱中的“形状工具”按钮，将矩形调整为瓶身形状，如图15-5所示。

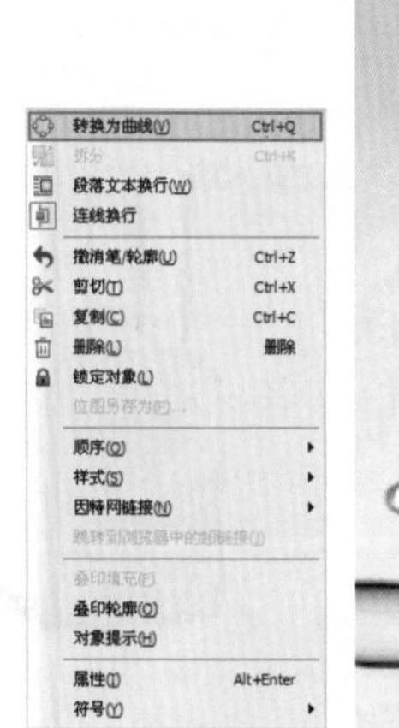

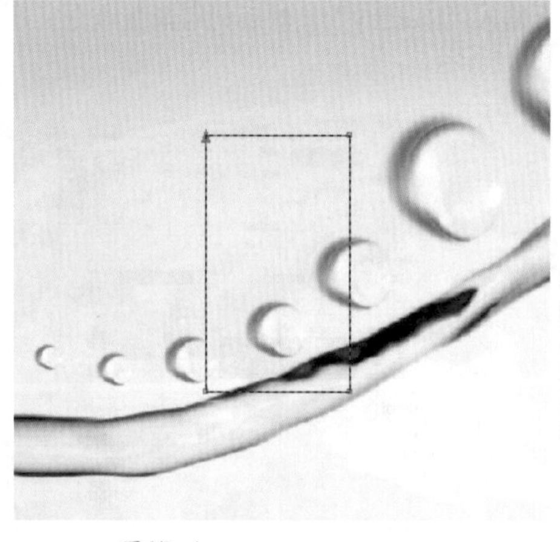

图15—4

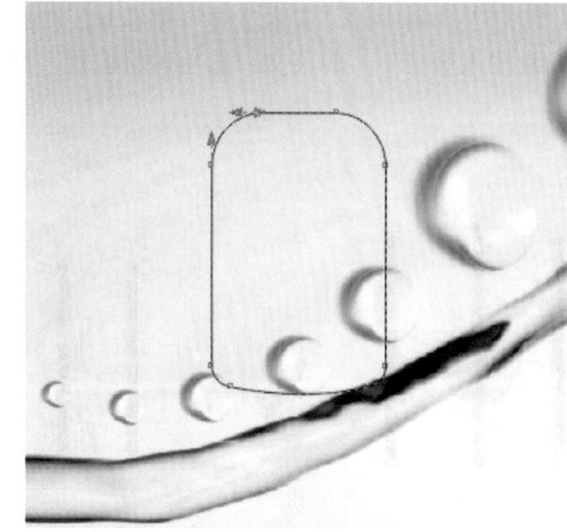

图15—5

步骤05 单击工具箱中的“填充工具”按钮，在瓶身图形上拖动，为其填充渐变颜色（单击色块，可以在属性栏中更改颜色；也可单击“渐变填充”按钮，在弹出的“渐变填充”对话框中调整渐变颜色，设置“类型”为“线性”，单击“确定”按钮），如图15-6所示。

步骤06 单击CorelDRAW工作界面右下角的“轮廓笔”按钮，在弹出的“轮廓笔”面板中设置“宽度”为“无”，如图15-7所示。

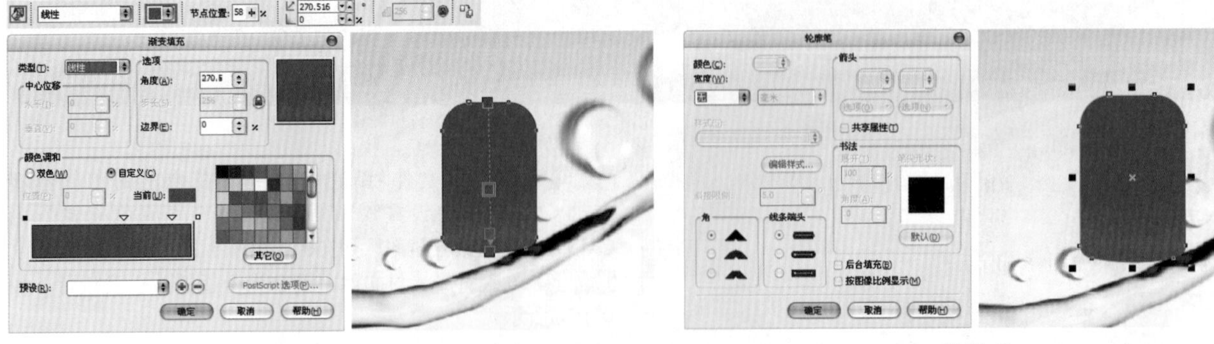

图15—6　　图15—7

步骤07 同样使用矩形工具和形状工具绘制出瓶身外侧，然后利用渐变填充工具为其填充粉色系渐变，如图15-8所示。

步骤08 以同样方法制作出瓶口和瓶盖的轮廓线，调整其上下线的弧度，使其看起来衔接更加自然；然后使用渐变填充工具为其填充金属色系的渐变，设置轮廓线宽度为“无”，如图15-9所示。

图15—8　　图15—9

步骤09 单击工具箱中的“椭圆形工具”按钮，在瓶口上绘制一个椭圆形；然后使用形状工具进行适当的调整，并将其填充为灰色，设置轮廓线宽度为“无”，作为瓶盖顶端，如图15-10所示。

步骤10 单击工具箱中的“文本工具”按钮，在瓶身上输入“Eternity”，然后利用渐变填充工具为其填充金属色；再次使用文本工具输入瓶身下方的英文，适当调整位置，如图15-11所示。

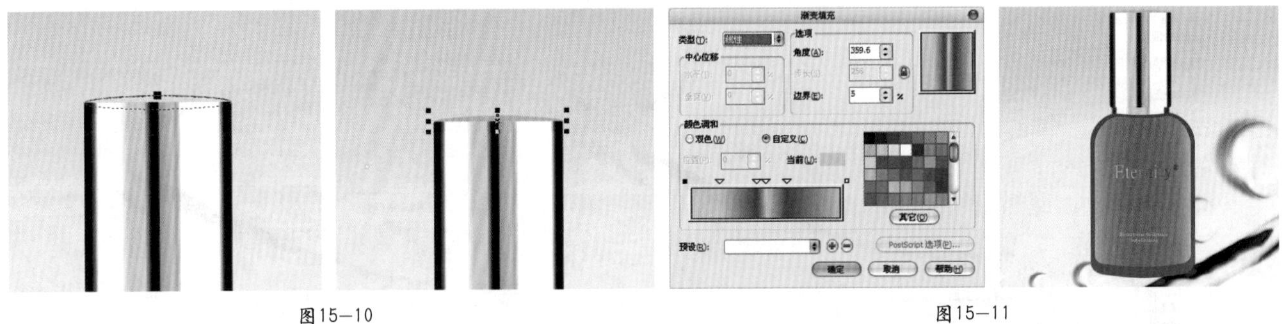

图15—10　　图15—11

步骤11 以同样方法制作出其他形状的瓶子，放置在适当的位置，如图15-12所示。

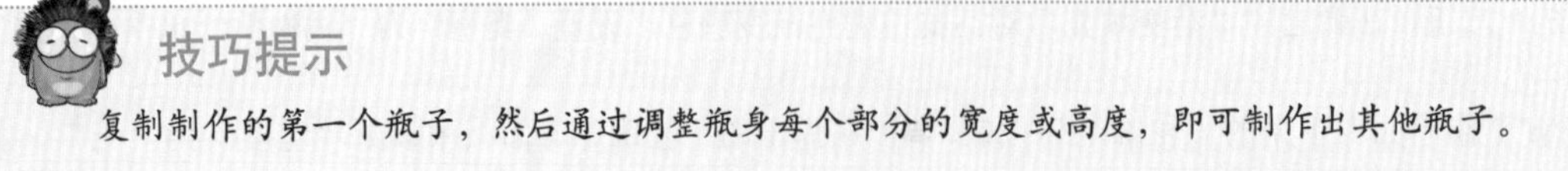

技巧提示

复制制作的第一个瓶子，然后通过调整瓶身每个部分的宽度或高度，即可制作出其他瓶子。

步骤12 导入花朵素材文件，调整为合适的大小及位置；选中花朵素材，单击鼠标右键，在弹出的快捷菜单中执行“顺序>向后一层”命令，或按Ctrl+Page Down键，调整花朵素材的前后顺序；多次复制并调整大小，摆放在瓶子周围，如图15-13所示。

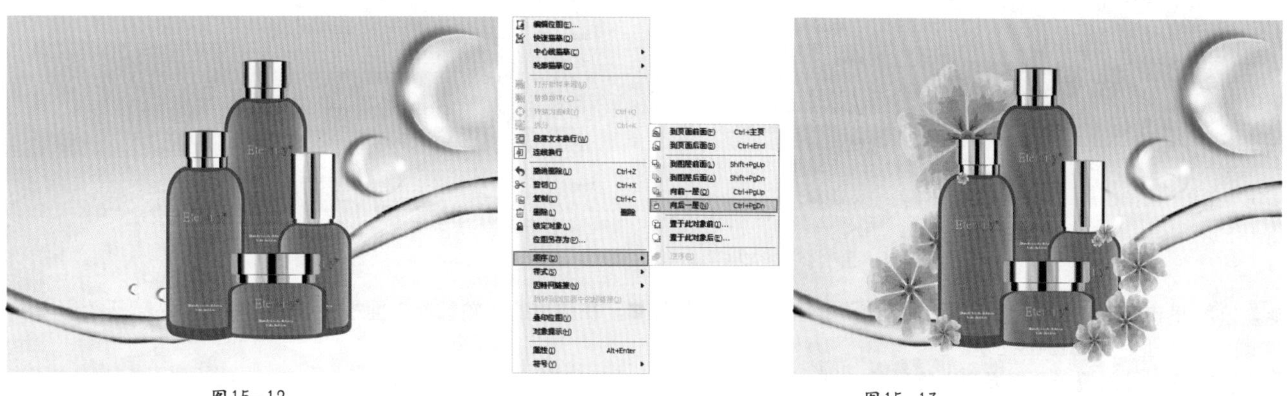

图15—12　　图15—13

步骤13 单击工具箱中的“选择工具”按钮，框选所有的图形；按Ctrl+C键复制，再按Ctrl+V键粘贴；在属性栏中单击“垂直镜像”按钮，并将其移动到图形下方，如图15-14所示。

步骤14 单击工具箱中的“透明度工具”按钮，在选中的图像上进行拖曳，制作倒影；复制LOGO文字并配合花朵素材制作右上角标志，最终效果如图15-15所示。

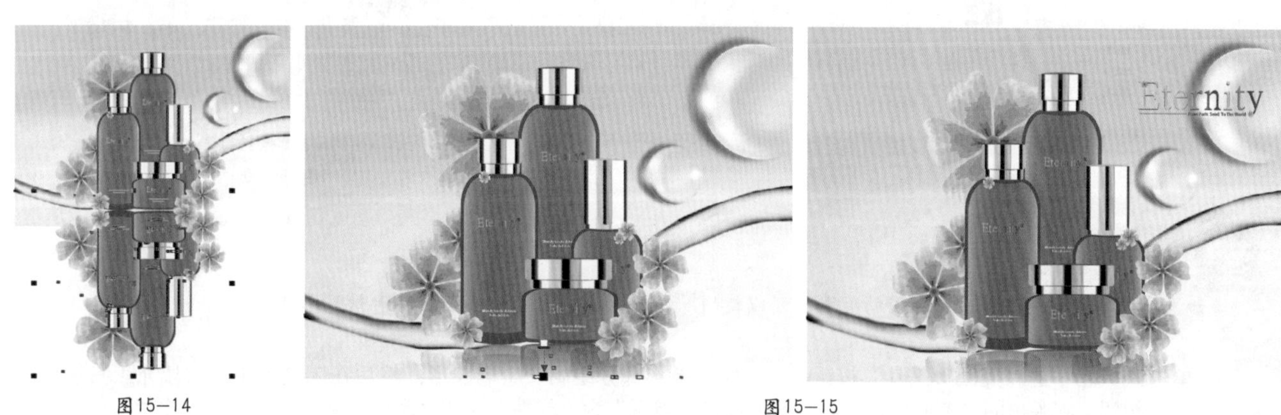

图15—14　　图15—15

15.2 糖果包装设计

案例文件	15.2 糖果包装设计.cdr
视频教学	15.2 糖果包装设计.flv
难易指数	★★★★★
知识掌握	矩形工具、渐变填充工具、透明度工具

案例效果

本例最终效果如图15-16所示。

操作步骤

步骤01 执行“文件>新建”命令，在弹出的“创建新文档”对话框中设置“大小”为A4，“原色模式”为CMYK，“渲染分辨率”为300，如图15-17所示。

步骤02 制作糖果包装平面图。单击工具箱中的“矩形工具”按钮，在工作区内拖动鼠标，绘制一个合适大小的矩形；然后单击工具箱中的“填充工具”按钮并稍作停留，在弹出的下拉列表中单击“渐变填充”按钮，在弹出的“渐变填充”对话框中设置“类型”为“辐射”，在“颜色调和”选项组中选中“自定义”单选按钮，将颜色设置为一种合适的渐变，单击“确定”按钮，如图15-18所示。

图15—16

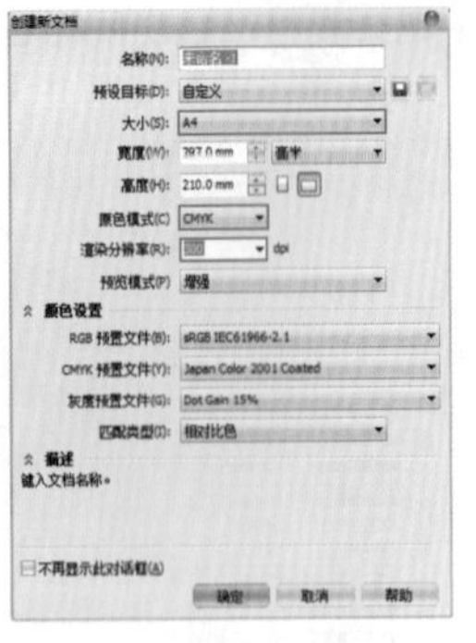
图15—17

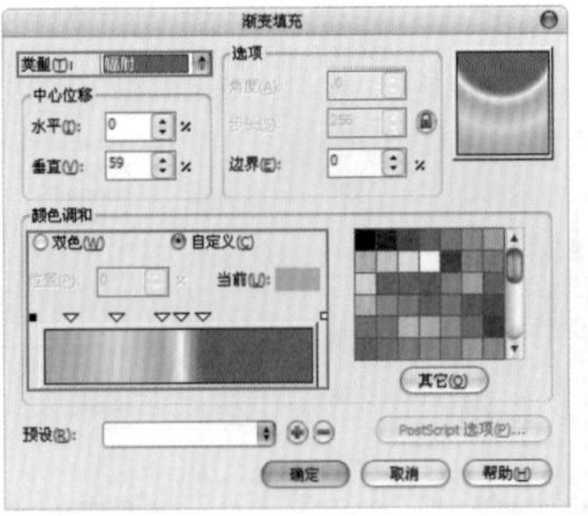

图15—18

步骤03 单击CorelDRAW工作界面右下角的“轮廓笔”按钮，在弹出的“轮廓笔”面板中设置“宽度”为“无”，单击“确定”按钮，如图15-19所示。

步骤04 分别导入橙子、糖果和人物形象素材，调整为合适的大小及位置，如图15-20所示。

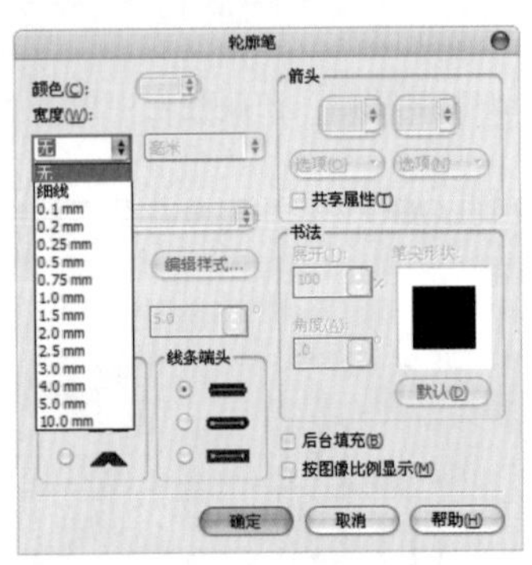
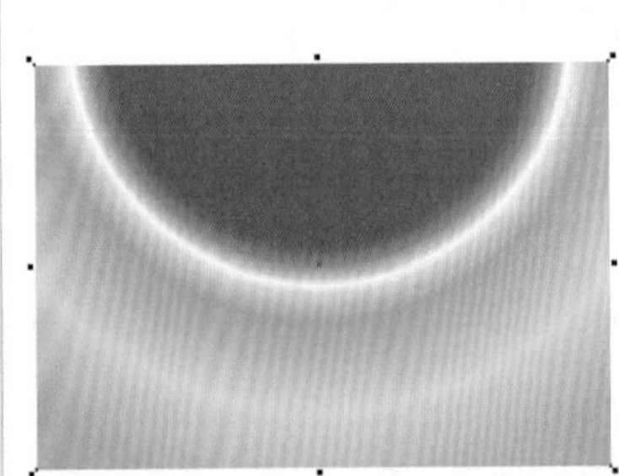
图15—19

图15—20

技巧提示

如果使用的素材图像超出背景图的范围，可以使用“图框精确剪裁”命令来限制素材显示范围。

步骤05 单击工具箱中的“椭圆形工具”按钮，在包装上半部分绘制一个椭圆形；然后在工具箱中单击填充工具组中的“渐变填充”按钮，在弹出的“渐变填充”对话框中设置“类型”为“线性”，在“颜色调和”选项组中选中“双色”单选按钮，将颜色设置为一种黄色系渐变，单击“确定”按钮，如图15-21所示。

步骤06 单击CorelDRAW工作界面右下角的“轮廓笔”按钮，在弹出的“轮廓笔”面板中设置“颜色”为白色，“宽度”为1.0mm，单击“确定”按钮，如图15-22所示。

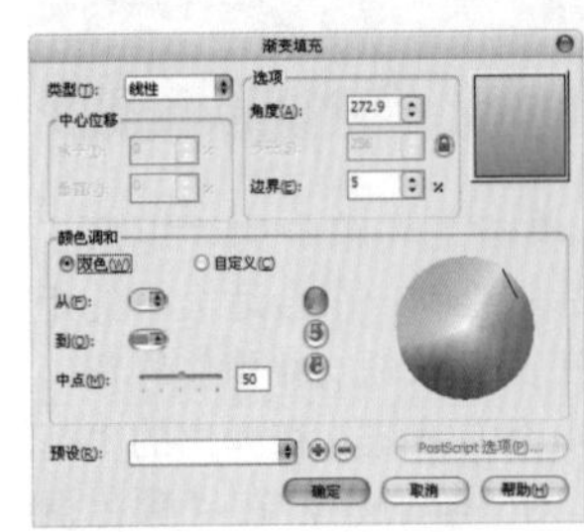

图15—21

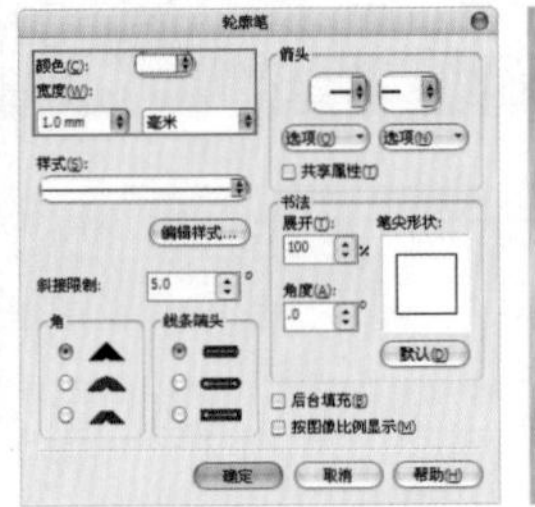

图15—22

步骤07 单击工具箱中的“阴影工具”按钮，在椭圆上拖动鼠标，在属性栏中设置“阴影不透明度”为50，“阴影羽化”为2，制作其阴影部分，如图15-23所示。

步骤08 单击工具箱中的“钢笔工具”按钮，在椭圆形上绘制出皇冠及细节部分，并将其填充为红色；然后单击

CorelDRAW工作界面右下角的“轮廓笔”按钮，在弹出的“轮廓笔”对话框中设置“颜色”为白色，“宽度”为0.15mm，单击“确定”按钮，如图15-24所示。

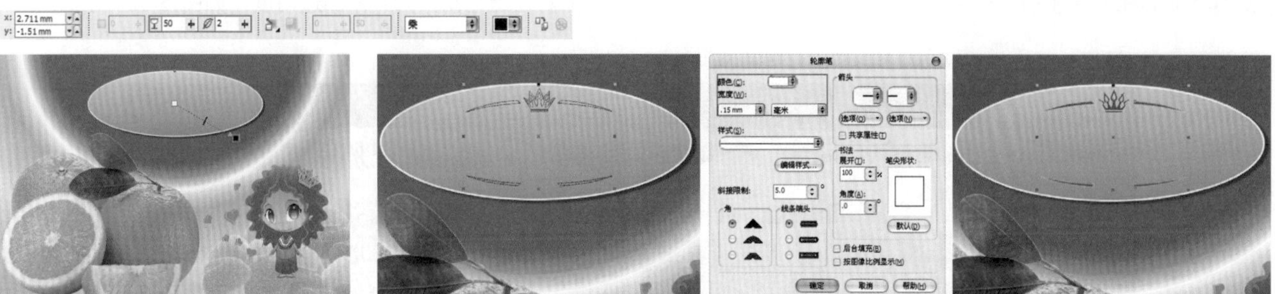

图15—23　　　　图15—24

步骤09 单击工具箱中的“阴影工具”按钮，在皇冠上拖动鼠标，在属性栏中设置“阴影不透明度”为50，“阴影羽化”为3，制作阴影部分，如图15-25所示。

步骤10 单击工具箱中的“文本工具”按钮，在椭圆上输入单词“CANDY”，并调整为合适的字体及大小，设置文字颜色为红色；然后单击CorelDRAW工作界面右下角的“轮廓笔”按钮，在弹出的“轮廓笔”对话框中设置“颜色”为白色，“宽度”为0.2mm，单击“确定”按钮，如图15-26所示。

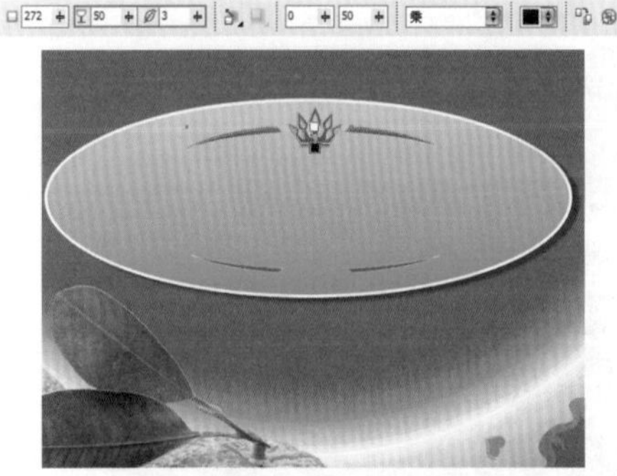

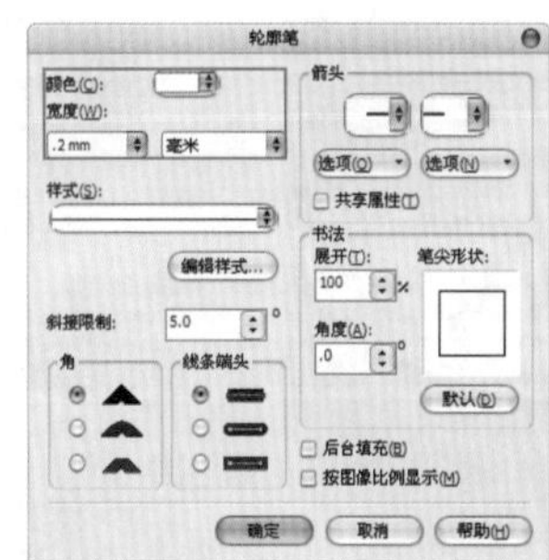

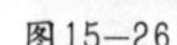

图15—25　　　　图15—26

步骤11 继续使用阴影工具在文字上单击并拖曳，在属性栏中设置“阴影不透明度”为50，“阴影羽化”为1，制作文字阴影部分，如图15-27所示。

步骤12 选择文字，按Ctrl+C键复制，再按Ctrl+V键粘贴；将文字填充为白色，设置轮廓线宽度为“无”；然后使用椭圆形工具在文字下方绘制一个椭圆形，如图15-28所示。

图15—27　　　　图15—28

步骤13 单击工具箱中的“选择工具”按钮，按住Shift键进行加选，将绿色的椭圆及白色文字同时选中；单击属性栏中的“修剪工具”按钮，单击选中绿色椭圆，按Delete键将其删除，如图15-29所示。

步骤14 单击工具箱中的“透明度工具”按钮，在白色文字上按住鼠标左键拖动，为其添加透明度，如图15-30所示。

图15—29

图15—30

步骤15 再次制作轮廓不太相同的另一个高光部分，此时其中一个包装的平面图就制作完成了，如图15-31所示。

图15—31

步骤16 通过将第一个包装平面图进行复制，然后更换背景素材及背景色，可以制作出同一系列的产品包装。导入背景素材图像，调整为合适的大小及位置，如图15-32所示。

图15—32

步骤17 下面开始制作立体的产品效果图。使用选择工具框选其中一个抱枕的平面图，执行“位图>转换为位图”命令。单击工具箱中的“形状工具”按钮，在图形边缘上单击，然后单击属性栏中的“添加节点”按钮，通过调整节点的位置制作出由于膨胀造成的轮廓变形效果，如图15-33所示。

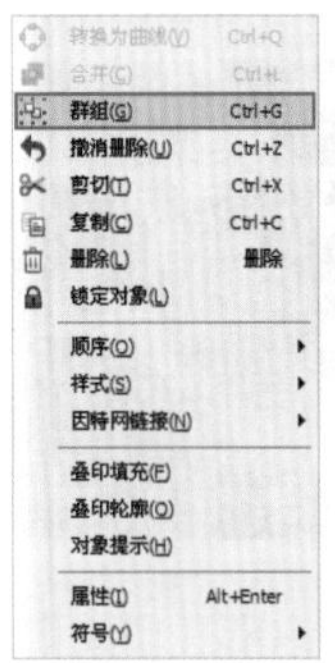

图15—33

步骤18 单击工具箱中的“选择工具”按钮，双击平面图，将光标移至四边的控制点，按住鼠标左键拖动，调整角度，如图15-34所示。

图15—34

步骤19 使用钢笔工具在绘制出底部高光部分，为其填充白色，设置轮廓线宽度为“无”；单击工具箱中的“透明度工具”按钮，在属性栏中设置“透明度类型”为“标准”，“开始透明度”为50%，如图15-35所示。

步骤20 以同样方法制作出顶部高光部分。继续使用钢笔工具绘制出四周的暗部区域，填充黑色后，设置轮廓线宽度为“无”；继续使用透明度工具制作透明效果，如图15-36所示。

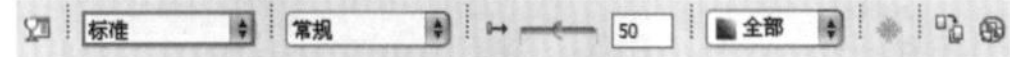

图15—35

图15—36

步骤21 使用手绘工具绘制出包装两侧的压痕效果，然后使用透明度工具制作半透明效果，如图15-37所示。

步骤22 以同样方法制作出另一个糖纸包装的立体部分，最终效果如图15-38所示。

图15—37

图15—38

15.3 盒装牛奶饮料包装设计

案例文件	15.3 盒装牛奶饮料包装设计.cdr
视频教学	15.3 盒装牛奶饮料包装设计.flv
难易指数	★★★★★
知识掌握	矩形工具、填充工具、文本工具

案例效果

本例最终效果如图15-39所示。

图15—39

操作步骤

步骤01 执行“文件>新建”命令，在弹出的“创建新文档”对话框中设置“大小”为A4，“原色模式”为CMYK，“渲染分辨率”为300，如图15-40所示。

步骤02 导入背景素材图像，调整为合适大小及位置，如图15-41所示。

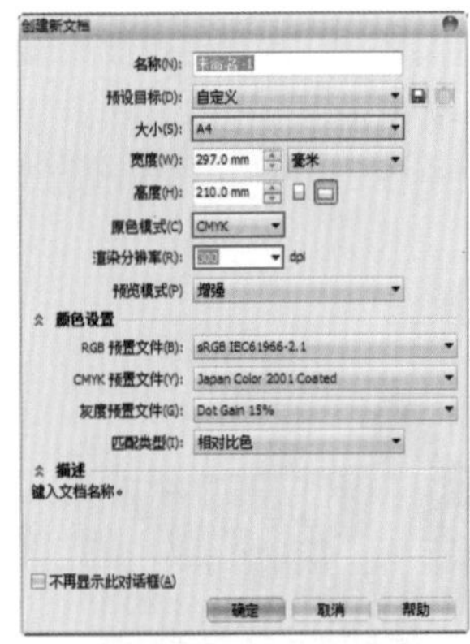

图15—40

图15—41

步骤03 单击工具箱中的“矩形工具”按钮，在工作区内拖动鼠标，绘制一个合适大小的矩形；单击工具箱中的“填充工具”按钮并稍作停留，在弹出的下拉列表中单击“渐变填充”按钮，在弹出的“渐变填充”对话框中设置“类型”为“线性”，在“颜色调和”选项组中选中“自定义”单选按钮，设置颜色为棕色系渐变，单击“确定”按钮，如图15-42所示。

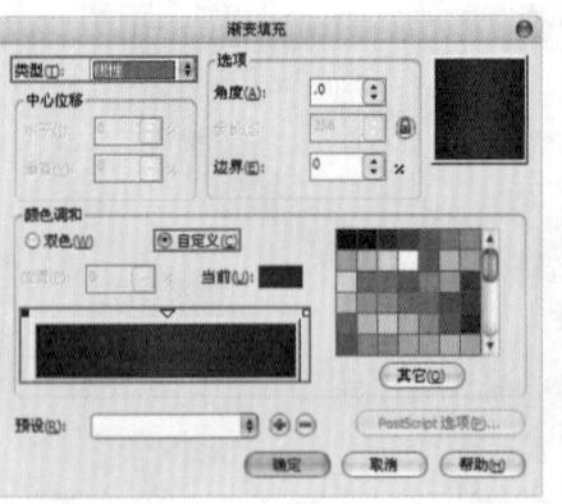

图15—42

步骤04 单击CorelDRAW工作界面右下角的“轮廓笔”按钮，在弹出的“轮廓笔”面板中设置“宽度”为“无”，单击“确定”按钮，如图15-43所示。

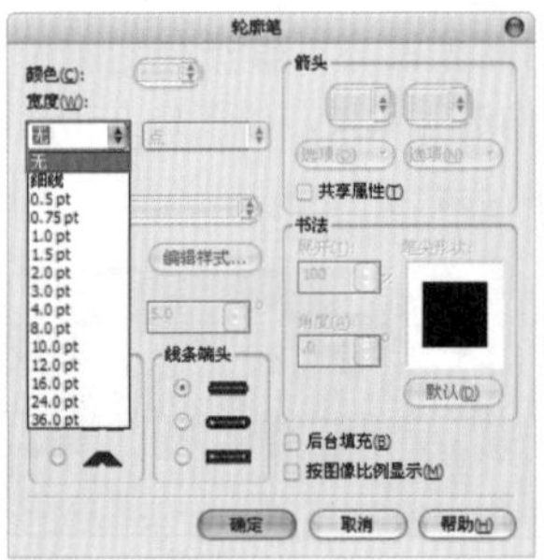

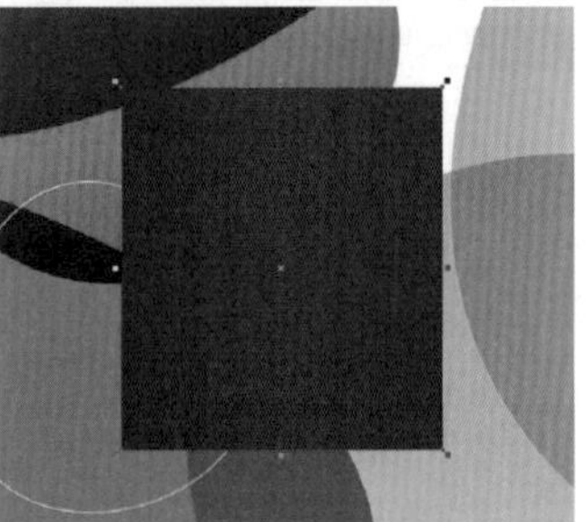

图15—43

步骤05 执行“效果>添加透视”命令，将光标移至矩形4个角上的控制点上，按住鼠标左键拖动，调整其透视角度，如图15-44所示。

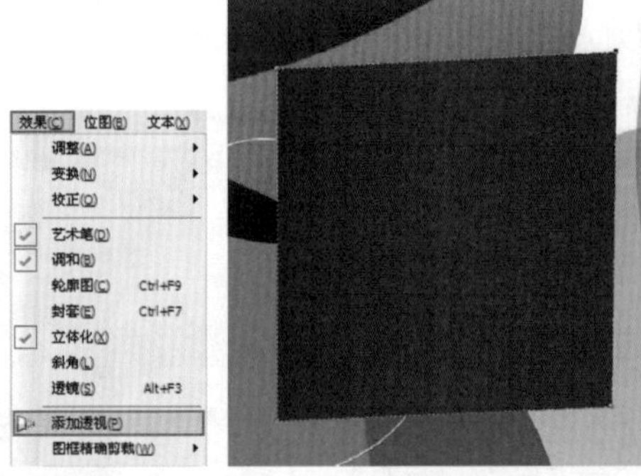

图15—44

步骤06 单击工具箱中的“矩形工具”按钮，绘制一个合适大小的矩形；在工具箱中单击填充工具组中的“渐变填充”按钮，在弹出的“渐变填充”对话框中设置“类型”为“线性”，在“颜色调和”选项组中选中“双色”单选按钮，设置颜色为从咖啡色到白色，单击“确定”按钮；再设置轮廓线宽度为“无”，如图15-45所示。

步骤07 继续使用矩形工具，在从咖啡色到白色的渐变矩形右侧绘制一个棕色系渐变矩形；执行“效果＞添加透视”命令，将光标移至此矩形4个角的控制点上，按住鼠标左键拖动，调整其透视角度；然后设置轮廓线宽度为“无”，如图15-46所示。

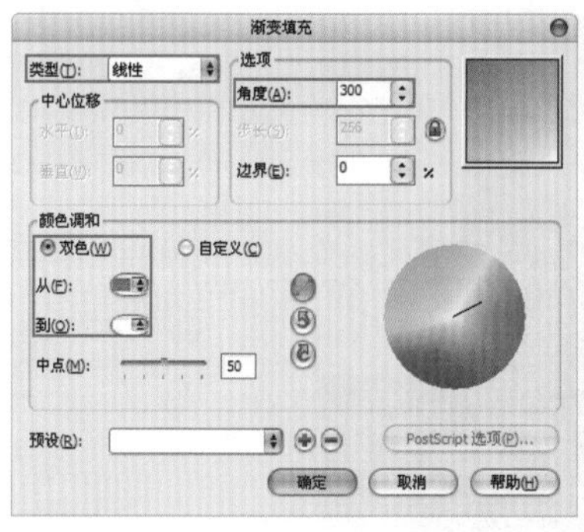

图15—45

图15—46

步骤08 复制右侧矩形，并将其填充为黑色；单击工具箱中的“透明度工具”按钮，在属性栏中设置“透明度类型”为“标准”，“开始透明度”为80，制作出侧面暗部效果，如图15-47所示。

步骤09 使用矩形工具在转角处绘制一个较细的矩形；然后在工具箱中单击填充工具组中的“渐变填充”按钮，在弹出的“渐变填充”对话框中设置“类型”为“线性”，在“颜色调和”选项组中选中“自定义”单选按钮，设置颜色为棕色系渐变，单击“确定”按钮；再设置轮廓线宽度为“无”，如图15-48所示。

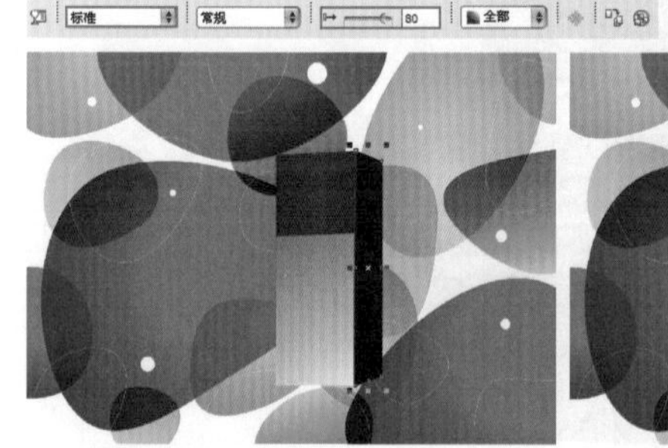

图15—47

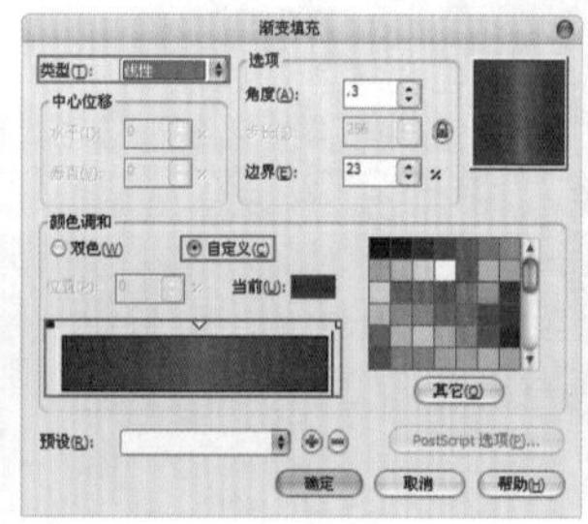
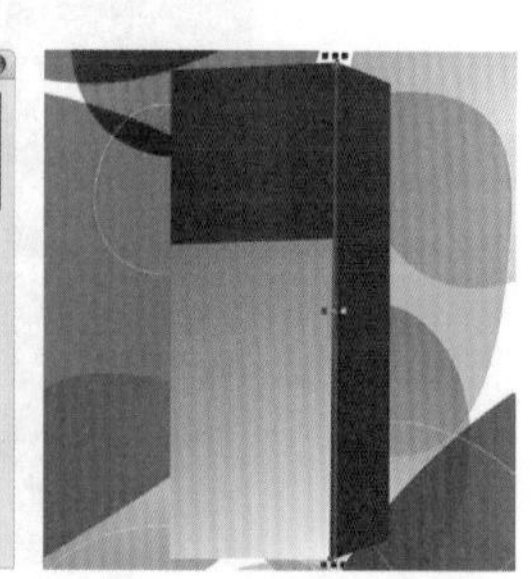

图15—48

步骤10 使用矩形工具在盒盖上方绘制一个矩形；然后执行“效果＞添加透视”命令，调整透视点；接着再次使用矩形工具在渐变矩形下方绘制一个大一点的矩形，并将其旋转合适的角度，如图15-49所示。

步骤11 单击工具箱中的“选择工具”按钮，按住Shift键进行加选，将渐变矩形和蓝色矩形同时选中，然后单击属性栏中的“移除前面对象”按钮。继续使用钢笔工具绘制出其余部分，使用滴管工具吸取咖啡色系渐变，并填充到新绘制的图形上，如图15-50所示。

图15—49

图15—50

步骤12 为了强化立体感，复制顶面，填充为黑色，然后单击工具箱中的“透明度工具”按钮，在属性栏中设置“透明度类型”为“标准”，“开始透明度”为90，如图15-51所示。

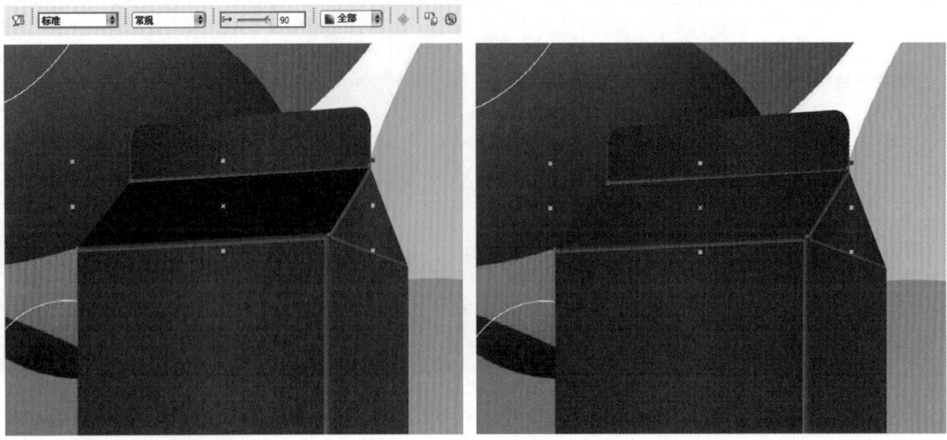

图15—51

步骤13 以同样方法制作出侧面的暗部，设置不同的透明度，如图15-52所示。

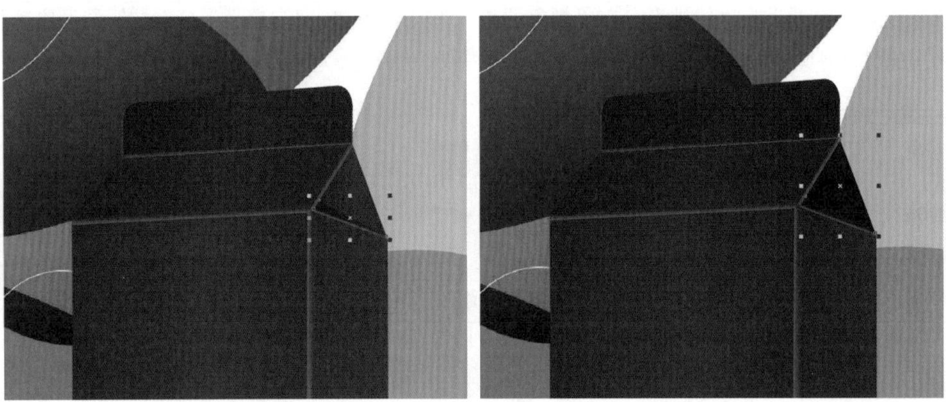

图15—52

步骤14 单击工具箱中的“钢笔工具”按钮，在牛奶盒子中间部分绘制出丝带的轮廓；然后单击CorelDRAW工作界面右下角的“轮廓笔”按钮，在弹出的“轮廓笔”面板中设置“颜色”为棕色，“宽度”为1pt，单击“确定”按钮，如图15-53所示。

步骤15 单击工具箱中的“钢笔工具”按钮，绘制丝带右半部分；然后在工具箱中单击填充工具组中的“渐变填充”按钮，在弹出的“渐变填充”对话框中设置“类型”为“线性”，在“颜色调和”选项组中选中“自定义”单选按钮，设置颜色为浅棕色和深棕色的渐变，单击“确定”按钮；再设置轮廓线宽度为“无”，如图15-54所示。

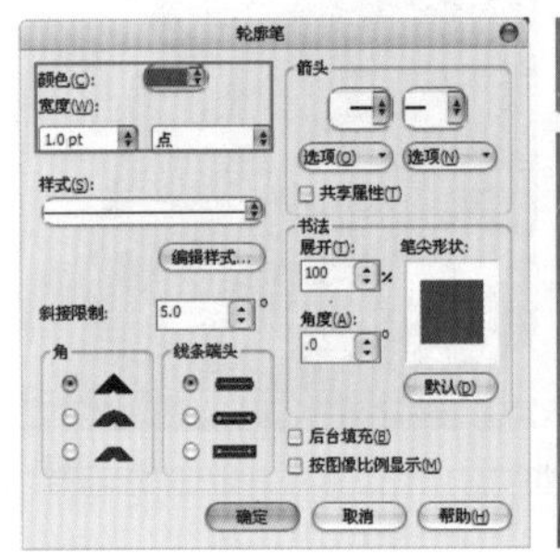

图15—53

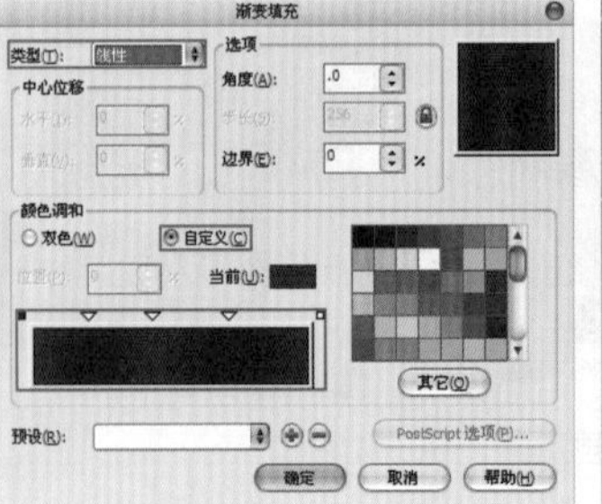

图15—54

步骤16 继续绘制出丝带左半部分；然后在工具箱中单击填充工具组中的“渐变填充”按钮，在弹出的“渐变填充”对话框中设置“类型”为“线性”，在“颜色调和”选项组中选中“双色”单选按钮，设置颜色为从深棕色到浅棕色的渐变，单击“确定”按钮；接着使用钢笔工具绘制出丝带转折处，并将其填充为黑色，设置轮廓线宽度为“无”，如图15-55所示。

步骤17 导入巧克力牛奶素材，摆放在正面，调整为合适大小，如图15-56所示。

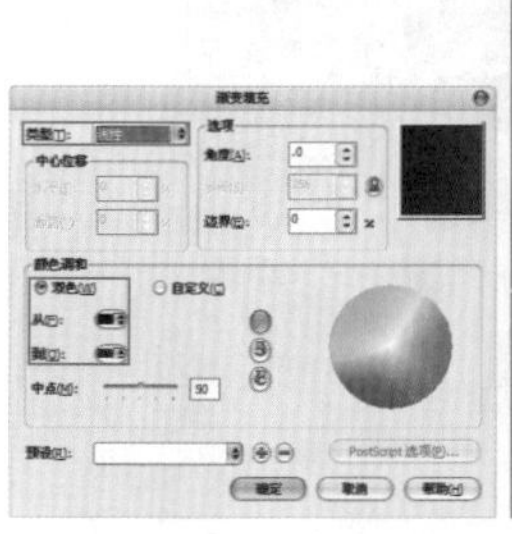

图15—55

图15—56

步骤18 单击工具箱中的“钢笔工具”按钮，在牛奶盒子上绘制出轮廓图；单击选中巧克力素材，执行“效果>图框精确剪裁>放置在容器中”命令，当光标变为黑色箭头形状时，单击绘制的轮廓图；然后设置轮廓线宽度为“无”，如图15-57所示。

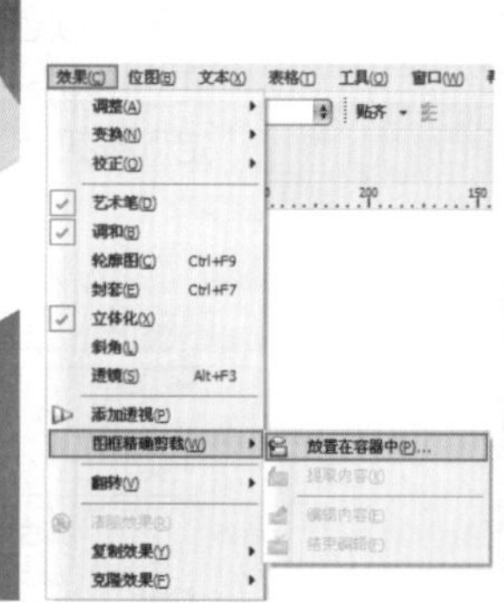

图15—57

步骤19 单击工具箱中的“手绘工具”按钮，在丝带上绘制出曲线；单击工具箱中的“文本工具”按钮，将光标移至曲线上，当其变为曲线形状时单击并输入文字，然后调整为合适的字体及大小，设置文字颜色为白色，如图15-58所示。

步骤20 选择路径文本，按Ctrl+K键拆分；然后单击选中绘制的曲线，按Delete键将其删除；接着以同样方法制作出下方黄色文字部分，如图15-59所示。

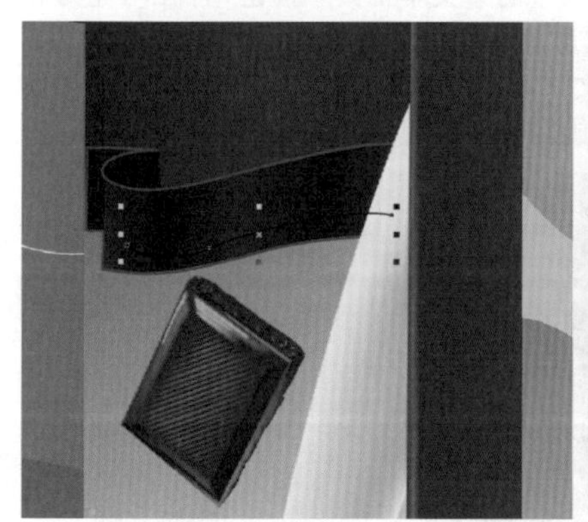

图15—58

图15—59

步骤21 单击工具箱中的“椭圆形工具”按钮，在丝带上方绘制一个椭圆，并将其填充为白色；然后单击CorelDRAW工作界面右下角的“轮廓笔”按钮，在弹出的“轮廓笔”对话框中设置“颜色”为黄色，“宽度”为4.0pt，单击“确定”按钮，如图15-60所示。

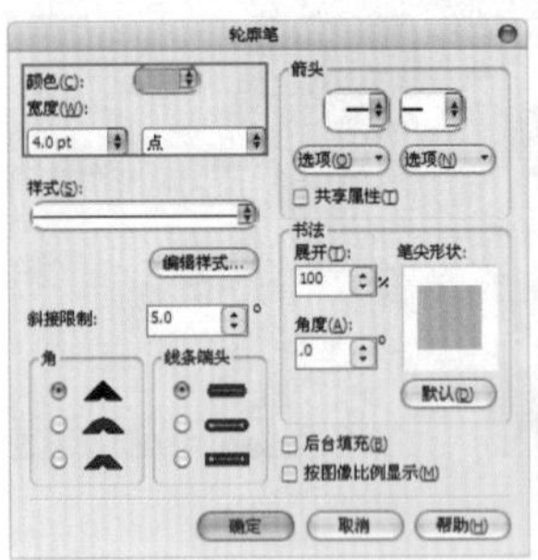

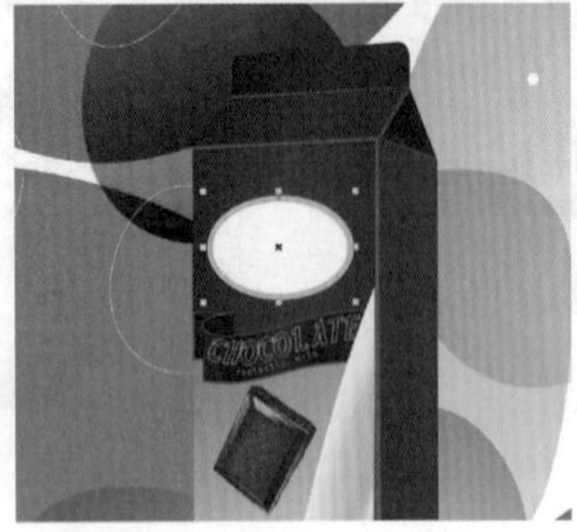

图15—60

步骤22 单击工具箱中的“阴影工具”按钮，在绘制的椭圆上按住鼠标左键向右下角拖动，为其添加阴影效果，如图15-61所示。

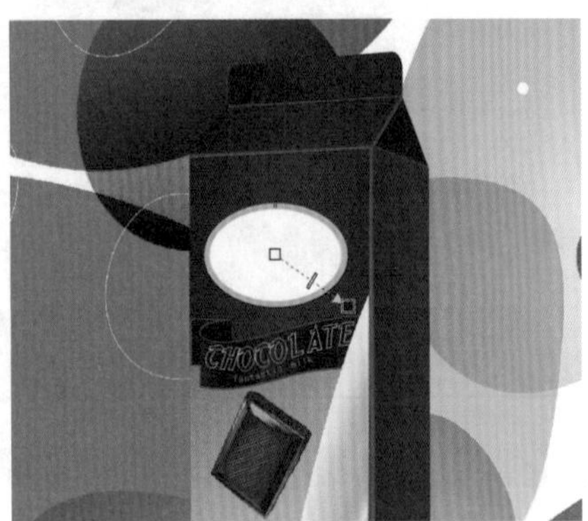

图15—61

步骤23 复制椭圆并将其缩小；然后单击CorelDRAW工作界面右下角的“轮廓笔”按钮，在弹出的“轮廓笔”对话框中将“颜色”设置为橙色，“宽度”为6.0pt，单击“确定”按钮，如图15-62所示。

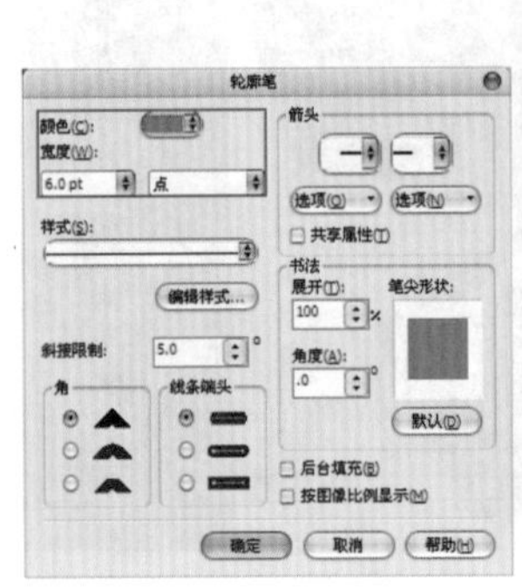

图15—62

步骤24 在椭圆上输入文字，并设置为合适的字体及大小；然后单击CorelDRAW工作界面右下角的“轮廓笔”按钮，在弹出的“轮廓笔”对话框中设置“颜色”为棕色，“宽度”为4.0pt，单击“确定”按钮，如图15-63所示。

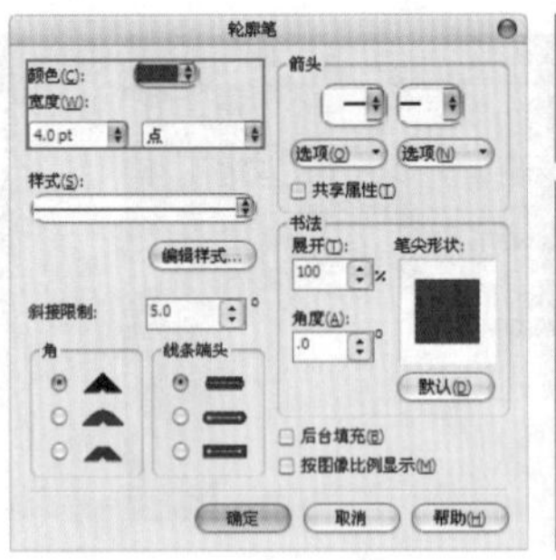

图15—63

步骤25 单击工具箱中的“阴影工具”按钮，在文字上按住鼠标左键向下拖动，为其设置阴影效果；复制文字，然后单击CorelDRAW工作界面右下角的“轮廓笔”按钮，在弹出的“轮廓笔”对话框中设置“颜色”为黄色，“宽度”为0.567pt，单击“确定”按钮，如图15-64所示。

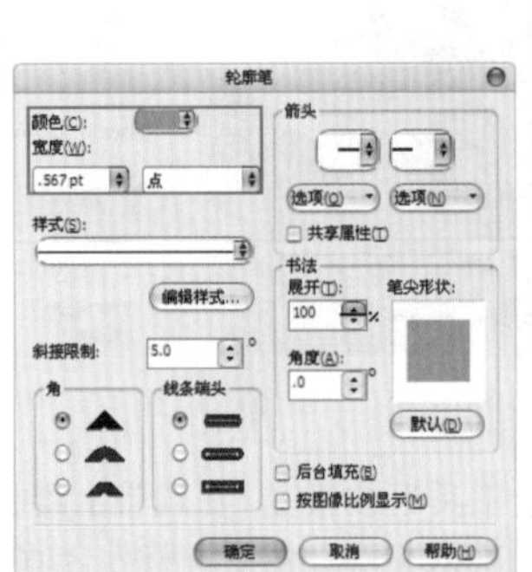

图15—64

步骤26 单击工具箱中的“文本工具”按钮，在巧克力右侧输入文字，设置颜色为黑色；单击工具箱中的“选择工具”按钮，双击文字，将光标移至4个角的控制点上，按住鼠标左键拖动将其旋转合适的角度，如图15-65所示。

图15—65

步骤27 复制文字并将其填充为不同颜色，再将彩色文字向左上方移动，制作出文字立体感；单击工具箱中的“文本工具”按钮，在巧克力下方按住鼠标左键向右下角拖动，创建一个文本框，然后在其中输入文字，并调整为合适的字体及大小，设置文字颜色为棕色，如图15-66所示。

图15—66

步骤28 双击文字，将光标移至4个角的控制点上，按住鼠标左键拖动，将其旋转合适的角度；单击工具箱中的“钢笔工具”按钮，在牛奶盒下方绘制一个大小合适的矩形，并将其填充为白色，设置轮廓笔宽度为“无”，如图15-67所示。

步骤29 单击工具箱中的“阴影工具”按钮，在矩形上按住鼠标左键向右下角拖动，制作阴影部分；然后多次执行“顺序>向后一层”命令，将其放置在牛奶盒下层；接着以同样方法制作出右侧牛奶包装，如图15-68所示。

图15—67

图15—68

步骤30 复制牛奶包装，单击属性栏中的“垂直镜像”按钮；将镜像过的图像移至牛奶盒下方，将其旋转合适的角度；单击工具箱中的“透明度工具”按钮，在盒子上从右上到左下进行拖曳，为其添加透明效果，如图15-69所示。

步骤31 使用文本工具在左侧输入文字，设置为合适的字体及大小，调整文字颜色为白色；单击CorelDRAW工作界面右下角的“轮廓笔”按钮，在弹出的“轮廓笔”对话框中设置“颜色”为红色，“宽度”为4.0pt，单击“确定”按钮，如图15-70所示。

图15—69

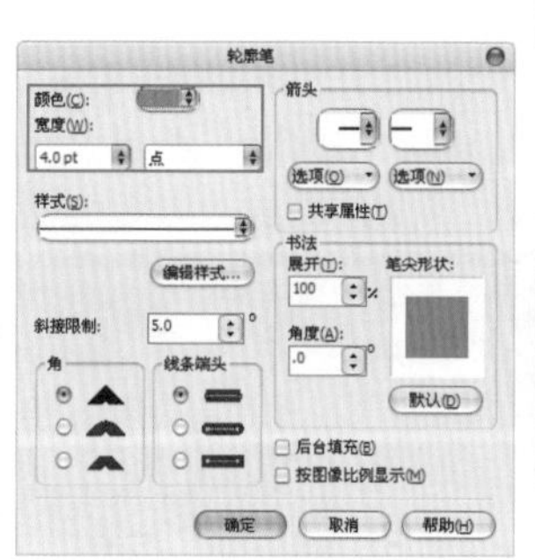

图15—70

步骤32 复制文字，然后单击CorelDRAW工作界面右下角的“轮廓笔”按钮，在弹出的“轮廓笔”对话框中将“颜色”设置为黄色，“宽度”为0.567pt，单击“确定”按钮，如图15-71所示。

步骤33 使用文本工具在MAX milk下方单击并输入文字，设置小一些的字号，调整为合适的字体，最终效果如图15-72所示。

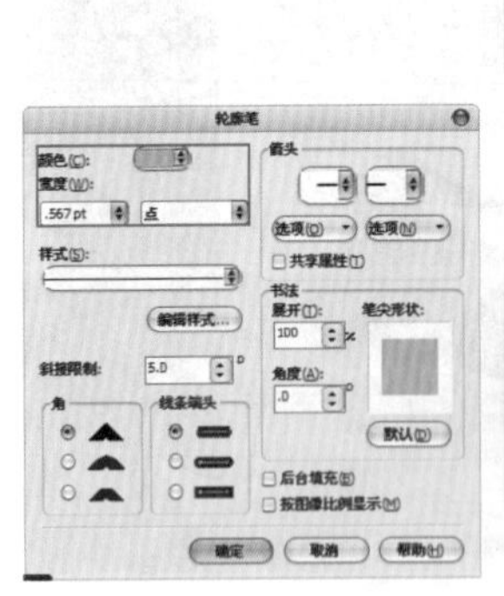

图15-71

图15-72

15.4 罐装酸奶包装

案例文件	15.4 罐装酸奶包装.cdr
视频教学	15.4 罐装酸奶包装.flv
难易指数	★★★★★
知识掌握	椭圆形工具、矩形工具、阴影工具

案例效果

本例最终效果如图15-73所示。

图15-73

操作步骤

步骤01 执行“文件>新建”命令，在弹出的“创建新文档”对话框中设置“大小”为A4，“原色模式”为CMYK，“渲染分辨率”为300，如图15-74所示。

步骤02 单击工具箱中的“椭圆形工具”按钮，在工作区内拖动鼠标，绘制一个合适大小的椭圆形；然后在其下方绘制一个合适大小的椭圆形，如图15-75所示。

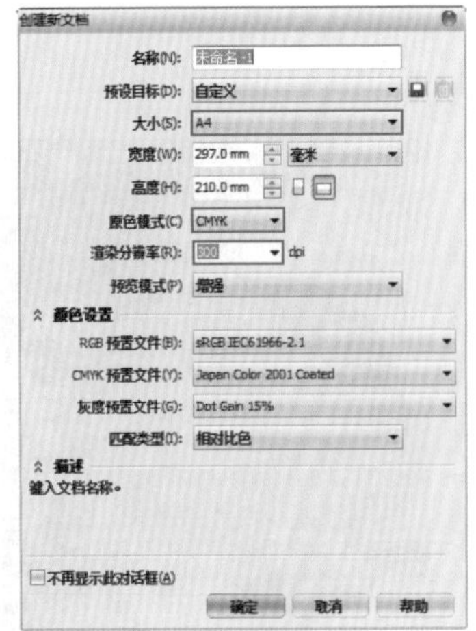

图15-74

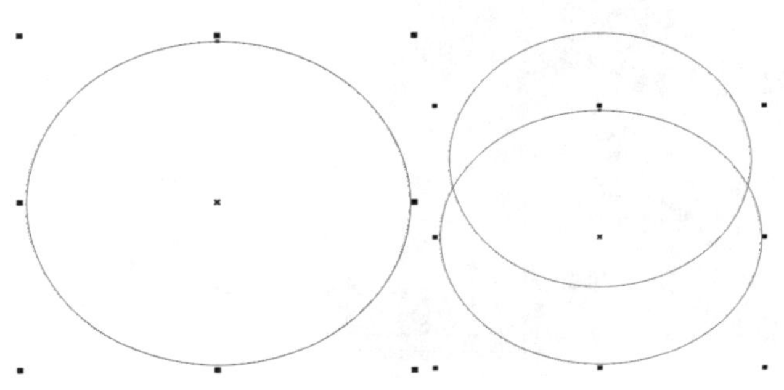

图15-75

步骤03 单击工具箱中的“选择工具”按钮，按住Shift键进行加选，将绘制的两个椭圆形同时选中；单击属性栏中的“修剪”按钮，单击选中下侧的椭圆形，按Delete键将其删除，如图15-76所示。

步骤04 单击工具箱中的“刻刀工具”按钮，将光标移至半圆上边缘，当其变为立起来的形状时单击鼠标左键；再将光标移至半圆的下边缘，再次单击鼠标左键；以同样方法在另一侧再次执行同样操作，如图15-77所示。

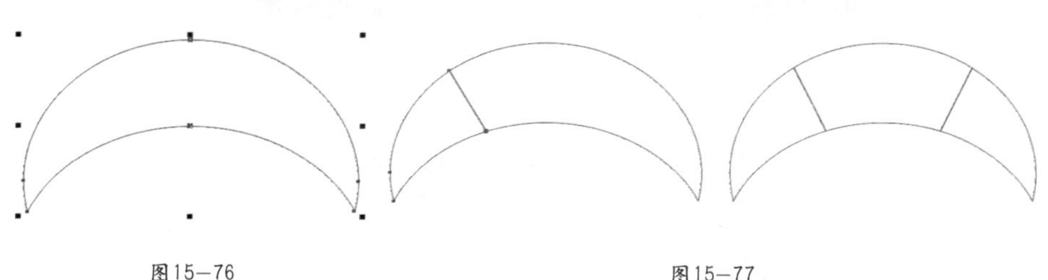

图15—76

图15—77

步骤05 单击选中两侧小的图形，按Delete键将其删除；选择制作的扇形，按Ctrl+C键复制，再按Ctrl+V键粘贴；然后将粘贴出来的扇形向下移动，并进行等比例放大，如图15-78所示。

步骤06 再次复制扇形，移至一边，并将其填充为粉色；然后单击CorelDRAW工作界面右下角的“轮廓笔”按钮，在弹出的“轮廓笔”对话框中设置“宽度”为“无”，单击“确定”按钮，如图15-79所示。

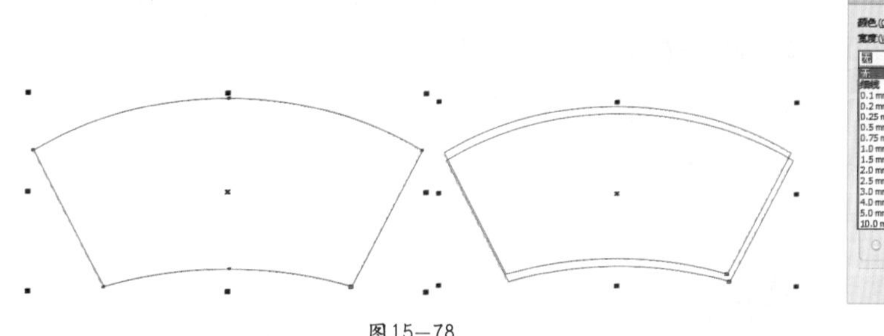

图15—78

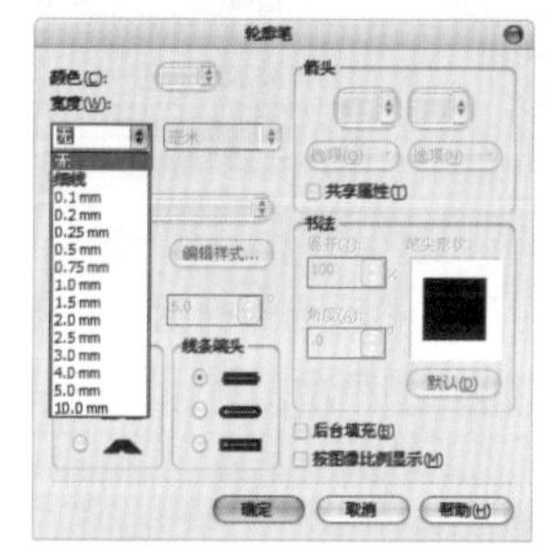

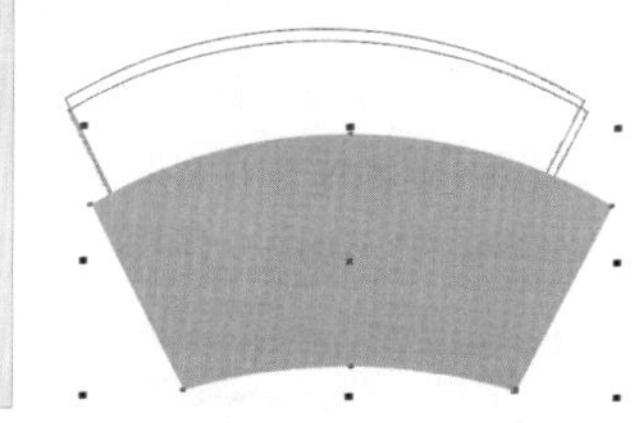

图15—79

步骤07 同时选中两个扇形框，单击属性栏中的“修剪”按钮，然后选中下面的扇形，按Delete键将其删除；选择长扇形，并为其填充玫红色，设置轮廓线宽度为“无”；以同样方法制作出薄一些的深粉色曲线，依次放置在粉色扇形上方，如图15-80所示。

步骤08 单击工具箱中的“椭圆形工具”按钮，绘制一个合适大小的玫红色椭圆形，并将其旋转到合适角度，设置轮廓线宽度为“无”，如图15-81所示。

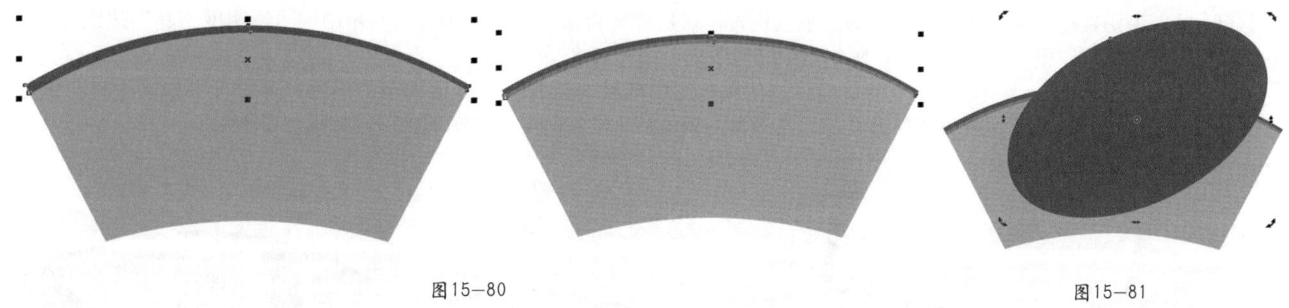

图15—80

图15—81

步骤09 复制玫红色椭圆形，为其填充粉红色；然后将光标移至4个角的控制点上，按住鼠标左键拖动，进行等比例缩小；再次复制并等比例缩放，为其填充白色，如图15-82所示。

步骤10 单击工具箱中的“钢笔工具”按钮，绘制一个小一些的扇形；选择3个椭圆形，执行“效果>图框精确剪裁>放置在容器中”命令，当光标变为黑色箭头形状时，单击绘制的扇形框，如图15-83所示。

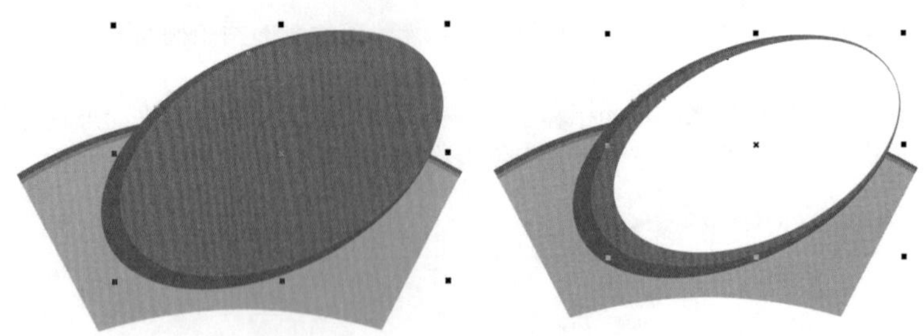

图15—82

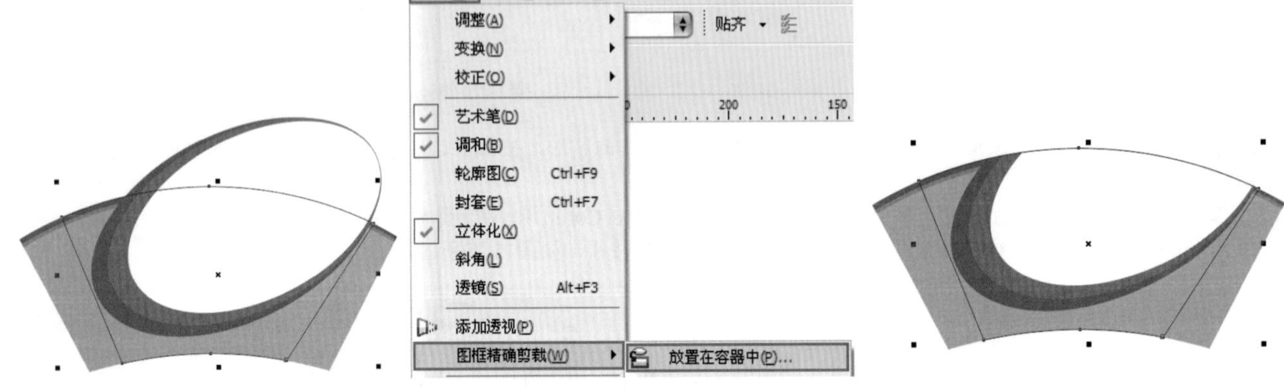

图15—83

步骤11 设置轮廓线宽度为“无”，然后选择椭圆，单击鼠标右键，在弹出的快捷菜单中执行“顺序>向后一层”命令，或按Ctrl+Page Down键，将其放置在长条扇形后一层，如图15-84所示。

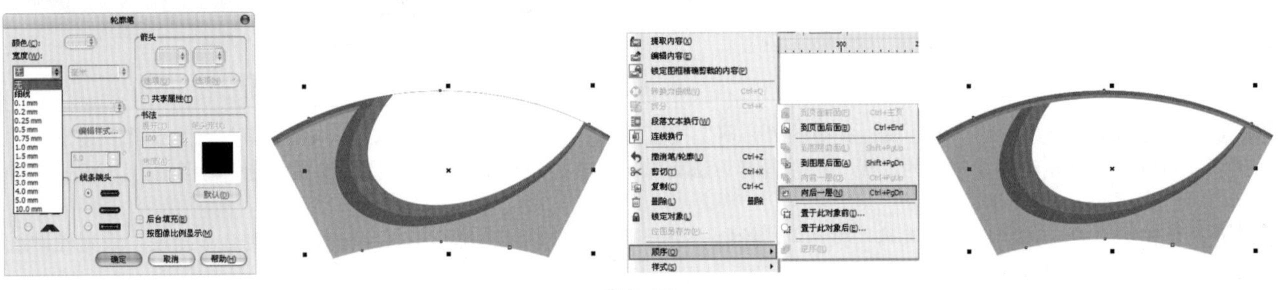

图15—84

步骤12 导入牛奶素材图像，调整为合适的大小及位置，然后旋转合适的角度；单击工具箱中的“透明度工具”按钮，在牛奶素材上按住鼠标左键从上向下拖动，制作出半透明效果，如图15-85所示。

步骤13 单击工具箱中的“手绘工具”按钮，按住鼠标左键拖动，绘制一个合适大小的椭圆；单击选中牛奶素材，执行“效果>图框精确剪裁>放置在容器中”命令，当光标变为黑色箭头形状时单击绘制的椭圆，如图15-86所示。

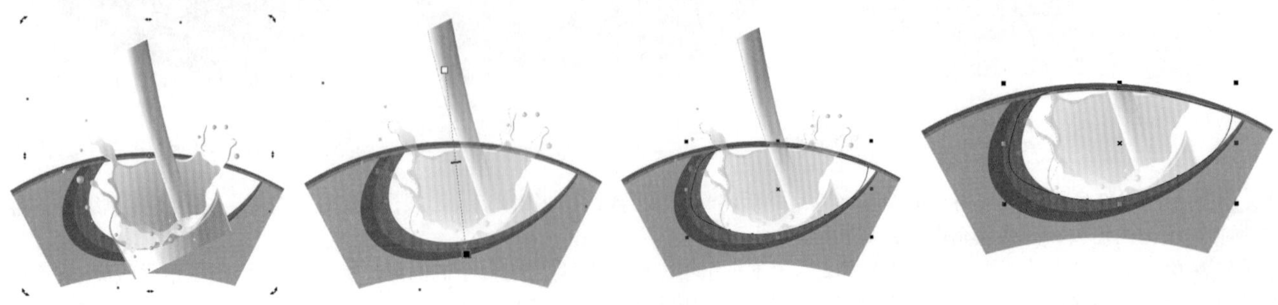

图15—85　　图15—86

步骤14 设置轮廓线宽度为“无”，然后单击鼠标右键，在弹出的快捷菜单中多次执行“顺序>向后一层”命令，效果如图15-87所示。

步骤15 单击工具箱中的“钢笔工具”按钮，在右下侧绘制一个圆润的箭头形状；单击工具箱中的“填充工具”按钮并稍作停留，在弹出的下拉列表中单击“渐变填充”按钮，在弹出的“渐变填充”对话框中设置“类型”为“线性”，“角度”为-105，在“颜色调和”选项组中选中“自定义”单选按钮，设置颜色为一种灰白渐变，单击“确定”按钮，如图15-88所示。

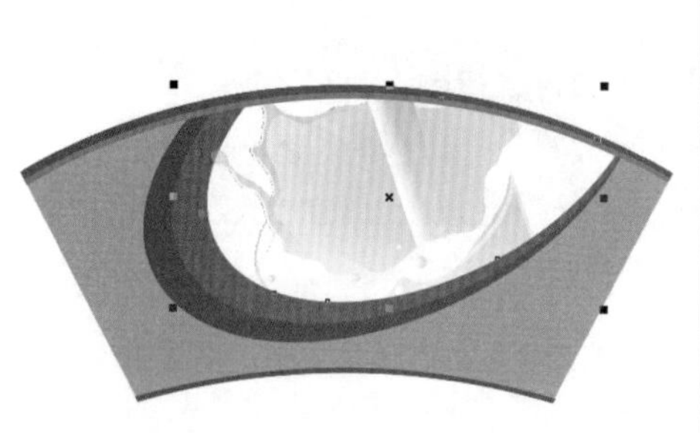

图15—87

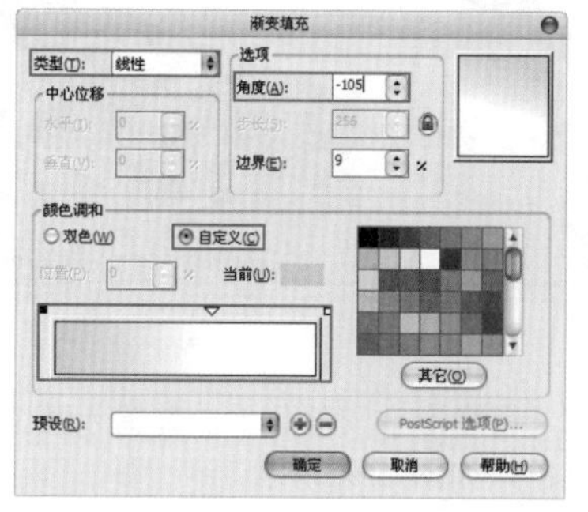

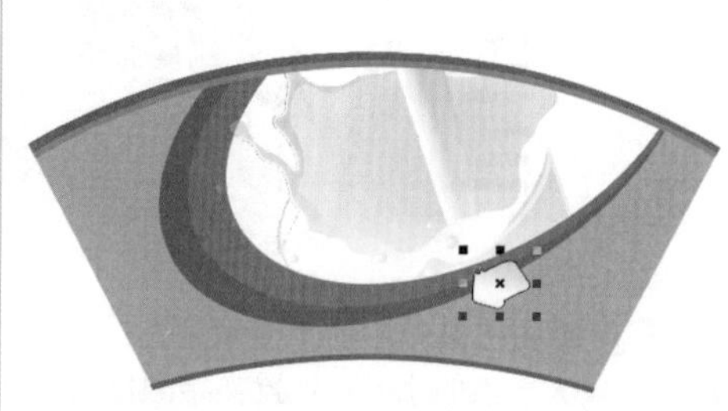

图15—88

步骤16 单击工具箱中的“阴影工具”按钮，将光标移至箭头图形上，按住鼠标左键向右下角拖动，为其添加阴影效果，如图15-89所示。

步骤17 复制箭头形状并等比例缩放；然后在工具箱中单击填充工具组中的“渐变填充”按钮，在弹出的“渐变填充”对话框中设置“类型”为“线性”，“角度”为340，在“颜色调和”选项组中选中“双色”单选按钮，设置颜色为从绿色到黄绿色，单击“确定”按钮，如图15-90所示。

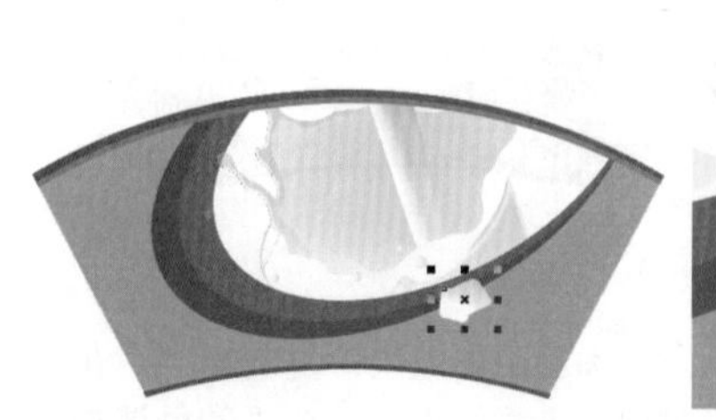

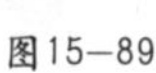
图15—89

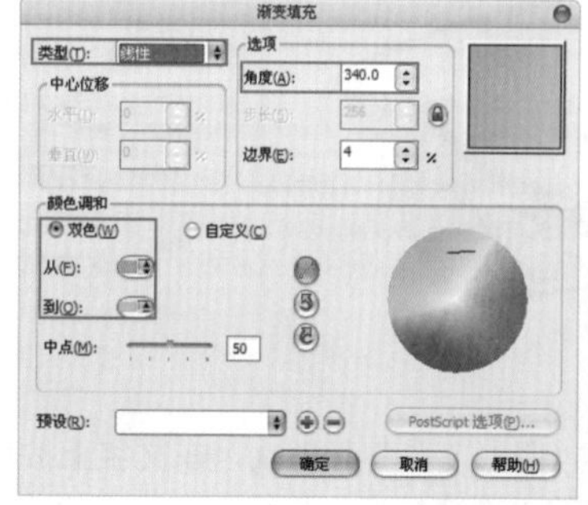

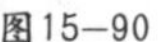
图15—90

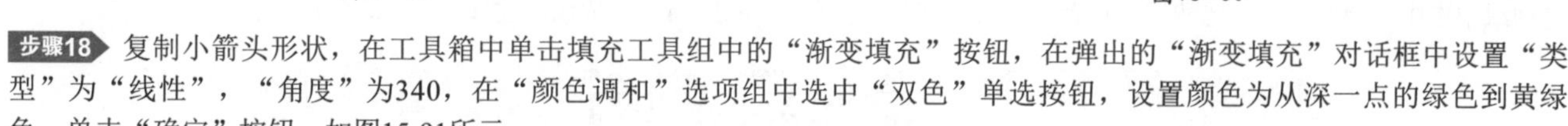
步骤18 复制小箭头形状，在工具箱中单击填充工具组中的“渐变填充”按钮，在弹出的“渐变填充”对话框中设置“类型”为“线性”，“角度”为340，在“颜色调和”选项组中选中“双色”单选按钮，设置颜色为从深一点的绿色到黄绿色，单击“确定”按钮，如图15-91所示。

步骤19 单击工具箱中的“椭圆形工具”按钮，在箭头右下角绘制一个合适大小的椭圆形；然后同时选中复制的箭头和椭圆形，单击属性栏中的“移除前面对象”按钮，模拟出光泽效果，如图15-92所示。

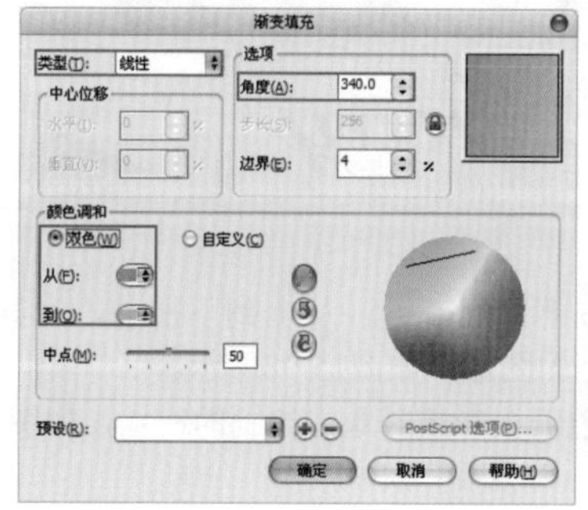

图15—91

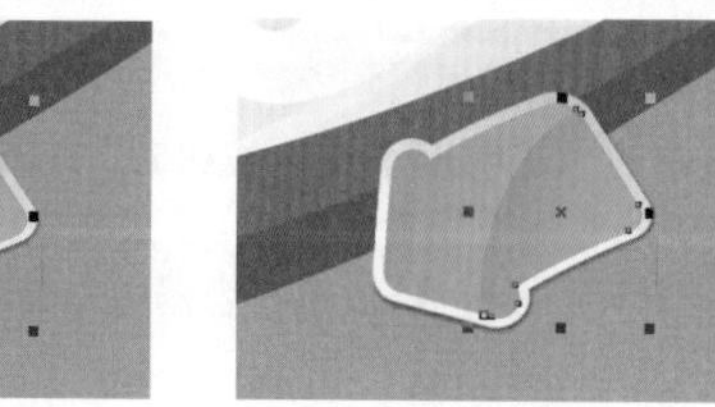

图15—92

步骤20 单击工具箱中的“文本工具”按钮字，在箭头上单击并输入文字“健康”，调整为合适的字体及大小，设置文字颜色为深绿色；再次输入文字“新选择”，设置小一些的字号；同时选择两个文本，单击鼠标右键，在弹出的快捷菜单中执行“群组”命令，或按Ctrl+G键，如图15-93所示。

步骤21 双击文字，将光标移至4个角的控制点上，按住鼠标左键拖动将其旋转合适的角度；复制文字，然后填充为黄色，将其向左上角移动，制作出双层文字效果，如图15-94所示。

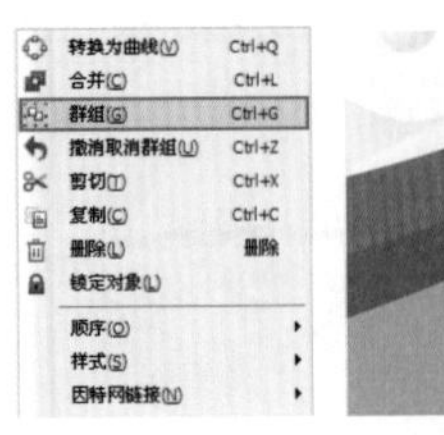

图15—93

图15—94

步骤22 单击工具箱中的“文本工具”按钮字，在扇形中间部分单击并输入英文，调整为合适的字体及大小；框选第一个字母，设置大一点的字号，设置文字颜色为玫红色，如图15-95所示。

步骤23 使用文本工具在英文上方单击并输入文字“妙滋”，调整为合适的字体及大小；在工具箱中单击填充工具组中的“渐变填充”按钮，在弹出的“渐变填充”对话框中设置“类型”为“线性”，在“颜色调和”选项组中选中“双色”单选按钮，设置颜色为从黄色到红色的渐变，单击“确定”按钮，如图15-96所示。

图15—95

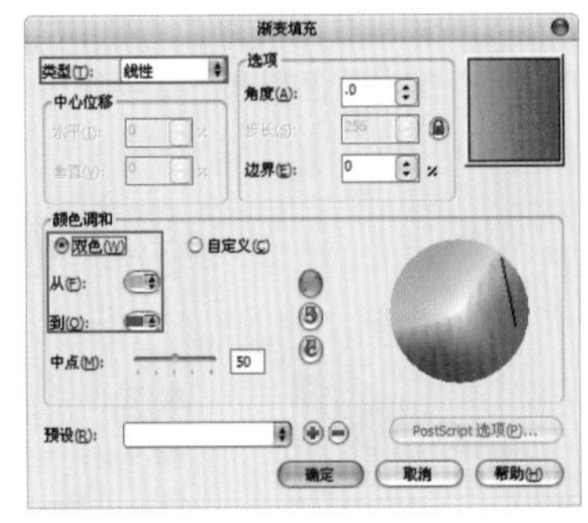

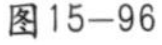

图15—96

步骤24 单击工具箱中的“阴影工具”按钮，在文字上按住鼠标左键向右下角拖动，为其添加阴影效果；复制文字，在工具箱中单击填充工具组中的“渐变填充”按钮，在弹出的“渐变填充”对话框中设置“类型”为“线性”，在“颜色调和”选项组中选中“自定义”单选按钮，设置颜色为从浅黄到黄色的渐变，单击“确定”按钮，如图15-97所示。

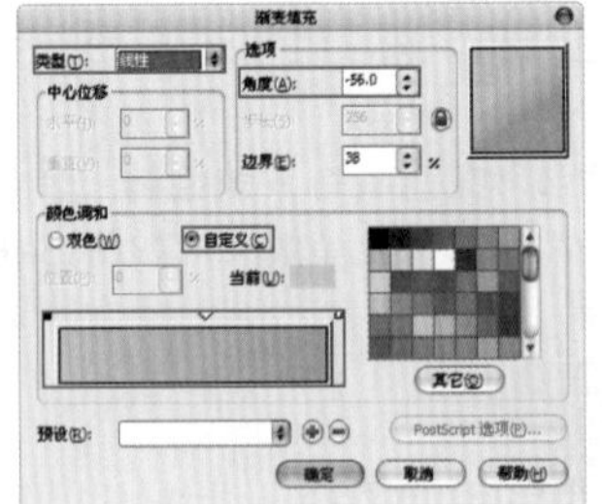

图15—97

步骤25 单击工具箱中的“透明度工具”按钮，在浅黄色渐变文字上按下鼠标左键，从上到下拖动，为其填充不透明效果；然后单击工具箱中的“钢笔工具”按钮，在文字上绘制一个合适大小的图形，如图15-98所示。

步骤26 执行“效果>图框精确剪裁>放置在容器中”命令，当光标变为黑色箭头形状时单击绘制的线框，如图15-99所示。

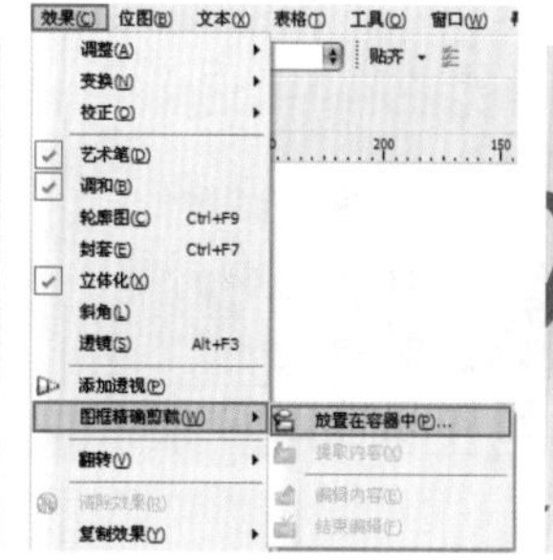

图15—98

图15—99

步骤27 设置轮廓线宽度为“无”，制作出高光部分。下面分别导入樱桃素材和树叶素材，然后选择树叶素材，单击鼠标右键，在弹出的快捷菜单中执行“顺序>向后一层”命令，或按Ctrl+Page Down键，将其放置在文字图层后，如图15-100所示。

步骤28 单击工具箱中的“矩形工具”按钮，在文字下方按住鼠标左键拖动，绘制一个合适大小的矩形，在属性栏中设置“圆角半径”为1.0mm，然后将其填充为绿色，设置轮廓线宽度为“无”，如图15-101所示。

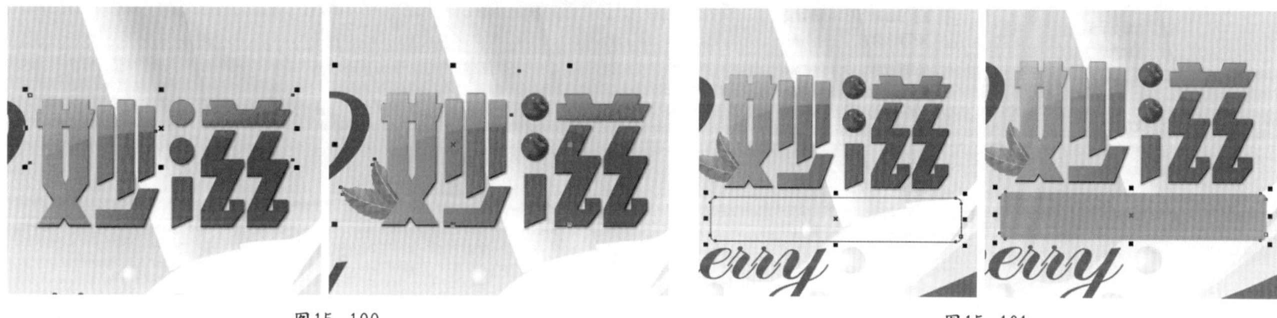

图15—100

图15—101

步骤29 再次绘制一个小一些的圆角矩形，并将其填充为白色，设置轮廓线宽度为“无”；单击工具箱中的“文本工具”按钮，在白色矩形上输入红色文字，并设置为合适的字体及大小，如图15-102所示。

步骤30 单击工具箱中的“钢笔工具”按钮，在文字上方绘制形状；然后在工具箱中单击填充工具组中的“渐变填充”按钮，在弹出的“渐变填充”对话框中设置“类型”为“线性”，“角度”为-180，在“颜色调和”选项组中选中“双色”单选按钮，设置颜色为从红色到白色的渐变，单击“确定”按钮；再设置轮廓线宽度为“无”，如图15-103所示。

图15—102

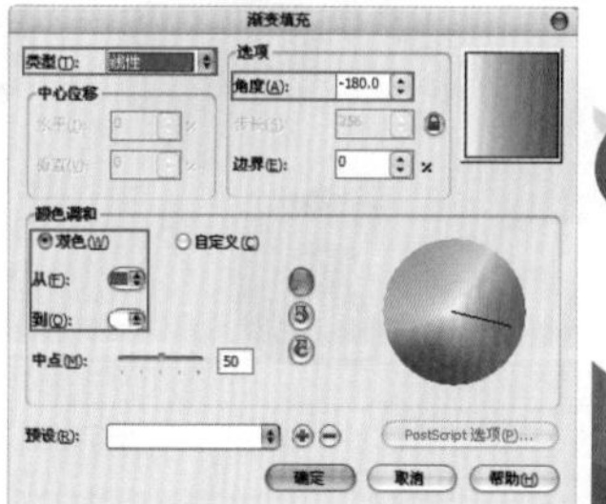

图15—103

步骤31 单击工具箱中的“手绘工具”按钮，绘制一条合适大小的曲线；单击工具箱中的“文本工具”按钮，将光标移至曲线上，当其变为曲线形状时单击，输入红色文字，并调整为合适的字体及大小；单击曲线，设置轮廓线宽度为“无”，将其进行隐藏，如图15-104所示。

步骤32 以同样方法在扇形下方输入红色曲线路径文本，设置为合适的字体及大小；复制文字，为其填充白色，然后向左上角移动，制作出双层文字效果，如图15-105所示。

图15-104

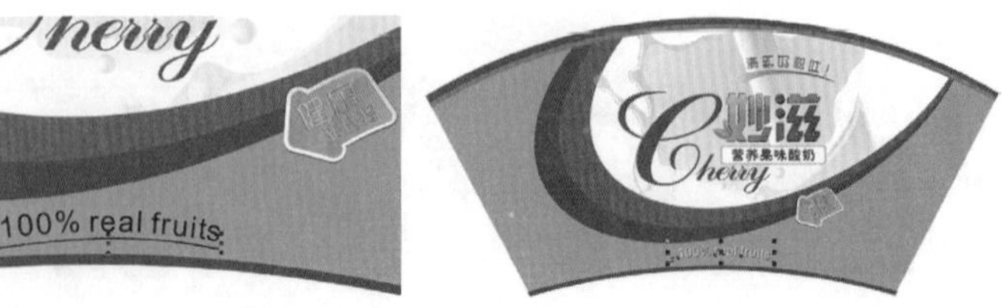

图15-105

步骤33 导入樱桃素材文件，调整为合适的大小及位置；单击鼠标右键，在弹出的快捷菜单中多次执行“顺序>向后一层”命令，将其放置在长条扇形图层后，如图15-106所示。

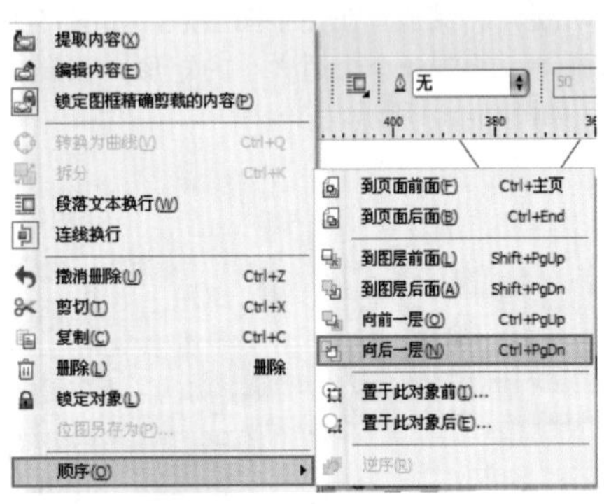

图15-106

步骤34 复制樱桃以及树叶素材，摆放在两侧的位置；再次导入牛奶素材；接着单击工具箱中的“钢笔工具”按钮，绘制与扇形底色大小相同的轮廓，如图15-107所示。

图15-107

步骤35 选择扇形内的素材，执行“效果>图框精确剪裁>放置在容器中”命令，当光标变为黑色箭头时，单击绘制的扇形；然后设置轮廓线宽度为“无”，如图15-108所示。

步骤36 使用钢笔工具绘制出盒盖的外轮廓，并将其填充为红色，设置轮廓线宽度为“无”；单击“椭圆形工具”按钮，按住Ctrl键绘制一个合适大小的正圆，并将其填充为粉色，设置轮廓线宽度为“无”，如图15-109所示。

图15—108　　　　图15—109

步骤37 复制正圆，并将其填充为白色；然后导入牛奶素材文件，调整为合适的大小及位置；接着单击工具箱中的“透明度工具”按钮，在牛奶素材上由上到下进行拖曳，为其添加透明度，如图15-110所示。

步骤38 分别导入樱桃和叶子素材，调整为合适大小及位置；单击选中樱桃、叶子和牛奶素材，执行“效果>图框精确剪裁>放置在容器中”命令，当光标变为黑色箭头时，单击白色正圆，如图15-111所示。

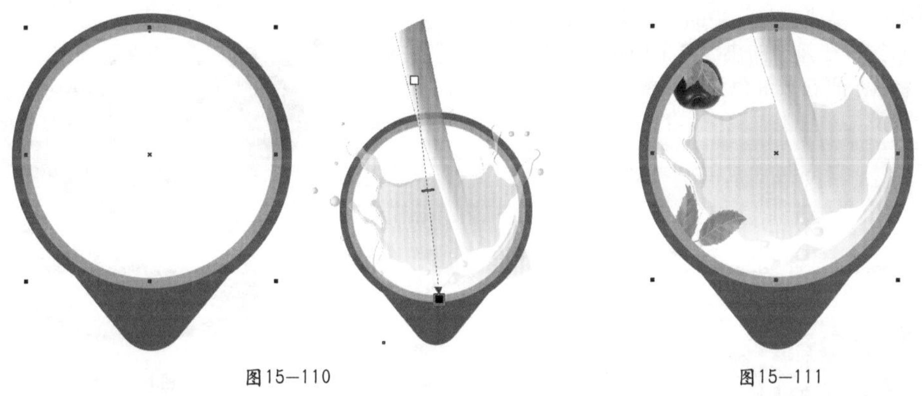

图15—110　　　　图15—111

步骤39 复制扇形上的文字素材，调整大小及位置；复制扇形中的其他素材，并依次将其摆放在合适位置，完成顶面效果的制作，如图15-112所示。

步骤40 下面开始制作酸奶包装立面效果图，由于罐装酸奶包装的上下直径是不同的，所以在制作立面效果时需要先绘制出主要轮廓形状。使用钢笔工具绘制一个大小合适的外框，将正面能够显示出的包装部分元素复制到外框内，选择包装的元素，执行“效果>图框精确剪裁>放置在容器中”命令，当光标变为黑色箭头形状时，单击外框，如图15-113所示。

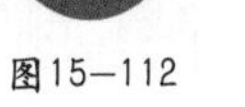

图15—112

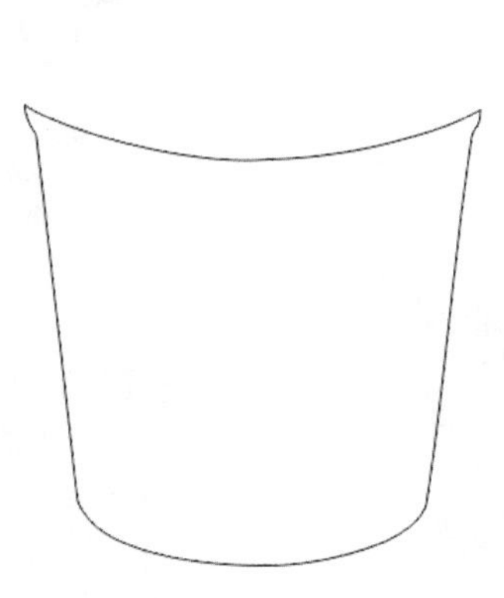

图15—113

步骤41 选择底部玫红色弧形边缘，单击工具箱中的“阴影工具”按钮，将光标移至下方的弧形上，按住鼠标左键拖动，制作阴影效果；然后执行“排列>拆分阴影群组”命令，或按Ctrl+K键，如图15-114所示。

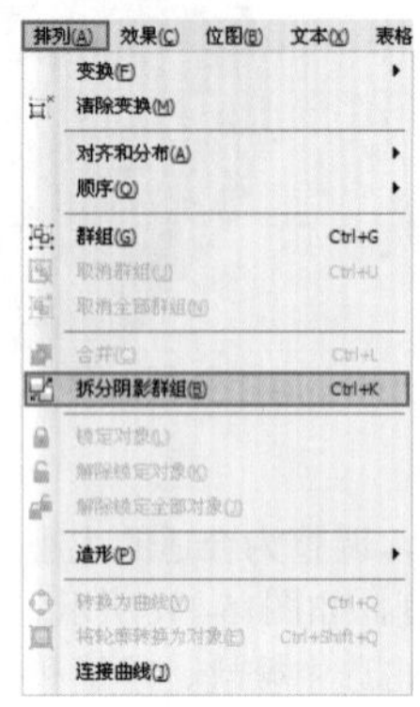

图15-114

步骤42 单击选中阴影，单击属性栏中的“垂直镜像”按钮；然后单击鼠标右键，在弹出的快捷菜单中执行“顺序>向前一层”命令，将其放置在玫红色弧形边缘，调整至合适位置，如图15-115所示。

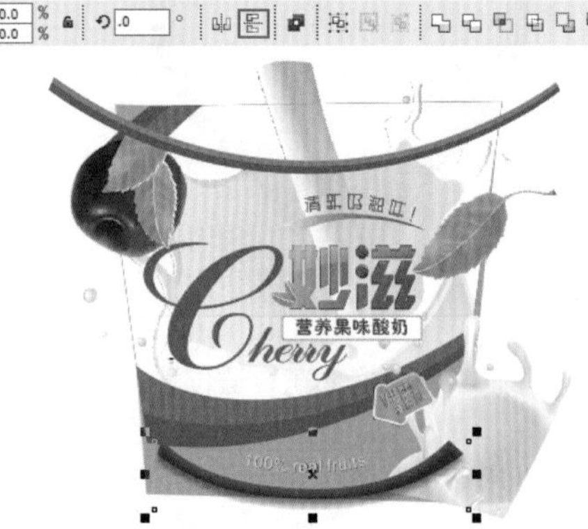

图15-115

步骤43 使用钢笔工具绘制一个黑色条纹，然后执行“位图>转换为位图”命令，在弹出的“转换为位图”对话框中单击“确定”按钮，如图15-116所示。

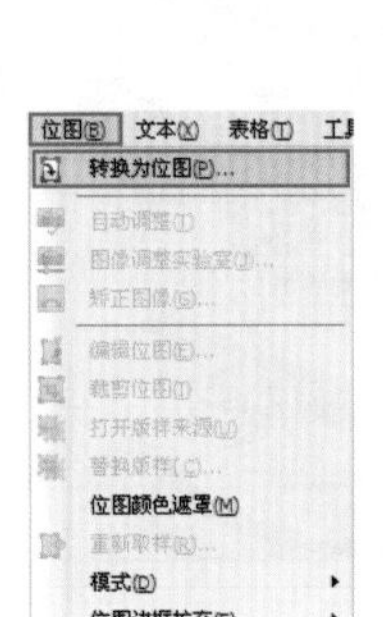

图15-116

步骤44 执行“位图>模糊>高斯式模糊”命令，设置“半径”为8像素，制作出模糊的黑色阴影，如图15-117所示。

图15-117

步骤45 单击工具箱中的“手绘工具”按钮，在阴影上绘制一个合适大小的图框；选择模糊的黑色阴影，执行“效果>图框精确剪裁>放置在容器中”命令，当光标变为黑色箭头形状时，单击绘制的图框；再设置轮廓线宽度为“无”，如图15-118所示。

图15-118

步骤46 使用钢笔工具绘制上层阴影形状，为其填充黑色；然后单击工具箱中的“透明度工具”按钮，在黑色阴影上按住鼠标左键拖动，为其添加透明度，如图15-119所示。

图15-119

步骤47 单击工具箱中的“矩形工具”按钮，在左侧绘制一个较大的黑色矩形；然后单击工具箱中的“透明度工具”按钮，在黑色阴影上按住鼠标左键拖动，为其添加透明度，如图15-120所示。

步骤48 按住Shift键进行加选，将左侧的3个阴影同时选中；将其复制后，单击属性栏中的“水平镜像”按钮，然后移至右侧，如图15-121所示。

图15—120

图15—121

步骤49 复制之前绘制的酸奶杯子的轮廓图，粘贴到最顶层。选择所有元素，执行“效果>图框精确剪裁>放置在容器中”命令，当光标变为黑色箭头形状时，单击绘制的轮廓；再设置轮廓线宽度为“无”，如图15-122所示。

步骤50 下面制作顶面部分。双击瓶盖，将光标移至4个角的控制点上，按住鼠标左键拖动，将其旋转合适的角度；再次单击瓶盖，将光标移至四边的控制点上，按住鼠标左键向内拖动，调整其透视感，如图15-123所示。

图15—122

图15—123

步骤51 单击工具箱中的“椭圆形工具”按钮，在图形上按住鼠标左键拖动，绘制一个椭圆形；然后单击工具箱中的“透明度工具”按钮，按住鼠标左键由右上角向左下角拖动，为其添加透明度，如图15-124所示。

步骤52 单击选中透明的椭圆，执行“效果>图框精确剪裁>放置在容器中”命令，当光标变为黑色箭头形状时，单击盒盖部分；继续使用椭圆工具在杯子底部绘制一个合适大小的黑色椭圆形，如图15-125所示。

图15—124

图15—125

步骤53 单击工具箱中的“阴影工具”按钮，在黑色椭圆上按住鼠标左键向下拖动，为其制作阴影部分；多次执行“顺序>向后一层”命令，将其放置在酸奶盒图层后，如图15-126所示。

步骤54 导入背景素材图像，调整为合适的大小及位置；多次执行“顺序>向后一层”命令，将其作为背景图层，最终效果如图15-127所示。

图15—126

图15—127

15.5 月饼礼盒包装设计

案例文件	15.5 月饼礼盒包装设计.cdr
视频教学	15.5 月饼礼盒包装设计.flv
难易指数	★★★★★
技术要点	矩形工具、文本工具、钢笔工具、填充工具

案例效果

本例最终效果如图15-128所示。

图15—128

操作步骤

步骤01 执行“文件>新建”命令，在弹出的“创建新文档”对话框中设置“大小”为A4，“原色模式”为CMYK，“渲染分辨率”为300，如图15-129所示。

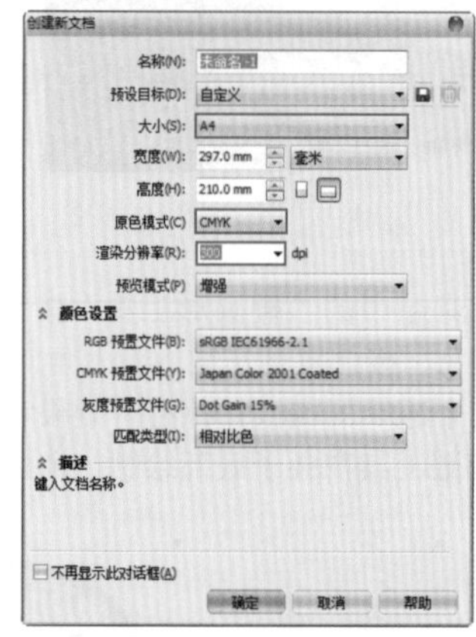

图15—129

步骤02 首先制作月饼的品牌标志。单击工具箱中的“文本工具”按钮，输入文字“传统”，设置合适的字体及大小，如图15-130所示。

傳統

图15—130

步骤03 更换字体，输入书法风格文字“名点”；然后单击工具箱中的“矩形工具”按钮，在文字下方绘制一个较长的矩形；再使用文本工具在其下方输入相应得拼音字母，如图15-131所示。

图15—131

步骤04 选择文字，单击工具箱中的“填充工具”按钮，并稍作停留，在弹出的下拉列表中单击“渐变填充”按钮，在弹出的“渐变填充”对话框中设置“类型”为“线性”，在“颜色调和”选项组中形状“双色”单选按钮，设置颜色为从黄色到白色，单击“确定“按钮，如图15-132所示。

步骤05 单击工具箱中的“阴影工具”按钮，在文字上按住鼠标左键向右下角拖动，制作其阴影部分，如图15-133所示。

图15—132　　图15—133

步骤06 使用文本工具在阴影下输入文字；然后在工具箱中的单击填充工具组中的“渐变填充”按钮，在弹出的“渐变填充”对话框中设置“类型”为“线性”，“角度”为169，在“颜色调和”选项组中形状“自定义”单选按钮，将颜色设置为一种黄色系渐变，单击“确定”按钮，如图15-134所示。

图15—134

步骤07 下面制作标志的背景底纹。单击工具箱中的“多边形工具”按钮，按住Ctrl键绘制一个边数为8的正多边形；然后利用渐变填充工具为其填充渐变颜色，如图15-135所示。

步骤08 单击CorelDRAW工作界面右下角的“轮廓笔”按钮，在弹出的“轮廓笔”对话框中设置“颜色”为深棕色，“宽度”为1.0mm，单击“确定”按钮，如图15-136所示。

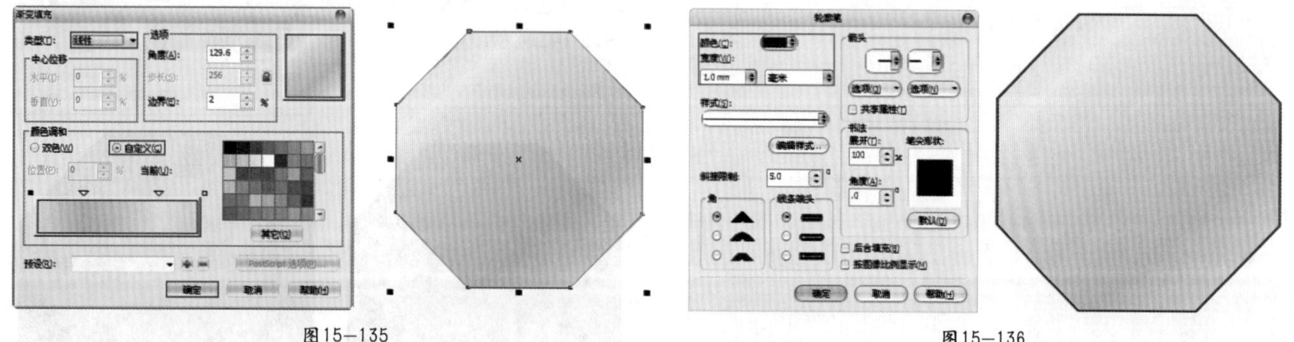

图15—135　　图15—136

步骤09 单击工具箱中的“钢笔工具”按钮，绘制传统花纹边框，并将其填充为深红色，如图15-137所示。

步骤10 继续使用钢笔工具绘制传统吉祥花纹，设置轮廓线宽度为0.5mm，轮廓线颜色为黄色（C：11，M：35，Y：42，K：0），效果如图15-138所示。

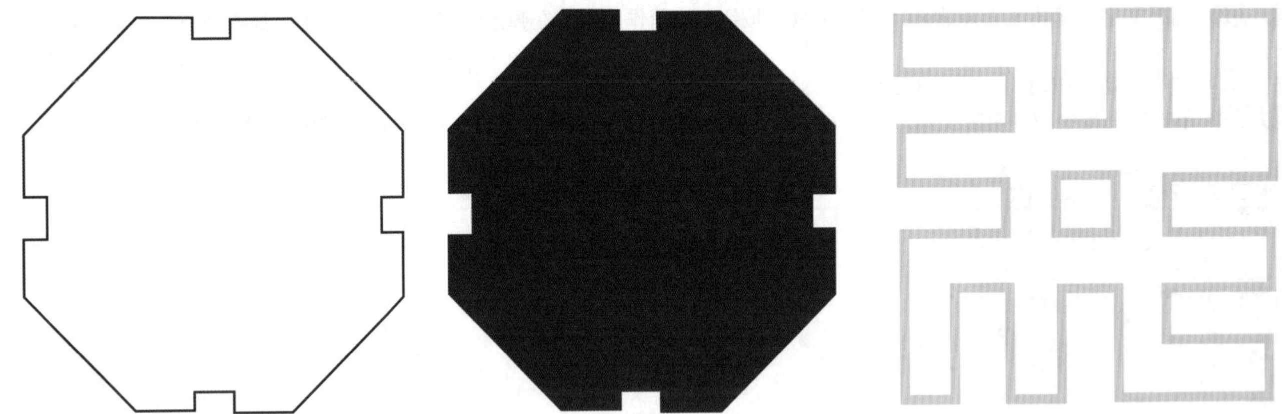

图15—137　　图15—138

步骤11 按Ctrl+C键复制，再按Ctrl+V键粘贴，得到另一个同样的花纹，然后将其平移到右侧；单击工具箱中的“调和工具”按钮，将光标移至左侧花纹上，按住鼠标左键向右侧花纹拖动，在属性栏中设置对象个数为18，如图15-139所示。

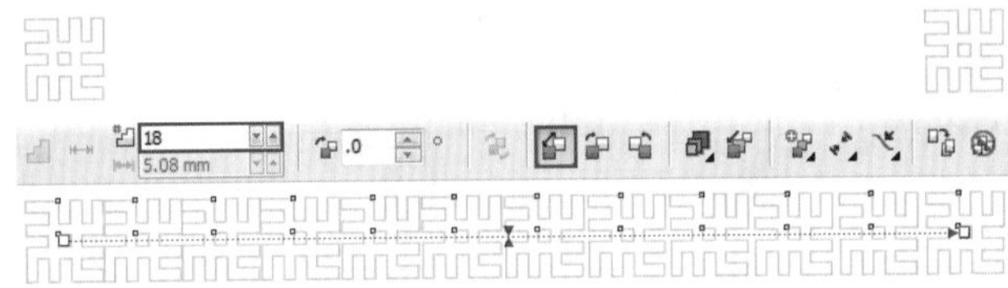

图15—139

步骤12 选择调和后的图形，按Ctrl+C键复制，再按Ctrl+V键粘贴，复制出多组花样纹饰并且进行排列，放置在画面中央作为底纹，如图15-140所示。

图15—140

步骤13 选中花样纹饰，执行“效果>图形精确剪裁>放置在容器中”命令，当光标变为黑色箭头形状时单击深红色边框，将花纹放置在其中，如图15-141所示。

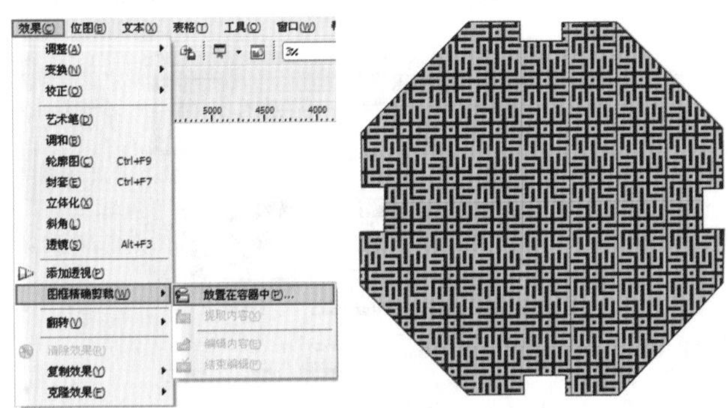

图15—141

步骤14 复制底层金色八边形两次，分别等比例缩放。设置两个八边形的填充色均为红色系渐变，轮廓色一个为深红色，一个为金色，如图15-142所示。

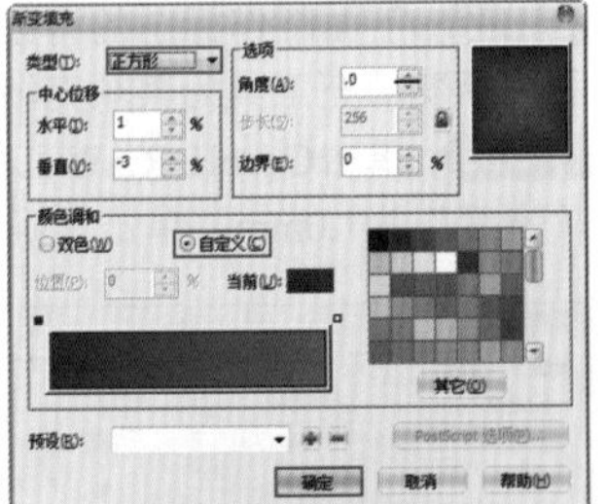

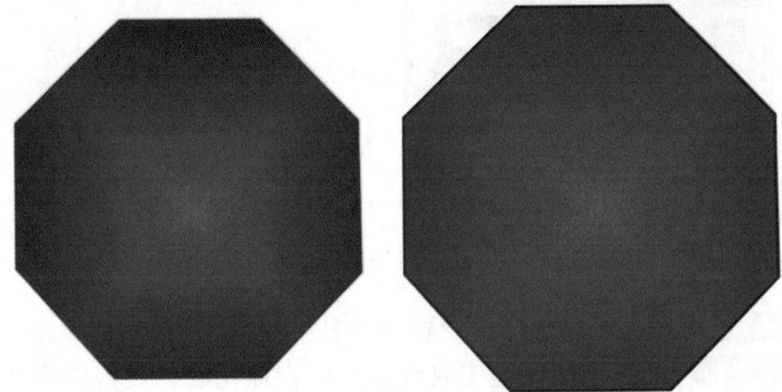

图15—142

步骤15 将绘制的所有图形及文字依次重叠摆放，形成完整的标志部分。单击鼠标右键，在弹出的快捷菜单中执行“群组”命令，或按Ctrl+G键，如图15-143所示。

图15—143

技巧提示

使用“群组”命令可以将多个对象绑定到一起，当成一个整体来处理，这对于保持对象间的位置和空间关系非常有用。此外，利用该命令还可以创建嵌套的群组。

步骤16 执行“文件>导入”命令，分别导入传统花纹素材图，并调整至适当位置与大小，如图15-144所示。

图15—144

步骤17 使用矩形工具绘制一个合适大小的矩形；并将其填充为暗红色。单击工具箱中的“钢笔工具”按钮，在矩形上绘制花纹，并将其填充为黄色，调整至合适位置，如图15-145所示。

步骤18 使用矩形工具绘制一个合适大小的矩形；然在工具箱中单击填充工具组中的“渐变填充”按钮，在弹出的“渐变填充”对话框中设置“类型”为“线性”，“角度”为139，将颜色设置为一种黄色系渐变，单击“确定”按钮，如图15-146所示。

图15—145

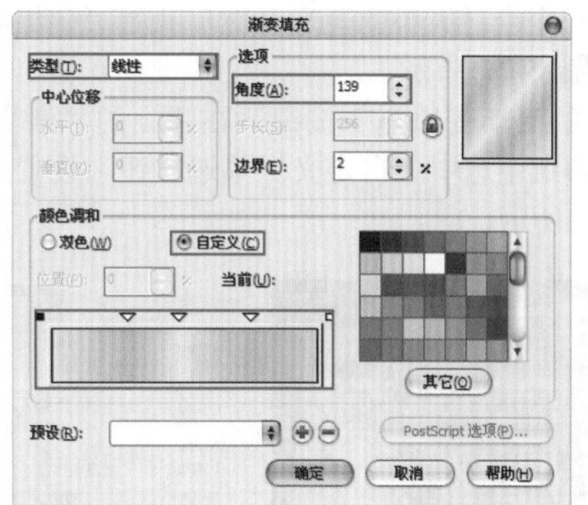

图15—146

步骤19 继续使用矩形工具绘制一个小一些的矩形；然后按住Shift键进行加选，将两个矩形同时选中；单击属性栏中的“移除前面对象”按钮，得到金色边框，如图15-147所示。

步骤20 将之前做好的月饼标志放在月饼盒顶端中心位置，将金色边框放在合适位置，完成月饼盒平面图的制作，如图15-148所示。

图15—147　　图15—148

步骤21 下面开始制作立体效果。导入背景素材图像，调整为合适的大小及位置，如图15-149所示。

步骤22 复制制作完的平面图，执行“效果>添加透视”命令，将光标移至4个角的控制点上，将其按一定透视角度进行调整，如图15-150所示。

图15—149

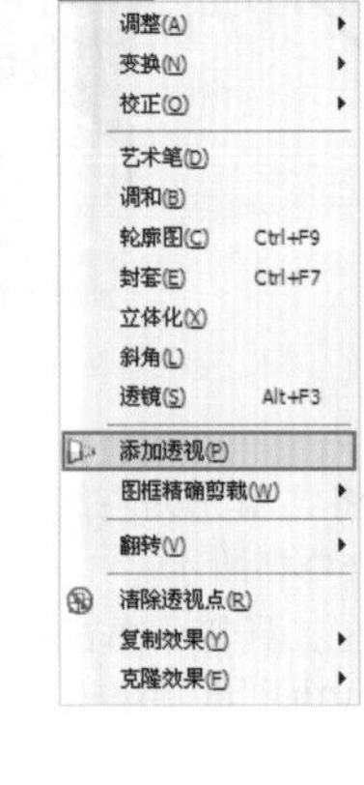

图15—150

步骤23 使用矩形工具在盒子左侧绘制一个合适大小的矩形，然后执行“效果>添加透视”命令，将光标移至4个角的控制点上，将其按一定透视角度进行调整，如图15-151所示。

步骤24 在工具箱中单击填充工具组中的“渐变填充”按钮，在弹出的“渐变填充”对话框中设置“类型”为“线性”，“角度”为-170.5，在“颜色调和”选项组中选中“自定义”单选按钮，设置颜色为一种黄色系渐变，单击“确定”按钮；再设置轮廓线宽度为“无”，如图15-152所示。

图15—151

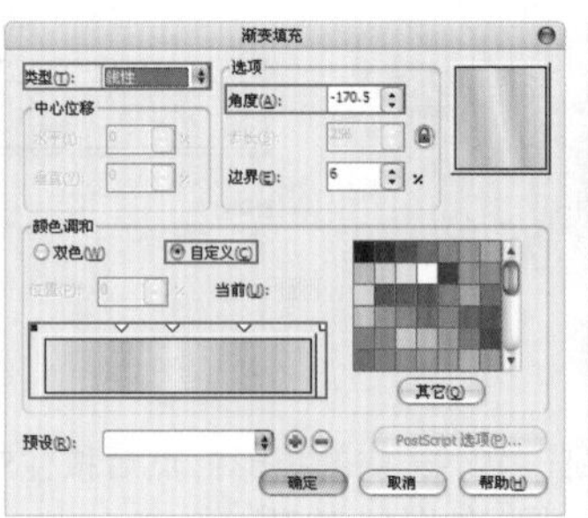

图15—152

步骤25 以同样方法制作红色渐变透视矩形，放在金色渐变矩形的左侧，如图15-153所示。

步骤26 复制黄色渐变的侧面，将其填充为黑色；单击工具箱中的“透明度工具”按钮，在黑色矩形上按住鼠标左键从左向右拖动，制作暗面效果，如图15-154所示。

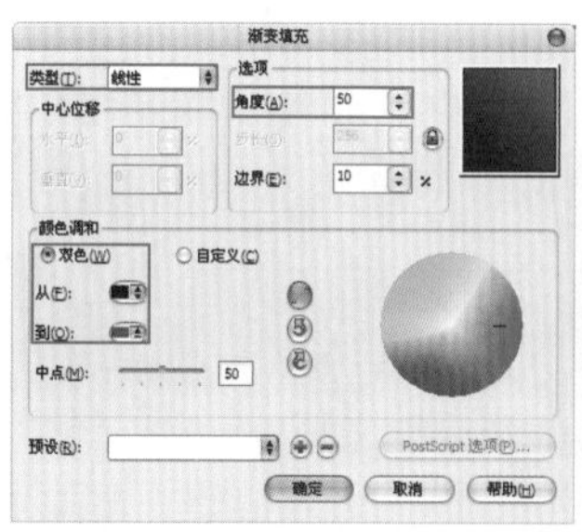

图15—153

图15—154

步骤27 以同样方法为红色矩形制作暗面效果，然后在侧面红色与黄色中间部分绘制一个比较细的切面形状，设置其渐变“类型”为“线性”，“角度”为3，颜色为一种红色到灰色的渐变，如图15-155所示。

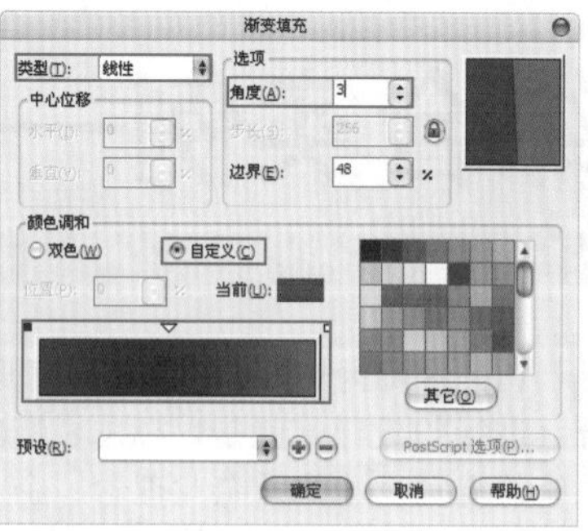

图15—155

步骤28 以同样方法制作侧面与正面之间转角的高光部分，设置其渐变“类型”为“线性”，“角度”为3，颜色为一种灰色到黄色的渐变，如图15-156所示。

步骤29 使用钢笔工具在盒面上绘制一个不规则图形，并将其填充为白色，设置轮廓线宽度为“无”；单击工具箱中的“透明度工具”按钮，在白色图形上由右上角向左下角拖动，为其添加透明度，如图15-157所示。

步骤30 最后导入月饼素材文件，调整为合适的大小及位置，最终效果如图15-158所示。

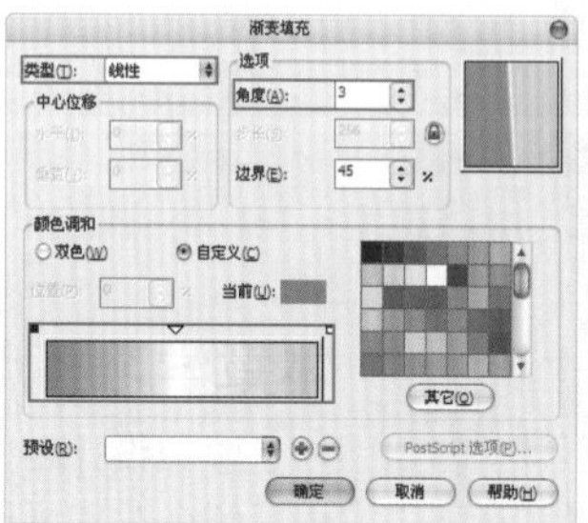

图15—156

图15—157

图15—158

综合实例——企业VI设计

VI的全称为Visual Identity，即视觉识别，是企业形象设计的重要组成部分。进行VI设计，就是以标志、标准字、标准色为核心，创建一套完整的、系统的视觉表达体系企业理念、企业文化、服务内容、企业规范等抽象概念转换为具体记忆和可识别的形象符号，从而塑造出排他性的企业形象。

本章学习要点：

- 了解VI设计相关知识
- 了解企业VI画册主要构成部分
- 了解VI设计基本流程

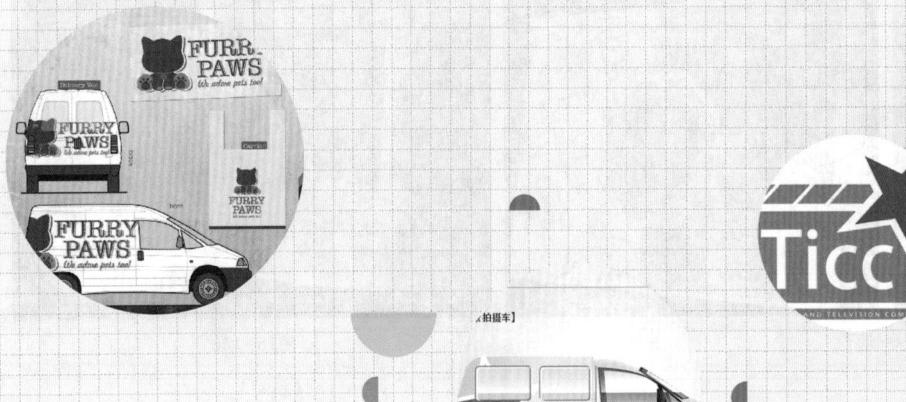

16.1 了解VI设计相关知识

16.1.1 什么是VI

VI的全称为Visual Identity，即视觉识别，是企业形象设计的重要组成部分。进行VI设计，就是以标志、标准字、标准色为核心，创建一套完整的、系统的视觉表达体系，将企业理念、企业文化、服务内容、企业规范等抽象概念转换为具体记忆和可识别的形象符号，从而塑造出排他性的企业形象，如图16-1所示。

图16—1

VI设计的内容主要分为基本要素系统和应用系统两大类。

1. 基本要素系统

- 标志。
- 标准字。
- 标准色。
- 标志和标准字的组合。

2. 应用系统

- 办公用品：信封、信纸、便笺、名片、徽章、工作证、请柬、文件夹、介绍信、账票、备忘录、资料袋、公文表格等。
- 企业外部建筑环境：建筑造型、公司旗帜、企业门面、企业招牌、公共标识牌、路标指示牌、广告塔、霓虹灯广告、庭院美化等。
- 企业内部建筑环境：企业内部各部门标识牌、常用标识牌、楼层标识牌、企业形象牌、旗帜、广告牌、POP广告、货架标牌等。
- 交通工具：轿车、面包车、巴士、货车、工具车、油罐车、轮船、飞机等。
- 服装服饰：经理制服、管理人员制服、员工制服、礼仪制服、文化衫、领带、工作帽、纽扣、肩章、胸卡等。
- 广告媒体：电视广告、杂志广告、报纸广告、网络广告、路牌广告、招贴广告等。
- 产品包装：纸盒包装、纸袋包装、木箱包装、玻璃容器包装、塑料袋包装、金属包装、陶瓷包装、包装纸等。
- 公务礼品：T恤衫、领带、领带夹、打火机、钥匙牌、雨伞、纪念章、礼品袋等。
- 陈列展示：橱窗展示、展览展示、货架商品展示、陈列商品展示等。
- 印刷品：企业简介、商品说明书、产品简介、年历等。

16.1.2 VI设计的一般原则

VI设计的一般原则包括统一性、差异性和民族性。

- 统一性：为了实现企业形象对外传播的一致性与一贯性，应该运用统一设计和统一大众传播，用完美的视觉一体化设计，将信息与认识个性化、明晰化、有序化，把各种形式的传播媒介进行形象统一，创造能储存与传播的统一的企业理念与视觉形象，这样才能集中与强化企业形象，使信息传播更为迅速有效，给社会大众留下强烈的印象与影响力。
- 差异性：为了获得社会大众的认同，企业形象必须是个性化的、与众不同的，因此差异性的原则十分重要。

- 民族性：企业形象的塑造与传播应该依据不同的民族文化进行。美、日等许多企业的崛起和成功，民族文化是其根本的驱动力。例如，驰名于世的麦当劳和肯德基独具特色的企业形象，展现的就是美国生活方式的快餐文化。

16.2 制作影视公司VI画册

案例文件	制作影视公司VI画册.cdr
视频教学	制作影视公司VI画册.flv
难易指数	★★★★★
技术要点	文本工具、矩形工具、图框精确剪裁、手绘工具等

案例效果

本例最终效果如图16-2所示。

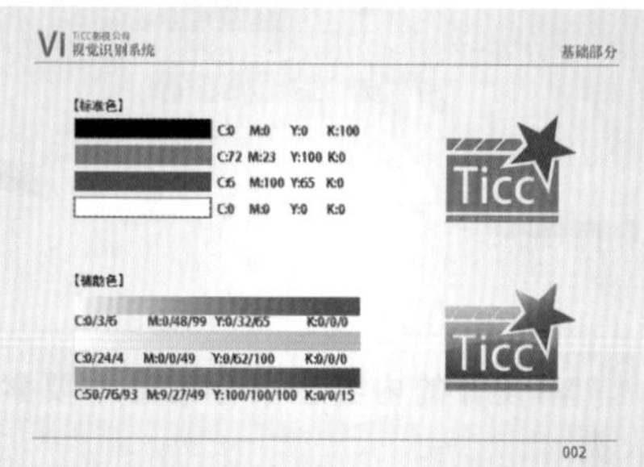

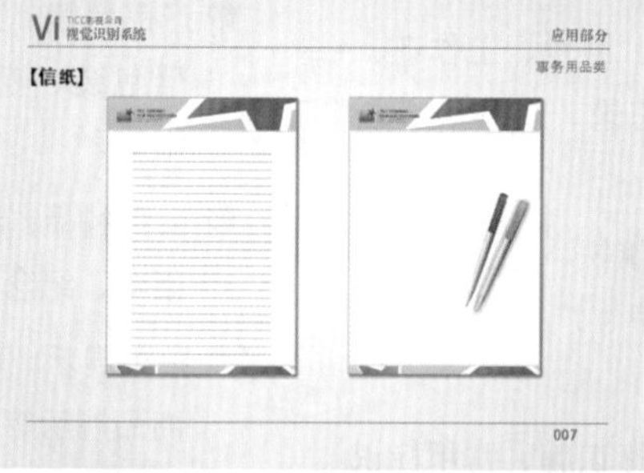

图16-2

16.2.1 画册封面与基本版式设计

案例效果

本部分最终效果如图16-3所示。

图16—3

操作步骤

步骤01 单击工具箱中的“文本工具”按钮，在属性栏中设置字体为“Adobe黑体Std R”，设置字号为300，在画面中单击并输入英文“TICC”、“film”；继续在画面中单击，更改字号后输入“television”，如图16-4所示。

图16—4

步骤02 单击工具箱中的“填充工具”按钮，分别为步骤01输入的英文填充黄绿色、粉色、翠绿色，如图16-5所示。

TICC film television

图16—5

步骤03 选中英文TICC，单击工具箱中的“透明度工具”按钮，在属性栏中设置“透明度类型”为“标准”，“透明度操作”为“常规”，“开始透明度”为30，如图16-6所示。

步骤04 以同样的方法为另外两个单词添加透明效果，“开始透明度”分别设置为50和60。将3组文字重叠摆放在一起，按Ctrl+G键将其进行群组，如图16-7所示。

图16—6　　图16—7

步骤05 单击工具箱中的“矩形工具”按钮，绘制一个合适大小的矩形，覆盖在群组英文上方；选择英文，执行“效果>图框精确剪裁>放置在容器中”命令，当光标变为黑色箭头形状时单击矩形框；再设置轮廓线宽度为“无”，如图16-8所示。

步骤06 使用矩形工具在英文下方绘制两个高度相同但宽度不同的矩形，并分别为其填充绿色和粉红色，设置轮廓线宽度为“无”，如图16-9所示。

步骤07 单击工具箱中的“文本工具”按钮，在英文的右下方分别输入文字“TICC影视公司”、“视觉识别系统”，并设置为合适的字体、大小和颜色；然后在右下角添加公司标志，如图16-10所示。

图16—8

图16—9

图16—10

步骤08 下面进行画册内页标准版式的制作。使用矩形工具绘制一个与页面大小相同的矩形；然后在工具箱中单击填充工具组中的“渐变填充”按钮，在弹出的“渐变填充”对话框中设置“类型”为“辐射”，在“颜色调和”选项组中选中“自定义”单选按钮，设置颜色为一种灰色系渐变，单击“确定”按钮；再设置轮廓线宽度为“无”，如图16-11所示。

步骤09 单击工具箱中“文本工具”按钮，在渐变矩形左上角输入“Vi”，并设置为合适的字体及大小，颜色为灰色。选择Vi单击鼠标右键，在弹出的快捷菜单中执行“转换为曲线”命令，或按Ctrl+Q键，将其转换为曲线，如图16-12所示。

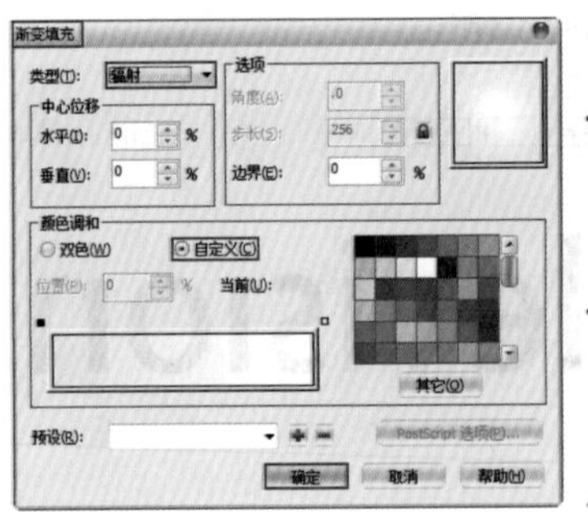

图16—11

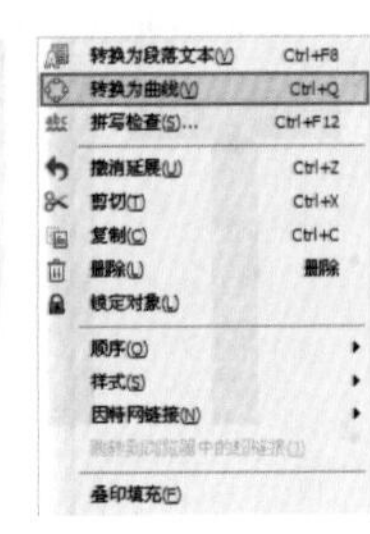

图16—12

步骤10 选择字母“i”上的圆点，按Delete键将其删除；然后使用钢笔工具在字母V上方绘制两个平行四边形，如图16-13所示。

步骤11 单击工具箱中的“形状工具”按钮，在字母“i”顶端添加节点，调整其形状。单击工具箱中的“星形工具”按钮，在字母i上绘制一个合适大小的正五边形，旋转到合适角度，如图16-14所示。

步骤12 将VI移到画面左上角，单击工具箱中的“矩形工具”按钮，在顶部和底部绘制两条矩形分割线，如图16-15所示。

步骤13 使用文本工具在左上角和右上角输入文字，在右下角输入页码；然后使用滴管工具吸取英文Vi的颜色，并赋予当前文字，如图16-16所示。

图16—13

图16—14

图16—15

图16—16

16.2.2 基础部分——标志设计

标志设计在整个视觉识别系统中占有极其重要的位置，不仅可以体现企业的名称和定位，更能够主导整个视觉识别系统的色调和风格。

案例效果

本部分最终效果如图16-17所示。

操作步骤

步骤01 单击工具箱中的“矩形工具”按钮，在画面中绘制一个矩形，如图16-18所示。

步骤02 继续使用矩形工具绘制一个较小的矩形，适当旋转后放在矩形上方，并复制出另外两个，如图16-19所示。

图16—17

图16—18

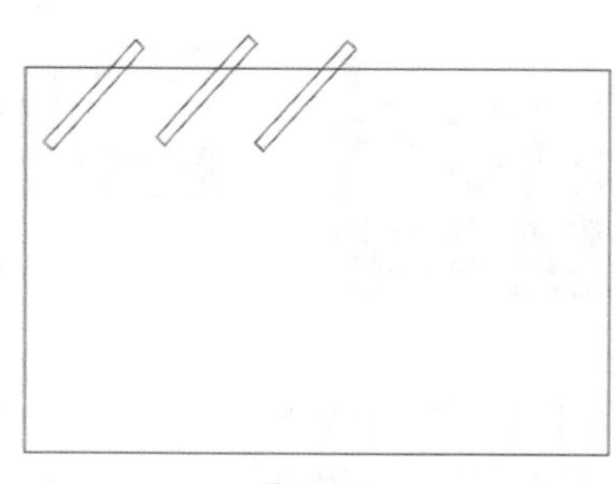

图16—19

步骤03 再次使用矩形工具绘制一个较长的矩形；然后单击工具箱中的“多边形工具”按钮并稍作停留，在弹出下拉列表中单击“星形”按钮，绘制一个五角星；接着双击五角星，旋转到适当的角度；复制绘制出的五角星，适当缩放并移动到画面右侧，如图16-20所示。

步骤04 按住Shift键进行加选，将除了复制的星形以外的图形全部选中，单击属性栏中的“移除前面对象”按钮；然后将之前复制的五角星移动到如图16-21所示的位置。

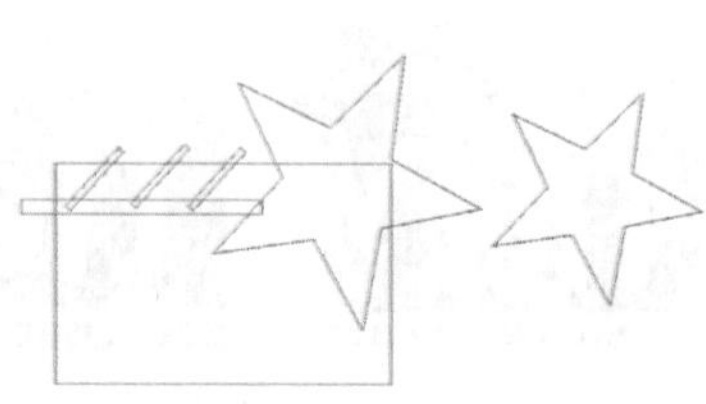

图16—20

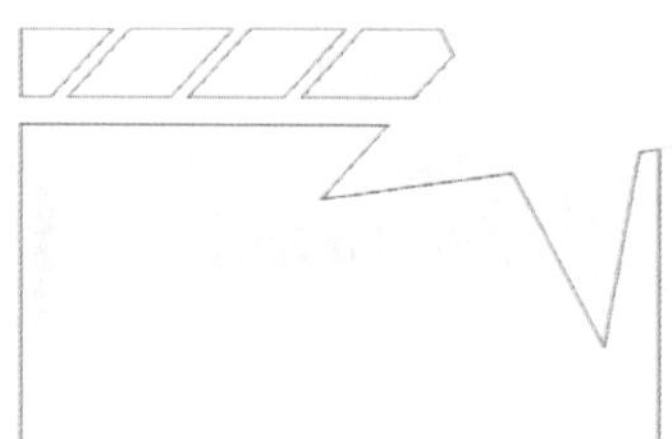

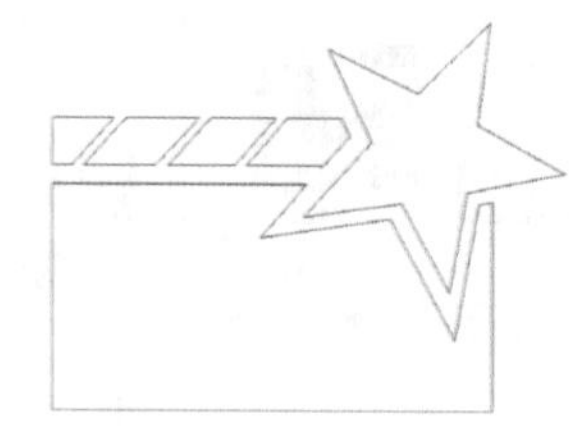

图16—21

步骤05 使用矩形工具在图形的下方绘制一个合适大小的的矩形，然后选择除星形以外的部分，单击鼠标右键，在弹出的快捷菜单中执行“合并”命令，如图16-22所示。

步骤06 单击工具箱中的“文本工具”按钮，在标志上分别输入“TICC”和“TICC FILM AND TELEVISION COMPANY”，设置为合适的字体及大小。选中文字及其底图部分，单击属性栏中的“移除前面对象”按钮，得到镂空效果，如图16-23所示。

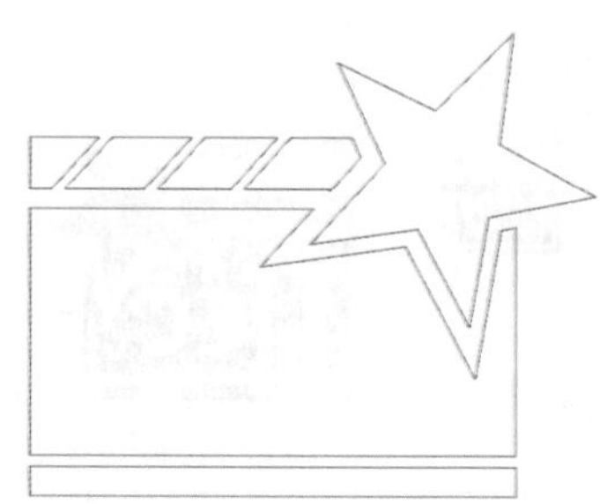

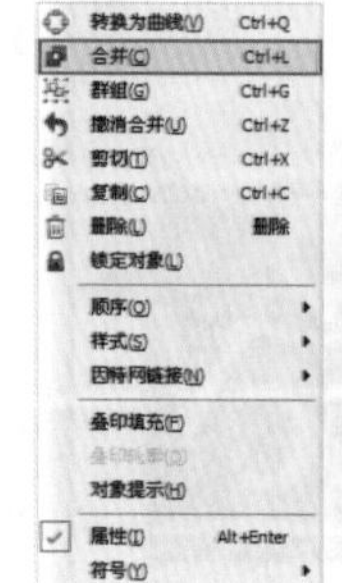

图16—22

图16—23

步骤07 单击工具箱中的“填充工具”按钮，分别为标志的不同区域填充颜色。至此，标志的制作就完成了，标志上的颜色也就是后面要用到的标准色，如图16-24所示。

步骤08 下面制作标志的特殊效果。选择主体部分，单击工具箱中的“填充工具”按钮并稍作停留，在弹出的下拉列表中单击“渐变填充”按钮，在弹出的“渐变填充”对话框中设置“类型”为“线性”，在“颜色调和”选项组中选中“自定义”单选按钮，设置颜色为一种由翠绿色到黄绿色的渐变，单击“确定”按钮，如图16-25所示。

步骤09 复制标志主体部分；单击工具箱中的“椭圆形工具”按钮，在复制出的标志下方绘制一个合适大小的椭圆形；选中复制出的主体部分与椭圆形，单击属性栏中的“移除前面对象”按钮，如图16-26所示。

图16—24

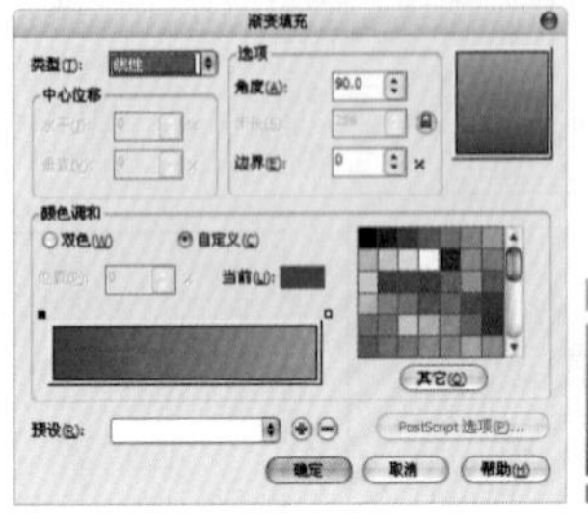

图16—25

图16—26

步骤10 选中得到的图形，单击工具箱中的“填充工具”按钮并稍作停留，在弹出的下拉列表中单击 “渐变填充”按钮，在弹出的“渐变填充”对话框中设置“类型”为“线性”，在“颜色调和”选项组中选中“自定义”单选按钮，设置颜色为一种由绿色到白色的渐变，单击“确定”按钮，如图16-27所示。

步骤11 单击工具箱中的“透明度工具”按钮，在渐变标志上按住鼠标左键由上到下拖动；将具有透明度的渐变光泽放置在原标志上，制作标志的光泽质感；以同样方法制作出星形的高光效果，如图16-28所示。

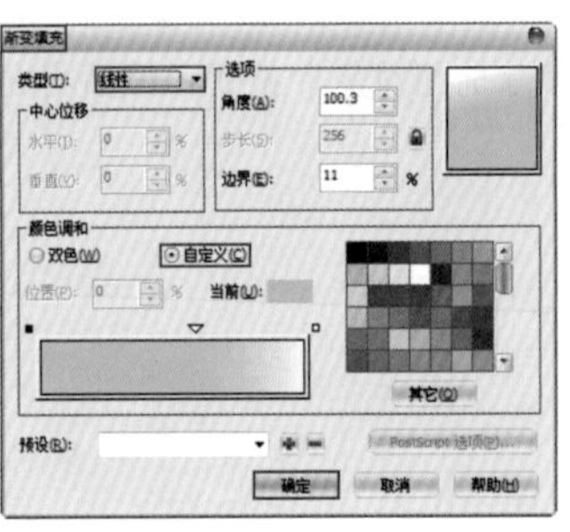

图16—27

图16—28

步骤12 复制标志的底色部分；然后单击鼠标右键，在弹出的快捷菜单中执行“群组”命令；再将复制的图形填充为灰色；接着单击工具箱中的“阴影工具”按钮，在灰色标志上按住鼠标左键由左上角向右下角拖动，为其添加阴影效果，如图16-29所示。

步骤13 将带有阴影的标志与彩色标志重叠；单击鼠标右键，在弹出的快捷菜单中多次执行“顺序>向后一层”命令，或按Ctrl+Page Down键，将其放置在彩色标志后，如图16-30所示。

步骤14 复制之前创建的基本版式，然后将两种效果的标志依次摆放在页面中，再使用文本工具输入相应文字，如图16-31所示。

图16—29

图16—30

图16—31

16.2.3 基础部分——标准色与辅助色

标准色是指企业为塑造独特的企业形象而确定的某一特定的色彩或一组色彩系统，运用在所有的视觉传达媒体上，通过色彩特有的知觉刺激与心理反应，表达企业的经营理念和产品服务的特质；辅助色则主要起到衬托作用，辅助表现企业理念和象征意义。标准色和辅助色配合使用，可以极大地增强企业形象的表现力。在此需注意的是，只有在标准色无法更好地表达时候才会用到辅助色。

案例效果

本部分最终效果如图16-32所示。

操作步骤

步骤01 复制基本版式，将页面右下角的页码“001”改为“002”，如图16-33所示。

步骤02 使用文本工具在页面左上方输入文字“标准色”，设置为合适的字体、大小和颜色；然后以同样方法在中间部位输入文字“辅助色”，如图16-34所示。

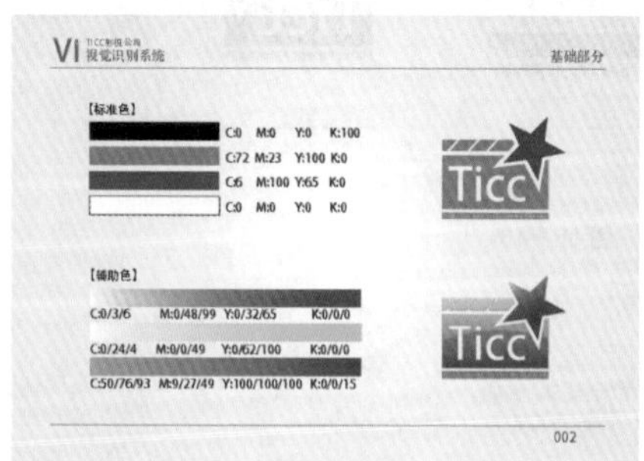

图16—32

图16—33

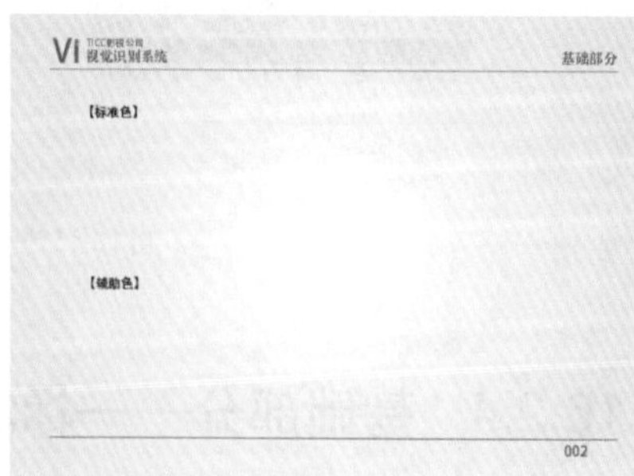

图16—34

步骤03 单击工具箱中的“矩形工具”按钮，在“标准色”下方绘制一个合适大小的矩形，并将其填充为黑色（C：0，M：0，Y：0，K：100），设置轮廓线宽度为“无”。多次复制黑色矩形，依次向下移动，并分别填充为绿色（C：72，M：23，Y：100，K：0）、玫红色（C：6，M：100，Y：65，K：0）和白色（C：0，M：0，Y：0，K： 0），如图16-35所示。

步骤04 单击工具箱中的“文本工具”按钮，分别在各矩形右侧输入与其颜色相应的CMYK颜色值，作为标准色的说明性文字，如图16-36所示。

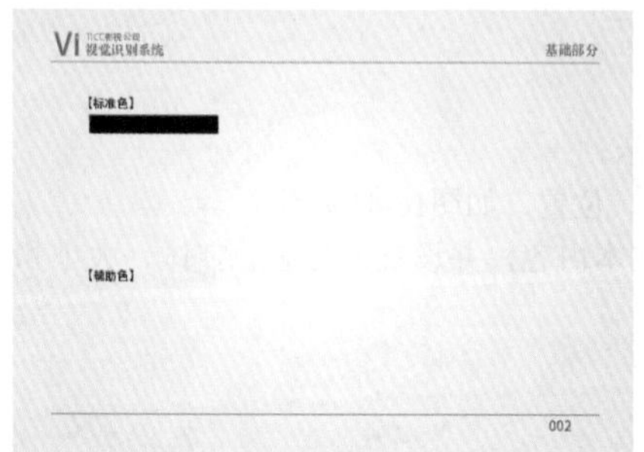

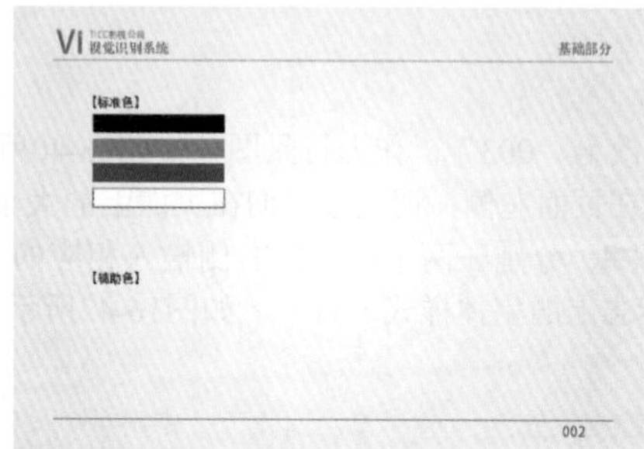

图16—35

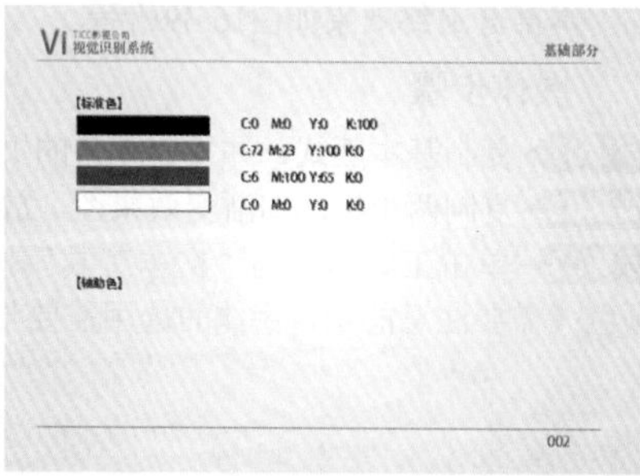

图16—36

技巧提示

为了使复制的对象均匀排布，可以加选需要对齐的对象，执行“排列>对齐和分布>对齐与分布”命令，在弹出的“对齐与分布”对话框中适当调整对象的对齐方式。

步骤05 以同样方法，使用矩形工具绘制3个较长的矩形作为辅助色；然后利用滴管工具吸取标志上的3种渐变效果，并依次赋予3个矩形；接着使用文本工具在渐变矩形下方输入CMYK值，如图16-37所示。

步骤06 复制标志及其渐变效果图，放置在标准色条和辅助色条的右侧，调整好它们在页面上的大小、位置，如图16-38所示。

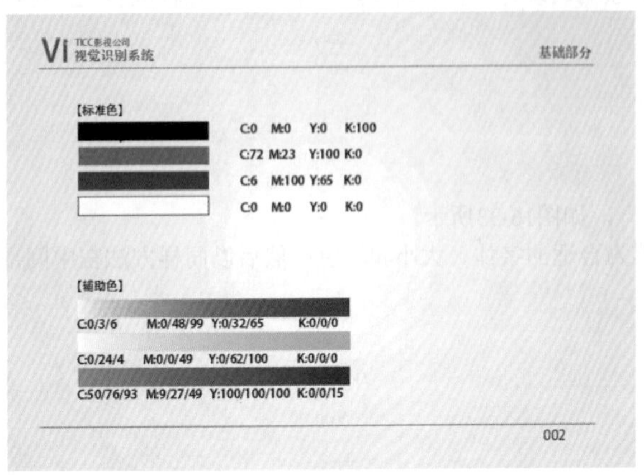

图16—37

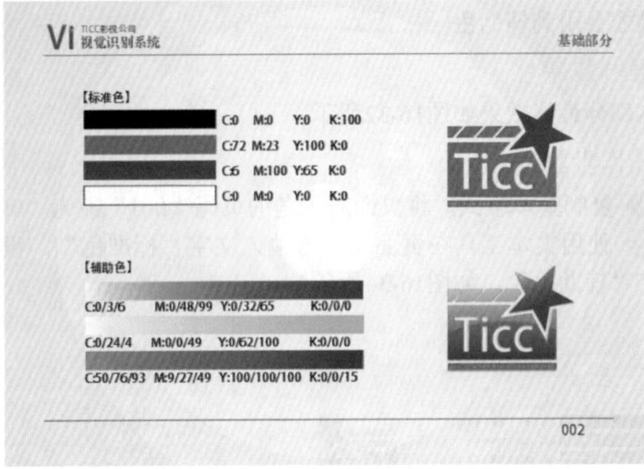

图16—38

16.2.4 基础部分——标准组合

基本要素的组合方式包括横向组合、纵向组合、特殊组合等多种。根据具体媒体的规格与排列方向，而设计的横排、竖排、大小、方向等不同形式的组合方式。并且需要对企业标志同其他要素之间的比例尺寸、间距方向、位置关系等进行设计。 标志同其他要素的组合方式，常有以下形式：

- 标志同企业中文全称或简称的组合。
- 标志同品牌名称的组合。
- 标志同企业英文名称全称或略称的组合。
- 标志同企业名称或品牌名称及企业选型的组合。
- 标志同企业名称或品牌名称及企业宣传口号、广告语等的组合。

案例效果

本部分最终效果如图16-39所示。

操作步骤

步骤01 复制基本版式，并将右下角的页码改为“003”，作为背景图，如图16-40所示。

步骤02 复制两个标志的渐变效果图，放置在页面左侧，调整好它们在页面上的大小、位置，如图16-41所示。

步骤03 单击工具箱中的“文本工具”按钮字，分别在两个标志的右侧输入相应的文本内容，并设置为合适的字体、大小和颜色（需要注意的是，字体的选用需要与标志上的字体样式一致），如图16-42所示。

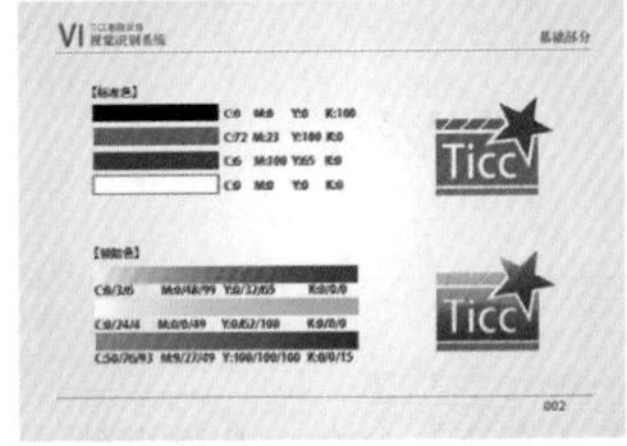

图16—39

图16—40

图16—41

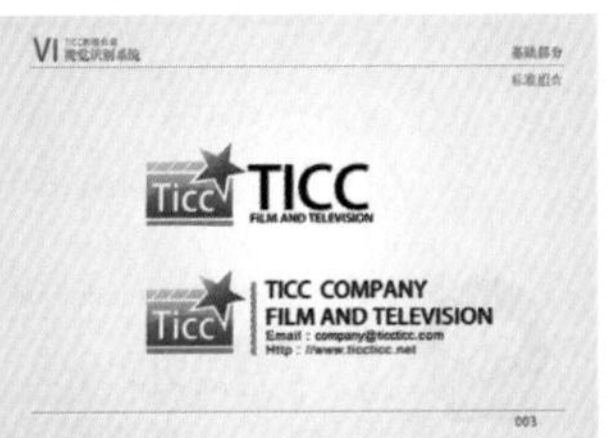

图16—42

16.2.5 基础部分——墨稿与反白稿

墨稿就是黑白稿，也称为阳图，主体里的线条、色块为黑色；反白稿又称阴图，是指主体里的线条、色块为白色。

案例效果

本部分最终效果如图16-43所示。

操作步骤

步骤01 复制基本版式，将页面右下角的页码改为“004”，将该页面作为背景图，如图16-44所示。

步骤02 复制基本标志，放置在页面左侧，然后通过调色板设置其填充色为黑色，并调整好它在页面上的大小、位置，如图16-45所示。

图16-43

图16-44

图16-45

步骤03 使用矩形工具在页面的右侧绘制一个合适大小的黑色矩形；然后复制标志将其放置在黑色矩形上方；再将标志填充为白色，使其在黑色矩形上产生反白效果，如图16-46所示。

步骤04 使用文本工具分别在页面上的两个标志下方输入文字“墨稿”、“反白稿”，并设置好字体、大小和颜色，如图16-47所示。

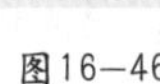

图16-46

图16-47

16.2.6 应用部分——名片

案例效果

本部分最终效果如图16-48所示。

操作步骤

步骤01 复制基本版式，将页面右下角的页码改为“005”，将该页面作为背景图，如图16-49所示。

步骤02 使用文本工具在页面左上方输入文字“名片”，并设置为合适的字体、大小和颜色，如图16-50所示。

图16—48

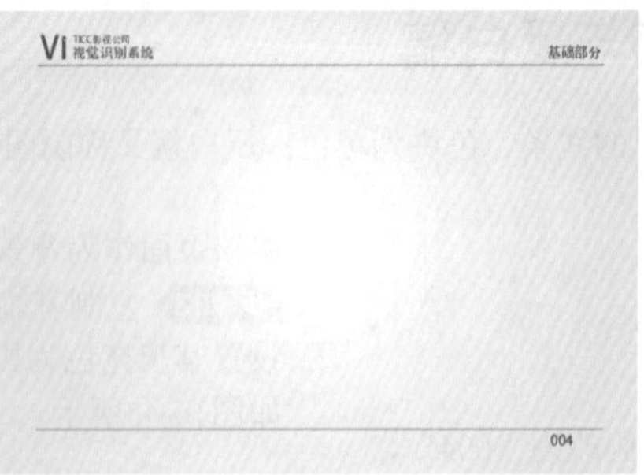

图16—49

图16—50

步骤03 单击工具箱中的“矩形工具”按钮□，绘制一个合适大小的矩形；在工具箱中单击填充工具组中的“渐变填充”按钮，在弹出的“渐变填充”对话框中设置“类型”为“线性”，“角度”为96.5，将颜色设置为一种绿色系渐变，单击“确定”按钮；再设置轮廓线宽度为“无”，如图16-51所示。

步骤04 使用与制作标志部分相同的方法绘制一个带有高光效果的粉红色五角星，然后将其进行复制，再将复制出的五角星填充为白色，放置在粉红色五角星下一层，如图16-52所示。

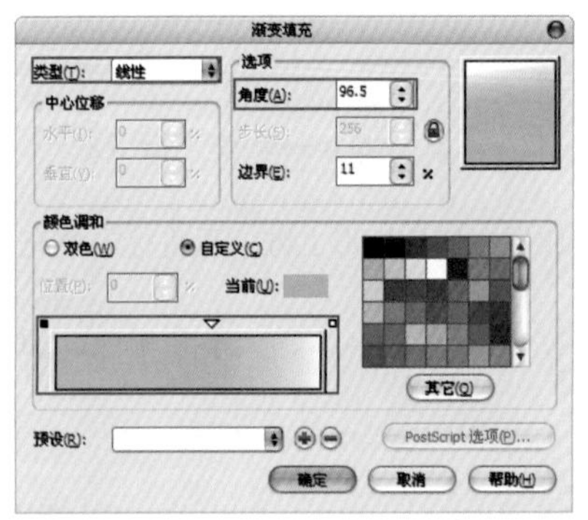

图16—51

图16—52

技巧提示

此处的五角星与标志部分是相同的，因此复制标志部分的星形，缩放到合适大小后摆放在绿色矩形上，更改颜色即可。

步骤05 使用矩形工具绘制一个合适大小的矩形；然后选择制作的渐变矩形及五角星，执行“效果>图框精确剪裁>放置在容器中”命令，当光标变为黑色箭头形状时单击矩形框；再设置轮廓线宽度为“无”，如图16-53所示。

步骤06 绘制一个合适大小的矩形，并将其填充为灰色，设置轮廓线宽度为“无”；多次执行“顺序>向后一层”命令，将其放置在名片后，制作出阴影效果。至此，名片背景图案制作完成，如图16-54所示。

图16—53

图16—54

步骤07 复制名片背景，将其放置在页面右侧，作为名片的背面；单击工具箱中的“文本工具”按钮字，分别在名片的正面和背面输入姓名、电话、地址等，并设置为合适的字体及大小，如图16-55所示。

步骤08 复制标志，分别放在名片中合适的位置，如图16-56所示。

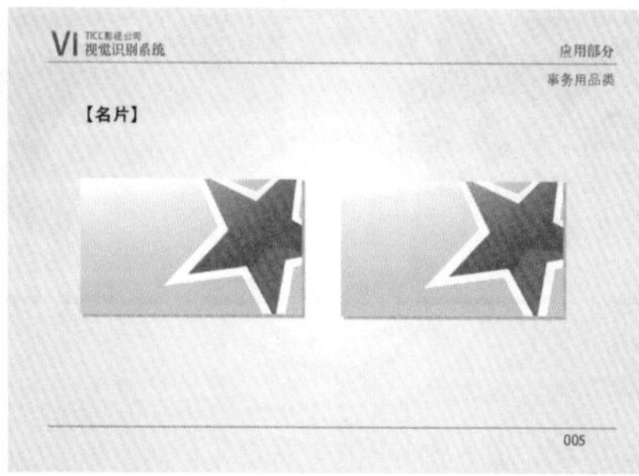

图16—55

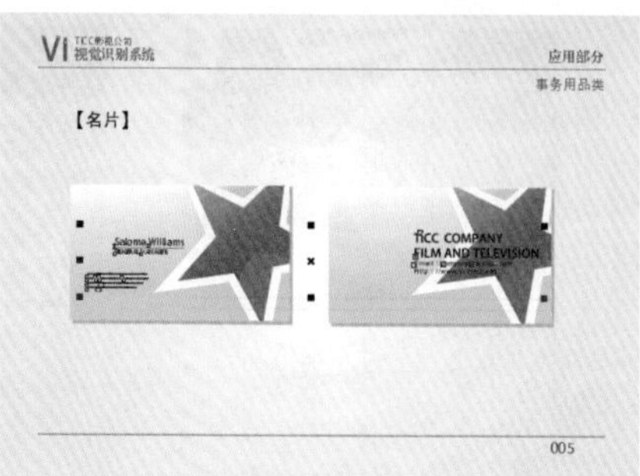

图16—56

16.2.7 应用部分——信封、明信片

案例效果

本部分最终效果如图16-57所示。

操作步骤

步骤01 复制基本版式，将页面右下角的页码改为“006”，将该页面作为背景图。单击工具箱中的“文本工具”按钮字，在页面左上方输入文字“信封/明信片”，并设置为合适的字体、大小和颜色，如图16-58所示。

步骤02 导入标准信封/明信片格式素材文件，如图16-59所示。

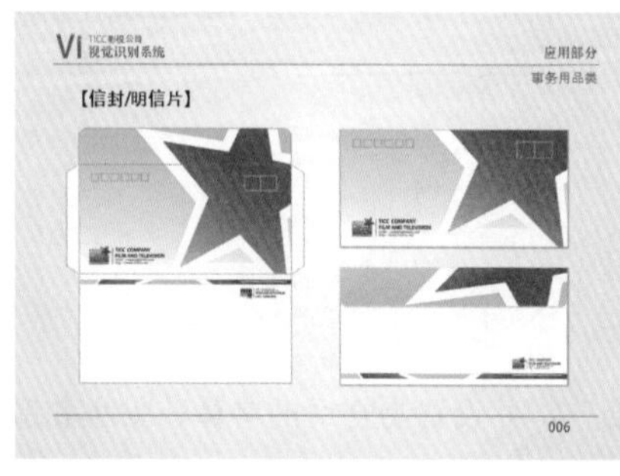

图16—57

图16—58

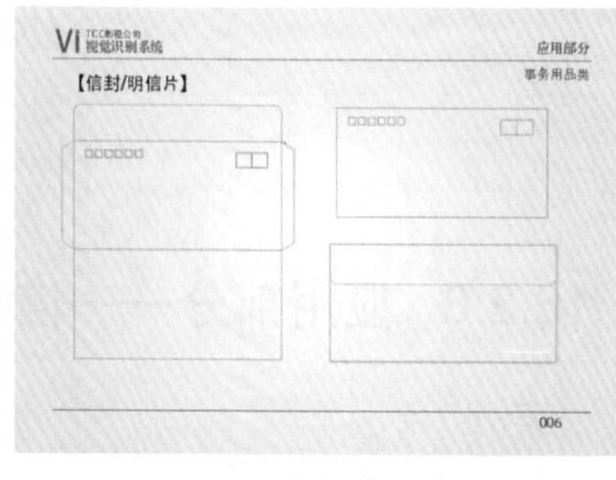

图16—59

步骤03 在信封展开图上绘制一个矩形，在属性栏中取消圆角锁定，设置顶部两个圆角半径为0.14，如图16-60所示。

步骤04 复制之前绘制的名片背景图，适当更改颜色，缩放到合适尺寸后摆放在信封上；执行“效果>图框精确剪裁>放置在容器中”命令，单击刚刚绘制的图形；接着多次执行“顺序>向后一层”命令，或按Ctrl+Page Down键，将其放置在底部，如图16-61所示。

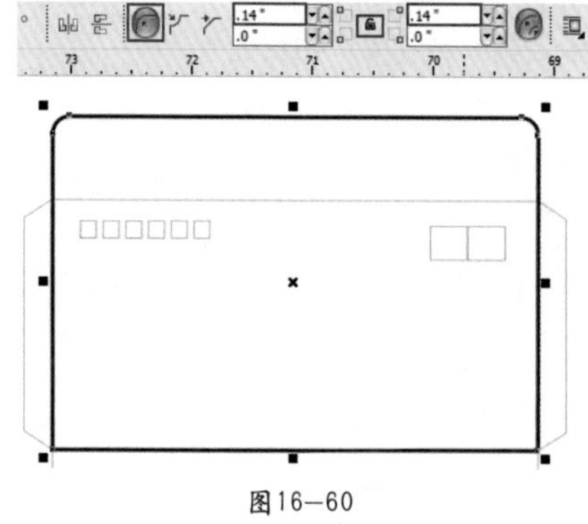

图16—60

图16—61

步骤05 使用矩形工具在下半部分绘制一个细长的矩形；然后再次复制背景内容；接着执行“效果>图框精确剪裁>放置在容器中”命令，将背景图置入其中，如图16-62所示。

步骤06 以同样的方法制作另外两部分，如图16-63所示。

图16—62

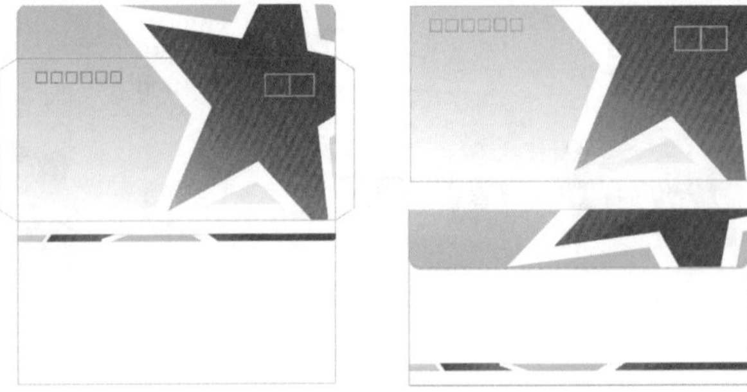

图16—63

步骤07 使用文本工具在信封上输入联系方式，并设置为合适的字体及大小，如图16-64所示。

读书笔记

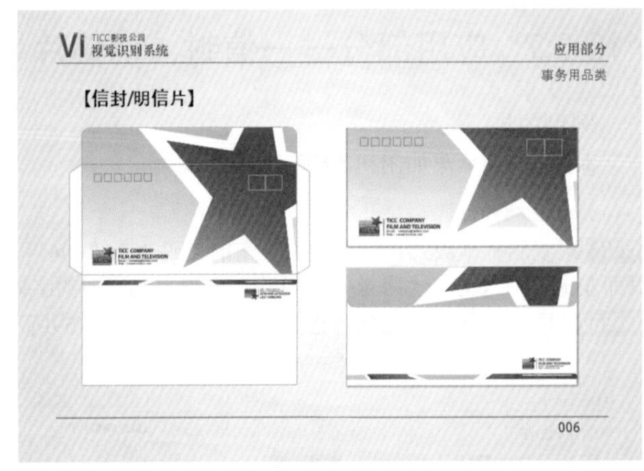

图16—64

16.2.8 应用部分——信纸

案例效果

本部分最终效果如图16-65所示。

操作步骤

步骤01 复制基本版式，将页面右下角的页码改为“007”。单击工具箱中的“文本工具”按钮字，在页面左上方输入文字“信纸”，并设置为合适的字体、大小和颜色，如图16-66所示。

步骤02 使用矩形工具绘制信纸的轮廓（为了显示信纸的厚度，可以重叠绘制多个矩形，并将它们排列整齐），然后使用阴影工具在信纸的后面制作出阴影效果，再复制信纸并移动到左侧，如图16-67所示。

图16—65

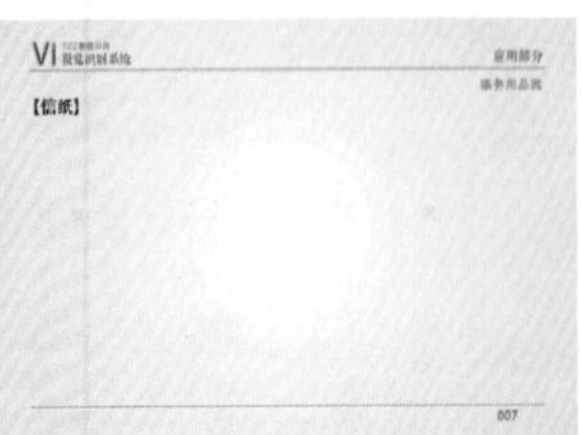

图16—66

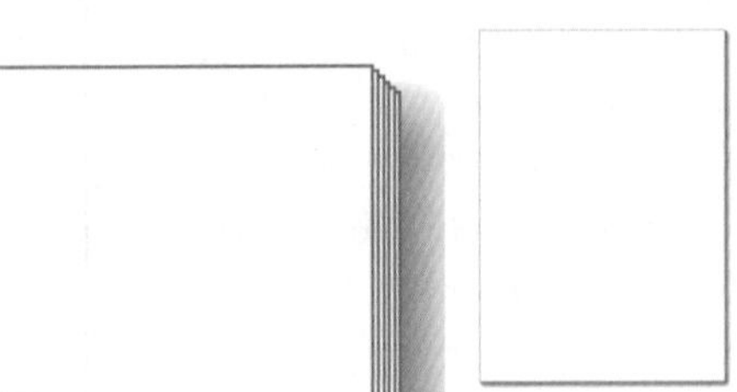

图16—67

步骤03 复制背景部分，然后使用矩形工具绘制一个合适大小的矩形，执行“效果>图框精确剪裁>放置在容器中”命令，将复制的背景图置入到矩形框内；再设置轮廓线宽度为“无”，并将其移动到信纸的顶部合适位置；以同样的方法制作底部，如图16-68所示。

图16-68

技巧提示

底部的花纹与顶部稍有不同，在制作时可以复制背景上的星形，并继续进行图框精确剪裁即可，如图16-69所示。

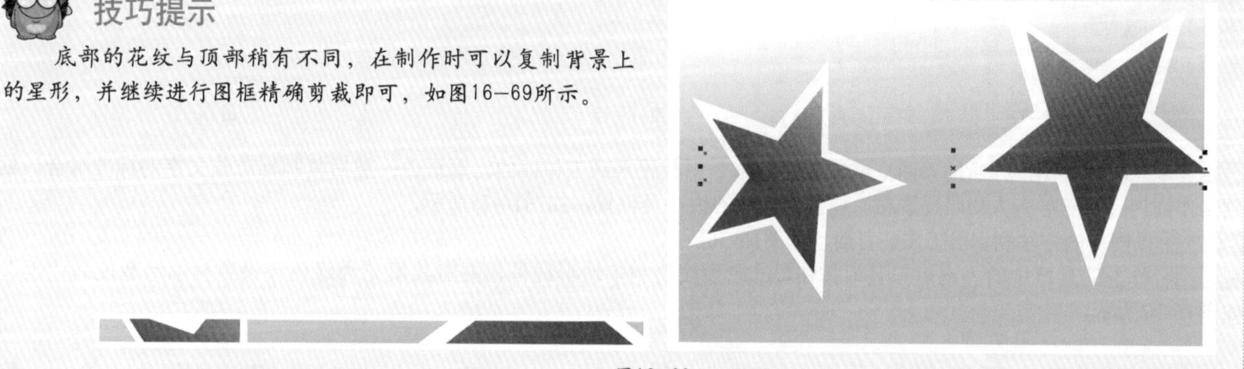

图16-69

步骤04 复制标志与文字的标准组合，粘贴到信纸上。使用2点线工具在信纸上按住Shift键绘制水平的线，然后复制出多条线并进行对齐分布，摆放在信纸页面中，如图16-70所示。

步骤05 导入笔素材文件，调整为合适的大小及位置，如图16-71所示。

图16-70

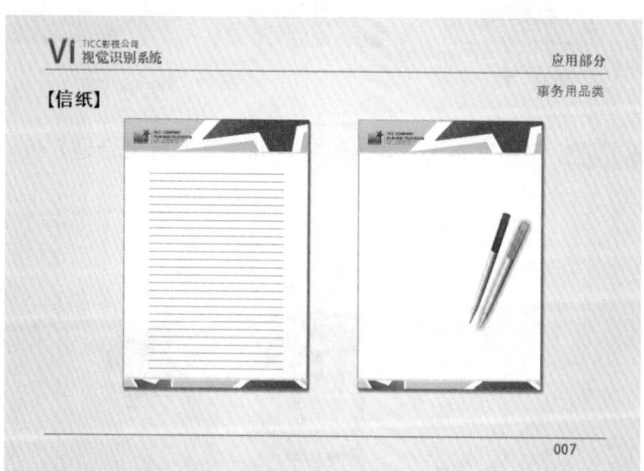

图16-71

16.2.9 应用部分——工作证

案例效果

本部分最终效果如图16-72所示。

操作步骤

步骤01 复制基本版式，将页面右下角的页码改为"008"。单击工具箱中的"文本工具"按钮字，在页面左上方输入文字"工作证"，并设置为合适的字体、大小和颜色，如图16-73所示。

步骤02 使用矩形工具绘制工作证正、反两面的轮廓，在属性栏中设置"圆角半径"值为0.1；以用同样的方法绘制出工作证打孔处，在属性栏中设置"圆角半径"为0.8；选中两个圆角矩形，单击属性栏中的"移除前面对象"按钮，制作出镂空效果，如图16-74所示。

图16-72

图16-73

图16-74

步骤03 复制背景图，并通过"图框精确裁剪"命令将其置入到工作证的轮廓框内；然后复制标志与文字的标准组合，粘贴到工作证内；接着导入人物照片素材，调整为合适的大小及位置，如图16-75所示。

步骤04 以同样的方法制作出工作证背面，如图16-76所示。

步骤05 单击工具箱中的"钢笔工具"按钮，在顶端绘制多边形线框，并将其填充为绿色，设置轮廓笔宽度为"无"，如图16-77所示。

图16-75

图16-76

图16-77

步骤06 使用文本工具输入文字，并将其旋转至合适角度，如图16-78所示。

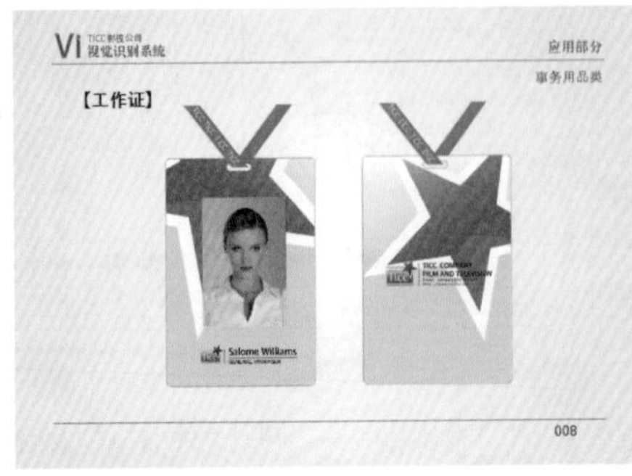

图16-78

16.2.10 应用部分——事务类用品

案例效果

本部分最终效果如图16-79所示。

操作步骤

步骤01 复制基本版式，将页面右下角的页码改为“009”。单击工具箱中的“文本工具”按钮字，在页面左上方输入文字“光盘”，并调整为合适的字体及大小，如图16-80所示。

步骤02 导入光盘和光盘盒位图素材，调整为合适的大小及位置，如图16-81所示。

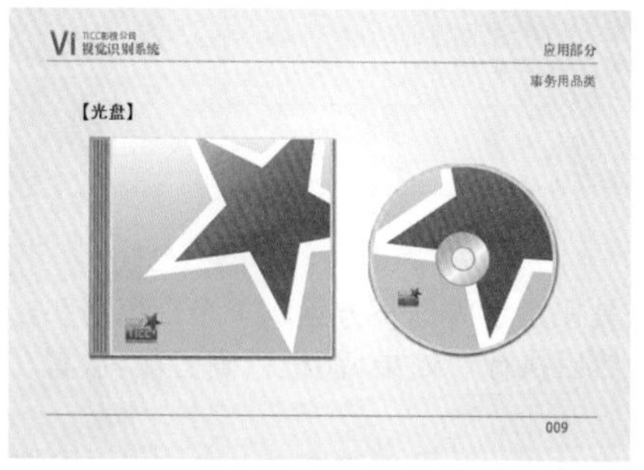

图16—79

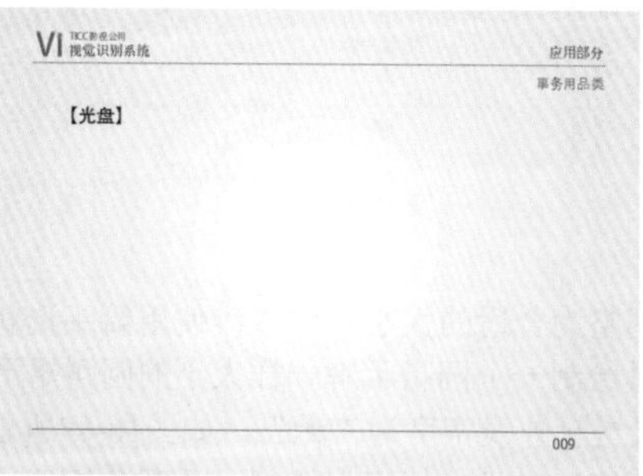

图16—80

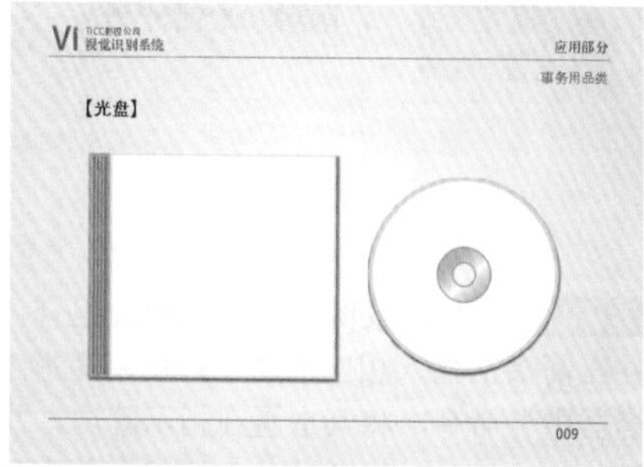

图16—81

步骤03 使用矩形工具在光盘盒上绘制一个矩形，如图16-82所示。

步骤04 使用椭圆形工具在光盘上绘制两个同心圆，然后将其同时选中，单击属性栏中的“移除前面对象”按钮，如图16-83所示。

步骤05 复制背景图，缩放到合适大小后摆放在光盘盒和光盘上；依次执行“效果>图框精确剪裁>放置在容器中”命令，将之前制作的辅助图形置入到绘制的图形中，如图16-84所示。

步骤06 复制标志并摆放在相应位置，如图16-85所示。

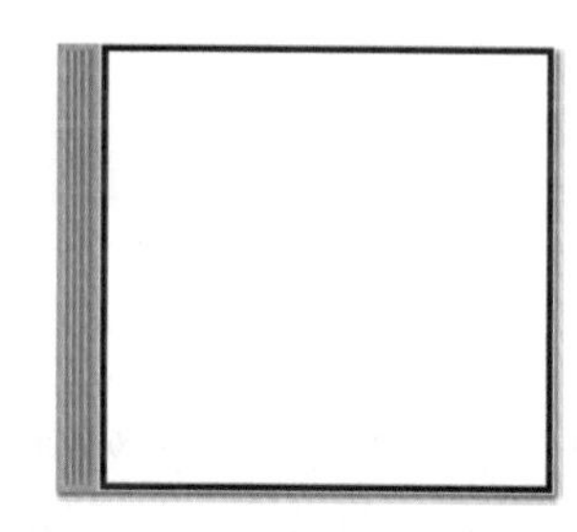

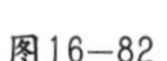

图16—82

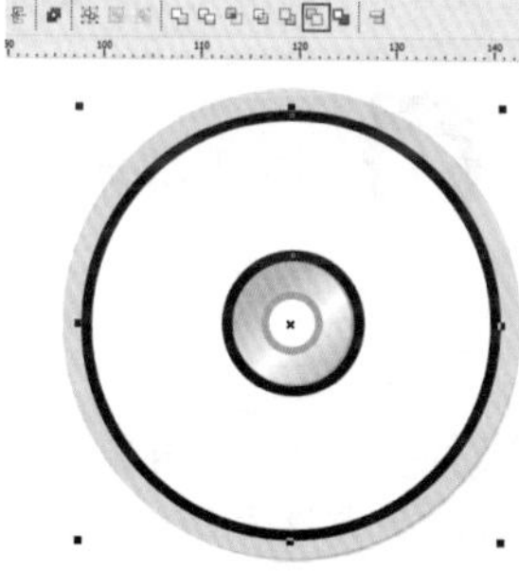

图16—83

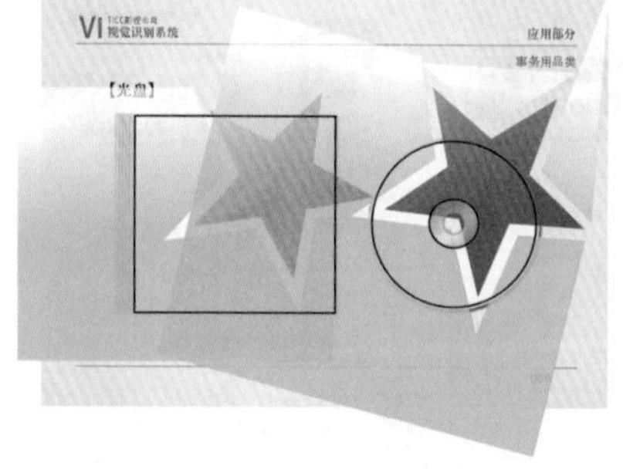

图16—84

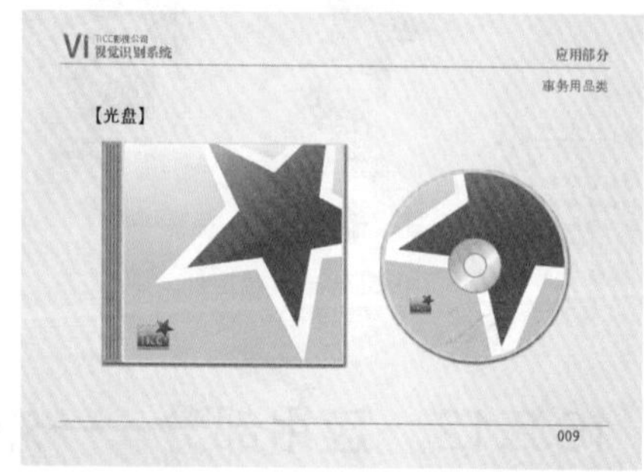

图16—85

16.2.11 应用部分——环境标识

案例效果

本部分最终效果如图16-86所示。

操作步骤

步骤01 复制基本版式，将页面右下角的页码改为“010”。单击工具箱中的“文本工具”按钮字，在页面上分别输入文字“指示牌”、“区域分布标识”和“背景墙”，并设置为合适的字体及大小，如图16-87所示。

步骤02 导入指示牌、区域分布标识素材图像，并调整为合适的大小及位置；然后使用矩形工具在文字“背景墙”的下方绘制背景墙的轮廓，如图16-88所示。

图16—86

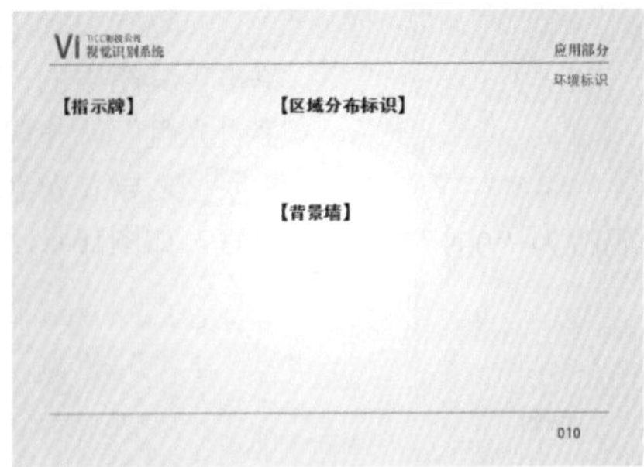

图16—87

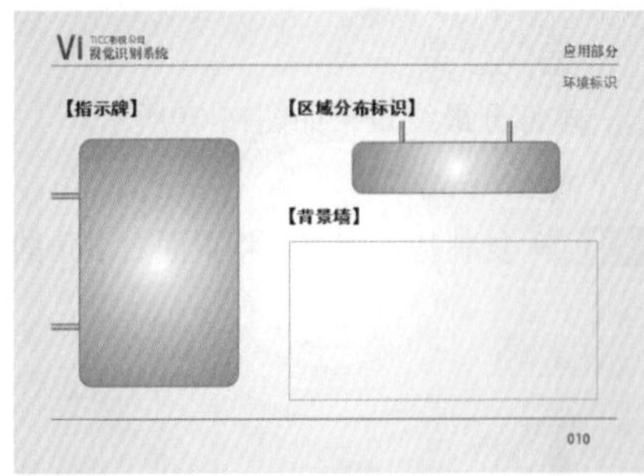

图16—88

步骤03 复制背景图和标志的标准组合，调整为合适的大小及位置；使用箭头形状工具在指示牌的下方绘制一个白色箭头，并在箭头上输入相应的文字；使用矩形工具绘制一个同指示牌一样大小的圆角矩形，然后执行“效果>图框精确剪裁>放置在容器中”命令，将其放置在指示牌内，并设置轮廓线宽度为“无”，如图16-89所示。

步骤04 下面制作区域分布标识。首先使用矩形工具在标识上绘制一个圆角矩形，然后复制、粘贴背景到当前区域内；使用矩形工具在圆角矩形的上半部分绘制一个矩形，再使用属性滴管工具吸取标志上的深绿色渐变并赋予此矩形；使用文本工具在其中输入相应文字，如图16-90所示。

技巧提示

添加完这些内容后，需要将其放置在圆角矩形下方。

步骤05 选择这些内容，执行“效果>图框精确剪裁>放置在容器中”命令，将其置入绘制的圆角矩形中，如图16-91所示。

步骤06 背景墙的制作方法与名片相似，可以复制名片部分并进行适当修改，如图16-92所示。

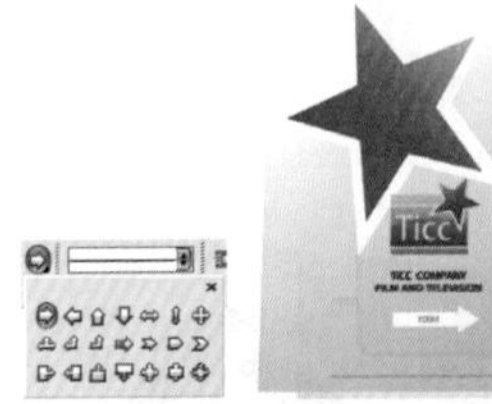

图16—89

图16—90

图16—91

图16—92

16.2.12 应用部分——外景拍摄车

案例效果

本部分最终效果如图16-93所示。

操作步骤

步骤01 复制基本版式，将页面右下角的页码改为“011”。单击工具箱中的“文本工具”按钮字，在页面左上方输入文字“外景拍摄车”，并设置为合适的字体及大小，如图16-94所示。

步骤02 导入外景拍摄车素材图像，调整格式、大小及位置，如图16-95所示。

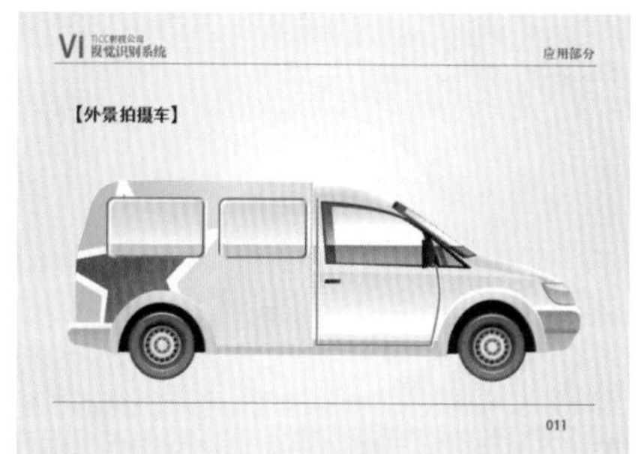

图16—93

图16—94

图16—95

步骤03 再次复制背景图，粘贴到车体上并缩放到合适大小，然后使用透明度工具为其添加透明效果，使之与车体能够更好地融合，如图16-96所示。

步骤04 由于花纹呈现在车体的后半部分，所以使用钢笔工具绘制车体后半部分的形状，并一次绘制出车窗形状。选择车体和车窗，单击属性栏中的“移除前面对象”按钮，得到镂空的车体图形，如图16-97所示。

步骤05 执行“效果>图框精确剪裁>放置在容器中”命令，将之前绘制的辅助图形置入到车体轮廓中，最终效果如图16-98所示。

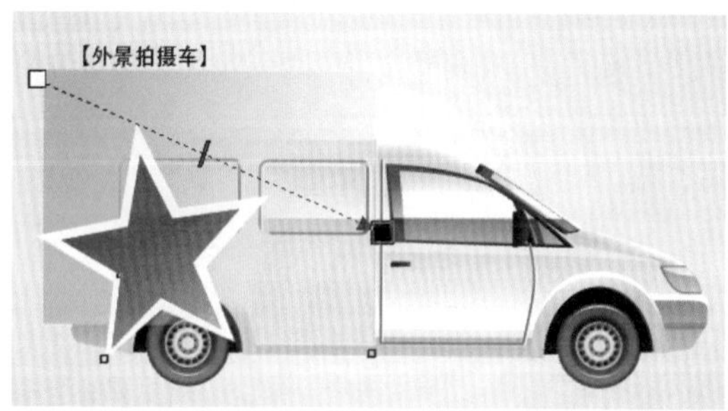

图16—96

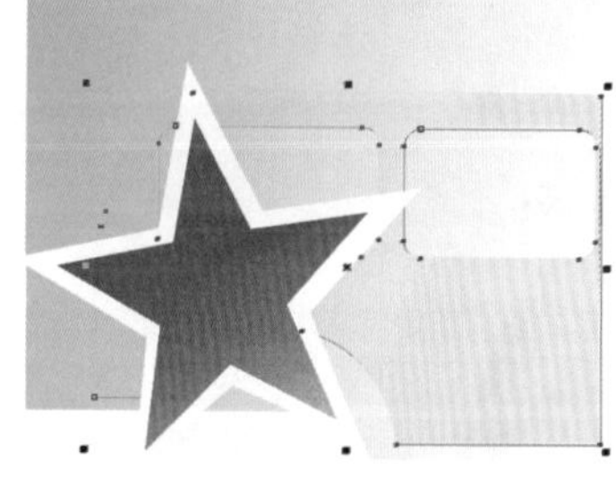
图16—97

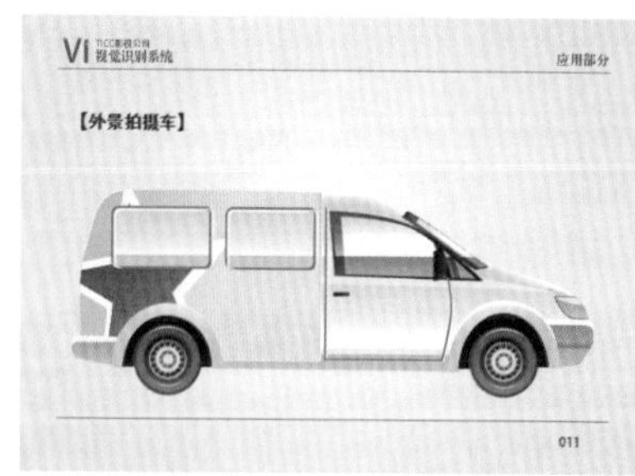

图16—98

读书笔记